生态文明建设大辞典

主　　编

祝光耀　张　塞

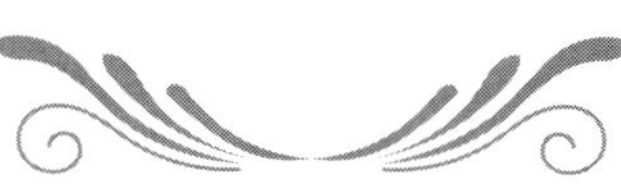

第二册

K–S

江西科学技术出版社

2016 · 南昌

K

喀 卡 开 凯 坎 看 康 科 可 克 肯 空 孔 控 苦 库 跨 矿 魁 昆

喀斯特山区水资源开发利用模式

Water Resource Development and Utilization Pattern in Karst Mountain Area

我国西南喀斯特山区地处生态环境脆弱带，先天地势为不连续高原，后天人类活动剧烈而导致森林面积锐减，土地石漠化现象严重，生态环境十分恶劣，是国家重点扶贫攻坚区。因此有效、合理地开发利用，是实现该区域社会经济可持续发展、生态环境恶化得以遏制并改善、确保西部大开发顺利实现的重要支撑。根据喀斯特山区缺水成因的特殊性以及供输水难度，分散式小微型蓄水是唯一可取的工程措施。有 6 种模式：1. 集雨工程模式，主要拦集和贮蓄未渗漏地下之前的雨水资源，用于农业灌溉和提供旱季用水；2. 集流工程模式，主要来自地表贮蓄的下渗雨水之下的溶隙水，用于农家人畜饮用；3. 地下河天窗提水工程，来自地下河水可供自流灌溉或农村生活用水；4. 地下水库模式，可用于灌溉、饮水两用；5. 溶洼水库工程模式，取地表洼地和地下河双库容，需量和效益更大；6. 地表河低坝蓄水工程模式，用于谷地和盆地地区的农业灌溉。根据喀斯特山区河流流经不同地貌的类型，选用适宜的开发利用模式，获得最大的经济效益和生态效益。（蔡越）

卡尔·波普尔

Karl Popper，1902 ～ 1994

20 世纪著名的科学哲学家和分析哲学家。在分析哲学中吸收逻辑经验主义和日常语言学派的思想，形成批判的理性主义。在科学哲学领域，是逻辑主义走向历史学派的重要转折。年轻时受马赫的一元论思想、马克思主义和达尔文主义思想的影响，1925 年进入维也纳大学学习，以《思维心理学中的方法问题》获得博士学位。1945 年起担任伦敦经济学院教授，直至 1969 年退休。对中国哲学和东方哲学表现出很大兴趣，也是目前我国中西哲学交流的重要项目中英澳暑期哲学学院的赞助人和学术顾问，1992 年来中国进行学术交流。科学哲学的著作有《研究的逻辑》（1933）

《科学发现的逻辑》(1956)《猜想与反驳》(1963)《客观知识》(1972)《实在论与科学的目的》《开放的宇宙：对非确定性的辩护》和《量子理论与

物理学中的分歧》(1983)。历史哲学的代表著作有《开放的社会及其敌人》《柏拉图的咒语》《预言与高潮：黑格尔、马克思及其后人》以及《历史决定了的贫困》(1957)。波普尔的科学哲学主要贡献在于对归纳问题的解决，提出科学与形而上学的划界问题，提出所谓世界三的理论，这些对于后世科学哲学产生重要影响。(参考：叶秀山、王树人总主编《西方哲学史》学术版江怡主编第八卷《现代英美分析哲学》下第 659 ~ 677 页，南京：江苏人民出版社，北京：人民出版社，2011 年。朱配辰)

卡尔—沃纳·布兰德

Karl-Werner Brand

德国环境社会学家。生年不详。1977 年获得慕尼黑大学政治学博士学位，1990 年获得慕尼黑工业大学讲师职位。先后任教于慕尼黑工大、达姆施塔特大学、莱比锡大学等，担任慕尼黑社会研究所所长。主要研究领域为环境社会学、社会理论和环境、可持续性理论、多层治理与可持续性、社会运动、跨学科方法论问题。希望建立解释可持续问题的综合性分析框架，这存在方法论挑战，即如何将异质性知识来源和不完整的观察视角融为一体。这些知识由不同的学科和方法产生，被认为是互相排斥的。另一方面，希望更好

地理解不同社会生活领域中的可持续性问题，特别是在转向可持续性过程中的特定冲突或障碍。基于系统分析既有研究和背景的试点性工程，希望发展出朝向可持续发展过程中更为合理、更为内嵌性的社会化战略。(徐越)

卡洛琳·麦茜特

Carolyn Merchant，1936 ~

美国女性主义科学哲学家、历史学家。美国加州大学伯克利分校环境史、哲学和伦理学教授。主要学术思想体现在她 1980 年的著作《自然的死亡：妇女、生态和科学革命》中，在科学逐渐开始雾化、物化和分析自然的时代，麦茜特大声疾呼“自然的死亡”。她的作品被视为科学史和哲学史的重要著作。(徐越)

卡塔尔多哈气候大会

United Nations Climate Change Conference in Doha, Qatar

2012 年《联合国气候变化框架公约》第 18 次缔约方会议(COP18)暨《京都议定书》第 8 次缔约方会议在卡塔尔多哈举行，通过《多哈修正》：最终就 2013 年起执行《京都议定书》第二承诺期及第二承诺期以 8 年为期限达成一致，从

法律上确保《议定书》第二承诺期在2013年实施。加拿大、日本、新西兰及俄罗斯明确不参加第二承诺期。大会通过有关长期气候资金、联合国《气候变化框架公约》长期合作工作组成果、德班平台以及损失损害补偿机制等方面的多项决议。（席溢）

《卡塔赫纳生物安全议定书》

Cartagena Protocol On Biosafety

2000年1月29日由包括133个政府组织以及来自众多非政府组织、工业组织以及科学界的750多名参会议员通过的旨在解决生物技术安全性问题的国际性法律文件。《卡塔赫纳生物安全议定书》的制定过程曲折，签署前的多方磋商阶段有5个代表不同利益的国家利益集团，分别是77国集团以及中国组成的“意见一致集团”（the Like-Minded Group）、6个转基因作物的主要出口国“迈阿密集团”（Miami Group）、已经具备较完善的转基因法规的欧盟、由经济合作与发展组织成员国组成的中立的“和事集团”（the Compromise Group）以及由中欧和东欧国家基本持中间立场的中间派。《议定书》共由40个条款和3个附件所构成，其中第1条说明了《议定书》是依据《关于环境与发展的里约宣言》原则第15条的预先防范办法作为目标，第4条规定《议定书》的目的和适用范围，即“本议定书应适用于可能对生物多样性的保护和可持续使用产生不利影响的所有改性活生物体的越境转移、过境、处理和使用，同时亦顾及对人类健康造成的风险”。《议定书》是首个专门规定转基因技术的国际公约，在此之前只有1992年6月5日联合国环境与发展大会在巴西里约热内卢签署的旨在保护生物多样性的《生物多样性公约》中，具有对转基因技术的框架性和指导性的间接规定。虽然如此，《生物多样性公约》仍是《议定书》指定的唯一纲领和法律来源。（参考：乔雄兵等：《论转基因食品标识的国际法规制》，《河北法学》2014年第1期第135～141页。欧阳文川）

卡特尔

Cartel

为提高产品价格和控制产量，由生产或销售同一类产品的企业构成的组织。卡特尔的原意是协定或同盟，生产同类商品的企业为垄断市场获得高额利润，达成销售市场、产品产量及产品价格方面的协议，从而形成垄断联合。卡特尔使竞争市场成为垄断市场，属于寡头市场的特例。根据卡特尔的性质，可分为多种，包括价格卡特尔、数量卡特尔、销售卡特尔、技术卡特尔及辛迪加。卡特尔本身存在不稳定因素。随着垄断市场高价，必然吸引新的竞争者进入市场。内部如果超过分配量进行超额生产，也必然会增加总供给量，导致产品价格下降。各国已经制定反垄断法限制卡特尔。目前卡特尔是以国际卡特尔的形式存在，而真正提高价格的数量并不多，不同垄断形式对市场有负面影响的同时也有积极作用。（代富宇）

开采回采率

Mining Recovery Rate

指采矿过程中采出的矿产数量（回采矿量）与该矿区消耗的工业储量的比值。采矿过程中，从开采矿区中采出的矿石量是回采矿量，动用该地段所有消耗的地质储量是消耗的工业储量，包括回采矿量与损失在矿坑中的矿石量。开采回采率是衡量开采技术和开采管理水平优劣、资源利用率高低的主要技术指标。开采回采率越高，说明开采过程中，采出的矿石越多，丢失在矿井里的矿石越少，矿山的资源开发利用效益越好。在实际操作中，开采回采率的计算通过日采矿量与消耗的工业储量的比值得出。需要注意的是，开采回采率包括两种，即实际开采回采率和核定开采回采率。实际开采回采率是指矿山地测人员在开采现场实际测量出来的开采回采率指标。核定开采回采率是指一定阶段内，矿山设计提出的经过上级部门审批的开采回采率。核定开采回采率与实际开采回采率的比值称为开采回采率系数，它是进行资源补偿费增减衡量的重要指标。因有露天矿和地下矿井，回采率相应分为工作面回采率、采区回采率、坑口回采率 3 种。这 3 个指标依次递减。在我国，国内最高的工作面回采率一般在 90% 以上，采区回采率普遍达到 80%，矿井回采率一般在 50%。（参考：赵志强、高洋、汪昕、吕亚伟：《我国煤炭资源开采回采率问题研究》，《煤矿现代化》2011 年第 1 期第 5 ~ 7 页；金小田：《开采回采率系数的意义及其对矿产资源补偿费影响的探讨》，《矿业研究与开发》2004 年第 5 期第 16 ~ 17 页。**朱配辰**）

开发式扶贫

Development-Oriented Poverty Alleviation

指我国政府于 1986 年起明确提出的扶贫战略模式。即在国家宏观经济增长的背景下，针对我国农村贫困的区域性特点，改变各地一般化的发展方式，实行特殊的政策和措施，由过去的救济式扶贫（输血）转向开发式扶贫（造血）。通过帮助贫困地区发展经济促进贫困人口缓解和消除贫困。具体做法是发展援助，即以特定的贫困群体或贫困区域为对象，提供他们所缺少的资本、技术等生产要素，结合当地的资源条件，依靠贫困者的自身努力，通过发展当地的经济提高生活水平和摆脱贫困。其中，发展援助可分为贫困群体发展援助和区域开发援助。群体发展援助直接针对由某些共同的问题陷入贫困的群体，帮助他们解决面临的问题，增强发展能力。区域开发援助针对的是贫困人口相对集中的地区，通过帮助贫困地区的经济发展，从而惠及区域内集中分布的贫困人口。（**蔡越**）

开放

Opening-Up

坚持开放发展，必须顺应我国经济深度融入世界经济的趋势，奉行互利共赢的开放战略，发展更高层次的开放型经济，积极参与全球经济治理和公共产品供给，提高我国在全球经济治理中的制度性话语权，构建广泛的利益共同体。开创对外开放新局面，必须丰富对外开放内涵，提高对外开放水平，协同推进战略互信、经贸合作、人文交流，努力形成深度融合的互利合作格局。完善对外开放战略布局，推进双向开放，支持沿海地区全面参与全球经济合作和竞争，培育有全球影响力的先进制造基地和经济区，提高边境经济合作区、跨境经济合作区发展水平。形成对外开放新体制，完善法治化、国际化、便利化的营商环境，健全服务贸易促进体系，全面实行准入前国民待遇加负面清单管理制度，有序扩大服务业对外开放。推进“一带一路”建设，推进同有关国家和地区多领域互利共赢的务实合作，推进国际产能和装备制造合作，打造陆海内外联动、东西双向开放的全面开放新格局。（**史月田**）

开放性渔场

Open Fishing Ground

指对渔业资源的开发是完全自由的，任何人都可以参与捕获的渔场，例如公海。由于捕获要受到经济利益的限制，特别是在开放渔场中，它的开放性导致人们会一味追求经济利润，大肆捕捞。如果出现过度捕获的现象，就会随之出现类似公地悲剧的结果。这是人们所不愿意看到的。因此，开放性渔场的使用必须遵循可持续发展原则，捕获应控制在自然繁殖的范围之内，人们应转变观念，以获得可持续的经济利润为目标，同时兼顾生态利益及生态效益，从而实现开放性渔场的均衡发展。（**蔡越**）

凯恩斯革命

Keynes Revolution

指在 20 世纪 30 年代经济危机的时代背景下，凯恩斯 1936 年发表《就业、利息和货币通论》一书，提出以政府干预经济的政策为核心，包括赤字财政政策、通货膨胀政策及扩大对外贸易政策在内的一系列稳定经济的政策主张。改变市场放任自由的局面，实施政府干预经济的政策，提高社会需求，实现充分就业。凯恩斯的理论反对萨伊定律和亚当·斯密看不见的手等全部古典经济学派的观点和主张，创立以需求管理的政府干预为中心思想的收入分析宏观经济学。在70年代由于不能合理解释滞胀问题，出现一批凯恩斯的支持者，从古典宏观经济学中汲取合理成分，产生新凯恩斯主义。（代富宇）

坎昆气候大会

Unied Nations Climate Change Conference in Cancun, Mexico

即在墨西哥坎昆城举行的2010年《联合国气候变化框架公约》第16次缔约方会议（COP16）暨《京都议定书》第6次缔约方会议（CMP6）。坎昆气候大会以前，2009年哥本哈根气候大会形成的《哥本哈根协议》虽然达成部分政治共识，但由于未获得缔约方大会表决通过，因此并不对缔约各方形成约束力，对会议谈判方式的不满导致一些国家对哥本哈根会议以及协议的不满和反对，留存大量需要进一步解决的问题。2010年气候谈判为解决哥本哈根会议遗留的问题，为坎昆会议的顺利进行做准备，国际气候谈判分别在德国波恩和中国天津举行4次工作组会议，但仍在许多问题上存在争议。墨西哥当局在此基础上又召开坎昆会议前的部长级会议，就将要举行的坎昆会议需要讨论的议题等内容达成共识，为坎昆会议做最后的准备。虽然经过工作组4次准备会议以及会议前的部长级会议，坎昆会议各方仍就许多问题争执不下。如会议案文的选择、《京都议定书》的存废问题，发达国家与发展中国家都存在不同的看法。坎昆会议中发达国家代表一方基本形成统一立场，观点明确、口径一致，然而发展中国家由于经济水平和自然环境状况参差不齐，需要考量和平衡的因素多且复杂，很难形成共同的立场，这更使会议各方很难达成一致意见。然而，坎昆会议在吸取前此会议的教训后也取得一些进展和突破，如坚持由缔约方共同谈判和继续坚持“双规”谈判，在资金、技术等问题上形成共识。坎昆大会的会议成果为2011年南非德班气候大会奠定基础。（参考：潘家华等：《坎昆气候会议认识与展望》，《中国社会科学院研究生院学报》2011年第2期第14～17页。欧阳文川）

看不见的手

Invisible Hand

英国经济学家亚当·斯密在《国富论》及《道德情操论》中都有提及。亚当·斯密最初提出这一概念是从神学角度上认为存在造物主用“看不见的手”去指引人们追求个人私利的活动，进而引起整个社会财富的增加。广义概念指经济的发展有其内在的规律，由“看不见的手”去推动，应由整个社会需求决定，而不应该由国家干预。“看不见的手”反映早期资本主义自由竞争时代的经济状况，当下已经不能完全任其自由放任的发展，而应该用“看得见的手”对市场进行宏观调控。（代富宇）

看得见山望得见水记得住乡愁

See the Mountain，See the Water and Remember the Nostalgia

改革开放以来，随着我国城镇化进程不断加快，钢筋水泥代替从前的绿树湖泊，现代城市建筑取代迷人的自然风光；城镇化进程带来的工业污染，破坏水质和土壤，造成生态系统平衡的丧失；在快速现代化过程中，历史遗迹被破坏，乡土文化正在城市文化的影响和覆盖下逐渐流失，乡民情感失去了寄托和附着。2013年12月中央城镇化工作会议提出以人为核心的城镇化的任务，要求“依托现有山水脉络等独特风光，让城市融入大自然，让居民望得见山、看得见水、记得住乡愁；要尽快把每个城市特别是特大城市开发边界划定，把城市放在大自然中，把绿水青山留给城市居民；要注意保留村庄原始风貌，慎砍树、不填湖、少拆房，尽可能在原有村庄形态上改善居民生活条件；要传承文化，发展有历史记忆、地域特色、民族特点的美丽城镇”。这是中

央第一次对城镇化建设提出如此具体的描述性要求，是我国决策者对城镇建设乃至生态文明认识上的一大深化。（张沥元）

康采恩

Konzern

指通过参股或其他手段形成的，包含若干法律上独立而在经济上统一的企业的联合组织。德国康采恩公司立法的出发点是将公司，尤其是股份公司，视为集合多方利益的共同体，主要渊源来自1965年修订的《股份法》。一般所说的康采恩法，指广义的康采恩，也就是联合企业法，是调整联合企业之间内部关联的法律。康采恩立法的主要任务，是要建立一套保护从属企业及其股东和债权人利益的法律体系，维护子公司的独立性，防止和阻止康采恩总公司无限制地行使其权力，因此，康采恩法不但是一种保护法，还是一种组织法。康采恩法的主要内容有：1. 康采恩企业；根据康采恩总公司对康采恩企业实行统一领导的不同方式，可分为隶属型康采恩和平行型康采恩；2. 多数参股，指一个在法律上独立的企业的多数股份属于另一企业；3. 控制性影响，指存在于控制企业与从属企业之间的支配关系；4. 相互参股；5. 企业合同，指企业之间订立的涉及债权债务关系或改变从属企业结构和职能的各类协议。（蔡越）

康德静观美学

Contemplation Aesthetics of Kant

康德静观美学是西方关于审美态度的核心理论之一。“静观说”的实质是审美的无功利性、无目的性。在康德看来，对审美对象是否采取不关涉于功利的静观态度是区分审美与非审美的根本标志。康德认为审美的非功利性是审美静观的根本前提，主体静观的审美对象是无目的而合目的性的形式。静观是不经由概念，而是以知觉的形式把握对象的表象形式。鉴赏判断就是静观。静观的快感与对象的内在存在没有关系。静观面对是对象的表象形式。静观审美是审美主体以无利害的、无偏爱的态度对对象所做的观照。它无关乎欲念，亦不关乎概念。审美获得快感不同于快适和善。它面对的是事物的表象形式。康德认为人属于二重世界，作为感性世界的存在受到客观世界物质力量的束缚，作为理性世界的存在具有意志自由，可以为自己订立道德法则，并据此付诸实践。在介于自然与自由之间的静观世界审美领域中，人获得感性与理性的协调，实现超越性的审美自由。（雷爱民）

康菲石油漏油事件

ConocoPhillips Oil Spill Incident

指2011年6月康菲石油中国有限公司由于操作原因导致蓬莱19－3油田先后出现的石油泄漏事件，对海洋生态环境造成严重损害。泄露事件分为4个阶段：泄露初始阶段、责令停产限期阶段、道歉承诺负责阶段、清污索赔阶段。6月8日海平面出现溢油现象后，康菲公司采取相应措施进行控制。8月底完成所有封堵工作并提交鉴定报告，8月24日康菲公司公开道歉并承诺负责；12月经检测，漏油事故造成的环境污染已消除。2012年1月康菲公司发布信息，将出资10亿元人民币用于解决河北、辽宁两省部分区县养殖生物和渤海天然渔业资源损害赔偿及补偿问题。此外，康菲和中海油从其所承诺启动的海洋环境与生态保护基金中，列支1亿元用于天然渔业资源修复和养护；列支2.5亿元用于渔业资源环境调查监测评估和科研等方面工作。我国政府在此次事件发生中成立溢油事故联合调查组，各主管部门依法行政，建立健全海洋生态赔偿补偿制度等。同时，信息公开不及时、相关海洋法律法规不完善、行政监管协调力度不够等问题仍需进一步改进。（蔡越）

康芒斯

John R. Commons，1862 ～ 1945

美国老制度经济学派代表人物，代表著作是《制度经济学》（1934）。康芒斯着重从社会制度发展的角度论述制度与经济发展的关系，重视国家和法律的作用，并认为法律制度是决定社会经济发展的主要力量。他的突出贡献是把“交易”

概念一般化，视交易活动为制度的基本单位，将交易分为3种基本类型：买卖的交易，即平等人之间的交易；管理的交易，即上下级之间的命令和服从关系；限额的交易，主要指政府对个人的关系。这3类交易类型覆盖所有人与人之间的经济活动。这3种形式清楚表明，买卖活动、经理对工人的指挥以及国家对居民征税等等毫不相干的事情联系归纳到一起，是这交易类型的不同排列组合。市场经济中以买卖的交易为主；计划经济中以管理的交易为主。（**蔡越**）

科菲·安南

Kofi Annan，1938～

联合国前任秘书长。加纳库马西人，1972年

毕业于美国麻省理工学院，通晓英语、法语及非洲多种语言。1996年12月17日在第51届联合国大会上被任命为联合国第7任秘书长。1997～2006年间担任联合国秘书长。任职期间巩固联合国在国际事务中的地位，促进多边主义的进一步发展。倡导集体安全、全球团结、人权法治，维护联合国的价值观念和道德权威。在2001年被授予诺贝尔和平奖。2012年2月23日被任命为叙利亚危机联合国与阿拉伯国家联盟（阿盟）联合特使。（**申森**）

科技伦理

Ethics of Science and Technology

关于人类科学技术活动中的伦理关系及其调节原则。科学技术本身并不具有伦理属性，由于它与人类的社会实践活动相关，伴随着使用者具有目的性，从而产生对于人有利弊的效果，承载人与人之间的伦理关系与价值关系。科技活动中涉及的伦理问题构成科技伦理的内容。科技伦理的目标是保证科学技术的进步能够最好地推动人类的进步与发展，规避其中的伦理危机。（**朱雨晨**）

科技先导型企业

Science and Technology pilot Enterprises

指依靠科技进步不断提高企业生产力诸要素中的科技含量，增强企业吸收与开发应用科学技术进步的能力，迅速将科技成果产业化并形成经济规模，以提高经济效益为目的且具有示范作用的企业。科技先导型企业是新型企业经营模式，是现代企业的未来发展方向。其先导作用主要体现在技术创新和高新技术产业发展的源头建设上，努力形成自己的技术开发成果和自主知识产权，并实现科技成果的尽快有效转化；它的发展机制应建立在保证企业自觉、最大限度地应用科技进步发展生产、提高经济效益。科技先导型企业的特征有：1.争创一流的企业目标；2.领先一步的产品策略；3.全方位的信息网络；4.强有力的研究能力；5.良好的科研协作网；6.突出的转化环节；7.高水平的管理体系；8.注重科技的企

业文化。（蔡越）

科克帕特里克·塞尔

Kirkpatrick Sale，1937 ~

独立学者，在政治分散化、环境主义、路德运动和科技各方面著述颇丰，被称为反全球化的左翼人士、新分离主义运动的理论家。出生在纽约的伊萨卡，1958 年毕业于康奈尔大学历史专业。在成为自由撰稿人前，在左翼杂志《新领导者》和《纽约时报》工作，最初著作的主题是关于加纳和 20 世纪 60 年代学生民主运动。1968 年在《作家和编辑工作者战争税抗议》的请愿书上签名。随后著述中开始出现环保主题作品，有《人类尺度》《大地居住者：生物区域观点》《绿色革命：美国环境运动 1962-1992》等。被认为是生物区域主义理论的最主要学者之一。（徐越）

科尼利厄斯·卡斯托里亚迪

Cornelius Castoriadis，1922 ~

激进主义分子、富有战斗精神的革命家，颇具传奇色彩的社会主义或野蛮团体（反斯大林主义的激进左翼团体）和著名杂志《社会主义或野蛮》的创始人、苏联问题研究专家、经济学家、精神分析学家、社会批判家、政治理论家、当代欧洲知名思想家、原创性哲学家。生于土耳其君士坦丁堡（今伊斯坦布尔），为躲避种族清洗移居雅典长大，经历希腊梅塔克萨斯专政、纳粹占领以及希腊解放。1937 年加入共产党的地下组织“希腊共产主义青年”。1942 年加入托洛茨基主义派别，后离开希腊旅居法国。在精神分析领域，试图在颇具原创性的心灵单子论基础上，对弗洛伊德的无意识理论提出与众不同的新阐述。认为不能套用真与非真这样的传统认识论概念分析无意识。卡斯托里亚迪斯认为，精神分析的目标不是宣布主体的死亡，而是从另一维度重新确证主体，建立与无意识的另一种关系。从无意识中我们要寻找的不仅是裂缝、空白、滑移和闪避，也可以发现无法消除的激进想象之源和强劲的创造性驱力。（徐越）

科斯定理

Coase Theorem

“如果交易成本为零，那么无论初始权利如何界定，都可以通过市场交易实现产值的最大化”，这是在狭义上界定的科斯定理表述。科斯定理不是科斯本人首创，而是由斯蒂格勒提出的说法，“在完全竞争条件下，私人成本与社会成本相等”。这虽与科斯本人在《社会成本问题》中的阐述方式不同，但本质上相同。科斯在《社会成本问题》一文中分析：首先明确研究的主题是关于外部侵害的问题，随之提出从总体和边际两种角度看待侵害问题；然后从走失的牛损坏邻近土地谷物这一经典案例入手，分析对损害负责任和不负责任两种情况，并得到交易成本为零时可以实现产值的最大化，当交易成本不为零时，要根据具体情况选择交易成本最小且总产值最大的方案。接着探讨依据法律制度调整权利决定各种资源的利用分配，指出税收应随着损害效应的数量发生改变。最后，科斯提出在充分考虑各种社会成本前提下，还应将总体效果考虑在内。这是他本人所提倡的方法上的转变。科斯定理的重要意义在于，建立人们认识现实世界的基准点，为尝试解决实际的理论研究提供标准，同时为解决外部性问题提供新的切入角度和思考方式。（蔡越）

《科托努协定》

Cotonou Agreement

即《非加太地区国家与欧共体及其成员国伙伴关系协定》，2000 年 6 月 23 日由非洲、加勒比和太平洋地区国家集团（简称非加太集团）77 个成员国和欧洲联盟 15 国在贝宁首都科托努签订，2003 年 4 月 1 日正式生效。从 1975 年 2 月 28 日非加太集团 46 个成员国与欧洲经济共同体 9 国在多哥首都洛美签订的《洛美协定》基础上发展而来。主要内容包括欧盟与非加太国家进行全面政治对话，扩大经贸方面的交流与合作，实现贸易自由化。规定欧盟在过渡期内需要向非加太国家提供135亿欧元援助，非加太国家97%的产品可以免税进入欧盟市场。主要组织机构包括：部长理事会、使节委员会、联席会议、联合议员大会、工业发展中心、农业及农村合作技术中心。（申森）

科学发展观

Scientific Development Concept

指“坚持以人为本，树立全面、协调、可持续的发展观，促进经济社会和人的全面发展”，按照“统筹城乡发展、统筹区域发展、统筹经济社会发展、统筹人与自然和谐发展、统筹国内发展和对外开放”的要求推进各项事业的改革和发展。是前中共中央总书记胡锦涛在中国共产党第十六届中央委员会第三次全体会议（以下简称十六届三中全会）的讲话中提出的。在党的第十七次全国代表大会上，胡锦涛在其报告《高举中国特色社会主义伟大旗帜，为夺取全面建设小康社会新胜利而奋斗》中进一步揭示科学发展观的科学内涵。胡锦涛说，科学发展观的第一要义是发展，核心是以人为本，基本要求是全面协调可持续发展，根本方法是统筹兼顾。除此之外，胡锦涛还在十六届三中全会“五个统筹”思想的基础上进一步拓展和深化，提出统筹中央和地方关系，统筹个人利益和集体利益、局部利益和整体利益、当前利益和长远利益，统筹国内国际两个大局。科学发展观是对传统以物为本的发展观的辩证扬弃。传统发展观将单纯的经济增长和物质财富的增加视为社会发展的根本，忽略发展方式本身对自然环境的污染和破坏，最终导致资源、能源危机以及生态危机，导致一系列社会问题的出现，严重威胁人类自身的生存。科学发展观深刻总结我国对外开放30年时间中的经验教训，继承并发展党的三代中央领导集体关于发展的理论结晶，立足我国基本国情的与时俱进的科学理论，是指导我国经济社会发展的重要纲领。（欧阳文川）

科学发展观与生态文明建设

Scientific development Concept and the construction of eco-civilization

2003年7月28日中共中央总书记胡锦涛在讲话中提出科学发展观，“坚持以人为本，树立全面、协调、可持续的发展观，促进经济社会和人的全面发展”，按照“统筹城乡发展、统筹区域发展、统筹经济社会发展、统筹人与自然和谐发展、统筹国内发展和对外开放”的要求推进各项事业的改革和发展。在中国共产党第十七次全国代表大会上写入党章，成为中国共产党的指导思想之一。科学发展观包含着深刻的生态文明建设思想，我们需要引入更为系统严格的环境经济政策，利用经济手段和政策工具规范引导人们的合理经济活动（包括生产与消费），需要采取更为严厉的环境行政与司法管治，利用法律和行政监管制度来规范约束人们的合法行为。与之比较，生态文明建设是更为激进的环境社会与政治理论话语。为建设社会主义生态文明，需要重构当代社会的经济与政治制度及其体系，让更多的民众能够更主动地参与到新的经济、社会与文化的创建过程中，以便民众能够在重建当代社会（尤其是经济与政治）的同时重构自我（尤其是价值观变革）。（刘中华）

科学教学与环境教育

Science Teaching and Environmental Education

科学学科包括小学的科学学科和中学的物理、化学、生物及地理中的自然部分等。由于学科本身的性质和教学内容的特点，与环境教育的关系十分密切，尤其在实现环境教育的认知目标上，科学学科有其他学科不可替代的作用。这决定了在科学学科的整个教学过程中，可以也应该成为落实环境教育的主要课程之一。科学课是综合性的课程。它以学生经历和体验为手段，以学生周围常见的事物和现象为主要认识对象，把相关的生命世界、物质世界、地球与宇宙内容有机地结合在一起进行教学。科学课的教学将科学探究、情感态度与价值观等作为主要的教学内容，特别将情感态度与价值观作为教学内容重点。它要求通过对千姿百态、引人入胜的自然现象的学习，改变学生的行为倾向，激发他们对科学的学习兴趣，陶冶爱科学、爱家乡、爱祖国的情感，为他们形成正确的科学价值观打好基础。（参考：祝怀新：《环境教育的理论与实践》第 65 页，北京：中国环境科学出版社，2005 年。王薛时）

科学决策

Scientific decision-making

也称理性决策。指在科学的决策理论指导下，以科学的思维方式，应用各种科学的分析手段与方法，按照科学的决策程序进行符合客观实际的决策活动。科学决策是较之经验决策更为高级的决策形式，是现代人类社会决策的主要形式。科学决策的主要特点是：1. 有科学的决策体制和运行机制。决策系统中各子系统既具有相对独立性，又能够密切联系，有机配合。2. 遵循科学的决策程序。决策一般都经过发现问题、确定目标、调查研究、拟订方案、分析评估、选优决断、试验反馈、修正追踪等步骤。3. 特别重视智囊团在决策中的参谋咨询作用。4. 运用现代科学技术和科学方法，如利用电子计算机建立数学模型，把定性方法与定量方法有机结合等。科学决策的优点，是把决策建立在理性的基础上，能够克服个人知识水平、决策水平以及决策经验不足的局限，使决策摆脱主观随意性而更能符合客观实际。因此，科学决策特别适合那些长期性的战略性决策和复杂的综合性决策。但是，它也存在所需时间较长、所费成本较高和反映比较迟缓等局限。决策者在现实决策活动中，应把科学决策与经验决策有机结合起来。（李庆）

科学实在论

Scientific realism

20世纪80年代逐渐兴起的一种科学哲学思想。80 年代后科学哲学之争是在实在论与反实在论之间展开。科学实在论坚信，科学假设虽然可能无法用经验的方法得到证实，但是它们设定的实体或过程是在整个假设中起到基础作用，因而应当承认这样的实体是存在的或者过程是真的。这种信念的根据是科学推理中的溯因法或假说推理，即对无法用一般规律解释的现象可以为它们找出共同特征并形成新的理论，用其中一个现象作为对这个新理论的经验检验。在论证方面，实在论诉诸常识，这可以看作是直觉的观点，即认为只有科学家们在他们的理论中谈到原子、分子等东西，那么它们就应当是这个宇宙中独立存在的成分。其次，共因原则是实在论的重要观点。即当两个可观察的事物或事件相互关联，那么就一定是一种一个造成另一个或者第三个造成前两个，这个第三者虽然不可观察，但是由于它是两个观察事件的共同原因，所以必须假设这个第三者的存在。需要注意的是，由于实在论对常识的依赖，使得当代科学哲学处于与常识既相互矛盾又相互依赖的两难境地。（参考：叶秀山、王树人总主编《西方哲学史》学术版江怡主编第八卷《现代英美分析哲学》下第 714 ~ 724 页，南京：江苏人民出版社，北京：人民出版社，2011 年。朱配辰）

科学哲学

Philosophy of science

科学哲学是现代哲学学科的一个分支，广义的科学哲学是运用哲学的思维、方法考察科学活动的一门学问。科学哲学探讨科学知识的获取、科学方法论、科学的逻辑结构等问题。在英文中，科学哲学有两种表达方式，分别是 philosophy of science 和 scientific philosophy，前者通常指某种具有科学特征的哲学，即声称以科学的方法和理论去研究哲学问题；后者是指以科学为研究对象的哲学，可以理解为关于科学的哲学。我们现在一般讨论的科学哲学指的是后一种理解，即对科学理论、科学方法、科学概念等问题的哲学研究。对科学哲学的历史，历来理解不同。一种观点认为，科学哲学有着与科学同样久远的历史。对科学问题的哲学探究从没有中断过。这种观点根据对科学哲学的独特理解，即科学哲学与科学之间不存在截然的分界线。根据这种理解，亚里士多德、伽利略、培根、笛卡尔、牛顿等人都被看作科学哲学家。另一种观点认为科学哲学是在 19 世纪末期随着现代逻辑和量子力学的出现而逐渐产生，旨在反对传统形而上学的理论。根据这种理论，前现代的科学家关于科学问题的哲学思考仅仅可以被看作是科学哲学的史前史阶段，科学哲学的诞生标志一种新哲学的诞生。根据对科学哲学性质的这种理解，当代科学哲学的发展经历了大致 3 个阶段。第一阶段是 20 世纪初至 50 年代，这段时期科学哲学处于初建时期，以逻辑实证主义为主要代表。逻辑主义的基本特点是以各门具体科学知识作为自己的研究对象和工具，力图建立一种科学的哲学，以替代传统的不科学的哲学。他们注重理性在科学的核心地位和作用，强调人类知识的客观性，强调科学研究的目的是为了更多地积累知识，增加人类对自然的认识。第二阶段是 20 世纪 50 年代至 80 年代，出现以库恩等人为代表的历史学派，是对逻辑实证主义科学哲学反叛的结果。历史学派的出现把历史因素引入科学哲学研究领域，从而产生相对主义的不良后果。与此同时对科学史的关注使科学哲学研究远离对科学性质的分析，甚至远离科学本身。这两个结果是历史学派当代的两大困境。第三个阶段是从 20 世纪 80 年代至今，主要以实在论与反实在论之间的重要争论为代表，出现所谓的后现代的科学哲学。当今西方的科学哲学呈现出多样化的格局，对心灵的性质、生物学的意义、数学的本质等问题都是学界关注的焦点。（参考：叶秀山、王树人总主编《西方哲学史》学术版江怡主编第八卷《现代英美分析哲学》下第 638 ~ 658 页，南京：江苏人民出版社，北京：人民出版社，2011 年。**朱配辰**）

可持续城市

Sustainable city

指在生态学原理指导下，应用现代科学技术和经济法则，在总结、吸收城市发展成功经验的基础上，对城市建设和发展进行经营、改造和管理的城市。采用最大限度避免城市人类生产和生活活动负效应的生态设计与规划，正确处理人口与资源、生产与生活、经济与环境之间关系，即能满足现代人的物质享受和其他各种需求，又不会损害子孙后代的利益。可持续城市代表 21 世纪城市发展的主体方向，具有生态学的基本特征。1. 在生态哲学是实现人—自然的和谐；2. 在生态经济学上，经济增长方式是集约内涵式；3. 在生态社会学上，教育、科技、文化、道德、法律、制度等都将生态化；4. 在城市生态学上，社会—经济—自然复合生态系统的结构合理，功能稳定，达到动态平衡状态；5. 在城市规划学上，空间结构布局合理，基础设施完善，生态建筑广泛应月，人工环境与自然环境融合，城市景观成为城市文化的空间构成与表现；6. 在地理空间上，是城市化区域、城乡复合体，城与乡融合为一体。这是经济增长与社会公平较为均衡并具有较高生活质量与环境质量的城市。在城区生态系统服务质量不降低的前提下，能够为居民提供可持续经济与社会福利的城市。可持续城市的意涵包括：一是环境健康，经济繁荣，社会平等；二是环境影响（外部性）在区域承载能力范围之内。可持续城市的 6 项基本标准是：1. 减少对水和空气的污染，减少具有破坏性的气体产生和排放。2. 减少能源和水资源的消耗。3. 鼓励对生物资源和其他自然资源的保护。4. 鼓励个人作为消费者承担生态责任。5. 鼓励工商业采用生态友好技术，开发、销售生态友好产品。6. 鼓励减少不必要出行的城市（社区）交通，提供必要的公共设施。（参见：顾传辉：《可持续城市及其生态可持续性辨识》，《重庆环境科学》2001 年第 4 期第 16 ~ 18 页。**牟世晶　徐越　史月田**）

可持续发展

Sustainable development

世界环境与发展委员会对可持续发展所做的

解释为："既满足当代人需要，又不对后代人满足其需要的能力构成危害的发展"。现在，可持续发展成为涉及经济、社会、文化、技术、资源、生态、环境等方面的综合概念。可持续发展的基本内容包括：1. 贫穷的根除，以便于制止资源的退化，同时也要求经济政治体制的改革。2. 清洁或更清洁的工艺以减轻环境污染。3. 人口增长放慢，以便于减轻人口对自然的压力。4. 环境成本内在化，以便于减少有害排泄物的流出和危险废物的处理，使得生活方式在资源破坏和环境污染两方面都发生变化。可持续发展的最终目标是建立新的经济增长方式以消除贫穷，平等地给所有人提供幸福生活的机会。要求是：人口从无理性的人口爆炸向计划生育方向转变；城市从集中点型向均衡面型的发展方向转变；能源向生产和使用高效率以及更多地依靠可再生能源的方向转变；资源向依靠于自然的收入，而不耗竭其资本的方向转变；经济向持续发展和利益的更广泛分配的方向发展。可持续发展的概念来源于生态学。最初应用于林业和渔业，指的是对于资源的管理战略：如何仅将全部资源中的合理的一部分加以获取，使得资源不受破坏，而新成长的资源数量足以弥补所获取的数量。经济学家由此提出可持续产量的概念。这是对可持续性进行正式分析的开始。这一词汇很快被用于农业、开发的生物圈，而且不限于考虑一种资源的情形。人们现在关心的是人类活动对多种资源的管理实践之间的相互作用和累积效应，范围则从几大区域到全球。可持续发展强调人类追求健康而富有生产成果的生活权，并且倡导诸代人类与自然的和谐与统一；反对人类凭借着技术和资金投入，以无度浪费资源，破坏生态系统和污染环境的生产方式实现人们所崇尚的发展权。可持续发展作为解决环境与发展问题的唯一途径，是寻求社会、经济、环境要素的协调发展，而不是简单地环境保护，是从较深层次解决环境与发展问题，从而强调各社会、经济因素和生态环境之间的协调与统一。可持续发展理论核心围绕两条基本主线：一是把握人与自然之间关系的平衡，注重人与自然的和谐及协同进化；二是努力实现人与人之间关系的协调。可持续发展理论内涵要实现 3 个平衡，即人类对自然的索取与人类向自然的回馈相平衡；人类在当代的努力与对后代的贡献相平衡；人类思考本区域的发展与考虑到其他区域乃至全球的利益相平衡。（参考：诸大建：《从可持续发展到循环型经济》，《世界环境》2000 年第 3 期第 6 ~ 12 页。**朱配辰　蔡越**）

可持续发展观

Sustainable Development Concept

根据欧洲经济合作组织的统计，对于可持续发展观的定义不下 70 种，包括从自然层面、社会层面、经济层面以及技术层面的解释，但是一般来说其含义是指既满足当代人的需求，使得人类社会整体以及个人都能得到发展，同时又不损害后代人的利益和发展空间，满足后代人需求的发展观念。概念出现的早期阶段，普遍将其理解为经济层面的立足长远的发展观，随着生态以及社会方面问题的陆续显现，可持续发展观已经被拓展至除经济发展以外社会发展的多方面。人们认识到经济的可持续发展不能离开环境、社会以及文化等各方面的可持续发展，只有这 4 个方面的发展得到综合协调才能真正实现人类社会和自然生态环境的协同可持续发展。1972 年 6 月可持续发展观首先在瑞典首都斯德哥尔摩召开的联合国世界环境大会中被提出，1980 年世界自然保护联盟（IUCN），联合国环境规划署（UNEP），野生动物基金会（WWF）共同发表的《世界自然保护大纲》和 1987 年世界环境与发展委员会向联合国提交的《我们共同的未来》都提到了可持续发展，并对之进行了不同程度的说明。随后在 1992 年里约热内卢世界环境与发展大会、1994 年罗马世界人口与发展大会等国际性大会中，可持续发展观都成为会议的重要议题。1994 年国务院颁布的《中国 21 世纪议程——中国 21 世纪人口、环境与发展白皮书》标志着可持续发展观在我国的

正式确立。（欧阳文川）

可持续发展教育

Sustainable Development Education

促使公众在考虑到经济、生态和代际和代内社会平等的前提下，做出符合生态原则的决策的过程。培养这种以未来为导向的思维能力是可持续发展教育的关键任务。包括：1. 可持续发展教育的构成要素：教育场所是学校，教育活动的参与者是教师和学生；2. 可持续发展教育具有区域性、阶段性和社会性，目的要求和教育内容受到可持续发展战略和区域社会政治经济现状所制约；3. 指明可持续发展教育的途径与方法，即在学校中通过教师和学生共同参与的教育活动来进行。可持续发展教育的内容包括：1. 可持续发展教育的价值取向是人的全面发展，通过改造和重塑学生的自然价值观，来重新理解人与人、人与自然的本质关系，全面提升学生生活与生存的基本能力。2. 可持续发展教育的研究对象和目的是学校教育领域中的可持续发展教育活动，包括可持续发展教育的政策、战略、课程、教学方法等方面问题，促进文化多样性背景下可持续发展教育理论与实践的发展，因此可持续发展教育既是一门应用科学，也是一门理论科学。3. 可持续发展教育活动是学校教育活动的有机组成，具有学校教育活动共同的基本特点，两者之间既存在密切联系又有所区别，是部分和整体的关系，可持续发展教育其学科课程应属于教育范畴。（张惠娜）

可持续发展教育和环境教育

Education for Sustainable Development and Environmental Education

环境教育的主要形式。联合国可持续发展委员会（UNCSD）总结可持续发展教育的特点，指出：1. 可持续发展教育应该人人参与。教育应是从学校到社会全方位的参与过程。各级教育者不仅限于学校的教师，还应该包括父母、企业、社会团体和政府组织。大学、中小学和社会要团结协作。2. 可持续发展教育具有综合性和跨学科性。受教育者不能仅限于学校，而应从地方、国家、地区甚至全球的角度去考虑问题。教育的内容应是科学、技术、经济、法学、伦理学、环境学、文学等多种学科的综合。3. 可持续发展教育强调学科的联系。教育不是遵循单一的原则，而是强调多个领域的关联。各个学科不是孤立的，而是相互联系、相互作用的。4. 可持续发展教育更加注重实践。教育要帮助学生去解决日常生活中遇到的实际问题，培养公众应当具备的基础知识和技能。5. 可持续发展教育贯穿于人的一生。人们应该在各种场所、社区中心，通过各和传播媒介不断努力去实施可持续发展的非正规教育。公众所接受的关于可持续生存的知识可帮助他们创造和维持世界的可持续变革。（参考：马桂新：《环境教育学》第 205 页，北京：科学出版社，2007 年。王薛时）

可持续发展理论

Sustainable development theory

1980 年由国际自然资源保护联合会、联合国环境规划署和世界自然基金会共同出版《世界自然保护策略：为了可持续发展的生存资源保护》一书，第一次明确将可持续发展作为术语提出。此后，成立于 1983 年的世界环境与发展委员会，1987 年向联合国提出一份题为《我们共同的未来》的报告。报告对可持续发展的内涵做了界定和详尽的理论阐发，强调今天大大恶化的自然环境对人类持续发展的严重危害。1992 年 6 月在巴西里约热内卢召开的联合国环境与发展大会，是确立可持续发展作为人类社会发展新战略的具有历史意义的大会。会议通过的《里约热内卢环境与发展宣言》和《21 世纪议程》，第一次把可持续发展由理论和概念推向行动，可持续发展成为联合国有关发展问题的指导思想。对于可持续发展理论的定义，目前学界主要有以下几种：1. 从自然属性定义可持续发展。持续性概念最早由生态学家提出，即所谓生态持续性，生态学家将可持续发展定义为“保护和加强环境系统的生产和更新能力”，即可持续发展是不超越环境系统更新能力的发展。2. 从社会属性定义可持续发展。社会学家把可持续发展定义为“在生存不超出维持生态系统涵容能力的情况下改善人类的生活品质”，并提出人类可持续生存的基本原则，其中既强调人类的生产方式与生活方式要与地球承载能力保持平衡，又着重表明可持续发展的最终根基是改善人类生活品质、创造美好的生活环境。3. 从经济属性定义可持续发展。这类定义认为，可持续发展的核心是经济发展，但这里的经济发展已不是传统的以牺牲资源与环境为代价的经济发展，而是不降低环境质量和不破坏世界自然资源基础的经济发展。4. 从科技属性定义可持续发展。由于科学技术进步对人类社会发展起着十分重要的作用，故有学者认为，可持续发展是转向更清洁、更有效的技术，尽可能接近零排放的工艺方法，尽可能减少能源和其他自然资源的消耗。5. 布氏可持续发展定义。挪威前首相布伦特兰夫人在联合国世界环境与发展委员会发表的报告《我们共同的未来》中提出的可持续发展的概念：可持续发展是满足当代人的需求，又不损害子孙后代满足其需求能力的发展。这一概念得到大多数人的广泛接受和认可，在 1992 年联合国环境与发展大会上成为共识。（徐越）

可持续农业

Sustainable Agriculture

指采取使用和维护自然资源基础的方式实行技术变革和体制性变革，以确保当代人类及其后代对农产品的需求不断得到满足的农业。在总结有机农业、生物农业、石油农业、生态农业等替代模式，贯彻可持续思想的基础上产生。强调农业发展必须合理利用自然资源，保护和改善生态环境，在此基础上不断提高农业的生产水平和农民的收入水平，降低农村贫困比例，以使农业和农村经济得到持续、稳定、全面发展。1987 年在日本东京召开的世界环境与发展委员会第 8 次会议通过的《我们共同的未来》报告，第一次提出“可持续发展”的明确定义是“在满足当代人需要的同时，不损害后代人满足其自身需要的能力”。按可持续发展农业的要求，今后农业和农村发展必须达到的基本目标是确保食物安全，增加农村就业和收入，根除贫困，保护自然资源和环境。（李雪姣）

可持续消费

Sustainable Consumption

指提供服务以及相关的产品以满足人类的基本需要，提高生活质量，同时使自然资源和有毒材料的使用量最少，使服务或产品的生命周期产生的废物和污染物最少，从而不危及后代需要的消费方式（联合国环境署：《可持续消费的政策因素》，1994）。可持续消费的特征包括：1. 资源占有的公平性。这种公平性建立在把代际的利益与代内的利益放在一个层面上考虑的，尊重代际的资源的占有权，在消费中充分考虑代际公平使用因素，合理分配使用既有资源，这需要建立在自然科学对资源形成、分布、储量的科学分析与人口总量的合理分配上。2. 资源分配的公正性。资源本身的稀缺性、易耗性、分配不均衡性等对资源的分配影响颇大。只有注重资源分配的公正才能更合理地实现资源的可持续消费。可持续消费是针对不可持续消费对环境和发展所造成的巨大危害而言的。它不是介于因贫困引起的消费不足和因富裕引起的过度消费之间的折中，而是一种在可持续发展观引导下对传统消费观念变革的产物。可持续消费应“既满足当代的需求，又不危及后代满足其需要的能力”。可持续消费强调的是“需要”而不是“欲望”。欲望引导型发展观造成资源浪费和环境退化，需要引导型发展观将环境纳入经济分析主流，强调对消费主题进行最优化，以达到长期维持自然生态平衡（适度消费有限，不断改善生态环境）。因此，可持续消费要求人们的消费观念、消费行为、消费模式以及国家制定的消费政策，都要有利于环境保护和子孙后代的长远利益。在人与人之间的关系上，可持续性消费要求公平和公正消费，肯定代际之间、同时代的人都有追求高质量生活的权利。当代全球的每一个人与后代的每一个人都应该享有同等权利，任何人都不应由于自身的消费危及他人的生存和消费。当代人不应由于本代人的消费而危及后代的生存与消费。可持续消费是为可持续发展服务的。可持续消费是可持续发展的前提；可持续发展又为可持续消费提供可能的条件。（参考：杨家栋、秦兴方：《可持续消费：世纪之交人类共同面临的战略性研究课题》，《扬州大学学报》（社会科学版）1997 年第 1 期第 1 ~ 6 页；倪瑞华：《可持续消费：对消费主义的批判》，《理论月刊》2003 年第 5 期第 120 ~ 121 页；周梅华：《可持续消费及其相关问题》，《现代经济探讨》2001 年第 2 期第 20 ~ 21 页。**朱配辰　雷爱民**）

可持续性

Sustainability

指可以长久维持的过程或状态。在环境学领域，可持续性是指自然生态系统如何保持多样性和产出能力。英文的 sustainability 一词，出自拉丁语 sustinere，意为“维持、支持或忍受”。人类社会的可持续性，由生态可持续性、经济可持续性、社会可持续性三个相互联系不可分割的部分组成。作为意指环境、经济和社会三个方面持续发展的能力和趋势的术语，可持续性一词最早由英国学界提出（1972 年），随后为美国学界所采用（1974 年），此后出现在联合国文件中。1987 年世界环境与发展委员会在《我们共同的未来》报告中指出：可持续发展，是既满足当代人需求，又不损害后代人继续满足其发展的能力。20 世纪 80 年代以来，可持续性通常被理解为可持续发展。（**徐越**）

可持续性晴雨表评估指标体系

Evaluation index system of “sustainable barometer”

世界保护同盟（IUCN）与国际开发研究中心（IDRC）于 1994 年开始支持对可持续发展评估方法的研究，并于 1995 年提出可持续性晴雨表（Barometer of Sustainability）评估指标及方法，用于评估人类与环境的状况以及向可持续发展迈进的进程，该方法最初被称为“系统评估”，现在称“可持续性评估”或“福利评估”。该评估指标和方法建立的理论依据是，可持续发展是人类福利和生态系统福利的结合，将其表述为“福利卵”（Egg of Well-being）。即：生态系统环绕并支撑着人类，正如蛋白环绕并支撑着蛋黄；而且，正如只有蛋白和蛋黄都好时鸡蛋才是好的一样，只有当人类和生态系统都好时，社会才能是好的和可持续的。在这些假说的基础上，IUCN 福利评估指标和方法将人类福利与生态系统福利同等对待。首先确定需要测量的人类福利和生态系统福利的主要特征，然后选定这些特征的主要指标，最后将这些指标集成为指数。人类福利与生态系统福利两个子系统各包括 5 个要素方面，每个要素方面又有若干指标。人类福利子系统包括：健康与人口、财富、知识与文化、社区、公平等 5 个要素方面 36 个指标。生态系统福利子系统包括：土地、水资源、空气、物种与基因、资源利用等 5 个要素方面 51 个指标。10 个要素方面的 87 个指标被按同等权重平均而分别集成为人类福利指数（HWI）、生态系统福利指数（EWI）、福利指数（WI）和福利／压力指数（WSI，人类福利对生态系统压力的比率）。可持续性晴雨表评估指标和方法将结果以可视化图表形式表示，以人类福利指数作为横坐标、生态系统福利指数作为纵坐标，划分出 5 个坐标区域以反映可持续发展状况：可持续发展、基本可持续发展、中等可持续发展、基本不可持续发展、不可持续发展。（**牟世晶**）

可持续资本主义

Sustainable capitalism

又称绿色资本主义或生态资本主义。可持续资本主义是“浅绿”的社会政治理论，指自 20 世纪下半叶以来，面临日益严峻的全球性生态危机，一部分西方经济学者和社会政治学者提出，可以通过科学技术的发展和市场经济的不断完善创建能够实现可持续发展理念的资本主义制度。在其他激进学派如生态马克思主义看来，可持续资本主义不能从根本上解决资本与自然之间的对立关系，无法解决资本主义社会所固有的基本矛盾，无法克服资本的内在逻辑，因而难以真正实现可持续发展的理念与原则。可持续的资本主义是不可能的。（徐越）

《可可西里》

Mountain Patrol

电影艺术作品。华谊兄弟传媒股份有限公司出品，陆川执导，多布杰、张磊、奇道等主演，2004 年 10 月 1 日在中国内地上映。讲述记者尕玉和巡山队员为保护可可西里的藏羚羊和生态环境，与藏羚羊盗猎分子顽强抗争甚至不惜牺牲生命的故事。被称为一部关于信仰和生命的电影，在国内国际获奖，感动不少观众。这部电影带着绝对的淳朴和阳刚，被无限放大的生存和死亡的自然法则。影片没有用慷慨激昂的宣传台词向观众喊话，没有用常见的宣传语气台词，通过真实到令人窒息的画面和巡山队员朴实的话语，让观众感受到震撼。2004 年，获第 17 届东京国际电影节评委会大奖、第 41 届台湾金马电影奖最佳影片奖。（张惠娜）

可吸入颗粒物（**PM10**）

Inhalable Particles

大气污染物之一，又称 PM10。大气中悬浮颗粒物通常按颗粒物的粒径大小划分等级。一般用空气动力学当量直径表示粒径。总悬浮颗粒物（TSP）指空气动力学当量直径 <=100μm 的全部颗粒物（美国定义为 40pm）；PM10 是指空气动力学当量直径 <=10μm 的颗粒物，能通过呼吸进入人体呼吸道，沉积在呼吸道、肺泡等部位从而引发疾病。颗粒物直径越小，进入呼吸道的部位越深。通常大于 10μm 的粒子在重力作用下，以降尘的形式在较短时间内沉降到地面，小于 10μm 的粒子，能长期在大气中飘浮成为飘尘，对大气能见度影响很大。一些颗粒物来自污染源的直接排放，比如烟囱与车辆。另一些则是由环境空气中硫氧化物、氮氧化物、挥发性有机化合物及其他化合物互相作用形成的细小颗粒物。它们的化学和物理组成依地点、气候、季节不同而变化很大。对环境的有害影响还包括散射阳光、降低大气的能见度等，同时它在大气中还可为化学反应提供反应床，是气溶胶化学的重点研究对象，已被定为空气质量监测的重要指标。（韩铮）

可再生能源

Renewable Energy

水能、太阳能、风能、生物质能、地热能等。与常规能源不同，可再生能源采用新的开发技术和材料，几乎是取之不竭的，消耗后可以很快得到恢复和补充，具有可持续发展的特点。可再生能源产生的污染较少，对生态环境的保护具有积极的意义。可再生能源与新能源的内涵有一定程度的交叉，但可再生能源侧重于能源的可再生和可持续发展。（韩铮）

克里考特对大地伦理的发展

Callicott’s Development of the Land Ethic

利奥波德提出了大地共同体和大地伦理学概念。大地伦理扩大了共同体的边界，把土壤、水域、植物和动物等都囊括其中而形成新的共同体，把权利概念扩大到整个生态系统中去。他认为人类只是大地共同体的普通成员与公民，人类社会发生的所有历史事件，实际上都需要人类种群与大地发生生物性质的相互作用。大地伦理观点提出后受到不少批评。克里考特为大地伦理进行辩护，提出共同体环境伦理学。他以进化论、生态学和哥白尼的天文学研究作为理论基础，同时认为大地伦理最倚重的是生态学，生态学是大地伦理的根基。克里考特引进休谟和达尔文的情感主义伦理理论，把大地伦理学纳入西方伦理传统的框架之中，为环境伦理提供重要思考模型。克里考特通过解答休谟问题，在自然科学与伦理学之间、事实与价值二分之间提供解释思路，赋予大地共同体以内在价值。克里考特避开依赖于人类利益的人类中心主义论证，为非人类中心主义的环境伦理打开生态学的世界图景。（雷爱民）

克里斯托弗·费特斯

Christopher Fettes，1937 ~

爱尔兰绿党创始人，国际素食联盟和世界语协会的荣誉会员。生于英国肯特郡，在大部分职业生涯中，任教于都柏林的圣高隆学院。其间创立爱尔兰世界语协会和爱尔兰素食协会，担任欧洲素食联盟秘书长。1970 年获得爱尔兰国籍。1981 年创立爱尔兰生态党，即之后的绿党。作为生态党的候选人参加 1984 年欧洲选举，获得 1.9% 的选票，未能进入欧洲议会。多年来致力于推动绿色运动、环保事业与推广世界语。还曾担任爱尔兰红十字会负责人。1988—1996 年间，担任世界语协会的国际儿童夏令营的国际协调员。（王聪聪）

克里斯托弗·卢茨

Christopher Rootes

英国著名环境社会学家、政治学家。生年不详。肯特大学环境政治学和政治社会学教授、社会和政治运动研究中心主任，欧洲最大的政治学研究专业机构欧洲政治研究协会（ECPR）环境政治委员会主席。早年在昆士兰大学、耶鲁大学和牛津大学学习政治学、公共管理、历史、法律以及政治社会学，先后任教于肯特大学、新南威尔士大学、墨尔本大学。主要研究领域包括环境运动和非政府组织、绿党、环境抗议和新社会运

动。除关注跨国比较抗议和社会运动与政治参与外，还关注环境政策（涉及气候变化）的形成与实践。研究的主要视角是跨国比较研究，关注欧洲、澳大利亚和美国的跨学科研究。主要著作包括《西欧的环境抗议》(2003)《环境运动：地方、国家和全球》（1999）。长期担任《环境政治》主编和诸多期刊编委，如《动员与社会运动研究》《社会运动研究》《生态政治学》《加拿大社会学期刊》等。（徐越）

克林顿政府与里约环境发展大会

The Clinton administration and the Rio conference on environmental development

到 1992 年里约热内卢联合国环境与发展大会前，美国经历了 80 年代的里根、老布什执政时期经济优先于环境的指导性政策，已被认为是国际环境合作的阻碍力量。在 1992 年举行的联合国环境与发展大会上，当时的老布什政府为赢得总统大选，在环境保护与增加就业二者之间选择后者，拒绝联合国和其他发达国家提出的削减二氧化碳排放的倡议，甚至以不参加环境与发展大会相威胁，迫使提交大会的《气候变化框架公约》

条款中不包含具有实质约束力的内容，以保护美国生物技术为由，拒绝在《生物多样性公约》上签字。美国在里约热内卢联合国环境与发展大会的表现，让全世界爱护环境的人大失所望，美国国际声誉也受到严重影响。到1993年克林顿政府执政时期，美国的环境政策迎来转折。克林顿上台前就许诺要给美国一个真正的环境总统。在执政后，一改老布什时期的环境政策，倡导多边合作，积极参与到国家环境治理合作中。他提出5条对外环境政策措施：1. 美国在防止全球气候变化上必须成为世界的领头人而不是障碍，应像欧洲盟国那样提出把2000年时的二氧化碳排放量限制在1990年的水平上。2. 美国在寻求替代含氯氟烃和其他破坏地球上空臭氧层物质上必须成为世界的带头人。3. 积极保护地球生物多样性和森林资源。4. 美国政府和企业应鼓励发展中国家保护其环境资源。5. 与其他工业化国家一道同发展中国家密切合作，增加对计划生育的资助，控制世界人口增长。在第二任期内，克林顿在白宫气候会议上提出美国气候政策的4点原则：1. 气候变化的科学事实真实存在，气候变化的潜在影响已经明显。2. 各个国家应承担必要的减排责任，限制二氧化碳排放量。3. 美国必须承担起其全球责任，美国将利用灵活的市场机制改进技术。4. 发展中国家应与发达国家一起承担减排责任。总的来说，克林顿政府执政时期美国的环境外交成果较为突出，推出美国历史上第一部《环境外交报告》，积极关注全球变暖，签署《京都议定书》《北美自由贸易协定》《生物多样性公约》和《联合国海洋法公约》等，加大对外环境外交援助，签发关于环境正义的行政命令，鼓励美国企业促进“绿色技术”创新和出口等。由于各方面的制约，美国在全球气候变化等议题上的政治承诺并未完全兑现。（刘中华）

克罗地亚绿党

The Croatian Greens

克罗地亚绿党“绿色名单”（Zelena Lista），2005年创建。政治目标包括绿色政治、性别平等、同性恋权利、性别代表权等。2007年绿色名单第一次参加全国议会大选，在7个选区中得票率维持在0.3% ~ 0.7%之间。2009年萨格勒布地区的地方选举中获得萨格勒布市的14个议席，以及其他地区的5个议席。2009 ~ 2010年的总统选举中，绿色名单试图推举自己的候选人，最终归于失败。2011年大选中得票率未能突破1%。在政治舞台活跃8年后，绿色名单最终决定加入由米雷拉·霍利领导的克罗地亚可持续发展党（Zelena stranka）。可持续发展党2013年成立，是克罗地亚的绿色左翼政党。可持续发展党的主席是前环境部长、社会民主党的议员米雷拉·霍利（Mirela Holy）。她是党在克罗地亚第7届国会中的唯一议员。目前，可持续发展党拥有克罗地亚国会的1名议会席位，即戴夫·斯克莱克（Davor Škrlec）议员。2014年欧洲议会选举中，可持续发展党获得9.42%的选票以及1个欧洲议会席位。目前，可持续发展党是欧洲绿党的候选成员党，2013年10月通过基本纲领《可持续发展规划》阐述基本价值目标：致力于可持续的经济发展；尊重人权、自由和尊严，不分宗教、世界观、种族、民族和人种、年龄、性别、性取向、政治信仰和社会地位；保护环境；发展可持续的教育；应对气候变化，调整经济和社会发展模式；深化民主权利；平衡地方和国家发展，促进区域的可持续发展；保障家庭的基本权利；保障残疾人权利；保护动物权利；实现一切争端和冲突的非暴力解决方式。（王聪聪）

肯·康卡

Ken Conca

美国马里兰大学政府与政治学教授，“未来全球议程哈里森计划”项目的主要负责人。生年不详。代表作是主编论文集《沮丧的绿色星球：从斯德哥尔摩到约翰内斯堡的环境政治》（2011）。收录14篇论文，主要讨论全球化和环境变化；跨国积极分子网络；联合国环境规划署；环境冲突的联系（包括达尔富尔问题）；环境建设和平；关于绿化外国援助的争论；气候变化和人权之间的联系，等等。为读者提供理解与应对环境挑战的全球视角。（徐越）

肯尼亚绿带运动

The Green Belt Movement of Kenya

著名环保活动家旺加里·马塔伊在肯尼亚发起的植树项目。前身是1976年马塔伊的肯尼亚全国妇女理事会启动的名为“拯救土地”项目。肯尼亚国内贫困人口为获取燃料、开荒种地，肆意砍伐树木，导致森林资源减少，进而引发水土流失、水源污染、传染病蔓延、木材燃料缺乏等一系列问题。运动的目的是宣传和保护生物多样性，保护土壤，创造工作机会（特别是在农村地区），在社区中树立妇女积极的形象，并肯定她们的领导能力。整体目标是通过植树和可持续的管理活动提高公众对环保必要性的认识。1985年联合国环境署表彰这个项目，向全世界分享社区植树的经验；1986年成立泛非绿带网，植树运动和环保宣传超越肯尼亚国界。它在一定程度上改善环境，同时提高公众的环保意识；肯定妇女的能力，并提高妇女的地位；提供数量可观的就业机会，有利于社会稳定。（刘中华）

肯尼亚内罗毕气候大会

United Nations Climate Change Conference in Nairobi, Kenya

2006年11月《联合国气候变化框架公约》第12次缔约方会议（COP12）暨《京都议定书》缔约方第2次会议在肯尼亚首都内罗毕举行。这次大会取得了两项重要成果：一是达成包括《内罗毕工作计划》在内的几十项决定，以帮助发展中国家提高应对气候变化的能力；二是在管理适应基金的问题上取得一致，基金将用于支持发展中国家具体的适应气候变化活动。（席溢）

空寂

Open and Quiet

日本民族独特的美学范畴概念。空寂概念在成功吸收中国禅宗思想后形成。日本民族固有的自然条件、自然观以及植物美学观是日本民族审美空寂概念形成的土壤。中国禅意识的渗透是空寂形成的阳光和雨露。在这种土壤、阳光、雨露的共同培育下，日本民族审美的空寂美范畴得以萌芽和形成。空寂概念由于体现日本民族的审美理想，符合日本人的精神构造，最终发展成为日本民族审美的最高境界。自然条件是日本文化的摇篮，也是空寂产生的摇篮。人们生活在大自然之中，感悟自然风物，从中产生审美意识。日本人原始的空寂美意识的形成，取决于他们生活的自然环境。（参考：彭修银、邹坚：《空寂：日本民族审美的最高境界》，《华中师范大学学报》，2005年第1期第9～14页。王薛时）

空间规划体系

Spatial Planning System

生态文明建设的重要制度创新与改革目标之一。指针对不同区域、不同问题而制定的由经济、社会、生态等政策共同构成的地理表达，主要包括城乡建设规划、经济社会发展规划、国土资源规划、生态环境规划、基础设施规划等。城乡建设规划以《城乡规划法》为主要法律依据，是我国体系相对完善、管理比较规范、技术成熟、研究较多、公众与企业关心、实施措施相对有效的规划系列。发展专项规划具有较高权威性，其中国民经济和社会发展专项规划涵盖众多领域、涉及众多部门。主体功能区规划被确定为战略性、基础性、约束性的规划。国土资源规划系列由不同部门主管的关于国土资源开发、利用、保护等的各类规划组合而成。其中，国土规划仍处于研究和试点探索阶段；土地利用总体规划以《土地管理法》为法律依据，因相对成熟而具有重要地位。（张沥元）

空间生态学

Spatial Ecology

研究生物个体或种群在不同空间尺度上种群动态行为和相互作用的生态学分支学科，被大卫·提尔曼（David Tilman）称为“生态学最终的前沿”。最早关于空间生态学的研究可追溯到1935年生态学家高斯（Gause）关于捕食动态的研究，空间变量的引入为生态学研究开辟了新的领域，尤其是生境对种群生存的影响，因此空间生态学成为研究生境破碎化的重要理论基础。人类干扰导致的生态系统破碎化对于物种灭绝具有重要的影响，空间生态学打破了传统生态学所研究空间固定化的缺陷，将物种入侵、景观恢复、生物多样性、物种灭绝以及有效物种大小等问题放在空间尺度上来研究，受到了生态学界的重视。近年来，空间生态学发展迅速，其中集合种群生态学是该学科的最新发展，同时也是种群生态学和保护生物学领域中的重点发展学科，为保护破碎化生境中生物多样性等生态问题提供了理论和实践指导。（韩铮）

空气净化设备技术

Air Purification Equipment Technology

目前国内和国外的空气净化技术主要有紫外线、纳米光触媒和静电净化等。紫外灯技术是利用紫外线灯管发射短波紫外线来杀死细菌、病毒及其他微生物或者使其失去活性，可以用来对空气、水和物体表面进行消毒，其经济性高，已广泛应用于水处理、食品、饮料、酿酒等领域，以及医院等场所。纳米光触媒技术是利用二氧化钛在紫外光的照射下产生具有氧化分解能力的氢氧自由基和活性氧，进行强效杀菌，对常见的甲醛、氨和苯等结合物具有一定的降解作用。静电净化技术在国内已经有多年的应用经验，主要有平板电丝和蜂巢型两种形式。其他的室内空气净化技术还有物理吸附法、负氧离子净化法等。（韩铮）

空气污染

Air Pollution

指由于人类活动或者自然生态过程引起有害有毒物质进入空气当中，造成人类居住环境和自然环境受到污染和破坏，由此导致人体健康受损和自然环境污染的现象。目前已知可导致空气污染的物质大约100多种，按照其性状分为两大类，分别是气溶胶状态污染物质和气体状态污染物质。气溶胶污染物质主要包括悬浮物、粉尘、烟尘等；气体状态污染物质主要包括硫氧化物、氮氧化物、碳氧化物以及碳氢化合物，较典型的是二氧化硫、二氧化氮和二氧化碳等化学物质。引起空气污染的主要原因分为人为原因和自然原因。进入工业社会后的人为原因为是造成空气污染现象的主要原因。粗放的生产方式、低效的资源利用方式、交通运输事故造成的污染物质泄露等一系列原因，是引起空气污染的主要因素。空气中的污染物质不仅损害空气质量，当通过呼吸作用进入人体之后还会对人的生命健康安全造成巨大威胁。城市的空气污染现象尤其严重，城市生产和城市交通是引起空气污染的主要原因。城市中常见的空气有害物质为二氧化硫、悬浮颗粒和氮氧化物，吸入过量的有害物质有可能造成中毒、致癌、致畸，对人的呼吸道、消化道以及心血管产生极其恶劣的影响。（参考：窦晨彬：《空气污染健康效应的经济学分析》，西南财经大学2012年博士学位论文第22～32页。欧阳文川）

空气污染指数

Air Pollution Index

根据环境空气质量标准和各项污染物对人体健康、生态、环境的影响，将常规监测的几种空气污染物浓度简化成为单一的数值形式，将空气污染程度和空气质量状况分级表示，适合于表示城市的短期空气质量状况和变化趋势。空气污染的污染物主要有烟尘、悬浮颗粒物、一氧化碳、二氧化硫、二氧化氮、臭氧以及挥发性有机化合物等。目前，我国规定空气质量报告中必须监测的污染物有3项：二氧化硫、二氧化氮、可吸入颗粒物。API的取值范围定为0～500，分为6级，依次对应等级是：0～50，优；51～100，良；101～150，轻度污染；151～200，中度污染；201～300，重度污染；300以上，严重污染。（韩铮）

空气质量

Air Quality

判断空气质量的好坏一般依据空气中污染物浓度。空气污染是一个复杂的现象，人为污染物排放大小是影响空气质量的最主要因素之一，其中包括车辆、船舶、飞机的尾气、工业污染、居民生活和取暖、垃圾焚烧等。同时城市的发展密度、地形地貌和气象等也是影响空气质量的重要因素。根据《中华人民共和国环境保护法》和《中华人民共和国大气污染防治法》制定的《环境空气质量标准》，规定环境空气质量功能区划分、标准分级、主要污染物项目和这些污染在级别下的浓度限值等，是评价空气质量好坏的标准。按功能划分，一类区指自然保护区、林区、风景名胜区和其他需要特殊保护的地区；二类区指城镇规划中确定的居住区、商业交通居民混合区、文化区、一般工业区和农村地区；三类区为特定工业区。同时这三种地区分别执行不同的环境空气质量标准，一类区执行一级标准，二类区执行二级标准，三类区执行三级标准。我国现行空气质量划为优、良、轻度、中度和重度污染、严重污染等6级。（王晴晴）

空气质量日报

Daily Report of Air Quality

通过新闻媒体向社会发布的环境信息。可以及时准确地反映空气质量状况，增强人们对环境的关注，促进人们对环境保护工作的理解和支持，提高全民的环境意识，促进人们生活质量的提高。空气质量日报的主要内容包括：空气污染指数、首要污染物、空气质量级别、空气质量状况等。空气污染指数（Air Pollution Index，简称API）是将常规监测的几种空气污染物浓度简化成为单一的数值形式，并分级表示空气污染程度和空气质量状况。目前计入空气污染指数的项目主要为：可吸入颗粒物、二氧化硫、二氧化氮。空气质量日报用颜色表示空气质量级别和空气质量状况。一般情况下，绿色为空气质量指数在0～50，空气质量优等，各类人群可正常活动；黄色为空气质量指数在51～100，空气质量良好，但某些污染物可能对极少树异常敏感人群健康有较弱影响，极少数异常敏感人群应减少户外活动；橙色为空气质量指数在101～150，环境受轻度污染，儿童、老年人及心脏病、呼吸系统疾病患者应减少长时间、高强度的户外锻炼；红色为空气质量指数在151～200，环境中度污染，一般人群适量减少户外活动；紫色为空气质量指数在201～300，环境重度污染；褐红色为空气质量指数>300，环境严重污染，儿童、老年人和病人应停留在室内，避免体力消耗，一般人群避免户外活动。（石艳峰）

空气质量指数

Air Quality Index

定量描述空气质量状况的指标，用于大气环境质量评价以及污染控制和管理。2012年，中国颁布空气质量指数（AQI）代替空气污染指数（API）。通过监测某一段时间内PM2.5、PM10、一氧化碳、二氧化硫、二氧化氮和臭氧等对象的平均浓度，得到其各自的AQI值，最大的值即为当时的空气质量状况。空气质量按照空气质量指数大小分为6级，相对应空气质量的6个类别，指数越大、级别越高说明污染的情况越严重，对人体的健康危害也就越大，依次为0～50，优；51～100，良；101～150，轻度污染；151～200，中度污染；201～300，重度污染；300以上，严重污染。当PM2.5日均值浓度达到150微克/立方米时，AQI即达到200；当PM2.5日均浓度达到250微克/立方米时，AQI即达300；PM2.5日均浓度达到500微克/立方米时，对应的AQI指数达到500。（韩铮）

空调 26 度节能行动

Air Conditioning 26 Degrees of Energy Saving Operation

由北京地球村文化中心、世界自然基金、中国国际民间组织合作促进会、自然之友等非政府组织联合倡议发起的节能行为。行动建议在北京的夏季用电高峰时期（6 月 26 日 ~ 9 月 26 日），将空调温度设定不低于 26℃。空调 26 度节能行动的目标，旨在推动公众和产业界参与节能行动，共同改善我们的环境，对能源领域的可持续发展做出贡献。继 2004 年在北京开展 26 度空调节能行动取得成功后，2005 年夏中国民促会联合美国环保协会，在美国霍尼韦尔公司支持下，在上海、江苏、浙江三地发起长三角空调节能行动，也取得巨大成功。空调 26 度节能行动这一民间行动，得到官方肯定。2007 年 6 月国务院办公厅发布《关于严格执行公共建筑空调温度控制标准的通知》，明确要求所有公共建筑内的单位，包括国家机关、社会团体、企事业组织和个体工商户，除医院等特殊单位以及在生产工艺上对温度有特定要求并经批准的用户之外，夏季室内空调温度设定不得低于 26℃，冬季室内空调温度设置不得高于 20℃。这标志空调 26 度节能行动已正式纳入政府行政管理体系。（申森）

孔颜之乐

Confucius-Yanhui Spiritual Happiness

《论语》记载孔子对弟子说：“饭疏食饮水，曲肱而枕之，乐亦在其中矣。不义而富且贵，于我如浮云”。孔子评价弟子颜回时说：“贤哉回也！一箪食，一瓢饮，在陋巷，人不堪其忧，回也不改其乐，贤哉回也！”《论语》中孔子的自述和他对颜回的评价成为后世“孔颜之乐说”的思想来源。“孔颜之乐，所乐何事”是中国宋明理学家热切讨论的话题，通常认为孔子和颜回所乐为“道”。“道”非形下器物、事功名位。“道”指孔子常说的仁道，这种“道”被认为是合乎正义、利于个体人生、利于天下国家的生活准则和精神境界。孔颜之乐同时被认为是儒家安身立命所应该追求的，它是儒家圣贤之学所标明的境界外显。孔颜之乐是安身立命的目标和结果，也是圣贤境界得以彰显的标志。孔颜之乐问题是贯穿宋明理学的问题。孔颜之乐的境界使人获得与天地万物一体同乐之感。人与天地万物浑融一体是宋明儒者追求的理想境界，即自然、和乐、活泼、一体无隔的精神境界。（雷爱民）

孔子生态伦理思想

Ecological Ethical Thoughts of Confucius

孔子（公元前 551 年 ~ 公元前 479 年）为春秋战国时期儒家学派的创始人，古代杰出思想家、教育家和政治家。孔子思想的核心为“仁”与“礼”。“仁”学是以人为本的价值体系，一种人道主义，也表现为德性主义；“礼”是“仁”的外在体现，“仁”是“礼”的心理依据。孔子以“仁”和“礼”为核心的道德哲学中蕴含丰富的生态伦理思想。在生态自然观方面，孔子主张“敬天畏命”和“知天达命”。由于孔子时代文明程度较低，对自然的认知仍处于模糊状态，因此孔子主张对于不知道的事物不要任意猜测和行动，“不知为不知”。孔子要求“敬鬼神而远之”，即虽然不了解，但对于自然也应怀揣敬畏之心。孔子主张通过其他方式了解自然。他说：“尽其心者知其性也，知其性则知天矣”。对于具体的自然事物，孔子已经有保护资源的意识。他认为合理利用自然资源是治国理政的重要事务。他说：“山川之神足以纲纪天下，其守为神”。孔子指出要维护生态平衡，对于滥杀动物，他说：“丘闻之也，刳胎杀夭则麒麟不至郊，竭泽涸渔则蛟龙不合阴阳，覆巢毁卵则凤皇不翔。何则？君子讳伤其类也。夫鸟兽之于不义也尚知辟之，而况乎丘哉！”在生态伦理观方面，孔子将“仁”学扩展至自然事物，主张“仁人恤物”。《大戴礼记・易本命》中记载关于孔子生态道德的事例，“夫易之生人，禽兽、万物、昆虫，各有其生。或奇、或偶；或飞、或行，而莫知其情。”“王者动必以其道，静必以其理。

动不以道，静不以理，则自夭而不寿，妖孽数起，神灵不见，风雨不时，暴风水旱共兴，人民夭死，五谷不滋，六畜不蕃也。”可见对于自然事物和生命，孔子认为人应该在认识自己、调整好自己的前提下合理处理与它们的关系。孔子仁学思想反映其生态实践观。《礼记》中记载孔子将不尊重自然规律、不按时令伐树捕兽的行为视为不孝，并且他自己亲自实践“钓而不纲，弋不射宿”。这都表明孔子在实际生活中按照自然规律行事，维护生态平衡。（参考：陈红兵：《传统儒家、道家哲学生态观比较》，《管子学刊》2005年第4期第59～63页。欧阳文川）

《控制危险废物越境转移及其处置巴塞尔公约》

Basel Convention on the Control of Transboundary Movement of Hazardous Wastes and Their Disposal

简称《巴塞尔公约》，联合国环境规划署主持，1989年3月20～22日在瑞士巴塞尔召开会议并签署的控制危险废物越境转移及其处置的国际公约，是关于防止危险废物越境转移危害环境和人类健康的全球性国际公约。宗旨是加强世界各国在控制有害废物和其他废物越境转移和处置方面的合作，防止有害废物的非法运输和出口，更有效地保护全人类的健康与环境。《公约》由序言、29条正文和6个附件组成。规定如下控制措施：1. 通知制度。即拟进行公约管辖的废物越境转移时，出口国主管部门应将有关详细资料预先通知进口国、过境国主管部门，以便对这种转移的环境风险进行评价。2. 只有得到进口国和过境国主管部门的书面同意后，才能允许废物出口转移。3. 如果进口国无力对废物进行环境无害方式处置，出口国主管部门应拒绝出口。4. 缔约国一般不得允许向非缔约国出口或从非缔约国进口有害废物。（申森）

《控制危险废物越境转移及其处置巴塞尔公约》修正案

Basel Convention *Amendment on the Control of Transboundary Movements of Hazardous Wastes and Their Disposal*

本修正案在1995年9月22日由巴塞尔公约缔约国会议第3次会议通过。我国虽然签署该修正案，但尚未批准该修正案。本修正案新增添了序言部分第7段之二：“确认危险废物的越境转移，特别是向发展中国家越境转移，其危险率高，不能构成本公约对危险废物所规定的无害环境管理”。以及新的第4A条：1. 附件7所列每一缔约方应一律禁止向未列于附件七的国家越境转移预定按照附件4A的作业方式处置的危险废物。2. 附件7所列每一缔约方，应于1997年12月31日之前逐步减少，并自该日以后，一律禁止向未列于附件7的国家越境转移预定按照附件4B的作业方式处置的本公约第1条第1款（a）项所规定的危险废物。（代富宇）

苦咸水淡化技术

Brackish Water Desalination Technology

将苦咸水淡化为可以引用的淡水的技术。当水中各类盐的总浓度大于1000mg/L，通常称它为苦咸水。水的苦咸味道来自水中所含的各种盐类，当水中含有较多的硫酸镁和碳酸钙时，水呈苦涩味；当中含有较多的氯化钠时，水则呈咸味。饮用含有少量盐分的水对人体的健康是有益的，日常生活饮用的水，一般要求含盐量低于500mg/L或1000mg/L。如果长期饮用苦咸水，会对人体健康造成很多伤害；另外许多工业用水，根据工艺要求，对含盐量和硬度也有具体要求，不适宜直接用苦咸水做水源，需要进一步的淡化处理。苦咸水淡化的方法主要有蒸馏、电渗析、反渗透、纳滤、膜蒸馏、离子交换、冷冻、萃取等。前4种方法在生产应用中比较广泛，膜蒸馏、冷冻、萃取法大规模应用较少。1. 蒸馏法。蒸馏法是根据苦咸水中成分的不同沸点，加热使之沸腾蒸发，蒸汽冷凝成淡水的过程。主要方法有：多级闪蒸、多效蒸发、压汽蒸馏等。多效蒸发为30年代的海水淡化所广泛使用，但由于结垢和腐蚀等问题，停滞不前。70 年代，多级闪蒸被大量应用，技术成熟，但能耗高，难有突破性进展。多级闪蒸和多效蒸发适用于大型海水淡化。压汽蒸馏，是利用机械压缩机把蒸气压缩，使之升压和气温，并作为加热和蒸发的热源。无须外部热源，效率高，能耗低，且无须外加冷却水，结构紧凑。但压汽机造价高，容易腐蚀、结垢等缺点，限制进一步大型化的发展。2. 膜分离技术，包括电渗析、反渗透、纳滤、离子交换法。电渗析，是在直流电场作用下，离子透过选择性离子交换膜迁移，一部分水淡化，另一部分水浓缩，而使电解质离子从溶液中部分分离出来的过程。3. 纳滤。纳滤又被称作“低压反渗透”或“疏松反渗透（Loose RO）”。纳滤分离作为一项新型的膜分离技术，技术原理还不太成熟。它是借助外界能量或化学位差的推动，通过膜的渗透作用，实现对两组或多组分混合气体或液体进行分离、粉剂、提纯和富集的一种新方法。纳滤法在应用过程中存在膜污染的问题。4. 离子交换法。离子交换法是液相中的离子和固相中离子碱所进行的一种可逆性化学反应，是利用离子交换剂与溶液中的离子之间发生交换反应来进行分离的方法。当液相中的某些离子较为离子交换固体所喜好时，便会被离子交换固体吸附，为维持水溶液的电中性，所以离子交换固体必须释出等价离子回溶液中。离子交换法可用于高含盐、高硬度水的有效淡化。（参考：栾韶华等：《苦咸水淡化技术综述》，《四川环境》2010 年第 1 期第 97 ~ 99 页；李文明等：《苦咸水淡化技术现状及展望》，《甘肃科技》2012 年第 17 期第 76 ~ 80 页。**朱配辰**）

库兹涅茨曲线

Kuznets Curve

指描述收入分配随经济发展过程的变化状况的图像，在 20 世纪 50 年代由美国经济学家西蒙・库兹涅茨首次提出，故称为库兹涅茨曲线。用横轴表示经济发展的程度（以人均国民生产总值为指标），纵轴表示收入分配不平等程度的程度。它揭示的关系呈颠倒的 U 字形状，故称库兹涅茨曲线。它是假说，表明的含义是：在经济未充分

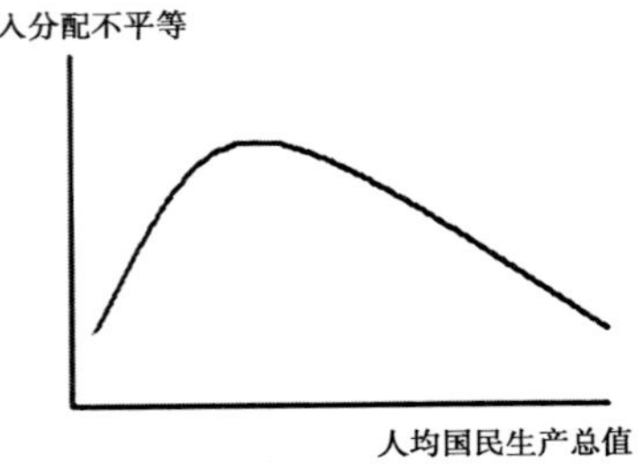

发展的阶段，尤其是在人均国民收入从最低上升至中等水平时，收入分配状况随经济发展而趋于不平等；其后，随着经济发展而逐步改善，经历收入分配暂时无大变化时期，到达经济充分发展的阶段，收入分配将趋于平等。（**蔡越**）

跨国环境合作

Transnational environmental cooperation

与国际环境合作的含义接近。跨国环境合作，是国际行为体基于共同的环境利益和对环境议题的共同兴趣而相互协调政策，为促进和实现共同利益、解决共同关注的跨国环境难题而进行的联合协调行为。为了共同的环境利益的实现，处于不同国家之内的行为体，需要政策协调，进行跨国合作。跨国合作的关键，是行为体在共同利益基础上的政策协调。跨国环境合作是国际合作的重要组成部分。20 世纪末期，随着环境问题的凸显、环境问题产生原因及其解决办法的无国界性，跨国环境合作日益凸显其重要性与紧迫性。面对共同的环境难题，各国政府或次国家政府之间不断进行协调与沟通。通过进行政策调整，协同行动，从而实现共同的繁荣和进步，这是跨国环境合作的途径和目的。共同利益的存在以及实现利益的需求，共同的发展战略考量以及共同的政治需要，是跨国环境合作的基石与前提。（**徐越**）

《跨国抗议和全球行动主义》

Transnational Protest and Global Activism

意大利政治学家多纳苔拉・德拉泡塔主编的

专题文集，发表于2005年。书中分析地方和全球的联结网络如何使全球政治运动在草根阶层上行动，反之亦然，作者运用当前跨国案例，从佛罗伦萨的欧洲社会论坛到阿根廷的人权运动再到英国的环境主义者，从布里斯托和格拉斯哥到墨西哥萨帕塔的运动网络，运用社会运动理论来论述全球范围内的新一轮抗议行动——跨国联合行动。书中首先论述扩散、国内化和内部化概念及过程，接下来具体分析跨国联合行动如何在近些年得以发展，

即环境变化、认知变化、关系变化等因素，然后提出其形式和机制的诸多假设，最后的案例部分由不同学者基于案例分析社会运动，特别是全球正义运动。具体而言，书中分析地方和国家层面冲突的全球视野，即全球正义议题如何影响地方和国家运动组织；第二部分涉及国内争议扩散到其他国家和国际层面的过程；第三部分分析争议政治的国际化的不同模式；结论部分涉及国际环境变化如何导致复杂国际主义、跨国争议议题。（徐越）

跨国社会运动组织

Transnational Social Movement Organizations

指跨越国家边界的社会运动或团体的国际性联合组织与网络。20世纪70年代，很多社会运动组织都较难实现一致性的跨国行动。此后，跨国社会运动组织得到长足的进展，环境领域的跨国社会运动组织已有17个。到2000年，这一数字达到167个。地球之友国际、亚洲人民全球行动、国际化学能源矿业工人联盟等，都是跨国性的社会运动组织。跨国社会运动和组织迅速发展的重要背景，是全球新自由主义或自由主义全球化的扩展。对这一迅速推进进程的反抗，成为跨国社会运动进行国际联合的重要驱动力。（王聪聪）

跨界河流污染

Trans-boundary river pollution

跨界河流污染是指同一流域而分属不同行政管辖区之间因水体移动带来的环境污染。同一水系往往会流经多个不同地区或者国家，不同地区，

尤其是水系上游地区对河流保护或者破坏的状况在很大程度上影响下游其他地区居民对河流的利用。因此，跨界河流污染问题是普遍性的跨地域的河流保护问题。跨界水环境污染问题的产生因素很复杂，有自然因素，也有人为因素。自然因素在于跨界污染源的相对分散，决定了治理污染工作难以做到协调统一。主要的人为因素是由于上游排污地区往往考虑眼前的经济利益，存有地方保护主义思想，不主动从根本上治污。由于缺乏对人类整体环境利益的考量，缺乏治污的责任感，在一些地区，处同一流域但分属不同行政区的上下游地区之间普遍存在跨界污染的纠纷。由于缺少统一的联合治污机制，上下游各自为政，治污脱节现象比较严重，经常引发群体性事件。（申森）

《跨界环境影响评价公约》

Convention on Transboundary Environmental Impact Assessment

1991年2月25日欧洲经济理事会在芬兰埃斯波签署的关于跨界环境影响评价的国际公约。目的是确立经济活动与其环境后果之间的相互关系，保证环境无害与可持续发展，因而特别在跨界环境影响评价方面促进国际合作，制订预防性政策以及防止、减轻和监测一般性显著的环境影响。《公约》共20个条款，界定跨界影响指全部或者部分发生于一个缔约方辖区内的拟议活动在另一个缔约方辖区内造成的任何影响。《公约》要求受影响缔约方有权参加环境影响评估，以及确保“通知受影响缔约方可能受影响地区的公众，规定可以对拟议项目提出意见或表示反对，并可以把这些意见或反对转交来源缔约方主管当局”。（申森）

《跨界水道和国际湖泊保护与利用公约》

Convention on the Protection and Utilization of Transdoundary Waterways and International Lakes

1992年由联合国欧洲经济委员会制定的国际公约，适用于联合国欧洲经济委员会成员国的所有跨界水体。试图为欧洲地区所有跨界水体的利用和保护，提供普遍适用的原则、规则和方法。为所有缔约国设立一项一般义务，即必须采取一切适当的措施以预防、控制和减少任何跨界影响，并要求各缔约国积极遵守这些义务。《公约》虽尚未生效，但代表着国际淡水资源利用和保护法律制度的最新发展，吸收20多年来国际环境法领域里很多重要的新原则、新思想和新方法，并试图将它们应用于保护欧洲的国际淡水资源。（申森）

跨媒体产业链

Cross Media Industry Chain

在传统媒体和新媒体之间的跨媒体经营和合作形成的技术经济联系。长期以来，传统媒体报纸、杂志、广播、电视之间壁垒分明，市场被行政区划分割成无数小市场，各种媒体都实行条块结合、以块为主的管理体制。无论是同类媒体还是不同媒体，都少有商业性合作。随着媒介产业化、市场化的深入，特别是网络媒体和手机媒体的出现，媒体之间的界限很快被打破。单一媒介已不适应多媒体时代信息传播和市场竞争的要求，多种传播形态增强媒体的整体传播能力成为传媒业的共识。传统媒体之间、新媒体之间、传统媒体和新媒体之间的跨媒体经营和合作案例越来越多，范围越来越广，规模越来越大，形成跨媒体产业链。（张惠娜）

跨媒体平台

Multimedia Fusion

跨媒体平台集电子书、语音书、视频书、手机书、软件智能书等多种数字出版形式，整合书评、书摘、书讯、书友、博客等多种互动阅读功能，针对读者对一本书的内容需求，提供全方位、多形式的跨媒体互动阅读解决方案。跨媒体平台的特征之一是旗下必须有用多个不同媒体的资源，且媒体资源必须有一定的规模。作为跨媒体平台，每个媒体都能够分别垂直或者横向覆盖一定的受众。虽然两类媒体，每类各一个也可以算跨媒体，但远发挥不出跨媒体平台的规模效应。平台内的媒体必须经过充分的整合。如果所有的媒体只是通过简单的参股或者控股方式获得，而没有将他们整合，只是平台内部资源共享、协同作战的话，充其量是个大的媒体机关，而不能算作一个跨媒体平台。跨媒体平台能利用信息的低边际成本，降低整个跨媒体平台用的内容成本。另外，跨媒体平台对广告主有额外吸引力。跨媒体平台越大，优势就越明显。（参考：张冀珍：《跨媒体平台：规模第一，整合第二》，《广告人》2008年第2期第171～172页。张惠娜）

跨区域（流域）生态补偿

Eco-compensation among the regions/watersheds

当一个区域的经济活动对其他区域的生态环境产生影响，导致区域间利益分配不均衡时，就需要区域之间的生态补偿机制，以协调和平衡区域基本公共服务。区域生态补偿是横向转移支付的优先领域，如西部地区与发达地区、省际之间、各主体功能区和生态功能区之间的生态补偿等。流域生态补偿以提高水系和集水区内的水质、水量为目标，调整流域内利益相关者之间的利益关系，实现流域内协调发展的补偿机制。流域生态补偿主要涉及跨省（国）的较大流域、涉及两三个省份的中尺度流域、省以下小流域中的利益相关者之间的生态补偿。（张沥元）

跨越卡夫丁峡谷

Leaping Over Caudine Forks

跨越卡夫丁峡谷，也叫跨越资本主义的卡夫丁峡谷或跨越论。卡夫丁峡谷（Kafdin Valley）一词，典出于古罗马史。公元前321年，萨姆尼特人在古罗马卡夫丁城附近的峡谷击败古罗马军队，强迫被俘的古罗马人从长矛架起的类似城门的牛轭下通过，借以羞辱战败的对手。此后，人们用卡夫丁峡谷来比喻灾难性的历史经历，意为耻辱之谷。无论是史学界还是马克思主义学界，卡夫丁峡谷均与“耻辱”一词密切相关。“跨越卡夫丁峡谷”作为术语，与马克思、恩格斯晚年对东方社会和世界历史的研究密切相关，用来隐喻资本主义社会所必然经历的、用剥夺方法和恐怖手段推行的充满耻辱意味的土地私有化过程。跨越卡夫丁峡谷，具体是指避免资本主义原始积累阶段，因土地私有化和集中化而造成的人民的苦难。

马克思曾经三次使用卡夫丁峡谷一语。第一次见马克思1881年3月8日《给维·伊·查苏利奇的信（初稿）》，第二次见《共产党宣言》1882年俄文版序言（译者为查苏利奇），第三次见1890年德文版序言。1881年2月16日，俄国劳动解放社马克思主义小组的社会活动家查苏利奇致信马克思，向他请教俄国农社的发展前景问题。查苏利奇信中说，马克思在《资本论》中论述了关于资本主义社会发展阶段、道路和前景的一般性规律，他们认为俄国农社的土地所有制必然会经历西欧发达资本主义国家所走过的私有化进程。既然资本主义原始积累阶段的土地私有进程使得“资本来到世间，每个毛孔都充满了血和肮脏的东西”，俄国能否避免重蹈西欧成熟资本主义国家资本原始积累阶段（特别是土地私有化进程中）的覆辙？这给查苏利奇造成了理论上的困惑。针对查苏利奇的“卡夫丁峡谷”之问，马克思恩格斯在合著的《共产党宣言》1882年俄文版《序言》和1890年德文版《序言》中，集中强调关于历史唯物主义的跨越。在1882年《序言》中，马克思、恩格斯指出：“《共产党宣言》的任务，是宣告现代资产阶级所有制必然灭亡。但是在俄国，我们看见，除了迅速盛行起来的资本主义狂热和刚开始发展的资产阶级土地所有制外，大半土地仍归农民公共占有。那么试问，俄国公社，这一固然已经大遭破坏的原始土地公共占有形式，是否能够直接过渡到高级的共产主义的公共占有形式？或者相反，它还必须先经历西方的历史发展所经历的那个瓦解过程呢？对于这个问题，目前唯一可能的答复是：假如俄国革命将成为西方无产阶级革命的信号而双方互相补充的话，那么现今的俄国土地公有制便能成为共产主义发展的起点。”资本主义原始积累阶段的土地私有化和集中化，必然会导致人们在资本主义的“耻辱之谷”中屈身而过，唯有以生产资料公有制（包括土地公有制）为基础的社会主义制度，才能成为共产主义发展的起点，才能保障人们过上有尊严的生活。

跨越论标志着历史唯物主义的最终确立。从内容上讲，历史唯物主义的基本原理认为：生产力和生产关系之间、经济基础和上层建筑之间的矛盾构成了人类社会发展的根本动力；人类社会发展的一般进程，是由低级向高级不断发展的，依次经历原始社会、奴隶社会、封建社会、资本主义社会和社会主义社会（共产主义社会）5种社会形态。从发展史角度讲，历史唯物主义的确立的关键标志有：1.1845年马克思、恩格斯在《德意志意识形态》中，第一次系统论述唯物史观的基本思想，阐述生产力与生产关系、经济基础与上层建筑的矛盾及其运动规律。2.1848 年马克思、恩格斯在《共产党宣言》中提出两个必然思想，即资本主义必将灭亡，社会主义必将胜利。3.1859 年马克思在《< 政治经济学批判 > 导言》中阐述人类社会基本矛盾的运动及其规律。“社会的物质生产力发展到一定阶段，便同它们一直在其中运动的现存生产关系或财产关系（这只是生产关系的法律用语）发生矛盾。于是这些关系便由生产力的发展形式变成生产力的桎梏。那时社会革命的时代就到来了。随着经济基础的变更，全部庞大的上层建筑也或慢或快地发生变革”，“无论哪一个社会形态，在它所能容纳的全部生产力发挥出来以前，是决不会灭亡的；而新的更高的生产关系，在它的物质存在条件在旧社会的胎胞里成熟之前，是决不会出现的”。4.1875 年马克思在《哥达纲领批判》中指出，共产主义是从资本主义社会中产生出来的。“我们这里所说的是这样的共产主义社会，它不是在它自身基础上已经发展了的，恰好相反，是刚刚从资本主义社会中产生出来的，因此它在各方面，在经济、道德和精神方面都还带着它脱胎出来的那个旧社会的痕迹。”5. 以跨越论为标志的唯物史观的最终确立阶段。马克思、恩格斯在晚年论证资本主义的卡夫丁峡谷必然性的一面，同时指出在世界历史中探讨后进国家或民族迈进社会主义的可能性和特殊性，进一步丰富和发展社会基本矛盾学说。（徐越）

矿产资源补偿费

Mineral Resources Compensation Fee

由 1994 年 2 月 27 日国土资源部发布的《矿产资源补偿费征收管理规定》首先提出，自 1994 年 4 月 1 日起执行。最新根据是 1997 年 7 月 3 日国务院第 222 号令发布的《国务院关于修改 < 矿产资源补偿费征收管理规定 > 的决定》。征收矿产资源补偿费，是为保障和促进矿产资源的勘察、保护与合理开发，维护国家对矿产资源的财产权益。在中华人民共和国领域和其他管辖海域开采矿产资源的从业部门及单位应按照规定缴纳矿产资源补偿费，用以保护国家矿产资源。（代富宇）

《矿产资源法》

Mineral Resources Law

见**《中华人民共和国矿产资源法》**。

矿区产业生态系统

Mining industry ecosystem，MIES

指把矿区产业视为生物圈的有机组成部分，在生态学、产业生态学原理指导下，按物质循环、生物和产业共生原理，通过对产业链横向和纵向系统优化耦合形成的高效率、低消耗、无（低）污染、经济增长与生态环境相协同，具有和谐生态功能的网络型、进化型产业，最终达到减少环境负担，获取经济和环境双重效应。矿区产业生态系统是囊括煤矿、煤炭企业、企业群落、矿区等层次，涉及经济、技术、组织、管理、社会等多个维度，以追求经济、生态、社会价值综合最优，最终实现区域持续发展为目的有机整体。煤炭产业生态链的构建是矿区生态系统的核心，是实现经济、环境、生态价值的重要载体，是矿区产业生态系统呈现生命力的关键。矿区产业生态系统由生命系统及其支持系统所构成。生命系统由基于煤炭资源清洁开发与加工利用的企业群落为主体，与煤炭相关发展起来的电力、煤化工产业、土地生态恢复和景观塑造发展及农林企业群落以及市场用户等构成。矿区产业生态系统的建立包括 3 个流程：1. 物质能量循环流程。处于产业生态链的企业之间转为投入产出的链接构成各种投入--中间品（煤炭）—煤炭加工转化产品、废物的循环链。2. 价值创造流程。处于产业生态链上的煤炭开采、加工转化、下游等企业分别承担不同的价值创造功能，并通过它们之间的分工合作，共同向用户提供价值，实现煤炭产品的价值增值。3. 信息流程。信息流沿着价值链的逆向流向上游企业群落，对产业生态链上物流的流速、流向进行调节，实现物流的循环优化。矿区生态系统的构建强调整个系统按照自然生态系统生产、消费、分解、再生产、再消费、再分解的物质、能量循环机制产生的相互作用而形成循环，物流循环是基础，价值流是物流的价值表现，信息流引导物流。只有三种流都有序流动，才能实现矿区生态的蓬勃繁荣，使得整个矿区呈现出生命活力。（参考：赵界欢：《构建可持续发展的矿区生态产业共生体系》，《中国煤炭》2005 年第 7 期第 22 ~ 23 页；席旭东：《基于矿区可持续发展的生态产业共生体系构建》，《矿业安全与环保》2006 年第 3 期第 65 ~ 66 页。朱配辰）

矿区生态重建

Ecological Reconstruction of Mining Area

指对开发、开采后的矿区进行环境生态的恢复和重建。我国矿区生态重建始于 20 世纪 60 年代，主要在采矿造成的 4 种破坏类型上进行。这 4 种主要的破坏类型是：露天采矿场、废石场（排土场）、尾矿场（包括采煤中产生的矸石山）和地下开采造成的塌陷区。1. 露天矿区的生态重建有 4 种重建模式：1）以农林利用为重建目标的农林重建模式，即将采空区充填，平整覆土用于农林利用。根据采空区充填物质的不同，又将其分为剥离物充填、泥浆运输充填和人造土层充填 3 种重建类型。2）以发展旅游、渔业开发、水源地、污水处理池为重建目标的蓄水重建模式。3）挖深垫浅、综合利用的重建模式。4）露天采矿场边坡以天然植被恢复和人工促进植被恢复的重建模式。人工促进植被恢复的方法有人工补给种源、为创造落种条件进行边坡处理等。2. 废石场（排土场）的生态重建，以农林利用为主，使用的植被恢复技术有废石场（排土场）稳定技术，在排土场的边坡建立生物防护体系；在排土工艺上，采取排土末期进行堆状排土；在排土场平整时，根据重建的目标不同，平整为不同的坡度。排土场土壤改良技术，有直接覆盖土壤法和生物改良法。覆盖土壤法即在排土场的表面覆盖一层土壤。3. 尾矿场的生态重建，内容包括尾矿场土壤的改良、植物的筛选与种植以及配置模式的选择。由于尾矿的机械组成单一，持水持肥力差，pH 呈酸性、碱性，且含有过量的重金属及盐类，对植物的生长定居不利。一般对于呈酸性的尾矿，用石灰中和；对呈碱性的尾矿，用石膏、氯化钙作调节剂；对含毒重金属的尾矿，采用铺盖隔离层、覆土的方法。4. 矸石山生态重建。矸石山是煤炭采矿和选矿中产生的废石堆积而成的，也可以作为尾矿的一种。矸石山生态重建以人工绿化为主。目前主要的植被恢复技术有矸石山整地和侵蚀控制技术、酸性矸石山改良技术、覆土技术、矸石山种植技术。5. 塌陷区的生态重建。塌陷区生态重建的目标有农业、建筑、水域（鱼塘、公园、水库等。（参考：白中科等：《试论矿区生态重建》，《自然资源学报》1999 年第 1 期第 36 ~ 42 页。朱配辰）

昆明思得瑞自然资源可持续发展研究院

Kunming EarthWatch Institute for Sustainable Development of Natural Resources

在云南昆明的民间科技人员在 2003 年 6 月组成的非政府组织。源于爱护我们的家园、关注社区可持续发展、参与环境保护、关怀土著居民生存和发展变化、提高生活水平的创意，致力于可持续发展及相关议题的相互理解、对话与合作，发展信息、教育、政策宣传等领域的合作；吸引各地非政府组织或志愿者，参与西部地区有关发展议题的讨论。建立非政府组织机构资料库，就发展教育、研究、信息、公共意识和宣传活动提出设计和执行建议；参与各机构在西部发展领域的建设与多边组织的关系等问题的研究、召开会议和出版著作。已完成主要项目：1. 云南省环境与扶贫项目；2. 迪庆香格里拉县林下非木材资源可持续发展；3. 云南省宁蒗县泸沽湖的可再生能源利用；4. 云南省昌宁县环境与扶贫可再生能源项目等。密切关注西部地区的可持续发展议程，目前的优先领域是：环境与发展，林下资源的可持续利用技术和推广应用，妇女地位及教育，可再生能源的利用和推广应用，地方区域的扶贫与经济发展，设立基金会等。（席溢）

L

垃 拉 莱 蓝 狼 劳 老 乐 勒 雷 冷 里 理 历 立 丽 利 联 梁 粮 两 辽 廖
林 灵 羚 零 另 刘 流 硫 六 龙 垄 卢 鲁 陆 鹿 路 伦 论 罗 逻 洛 吕 绿

垃圾处理

Garbage Disposal

我国目前常见的垃圾处理方式主要有填埋、堆肥处理和焚烧。1. 垃圾填埋目前是我国垃圾处理，特别是固体垃圾处理的最主要的方式。垃圾填埋处理占用大量农田和土地，其中液体垃圾渗透到深层土壤中带来二次污染，毁坏大量田地。随着经济的发展和垃圾其他处理技术的替代，垃圾填埋的比重将会有所下降。2. 堆肥处理。堆肥是处理与利用垃圾的方法，是利用垃圾或土壤中存在的细菌、酵母菌、真菌和放线菌等微生物，使垃圾中的有机物发生生物化学反应而降解（消化），形成一种类似腐殖质土壤的物质，用作肥料改良土壤。垃圾堆肥技术在中国农事活动中早有应用，作为科学研究探讨此法始于 1920 年。由于其无害化程度较高、减量化效果较为明显、可以最大限度地实现生活垃圾处理资源化的特点，在我国目前经济条件下得到广泛应用。3. 垃圾焚烧。垃圾焚烧是传统处理垃圾的方法，现代各国相继建造焚烧炉，垃圾焚烧法已成为城市垃圾处理的主要方法之一。近年来，垃圾焚烧法在国内外已开始进入萎缩期。目前有超过 15 个国家和地区通过对焚烧垃圾的部分禁令。利用焚烧余热进行发电是最主要的资源化利用方式，日本共有垃圾发电设备 117 套，总发电能力 45 万千瓦。一些国家利用焚烧余热进行城市或社区的供暖及供冷，在法国巴黎市的 4 个垃圾焚烧厂处理全年 170 万吨垃圾，可产生相当于 20 万吨石油能源的蒸汽，供全市使用。在我国个别城市所建造的小型垃圾综合处理厂中，将焚烧余热作为垃圾制肥的干燥热源加以利用。我国垃圾焚烧处理面临的问题：1. 垃圾成分复杂，稳定性差，造成焚烧不稳定。垃圾的成分复杂多变，垃圾的几何形状千差万别，很难像化石燃料那样能明确掌握其化学组成、物理特性和几何形状，以控制其燃烧状况。另外，季节、气候、节假日等因素都会影响垃圾的稳定性和均匀性，同时垃圾在短期内容易腐败和发酵降解，产生大量水分和恶臭，垃圾的形态发生变化，焚烧困难。因此垃圾焚烧必须及时。2. 焚烧处理的设备费和运行费用高。与填埋和堆肥比较，焚烧处理垃圾设备投资费和运行费均较高，目前现有和正在筹建的垃圾焚烧处理厂大多引进国外的技术和设备，昂贵的设备费和运行费大多数地区无法承受，限制了焚烧法处理垃圾的发展。3. 焚烧处理垃圾产生废气成分复杂，治理有一定的难度。垃圾在焚烧过程中会生成二氧化碳、氮氧化合物、硫化氢、氢氯酸、重金属、飞灰及有机氯（如氯化二苯并二噁英、氯化二苯并呋喃等）污染物。对废气净化系统技术水平、结构、净化效率和运行的管理等要求高，运行成本也相应提高，为焚烧废气的治理带来一定困难。（参考：吕志刚：《我国城市生活垃圾焚烧处理的宏观环境因素分析》，《特区经济》2010 年第 10 期第 296 ~ 298 页。**朱配辰**）

垃圾发电

Garbage Power

实现垃圾减量化、无害化、资源化的新兴能源技术。通过特殊工艺，实现垃圾的综合利用，不仅可以解决垃圾堆积成山的状况，同时可以回收利用垃圾中的能量，节约不可再生资源，补充电能的不足。常见的垃圾发电方式有生化法、焚烧法和气化发电。1. 将垃圾卫生填埋，回收填埋场沼气，以沼气为燃料燃烧发电。2. 直接以垃圾为燃料，焚烧垃圾发电，将焚烧产生的热能转化成电能。3. 直接将垃圾制成可燃气体作为燃料进行发电，垃圾气化技术有熔融气化、热解气化、反火气化等。垃圾发电是有效处理垃圾，缓解电力紧张，减少环境污染的重要途径，是垃圾处理的重要发展方向。（**韩铮**）

垃圾分类

Garbage Classification

指按一定规定或标准将垃圾分类储存、分类投放和分类搬运，从而转变成公共资源的一系列活动的总称。垃圾分类的目的是提高垃圾的资源价值和经济价值，力争物尽其用。垃圾在分类储存阶段属于公众的私有品，垃圾经公众分类投放后成为公众所在小区或社区的区域性准公共资源，垃圾分类搬运到垃圾集中点或转运站后成为没有排他性的公共资源。根据垃圾的成分构成、产生量，利用和处理方式，将垃圾分为 4 种：1. 可回收垃圾：即可以再生循环的垃圾，包括本身或材质可再利用的纸类、硬纸板、玻璃、塑料、金属、人造合成材料包装，与这些材质有关的如：报纸、杂志、广告单及其他干净的纸类等皆可回收。这些垃圾通过综合处理回收利用，可以减少污染，节省资源。2. 厨房垃圾：包括剩菜剩饭、骨头、菜根菜叶、果皮等食品类废物，经生物技术就地处理堆肥，每吨可生产 0.6 ~ 0.7 吨有机肥料。3. 其他垃圾：主要是医疗垃圾和干垃圾。医疗垃圾包括带血的棉签、手术刀等含病毒垃圾。这种垃圾需要特殊处理，消毒后才可以进行填埋处理。干垃圾包括盛放厨余果皮的垃圾袋、废弃餐巾纸、尿不湿、清洁灰土、污染较严重的纸、塑料袋等。4. 有毒有害的垃圾，指含有对人体健康有害的重金属、有毒的物质或者对环境造成现实危害或者潜在危害的废弃物。包括电池、荧光灯管、灯泡、水银温度计、油漆桶、家电类、过期药品、过期化妆品等。如果电池被焚烧处理，会导致爆炸；荧光灯管、灯泡和上述的电池一样，辐射也较大；水银更为危险，属有毒物质。这些垃圾一般使用单独回收或填埋处理。（参考：孙晓杰、张洪涛：《我国城市生活垃圾收集和分类方式探讨》，《环境科学与技术》2009 年第 10 期第 200 ~ 202 页；蔡林：《垃圾分类回收是根治垃圾污染和发展循环经济的必由之路》，《中国资源综合利用》2002 年第 2 期第 9 ~ 13 页。**朱配辰**）

垃圾收费政策

Garbage Charging Policy

对生活垃圾及生产垃圾的排放和处理过程实

行收费的政策。主要包括用户收费、使用者付费和产品收费。用户收费指使用者为使用某一具体的环境设施而付费；产品收费是针对某些产品收费，收费所得的款项用于指定的环境目的，对即将产生的潜在的环境危害收费。（代富宇）

垃圾填埋场

Landfill

卫生填埋方式下的垃圾集中堆放场地。根据工程措施是否齐全、环保标准能否满足为标准，可分为简易填埋场（IV 级填埋场）、受控填埋场

（III 级填埋场）和卫生填埋场（I、II 级填埋场）3 个等级。垃圾填埋场的选址和运行过程中产生的问题成为垃圾填埋的关键。目前，国际上通行的垃圾无害化处理有：卫生填埋、堆肥和焚烧。其中卫生填埋具有处理量大、操作工艺简单、运费低廉等优点，被大多数国家采用。垃圾填埋依然是我国大多数城市解决生活垃圾的主要出路。（韩铮）

拉尔夫 · 纳德

Ralph Nader，1934 ～

美国传奇性的政治家、作家、律师。生于康涅狄格州的温斯特德，被誉为“现代消费者运动之父”，曾被《时代》杂志评为 20 世纪最有影响力的 100 人之一。同时还是美国政坛的“政治搅局者”，曾 5 次参加美国总统大选。毕业于普林斯顿大学和哈佛大学，曾任教于美国高校。由于对消费者保护、人权、环境主义和民主政府领域的关注，积极投身消费者权益保护和环保运动中。1965 年出版著作《任何速度都是不安全的：美国汽车设计埋下的危险》。20 世纪 60 年代努力提

高美国消费者保护意识，呼吁政府规范工业生产。美国政府在 1966 年 9 月通过《国家交通及机动车安全法》，即著名的汽车召回制度。因此被看作汽车召回制度的创始人。积极投身政治运动，被称为“搅局高手”，曾在 1992 年参加美国总统大选，以绿党候选人身份参加 1996 年和 2000 年的总统大选。在 2004 年和 2008 年总统大选中以独立候选人的身份再次参选。2006 年美国推出纪录片《不可理喻之人》，追忆他从理想化的消费者权益倡导者成长为总统候选人的传奇经历。（王聪聪）

拉卡托斯

Imre Lakatos，1922 ～ 1974

20 世纪中后期著名科学哲学家，库恩科学哲学思想的重要继承者和发展者。1922 年出生于匈牙利的犹太家庭，1956 年因政治原因逃亡西方，先后在维也纳、剑桥大学学习，60 年代起任教于伦敦经济学院，发表诸多的学术论文和著作。最有影响力的著作是他与马克格雷夫共同编辑的《科学哲学问题》和《批判与知识的增长》。此外，编著《数学哲学问题》（1967）《归纳逻辑问题》（1968）。剑桥大学 1976 年出版对话体著作《证明与反驳——数学发现的逻辑》，是他的博士论

文的增改本。在20世纪科学哲学的发展中，一方面修正波普尔的批判理性主义，提出精致的证伪主义；另一方面，强调对科学史的哲学研究，提

出自己关于科学研究纲领的方法论思想。在最初的研究中，以数学研究为切入点，认为在数学方法中存在启发法，但是很快就改进自己关于科学哲学的看法，将证伪主义分为三种：教条式的、方法论的和精致的。拉卡斯托认为科学理论不仅同样是不可证明的，并且同样都是不可否证的。为避免彻底的怀疑论，提出约定主义的证伪主义。历史地说，拉卡斯托的科学研究思想在20世纪70～80年代在英美哲学中产生很大影响，在一定程度上推动科学哲学中历史学派的发展。（参考：叶秀山、王树人总主编：《西方哲学史》学术版江怡主编第八卷《现代英美分析哲学》下第692～699页，南京：江苏人民出版社，北京：人民出版社，2011年。朱配辰）

拉里 · 劳丹

Larry laudan，1941 ～

当代美国著名科学哲学家，新历史学派的代表人物。1941年出生于美国德克萨斯州的奥斯丁，1965年在普林斯顿大学获得哲学博士学位，随后执教于伦敦大学、匹兹堡大学、弗吉尼亚工学院和夏威夷大学，2000年至今担任墨西哥国立自治大学的高级研究员。1993～1995年期间担任美国哲学联合会太平洋分会主席。主要致力于科学哲学和科学史研究，主编《匹兹堡科学哲学与科学史丛书》在当代西方哲学界有很大影响。主要著作包括：《进步及其问题》（1977）《科学与假设》（1981）《科学与价值》（1984）《科学与相对主义》（1990）等。劳丹将科学理论所要解决的问题分为两种：经验型和概念型。经验型问题指那些并非自然界直接基于确凿材料的那些问题，而是有关自然界对象但是渗透理论假设的问题，因此，经验问题并非单纯的事实问题，而是从某种背景出发，以某种概念框架透镜提出的事实问题。概念性问题指由理论显示的问题，即依附于理论而存在的问题，是关于概念结构的充足理由较高级的问题。劳丹认为虽然对内在概念问题的解决通常被看作是科学进步最重要的方式之一，但是更为重要的是对外在概念问题的解决，这是解决科学整体进步的关键。（参考：叶秀山、王树人总主编《西方哲学史》学术版江怡主编第八卷《现代英美分析哲学》下第706～714页，南京：江苏人民出版社，北京：人民出版社，2011年。朱配辰）

拉马昌德拉 · 古哈

Ramachandra Guha，1958 ～

世界著名的印度环境主义研究学者，印度社会史、政治史和环境史学者。先后在加州大学

伯克利分校、耶鲁大学、斯坦福大学、印度环境科学院等任教。认为环境主义不仅是对大自然景

观的文学欣赏和生物物种的科学分析，还是一种社会蓝图，行动纲领是为保护动物栖息地并防止退化，创造出破坏性较低的技术和生活方式。全球环境主义的第一波始于第一次工业革命，第二波诞生于20世纪60年代。主要著作包括《生态环境与公正》（1995，与 Madhav Gadgil 合著）《喧嚣的森林：喜马拉雅地区的生态变化和农民抵抗运动》（1989）《环境主义：一部全球史》（2000）等。早期研究秉承马克思主义，随着对抱树运动研究的深入，开始专注对印度森林史的研究。撰写的《印度现代史》从政治、经济、外交、文化等各方面探讨印度现代社会变迁。打破西方国家在环境史话语体系中的垄断地位，立足于印度历史与现实，将印度民主问题和环境问题结合起来分析，对发展中国家的环境史研究有重要借鉴意义。（徐越）

拉尼娜现象

La Niña Phenomenon

指太平洋中部和东部表层海水温度持续降低的现象，通常伴随在厄尔尼诺现象之后出现，与热带洋流和大气运动有关。拉尼娜（La Niña）在西语意为“圣女”，因为其与厄尔尼诺现象相反，又称为“反厄尔尼诺”或“冷事件”。当东北和东南信风增强，太平洋东部和中部表层温暖的海水被吹向赤道西太平洋，东部深层冷海水上翻加剧本地区表层水温降低，西部暖气流上升运动加强信风循环，从而引发拉尼娜现象。拉尼娜现象带来的气候影响与厄尔尼诺现象引发的相反，但引发的影响没有厄尔尼诺现象强烈，通常导致西太平洋区域降水增多，甚至引发台风和热带风暴，东太平洋地区出现干旱。并不是每次的厄尔尼诺现象之后都伴随着拉尼娜现象，随着全球气候变暖，拉尼娜现象发生的频率逐渐降低。（韩铮）

拉尼斯－费模式

Ranis — Fei model

1961年费景汉（John C. H. Fei）和古斯塔夫·拉尼斯（Gustav Ranis）先后发表《经济发展的一种理论》《劳动剩余经济的发展——理论和政策》《开放二元经济的发展和增长的一种模式：台湾和朝鲜的实例》等论著，将刘易斯模型一般化、公式化和数量化，形成著名的拉尼斯－费模式。该模式以不发达国家经济部门的划分为基础，把双元经济结构的演变分为三个阶段。拉尼斯－费模式与刘易斯模式一样，难以说明当代发展中国家经济发展过程，但同时又为我们提供可以借鉴和值得思考的问题。（代富宇）

拉塞尔·戴尔顿

Russell Dalton

美国著名政治学家、密歇根大学政治学教授，1978年获得密歇根大学政治学博士学位。研究领域为发达工业社会的政治变化、民主化和民主理论、比较政治行为、政党和政治文化研究。主要著作包括《民主的挑战与选择》（2004）《公民政治》（1996）等。早期著作侧重于分析德意志联邦共和国建立后的民主转型，以及德国的政治、公意和选举。后转向绿色政治运动、女权主义组织和其他社会运动等对西方民主政治影响的议题，如比较美国、英国、法国和德国的政治行为，以及分析当前民主社会中的公民身份。在20世纪90年代第三波民主化浪潮的背景下，开始关注民主化进程中的公民角色、公民态度等。当前致力于研究美国或其他发达工业民主国家的公民身份规范的变化，如选举政治等。（徐越）

拉斯韦尔传播三功能说

Harold Dwight Lasswell's three functions for communication theory

美国政治学家哈罗德·拉斯韦尔（Harold Dwight Lasswell，1902 ~ 1978）1948年在传播学控制研究、内容分析、媒介研究、受众研究和效果研究5个基本内容的基础上提出。拉斯韦尔认为，传播具有环境监视功能、社会协调功能和文化传承功能，奠定传播功能理论基础。在他看来，

大众传播对社会的发展起到环境监视的功能；大众传播能执行联络、沟通、协调社会各组成部分

的社会协调功能；大众传播是社会文化遗产代代相传的重要保证，具备文化传承功能。（张惠娜）

拉脱维亚环境教育

Environmental Education in Latvia

现今拉脱维亚共和国的教育系统以 1991 年的教育法为基础建立起来。教育部对官方教育系统负责，同时也与新建的私立学校合作，而各地的学校委员会则对实际事务具有独立的决定权（包括管理和经济事务）。环境教育仍不具有官方的合法地位或被认可。在传统上，小学学生（1 ~ 4 年级）开设“自然研究”课程，而超过这个阶段的任何环境教育活动则全部来自于教师的个人兴趣——主要是生物、化学和物理教师。梅扎（Meza）曾报告过对拉脱维亚小学校的调查结果，有 90% 的教师认为应该在课程中加入更多的环境教育内容，而且应作为一门交叉学科予以对待——主张组织诸如远足、野营和短途旅游等等。1994 年之后，《环境教育概念草案》在全国指导方针的发展中得以应用。在这一纲领文件中，环境教育被定义为交叉学科教育课程。（[英]帕尔默著，田青、刘丰译：《21 世纪的环境教育：理论、实践、进展与前景》第 240 页，北京：中国轻工业出版社，2002 年。王薛时）

拉脱维亚绿党

Latvijas Zal ā partija

拉脱维亚的主要环境政党，1990 年成立。在拉脱维亚独立后的 1993 年与 1995 年大选中，分别有 1 名和 4 名成员当选。1993 ~ 1998 年进入全国政府，成员尹杜里斯·埃姆希斯（Indulis Emsis）担任政府环境部长。1998 年拉脱维亚议会大选中，绿党获得 2.3% 的选票，丧失议会代表权。2002 年议会大选中，与拉脱维亚农民联盟组建“绿党与农民联盟”，获得 3 个议席。随后，联盟加入中右政党组成的政府联盟，分得 3 个部长席位。莱蒙德斯·韦约尼斯（Raimonds V ē jonis）出任联盟政府的环境部长。2006 年议会大选中，作为绿党与农民联盟的一部分，赢得 4 个议会席位，继续加入由中右的人民党、拉脱维亚优先党、祖国与自由党组成的四政党执政联盟。在 2010 年、2011 年以及 2014 年的议会大选中，分别获得 4 个、4 个和 6 个议会席位。不同于其他绿党，拉脱维亚绿党在政治光谱中，经常被看作是中右政党，目前是欧洲绿党的成员党。（王聪聪）

拉脱维亚绿色运动

The Latvian Ecology Movement

成立于 1986 ~ 1987 年间，是苏联地区最早出现的环境团体之一。20 世纪 80 年代中期，拉脱维亚政府在达格瓦（Daugava）河上修建水电站的项目，引起国内极大争议，一些科学家、地理学家以及其他社会阶层人士一起建立拉脱维亚绿色运动，反对政府的这一水电站项目。这一时期拉脱维亚由于石油开采、造纸厂、采矿等工业的发展，造成里加湾严重的环境污染和生态破坏。这成为拉脱维亚绿色运动迅速壮大的重要原因。拉脱维亚绿色运动组织参与很多生态抗议运动，

大多数获得成功。（王聪聪）

莱恩哈德·布迪科弗

Reinhard Bütikofer，1953 ～

德国联盟90/绿党的重要政治家。曾担任德国联盟90/绿党主席，目前是德国联盟90/绿党在欧洲议会的代表。1984年步入政坛，曾任职于

海德堡市议会、巴登—符腾堡州议会。1998 ～ 2002年期间担任德国联盟90/绿党的联邦秘书长；2002 ～ 2008年期间担任联盟90/绿党主席、联盟90/绿党联邦执委会委员。从1999年至今，活跃于欧洲议会，一直担任欧洲议会议员。2014年起担任欧洲议会欧盟—中国关系代表团的副主席，工业、科研与能源委员会、欧盟—美国关系代表团的成员。2012年开始担任欧洲绿党（EGP）主席。此外，任职于跨国政党、国际工会等组织。（王聪聪）

莱蒙德斯·韦约尼斯

Raimonds V ē jonis，1966 ～

拉脱维亚绿党重要政治家和活动家，拉脱维亚现任总统。由于对环境问题的极大兴趣，在拉脱维亚大学生物学院获得学士和硕士学位。步入政坛前是马多纳的生物学老师。1989 ～ 1996年担任马多纳地区环境委员会副主任。1996 ～ 2002年担任里加地区环境委员会主任。2002年绿党加入中右政党的联合政府，韦约尼斯出任全国政府的环境部长。此后在多届政府中任职直到2011年。2011年拉脱维亚大选后，成为绿党议员。在2014年的斯特劳尤马政府中担任国防部长。2015年3月当选为拉脱维亚总统，在就职演讲中，承诺增

强国土安全，保护生态环境。（王聪聪）

莱斯特·布朗

Lester Brown，1934 ～

世界观察研究所创办者，曾任美国农业部国际农业政策顾问、国际农业发展处主任，协助建立海外发展理事会。率先提出环境上可持续发展概念，用于他架构的生态经济体系。1984年创刊《世界现状》年度报告，目前已经有30多种文字的版本，被誉为“全球环境运动的《圣经》”。1988年创办《世界观察》双月刊，重点发表世界观察研究所的研究文章。被《华盛顿邮报》誉为“世界上最有影响的一位思想家”，印度加尔各答《电讯报》则称他为“环境运动的宗师”。1987年荣获美国国家环境奖。著作等身，主要著作包括：《建设一个可持续的社会》（1981）《生态经济：有利于地球的经济构想》（2001）、《B模式：拯救地球、延续文明》（2003），等等。（徐越）

莱茵河中央航运管理委员会

Central Commission for Navigation on the Rhine

1815年正式组建。1815年拿破仑战争结束后召开的维也纳会议，决定成立莱茵河中央航运管理委员会。委员会的第1次会议于1816年8月15日在美因茨召开，达成第一个管理莱茵河航运

的《美因茨协定》。1861年委员会总部迁到曼海姆，1868年10月17日达成《曼海姆协定》，基本原则一直延续至今。这一组织的历史意义在于两方面的基本特征：其一，它是世界历史上最长的国际组织，二是作为最早成立的国际河流组织，它首次确立航行自由的原则。这一组织成立的目的，是为保障莱茵河的环境和航运安全，促进欧洲的繁荣。（申森）

蓝色农业

Blue Agriculture

1986年中国学者包建中研究员提出了“发展高科技应创建三色农业——绿色农业、白色农业、蓝色农业”的新观点。蓝色农业指的是在水体中开展的海洋水产农牧化活动，具体来说，所有在近岸浅海海域、潮间带以及潮上带室内外水池水槽内开展的虾、贝、藻、鱼类的养殖业都包括在内。中国是渔业发展历史悠久的国家之一，早在旧石器时代人类就开始了渔猎活动，作为人类最古老的产业，渔业对中华民族的生存和发展一直发挥着巨大的作用。蓝色农业作为一个独特的产业，是国民经济和社会发展的一个重要组成部分，它的存在和发展，将以其独特的地位在国民经济和社会发展中发挥越来越大的作用。党的十六大《报告》提出：“建设现代农业，发展农村经济，增加农民收入，是全面建设小康社会的重大任务。”在新世纪新阶段，推进农业和农村经济结构的战略性调整，增加农民收入，迫切需要加快渔业发展，优化农村经济结构，提高经济效益；国际海洋法制度的逐步建立，使中国周边的作业渔场受到限制，迫切需要推进减船转产和渔船报废制度，加快渔业内部结构调整；加入世贸组织后，迫切需要尽快提高产品质量安全水平，增强国际竞争力；渔业可持续发展，迫切需要加大对渔业资源和生态环境的保护力度。（李雪姣）

蓝色星球奖

Blue Planet Prize

由东京旭硝子玻璃基金会（Asahi Glass Foundation）在日本东京发起，于1992年首次颁发。旨在表彰专注于全球环境问题的基础和应用研究方面的成就，为解决全球环境问题提供答案。每年奖励2个对环境保护做出重要贡献的个人和组织，每名获奖者将获得约55万美元的奖金。1999年曲格平由于建立中国环境保护法律框架和在中国环境保护活动中的贡献荣获蓝色星球奖。（张惠娜）

蓝月亮基金

Blue Moon Fund

于2002年在美国成立，资金来源于奥尔顿·琼斯基金会等。宗旨：通过改变人的消费和自然世界的关系来改善人类状况。在美国和亚洲主要支持3个主题的工作：1. 对消费和能源的重新思考；2. 平衡人类和自然生态系统之间的关系；3. 激活城市社区（主要支持在美国的工作）。在中国，支持的项目有：1. 热电联动能源效率的研究和发展。与Batelle纪念学院（美国俄亥俄州的一家非营利研究中心）和中国发改委合作进行热电联动能源效率的研究和发展，适用于医院、学校、工厂和住宅楼。2. 快速公交系统。在能源基金会的协调下，将快速公交系统（BRT）引入到北京、上海等中国的几个大城市的规划过程。3. 北京全球问题研究所。帮助成立北京全球问题研究所，这是中国第一家专门致力于使用多学科、以市场为基础的方法推动环境问题解决的环境非政府组织，主要从事清洁发展机制如排污权交易的研究和运用，还支持美国保护大自然协会和保护国际环境非政府组织在中国的工作。（席溢）

《狼图腾》

Wolf Totem

一部以狼为叙述主体的小说。《狼图腾》讲述了 20 世纪 60 ～ 70 年代一位知青在内蒙古草原插队时与草原狼、游牧民族相依相存的故事。作家姜戎以史诗般的叙述手法和深邃的人文胸怀吟唱了一曲游牧文明和草原生态的挽歌。这里的蒙古牧民还保留着游牧民族的生态特点，他们自由而浪漫地在草原上放养着牛、羊，与成群的强悍的草原狼共同维护着草原的生态平衡。该书 1971 年起腹稿于内蒙古锡林郭勒盟东乌珠穆沁草原，1997 年初稿于北京，2003 年岁末定稿于北京，2004 年 4 月出版。在中国出版后，被译为 30 种语言，在全球 110 个国家和地区发行。截至 2014 年 4 月，在中国大陆再版 150 多次，正版发行近 500 万册，连续 6 年蝉联文学图书畅销榜的前十名，获得各种奖项几十余种。海内外报刊和网络新媒体对《狼图腾》的研究论文和论著有上千种。（王薛时）

劳动

Labor

人类劳动力的使用，利用劳动资料，改变劳动对象，使之适合自己需要的有目的的活动。劳动在从猿到人的转变过程中起了决定性的作用，它创造了人本身，使人把自己与动物区别开来。人的劳动与动物的活动有着根本的区别：1. 人的劳动是有意识的、有目的的活动，动物的活动只是一种本能的、自发的活动。2. 人的劳动不仅改造自然，而且也在改造自身，动物的活动只是消极地适应自然，完全受自然界的规律所支配。3. 人的劳动能够制造和使用生产工具，而动物的活动则不可能做到这一点。劳动是人类社会存在和发展的最基本的条件，是物质资料生产过程的一个重要因素。劳动借助于劳动资料，使劳动对象发生预定的变化，当这一过程结束时，劳动与劳动对象结合在一起，劳动物化了，对象被加工了，形成了能够满足社会需要的物质财富。劳动总是人们在一定的社会关系中进行的，劳动赖以进行的这种社会关系即劳动的社会性质，取决于生产资料所有制的性质。在生产资料私有制中，奴隶主所有制条件下人们的劳动，具有奴隶劳动的社会性质；在封建主义所有制条件下，人们的劳动具有农奴劳动的社会性质；在资本主义所有制条件下，人们的劳动具有雇佣劳动的社会性质。（李庆）

劳动安全权

Labor Safety Rights

或称职业安全权，狭义的劳动安全指劳动者在其劳动过程和劳动环境中免受职业伤害，人身安全获得保障的权利，广义上说劳动安全除保障劳动者的人身安全以外还包括劳动者的身体和心理健康安全。劳动安全权概念具有很大概括性，权利内部包含着关于劳动安全的权利簇，如劳动安全知情权，即劳动者有权了解其职业环境中潜在和现实的危害；被保护权，即劳动者在有权利受到用人单位对其提供的预防和实际发生安全事故的保护；紧急撤离权，指劳动者有权在紧急情况下中断其工作离开其工作环境，以防止可能的人身伤害；拒绝权，指劳动者有权拒绝没有提供良好工作安全保障的用人单位；批评检举控告权，指劳动者有权利对没有提供良好工作安全条件并强迫劳动者在没有安全工作条件的环境中工作的用人单位进行检举和控告。劳动安全权的内涵并不是固定的，而是随着社会经济的发展而不断发展和完善的，如早期只针对妇女和儿童做出严格限制，对最高工时做出限制，对所有劳动者的工作环境做出具体要求，这些都是在不同历史阶段对劳动者的工作安全权的不断完善。此外，劳动安全权的不断丰富与人权的发展存在紧密联系。（参考：王致兵：《我国劳动安全问题及对策》，《辽宁科技大学学报》2009 年第 1 期第 99 ～ 106 页；汪赫：《劳动安全权立法存在的问题与对策》，华中师范大学 2014 年硕士学位论文第 13 ～ 16 页。欧阳文川）

劳动分工

Division of Labor

又称社会分工，简称分工，指各种社会劳动的划分和独立化。劳动分工有按性别、年龄形成的自然分工，还有按不同生产部门、行业形成的社会分工。社会生产劳动是极其复杂的有机整体，许多不同的劳动生产部门相互联系、相互依存和制约，共同组成庞大的社会劳动体系，但各自又是独立的。在社会分工中，有社会劳动的一般分工，即把社会劳动划分并独立为不同的社会劳动部门，如农业、工业、交通运输、商业、文化教育等等；有特殊分工，即在这些独立的劳动部门中分为许多具体的劳动部门，如工业分为重工业及其下面的采掘工业、冶金工业、轻工业及其下面的纺织工业、食品工业等等；还有个别分工，即在每个企业内按照生产过程中劳动的地位和作用分为不同职能的劳动，如钢铁厂中的炼铁工、炼钢工等等。此外，还有脑力劳动和体力劳动的分工，一个国家内部地区间的分工，以及国际的分工。劳动分工是历史发展的产物。早在原始公社时期，就存在着自然分工。随着生产力的发展，又出现了社会分工。到资本主义社会，从一般分工和特殊分工中划分出许多部门和生产，同时又发展了企业内部的个别分工。一切社会劳动分工都是生产力发展的结果，又都促进生产力的进一步发展。随着生产力的发展和先进科学技术广泛应用于生产，社会分工必将进一步发展。（李庆）

劳动观

Labor View

基督教劳动观认为劳动是神圣的，基督教赋予了劳动以高贵与尊严，他们认为神也劳动，上帝是劳动的上帝，上帝六天的创造之工就是劳动，并且神一直在劳动，直到如今，上帝在完成创造万物的工作之后，还继续从事护理和监督世界的工作，因而劳动是尊贵的、神圣的、美好的；基督教认为劳动本身不是目的，人类在每天的生活中认真工作是荣耀上帝和服侍人类的应尽差事，劳动是基督徒的一种职责；基督教认为人类所有劳动具有同等的价值，所谓“总要劳力，亲手做正经事，就可有余分给那缺少的人”，所有工作不论其社会地位如何低下，都是对上帝和人类的服侍，都是有意义、有价值的；基督教认为劳动者当得报酬或工资，基督徒工作的成就最终归功于神的恩典，由此受到神的恩宠，进而完成人世的责任与义务，最终获得救赎。（雷爱民）

劳动异化

Labor Alienation

马克思的异化观。马克思批判前人非科学形态的异化理论，揭示资本主义社会最典型的异化本质。在马克思之前，人们揭示的种种异化，基本上停留在异化的外部现象。马克思揭示出决定异化外部现象的本质异化，即异化劳动或劳动异化。马克思异化劳动理论的形成有一个发展过程。在 1842 ～ 1843 年间所写的《论犹太人问题》《黑格尔法哲学批判》等著作中，马克思尚停留在研究精神生活和政治生活中异化问题的阶段。在《1844 年经济学哲学手稿》中，马克思明确提出异化劳动的观点，以此作为自己异化观的出发点。在《德意志意识形态》中，马克思运用异化劳动观点，进一步揭示作为资本主义社会和此前社会的主要异化形式私有制异化，即作为国家形式的政治统治的异化以及劳动作为人的自身否定的社会活动的异化。从 19 世纪 50 年代至 60 年代，在《经济学手稿（1857 ~ 1858）》和《资本论》等著作中，马克思以分析资本主义生产关系为基础阐明异化本质。他在这些著作中扬弃从社会契约论到黑格尔的异化理论，认为转让不过是从法律上表示简单的商品关系；外化则表示以货币形式对社会关系加以物化；异化才真正揭示人们在资本主义制度下最一般的深刻的社会关系，其实质在于表明人所创造的整个世界都变成了异己的、与人对立的东西。马克思对异化劳动的内容作了深刻的概述。马克思在批判吸取黑格尔的合理思想时，明确指出异化的产生和演变具有历史的必然性，并且有其进步的历史意义。马克思在《德意志意识形态》中指出，异化“是过去历史发展的主要因素之一”。但是，马克思认为异化绝不是永恒存在的现象，而是受一定生产关系制约的历史现象。因此，受资本主义生产关系制约的异化，必将随着这种生产关系的彻底消灭而消灭。（牟世晶）

劳动自然生产率

Natural Productivity of Labour

劳动的自然生产率，概括地说就是在同样的社会经济技术条件下由于自然条件的不同，等量劳动所具有的不同的生产效率。劳动的自然生产率有两种基本形态和两种派生形态：1. 在不同的地段、地块、地区或地域，种植相同的农作物或安排相同的生产项目，由于自然条件的差异，而有不同的劳动生产率。这是劳动的自然生产率的基本形态之一，可以叫作劳动的自然生产率的地域分布型。2. 在相同的地段、地块、地区或地域，种植不同的农作物或安排不同的生产项目，由于自然条件的特殊性，而有高低不等的劳动生产率。3. 在不同季节、不同年份或不同生产周期，同地的某一作物或某一生产项目，由于气候的差异或土地自然肥力的变化等原因，而有不同的劳动生产率水平。这是劳动的自然生产率的又一基本形态，可以叫作劳动的自然生产率的时间分布型。4. 在同一季节、年份或生产周期，在相同的地方种植不同的作物或安排不同的生产项目，由于该季、该年或该生产周期的自然条件的特殊适宜性，而有高低不等的劳动生产率。时间分布型和地域分布型从时、空两个侧面反映着制约劳动生产率的自然条件的性质和作用。在生产实践中，它们是农业劳动地域分工和生产配置的自然基础，又是农业生产科学管理的重要依据。（牟世晶）

劳丽·阿德金

Laurie Adkin

加拿大艾伯塔大学政治学系教授，绿色工联主义学者、政治学家。生年不详。探讨的主要议题是在反资本主义总体实践中的“红绿”（左翼劳工运动与生态新社会运动）联盟。代表作包括：《加拿大的霸权和环境政治》（1992）《加拿大环境冲突与民主》（2010）。（徐越）

劳伦斯·克雷明

Lawrence A. Cremin，1925 ~ 1990

美国教育家、历史学家。生于纽约市。1974 年起任哥伦比亚大学师范学院院长。曾发表多部著作，其中《学校改革》（1961）获班克罗夫特美国史奖。《美国教育通史》（1980）第 2 卷获 1981 年普利策历史奖。（王薛时）

《老君说一百八十戒》

One Hundred and Eighty Commandments of LaoJun

中国早期道教五斗米道的主要戒律，后成为道教授受传承的大戒之一。内容包括：不得多畜仆妾，不得淫他妇人，不得盗窃，不得杀伤一切物命等 180 条具体规定，涉及社会、人生的各个方面。道教对修道之士修行节目的具体规定。

认为这些条目和戒律的遵循是成仙得道的基本途径，“往昔诸贤仙圣皆从《一百八十戒》得道。道本无形，从师得成。道可师度，师不可轻”。又名《长存要律百八十戒》，简称《老君百八十戒》《百八十戒》，《太上老君经律》《要修科仪戒律钞》卷五、《云笈七箓》卷三十九均收有戒律全文。（雷爱民）

《老人与海》

The Old Man and the Sea

海明威于1951年在古巴撰写的中篇小说，海明威最著名的作品之一。《老人与海》原文第一版由出版商 Charles Scribner’s Sons1952 年发行。故事背景是在20世纪中叶的古巴，主人公是一位名叫圣地亚哥的老渔夫，配角是一个叫马诺林的小孩。风烛残年的老渔夫一连84天都没有钓到一条鱼，但他仍不肯认输，而是充满着奋斗的精神，终于在第85天钓到一条身长18尺体重1500磅的大马林鱼。大鱼拖着船往海里走，老人依然死拉着不放，即使没有水，没有食物，没有武器，没有助手，左手抽筋，他也丝毫不灰心。经过两天两夜之后，他终于杀死大鱼，把它拴在船边。但许多鲨鱼立刻前来抢夺他的战利品。他一一杀死它们，到最后只剩下一支折断的舵柄作为武器。结果，大鱼仍难逃被吃光的命运，最终，老人筋疲力尽地拖回一副鱼骨头。他回到家躺在床上，只好从梦中去寻回那往日美好的岁月，以忘却残酷的现实。这部小说奠定了海明威在世界文学中的突出地位，相继获得了1953年美国普利策奖和1954年诺贝尔文学奖。中译本有全译本、节译本、导读本、对照本、插图本、改编本、听读本等多达200种以上，最早译本是1957年上海新文艺出版社出版的海观译本。（王薛时）

《老子》

Lao Tzu

又名《道德经》，传世称谓还有《道德真经》《五千言》《老子五千文》。相传是中国古代春秋时期思想家老子所作。全书围绕“道”“德”两个核心概念，提出从宇宙到人世、从人生到社会一系列重要思想，内容涵盖哲学、伦理学、政治学、军事学等诸多领域。后世尊奉为治国、齐家、修身、治学的重要典籍与基本凭据，对中国哲学、科学、政治、宗教等产生深远影响。老子是先秦道家思想的奠基人，老子思想对后世道家思想的发展规定基本方向，后世道教的形成与发展与老子及《老子》一书关系密切。后世道教把老子本人及《道德经》一书分别尊为祖师及核心经典。（雷爱民）

老子生态消费观

Eco-consumption Views of Lao Zi

“少私寡欲”是老子生态消费观的核心思想。在《道德经》第十九章中有“绝圣弃智，民利百倍；绝仁弃义，民复孝慈；绝巧弃利，盗贼无有。此三者，以为文不足，故令有所属，见素抱朴，少私寡欲，绝学无忧。”老子认为社会如果没有圣与凡、仁义与不仁义和灵巧与笨拙的区别，就不会存在社会分化、民风不淳和盗贼兴起的丑恶现象。因此老子主张应当返璞归真、艰苦朴素、少私寡欲和放弃求知，以此来达到社会的安宁稳定以及人民的安居乐业。虽然原文的初衷在于社会和民心的治理，然而他主张的少私寡欲，崇俭抑奢是对于当时社会中存在的奢侈浪费，人民欲求不满现象的反映和态度，与当前强调理性消费、节约资源、保护环境和维护生态的生态消费观不谋而合。老子主张自然无为，少私寡欲，强调人应遵守天地之“道”，反对恣意妄为，过度追求物质享受，他说：“五色令人目盲，五音令人耳聋，五味令人口爽，驰骋田猎令人心发狂。”（《道德经·第十二章》）沉溺于感官享受和物质追求不仅会使身体损耗，还不利于社会稳定。老子“少私寡欲”的思想是古代朴素的生态消费观，对于现代生态文明中的生态消费意识具有重要借鉴价值。（欧阳文川）

乐天知命

Be Content with What One Is

乐天知命，语出《周易·系辞上》：“乐天知命，故不忧。”乐安天道，知命通达，顺守天道常数，知悉性命始终，故可无忧。乐天知命是中国传统思想人生哲学的重要观念，常表达个体对生命大道、宇宙法则、自然之理的认知与信念，故能安于天命常道而无一己之忧，表达乐观、豁达、理性的个体修养论与人生境界论。（雷爱民）

勒纳指数

Lerner Index

由阿贝·勒纳提出的通过价格与边际成本偏离程度的度量反映市场垄断力量的强弱，由成本减去边际成本之后与成本之比得出。勒纳指数越大，表明垄断势力越大。反之则垄断势力越小。同贝恩指数一样，勒纳指数同样是通过数据的计算用来判断市场垄断情况。但在实际应用中，由于边际成本数据难以获得，企业及市场实际情况的不确定性，对于市场垄断情况的反应并不准确。（代富宇）

勒内·笛卡尔

Rene Descartes，1596 ～ 1650

法国著名哲学家、数学家和科学家，近代西方哲学的奠基者，解析几何的发明者。出生于法国贵族家庭，在大学期间学习医学和法学，对数学和科学长期保持兴趣。晚年应瑞典女王克里斯蒂娜之邀赴瑞典讲学，一年后逝世。主要著作包括《指导心智的规则》《方法谈》《第一哲学沉思集》《哲学原理》等。持整体主义科学观，强调科学（哲学）的整体性，将科学比作一颗大树，树根是形而上学，树干是物理学（自然哲学）、树枝是医学、力学、伦理学等应用学科。笛卡尔将各门科学统一于哲学的原因归结为数学的法

则，所有学科及其关系都可还原为“度量”和“顺序”，这种方法因此被称为“普遍数学”。运用普遍数学的方法和普遍怀疑的精神，笛卡尔得出最终的哲学原理“我思故我在”，将思维确立为实体和一切事物确定性的根源。这种哲学观同时确立现代西方哲学的基本精神，人的思维和理性至笛卡尔开始获得至高无上的地位，启蒙运动及其导致的现代性问题是这种哲学观的进一步发挥和彻底化。黑格尔这样评价笛卡尔：“他是一个彻底从头做起、带头重建哲学的基础的英雄人物，哲学在奔波了一千年之后，现在才回到这个基础上面……法国人所谓精确科学，即确定理智的科学，是从这个时候开始的。”（［德］黑格尔著，贺麟、王太庆等译：《哲学史讲演录》第四卷第 69 页，北京：商务印书馆，2013 年。）（参见：赵敦华：《西方哲学简史》第 210 ～ 211 页，北京：北京大学出版社，2001 年。欧阳文川）

雷蒙·威廉姆斯

Raymond Henry Williams，1921 ～ 1988

20 世纪中叶英语世界最重要的马克思主义文化批评家，文化研究的重要奠基人之一。出生于威尔士乡间的工人阶级家庭，毕业于剑桥的三一

学院。第二次世界大战后至 1961 年，任教于牛津大学的成人教育班。1974 年起在剑桥大学耶稣学院担任戏剧讲座教授直至去世。作为英国著名的文化理论家和马克思主义思想家，一生广泛研究文学艺术、政治、大众传媒、哲学、历史等诸多领域的理论和现实问题，特别是对社会主义运动和马克思主义思潮做了独具匠心的研究，提出著名的文化唯物主义理论，对当代马克思主义和文化研究产生重要影响。反对技术决定论，认为在人类发展进程中，社会内部的互动比技术更重要。技术在一定程度上确实具有决定性，但不是绝对的和完全的或可预测的。此外，分析农村与城市的关系，认为相对于城市而言，农村既不等同于落后和愚昧，也不是充满欢乐的故园。同理，城市虽然是在新的生产方式确立后兴盛起来的，但城市并不必然代表进步，城市也面临着太多的问题。简之，城市无法拯救乡村，乡村也拯救不了城市。城市与乡村的这种矛盾与张力，反映资本主义发展模式遇到的全面而深重的危机，要化解这场不断加深的危机，人类必须抵抗资本主义。（徐越）

冷媒介

Cool Media

加拿大著名传播学家麦克卢汉提出的概念。麦克卢汉本人并未明确界定，人们根据他的叙述加以概括。一种解释是指它传达的信息量少而模糊，在理解时需要动员多种感官的配合和丰富的想象力。如手稿、漫画、电话、电视、口语等，模糊信息提供机会，调动人们再创造的可能性。另一种解释是提供相对较少信息，需要信息接受者耗费较多热情，才能大致理解的媒介，如报纸等传统出版物。面对冷冰冰的文字，需要我们发挥想象力才能构成故事。冷媒介意味低清晰度，提供的信息明确度低，传播对象在信息的接受过程中需要发挥丰富的想象，参与程度高。（张惠娜）

冷却塔

The Cooling Tower

用水作为循环冷却剂从系统中吸收热量排放至大气中，以降低温度的装置。利用水与空气流动接触后进行冷热交换产生蒸汽，蒸汽挥发带走热量达到蒸发散热、对流传热和辐射传热等原理来散去工业上或制冷空调中产生的余热，以保证系统的正常运行。装置一般为桶状，故名为冷却塔。冷却塔的应用：1. 空气室温调节类：空调设备、冷库、冷藏室、冷冻、冷暖空调等。2. 制造业及加工类：食品业、药业、金属铸造、塑胶业、橡胶业、纺织业、钢铁厂、化学品业、石化制品类等。3. 机械运转降温类：发电机、汽轮机、空压机、油压机、引擎等。分类有：1. 按通风方式分为：自然通风冷却塔；机械通风冷却塔；混合通风冷却塔。2. 按水和空气的接触方式分为：湿式冷却塔；干式冷却塔；干湿式冷却塔。3. 按热水和空气的流动方向分：逆流式冷却塔；横流（直交流）式冷却塔；混流式冷却塔。4. 按应用领域分：工业型冷却塔；空调型冷却塔。5. 按噪声级别分：普通型冷却塔；低噪型冷却塔；超低噪型冷却塔；超静音型冷却塔。6. 按形状分：圆形冷却塔；方形冷却塔。7. 其他形式冷却塔，如喷流式冷却塔、无风机冷却塔等。基本构造：一般由填料（亦称散热材）、配水系统、通风设备、空气分配装置（如：入风口百叶窗、导风装置、风筒）、挡水器（或收水器）、集水槽（或集水池）等部分构成，上述结构的不同组合可以构造成不同形式的冷却塔。冷却塔的主要类型有 5 种：1. 逆流塔。是水在塔内填料中，水自上而下，空气自下而上，两者流向相反。配水系统不易堵塞、淋水填料保持清洁不易老化、湿气回流小、防冻化冰措施更容易。多台可组合设计，冬季以所需的水温水量可合并单台运行或全部停开风机。常用在空调和工业大、中型冷却循环水中。2. 横流塔。是水在塔内填料中，水自上而下，空气自塔外水平流向塔内两者流向呈垂直正交的一种冷却塔。常用在噪声要求严格的居民区内，是空调界使用较多的冷却循环塔。优点：节能、水压低、风阻小、亦配置低速电机、无滴水噪声和风动噪声，填料和配水系统检修方便。3.喷雾通风无填料冷却塔。采用独特的喷雾喷嘴安装在冷却塔底上部进风处，有喷雾自旋无电机送风和塔顶排风两种方式。将热水经喷嘴内旋片时产生内旋流形成细微雾状化喷出，使雾状存在、向上喷顺流亦下落逆流两个冷却时效。雾化均匀无中空现象，冷却效果稳定、电能消耗低、漂水率0.01%，不用填料、造价低寿命长。使用范围：冶金、食品、化工、高浊、高温、防腐冷却塔。4.封闭式冷却塔。它是传统冷却塔的一种变形和发展，实际上是一种蒸发式冷却塔，由冷却器和湿式冷却塔组合而成。它属于卧式的蒸发式冷却塔，工艺流体在管内流过，空气在管外流过，两者互不接触。塔底蓄水池内的水由循环泵抽取后，送往管外均匀地喷淋下来。与工艺式流体热水或制冷剂和管外空气并不接触，通过喷淋水增强传热传质的效果。适用于对循环水质要求较高的各种冷却系统，在电力、化工、钢铁、食品和许多工业部门有应用前景。5.无填料喷雾冷却塔。特点：节能降温效果好；冷效稳定；工作水压低、节能高效；噪音低；飘水量小，节水效果显著；维修量少，减少生产成本；新型喷雾推进通风冷却塔整体采用积木式的模块化结构，而且塔身内部的进、出风道在塔体下部隔离，简化了塔身结构，减轻了塔体重量，同时便于运输和拼装。冷却塔节能技术水循环使用是最直接、最简单、最易行、见效最快的节约水资源的技术路线。在节水的同时，尚能取得保护水环境的效果。冷却塔是使用循环水的关键设备。（参考：马最良等：《冷却塔供冷技术的原理分析》，《暖通空调》1998年第6期第27～30页；武际可：《大型冷却塔结构分析的回顾与展望》，《力学与实践》1996年第6期第2～6页。朱配辰）

冷热电三联系统

Combined Cold Heat and Power System

是建立在能的梯级利用概念基础上，将制冷、供热及发电过程一体化的多联产总能系统，目的在于提高能源利用效率，减少碳化物及有害气体排放。具有能量—资源合理利用、优良环保性能和灵活的冷热电负荷分配等优势。一般包括：动力系统、供热系统、制冷系统等。针对不同用户需求，联产系统方案可选择范围很大：与热电联产技术有关的选择有蒸汽轮机驱动的外燃烧式和燃气轮机驱动的内燃烧式方案；与制冷方式有关的选择有压缩式、吸收式等制冷方式。供热、供冷热源还有直接和间接方式之分。据美国1995年对商用楼宇终端能源消费的统计，采暖用能占22%，热水供应占7%，制冷空调用能占18%。冷热电联产系统在大幅度提高能源利用率及降低碳和污染空气的排放物方面具有很大的潜力。有关专家估算，如果从2000年起每年有4%的现有建筑的供电、供暖和供冷采用CCHP，从2005年起25%的新建建筑及从2010年起50%的新建建筑均采用CCHP的话，到2020年的二氧化碳的排放量将减少19%。如果将现有建筑实施CCHP的比例从4%提高到8%，到2020年二氧化碳的排放量将减少30%。冷热电联供系统与远程送电比较，可以大大提高能源利用效率。大型发电厂的发电效率为35%～55%，扣除厂用电和线损率。终端的利用效率只能达到30%～47%，而冷热电联产系统的效率可达到90%，没有输电损耗。冷热电联产系统与大型热电联产比较，大型热电联产系统的效率也没有CCHP高，而且大型热电联产还有输电线路和供热管网的损失。显然CCHP可以减少输配电系统和供热管网的投资，无论从减少投资成本和减轻污染来讲都是十分有利的。冷热电联供系统的缺点有：1.冷热电联供系统规模小，安装在楼宇里，只能使用天然气或油品；2.冷热电联供系统虽然规模比大型发电厂和大型热电联产小，但CCHP不能小到一家一户安装一台，只能适应一幢楼宇或一个小区的冷热电联供，不像小型户用空调器、户用热水器或户用电取暖器那样灵活机动。CCHP系统可以向建筑物同时提供电力、制冷、供暖、卫生热水或其他用途的热能，故CCHP系统侧重的领域是商用写字楼及公寓楼宇。CHP只能提供电力和热能，侧重于需要工艺用热的工业企业。目前用于CCHP的技术和设备主要有：内燃机、燃气轮机、汽轮机、微燃机、斯特林发电机、燃料电池、光伏、光热、风力发电机、吸收式冷水机组、锅炉、热泵、干燥剂除湿装置、生物质产品和换热器等。（参考：江丽霞、金红光、蔡睿贤：《冷热电三联供系统特性分析与设计优化设计》，《工程热物理学报》2002年第6期第21～24页；王小春、寇建玉、史艳辉：《冷、热、电三联供系统技术及应用》，《电力勘测设计》2010年第1期第42～45页。朱配辰）

冷战

Cold War

指第二次世界大战后长时期内以美国为首的西方联盟与以苏联为首的东方集团之间所存在的军事、政治、外交、经济、意识形态等方面高度敌对、但并未发生直接军事冲突的紧张状态。冷战作为国际政治的术语，1946年4月由美国参议员伯纳德·巴鲁克在演说中首先提出。1947年美国政论家李普曼出版《冷战：美国外交政策的研究》一书之后，这一术语被普遍采用。美苏冷战对抗，在战后初期特定的历史条件下形成。世界反法西斯战争取得胜利，消灭共同敌人法西斯之后，战时盟国之间固有的社会制度、意识形态和国家目标的矛盾突出起来。美国极力谋求世界霸权，并企图按照美国的价值观确立其世界秩序，它以安全为名，以“遏制共产主义扩张”“自由”为口号，实施以苏联为主要对手的冷战政策。冷战的主要表现是，两大军事集团进行军备竞赛，煽动战争威胁，实行核战争恫吓，干涉他国内政等。1946年丘吉尔在美国富尔顿的演说和1947年3月杜鲁门主义的发表，标志着以美国为首的西方国家公开执行冷战政策的开始。美苏冷战关系的重点在欧洲。北约和华约两大军事集团的对峙、德国的分裂、柏林危机等，就是冷战关系的突出反映。这种冷战状态持续到80年代末90年代初。人们一般把美苏首脑在马耳他的会谈和欧安会巴黎首脑会议作为冷战结束的标志，结果是以苏联主导的东方军事政治集团的解体而告终。（李庆）

里坊制度

Lane System

里坊制是我国古代城市规划的基本制度，是城市和区域规划的基本单位与居住管理制度的复合体。里和坊，顾名思义，两者均是我国古代城市建设中的基本组成单元。坊的平面结构呈方形，四周均有围墙，住户在墙内，坊门有专门的官员看守，按规定的时间开启坊门。这一制度自汉代开始一直到唐代均是如此。里坊制是我国古代城市居民区管理的组织形式。在先秦时期称作“里”“闾”或“闾里”，到北魏时期才称作“坊”，到隋朝才开始正式称作“坊”，作为城市居民区管理的基本单位，到唐朝，“里”和“坊”相互之间可以互用，或可以统称“里坊”。里坊制度有建筑学和社会学两个层面，建筑学的层面是指封闭的坊墙、坊门、内部的道路、住宅的排列方式及其他建筑设施。社会学的层面是指对居住在里坊中的居民的组织管理机构、方式、内容及其他社会学内涵。里的形制，由于高垣耸峙，壁垒森严，对居民而言，可以防范奸宄侵扰；对统治者论，却可以防民，尤其城坊战中又有利防守。所以，当时各国均继承此制，并未变动，且一直为后世所传承，至唐代发展完善。随着社会经济的发展，建筑学的层面可能在宋代前后的某些城市中部分地消失，社会学层面则一直延续到明清乃至民国年间。根据里坊制的发展演变顺序，大致将其分为五个时期：1. 萌芽期，西周时期。里坊制的产生是从我国奴隶社会的鄙邑发展而来的。鄙邑是与井田制的发展密切相关的，井田的布局呈方格形，奴隶主将奴隶安置在井田里劳作，按照农业生产的编制进行分组居住，由此形成鄙邑。它既是组织农业生产的基本形式，也是奴隶生活居住的常规模式。2. 雏形期，春秋—两汉时期。里坊制形成的最初形态是汉代的棋盘式街道。在实行初期，坊的四周都设有围墙，中间有一条十字街道，每个坊内仅开一门，晚上定时关闭坊门。市也是由围墙所环绕，街道呈“九”字形，各市可以临街设店，即里与市的布局是相互独立的。西汉时期的长安城，则将整个都城的居住区划分为160里，其形如“室居栉比，门巷修直”。3. 发展期，三国两晋南北朝时期。三国曹魏都城邺城开创里坊制发展的新局面，即宫城位于全城北部的中心位置，将各个坊、市作棋盘状分割成面积规整的方格，将居民和市安置在这些里中，形成布局严密，功能明确的城市规划制度。在城市的布局规划中，按照“设官分职，营处署居”的原则，改变以往只考虑君，不考虑民的模式，在城市布局中，将君、臣、民三者统一融合在一起，使得三者之间既相互联系又各自独立，各自有各自独立的空间。而后北魏洛阳城的里坊布局在前代发展的基础上，按照居民区的聚落方式进行完善和制度化，对后世的隋唐长安城、洛阳城的城市布局产生直接的影响。4. 繁盛期，隋唐时期。唐代的长安城沿袭北魏的里坊建制。我国古代社会里坊的规模一般为20公顷，到唐代里坊制的规模达到鼎盛。唐长安里坊的规模分为三等：30公顷、50公顷、80公顷。唐代里坊的布局与之前的历代都城相比，其内部结构更为完善，每个坊内均有一条呈一字形或十字形街道，十字形街道分别称为东街、南街、西街、北街，形成16个区域，分别有各自的名称。此时，里坊制在城市布局上，呈方格状，整齐划一，“千百家似围棋局，十二街如种菜畦”。5. 衰落期，唐代中晚期—北宋晚期。里坊制在我国唐宋时期开始走向崩溃，标志是唐代中晚期的长安城出现侵街建房。北宋的统治者曾力图恢复封闭的里坊制，如宋太宗时期在东京的街道上设置冬冬鼓，以提醒百姓坊门的启闭。然而随着城市经济的迅速发展，这种社会管理制度阻碍了社会经济的发展。到宋仁宗景佑年间，北宋政府不得不做出妥协，允许临街设店。这一措施标志着延续一千多年的里坊制度的最终崩溃。里坊制在产生之初对于我国古代城市的布局确实起到重大的影响，不仅有利于统治者更为有效的管理国家，也有利于城市百姓的生产和生活。但是随着社会生产力水平的提高，商品经济的不断发展，这种封闭落后的布局模式和生活方式，越来越不能适应历史发展的潮流。因此，这种封闭的里坊制最终为开放的街巷制所取代，成为是历史发展的必然。（参考：王维坤：《试论中国古代都城的构造与里坊制的起源》，《中国历史地理论丛》1999年第1期；李合群：《论中国古代里坊制的崩溃——以唐长安与宋东京为例》，《社会科学》2007年第12期第132 ~ 138页。朱配辰）

里革断罟匡君

Li Ge broke fishing net and rebuked the king

出自春秋时期《国语》中的《鲁语上》，原文为“宣公夏滥于泗渊，里革断其罟而弃之，曰：‘古者大寒降，土蛰发，水虞于是乎讲罛罶，取名鱼，登川禽，而尝之寝庙，行诸国，助宣气也。鸟兽孕，水虫成，兽虞于是乎禁罝罗，矠鱼鳖，以为夏槁，助生阜也。鸟兽成，水虫孕，水虞于是乎禁罜，设阱鄂，以实庙庖，畜功用也。且夫山不槎蘖，泽不伐夭，鱼禁鲲鲕，兽长麑，鸟翼鷇卵，虫舍蚳蝝，蕃庶物也，古之训也。今鱼方别孕，不教鱼长，又行网罟，贪无艺也。’”其表达的是里革强行劝阻鲁宣公不顾时令而下网捕鱼的故事。从古代起，我国就产生了爱护环境和保护动物的生态意识，思想家们虽将人视为天地间的特殊物种，认为人的身体形态和情感意识都来源于天地万物，并且相互反映，却也认为人因此更应遵循自然的规律，实现自然的意志，不应恣意妄为。“里革断罟匡君”的故事就强调了捕鱼和砍伐都应按照时令有节制的去做，而不应滥用资源、贪心不足。“里革断罟匡君”故事主题虽小，却是当今提倡维护生态系统平衡、强调资源节约和环境保护、要求经济社会可持续发展可资借鉴的经典案例。（欧阳文川）

里根革命

Reagan Revolution

指1981年美国总统里根在第二任期内为振兴美国经济而进行的一系列政策改革运动。20世纪70年代开始，美国经济出现滞胀危机。作为新保守主义者的里根，在1981年2月就任总统后向国会所做的第一份国情咨文中，宣称要迎接“美国的第二次革命”，回归到资本主义的原生形态即自由资本主义中寻找出路，修复以往的制度环境，重塑社会发展的精神动力。这次经济改革的具体措施有：1.改革税制。大幅度降低个人所得税率，提升劳动所得的税收优惠。2.改革福利制度。福利体系市场化、私有化；降低社会福利，只保证无劳动能力者最基本的生存需要。3.减少政府管制。大幅度削减政府管制条例，废除部分领域的管制。4.鼓励扶持中小企业发展。为中小企业发展提供税收、资金、技术、信息、市场、培训等全方位支持。5.重建“美国精神”。作为总统，里根反复强调重建与提高美国的宗教和道德水准。经过一系列措施，美国的经济恢复了一定程度的繁荣，所有经济阶层的收入都有所提升，但上层资本家获得的收益远高于底层的民众。（刘中华）

《里斯本条约》

Treaty of Lisbon

又称《改革条约》，是欧盟取代被否决的《欧盟宪法条约》的基础上达成的条约。2007年10月19日，欧盟各国领导人在里斯本就条约的草案基本达成一致，定名为《里斯本条约》，同年12月13日在葡萄牙里斯本正式签署。根据欧盟各国首脑达成的框架协议，《里斯本条约》不涵盖欧盟所有既有法律，而是对创建欧洲经济共同体的《罗马条约》和建立欧洲联盟的《马斯特里赫特条约》进行修改增补的普通法律。旨在调整变革中的欧盟在全球的角色、人权保障、欧盟决策机构效率，针对全球气候变暖、天然能源等政策做出回应，以提高欧盟的全球竞争力和影响力。《里斯本条约》的签署生效，有助于提高欧洲一体化体制的运行效率，但在诸如欧盟是否应该继续扩大、欧盟成员国是否应该采纳单一货币等核心议题上，采取回避态度。（申森）

里约+20峰会

Rio+20 World Summit

2012年6月20 ~ 22日在巴西里约热内卢召开的联合国可持续发展大会。因为它与1992年在里约热内卢举行的联合国环境和发展大会正好时隔20年，又称里约+20峰会。峰会成为2012年全球关注的焦点，有120个国家的元首和政府首脑出席这次大会，同时吸引数万名非政府组织领导人、专家、媒体社会各界代表，与会人数超过5万人。联合国秘书长潘基文将里约+20大会称为联合国历史上最重要的会议之一。里约+20峰会的主题有两个：在可持续发展和消除贫困的背景下发展绿色经济；关于可持续政治的治理与制度框架。大会主要成果是通过《我们憧憬的未来》报告。具体内容包括前言、重申政治承诺、在可持续发展和消除贫困的背景下发展绿色经济、建立可持续发展的体制框架、行动措施框架等。（申森）

里约热内卢环境与发展大会

Rio Conference on Environment and Development

联合国举办的关于环境与发展议题的最重要会议之一。1992年6月3 ~ 14日在巴西里约热内卢举行。参加会议的有170多个联合国成员国的代表团、102位国家元首和政府首脑以及联合国机构和国际组织的代表。会议重申1972年6月16日在斯德哥尔摩通过的联合国《人类环境会议宣言》及其基本原则，强调本次会议的目标是，认识到大自然作为人类家园的完整性和互相依存性，通过在国家、社会重要部门和人民之间建立新水平的合作，建立新的和公平的全球伙伴关系，为签订尊重全球人类利益和维护全球环境与发展体系完整的国际协定而努力。这次大会是继瑞典斯德哥尔摩联合国人类环境大会之后，规模最大、级别最高的国际会议。6 月 12 日，中国总理李鹏在首脑会议上发表重要讲话，提出关于加强环发领域国际合作的 5 点主张。在本次会议上签署的文件有：183 个国家签署《关于环境与发展的里约热内卢宣言》《21 世纪议程》、148 个国家签署《联合国生物多样性公约》《关于森林问题的原则声明》、154 个国家《联合国气候变化框架公约》。此后，可持续发展议题与原则日益受到国际社会的广泛重视。（申森　王薛时）

里约热内卢《环境与发展宣言》

Rio Declaration on Environment and Development

简称《里约宣言》。1992 年 6 月 14 日在巴西里约热内卢召开的联合国环境与发展大会上获得通过。联合国环境与发展会议关于保护全球环境与经济社会持续发展的纲领性文件。来自 183 个国家的 102 位国家元首和政府首脑以及全球 70 多个国际组织的负责人共同签署《宣言》，就可持续发展的原则与战略达成广泛共识，是对解决全球日益恶化的环境与十分尖锐的经济发展问题的共识总结，也是世界各国处理环境与发展问题的共同纲领和基本原则，旨在为各国在环境与发展领域采取行动和开展国际合作提供指导性和一般性的原则。《宣言》包括简短的《序言》和 27 项原则。《序言》强调“地球的整体性和相互依赖性”，要求各国“建立一种新的公平的全球伙伴关系”。重申《人类环境宣言》和《内罗毕宣言》规定的国际性环境保护的一系列原则、制度和措施，进一步提出人类享有环境权，各国享有自然资源的主权和发展权，建议并规定国际社会和各个国家在保护环境和实现可持续发展方面应采取的各项措施。《宣言》呼吁各国和人民应诚意地本着伙伴精神，合作实现本宣言体现的各项原则，促进可持续发展方面国际法的进一步发展。《宣言》体现冷战结束后新的国际体系下各国对环境与发展问题的新认识与看法，反映世界各国携手保护人类环境的共同愿望。《宣言》是世界各国处理环境与发展问题必须共同遵守的基本准则，成为国际环境法发展纲领，推动国际经济法的新发展。（申森　王薛时　蔡越）

理查德·莱文斯

Richard Levins，1930 ~

美国哈佛大学公共卫生学院人类生态学教授、古巴生态系统研究所兼职外籍研究员。在美刊《每月评论》上发表文章题为《马克思主义的持续性来源——探寻整个运动》，对丰富和发展马克思主义生态学、女权主义、民族 / 种族斗争、反战主义等 4 种当代思想来源进行评述。作为美国生态学马克思主义哲学的代表性人物，在自然、社会、政治和意识形态等各层面上，对人与自然之间的生态关系做多视角考察，其中在自然层面上，尤其强调地理环境对于人与自然之间的生态平衡的影响。代表作有：《变化中环境的进化：一些理论考察》（1968）《辩证的生态学家》（1985）《复杂系统的定性模型》（1986）等。（徐越）

《理解全球环境政治》

Understanding Global Environmental Politics

著名国际环境政治与政策学者马修·帕特森的代表性著作，Palgrave Macmillan 出版社 2001 年出版发行。书中为全球环境政治提供新的、重要的途径。作者认为，世界主要的政治权力结构是生态问题的深层次原因，现存的世界政治权力结构不能轻易地解决重大环境问题，如全球变暖。作者并不是简单地倡导建设新的国际机构应对上述挑战，而是提倡进行必要的社会和政治结构的建设。（徐越）

理想主义国际关系理论

Idealism international relations theory

亦称规范主义或机能主义，源于18世纪的启蒙主义和19世纪的理性主义。它提倡在国家交往中遵循道德标准，加强国际规范，建立超国家组织，通过建立世界政府、世界组织约束各国主权以实现世界秩序的稳定。由于理想化色彩浓重，它又被称为乌托邦主义。美国总统威尔逊的《论国家》以及1948年发表的关于战后和平方案的演说（又称“十四点计划”），被认为是理想主义的代表作。他因此被称为“新政治秩序的天使”。第一次世界大战后成立的国际联盟，被认为是理想主义理念的结晶。20世纪30年代的资本主义经济危机，使理想主义受到现实主义学派的挑战。第二次世界大战的爆发，则宣告了理想主义的破灭。理想主义是两次世界大战期间西方国际关系理论研究中的主要流派，也是国际关系理论发展的起点。（李庆）

理性人假设

Rational Man Hypothesis

是指由经济人假设演化而来的关于理性人行为的基本假设，该假设认为经济活动中的个人是完全理性和自利的，他们会合理利用自己所收集到的信息来估计将来不同结果的各种可能性，然后最大化其期望效用。经济学家们从研究对象的利己主义和理性行为的角度出发，将理性人假设看作西方经济学理论的基础和一切经济学命题的前提，即强调个人总是追求自身目标值最大化的假设。理性人在最大化自己的偏好时，需要相互合作，而合作中又存在着冲突，为了实现合作的利益和有效解决冲突，理性人发明了各种制度规范他们的行为，价格制度便是最重要制度之一，因此古典经济学理论又被称为价格理论。但随着社会的发展，理性人不单纯是经济人，而且是具有社会性、组织性、伦理性的“社会人”和“组织人”，他们的经济行为不是完全理性的，而是有限理性的，人与人之间的博弈还需通过契约来完成。因此，随着经济学研究方法与研究对象之间的不断冲突与调和，理性人假设的理论也会不断得到修正与完善。（蔡越）

理性主义

Rationalism

理性指能够识别、判断、评估实际理由以及使人的行为符合特定目的等方面的智能。理性通过论点与具有说服力的论据发现真理，通过符合逻辑的推理而非依靠表象而获得结论，意见和行动的理由。理性主义是建立在承认人的理性可以作为知识来源的理论基础上的哲学方法，高于并独立于感官感知。一般认为随着笛卡尔的理论而产生，17～18世纪间在欧洲大陆传播。典型的理性主义者认为，人类首先本能地掌握基本原则，如几何法则，随后可以依据这些推理出其余知识。持这种观点的典型代表人物是斯宾诺莎和莱布尼茨，在他们试图解决由笛卡尔提出的认知及形而上学问题的过程中，他们使理性主义的基本方法得以发展。斯宾诺莎及莱布尼茨都认为原则上所有知识（包括科学知识）可以通过单纯的推理得到，另一方面他们承认现实中除了数学之外人类不能做到单纯用推理得到别的知识。与其相对的经验主义，认为人类的想法来源于经验，所以知识可能除了数学以外主要来源于经验。（牟世晶）

历时态的生态文明概念

Diachronic Concept of Eco-civilization

历时态的生态文明指不同历史时期生态环境持续受到保护，生态系统与人类社会实现持续发展与共生和谐的状态。历时态的生态文明涉及人类代际之间的生存空间与生态环境保护之间的关系，由于人类上一代对生态环境的利用与保护状况会直接影响到下一代对自然资源、生态环境的使用状况，因此，历时态的生态文明建设要求从人类长远发展以及为后代永续的角度思考问题，谨慎使用自然资源，严格履行环保义务，实现代际之间的持续发展与生

态系统的和谐永续。（雷爱民）

历史文化名城

Historical and cultural city

历史文化名城是指有重大历史价值和纪念意义的城市。一般都拥有很高的知名度，在人类社会历史发展的某一阶段曾起过重要的政治、经济、军事、文化作用，是人们研究社会历史文化发展的现实资料及见证。国际上通常根据历史文化名城的性质、特点，分为7种类型：一般史迹型、古都型、传统风貌型、地方及民族特色型、近现代史迹型、特殊职能型、风景名胜型。世界上很多历史悠久的国家正式公布自己的历史文化名城，意大利是其中最早的一个。20世纪60年代前意大利陆续确定威尼斯、阿西西、罗马为重点文化保护城市。1972年，联合国通过《保护世界文化和天然遗产》公约，1979年公布57项文化古迹作为世界文化和天然遗产，仅亚洲就有18座古城被列入世界性重点保护的历史城市。我国的历史文化名城按其历史存在的性质和区域功能可划分成7种类型：1. 帝王之都，如北京、西安、洛阳、开封、大同、杭州、安阳、南京、江陵、曲阜、绍兴等。它们在我国历史上或是全国或地区的政治中心，或是统一王朝的帝都，或是区域割据者或诸侯国的都城。它们延续的时间少者几十年，多者上千年，地上地下有大量的文物古迹、风景名胜如宫殿、坛庙、园林、陵寝、衙署、学堂、王府、宅邸、寺观、会馆、店肆等。2. 军事和边疆要地，即历代封建统治者为征服国内一些民族或向外扩张势力范围在地理位置重要地方或边陲一带建立的军事重镇、要塞、堡垒。这些遗址反映了一个国家和地区军事防卫历史面貌，如甘肃张掖、贵州镇远、江苏徐州等历史名城。3. 历史上与海外交往的口岸城市，我国很早就为进行贸易、文化交流在海疆处建立的港市，比较著名的有广州、泉州、宁波等古代港城。4. 重要的手工业和商业城镇，如武汉、扬州、镇江、景德镇、歙县、自贡等；5. 风景游览城市，如桂林、苏州、杭州、昆明、济南、承德等。6. 革命圣地，如南昌、遵义、延安等。7. 保存有独特历史文化建筑的城市，如敦煌、韩城、平遥等。（参考：周干峙：《城市化和历史文化名城》，《城市规划》2002年第4期第7～10页；赵中枢：《中国历史文化名城的特点及保护的若干问题》，《城市规划》2002年第7期第35～38页。朱配辰）

历史文化遗产保护

Protection of historical and cultural heritage

历史文化遗产保护是指对历史上遗留下来的代表地区传统文化的遗址或风俗的保护。根据《中华人民共和国文物保护法》规定，需要保护的历史文化遗产有：1. 具有历史、艺术、科学价值的古文化遗址、古墓葬、古建筑、石窟寺和石刻、壁画；2. 与重大历史事件、革命运动或者著名人物有关的以及具有重要纪念意义、教育意义或者史料价值的近代现代重要史迹、实物、代表性建筑；3. 历史上各时代珍贵的艺术品、工艺美术品；4. 历史上各时代重要的文献资料以及具有历史、艺术、科学价值的手稿和图书资料等；5. 反映历史上各时代、各民族社会制度、社会生产、社会生活的代表性实物。目前，我国历史文化遗产保护中存在的问题有：1. 历史文化遗产及其周边环境遭受建设性大破坏，如贵州遵义会议会址周围历史建筑全部被拆；国家级历史文化名城襄樊千年古城墙被毁；安阳穿城修路严重破坏历史街区；浙江舟山市冠以“旧城改造、发展现代经济”的名目，大肆拆毁定海古城历史街区，致使国家文化遗产遭受不可弥补的损失。2. 重建、恢复历史古迹以及“仿古”“复古”之风盛行。3. 保护的观念尚未得到社会的广泛认同。4. 保护的法律法规尚不健全。国外的历史文化遗产概念首先是从保护城市建筑开始的，1972年11月，联合国教科文组织第17届大会在巴黎通过《保护世界文化和自然公约》（简称《世界遗产公约》），确定文化遗产、自然遗产、文化与自然双重遗产的3种类型。截至2005年7月，世界上有170多个国家成为《保护世界文化和自然公约》的缔约国，已有788处遗产列入《世界遗产名录》，47个列入非物质遗产名录。（参考：付莹：《深圳改革开放历史文物的界定与收藏》，《特区实践与理论》2013年2期第87～89页。朱配辰）

历史学科与环境教育

Historical Discipline and Environmental Education

环境教育中多学科模式的具体形式。通过历史学科环境演变史教学，使学生认识到，由于人类社会不节制地发展，导致环境问题日益严峻，已威胁到人类生存。自然资源的继续退化、可再生资源的紧张、厄尔尼诺现象、全球生物化学循环的变化和气候变化、臭氧耗竭及酸雨等环境问题使人们认识到，是人类错待自然导致这些严重的危机。人类必须在危机中奋起，对自然承担责任和义务。环境伦理警示人们必须善待自然，否则人类将不能走出危机的误区。在教学中，应当转变观念，否定人定胜天思想，必须按客观规律办事；使学生认识到，人对自然不是像主人对奴隶一样任意宰割。人类与自然之间要有道德要求，即要求人们尊重自然，爱护自然，维护自然环境的和谐，自觉地履行保护自然的责任和义务。（参考：祝怀新：《环境教育的理论与实践》第83页，北京：中国环境科学出版社，2005年。王薛时）

《历史与阶级意识》

History and Class Consciousness

《历史与阶级意识》是匈牙利思想家卢卡奇（1885～1971）所有哲学著作中影响最大、引起争论最多且最重要的著作。卢卡奇的世界观在20世纪初逐步形成。这是思想极其混乱、旧的价值观念沦丧殆尽，新的价值观念尚在艰苦求索中的时期。当匈牙利在1918年11月建立共产党时，卢卡奇立即加入党的队伍，很快成为党的中央委员。在匈牙利苏维埃共和国宣布成立后担任教育人民委员。当共和国遭到外来侵略时，他曾作为红军的政治委员亲临前线。共和国失败以后，卢卡奇被迫流亡维也纳。在卢卡奇自己看来，这一时期是“在生活和思想上的一个强化的学徒期”。

虽然他确信国际无产阶级革命必然很快取得胜利，因而采取过激的立场，拒绝一切不能立即取得胜利的策略，但是整个说来，他已基本上转到马克思主义的立场上。作为一部论文集，《历史与阶级意识》体现了这一时期卢卡奇在思想上向马克思主义的基本转变。虽然本书还有不少失误和不完全成熟的地方，但它是卢卡奇在“走向马克思”的思想历程中一个重要的里程碑。

卢卡奇《历史与阶级意识》一书中，按照恩格斯的思想恢复马克思主义与德国古典哲学的继承关系，强调马克思主义中源于黑格尔的辩证法，为马克思主义正本清源恢复真实面貌。当时的理论家们通常认为马克思是政治经济学家，没有哲学著作。他们根据恩格斯、普列汉诺夫和考茨基等人的著作探讨马克思主义哲学。卢卡奇把《资本论》看作是马克思的基本哲学著作，在《历史和阶级意识》中第一个用《资本论》的基本范畴重新建构马克思主义的唯物史观，用历史决定论反对当时盛行的庸俗经济决定论。卢卡奇在不了解马克思早期重要著作《1844年经济学哲学手稿》情况下，从马克思的成熟著作《资本论》中推导出马克思主义哲学体系。他的物化理论与马克思的早期思想极为接近。这不但令人信服地证明卢卡奇本人的非凡天才，而且从反面确凿证明马克思思想发展的完整性、不容分割性，非常有助于加深对马克思哲学思想的理解。

《历史与阶级意识》是卢卡奇流亡维也纳期间于1922年圣诞节前夕完成的，第二年春天在柏林马立克出版社作为该社的《革命小丛书》第

9种出版。这本书是论文集，收集作者在1919～1922年期间在党的工作岗位上对革命运动理论问题和组织问题进行思考写下的8篇文章，专为新的文集撰写的是《物化和无产阶级意识》和《关于组织问题的方法论》。卢卡奇坚持结合革命实践深入钻研马克思和列宁著作，特别是列宁在1920年出版的《共产主义运动中的"左派"幼稚病》一书，他的思想认识前后有了很大的变化。因此，在编这部文集时，他对在1920年以前写的文章都做了改动。《什么是正统马克思主义？》《阶级意识》和《历史唯物主义的功能变化》这3篇改动较大。

《历史与阶级意识》是一部多层次的哲学著作，或者说政治哲学著作。卢卡奇在第一篇文章的一开头就明确指出，马克思主义只是一种方法。它并不意味着无批判地接受马克思得出的各种结论。它不是对某个论点的"信仰"，也不是对某部"圣书"的注解。他甚至说，即使现代的研究完全驳倒了马克思的所有命题，每个正统马克思主义者也能够接受它并且仍然继续是马克思主义者。整部著作贯穿了必须恢复被第二国际的领袖们所遗忘和歪曲了的马克思主义的真正哲学意义这一思想。卢卡奇在其中深刻地论述他对有关马克思主义及其辩证法本质的一系列极其重要的哲学问题的理解，提出他对历史及其主体的以及物化问题的解释，揭示无产阶级及其阶级意识的历史作用。

卢卡奇在这本书中对马克思主义、马克思主义哲学、历史唯物主义和辩证唯物主义这几个概念都不加区分。在卢卡奇看来，它们指的都是马克思主义的辩证法。马克思主义辩证法的本质是具体的总体范畴，卢卡奇认为马克思是这样使用这个概念的。为证明这一点，他从马克思著作中援引不少例子。例如，马克思认为，生产、分配、交换和消费的本质和联系归结为"它们构成一个总体的各个环节、一个统一体内部的差别"，一切都被这些不同要素相互间的一定关系制约着，"不同要素之间存在着相互作用。每一个有机整体都是这样"。卢卡奇在《历史与阶级意识》中提出的历史概念，是他用来改造旧唯物主义的自然本体论，克服黑格尔作为实体和主体"绝对观念"唯心论的中心概念。卢卡奇认为，历史的本质在于它是人类活动的产物，历史是实体，是人类社会实践的客观历史过程；历史又是主体，是人类自己的能动创造。所谓历史，不过是历时态的人类社会实践，本质是社会的、实践的。这样，借助黑格尔的充满历史感的"绝对观念"，卢卡奇依据历史概念彻底超越盲目崇拜自然物质的旧唯物论。卢卡奇以其对历史独特的理解表明，马克思以实践唯物主义重建的唯物主义基础不是自然，而是历史；费尔巴哈至多使哲学从天上回到人间(不是自然界)，马克思在批评费尔巴哈将"人间"重新自然化、抽象化的同时，使哲学返回历史，返回社会、返回人的社会实践活动。从此，社会历史作为"自然历史过程"只能被理解为人类社会的实践过程，而不是自然过程。社会历史犹如自然界的一般规律性，说到底毕竟是人类社会发展的规律性，而不是自然界的规律。马克思主义哲学的研究对象不是自然，而是人与自然之间的历史关系，以及处于实践关系（即社会历史）之中的人或自然。正如马克思所指出的，"如维科所说的那样，人类史和自然史之间的区别在于，人类史是我们自己创造的，而自然史不是我们自己创造的"。卢卡奇把现实理解为我们的行为，而我们的"行为实际上就是历史"。卢卡奇以天才的历史概念沿袭马克思主义实践概念的科学线索，坚决纠正在当时马克思主义理论界占统治地位的自然本体论倾向。卢卡奇这时的理解是：马克思主义哲学不是自然辩证法，而是历史实践的辩证法。

"物化"是贯穿《历史与阶级意识》全书的中心概念。它指人的活动、他自己的劳动成了对他说来是客观的和对立的东西。这种对立既有客观的方面，也有主观的方面。客观的方面是，出现一个事物及其关系（商品及其在市场上的运动）的世界，它们的规律的确能被人们所认识和利用，但是人们不能加以改变。主观的方面是，人自己的活动、他的劳动成了与他对立的客体，这个客体服从于支配社会的客观自然规律，但是对人说来是异己的。卢卡奇是直接从马克思在《资本论》中对商品拜物教的分析出发得出这个概念的。他当时还不可能看到马克思的《1844年经济学哲学手稿》，但是他关于"物化"的理论与马克思在那部手稿中关于"异化"的理论极为相似。卢卡奇用物化概念对资本主义的异化社会关系和本质进行深刻的批判。尽管此时卢卡奇还没能区别物化（对象化）和异化概念，但是他在客观上是在异化的意义上使用物化概念并认识资本主义的。他与马克思在异化理论上的共识表现其非凡的理论思考力。在第一次世界大战后西欧各国革命蓬勃发展的年代，革命斗争的结局首先取决于工人阶级的觉悟和组织性。西方共产主义运动当时面临的一系列问题，也只有通过弄清一般阶级意识、特别是无产阶级意识的本质和作用，才有可能解决。此外，这些年代革命运动遭到的失败（匈牙利和巴伐利亚苏维埃共和国垮台，德国三月行动流产），也提出这个问题。因此，这个时期各国无产阶级革命理论家们都普遍重视这个问题。翻阅20世纪初列宁的著作，就可以知道列宁当时对阶级意识问题是赋予何等重要的意义。卢卡奇的书也试图对这个问题做出回答，从书名就可看出阶级意识问题在这本书中所占的地位。

在卢卡奇看来，阶级意识是一种客观的可能性，是无产阶级历史利益的合乎理性的表达。它不是超验的东西，而是阶级的历史发展和现实实践的产物。卢卡奇揭示阶级意识和阶级行动之间的联系。在他看来，历史和阶级意识两者实际上是同一的。无产阶级是历史过程中主体和客体的统一体，无产阶级的阶级意识能够达到对社会历史的总体认识。历史是实体，无产阶级及其阶级意识是主体。

《历史与阶级意识》在马克思主义发展史上占有极其重要的地位。正如《历史与阶级意识》的副标题"关于辩证法的研究"所提示的，它充满辩证法的内容。从倾向上可以清楚地看出，卢卡奇已经离开他以前的唯心主义立场，基本上完成向马克思主义的转变。然而，这本书还不是一本完全成熟的马克思主义著作，其中存在不少黑格尔主义的痕迹。从19世纪40年代马克思主义诞生时开始，在随后的半个世纪中，马克思主义一直同它敌对的理论如青年黑格尔派、蒲鲁东主义、巴枯宁主义、杜林实证论等进行斗争。到19世纪90年代初，这一斗争已大体上获得胜利，随后同马克思主义内部的反马克思主义派别进行斗争。恩格斯逝世后，机会主义在许多社会民主党内获胜，并以第二国际彻底抛弃马克思主义实质而告终。在十月革命后，第二国际的思想影响继续阻碍着国际无产阶级革命的发展。卢卡奇的《历史与阶级意识》是第一本从哲学上系统批判这种思想影响的著作。《历史与阶级意识》的中文版译者杜章智、任立、燕宏远，北京：商务印书馆1992年出版。（参考：杜章智：《卢卡奇的〈历史与阶级意识〉》，《中州学刊》1990年第5期第36～43页。徐越）

历史与遗产保护规划

Protection Planning of History and Heritage

城乡规划中的重要内容。指将具有重要历史意义和纪念价值的自然、文化遗产纳入对城乡土地利用规划中，以此来保护历史文化自然遗产。对于历史遗产及其周边环境的保护和合理利用，以国际古迹遗址理事会和联合国教科文组织为代表的国际相关专业组织自20世纪初期相继制定一系列保护性文件，代表性的有：1933年由希腊雅典出台的第一个城市规划纲领性文件《雅典宪章》，其中有专门章节讨论有历史价值的建筑和地区，指出对其进行保护的意义和原则。1964年5月在意大利威尼斯通过《威尼斯宪章》，确定文物建筑的定义和保护，修复与发掘的宗旨和原则，这是自60年代开始历史文化遗产保护从针对文物建筑扩大到历史地段保护的集中反映。1987年的《华盛顿宪章》明确历史地段以及更大范围的历史城镇、城区的保护意义和保护原则，指出城市保护必须纳入城市发展政策与规划之中。我国的历史与遗产保护主要根据《城乡规划法》《文物保护法》《文物保护法实施条例》《国务院关于加强文化遗产保护的通知》《城市紫线管理办法》《历史文化名城保护规划规范》等法律法规和条例等，其中指明历史与遗产保护的方针和原则以及文物保护单位、历史文化名城、历史文化街区、历史文化名镇名村等的保护方法、规划和管理要求。（欧阳文川）

历史主义科学观

Historicism view of Science

在对现代科学反思基础上建立的科学观。历史主义学派的代表人物是库恩（T.S. Kuhn）和费耶阿本德（P. Feyerabend）。库恩以科学史的视角将科学的发展划分为“前科学—常规科学—反常—危机—科学革命—新的常规科学”模式。他认为科学本质上是一种社会实践性活动。这种实践性活动的变革伴随科学范式的变迁，而科学范式是科学划界的标准。“范式”理论是库恩哲学的核心。它在实际上和逻辑上都类似于“科学共同体”，也就是说，虽然科学共同体成员在具体理论方面并无联系甚至矛盾，然而因为他们具有共同的科学范式，因此他们具有相同或者类似的研究目标和研究方法，拥有共同的基本理论和基本信念。不同的科学共同体之间存在质的区别，尽管在科学各层次上的耦合方式相同，但因为目标、方法以及科学传统的不同导致交流上的障碍。费耶阿本德将库恩的历史主义科学观推向极致。费耶阿本德认为科学史上不存在一成不变的真理，知觉、事实和语言以及各种概念和理论相互渗透和影响，因此并不存在固定的解释框架和理论范式。科学原理和方法因此无论曾经如何有效，都将遭到推翻。无论是库恩还是费耶阿本德，很大程度上都是针对以逻辑经验主义为代表的科学哲学，因为这种哲学倾向将逻辑形式脱离社会实践经验，因而归于空洞和僵死。（参见：刘放桐等:《现代西方哲学》第813～814页、第824～826页，北京：人民出版社，1990年。欧阳文川）

立法权

Legislative power

国家制定、修改和废止法律的权力。统治阶级通过行使立法权，把自己的意志以法律的形式表现出来，使之具有普遍遵行的效力。资本主义民主制国家一般奉行“三权分立”原则，立法权在法律上归属议会，但实际上议会的立法权受到很大限制，往往为行政机关所操控。社会主义国家立法权通常属于最高国家权力机关。我国宪法规定，立法权由全国人民代表大会和它的常委会行使。全国人民代表大会有权修改宪法和监督宪法的实施，制定和修改刑事、民事、国家机构的和其他的基本法律。上述基本法律以外的其他法律，由全国人民代表大会常务委员会制定和修改；在全国人民代表大会闭会期间，全国人大常委会有权对全国人民代表大会制定的基本法律进行部分的修改和补充，但不得同该法律的基本原则相抵触。此外，还有权解释宪法和法律并监督其实施，有权审查批准地方国家机关制定的自治条例、单行条例和地方性法规。（李庆）

立陶宛绿党

Lithuanian Green Party

立陶宛绿色政治有较为长久的发展历史，但绿党的建立则相对较晚。1990年大选前建立的绿党曾进入全国会议，但此后陷入长期停滞状态。

2011年3月20日，立陶宛建立另一个绿党组织“立陶宛绿色运动”。2011年5月11日，立陶宛绿色运动在国家司法部正式注册。2012年11月24日，在临时代表大会上，立陶宛绿色运动更名为“立陶宛绿党”（Lietuvos žaliųjų partija）。

目前，立陶宛绿党的主席是利纳斯·巴西斯（Linas Balsys）。党的基本目标是，超越当前经济的定量表达指标，增加集体福祉和生活质量。党的基本政策是：实施绿色税收政策，促进社会福利、保护环境；发展绿色经济，促进企业责任感的创建；优化公共部门；充分保障消费者权益；发展绿色能源和绿色交通系统，完全放弃核能等。党的政治影响力相对较小，目前没有进入全国议会，也没有被欧洲绿党正式承认。（王聪聪）

立体多元农业

Three Dimensional Multiple Agriculture

指在一定的单位面积土地或水域上，根据各种植物、动物、微生物的生物学特性，充分利用时间、空间、光、热、水、土等自然资源潜力，运用现代科学技术，把种植业、养殖业甚至相关的加工业有机结合，多物种共生、多层次配置、多级质能循环利用高产、高效集约的农业生产方式。立体多元农业以最大的经济效益为目标，强调科学管理和合理物质投入，达到高度利用自然资源，增进土壤肥力，减少环境污染，保持生态平衡，获得更多的物质能量，促进经济、生态和社会效益的统一，使农业生产处于长期的良性循环中。（蔡越）

立体绿化

Vertical planting

又称垂直绿化或空中绿化。充分利用空间优势，利用植物进行绿化、美化环境的方式。通过人工创造的特殊环境，使园林植物出现在建筑物的墙壁、阳台、窗台、屋顶和城市各类建筑物的表面，借以增加城市的绿化面积。立体绿化的类型包括：1. 屋顶绿化。屋顶绿化是指植物栽植于建筑物的平屋顶上的绿化形式。屋顶平面与建筑的基础平面占地是一致的，通常占居住区总用地面积的50%～60%，这是居住区中用地最大的项目。荷载是衡量屋顶单位面积上承受重力的指标，是建筑物安全以及屋顶绿化成功与否的保障，用于绿化的屋面应采用整体浇筑或预制装配的钢筋混凝土屋面板作结构层。屋面可种植乔、灌、花、草植物，也可种植盆栽植物、盆景，或搭建假山、

园路、景亭、水池、花架等。我国许多城市已开展这方面的试验研究工作，在技术上已日趋成熟，有许多成功范例，如香港太古城、艺术中心等的天台花园，成都饭店、上海复新屠宰场等的屋顶花园。屋顶绿化需注意防渗漏和水肥管理等事项。2. 墙面绿化。墙面绿化一般是利用植物具有的吸附、缠绕、卷须、钩刺等攀缘特性，使其依附在各类墙面和空架上生长发育，以达到绿化、美化目的。墙面绿化是立体绿化中占地面最少，绿化面积最大的一种形式。墙面绿化除直接附壁这种形式外，也可在墙面安装条状、网状或悬垂的形式。可在墙的顶部或墙面设活槽，选植蔓生性强的攀缘、匍匐等植物，使其枝叶从上披垂或悬垂而下；或在围墙的一侧种植攀缘植物，使之越过墙顶后披垂于墙的另一侧，这样围墙的两面披绿并绿化墙顶。墙面绿化还可采用墙面贴植的方式进行布置，使用乔木树种通过修剪使植物贴墙生长。3. 阳台、窗台绿化。我国建筑的阳台、窗台一般都比较小，实施绿化一般有两种方法：一是盆栽。如杜鹃、白玉兰、含笑等，它们可以永久泛绿，不会因为时序的运转而凋谢。二是设置种植槽。种植时令花草或种植悬垂的攀缘植物，如紫藤、蔷薇、爬山虎、葡萄等，连接上下阳台和窗台，也能达到墙面垂直绿化的效果。建筑立体绿化除以上几种类型外，还有庭院棚架绿化、高架道路绿化、天桥绿化、造型垂吊绿化等形式。植物选择：可选择耐旱、耐低温、抗寒能力强的

矮灌木和草本植物；冬季干茎抓地牢，不会被风刮起污染环境，所需营养基质薄；根系浅，弱且细，网状分布；管理粗放；选择抗风、不易倒伏、耐积水的植物种类。在我国，适于大部分地区栽植的立体绿化植物品种有：1. 草坪及地被植物，有佛甲草、黄花万年草、垂盆草、萱草、卧茎佛甲草等。2. 花灌木、矮生乔木，有沙地柏、侧柏、龙爪槐、大叶黄杨、女贞、西府海棠、樱花、紫叶李、木槿、迎春、连翘、碧桃、凤尾竹、月季、紫薇、红瑞木、玫瑰等。3. 爬蔓攀缘植物，有常春藤、扶芳藤、五叶地锦、爬山虎、野葡萄、葛藤等。立体绿化的作用有：保护建筑物、缓解城市热岛效应、节约能源、控制雨水、清洁空气与固定二氧化碳、隔音等等。这种绿化形式为城市的建设提供了新的维度，改善城市的生态环境和居民的生活环境。（参考：张阳等：《建筑立体绿化的相关问题研究》,《西安建筑科技大圩学报》（自然科学版）2003 年第 2 期第 16 ~ 19 页；宋希强等：《面对 21 世纪的城市立体绿化》，《广州园林》2003 年第 2 期第 34 ~ 38 页。朱配辰 任傲尘）

立体农业

Stereoscopic Agriculture

立体农业是利用立体空间或称三维空间进行多物种共存、多层次配置、多级质能循环利用的立体种植、养殖和种养的农业经营方式。广义的

立体农业，包括农、林、牧、副、渔、草、虫、微生物等的多种立体组合形式，是由种植业、养殖业和加工业各部门相互依存、相互作用而形成的有机整体。目的是充分利用当地时、空、光、温、水、肥、土地、劳力等自然资源和社会资源，以最大限度地提高社会效益、生态效益和经济效益。狭义的立体农业，即立体种植业，是将现代科学技术应用于传统的间、混、套、带复种，以形成多种作物、多种层次、多种时序的立体种植结构，这种群体结构能动地扩大了对时间、空间、自然资源和社会经济条件的利用率，能够生产出更多的第一性农产品，从而促进养殖业和农副产品加工业的发展，提高农业的综合生产力。（任傲尘）

丽贝卡 · 哈姆斯

Rebecca Harms，1956 ~

德国联盟 90/ 绿党的重要政治家、欧洲议会绿党—欧洲自由联盟党团联合主席。曾是德国反核运动的积极倡导者。1994 ~ 2004 年担任下萨

克森州议员。在此期间还担任下萨克森州绿党主席（1998 ~ 2004），成为绿党联邦执委会的成员。2004 年欧洲选举中，哈姆斯高票当选为欧洲议会议员。2009 年再次成为德国联盟 90/ 绿党在欧洲议会的代表。从 2009 年开始先后与丹尼尔 · 科恩—本迪特（2009 ~ 2014）、菲利普 · 兰伯特（2014 年以后）一起，担任欧洲议会绿党—欧洲自由联盟党团的联合主席。2014 年新一届欧洲议会中，哈姆斯是欧盟—乌克兰议会小组委员会代表团成员，也是外交事务委员会、工业、研究与能源委

员会、欧盟—俄罗斯议会合作委员会等机构的成员。（王聪聪）

利拉·沃森

Lilla Watson，1940 ~

澳大利亚土著活动家、视觉艺术家，研究妇女问题与土著民问题的学者。大学毕业后，活跃于土著权利运动领域，是布里斯班土著媒体协会创始人，也是土著和岛民独立学校委员会成员。担任很多政府和非政府组织的顾问。20 世纪 90 年代放弃教职后，专心发展自己的媒体视觉艺术。她的名句为人们所熟知，成为澳大利亚和其他地区很多团体的座右铭："如果你只是想来帮助我们，那么你是在浪费你的时间。但如果你是因为你的解放而离不开我们，那么请让我们一起努力。"（If you have come here to help me， you are wasting your time. But if you have come because your liberation is bound up with mine， then let us work together.）（王聪聪）

利益集团

Interest group

西方国家中具有共同利益要求，力图对政治产生影响的集团。通过公开的和幕后的、合法的甚至非法的活动，对政府的选举、立法和行政施加有利于本集团的影响。常见的活动方式有：发动宣传运动，影响公众舆论，利用代理人和进行议院外的游说，或通过与本集团关系密切的政党影响议会和政府官员的立法与行政。利益集团最早产生于 18 世纪末的北美。进入 20 世纪后，利益集团在西方各国大量涌现。利益集团曾经被抨击为民主程序的破坏者，后来被广泛看作是民主多元制度的有机组成部分，认为它是位于公民个人和国家这个庞然大物之间的缓冲器。（李庆）

联邦制行政体制

Federal administrative system

指由两个或两个以上的政治实体（共和国、州、邦）通过相应的法律、条约等契约（联邦宪法等）规定，在一个中央代理政府的领导下结合起来，构成国家行政政权的组织模式。在这种体制下，国家的权力由中央代理政府和各个联邦成员共享。联邦各成员单位先于联邦国家存在，是单独的享有主权的政治实体，构成联邦后，虽然不再有完全独立的主权，但在联邦宪法规定的范围内，有自己的宪法和法律，联邦成员的主权仍受到法律的保护。在组成联邦制国家时，联邦成员单位把各自的部分权力让给联邦政府，同时保留部分管理内部事务的权力。中央政府和地方政府共同享有国家的行政治理权，相互间的权力划分，由联邦宪法明文规定，除非通过修宪，不能任意变更。双方在宪法规定的权限内，独立行使权力，不受对方干预。在双方法律发生冲突时，联邦宪法及法律高于地方宪法及法律。（刘中华）

联邦主义

Federalism

一组政治实体联合在一起并享有最高治理机构的政治哲学，是国家政府与地区政府分享宪制上的主权，以及拥有不同事项的管辖权的政治体系。联邦主义既是一种观念，又是一种制度。作为观念形态的联邦主义，主张建立统一的国家，强调一定程度的权力集中，实际上是特殊形态的民族主义，其目的是建立统一的民族国家。作为国家政治组织形式的联邦主义制度，是指政治上介于中央集权和松散的邦联之间的制度。在联邦制度下，将原先的内政、外交上自主的各邦融合在统一的联邦国家中。澳大利亚、巴西和印度等都是实行联邦制的国家，瑞士、美国是实行联邦制最长久的国家。（李庆）

联合国

United Nations

1942 年 1 月 1 日，正在对德、意、日法西斯作战中的中、美、英、苏等 26 国代表在华盛顿发表了《联合国宣言》，强调作战目标不仅是打败共同敌人，而且要建立拥有广泛普遍安全制度的世界秩序，第一次采用了“联合国”的名称。但那时，它还未成为一个国际组织。1943 年 10 月 30 日，中、美、英、苏四国在莫斯科发表《普遍安全宣言》，提出有必要建立一个普遍性的国际组织。1944 年 8 月至 10 月，苏、英、美三国和中、英、美三国先后在华盛顿的敦巴顿橡树园举行会谈，讨论并拟订了组建联合国的建议案。1945 年 4 月 25 日，来自 50 个国家的 282 名代表在美国旧金山召开联合国国际组织会议。6 月 26 日，50 国代表在《联合国宪章》上签字（波兰后来补签，增至 51 个国家）。同年 10 月 24 日，中、法、苏、英、美和其他 24 个国家批准了《联合国宪章》，并向美国交存其批准书，《联合国宪章》开始生效，联合国正式成立。1947 年，联合国大会决定 10 月 24 日为“联合国日”。签字的 51 个国家为联合国的创始会员国。联合国的宗旨是：维护国际和平与安全；发展国际间以尊重各国人民平等权利以及自决原则为基础的友好关系；进行国际合作，以解决国际间经济、社会、文化和人道主义性质等问题，促进对全体人类的人权和基本自由的尊重等。为实现此宗旨，联合国及其会员国应遵循以下原则：所有会员国主权平等，各会员国应该以和平方法解决它们的国际争端，各会员国在国际关系中不得使用威胁和武力，联合国不得干涉各国内政等。凡要求加入联合国的国家必须提交申请书，声明接受宪章义务，由安理会推荐，经联合国大会 2/3 的多数票通过即成为会员国。联合国有 6 个主要机构：大会、安全理事会、经济及社会理事会、托管理事会、国际法院和秘书处。总部设在纽约，在日内瓦设有欧洲办事处。截至 2012 年末，联合国共有会员国 193 个，观察员 2 个。会员国在联合国所在地设有常驻代表团，观察员在联合国设有常驻观察员办事处。中国是联合国创始国之一，中国代表团参加了 1945 年的旧金山会议，董必武在联合国宪章上签字。由于美国政府的阻挠，中华人民共和国在联合国的合法权利直到 1971 年 10 月 25 日才得到恢复。（李庆）

联合国大会

General Assembly of the United Nations

简称“联大”，是联合国主要的审查、审议和监督机构，由所有联合国成员国组成，每年定期举行一次会议，从成员国中推选一位大会主席，由秘书处负责筹备。主席虽有大会领袖之名，但实际上其职能仅以主持议事进行为主。秘书长是联合国组织的核心人物，通过协调各国意见、组织具体工作以落实大会决议等事务，从而在国家之间发挥较大的影响。大会由全体会员国的代表组成，每一会员国都有一票表决权。有关重要问题的决定，如关于和平与安全、接纳新会员国和预算事项的决定，必须由三分之二多数才能获得通过，其他问题则以简单多数形式决定。大会由管理委员会、专门委员会、委员会、理事会及其团队、工作组和其他部门等构成。（申森）

联合国《防治荒漠化公约》

United Nations Convention to Combat Desertification

1994 年 7 月 17 日在法国巴黎缔约，1994 年 10 月 14 日至 1995 年 10 月 13 日开放签字，是 1992 年里约环境与发展大会《21 世纪议程》框架下的重要国际环境公约之一。宗旨是在发生严重干旱与荒漠化的国家，尤其在非洲，防治荒漠化，缓解干旱影响，以期协助受影响国家和地区实现可持续发展。目的是以与《21 世纪议程》要求相一致的综合的方法和有效的行动，控制荒漠化并减轻干旱，尤其是在非洲的干旱的影响。主要任务是督促各缔约国本着伙伴精神，加强全球和区域性的合作，共同应对荒漠化问题。《公约》含有针对非洲、亚洲和拉丁美洲地区的附件。《公约》还决定设立控制荒漠化的国际财政机制。（申森）

联合国工业发展组织

United Nations Industrial Development Organization, UNIDO

联合国大会的多边技术援助机构，1966 年成立，1985 年 6 月正式成为联合国专门机构。总部设在奥地利维也纳，在 36 个国家和区域设有办事处，在 13 个国家设有投资与技术促进办事处。主要职责是帮助促进和加速发展中国家的工业化和协调联合国系统在工业发展方面的活动。成立的宗旨是通过开展技术援助和工业合作促进发展中国家和经济转型国家的经济发展与工业化进程。主要开展三大核心业务：减贫、贸易能力建设、能源和环境。组织机构包括：大会、工业发展理事会、方案预算委员会和秘书处。以中立性、多边性、广泛性和专业性著称，已在 160 多个发展中国家和地区实施上万个技术援助及投资促进项目。为满足发展中国家和经济转型国家的需求，组织新的整体服务方案，已经由工业领域扩展到医疗健康、环保、农业、农产品加工、开采业、基础设施、旅游休闲、新兴服务产业等各个投资部门及风险投资等 26 个领域。（申森）

联合国《关于自然资源之永久主权宣言》

United Nations Declaration on Permanent Sovereignty over Natural Resources

国际社会公认的关于自然资源的重要国际政治法律文件。第二次世界大战后，原来的殖民地纷纷独立为主权国家。由于殖民主义者的百般阻挠，新独立的发展中国家的自然资源，仍被外国公司或跨国公司控制，不仅破坏这些国家的主权完整，而且严重危害经济发展和生存。因此，发展中国家强烈要求国际社会确认国家对自然资源的永久主权，以实现经济上的独立，维护国家主权的完整，促进社会经济的发展。在这种形势下，联合国大会自 1952 年 1 月起通过一系列关于自然资源的永久主权的决议，于 1962 年 12 月 14 日在联合国大会第 17 届会议上通过第 1803 号决议，即《关于自然资源永久主权的宣言》，正式确立各国对本国境内的自然资源享有永久主权的基本原则。这是发展中国家维护本国经济主权、争取经济独立的重大成果。由于当时在联合国内外南北两个营垒的力量对比上，双方处在相持不下的状态，所以在各国对本国自然资源实行国有化或征收问题上，《永久主权宣言》虽然基本肯定各国有权采取此类措施，但又设定若干限制，而且有关规定含有调和妥协、模棱两可的色彩。（申森）

联合国《海洋法公约》

United Nations Convention on the Law of the Sea

指联合国曾召开的三次海洋法会议并于 1982 年的第三次会议上决定的海洋法公约，1982 年 4 月 30 日在蒙特哥湾通过，1982 年 12 月 10 日开放签字。《联合国海洋法公约》是全面系统规定海洋法律制度的国际法律文件，是规范各国管辖范围内外各种水域的法律地位，调整国家之间、国家与国际组织之间在海洋方面关系的国际公法。《公约》共 17 个部分 9 个附件。宗旨是从海洋环境保护的立场出发，建立新的、全面的海洋法体制，制订有关环境标准的实质规则及有关海洋环境污染的执行条例。《公约》界定用于国际航行的海、群岛国、专属经济区、大陆架、公海、岛屿制度、闭海或半闭海、内陆国出入海洋的权利和过境自由、深海底等具体海洋概念，并规定公海捕鱼自由及其限制以及对鱼类分类管理、区别对待的规定以及争端解决的办法。（申森）

联合国环境管理小组

Environmental Management Group of United Nations

面向联合国内部系统的环境与人类住区协调机构，根据大会第 53/242 号决议于 1999 年 7 月成立。决议支持秘书长在关于环境和人类住区的报告中提出的组建环境管理小组的建议。环境管理小组成员来自联合国各专门机构，其中包括多边环境协定的秘书处。小组的日常活动由联合国环境规划署的秘书处提供支持。（申森）

联合国环境规划署

United Nations Environment Programme，UNEP

又称联合国环境署，是联合国专责环境规划

与治理的常设性部门，总部设在肯尼亚的首都内罗毕。联合国环境署的职责在于协调联合国的环境规划、帮助发展中国家实施有利于环境保护的政策以及鼓励可持续发展，促进有利于环境保护的措施。1972 年 6 月的联合国人类环境会议上决定设立。宗旨：1. 促进环境领域内的国际合作，并提出政策建议；2. 在联合国系统内提供指导和协调环境规划总政策，并审查规划的定期报告；3. 审查世界环境状况，以确保可能出现的具有广泛国际影响的环境问题得到各国政府的适当考虑；4. 经常审查国家和国际环境政策和措施对发展中国家带来的影响和费用增加的问题；5. 促进环境知识的取得和情报的交流。具体工作范围涉及地球大气层、海洋和陆上生态系统。在谈判国际环境协议的过程中起到非常重要的作用。致力于促进环境科学和环境信息，勾画能够与实际政治结合的政策。与各国政府和地区机构合作制定和实施环境政策，也与非政府环境保护组织合作。主动资助和实施与环境有关的发展计划。联合国环境署有 6 个地区办公室，在不同国家设有国家办公室。管理委员会由 58 个成员国代表组成，任期为 3 年。管理委员会是联合国环境署最主要的政策制定者，在促进联合国成员国之间就环境问题合作的过程中起协调作用。（申森　蔡越）

联合国《环境行动计划》

United Nations Action Plan for the Human Environment

1972 年 6 月 16 日在瑞典斯德哥尔摩举行联合国人类环境会议通过的由 109 项建议组成的《环境行动计划》。这一计划为各国政府和国际组织规定了环境保护的任务和指导方针，是国际环境合作的行动指南。行动计划的 109 条建议，涉及人居、资源管理、污染、发展和环境退化对人类的影响。主要内容包括：全球环境评估、环境管理活动、环境教育和培训等支持性措施。全球环境评估被称为地球观察计划，旨在通过国际合作加强对全球环境的分析、研究、监督和信息交换。环境管理涉及人类设施和自然资源，其中包括有毒和危险物质的倾倒、限制噪音的规范、对食品的污染的控制措施等。环境教育和培训是环境的教育、培训和宣传以及具体的支持性组织措施，具体包括财政和其他形式的资助。（申森）

联合国环境与发展会议

United Nations Conference on Environment and Development

见**里约热内卢环境与发展大会**。

联合国环境与发展委员会

United Nations Environment and Development Committee，EDC

又称布伦特兰委员会，联合国 1983 年大会批准成立，由可持续发展及公共卫生专家格罗·哈莱姆·布伦特兰夫人担任主席。委员会的成立是为解决日益受关注的人类环境和自然资源加速恶化而造成的经济与社会发展的后果。1987 年 2 月在日本东京召开第 8 次世界环境与发展委员会，通过题为《我们共同的未来》的委员会研究报告。报告集中分析全球人口、粮食、物种和遗传资源、能源、工业和人类居住等方面的情况，系统探讨人类面临着的一系列重大经济、社会和环境问题，首次提出“可持续发展”概念。（申森）

联合国教科文组织环境人口与可持续发展教育项目

United Nations Educational，Scientific and Cultural Organization education Project on environmental population and sustainable development

一项国际合作的环境教育项目。1987 年，联合国发表了由布伦特兰夫人主持的世界环境与发展委员会完成的研究报告《我们共同的未来》，首次对可持续发展概念做出了科学定义。1992年，在里约热内卢召开了联合国环境与发展大会，发表了《里约环境与发展宣言》和《21世纪议程》，郑重宣告“促进可持续发展是我们的责任”。自20世纪90年代中期开始，联合国教科文组织提出了“环境和人口教育与为人类发展的信息计划”。自1998年开始，中国联合国教科文组织全国委员会委托北京教育科学研究院科研人员承接EPD项目，其中文表述形式为“中国环境、人口与可持续发展教育项目（Project on Education for Environment Population and Sustainable Development in China，简称中国EPD教育项目）”。至2003年，全国已有北京、上海、山东、江苏、浙江、广东、湖南、河北、内蒙古、香港等地区1000多所学校参与项目实验。（王薛时）

联合国经济及社会理事会

United Nations Economic and Social Council，ECOSOC

联合国6个主要机构之一，职责是协助联合国大会促进国际经济和社会合作与发展。经社理事会共有54个理事国代表，其中18个每年由联合国大会选举产生，任期3年。1946年1月23日，联合国经社理事会在伦敦举行第1届会议。目前，经社理事会关注世界的经济、社会和环境挑战。经社理事会负有广泛的责任，涉及整个联合国系统70%的人力和财务资源，包括14个专门机构，9个职司委员会以及5个区域委员会。（申森）

联合国开发计划署

United Nations Development Programme，UNDP

联合国内部致力于全球平衡协调发展的咨询援助性机构，职责是为发展中国家提供技术建议、培训人才并提供设备，特别是为最不发达国家提供帮助；致力于推动人类的可持续发展，协助各国提高适应能力，帮助人们创造更美好的生活。通过在166个国家进行的发展援助，与这些国家的合作，帮助各国应对面临的全球性的以及国内的发展挑战。领导机构是管理委员会，由经社理事会选举产生的48人组成，席位按地区分配，任期3年；机构咨询局，由联合国秘书长和有关机构的行政负责人组成；下设秘书长以及4个地区局。此外，在130个国家和地区设常驻代表处。署长由联合国秘书长任命，经联大认可。每年联合国开发计划署委托出版人类发展报告，关注全球对主要发展问题的辩论，提供新的评估工具、创新性的分析以及经常有争议的政策建议。驻国别代表处的代表，通常也是联合国系统在该国的协调员。通过协调工作，确保联合国以及国际援助资源得到有效利用。（申森）

联合国可持续发展教育10年计划（2005～2014）

The UN Decade of Education for Sustainable Development（2005～2014）

国际合作的环境教育项目。联合国教科文组织2005年3月1日，在联合国位于纽约的总部发表了最新的联合国可持续发展教育十年规划。这个十年规划的主要目标是鼓励各成员国政府将可持续发展的理念融入各国的教育政策之中，并在各个方面培养符合可持续发展、建立更协调社会的行为方式。在官方发布此十年规划之前，由史蒂文·洛克菲勒教授、洛克菲勒兄弟基金会主席主持召开了一个专家圆桌会议，考察了该十年规划的目标、资金保证，以及各个政府、非政府组织、民间和私人领域所起的作用。这个可持续发展教育是一个综合的概念，其范围超出了环境领域（水、气候变化、生物多样性、灾害预防、可持续生产和消费等等），它还包括经济发展领域（消除贫困、管理社会变革、生态旅游等等）和社会文化领域（促进文化多样性、男女平等、地方文化、防治艾滋病）。它在提高教育质量、促进参与者之间的交流和提高公众意识方面是一个挑战。（王薛时）

联合国可持续发展委员会

United Nations Commission on Sustainable Development

联合国政府间机构，是联合国经济及社会理事会（ECOSOC）的职能委员会。通过经社理事会向联合国大会报告，作为1992年6月里约热内卢联合国环境与发展大会（UNECD）后续行动的机构安排于1993年2月16日成立。其成员由联合国经社理事会选举产生的53个国家的代表组成，任期3年，各国以部长级代表出席。可持续发展委员会每年开一次会，会期2～3周。每次会议选举主席和4位副主席。这5名成员组成可持续发展委员会的执行局。休会期间成立了特设专家组，在与实施《21世纪议程》有关的问题上协助委员会进行相关工作。可持续发展委员会监督在实施《21世纪议程》中的进展和在整个联合国系统中将环境与发展目标融为一体的有关活动；分析由各国政府提供的、有关其为实施《21世纪议程》所采取行动的信息；审查为履行《21世纪议程》所做的承诺。可持续发展委员会的活动主要通过联合国正常预算和预算外自愿捐助提供资金。（王薛时）

联合国粮食及农业组织

United Nations Food and Agriculture Organization, FAO

简称粮农组织，是联合国最早成立的常设专门机构。作为政府间组织，拥有194个成员国、2个准成员和1个成员组织即欧洲联盟。工作人员来自不同的文化背景，是各项活动领域的专家。早期侧重粮农生产和贸易的情报信息工作，后逐渐将工作重点转向帮助发展中国家制定农业发展政策和战略，为发展中国家提供技术援助。总部设在意大利罗马，办事处遍及130多个国家。最高权力机构为大会，每两年召开1次。常设机构为理事会，由大会推选产生理事会独立主席和理事国。宗旨是提高人民的营养水平和生活标准，改进农产品的生产和分配，改善农村和农民的经济状况，促进世界经济的发展，保证人类免于饥饿。（申森）

联合国欧洲经济委员会

United Nations Economic Commission for Europe, UNECE

简称欧洲经委会，成立于1947年，是联合国经济及社会理事会下属的5个地区委员会之一，主要职责是促进成员国之间的经济合作。目前有56个成员，除欧洲国家外，还包括美国、加拿大、以色列和中亚国家。总部位于瑞士日内瓦。主要活动领域包括经济分析、环境和人类住区、统计、可持续能源、贸易、工业和企业发展、木材和运输。核心职能是制订公约、条例和标准。这些公约、条例和标准的作用，是消除障碍或简化手续、为消费者提供安全和质量保证、保护环境、促进贸易以及推动投资等。因此，有助于统一各成员国的行动和促进相互交流。特别鼓励私营部门专家参加专题会议、讨论会、研讨会和考察活动，发表意见和建议，以推动欧洲经委会目标的实现和为经济最贫困国家提供技术援助。这些举措鼓励和促进政府专家、专业协会代表及活跃在本区域特别是经济转型国家的公司业务主管和经理相互经验交流、建立伙伴关系。（申森）

联合国《气候变化框架公约》

United Nations Framework Convention on Climate Chang

1992年5月22日联合国政府间谈判委员会就气候变化问题达成的公约，于1992年6月4日在巴西里约热内卢举行的联合国环境与发展大会上提交各国签署。《公约》于1994年正式生效，常设秘书处设在德国波恩。截至2012年底，已有195个缔约方。自1995年以来，《公约》缔约方大会每年召开一次。《公约》的最终目标是稳定温室气体浓度水平，使生态系统能够自然适应气候变化，确保粮食生产免受威胁和经济可持续发展。《公约》各缔约方在公平的基础上，规定共同承担但又有区别的责任原则，以及依据各自能力的承诺义务。《公约》是世界上第一个为全面控制二氧化碳等温室气体排放、应对全球气候变暖给人类经济和社会带来不利影响的国际公约，也是国际社会在对付全球气候变化问题上进行国际合作的基本框架。《公约》要求各国为对付气候变化采取行动，确立发达国家与发展中国家共同但有区别的责任的原则，要求发达国家率先采取减排行动。（申森）

联合国《气候变化框架公约》缔约方会议

United Nations Framework Convention on Climate Chang Conference of the Parties，COP

《联合国气候变化框架公约》缔约方自1995年起每年召开缔约方会议，评估气候变化应对的进展。截止到2015年，共召开了21次缔约方会议。分别为：第1次会议1995年在德国柏林召开，会议通过了《柏林授权书》等文件。第2次会议1996年在瑞士日内瓦召开，就“柏林授权”所涉及的“议定书”起草问题进行讨论。第3次会议1997年在日本京都召开，通过著名的《京都议定书》，为发达国家设定了第一承诺期（2008年至2012年）的减排指标。第4次会议1998年在阿根廷布宜诺斯艾利斯召开，通过了“布宜诺斯艾利斯行动计划”。第5次会议1999年在德国波恩召开，通过了《公约》附件—所列缔约方国家信息通报编制指南、温室气体清单技术审查指南、全球气候观测系统报告编写指南。第6次会议2000年在荷兰海牙召开，谈判形成欧盟－美国－发展中大国的三足鼎立之势，而美国等少数发达国家推销“抵消排放”等方案，试图以此代替减排。第7次会议2001年在摩洛哥马拉喀什召开，通过了有关《京都议定书》履约问题（尤其是CDM）的一揽子高级别政治决定，形成马拉喀什协议文件。第8次会议2002年在印度新德里召开，会议通过的《德里宣言》强调减少温室气体的排放与可持续发展仍然是各缔约国今后履约的重要任务。第9次会议2003年在意大利米兰召开，在美国退出《京都议定书》的情况下，俄罗斯拒绝批准其议定书，致使议定书不能生效。第10次会议2004年在阿根廷布宜诺斯艾利斯召开，围绕《联合国气候变化框架公约》生效10周年来取得的成就和未来面临的挑战等重要问题进行了讨论。第11次会议2005年在加拿大蒙特利尔召开，达成了40多项重要决定。第12次会议2006年在肯尼亚内罗毕召开，通过了“内罗毕工作计划”等决定，并在管理“适应基金”的问题上达成一致。第13次会议2007年在印度尼西亚巴厘岛举行，确立了“巴厘路线图”，建立了双轨谈判机制，即以《京都议定书》特设工作组和《公约》长期合作特设工作组为主进行气候变化国际谈判。第14次会议2008年在波兰波兹南召开，8国集团领导人就温室气体长期减排目标达成一致，其他缔约国共同实现到2050年将全球温室气体排放量减少至少一半的长期目标。第15次会议2009年在丹麦哥本哈根召开，商讨《京都议定书》一期承诺到期后的后续方案。第16次会议2010年在墨西哥坎昆召开，坚持了《公约》《议定书》和巴厘路线图，同时就适应、技术转让、资金和能力建设等发展中国家关心问题的谈判取得了不同程度的进展。第17次会议2011年在南非德班召开，决定设立“加强行动德班平台特设工作组”（简称“德班平台”），负责2020年后减排温室气体的具体安排。第18次会议2012年在卡塔尔多哈召开，通过了《京都议定书》修正案，为38个发达国家缔约方设定了2013年至2020年的第二承诺期的温室气体量化减排指标。第19次会议2013年在波兰华沙召开，讨论落实巴厘路线图，并围绕资金、损失和损害问题达成了一系列机制安排。第20次会议2014年在秘鲁利马召开，主要目的是争取使发达国家进一步采取行动，发展中国家要体现出与发达国家的差别。第21次会议2015年在法国巴黎召开，首要目标是在《公约》框架下达成一项“具有法律约束力的并适用于各方的”全球减排新协议。（申森）

联合国气候变化专家小组系列报告

The expert group series reports of Intergovernmental Panel on Climate Change

1988年成立的联合国政府间气候变化专家

小组，负责撰写评估报告、特别报告、方法报告和技术报告，判断人类活动及对全球气候变化的可能影响。气候专家小组分别在1990、1995、2001、2007年和2013年发表了5个正式的《气候变化评估报告》。这些系列报告构成对全球气候变化的全面科学与技术评估，每份报告一般分3册，每个IPCC工作组1册，另附综合报告。各工作组的报告由各章节、可任选的技术摘要和决策者摘要组成。综合报告是将评估报告和特别报告中包含的材料进行整合。报告以适合决策者的非技术性风格写成，涉及广泛的与政策相关但政策中立的问题，由大报告及决策者摘要组成。评估报告包含有关气候变化、成因、可能产生的影响及相关对策的全面的科学、技术和社会经济信息。联合国气候变化专家小组的《第一次评估报告》1990年发表，报告总结与阐述有关气候变化问题的科学基础。这份报告实质上推进联合国大会做出制定《联合国气候变化框架公约》的决定。1995年发表的《第二次评估报告》，提交给《联合国气候变化框架公约》第二次缔约方大会，实质上为后来的《京都议定书》会议谈判奠定基础；《第三次评估报告》（2001年）是侧重于各种与环境政策有关的科学与技术问题的整合性研究成果。《第四次评估报告》2007年初发布，由于气候变化的显著威胁已经凸现，报告在世界范围内引起极大反响。《第五次评估报告》在2013～2014年度陆续出版，分析全球气候变化的最新趋势与应对。（申森）

联合国《千年生态系统评估报告》

United Nations Millennium Ecosystem Assessment Report

根据联合国秘书长安南2001年6月的提议宣布启动，由世界卫生组织联合环境规划署和世界银行等机构开展的国际合作项目，是首次对全球生态系统进行的多层次综合评估。2005年3月联合国发布。来自95个国家的1300多名科学家用4年时间完成这项研究工作。报告认为：半个世纪内人类对生态系统的影响比以往任何时期都要快速和广泛；生态系统为人类社会和经济发展做出贡献的同时，生态服务功能正在不断退化；生态系统服务功能的退化在未来50年内将进一步加剧，这将严重威胁联合国千年发展目标的实现；人类观念的改变是拯救生态的第一要素，通过调整政策和机制，有可能在增加需求的同时，减缓生态系统的退化。这是首次在全球范围内开拓性地对生态系统及其对人类福利的影响进行的多尺度综合评估，希望能为政府决策提供可靠的地球生态系统变化的信息。（申森）

联合国千年首脑会议

United Nations Millennium Summit

第53届联合国大会于1998年12月17日决定举办千年首脑会议，联合国于2000年3月15日通过54/254决议，决定以“21世纪联合国的作用”为主题在纽约举行千年首脑会议。相关决议还决定，千年首脑会议包含全体会议和四次互动式圆桌会议，每次互动式圆桌会议与一次全体会议同时举行。2000年9月6日至8日，联合国千年首脑会议如期在纽约联合国总部举行，会议的主题是“21世纪联合国的作用”“阐明和确定独特和极具象征意义的与生动活泼的联合国远景”。峰会的重点是讨论对抗各种全球性问题，如贫困、艾滋病，以及如何共享更公平的全球化带来的便利。会议闭幕时发表《宣言》，共8个部分，包括价值和原则，和平、安全与裁军，发展与消除贫穷，保护共同环境，人权、民主和善政，保护易受伤害者，满足非洲的特殊需要和加强联合国的作用等。（申森）

联合国区域委员会

United Nations Regional Commissions，RCs

联合国经社理事会的附属机构，负责特定区域工作的机关。区域性委员会在经社理事会领导下，由各区域内各国和各地区政府代表组成，有相当独立的权力，做出的决定一般还需全体会议的核准。共设有欧洲、亚洲及太平洋、拉丁美洲和加勒比、非洲以及西亚5个区域委员会。委员会的宗旨是提高本区域经济活动的水平，按照联合国社会经济综合发展的纲领，促进本区域的经济和社会发展，加强各区域内国家间以及与其他地区国家之间的经济关系。1977年的联合国大会，将各区域委员会确定为联合国系统内关于各区域经济和社会全面发展的主要中心。各委员会研究本区域的问题，与联合国其他机构、政府间组织和非政府组织密切配合开展工作。它们可直接向各成员国政府和专门机构提出行动建议，但未经有关国家政府同意，不得对任何国家采取行动。它们的经费来源于联合国预算，为联合国其他机构召开的会议举行区域性预备会议，需要每年向经社理事会提交报告。各委员会每年举行一次或两次全体会议。下设的专门机构全年开会讨论各种经济和社会问题。各委员会的秘书处由1名执行秘书领导，是联合国秘书处的组成部分。（申森）

联合国人居环境奖

United Nations Habitat Scroll of Honor Award

联合国人居中心1989年开始创立，是全球人居领域最高规格的奖励。每年联合国人居中心都收到各国政府推荐的项目，被推荐的候选者可以是政府机构/组织、个人或项目，内容可涉及人类住区的各个方面，如住房、基础设施、旧城改造、可持续人类住区发展、灾后重建、住房解困等。为确保权威性，人居中心聘请资深官员和专家组成评委会，对所有候选者的申报材料进行严格评审和筛选，最后选出获奖者。每年的获奖数量由人居中心视情况而定，一般在10个以下。在每年的世界人居日期间，人居中心将在事先选定的城市举行该项奖颁奖仪式。（张惠娜）

联合国人类环境大会

United Nations Conference on the Human Environment

1972年6月在瑞典斯德哥尔摩召开的世界范围第一次讨论环境问题的会议。112个国家的代表出席会议，宗旨是促使人们和各国政府注意人类的活动正在破坏自然环境，给人类自己的福利和生存造成严重危险。会议通过包括109项建议的行动计划，商定执行该行动计划以及在联合国系统内为促进环境领域中的国际合作而设立常设机构的组织和财务安排。这个计划导致联大在1972年建立起联合国环境规划署作为树立环境意识和管理环境的国际机构。会议发表《人类环境宣言》（又称为《斯德哥尔摩环境宣言》），提出关于环境保护的重大原则，表明国际社会第一次把环境问题列入政治议程，反映出全世界人民强烈向往美好环境的愿望。这次会议推动许多国家的环保事业，在全世界产生深远影响。（王薛时）

《联合国人类环境大会宣言》

Declaration of the United Nations Conference on the Human Environment

又称《斯德哥尔摩人类环境会议宣言》，简称为《人类环境宣言》。1972年6月5～16日在瑞典首都斯德哥尔摩举行联合国人类环境会议通过的会议文件，呼吁各国政府和人民为保护环境行动起来，为人类及其后代创造优质的生活环境。为了引导和鼓励对环境的保护，《人类环境宣言》提出7个共同观点以及26个原则。7个共同观点分别为：1. 人既是环境的产物也是环境的塑造者。技术的进步使得人类拥有更多地能力改变和塑造自然环境，同时自然环境和人为环境都是人类福祉增长所离不开的。2. 保护和改善环境符合各国政府和人民的共同利益，良好的环境是各国人民所迫切需要的。3. 人类需要不断学习、总结经验、有所发现、善于创造和发明，增强自身改造环境的能力。这种能力如果妥善运用，既能有利于人类福祉的增加，也能促进环境的保护和改善；如果滥用这种能力，不仅对环境带来巨大损害，而且危及人类自身安全。4. 发展中国家的环境问题多数由发展迟缓引起，因此对于它们而言应首先解决发展问题，同时兼顾环境保护；而在发达国家，环境问题则由于工业和技术引起。5. 人口的自然增长是环境恶化的原因之一，因此需要解决这个问题。6. 当前需要人类将其行动对环境可能带来的后果纳入考虑范围，人类应为当代人以及后代人的环境利益着想。7. 为了达到环境保护和改善的目标，每个公民、团体、机关、企业都应负起责任，各国政府对环境政策和行动都负有责任，对于区域性和全球性的环境问题，各国间应开展合作交流，由国际组织采取行动。26 个原则分别为：1. 人类具有享受一系列基本权利的权利；2. 自然资源需要为世世代代的人类进行周密保护；3. 资源的再生能力必须得到保护；4. 人类有责任保护濒临灭绝的野生物种；5. 应防止不可再生资源的枯竭；6. 废弃物的处理应以环境的承载能力为限度；7. 应保护海洋生物资源和生态环境；8. 经济和发展仍是必要的；9. 应对发展中国家实行财政和技术援助解决环境问题；10. 发展中国家须同时考虑经济发展和生态保护；11. 环境政策的提高不应以发展的停顿或滞后为代价；12. 筹集基金改善和维护环境应照顾发展中国家的特殊情况；13. 应使发展和环境保护相统一；14. 发展和环境保护相统一需要合理的计划；15. 城市化进程应避免对环境的破坏；16. 政府应制定合理的人口政策兼顾发展和环境保护；17. 应以专门国家机关管理环境；18. 必须应用科学技术来保护环境；19. 应做好环境教育；20. 促进发展中国家的环境科学研究；21. 各国有资源开发主权；22. 各国应合作应对跨国环境污染问题；23. 必须考虑各国的价值制度和考虑对最先进的国家有效的前提是不损害必须由一个国家决定的标准；24. 环境保护应采取多边主义；25. 各国应保证国际组织环境保护行动的顺利开展；26. 人类以及环境必须免受杀伤性武器的影响。（参考：林道谦：《〈联合国人类环境会议宣言〉简介》，《云南地理环境研究》1992 年第 1 期第 14 ~ 15 页。欧阳文川）

联合国人类住区规划署

United Nations Human Settlements Programme, UN-HABITAT

又称联合国人居署，联合国负责人类居住问题的机构。2002 年 1 月 1 日正式成立，取代原来的联合国人居委员会及其执行机构联合国人居中心，总部设在肯尼亚内罗毕。成立宗旨是为促进社会和环境方面的可永续性人居发展，以达到所有人都有合适居所的目标。联合国人居署由执行理事会和秘书处组成。执行理事会有 58 名成员，每届任期 4 年，每两年召开一次会议，成员由联合国经社理事会选举产生，席位的区域分配为：非洲 16 个、亚洲 13 个、拉美和加勒比海地区 10 个、东欧 6 个、西欧及其他地区 13 个。秘书处负责人居署的日常工作。（申森）

联合国人权委员会

United Nations Commission on Human Rights, UNCHR

联合国系统的政府间机构，联合国人权理事会的前身。1946 年 2 月成立，联合国审议人权问题的专门性机构，总部设在瑞士日内瓦。作为联合国经社理事会的 9 个职司委员会之一，联合国人权委员会的职责有：根据《联合国宪章》的宗旨和原则，在人权领域进行专题研究、提出建议和起草国际人权文书提交联合国大会；就有关国家的人权问题进行公开或秘密的审议。成员由经社理事会按区域分配原则选举产生。2006 年 3 月 15 日，联合国大会以 170 票支持、4 票反对和 3 票弃权多数通过成立联合国人权理事会，取代联合国人权委员会。2006 年 3 月 27 日举行的第 62 届会议中通过结束联合国人权委员会的工作，该委员会的工作亦全部移交新成立的联合国人权理事会。自此，联合国人权委员会正式被联合国人权理事会取代。（申森）

联合国《生物多样性公约》

United Nations Convention on Biological Diversity

1992 年 6 月在里约环境与发展大会上通过，

1993年12月29日生效的国际公约。目的是为保护和合理利用生物资源。截至2014年8月底，《公约》共有194个缔约方。宗旨是保护生物多样性、可持续利用生物资源、公平公正地分享利用遗传资源产生的惠益。常设秘书处设在加拿大蒙特利尔。《生物多样性公约》缔约国大会是全球履行《公约》的最高决策机构。《公约》有法律约束力，旨在保护濒临灭绝的植物和动物，最大限度地保护地球上的多种多样的生物资源，以造福当代和子孙后代。《公约》主要的工作目标：保护生物多样性；持续利用生物多样性组成部分；公平和合理地分享利用遗传资源产生的惠益。（申森）

联合国消除贫困目标

United Nations eradication of poverty target

贫困是人类面临的最严峻挑战之一。尽管国际社会为消除贫困做出一些努力，但贫困问题仍是国际社会最普遍关注的问题，全世界目前仍有超过12亿人口生活在极端贫困之中，享受不到基本教育和医疗条件。联合国把减少贫穷作为优先考虑的工作。为此，联合国大会宣布，1997年到2006年这10年为“国际消除贫穷十年”，目的是要消除绝对贫穷，通过国家果断的行动和国际合作，明显减少全球的全面贫穷。不仅如此，联合国千年发展目标和拟定2015年后发展议程等两项关系密切的任务，都将消灭极端贫穷和饥饿确定为最高优先任务。在千年宣言中，世界首脑们决心到2015年，除在反贫穷和抗疾病的斗争中完成许多其他目标外，将使每天生活费用不到1美元的人口数量减少一半。这成为联合国消除贫困的目标。（申森）

联合国政府间气候变化专门委员会

Intergovernmental Panel on Climate Change，IPCC

世界气象组织（WMO）及联合国环境规划署（UNEP）1988年联合建立的政府间机构。主要任务是对气候变化科学知识的现状，气候变化对社会、经济的潜在影响以及如何适应和减缓气候变化的可能对策进行评估。向UNEP和WMO所有成员国开放。在大约每年一次的委员会全会上，就它的结构、原则、程序和工作计划做出决定，选举主席和主席团。全会使用6种联合国官方语言。

IPCC设有三个工作组：第一工作组评估气候系统和气候变化的科学问题；第二工作组的工作针对气候变化导致社会经济和自然系统的脆弱性、气候变化的正负两方面后果及其适应方案；第三工作组评估限制温室气体排放和减缓气候变化的方案。另外还设立一个国家温室气体清单专题组。每个工作组（专题组）设两名联合主席，分别来自发展中国家和发达国家，其下设一个技术支持组。基本工作：为政治决策人提供气候变化的相关资料，但本身不做任何科学研究，而是检查每年出版的数以千计有关气候变化的论文，并每5年出版评估报告，总结气候变化的现有知识。如1990年、1995年、2001年、2007年和2013年，IPCC相继5次完成评估报告。这些报告已成为国际社会认识和了解气候变化问题的主要科学依据。作用：在全面、客观、公开和透明基础上，评估与理解人为引起的气候变化、这种变化的潜在影响以及适应和减缓方案的科学基础有关的科技和社会经济信息。与美国前副总统阿尔·戈尔（Al Gore）分享2007年诺贝尔和平奖。（席溢）

联合国CSD可持续发展指标体系

Sustainable Development Indicator System of the United Nations

1996年联合国可持续发展委员会与联合国政策协调和可持续发展部牵头，联合其他机构在经济、社会、环境和机构4大系统以及驱动力—状态—响应模式的基础上，结合《21世纪》章程中各章节内容提出的初步可持续发展核心指标框架。指标体系中包含12个驱动力指标、12个状态指标以及9个相应指标。在DSR模式基础上力图科学描述环境、社会、经济等因素的变化规律。在实际使用过程中存在问题：1.DSR 模式适合反映环境压力与影响之间的因果关系，难以评价社会及经济系统问题；2. 压力指标与状态指标之间区分困难，指标归属难以明确；3. 指标数目多，且层次性不好，给实际使用带来困难。（李雪姣）

梁从诚

Liang Congjie，1932 ~ 2010

民间环保组织自然之友的创办人、会长，曾担任全国政协委员、全国政协常委等。多年从事教育、文化、出版以及中国文物保护工作，曾参

与《中国大百科全书》的筹备和编撰工作。1993 年开始关注环境保护工作，在 20 世纪 90 年代初创建中国第一个民办的环境保护组织自然之友。作为自然之友的主要负责人，做了很多开创性工作，首次开展民办的群众环境教育活动、首次举办民间中小学教师进行环境教育交流活动、首次进行报纸环境意识调查、组织中国第一个群众性业余观鸟小组、积极支持可可西里地区的反盗猎行动、建议并促成政府主管部门在保护藏羚羊方面采取重大措施、向中央部门就环境治理和生态保护建言献策等。1998 年克林顿访华期间曾代表自然之友和其他民间环保人士一道在桂林与他座谈。1998 年 10 月英国首相布莱尔访华期间，曾会见他并以个人名义向他递交了要求在英国禁止藏羚羊绒贸易的公开信，布莱尔很快回信表示支持。1999 年 2 月应邀参加了欧洲议会绿党党团会议，在会上发言介绍了中国的环境政策和民间环保运动发展情况。1995 年，在东京获得由日本《每日新闻》和韩国《朝鲜日报》联合颁发的“1995 年亚洲环境奖”。因在民间环境保护运动中所做的杰出贡献，获得中国环境新闻工作者协会和香港地球之友颁发的地球奖，国家林业局颁发的大熊猫奖，国家环保总局授予的环境使者、环境保护杰出贡献者称号，2005 年度绿色中国年度人物奖等荣誉称号。2004 年被《南方人物周刊》评选列入“影响中国公共知识分子 50 人”。（王聪聪 张惠娜）

梁希

Liang Xi，1883 ~ 1958

浙江湖州人，著名林学家、林业教育家和社会活动家，近代林学和林业杰出开拓者之一。1913 ~ 1916 年在日本东京帝国大学农学部林科

学习，1923 年赴德国塔朗脱高等林业学校（现为德累斯顿大学林学系）研究林产制造化学，1927 年回国。此后提出全面发展林业的经营方向，科学论证森林在防旱灾、防水灾、防风沙灾害方面

的作用。新中国成立后，担任林垦部（后改为林业部）部长，提出全面发展林业，发挥森林多种效益，为国民经济建设服务的思想，在全国范围内初步建立林业行政、科研、教育及生产体系，促进新中国林业的蓬勃发展。明确提出要反对毁林开荒，在1956年全国人民代表大会一届三次会议上提出："解决农、林、牧之间的矛盾，才可以给群众指出美丽的远景，才可以防止群众滥垦山地"。长期从事松树采脂、樟脑制造、桐油抽提、木材干馏等方面的试验和研究，首创中国林产制造化学学科。目前，我国林业行业最高科技奖项称为梁希科学技术奖，奖励对象为在林业科学技术进步中做出突出贡献的集体和个人。1995年当选中国科学院院士。主要论著有：《民生问题与森林》（1929）《新中国的林业》（1951）《有计划地发展林业》（1954）《有关水土保持的营林工作》（1956）和《林业制造化学》（1983）等。（石艳峰）

梁晓燕

Liang Xiaoyan，1962～

民间环保组织自然之友发起人之一，北京西部阳光农村发展基金会前秘书长。1982年毕业于

北京外国语大学，留校任教14年。1993年与梁从诫、杨东平和王力雄等人一起，共同创办国内首家环保组织自然之友并担任理事。2008年出任自然之友总干事。担任杂志主编、图书策划人、电视栏目策划人等。2003年后从环保领域转入公益教育领域，全身心投入民间教育公益事业，担任北京天下溪教育咨询中心总干事、北京西部阳光农村发展基金会秘书长。身体力行探索公益环保团体和教育团体的发展，是民间公益的探路人。（王聪聪）

粮食安全

Food Security

粮食安全概念由联合国粮食与农业组织（FAO）在20世纪70年代初期提出来。目前定义有以下几种：1.保证任何人在任何地方都能得到为了生存和健康所需要的足够食品。2.缺粮国家或者这些国家的某些地区或家庭逐年满足标准粮食消费水平的能力。3.国家在工业化进程中满足人民日益增长的粮食需求和粮食经济承受各种不测事件的能力。4.获得粮食的权利。5.足够和稳定的富有营养的食品供应；良好的粮食分配系统；粮食的可获得性；特别是贫困人口获得粮食的可能性；以及国内食品生产的可能性。我国通常意义上的粮食安全概念指主要农作物如大米、小麦、玉米、大豆和薯类的国内自给率。粮食安全概念同时涵盖宏观、微观两个层次。宏观层次指国家在特定时期内获得粮食的能力，这由国家的粮食生产、储备、进口决定。微观层次指家庭的粮食获取能力，这由家庭的收入决定，表现为家庭成员的营养状况。消费者应该得到无污染、无公害，能够增强健康，延长寿命的粮食和食物。未来确保粮食持续安全，应逐步改变粮食耕地减少、资源环境压力增大的状况，降低劳动力成本，实现农业现代化生产技术进步，为保障国家粮食安全提供更大发展空间和供给渠道。（李雪姣　蔡越）

两党制

Two-party system

顾名思义，两党制是两个主要政党占据并相

互竞取政府权力的政党制度。它们真正拥有赢得选举和实施立法权的实力。赢得议会多数的政党一般可以单独执政，落败的一方则成为在野党，政府权力在两党之间轮流交替。两党制是在英国托利党和辉格党竞争的基础上逐渐形成与发展的。随着英国势力的拓展，两党制被运用到美、加、澳、新等国家，以英、美两国最为典型。英国政权一直被保守党和工党轮流掌握。英国议会下议院的议席由政党通过选举来分配，多数党即为执政党，多数党推举首相，组阁执政。这样，执政党的政策容易在议会投票中获得通过。美国政权一直被共和党和民主党轮流把持。由于美国是总统制国家，在总统选举中获胜的才是执政党，执政党并不一定是国会中的多数党，结果是，执政党很难控制国会中的稳定多数，总统的主张有可能得不到国会通过。（李庆）

两屏三带

Two Barrier and Three Intercept Zone

两屏三带是 2011 年 3 月 14 日由第十一届全国人民代表大会第四次会议通过的《中华人民共和国国民经济和社会发展第十二个五年规划纲要（草案）》中提出的构筑我国生态安全保障地带的简称，指青藏高原生态屏障、黄土高原—川滇生态屏障和东北森林带、北方防沙带、南方丘陵山地带。两屏三带内涵丰富，包括重点生态功能区的保护和管理，水源的涵养，水土保持，防风固沙能力，生物多样性的保护等。构建两屏三带为主体的生态安全战略格局，充分体现尊重自然、顺应自然的开发理念，对现代化建设中保持必要的净土，实现可持续发展具有十分重要的战略意义。目前对青藏高原国家生态安全屏障保护与建设的基础研究有：高原气候变化、冰冻圈变化及其预测、高原主要生态系统碳过程对气候变化的响应、现代环境变化对青藏高原主要生态系统的影响、高原土地覆被变化与退化区域恢复和整治等。已形成典型区域退化生态系统恢复技术体系、划分西藏生态屏障区、改进山区土壤侵蚀评价方法及指标体系，尚缺乏系统、全面的评价模式和指标体系及对生态建设效应的监测与评估。（朱配辰）

两世兼顾

Laying Equal Stress on Both Worlds

伊斯兰教的基本教义。伊斯兰教的《古兰经》和圣训鼓励穆斯林重视今生，放眼来生，安分守己，行善止恶，两世兼顾。“你们中最优秀的人，不是为了后世而抛弃今世，也不是为了今世而抛弃后世，而是两世并重”，“谁想获得今世的报酬，我给谁今世的报酬，谁想获得后世的报酬，我给谁后世的报酬”，为获得两世吉庆而奋斗不息。两世吉庆指穆斯林的今生和来世都获得幸福与吉祥。两世吉庆的标准以人们行为的善恶为准绳，人们只有把今世的信仰与今世的宗教修行与个人行为联系起来，行善积德，信仰真主，然后方可得道进入乐园，反之，多行不义、不信真主则将遭受火狱之灾。两世吉庆是穆斯林宗教修行的出发点、内在动力与理想追求，人们为归属真主，免遭火狱之灾，必须在今世生活中坚信真主，多行善功，努力工作，入世奉献，辛勤劳作，服务社会，积极创造和追求现实的和未来的幸福与吉祥。（雷爱民）

两型社会

Two-oriented Society

资源节约型社会和环境友好型社会相结合的复合概念。2006 年 3 月的中央人口资源环境工作座谈会上明确提出资源节约型社会以及环境友好型社会，并将其作为社会建设和发展目标。同年 10 月的第十六届五中全会上正式将建设两型社会作为国民经济与社会发展长期规划中的战略目标。资源节约型社会（Resource Conserving Society）指通过对自然资源的合理开发和高效利用，既达到保护环境、维护生态的目的，又实现经济的稳定增长，从而使生态环境和经济社会得到协调发展，达到人与自然和谐共生的根本要求和目的。环境友好型社会（Environment Friendly Society）的概念首次出现在日本政府发布的《环境保护白皮书》中，指以人与自然和谐共生为目的，以环境可承载能力作为经济社会发展的基础，尊重自然规律，保护环境和维护生态平衡的可持续发展的社会。资源节约型社会与环境友好型社会相互促进并且相互补充。资源节约型社会强调在资源节约和高效利用的基础上实现经济发展模式的转型，最终实现社会发展模式的生态化、绿色化转型。环境友好型社会强调经济社会的发展应以环境承载能力为限，要求社会生活的各领域都遵循自然生态规律进行。二者都以人与自然的和谐共生、人类社会与自然的和谐发展为目的。两型社会是生态文明下社会发展的新模式。两型社会建设是实现人与自然和谐不可缺少的基本条件，涵盖了经济社会系统中的物质流、能量流、废物流等物质代谢全过程，是实现可持续发展的重要方面。十七大报告首次将建设两种类型社会并列提出，是我国的创新提法。两型社会建设理论随着长株潭城市群和武汉都市圈成为首批建设试验区而成为“十二五规划”的指导思想。（参考：简新华等：《论中国的“两型社会”建设》，《学术月刊》2009年第3期第65～70页。欧阳文川　蔡越）

两型社会建设

Two Types Society Construction

在中共十六届五中全会提出加快两型社会建设的要求。两型社会指资源节约型、环境友好型社会。资源节约型社会是指人们合理开发和保护资源，提高资源利用率并且维持生态平衡，以可持续发展为特征的社会。环境友好型社会是指人们在生产活动中尽量减少污染物、废弃物的排放，保护生态自然环境，建立人与自然和谐共处的社会。两型社会建设是根据我国国情提出的重大决策，是实现人与自然和谐相处的必要条件。建设两型社会，实质是要达到人类生产和生活与自然生态系统协调可持续发展。（代富宇）

两院制议会

Two-chamber parliament

资本主义国家议会设两个议院并由两院共同行使议会职权的制度。两院制起源于英国，后为其他资本主义国家广泛采用。主张两院制的西方学者，基于孟德斯鸠的分权学说，认为立法机关由两部分组成，可以通过相互制约，防止议会专制，并认为，两院制议会有以下优点：1. 民选的众议院（下院）易流于轻率，爱走极端，而由上层阶级组成的参议院（上院）能防止众议院轻率的立法行为。2. 设置两院有利于缓和议会和行政机关之间的矛盾冲突，当其中一院和行政机关不能协调时，另一院可从中斡旋，不致发生激烈冲突。3. 现代国家的立法任务繁重，非一个议院所能承担，需要另设一院分担工作。4. 随着社会的发展，职业团体日益兴盛，议会在实行地域代表制的同时，必须实行职业代表制，因此也必须分设两院以适应形势发展的需要。实行两院制的国家，两院名称并不相同，如英国的贵族院和平民院，后改称上院和下院，美国、日本等国是参议院和众议院，法国是参议院和国民议会，荷兰是第一院和第二院，瑞士是联邦院和国民院。在两院制议会中，两院的职权划分各国也不相同，大致可分为3种类型：1. 下院占有明显优势，如英国的下院。2. 两院基本平权，上院略占优势，如美国的参议院和众议院。3. 两院基本平权，下院略占优势，如法国的参议院和国民议会。一般来说，资本主义发展较早国家多采用两院制，联邦制国家基本采用两院制。（李庆）

辽宁2014年生态文明建设状况

Eco-Civilization Construction in Liaoning in 2014

2014年辽宁生态文明指数（ECI）得分为79.99，排名全国第16位。具体二级指标得分及排名情况见表1。去除“社会发展”二级指标后，辽宁绿色生态文明指数（GECI）得分为64.69，全国排名第15位。辽宁生态文明建设属生态优势型，生态活力居全国领先水平，社会发展居于上游水平，环境质量居于中下游水平，协调程度不良。生态活力方面，辽宁自然保护区的有效保护和湿地面积占国土面积比重两个指标全国排名靠前，建成区绿化覆盖率、森林覆盖率、森林质量居于全国中游偏上水平。环境质量方面，化肥施用超标量和环境空气质量居于全国中游水平。水土流失率、农药施用强度、地表水体质量均居于全国中下游水平。社会发展方面，每千人口医疗机构床位数（位列第2）、城镇化率（位列第5）、人均国内生产总值（位列第7）居全国上游水平，人均教育经费投入居于全国中游水平，农村改水率、服务业产值占国内生产总值比例处于全国中下游水平。协调程度方面，烟（粉）尘排放变化效应、氮氧化物排放变化效应、化学需氧量排放变化效应居于全国上游水平，城市生活垃圾无害化率、环境污染治理投资占国内生产总值比重、工业固体废物综合利用率全国排名靠后。综合来看，辽宁生态文明建设居于全国中游偏上水平，但生态文明发展非常不均衡，生态活力优势明显，协调程度短板突出，反映出生态环境与经济发展之间还存在着较大矛盾。因此，在保持生态承载力和环境容量红线的前提下，扭转经济增速下滑是辽宁迫切需要解决的难题，相应的行政体制改革问题也不容回避。

表1　2014年辽宁生态文明建设二级指标情况

二级指标	得分	排名	等级
生态活力（满分为43.20分）	31.89	2	1
环境质量（满分为36.00分）	20.80	13	3
社会发展（满分为21.60分）	15.30	7	2
协调程度（满分为43.20分）	12.00	31	4

表2　辽宁2014年生态文明建设评价结果

一级指标	二级指标	三级指标	指标数据	排名
生态文明指数（ECI）	生态活力	森林覆盖率	38.24％	14
		森林质量	44.94立方米/公顷	15
		建成区绿化覆盖率	40.17％	12
		自然保护区的有效保护	13.35％	6
		湿地面积占国土面积比重	9.42％	9
	环境质量	地表水体质量	47.60％	22
		环境空气质量	58.90％	14
		水土流失率	30.98％	20
		化肥施用超标量	135.58千克/公顷	15
		农药施用强度	14.26千克/公顷	21
	社会发展	人均国内生产总值	61685.90元	7
		服务业产值占国内生产总值比例	38.70％	19
		城镇化率	66.45％	5
		人均教育经费投入	1781.75元/人	14
		每千人口医疗机构床位数	5.51张	2
		农村改水率	74.10％	18

续表

一级指标	二级指标	三级指标	指标数据	排名
生态文明指数（ECI）	协调程度	环境污染治理投资占国内生产总值比重	1.28%	22
		工业固体废物综合利用率	43.88%	28
		城市生活垃圾无害化率	87.61%	22
		化学需氧量排放变化效应	42.20 吨/千米	6
		氨氮排放变化效应	3.31 吨/千米	10
		二氧化硫排放变化效应	1.26 千克/公顷	11
		氮氧化物排放变化效应	3.22 千克/公顷	5
		烟（粉）尘排放变化效应	2.21 千克/公顷	2

（参考：严耕等：《中国省域生态文明建设评价报告（ECI2015）》第 148 ~ 153 页，北京：社会科学文献出版社，2015 年。徐保军）

辽宁省环境科学学会

Liaoning Province Society for Environmental Sciences

成立于 1978 年 11 月，是辽宁省环境科技工作者、环境工程技术人员、环境教育工作者和环境管理工作者等自愿结成并依法登记成立的非营利性的环境科技社会团体，是党和政府联系广大环境科技工作者和科技实业家的纽带和桥梁，是辽宁省发展环境科技事业的重要社会力量，是辽宁省环境保护领域的一个重要组成部分。下设 8 个专业委员会：环境工程专业委员会、环境监测专业委员会、环境生物专业委员会、环境地学专业委员会、环境经济管理与法学专业委员会、环境新闻与科普专业委员会、环境噪声与振动控制专业委员会和环境医学专业委员会。有会员 5000 余人，团体会员 400 多个。（席溢）

辽宁省生态学会

Ecological Society of Liaoning Province

1985 年 6 月在沈阳成立。旨在号召全省生态学会会员和生态学工作者紧密结合辽宁省生态建设的实际问题，不断吸取国内外的先进经验，注意用现代化技术充实和更新研究手段，争取探索出一条中国特色的生态学研究途径，为合理利用资源，保护生态环境，促进社会经济发展，造福子孙后代，为振兴辽宁，建设辽宁做出自己的贡献。（席溢）

廖晓义

Liao Xiaoyi，1954 ~

知名民间环保事业倡导者和活动家，北京环保组织地球村的创办人，中国环保事业的倡导者、先行者，四川乐和家园的建立者，中国第一位苏

菲环境大奖获得者，澳大利亚最高环境奖班克西亚国际环境奖获得者。苏菲环境大奖有诺贝尔环境奖之称。曾自费拍摄环保专题片《地球的女儿》，成为第 4 届世界妇女大会民间论坛中国的骄傲。1995 年创立非营利性的民间环保组织北京地球村环境教育中心，建立北京地球村环境教育培训基地。曾担任中央电视台《环保时刻》专栏的独立制片人。身体力行，带领地球村为中国的环保事

业做出贡献。2006年，当选绿色中国年度人物，被第29届奥林匹克运动会组织委员会聘为环境顾问。提出中国绿色生活方式的理念，倡导绿色生活、绿色社区、绿色传媒等。此外，发起影响全国的26度空调节能行动、四川乐和家园等活动。（王聪聪）

林德曼定律

Lindemann's Law

又称十分之一定律或百分之十定律。1941年林德曼发表研究报告《一个老年湖泊的食物链动态》，提出十分之一定律，指在一个生态系统中，生物能量从绿色植物向食草动物、食肉动物等按食物链的顺序在不同营养级上转移时，能量沿营养级移动，后一营养级获得的能量约为前一营养级能量比例的10%，其适用对象是生态系统中整个食物网上处于上下营养级的所有生物，其余90%的能量因呼吸作用或分解作用以热能的形式散失，还有小部分未被利用。（朱雨晨）

林怀特对基督教的批评

Lynn White's Criticism of Christianity

1967年美国历史学家林怀特在《科学》杂志发表《生态危机的历史根源》一文，矛头指向基督教教义对自然生态危机的负面影响。认为基督教的人生观乃至世界观是造成近代以来全球生态危机的主要原因。他说："基督教是世界上最以人为中心的宗教"。他的观点得到大批环保人士认同。他们批评基督教是造成历史上生态危机的罪魁祸首，认为基督教洗劫了地球，基督教的创世论关于神命令人治理自然的教义被长期地理解为自然为人而创造，人有权支配和统治自然。文章认为人类无节制地开采和浪费自然资源造成的生态危机，归根结底溯源到基督教的神学教义，认为基督教应该为当今世界的生态危机承担历史责任。（雷爱民）

林权改革

Forestry Ownership Rights Reform

指对集体林权制度进行的一系列改革，包括明晰所有权，开展林权登记，发换林权证，确保林业的可持续发展，改善生态环境，调整规费，改革林木采伐管理制度，改革投融资体系，建立新型的林业管理体制。深化完善集体林权制度改革的范围，是农村集体经济组织所有的森林、林木和林地，重点是集体的商品林及其林地和县级人民政府规划属于集体的宜林地。具体改革措施包括：1. 明晰所有权。落实经营主体在保持林地集体所有的前提下，进一步明晰林木所有权和林地使用权，落实以家庭承包经营为主体、多种经营形式并存的集体林经营机制。2. 开展林权登记，发换林权证。3. 建立规范有序的林木所有权、林地使用权流转的机制。遵循林地所有权和使用权相分离的原则，在集体林地所有权性质、林地用途不变的前提下，根据林业生产发展的需要，按照"依法、自愿、有偿、规范"的原则，鼓励林木所有权、林地使用权有序流转，引导林业要素的合理流动与集中，实现森林资源的优化配置，促进林业经营规模化、集约化。（张沥元）

林下经济

Under Forest Economy

指以林地资源和森林生态环境为依托发展的林下种植业、养殖业、采集业和森林旅游业，既包括林下产业，也包括林中产业，还包括林上产业。林下经济是在集体林权制度改革后，集体林地承包到户，农民充分利用林地，实现科学经营林地，在农业生产领域涌现的新生事物。它充分利用林下土地资源和林荫优势从事林下种植、养殖等立体复合生产经营，使农林牧各业实现资源共享、优势互补、循环相生、协调发展的生态农业模式。发展林下经济是巩固集体林权制度改革成果、促进绿色增长的迫切需要，是提高林地产出、增加农民收入的有效途径，已经取得明显成效。要认真总结经验，科学谋划，加强引导，积极扶持，加快发展步伐，确保农民不砍树也能致

富，实现生态受保护、农民得实惠的改革目标。（李雪姣）

林业产权制度

Forestry Property System

又称森林资源产权，或简称为林权。以对森林资源的所有权为基础的权利束或权利簇。产权是财产所有权的缩写，我国民法也规定产权是所有权人对自己财产享有的占有、使用、收益和处分的权利，因此森林资源产权的核心为所有制问题，林权反映林业所有制关系。林业产权指由国家、集体、自然人、法人或者其他组织对森林、林木和林地依法享有占有、使用、收益和处分的权利。《中华人民共和国森林法》规定，除了由法律规定属于集体之外的森林资源归国家所有，其他法律主体只能享有森林资源的使用权和收益权等相关权利。森林资源所有权和使用权的分离使得对森林资源的市场配置成为可能，合理的产权法律制度是发挥市场森林资源优化配置的前提和基础，从而克服森林资源“外部性”问题。我国林业产权制度进行了若干次改革，如土地改革和合作化时期，我国林业权从被私人化到私人与集体共同所有；在“大跃进”和人民公社时期，林业产权又重归国家和集体；从 1978 年到 90 年代中期，我国实行“三定”制度，即稳定山权林权、划定自留山和落实林业生产责任制；1998 年新《森林法》出台，尤其以 2003 年《农村土地承包法》实施以后，允许林地的使用权和经营权转让，森林生态效益补偿制度也逐渐完善。总体来看，我国林业产权相关的政策制定经历了计划经济时代的行政管控模式到改革开放后注重市场激励机制的转变。（参考：政小贤：《林业产权制度与森林可持续经营》,《北京林业大学学报》(社会科学版)2002 年第 1 期第 20 页；陈幸良：《新时期深化林业产权制度改革的研究》，《林业科技管理》2003 年第 2 期第 6 页。欧阳文川）

林业企业

Forestry Enterprise

以森林资源作为主要经营对象，进行森林资源的培育、管护、开发和利用等多种林业生产经营活动，并为国民经济建设和人民生活的需要提供木材及林产品的市场主体。我国林业企业已经形成包括造林、营林、木材采运、木材加工、林产化工、林业机械、林业造纸和林区土木工程建设等一系列林业主业。林业企业按经营类别划分有：种苗种植企业、种苗流通企业，花卉种植企业、花卉流通企业，果品加工企业（包括果脯企业、果汁企业）、果品储藏企业、果品流通企业，林木加工企业，林木流通企业，森林旅游企业，野生动物养殖企业等。（李雪姣）

林业生态工程

Forestry Ecological Engineering

通过生态学、林学及生态控制论原理的综合运用，以木本植物为主题进行设计、建造、调控，将相应的植物、动物、微生物等生物种群通过人工匹配的方式结合而形成的复合生态系统。目的是根据林业发展战略转移、国家生态环境工程建设需要，改善、保护与可持续利用自然资源，以实现生态、经济、社会的动态平衡。具有保护生物多样性、防治荒漠化及水土流失、改善大气质量、防止噪音污染等功能。林业生态工程的类型有生态保护型林业生态工程、生态防护型林业生态工程、生态经济型林业生态工程、环境改良型林业生态工程等。投资主体是政府，包含多种类区域或流域，目的在于设计、建造与调控某一区域的人工复合生态系统。考虑在复合生态系统中各类土地上采用综合措施，关注整个区域人工复合生态系统中物种共生关系与物质循环再生过程，以及整个人工复合生态系统的结构、功能、物流与能量流。林业生态工程实质是复杂的系统工程，主要内容划分为生物群落建造工程、环境改良工程和食物链工程三个部分。有不同的分类。根据投资主体的不同可分为政府投资的政策性工程和国际合作工程两类。前者主要指政府根据生态建设的需求展开的工程；后者指中方与国外合作方共同完成的工程。根据工程建设对象的不同，可划分为天然林工程、人工林工程、种苗基地工程、野生动植物保护和自然保护区管理工程、森林防火工程等。我国主要的林业生态工程是现行的6大林业重点工程。（王晴晴　蔡越）

林业生态工程建设项目

Forestry Ecological Engineering Construction Project

指在特定条件下为在一定时间内按照一定标准形成一定规模以木本植物为主体的人工复合生态设施，以保护、改善与持续利用自然资源，产生生态、经济和社会效益的特定目标投资活动。林业生态工程建设项目具有以下特点：项目目标的确定性、项目执行的风险性、项目经营的长期性和复杂性、项目效益的多样性。林业生态工程项目的建设主体和建成后的经营主体是一致的。我国林业生态工程建设项目目前有14个，即：重点地区天然林资源保护工程、全国野生动植物及栖息地保护与森林公园建设工程、中国热带森林保护工程、重点地区退耕还林工程、全国防治沙漠化工程、重点地区薪炭林基地建设工程、“三北”地区防护林体系建设工程、珠江流域防护林体系建设工程、淮河太湖及长江下游防护林体系建设工程、松花江嫩江流域防护林体系建设工程、黄河下游及海河流域防护林体系建设工程、太行山绿化工程、京津周围绿化工程、全国农田林网化建设工程。（蔡越）

《林业生态工程效益评价》

Benefit Evaluation of Forestry Ecological Engineering

国家林业局重点科学技术计划项目，余新晓教授及其科研团队多年研究成果的总结专著。作者运用生态服务功能评价与预测理论，根据全国森林资源清查资料和全国二类调查数据，针对重点林业生态工程生态效益评价中存在的关键问题，以天然林资源保护工程、退耕还林工程、“三北”及长江流域等重点防护林工程、京津风沙源治理工程等重点林业生态工程为研究对象，通过对重点林业生态工程生态服务功能的评价与预测和价值预测，介绍重点林业生态工程的建设规划及工程完成情况，生态效益评价指标的筛选、界定及估算，精确地评价重点林业生态工程所发挥的巨大生态效益。北京：科学出版社2010年出版。（李雪姣）

林业生态经济系统

Forestry Eco-economic System

指林业生态系统和林业经济系统相互作用、相互渗透、相互交织组成的，具有一定结构和功能的复合系统。在林业生态经济系统中，生态系统是整个系统的基础，基础作用的表现是为经济系统提供物质基础；经济系统中所有运转的物质和能量，都是人类通过劳动从生态系统中取得的，经济系统离开生态系统无法生存。经济系统起主导作用，主导整个林业生态经济系统的变化发展。实现林业生态经济系统的良性循环，两个子系统互为因果关系。林业经济系统的调节手段要符合经济系统的反馈机制，也要符合林业生态系统的反馈机制，二者相互促进。林业生态经济系统可持续发展的评价指标体系以能值分析为理论支撑，包括对净能值产出率、能值投资率、输出反馈率、实际能值产出率、贮存能值变化和环境负载率等6项指标的考察分析。（蔡越）

林业碳汇

Forestry Carbon Sink

指利用森林的储碳功能，通过植树造林、加强森林经营管理、减少毁林、保护和恢复森林植被等活动，吸收和固定大气中的二氧化碳，并按照相关规则与碳汇交易相结合的过程、活动或机制。目前，我国主要采取两种方式达到减排的目的，一种是直接减排，即减少温室气体排放源，主要是通过技术改造减少能源，提高效能等手段来实现；另一种是间接减排，即增加温室气体吸收汇，也叫增汇或碳汇，主要是通过森林等植物的生物性特征，即光合作用吸收二氧化碳、释放氧气，把大气中的二氧化碳固定到植物体和土壤中来实现。与直接减排措施相比，植树造林等碳汇措施不仅可以达到间接减排的效果，而且操作成本低、效益好、易施行，是目前应对气候变化最经济、最现实的手段，也是国际社会公认的有效途径。（李雪姣）

《林业研究》

Journal of Forestry Research

1990 年创刊。是东北林业大学和中国生态学学会联合主办、教育部主管的英文林业学术期刊。自 2013 年第 1 期起，被国际公认的著名评价性数据库 --Science Citation Index Expanded（SciSearch）和 Journal Citation Reports（JCR）/ Science Edition 所收录，成为中国林业科学领域首个被 SCIE 收录的期刊。国际稿件已占 70%，覆盖 50 多个国家和地区。季刊，出版有印刷版（ISSN：1007-662X）和网络版（ISSN：1993-0607）。（席溢）

灵渠

Ling Canal

又名湘桂运河、陡河、兴安运河。沟通长江水系和珠江水系的古运河，在今广西壮族自治区兴安县境内。灵渠是世界上现存最完整的古代水利工程，它与四川都江堰、陕西郑国渠齐名，并称为秦朝三大水利工程。灵渠建成于秦始皇 33 年（公元前 214 年），全长 37 千米，由铧嘴、大小天平、南渠，北渠泄水天平和陡门组成。灵渠沟通湘江和漓江，历代不断增修改进，技术逐步完善，作用日益增大，是 2000 余年来岭南与中原地区的主要交通线路。灵渠开源处用拦河坝壅高湘江水位，一条支流引入漓江上源支流，在对天然河道进行扩挖和整治后入漓江；另一条支流屈曲

于湘江右岸再入湘江。整个工程用拦河大小天平、条石砌溢流坝、铧嘴、湘江故道和泄水天平实现分水、引水和泄洪等项功能。渠道由人工渠、开挖天然溪流的半人工渠道和整治后的天然河流组成，南渠长 33 千米，北渠长 3.5 千米。以弯道减缓坡度；以陡门和堰坝节制用水，增加通航水深；以侧向溢流堰分泄洪水，保障安全。唐代已建有陡门 18 座，宋代发展到 36 座，元明清三代多次维修完善，保证灵渠航运长期不衰，对广东、广西地区的政治、经济、文化有重大影响。1936 年和 1941 年，粤汉铁路和湘桂铁路相继通车，灵渠的航运逐渐停止。中华人民共和国成立后，对灵渠全面整修，基本保留传统工程面貌，使其成为灌溉、城市供水和风景游览综合利用的水利工程，已无通航效益。（参考：范玉春：《灵渠的开凿与修缮》，《广西地方志》2009 年第 6 期第 49 ~ 51 页。朱配辰）

《羚羊与秧鸡》

Oryx And Crake

加拿大著名女作家玛格丽特·阿特伍德的生态文学作品，第一版由出版商 McClelland and Stewart2003 年出版发行。女作家玛格丽特·阿特伍德在 21 世纪初发表她的生态小说。这是非常优秀的生态预警小说，讲述生发于 20 世纪的科技癌细胞在未来突然开始致命性扩散，人类在贪欲和妄想驱动下使科技畸形发展终于带来巨大灾难。

小说出版时正值SARS病毒在世界流行，这部作品引起人们的强烈关注。评论家认为阿特伍德提出与《弗兰肯斯坦》一样切中要害的警告，促使

人们思考科技的发展是否超出限度而走向疯狂。SARS病毒的流行更让人们警醒地意识到现实的状况跟未来灾难的差距正在缩小。小说在问世的当年即获得诺贝尔文学奖和英国布克文学奖的提名。评论家指出："通过《羚羊与秧鸡》，阿特伍德想让全世界都知道，为了我们所有人的缘故，我们必须改变我们的生活方式。"《羚羊与秧鸡》比较流行的译本由韦清琦、袁霞翻译，上海：译林出版社2004年出版。（王薛时）

零能耗建筑

Net Zero Energy Building

指通过提高建筑物和建筑设备的节能性能、能量的局域化利用和灵活运用建筑物自身生产的可再生能源（如太阳能）等减少建筑物中一次能源消耗量，建筑物使用的一次能源净消耗量达到零或是近乎为零。按照节能设计标准，与建筑物设计相关的能耗包括供暖、供冷、通风、照明、热水使用等负荷，但也有许多与用户关联度较大的负荷，如插座负荷、电动汽车负荷还没有进入平衡计算。目前共有4类指标可以用于衡量零能耗建筑：终端用能、一次能源、能源账单、能源碳排放。我国零能耗建筑应具有如下特点：1. 建筑物既可以与外界电网与热网连接（主要用于城镇内建筑），也可以独立于外界电网与热网存在（主要用于乡村建筑）。2. 建筑物能耗计算应考虑建筑物供暖供冷、照明家电设备、电力动力设备等能耗，应考虑未来技术发展后，蓄电池或电动汽车等技术参与形成建筑物能源系统的可能。3. 将各种能源通过国家认可的转换系数转换为一次能源进行平衡计算。4. 以1年为计算周期，进行建筑能源供给与消耗的平衡计算。据此，可以将我国零能耗建筑定义为：以年为计算周期，以终端用能形式作为衡量指标，建筑物及附近与其相连的可再生能源系统产生的能源总量大于或等于其消耗的能源总量的建筑物。（参考：张时聪等：《"零能耗建筑"定义发展历程及内涵研究》，《建筑科学》2013年第10期第114～120页。朱配辰）

零能耗住宅

Zero Energy House

以零能耗为目标而建设的节能住宅，有室内温度变化小、不怕停电、节约能源和减少污染等优点。该技术视房屋为一个诸多元件协作运转的整体，旨在通过最佳整体设计、利用最先进的建筑材料以及已上市的节能设备，达到房屋所需能源或电力100%自产的目标。零能耗住宅同时还与电网相连，其自产电力不足时可从外界补充，过剩时可输入电网，电力公司也需为此支付等价电费。零能耗住宅技术需将以下因素进行最优组合：根据不同气候特点确定设计；太阳能供暖和降温系统以及自然照明；最先进的节能建筑设计和材料；节电的家用电器和照明设备以及太阳能热水供应和发电系统。高效利用太阳能是零能耗住宅技术的关键。通过外墙（如太阳能吸热壁）、窗户和建筑材料等，不借助任何机械装置，直接利用太阳能进行房屋自然供暖、降温和照明，以减少房屋降温或供暖所需的能源消耗。在气候不同地区，日照强度与时间长短的不同决定建筑设计的具体差异，如屋顶是否需用反光材料避免房屋过热、墙体是否需用保暖性强的材料、墙体填充材料应具有何等储热和散热能力、何种墙体填料应在房屋什么位置等。同时，在房屋降温和供

暖保暖方面，窗户的方向和位置、隔热性能不同的窗玻璃的选用、窗玻璃的组装层数、窗框材料、房屋外表和屋顶材料深浅颜色的运用、室内的自然通风设计、房屋的地点和朝向以及园林设计等也起重要的作用。而利用附近建筑的反光和室内墙面、天花板和地板反光，开窗位置高，甚至选用浅色窗框，都能够增强室内的自然照明效果，减少照明用电。零能耗住宅太阳能热水供应系统：屋顶设置水箱直接利用太阳能加热，也可以通过回收利用废污热水的热量来降低热水系统的耗能。零能耗住宅的太阳能发电系统通常通过在屋顶安装外观似有色玻璃的光电薄膜材料，来实现太阳能发电的目的。利用光电薄膜材料发电无污染，有益于环境。同时，光电薄膜材料能起到和普通沥青屋瓦同样的保护作用，并且经久耐用，柔韧性好，重量轻且安装造价低廉。但由于光电薄膜材料有极强的吸热能力，因此在应用中需与建筑物隔开以免给房屋加热。（参考：翟边：《美国：推广零能耗住宅技术》，《中国地产市场》2005 年第 11 期第 72 页；杨向群等：《零能耗太阳能住宅建筑设计理念与技术策略—以太阳能十项全能竞赛为例》，《建筑学报》2011 年第 8 期第 97 ~ 102 页。朱配辰）

零排放

Zero Release

指在经济生产和社会生活中，利用一定技术降低在对能源资源的利用和处置中产生的污染物、废弃物直至为零的活动。零排放要求对资源能源进行可持续性使用，达到最大程度的循环利用，进而提高资源利用率、促进生态环境的维护。零排放要求通过环保技术在生产过程中尽量控制和避免废气物、污染物的产生，或者对于不可能避免废气、污染物产生的生产行为，要求进行技术改良措施和替代能源，使污染达到最低限度。资源能源的循环利用是零排放的具体要求。就零排放的生产过程来说，在一种生产过程中产生的污染、废气物需要以能源的形式重新在其他生产过程加以利用。从技术层面来说，零排放要求资源、能源之间的相互转化。现实上任何资源的使用都不可能达到百分之百的充分利用，因此需要以先进技术作为支撑，达到对资源最大化地利用，尽可能减少废弃物的产生。目前作为零排放的常用技术为蒸发、结晶、干燥、焚烧等。零排放在实践中最早可以追溯至 20 世纪 70 年代，主要为生产污水的零排放。20 世纪末联合国承认零排放的理念并与科研机构合作技术试点。我国“零排放”理念发展较晚，目前仍然将之理解为废水零排放。（参考：祁生鲁：《树立科学发展观，实施零排放战略》，《现代化工》2005 年第 1 期第 2 ~ 8 页。欧阳文川）

零碳城市 / 社区

Zero Carbon City/community

目前世界上某些城市（社区）在低碳城市（社区）基础上提出更为激进的理念和目标，是最大限度减少温室气体排放直至实现零排放的环保型城市。这一概念在全球气候趋于变暖、温室气体排放总量居高不下的大背景下提出，是极致化的低碳城市（社区）。零碳城市（社区）由组成城市功能的各个系统的高度节能化、环保化实现，通过零碳交通、零碳建筑、零碳能源、零碳家庭而最终造就零碳城市。对于稍大规模城市来说，零碳更多只是理想状况和理想目标，对于人类社会的低碳化未来发展具有导向与引领意义。（徐越）

零碳馆

ZED Pavilion

零碳馆概念源于 2010 年上海世博会伦敦案例，ZED 是 Zero Energy Development 的缩写，原型是英国贝丁顿零碳社区生态住宅（BedZED）。零碳馆通过改造最传统的建造工艺，实现二氧化碳的零排放，避免对环境、气候产生负面影响。设计理念是打造收集制建筑体，收集太阳能、风能、水能、生物能，在周边的环境与建筑自身中进行资源循环：1. 利用建筑屋顶大面积太阳能光伏面板，构成建筑体能源动力的核心；2. 屋顶建造帽状排气管，帮助室外冷空气与室内热空气完成热交换，节约供暖能源；3. 取用黄浦江水，利用水源热泵作为房屋的天然空调；4. 收集自然雨水，经过净化装置后用于浇灌、冲厕；5. 处理建筑内产生的有机垃圾废料，降解为生物质能，用于建筑本身。除此之外，零碳馆中还含有各类节能环保高科技材料应用，如供给电能与热能的太阳能窗户、吸收二氧化碳散发负离子的生态地板、采用保温隔热材料，表面附着特殊荧光材料使建筑白天储存太阳能量，夜间释放荧光的节能墙体等等。（任傲尘）

零增长理论

Zero Growth Theory

零增长理论是西方国家20世纪60年代末开始流行的主张人口和国民生产总值必须停止增长，才能使人类停止避免灾难的思潮。这种理论的主要代表著作有：米香（E.J.Mishan）1967年发表的《经济增长的代价》、福来斯特（J.Forresters）1971年发表的《世界动态》和米都斯（D.H.Meadows）等人1972年发表的《增长的极限》。零增长理论认为：1. 按目前增长速度，到20世纪末21世纪初，不可更新的矿物资源都将耗竭，可耕地都将被全部开垦；2. 如果增长速度不变，即使发现新的代用资源，发明能回收部分资源循环使用的新技术，绿色革命取得新的进展，也只能推迟世界末日的来临；3. 经济增长和技术进步使环境污染日甚一日，最终必将失去生态平衡，危及人类生存；4. 使人类免于灾难或毁灭的根本途径在于经济的零增长，即经济发展要绝对服从生态环境保护的需要。零增长理论是在20世纪60年代末工业化国家相继出现污染公害事件的历史背景下产生的。现在，这种理论无论是对发达国家还是发展中国家都是难以接受的。（牟世晶）

另一个世界是可能的

Another World is Possible

世界社会论坛提出的著名口号，意指不同于新自由主义资本主义和全球化的替代性道路与政策选择。世界社会论坛作为国际性的非政府论坛，是20世纪90年代以来反全球化运动发展的产物，它试图向世人展现全球化发展过程中的另外一种声音，以及世界发展的可能的未来和方向。“另一个世界是可能的”，是世界反全球化运动，特别是第三世界国家反对新自由主义贸易、反对资本主义霸权的全球化的呼吁和期待。世界社会论坛的主题非常多，包括免除第三世界国家债务、民主和可持续发展、人权和社会平等、反对霸权主义和战争、反对美国对伊拉克的军事行动，以及全球化带来的不公正和不平等、金融危机、环境保护和气候变化等。世界社会论坛希望建立替代当前资本主义主导的全球化，建立一个更加公平、更加和平、更加宽容和更加美好的新世界。（王聪聪）

刘德天

Liu Detian，1950 ~

中国第一个民间环保组织盘锦市黑嘴鸥保护协会的发起人和会长，辽宁省环保志愿者联合会副会长。为保护黑嘴鸥，1991年4月20日创建

黑嘴鸥保护协会。20多年来通过舆论监督、开展环境教育、发挥专家智慧、依靠政府决策等形式，成功保护黑嘴鸥及其栖息地，创造民间环保组织保护濒危物种的成功案例，因此被称为中国民间

环保第一人、黑嘴鸥保护之父。因在保护黑嘴鸥及其他环保领域的贡献，获得地球奖、福特汽车环保奖、阿拉善生态奖、中国环境保护特别贡献奖、杜邦杯环境新闻人物、母亲河奖、辽宁省百名环保先进人物、2009 年绿色中国年度焦点人物等荣誉称号。2013 年 12 月获得由中国网、环球网、百度公益、搜狐焦点公益基金、新财经等联合评选的 2013（第三届）中国最佳公益精神奖。（王聪聪）

刘鸿亮

Liu Hongliang，1932 ~

辽宁大连人，环境工程专家，1954 年毕业于清华大学。现任国家环境保护总局科技顾问委员会副主任，国家计委委托中国科学院、中国工程

院制定“十五”及今后十五年高新产业计划的环保组组长，中国环境科学学会顾问及其环境委员会主任，湖南大学环境保护研究所，环境科学与工程系教授、博士生导师，1994 年当选为中国工程院农业、轻纺与环境工程学部院士。我国水环境研究领域的学术带头人，致力于从事我国的湖泊调查、湖泊环境数据库、湖泊富营养化机制、湖泊污染综合防治技术等方面的研究工作。主要学术研究方向有：环境系统工程（包括环境与生态规划、洪灾控制、旅游规划、环境 GIS 技术及 VR 技术的应用，不确定性理论与方法等）；固体废物处理与资源化；环境艺术、建筑防灾景观设计及城市生态规划；土壤电动力学、化学萃取、植物修复技术；土壤重金属污染机理及控制；水污染控制工程（饮用水安全性保障技术、生活污水和工业废水高效处理技术和设备）等。近年在水、垃圾污染综合防治技术方面开展广泛深入的研究。主要论著有：《洞庭湖流域区域生态风险评价》（2003）《三峡库区典型小流域氮磷流失特征》（2007）《湖泊营养物基准的制定方法研究进展》（2009）《解决流域水资源紧缺的路径分析——以海河流域为案例》（2012）《湖泊管理》（译著）《湖泊环境营养化调查规范》等。（石艳峰）

刘思华

Liu Si Hua，1940 ~

中国著名生态马克思主义经济学奠基人，中南财经政法大学可持续发展经济研究所所长、教授。代表作有《绿色经济论－经济发展理论变

革与中国经济再造》（2001）；《经济可持续发展论丛》（2002）；《生态马克思主义经济学原理》（2006）等。学术成就有：1. 将当代中国的生态经济问题纳入到社会主义经济问题中研究，揭示社会主义制度下的经济发展与生态环境之间相互平衡与协调发展的客观必然性。2. 与其他学

者共同创立并系统论述现代经济社会条件下生态经济协调发展的学说，在此基础上加强理论创新。3. 将深化生态经济协调发展理论研究与社会主义市场经济理论研究有机结合起来，倡导可持续发展的生态经济理论。4. 创立的马克思主义视野下的生态文明与四大文明全面协调发展理论，纳入生态马克思主义经济学的理论框架，展示出马克思主义生态文明观的当代新形态。（蔡越）

流行性传染病

Epidemics

指由不同病原体作用下形成的，能够在人与牲畜之间传播的疾病。引起传染病的病原微生物包括病毒、立克次氏体、支原体、细菌、真菌、寄生虫等。导致流行性传染病暴发的原因有多种，如不合理的生产和生活方式、自然生态环境的破坏和污染、多种原因引发的耐药微生物增多等原因。目前流行性传染病分为甲乙丙三类，共有 39 种，疾病的传播方式主要通过血液传染、唾液传染以及接触传染等。甲类流行性传染病包括霍乱和鼠疫；乙类流行性传染病包括炭疽、SARS 和狂犬病；丙类流行性传染病包括流行斑疹、流行性感冒和伤寒等。甲类流行性传染病传播速度和传播范围最快也最广泛，需要进行强制管理措施；乙类流行性传染病的危害性也较强，需要做好预防、控制措施；丙类流行性传染病的危害性相对较小，但仍需按照卫生部门要求进行防御。流行性传染病发病具有隐蔽性和突发性，不仅对人体健康和生命造成巨大威胁，而且对社会经济发展造成极大损失，因此预防和控制流行性传染病的发生和传播极为关键。流行性传染病的传播需要三个条件，即传染源、传播途径和易感人群，对于疾病的控制只需要管理好三个环节中的一个即可达到目的。（参考：盛传芳：《论流行传染病的控制预防方法》，《中国医药指南》2011 年第 31 期第 475 ~ 476 页。欧阳文川）

流域初始水权分配

Initial Water Rights Allocation in a Basin

初始水权是指用水者按照法定水权分配程序所获得的水资源使用权。初始水权分配是水权制度基本内容之一，也是水权制度建设的基础。流域是河流水资源为主体的地理区域概念，内涵为地表水与地下水分水线所包围的集水区域的统称，一般称为地表水的集水区域，是一个从源头至河口的封闭式、独立的水文系统，有清晰的地理范围和边界。因此流域初始水权分配指对于在流域内所涵盖区域（一般指行政区域）的水资源开发和利用权力的初次分配。经过流域初始水权分配以后，各区域内用水户得到用水户初始水权。我国流域的地理范围一般都跨行政区域，因此流域的跨界会引起与水资源利用和分配的相关问题。国外流域初始水权分配体系主要有以河岸权为原则的初始分配体系和以先占用为原则的初始分配体系。目前我国的初始水权分配体系以行政力量为主导，采用取水许可证制度，实行用水总量控制和定额管理相结合的措施。对于初始水权分配的原则主要以公平优先和效率优先两种原则为主。我国的水权分配研究一般认为应以效率原则优先。此外，非效率性因素在分配原则中的考量还包括排污量、产水量、实际取水量和人均分水量等因素。然而，目前的研究并没有注意到流域初始水权分配中的水资源污染问题。因为水资源的分配建立在水资源的可利用性基础之上。这里涉及水资源的外部性问题，流域上游经过的行政区域无论是保护和维护水资源还是损害、污染和过度利用水资源都会产生公平问题。上游行政区域的保护行为使下游行政区域无偿享受其行为的正外部效应，或者上游行政区域的损害和污染行为使下游行政区域承担本不应由其承担的水资源负外部效应。因此，需要在流域水资源生态补偿理论的基础上增加水资源初始分配的污染最小化原则。（参考：沈静：《流域初始水权分配研究》，河海大学 2006 年硕士学位论文第 34 ~ 38 页。欧阳文川）

流域生态补偿

River Basin Eco-compensation

生态补偿的分支内容之一。生态补偿指为保护、恢复、改善自然生态系统的生态服务价值而对保护和改善生态服务功能承担经济成本、代价的行为主体做出的资金、物质、技术或者政策的补偿，或者对生态环境及其服务价值造成损害的行为主体产生的外部不经济性的补偿。因此，流域生态补偿是以保存和维持流域生态系统的社会服务价值为目的，以内化外部成本为原则，调整相关利益者保护流域或者损害流域的经济利益分配关系。流域是河流水资源为主体的地理区域概念，内涵为地表水与地下水分水线所包围的集水区域的统称，一般称为地表水的集水区域，是一个从源头至河口的封闭式、独立的水文系统，有清晰的地理范围和边界。流域的地理范围一般都跨行政区域，因此流域的跨界会引起与水资源保护和利用相关的问题，流域上游经过的行政区域无论是保护和维护水资源还是损害、污染和过度利用水资源都会产生公平问题，上游行政区域的保护行为使下游行政区域无偿享受其行为的正外部效应，或者上游行政区域的损害和污染行为使下游行政区域承担了本不应由其承担的水资源负外部效应。因此流域生态补偿区别于其他自然要素的生态补偿，其补偿重点更在于宏观层面上的行政单位而非微观的利益主体，其补偿目标主要是为了解决流域保护和使用的公平公正问题，而非流域水资源的使用效率问题。（参考：刘世强：《水资源二级产权设置与流域生态补偿研究》，江西财经大学2012年博士学位论文第47～53页。欧阳文川）

流域生态学

Watershed Ecology

流域生态学以流域为研究单元，应用等级嵌块动态（Hierarchial patch dynamics）理论，研究流域内高地、沿岸带、水体间的信息、能量、物质变动规律。其中流域（Watershed）是指一条河流（或水系）的集水区域，河流（或水系）由这个集水区域上获得水量补给。流域生态学的近期目标是从中、大尺度上对我国内陆水体及水生生物资源保护与合理利用决策提供依据，为社会经济可持续发展做贡献。流域生态学的技术手段应包括：3S和计算机技术、景观生态学理论与假说、非线性科学的理论和方法等。由于流域生态学是淡水生态学、系统生态学和景观生态学间的交叉学科，主要研究内容涉及多个学科：1. 流域形成的古地理和古气候历史背景及发展过程。2. 流域景观系统：1）结构：不同生态系统或要素间的空间关系，即与生态系统的大小、形状、数量、类型、构型相关的能量、物质和物种的分布；2）功能：空间要素间的相互作用，即生态系统组分间的能量、物质和物种的流；3）变化：生态镶嵌体结构和功能随时间的变化。3. 流域生物多样性测度，生态环境变化过程对流域景观格局（如水生、陆生及水陆交错带生物群落和物种）的影响与响应。4. 流域内主要干、支流的营养源与初级生产力，干、支流间的能量、物质循环关系及其规律，流水与静水生境之间营养源和能源的动力学研究以及江湖阻隔的生态效应。5. 流域的生态学特征以及区域生态环境整治的生态工程、流域城市生态学、人类生态学和生态经济。6. 流域水系的环境背景值及环境容量，污水治理与资源化生态工程系统研究。7. 水体梯级开发的生态学后果与对策，自然灾害的评估与预警。8. 流域工农业现状及生物资源的利用与保护，流域社会经济可持续发展对策。（参考：王璇：《谈水库环境生态的治理与保护》，《中国科技纵横》2013年第24期第31页。朱配辰）

流域水资源生态补偿

River basin Water Resources Eco-compensation

指为保护流域水资源生态环境、促进水资源的有效利用及保质保量的持续供给，调节流域上中下游相关主体利益关系的手段、政策和措施，包括经济手段和行政手段、政策法规及国家生态工程。特点体现在：1. 流域水资源生态补偿的利益主体相对明确。由于每个流域的地域界限相对明确，流域上下游居民、产业的空间位置相对固定，因此，受损方的地域范围和产业规模等较容易确定，流域水资源生态系统服务的供给方相对明确。2. 流域水质的保护和水量的控制是流域水资源生态补偿实现的中心内容。3. 流域水资源生态补偿的跨区域性突出。生态补偿模式主要有两种：市场交易模式和政府或第三方介入模式。（李雪姣）

流域水资源生态补偿标准

River basin Water Resources Eco-compensation Standard

流域水资源生态补偿标准的计算方式有：1. 流域下游用水者或调水受益区受益的价值可以由水质标准的额外提高导致增加的水环境容量对应的可增加的排污能力所容纳的产业发展收益来计算。2. 支付意愿法。指通过对消费者开展直接调查，掌握消费者的支付意愿，或是消费者对某类产品（服务）的选择（需求）愿望（数量），以此来评价和确定某一生态系统服务功能的价值。通常消费者的支付意愿会低于生态系统服务的价值。3. 机会成本法。一般是指流域环境保护方（环境保护的投入主体）为全流域生态全局放弃部分工农业发展，而失去获得相应效益的机会，通常是指财政上的损失（发展收益损失），把放弃发展可能失去的最大经济效益称为机会成本，并以此作为流域生态补偿的标准。4. 生态水资源价值法。当流域生态服务价值可以直接货币化时，可以基于资源市场的具体价格实施流域生态补偿，由流域水质的优劣来判断生态补偿标准。5. 生态补偿费用分析法。采取流域生态保护行动的一方为保护和恢复流域生态环境，必须承担（如环境保护投入，或因采取保护措施而损失掉的工农业发展收益等）一定的费用（或损失一部分收益），在流域生态补偿过程中可以将此部分费用作为流域生态保护受益方向保护方支付生态补偿额度。（李雪姣）

硫循环

Sulphur Cycle

指硫元素在生态系统和环境中进行周期性运动、转化和往复的过程。硫以元素或化合物的形式通过自然传递（如火山爆发）和人为传递（如化石燃料的燃烧）等过程进入环境。一部分以硫酸盐的形式被植物的根系吸收，转变成蛋白质等有机物，进而被各级消费者利用，动植物的遗体被微生物分解后，又能将硫元素释放到土壤或大气中。另一部分与大气中的水结合，随降水落入土壤或水体中，形成完整的循环回路。在硫循环的工业流动与转化中，会产生如二氧化碳、硫化氢等硫化物，危害人体健康或以酸雨形式破坏土壤和水体的质量。（参考：汪建国、陈代钊、严德天：《重大地质转折期的碳、硫循环与环境演变》，《地学前缘》2009 年第 6 期第 33 ~ 47 页。刘阳）

六道轮回

Cycle through the Six Worlds

佛教六道指天道、修罗道、人间道、畜生道、恶鬼道和地狱道，是欲界众生的栖居地。如果欲界众生不能证悟成佛，那么只能永远在六道中轮回。佛教认为善业是清净法，不善业是染污法，以善恶诸业为因，分别招致善恶不同的果报，是为业果或业报。业果都是依善恶二业而来的，众生行善则得善报，行恶则得恶报，得到善恶果报的众生又会在新的生命活动中再造新业，从而招致新的果报，故凡未解脱的一切众生都会在天道、人道、阿修罗道、畜生、恶鬼道、地狱道中循环往复，生死轮回。这就是佛教所说的六道轮回。（雷爱民）

《六度理论》

Six degrees theory

北京国际城市发展研究院、贵州大学贵阳创

新驱动发展战略研究院联合研究的生态文明智库报告，连玉明主编，题名全称《六度理论：重塑我们的生态观和生活观》，北京，中信出版社出版，2015年6月25日在北京、贵阳同时首发。《六度理论》从小环境入手观察大生态问题，紧扣影响和关乎人类永续生存与发展的主题，用纬度、高度、温度、湿度、浓度、风度“六度”加以客观阐述，形成严密而完整的生态理论研究体系，为生态问题的研究提供全新的视角。同时，书中把生态理论研究与对当代工业文明的深刻反思结合起来，以更加人本的视野和愿景探寻生态文明发展之路，诠释生态兴则文明兴，生态衰则文明衰的普遍真理。（张沥元）

龙骨水车

Dragon Bone Waterlift

我国古代传统文化中重要的涉水灌溉工具。《后汉书》中有东汉末年灵帝时，命毕岚造“翻车”的记载，这可以认为是龙骨水车的雏形。据传，

三国时期魏国扶风（今陕西兴平）人氏马钧看到当时许多农田灌溉工具效率不高，特别是在一些地势较高的坡地引水灌溉很困难。在他的住房旁边有一块比较高的荒坡地没有开垦，马钧想利用这块荒坡种点蔬菜，可是又没法把水引到坡地上去浇灌。马钧仔细研究附近的水源，在总结前人经验的基础上，设计一种新的提水工具“翻车”，也就是后来的龙骨水车。马钧设计的龙骨水车结构巧妙，很像一种链唧筒。这种龙骨水车是利用链轮传动原理，以人力（或畜力）带动木链周而复始地翻转，装在木链上的刮板就能顺着水槽把河水提升到高处而流入田间进行农田灌溉。因翻板的转动能够连续不断地将水提上来故称翻车，又称水车、龙骨水车等。马钧发明的龙骨水车迅速得到推广使用，它对农业生产起到了巨大的作用。后世又有利用流水作动力的水转龙骨水车，利用牛拉使齿轮转动的牛拉龙骨水车，以及利用风力转动的风转龙骨水车等。（参考：陈明新：《龙骨水车的形制与审美文化研究》，《艺术理论》2009年第11期第204～205页。朱配辰）

垄断竞争

Monopolistic Competition

美国经济学家爱德华·哈斯丁·张伯伦（E. H. Chamberlin，1899～1967）提出。张伯伦认为，每种产品都有某些差别，使销售者对其具有垄断，垄断代表对供给的控制，差别越大垄断程度就越高。有差别的产品在很多售卖者的情况下必然又受到其替代品的竞争，每个人都是垄断者，也是竞争者，这就是所谓的垄断竞争。经济学经过发展，对垄断竞争理论进一步完善。垄断竞争属于经济学中比较典型的市场形势之一，短期看是暴利的，可以获得超额利润，提高企业的研发能力。但在长期看则是具有消极影响的，在均衡状态中，垄断竞争商品价格及成本都要高于完全竞争。（代富宇）

卢卡奇物化理论

Lukacs' Theory of Materialization

匈牙利马克思主义者卢卡奇提出的物化理论，见于1923年出版的他的文集《历史与阶级意识》。当卢卡奇在《历史与阶级意识》这部著作中提出物化概念时，他没有看到过马克思的《1844年经济学哲学手稿》。这部手稿又称《巴黎手稿》，1932年才为人所知。然而，他的物化概念同马克思提出的异化概念有着惊人的相似。学界一般认为，卢卡奇的物化概念是在研读马克思的《资本

论》中关于商品拜物教分析的基础上得出的。在卢卡奇看来，现代资本主义社会中的商品形式已经成为社会的基本形式、普遍形式和真正的统治形式。他从对商品关系的剖析出发，指出商品交换的世界构成资本主义社会的物化现象。

卢卡奇认为，物化不仅是经济学的中心问题，而且是囊括一切方面的整个资本主义社会的核心问题。那么，如何理解物化？卢卡奇认为，物化一词的本义，就是在头脑中使某物抽象的东西呈现为一物。卢卡奇的物化概念的含义有如下两个方面：一是指商品生产中人与人的关系表现为物与物的关系，即所谓“人的一切关系的物化”，人的关系被物的关系所掩盖了，物化也可以说是一种非人化。二是人通过劳动所创造的物反过来控制着人。卢卡奇说：“人自己的活动，人自己的劳动，作为某种客观的东西，某种不依赖于人的东西，某种通过异于人的自律性来控制人的东西，同人相对立。”卢卡奇指出，这种物化现象的集中表现就是商品拜物教。他把商品拜物教看作“他所生活的那个时代（即现代资本主义）”所特有的问题。物化是生活在资本主义社会中的人们必然的直接现实，它渗透在人们的整个社会生活中。

卢卡奇并没有停留在对商品拜物教的分析上，而是由此出发，进一步阐述他的物化理论。1. 生产过程中主体和客体的物化。卢卡奇将马克思所说的抽象劳动概念与韦伯的合理化、可计算性原则相结合，描述现代资本主义社会生产过程中的主体和客体的物化情况。物化是与合理化相连的异化（疏远、疏离）。合理化指以计算为基础去设计和规定工人在劳动过程中的生产和操作行为，它既使生产的客体支离破碎，也造成主体的支离破碎。从客体方面看，劳动过程的可计算性，必然要求把整体分解成它的各个组成部分，表现为各种局部操作系统的独立化，这使产品的有机整体变成孤立的局部、机械的原子。从主体方面看，由于劳动过程的合理化，与客体的机械分割相适应，工人只是作为机械化的一部分被结合到某一机械系统里去，必须服从机械运行的规律。因此，“随着劳动过程越来越合理化和机械化，工人的活动越来越多地失去自己的主动性，变成一种直观的态度，从而越来越失去意志”。这种主体方面的分裂，不仅表现为单个工人的主体性的消失，而且表现为工人之间的相互隔离和原子化。同时，由于生产客体的分割，破坏了个人与原来客体作为有机整体的社会相联系的纽带，使主体愈来愈受客体的支配，甚至使工人的心理特性与他的整个人格相分离。最后，卢卡奇指出，工人把自己的唯一所有物——劳动力作为商品，即人的功能变为商品的这一事实，确切揭示了商品关系已经非人化和正在非人化的性质。2. 物化意识。卢卡奇不仅用物化概念分析生产、经济领域的物化现象及其后果，而且进一步深入分析资本主义社会物化现象导致的物化意识。这种物化意识在政治、法律、伦理、哲学、文艺以至语言文字等领域都有所表现。他指出：“在资本主义发展过程中，物化结构越来越深入地、注定地、决定性地沉浸入人的意识里。”这就是说，在资本主义社会，物化问题已不局限于经济层面，而是渗透在整个社会生活中。卢卡奇对物化意识的揭露和批评，涉及：1）促使官僚制度的形成。现代资本主义企业的内部首先建立在计算的基础上，而国家的法律机构和管理系统的职能，也要求至少在原则上能够根据固定的一般规则被合理地计算出来。合理的经济管理，必须有合理的法律、政治及日常生活的管理。这种管理，在资本主义制度下就是官僚制，它体现为一切活动都按一种越来越标准化、形式化的方式处理。2）渗入文化的各个领域。在资本主义制度下，物化意识充斥在整个文化领域。人的特性和能力不再同人的有机统一相联系，而是表现为人"占有"和"出卖"一些"物"；人的自由也是建立在他人不自由的基础上的单方面的特权。他以物化意识在新闻界的表现为例：在那里，主体性本身，即知识、气质、表达能力等，既不依赖于所有者的人格，也不依赖于各种对象的客观、具体的本质，他们是出卖他们的信念和经验等。物化概念是卢卡奇对资本主义文化展开多方面批判的一个基本概念。3）造成科学和哲学的片面性。卢卡奇把总体性思想带入对现代科学和哲学的批判当中。在资本主义制度下，由于人的各种关系的物化，生产领域各种分工的专门化，形成人们孤立地理解社会现象，孤立地对待各种事实的方法，形成对经济学、法学等各门学科的孤立研究，造成各门学科的系统封闭；同时，反映到哲学上，则是放弃对于整体的认识，所以不可能找到社会发展的总的规律。

在资本主义社会中，工人的命运正在成为整个社会的命运。如何才能克服物化并从物化中解放出来呢？卢卡奇认为，要从根本上超越资产阶级社会的物化现实，必须沿着德国古典哲学的方法论走下去，即从"同一的主体–客体"出发去把握作为主客体统一的"活动"，并且要把辩证的方法当作真实的历史的方法。这种转变要靠一个阶级来完成，这个阶级有能力从自己的生活基础出发，在自己身上找到"同一的主体–客体"，这种行为的主体就是无产阶级。无产阶级作为同一的主体–客体，集中表现为无产阶级的阶级意识，是无产阶级对其自身社会地位的认识因而同时也是对社会本质的客观认识，是对总体的真正联系的意识。这种阶级意识能够揭破物化假象，意识到社会发展的"内在"意义，达到理论与实践的统一。卢卡奇以一种特殊的方式论证并再现黑格尔的《精神现象学》："历史"成为实体，"阶级意识"成为主体，无产阶级体现了它们的"同一"运动，所有这一切都决定于无产阶级在资产阶级社会中的社会存在、社会地位。

卢卡奇有关物化的论述，包含有黑格尔思想的传统印记。如：把物化概念普遍化，把物化同对象化概念相混淆，强调主体与客体的同一等。卢卡奇的物化理论也受同时代思想家影响，如：有关"合理化"的概念，多取决于韦伯关于西方合理化社会的分析。此外，他对物化的某些解释含有席美尔的《货币哲学》的思想痕迹等。然而不可否认，卢卡奇的物化理论在一定程度上是对马克思异化劳动理论的天才发挥，并且在新的时代背景下赋予异化以新的内涵。卢卡奇生活在现代资本主义社会初期，这个时期，与马克思生活的早期资本主义社会有很大的不同，一些文化、意识层面的问题开始凸现出来，因而，卢卡奇的物化理论在一定程度上拓展异化理论的发展。他提出的一些重要问题，为后来的思想家提供了一定的理论借鉴。同时，卢卡奇的物化理论直接影响了后来的以法兰克福学派为代表的西方马克思主义者，为法兰克福学派建构社会批判理论的框架，而物化（异化）问题也成为法兰克福学派的中心问题之一。（参考：兰俊丽：《马克思、卢卡奇、弗洛姆的异化理论及其比较研究》，华中科技大学 2004 博士学位论文。　徐越）

卢卡斯模式

Lucas Model

现代环境教育的新模式。现任英国伦敦大学英王学院院长卢卡斯教授 1972 年提出著名的卢卡斯模式。卢卡斯教授将环境教育归纳为关于环境的教育、在环境中教育以及为了环境的教育。关于环境的教育是向受教育者传授有关环境的知识、技能以及发展他们对环境的理解力。在环境中教育是在现实环境中进行教育的具体的独特的教学方法。为了环境的教育是以保护和改善环境为目的而实施的教育，涉及环境价值观与态度的培养。一直以来，关于环境的教育都是环境教育的核心内容。这种对环境知识传授的重视本身无可厚非，但是却产生了重知识传授而轻感情培养的环境教育现状。环境教育不仅要实现环境科学知识的认知目标，更要关注环境教育的情感目标，激发起受教育者强烈的环境意识，使他们形成一定的环境责任感、道德感和正确的环境价值观和态度，最终才能用所学的知识技能来付诸行动。（参考：印卫东：《环境教育的新理念——从“卢卡斯模式”谈起》，《教育研究与实验》2009 年第 S2 期第 19 ~ 22 页。王薛时）

卢森堡绿党

Déi Gréng

成立于 1983 年。在 1984 年大选中第一次参加全国性选举，获得 5.2%的选票，成功进入全国议会。此后，无论在国内大选还是欧洲选举中，都有相对稳定的选举支持。1989 年卢森堡大选中获得 12.5%的选票和 4 个议席。1994 年大选中获得 10.9%的选票和 5 个议席，成为议会第四大党。在同年的欧洲选举中，也获得 1 个欧洲议会席位。在全国议会 1999、2004、2009 和 2013 年的 4 次选举中，分别获得 9.1%、11.6%、11.7%、10.13%的选票和 5 个、7 个、7 个、6 个议席。在欧洲议会 1999、2004、2009、2014 年的 4 次选举中，得票率分别为 10.7%、15.0%、16.83%和15.0%，均获得1个议席。2013年大选后，加入由民主党、卢森堡社会主义工人党组成的三党联合政府。绿党获得 3 个部长职位，分别为正义部长、可持续发展与基础建设部长和环境部长。这是卢森堡绿党首次参加全国政府。卢森堡绿党的主要政策主张包括：可持续发展、生态税改革、可再生能源、能源效率、养老金改革、基层民主、社会平等政策等。（王聪聪）

鲁道夫 · 巴罗

Rudolf Bahro，1935 ~ 1997

德国左翼环境政治学者、环境哲学家。1954 年加入统一社会党，1954 ~ 1959 年在洪堡大学学习哲学。1956 年的波兰和匈牙利动荡时期，对于民主德国政府的舆论管制政策表达公开的批评，并因此受到秘密警察的监视。1968 年布拉格之春改革遭到苏联的军事镇压，使巴罗在思想上彻底与统一社会党领导的社会主义理念决裂。1972 年开始以博士论文为基础撰写《抉择》，书中从学术角度批评苏联和民主德国的社会主义。巴罗绿色左翼思想的主旨，是如何在实现不同于西方资本主义和苏联东欧模式的旧政治的同时，创建超越工业文明的新文明。在他看来，在资源有限的星球上追求无限的经济增长，终归是不可持续的，因而，支持并推动工业文明的解体是必须做出的政治抉择。他认为，当前的社会形态不足以被称为社会主义社会，而实际上仍是阶级社会。因此，他呼吁更进一步的改革，克服普通民众对领导人的盲从态度，要“服从本性和内心思想，而非领导人”。1977 年，《抉择》的正式出版以及《镜报》上发表的一篇对巴罗的采访，导致巴罗被捕入狱。巴罗在 1979 年的大赦中获释，随即移民德意志联邦共和国。代表著作除《抉择》外，还有《从红到绿》（1984）《创建真正的绿色运动》（1986）等。（徐越）

鲁道夫 · 卡尔纳普

Rudolf Carnap，1891 ~ 1970

20 世纪著名哲学家，维也纳学派的重要代表。在维也纳学派的鼎盛时期，卡尔纳普是其最活跃和最具影响力的成员。1910 年就读耶拿大学和弗莱堡大学，1922 年以《论空间》完成博士学业。1924 年发表第一部著作《逻辑概论》。该书以符号逻辑为基础，说明符号逻辑如何应用于分析各种概念和构造演绎系统。1925 年卡尔纳普完成影响世界的著作《世界的逻辑构造》，从而成为世界著名的逻辑学家和哲学家。1926 年担任维也纳大学的哲学讲师，1927 年结识著名哲学家维特根斯坦，1929 年与汉恩等人共同起草《科学的世界观：维也纳学派》，1930 年出版机关刊物《认识》并于同年结识了著名语言学家塔尔斯基。1930 年前往华沙，同华沙学派成员交流。1931年开始主持德意志大学自然哲学讲座，并完成后来出版的《语言的逻辑句法》。1934年赴伦敦讲学，结识

艾耶尔等哲学家。希特勒上台后流亡美国。1936年担任芝加哥大学哲学系教授。卡尔纳普一生致力于自然科学、语言学、逻辑学和哲学的研究工作，对后世诸多哲学家如古德曼、戴维斯、普特南等人有重要影响。总体上说，虽然卡尔纳普的思想经历很多变化，但是他的基本理念没有改变。他始终坚持必须用现代逻辑的工具分析科学概念和澄清哲学问题，坚持从语言的形式方面展开语言哲学和科学哲学的工作，坚持方法论上的重力主义原则。（参考：叶秀山、王树人总主编：《西方哲学史》学术版江怡主编第八卷《现代英美分析哲学》上第228～261页，南京：江苏人民出版社，北京：人民出版社，2011年。**朱配辰**）

陆源污染

Marine Pollution from the Land-based Sources

“陆源污染”一词最早出现在20世纪50年代，指一切在陆地上产生的污染物直接进入海洋或者经过河流、管道、排水结构等途径最终排放进入海洋后对海洋环境造成的污染及其他危害。陆源污染按照来源可以分为工业污染源、生活污染源、农业面源以及其他污染源等。我国在1999年修订的《海洋环境保护法》中列举的主要陆源污染物的种类包括：高度中度低度放射性物质、病原体废物、富营养物质、含热废水、沿海农田林场使用的农药及生长调节剂、油酸碱毒物质、过境转移危险废物、通过大气层传播的废物等。从经济角度看，陆源污染是典型的陆域经济发展的环境负外部性体现。它体现在海洋作为陆源污染物的接纳者，难以和陆地之间形成回馈机制或互补机制，只能依靠海洋内部的物理、化学和生物净化维持海洋生态功能的稳定。（参考：李宁：《我国海洋环境陆源污染治理的政策实施研究》，中国海洋大学2014年硕士学位论文第23～26页。**刘阳**）

《鹿之民》

People of the Deer

加拿大生态文学家法利·莫厄特的长篇纪实作品，第一版由出版商Little，Brown1952年出版发行。作品描写世世代代生活在加拿大北部的

一支因纽特人的生活，讲述具有强烈生态责任感的伊哈尔缪特人以主动限制人口的方式重建生态平衡的惨烈故事。事情的起因是文明社会里唯利是图的商人用具有强大杀伤力的武器大规模猎杀驯鹿，打破了靠驯鹿为生的伊哈尔缪特人与驯鹿之间原有平衡。文明人走后，独自面对食物严重短缺困境的伊哈尔缪特人竟然从鹿皮棚走出，脱掉衣服，让北极圈的冰雪严寒夺取自己的生命，以牺牲自己达到重建生态平衡的目的。这个原始部落人的悲壮故事一经发表便深深攫住许多文明人的心，著名的《诺顿自然书写文选》对此书的

评价是：这是一种“美丽而有尊严的生存方式”，只有限制人类的无限欲望，承担起生态责任，重建生态平衡，人类才可能长久生存。《鹿之民》发表不久，便被译成 20 多种语言，在 40 多个国家出版。《鹿之民》中译本译者潘明元，太原：北岳文艺出版社 1999 年出版。（王薛时）

路易斯·阿加齐

Louis Agassiz，1807 ～ 1873

自然主义科学家，地理学家。曾任瑞士纳沙泰尔大学、美国哈佛大学教授，主要从事冰川和鱼类化石及自然史研究。阿加齐有一个信念：“研究自然，而不是书本”。敦促学生从自然世界中学习，而不是沉湎于书本。在教学过程中告诫学生们，书上的东西也可能是不对的，不应随便把别人的话当作事实；应该用自己的眼睛去观察，在观察过程中通向自然科学世界的迷人大门随之打开。（参考：徐湘荷：《生态教育思想研究》第 10 页，济南：山东大学出版社，2012 年。王薛时）

伦纳·格伦德曼

Reiner Grundmann，1955 ～

生于德国的巴登—符腾堡州，当代德国社会学家和政治学家，现任诺丁汉大学科学和技术研究所教授，担任跨学科研究组的主任。早年在柏林社会科学研究所从事社会学研究，1989 年在佛罗伦萨欧洲大学研究院获得博士学位。1997 年移居英国，任职阿斯顿大学和普朗克学院的社会研究中心。1998 年在比勒费尔德大学的跨学科研究中心开始研究环境政策对臭氧层的破坏。通过分析马克思关于环境问题的理论遗产开始学术生涯。认为自从 1970 年以后，生态学不再局限于生物学领域。当代生态学应当把诸如环境污染问题与政治背景和政治运动联系起来。认为正统马克思主义者被困在马克思对愚昧的农村生活的谴责和对大自然复兴的信条之间。他试图运用仍颇有说服力的马克思的思想和方法解决这个问题，详细分析马克思和恩格斯对于统治自然问题的讨论。竭力避免把这种统治描绘成破坏性的意象，采用类似掌握或管理的阐释。这和马克思的“人应当通过实践作用于自然界”是相通的。明确反对生态中心主义观点，认为人与自然的关系最终应像音乐家掌握乐器那样是艺术的而非征服的。（徐越）

伦内·杜蒙

René Dumont，1904 ～ 2001

法国著名农业工程师、社会活动家、环境政治家。生于法国北部的康布雷镇，在法国的丰特奈特奈苏布瓦逝世。一生出版 70 多部著作。大部分职业生涯是农业科学教授，曾是化学肥料的积极推动者，但也是最早谴责过度农业现代化危害的人士之一。最早使用“可持续发展”概念的人士之一，大力呼吁控制人口、节约能源、保护土壤质量、关注第三世界国家等。被誉为法国绿党之父。法国绿党赞誉他将环境保护议题纳入政治领域。1974 年作为生态派的第一个候选人，参加总统大选并获得 1.32% 的选票。这次大选也为法国生态和绿色团体登上政治舞台开辟道路。此后，生态候选人参加了所有的总统和国民议会选举。去世后，法国绿党以其名字命名创建基金会，以纪念杰出的绿色政治家、人文主义者、致力于全球正义的全球主义者的离去。（王聪聪）

《论解放》

An Essay on Liberation

马尔库塞以乐观主义精神创作的关于青年造反运动的重要著作，1969 年完成。马尔库塞 1964 年发表《单向度的人》，被时人视为“悲观主义的圣经”。20 世纪 60 年代一系列革命运动兴起，马尔库塞大受鼓舞，撰著《论

解放》。其中具体分析当时的各种解放性运动，使他与学院派学者及60年代各种运动的反对者更加疏远。（徐越）

罗宾 · 艾克斯利

Robyn Eckersley，1958 ~

澳大利亚墨尔本大学社会与政治学院教授、政治学系主任，澳大利亚社会科学院院士，主要研究领域是环境政治理论、环境政治与政策和全球环境政治。代表作环境政治理论著作：《走向一种生态中心主义方法》（1992）《绿色国家：重思民主和主权》（2004）《国家与全球生态危机》（2005）《政治理论与生态挑战》（2006）等。（徐越）

罗宾 · 哈尼尔

Robin Hahnel，1946 ~

美国波特兰州立大学经济学教授、激进政治思想家和活动家。游历广泛，致力于对世界经济问题献言献策，与Z杂志编辑迈克尔 · 艾伯特保持学术合作关系，在参与型经济的研究领域著述颇丰。在政治上，认为自己是新左派的产物，同情自由社会主义。40多年来，活跃于社会运动领域，组织学生运动反对美国对越南的入侵，参与美国绿党和马里兰绿党的政治活动。在学术上，早期批判理论主要集中在对正统马克思主义和福利经济学的批判领域。随着苏联的解体，投身研究参与型经济问题。20世纪末，随着生态经济学的发展，西方学术界普遍认为生态和社会成本是难以量化的。哈尼尔认为，定性数据和定量数据一样也具有必要性。除了用定量数据来确保准确价格信号之外，定性数据最能阐明借助包容和参与式民主的信息框架和机制。此外，还强调经济正义观，对民主理论和实践抱有较高的研究兴趣。代表作包括：《非正统的马克思主义》（与迈克尔 · 艾伯特合著，1978）《经济正义与民主》（2005）和《绿色经济学》（2011）等。（徐越）

罗伯特 · 巴特莱

Robert Bartlett

美国著名环境政治与政策学者，佛蒙特大学政治科学教授，获得印第安纳大学博士学位。生年不详。研究领域包括环境政策和政治、绿色政

治和政治理论。授课内容有美国环境政治、比较环境政策、国际环境政策、全球绿色政治等。近来关注环境民主，将协商民主应用到环境政策和政治，以及环境政策实践对协商民主理论的反作用。两次获得富布莱特资深学者称号（新西兰和爱尔兰）。2007年是意大利都灵理工大学富布莱特特聘讲座教授。第三代协商民主的代表性人物之一，提倡跨越国界协商民主。主要著作有《共识和全球环境治理》《审议性环境政治：民主与生态理性》《全球民主和可持续法学理论：协商性环境法》等。（徐越）

罗伯特 · 古丁

Robert Goodin，1958 ~

生于美国印第安纳州，现任澳大利亚国立大学社会学教授、《政治哲学》杂志编辑，主要研究领域为环境哲学、外交学、社会心理学、社会政策。代表作是《绿色政治理论》（1992）。（徐越）

罗伯特 · 海布罗纳

Robert Heibroner，1919 ~ 2005

美国著名经济学家和经济思想史家。著有20

余部专著，其中最为世人所知的著作是《世俗的哲学家：杰出经济思想家们的生平、时代和思想》（1953）。在该书中，海布罗纳对亚当·斯密、卡尔·马克思、约翰·凯恩斯等多位著名经济学家的生平和思想做了述评。（徐越）

罗伯特·舒曼

Robert Shuman，1886 ~ 1963

法国著名政治家。第二次世界大战结束后担任法国议会议员，成为议会中财政小组的组长。1946 年担任财政部部长，1947 年担任法国的总理。1948 ~ 1952 年成为法国外交部部长。1950 年 5 月 9 日发表声明，指出“要使欧洲国家统一起来，必须结束长达百年之久的法德间的冲突”，建议把法德的全部煤钢生产联合起来，置于超国家的、欧洲其他国家均可参加的高级联营机构的管制之下。这就是著名的《舒曼计划》。由于欧洲共同体思想当时在法国国内并没有得到充分理解和支持，舒曼在 1952 年不得不辞职。但是以他名字命名的《舒曼计划》为欧盟的前身即欧洲煤钢共同体的建立铺平了道路。欧洲煤钢共同体被视为欧洲在经济政治上走向联合的重要一步。舒曼和让·莫内一起被称为“欧盟之父”，在 1958 年出任了欧洲议会的第一任议长。（申森）

罗代尔农业研发中心

Rodale Institute

美国罗代尔农业研究中心是世界上首个私人农业研究机构，位于美国宾夕法尼亚州，由罗代尔先生于 20 世纪 40 年代建立，是罗代尔出版公司（Rodale Press.Inc）的一部分。罗代尔农业研究中心属于非营利性机构，担负着在美国国内和国际上组织“再生农业”的发展、推广和教育任务，并具体主持美国再生农业协会的工作。建立七十多年来中心一直倡导“健康的土地、健康的食品、健康的生活”理念，这里的研究工作完全围绕着如何实行现代化有机农业这个总目标，着眼于实践，着眼于应用，以研究当前生产急需的课题为主，也有较长远的带探索性问题的研究，既有小区实验研究，也有大面积推广示范。整个中心的研究工作共分六大部分：农学、园艺、昆虫、新作物、国际计划和水产养殖，另外设有一个综合分析和计算机室。（参考：闻大中：《访美国著名的有机农业研究机构——罗代尔研究中心》，《生态与农村环境学报》1985 年第 3 期第 52 ~ 55 页。朱雨晨）

罗尔斯顿

Rolston，1933 ~

出生于美国弗吉尼亚州，先后在美国北卡罗来纳州戴维森学院获得物理学学士学位，在英国爱丁堡大学获得神学博士学位。国际环境伦理学会与该会会刊《环境伦理学》的创始人，美国国会和总统顾问的生态哲学开拓者和奠基者。学术造诣精深，西方环境伦理学的代表人物，被誉为环境伦理学之父。在西方环境伦理思想史上，继承利奥波德的大地伦理思想，把自然内具价值思想发展成完整的伦理思想体系。生态哲学思想是整体论的环境伦理思想，代表作《哲学走向荒野》明确提出自然界是有价值的。自然价值论是其环境伦理思想的核心，认为自然界是完整的、不可分割的整体，也是生命共同体；人与自然的关系是内在的，不是简单的、外在的满足关系。自然界这一生命共同体是价值之源，人类是生命共同体中的一员，人类对生命共同体负有不可推卸的道德责任。出版 6 部学术专著，代表作品有《哲学走向荒野》《科学与宗教》《环境伦理学》和《保护价值》，主编《生物学、伦理学与生命的起源》学术文集，为 50 多本相关领域的学术著作撰写过部分篇章，发表学术论文 70 多篇，论著被译为多种文字出版。（雷爱民）

罗尔斯顿的环境价值论

Rolston’s Environment ethical Theory

美国环境伦理学家罗尔斯顿被称为环境伦理学之父，他创建自然价值理论，从价值论立场出发，建立起以自然的内在价值为核心的环境伦理思想体系。他认为自然本身具有客观的内在价值，自然价值是事物本身具有的属性，自然有内在的目的性、创造性，从而使自然不断朝着和谐有序的方向发展。罗尔斯顿将自然价值分为工具价值和内在价值，提出系统价值概念。认为内在价值能够在自身中发现，无须借助其他参照物，具有客观性。罗尔斯顿受到现代西方生态科学、有机论自然观以及宗教信念的影响，坚持自然具有其内在价值观点，从自然价值理论出发，反对人类中心主义。罗尔斯顿强调自然有独立于人的价值，认为只有当人类认识到自然不仅只有工具价值，并且还具有内在价值时，我们才可能真正解决生态环境问题。（雷爱民）

《罗拉克斯》

The Lorax

又译《老雷斯的故事》。2012 年上映的美国电影，导演克里斯·雷纳德（Chris Renaud），编剧肯·道里欧、辛科·保罗、苏斯博士，主演丹尼·德·维托、扎克·埃夫隆、贝蒂·怀特、泰勒·斯威夫特。故事取材于苏斯博士 1971 年写的一本儿童书。环球公司出品的第一部加上 100 周年纪念图标的影片。故事讲述男孩 Ted 生活在城市工业高度发展环境却被极度污染的小镇，那里原本像仙境一般，生长着一种非常美丽的树，树叶就像彩色的羽毛。为了追求经济利益，人类带着推土机、挖掘机、电锯和运输车来了，轰隆隆的工厂建了起来，只是为了制造各种围巾、帽子、毛衣甚至抹布，一颗颗美丽的树被砍下，直到砍光所有的树，乌黑的水从管道里排出来，没有树栖息的动物也走了，仙境变成荒漠。为了营造看似文明清洁的城市，超人建造一座城市城堡，将城市和荒漠隔开，城堡内到处是漂亮的洋房，人造的彩灯，充气树，塑料花，人们喝的是瓶装水，呼吸的是瓶装空气，生活也似乎过得很快乐，但这一切都是买卖。没有见过真正的树的年轻人被麻痹了，以为世界本来就是这个样子。Ted 为赢取一个向往真正的树的姑娘的芳心，踏上寻找树精灵老雷斯的路途，最终找到最后一个种子，城市里重新有了真正的树，人们又可以呼吸到新鲜空气，喝干净的水，重要的是那都是免费的。影片呼唤人类对自身生存环境的重新审视。（张惠娜）

《罗马法》

Roman law

罗马人编纂的法律，是当代许多国家民法的基础。罗马法可追溯至王政时期（约公元前 753 年起），公元前 450 年的《十二铜表法》被公认为古罗马最早的重要法典。在约公元前 150 年之前，这些法律被精心制定，作为民法，是仅适用于罗马公民的法律。而随着领土、商业利益和国外条约的不断增加，古罗马法院采用了另一种体系——国际法。此国际法体系源于自然法（即适用于所有人和自然的法律）的哲学概念，适用于涉及各国罗马行省臣民的案件，也适用于外国人或行省公民与罗马公民之间的诉讼。国际法逐渐对民法产生影响，两个法律体系因而也有许多共同特征。随着罗马法的司法判读、法令和立法等不断发展，出现了许多异常情况。后经拜占庭皇帝查士丁尼一世进行法律改革，正式编定为罗马法《民法法典》或《查士丁尼法典》（529 ~ 565 年间出版）。《查士丁尼法典》由 4 部分组成：1.《法典》，包括历代罗马皇帝颁布的法令，取消了相互矛盾和异常的条文。2.《学说汇纂》，汇集了法学家的学说。3.《法学总论》，法律学生使用的法学课本。4.《新律》，包括《法典》出版后查士丁尼颁布的新法令。罗马法稍有地域差异，一直沿用至拜占庭帝国灭亡后的中世纪

欧洲。现代法典《拿破仑法典》对罗马法律19世纪在欧洲以外地域的传播有着重要的影响。（李庆）

罗马俱乐部

The Club of Rome

研究涉及当代人类生存和发展的全球性迫切问题的民间智库组织。1968年4月成立，本部设在罗马。成员多为非官方背景，迄今已有来自30个国家的约100名学者、专家。宗旨是理解人类危机的本质，探讨世界和平、社会主义和新人道主义问题，研究维持人类生存和发展的政策及前景，以及促进有关这些问题的对话。1970年俱乐部提出了49个项目，发动成员广泛研究和讨论，其中包括人口爆炸、贫富不均、社会犯罪、南北差距等问题。1972年根据俱乐部提出的探索人类未来的委托，美国麻州理工学院梅多斯教授就人口、资源、农业、环境污染、资本、政治问题等组成研究小组，发表《增长的极限》报告。报告提出“零增长”建议，即建议世界人口和世界经济的增长率尽快降低到零，认为只有这样人类才能避免悲惨的结果。报告虽一度被认为代表罗马俱乐部的观点，因而被称为《罗马俱乐部报告》。俱乐部公开声明，它不代表该组织的主张和意见。俱乐部成员根据各自立场和观点提出自己有关人口问题的见解，彼此看法并不完全一致。后来，罗马俱乐部的后续性报告对上述观点做了进一步的扩充与调整，但都没有产生1972年报告那样大的学术与社会影响。（徐越）

罗马尼亚环境教育

Environmental Education in Romania

罗马尼亚的现代教育体制在罗马尼亚统一后的第一位当权者亚历山大·奥恩·库萨政府时期建立，经历3个发展阶段。1989年后，罗马尼亚环境教育取得长足发展。伴随着国家教育系统的建立，私立学校纷纷涌现。这些私立学校投身关注日常生活与实践活动的民众教育中。在幼儿园教育中每周会有一小时用来介绍和解释环境必须得到怎样的保护。在小学教育中，同样有一个课时用于讲授生态和环境保护的知识。中学的生物课包括生态学的基本概念（定义，生态系统、生态系统的种类，生物圈）。11岁学生会学习身边环境中的地理学。课程教授学生有关我们周围环境的概念，它是由什么构成的，各部分元素的关系，人类活动对周围环境的影响以及环境保护需优先考虑的地区。高级学习课程包括环境工程，解决环境保护问题的准则，公民的贡献，工业与水处理技术、机械学、矿物学等等。（参考：［英］帕尔默著，田青、刘丰译：《21世纪的环境教育：理论、实践、进展与前景》第247页，北京：中国轻工业出版社，2002年。王薛时）

罗马尼亚绿党

Partidul Verde

罗马尼亚政坛上的环境主义政党（另一个是生态党），成立相对较晚。截至2014年拥有成员约3.5万人。1999年成为欧洲绿党的成员党。目前党的主席是瓦康（Vacant）。在选举政治层面，2008年和2012年全国大选中，各获得1个众议院议席；在2012年总统选举中，获得0.94%的选票；2012市镇选举中，在全国拥有2个市长职位，在地方议会中共拥有113个议席。在欧洲议会选举中尚未获得任何欧洲议席。在政策主张方面，与其他绿党一样，将环境保护置于政策议程中心，支持二氧化碳减排等。此外，还倡导自由市场政策。在欧洲政策上，与罗马尼亚其他政党一样，是欧洲一体化的坚定支持者。在社会政策上，还强调个人权利，支持同性恋者的权利，倡导宗教与国家的分离。（王聪聪）

罗马尼亚生态党

Partidul Ecologist Roman

成立于1978年，由皮特·迈特尼（Petre Metanie）创立。20世纪60～70年代，罗马尼亚经济快速发展，造成严重的生态后果。由于高

Partidul Ecologist Român

浓度化学污染，这一时期出生的孩子出现畸形。迈特尼建立绿党的初衷是反对执政党只顾经济增长而忽视环境污染的发展策略。1989年以前罗马尼亚生态党的工作重点是批判执政党忽视环境和生态问题。1989年11月迈特尼试图将政党合法化。1990年1月生态党重建。2007年生态党陷入内部领导危机。2007年10月迈特尼重新当选为党的主席。目前该党成立领导集体委员会，迈特尼担任生态党的荣誉主席。罗马尼亚生态党在国内议会以及欧洲议会选举中，都没有获得任何议席，只在地方性议会中拥有少量席位。2012年罗马尼亚大选中生态党获得0.79%的选票。在国际层面，罗马尼亚生态党不是欧洲绿党的成员党。（王聪聪）

《罗马条约》

Rome Treaty

全称《建立欧洲经济共同体条约》。1957年3月25日比利时、法国、意大利、卢森堡、荷兰及联邦德国6国在意大利罗马签署，同时签署的还有《欧洲原子能共同体条约》，后来这两个条约被统称为《罗马条约》，1958年1月1日正式生效。《罗马条约》的签署生效，是欧洲经济共同体正式成立的标志，也是欧洲一体化进程中的一个重要事件。共分6章248条，附有11份议定书和3个专约以及若干清单。主要目标是：消除分裂欧洲的各种障碍，加强各成员国经济的联结，保证协调发展，建立更加紧密的联盟基础。《条约》规定，立约国之间的关税须逐年调降，成立关税同盟；建立实现商品、人员、劳务、资本自由流通的共同市场，在主要经济社会领域逐步实行共同政策，建立相应的欧洲经济共同体组织机构与财务等。（申森）

罗纳德·哈里·科斯

Ronald H. Coase，1910～2013

美国经济学家，新制度经济学的鼻祖，著有《企业的性质》（1937）《社会成本问题》（1960）等著作。科斯的研究从真实世界的经验出发，以

小样本案例分析为基础进行经验实证，创造性地提出交易成本概念及分析方法，解释企业存在的原因及企业扩展的边界问题。这成为科斯理论乃至整个新制度经济学的基石。科斯对现代经济学的另一个重大贡献是确立产权理论的基本框架，在产权安排和资源配置效率方面提出著名的科斯定理。此外，科斯的企业理论也是科斯经济思想中核心内容，主要包含对企业性质、制度、结构等内容的研究，为现代企业理论的发展完善奠定了基础。科斯经济思想的进步性主要体现在：修正新古典经济学的基本假设，阐明经济理论赖以成立的前提性假设不但是理性的，还是真实的；认为制度结构及制度变迁是影响经济效率及经济发展的重要因素；形成交易成本范式。（蔡越）

罗纳德·英格哈特

Ronald Inglehart，1934～

著名政治学家，美国密歇根大学教授、社会研究所研究员，俄罗斯高等经济学院比较社会研

究实验室指导人之一，美国艺术和科学学院院士、美国社会和政治科学学院院士，世界价值观调查项目负责人。提出的物质主义、后物质主义价值

观、后现代价值观和代际文化转变等重要概念及理论，是当代政治文化研究重要成果之一。主持的世界价值观念调查项目，提供了目前唯一一个研究范围覆盖世界 90％人口的民众价值观数据库。2011 年与皮帕诺·里斯共同获得政治学最杰出贡献奖——约翰·斯凯特政治学奖。主要研究领域为比较政治、政治发展和政治哲学。主要著作包括《寂静的革命：后物质主义价值变迁》（1977）《发达工业社会的文化转型》（1989）《现代化与后现代化：43 个国家的文化、经济与政治变迁》（1997）《现代化、文化变迁与民主》（2005）《国际化传媒：全球化世界的文化多样性》（2009）。从 20 世纪 70 年代开始关注代际转换将导致价值观从物质主义向后物质主义的转变。基于此，发展现代化理论，认为 1945 年后主要大国的经济发展、福利国家制度和长时期和平，将重塑人类行动，使之转向性别角色、宗教、经济行为和民主传播等。（徐越）

罗尼·利普舒茨

Ronnie Lipschutz，1952 ～

美国著名环境社会与政治学者，加州大学圣克鲁兹分校政治学教授。曾担任该校全球、国际与地区研究中心副主任，兼任美国国际研究协会环境研究分会主席。主讲课程包括：外交政策、国际政治、全球环境政治、生态哲学等。代表作为：《全球环境政治》《全球公民社会与全球环境管治》等。（徐越）

罗斯玛丽·鲁特尔

Rosemary Ruether，1936 ～

美国民主社会主义者、生态女性主义者、天主教神学家，迦勒特福音神学院应用神学教授。提倡女性的协调作用，参与天主教女性人员争取获得神父职位的运动。1985 年成为天主教选择的预选小组成员之一。主要著作包括：《新女性、新地球》（1975）《盖亚与上帝：一种使地球康复的生态女性主义神学》（1994）等。（徐越）

逻辑实证主义

Logical positivism

逻辑实证主义是 1931 年布鲁姆伯格和菲格尔对维也纳学派哲学主张提出的名称。作为 20 世纪分析哲学的主要流派之一，逻辑实证主义形成于 1924 年的奥地利维也纳大学，由石里克、卡尔纳普等人创立。在思想原则方面，经验实证和逻辑分析是逻辑实证主义的两条基本原则。为贯彻这两条基本原则，逻辑实证主义者在“拒斥形而上学”的同时，对价值问题上的客观主义提出批评。逻辑实证主义各派、主要代表人物对价值客观主义批判的观点各不相同，但是从总体上看，其批判的焦点集中在两个问题上：一是否认价值是事物本身具有的，认为它存在于客观世界之外；二是否认价值谓词、价值判断是妄概念和妄判断。因此，逻辑实证主义者一般把有意义的命题分为两类：一是数学、逻辑形式的分析命题，它们是重言式的命题；二是自然科学那样的综合命题，它们表达经验事实，具有可证实性。分析命题的真假可以通过是否符合数学或逻辑公理及验算规则来检验，综合命题的症结则通过是否符合经验

事实来证实。在逻辑实证主义者看来，价值判断和命题之所以没有真假的认识意义，在于价值判断使用的谓词并不代表事物的能够为感官感觉的性质，价值术语不能够翻译成经验术语，它们仅仅是情感和情绪的记号和标记。逻辑实证主义在批判价值客观主义的过程中，把逻辑分析、语言分析方法引入价值研究。这对价值学科从传统规范价值理论研究向元价值论研究起到了促进作用。更为重要的是，通过把语言分析、逻辑分析引入价值研究，使得这些方法成为当代哲学的主流方法。（参考：帕斯莫尔：《逻辑实证主义简介》，《哲学译丛》1979年第1期第59～61页。朱配辰）

逻辑心理主义

Logical Psychologism

首先是一个论战性的概念，广泛流行于19世纪的某些哲学立场。这种哲学立场在作为独立学科分支的经验心理学出现以前就主张心理学的任务在于为其他一切学科奠定基础。这种哲学立场被普遍反映在关于形而上学、认识论、逻辑学、伦理学以及美学等学科的研究领域。但从狭义上来说，心理主义特指“逻辑心理主义”。逻辑心理主义盛行于19世纪中后期，将逻辑学的客观规律归结于心理事实或者心理现象，认为心理规律包含逻辑学的特殊规律，因此逻辑学可以最终还原为心理学规律，前者以后者为基础。持有这种观点的学者有：利普斯（T.Lipps）、哈曼斯（G.Heymans）、冯特（W.Wundt）、西格沃特（C.Sigwart）、埃尔森汉斯（T.Elsenhans）、穆勒（J.S.Mill）等。逻辑心理主义首先受到新康德主义的洛采（H.Lotze）挑战，洛采将逻辑规律区别于心理之物。真正结束逻辑心理主义统治地位的是弗雷格（G.Frege）和胡塞尔（Husserl）。弗雷格在其《算术基础》中重新澄清逻辑学和数学作为学科而赖以存在的客观思想基础，它们是思想本身，确切说是思想之间的客观联结，而心理学的心理规律只是作为研究客观思想对象所需要或者存在的心理条件，作为严谨的科学，数学和逻辑学的研究对象并非这些心理条件本身。胡塞尔对心理主义的批判集中在《逻辑研究》第一卷，他将心理学归结为特殊的事实学科，尤其关键的是胡塞尔区分逻辑判断的心理体验及其内涵，前者在不同主体、不同时间中发生，因此是一种主观内容，而后者在杂多、时间性的个体中保持其完整统一，因此从本质上来说，逻辑内涵是超时和全时性的。（参见：倪梁康：《胡塞尔现象学概念通释》第384页，北京：三联书店，2007年。欧阳文川）

洛伦兹曲线

Lorenz Curve

是指用以显示一国收入和财富分配的一条曲线。于1907年由美国统计学家洛伦兹提出，故

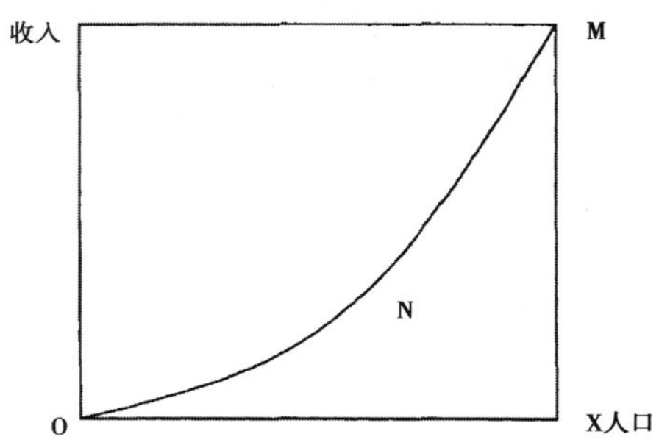

称为洛伦兹曲线。如图所示，横轴OX表示一国或地区的人口累计百分比；纵轴OY表示与横轴人口百分比相对应的收入百分比，曲线ONM即是洛伦兹曲线，曲线上的每一点对应的是该点的人口累计百分比和收入累计百分比之间的关系。考察两种极端情况，第一种，若一国收入分配完全均等，即曲线上的横坐标代表的人口累计百分比同纵坐标代表的收入累计百分比相等，那么洛伦兹曲线就是直线OM；第二种，若一国收入分配完全不均等，此时的洛伦兹曲线为直角折线OXM。现实中，上述两种极端情况均不可能出现，因此呈曲线状态，当曲线ONM越接近直线OM时，表明一国收入分配越均等；而当曲线越接近折线OXM时，表明越不均等。（蔡越）

吕迪格尔·施密特—贝克

Rüdiger Schmitt-Beck

德国著名社会学家。生年不详。1989 年获得曼海姆大学博士学位，博士论文主题有关德国和平运动。1999 年获得讲师职位，先后在曼海姆大学、海德堡大学、苏黎世大学、杜伊斯堡—埃森大学、奥克兰大学等任职。对德国新社会运动的结论性看法是，20 世纪 80 年代的和平运动虽然的确是最后的大规模动员现象，但自那时以来的新社会运动并不存在着简单化的衰退，因为德国 80 年代末后经历了与前一个十年有着同样特征的大量社会抗议现象。认为德国新社会运动的时代特征是，一个运动部门已经在过去的 20 年中建立起来，它可以将平时日常生活中处在潜伏状态的抗议潜力在短时间内动员成为明显的政治行动。这体现在社会支持的程度和结构、意识形态取向、行动方式和组织结构等四个方面。指出新社会运动整体上是注重实效的改革主义运动，与传统政治密切相连，与效用理性相关。（徐越）

绿潮

Green Tide

绿潮是大型定生绿藻脱离着基后漂浮不断增殖，爆发性生长而导致生物量迅速扩增而形成的藻类灾害，是海洋生态系统的异常现象。绿潮爆发是受生物因素与环境因素共同影响而造成的。生物因素即绿潮海藻自身的生物特性，容易形成绿潮的藻类为机会种，它们对水域中的营养盐浓度敏感，有很高的吸收营养盐能力，能在短时间内迅速繁殖，与其他海藻相比具有竞争优势。环境因素是海水的富营养化、光照强度、温度和盐度等，如人类向海洋排放大量含营养元素的污水造成海水的富营养化，全球气候变暖、海洋酸化都有利于绿潮海藻在短期内加剧生长。温室气体二氧化碳的排放也为海藻的快速生长提供充足的碳源。绿潮是海洋灾害，产生的危害有：1. 破坏海洋生态系统结构，漂浮在水面的藻类会削弱进入海水的阳光，海藻消亡腐烂会产生有毒次生产物，严重影响自然分布或养殖栽培海藻的生长，引起水生动物死亡，降低海洋生物多样性。2. 阻碍海上运输，堆积的藻类会影响航运正常运行。3. 影响渔业发展。4. 破坏海滨景观。5. 影响居民的正常生活。（任傲尘）

绿党

Green Party

以生态环境保护为主要政治诉求的政党，因而又称环境政党。绿党是由提出保护环境的非政府组织发展而来的政党。绿党提出生态优先、非暴力、基层民主、反核原则等政治主张，积极参加选举政治，致力于促进生态环境保护和经济社会可持续发展，已成为当今世界政坛上的重要的变革力量。20 世纪 70 年代，绿色政治风潮在欧洲大陆兴起，80 年代初期以市民为主体的绿色运动在西方国家勃然兴起。在广泛的群众运动基础上，欧洲各国先后创建绿色政治组织——绿党。世界上最早的绿党是1972年成立的新西兰价值党。绿党在20世纪后半期开始在欧洲取得较大发展，最著名的是德国绿党。目前，欧洲大部分的国家都有绿党，除此之外，新西兰、澳大利亚、北美、非洲和亚洲都有绿党存在，发挥着一定的政治社会影响。全球的绿党都有一个特性，即提倡生态的永续生存和社会正义。这使绿党明显地与传统的资本主义政党与社会主义政党大不相同。另一个值得注意的特色是，绿党与社会运动的行动者有着密切关系，代表政治上的弱势团体或少数族群。就此而言，绿党是环境社会运动的政治延伸或喉舌。绿党的四个基本主张是：生态永继、草根民主、社会正义、世界和平。绿党积极参政议政，开展环境保护活动，对全球环境保护运动具有积极推动作用。（徐越　牟世晶）

绿党的经济政策

Economic Policy of Green Party

绿党成立初期强调实行零增长的稳态经济，认为按照小规模分散化技术发展起来的民主组织和可调节生产过程，才能使工人从官僚化的组织系统中解放出来。20世纪90年以后，绿党逐渐强调以生态优先原则为指导，主张对浪费型经济制度和经济行为进行彻底改造，进而建立新型的可持续发展的生态经济模式。内容包括：1. 转变经济理性，强调为实际需要而生产，减少不必要的浪费，比如选择保护性经济。2. 调整经济结构，改变产品性能，比如充分运用行政、立法、财政和税收等手段。3. 采取严格的环保措施，如取缔高能耗行业、废除核能、开发可再生性清洁能源。总之，绿党主张用生态可持续的经济取代目前新自由主义主宰的市场经济。（徐越）

绿党的欧洲一体化政策

European Integration Policy of Green Party

绿党成立初期对欧洲一体化议题的政策是强调本国的主权与完整，不认同欧洲一体化，认为欧洲一体化机构是缺乏民主的官僚机构，担心欧洲一体化的目的是将欧洲变为一个超级大国。如，许多欧洲绿党对1993年签署的《马斯特里赫特条约》持不同程度的批评和反对态度。此后，欧洲绿党对欧洲一体化的态度逐渐转向肯定或支持。欧洲绿党希望，依据绿色政治原则即生态可持续性、非集中化与基层民主、多元化与广泛公民权利和非军事化等，在内部对欧洲一体化进程施加影响。目前，欧洲绿党主张绿化欧洲经济，要求欧盟实行民主改革，重塑欧洲公民，对货币联盟持慎重态度并赞成欧盟东扩，支持泛欧洲道路。绿党支持废除北约和西欧联盟两大军事组织，希望在欧洲建立新的共同安全机制，支持裁减军备、废除核武器等。（徐越）

绿党的社会政策

Social Policy of Green Party

随着向主流政治和“浅绿”意识形态转变，绿党涉及的社会政策内容越来越多。在就业政策方面，绿党主张实行新的充分就业模式：1. 按照有利于生态的原则调整产业结构，使生产结构向小型化、多元化、分散化方向发展。2. 大幅度削减工时，实行工作机会分摊。3. 创建积极的劳动市场机制。如，德国绿党主张改革失业补助计划，配合税制改革，增加生态税降低劳动收入税。在性别平等政治方面，绿党主张通过立法强制公共和私营部门在雇佣、培训和提拔人员时，优先考虑女性，直到各个领域和各决策层的女性人数达到半数以上。为此，德国政府通过了实施妇女和职业计划的决议。此外，绿党特别支持妇女进行自主创业活动，鼓励妇女积极参与高科技活动。德国绿党还促进制定反对家庭暴力法等，以保护女性的合法权益。在移民政策方面，绿党要求政府切实保护少数民族和移民权益，对移民实行宽松政策，尽快使移民享有所在国的公民权，全面享受社会福利保障。在民主权利方面，绿党在确保一般的人权和民主权利的同时，强调保护受社会歧视的少数人的权利。总之，绿党主张在解放

性的社会政策架构下，通过消灭贫困、建立社会伙伴关系、完善社会保障体系等，鼓励民主创新和创建性别公正的社会。（徐越）

绿党的外交与军事政策

Foreign and Military Policy of Green Party

生态与和平始终是欧洲绿党坚持的基本原则，也是绿党的外交政策指导思想。绿党主张通过和平、非暴力、渐进的方式改造和消灭资本与国家，最终建立没有压迫、没有剥削、人人平等且人与自然和谐共处的社会共同体；要求大规模裁军，废除军事集团；反对战争，尤其是反对核试验和核军备；反对发达工业国家对第三世界国家的剥削与霸权。20 世纪 90 年代以来，绿党逐渐改变绝对和平主义的外交政策观念，外交与军事政策开始融入欧洲社会的主流，倡导和接受冲突预警与危机干预机制。这使绿党的外交与军事政策更趋近现实，而非仅仅停留于理想与空想层次，但因此遭到党内激进派别和成员的强烈批评或抛弃。（徐越）

绿党的未来社会观

Viewpoint on Future Society of Green Party

绿党在政治纲领中提出解决现代文明生态、经济和社会难题的综合性、系统性改革方案，展示绿党关于未来人类社会的绿色蓝图，同时构成绿党纲领的重要内容。绿党未来社会观，指希望建立充分体现生态政治原则，生态和社会经济难题得以克服的绿色世界。概括说，绿党的未来社会观包括生态可持续的经济、基层取向的民主制度、和平与团结的社会和多元一体的世界。（徐越）

绿党的性质

Nature of Green Party

指绿党的政治性质。可从两个方面理解，一是绿党意识形态与社会主义理论的关系，二是绿党对现实资本主义的态度。从前者来看，绿党的社会主义观性质是“绿中带红”意识形态的体现。绿党的意识形态不是传统社会主义意义上的红色而是绿色，这从它与生态自治主义和生态社会主义理论的关系比较上可以印证。另一方面，绿党的社会政治观从更高更广的层面上说，又确有着与社会主义相近的红色特征，是绿中带红的意识形态。从后者来看，绿党对资本主义的批判态度和生态改良主义立场，决定绿党在从属于政治左翼的同时，还是激进的生态主旨下的改良主义政党。（徐越）

绿党的政治政策

Political Policy of Green Party

绿党的基本政治观和政治目标是建立分散化的民主制度、新型的以生态原则为基础的非官僚化的政治体系。以基层为基础、向基层负责的组织结构，以及非领袖化的领导方式，是绿党组织结构的重要特点。这在绿党参与现实政治的初期尤其如此。绿党强调对现行民主制度的民主化改革，呼吁人们更多地进行政治参与，主张政府重大决策的公投，政党和政治团体活动的公开化和民主化，反对政治活动的职业化倾向，倡导公民的民主政治教育和绿色价值观教育。在随后的政治实践中，绿党政治政策面临诸多的挑战与难题，似乎日益接近适应现实政治而不是改变现实政治的政治折中或屈从。（徐越）

绿党的职务轮换与发言人制度

Rotation and Speakers System of Green Party

为区别于其他政党，绿党组织层面的创新是建立以基层为主的参与性的组织结构。为扩大基层组织权力，防止权力集中和垄断，很多绿党不设立政党领袖，代之以政党发言人。随着绿党政治的现实演进，大部分绿党都设立自己的政党领导人，一般是男性和女性各一位主席共同组成。欧洲绿党目前的联合主席分别为莱茵哈德·布迪科弗和莫妮卡·弗拉索妮。与此同时，很多绿党在成立早期还设立职务轮换制。如，德国绿党规定，联邦或州议员两年后辞职进行轮换，以保障党的领导与基层的联系和党的政策的公开性。由此导致的过于松散的组织机构和领导层不确定性也遭遇到现实政治的挑战，迫使绿党不断做出相应调整。（徐越）

绿党的自然政策
Nature Policy of Green Party

包括环境保护、生态恢复、农业与林业政策、乡村政策、动物保护、土地政策、能源政策、交通政策等。绿党反对各种形式的环境污染，如核辐射污染、工业污染、大气污染、水污染等，主张通过法律等各种手段，打击环境污染行为，提高人们的环保意识。绿党强调保护湿地、原始森林、河流等自然生态，发展有利于保持生物多样性的林业和有机的、分散化的农业，建立生态可持续性基础上的农业和林业。绿党呼吁保护动物权利，反对各种形式的动物施暴以及动物实验，强调保护野生动植物。（徐越）

绿党的组织结构
Organizational Structure of Green Party

政党的组织结构指为实现政党的政治目标，在政党内部各个部门、各个层次之间形成的组织架构及其立体性关系。一般来说，政党的组织结构包括：党的领导人或领导集团、党的中央组织、党的地方和基层组织，以及党的外围组织。西方传统政党的组织结构，大都属于金字塔型，即自上而下的领导结构。经过几十年的发展，绿党总的来说已经建立与其他主流政党相近的组织结构。但仍略有不同的是，绿党在中央组织、中间组织和基层组织三个层面上都存在着处理日常事务的执行机构（执委会）、指导监控机构（指导委员会）和议会机构（议会党团），它们之间更多是平行与协作的关系，不是统属关系。（徐越）

《绿党：国际指南》
Green Parties：An International Guide

英国著名绿党活动家萨拉·帕肯（Sara Parkin）1989年出版的第一部专著。介绍绿色政治和欧洲绿党发展状况的最早著作之一。系统阐述绿党的生态价值观和新政治，以及绿党的政治价值目标，同时对欧洲绿党的发展状况做全面介绍。考察跨国层面欧洲绿党的发展现状与政策主张，如欧洲绿党参与欧洲议会选举以及欧洲绿党的宣言情况（《欧洲绿党联合宣言》《巴黎宣言》）等。同时的绿党研究著作，还有斐迪南·穆勒—罗密尔（Ferdinand M ü ller Rommel）编辑出版的《西欧新政治：绿党和选择性名单的兴起和成功》和帕肯在1991年编辑出版的《欧洲绿色之光》。《绿党：国际指南》也有时代局限性，使用的材料限于1990年以前，提供的绿党案例也以西欧地区的绿党为主。（王聪聪）

绿党全国代表大会
National Congress of Green Party

绿党年度性的全国代表大会是最高权力机构。如，在联邦德国，联邦绿党的最高权力机构是联邦大会，每年11月召开。联邦大会的代表直接由基层党组织选举产生，每名代表20名党员。全国代表大会的职能是就重大问题做出决策，如制定修改党纲党章、制定大选策略等。（徐越）

绿党全国执委会
National Executive Committee of Green Party

绿党全国代表大会闭会期间的常设性日常管理机构。如，德国绿党的全国执委会由11名成员组成，执委会选出3名代表，作为全国发言人。执委会和发言人的任期都是两年。全国执委会在名义上是协调办事机构，实际上起着具体组织和领导作用，在1983年3月绿党进入联邦议会之前，是新闻媒体关注的中心，是绿党及其政治中的喉舌。为约束议会党团，执委会定期访问议会党团，听取汇报、参与决策。此外，执委会还就若干专题工作设立小组，在某些方面征求基层意见，向议会党团传达指令。（徐越）

绿党议会党团

Parliamentary Group of Green Party

绿党在议会中的政党组织。如，德国绿党议会党团是1983年大选后绿党进入联邦议会产生的新机构。联邦议会党团内选举产生发言人和协调人各3名，组成执事会。议会党团为加强与基层组织的联系，先后设立环境保护、权利与社区、妇女与社会、企业与金融、裁军、和平与国际事务等9个工作组。为扩大绿党的影响，议会党团一方面利用议会政治舞台，最大限度地宣传绿党的政策主张和新政治设想，以各种方式吸引媒体关注；另一方面通过各种渠道和工作程序影响议会的决策，如提出议案和问题、质问、提出动议、询问和专题讨论等。像其他政党一样，绿党除有全国层面议会党团，地方层面也有议会党团。（徐越）

《绿党与当代欧洲中的政治变化》

Green Parties and Political Change in Contemporary Europe

英国著名环境政治学者迈克尔·奥尼尔的主要著作之一，1997年出版。书中提供西欧绿党的最新进展，尤其是从20世纪80年代初的绿色乐观主义到90年代的“绿色疲劳”。比较分析欧洲绿党的意识形态问题、政策议题和战略困境等，认为欧盟的绿色政治仍有其国别性特征。结论指出，绿色议题已经成为变化中的后工业社会政治的关键性议题，绿色政治对新政治发展做出了贡献，并且对后现代政治产生重要影响。共有12个章节，第一部分是绿色现象：根源和分支，描述当代西欧绿党的最新进展；第二部分是绿党和欧洲变化的政治秩序，阐述西欧各个国家绿党的最新进展；第三部分是新政治和绿党，阐述变化中的西欧政治与政党体系。（徐越）

绿党政治10原则

Ten Principles of Green Politics

绿党/美国绿党（The Greens/the Green Party USA）倡导的绿党政治核心理念，也是美国很多绿党组织普遍接受的绿色政治原则。绿党政治10原则的政治愿景，是创建基于生态智慧、社会正义、合作和非暴力原则基础上的新型社会和生活方式，完全不同于当前充满暴力、剥削和生态破坏世界的新世界。绿党政治的10原则是：基层民主、生态智慧、社会正义和平等机会、非暴力、去集中化、经济共同体、女性主义、尊重多样性、个人与全球责任、未来导向和可持续发展。美国绿党的10原则集中阐释绿党/美国绿党以及美国其他绿党组织的政治价值观和政治取向，是美国绿党和绿色政治运动的指导性政治原则。（王聪聪）

绿党政治的发展阶段

Development Phases of Green Party Politics

德国比较政治学家费迪南·穆勒—罗密尔和托马斯·波古特克在《欧洲执政绿党》一书中，借用莫根斯·彼得森的政党生命周期理论，把绿党政治分为如下四个发展阶段：1.宣布阶段。即绿党宣布参加选举阶段。2.准入阶段。即绿党为了参加选举而获得法律许可阶段。3.获得代表权阶段。即绿党为了获得议会席位而必须得票有所突破的阶段。4.相关性阶段，即绿党对政府组建和决策产生影响的阶段。（徐越）

绿岛网络

Green Islands Network

由于英国绿党相对较弱的政治影响力和英国独特的区域性特征，全国性统一的绿党组织在1990年解体。1990年英国绿党的苏格兰和北爱尔兰分部决定脱离绿党独立活动，分别成立苏格兰绿党和北爱尔兰绿党。威尔士绿党作为一个半自治机构，继续保留在英格兰和威尔士绿党共同体。为增强英国绿党的政治影响，加强各地区绿党的交流与联系，1994年英格兰和威尔士绿党、苏格兰绿党、北爱尔兰绿党，以及爱尔兰绿党共同成立地区性联合组织绿岛网络。事实上，绿岛网络的成立，没有真正改变英国绿党分立、发展缓慢的现状。作为协调性机构，绿岛网络很难拥有较大的现实影响力。（王聪聪）

《绿道》

Greenway

2015年为迎接2015年中国（深圳）国际气候影视大会，深圳市科学技术协会与航都文化联合政府、企业及相关社会组织共同拍摄的电视专题片。以绿色低碳和可持续发展为主题，通过绿道、绿建、绿城、绿岛、绿车、绿人等6个精彩篇章，勾勒出深圳走绿色发展道路建设低碳城市的形象，以深圳经济特区建立35年的产业发展与转型以及中国的改革开放和世界的发展潮流作为背景，从政府、社会、法制、企业和民间组织、生态与环保基金，环保义工和市民环保意识等多个层面和多元视角，呈现深圳绿色低碳发展的历程和未来，为绿色低碳发展的世界主题和中国课题做了生动形象的深圳表达。（张惠娜）

绿道网

Green Road Network

由众多区域绿道、城市绿道和社区绿道构成的网络状绿色开敞空间系统。这些绿道通过自行车道和步行道，将具有较高自然和历史文化价值的各类郊野公园、自然保护区、风景名胜区、历史古迹等重要节点串联起来，同时建设完善的配套设施，对一定宽度的绿化缓冲区实施空间管制，融合环保、运动、休闲和旅游等多种功能，在构筑区域生态安全网络的同时，为广大居民提供更多的生活游憩空间。按照等级和规模划分，绿道可分为区域绿道、城市绿道和社区绿道。区域绿道（省立）指连接城市与城市，对区域生态环境保护和生态支撑体系建设具有重要影响的绿道。城市绿道指连接城市内重要功能组团，对城市生态系统建设具有重要意义的绿道。社区绿道指连接社区公园、小游园和街头绿地，主要为附近社区居民服务的绿道。广东省从2010年起用3年左右时间，率先在珠三角地区建成6条总长约1690千米的区域绿道。结合珠三角城乡空间布局、地域景观特色、自然生态与人文资源的特点，根据绿道所处位置和目标功能的不同，珠三角区域绿道分为生态型、郊野型和都市型3种类型。生态型绿道沿城镇外围的自然河流、溪谷、海岸及山脊线建设，通过对动植物栖息地的保护、创建、连接和管理，维护和培育珠三角生态环境，保障生物多样性，可供自然科学考察以及野外徒步旅行。生态型绿道控制宽度一般不小于200米。郊野型绿道依托城镇建成区周边的开敞绿地、水体、海岸和田野，通过登山道、栈道、慢行休闲道等形式，为人们提供亲近大自然、感受大自然的绿色休闲空间，实现人与自然的和谐共处。郊野型绿道控制宽度一般不小于100米。都市型绿道主要集中在城镇建成区内，依托人文景区、公园广场和城镇道路两侧的绿地建立，为人们慢跑、散步等活动提供场所，对区域绿道网起到全线贯通的作用。都市型绿道控制宽度一般不少于20米。珠三角建成的6条区域绿道，串联200多处景点，2565万人受惠。同时，各市还规划建设城市绿道、社区绿道与6条区域绿道相联通，形成贯通珠三角城市和乡村的多层级绿道网络系统。（参考：曾宪川等：《珠三角绿道网——推进宜居城乡建设的新举措》，《南方建筑》2010

年第4期第36～40页；郭建华等：《绿道管理机制初探——以珠三角绿道网为例》，《南方建筑》2010年第4期第44～46页。朱配辰）

绿道文化

Greenway Culture

绿道概念起源欧美国家，是森林河岸、野生动植物等与人为开发景观交叉的自然走廊。线型绿色开敞空间，通常沿着河滨、溪谷、山脊、风景道路、铁路、沟渠等自然和人工廊道建设，内设可供游人和骑车者进入的景观线路，连接主要的公路、自然保护区、风景名胜区、历史古迹和城乡居民居住区。（牟世晶）

绿地认养

Green Adoption

属于园林绿化维护制度，指政府、企事业单位、团体以及个人按照程序自愿负责一定绿地面积的建设、管护、养成的行为。绿地认养形式分为：1. 单位或个人认养，直接负责绿地建设、养护、管理工作，并监护花草树木及设施不受破坏；2. 按照协议规定，聘请专业绿化部门进行维护和养护管理，如古树认养。绿地认养的期限一般为3年，最低不得少于1年，期满可以续养。绿地认养利于巩固绿化成果，加强城市绿化建设，促进生态环境改善，提高市民的生活环境质量。同时有利于培养人们的绿化意识、环保意识和参与意识，增强社会责任感。（王晴晴）

绿肥作物

Green Manure Crop

以新鲜植物体就地翻压或沤、堆制肥为主要用途的栽培植物总称。绿肥作物分豆科绿肥作物与非豆科绿肥作物，以豆科绿肥作物为主。豆科绿肥作物如紫云英、苜蓿、草木樨、柽麻、田菁、蚕豆、苕子、紫穗槐等；非豆科作物有肥田萝卜、荞麦等以及各种水生绿肥。绿肥作物在经过一定期间生长后，将其绿色茎叶切断直接翻入土中，可以节省人力，减少运输费用，也可沤制土肥施用。绿肥含有多种养分和大量有机质，能改善土壤结构，促进土壤熟化，增强地力。栽培豆科绿肥作物，可通过根瘤菌的作用，增加土壤中的氮

素养分，在生长期间能覆盖地面，减少蒸发，控制水土流失。一部分绿肥作物还可用作牲畜青饲料。栽培绿肥作物在复种轮作中占有重要地位，是用地养地相结合的重要措施之一。（朱雨晨）

绿化覆盖率

Green Coverage Rate

指一定区域范围绿化覆盖面积占区域总面积的比例。它是反映国家或地区生态环境保护状况的重要指标，也是中国环境保护模范城市和创建文明城市考核的重要指标。绿化覆盖率的计算公式为：绿化覆盖率（%）=（区域内绿化覆盖面积/区域总面积）×100%。绿化覆盖面积指城市中的乔木、灌木、草坪等所有植被的垂直投影面积，包括公共绿地、居住区绿地、单位附属绿地、防护绿地、生产绿地、道路绿地、风景林地的绿化种植覆盖面积、屋顶绿化覆盖面积以及零散树木的覆盖面积。目前提高城市绿化覆盖率的有效途径有：1. 垂直绿化。即充分利用空间，在墙壁、阳台、窗台、屋顶、棚架等处栽种攀缘植物，以增加绿化量，改善居住环境，增加绿化量能对环境产生良好的改善作用。垂体绿化的独特功能有：占地少，见效快，绿化效率高；减少阳光直射，节能降耗，改善城市热岛效应，提高空气质量；吸尘降噪，具有生态、环保作用；大幅度降低城市绿化投资成本。2. 屋顶绿化。

即在建筑物、构筑物、桥梁等的屋顶、露台、天台、阳台或大型人工假山山体上进行造园、种植树木花卉。（参考：刘梦飞：《城市绿化覆盖率与气温的关系》，《城市规划》1988 年第 3 期第 59 ～ 60 页；刘家麒、潘家莹：《历史的误会——绿地率与绿化覆盖率》，《中国园林》1990 年第 2 期第 41 ～ 42 页；何柳娴：《提高城市绿化覆盖率的有效途径垂直绿化——以柳州市垂直绿化现状为例》，《企业科技与发展》2011 年第 2 期第 41 ～ 44 页。朱配辰）

绿家园志愿者

Green Earth volunteers，GEV

简称绿家园。1996 年成立，中央人民广播电台资深记者汪永晨创立。绿家园是中国最早成立的三个环保组织之一，宗旨是走进自然、认识自然，和自然交朋友，倡导信息公开和公众参与。基本愿景是借助媒体力量，推进环境信息的公开化，提高公众对环境保护的关注与参与，推进环境公共决策的科学化和公平性。主要成员是媒体记者和环境科学工作者。发起很多开创性的环保活动，如江河十年行、黄河十年行、乐水行、北京观鸟活动、反对北京动物园搬迁、汶川地震时的绿丝带活动、绿色选择、绿色扶贫、环境记者沙龙、音乐沙龙、环境记者调查、北运河观察等。历经近 20 年的发展，绿家园已成为中国具备良好公信力和影响力的环境非政府组织。（王聪聪）

《绿媒体：中国环保传播研究》

Green Media：A Study on the Spread of China's Environmental Protection

我国第一本以环保传播为主题的著作。提出环保传播的概念，对环保传媒的定位、传播方式等提出独到的看法，深入全面地回顾和总结中国环保传播 20 多年的发展历程，对中国环保传播存在的问题和挑战深入分析，提出具有建设性的意见。介绍国内著名的非政府环保组织，采访环保人士，宣传这些组织、个人的环保思想和理念。体现作者对时代主题的敏感，对社会发展的责任。作者王莉丽，中国环境资源网传媒总监，曾获 2000 年 CCTV“荣事达”杯主持人大赛优秀主持人奖。北京，清华大学出版社 2005 年出版。（张惠娜）

绿色 1 小时

Green One Hour

为倡导自然环保、碳减排、绿色生活方式，旅游卫视联合新浪网开展的公益行动。倡议“绿色 1 小时，减少碳排放，今天就行动！”参与方式一：可以从推荐的 10 条绿色碳减排方法中，挑选公众认可或能够付诸行动的选项，提交一份绿色承诺。10 条绿色减排方法包括：少开 1 小时空调减少碳排放 621 克，少看 1 小时电视减少碳排放 96 克，少用 1 小时洗衣机减少碳排放 180 克，少用 1 小时电脑减少碳排放 190 克，少开 1 小时车减少碳排放 22000 克，拔掉电视插座 1 小时不待机减少碳排放 86 克，外出散步 1 小时减少碳排放 2254 克，熄灯 1 小时少用一度电减少碳排放 785 克，1 小时不饮酒少喝一瓶啤酒减少碳排放 200 克。方式二：通过网络平台向公众亮出绿色减碳排独门绝招，发表参与者绿色宣言及评论，晒出参与者的原创绿色生活技巧。（张惠娜）

绿色 **GDP**

Green GDP

指在衡量国家或地区的真实财富总量时，将经济活动中的资源成本（主要包括土地、森林、矿产、水和海洋）和环境降级成本（包括生态环境、自然环境、人文环境等）从GDP总量中扣除，所得结果称为“绿色GDP”。这是用国内生产总值减去自然资源的耗减价值、恢复补偿环境污染、生态破坏的费用以及生态环境的降级成本后的价值，是经济社会可持续发展的货币化衡量指标。国际上对绿色GDP的研究始于1971年美国麻省理工学院提出的“生态需求指标”，其反映的是经济增长与资源环境压力之间的对应关系。1993年联合国统计署在发布的《综合环境与经济核算手册》中首次提出“绿色GDP”，提出应将经济活动对环境的利用视为追加投入，原有的经济总量扣除追加投入就是“绿色GDP”。目前世界通行的国民经济总量核算都根据联合国制定的核算体系进行。联合国的核算体系是以市场交易为基础，以国内生产总值作为核算投入产出单一标准的计算方法。由于自然生态资源具有公共物品的特征，没有依照市场交易原则对经济活动中使用的自然资源价值进行核算。因此先行的国内生产总值核算办法并没有真实反映国家或者地区的经济增长水平。经过调整后的绿色GDP更能反映经济增长的数量与质量之间的关系，也更加符合工业经济向知识经济转轨的趋势。绿色GDP占国内生产总值的比重越高，表明国民经济增长的正面效应越高，负面效应越低，反之亦然。推行绿色GDP核算，目的是弥补传统GDP核算未能衡量自然资源消耗和生态环境破坏的缺陷。（参考：修瑞雪等：《绿色GDP核算指标的研究进展》，《生态学杂志》2007年第7期第1107～1110页。欧阳文川　张沥元　张惠娜）

绿色保险

Green Insurance

或称环境污染责任保险，是一种商业保险，指投保人出于规避由于自身原因引起的环境污染而导致的经济风险，向保险机构缴纳相应保险费，以得到保险公司关于环境事故对他人造成的直接或间接损害赔偿责任为标的的保险。绿色保险对于投保人来说，具有降低经营风险的效果；对于保险行业来说，具有使其保险机制充分发挥社会管理功能的作用；对于环境事故受害人来说，能够使其受到的损失获得快速补偿；对于整个经济社会来说，有益于向生态型经济发展模式转型。因此，绿色保险具有环境保护和社会管理的双重作用。绿色保险制度在国际上，尤其是发达国家，已经被广泛运用，我国则起步较晚。绿色保险制度是继2007年我国实行绿色信贷制度后实施的第二项环境保护经济政策。绿色保险制度在我国的确立可追溯至2008年2月18日国家环保总局和中国保险监督管理委员会联合制定并发布的《关于环境污染责任保险工作的指导意见》，发布当年在危险化学品生产企业、石油化工企业等易发生环境事故的企业中进行工作试点。在西方发达国家，绿色保险早已成为基本公众责任保险的分支之一。绿色保险除具有环境风险合理分散、环境损害填补救济、环境风险管理监察等功能之外，在环境保护、环境管理层面还有防灾减损的功能。绿色保险基本特征体现在：以无过错责任为保险标的；承担范围的限定性；公益性及强制性。（参考：蒋旭成等：《“绿色保险”国际经验与借鉴》，《广西金融研究》2008年第8期第33页。欧阳文川　蔡越）

绿色北京

Green Beijing

建立于1998年11月9日。发源于互联网的中国民间环保组织，致力于中国可持续发展。依托网络，走入现实，积极开展绿色文化的研究和推广，对环境事件中弱势群体救助及各种志愿者行动，让更多的人参与到环境保护队伍和实践中来。目标：1. 建立环保网络平台。实现信息共享，促进交流，推动环保产业发展。为关心环保的朋友、国内外环保NGO、环保企业、志愿者提供互相交流，携手行动，传播环境信息的网络平台，推广绿色消费理念，帮助人们树立正确的环保意识，选择绿色生活方式。2. 推动绿色文化发展。根据中国社会文化特点设计多种新颖的绿色文化传播方式，不断做出尝试，通过实际行动推动中国绿色文化的发展和完善。3. 帮助环境问题中的弱势群体。利用绿色北京在发展过程中积累的经验和资源，为环境事件中的弱势群体提供帮助，推动环境问题解决。同时在帮助弱势群体过程中，提高他们的环境意识，根据当地情况，共同探寻可持续发展之路。典型项目：2000 年 4 月启动拯救藏羚网站同盟，将网络环保活动同现实生活结合起来，通过周密策划，将新理念成功运用在环保理念的推广中，联合高校环保社团成功进行巡展、文化衫义卖和义演。2000 年 11 月启动布袋行动、绿色北京携手绿色使者：歌声呼唤绿色生活活动。2001 年 2 月绿色北京志愿者抵制海南养生堂野生龟鳖丸。2001 年 5 月发起远离城市，露营残长城，感受自然，领略风光，观鸟、野营、清洁长城。2001 年 12 月绿色北京和环保作家唐锡阳合作，开展与读者共创环境保护新书活动，鼓励志愿者参与普及型环保著作的创作。2004 年 11 月《可可西里》原型讲述活动。（席溢）

绿色材料

Green Material

指在原料选取、产品制造、使用或者再循环以及废物处理等环节中，对地球环境负荷最小或有利于人类健康的材料。绿色材料要求对环境没有危害，对人类健康没有影响，在原料采集、制备生产、使用消费、循环利用、资源再生等整个生命周期对环境均是有利的。绿色材料具有良好的使用性能和优良的环境协调性。在传统材料的功能性、舒适性的基础上，绿色材料强调在整个生命周期中的环境协调性。材料的环境协调性强调材料从设计、制造、使用到报废的全过程都要考虑到环境友好性。绿色材料的特征：1. 节约资源和能源；2. 减少环境负荷，即减少环境污染、避免温室效应、臭氧层破坏等；3. 容易回收和循环再生利用。绿色材料是未来材料发展的趋势，对生态保护具有重要意义。（韩铮）

绿色财政制度

Green Finance System

包括绿色财政收入制度以及绿色财政支出制度。绿色财政收入制度包括绿色税收制度以及排污收费制度。绿色税收制度指以环境保护和生态维护为主要目的，政府职能部门通过一系列财政税收制度促进以企业为主的各类组织、团体在日常运营中控制环境污染，保护生态自然环境，或者通过税收减免政策支持和维护以防治污染和环境保护为投资方向的企业等组织团体。排污收费制度指对污染排放的企业或者个人征收排污费，以此控制环境污染。排污收费制度是一种命令—控制型环境规制的主要政策工具，它以技术和绩效作为排污标准。然而无论是何种排污标准，标准制定的前提是很好了解企业排污的边际成本和边际收益。这在操作上有很大难度，几乎不可能做到，即使掌握企业排污的边际成本和边际收益，政府也要付出高昂的成本代价。绿色财政支出主要指国家以环境保护为目的的投资和建设行为。因此环保投资是一种政策性投资。然而从广义上来说，环保投资的主体除政府以外，还包括企业以及其他社会团体或个人。从我国实际情况看，环保投资在我国主要是以财政环保投资为主要形式，主要投资领域为污染治理、生态环境保护以及环境管理和科技投入。财政环保投资具有明显的环境效益，除此之外还具有社会效益和经济效益。财政环保投资的环境效益直接体现为环境质量和生态质量有所改善和提高，满足人们对于优质环境的需求，提升人们的生活品质；社会效益体现在良好的环境效益基础之上，具体表现为人的生活质量提高、身体素质增强、发病率降低、就业率增加、劳动条件改善等；经济效益体现在环保投资对社会经济的促进作用，如带动就业、增加税收以及技术进步带来的能源利用率的提升等。（参考：张伟峰：《绿色财政法律制度研究》，郑州大学 2012 年硕士学位论文第 13～25 页。欧阳文川）

绿色产业

Green Industry

国际绿色产业联合会认定：在生产过程中基于环保考虑借助科技，以绿色生产机制力求在资源使用上节约以及污染减少（节能减排）的产业，即可称其为绿色产业。绿色产业的概念非常宽泛，业内专家把绿色产业划分为狭义绿色产业与广义绿色产业。狭义绿色产业包括清洁生产技术、回收再生资源以创造生态化、应用再生资源生产再生产品、开创具新兴与策略性环保技术、再生能源产品与系统制造、关键性环境保护相关产业，广义绿色产业包括制造业、金融服务业、服务业、旅游业等。（牟世晶）

绿色城市（社区）

Green City/Community

涵义上接近可持续城市（社区）。对绿色城市（社区）概念的具体界定，不同国家和地区不尽相同。依据美国学者特姆西·比特利在《绿色城市主义：借鉴欧洲城市》一书中的定义，绿色城市（社区）指在实现城市与社会可持续发展的目标下，在城市（社区）形态、城市（社区）模式、土地利用、交通模式以及城市（社区）经济与管理等方面，运用多种手段建立和维持的生态友好型城市（社区）。生态城市（社区）的基本特征包括：紧缩的城市（社区）、公共交通发达、生态城市（社区）、生态管理和经济可持续。（徐越）

绿色传播理念

Concept of Green Communication

随着媒介生态意识的加强，传播理念发生变化，出现传播的绿色转向。绿色传播是关于生态环境的信息传播，目的在于通过信息传播使人们实时获知生态环境变化情况，了解生态环境问题，获得治理和保护生态环境的知识和技能，正确认识人与生态环境的关系，从而促使社会成员共同保护生态环境。通过持有绿色传播理念的大众媒体的传播，强化社会公众的环保意识，促使受众将生态理念转化为自发行动。（张惠娜）

绿色传媒

Green Media

绿色经济的重要组成部分，是绿色经济理念在传媒领域的集中体现，是以绿色传播方式推动资源节约型和环境友好型社会建设的具体体现。核心理念与环境保护部门倡导绿色生活、宣传环境保护的社会责任相吻合，依托广播电视的行业优势广而告之，从而实现传媒业务发展的新突破，推动我国环保事业的发展。2010 年 5 月 19 日由中国广播电视国际经济技术合作总公司与环境保护部环境宣教中心共同发起，“共担环保重任，打造绿色传媒”主题的绿色传媒工程在环境保护部发展中心报告厅举行启动仪式。合作双方向全国广播电视传媒业发出倡议，积极推动低碳化、低污染、低能耗的广播电视新技术、新能源和新设备的开发。这标志着我国广播电视业正在形成贯穿内容策划、生产制作、传输覆盖和信息集成的全系统绿色传媒时代的开启。（张惠娜）

绿色传媒促进计划

Green Media Promotion Program

2010 年 7 月 16 ~ 18 日，《南方周末》主办的“绿色传媒促进计划”首次在杭州召开绿色传媒人研讨会，共商中国绿色传媒职责及发展大计。各大主流报纸、杂志及网络媒体的 30 多个环境报道记者、编辑参与研讨会。研讨会发布了《中国传媒绿色宣言》，启动了《中国绿色新闻报道手册》编写工作，公布了《杜邦绿色报道资助计划》，还邀请了低碳领域专家一起交流。（张惠娜）

绿色大学

Green University

清华大学在 1998 年 4 月向原国家环境保护总局提交《关于申请批准清华大学“创建绿色大学示范工程”项目的报告》，提出从绿色教育、绿色科研、绿色校园三方面开展绿色大学建设工程，在学校已有的环境教育理论和实践的基础上，与时俱进，将可持续发展理念与学科规划、学科建设、人才培养和校园文化建设相融合，以此作为清华大学建设世界一流大学的重要内容之一，解决新时期对学校发展总体战略中对具备环境保护技术和环境保护理念人才的需求。这标志着我国绿色大学建设实践的开端。2001 年，原国家环境保护总局正式命名清华大学为“绿色大学”，此后学者开始对绿色大学主题进行了大量的理论研究和探索，在全国各地掀起绿色大学的建设浪潮。1994 年我国颁布的《中国 21 世纪议程——中国 21 世纪人口、环境与发展白皮书》对教育发展提出可持续发展的方针，为建设绿色大学的实践提供政策制度基础。在 1994 年《白皮书》颁布至 2001 年原国家环境保护总局授予清华大学绿色大学称号期间，关于绿色大学的理论研究持续升温，研究文献数量多达 500 多篇。相关研究中，很多学者将开展绿色教育视为建设绿色大学的关键与核心，但对绿色教育的内涵认识模糊。绿色教育应与环境教育相区分。环境教育以探讨人与自然环境之间关系为核心，以培养环境保护意识和普及环境保护技术与手段为目的。绿色教育不仅涵盖环境教育的内涵，同时还注意学校教育本身的问题以及校园整体的教育氛围。绿色大学也是全球范围内大学建设的新兴理念。1990 年 10 月，来自 22 个国家的大学校长集聚法国塔罗里的杜夫特大学参加国际研讨会，讨论大学在环境管理和可持续发展中的角色，签署《塔罗里宣言》。《宣言》提出“大学在教育、研究、政策形成与信息交换各方面均扮演重要的领导角色，从而促成可持续发展目标的实现”。这是“绿色大学”第一次在国际上形成共识。（参考：樊颖颖：《中国“绿色大学”研究进展及其分析》，《南京林业大学学报》（人文社会科学版）2012 年第 2 期第 56 ~ 59 页；马桂新：《环境教育学》第 310 页，北京：科学出版社，2007 年。欧阳文川 王薛时）

绿色大学示范工程

Demonstration Project of Green University

清华大学开展绿色大学建设获得的荣誉称号。1998 年 5 月 20 日，原国家环境保护总局批准清华大学创建绿色大学示范工程的项目报告。清华大学成为我国第一个提出并开始建设绿色大学的大学。在清华大学建设绿色大学研讨会上，校长王大中阐明建设绿色大学的构想：使清华大学成为我国环境保护和可持续发展领域重要的人才培养基地和科学研究中心；培养的毕业生具有友好的环境保护意识和可持续发展意识；所从事的科学研究工作是环境友好的且符合可持续发展；在环保科研和环保产业方面取得重要成果；建成环境清洁优美、生态良性循环的绿色校园；对我国可持续发展战略的实施起到示范和带头作用。清华大学把建设绿色大学作为创建世界一流大学的重要组成部分，得到教育部、科技部等国家主管部门的肯定。（王薛时）

绿色电力

Green Power

指污染排放少、生态影响小、经济性合理的电力发展方式，包括水电、非水可再生能源发电（包括风电、太阳能发电、生物质发电、地热能发电和潮汐能发电等）和核电在内的广义概念。它在绿色发展、低碳发展和绿色经济背景下衍生出来。发展绿色电力有助于解决中国电力短缺、资源短缺和环保问题，是我国电力可持续发展的基本选择。目前，我国的绿色电力仍处于初级发展阶段，由于缺乏促进绿色电力产业发展的法律和市场运行机制，在现有管理体制和价格形成机制下，我国绿色电力价格高和规模小的现实阻力，导致开发商与电网之间难以就电力的供应达成协议，抑制了绿色电力的发展。（参考：徐文文：《绿色电力发展的法律机制》，华东政法大学 2011 年博士学位论文第 22 ~ 26 页。刘阳）

绿色鄂温克草原牧民环境保护协会

Green Ewenki Pastoralists Environmental Protection Association

成立于2006年，创始人为鄂温克族自治旗妇联主席索龙格，在民政部门注册，是鄂温克旗境内唯一的民间环保组织，由热心环保事业的各人士、企业、事业单位自愿结成的、非营利性的、独立的社会团体法人。协会以公益环保活动为主。目标：向会员宣传环保的意义，提高环保意识，组织开展环保学习和交流；资助和开展环保型生产与建设，促进草原生态保护。组织工作：1. 有效改善鄂温克草原的生态环境，促进牧民良性生产，通过集中培训、实地考察、散发传单等方式积极开展环保知识宣传活动，通过项目实施，引导牧民开展环保型生产，促进对草原生态环境的保护，为草原生态可持续发展奠定良好基础。2. 实施民族手工艺品项目，通过组织培训、召开研讨会制作民族手工艺品，为牧民妇女增加收入，逐步实现牧民妇女由放牧养畜生产转向环保型生产，促进草原环境的保护。未来计划：致力于鄂温克草原生态环境的保护和恢复，通过环保知识技术培训、散发宣传单、专家咨询等大力开展草原环境保护的宣传工作；从事有利于草原环境保护的具体活动，引领与促进牧民环保型生产。（席溢）

绿色发展

Green Development

指符合生态原则要求和环境友好的发展，在相当程度上可以理解为可持续发展。在经济政策和经济学科领域，绿色发展首先是产业结构、产品结构、生产与销售工艺技术的绿色化转型或发展，即将绿色的理念和原则引入各个领域。在“十三五”规划中，绿色发展首次作为五大发展理念之一被纳入系统化。以绿色发展为核心理念，实现效率、和谐、可持续为目标的经济增长，具有资源节约、环境友好的发展内涵。具体包括：1. 将环境资源视为经济发展的内在要素；2. 将实现经济、社会和环境的可持续发展作为绿色发展的目标；3. 要把经济活动过程和结果的绿色化、生态化作为绿色发展的主要内容和途径。《2010中国绿色发展指数年度报告》提出环保绿色发展的检测指标体系和测算体系。绿色发展指数有3个一级指标：经济增长绿化度、资源环境承载潜力和政府政策支持度，分别反映经济增长中生产效率和资源使用效率，资源与生态保护及污染排放情况，政府在绿色发展方面的投资、管理和治理情况。3个一级指标之下又分为9个二级指标和55个三级指标。（王晴晴　徐越）

绿色发展观

The Green Development Concept

绿色发展首见于2002年联合国开发计划署《2002年中国人类发展报告：让绿色发展成为一种选择》。绿色发展是在传统发展基础上的一种模式创新，是建立在生态环境容量和资源承载力的约束条件下，将环境保护作为实现可持续发展重要支柱的新型发展模式。坚持绿色发展观：1. 要将环境资源作为社会经济发展的内在要素；2. 要把实现经济、社会和环境的可持续发展作为绿色发展的目标；3. 要把经济活动过程和结果的“绿色化”“生态化”作为绿色发展的主要途径。（牟世晶）

绿色饭店

Green Hotel

指在饭店建设和经营管理过程中，坚持以节约资源、保护环境为理念，以节能降耗和促进环境和谐为经营管理行动，为消费者创造更加安全、健康服务的饭店。绿色饭店的绿色含义有：1. 提供的服务本身是绿色的，要为顾客提供舒适、安全，符合人体健康要求的绿色客房和绿色餐饮等；2. 服务过程中使用的物品是绿色的，要求用于服务的所有物品是安全、环保的；3. 经营管理过程中注重保护生态和资源的合理利用。绿色饭店的标准是：1. 安全，消防安全、治安安全和食品安全；2. 健康，提供给消费者有益于健康的服务和享受；

3. 环保，减少和避免浪费，实现资源利用的最大化。我国绿色饭店以银杏叶作为标识。根据饭店在安全、健康、保护环境等方面程度的不同，绿色饭店分为 A 级至 AAAAA 级。（李雪姣）

绿色革命

Green Revolution

广义上指在生态学和环境伦理学主导下的人类适应环境、与环境协同发展、和谐共进所创造的文化社会活动；狭义上指第一次绿色革命的发动，即 1967 ~ 1968 年印度依靠先进科技提高粮食产量使印度农业生产得到巨大提升的事件。第一次绿色革命是通过种植高产品种、良好灌溉、机械化作业、大批量施用化肥农药，从而大幅提高农产品产量的农业现代化运动。第一次绿色革命的成功，在世界范围影响巨大，但是化肥农药的大量使用、生态资源的过度开采造成的严重环境问题遭到广泛批评。第二次绿色革命兴起，指国际社会希望通过运用以基因工程为核心的现代生物技术，培育高产又富含营养的动植物新品种，促使农业生产方式发生新的变革，促进农业生产及食品产量增长，同时确保生态环境可持续发展。绿色革命还指伊朗的绿色革命。它是 2009 年伊朗发生的大型反政府群众示威运动，示威群众大多身着绿衣或者佩戴绿丝带、头巾等，挥舞绿旗，因而被称为绿色革命。（雷爱民）

绿色工程原则

The Principle of Green Engineering

由美国科学家阿纳斯塔斯（ Anastas P.T. ）等人在绿色化学和绿色工程概念的基础上，于 2003 年提出的 12 条原则。绿色工程原则面向工程实际，是实现绿色设计和可持续发展目标的一整套方法论，为科学家和工程师参与对人体健康和环境有利的原料、产品、过程和系统的设计提供参照框架。主要内容有：1. 设计者要致力于保证所有输入和输出的原料和能量尽可能地内在无害；2. 设计产品、过程和系统时应使质量、能量、空间和时间的效率最大化；3. 制定再循环、回用或效益安排设计时，必须把嵌入熵和复杂性看作是一种投资；4. 产品组分有多种时应尽量减少原料的多样性，以利于产品的分离和保值；5. 把不必要的性能或生产能力的设计当作是一种设计缺陷；6. 产品、过程和系统的设计必须包括可利用能量和原料流的相互关联和集成；7. 可再生原料和能量的输入优于一次性原料和能量等。绿色化学原则和绿色工程原则关系密切，绿色化学原则是绿色工程原则所必须的部分，通过二者的共同应用有效推动人类社会的可持续发展等。（参考：江刚：《绿色工程的 12 条原则》，《中国环境科学》2009 年第 1 期第 83 页。刘阳）

绿色工会运动

Green Trade Union Movement

指绿色政治取向的环境运动与经济利益取向的劳工运动之间进行政治联合，以实现特定目标的社会运动。绿色工会运动的典型案例，是 20 世纪 70 年代澳大利亚的绿色禁令运动，即工会等劳工团体与环保主义者联合发起的阻止人文历史遗产或生态环境被破坏的抗争形式。绿色禁令的重要意义在于，体现传统代表工人阶级利益的工会组织致力于保护环境的取向，表明劳工运动和绿色运动结合的现实可能性。后来，绿色工会运动或绿色工联主义，成为广义的绿色运动的重要组成部分，即“红绿”运动。（王聪聪）

绿色工联主义

Green Syndicalism

产生于 20 世纪 90 年代初的生态文化理论与实践流派，既是绿色的又是工联主义的，是工联主义话语和实践的绿化，或者说是包含了生态关切的工联主义。因为包含生态关切才具有新颖性。绿色工联主义这一术语，最早在 20 世纪 90 年代初提出，标志是马克・考夫曼和杰夫・迪茨 1992 年在《自由劳工评论》（即后来的《无政府工联主义评论》）上发表的《绿色工联主义》一文。此后，加拿大学者杰夫·尚茨发表一系列论述绿色工联主义的研究成果。绿色工联主义关注劳工运动（“红”）与生态运动（“绿”）的聚合，是超越劳工运动与生态学之间对立的“红绿”观点。尽管红绿联盟从传统上看很成问题，但鉴于劳工运动和生态运动在策略和风格上的相似性，许多学者如戴维·佩珀相信，二者联盟是必要的和可行的。概括地说，绿色工联主义的理论要点包括如下三个方面：1. 生态环境问题的根本原因在于资本主义经济制度，而不是经济规模、工业制度、技术或者劳工团结等具体因素。2. 未来绿色社会不可能是完全分散和非工业的社区社会。3. 在走向生态无政府社会的变革进程中，劳工运动和生态运动理应成为相互尊重与支持的伙伴或政治联盟。（徐越）

《绿色工联主义：一种替代性红绿观点》

Green Syndicalism: An Alternative Red/Green Vision

加拿大昆特兰理工大学教授、绿色工联主义学者杰夫·尚茨的代表著作，雪城大学出版社 2012 年出版发行。着重阐述环境运动与劳工运动结合的现实必要性，指出工人和贫困者的环境保护声音往往被社会忽视。一方面，工人阶级和贫困阶层承受更多的环境污染负担；另一方面，现实中的生态环保组织不愿意与工人和贫困者接触。为改变现状，作者认为，亟需环境运动者与劳动阶级相结合，在环境保护领域与资本主义进行抗争。在作者看来，红与绿的历史性结合，作为一种替代性方案，是平息就业抗拒环境谬论、解决日益严峻的生态危机的关键所在。（徐越）

绿色工业

Green Industry

指实现清洁生产、生产绿色产品的工业，即在生产满足人的需要的产品时，能够合理使用自然资源和能源，自觉保护环境和实现生态平衡。实质是减少物料消耗，同时实现废物减量化、资源化和无害化。一切工业污染都是因为工业生产过程中对资源利用不当或利用不足所导致的。人类历史进入 20 世纪 90 年代以后，世界各国先后实行工业可持续发展战略，《中国 21 世纪议程》明确指出，产业可持续发展的总目标是根据国家社会、经济可持续发展战略的要求，调整和优化产业结构和布局；运用科学技术特别是以电子信息、自动化技术改造传统产业，使传统产业生产技术和装备现代化有重点地发展高技术，实现产业化；推动清洁生产的发展；提高产品质量，使工业产业尽快步入可持续发展的轨道。（李雪姣）

绿色供应链

Green Supply Chain

指供应链上的企业一般都是纵向分离的，采购商主要通过限制供应企业的产品或要求它们的生产过程符合一定的环境标准而绿化整个供应链。从供应链上流动的产品角度看，下游企业仍然是利用上游企业生产的正常品作为投入。上下游企业纵向分离，但存在纵向环境约束，物质流动是开环的。需要指出，绿色供应链的反向物流涉及制造企业将客户废弃的产品回收处理，实际上形成闭合供应链。由于反向物流缺乏相关的现场资料，在理论和应用上都很少被研究。（史月田）

《绿色国家：重思民主与主权》

The Green State: Rethinking Democracy and Sovereignty

澳大利亚墨尔本大学社会与政治学院教授、政治学系主任罗宾·艾克斯利（Robyn Eckersley）教授的代表著作之一，麻省理工学院出版社 2004 年出版。针对大多数环境学者和环境主义者都把主权国家描述为无所作为的政治行为体，或是造成

持久性生态破坏的政治“主谋”或“共犯”的观点，该书系统阐述了绿色民主国家如何成为古典自由民主国家、不加区别地依赖增长的福利国家和新自由主义市场取向国家的替代性选择，认为这是“介于漫无边际的政治想象和对现状的无原则屈服”之间的现实性立场。作者认为，尽管正在发生着源于经济全球化的经济与社会的重大变化，国家依然是应对环境难题的主要政治制度。由于国家仍是全球秩序的维持者，因而国家的绿化是国内与国际政策和法律绿化的重要步骤。绿色国家将力图把环境运动的道德和实践与当代的国家、民主和正义理论联系起来，其方法论基础则是借助“批判性政治生态学”来扩展道德共同体的边界，从而将人类共同体内嵌于其中的自然环境。艾克斯利的《绿色国家》在更大程度上应该理解为是作者试图把生态主义的政治思想引入主流的民主政治理论（包括国家主权理论）的努力，是借用生态民主的理念来革新现代自由民主制。书中理论思考的真正焦点，是为生态主义寻找现实性的制度化道路和载体，是使现代自由民主制后现代化或“绿化”。中译本译者郇庆治，山东大学出版社2014年出版，《环境政治学译丛》子目。（徐越）

绿色国家理论

Green State Theory

随着生态环境问题的凸显，国家开始回应生态问题所带来的诸多挑战。澳大利亚环境政治领域学者罗宾·艾克斯利在2004年出版的《绿色国家：重思民主与主权》一书中提出绿色国家理论，主张对国家的内政外交进行绿色重塑，而非简单抛弃国家，是浅绿意义上的环境政治理论流派。绿色国家是指现代民主国家对内实现其治理理想和民主程序与生态民主原则的契合，对外作为主权国家担当起生态托管员和跨国民主促进者的角色。从方法论意义上，绿色民主国家理论追求的是漫无边际的政治想象与对现实的悲观屈从之间的适当平衡。针对环境主义者对民主和主权国家环境治理低效能甚至是生态破坏同谋者的批评，艾克斯利指出，当代国家不仅依然是应对环境难题的主要政治制度，而且可以通过自身的渐趋绿化而创建绿色的国内外政策与法律。绿色国家理论在三个方面得以展开：一是绿党政治发展及其传统政治的绿化；二是生态民主及其制度愿景；三是绿色主权问题。（徐越）

绿色航空

Green Aviation

绿色可持续发展理念与航空行业发展的结合。飞机对环境的影响表现为废气排放和噪声。绿色航空的关键技术集中在降低噪声技术与降低排放技术。发动机降低噪声需要通过优化循环参数和采用先进降低噪声设计等多种途径。降低排放需要通过分级燃烧和冷却材料等辅助性技术实现。除降排与降噪以外，还在开发减小航空发动机、部件材料（包括选择、制造、维护、报废后材料回收）对环境与人类不良影响的措施和技术。航空业将绿色航空视为当前和未来的重要议题，驱动因素既与民航和航空制造业对于降低成本、提高生产率的发展需求有关，也与人类的环保意识增强和越来越苛刻的航空环保标准密切有关。绿色航空将会是未来航空业的重要发展方向。（参考：梁春华：《绿色民用航空发动机关键技术》，《航空科学技术》2005年第6期第14～16页。朱雨晨）

绿色和平国际

Green Peace International

著名的国际性环境非政府组织，由加拿大工程师戴维特·麦格塔格于1971年发起成立，总部设在荷兰，在世界各地设有办事处，在联合国经社理事会享有咨询地位。使命是：保护地球、环境及其各种生物的安全及持续性发展，以行动做出积极的改变。绿色和平起源于北美，在欧洲取得成功。在全球超过10个国家和地区设有分部。这些地区分部根据全球组织的各项目工作的计划纲要，在各地区发展与当地需要相符的项目，并筹款支持项目发展。国际总部与各地区分部保持紧密联系，根据咨询决策程序，统筹全球项目策略，监管评估各地区分部的发展与表现。各地区分部将全球的项目原则与策略因地制宜地落实在各地区的环保项目中。（申森）

绿色和平组织

Green Peace Organization

1970 年由工程师麦克塔格特（Mctaggant）发起成立于加拿大的国际性环境保护组织，在 20 世纪 50 ～ 60 年代核试验频繁，局部战争不断，环境污染和生态破坏严重，人们迫切要求和平和保护环境的情况下诞生。最初为小组，后来改称为绿色和平基金会。1976 ～ 1978 年间以绿色和平组织的名义在旧金山、蒙特利尔、巴黎等 10 个城市设立办事处。1979 年在荷兰正式建立该组织，总部设在伦敦，在南极有基地。该组织通过包括冒险行为在内的实际行动保护环境，以期拯救地球。到 1988 年底，在包括发展中国家在内的 20 个国家设立 32 个办事处。该组织作为国际性民间环境保护的行动组织，意义和作用值得世界关注。（王薛时）

绿色和谐使者：橄榄绿环境文化传播中心

Green Harmony Messenger: Olive Green Environment Culture Communication Center

创办于 2005 年 9 月，积极开展环境治理，维护自然生态平衡，传播先进环境文化，支持培育草根组织，推进社会可持续发展进程。绿色和谐使者支持一切有利于环境保护及社会持续发展的政策措施活动，愿与社会各界开展交流合作。通过实施环境保护系列项目课题，培育孵化环境非政府草根组织，对全国以及世界各地的环境非政府组织进行调查研究和学习交流，建设绿色和谐使者网站，为非政府组织提供学习交流的信息平台。在各地建立绿色和谐使者爱心驿站，进行生态环境文化传播、教育和帮助当地民众发展生态自救项目等公益性活动。（席溢）

绿色核算模型

Model of Green Accounting

20 世纪 80 年代初由世界银行提出绿色核算和绿色国内生产总值 / 可持续收入。计算方法为：用国民生产总值扣除人工资本的折旧、环境资本折旧、环境恢复费用、污染的防治费用或预防费用以及由于自然资源的非最佳利用和开采引起的过高评价资源价值的损失费用。它可以用以下公式表示：$SI=GNP-(R+A+N)-(Dm+Dn)$。其中：国内生产总值为国民生产总值；Dm 为人工资本折旧；Dn 为环境资本折旧；R 为污染引起的环境恢复费用；A 为污染的防治费用或预防费用；N 为由于自然资源的非最佳利用和开采引起的过高评价资源价值的损失费用。绿色核算模型非常适合于评价资源型经济体系，由于这类经济体系与自然资源退化的风险关系表现得最为直接，因此对这类经济体系的可持续收入计算比较容易。（李雪姣）

绿色化学

Green Chemistry

又称环境无害化学、清洁化学。指用化学的技术和方法减少或消除对人类健康和生态环境有害的原料、催化剂、溶剂和试剂、产物、副产物等的使用与产生，从化学产品的设计、合成到生产过程都对环境友好的新型交叉学科。绿色化学是当今国际化学科学研究的前沿学科之一，研究内容包括：1. 原料的绿色化，利用可再生资源作为原料以及采用低毒或无毒无害的原料代替高毒原料；2. 催化剂的绿色化，研发高效催化剂，改善化学反应的选择性，提高转化率和产品质量，降低成本，从根本上减少或消除副产物的产生；3. 溶剂的绿色化，使用超临界流体、离子液体、水等对环境无害的溶剂作为反应、分离及洗涤等的媒介；4. 合成方法的绿色化，将绿色化学原则运用于合成方法的设计以得到更有效的化学反应，不仅减少副产物的产生，而且提高生产者的安全性；5. 产品的绿色化，研发生产可生物降解产品。1998 年美国科学家、绿色化学的倡导者阿纳斯塔斯（ Anastas P.T.）和韦纳（Waner J.C.）提出 12 条绿色化学原则，作为化学家开发和评估合成路线、生产过程、化合物是不是绿色的指导方针和标准。（参考：贺红武、任青云、刘小口：《绿色化学研究进展及前景》，《农药研究与应用》2007 年第 1 期第 1 ~ 8 页。刘阳）

绿色化学原则

The Principle of Green Chemistry

化学家开发和评估合成路线、生产过程、化合物是否符合绿色定义的指导方针和标准。美国科学家、绿色化学的倡导者阿纳斯塔斯（Anastas P T）和韦纳（Waner J C）1998 年提出 2002 年完善的原则。主要内容包括：1. 尽可能利用能量而避免使用物质实现转换；2. 实现不使用保护基团的方法进行含有敏感基团的化学反应；3. 采用的溶剂体系可有效地进行热量和质量传递的同时，还可催化反应并有助于产物分离；4. 开发既具有原子经济性，又对人类健康和环境友好的合成方法“工具箱”；5. 不使用添加剂，设计无毒无害、可降解的塑料与高分子产品；6. 设计可回收并能反复使用的物质；7. 开展预防毒物学研究，使有关对生物与环境方面的影响机理的认识不断地结合到化学产品的设计中；8. 设计不需要消耗大量能源的有效光电单元；9. 开发非燃烧、非消耗大量物质的能源；10. 开发大量二氧化碳和其他温室效应气体的使用或固定化的增值过程等。绿色化学原则着眼于分子水平，从最基本层面上提升物料和能量的表现及其价值，为人类社会的可持续发展提供构架等。（参考：蔡卫权、程蓓、张光旭等：《绿色化学原则在发展》，《化学进展》2009 年第 10 期第 2001 ~ 2008 页。刘阳）

绿色回收

Green Recovery

指在产品生命周期内，对各阶段产生的废弃物或完成寿命周期的报废产品进行回收，利用修复、再制造、表面处理等技术，重新获得废弃产品的再使用价值。宗旨是最大限度提高资源再利用率，减少报废产品对生态环境的破坏。绿色回收组成部分包括绿色回收标志和绿色回收站。2013 年在全国首个低碳日启动绿色回收处理中国行活动。（王晴晴）

绿色基金倡议

Green Fund Initiative

1991 年 6 月 18 ~ 19 日在中国北京举行发展中国家环境与发展部长级会议，由来自 41 个发展中国家部长级代表团、10 个国际组织特邀代表和 9 个发达国家观察员参加。会上通过这一倡议。提议专门设立绿色基金，以便向发展中国家提供充足的、额外的资金援助。这一倡议在随后的里约环境与发展大会上，得到更多发展中国家的响应与支持，成为与欧美发达国家进行谈判的主要议题之一。（申森）

绿色技术壁垒

Green Technical Barriers

贸易技术壁垒的一种形式，在国际贸易中进口国为保证生态和人类动植物的安全，对产品质量制定较高指标，从而限制商品的进口。主要表现形式有：1. 绿色技术标准：严格的强制性技术标准；2. 绿色环境标志：绿色标志和认证制度本身是非强制性的，进口国则把认证规定视为进口商品的必要条件；3. 绿色包装制度：包装可回收再利用或再生，易于自然分解，不污染环境；4. 绿色卫生检疫制度：进口国对产品是否含有毒素、污染物及添加剂等全面的卫生检查，防止超标产品进入；5. 绿色补贴：出口国政府的环境补贴或未将生产过程中的环境成本内在化，对进口商品采取的限制措施或给予相应的制裁。（王晴晴）

绿色技术创新

Green Technological Innovation

又称生态技术创新或环境友好型技术创新，以保护环境为目标的管理创新和技术创新的统称。指遵循生态学原理，在经济和环境协调发展基础上的创新活动。它以可持续发展作为价值衡量标准，将技术和管理的创新作为促动、激励机制，以保护环境和节能降耗为目的的现代化技术创新。绿色技术创新可分为：绿色管理创新、绿色工艺创新、绿色产品创新。主要技术包括污染控制和预防技术、源头削减技术、废物最少化技术、循环再生技术、生态工艺、绿色产品、净化技术等。绿色技术将保护环境与发展经济作为双重目标，利用现代技术最大限度地实现二者的和谐。（王晴晴）

绿色技术创新制度

Green Technology Innovation System

指以环境保护和生态维护为目的，由国家职能部门根据相关法律法规所制定的所有有利于保障、推动和鼓励环境和生态保护的各类型技术研发的规定和准则的总和。绿色技术创新制度包括绿色技术创新政策与法律方面的规划、制定与实施，绿色技术创新的教育和宣传，企业等各类组织对绿色技术的研发与运用，绿色技术创新文化的塑造与发扬以及社会公众和社会团体对绿色技术创新的支持与参与。由此绿色技术创新制度相应的就包涵绿色技术创新政策激励制度、法律保障制度、现代市场制度、社会参与制度以及文化制度等内容。绿色技术创新政策激励制度显示了政府对市场的宏观调控机制和作用。政府制定合理的技术创新激励政策支持企业及科研机构进行技术创新和研究，引导企业和市场技术创新导向，从而优化配置公共资源，促进绿色技术创新的发展。绿色技术创新的法律保障是国家通过将绿色技术设计、研发和生产等诸环节以及创新机制中主客体存在的权利和义务纳入法制建设轨道，使其有法可依并形成稳定制度。绿色技术创新的现代市场制度通过市场机制实现资源的优化配置，引导绿色技术在创新目标、创新方向和创新内容在政府宏观调控的作用下，最大程度发挥绿色创新的生态、经济和社会等综合效益。绿色技术创新的社会参与制度指通过社会组织、个人的利益诉求影响技术创新法律、政策的构件和实施，并通过大众传媒的交互传播作用形成技术创新的社会文化和风尚。绿色技术创新的文化制度指通过绿色技术创新的法律和政策制定和实施，以及绿色技术创新的社会参与制度和教育，提高普通群众生态和环境保护意识、养成环境保护和生态维护的行为习惯，以此形成绿色技术创新社会氛围和绿色文化。（参考：杨发庭：《绿色技术创新的制度研究——基于生态文明的视角》，中共中央党校 2014 年博士学位论文第 76 ~ 83 页、第 89 ~ 95 页。欧阳文川）

绿色家电

Green Home Appliance

指从设计理念到生产过程再到产品品质都具备环保、健康、节能等新优势的家电产品。绿色家电是市场上的新兴概念，与传统家电相比的特征有：1. 绿色家电采用无害无毒材料，减少稀缺材料的使用，符合“三低”（低噪声、低污染、低辐射）标准，是体现以人为本、提高舒适度和环境保护程度的家电产品；2. 绿色家电的耗电量一般为传统家电的三分之一到二分之一，属于节能型家电产品；3. 绿色家电的零部件在生产组装过程中实现清洁生产、无废少废、综合利用等环境友好型生产方式，家电废弃后较容易被拆卸、回收和再利用。绿色家电的设计充分考虑产品在制造、使用、回收和再利用的整个生命周期内与使用者以及环境的和谐，提高废弃产品的再生利用率，促进资源循环使用，避免或减少产品在全生命周期中对环境产生不利影响，使产品更具有生态性、经济性和可持续发展性。（参考：吴克楼：《绿色家电产品政策支撑体系研究》，浙江工业大学 2012 年硕士学位论文第 13 ~ 15 页。刘阳）

《绿色家园》

Green Home

2013 年由西宁电视台主办，青海省内第一个环保杂志类电视栏目。本着传播绿色时尚，守护美好家园，共建绿色空间，同享美好生活的宗旨，通过关注省、市两级环保部门在环境管理、污染防治、生态保护、环境教育等方面采取的措施，立足西宁，面向青海全省，围绕环境保护这一最大的民生工程，宣传生态文明理念，普及环境科技知识，弘扬生态伦理价值，倡导绿色生活方式。栏目分为《绿色关注》《绿色行动》《绿色生活》3 大板块，每周播出 1 期。《绿色关注》以动态新闻播报的方式，对省市环保部门在一周内所做的工作，以贴近生活的方式进行播报，动态性地展示青海全省环保系统及相关部门、企业开展环境保护工作的情况，对国家有关环境保护方面的最新动态等进行报道，对发达省份开展环境保护工作方面的经验做法进行展播。《绿色行动》结合省市环保部门的工作要求，现场采制相关专题节目，围绕环保专项行动、西宁市创建国家环境保护模范城市等重点工作进行跟踪报道，并对重大工作和行动部署进行全景展示介绍。《绿色生活》采用动画短片的形式和轻松愉快的方式，播放环保公益宣传片和环境科普知识、绿色生活小常识、绿色环保人物介绍等，扩大公众参与度。（张惠娜）

绿色建材

Green Building Materials

绿色建材是在原料采取、产品制造、使用、再循环和废料处理等环节中对环境负荷量小且有利于人类健康的建筑材料。绿色建材旨在节约资源和能源、减少环境污染、加大废弃材料的再生循环利用。主要特征有：1. 原料大量使用尾渣、垃圾等废弃物；2. 采用低能耗制造工艺和无污染环境的生产技术；3. 产品健康安全，不含甲醛、卤化物溶剂、汞及其化合物等添加剂；4. 具有抗菌、防霉、除臭、隔热、防火、防辐射等诸多功能；5. 产品自身可循环回收利用。绿色建材的应用如绿色混凝土，相较于传统混凝土，含有高掺量固体废物，具有优异施工性和耐久性；棉花秸秆纤维板、葵花秸秆均质板等再生建材利用农业废物作为生产原料，降低了建筑材料对自然资源依赖，对人体健康安全。使用绿色建材可以促进绿色建筑的发展，从源头上节省资源与能源，为可持续发展奠定基础。（任傲尘）

绿色建筑

Green Building

可持续发展理念在建筑规划领域的应用和拓展。目前为止还没有统一权威的概念界定，但一般来说可以将绿色建筑的理念理解为在对资源能源最高效利用的前提下，既使建筑物不影响其周围环境的生态系统和谐共存，又为人提供舒适、环保的居住环境。绿色建筑包含 3 个不可分割的要素：保护环境、对资源的高效利用、适宜的生活环境，即达到生活（场所）与自然的和谐，这同时这也是绿色建筑的核心价值所在。绿色建筑在生态环保理念的指引下，在规划、设计、开发、使用及管理各环节中都遵循生态原理和自然规律，在竣工后经具有资质的检测机构的权威认证、在建筑的后续管理中继续达到生活健康舒适、环境无废无污、生态安全的目标。绿色建筑要求建筑材料符合生态环保的标准，在使用周期内达到能源消耗最小，污染排放最小，以此防止建筑对周围生态环境可能造成的负面影响。绿色建筑倡导的是人文要素和自然要素的有机统一。这要求不能以牺牲居住舒适度为代价换取资源低消耗、环境无污染的生态要求，所以建筑设计要充分考虑人的现实生活诉求。绿色建筑的绿色要求也是质量、性能和环保的统一。绿色建筑包括生物系统与非生物系统。前者包括人、植物与动物，后者包括地质系统、气候环境系统、能源系统、光系统、风系统、水系统、声系统和材料系统。绿色建筑在各子系统中满足节约资源的基本要求，强调整体设计理念，把绿色建筑的发展置于城市规划管理工作中考虑，结合区域实际气候、文化、经济等各方面因素综合评价分析，对建筑材料严格控制，合理应用高科技产品，并对使用者提出要求，约定绿色建筑的社会行为模式。（参考：仇保兴：《从绿色建筑到低碳生态城》，《城市发展研究》2009 年第 7 期第 1 ~ 11 页。欧阳文川　任傲尘）

《绿色建筑评价标准》

Evaluation Standard of Green Building

《绿色建筑评价标准》是我国借鉴世界上的优秀评价标准，制定并不断研究修订的绿色建筑规范性文件。2014 年最新的绿色建筑评价体系《绿色建筑评价标准》GB/T50378-2014 修订颁布，于 2015 年 1 月 1 日正式启用。绿色建筑评价分为设计评价与运行评价，包含七项指标：1. 节地与室外环境；2. 节能与能源利用；3. 节水与水资源利用；4. 节材与材料资源利用；5. 室内环境质量；6. 施工管理；7. 运营管理。评价时根据不同指标的分数权重进行核算，得到的总分按照评分标准，可将绿色建筑分为一星级、二星级、三星级 3 个等级。（任傲尘）

绿色建筑认证

Certifications of Green Architecture

绿色建筑认证是按照规定的程序，依据相关工程标准和部品标准以及技术要求，由认证机构证明建筑符合绿色建筑技术规范并颁发绿色建筑认证证书和认证标志的活动。各国有不同的绿色建筑认证体系，中国推行《绿色建筑评价标准》、美国推行 LEED 评价体系（Leadership in Energy and Environmental Design）、英国推行 BREEAM 评价体系（Building Research Establishment Environmental Assessment Method）等。不同的绿色建筑认证体系虽不尽相同，目的都是在设计中减少对环境与住户的负面影响，以期规范完整的绿色建筑概念。绿色建筑认证涉及室内外评估指标，一般含有以下内容：可持续建筑场址、室内外环境质量、节能与能源利用、节水与水资源利用、节材与材料资源利用、交通运输、社区联通性、绿色基础设施、运营管理等。（任傲尘）

绿色江河

Green River

四川省绿色江河环境保护促进会的简称，在四川省民政厅注册的中国民间环保社团，1995 年成立。奋斗目标是“青山常在，绿水长流”。旨在推动和组织江河上游地区自然生态环境保护活动，促进中国民间自然生态环境保护工作的开展，提高全社会的环保意识与环境道德，争取实现该流域社会经济的可持续发展。主要活动是在长江上游地区建立自然生态环境保护站，组织科学工作者、新闻工作者、国内外环保团体及环保志愿者等对长江上游地区进行系列生态环境的科学考察，提出切实可行的建议、促进实施；出版宣传生态环境保护的文学、美术及音像作品等；开展群众性环境保护活动和国际生态环境保护的学术交流。已完成的项目包括：长江源生态环境状况专题考察、建立索南达杰自然保护站、策划建立长江源环保纪念碑、青藏公路、青藏铁路沿线藏羚羊种群数量调查等。有“得奖专业户”之称，曾获得中国野生资源保护奖、绿色东方—中华环境奖、丰田汽车环保奖、SEE&TNC 生态奖 2007 最高奖、中国首届野生资源保护奖、母亲河奖和地球奖等等。（王聪聪）

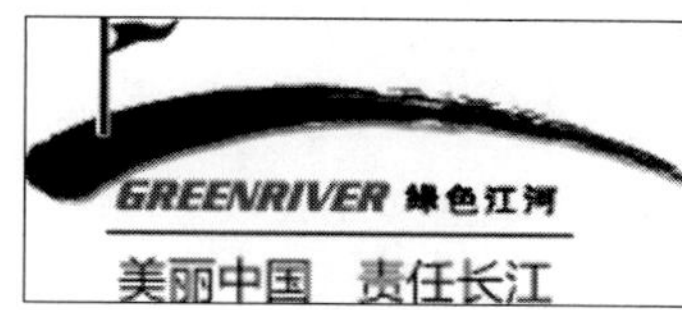

绿色交通

Green Transportation

又称可持续交通、永续运输。指对人类生存环境不造成污染或者较小污染的交通方式。它不是新的交通方式，而是一种新的理念。发展目标是通达有序、安全舒适、低能耗低污染三个方面的完整统一，以及交通系统的高效性和效率的持久性。含义包括交通工具、道路状况、车辆运行方式和交通管理措施等。常采用的措施有制定机动车在环保方面的标准、对机动车进行定期检查和技术改造、对旧机动车实行强制报废等。绿色交通坚持以人为本的规划原则，注重人的舒适性，考虑人的可达性高于车辆的可达性。不仅考虑交通出行者的舒适性、安全性和高效性，同时也考虑道路周围居民是否受到尾气污染、噪声、振动等危害。绿色交通更深层次的含义是和谐交通，包括交通与环境的和谐、交通与资源的和谐、交通与社会的和谐以及当今的交通行为对未来的影响。绿色交通规划注重系统内部的协调性和效率性，以及与外部系统的协调共生。（李雪姣　韩铮）

绿色交通都市 / 社区

Green Traffic City/Community

绿色城市（社区）或生态城市（社区）的重要内容和实现路径。从交通方式看，指采用绿色交通体系包括步行交通、自行车交通、常规公共交通和轨道交通等的城市（社区）；从交通工具看，指采用绿色交通工具包括各种低污染车辆，如双能源汽车、天然气汽车、电动汽车、氢气动力车、太阳能汽车等作为主要交通工具的城市（社区）。目前，我国交通部正在组织创建绿色交通都市的试点。（徐越）

绿色教育

Green Education

20 世纪后期兴起的全球性的教育思潮，指全方位的环境保护与可持续发展意识的教育。将绿色教育渗透到教育的自然科学、技术科学和人文社会科学等综合性教学和实践中去，内蕴于素质教育中，使其成为全校学生的基础知识结构以及综合素质培养要求的重要组成部分。它不仅注重科学文化知识的传播，更注重大学生正确处理人与自然、人与人、人与自身关系的教育。实施全面素质教育，深化高等教育改革，需要开展绿色教育。开展生态环境教育是为更好地处理人与自然之间的关系。近年欧美众多高校先后提出形式多样的绿色教育计划：加拿大多伦多大学开展商业组织 + 行政组织 + 学校绿色组织活动，加拿大滑铁卢大学开展校园绿色行动，美国乔治华盛顿大学推行绿色大学计划，英国爱丁堡大学开展环境议程等。在我国，清华大学 1998 年首创绿色大学理念，提出三绿工程，即贯彻绿色意识，推出绿色产品，建设绿色校园，召开大学绿色教育国际学术研讨会。绿色教育已成为 21 世纪教育观念现代化追求的重要目标之一。（参考：韩伟、刘利才：《大学绿色教育探讨》，《大庆师范学院学报》2009 年第 1 期第 146 ~ 150 页。王薛时）

绿色金融

Green Finance

或称环境金融、可持续金融。指以各种金融工具为手段实现控制污染和保护环境的目的。绿色金融由绿色信贷、绿色保险和绿色证券三部分组成。绿色信贷指商业银行与政策性银行等金融机构依照国家制定的相关生态环境建设和保护的产业政策，加强对信贷融资业务的资格审查，对符合国家环境产业政策或经营业务有利于生态保护建设的各类企业和机构施行贷款融资扶持，对与国家环境产业政策相左或经营业务有害于生态环境的融资行为进行严格控制的信贷政策。绿色保险是一种投保人出于规避由于自身原因引起的环境污染而导致的经济风险，向保险机构缴纳相应保险费，以得到保险公司关于环境事故对他人造成的直接或间接损害赔偿责任为标的的保险。绿色证券指以调控上市公司社会募集资金投向和优化资金配置为目的，在上市公司中建立环保核查制度、环保绩效评估制度和环境信息披露制度，并与融资制度有机结合，从而促进环境友好型产业资金投向、遏制高污染高耗能产业的资金流入的制度。绿色金融的实践最早可以追溯至 20 世纪 80 年代美国的《超级基金法案》。该法案要求企业需要为其引起的环境污染事故承担责任，金融机构也由此需要为企业的环境污染事故承担信贷和融资风险。这促使它们对融资贷款企业进行很严格的资格审批以降低风险。此后，其他主要欧洲国家以及日本也相继制定环境风险评估制度。2003年由欧美国家的10家银行发起并制定的"赤道原则"是金融行业环境风险控制指南的典型。一般来说，绿色金融有两层含义：一是金融业如何促进环保和经济社会的可持续发展；另一个是指金融业自身的可持续发展。前者指出绿色金融的作用主要是引导资金流向节约资源技术开发和生态环境保护产业，引导企业生产注重绿色环保，引导消费者形成绿色消费理念；后者明确金融业要保持可持续发展，避免注重短期利益的过度投机行为。（参考：安伟：《绿色金融的内涵、机理和实践初探》，《经济经纬》2008年第5期第156页。欧阳文川　史月田）

绿色禁令运动

Green Ban

指代表工人利益的工会组织与环保团体以及其他社会组织共同发起的争取工人环境权益并保护环境的活动。绿色禁令首先出现于20世纪70年代的澳大利亚新南威尔士州。该州的工会组织建筑工人联盟（BLF）以及其他社会团体共同发起第一个绿色禁令，保护悉尼郊区的猎人山上唯一未被开发的凯里丛林。1971 ~ 1974年间，建筑工人联盟共发动42个绿色禁令，有效地保护了当地19世纪的建筑、皇家植物园等。虽然绿色禁令在澳大利亚地区只实行了4年时间，但它却使得澳大利亚的国家和联邦州的发展规划朝着更加民主化的方向发展。同时，绿色禁令是宝贵的绿色政治遗产，彰显了传统红色工会与绿色政治之间联合行动的现实可能性。（王聪聪）

绿色经济

Green Economy

指合乎环境伦理要求的社会经济发展模式，是从传统高投入、高消耗、高污染途径实现增长的经济发展模式转到以资源合理开发和可持续利用及环境稳定与改善为总体目标的绿色经济发展模式。换句话说，运用生态学物质共生和循环原理及现代科技成果，通过在生产过程中物质和能量多层次分级利用，从而既提高资源利用率又减少污染甚至不污染，实现经济发展过程中经济效益、社会效益、生态效益的统一，达到经济的可持续发展。学术界没有形成统一的定义，但一般来说指以少污染、低排放、低能耗为特征的经济，既能够控制污染和保护环境，又能实现经济社会可持续发展的经济发展模式，包括循环经济、低碳经济和生态经济等内容。联合国环境规划署分别在2007年和2011年对绿色经济有所描述。2007年在《绿色工作：在绿色、可持续的世界中实现体面工作》中，联合国环境规划署将绿色经济视为能实现人与自然和谐共生的经济，也是能够为人类提供体面和高质量生活的经济。2011年在《绿色经济报告》中，联合国环境规划署将其描述为减少资源稀缺、维护生态平衡的同时，可以提高人类福祉以及实现社会公平的经济。《绿色经济报告》指出，经济的绿化不但不会拖累增长，反而是新的增长引擎；经济的绿化，也是体面就业的净创造者和消除贫困的关键性战略。与绿色经济正相反的是褐色经济。褐色经济是20世纪70年代至今占主导地位的发展模式，即以高能耗、高污染、高消费为特征的经济。褐色经济最终导致社会经济的发展与自然生态的衰败。绿色经济与褐色经济的最大区别在于绿色经济以投资自然资本获得财富，而褐色经济却以消耗自然资本获得财富。联合国等国际组织建立将自然资本引入生产函数的Threshold-21模型同样证明投资于自然资本的绿色经济可以实现经济社会与自然生态环境的协调发展，反映绿色经济实现经济增长的同时可以确实提高人类生活水平与质量。（参考：诸大建：《绿色经济新理念及中国开展绿色经济研究的思考》，《中国人口·资源与环境》2012年第5期第40 ~ 43页。欧阳文川　申森）

绿色竞争力

Green Competitiveness

与绿色经济、绿色增长密切相关的概念。绿

色竞争力的含义：1. 通过对国内气候和环境政策的重视，从而保证外贸出口工业的竞争力，因为许多工业已经受到全球经济下滑的影响和长期的全球竞争。2. 指促进新能源政策和投资作为增长战略，从而保证新领域的竞争力。绿色竞争力概念是在全球气候变暖和环境压力增加的背景下提出的，是为促成向更绿色的经济转变。绿色竞争力来源于既有的比较优势、技术优势和生产模式。绿色竞争力致力于绿色增长，强调经济增长需要应对环境变化问题，而不是将其视为边缘物，继而促进工业革新和信息技术更新，改变整个国家的经济或某一个部门的经济。因此，绿色竞争力是整体性概念。政府或行业最大化其绿色增长，最小化环境的负面效应，通过技术革新、有效利用资源、管理手段和政策工具等来提高绿色竞争力。（徐越）

绿色科技

Green Science and Technology

指具有高效、节约、环保等特征，对生态环境微害或无害的科学技术。环保、生态等是绿色科技必不可少的构成要素，包括：清洁生产技术、环境治理技术、生态环境可持续利用技术、节能技术、新能源技术等。我国目前涉及绿色科技行业重点包括：清洁常规能源（清洁煤、油、天然气、核电）、可再生能源（太阳能、风能、水电、地热等）、电力基础设施（高效传输、高效配电、储能、弹性供给等）、绿色建筑（优化设计、可持续性材料、能源效率等）、清洁交通（公路运输、铁路运输、航空运输、水路运输等）、清洁水（可持续开采、高效处理、高效分配、废水处理等）等。（王晴晴）

绿色科技观

Green Science and Technology Conception

人类道德观在科技领域与生态环境领域的新发展，即约束和规范人们运用科技的行为，以人—自然—社会的协调发展为基础，通过维护自然生态环境平衡实现可持续发展的科技观念。绿色科技观是伦理科学和人类自身的进步，它不仅更加关注人与自然的关系，而且重视科技的社会后果，关注科技产品的设计和生产是否对生态和人类构成威胁。对于新一轮的工业革命和经济增长点，绿色科技观具有战略意义。（王晴晴）

绿色科技人才队伍建设

Green Science and Technology Talents Team Construction

指加强环保领域从事环保技术、工程项目、环境咨询与服务等的新型人才队伍建设，要求提高自主创新能力，加快技术向技术经营方向转变，增强环保核心竞争力。可以分为 4 类：1. 水处理环保公司，包括工业、市政废水处理，该类公司需排水专业人才；2. 废弃物处理的环保公司，包括生活垃圾、危险废弃物等的处理，此类公司中需要环境工程和热能专业、化工机械类人才；3. 环保设备制造类公司，需要环境工程和机械类人才；4. 专业环境咨询类公司，需要环境咨询人才。环保业发展催生一系列新职业，如环境规划师、环境评价工程师、环保经纪人等。（王晴晴）

绿色恐怖主义

Green Terrorism

通过环保主义和恐怖主义的结合，非法对他人和财产使用暴行或其他非正规手段以胁迫或强迫政府、平民或其他相关部门达到某些目的的行为。最初见于西方媒体。类似说法有极端环保主义、生态原教旨主义、环保恐怖主义和环保帝国主义等。绿色恐怖主义的 6 大歧途：1. 终极目的不是为了人类。一般来说，原教旨环保主义者与环保推崇者的最根本区别，是前者认为环境保护的终极目的是保护大自然，后者认为环境保护的目的是为了人类发展。极端环保主义者有时忽略贫困落后地区对于发展的渴求。2. 高举环保旗帜却言行不一。3. 将环保上升到民族主义高度。环保主义者，有时也与形形色色的保护主义、民族主义互相利用。在国际上，环保是发达国家对不发达国家竖起贸易壁垒的最好借口。在国内，环保议题一旦牵涉到民族主义，就变得非理性。4. 忽略环保是一项系统工程。5. 对常识的缺乏令人震惊。6. 普遍相信只有政府能解决环境问题。（牟世晶）

绿色理念

Green Idea

绿色理念即追求健康、和平、绿色、可持续的发展基本原则。绿色理念是倡导健康、和平的策划设计、采购、生产、储运、销售、消费、废弃物处置的理念，是在全球绿色经济一体化的背景下推动全球绿色共赢，促进人类绿色可持续发展的理念。在现实生活中，绿色理念直接体现为循环经济的运作。这是人类从传统的经济模式对自然的忽略转变为师法自然，从自然系统中学习人类的生存之道和发展之理，主张以最有利于人类生存和发展的先进文明和理念去建设人类的客观世界，追求人与自然的和谐发展。它表现在：1. 循环经济的绿色系统理念，即将原来“原料—产品—废料”的生产模式转变为“原料—产品—废料—原料”的生产模式，以极大地节约物质和能量，将污染控制到最低。2. 循环经济的绿色生产理念。传统工业以单一经济效益为目标，忽视生态目标，而循环经济则以经济、社会、环境综合效益为目标。传统的生产理念是最大限度地开发和利用自然资源以创造社会财富，追求利润最大化，而循环经济的生产理念是考虑自然生态系统的承载能力，尽可能地节约自然资源，不断提高自然资源的利用效率，循环使用资源，创造适应良性循环可持续发展的社会财富。传统经济走的是“生产—污染—治理”的工业发展之路，不能从根本上解决污染问题，而循环经济强调的是无污染生产，将污染消除在生产过程中，在生产过程中最大限度地将其转化为有用物品。在生产过程中，循环经济理念要求遵循“4R”原则：资源利用的减量化（Reduce）原则，即在生产的投入端尽可能少地输入自然资源；产品的再使用（Reuse）原则，即尽可能延长产品的使用周期，并在多种场合使用；废弃物的再循环（Recycle）原则，即最大限度地减少废弃物排放，力争做到排放的无害化，实现资源再循环；再回收原则（Recovery），即要求将人类生产和生活产生的废弃物再分类进行回收利用。同时，在生产中还要求尽可能地利用可循环再生的资源替代不可再生资源，如利用太阳能、风能等，使生产合理地依托在自然生态循环之上。3. 循环经济的绿色技术理念。循环经济主张以生物、信息、环境保护等高技术为主导的绿色技术体系来取代以采掘、化工和机械加工为中心的传统工业技术体系。传统工业体系是索取型、掠夺型的，目的是尽可能地把自然资源转化为工业产品，它导致人与自然的关系日益紧张。循环经济的技术体系注重生态保护，强调人与自然的和谐发展，中心是以生物技术、信息技术和环保技术为中心的各种绿色技术，主张尽可能地利用高技术，以知识投入来替代物质投入，以达到经济、社会与自然的和谐统一，使人类在良好的环境中生产与生活，真正全面提高人民的生活质量。4. 循环经济的绿色消费理念。循环经济的绿色消费理念要求消费者在消费的同时就考虑到废弃物的资源化，树立循环生产和消费的观念，特点是消费的生态化和科学化。它强调适度的消费规模、合理的消费结构和科学健康的行为习惯。同时，循环经济观要求通过税收和行政等手段，限制以不可再生资源为原料的一次性产品的生产与消费，大力发展绿色消费市场和资源回收利用产业。5. 循环经济的绿色价值理念。在传统的价值体系中，资源和环境的价值没有占据应有的重要地位。在传统的经济活动中，对自然资源的占有是无偿的，环境的变化也没有被纳入经济活动评价体系中，环境投资被视为非生产性投资。在这种价值理念的导向下，现代工业采取资源浪费型和环境污染型的生产方式。循环经济的价值理念是将自然界中的资源视为人类赖以生存和发展的基础，是需要维护的生态系统，在经济发展的过程中，不仅要考虑对自然的开发，还要充分考虑对自然系统的修复，注重人与自然的和谐相处。又如建筑绿色理念，即在建筑的发展中，建筑材料尽量污染少、能耗低的。其次，采用有效、合理的方法，对资源进行分配。同时，还要充分考虑到，建筑活动的潜在隐患。并且，不断提高建筑技术，使用科学的建筑方法，保证建筑物自身价值。（参考：王光玲等：《循环经济的绿色理念与发展策略》，《学术交流》2005年第8期第76～79页。朱配辰）

绿色力量

Green Power

1988年成立，由一群香港市民义务创立，专注本地环境事务和相关议题。作为慈善团体，经费全数来自市民捐献、赞助及筹款活动。自成立开始致力推动环境教育，相信教育是改变观念和行为的最根本方法。以环境教育为首要工作目标，着眼本地生态保育，以至全球环境议题。从关注个别物种，以至整个生境，继而全球环境。工作：1.物种。蝴蝶和树木是多年来的关注重点，从物种普查、导赏、教育推广、出版教材，以至社区及校园种植树木、建设蝴蝶园和赏树径等等，全面探讨和保育物种多样性。2.生境。河流是其另一工作重点，本地河流可找到逾160种鱼类和110种蜻蜓，河流亦是社会、人文、经济发展的基石，以“一年一河流”的方式推广河流保育。3.全球暖化。致力推广低碳生活，共同为地球降温。（席溢）

绿色流域

Green Watershed

云南省大众流域管理研究及推广中心的简称，云南省科技厅主管的民间环保组织，2002年成立。组织发展的目标是要成为“生态环境保护领域领先的，集实践、研究和倡导为一体的民间组织，并发挥它促进中国流域善治的最大潜力”。致力于研究和倡导流域善治；推动政府、市场和社会三部门利益相关方共同参与流域治理，使流域保护和开发更具可持续性；增强和发挥民间参与和问责能力，使流域开发决策和实施更趋参与、透明和诚信。开展的项目包括：拉市海流域管理项目、社区灾害管理及社会影响评价、绿色信贷等。曾获得最佳公益组织、阿拉善生态协会阿拉善生态奖三等奖、福特汽车环保一等奖、戈德曼环保奖、SEE·TNC生态奖等荣誉。（王聪聪）

绿色龙江

Green Longjiang

成立于2005年，是黑龙江地区区域性青年环保组织联盟，致力于黑龙江流域生态保护和公众环境教育事业。以青年环保力量为核心，服务于本地社区与公众、高校环保社团和本地政府环境保护部门等；关注黑龙江流域生态环境和公民社会发展，优先考虑水生态环境、公众环境教育和公民社会等领域的工作。绿色龙江动员政府、公众、企业、媒体等共同参与，采取考察实践、宣传教育和专业化技术等方式，传播环境保护理念，解决生态环境问题。绿色龙江为高校环保社团等民间环保力量提供支持和交流平台，团结并培养青年环保人才，推动公民社会发展。（席溢）

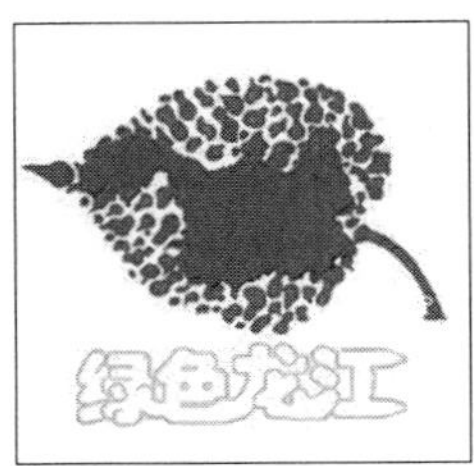

绿色骆驼志愿者组织

Green Camel Volunteer Organization

是一支民间非营利志愿者团体，有着强烈的环保意识与社会责任感。其专职志愿者多为来自原内蒙古库布其沙漠的志愿者，短期或季节性志愿者为大专院校师生与社会各界环保人士。目标是成为为建设若尔盖地区的良好生态环境而长期努力的团队。宗旨是治理保护社区生态环境，关注社区文化教育、扶助最贫穷的牧户。工作：1. 保护社区生态环境方面的工作。在若尔盖湿地范围内开展治理荒漠化土地；保护生物多样性；保护湿地生态；生态环境基础宣传、教育和帮助当地社区民众发展生态自救等公益性活动。2. 组织工作介绍。在四川省阿坝藏族羌族自治州若尔盖县开展《支持关注中国荒漠化志愿者网络在若尔盖湿地推行沙化环境教育与草根能力建设项目》。此项目通过开展生态治理和环保教育工作，帮助当地社区民众能够清晰地认识到自己的生存地已遭受的破坏，增进当地社区部分民众的自我保护意识，改善当地生活环境，并促使他们自己组织起来保护自己的生息地和生存发展的权益。此外，此项目还在城市中开展宣传教育活动并且建立专题网站，制作宣传资料，将若尔盖的生态问题传递出去，促使更多的人关注若尔盖的环境和地区发展问题。通过邀请相关专家和非政府组织到若尔盖实地考察和研讨，对解决若尔盖沙化问题提出建议。宗旨：治理保护社区生态环境，关注社区文化教育、扶助最贫穷的牧户。（席溢）

绿色旅游

Green Tourism

指旅游系统在运行过程中按照减量投入、重复利用资源环境，实现资源利用的高效低耗以及对环境损害最小化的经济发展模式。可定义为旅游部门的最佳环境实践方式。“绿色环球 21”是著名的绿色旅游组织，系统执行绿色旅游的概念。其他类似的绿色旅游组织还有多伦多绿色旅游协会、英国旅游与环境论坛等。施行绿色旅游，对减少环境损害、保持生物多样性、生态完整性都具有积极作用。（代富宇）

绿色农业

Green Agriculture

指以生产并加工销售绿色食品为轴心的农业生产经营方式，是广义的“大农业”，包括绿色动植物农业、白色农业、蓝色农业、黑色农业、菌类农业、设施农业、园艺农业、观光农业、环保农业、信息农业等。在具体应用上，我们一般将“三品”，即无公害农产品、绿色食品和有机食品，合称为绿色农业。绿色食品遵循可持续发展的原则，按照特定方式进行生产，经专门机构认定的，允许使用绿色标志的无污染的安全、优质、营养类食品。绿色农业理念最早起源于中国。原国家农业部农垦司司长、原绿色食品协会会长刘连馥先生于 2003 年 10 月，在联合国亚太经社理事会主持召开的“亚太地区绿色食品与有机农业市场通道建设国际研讨会”上提出了“绿色农业”理念。同时，时任国务院副总理回良玉进行了批复，并且拨款 3500 万进行示范基地建设。积极发展绿色农业，已成为迎接国际挑战的战略举措。（李雪姣）

绿色企业文化

Green Enterprise Culture

企业文化是企业独有的价值观念和准则体系，是企业员工在长期工作实践中创造并被大家认可和遵循的不成文的价值标准，具体表现为精神形态文化、物质形态文化和制度形态文化。绿色企业文化是以绿色理念作为企业经营和管理标准的指导思想，绿色文化或绿色理念是以环境保护、资源节约、清洁生产、理性消费等方式维护生态平衡、控制环境污染，促进经济社会和自然协调可持续发展的文化和理念。因此，绿色企业文化就是以环境保护和资源节约作为企业全体员工在管理、生产和销售等各方面的价值追求，将绿色低碳环保等理念融入意识和行为中的同时实现企业利润的增长。具体来说，绿色企业文化体现在企业的绿色管理、绿色生产、绿色营销和促进绿色消费等方面。绿色管理是企业绿色文化的保障和动力，国际通行的管理方法遵循“5R”原则，即在决策研究（Research）、减少废物（Reduce）、研发绿色产品（Rediscover）、废物循环（Recycle）环境保护（Reserve）等方面塑造企业文化；在绿色生产方面，要求提高能源利用率，使用清洁生产技术；在绿色营销方面，要求在实现企业利润增长的同时促进消费者的环保意识并满足其绿色消费要求；在促进绿色消费等方面，绿色管理和绿色生产的落脚点在塑造或满足消费者理性消费、绿色消费的习惯和需要，它是绿色管理和生产的最终目的。因此，秉持绿色文化的企业更加注重社会效益，更加强调社会责任、道德责任和法律责任的承担。（参考：倪慧：《中国建筑企业绿色企业文化建设研究》，东北林业大学2008年硕士学位论文第11页。欧阳文川）

绿色汽车

Green Car

又称为环保汽车、清洁汽车等，指开发过程无污染，使用健康且安全，在特定的技术标准下生产出来的汽车产品。类型主要有：新型柴油车、混合动力驱动车、电动汽车、氢气汽车等。绿色汽车从生产到销售、使用、报废等环节都有一定的国际标准。要从根本上防止污染，节约资源和能源，首先取决于设计，在设计过程中考虑到产品及工艺对环境产生的负作用，并将其控制在最小范围之内。汽车的绿色设计与传统设计方法不同，它包括概念设计、生产工艺设计、使用设计乃至废弃及回收再利用等内容，即进行汽车的全寿命周期设计。（任傲尘）

绿色社会主义

Green Socialism

通常作为绿色资本主义的对立性概念而出现。绿色社会主义，顾名思义是将一系列具有革命性和现实性的绿色—左翼政治理念和力量相结合，“超越现有的框架秩序”（这一定义与罗莎·卢森堡的理论具有关联性）。绿色与社会主义的结合，意味着社会主义的许多传统主题（例如，重新分配、权力和财产）与绿色思想或生态学理论相结合。绿色社会主义强调，应在各种社会力量的支持下，通过社会政治运动将包含生态矛盾在内的资本主义复合性矛盾作为一个整体加以解决，尤其强调绿色社会运动和劳工运动的结合。（徐越）

绿色社区

Green Community

也称环保社区。狭义绿色社区指具备一定的符合环保要求的硬件设施，做到垃圾分类回收处理、节水、节能、绿化、生活污水资源化，同时建立较完善的环境管理体系和公众参与机制，社区居民有较高的环境意识和环境道德，从而形成一定的环境文化氛围和休闲活动功能的社区。广义的绿色社区指实现环境保护或可持续发展的社会生活共同体。我国现阶段绿色社区硬件建设的内容包括：1. 建设和改造绿色建筑，即通过使用环保建材和涂料建造和改建传统建筑，使其在采光、保温、通风等方面都符合环境保护的要求。2. 垃圾分类，即通过设置垃圾分类桶、生物垃圾处理机的方式，让小区建立垃圾分类回收系统。3. 污水处理，即通过安装或加装生活污水处理再利用系统，使得居民卫生用水使用二次水。4. 小区绿化，即通过立体绿化和屋顶绿化方式使小区绿化面积占比达到30%。5. 安装节水节电设备，使得居民家中使用的水龙头、电灯达到节能、节电标准。目前我国绿色社区建设工作仍处在初级阶段，其中存在的问题包括：社区住宅建设质量低；垃圾分类体系不健全；社区环境管理水平有待提高。主要原因是绿色社区建设缺乏规范，缺乏完善的居民监管协调机制。（参考：张林英、周永章等：《绿色社区可持续发展评价指标体系构建》，《云南地理环境研究》2006年第5期第58～62页。朱酝辰）

绿色社团

Green Clubs

社团是指为满足大学生群体发挥共同兴趣爱好的需求，按照一定章程和制度由大学生自发组织和自愿加入的群众性学生团体。学生社团是校园文化建设的重要组成部分和载体，是高校第二课堂的典型代表。绿色社团就是以环境保护和生态维护作为宗旨的大学生社团，因此社团的组建和规章的制定以及社团活动的策划、宣传和组织应都应以保护环境和生态维护为中心。大学生绿色社团是建设绿色大学的重要组成部分。绿色大学的建设应积极发挥校园社团的能动性。社团具有极高的学生参与度，因此是高校生态环保思想政治教育的绝佳途径。通过社团活动的规划、组织、参与和实践，不仅使社团内部成员在不同主题的绿色活动中得到启发和学习，也通过绿色社团在校园内和校园外举办的绿色活动，宣传环境保护和生态维护知识，树立生态环境保护理念，促进社团外的师生和群众绿色生态意识的培育。（参考：高一凡等：《建构高等院校大学生绿色社团的理论与实践》，《科教文汇》2012 年第 2 期第 186 ～ 187 页。欧阳文川）

绿色生活体验驿站
Green Life Experience Inn

于 2008 年在河北石家庄成立的以大学生志愿者为主体的环保团体。主要开展传播先进环境文化，维护自然生态平衡，推广绿色生活方式，帮助弱势群体发展生态脱贫自救项目等公益性活动。旨在将公益、市场相融合，以强扶弱和谐共生，建立起一个绿色生活服务信息网络系统，复制推广可持续发展，探索一条绿色社会企业发展之路。拥有 6 大环境文化特色：1. 建立绿韵公民书社。帮助偏远乡村开展推广绿韵书社创建活动，选拔热心志愿者开办若干个绿韵书社，赠阅各种环保类图书影像资料。2. 建立绿色母爱行动小组。用母爱对未成年人进行无微不至的生态道德教育、关怀、呵护，尤其是对因水源、空气、食物、辐射等环境污染而患病的少儿群体，特别关爱呵护，组织健康少儿对这些小患者展开爱心互动。3. 举办绿色和谐生态脱贫工作坊活动。4. 草根能力建设培训。5. 开通环境维权援助热线。6. 开展公众参与的社区环境圆桌对话会。（席溢）

绿色生态空间
Green Ecological Space

广义上生态空间指生态系统中某种生物维持基本生存和繁衍所需的空间、环境条件，即物种在宏观角度下处于稳定状态时所需要的空间综合；狭义上生态空间指自然生态系统所需要的空间容量或地域范围。因此，结合生态空间的含义，绿色生态空间可以概括为包括森林、草地和湿地的面积总和：森林面积为郁闭度大于等于 0.20 的乔木林地和竹木林地面积、经由国家特殊规定的灌木林地、农田林网以及林、水、宅旁的林木覆盖面积；草地指植被覆盖度大于 5％的草原，以及包括人工改良后的草坡和草山的草地面积；湿地指沼泽地带和泥炭地，也可包括接近湿地的河湖沿岸、湿地所在地之内的土地面积、低潮时小于 6 米水深的水域、常年性或者季节性积水区域等。对于我国而言，绿色生态空间和区域经济社会发展程度并不具备必然联系，经济增长和人口增长与绿色生态空间三者之间不存在明显的动态联结关系，这是由于我国的经济发展水平和城市化速度与生态建设和环境保护之间并不同步，生态建设、绿色生态空间发展速度滞后于经济发展速度。（参考：刘珉等：《中国绿色生态空间研究》，《中国人口·资源与环境》2012 年第 7 期第 53 ～ 58 页。欧阳文川）

绿色生态住宅
Green Ecological House

又称绿色住宅、生态住宅或可持续发展住宅，指以可持续发展为核心理念，实现资源和能源消耗最小化，住宅和社区产生的废弃物较少化，自然、建筑与人和谐统一，追求舒适、健康、高效、美观的住宅方式。其类型有生态住宅类、生态智能类、生态宗教类、部分生态类、生态荒庭类住宅等。国际上的生态住宅体现主题：1. 以人为本，呵护健康舒适；2. 资源的节约与再利用；3. 与周围环境的协调与融合。我国《绿色生态住宅小区技术导则》规定，生态住宅系统包括：能源系统、水环境系统、气环境系统、声环境系统、光环境系统、热环境系统、绿化系统、废弃物管理与处置系统、绿色建筑材料系统 9 个方面。（王晴晴）

《绿色时空》

Green Space-Time

中央电视台第 7 频道的一档宣传绿色公益类的栏目，1999 年开播，总监制为程红。自开办以来，秉承关注绿色、关爱生命的立场，以传播绿色理念为宗旨，紧紧围绕林业生态建设和环境保护这一主题，宣传与林业和环境生态保护有关的法律法规，解读有关政策，普及野生动植物保护、生态环境保护和自然科学知识，推广林业先进技术成果、传播生态文明、报道林业的相关动态和信息、讴歌林业战线的先进典型、介绍国内外林业先进工作经验、展示人与自然和谐。对部分在国土绿化、关爱自然、绿色环保方面做出突出贡献的企业、事业单位、集体、个人等进行重点宣传报道，从而推动我国林业绿化事业的发展，提高人民绿色健康生活水准。（张惠娜）

绿色食品生产技术标准

Technology Standards of Green Food Production

绿色食品生产技术标准是绿色食品标准体系的核心内容，分为：1. 绿色食品生产的通用准则，是对生产绿色食品过程中物质投入的一个原则性规定，既是绿色食品生产、认证、监督检查的主要依据，也是绿色食品质量信誉的保证，对允许、限制和禁止使用的生产资料及其使用方法、使用剂量、使用次数、休药期等做出明确规定，从而为截断生产中的污染源，确保产地和产品不受污染提供保证。2. 绿色食品生产操作规程，包括农作物种植、畜禽饲养、水产养殖和食品加工等操作规程，按不同农业区域的生产特性、作物种类、畜禽种类分别制定，用于指导绿色食品生产活动，规范绿色食品生产技术的技术规定。3. 绿色食品生产作业历，是由绿色食品申报企业根据各基地的具体情况，用于指导种植（养殖）户实际操作的说明书。绿色食品生产技术标准体现绿色农业的基本要求，有利于建立和完善按照绿色农业基地—绿色食品基地—绿色生产技术—绿色加工技术—绿色产品—绿色储运技术—绿色市场—绿色经济发展的生态路线。（刘阳）

绿色税收

Green Taxation

又称环境税收，指投资于防治污染或环境保护的纳税人给予的税收减免，或对污染行业和污染物的使用所征收税。以环境保护和生态维护为主要目的，政府职能部门通过一系列财政税收制度促进以企业为主的各类组织、团体在日常运营中控制环境污染，保护生态自然环境，或者通过税收减免政策支持和维护以防治污染和环境保护为投资方向的企业等组织团体。绿色税收体现环境污染的“污染付费”和环境治理的“消费付费”目标。环境污染者以及消费者是环境污染以及资源不合理使用的受益者，通过污染付费使制造污染者承担污染的代价，通过消费付费使污染治理者获得合理的投资回报。目前包括西方主要发达国家的绿色税收主要以能源税为主要手段，辅以其他形式的环境税收保障资源的合理开发以及利用，促进新能源以及新的能源技术的使用。西方国家的税收改革主要通过对二氧化碳排放量征税，分别以产品税和纯排放税的形式征税，以此缓解温室效应。在推行绿色税收的过程中，为避免新的税种遭遇来自经济和政治上的反作用力，西方发达国家推行稳定整体税赋政策，即通过对其他方面的补偿和补贴平衡纳税人缴纳的环境税在总体税收支出中的比例。通过绿色税收，并以环境收费方式作为辅助，能够很好地促进环境保护事业的发展与资源利用的合理使用，并且增强社会环保意识。绿色税收制度通过设置恰当的绿色税种，在优化税收结构、经济结构的基础上，促进经济效益的提高。（参考：张伟峰：《绿色财政法律制度研究》，郑州大学 2012 年硕士学位论文第 25 ~ 30 页。欧阳文川　史月田）

绿色思维

Green Thinking

指以维护生态平衡、保护自然环境为目的，以资源节约、少排低碳为特征的环境友好型思维方式。绿色思维可以体现在日常生活的方方面面，伴随人的活动作为一种行为指南而引导人为生态环保考虑。绿色思维的影响尤其体现在消费方式的改变。绿色消费是一种尊重生态价值和自然规律，追求理性、适度的消费行为。在行政决策以及制度安排中，绿色思维促使职能运作朝向生态化和科学化方向发展，加快推进政府行政管理方式从管制型到服务型的结构性转变。生态型政府的行政管理模式遵循自然生态规律，将环境保护的理念作为基本价值追求渗透进其制定的政策法规之中，塑造生态型的行政文化和行政制度。绿色思维体现在经济生活方面，体现在产品设计规划、技术研发、生产流通方面遵循清洁生产方式，全面考虑整个生产周期过程对环境可能造成的影响，以预防环境污染为主，提高资源能源使用率且最大程度降低能耗，从而达到环境保护和经济效益双赢。此外，绿色思维还可分为深绿色思维和浅绿色思维。深绿色思维是一种面向人的内在精神、面向人类社会以及历史，以此探究生态环境危机根源的深度思考方式。它完全破除人类中心主义，要求承认并尊重人类之外其他物种的固有价值。浅绿色思维方式是人类应对环境压力和生态危机的应激性反应思维习惯。它将解决环境和生态问题寄希望于生产技术的改进、法律制度的完善以及能源的替代和再生，从功利角度出发，努力平衡人类社会与自然间的协调发展，是一种尚未脱离人类中心主义的思维方式。（参考：张国玲：《科学发展观、和谐社会呼唤绿色思维》，《生态经济》2008年第10期第87～89页。欧阳文川）

《绿色天书》

Green Scroll

中国作协副主席李存葆的散文作品。由《大河遗梦》《飘逝的绝唱》《钻石与命运的对话》《东方之神》《国虫》等散文集结而成，其中关注母亲河的《大河遗梦》获得鲁迅文学奖。在书中，作者提醒世人，人类的悲哀在于在应该珍惜的年代里不懂得珍惜，而在懂得珍惜的时候，却失去了珍惜的机会。在商品经济的列车已失去人文理性驾驭的时代，上苍这最富想象力的魔幻大师，从袖口里抖落出的绿色天书，还在人们对它的深奥去粗浅解读的时候，它却悄悄地从我们身边消失了。在作者眼中，这部作品不只是为自然发言，更是一种对人性定位的追问。在一再强调人类本性的今天，人必须正视自己是社会的人、文化的人、道德的人这一点，而不能满足于当一个完全的自然人。唯有如此，才能和自然和谐相处，才能对历史无悔无愧。该书由河南文艺出版社2006年出版。（王薛时）

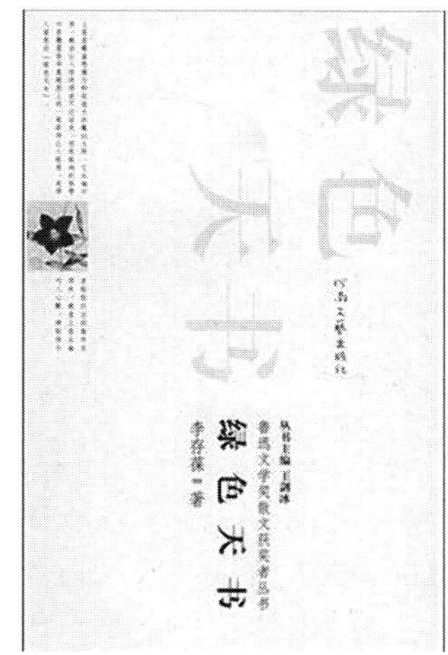

绿色文化

Green Culture

广义的绿色文化即人类与环境的和谐共进，使人类实现可持续发展的文化。它包括持续农业、持续林业和一切不以牺牲环境为代价的绿色产业、生态工程、绿色企业，也包括有绿色象征意义的生态意识、生态哲学、环境美学、生态艺术、生态旅游，以及绿色运动、生态伦理学、生态教育等诸多方面。狭义绿色文化指人类适应环境而创造的一切以绿色植物为标志的文化，包括采集——狩猎文化，农业、林业、城市绿化，以及所有植物科学等。构成绿色文化的是：1. 生存条件，即自然禀赋、绿色生态，是自然资源；2. 生产方式，指绿色产业；3. 文化选择，即与绿色禀赋和绿色产业相适应的绿色文化。三者之间，绿色产业是基础；绿色文化是灵魂；绿色生态环境是特质。绿色经营的战略，是以保护和发展绿色环境为基础，以创建和发展绿色产业为中心，以构建和发展绿色文化为动力和目标。绿色文化是先进文化。绿色文化崇尚自然、保护环境、促进资源永续利用和社会协调发展为基本特征，追求生态和谐、人和自然和谐、人们身心和谐的社会发展理念。（牟世晶）

绿色纤维

Green Fiber

又称环保纤维、环境友好纤维，指原材料采用可再生资源，生产过程不会对环境造成污染，符合节能和环保的要求，产品穿着健康舒适，制成品废弃后可回收利用或可在自然条件下降解的新型衣料。绿色纤维分别来自于植物资源、动物资源和人工合成。纤维产品原材料无污染或少污染；合成纤维产品合成过程节能、降耗、减污符合环保和可持续发展的要求。纤维产品的消费和使用中，对人体友好舒适；纤维产品使用后，不会因遗弃或处理产生环境问题等。其中，取自天然可再生资源原料的绿色棉纤维、Lyocell 纤维、麻类纤维、大豆蛋白纤维、甲壳素纤维、聚乳酸纤维等对于衣料产业具有战略意义。（参考：马军、唐雯、张威：《绿色纤维开发及发展现状》，《山东纺织科技》2004 年第 1 期第 53 ~ 55 页。王晴晴）

绿色消费

Green Consumption

在对人类过往消费活动理性反思与批判的基础上兴起的消费观念，于 20 世纪 90 年代发展成为国际消费新潮流。通常人们认为绿色包含生命、节能、环保的含义。绿色消费提倡节俭、适度、合理的文明消费，反对危害环境的消费，反对过度消费。绿色消费浪潮的产生是基于对现代工业社会非生态化消费方式的反思。它提倡具有生态意识的、健康理性的消费方式。绿色消费以有益人类身心健康和保护生态系统持续发展为出发点，提倡健康的和符合环保标准的消费行为和消费方式。绿色消费还主张绿色生产，包括物资的回收再利用、能源的有效开采、对生态环境和物种的保护等。总之，绿色消费要求企业、政府、消费者、产品市场等方面在需求、购买和消费活动方面践行绿色环保理念，从消费认知、消费态度和消费行为等方面落实绿色消费的要求。（雷爱民）

绿色消费法

Green Consumption Law

泛指一切要求理性消费、节约资源的法律法规，旨在增强公民环境保护、合理消费等生态意识。目前我国相关法律包括有《清洁生产促进法》《可再生能源法》《节约能源法》《循环经济促进法》，以及其他法律中包含的有关绿色消费的要求，如在《政府采购法》中第 9 条明确要求政府采购应遵循环境保护原则。此外，由国务院专门颁布的一些法规规章也在不同层面对绿色消费提出要求，如《关于限制生产销售使用塑料购物袋的通知》等。然而总体上来看，我国目前的绿色消费法还仅仅处于起步阶段，绿色消费的规定分布在各专门法律法规中，没有统一的绿色消费基本法，相关的绿色税收、认证法律制度都不健全。因此，建立并完善我国目前的绿色消费法律制度是促进绿色消费的重要措施。在绿色采购、绿色生产财政补贴、绿色税收、绿色认证、消费者权利和义务方面建立明确统一的法律规范，以此来解决我国绿色消费无法可依的窘境，促进循环经济和可持续社会的发展。（参考：王怡：《论我国绿色消费法律制度的完善》，《法制与社会》2009 年第 23 期第 153 页。欧阳文川）

绿色消费型城市

Green Consumption City

指人们具有生态意识和环境价值观，从粗放型、高能耗的消费模式转向节约型、高质量的消费追求，采用可持续发展的生产、消费、交通和居住发展模式，实行清洁生产和绿色消费，符合人们的健康和环境保护标准的各种消费行为和消费模式的城市。绿色消费型城市的建设有利于促进城市的可持续发展与社会和谐。（王晴晴）

绿色校园

Green Campus

旨在提高师生的生态意识的校园文化建设。绿色校园通常指学校在校园建设、管理以及在校人员日常行为等方面充分体现环境保护理念，并且能够有效发挥环境育人职能的高校校园和相应的校园文化，是中国生态文明建设的重要组成部分。20 世纪 70 年代以来，绿色概念得到很大程度的拓展，逐渐成为环境保护理念的代言词。绿色校园也正在被政府以及越来越多的学校所接受和认可，宗旨主要在于加强校园生态环境可持续建设，提高师生环境意识，带动全社会共同营造良好的环境保护氛围。由于各国社会经济发展水平的差异，目前国际上对绿色校园的概念还没有统一的界定和标准。就高校而言，绿色校园至少需要涵盖以下：1. 师生在日常行为中做到节约资源、珍爱环境、和谐发展。2. 校园建设和管理充分体现环境和谐的理念，硬件设施具备良好的节能减排性能。3. 学校具备完善的环境领域的课程体系。4. 学校具备有效平台为师生参与绿色校园建设相关活动提供支持。（参考：赵天旸：《试析北京大学开展绿色校园建设的有效途径》，《环境保护》2009 年第 6 期第 40 ~ 42 页。王薛时）

绿色信贷

Green Credit

指商业银行与政策性银行等金融机构依照国家制定的相关生态环境建设和保护的产业政策，加强对信贷融资业务的资格审查，对符合国家环境产业政策或经营业务有利于生态保护建设的各类企业和机构施行贷款融资扶持，对与国家环境产业政策相左或经营业务有害于生态环境的融资行为进行严格控制的信贷政策。绿色信贷实质是资金在生态建设和保护层面的优化配置，即利用金融信贷工具帮助与生态环境保护相关的企业和机构更容易、更优惠获得资金，从而引导经济社会的生态化发展方向。我国绿色信贷政策地出现可追溯至 2007 年 7 月 30 日原国家环保总局、中国人民银行和中国银监会联合颁布的《关于落实环境保护政策法规防范信贷风险的意见》（以下简称《意见》）。《意见》是我国绿色信贷制度确立的标志，目的是遏制高耗能高污染产业的盲目扩张，对不符合产业政策和环境违法的企业和项目进行信贷控制，将企业环保守法情况作为审批贷款的必备条件之一。《意见》将信贷资格与生态环境保护行为与表现紧密联系，符合国家环境政策的机构和企业更容易被审批通过且得到支持。《意见》确立环境保护职能部门与信贷金融机构的沟通机制，这要求金融机构同申请贷款企业严格把关，建立企业环保信息数据库。《意见》对贷款条件和要求做出细致规定。然而，绿色信贷在实际操作中仍面临巨大困难，突出问题是作为商事主体的金融机构在业务开展中如何与生态环境保护此类具有公益性质的政策要求相协调。（参考：王虹：《生态银行法律制度研究——以绿色信贷为起点》，湖南师范大学 2011 年硕士学位论文第 14 ~ 16 页。欧阳文川　代富宇）

绿色休闲

Green Leisure

对过往休闲方式的反省而兴起的主张复归自然的健康休闲方式。绿色休闲主张摈弃浪费奢靡之风，崇尚自然休闲方式，倡导环保，倡导绿色消费，倡导人类与自然的良性互动，亲近自然，向往天然的生态环境。（雷爱民）

绿色学校

Green School

学校作为正规教育的重要组成部分，是环境

教育的重要领域。在学校正规教育中渗透环境教育是绿色学校的最初内涵。20世纪90年代初上海中小学环境教育协调委员会开始评选环境教育特色学校，强调学校在课堂教学和课外活动中发展环境教育。1992年欧洲环境教育基金会开始实行欧洲生态学校计划，倡导师生积极学习环境知识，利用校园进行环境教育、节约资源、解决校园环境问题、开展跨地区环保交流等。1996年原国家环境保护局等部门颁布的《全国环境宣传教育行动纲要（1996～2000）》提出，在全国逐步开展创建绿色学校的活动，提出绿色学校的标志：学生切实掌握各科教学中有关环境保护的内容，师生环境意识较高，积极参加面向社会的环境监督和宣传活动，校园清洁优美。到2000年全国评出各级绿色学校3000多所。（王薛时）

绿色学校计划

Eco-Schools

1994年欧洲环境教育基金会（FEEE）提出的全欧计划，用环境保护和环境教育的基本理念和标准评定学校的各项工作，包括课程设置、课堂和课外教学、师生教育、学校管理、校园设施和文化建设等方面，还包括学校计划、实施、评价等环节。各学校通过召开生态学校年会，发行《生态学校通讯》，建立生态学校网站，加强各国生态学校间联系，推动欧洲各国学校的环境教育发展。绿色学校计划成为当前世界许多国家和地区学校开展可持续发展教育的有效模式。（张惠娜）

绿色学校建设

The Construction of Green School

新形势下实施环境教育的有效方式。绿色学校指在实现基本教育功能基础上，以可持续发展思想为指导，在全面日常管理工作中纳入有益于环境的管理措施，充分利用校内外一切资源和机会全面提高师生环境素养的学校。创建绿色学校是学校参与全社会环境保护与可持续发展行动的起点和标志。学校将可持续发展思想渗透到学校日常管理实践各方面：促进学校环境管理体系和相关档案资料的建立，提高环境教育教学和管理水平；减少学校对环境的不良影响，回收再生资源，营造优美环境，校园环境更有利于师生身心健康；学校通过节纸、节水、节电等节约和节能措施提高资源利用率，减少事故隐患，明显地减少浪费，节省学校财政开支，加强学校内部管理，培养师生的良好行为习惯；学校可以获得环境教育的指导、资料和信息，不断充实和提高素质教育水平。创建绿色学校活动，是学校实施素质教育的重要载体，新形势下环境教育的有效方式。环境素养和行为是绿色学校所有学生生活和道德精神的内在组成部分（王薛时）

绿色学校奖

The Green School Award

瑞典政府设立的用于鼓励学校开展环境教育的文化奖项。瑞典政府1998年颁布《生态可持续性》文件中，提出可持续发展教育的行动计划。为实现可持续社会并鼓励学校积极参与该计划，瑞典政府颁布《绿色学校奖法令》，规定对在环境领域做出突出贡献的学校授予绿色学校奖。《法令》同时对国家教育局的任务、绿色学校奖的标准和目标进行详细阐述。绿色学校奖是瑞典学校环境教育中非常重要的计划，是推进可持续发展教育的新方法，有助于提高学校创建绿色学校的积极性和兴趣，使可持续发展教育成为贯穿学校管理、教育、教学和建设的整体性活动，使环境素质和行为成为学校里所有学生生活和道德的内在组成。（参考：祝怀新：《环境教育的理论与实践》第156页，北京：中国环境科学出版社，2005年。王薛时）

绿色印刷

Green Printing

指采用环保材料和工艺，印刷过程污染少、

节约资源和能源，印刷品废弃后易于回收再利用再循环、可自然降解、对生态环境影响小的印刷方式。强调在顾及当代人发展的同时兼顾下一代人的生存发展，要求与环境发展协调，包括环保印刷材料的使用、清洁的印刷生产过程、印刷品对用户的安全性，以及印刷品的回收处理及可循环利用。印刷品从原材料选择、生产、使用、回收等整个生命周期均应符合环保要求。具有减量与适度、无毒与无害、无污染与无公害的基本特征。减量与适度指绿色印刷在满足信息识别、保护、方便、销售等功能的条件下，是用量最少、工艺最简化的适度印刷。无毒与无害是印刷材料对人体和生物应无毒与无害，印刷材料中不应含有有毒物质，或有毒物质含量控制在有关标准以下。在印刷产品的整个生命周期中，均不对环境产生污染或造成公害，即从原材料采集、材料加工、制造产品、产品使用、废弃物回收再生，直至最终处理的生命全过程均不对人体及环境造成公害。（张惠娜）

绿色营销

Green Marketing

指社会和企业在充分意识到消费者日益提高的环保意识和由此产生的对清洁型无公害产品需要的基础上，发现、创造并选择市场机会，通过一系列理性化营销手段满足消费者以及社会生态环境发展的需要，实现可持续发展的过程。绿色营销的核心是按照环保与生态原则来选择和确定营销组合的策略，是建立在绿色技术、绿色市场和绿色经济基础上、对人类生态关注给予回应的市场营销模式。绿色营销观念认为，企业在营销活动中，要顺应时代可持续发展战略要求，注重地球生态环境保护，促进经济与生态环境协调发展，以实现企业利益、消费者利益、社会利益及生态环境利益的协调统一。绿色营销不是诱导顾客消费，也不是企业塑造公众形象的手段。它是导向持续发展、永续经营的过程，最终目的是在化解环境危机过程中获得商业机会，在实现企业利润和消费者满意的同时，达成人与自然的和谐相处，共存共荣。经济发达国家绿色营销发展过程已经基本形成绿色需求—绿色研发—绿色生产—绿色产品—绿色价格—绿色市场开发—绿色消费为主线的消费链条。（牟世晶）

绿色运动

Green Movement

又称环境保护运动或生态运动。19 世纪后半期首先在发达资本主义国家中逐渐发展起来的致力于保护生态环境的大众性社会运动。在 20 世纪 60 年代末开始的新政治运动和随后演进而成的新社会运动中，环境保护运动的范围与内涵有较大扩展，在许多国家与女权运动、反核能运动、和平运动和第三世界运动等结合，成为要求超越或脱离社会现实的选择性政治运动，即广义的绿色运动。绿色运动主张建立人与人、人与自然之间的平等和谐关系，争取民主和平。其中主张和平、民主、反战、反核等带有强烈的政治立场。运动发展和派生出生态社会主义、绿色和平组织、绿党等，在许多国家发展和形成绿党政治，在个别国家竞选中获得数量可观的选票，在议院中占有一定席位。绿色组织和绿党政治还在国际范围内联系活动，统一行动，在国际社会上成为引人注目的政治力量和社会力量。绿色运动被看作是继 1968 年新左派运动后对资本主义冲击力最大的社会政治运动。（徐越　雷爱民）

《绿色运动的消退：西方环境主义政治的衰弱》

The Fading of the Greens: the Decline of Environmental Politics in the West

英国学者安娜·布拉姆威尔（Anna Bramwell）的代表作，耶鲁大学出版社 1994 年出版，是作者另一部著作《20 世纪的生态学》的续集。作者在书中提出一个十分尖锐的问题：既然人们关心这个星球、关心我们的生存环境，那么，为什么只有极少数人希望看到绿色意识形态成为政治变革力量，绿色政治背后的能量又在何方？依此，她为绿色政治发展的渐趋衰败，创建出新的政治分析模型。作者分析了深生态学和西方反工业化思潮，试图揭示这个与正统科学相矛盾，但在其正义性和价值观上又有着千丝万缕联系的悖论。布拉姆威尔指出，绿色意识在政治实践中的觉醒，存在着被歪曲的状况，它阻止绿色意识成为主导性的观念。她把这种不匹配归结为德国绿党的特性和非典型性。她认为，绿色意识的合理性是毫无疑问的，然而这种意识被用在了“研发合理的环保工艺、成本核算、进行贸易战”等方面。这样，绿色环保主义者“正直而勇敢”的结果，是帮助西方国家满足发展需求，而发展中国家却继续保持贫困。“只有被诟病的西方，才有金钱和意愿保护环境”，这既是现实，也是值得批判的。（徐越）

绿色增长

Green Growth

有利于环境保护和生态维护的经济发展模式。“绿色”泛指节能、环保、低碳等有利于环境的行为方式。20 世纪 60 年代随着生态环境危机的进一步恶化，“绿色”观念开始深入人心，“绿色增长”最初出现于 2005 年在韩国首尔举办的以“绿色增长”为主题的联合国亚太经济合作与发展会议（ESCAP）第 5 届环发部长会议。会议通过的文件《首尔绿色增长倡议》主张各国政府采用生态环境原理指导经济发展，改变经济发展模式，呼吁发达国家和相关国际组织通过资金和技术支持推动亚太地区经济发展的绿色转型。虽然绿色经济增长、绿色经济发展模式已经被广泛接受，但是对于绿色增长的确切含义并没有统一的结论，总体可分为两类，即将绿色经济增长解释为完全以不损害生态环境为基础的增长方式以及以控制和缓解环境污染和破坏的经济增长方式，第二类也可以称为环保型经济增长或者环境友好型经济增长。环保型经济增长与环境友好型经济增长方式不同于集约型经济增长方式。集约型经济增长依然将自然当作经济发展的资源获取源和处理废物的空间场所，且对经济增长的衡量指标仍然只是经济学的单纯指标，不能完全反映经济增长之中生态环境质量变化情况，因此集约型经济发展方式并没有将环境保护纳入经济增长之中，使其参与利润的分配。环保型经济增长与环境友好型经济增长则是将环境保护与经济增长相融合，实现经济与环境的可持续发展。绿色增长与环保型经济增长以及环境友好型经济增长是一致的，绿色增长是以科技进步为支撑，以资源节约和环境保护为目的，以环境承载力为限度保持经济最大增长的经济发展方式。（参考：孙耀武：《促进绿色增长的财政政策研究》，中共中央党校 2007 年博士学位论文第 28 ~ 33 页、第 88 ~ 119 页。欧阳文川）

绿色照明

Green Lighting

为节约能源、保护环境和提高照明质量而设置的照明系统。美国环境保护署 1991 年提出并实施绿色照明计划（Green Light Program）。绿色照明内涵包含高效节能、环保、安全、舒适 4 项指标。高效节能意味着以消耗较少的电能获得足够的照明，从而明显减少电厂大气污染物的排放，达到环保的目的。安全、舒适指的是光照清晰、柔和及不产生紫外线、眩光等有害光照，不产生光污染。绿色照明光源特点包括：灯光源发出的光为全色光，即光谱连续分布在人眼可见范围内，视觉不易疲劳；灯光光谱成分中没有紫外光和红外光；光的色温应贴近自然光；灯光为无频闪光。目前，国内外都在大力发展绿色照明产业，发展宗旨包括 4 个方面：1. 保护环境，包括减少照明器具生命周期内的污染物排放，采用洁净光源、自然光源和绿色材料，控制光污染。2. 节约能源，以紧凑型荧光灯替代白炽灯为例，可节电 70% 以上，高效电光源可使冷却灯具散发出热量的能耗明显减少。3. 有益健康，提供舒适、愉悦、安全的高质量照明环境。4. 提高工作效率，这比节省电费更有价值。目前，绿色照明采用的主要方式有：用卤钨灯取代普通照明白炽灯、用自镇流单端荧光灯取代白炽灯、用直管型荧光灯取代白炽灯和直管型荧光灯的升级换代、低压钠灯的应用；采用高效节能照明灯具，如选用配光合理、反射效率高、耐久性好的反射式灯具，选用与光源、电器附件协调配套的灯具；采用高效节能的灯用电器附件，如用节能电感镇流器和电子镇流器取代传统的高能耗电感镇流器；采用各种照明节能的控制设备或器件，如光传感器、热辐射传感器、超声传感器、时间程序控制、直接或遥控调光等。（参考：陈大华：《绿色照明与环境保护》，《灯与照明》2002 年第 6 期第 1 ～ 3 页；刘红、高飞：《近年国内外绿色照明新进展》，《照明工程学报》2006 年第 2 期第 6 ～ 10 页。朱配辰）

绿色浙江

Green Zhejiang

扎根浙江、放眼全球的专业从事环境服务的公益性、集团化社会组织，由地球奖获得者、浙江大学教师阮俊华和他的学生、中国青年志愿服务金奖获得者忻皓于 2000 年 6 月创建。主要致力于公众环境监督、生态社区建设、环境教育传播领域。是浙江省最早建立、规模最大，在中国首家获得社会组织评估 5A 级、专职人员参与国际事务较多的环保社团。旗下拥有浙江省绿色科技文化促进会、杭州市生态文化协会两家社会团体以及民办非企业单位杭州市下城区春晖慈善商店。2013 年正式获得浙江省民政厅准予筹备社会团体决定书。（张惠娜）

绿色证券

Green Securities

绿色金融的组成部分之一，指以调控上市公司社会募集资金投向和优化资金配置为目的，在上市公司中建立环保核查制度、环保绩效评估制度和环境信息披露制度，并与融资制度有机结合，从而促进环境友好型产业资金投向、遏制高污染高耗能产业的资金流入，促进产业结构朝环境保护方向调整，经济社会健康发展。简单地说，是证券行业的环保化。生态环境及其自然要素都有鲜明的公共性特征，属于公共产品。然而证券市场融资主体以盈利为主要目的，商事主体的经营活动必然与以公益性为目的的环保要求存在冲突。因此，绿色证券具有明显的政策推动性。我国的绿色证券政策最早可以追溯至 2001 年原国家环境保护总局颁布的《关于做好上市公司环保情况核查工作的通知》，2008 年中国证券监督管理委员会发布《关于重污染行业生产经营公司 IPO 申请申报文件的通知》确立初步的绿色证券制度。同年，原环保总局在陆续推出绿色信贷和绿色保险后，又发布《关于加强上市公司环保监管工作的指导意见》，从而标志着绿色证券制度的正式确立。（参考：季建邦：《论绿色证券制度的完善》，《法制与社会》2009 年第 19 期第 123 页。欧阳文川）

绿色政治

Green Politics

20 世纪 60 年代末 70 年代初最先在少数西方工业化国家兴起并迅速扩展开来的社会政治现象，旨在医治西方工业社会存在已久的灰色文明社会病，建立符合生态原则的、兼顾人类利益与自然界权利的绿色文明或生态文明。兴起有三个显著的表现：生态运动的兴起、绿党的异军突起、非政府环境组织的崛起。从内容上可以划分为绿色思潮、绿色运动和绿党三个层面，也可以依据其激进程度或颜色深浅的差异划分为环境主义或生态主义。绿色政治是绿党等绿色组织所提出和实行的政治主张。它以绿色为旗帜，以保护环境和维护生态平衡为纲领，在政治上提出创建生态社会的目标，寻找摆脱当前困境的所谓既非资本主义又非社会主义的第三条道路，建立具有人道的和生态学的生活方式和生产方式的介于东西方之间的经济制度。它主张基层群众拥有民主、参与政治和经济决策的权利，强调非暴力斗争，反对核军备竞赛，呼吁裁军和取消军事集团，等等。在西方国家，它作为新兴的社会力量吸引广大群众，特别是得到广大青年的拥护，已经成为重要的政治力量；而且，他们关于保护环境和反核和平的主张，对缓解环境冲突摆脱环境困境有一定的积极作用。（徐越）

《绿色政治：全球的希望》

Green Politics: the Hope of Earth

美国著名学者弗里乔夫·卡普拉的主要著作之一。书中基于对德国绿党的个人采访和研究，对绿党的政治主张、经济政策、社会政策、基层民主观和全球绿色运动的影响等，作了较为全面的阐述。尤其论述了绿党创立初期的各种政治理念和战略，包括著名的生态政治四大原则（生态学、社会正义、基层民主和非暴力）和对未来绿色社会的设想，对世界范围内的绿色或绿党政治有广泛影响。（徐越）

《绿色政治的承诺》

The Promise of Green Politics

加拿大环境政治学者道格拉斯·陶格逊的代表性著作，2000 年出版。当今政治被商业新闻和股票市场所主宰，那些支持绿色政治的人会追问，人类利益是否仍然是政治审议的底线，或者自然世界的利益是否需要替代商业的利益。陶格逊在书中分析几个不同的生态政治学派，从三个维度（伦理、话语和战略）讨论生态思潮对政治领域的影响，认为环境运动将通过在草根阶层和权力核心的话语实践，促进政治理论和社会行动的发展。在作者看来，目前整个世界处于行政管理和科学僵局，绿色政治更具

有目标指向。随着绿色政治实践的增多，陶格逊认为已出现绿色公共领域，即人类活动和自然世界的重新组合。陶格逊强调绿色政治的转型承诺，同时指出绿色思想的复杂性和异质性。（徐越）

《绿色政治理论》

Green Political Theory

澳大利亚国立大学社会学教授罗伯特·古丁（Robert Goodin）的代表著作，Polity 出版社 1992 年出版。古丁在书中指出，随着绿党在全球

政治舞台上的出现和一部分绿党选举政治上的成功，绿党逐渐受到政治对手的重视。主流政客和政治团体一方面不断贬低绿党，另一方面却在模仿绿党。古丁认为，“绿色”政治应该得到更认真地对待，绿色治理应当作为哲学问题讨论来对待。绿色公共政策及其主张，应由单一且内在一致的“绿色价值理论”作为其道德基础。因为，一方面，它影响到绿色政策制定的战略和战术，另一方面，它为个人的生活方式提出相应建议。该书期待，能够通过切实促成绿色政治政策、影响人们的生活方式来赢得读者，而不是单纯罗列形形色色的绿色理论流派来疏远读者。（徐越）

《绿色政治思想》

Green Political Thought

英国基尔大学政治学教授安德鲁·多布森（Andrew Dobson）的代表作，1990 年初版后不久，先后在 1991 年、1992 年和 1994 年重印发行，1995 年、2000 年和 2007 年，先后出版三个修订版本，现已成为欧美国家许多高校和研究机构的环境政治学理论教科书。内容包括反思生态主义、生态主义的哲学基础、可持续社会、绿色变化的战略、生态主义和其他意识形态等章节。作者在书中把生态主义界定为意识形态。他认为，在西方国家，自由主义、社会主义、马克思主义、无政府主义等所有的意识形态，都有相应的关于环境的看法和观点，但它们都未将环境或生态作为其意识形态的核心。他从生态主义产生的哲学基础、可持续社会和绿色变革战略等方面，将生态主义与环境主义和其他意识形态进行比较，论证了在现代政治意识形态中，生态主义不仅与保守主义、社会主义和无政府主义等意识形态相并立，而且与各种环境主义思想都不相融合，因而是不同于 21 世纪初其他竞争性政治意识形态的独立的政治意识形态和政治理论。《绿色政治思想》的核心命题为“生态主义是一种新的独立的政治意识形态”。中译本译者郇庆治，山东大学出版社 2005 年出版，《环境政治学译丛》子目。（徐越）

绿色制造

Green Manufacturing

又称环境意识制造，指综合考虑环境影响和资源效率的现代制造模式。绿色制造是面向环保机械制造业的可持续发展的重要环节，目标是使产品从设计、制造、包装、运输、使用到报废处理的整个产品生命周期过程中，对环境影响最小且对资源利用效率达到最高。绿色制造的理论基础是社会生态学。研究对象是人与环境各种自然要素及其形成的各种生态关系的组合，需要综合考虑防止污染和可持续发展的问题，尽可能地使废物资源化和无害化。绿色制造的核心是五绿，即：绿色设计、绿色材料选择、绿色工艺规划、绿色包装和绿色处理。其中绿色设计是关键，它决定其他四绿。实施绿色制造，首先是提高企业认识，使其成为自觉地企业行为；其次是政府制定相关法律和行政法规，加强管理监督；同时现代制造工程亦是实现绿色制造的有效途径。（蔡越　王晴晴）

绿色资本主义

Green Capitalism

又称生态资本主义。绿色资本主义是与深绿、红绿相对应的浅绿社会政治理论，是在资本主义制度的基本框架内，通过将绿色（生态）理念与资本主义制度相结合的方法解决社会生态问题的理论尝试。在奥地利维也纳大学政治系教授、环境政治学家乌尔里希·布兰德看来，绿色资本主义作为分析性概念，既要承认资本主义的反生态和社会不公正本性，又意味着在历史性进程中积极寻求社会生态转型机遇的尝试。绿色资本主义可以一定程度上避免传统资本主义对自然生态进行资本化对待，把对自然损害进行外部化处理。然而，绿色资本思想指导下的诸多改良政策与制度调整，不会改变资本主义的反生态本质。绿色资本主义从根本上说一种绿色改良的资本主义。（徐越）

绿色左翼

The Left of Green

指西方受 20 世纪 60 ~ 70 年代新政治运动深刻影响的共产党或激进社会主义政党或者其中绿色一派的政治意识形态及其实践。绿色左翼明确地把生态环境问题纳入社会与政治解放运动和未来社会主义或共产主义社会创建目标中的一部分。与之相呼应或接近的还有作为新政治运动产物或继承者的欧美绿党中的左翼一派的政治意识形态及其实践，明确地把公正、民主与可持续的社会政治形态作为真正解决人类面临的生态环境难题的制度预设或前提。前者的典型代表是北欧绿色左翼联盟（Nordic Green Left Alliance），他们试图把选举政治中日渐凸显的环境主义和女性主义等新政治要素纳入自己的共产主义或激进社会主义政治传统。这一正式成立于2004年的政党联盟，成员包括芬兰的左翼联盟党、冰岛的左翼—绿色运动党、瑞典的左翼党、挪威的社会主义左翼党、丹麦的社会主义人民党以及法罗群岛和格陵兰岛的两个小型激进左翼政党，大都是在20世纪90年代初自前共产党民主改建而来。北欧绿色左翼联盟的政治纲领强调，社会主义、女性主义、民主社会主义、生态社会主义和环境主义，是其基本的政治原则或意识形态。在欧洲联盟政治层面上，其成员曾由于各不相同的原因而分属于不同的派别。如在欧洲议会的政党党团中，2010年瑞典的左翼党是欧洲联合左翼—北欧绿色左翼党团（EUL-NGL）的正式成员，丹麦的社会主义人民党曾经是其成员，但此后转入欧洲绿党—欧洲自由联盟（The Greens/EFA）党团。此外，除芬兰的左翼联盟党外，北欧绿色左翼联盟的成员也大都不是欧洲左翼党（Party of the European Left）的成员，尽管其整体作为观察员参加欧洲左翼党的相关活动。许多欧美绿党内部都存在着影响较大的绿色左翼（或左翼绿色）派别。最典型的是由原初的共产党等政党于1989年合并而成的荷兰绿色左翼党（Groen Links）。1989年，当时的荷兰共产党、和平社会主义党、激进政治党和新教人民党决定合并组建成新党绿色左翼。合并成立的绿色左翼是1993年创建的欧洲绿党联盟（EFGP）以及2004年建立的欧洲绿党（EGP）的正式成员。在政治意识形态上，绿色左翼奉行绿色的、社会的和宽容的基本理念，试图将绿色政治（生态可持续性）与左翼政治（热爱自由）的价值理想融合在一起。民主权利、生态平衡、权利、知识、财产、劳动和收入在荷兰与世界层面上的公正分配、反抗剥削和对少数种族群体的压迫，共同构成绿色左翼政治纲领的基本原则。这既反映上述构成党的政治意识形态渊源，也体现它们经历20世纪70～80年代以环境主义与和平主义为代表的新政治运动洗礼后达到的政治整合。到2010年，荷兰绿色左翼大约有21900名正式成员，分别拥有荷兰议会两院（下议院和上议院）的10个与4个席位，以及欧洲议会的3个席位。此外，它还拥有100多名地方议会的议席，在20个大城市的多个参与执政。此外，英格兰与威尔士绿党（GPEW）内的部分左翼人士于2006年在海德科恩（Headcorn）成立名为绿色左翼（Green Left）的绿党内部的生态社会主义和反资本主义派别，通过了自己的《生态社会主义宣言》。在其成立声明中说，绿色左翼忠诚地继承始于威廉·莫里斯的英国古老的生态社会主义传统，作为外围组织努力促进主流绿党政治与社会主义政治，特别是工会运动和社会边缘群体运动等反资本主义政治力量的联合，致力于创造基于和平、生态平衡、经济平等与包容的新社会。绿色左翼的主要领导机构是由相关政策委员和区域代表组成的25人左右的指导委员会，主要活动方式是举行每月一次的公开性政策论坛和不定期的委员会会议，发表对绿党有关政策或活动的政治声明。绿色左翼的共同特点是：在哲学价值观上，大致接受马克思主义的社会结构与矛盾分析方法和充分尊重人类自身价值及其利益的弱人类中心主义立场，认为生态环境难题归根结底是同时在制度与政策层面上的社会性弊端。在现实政治立场上，它坚持对当代资本主义制度的根本性批判与反对态度，认为在资本主义的经济与社会制度框架内不可能真正解决环境问题。但与此同时，它也对当代资本主义国家内部的社会民主主义环境政策和传统社会主义国家的环境保护实践持总体批评态度。包括生态马克思主义、生态社会主义、绿色工联主义、生态女性主义、社会生态学（自治市镇主义）、包容性民主理论、生态新社会运动理论、左翼绿党政治理论、环境正义运动理论、生态公民权理论、激进绿色国家理论等众多的学术与政治支派，与深绿的生态区域自治主义（生态无政府主义）和浅绿的生态现代化/可持续发展理论（生态资本主义）等其他环境政治理论相对立。（参考：郇庆治：《21世纪以来的西方绿色左翼政治理论》，《马克思主义与现实》2011年第3期第127～139页。朱配辰　徐越）

《绿色左翼的兴起》

The Rise of the Green Left

全称是《绿色左翼的兴起：一种世界生态社会主义者的观点》，英国绿色左翼主要理论家和活动家德里克·沃尔2010年出版的新作。是继2005年《巴比伦及其以后：反全球主义的、反资本主义的和激进的绿色运动的经济学》后的重要著作，阐明生态社会主义运动的全球视野与国际向度。认为全球气候变化和其他全球性生态环境灾难，正在促成世界性“红绿”政治变革运动；资本主义制度及其全球性蔓延，同时威胁着人类的未来与自然。因而，旨在消除与替代资本主义制度本身的生态社会主义行动与实践，才是真正合理有效的政治选择。此书出版后，沃尔成为继戴维·佩珀、泰德·本顿和萨拉·萨卡之后欧洲新一代生态马克思主义/社会主义学者领军人物。（徐越）

绿色左翼政治理论

Green-Left Political Theory

也可称为“‘红绿’社会政治理论”。绿色左翼政治理论或思潮，在哲学价值观上，大致接受马克思主义的社会结构与矛盾分析方法和充分尊重人类自身价值及其利益的弱人类中心主义立场，认为生态环境难题归根结底是同时在制度与政策层面上的社会性弊端。在现实政治立场上，坚持对当代资本主义制度的根本性批判与反对态度，认为在资本主义的经济与社会制度框架内不可能真正解决环境问题。与此同时，它对当代资本主义国家内部的社会民主主义环境政策和传统社会主义国家的环境保护实践，持总体批评态度。总之，绿色左翼政治理论或思潮，可以概括为西方左翼政治人士在后现代背景下试图将左翼政治传统与生态主义思维相结合的理论努力。在具体类型上，包括生态马克思主义、生态社会主义、绿色工联主义、生态女性主义、社会生态学（自治市镇主义）、包容性民主理论、生态新社会运动理论、左翼绿党政治理论、环境正义运动理论、生态公民权理论、激进绿色国家理论等众多的学术与政治支派，与深绿的生态区域自治主义（生态无政府主义）和浅绿的生态现代化/可持续发展理论（生态资本主义）等其他环境政治理论相对立。（徐越）

绿石环境行动网络

The Green Stone Environmental Action Network

又称南京市建邺区绿石环境教育服务中心。是立足南京，致力于开展城市社区环保项目及支持青年环保组织发展的非营利民间环保机构，成立于2000年9月，于2004年完成工商注册。绿石是由青年学生环保社团发展起来的社会组织，重视青年人在环境保护中的重要作用，为青年学生环保社团及个人提供支持和发展空间。致力于推动地区学生环境保护社团的合作交流与资源共享，保护和改善地区的环境和生态。在绿石长期以来的工作中，成功建立起本地学生环保力量的合作网络，以优势互补、资

源共享给本地环境保护运动的发展以巨大支持并克服本地新生环保力量基础的薄弱性。绿石通过绿石军校（社团骨干培训）、绿石论坛（例行社团交流会议）、绿石共享书架、绿石信息网络、绿石小额项目资助等富有创造性的运作系统，设立办公室、网站、网络论坛等信息中枢，提供定期简报、野外实践、能力培训、经验交流、书籍影视资料、资金支持等各种资源，极大促进本地学生环保社团的成长并成为地区学生环境保护团体合作的典范。绿石通过进行的长江白鳍豚保育宣传、中华虎凤蝶保护宣教、环境教育巡展、可充电池推广、环境资料翻译、青少年环境教育等大量环境保护项目取得直接裨益于环境的效果。（*席溢*）

绿水青山就是金山银山

Lucid Waters and Lush Mountains are Invaluable Assets

中共中央总书记习近平提出的关于保护环境、加强社会主义生态文明建设的重要理念之一。2005 年 8 月 15 日，时任浙江省委书记的习近平同志在浙江安吉县余村考察时，首次提出。9 天后他在《浙江日报》的《之江新语》栏目发表《绿水青山也是金山银山》评论，提出如果把“生态环境优势转化为生态农业、生态工业、生态旅游等生态经济的优势，那么绿水青山也就变成了金山银山”。2006 年 3 月 8 日，习近平在中国人民大学的演讲中，深刻论述“两山”理论的辩证关系。他说：“第一个阶段是用绿水青山去换金山银山，不考虑或者很少考虑环境的承载能力，一味索取资源。第二个阶段是既要金山银山，但是也要保住绿水青山，这时候经济发展和资源匮乏、环境恶化之间的矛盾开始凸显出来，人们意识到环境是我们生存发展的根本，要留得青山在，才能有柴烧。第三个阶段是认识到绿水青山可以源源不断地带来金山银山，绿水青山本身就是金山银山，我们种的常青树就是摇钱树，生态优势变成经济优势，形成了一种浑然一体、和谐统一的关系，这一阶段是一种更高的境界，体现了科学发展观的要求，体现了发展循环经济、建设资源节约型和环境友好型社会的理念。以上这三个阶段，是经济增长方式转变的过程，是发展观念不断进步的过程，也是人和自然关系不断调整、趋向和谐的过程。”2015 年 3 月 24 日习近平主持召开中央政治局会议，通过《关于加快推进生态文明建设的意见》，正式把这个理念写进中央文件，成为指导全国加快推进生态文明建设的重要指导思想。（*刘中华*）

绿田园基金

Produce Green Foundation

香港的非谋利慈善团体，前身为绿田园有限公司，由周兆祥博士 1988 年创立，积极推广环境保护及绿色社会的思想。1989 年开始，绿田园基金在粉岭鹤薮提供面积约 3600 平方米田地供市民体验有机耕种。目前绿田园基金所管理的农场面积已扩展至 19000 平方米，每年有 400 个团体得到服务，曾参加绿田园基金举办活动的总人次约 50 万。出版《有机耕种手册》（1992）《亲子耕种班手册》（1996）《生态漫游北潭涌》（1999）等。（*席溢*）

绿驼铃

Green Camel Bell

甘肃第一家民间环保组织，致力于西部环境保护事业，2004 年 11 月 4 日成立。使命是：开展公众环境教育，支持志愿者发展，推动公众参与环境保护；关注典型区域生态环境问题，通过示范和倡导行动，实现区域生态环境改善；发挥社会监督作用，持续关注水环境污染问题，维护水环境安全；加强组织建设，提高团队创新能力，实现组织可持续发展；建立合作和沟通机制，加强民间环境保护经验交流。自成立以来依照章程、宗旨和目标，开展的工作包括：促进甘肃的环境保护工作，采取行之有效的措施解决甘肃环境问题，在公众中开展环境保护教育，促进甘肃高校环境类社团发展，组织环保志愿者培训和能力建设项目等。绿驼铃组织先后成功开展水果贺卡、绿色中国迎奥运保护母亲河、甘肃省大学生绿色营、退耕还林（草）与当代大学生论坛等活动；完成第一、二期赛加羚羊角市场调查；实施民勤环境宣传教育、羚羊车环教培训、兰州市环境教育基地建设、兰州市动物园义务宣讲等环境教育项目；绘制兰州第一份绿色地图；出版《民勤荒漠化环境教育乡土教材》《会宁郭城驿小学环境教育参考读本》《水污染受害者法律援助手册》《兰州市动物园图谱》《绿地图文集》《绿驼铃通讯》《甘肃省大学生绿色营文集》等；开展保留兰州无轨电车倡导活动。（张惠娜）

绿眼睛环境组织

Greeneyes China

温州地区非营利性、非政治性、非宗教性的民间慈善机构，在民政部门注册的公益性社会团体，成立于 2000 年。中国最活跃的以自然生态和野生动物保护为使命的环保组织之一。在温州有深厚的基础，有高校、瑞安、苍南 3 个办公室和 1 个野生动物救助基地。宗旨：与公众一起以民间力量制衡不公平、不公正环境公共事务，实现人类可持续生存是绿眼睛的运作理念，代表公众及保持独立是绿眼睛的重要精神。以保护动物打击犯罪和促进公众参与环境运动为使命。推广环境与发展教育，动员青年参与公民社会。重点项目：野生动物保护（执法支持、救助、反贸易、栖息地）、水环境保护（浙江省鳌江流域、华南珠江流域）、热带雨林、海洋生物、渤海湾猛禽保护与反盗猎、青少年环境教育、中小学环保公益类社团专业培训指导、大学生环保公益类社团专业培训指导、亲水公益环保助学基金。（席溢）

《绿叶》

Green Leaf

由国家环境保护部主管、中国环境文化促进会主办的生态文明高端前沿理论杂志。主要内容包括探索国强民富可持续发展的中国模式，中国发展中长期的基本问题难点问题等。杂志理论风格是理念、器物、制度并重，涉及领域包括政治、经济、社会、文化。侧重从思想理论角度探索中国在崛起道路上出现的新问题和可行的求解路径，服务于中国国家利益，服务于决策。秉承这一目标，杂志以弘扬生态文明，传播环境文化为宗旨，围绕政治、经济、社会、文化板块，汇集各界精英，积极开展前沿理论研究，在历史与未来间把握现实，探索可持续发展战略，在中国与世界间冷静观察，思辨强国富民途径，为建设小康社会提供理论武器，指导发展实践，引领公众共同推进社会主义生态文明建设。近年连续推出一系列有影响的特辑，讨论专题有社会价值、发展模式、生活方式、环境政治、环境外交、气候变化、低碳经济、新能源、非政府组织建设、计划与市场、科技与文化等。（张惠娜）

M

马 玛 迈 满 曼 毛 茂 梅 媒 煤 每 美 蒙 孟 米 免
苗 描 妙 民 命 模 摩 魔 末 莫 墨 默 母 木 穆

马丁·耶内克

Martin Jänicke，1937 ~

生态现代化理论的主要创立者。德国柏林自由大学政治学系资深教授，1986 ~ 2007 年担任

柏林自由大学环境政策研究中心主任，曾任联邦德国环境顾问委员会成员、联合国政府间气候变化专门委员会第五次评估报告主要作者和评审专家。1985 年在柏林科学研究中心的国际环境与社会研究所出版的论文《作为生态现代化与结构政策的预防性环境政策》中首次将生态现代化译为英语术语。1998 年，生态现代化成为社会民主党和绿党组成的执政联盟协定的关键词，使生态现代化成为联邦德国的基本国策，而不再只是政策工具或话语。2002 年，德国环境顾问委员会年度报告对生态现代化做了专门概述。2011 年被聘为中国国务院环境保护顾问，中国“十二五”规划环境政策顾问。在生态现代化的框架下，运用比较研究方法，从全球视野出发，探讨不同经济社会走向生态现代化过程中的影响因素与进程。主要著述包括：《国家失败：工业社会的政治无能》（1990）《结构转变的生态向度》（1993）《国家环境政策：能力建设比较研究》（合编，1997）《环境政策革新扩散：环境政策全球化的贡献》（合著，2001）《环境革新的领导型市场》

（合著，2005）《环境革新的大趋势：工业和国家的生态现代化》（2008）等。（徐越）

《马尔默部长级宣言》

Malmö Ministerial Declaration

2000年5月第1届全球部长级环境论坛上形成的主要成果。《宣言》认为，世界面临的核心挑战是如何将日益增加的国际环境协议里的雄心转化成为具体的地方行动。《宣言》指出，尽管各国都能参与各种全球议程的制定和签署，但在国内聚集支持力量和呼吁采取行动上却不尽一致。《宣言》呼吁采取措施：实行谁污染谁付费的原则，设立环境行为指数与报告制度等；各社会组织和机构应在这些方面发挥重要的作用：推动决策者更加关注环境问题，提高公众的环保意识，促进环保观念的创新，增加环保决策的透明度和防止环保决策过程中出现腐败行为；迫切需要在共同关注和国际合作团结的基础上建立更有力的国际合作；国际社会也必须认识到环境公约遵守和执行的重要性，促进遵循里约原则中的预防方式。（申森）

马耳他绿党

Alternattiva Demokratika

马耳他政坛主要由民族主义党和工党所垄断。1992年，马耳他绿党“民主选择”在政治夹缝中成立。1992年大选中，民主选择党因绿色政治纲领吸引很多支持者，特别是对传统两大政党不满者。1996年大选中，绿党获得全国1.46%的选票。1998年大选中，该党支持率下跌，仅获得1.2%的选票。持续下跌的选举支持，导致党内的分裂以及关于绿党定位、未来发展方向的激烈讨论。1998年大选失利后，哈利·瓦萨洛（Harry Vassallo）成为民主选择党新一任主席。在2013年的大选中，该党获得历史上的最好成绩1.8%的选票，但依然未能获得议席。社会正义、公民权利、环境正义、可持续发展与生态现代化、民主，是马耳他绿党的基本原则。目前，马耳他绿党是欧洲绿党的成员党。（王聪聪）

马建章

Ma Jianzhang，1937～

辽宁阜新人，中国野生动物学专家，1960年毕业于东北林学院，现任东北林业大学野生动物资源学院名誉院长，林业部野生动物保护生物学重点开放实验室学术委员会主任，教育部濒危动物遗传学与繁殖生物学重点开放实验室学术委员会常务副主任等，兼任中国野生动物保护协会常务理事、中国动物学会常务理事等，1995年当选中国工程院院士。长期从事林业工程管理方面的科研和教学工作，是我国野生动物学科和野生动物管理高等教育的奠基人和开拓者，创建我国高等院校第一个野生动物专业——森林动物繁殖与利用专业，首创我国野生动物管理学，建立我国第一个猫科动物繁育中心、第一个科学化管理的熊类饲养场。提出“保护、驯养、利用”野生动物管理方针的第一人，提出的“濒危物种的管理、生境选择与改良、环境容纳量”等理论，为我国野生动物管理及自然保护区建设奠定了坚实的理论基础。主要论著有：《自然保护区学》（1992）

《虎研究》(2003)《野生动物管理学》(2004)等。(石艳峰)

马军

Ma Jun，1957 ~

环保团体公众环境研究中心(IPE)主任。1999年出版《中国水危机》，详细阐述中国7大流域面临的水资源问题及对流域内经济、社会和

生态环境构成的威胁，引起强烈的社会反响。2006年创立公众环境研究中心并担任主任，旨在推动环境信息公开和污染防治。多年来率领团队专注于将污染信息公之于众。建立我国首个水污染和空气污染的公益数据库中国水污染地图和蔚蓝地图APP。目前数据库能提供全国383个城市的空气质量、全国河流湖泊水质、废水废气污染源等信息。污染公益数据库的建立，特别是互联网+环保的方式，便于公众获取环保信息，形成民众与政府部门及污染企业的良性互动。2006年被美国《时代周刊》评为2006年全球最具影响的100人。2015年获得斯科尔社会企业家奖。通过中国水污染地图，填补跟踪和举报工业污染途径的空白。(王聪聪)

马克·史密斯

Marc Smith

英国环境政治理论学者。生年不详。1995年加入开放大学，1997年在英国萨塞克斯大学获得博士学位，奥斯陆大学、挪威管理学院、加拿大

皇后大学的访问教授，安格利亚鲁斯金大学荣誉研究者，威特沃特斯兰德大学、斯坦福大学、西印度群岛大学等访问学者。授课内容涉及理解社会科学、社会科学的挑战、环境决策和冲突管控、环境评估、商业和人权、国际发展等。研究兴趣包括环境和公民身份的经验研究与理论研究、美德伦理学、政治责任、契约的全球政治等。此外，还研究市民社会组织和跨国网络，涉及人权和劳工标准。发表《环境和公民身份》《环境责任》等著作。持有激进的生态公民权理念，更多强调公民的环境义务或责任，即与保护和改善生态环境相关联的公民政治职责或义务责任。(徐越)

马克思

Karl Marx，1818.5.5. ~ 1883.3.14.

全世界无产阶级的伟大导师，科学社会主义和马克思主义的创始人。伟大的政治家、哲学家、经济学家、革命理论家、社会学家、记者、历史学者和革命社会主义者。德文全名：Karl Heinrich Marx；中译名全称：卡尔·海因里希·马克思。第一个中译名麦喀士，梁启超1902年在《新民丛报》所用。

犹太裔德国人，生于德国特里尔城。中学毕业后 1835 ~ 1841 年在波恩大学和柏林大学法律

系学习，成为积极的青年黑格尔派成员。1842 年为《莱茵报》撰稿，同年 10 月任该报主编，并与青年黑格尔派决裂。1843 年 6 月 19 日与少年时期女友燕妮结婚，前往克罗纳茨赫度蜜月期间写成《克罗纳茨赫的笔记》。10 月移居巴黎，与卢格合办《德法年鉴》。著有《黑格尔法哲学批判导言》（1843），为《德法年鉴》撰写《论犹太人问题》等文章。1844 年 3 月与卢格决裂，8 月与恩格斯在巴黎会见，合写第一部著作《神圣家族》，从此开始一生合作与友谊。11 月至 1845 年 5 月，与恩格斯合写《德意志意识形态》，论述历史唯物主义的基本原理，同期著作还有《1844 年经济学哲学手稿》（1844）《关于费尔巴哈的提纲》（1845）。1847 年 7 月创作《哲学的贫困》，11 月底与恩格斯共同出席在伦敦举行的共产主义者同盟第二次代表大会，受委托起草同盟纲领，于 1848 年 2 月中旬发表，即国际共产主义第一个纲领性文件《共产党宣言》。1848 年 2 月席卷欧洲大陆的资产阶级民主革命爆发，与恩格斯共同指导同盟投入革命洪流。3 月初被比利时政府驱逐出布鲁塞尔到达巴黎，5 月 31 日创办《新莱茵报》。1849 年 5 月 16 日普鲁士政府下令驱逐马克思，19 日《新莱茵报》被迫停刊，用红色油墨印刷最后一号。

1850 年 3 月和 6 月，先后两次与恩格斯起草《中央委员会告共产主义者同盟书》。同年创作《1848 年至 1850 年的法兰西阶级斗争》。1851 年底至 1852 年春，写作《路易·波拿巴的雾月十八日》，总结欧洲特别是法国 1848 年革命经验。1852 年 10 月末至 12 月初创作《揭露科伦共产党人案件》。这一时期代表作还有：《政治经济学批判导言》（1857）《政治经济学批判序言》（1859）。

1864 年 9 月 28 日应邀出席在伦敦圣马丁堂举行的国际工人协会成立大会（即第一国际），当选为协会临时委员会委员，起草协会的成立宣言和临时章程。1867 年 9 月 14 日《资本论》第一卷在汉堡出版。1871 年 5 月 30 日发表《法兰西内战》，指出巴黎公社实质上是工人阶级的政府。1875 年创作《对德国工人党纲领草案的意见》（即《哥达纲领批判》）。1877 年创作《反杜林论》第二编第十章。1880 年 5 月和恩格斯指导法国工人党盖得派领导人制订党纲，口授纲领的理论部分。1882 年为《共产党宣言》俄译本作序。1883 年 3 月 14 日积劳成疾，溘然长逝。

由马克思和恩格斯创立的马克思主义，是近代最复杂和精深的学说之一。学说的范围包括政治、哲学、经济、社会等广泛领域，包含马克思主义哲学、政治经济学和科学社会主义三大有机组成部分。马克思主义是关于全世界无产阶级和全人类彻底解放的学说，是马克思、恩格斯在批判地继承和吸收人类关于自然科学、思维科学、社会科学优秀成果的基础之上，19 世纪 40 年代创立并在实践中不断地丰富、发展和完善的无产阶级思想的科学体系。

作为马克思主义的创始人，马克思知识渊博，广泛涉猎哲学、经济学、法学、宗教学、逻辑学、美学、政治学、文学、历史学、语言学，旁及数学和自然科学领域，能阅读欧洲多种文字，使用德、法、英三种文字进行写作。（参考：［德］梅林著，罗稷南译：《马克思传》，北京：三联

书店，2012 年。徐越）

《马克思的生态学：唯物主义与自然》

Marx's Ecology: Materialism and Nature

美国俄勒冈大学社会学教授、《组织与环境》杂志主编约翰·贝拉米·福斯特的重要代表著作之一，《每月评论》出版社 2000 年出版发行。福斯特的《马克思的生态学》与其另外两部作品（《脆弱的星球》和《生态危机与资本主义》）一起，构成他的生态马克思主义研究三部曲。《马克思的生态学》体现了福斯特对马克思生态学思想的系统挖掘和理论辩护。在北美学术界，对马克思持批评态度的学者，往往诟病马克思只注重工业的增长和经济的发展。在《马克思的生态学》一书中，福斯特仔细研究被人们忽视的马克思关于资本主义农业、土壤生态学、哲学自然主义以及进化理论的著作，明确指出：马克思的生态学涵盖许多其他思想家（包括伊壁鸠鲁、查尔斯·达尔文、托马斯·马尔萨斯，路德维希·费尔巴哈、蒲鲁东、威廉·帕利等）的自然观及生态观，从而证明以批判资本主义社会而著称的马克思，也同样深切地关注着改变人类与自然的关系。福斯特通过重新解释唯物主义的自然观与社会观，拓展马克思的异化理论，把它指向能够提供更加持久和可持续的解决生态危机的方案。通过重释马克思主义的唯物史观并使之涵盖自然和社会两个层面，福斯特概括的马克思的生态学思想，挑战现代绿色运动中盛行的唯心主义方法论，为解决当今世界所面临的生态危机，提供生态社会主义或红绿的解决方案。中译本译者刘仁胜、肖峰，北京：高等教育出版社 2006 年出版。（徐越）

马克思的生态学思想

Marx's Ecology Thought

尤指马克思本人的生态学思想的总和。这些思想体现在马克思生平的著作中，基于马克思对人—自然—社会相互关系的论述而体现出来。国内外学界对于是否存在马克思的生态学思想这一问题，尚有争议。美国生态马克思主义者约翰·贝拉米·福斯特在其著作《马克思与生态学》一书中，较早提出“马克思的生态学思想”这一命题。他认为马克思的历史贡献除了我们所熟知的唯物主义历史观之外，还发展了唯物主义的自然观。在福斯特看来，马克思认为自然和人类社会之间没有不可逾越的鸿沟，自然史只有置于人类史中才能得到理解。自然与历史的辩证关系，构成马克思的生态哲学的思想基础。相比之下，同样是生态马克思主义学者的詹姆斯·奥康纳则认为，经典马克思主义的历史唯物主义中存在着“自然的空场”，亟须对历史唯物主义进行重构，因而马克思思想的生态学意味并不浓重。由此可见，关于马克思的生态学思想是否存在，依然是当今生态马克思主义学界所争论的焦点问题之一。（徐越）

《马克思的自然概念》

The Concept of Nature in Marx

法兰克福学派第二代的左翼代表阿尔弗雷德·施密特在博士论文基础上改撰的著作，1971 年出版。继承由卢卡奇等人开辟、由霍克海默、阿多诺等人继承的西方马克思主义的基本思想和研究理路，提出许多深刻的新问题和新看法，尤其是对于马克思主义本体论的研究，直接决定了辩证唯物主义和历史唯物主义方面的态度，由此展开的一系列论

证过程精彩、充满智慧，富有启发意义。总的来说，该书对待马克思主义的态度体现了西方马克思主义，尤其是早期和中期西方马克思主义的基本立场。中译本译者吴仲舫，北京：商务印书馆1988年出版。（徐越）

《马克思恩格斯论生态学》

Marx and Engels on Ecology

生态马克思主义学者霍华德·帕森斯的代表性著作，1977年编辑出版。该书《前言》结尾宣称，马克思恩格斯有自己明确的生态学。这主要体现为马克思恩格斯关于社会与自然之间辩证关系的观点，即通过劳动与技术实现的人与自然的相互转换，必将经历前资本主义的人与自然关系、资本主义的人与自然异化关系和共产主义条件下的人与自然统一关系。在资本主义社会达到顶峰的对自然的压迫，将随着阶级关系的消除而消除。此书的最大贡献是通过批判对马克思恩格斯的生态责难和对马克思恩格斯著述的深度挖掘，阐明他们有着自己的明确的生态学思想。（徐越）

《马克思恩格斯全集》历史考证版

Karl Marx/Friedrich Engels Gesamtausgabe、*MEGA*

《马克思恩格斯全集》历史考证版，又称国际版或原文版，简称MEGA。前后两版历时90余年。西方学术界有编纂著述历史考证版的传统，即“按原始文稿刊出全部著述”，特别着眼于定稿以外的准备稿、过程稿、修正稿和补充稿等等。马克思恩格斯著述的历史考证版第1版（MEGA1）与《全集》俄文第1版同时开始编辑，但两者的编纂原则、方针不同。后者是供广大读者阅读的，它并不是供学术研究的包括卡·马克思和弗·恩格斯全部著作的完整的版本；前者则力图以最大的准确性有系统地再现马克思恩格斯的全部精神遗产。《马恩全集》俄文第1版始于1924年，由梁赞诺夫主持。苏联政府同时不惜花费重金收购马恩手稿和文献，《马克思恩格斯全集》历史考证版（MEGA1）同时开始编辑。历史考证版第1版1927年开始出版，到1935年，9年内共出版12卷13册（其中第1卷为两册）。由于苏联在20世纪20年代后期的清洗运动，一批编辑和研究人员被捕和遭到流放，加上第二次世界大战爆发，《马恩全集》历史考证版第1版夭折。20世纪60年代末苏共中央马列研究院和德国统一社会党中央马列研究院达成协议，共同编辑出版《马恩全集》历史考证版第2版（MEGA2）。1972年出版试编本，1975年正式出版第1卷，到1990年共出版43卷。东欧剧变使《马恩全集》历史考证版第2版也面临夭折，主持这个项目的苏联和东德两个马列研究院机构变动，大批翻译和研究人员流失。90年代阿姆斯特丹国际社会史研究所、莫斯科马克思列宁主义研究院、柏林科学院和特里尔马克思故居等国际知名的马恩文献收藏机构，发起成立国际马克思恩格斯基金会，接手编辑《马恩全集》历史考证版第2版（MEGA2）的工作。国际马恩基金会在荷兰注册，秘书处设在柏林—布兰登堡科学院，秘书处下设马恩全集编辑委员会，协调分散在德国、俄罗斯、美国、日本等地的国际马恩全集小组，打破了原来由苏共中央、德国统一社会党对《马恩全集》编辑权的垄断。1990年后国际合作

加强，在编辑马恩著作方面有传统的日本学者，可以自由参加编辑工作。《马恩全集》历史考证版第2版（MEGA2）这时成为纯学术性质的工作，而不是由政党领导的出版项目。现在具体承担《马恩全集》历史考证版第2版出版的是柏林—布兰登堡科学院，提供一部分出版资金，另一部分资金由德国的部分联邦州资助。日本文部省资助参加编辑工作的日本学者，他们可以通过申请编辑《马恩全集》学术研究项目而获得资助。

《马恩全集》历史考证版第2版（MEGA2）原来计划出120卷，规模最大时曾规划160卷，1995年最终确定为114卷。分4个部分，第1部分包括《资本论》以外的所有其他著作，共32卷；第2部分是各版本的《资本论》及其手稿，大部分是第一次发表，共15卷；第3部分是书信，包括马克思、恩格斯写给别人的4000多封信和别人写给他们的11000多封信，共35卷；第4部分是马克思、恩格斯阅读笔记和读书摘录以及藏书目录，共32卷。在这个版本中，《资本论》及其手稿第一次得到完整出版。通过阅读马克思和恩格斯的读书笔记和札记，读者可以了解马克思和恩格斯写作和研究的过程。马克思、恩格斯留下很多手稿、书信、笔记摘录，现在主要保存在阿姆斯特丹和莫斯科。

马克思、恩格斯生前的稿本以及手稿是这次《马恩全集》历史考证版（MEGA2）版的编辑基础。《马恩全集》历史考证版（MEGA2）的编辑原则，是完整地出版马克思、恩格斯留下的手稿、书信和著作。过去出版的俄文和德文《马恩全集》，没有完整收入马克思、恩格斯所有作品和手稿，只是有选择性地收录。这次发表的形式是采取原著的语言，原著是法语，就以法语形式出版。据统计，《马恩全集》历史考证版第2版（MEGA2）中，德文占60%，英文占30%，法文占5%，西班牙文、意大利文等其他文字占5%。与《马恩全集》历史考证版第1版（MEGA1）不同的是，《马恩全集》历史考证版第2版（MEGA2）每一卷都分正文卷和副卷，正文卷收入著作和手稿、书信、笔记等，副卷是注释和资料。有的资料部分篇幅超过正文，描述版本的谱系、手稿藏处、历史背景和历史事件、重要术语和文献索引。资料和正文互参，以展现文稿的生成过程，详细的异文表则标示出文体的细微改动。《马恩全集》历史考证版第2版（MEGA2）逐卷出版后，近年受到的关注度正在上升，在全世界的销量从90年代最低时的1000本左右，开始回升，有的卷次脱销了。近几年韩国、日本和欧美等国对马恩研究的兴趣在增长。首尔、纽约、巴黎等城市定期有相关的专题讨论。《马恩全集》历史考证版第2版的不同卷次不管在哪个国家编辑，最后都汇总到柏林做技术处理后再交付出版。（参考：魏小萍：《马克思主义研究将向更加精确和科学的方向发展——马克思恩格斯全集（Die Marx-Engels-Gesamtausgabe，“MEGA”）的研究、编辑与出版》，《马克思主义研究》2001年第4期第77～80页；赵玉兰：《〈马克思恩格斯全集〉历史考证版的诞生与发展轨迹探源》，《马克思主义研究》2013年第6期第62～73页。李庆）

《马克思恩格斯全集》中文版

Complete Works of Marx and Engels

共分为前后两版，编者是中共中央马克思恩格斯列宁斯大林著作编译局，出版者是人民出版社。马克思主义创始人马克思和恩格斯一生全部著述的汇集。第1版于1956年至1985年出版，共计50卷54册，其中第26卷共3册，第46卷共2册，外加1册《全集》第1～39卷目录。据第2版《编辑说明》，由于建国初期条件限制，第1版在翻译和编辑上存在缺点，为适应长远需要，经中央

批准，中央编译局编辑出版内容更全面、编译质量更高、可供长期使用的新版本。第2版以第1版为基础，依据《马克思恩格斯全集》历史考证版第2版（MEGA2）德文、英文、俄文版重新进行编辑和译校，计划出版70卷。《全集》第2版收入第1版未收的著作，删除第1版误收不是出自马克思和恩格斯的篇目。全部著作除个别语种外，均按原文译校。

全集分为4个部分：第1～29卷为著作卷，第30～45卷为《资本论》及其手稿卷，第46～59卷为书信卷，第60卷以后为笔记卷。同第1版相比，文献篇数和收文字数有较大的增加。《全集》各卷有《前言》，简介所收文献的写作背景和主要内容。卷末附有正文的注释、人名索引、文献索引等参考性资料。目前，第1卷2002年10月出版，第2卷2005年10月出版，第3卷1995年6月出版，第10卷1998年3月出版，第11卷1995年6月出版，第12卷1998年3月出版，第13卷1998年10月出版，第16卷2007年8月出版，第19卷2006年6月出版，第21卷2003年5月出版，第25卷2001年4月出版，第30卷1995年6月出版，第31卷1998年12月出版，第32卷1998年1月出版，第33卷2004年6月出版，第34卷2008年7月出版，第44卷2001年6月出版，第45卷2003年4月出版，第46卷2003年5月出版，第47卷2004年7月出版，第48卷2007年10月出版。（参考：中央编译局：《马克思恩格斯全集》第1卷《编辑说明》，北京：人民出版社，2002年。李庆）

《马克思恩格斯文集》中文版10卷本

Collected Works of Marx and Engels in the Chinese Edition of 10 Volumes

《马克思恩格斯文集》是马克思主义理论研究和建设工程的重点项目，是马克思主义经典著作的最新编译成果，旨在为深入学习和研究马克思主义理论提供译文更准确、资料更翔实的基础文本，以适应党在新时期用中国特色社会主义理论体系武装全党、教育人民的需要。为了编辑这部文集，经中共中央批准，马克思主义理论研究和建设工程成立马克思主义经典作家重点著作译文审核和修订课题组，由中央编译局组织实施。《马克思恩格斯文集》编为10卷，精选马克思和恩格斯在各个时期的代表性重要著作。文集内容涵盖马克思主义哲学、政治经济学和科学社会主义，以及马克思和恩格斯在政治、法学、史学、教育、科学技术、文学艺术、军事、民族、宗教等方面的重要论述，体现了马克思主义理论体系形成和发展的历史进程。

《马克思恩格斯文集》所收的著作按编年和重要专著单独设卷相结合的方式编排：第1卷收入1843～1848年著作，第2卷收入1848～1859年著作，第3卷收入1864～1883年著作，第4卷收入恩格斯1884～1895年著作；第5～7卷为马克思《资本论》的第1～3卷；第8卷为《资本论》手稿选编；第9卷收入恩格斯的两部专著《反杜林论》和《自然辩证法》；第10卷为马克思恩格斯书信选编。《马克思恩格斯文集》所收篇目的译文选自《马克思恩格斯全集》中文第一版和第二版以及《马克思恩格斯选集》中文第二版。为保证译文的准确性，课题组根据最权威、最可靠的外文版本对全部译文重新审核修订。校订依据的外文版本有：《马克思恩格斯全集》历史考证版第2版（MEGA2）《马克思恩格斯全集》德文版（柏林）和《马克思恩格斯全集》英文版（莫斯科、伦敦、纽约），部分文献参照国外有关机构按照马克思恩格斯的手稿编辑出版的专题文集和单行本。《马克思恩格斯文集》各卷均附有注释、文献索引、人名索引和名目索引，第10卷附有《马克思恩格斯生平大事年表》。课题组审核

修订原有各类资料，力求资料翔实、考证严谨。在注释部分，重新编写全部著作题注，增加对各篇著作主要理论观点的介绍，以便读者把握这些著作的要义。在对各篇著作的写作和出版流传情况的介绍中，增加对重要著作中译本出版情况的介绍，以便读者了解和研究这些著作在中国的传播情况。

马克思主义理论研究和建设工程咨询委员会认真审议《文集》的整体方案、各卷文献篇目、译文修订标准以及各篇著作的题注，提出许多宝贵意见，对提高《文集》编译工作的质量有重要作用。《马克思恩格斯文集》的技术规格沿用《马克思恩格斯全集》中文第二版的相关规定：在目录和正文中，凡标有星花*的标题都是编者加的；引文中尖括号〈 〉内的文字和标点符号是马克思、恩格斯加的，引文中加圈点处是马克思、恩格斯加着重号的地方；目录和正文中方括号 [ ] 内的文字是编者加的；未注明“编者注”的脚注是马克思、恩格斯的原注。《马克思恩格斯文集》正文约 480 万字，各种资料约 160 万字，总字数约 640 万字，编辑出版历时 5 年。在此期间，编委会以高度政治责任感全力以赴，一丝不苟，精益求精，做好篇目遴选、文献汇辑、译文修订和资料编纂等各项工作，努力使准确性和权威性的要求真正落实。2009 年 12 月《马克思恩格斯文集》正式出版发行，至 2010 年 12 月 22 日正式出版周年之际，市场销售已超过 2 万套。2011 年获得获第二届中国出版政府奖图书奖。（参考：中央编译局：《马克思恩格斯文集》第 1 卷《编辑说明》，北京：人民出版社，2009 年。李庆）

《马克思恩格斯选集》

Selections of Marx and Engels

前后共有 3 个版本，均由中央编译局编辑，人民出版社出版。各版本的出版时间是：第 1 版 1972 年，第 2 版 1995 年，第 3 版 2012 年。《马克思恩格斯选集》第 1 版在 20 世纪 60 年代已经完成编辑，没有公开出版。1972 年经重新编辑后出版，第 1 卷收录 1843 ~ 1852 年著作，第 2 卷收录 1853 ~ 1875 年著作，第 3 卷收录 1875 ~ 1883 年著作，第 4 卷收录 1883 ~ 1895 年著作。

第 1 卷收入列宁的《卡尔·马克思》和《弗里德里希·恩格斯》两篇文章作为序言。《马克思恩格斯选集》第 2 版首次节选马克思的基本著作《资本论》部分篇章，以便全面反映马克思主义哲学、政治经济学和科学社会主义的理论体系。分为四卷，第 1 卷是 1843 ~ 1859 年著作，第 2 卷是 1857 ~ 1871 年著作及《资本论》节选，第 3 卷是 1871 ~ 1883 年著作，第四卷是 1884 ~ 1895 年著作以及马克思和恩格斯的书信。《马克思恩格斯选集》第 3 版全部采用新译文，根据学术界研究的最新成果对注释、索引等进行全面修订，在保持原有 4 卷本结构基础上，适当调整篇目，撰写新的出版说明和各卷说明。《马克思恩格斯选集》第 3 版共 135.5 印张，357 万字，国际 32 开精装，定价 335 元。在明确市场定位、最大限度为广大读者服务的基础上，《马克思恩格斯选集》第三版保持第一流的编校水平和精良的印制质量，实行超常规的公益性定价，于 2012 年 9 月中旬由人民出版社出版发行。（李庆）

《马克思和自然：一种红绿观点》

Marx and Nature: A Red and Green Perspective

美国著名左翼作家、生态马克思主义者保罗·伯克特的代表著作之一，Palgrave Macmillan 出版社 1999 年出版。基本观点是：资本主义生产造成全球性的环境危机，资本积累的无限性与自然条件的有限性之间存在着根本性的矛盾，因而，绿色资本主义是不可行的，只有红绿相结合的马克思主义理论，才能提供走向绿色未来的正确指引。书中着重阐述：1. 个人的小生态系统和全球生物圈都越来越受到人类生产和消费的影响。2. 马克思的自然观具有内在的逻辑、连贯性和分析问题能力，尽管这一直没有得到人们的普遍认可。在他看来，马克思提供的方法论力量，源于他一贯把人类的社会形态和生产物质的力量相结合。马克思一方面认为生产是一个历史的概念，生产关系也是人类社会历史发展中的关系；另一方面，马克思同时坚持认为，生产作为一个社会性和物质性过程，同样也是塑造和约束自然条件的过程（包括塑造人类肉体存在的自然条件）。伯克特认为，马克思最关心的是“人的解放”，这种对人的关怀，体现在他从唯物史观的角度，用社会学的方法，对资本主义制度进行政治经济学批判，主张为建立合作的、民主的、无剥削和非市场的社会制度，必须消除或替代资本主义生产关系。（徐越）

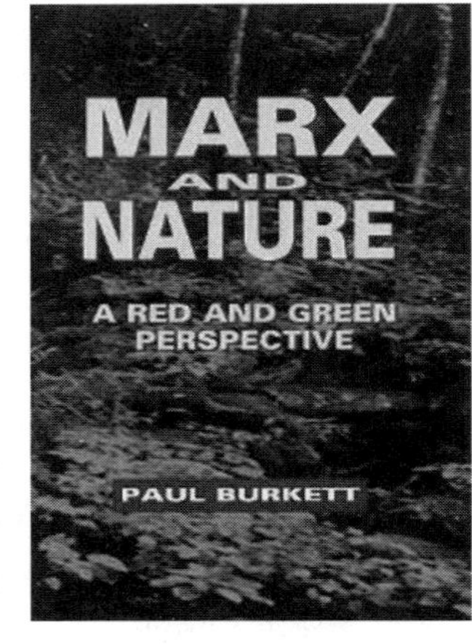

马克思人学生命观

Marx’s View on Human Life

马克思主义美学思想的重要内容之一。马克思人学的生命观以实践为人的生命的基础，人的生命既在实践中展开，又在实践中生成。实践既以人的生命生成为目的，又以人的生命活动为手段。这种实践是主观与客观的相统一、感性与理性的相统一，包含和表现人的全部心理学内容。只有这种实践唯物主义的生命观，才是社会主义者应坚持的生命哲学，以之为指导去生成社会主义新人。这种生命观不仅贯彻到社会主义文艺中，贯彻到对青年一代的人生观、价值观、审美观的教育中，而且也应贯彻于社会主义的实际生活中。建设有中国特色的社会主义事业，理所当然地应高扬这种生命精神。社会主义文艺和文化的生态建设，也应以马克思人学的生命观为理论基点。（参考：曾永成：《马克思人学生命观论略》，《成都大学学报》1996 年第 4 期第 5 ~ 9 页。王薛时）

《马克思主义和生态学》

Marxism and Ecology

德国生态马克思主义者伦纳·格伦德曼的代表性著作，牛津大学出版社 1991 年出版。书中系统阐述生态学的马克思主义，重新考量人们通常持有的观点或假设，诸如马克思主义很少谈论生态问题、马克思主义实际上使对环境的危害合法化，等等。对马克思的生态观问题没有简单地下结论，而是聚焦于那些能够用马克思的理论加以分析的生态问题，追问马克思的哪些方法至今仍具有说服力。认为要正确理解生态问题，首先需要区分自然观中的人类中心视角与生态中心视角。敏锐发现就自然主义世界观而言，每个版本都只是提出者的一种解释，而关于自然的本质究竟是什么，至今尚无定论。进一步指出，任何关于自然和生态问题的讨论，都不是没有前提的，这些前提存在于讨论者的文化背景之中，是历史的产物。在他看来，既然对自然或生态问题的定义总会必然地包含人类中心论的因素，那么接受人类中心视角也是理论研究的必要。他认为，我们可以由此形成明晰的评价标准，即对人与自然关系的衡量取决于人类的兴趣、需要和欲求。进而又对生态问题做出界定，认为它是人类作用于自然的结果，指出技术和组织的复杂性使人类的有意识活动往往不能达到其目的，从而引起生态问题。格伦德曼由此对马克思的自然观展开分析，试图发掘它在应对生态问题方面的潜力。总之，本书从经济、制度、社会等多维视角探析生态问题的成因，从人类中心主义立场阐释如何把握人与自然的关系，在重构唯物史观的基础上对人类和谐美好的未来社会做了规划。相应地，该书是生态马克思主义的经典性作品。（徐越）

马克思主义生态文化理论

Marxist Eco-culture Theory

马克思主义生态文化是在生态学原理的基础下确定生态主体和生态客体，进而探讨生态主体和生态客体之间辩证关系，从而揭示生态文化中的文化价值与自然价值的理论。马克思主义生态文化理论谋求经济、社会与自然的和谐发展以及人与自然的和谐共生，以实现全人类共同利益为最终目标。马克思主义生态文化将具有主观能动性的人作为生态主体，生态客体即是人类劳动和实践的对象。马克思主义生态观在承认人是自然界产物的基础之上强调人对自然物的能动改造作用，通过劳动，人赋予自然之物以社会属性，而作为生态主体的人也在实践劳动中不断认识自我、发展自我。生态主体与生态客体因此在人类实践中达到了辩证统一。因此马克思主义生态观不仅反对过度控制和剥削自然界的“人类中心主义”，也反对片面强调自然界及其物质功能和作用的自然主义观点。对于自然界及其物质尤其它的固有价值，人应该在承认并且尊重它的基础上认识和利用自然规律来创造物质、精神财富。根本来说，人与宇宙万物都处于同一个自然——社会生态系统之中，二者相互作用和影响，在辩证矛盾运动中共同发展，并且遵循相同的生态规律。（参考：徐民华等：《马克思主义生态思想与中国生态制度建设》，《江苏行政学院学报》2011年第5期第92～96页。欧阳文川）

马克思主义生态学

Marxist Ecology

对马克思主义生态学这一术语的意涵，目前国内学界尚无一致定义。许多情况下，国内学者常常把马克思主义生态学和生态（学）马克思主义作同义理解。严格讲，马克思主义生态学是指马克思主义理论体系中的生态学思想的总和，而生态（学）马克思主义则是指通过阐述马克思主义理论及其传统对于人类目前面临的生态环境难题相关性，构建出广义生态社会主义研究主要理论基础的一种当代西方马克思主义思想流派。因此，二者不能作完全等同理解。马克思主义生态学既包含了对经典马克思主义中生态学思想的整理挖掘和提炼汇总，也体现了不同时期马克思主义理论家和学者从马克思主义基本理论出发，借鉴和吸纳生态学的思想理念，妥善处理人与自然的矛盾、促进人与自然协调发展所做的理论建树。马克思以人的自由全面发展和实现共产主义社会为最终目标，把实现人的解放和自然的解放的统一作为最终目的。无论是马克思、恩格斯本人，还是后世的马克思主义理论家和学者，他们提出或重新阐释的马克思主义理论中所蕴含着的生态学思想，都可以将其归纳或称为马克思主义生态学。（徐越）

马克思主义自然观

Marxist View of Nature

马克思之前西方自然观经历了古希腊有机自然观、中世纪神学自然观、近代的机械自然观。马克思的自然观实现了哲学范式的革命。马克思自然观的核心是人与自然的关系。马克思一贯主张，哲学关注的应该是现实的自然，而不是抽象的自然。马克思的自然概念既指感性的自然、人化的自然、历史的自然、人类学的自然、价值的自然，又指人周围的自然和人自身的自然。马克思视域中的自然界是在人类社会实践中生成的自然界，是属人的自然，是人的现实的自然界；人与自然的关系不是抽象的人与抽象的自然界的关系，而是现实的人与现实的自然界的关系；人与自然关系的真正解决要以人与人关系的解决为前提；只有在未来的共产主义社会，才能消除人与自然的异化、实现人与人、人与自然的和解。（牟世晶）

马克思自然观特征

Characteristics of the Marxist View of Nature

马克思自然观与其他自然观相区别的地方在于，它既不同于传统的唯物主义者，采取独断论的方式论述“自然是什么”，或者“人和自然的关系如何”，也不像唯理论者那样从人的理性也就是人的抽象的本质出发，而是从人的现实的本质、人自身，人把握世界的唯一永恒的立脚点出发。人永远只能凭借自身的活动才能认识自然，并阐述人与自然的关系。这种从人的本质到人与自然的关系再到现实的自然的本质，是马克思自然观的独特思路。首先，劳动是不以一切社会形式为转移的人类生存条件，是人和自然之间的物质变换即人类生活得以实现永恒的内在必然性。其次，人又是类存在物。马克思首先通过人自身的劳动，其次通过人类的本质确立人同自然的关系，最后从确立人同自然关系的方法中以及由此所得出的结论中确立自然是什么。（牟世晶）

马克思《1844年经济学哲学手稿》

Economic and Philosophical Manuscripts of 1844

马克思《1844年经济学哲学手稿》，又称《巴黎手稿》，由3个未完成的手稿组成。这些手稿反映了当时马克思在经济学和哲学方面的研究成果。马克思在这里第一次试图从唯物主义和共产主义的立场出发，对资本主义经济制度和资产阶级经济学进行批判性考察，综合阐述自己的新的哲学、经济学观点和共产主义思想。马克思时年26岁。这是马克思主义科学世界观形成阶段的重要著作。马克思生前未发表，且部分原稿已佚失。在这部《手稿》中，马克思在分析资产阶级经济学理论时，对经济学理论的发展作了唯物主义解释，把这种发展看作现实经济关系演变的反映。他肯定亚当·斯密和李嘉图等资产阶级经济学家的功绩，又批判他们的形而上学方法，揭露他们为资本主义制度辩护的立场。马克思在《手稿》中详尽论述异化和异化劳动的问题。异化概念在马克思以前的德国哲学著作中曾广泛使用过。马克思首先把异化同私有制的统治和私有制统治下的社会制度联系起来，用异化分析劳动与资本的关系。他指出，在私有制统治下，“劳动所生产的对象，即劳动的产品，作为一种异己的存在物，作为不依赖于生产者的力量，同劳动相对立”，“对对象的占有竟如此表现为异化，以致工人生产的对象越多，他能够占有的对象就越少，而且越受他的产品即资本的统治”。劳动的异化不仅表现在工人同劳动产品的关系上，而且表现在工人同生产行为本身的关系上：“劳动对工人说来是外在的东西，也就是说，不属于他的本质的东西”；在这种劳动中，工人“不是感到幸福，而是感到不幸，不是自由地发挥自己的体力和智力，而是使自己的肉体受折磨、精神受摧残”；“这种劳动不是他自己的，而是别人的；劳动不属于他”。马克思还指出：异化劳动既然夺去了人的生产的对象，也就夺去了人所固有的真正的人的生活；人同他的劳动产品、他的生命活动、他的类本质相异化的直接结果就是人同人相异化，人同他人相对立。马克思分析异化劳动的产生以及它同私有财产的关系，强调指出，要消灭异化劳动、结束人的相互异化，必须废除私有财产，“而要消灭现实的私有财产，则必须有现实的共产主义行动”。马克思批判“粗陋的共产主义”即空想的平均共产主义时，提出自己对于共产主义的观点：“共产主义是私有财产即人的自我异化的积极的扬弃，因而是通过人并且为了人而对人的本质的真正占有；因此，它是人向自身、向社会的（即人的）人的复归，这种复归是完全的、自觉的而且保存了以往发展的全部财富的。这种共产主义，作为完成了的自然主义，等于人道主义，而作为完成了的人道主义，等于自然主义，它是人和自然界之间、人和人之间的矛盾的真正解决，是存在和本质、对象化和自我确证、自由和必然、个体和类之间的斗争的真正解决。”他的这种思想使用费尔巴哈的哲学术语表述，但已包含对科学共产主义的基本理解。

在《手稿》的最后部分，马克思专门用一章来谈如何对待黑格尔辩证法的问题。马克思利用费尔巴哈的积极成果，站在彻底的唯物主义立场上对黑格尔哲学进行批判。他对黑格尔哲学的合理成分和保守方面已经有比较成熟的看法。他着重批判地分析黑格尔的《精神现象学》，认为《精神现象学》是“黑格尔哲学的真正诞生地和秘密”，是理解黑格尔哲学奥秘的关键。马克思揭示《精神现象学》的伟大成果在于它在阐述异化的各种形式时提供“推动原则和创造原则的否定性的辩证法”。同时批判黑格尔的唯心主义，指出黑格尔讲的异化的不同形式，无非是意识和自我意识的不同形式。马克思还揭露黑格尔的阶级局限性，指出黑格尔虽然站在现代政治经济学家的立场上，把劳动看作人的本质，但“他只看到劳动的积极的方面，而没有看到它的消极的方面”，因此，黑格尔不能运用他的辩证法揭示资本主义社会的矛盾并预见到资本主义灭亡的必然性。（参考：中央编译局：《马克思恩格斯全集》第42卷，北京：人民出版社，1979年。李庆）

马克思《1857 ~ 1858年经济学手稿》

The Critique of Political Economy（1857-1858 manuscripts）

马克思在1857年7月到1858年5月写的一系列经济学手稿，被统称为《1857 ~ 1858年经济学手稿》。这一系列手稿中，除了著名的《〈政治经济学批判〉导言》外，就是以“政治经济学批判”为题的手稿正文，通常被称为《政治经济学批判（1857 ~ 1858年手稿）》。《手稿》写在马克思自己标明的Ⅰ—Ⅶ的7个笔记本上，主体内容包括《货币章》，从第Ⅰ笔记本第1页到第Ⅱ笔记本第7页；《资本章》，从第Ⅱ笔记本第8页到第Ⅶ笔记本第62页。最后，马克思又写了《价值章》，第Ⅶ笔记本第63页，并在《价值章》前写上“Ⅰ”，表示这是第一章，回过头来在《货币章》前写上“Ⅱ”，在《资本章》前写上“Ⅲ”，表示它们分别为第二章和第三章。《价值章》只写了1页，以商品范畴为逻辑起点。《手稿》还包括马克思为自己以后写作方便而编写的手稿索引和提要。这些索引和提要，对我们现在理解手稿的结构有很大的帮助。

《手稿》实现了马克思经济学的重大转折：1. 马克思从对现存的经济学理论批判为主的研究向以经济学体系构建为主的理论叙述的转变。以《手稿》为起点，开始以叙述为主的经济学发展的新阶段，如从《导言》开始、从批判巴师夏和凯里开始或从批判达里蒙货币理论开始的连续尝试，一直到确立以商品范畴为逻辑起点的过程，都反映马克思经济学发展的这一重大变化。这一重大变化的直接成果是出版于1859年的《政治经济学批判》第一分册，最重大的成果是出版于1867年的《资本论》第一卷德文第1版。2. 提出《政治经济学批判》“六册结构”的恢宏构想，这是上述转变的集中体现。在《导言》中，马克思第一次提出关于《政治经济学批判》的“五篇结构”，大约在1858年初，在“五篇结构”的基础上，马克思提出《政治经济学批判》的“六册结构”。在“六册结构”中，第一册《资本》又分作四篇：一是《资本一般》篇，对资本的最抽象、最本质的规定性的研究；二是《竞争》篇，即相互竞争的许多资本之间的关系；三是《信用》篇；四是《股份资本》篇，股份资本是资本的最高的形式，是包含着扬弃自身的资本形式。《手稿》是马克思按“六册结构”撰写他的经济学著作的第一次尝试。3. 第一次对劳动价值论、剩余价值论和资本主义经济运动趋势理论做系统论述，特别是完成了劳动价值论的科学革命，首次提出剩余价值范畴，初步阐述剩余价值的来源、生产方式、流

通过程和资本主义经济危机等重要问题，成为马克思经济学理论创新的重要标识，奠定《资本论》理论大厦的基石。

《手稿》不仅在马克思经济思想的历史发展中有着重要的地位，而且在马克思整体思想的发展中也有着重要意义。《手稿》涉及马克思关于哲学、政治学、社会学、历史学的一系列重要理论观点，许多重要观点在马克思以后包括《资本论》在内的著述中，没有再度出现或没有再次直接论及。《手稿》无疑是探索“中年马克思”整体思想及其内在联系的历史档案和重要文献。1.《手稿》提出的人的发展的三大形式，是以人为主体的社会发展观，是马克思关于经济的社会形态演进理论的重要内容。《货币章》指出，在社会生产过程中，根据社会条件的变化，作为生产主体的人的发展，第一大形式以人的依赖关系为特征。这时，人的生产能力只是在狭窄的范围内和孤立的地点上发展着，人直接从自然界再生产自己。第二大形式是以物的依赖性为基础的人的独立性的形成特征。这时，一方面生产中人的一切固定的依赖关系已经解体；另一方面毫不相干的个人之间的互相的全面的依赖，构成人们之间的社会联系，这一联系的纽带是普遍发展起来的产品交换关系。第三大形式是以自由个性发展为特征。这一社会形态中的自由个性，具有两方面的规定性：一是个人的全面的发展；二是人们共同的社会生产能力成为他们共同的社会财富。第三大形式的发展是以上述第二大形式的发展为基础的。2.《手稿》考察了前资本主义社会的各种所有制形式，主要如亚细亚的所有制形式、古代的所有制形式、日耳曼的所有制形式等，展示了马克思理解世界历史的理论视阈，彰显马克思对东方社会理解的理论意蕴。3.《手稿》对异化劳动和资本、机器体系和科学技术的资本主义使用方式和劳动过程的异化、资本主义的普遍化趋势与异化以及对异化和经济社会危机等问题的论述，是青年马克思思想的赓续，也是理解当代资本主义社会关系本质的理论指南。4.《手稿》对科学技术是生产力的重要判断、对机器体系的发展及其社会应用意义的理解，凸显马克思对科学技术革命社会意义的准确判断，对自动化时代人类文明进步与挑战的天才预测，是马克思留下的弥足珍贵的理论遗产。5.《手稿》对未来共产主义社会的预测，特别是对人的自由而全面发展理论的阐述，对人的现实关系和观念关系的全面性的探讨等，成为全面理解马克思关于未来社会理论的必修读本。（参考：顾海良：《通向〈资本论〉的思想驿站——读〈政治经济学批判（1857～1858年手稿）〉》，《高校理论战线》2012年第3期。李庆）

马萨诸塞州绿党

Massachusetts Green Party，MGP

马萨诸塞州绿色团体在20世纪80年代开始参与地方选举，获得不错的成绩。作为组织化的政党组织，马萨诸塞州绿党成立于1996年，在2001年正式注册为合法的政党。1996年联邦大选中推选查尔斯·劳斯（Charles Laws）参选联邦众议院的竞选，推选全国绿党候选人拉尔夫·纳德参加总统选举。1998年绿党促成《清廉选举法案》全民公决通过，使得马萨诸塞州成为美国第四个实施竞选公共资金制度的联邦州。在2011年地方选举中，绿党的11个候选人中有7人成功当选。2001年马萨诸塞州绿党与该州的彩虹联盟党合并，组建绿色—彩虹联盟党（GRP）。马萨诸塞州绿党是美国绿党中发展最快、选举表现最好的绿党之一。基本政治目标是推动市镇层面绿党发展，实施绿色政治的十大政治原则。基本政策主张包括：捍卫公民自由、建立公正和可持续发展的绿色经济、促进社会正义、保障人权、建立公平的司法制度等。（王聪聪）

马萨诸塞州绿党组织结构

The organizational structure of MGP

马萨诸塞州绿党的组织领导结构，主要包括三个机构：州党代会（state convention）、州委员会（state committee）和州管理委员会（state administrative committee）。绿党州党代会是最高决策机构。与绿党的基层民主原则相一致，党代会呈现出基层民主、非正式和多样化的政治风格，党代会很多决议的通过都是践行“全体一致同意的过程”。州委员会有 60 名成员，按 12 个郡县绿党投票人的数量进行分配。州委员会负责绿党主要政策和决定的制定，一般每年召开三次会议。州管理委员会主要负责处理绿党日常管理事务，由 12 名代表组成，其中 7 名成员由年度党代会选举产生，包括两名主席、财务主管、秘书、联系通讯员、成员发展员、集资员，其他 5 名成员是州委员会成员中的区域代表。马萨诸塞州绿党党内还有专业的工作委员会。（王聪聪）

马世骏

Ma Shijun，1915 ～ 1991

山东兖州人，生态学家，1937 年毕业于北京大学农学院生物系，1948 年获美国犹他大学研究院科学硕士学位，1950 年获美国明尼苏达大学研究院哲学博士学位。历任中国科学院环境科学委员会主任、动物研究所研究员、生态学研究中心筹备组组长，1980 年当选为中国科学院院士（学部委员）。1952 年 1 月创建国内第一个昆虫生态学研究室，通过研究东亚飞蝗生理生态学、黏虫越冬迁飞规律、害虫种群动态及综合防治理论，提出“改治结合、根除蝗害”“种群变境成长”以及系统防治等观点。1972 年以来将研究领域从昆虫生态学扩展到系统生态学领域，重点研究生态系统理论在环境保护和工农业建设中的应用。20 世纪 80 年代以来将生态学研究重心从自然生态系统扩展到以人类为中心的人工生态系统。在环境污染治理和生态环境保护方面，提出生态经济学设想、经济生态学原则等一系列观点。作为一位活跃的科学家和卓越的科学组织者，创建中国生态学会和中国科学院生态环境研究中心，参与创建中国环境科学学会、中国经济生态学会，创办《生态学报》并任主编。主要论著有：《昆虫动态与气象》（1957）《黏虫蛾迁飞的生理生态学背景》（1963）《昆虫种群的空间、数量、时间结构及其动态》（1964）《中国东亚飞蝗蝗区的研究》（1965）《中国主要害虫综合防治》（1979）《生态规律在环境管理中的作用——略论现代环境管理的发展趋势》（1981）《经济生态学原则在工农业建设中的应用》（1983）《生态工程——生态系统原理的应用》（1983）《社会－经济－自然复合生态系统》（1984）《现代生态学透视》（1990）等。（石艳峰）

马太效应

Matthew Effect

指强者愈强、弱者愈弱的现象。反映在经济学中是贫者愈贫，富者愈富，赢家通吃的收入分配不公的状况。马太效应对于经济发展有很大影响，发展比较好的产业、企业能够更快、更多地获得资源，潜力暂时还未发挥出来的产业、企业，尽管本身蕴藏巨大发展潜能，但往往更难得到所需资源和应有重视。扩展到生态环境方面，在现实经济的系统运行中，不合理经济发展观对生态环境和经济环境都有极大破坏作用。马太效应会使这种危害进一步扩大化。我国经济发展应回归理性分析，摒弃经济指标至上的发展观念，坚持经济健康稳定、可持续的发展观，改变不合理的生产消费模式，树立不破坏生态环境的环保意识，做到人与自然为同一个整体，应当和谐共处，从而避免马太效应带来的不良影响。（蔡越）

马特·里德利

Matt Ridley

英国人，《理性乐观派》作者。原是全球气候变暖的坚定支持者。但随着气温（上升 0.5℃ / 过去 40 年）、海平面（上升 1 英尺 / 每 100 年）完全没有预测那样快速上升，极端恶劣天气发生频率也没有达到预测的程度，发现预测气候快速变暖的数学模型存在着巨大不确定性。看到气候变暖科学家对那些气候造假无动于衷，开始转为气候温和派。现在认为，全球变暖确实存在，人的主观因素占主要部分；地球将继续变暖，但不再认为是巨大的威胁。（席溢）

马藤·哈杰尔

Maarten Hajer，1962 ～

荷兰政治科学家、城市和地区规划专家，阿姆斯特丹大学公共政策教授。获得牛津大学政治学博士学位，20 世纪 90 年代初在荷兰莱顿大学

公共政策和法律中心做研究学者，1993 ～ 1996 年在慕尼黑大学担任教职（与乌尔里希·贝克合作），之后担任荷兰政府政策科学理事会的资深研究者。哈杰尔 2008 年被荷兰政府内阁任命为荷兰环境评估机构主管，2014 年 9 月被任命为鹿特丹国际建筑双年展总负责人。作为生态现代化理论的提出者之一，对环境保护与经济增长不相容性的理论假定进行反思，强调环境与发展之间可以呈现兼得或共赢的共生性关系。出版十多部著作，有《环境话语的政治》（1995）《与自然同生存》（1999）《寻求新的公共场域》（2002）《审议性政策分析—理解网络社会的治理》（2003）《威权治理：媒体化时代的政策制定》（2011）等。（徐越）

马歇尔·麦克卢汉

Marshall McLuhan，1911 ～ 1980

20 世纪原创媒介理论家。1933 年在加拿大曼尼托巴大学获得文学学士学位；1934 年在同一所大学获得硕士学位；1942 年获得剑桥博士学位。一生勤于学问，从工科—文学—哲学—文学批评—社会批评—大众文化研究—媒介研究的学科转向，成为 20 世纪重要媒介思想家之一。在对传播的研究中进行独特探索，试图从艺术的角度而不是用实证方式解释媒体本身，得出媒介就是讯息、媒介是人体的延伸等对后世影响深远的结论。欣赏诗歌语言的艺术特征，在著作中多处存在诗歌的影响。认为在技术特别是传播技术飞速发展的新时代里，人们如果不想成为文盲的话，必须采取艺术家的态度。1964 年出版《理解媒介》，在书中写道：“在我们这样的文化中，长期以来已经习惯于把所有的事物都分裂和切割，以此作为控制事物的手段，如果有人提醒我们说，在事物运转的实际过程中，媒介就是讯息，我们难免会感到吃惊……严肃的艺术家是仅有的能够在遭遇新技术时不会受到伤害的人，因为这样的人是认识感觉变化方面的专家。”（张惠娜）

马歇尔冲突

Marshall Conflict

由英国经济学家马歇尔的《经济学原理》中的两个观点的冲突发展而来。马歇尔认为自由竞争会导致生产规模扩大，进而提高市场占有率，

最终形成垄断，而垄断的发展会阻止竞争，减少企业活力造成资源的不合理配置。矛盾发展为市场竞争与经济规模之间寻找有效、合理的平衡，获得更高的生产效率。自马歇尔冲突提出以来，各国经济学家进行不懈的努力与探索，为解决这一矛盾提出各自的理论，最终形成产业组织理论。（代富宇）

马修·帕特森

Matthew Paterson

加拿大著名国际环境政治与政策学者，渥太华大学政治系教授。生年不详。研究领域为环境政治学、低碳资本主义与气候资本主义。与英国苏塞克斯大学国际关系学教授彼得·纽厄尔一起，对气候资本主义理论进行系统阐述。认为对于气候（低碳）资本主义而言，脱碳的能力将取决于其导向低能源和低碳能源投资的能力，同时还要处理好合法性的挑战。这些挑战不可避免地来自这种将全球金融作为管理碳排放手段的依赖。就全球气候变化管治的发展而言，无论是在《联合国气候变化框架公约》之下，还是最终超越这一框架，成功的关键在于它是否能够创造有利的环境，使全球经济转变为与强调气候变化相容的气候资本主义制度。或者，低碳市场只是取向与应对气候危机的诸多努力不相容的经济制度中的孤立性存在。代表著作是《全球变暖和全球政治》（1996，与 Routledge 合著）《理解全球环境政治》（2001）。（徐越）

玛丽·戴利

Mary Daly，1928 ~ 2010

西方女性主义学者、神学家和语言学家。一生致力于批判传统父权制和父权制的宗教观念，1968 年出版第一部著作《教会与第二性》，从此拉开对传统神学妇女观的挑战。1973 年出版的著作《天父之外：通向妇女解放的哲学》认为，一切组织化的宗教都是父权的派生物，无一例外都贬抑女性。1978 年出版最为著名的《妇科 / 生态学》中，讨论女童割礼、裹脚和女巫迫害等一系列问题。该书是最早鞭挞性别暴力和文化暴力的开拓性著作，以女性主义的视角分析传统的父权制语言。在另外的著述中，从女性主义视角和用一语双关的语言技巧，阐述批判传统宗教的女性地位歧视。（徐越）

玛丽·梅洛

Mary Mellor

20 世纪 70 年代以来逐渐兴起并发展的生态女性主义思潮主要代表人物之一。生年不详。以梅洛为代表的生态女性主义者试图将女性主义与环境主义相结合，在社会政治理论与环境新社会运动理论两方面均有贡献。代表著作是：《女性主义和生态学》（1997）《打破边界：走向一种女性主义的绿色社会主义》（1992）。（徐越）

玛丽琳·韦尔林

Marilyn Waring，1952 ~

新西兰女性主义学者、政治学家，奥克兰理工大学公共政策学院教授。1988 年在《无稽之谈》一书中对凯恩斯经济学提出生态女性主义的批评。此外，在女性主义经济学方面有诸多建树。1998 年发表著作《如果把女性计算在内》，为现代经济学提供女性主义的分析方法，批判现代经济中对女性从事劳动以及对自然价值的忽略，该书被誉为女性主义经济学科的开山之作。（徐越）

玛利亚·麦斯

Maria Mies，1931 ~

德国科隆应用科学大学社会学教授，德国生态女性主义者。曾多年在印度工作，从 20 世纪 60 年代起致力于妇女研究，从事妇女运动。1979 年在海牙社会研究中心成立妇女与发展计划项目。主要著作包括：《印度妇女和父权制》（1980）《父权制和世界范围内的扩展》（1986）《女性：最后的殖民地》（1988）《生态女性主义》（1993）等。（徐越）

玛塞尔·威森伯格

Marcel Wissenburg，1962 ~

荷兰奈梅亨大学政治理论教授，1994 年获得博士学位，公共管理和政治科学学院院长、学术委员会主席。在瓦格宁根大学、基尔大学担任教授，担任多个期刊和基金项目的编委和评审人。

研究领域众多，包括绿色自由意志论，涉及比较作为环境哲学的自由主义和自由意志论的优点和缺点；政治多元化和道德多元主义，体现在他的《政治多元主义和国家》中。认为尽管民族国家是政治学的核心单位，但现在需要改进，它的合法权利正由国际机构、市民社会等的非政治组织和自治区所削减。但是，国家概念在政治理论和政治科学中仍是自由民主价值社会的基础。这其中涉及的问题是，如果国家权力分化的话，谁能够保证社会正义？社会正义是否需要传统国家？政治多元是不值得期待的吗？此外，还关注动物伦理与政治学和人工生命等。主要著作包括《政治动物和动物政治》《政治多元主义与国家：超越民主》《自由民主和环境保护：环境主义的终结》《环境政策的欧洲话语》《自由民主的可持续：生态挑战与机遇》《公民政治和公民社会》等。（徐越）

迈克尔·巴枯宁

Michael Bakunin，1814 ~ 1876

世界无政府主义运动的重要领袖和开创者。巴枯宁与马克思同为国际共产主义运动“第一国际”领导人，后因信仰不同分道扬镳，导致“第

一国际”分裂。生于俄国贵族家庭。因领导革命暴动，一生中无数次被各国政府监禁、流放，饱受身心迫害与摧残。代表著作有《上帝与国家》《国家主义与无政府》。与马克思相比，巴枯宁理论上有缺憾和不足。他作为积极投身社会运动、为人类解放事业呕心沥血的革命前辈，在现代无政府主义者心目中的精神领袖地位值得承认和尊敬，尽管当代无政府主义的信条中明确反对任何偶像崇拜。（徐越）

迈克尔·波特假设

Porter Hypothesis

迈克尔·波特（Michael Porter，1947 ~ ）是哈佛大学商学院著名教授，当今世界上少数有影响的管理学家之一。新古典经济学认为，环境保护会增加企业生产的成本，降低企业的竞争力，对经济增长产生负面效应。迈克尔·波特等学者认为，适当的环境规制可以刺激企业进行创新，提高企业的竞争力，从而获得国际市场优势。这就是波特假说。基本观点是，严格的环境政策可以促进企业进行技术革新，虽然这在短期内会提高企业成本，但从长期来看，特别是这一政策革

新扩展到国际层面的话，企业最终可以抵消环境保护带来的成本，提高生产力和产品质量，增加市场竞争力，实现产品的国际竞争优势。相应地，波特假说强调政府在协调经济增长和环境保护政策中的巨大作用。（徐越）

迈耶·扎尔德

Mayer Zald，1931 ~ 2012

美国著名社会学家，社会运动理论的资源动员学派的创立者和主要代表人物之一，生前担任密歇根大学社会学教授。主要研究领域是社会动员、社会组织以及作为自然与人文科学的社会学研究。与罗伯特·埃什并称为社会动员理论的创立者，与麦卡锡、甘姆森、奥博肖尔和蒂利等人同属资源动员学派的主要代表。主要代表作有：《资源动员与社会运动》（1977，与麦卡锡合著）《有组织社会中的社会运动（文集）》（1987，与麦卡锡合著），等等。2007 年，扎尔德、麦卡锡应邀访问中国人民大学社会学系，并发表纪念二人学术合作 30 周年的学术演讲。（徐越）

《满足的极限》

The Limits to Satisfaction

生态马克思主义者威廉·莱斯 1974 年出版的著作，详细考察资本主义市场经济条件下的人类需要问题，激烈批判“将需要的满足完全导向于对商品的消费”的需要观对人本身、社会和自然所造成的种种危害，通过对需要和商品关系的全面阐述，探讨建立新的需求结构和社会制度的构想。认为人的需要由具体的社会关系和经济现实决定。在不同的社会关系中，人的需要有非常大的不同。莱斯认为，资本主义市场以生产的无限增长和高消费的生活方式为主要特征，这种特征通过经济高压和意识形态灌输等途径被提升为普遍理想。在这种市场经济已经存在或正在形成的社会里，首要的信条是经济应该持续增长以便为消费者提供更多的商品种类，首要的关注是充足的能源和物质资源的数量支持。这种需要对于自然环境有巨大影响，也对人自身、社会和自然带来巨大的破坏性作用。在发达资本主义市场经济中，商品表现为客观和附加特征的复杂统一体。附加的特征是那些人们相信存在于事物中的特征。这种相信产生于个人熟悉的通过广告和其他消费者的观点传递的关于事物的大量信息。这样，人的满足通过不断地挑选附加在商品上的符号实现。因此，人的真正的需求已经被遮蔽，更谈不上得到真正的满足。虚假的需求没有极限，科学技术在符号消费当中不再关注人的真实需求，而是不断开发新产品，把人的真正的需求、社会的发展和自然引向灾难的边缘。莱斯认为，应该建立新的需要结构，将人的需要的满足从消费领域转移到生产领域；社会层面改变以高消费生活模式和经济无限增长的市场经济，建立易于生存的社会；在人与自然的关系方面，要实现从控制自然向尊重自然的转变。在莱斯看来，人的需求是多方面的，不应该把人的需求仅仅建立在消费的基础之上，人的满足最终是由生产而不是消费来实现的。（徐越）

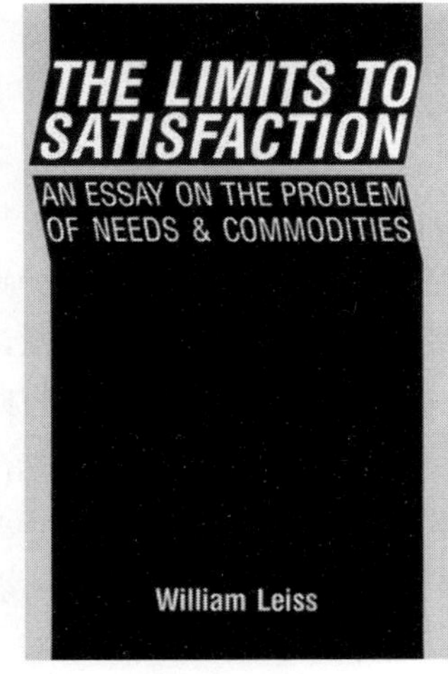

满族生态文化

Manchu Eco-culture

满族先民笃信萨满教，坚信自然界中的万事万物都有自己的神灵。万物有灵观念支配满族的社会生产与生活。这种自然宗教观念的存在，微妙牵动满族先民与自然之间的关系。人们从对神灵的崇拜和敬畏延伸到对自然万物的尊崇之情和感恩意识，由此满族社会的原始环保理念应运而生。满族人以自然界的自然物作为衣食之源。萨满教中关键要素是自然界。满族萨满祭祀的中心是堂子祭天。对神圣天穹的崇拜是满族世代传承的古老习俗。满族萨满跳神是萨满仪式的重要内容之一。萨满跳神蕴含充足的萨满文化意蕴，具备高度的艺术性与审美性，其中模仿动物形态最为典型。萨满在请神环节表演中，会根据不同神灵的特征进行形态各异的表演。满族萨满取之于自然，用之于自然，在与自然的和谐对话中寻求生存的办法和解决之道。（牟世晶）

曼库尔·奥尔森

Mancur Olson，1932 ~ 1998

美国著名经济学家和社会学家，美国马里兰大学经济学教授。对制度经济学多有贡献，如私有财产、税收、公共财产、集体行动、合同权利

等的研究。关注参与利益集团的成员背后的支撑逻辑。提出只有存在着独立和个别性的诱因，才能激励一个理性的个体在潜在群体中采取有组织方式的行动。利用集体行动逻辑分析国家的兴衰，指出小的分散的联合组织会慢慢组建，游说影响政策，随着这类组织越来越多，国家负担开始变重，经济随之下行，导致国家衰落。在《权力和繁荣》中，区分不同类型政府（独裁政府、混乱政府及民主政府）导致的经济效应。为表彰奥尔森在经济和政治科学方面的贡献，美国政治科学联合会引入奥尔森奖，用于表彰最佳政治经济学博士学位论文获得者。主要著作包括《国家兴衰探源》《集体行动的逻辑》等。（徐越）

毛南族生态文化

Maonan Eco-culture

毛南族生活在云贵高原东南麓，在长期历史发展中逐渐形成鲜明独特的生活习惯。他们习惯同宗聚居，村落依山而建，住房一般分上下两层，上层住人，下层关养牲畜和堆放杂物，保持干栏建筑的特点。他们历来以农为主，田峒区以大米为主食，山区则以玉米为主食，辅以红薯、芋头、小米、南瓜等。他们生活清苦，依山区所产制作毛南粥、甜红薯等富有山区特点和民族特色的食品。毛南人喜欢吃酸，有百味用酸的传统习惯。毛南族传统服饰与附近壮族大同小异，男女均喜欢穿着蓝色和青色的大襟和对襟衫。毛南族与壮、汉等民族共过春节、清明节、中秋节等节日，还有本民族持有的分龙节或称庙节，每年农历五月择日举行一至两天的庆祝活动。多礼好客是毛南人的传统美德。人们相遇，不论相识与否都予以热情招呼；来了客人，让出最好的卧室，竭力以最好的饭菜款待。毛南族传统生态文化表现在：第一，毛南族精神文化领域内的生态伦理文化，包括宗教信仰、文学艺术、民俗文化等；第二，毛南族制度文化领域内的生态伦理文化，包括禁忌制度、村规民约、法律制度等。（牟世晶）

茂物目标

Bogor Goals

1994 年 11 月 15 日在印度尼西亚茂物举行的亚太经合组织第二次领导人非正式会议上通过的《茂物宣言》，确立在亚太地区实现贸易和投资自由化这一长期目标，充分考虑到成员之间经济发展的巨大差异，规定亚太经合组织内发达经济体在 2010 年、发展中经济体在 2020 年实现贸易和投资自由化。依此，茂物目标成为亚太经合组织推进地区经济一体化努力的方向。茂物目标不具有强制约束力，是 APEC 会议进程的中心性工作。1995 年 APEC 大阪会议通过的《执行茂物目标的大阪行动议程》（《大阪行动议程》），重申实现茂物目标的两个时间表，阐明贸易投资自由化和便利化的一般原则，同时规划重点推行贸

易自由化和便利化的15个具体领域。然而，贸易和投资自由化的茂物目标，到目前为止并未实现。造成不能按期实现的最主要原因，是各成员国之间发展水平差距较大，可以接受的开放程度不同。（申森）

梅达·帕特卡尔

Medha Patkar，1954～

印度著名的社会活动家、环境主义者和社会改革者。环境非政府组织拯救纳尔默达运动的主要创建者和领导者，全国人民运动联盟的创始人，

人民进步联盟组织的创立者。世界水坝委员会的成员，关注全球大型水坝项目的环境、社会与经济影响。2004年加入印度平民党，开启政治生涯。通过全国人民运动联盟和人民进步联盟组织，为印度的环境保护事业做出杰出贡献，因此获奖无数。1991年获得正确生活方式奖；1995年获得英国BBC颁发的最优国际政治活动家的绿丝带奖；2014年获得特雷莎修女社会正义奖。（王聪聪）

媒介产业

Media Industry

指由媒介传播行业组成的产业群。适应传播活动形成的庞大知识产业系统，包括传统传媒产业和电子媒介产业。有：印刷媒介的报纸、期刊、图书，电子媒介的广播、电影、电视、电信以及其他传播媒介部门。由于电子媒介的应用与普及，电子媒介产业使传播事业迅猛发展，媒介产业规模日趋庞大。媒介产业化是涉及整个传播产业管理、体制、机制、内容、方式等的系统工程。（张惠娜）

媒介管理体制

Media Management System

指媒介的所有权和经营机制以及关于传媒的法律和管理制度。国家媒介管理体制反映该国政治、经济、社会甚至地理特征。由于中西方在政治体制、经济体制和文化传统方面存在差异，传媒管理体制存在着不同。西方发达国家传媒管理体制建立在成熟的市场经济体制上，我国的传媒管理体制依然带有计划经济的烙印。（张惠娜）

媒介环保意识

Environmental Awareness of Media

传播者与受传者间沟通和信息交流持有的关爱自然、协调人类与社会发展的价值观念。媒介对环境和环境保护的认识水平和程度，是媒介为保护环境不断调整自身活动和社会行为，协调人与环境、人与自然相互关系实践活动的自觉性。包括两个方面：一是媒介对环境的认识水平，即环境价值观念，包含有心理、感受、感知、思维和情感等因素；二是媒介保护环境行为的自觉程度。两者相辅相成，缺一不可。（张惠娜）

媒介批评

Media Criticism

指基于人的传播活动对媒介现象进行的价值评判和反思性活动，实质是对大众传媒产品以及大众传媒本身进行的是非、对错、好坏、正误、美丑、善恶或者在这些两分之外的价值判断。媒介批评是理论思维，依托思想理论对媒介进行分析，分析中包含价值判断。媒介批评的对象包括新闻媒介、媒介现象、媒介行为、媒介从业者和媒介产品。对新闻媒介的批评侧重于宏观的媒介现象、媒介行为、媒介产品和媒介从业者。媒介现象指与媒介文化有关的文化现象。它既包括媒介本身发展现象，也包括媒介文化辐射产生的社

会影响。媒介行为指新闻媒介作为主体的社会活动，如报纸经常发起的对社会弱势群体的捐助活动，媒介发起的各种大赛以及其他活动。对媒介从业者的评价，是对他们的职业素养、道德品质、职业特点的分析。对媒介产品的批评指对媒介采制加工的媒介产品的分析和评价。（张惠娜）

媒介权力

Media Power

指现代传播媒介对个人或社会影响、操纵、支配的力量。随着传播技术的发展，媒介力量已深深嵌入社会生活各个领域，构成社会权力结构中具有强大影响力的部分。媒介技术造成的信息落差是媒介权力的根本来源。媒介权力必须在公众参与下才能得以实现。媒介权力的本质是公众权力，是公众委托给把关人行使的权力。各种社会权力向媒介渗透，使媒介权力呈现不同面目，但作为公共权力的内核没有改变。媒介权力具有工具性和社会性两重特性。（张惠娜）

媒介融合

Media Convergence

有狭义和广义之分。狭义指传媒业界内部不同形态之间的组合，并以此组建超大型传媒集团；广义指媒介与其他相关要素的汇聚与融合，包括媒介形态、媒介功能、传播手段、资本所有权、组织结构等要素的融合。最早由美国马萨诸塞州理工大学浦尔教授提出，简单定义是将原先属于不同类型的媒介结合在一起。媒介融合有不断发展的过程。随着概念演变，媒介融合不仅包括媒介形态融合，还包括媒介功能、传播手段、所有权、组织结构等要素的融合。报刊、广播电视、互联网依赖的技术手段越来越趋同，以信息技术为中介，以卫星、电缆、计算机技术为传输手段，数字技术改变了获得数据、影像和语言基本信息的时间、空间及成本。各种信息在同一个平台上得到整合，不同形式媒介彼此间互换性与互联性得到加强，媒介一体化的趋势日趋明显。2003 年美国西北大学教授戈登归纳美国当时存在的 5 种媒介融合类型：所有权融合、策略融合、结构融合、信息采集融合和新闻表达融合。（参考：辛欣《论传统媒体与新媒体的业务融合》，《新闻爱好者》2012 年第 4 期第 23 ～ 24 页。张惠娜）

媒介生态互动观

The View of Media Ecology Interaction

邵培仁在《论媒介生态的五大观念》中提出的概念。大众传播媒介作为社会有特点和结构的子系统，各种要素和资源之间，与政治、经济、文化、教育等其他系统之间存在相互联系、相互作用、相辅相成的互动关系。媒介生态互动观对生态环境的认识，反对人与自然相对立的二元论观点，质疑人定胜天的合理性；倾向于人与自然一体的一元论思想，相信人天双赢的可行性。主张媒介与媒介、媒介与社会、社会与环境和谐协调。在当今世界，媒介市场不是你死我活的争斗场，而是各种相互联系的共生要素组合在一起的生态系统。各种媒介在不同领域、不同层面，运用不同工具和载体，针对不同受众和资源，尽其所能，各司其职，共存共进。在这种态势和趋势下，媒介采用基于生态互动理念的新的生存与发展策略：即共存共生策略、分工互助策略和互惠互利策略。（参考：邵培仁：《论媒介生态的五大观念》，《新闻大学》2001 年第 4 期第 20 ～ 22 页。张惠娜）

媒介生态平衡观

Media Ecological Balance View

邵培仁在《论媒介生态的五大观念》中提出的概念，是媒介生态系统趋向成熟的标志。在文明社会和法制国家，市场经济和媒介运作进入有条不紊自动调节、合理控制的轨道。媒介的数量比例、运行模式、功能结构、资源配置和能量交换处于相对稳定状态，媒介发展潜能与环境阻力处于动态平衡中，任何媒介的违规操作或不法行为，都会引起众怒或促使国家启动制裁机器。只有充分发挥媒介生态系统的自控、自净能力和社会自动调节的监督作用，才能有效保持媒介生态的平衡和稳定。为促进媒介生态平衡，必须做到坚持平等、鼓励创新、倡导绿色和提倡多元。坚持平等，即反对媒介等级观念和制度，媒介不论大小均是媒介大家庭平等成员，都有自身生存与发展的价值和权利。鼓励创新，因为媒介的传承靠创新。尊重和倡导绿色，才能建成绿色精神家园。物种多样是生态系统健全、完善的重要特征。信息多元化、经营多角化、资源多样化是现代媒介企业的关键标志。（参考：邵培仁：《论媒介生态的五大观念》，《新闻大学》2001 年第 4 期第 20 ~ 22 页。张惠娜）

媒介生态系统

Media Ecosystem

以信息传授和媒介买卖为基点，把不同的人、媒介及环境联结为网状的结构性存在，建立在群体存在及其共同参与的基础上，着眼于人的全面发展和更深刻的社会关联性，将社会效益放在首位，是媒介生态学研究的基本单位和核心问题。以传媒产品生产和传播为核心的相关要素组合，包括通过版面和节目反映出的外在形态、频道、人力、受众、信息集纳渠道、广告支持等等。基本构成要素是媒介系统、社会系统和人群，以及这三者间的相互关系和相互作用。媒介生态系统的基本单位一般以城市或区域划分。媒介与个人间的互动构成受众生态环境；媒介与媒介之间的相互竞争构成媒介的行业生态环境；媒介与经济界之间的互动关系构成媒介的广告资源环境。（张惠娜）

媒介生态学

Media Ecology

媒介研究的分支学科。从生态视角介入传播研究，在社会生态体系内透视人、媒介和社会各种力量的共栖关系，以期达到生态平衡的新兴学科。20 世纪 30 年代，世界著名技术哲学家芒福德出版代表作《技术与文明》，对技术与文化关系的论述包含媒介生态学的思想。波兹曼在 1968 年的演讲中，将媒介生态学定义为“将媒介作为环境来做研究”（Media ecology is the study of media as environments）。媒介生态学研究的基本单位和核心问题是媒介生态系统，研究涉及媒体环境，强调社会、文化和心理影响。（张惠娜）

媒介生态学理论体系

Media Ecology Theory System

用生态学的观点和方法探索和揭示人与媒介、社会、自然四者之间相互关系及发展变化本质和规律的新兴独立学科，是人类处理人—媒介—社会—自然系统相互关系的智慧结晶。它反映人类对媒介生态现象和媒介生态规律的漫长认识过程，也反映人类对媒介生态经验和媒介生态知识的逐步积累和系统建构。媒介生态学研究，依据不同标准可以划分为不同的研究内容。从理论逻辑构成看，有媒介生态的活动现象、意识现象、关系现象和规范现象 4 项内容；从理论层面级差看，有跨国媒介生态、大众媒介生态、组织媒介生态和人际媒介生态 4 项内容；从生态核心概念看，有媒介生态种群、媒介生态群落、媒介生态系统、媒介生态环境 4 项内容；从信息传播过程看，有传者生态、信息生态、符号生态、媒介生态、受众生态 5 项内容；从媒介种群结构看，有出版生态、报纸生态、期刊生态、广播生态、电视生态、电影生态、网络生态 7 项内容；从分布主要领域看，有媒介政治生态、媒介经济生态、媒介文化生态、媒介教育生态 4 项内容。（参考：邵培仁：《媒介生态学研究的新视野——媒介作为绿色生态的研究》，《徐州师范大学学报》（哲学社会科学版）2008 年第 1 期第 135 ~ 144 页。张惠娜）

媒介生态循环观

Media Ecology Circulation View

《论媒介生态的五大观念》中提出的概念。各种媒介生存和发展不但依赖媒介生态的平衡互动与整体联系，而且依赖诸种媒介生态资源流动的良性循环，否则媒介生态系统会失衡、退化甚至瓦解。媒介生态系统只有保持内部以及内部与外部之间稳定而有规则的资源流动与循环，才能维持媒介特定的结构和功能。媒介生态本身具有循环的特质。首先，它具有连锁性。信息生产发布的连锁过程为：信息的采集与创造→信息的处理与加工→信息的发布与传播→受众的接受与反馈→信息的采集与创造→。经营管理的资源连锁过程为：人才资源→信息资源→受众资源→财力（发行与广告收入）资源→人才资源→。这里前项要素制约后项要素，后项要素吁求前项要素，前后互动互助、相辅相成。其次，它具有流动性。信息流动总是由媒体流向社会、由城市流向农村；其能量总是高位流向低位、由集中归于分散。第三，它具有衰减性。讯息资源在传播过程中往往呈现逐级减少态势。媒介生态学认为，这种衰减是必须的和合理的，只有第一资源级超过第二资源级，第二资源级超过第三资源级，逐级递减，才能形成科学的生态金字塔。如果人为减少低位资源级的个体数量，使低位资源级接近或等于高位资源级，那么高位资源级的产量和品质会受到影响，生态循环难以维持。（参考：邵培仁：《论媒介生态的五大观念》，《新闻大学》2001 年第 4 期第 20 ~ 22 页。张惠娜）

媒介生态整体观

Media Ecology Integrity View

《论媒介生态的五大观念》中提出的概念。人类面对媒介残酷竞争、信息生态恶化的最佳对策和生存智慧。在信息社会里，人与人的交往日益密切，媒介与社会的互动更加频繁。媒介生态整体观主张充分考虑媒介体系与外部世界复杂的有机联系，强调重视媒介经营管理中各种要素和资源共同构成的整体关系。不论是从传播的角度还是从管理的角度来说，媒介生态学研究的的是支撑传播活动的集中要素（如信息、媒介、受众）和重要资源（如人力资源、财力资源），同时还要研究相互联系、相互依赖的整体生态系统。这种认为任何事物互相联系的整体观，要求研究者和管理者遇到问题、矛盾时，要从媒介与环境的整体特点和全局关系出发考虑问题或提出对策。处理传播和管理的具体问题要有整体观，制定媒介发展战略也要有整体观。正确做法是在制定媒介发展战略和规划时，将媒介、资源与环境看作是相辅相成、密不可分的整体系统，对各种要素和资源加以科学协调、合理配置，形成有机融合的媒介整体战略金三角。（参考：邵培仁：《论媒介生态的五大观念》，《新闻大学》2001 年第 4 期第 20 ~ 22 页。张惠娜）

媒介生态种群论

Theory on Group of Media Ecology

即媒介生态种群学，是媒介生态学的一个分支。种群是生态学研究的最小生态单位，指在一定空间范围内同时生活着的最小生态单位、同种个体的集合群。媒介生态种群学是研究种群及其数量变化、演变规律的科学。它以种群现象作为主要研究对象，以优化种群质量、调适种群数量、提高种群效率为主要研究目标。（参考：邵静：《中国户外广告业的运营现状与发展对策——以媒介生态种群论为切入视角》，《山东理工大学学报》（社会科学版）2008 年第 11 期第 87 ~ 90 页。张惠娜）

媒介生态资源观

Media Ecology Resources View

《论媒介生态的五大观念》中提出的概念。信息资源被人们视为当代社会第一战略资源。媒介系统是大规模生产和创造信息、处理和加工信息、传播和销售信息的专门组织或职业机构，是社会发展战略的支柱产业。这决定了媒介系统在现代社会中居于中心地位，发挥关键作用。信息资源成为人们在世界中认识环境、理解社会、规划人生、采取行动不可或缺的精神产品。从全球竞争、可持续发展考虑，从继承文化遗产、弘扬民族精神考虑，从引导社会舆论、维护社会稳定考虑，都应充分认识媒介生态资源对人类文明和社会进步的重要性。既要保护媒介生态资源，又要合理开发媒介生态资源。这种开发和利用带有掠夺性和破坏性，应是文明的、有远见的、有计划的，避免信息雪崩、信息超载、信息污染，避免信息枯竭、信息危机、信息霸权。传播生态学要求人们确立媒介与环境、人与自然和谐相处的新型价值观和资源观，构建正确的信息传播与消费模式，建立科学地媒介经营与管理机制，确保媒介生态的总体平衡和良性循环。（参考：邵培仁《论媒介生态的五大观念》，《新闻大学》2001 年第 4 期第 20 ~ 22 页。张惠娜）

媒介素养教育

Media Literacy Education

对社会个体媒介选择、理解、接受、质疑、评估、制作和生产媒介信息能力的教育。旨在培养人们对媒体本质、常用手段以及产生效应的认知力和判断力，使人们了解媒体运作、媒体构架，知道怎样制作传媒作品与媒介信息。教育对象是全体公民。国际上许多国家把媒介素养教育纳入正规教育体系中。加强媒介素养教育，首先要加强公众理性地分析和认知客观事物的方法的教育，使公众在参与社会发展过程中做既有责任心又有批判能力的公民。要使社会成员对传媒的职业规范有充分了解，帮助群众形成对媒体的正确认知，增强社会公众对传媒信息及传播方式的判断能力。要加强媒体素养教育的社会组织建设，丰富媒介素养的教育形式，通过多种途径加强公民媒介素养。（张惠娜）

媒介系统

Media System

指在一定时间和空间内，人、媒介、社会和自然四者之间通过物质交换、能量流动和信息交流的相互作用而构成的动态平衡的统一整体。媒介生态系统的基本构成要素是媒介系统、社会系统和人群，以及这三者之间的相互关系和相互作用。组成包括自然环境、社会环境、一级生产者（传播者）、二级生产者（媒介）、三级生产者（营销）、消费者（受众）和分解者（回收、利用者）等。媒介系统的形态结构指媒介生态组成成分在时间和空间上配置与变化的基本构架。媒介系统的各种因子之间最重要的联系通过功能转换和资源交换实现，即通过食物链和食物网将媒介与环境、传播者与消费者连接成相互作用的生态整体。媒介生态功能结构的食物链指由于资源和功能关系在媒介之间形成的链条关系，具有自然的有机整体性，需要用系统观和整体观研究和构建媒介生态。（参考：邵培仁：《论媒介生态系统的构成、规划与管理》，《浙江师范大学学报》（社会科学版）2008 年第 2 期第 1 ~ 9 页。张惠娜）

媒介形象

Media Image

通常指媒介的社会形象。公众对媒介持有的看法，媒介消费者对媒介的知觉性概念。社会公众是媒介形象的评价者和感受者。由媒介外在和内在特征风格构成，由公共宣传、广告和公共关系等有意识树立的公众认知。这种认知是整体、综合的，经过理性选择的结果。媒介形象经过媒介刻意塑造，是媒介根据自身文化和经营管理的需要，在社会和市场中刻意树立用以影响大众和表现自我精神与姿态的形象。媒介形象以媒介表现为基础。社会公众根据一定标准，对媒介经过努力形成和表现出的形象特征的整体看法和最终印象，转化为基本信念和综合评价。（参考：吴予敏：《论媒介形象及其生产特征》，《国际新闻界》2007 年第 11 期第 51 ~ 55 页。张惠娜）

媒介注意力资源

Media Attention Resources

在信息社会里，注意力成为稀缺资源。企业为购买消费者注意力要投入巨资。美国各行业广告费用约占销售额的 2.5%，其中 85% 支付给媒介用来购买注意力资源。大众消费品企业广告费用惊人。企业在注意力资源上的花费已经成为经营成本的重要组成部分。如何提高注意力资源的使用效率，成为企业必须高度重视的经营目标。要吸引受众注意力，首先必须提供更能贴近受众实际需要、质量更好、风格更佳的传播产品；其次使受众可以更低廉的代价和更便捷的方式获得这种传播服务。（张惠娜）

媒体产业化经营

Medium Industrialization Management

媒介在市场化浪潮下通过企业化实现的经营方式。媒介产业，指传播各类信息、知识的传媒实体构成的产业群。它是生产、传播各种以文字、图形、艺术、语音、影像、声音、数码、符号等形式存在的信息产品，提供各种增值服务的特殊产业。媒介产业化，指特定社会环境中的意识形态型的媒介向产业化经营的媒介转换，是媒介的单一功能向双重功能的转化。媒介商业化导致媒介产业化。媒介产业化在本质上通过媒介资源配置实现。媒介产业化经营，一方面是媒介围绕内容产品和广告服务活动衍生而形成；另一方面是媒介上下游及外围产业门类的相互作用而形成。随着我国经济体制改革的进行和经济的繁荣发展，盈利已经成为媒介生存与发展的前提和保证。由于媒介产业化运作处于尝试阶段，媒介产品作为文化商品具有不同于其他普通商品的特殊的市场运作方式，因而目前我国媒介产业化运作的现状尚不容乐观。（张惠娜）

媒体传播策略

Media Communication Strategy

媒体在发展过程中在分析传播优势和劣势基础上，结合自身特点，找到适合自己的传播发展策略。在特定策略引导下有效开展传播活动，根据目标受众的不同需求，采取不同的传播策略和服务方式。电视的传播优势在较大范围和较短时间内提升品牌知名度，塑造品牌形象。广播的传播优势在于时效性强，传播成本较低，具有较强的及时劝服效应，被越来越多地用于出租车、私家车领域。报纸、杂志、直邮属于传统的平面媒体。报纸适于解释说明，通常作为电视媒体品牌信息的补充传播渠道；杂志适合展示品牌形象进行植入式品牌传播；直邮适合针对性传播。路牌、灯箱等户外媒体适于展示品牌形象。以网络媒体、数字媒体和移动媒体等为代表的新媒体，集文字、图片、视频、音频于一体，互动性强，有利于个性化信息的传达，适合受众参与互动，可利用新颖丰富的形式，制作具有娱乐性的信息内容，传达品牌信息。（张惠娜）

媒体格局

Media Pattern

指媒体间各种力量的对比与组合的结构。随着互联网以及手机的普及，媒体格局正在发生变化。媒体格局的变化是传媒产业发展的必然趋势，主要是技术、市场、制度三种力量合力作用的结果。新兴媒体在格局变化中优势明显，传统媒体依然处于强势地位。与此同时，媒体格局变化引发信息与舆论传播格局的变化，主要是改变信息和舆论的生产方式。公众的话语权正在扩大，由此前的自上而下的控制舆论，变为现在的从下至上的产生舆论。政府更多的是要进行舆论引导。缩小城乡及东西部之间的差异是中国传媒业均衡发展的重大课题。（张惠娜）

媒体平台化

Media Platform

新媒体时代下新媒体类公司更多向平台化方向发展，以技术突破和平台推进与内容源深度融合。在云时代，媒体可视化、定制化、平台化成为新特点和新趋势。现代生活节奏越来越快，注意力越来越稀缺。可视化的表达与交互，可使受众瞬间接收、快速理解，化繁为简，轻松体验。媒体主动运用大数据，推送用户所需要的内容。大规模的个体信息定制成为可能，媒体变得更加智慧，更能满足人们个性化、情景化的需求。新技术的发展，使媒体必然成为大融合的平台，把内容、渠道、资源媒体和受众连在一起，构成媒体平台化。（张惠娜）

媒体责任

Media Responsibility

媒体在谋求自身经济利益之外所负有的维护和增进社会利益的责任，包括维护社会良知、教化民众、弘扬正义、捍卫真理。媒体责任是媒介对国家、民族、历史、人文应担负的责任。媒体责任由其政治、社会属性决定。社会转型时期媒体责任包括客观报道新闻事实，正确引导社会舆论，努力维护公众利益，积极促进社会和谐，坚决反对有偿新闻，抵制低俗之风等。媒体责任要求媒体从业人员在工作中求真、求实、求准，传递正面声音，架起沟通桥梁，坚持新闻准则，恪守职业道德，杜绝虚假新闻，实施舆论监督，切实履行媒体的社会责任。（张惠娜）

煤层气

Coalbed Methane

俗称瓦斯，煤化过程中形成的以甲烷为主要成分的煤伴生矿产资源，通常以吸附状态储集在煤层及其邻近岩层中，属于非常规天然气。煤层气的主要成分是甲烷，还包括乙烷、丙烷、正丁烷、一氧化碳、二氧化碳、氮、氢、硫化氢等。煤层气的组成受长期煤化作用与不同环境影响，在不同盆地、煤级储层、煤层气井之间经常会出现较大差异。煤层气成分的主控因素包括：1. 煤的显微组成；2. 煤层气的成因类型；3. 煤层气自身的解吸—扩散—运移；4. 储层压力；5. 煤阶；6. 水文地质条件等。和常规天然气一样，煤层气是燃烧值高且洁净的燃料气，不仅可以作燃料，也可以作为化工原料，是洁净优质能源。其开采和利用技术近年在国际上得到发展。（任傲尘）

煤层气产业

Coalbed Methane Industry

把煤层气作为特定资源有计划勘探、开发、利用的产业，包括煤层气资源勘探、开发、加工、储存、运输、销售、利用等环节。煤层气产业系统庞大，建设煤层气生产基地，可以带动运输、钢铁、水泥、化工、电力、生活服务等相关产业，还能推动本行业相关技术、科研活动的发展，如钻机、煤层气抽取及输送设备、输送管道、监测监控设备、煤层气发电设备等产业。煤层气是天然气资源的补充。煤层气产业的发展有利于缓解资源危机，同时能带来经济利益。（任傲尘）

煤层气开发

Exploitation of Coalbed Methane

指将煤层气从煤层中开采出来，常见的开发方式为井下瓦斯抽放与地面钻井开采。井下抽放煤层气是从井下采掘巷道中打出钻孔，通过煤层气泵抽取煤层中的煤层气。这种方式产气量较少且甲烷浓度不高。地面钻井开采煤层气从地面井进入未开采煤层，通过排水降压解吸出煤层中的煤层气，通过井筒流动到地面。这种方式产气量大并且甲烷浓度高，相对地，它对煤层气资源量、含气量、煤层气地质构造、渗透率等都有较高要求。煤层气开发过程中排出的废水具有高矿化度，需进行处理以减少环境破坏。煤层气开发具有诸多优点：1. 煤炭开采是高危产业，先开采煤层气后采煤可降低瓦斯爆炸事故率；2. 产出大量清洁能源，有效减少温室气体排放；3. 产生巨大经济效益，改善能源结构等。（任傲尘）

煤的工业分析方法

Industrial Analysis Method of Coal

包括煤的水分、灰分和挥发分的测定方法和固定碳的计算方法。煤中水分的测定方法：通氮干燥法、甲苯蒸馏法及空气干燥法。其中通氮干燥法和甲苯蒸馏法适用于所有煤种，空气干燥法仅适用于烟煤和无烟煤。1. 通氮干燥法：称取一定量的空气干燥煤样，置于 105 ～ 110℃干燥箱中，在干燥氮气流中干燥到质量恒定。然后根据煤样的质量损失计算出水分的百分含量。计算公式：$Mad=m_1/m\times100$。式中 Mad 是指空气干燥煤样的水分含量，单位是 %；m_1 是煤样干燥后失去的质量，单位是 g；m 是指煤样的质量，单位是 g。

2. 甲苯蒸馏法：即称取一定量的空气干燥煤样于圆底烧瓶中，加入甲苯共同煮沸。分馏出的液体收集在水分测定管中并分层，量出水的体积(mL)。以水的质量占煤样质量的百分数作为水分含量。计算公式：$Mad=V_d/m\times100$。式中 *Mad* 是指空气干燥煤样的水分含量，单位是%；*V* 是指由回收曲线图上查出的水的体积，单位是 mL；*d* 是指水的密度，20℃时取 1.00g/mL；*m* 是指煤样的质量，单位是 g。3. 空气干燥法：即称取一定量的空气干燥煤样，置于 105 ~ 110℃干燥箱中，在空气流中干燥到质量恒定。然后根据煤样的质量损失计算出水分的百分含量。计算公式：$Mad=m_1/m\times100$。式中 *Mad* 是指空气干燥煤样的水分含量，单位是%；m_1 是煤样干燥后失去的质量，单位是 g；m 是指煤样的质量，单位是 g。（参考：吴雪：《煤的工业分析方法及其测定仪器的发展》，《煤质技术》2008 年第 5 期第 19 ~ 22 页；周杉：《煤的工业分析方法研究探讨》，《黑龙江信息技术》2012 年第 3 期第 12 页。朱配辰）

《煤炭法》

Coal Law

见**《中华人民共和国煤炭法》**。

《每月评论》杂志

Monthly Review

美国历史上最为悠久的马克思主义和社会主义期刊，1945 年创办，总部设在纽约。自 2006 年迄今，主编是北美著名的生态马克思主义学者约翰·贝拉米·福斯特，副主编为迈克尔·耶茨。刊发的文章集中于马克思主义、社会主义、政治经济学、社会科学和哲学等领域。（徐越）

美国《濒危物种保护法》

The Endangered Species Act

1900 年颁布的《雷斯法》是美国第一部规范动物交易市场的联邦法案，旨在保护遭受杀害的野生动物和植物。此后，一系列相关法案先后颁布，包括 1929 年的《迁徙鸟类保护法案》、1937 年的《禁止捕杀灰鲸条例》、1940 年的《秃鹰保护法》等。然而，这些法案的执行力度不够，引发公众的不满和反对。1973 年 12 月 28 日，尼克松总统签署通过《濒危物种保护法》，目的在于更好保护因经济发展而严重濒临灭绝的物种。此法案不止于保护动物，而是将整个生态环境包括在内，植物、菌类以及无脊椎动物也包含在内。物种濒临灭绝的原因，主要是时尚业和餐饮业的需求、科学试验、个人收藏和馆藏、生物栖息地退化、杀虫剂大量使用、盲目引种等。该法将濒危物种分为濒危和受胁两类。一旦某物种开始濒危或受胁，则必须为该物种制定一个恢复计划，此计划的执行直至该物种脱离濒危或受胁为止。从该法案施行起，美国每年大约有 40 个物种被列为濒危或受胁物种。（张沥元）

美国长期生态研究网络

The U.S. Long Term Ecological Research Network

由美国国家科学基金会资助，1979 年建立，1980 年正式启动。世界上第一个以长期生态学现象为主要对象的研究网络。现已成为世界上规模最大、研究水平最高的国家级长期生态学研究网络。重视数据集的可比性以及方法和设备的标准化，目前由代表森林、草地、农田、湖泊、海岸、荒漠、极地冻原和城市等生态系统的 26 个试验站组成。核心研究领域：第一性生产力的格局与调控；营养结构的种群的时空分布；地表层和沉积的有机物积累和分解的格局与调控；无机物的输入格局和营养物的流动格局；干扰的格局与频率。长远目标：建立为科学促进全球环境的健康、高生产力和利益而做出贡献的社会，同时促进美国的健康、繁荣、福利

和安全。主要任务：记录、分析和认识长时间、大空间尺度下不同的生态过程、格局和现象。（席溢）

美国公务员制度

Civil Service System in the USA

指美国对公务员的选拔管理制度。它的形成经历复杂的发展过程，从建国初期的绅士治理政府，到 1829 ~ 1883 年间的政党分赃制，再到通过 1883 年《彭德尔顿法》奠定美国现代公务员制度基础，历经不断的改革最终形成今天的公务员制度。基本内容有：1. 公务员录用。美国政府公务员录用需要政府将招聘人员的职务、任职要求和选拔条件等向社会公开说明，凡符合条件的都可以报考，经过用人单位在人事管理局指导监督下考察测试，然后择优录用。2. 公务员职位分类分级。美国政府公务员一般分为职位类和技艺保管类。职位类包括行政、财务、专门事务等，共分 18 级。技艺保管类包括手艺、保管等，共分 10 级。3. 公务员考核。公务员需要定期考核，考核的原则由人事管理局来定，具体工作由各部门自己按照严格的程序进行。4. 公务员工资。美国政府公务员制度很重要的一条原则就是价值原则，即公务员从事的工作，工资待遇应比照私营部门的工资状况。因此，美国政府公职人员工资待遇基本等同于私企中相应的人员。5. 财产申报。美国政府的高级文官需要每年按照规定将自己的财产收入向负责本机构申报工作的道德官员提交报告。（刘中华）

美国国家地理空气与水保护基金

National Geographic Air and Water Conservation Fund

于 2012 年在美国成立，资金来源于个人和社会捐献。中国是该基金的重点关注地区之一，资助中国科学工作者在解决中国水资源和空气环境问题方面进行的实地科学研究。在中国的项目主要有：1. 成都河研会标准化评估体系研究项目。有望在中国其他地区推广安龙村模式。2. 资助传统的再认知。对中国贵州清水江流域少数民族保护水环境的传统及现实意义的研究，寻找最佳方式减轻人类活动对环境造成的压力，推动实现可持续发展。3. 开发自驱动水循环生态处理系统与悬浮湿地。开发创新的水净化系统，包括人力水循环。其中的人力来自娱乐设施（及可再生能源），以证明环境保护中可再生能源的潜力以及公民参与城市清洁的重要性。4. 基层水质毒性监测系统及本地水质污染地理信息系统（GIS）数据库。开发创新型水质毒性生物检测技术，使用当地价格便宜的观赏鱼检测水质。5. 草场管理。对比不同管理方式下草地的供水能力，分析生态系统供水和植物群落结构及组成之间的关系，寻求优化草场供水功能的技术和管理模式。6. 衡量南水北调中线工程对环境的影响。研究南水北调的中线，通过对比美国亚马孙河项目的经验寻找这两方面的知识缺口。7. 农村畜禽养殖污染的新型资源化控制方法。实现废水高效处理及发电，使粪便资源化、减量化，将藻类生产用作饲料供畜禽再利用，构建新型畜禽污染能源化、生态化治理新方法，为畜禽养殖业的可持续发展提供新途径，也为新农村建设和畜禽污染治理提供新典范。8. 资助稀土元素在赣江和珠江起源地的分布调查研究。发现稀土从采矿区域至河流沉积物或者下游的地质搬运途径，以及从河水至生物体的生物积累途径。9. 南方绿色屋顶过滤空气和雨水的定量研究。通过比较 12 种不同类型的绿色屋顶测试，测定绿色屋顶对暴雨雨水的净化率、吸水率和碳固定量。10. 降低干旱风险的云南森林生态系统服务研究。使用森林和森林水文监测方法，评估高黎贡山自然保护区的自然植被与单一人工种植林的持水能力。11. 中国手工采矿者生态与社会接受度研究。为中国新疆维吾尔自治区的黄金开采业介绍与展示清洁黄金的工具和方法，可用于在初级矿石加工阶段和

最后提取阶段替代汞。12. 松花江流域企业水污染变化调查和社区参与环境治理。关注松花江流域国家环保重点城市和重要的工业基地城市的水污染转移情况，对过去 5 年的情况进行对比，分析水污染转移到松花江流域的过程。（席溢）

美国《国家环境教育发展计划》

The National Environmental Education Act，*NEEA*

1990 年由美国国会通过。1970 年美国尼克松总统签署第 1 份环境教育法案，根据法案成立环境教育办公室（OEE），为发展环境教育课程提供资金，并为教师提供专业发展。20 世纪 80 年代，国会取消环境教育办公室，增加国家层面的作用。1990 年第 101 届国会通过《国家环境教育发展计划》（NEEA），重新设立环境教育办公室。该计划内容包括：授予环境保护署资金以实施该法案；授权环境保护署建立和运营环境教育和培训项目；授权环境保护署为环境教育项目提供经费支持；要求环境保护署为高校学生建立实习机会，在教师与联邦政府机构之间搭建合作关系；授权环境保护署为环境教育做出杰出贡献者提供奖金；授权总统环境青年奖认可杰出的学生地方环境意识项目；要求环境保护署建立联邦工作队和国家环境教育咨询委员会；要求设立国家环境教育和培训基金来激励环境保护署的环境教育活动，促进世界范围内的环境教育和培训。（张惠娜）

美国环保协会

Environmental Defense Fund

于 1967 年在美国成立，资金来源于个人会员、

遗赠、私人基金会。口号是“为人类社会创造可持续发展的现在和未来”。通过科学、法律及经济途径以及和各部门建立起的新型合作关系，为最紧迫的环境问题提供解决方案。在中国的项目主要有：1. 酷中国。倡导低碳的生活方式，通过学校、社区、企业等群体辐射到全社会。2. 农业碳减排。开设中国农业温室气体减排网站，促进了解农业碳减排相关情况。3. 绿色供应链。在整个供应链中综合考虑环境影响和资源效率的现代管理模式，保证产品在物料获取、加工、包装、仓储、运输、使用到报废处理的整个过程对环境的影响最小，资源的利用效率最高。4. 执法效能。就解决守法成本高，违法成本低问题开展研究工作。5. 与清华大学公共管理学院联合发起环境创新人才联合培训计划。6. 绿色出行。公募基金接受境内外社会团体、企事业单位和个人的捐赠和赞助，与境内外环保公益组织合作，推广绿色出行理念。（席溢）

美国环境保护署

The U.S. Environmental Protection Agency，EPA，USEPA

美国联邦政府的独立行政机构，主要负责维护自然环境和保护人类健康不受环境危害影响。美国环境保护署由美国总统尼克松提议设立，在获国会批准后于 1970 年 12 月 2 日成立并开始运行。具体职责包括：根据国会颁布的环境法律制定和执行环境法规，从事或赞助环境研究及环保项目，加强环境教育以培养公众的环保意识和责任感。环保署通过计划提供其他经济援助：如州政府饮用水循环基金、州政府清洁水循环基金和褐色地清理和再使用（轻度污染地清理和再使用）等项目。从事环境研究：凭借分布于全国的实验室致力于评估环境状况，以确定、了解和解决当前和未来的环境问题；结合科学合作伙伴，包括国家机构、私人组织、学术机构以及其他机构的研究成果；主导识别新兴的环境问题，提高风险评估和风险管理的科技水平。（王薛时）

美国环境教育

Environmental Education in America

美国是世界上最早进行环境教育的国家之一。美国环境教育发端于19世纪后半期保护自然研究运动和户外教育运动。这些活动旨在面向大众宣传保护自然资源的重要性。随着环境日益恶化，越来越多的人开始关注环境问题，试图以教育的方式解决人类面临的生存危机。特别是在20世纪60年代，美国出版《寂静的春天》这部有关人类与环境的著作，在国内各界引起巨大反响。此后，大规模环境教育运动相继开展，美国政府开始着手正规学校环境教育的立法工作，率先于1970年制定世界上第一部《环境教育法》。从此，美国环境教育沿着规范、系统的轨道前进，迅速跻身于世界发展的前列。1990年11月16日，美国国会颁布《国家环境教育法》。该法案详细规定对环境的管理及资助方案。这部法律旨在提高公众的环境意识，促进环境教育和培训的发展。它不仅为环境教育在中小学的顺利开展提供有利的政策及资金支持，而且大大激发学生、教师及环境教育工作者参加环境教育和环保工作的热情，使美国中小学环境教育工作进入新的发展阶段。（参考：祝怀新：《环境教育的理论与实践》第158页，北京：中国环境科学出版社，2005年。王薛时）

美国环境教育师资培训

Teacher Training for Environment Education in America

美国为实施环境教育推行的师资培训措施。美国非常重视环境教育的师资建设。美国很多州有专业的环境教育教师。2008年美国全国教师教育鉴定委员会修订教师教育专业标准。根据专业标准，专门从事环境教育的教师必须满足以下专业要求：1. 了解环境教育的目的、特点及指导思想，具备基本的环境素养；2. 具备专业品质，能有效搜集环境科学的相关信息；3. 精通教育心理学，能为学生积极创造有效的学习环境；4. 应用不同的教学原理和策略设计教学；5. 运用多种方式和技术评价学生学习；6. 保持专业可持续发展。环境教育的师资培训从以下层面同时进行：1. 联邦政府。1992年环境保护署启动《环境教育和培训计划》，计划为环境教育师资培训提供法律保证和资金支持。2. 各州。由各州环境教育中心负责组织和实施环境教育的培训工作。3. 非营利组织。美国的非营利组织通过研发和推销教材培训相关教师。（参考：卢晨阳、袁正平：《试析美国的环境教育及其对我国的启示》，《兰州教育学院学报》2014年第2期第89～92页。王薛时）

美国环境质量委员会

The U.S. Council on Environmental Quality

美国环境质量的咨询机构。根据美国的国家环境政策法（NEPA）创建。任务为：评价政府有关控制污染、保护环境等政策与活动；在评价基础上，向总统及各政策机关就有关政策与计划提出建议，调整计划；以NEPA为基础，向政府机关提出用于实施环境影响评价的方针，在实施过程中对各机关指导或提出建议，调查实施状况与成果；召开并主持有关环境问题的意见听取会；促进环境指标和监测系统的建立和使用。（王薛时）

美国绿党

The Greens/Green Party USA

美国环保绿色团体的建立可追溯到1984年，目前美国联邦层面有两个绿色政党：绿党/美国绿党（The Greens/the Green Party USA）与美国绿党（Green Party of the United States）。前者成立于1991年，规模较小；后者成立于2001年，二者没有组织上的关联。绿党/美国绿党是美国历史上最悠久、最活跃的绿色政治组织。它已经发展为全国的政党组织，一直强调“绿色基层”是主要的组织单位，政党成员也致力于发展联邦州层面的组织。绿党/美国绿党的政党资格在2005年被取消，只是作为政治组织而非政党存在。绿党/美

国绿党倡导的绿党政治10原则，几乎成为美国所有绿党普遍接受的政治原则和政治理念。绿党/美国绿党的核心政治价值原则：生态学、社会正义、基层民主、非暴力。（王聪聪）

美国绿丝带学校计划

Green Ribbon Schools，GRS

由美国联邦教育部于2011年5月启动，有关学校环境、学生健康教育的综合性联邦政策。秉持法理观念，坚持差异性以及全员参与原则，绿丝带学校计划制定统一灵活的评估标准，通过环境友好型校园（Eco Campus）、户外探索（Nature Adventure）、自然课堂（Natural Classrooms）和健康发展（Health & Fitness）4枚评估勋章，激励全美公私立中小学在环境影响及能源有效利用、环境友好型校园建设和学生环境与健康素养方面采取积极行动。绿丝带学校计划面向全美公私立中小学，各州根据评估标准提名不得多于4所学校。其中，至少有1所为弱势群体学生占40%的学校，联邦政府鼓励各州选评1所私立学校。在项目实施的第1年，联邦政府预计评选出50所绿丝带学校，在5年内发展为每年评选约200所绿丝带学校。绿丝带学校计划有利于经济健康可持续发展，加强国家能源安全，节省和储备宝贵的自然资源，培育学生的环境保护意识。（参考：张艳茹等：《美国中小学环境教育新举措——绿丝带学校计划》，《外国教育研究》2013年第1期第96～114页。张惠娜）

美国内华达会议

Nevada Meeting in America

1970年在美国内华达召开的有关环境教育的会议。环境教育是教育系统的新范畴。国际自然与自然资源保护联盟在1970年内华达会议上第一次对环境教育的定义做出阐释，即环境教育是认识价值和澄清概念的过程，培养人们理解和评价人及其文化、生物物理环境之间的相互关系所必需的态度和技能，在有关环境质量问题的决策和规范的自我形式之中，环境教育承担实践的任务。（王薛时）

美国全国野生生物保护联合会

The U.S. National Wildlife Federation，NWF

美国最大的非营利性的环保教育和宣传组织，1936年成立。拥有超过400万的会员和支持者，在野生动物保护领域做出杰出的贡献。目标是通过志同道合的国家和地区组织，实现野生动物保护的解决方案，提高人们保护野生动物的生态意识。工作集中于对美国野生动物产生影响最大的3个领域：对抗全球变暖、保护和恢复野生动物栖息地、与自然界接触。通过州自治型组织的方式在基层开展工作，如教育培训、绿色时刻、野生动物栖息地、NWF增进自然接触运动、生态校园等活动，影响较大的项目有解决黄石野生动物冲突项目。出版3种杂志：《国家野生动物》《游侠里克》与《游侠小里克》，编录《野生动物宝宝历险记》电视节目。（王聪聪）

美国社区治理

Community Governance in the USA

指美国独特的社区自治模式，一直被认为是公民自治的典范。在美国社会治理中，社区不是政府的基层管理单元，而是以相对比较独立的个体而存在。虽然美国联邦各州乃至各个市、镇都有独特的社区治理方式，但在社区管理上，基本都采取政府负责规划指导和资金扶持、社区组织负责具体实施的运作方式，即政府不直接干预社区内部公共事务，而是将具体事务交给社区组织、民间团体和居民个体，自身只负责管理和发展的宏观调控。在美国社区的日常运作中，社区委员会、社区主任、专业社区工作者、非营利组织和社区居民等，均是社区治理的行为主体，对社区建设和发展负有职责和义务。在美国学者看来，它最早可以追溯到建国早期的乡镇公共精神，本质上是公民治理，美国公民通过社区治理参与公共生活，获得基本政治能力和公民精神，这是美

国民主的根基所在。（刘中华）

美国生态文学批评
Ecological Literature in America

生态文学批评在美国的形成与发展。美国生态批评文学在20世纪70～80年代应运而生。作为独立概念，生态文学最早出现在约瑟夫·米克1972年发表的《生存的喜剧：文学生态学研究》一文。作者认为，生态文学是对出现在文学作品中的生物主体进行研究。美国生态文学的发展历程，可以分为3个阶段。20世纪70年代末80年代初，是美国生态文学批评的第一阶段。在这一阶段自然与环境在文学作品中的表达方式是研究的重点。生态文学批评家在这一时期普遍认为在许多文学作品中以陈旧模式描写自然。美国生态文学批评的第二阶段是从20世纪80年代末开始，持续到90年代初。在这一阶段，生态文学批评家把重点放在弘扬那些长期被忽视的描写自然的文学作品上，开始深入探讨和研究。这一时期比较有影响的批评家是利奥波德和卡森。利奥波德的生态中心论思想成为环境主义的金科玉律。卡逊的代表作《寂静的春天》开启生态文学批评的新纪元。这是人类生态意识觉醒的重要标志。20世纪末新世纪以来，生态文学批评家试图创建生态诗学。这种生态诗学建立在对生态系统的概念强调和生态文学批评理论建设的基础上。这一时期，生态文学批评家们注重吸收环境伦理学和环境哲学等思想进行理论体系的创建，把生态文学批评理论的研究推向新的高潮。（参考：刘兴沛：《简论美国生态文学批评》，《吉林广播电视大学学报》2013年第2期第89～90页。王薛时）

美国生态学会
Ecological Society of America

成立于1915年，是非营利性、非党派的科学组织。旨在：加强生态学家之间的交流以发展生态科学；提高公众对生态科学重要性的认识；增加供生态科学研究用的资源；加强生态学会、团体与决策者之间的沟通，促使决策者在制订环境政策时合理运用生态科学。目前，学会会员超过10 000人，他们都从事研究、教育和利用生态科学解决以下环境问题：生物技术、自然资源管理、生态系统恢复、臭氧下降和全球的气候变暖、生态系统管理、物种灭绝和生物多样性的丧失、生境的变化和破坏、可持续生态系统。美国生态学会出版一系列刊物，从同行评议期刊到时事通讯、内容说明、教学资源一应俱全。学会旗下期刊有：《生物圈》（*Ecosphere*）《生态学》（*Ecology*）《生态学专论》（*Ecological Monographs*）《生态学应用》（*Ecological Applications*）《生态学与环境前沿》（*Frontiers in Ecology and the Environment*）《美国生态学会简报》（*Bulletin of the Ecological Society of America*）。学会公共事务办公室致力于对环境决策注入生态知识，向媒体和公众传达生态科学知识，以及为生态群体提供服务。（席溢）

《美国宪法》
United States Constitution

美国规定国家体制、政府结构及其活动原则以及人民的权利与自由的根本大法。狭义上指1787年制定的宪法，广义上还包括后来的宪法修正案。1787年9月15日制宪会议上通过的宪法，于1789年3月4日正式生效。它由一个简短的序言和7个条款组成。它规定了联邦制国家结构形式，对属于联邦政府的权力予以列举，包括以联邦名义征税、借款，管理对外贸易和州际贸易，发行和铸造货币，统一度量衡；管理邮政、专利和版权，制定统一的国籍法和破产法，设立联邦法院，对外宣战媾和，规定和惩罚公海上的犯罪；接纳新州加入联邦，管理领地，镇压叛乱和实施联邦法律等。关于各州的权力，1787年宪法没有明确规定，直到1791年生效的第10条宪法修正案才规定："本宪法未授予合众国，也未禁止各州行使的权力，一律由各州保留，或由人民保留。”后来，通过内战后颁布的修正案和美国联邦最高法院对“弹性条款”“管理州际商业权条款”以及“正当程序条款”的解释，联邦政府的权力不断加强，各州的权力日益受到限制。它规定了三权分立的政府管理形式。立法权属于两院制国会，总统是最高行政首脑，由选举产生，司法权归联邦最高法院，三权分工合作，互相制衡。国会的立法须由总统签署，总统对国会的立法有搁置否决权，国会有权对行政行为进行调查，弹劾总统，最高法院的法官任命须由总统提名和参议院批准，对于国会以及总统根据国会授权的立法，最高法院享有司法审查权，有权根据美国宪法宣布某些法律、条例无效。关于人民的自由和权力，1787 年宪法没有规定，直到 1791 年生效的前 10 条宪法修正案才予以明确规定。1787 年宪法自颁布以来，已经历了 200 多年的时间，条文本身并无根本性的改动，只是随着社会条件的变化某些条文和词语被赋予新的含义。它不仅是美国政治体制的基础和法治基本原则的体现，对美国政治、经济和社会、文化的稳定与发展起到了重要作用，而且对于世界各国的宪政理论与实践产生深远影响。（李庆）

《美国自然科学家》

The American Naturalist

是美国最老的生物学期刊之一，创建于 1867 年，自其创建以来一直在生态学、进化论、人口和整个生物学研究方面保持着世界上较高的声望。主要研究涉及生态系统动力学、性和杂交体系进化、有机体的适应性和基因遗传方面的进化，注重采用复杂的方法和创新的理论体系，目的是为了有机物进化和其他更广泛生物学原理方面知识的提高。月刊，ISSN：0003-0147。2014 年影响因子为 3.832。（席溢）

《美国自然资源保护委员会》

The U.S. Natural Resources Defense Council

独立的国际环境保护组织，1970 年在美国成立，资金来源于会员捐款、公共筹款以及私人基金会资助。口号是“保卫所有生命赖以生存的自然系统”。致力于全面提高环境标准，推动在水污染、大气排放标准和环境效率等领域的立法。在中国的项目有：1. 气候与能源。推进环保工作，帮助提高能效和降低温室气体排放。与中央和地方政府、研究机构、环保团体以及企业界合作，协助制定相关的政策和措施，共同应对气候与能源挑战。包括气候变化与能源研究、提升能源效率、绿色建筑与可持续城市发展。2. 环境法与环境治理。与中国的专家学者、民间组织、法律界人士和政府部门紧密合作，加强环境法及其执行力度、建立相关法律框架，包括环境法、公众参与和信息公开、律师和法官培训。3. 环境健康。与知名跨国企业合作，改善其在华的产品供应链并使其符合环境标准，帮助特定行业的生产企业减少对环境和公共健康的负面影响，同时减轻世界各国消费者的消费行为给环境带来的压力，包括负责人采购和化学品政策。（席溢）

《美国总统可持续发展委员会报告书》

The U.S. President's Council on Sustainable Development Reports

美国总统可持续发展委员会是以美国政府内务部及环保署和相关环境团体的代表为主要成员的协议会。《报告书》就环境教育提出建议：制定环境教育标准，协议会称“为了可持续性教育”。建议列举北美环境教育联盟和全美理科教师联盟等专职团体制定的环境教育标准，要求各州以此为参考，努力制定自己的标准；从初等教育到高等教育，要重视系统性思维训练、学术性学习和实践体验性学习；大学教师教育中应纳入环境教育；学校及大学要成为环境教育的典范。（参考：马桂新：《环境教育学》第43页，北京：科学出版社，2007年。王薛时）

《美国2000年教育战略》

America 2000: An education strategy

由美国教育部起草的关于教育改革的纲领性文件。这一战略的宗旨是彻底改革美国中小学教育模式，不拘一格创办全球第一流的中小学校，从根本上提高全体美国人知识和技术水平，以便使美国在21世纪能够保持世界头号强国地位。目标包括6个方面：1. 所有美国儿童都能正常入学接受教育；2. 高中毕业率至少提高到90%；3. 美国学生4、8、12年级毕业时，业已证明有能力在英语、数学、自然科学、历史和地理学科内容方面应付挑战；每所学校要保证所有儿童学会合理用脑，学会思考，以使他们成为有责任感的公民，为他们能够在现代经济生活中谋取有创建性的职业做好准备；4. 美国学生在自然科学和数学方面的成绩居世界首位，要大大增加主修数学、科学及工程的本科生和研究生，特别是女性和少数民族学生；5. 每个成年美国人能读书识字，掌握在全球经济中进行竞争以及行使公民的各种权力和责任所必需的知识和技能；6. 每所美国学校消除毒品和暴力困扰，提供有纪律的、有利于学习的校园环境。（王薛时）

《美加水界条约》

America-Canadian Water Border Treaty

美国与加拿大1909年签订的《美国与加拿大关于水界及相关问题的条约》。其中，有两国约定不得污染美加界水的条款，但该条款的履行却不尽如人意，五大湖仍被严重的污染所困扰。20世纪60年代，美加两国重新努力履行该条款义务。1972年和1978年签订《大湖水质协定》，重申对五大湖水系的有关规定。1987年两国又签订《美国加拿大大湖水质协定》，旨在恢复并维持五大湖流域生态系统的水域在化学、物理和生物方面的统一性。（申森）

美丽中国

Wild China

2012年11月8日中国共产党第十八次全国代表大会提出的执政理念，即“把生态文明建设放在突出地位，融入经济建设、政治建设、文化建设、社会建设各方面和全过程，努力建设美丽中国，实现中华民族永续发展”。美丽中国理念成为中国生态文明建设与社会发展思路的主流方向与社会理想。美丽中国首先指的是优美宜居的自然生态环境，同时还包括和谐有序的社会发展环境。美丽中国理念要求自然生态保护与社会环境建设和谐统一；要实现美丽中国的理想，必须通过建设资源节约、环境友好型社会，建设宜居适度、优美和谐的生存家园，控制环境污染、防止生态退化等问题，实现经济、社会、生态环境可持续发展。美丽中国还指中国中央电视台和英国广播公司联合拍摄的表现中国野生动植物和自然人文景观的大型电视纪录片《美丽中国》。（雷爱民）

美墨国际边界和水资源委员会

America-Mexico International Border and Water Resources Committee

美国和墨西哥政府共同成立的位于边界线上的国际机构，目的是通过协议共同解决边界和水资源问题，化解由此引发的各种分歧。1889年成立，1944年通过补充条约规定，应当在双方具有国际机构的地位。国际边界和水委员会的美国分部是联邦政府机构，总部设在得克萨斯州的埃尔帕索，在国务院的指导下开展工作。墨西哥分部在外务省的行政监督下，总部设在奇瓦瓦州的华雷斯城。主要职责是：协调科罗拉多河的格兰德河及其附近水域在两国之间的分配；监管和保护格兰德河，运营和维护国际存储水坝和水库，分配大坝产生水电能源的使用海域；确定墨西哥的科罗拉多河水域的监管；保护洪水堤防两岸用于分洪的土地；提供边境卫生设施和其他边界水资源问题的解决方案；维持格兰德和科罗拉多河为国际边界以及陆地边界划界。（申森）

《美苏关于限制反弹道导弹系统条约》
The United States and the Soviet Union on Limited Anti-Ballistic-Missile System Treaty

简称《反导条约》。1972年5月26日美、苏在莫斯科签署，同年10月3日生效，无限期有效，每5年审议一次。该条约包括序言和16条正文。条约规定：1. 允许双方各拥有两个有限的反弹道导弹系统。每个反弹道导弹系统部署区的半径不得超过150千米，反弹道导弹发射架不超过100部，反弹道截击导弹不得超过100枚，不得建立多于18个反弹道导弹雷达和2个大型相控雷达。2. 缔约双方不得研制、试验或部署机动陆基或海基、空基或天基反弹道导弹系统。1974年7月3日，美、苏双方对条约进行修改，规定每方保留一个反弹道导弹发射场。该条约的签署与谈判，是冷战时期美苏军事霸权争夺中的一个重要方面。（李庆）

《美苏环境保护合作条约》
The United States and the Soviet Union Environmental Protection Cooperation Treaty

1972年5月23日签订于莫斯科的美苏国际条约。该条约总共有7条。内容主要包括：1. 双方将在平等、互惠和互利原则基础上发展在保护环境方面的合作。2. 双方将在防止大气污染、保护水资源不受污染、防止与农业生产有关的环境污染、改善城市环境、保护自然和划出禁区、保护海洋不受污染、消除环境污染造成的生物学和遗传学的后果等领域的研究中展开合作。3. 通过互派科学家、专家和研究人员，安排双边会议、研讨会和专家会议，交流科学技术情报和文件以及环境问题的研究成果，共同研究和实施基础科学和应用科学方面的计划与方案等方式进行合作，鼓励和促进有关机构、团体和组织之间的直接联系和合作。4. 成立两国保护环境合作联合委员会，轮流在双方首都每年召开1次会议。每方指派1名协调员，负责保持双方联系，监督有关合作计划的执行情况，协调有关组织的活动。本协定自签字之日起生效，有效期5年，缔约双方之任何一方在有效期满前6个月未通知对方终止协定，则协定顺延5年。该条约是美苏政治冷战时期在少数领域中开展的双边合作之一。（刘中华）

美中环境基金会
US-China Environmental Fund

1993年在美国成立。宗旨：协调发展环境经济，加强美中友好关系。主要项目有：1. 资源保护规划项目。参与自然、文化遗产保护规划的制定和实施，帮助人们了解这些珍贵的遗产并且自觉地以行动保护它们。

2. 环境教育项目。通过开展公众教育培养公民的环境意识和对环境负责任的良好行为；与各地不同的组织机构合作开展各种各样的教育活动，包括呼吁保护野生动植物资源和生态环境系统。（席溢）

美洲国家组织
Organization of American States，OAS

1890年4月14日，美国同拉美17国在华盛顿举行的第一次美洲国际会议上，决定建立美洲共和国国际联盟及其常设机构美洲共和国商务局。1910年在布宜诺斯艾利斯举行的第4次会议上，美洲共和国国际联盟改名为美洲共和国联盟，商务局改名为泛美联盟。1948年在波哥大举行的第九次会议上，通过了《美洲国家组织宪章》，又改称为美洲国家组织。1967 年第 3 次泛美特别会议通过了宪章的修改议定书，规定以美洲国家大会取代美洲国际会议，常设机构改称秘书处。1970 年该议定书生效。组织最高权力机构为全体大会，每年举行例会，决定总的政策和行动，下设常设理事会，泛美经济和社会理事会，泛美教育、科学和文化理事会等。总部设在华盛顿。宗旨是：加强美洲大陆的和平与安全；保障成员国之间和平解决争端；成员国遭侵略时，组织声援行动；谋求解决成员国间的政治、法律、经济问题，为促进各国经济、社会、文化发展进行合作，加速拉美国家一体化进程。长期以来，该组织一直受到美国的控制，成为美国干涉拉丁美洲国家、镇压拉丁美洲民族解放运动的工具。60 年代后期，拉美国家要求改变美、拉政治与经济状况和改革泛美体系的呼声高涨。在 1975 年 7 月美洲国家组织的特别会议上，修改了长期以来被美国作为对拉美国家进行侵略、干涉和控制的《泛美互助条约》中的法律条款。目前，该组织共有 31 个成员国。（李庆）

美洲绿党联盟

Federation of Green Parties of the Americas

北美与南美绿党的国际联合组织，全球绿党的分支，1997 年成立。成员包括巴西、加拿大、智利、哥伦比亚、多米尼加共和国、墨西哥、尼加拉瓜、秘鲁、美国、乌拉圭以及委内瑞拉等国的绿党。美洲绿党联盟的办事处设在墨西哥城，联盟由 3 位联合主席共同负责。在北美地区，绿党一般活动于联邦州层面。在南美地区，绿党更多活动于基层，诠释了绿党的“全球思考、地方行动”的理念。美洲绿党联盟希望，通过成员的共同协作，在关爱、正义和自由的基础上实现人与自然的和谐发展。美洲绿党联盟每年召开成员党的代表大会，发表特定议题如反对核能、保护亚马逊水域的主题报告。美洲绿党联盟积极参与全球绿党的活动，与其他大洲的绿党联盟展开建设性合作，以实现全球性的生态社会。1998 年美洲绿党联盟与非洲绿党联盟共同签署协议书，承诺一起为反抗由工业化国家导致的全球环境破坏而奋斗，一起反对工业化国家的污染倾销，建立起两个联盟的稳固合作关系。（王聪聪）

蒙古族生态文化

Mongolia Ethnic Eco-culture

蒙古族生态文化是蒙古族游牧文化的实质和核心。对生命的理解、对生产与环境关系的认识是古代蒙古人创造生态文化的基础。古代蒙古族信奉萨满教。大自然被萨满教赋予灵性，由此形成神格化和人格化的观念体系，内化为蒙古人心目中根深蒂固的生态道德。反对和禁止对草原、森林、湖泊、河流的滥垦、滥伐和污染，要求人们尊重自然，适应自然规律。这一观念指导蒙古族生产和生活方式。天人观是生态文化中最基本的观点。古代蒙古人认为，自然界造就生命和人类；自然界是一切价值之源，人只有保护自然、合理利用自然的义务，没有破坏自然的权利。蒙古人忌讳在地上乱砍滥伐，不乱开采山石，不乱采摘果实，把河当成圣河，河水不能污染，鱼虾不可捕捞和食用。在生产样式上，蒙古民族创造以牧民、家畜和草场构成的特殊的生态型生产方式。以家畜对草场的适应协调或平衡人与自然的关系，人充当调节者、组织者，由此成功解决草畜平衡、草场保护、草原生态系统的持续循环问题。游牧是保护草原的文化生态样式。蒙古族利用各种禁忌、习俗和法律严禁可能破坏草原生态的行为。生活中带着泛神论色彩的禁忌非常多，实际上规范了人类行为，保护自然环境。在法律制度方面，蒙元至清相继颁布《阿勒坦汗法典》《喀尔喀七旗法典》《卫拉特法典》等一系列保护生态环境的法典，确立符合自己文化、习俗的法律体系。这些法典详细规定严禁草原荒火，严禁污染河流、严禁滥猎等条文。（牟世晶）

“蒙上眼睛走”

Blindfold Walking

自然教育方法实例。在美国俄亥俄州的户外教育营地中，一位自然辅导员带着一群孩子去郊游。大多数孩子一直没有见过常绿林，这次能看到俄亥俄州南部罕见的松林，孩子们都很兴奋，教师要和孩子们共同体验这动人的森林之旅。首先，她把孩子们带到一个圣诞树林场。然后把每个孩子的双眼蒙起来，带着大家走过一片阳光灿烂的落叶林。不一会儿，每个人都听到流水声。老师说，前面有座小桥，一次只能过一个人，大家要一个拉着一个小心地走过去。于是孩子们尖叫着、嬉笑着一个拉着一个地过桥……当大家都过去以后，老师让大家拿掉眼罩，这时孩子们看到，原来刚刚走过的是一座非常安全的吊桥，两侧都有扶栏。然后再蒙上眼睛继续往前走。过了一会儿，脚下的声音变了，不是落叶的咔嚓声，而是轻柔的、低沉的沙沙声，四周一片宁静，偶尔听到鸟鸣，微风中草叶悄然无声。辅导员说，大家都躺下来，感觉一下有什么特别。大家蒙着眼睛静静地躺了很久，体验自然界那份深沉的宁静。终于辅导员让大家拿下眼罩，眼前的景象令人为之一震：绵延如海的针叶林，高耸入云，不禁使人的精神随之高扬，敬畏和赞美之情油然而生。这种真实而深刻的体验是环境与心灵的完美结合。这是一种全新的与自然万物交流的方式。“蒙上眼睛走”游戏，受到世界各地教师的喜爱，使这个游戏在欧洲、中国、日本等各国被一再地复制和改进。（参考：马桂新：《环境教育学》第 257 页，北京：科学出版社，2007 年。**王薛时**）

《蒙特利尔议定书》

Montreal Protocol on Substances that Deplete the Ozone Layer

全称《蒙特利尔破坏臭氧层物质管制议定书》，是联合国为避免工业产品中的氟氯碳化物对地球臭氧层继续造成恶化及损害，在《保护臭氧层维也纳公约》基础上，为进一步对氯氟烃类物质进行控制，在审查世界各国氯氟烃类物质生产、使用、贸易统计情况的基础上，通过多次国际会议协商和讨论，1987 年 9 月 16 日邀请所属 26 个会员国在加拿大蒙特利尔签署的环境保护议定书，1989 年 1 月 1 日起生效。宗旨是保护人类健康和环境免受可能破坏臭氧层的人类活动造成的不利影响。《议定书》包括 20 个条款 5 个附件，界定受控物质的定义、控制措施，明确缔约方贸易控制责任，对发展中国家的特殊情况有所说明。（**申森**）

《〈蒙特利尔议定〉书修正案》

Montreal Protocol Amendment

指 1987 年 9 月 16 日在加拿大蒙特利尔市签署形成的《蒙特利尔破坏臭氧层物质管制议定书》（以下简称《议定书》）10 年后，即 1997 年在维也纳召开的第 7 次缔约国会议上对《议定书》进行调整和修正，最终形成的修正案。内容有新的变化，体现在：1. 受控物质的种类不断增加，开始对过渡性物质进行控制；2. 物质淘汰时间表逐渐明确并不断提前；3. 财务机制的建立表明发达国家愿意向发展中国家提供财政支持和技术援助，全球开始共同应对臭氧层破坏现象。《议定书》及其修正案均取得显著进展，被公认为最成功的国际环境公约。作用表现在：1. 保护臭氧层的国际合作行动不断扩大和加强；2. 人类的环境意识普遍提高，出于保护目的倾向购买绿色冰箱等家用电器；3. 行业部门本身作出努力，找寻经济效益和环境保护双赢的技术替代路线；4. 各国努力试图合理解决技术转让及多边资金供资不足等问题，制定标准规范，形成良好的监督环境。（**蔡越**）

孟伟

Meng Wei，1956 ~

山东青岛人，全国人大环境与资源保护委员会副主任委员，中国环境科学研究院院长、研究员，博士生导师，兼任中国GIS协会常务理事兼资源环境专业委员会主任委员、国家气候变化委员会环境影响与对策分会主任委员。2009年当选为中国工程院院士。长期致力于近岸海域环境保

护科学研究、流域与河口海岸带水环境与生态保护研究、废弃物安全填埋处置选址与环境影响评价研究，参与完成国家“十一五”科技重大专项水体污染控制与治理实施方案、渤海环境整治与资源开发战略研究中国工程院重大咨询项目、国家“863”计划课题渤海典型海岸带生境修复技术研究、我国火电厂大气污染物排放标准研究课题、河口低溶解氧形成机理及调控机制研究课题以及承担国家“973”计划项目长江口河口近岸海域环境污染调控对策及生态系统变异的趋势预测课题等。主要论著有：《海岸带污水排放工程环境设计导则》（2002）《废物安全填埋场环境影响评价技术》（2002）《渤海主要河口污染特征研究》（2004）《生态工业区的理论与实践》（2004）《GIS技术在环境资源工作中的应用与发展》（2004）《中国流域水污染现状与控制策略的探讨》（2004）《废物资源化与安全处置技术概论》（2005）《我国主要河口水体污染毒理学现状研究》（2005）《河口科学的研究与实践的综合方法（译）》（2005）《突发环境污染事件对湖泊浮游动物的影响》（2007）等。（石艳峰）

孟子“仁爱生命”“推己及物”的生态观

Mencius “Love Life” and “Then Love nature” Ecological view

孟子发挥了孔子的“仁爱”思想，第一次明确提出并回答了生态道德与人际道德的关系问题。孟子提出了“亲亲而仁民，仁民而爱物”的观点，他说：“君子之于物也，受之而弗仁；于民也，仁之而弗亲。亲亲而仁民，仁民而爱物。”（《孟子·尽心上》）。他认为君子之爱包括对亲人的爱、对百姓的爱和对自然物的爱三部分，这三种爱是“仁政”的重要内容。亲亲必须仁民，只有仁爱百姓，让百姓安居乐业，亲人的幸福才有保障。与此同时，仁民又必须爱物，只有珍爱保护自然万物，百姓的安居乐业才有物质保障。这是一种真正地推己及人、由人及物的道德。他把仁民与爱物相提并论，由亲爱自己的爱人，进而仁爱民众，爱护万物。可以看出，孟子认为爱己爱人是不够的，还应进一步把这一爱心扩展到自然万物，这才是真正的“爱”和“仁”。在他看来，道德系统由生态道德和人际道德两部分构成，人际道德高于生态道德，“仁民”是“爱物”的前提，通过“仁民而爱物”这一途径可以实现生态道德和人际道德的统一、人与自然的和谐。孟子主张实施仁政，以德治国，反对发动战争和靠武力征服别国来进行强权统治，这对保护生态资源是有积极生态伦理学意义的。孟子主张：“得百里之地而君子，皆能以朝诸侯，有天下；行一不义，杀一不辜而得天下，皆不为也。”《孟子·公孙丑上》即反对滥杀无辜和不仁义战争。孟子还一再倡导节俭，反对浪费，体恤民众。他说：“贤君必俭礼下，取于民有制。”（《孟子·滕文公上》）即贤明的君主必定做到认真办事，访省用度，礼贤下士，向百姓征税应有一定节制。这些对于地球资源日益腰乏的当前，各国推行节约型社会、协调国家、社会、个人的关系，实现共同与可持续发展无疑有重要借鉴意义。（牟世晶）

米哈伊尔·谢·戈尔巴乔夫

Михаил Сергеевич Горбачёв，1931 ~

最后一任苏联共产党总书记、苏联总统，在他任内苏联最终走向解体。俄罗斯族人，1952 年加入苏联共产党，1955 年莫斯科大学法律系毕业。1980 年 10 月升任苏联共产党中央政治局委员，

1985 年在契尔年科病逝后当选为苏联最高领导人。成为苏联总书记后，在国内大力推动经济、政治和军事等领域的体制改革，废除书刊检查制度的法律，开展为政治迫害受害者大规模平反的运动等；对外提出新思维，缓和与欧洲和美国的关系，1987 年与美国总统里根签署历史上第一个《核裁军条约》，放弃干涉东欧国家内政，允许东欧国家民主化等。但戈尔巴乔夫主持的改革最终失败，苏联这个强大的社会主义国家一夜解体。1991 年 8 月 19 日，正在乌克兰南部海滨小城福罗斯度假的戈尔巴乔夫，遭到不满改革的苏联保守派软禁，史称“八一九事件”。虽然其后苏联保守派的政变失败，但戈尔巴乔夫也失去了对国家的掌控，苏联政权被叶利钦等夺取。在西方世界获得很高评价，常以和平和裁减军备倡导者的面目出现在世界政治舞台上，自动削减苏联的军力，开展苏联民主化改革。西方社会称赞他使俄罗斯在民主改革方面迈出了决定性步伐，因此获得 1990 年度诺贝尔和平奖。但是，过于草率、脱离实际的对内对外改革政策，以及对西方特别是美国的近乎幼稚的过分信赖，导致苏共亡党、苏联亡国的悲剧性后果，不仅违背建设“民主的社会主义苏联”的初衷，也背叛了共产主义事业本身。俄罗斯沦落为世界体系内的原料附庸国，导致苏联解体后俄罗斯经济大滑坡，出现严重的通胀暴涨等问题，苏联人民的生活水平大幅降低，国家的国有资产出现大量流失。（刘中华）

米兰达·施罗伊尔斯

Miranda Schreurs

德国著名环境政策与政治学者，柏林自由大学政治与社会科学学院教授、环境政策研究中心（FFU）主任、德国政府环境咨询委员会成员。

生年不详。主要研究领域有环境治理比较、全球气候变化与气候政策、能源转型政策等。主要著作有：《绿色运动的 A 到 Z》（2009）《日本、德国、美国的环境政治》（2003）等。（徐越）

米洛斯拉夫·克里瓦

Miroslav Klivar

捷克学者和艺术家，欧洲学者有人把米洛斯拉夫·克里瓦称为生态美学的首倡者，北美许多学者更愿意将生态美学的起源追溯到利奥波德 1949 年出版的《沙郡年记》。利奥波德在该书中提出 Conservation Aesthetic 概念，被认为包含生态美学主要价值观念。（雷爱民）

免费搭车

Free Riding

指人们不愿支付任何费用而从他人获得好处的行为，西方经济学中的重要概念。免费搭车现象在经济学和生态学上均有出现。经济学上，主要表现在国有企业中的某些人或某些团体在不付出任何代价或成本的情况下从国有企业获得好处或利益，其中不乏经营者、企业职工、上级部门以及其他经济单位。这种行为导致的直接结果是扼制国企的创新机制，造成国家财产和财源的流失；国企经济效益下降，发展面临停滞，动力不足；社会分配不公，两极分化加剧以及市场机制中激励机制失效。生态学上，公地悲剧、开放性渔场、过度放牧和过度捕捞等现象的出现，表明人们对自然环境缺乏保护意识，存在过渡使用的免费搭车心理，没有可持续发展的理念。在未来发展中，应进行国有企业制度及环境保护制度的创新，健全管理机制，完善相关法律法规，降低公有产权的制度成本，提高自然资源及环境的利用成本，从根本上限制免费搭车现象的产生。（蔡越）

苗族生态文化

Eco-culture of Miao Nationality

苗族将生态智慧、生态伦理、生态维护和信仰及文化融为一体。这种信仰被大家接受，形成集体意识，对维护生态平衡作用非常明显。苗族宗教崇拜是万物有灵观念产生的自然崇拜，包括禁忌和宗教仪式，两者相互结合，密不可分。客观上，具有神性意义的活动保护了生态环境。神话、传说、童话、歌谣、谚语、故事等融进生活的全部。他们认为：人大有鬼，树大有神，凡生长在寨子周围的大树、巨石等都不能乱动。在苗族朴素的思想意识里面，人类诞生是自然的结果，宇宙是先有自然才有人类，自然是巨大的神，是人类起源的地方，人类仅仅是自然界的客人，人类只有服从自然、爱护自然才会得到神的保佑，否则将会受到惩罚和报应。万物有灵思想约束人们利用自然资源的行为，林地资源得到保护。民间习俗与禁忌是文化表层形式，是容易感触到并可亲身参与体验的。具有神性的生态文化通过各种规约和社会礼仪来表述。经过现代社会及外来制度的冲击，人们对传统信仰的虔诚度有所变化。（牟世晶）

《描述生态学》

Ecography

与 Oikos、Journal of Avian Biology、Nordic Journal of Botany、Lindbergia 和 Ecological Bulletins 合作出版。月刊，ISSN：0906−7590（印刷版），ISSN: 1600−0587（电子版）。2014 年影响因子为 4.774。（席溢）

《妙林经二十七戒》

Twenty-Seven Commandments of Miao Lin

中国道教戒律之书。内容包括：不得盗窃人物，不得妄取人财，不得因恨杀人，不得贪嗔痴狠，不得慢老欺人，不得咒诅毒心，不得杀生淫祀，不得毁善自誉等。戒律包含当时社会基本的道德规范与行为要求，同时包括道教修行的特殊方式与内在规定，主张一切众生无须好生恶死，应谨慎言行，持戒修行，不造死业，追求升仙自在。认为道德不生不灭，人们应该不断积累善德，修足善行，终登道德良善门庭。（雷爱民）

民粹主义

Populism

19 世纪中叶在俄国出现的小资产阶级社会主义思潮。当时，俄国农民身受封建残余和资本主义发展所带来的双重苦难。一些知识分子提出“到民间去”的口号，穿上农民服装，发动农民开展反对农奴制残余和资本主义的斗争。由于他们宣称自己是保卫人民利益的，因此被冠以民粹派（俄文原意为人民主义者）的名称。民粹派把农民反对农奴制度的斗争理想化，认为这种斗争具有社会主义的本能和趋向。他们否认资本主义在俄国发展的必然性，主张俄国走非资本主义的道路，通过村社和农民手工业劳动组合直接过渡到社会主义。他们美化已经没落的村社制度，笼统地把资本主义看作是衰落、倒退和祸害。他们信奉唯心主义的英雄史观，主张采用个人恐怖手段取得政权。民粹派在革命策略问题上曾经分为几个不同的派别，其中主要有拉甫罗夫派、巴枯宁派、特卡乔夫派。拉甫罗夫派认为，俄国人民起义的时机还没有成熟，农民仍然相信沙皇，革命需要有一个较长时间的准备，革命者的任务是到农村去进行温和的宣传。巴枯宁派认为，农民始终是反对国家的，农民随时都可能起义，主张立即组织暴动，举行农民起义，推翻沙皇制度，在村社范围内组织新政权，然后建立邦联。特卡乔夫派主张，在没有人民群众参加的情况下夺取政权和组织政府，以便直接过渡到社会主义。民粹主义可分为旧民粹主义即革命民粹主义和新民粹主义即自由民粹主义两种。在 19 世纪 60 ~ 70 年代，革命民粹主义占上风，曾对俄国革命运动的发展起了重要作用。到了 80 ~ 90 年代，自由民粹主义居统治地位，大多数民粹派分子成了富农利益的代表，同沙皇政府妥协，反对马克思主义，阻挠建立无产阶级革命政党，成为传播马克思主义和开展革命运动的主要思想障碍。1894 年夏，列宁在《什么是"人民之友"以及他们如何攻击社会民主主义者》这篇著作中，全面深刻地分析批判了民粹主义的世界观、经济主张、政治纲领以及策略，从而彻底粉碎了民粹主义。（李庆）

民生科技

People's Livelihood Science and Technology

基于民生问题最直接相关的科学技术。即与人民最直接现实的利益相关的科学技术，把科技成果转化到与民众生活紧密相关的活动中去，使创新成果惠及民生、自主创新关注民生、基础建设改善民生。主要特征有：实用性、适用性、发展性、自主性。民生科技可分为：环保科技、健康科技、安全科技、数字科技、教育科技等。依据服务对象可分为：服务城镇居民的民生科技、服务农村居民的民生科技。依据服务内容可分为：日常生活中的民生科技、特殊情况下的民生科技。（王晴晴）

民意

People's Will

公众的愿望和意见。民意是公众在一定时期内对某一事件、某项方针政策或时局的态度、情感、意志、激情、压力等社会心理的综合反映，是自发的、不系统的、不定型的社会意识。民意是客观存在，它的产生、发展和消失有一个过程。当民意由小到大，发展到比较自觉、比较系统、比较定型时，就会成为公众舆论，并为某些社会集团所掌握和左右，形成有目的有组织的群众运动。发展方向可能是积极的，也可能是消极的。民意是社会进程的晴雨表。在一定程度上，它不仅反映社会局势的变化，也反映阶级、阶层、集团力量的对比。民心向背，在急剧变化的社会中起着巨大的作用，在安定的社会中也是不可忽视的社会力量。能否体察民情社情，正确参照民意揭示出的问题制定方针政策，是安邦治国的领导艺术。（李庆）

民意调查

Opinion Poll

根据某个时期或某项任务提出的要求，采用社会调查的各种方法和技术，了解公众意愿、社会思潮的活动的总称。它与民意测验均于 19 世纪起源于美国。美国是最早建立民意调查机构的国家。1935 年，盖洛普首先建立美国公众意见调查所。此后，罗珀、哈里斯等也建立类似的专业机构（公司），出版《民意季刊》等刊物。此外，还有一批非专业性的集团、部门，定期不定期地进行民意调查。其他西方国家也是如此。民意调查比民意测验更正规、规模大，它不仅采用问卷，还广泛采用访问、座谈、观察、历史、比较等方法，既有抽样调查，也有个案研究，既有定量分析，又有定性分析，既重视公众的民意测验，又重视历史文献资料的积累与研究，对社情民情的了解不停留在是什么，还深入了解为什么。另外，民意调查采用的调查分析技术，也比民意测验复杂。（李庆）

民主
Democracy

与专制相对应的一种政治制度，希腊文作 demokratia，由 demos（人民）和 krators（权力）所合成，英文为 democracy，音译为“德谟克拉西”。原意是人民的权力。在现代社会中，民主是一种国家制度，包括国体和政体。国体是国家的阶级本质，即一定阶级的政治统治；政体是政权的组织形式。民主与君主专制、公开的军事独裁、法西斯统治相对应。平常人们所说的公民基本权利、民主原则、民主精神、民主传统、民主作风，是上述民主制的派生和引申。民主制属于上层建筑，由一定经济基础决定，并为其服务。民主是一个历史的和阶级的范畴，有其具体的阶级内容和发展过程。在没有阶级对立的社会里，民主将是全体社会成员管理社会的权利。（李庆）

民主赤字
Democratic Deficit

又称民主亏空。作为学术词汇，最早出现在德国学术刊物中。从字面意思理解，那些定位成民主的组织或机构（特别是政府），运作或实践已无法满足基层的需要，民主产生的代表与人民之间的鸿沟持续扩大，人民在民主机制上逐渐形成疏离，对决策无力影响，参与感随之降低。在现实中的具体表现与反映，是选民投票热情的急剧降低，民主体制出现了入（民意流入）不敷出（决策产出）的逆差现象。后来，民主赤字一词被广泛地用于描述欧盟各国公共政策制定中各个级别的决策权力被上移至欧盟层次，但民主监督机制却未随着欧盟的发展而扩展完善，导致欧盟层次的决策机构有权无责，形同剥夺人民通过议会或媒体监督政府的实质性权力。然而，对于民主赤字的内涵、意义以及其对欧盟未来发展的影响，学术界仍存在诸多争议。（申森）

民主集中制
Democratic Centralism Principle

无产阶级政党和社会主义国家机构的根本组织原则与领导制度，基本含义是民主基础上的集中和集中指导下的民主相结合。在民主集中制中，民主与集中是辩证统一的关系，民主是集中的前提和基础，集中是民主的指导和结果。对无产阶级政党来说，民主集中制既是党的根本组织原则，也是群众路线在党的生活中的具体运用。坚持民主集中制的基本要求与目标，就是要在党内努力造成既有集中又有民主，既有纪律又有自由，既有统一意志又有个人心情舒畅、生动活泼的政治局面，通过发展党内民主，积极推动人民民主的发展。（李庆）

民主决策
Democratic Decision-Making

在政府决策过程中尽可能地保证与扩大民主参与，具体形式包括：1. 社情民意反映制度；2. 专家咨询制度；3. 重大事项社会公示制度；4. 社会听证制度，等等。公民参与民主决策十分重要：1. 有利于决策充分反映民意，体现决策的民主性；2. 有利于决策广泛集中民智，增强决策的科学性；3. 有利于促进公民对决策的理解，推动决策的实施；4. 有利于提高公民参与公共事务的热情和信心，增强公民的社会责任感。（李庆）

《民主与绿色政治思想》
Democracy and Green Political Thought: Sustainability, Rights and Citizenship

英国基尔大学政治社会学教授布莱恩·多尔蒂的代表性著作，1996 年出版。他认为绿色运动对传统民主的正当理由提出了诸多严厉批判，如说自然世界能否拥有权利，我们是否顾及子孙后代的利益，绿色运动的理想主义能否破坏民主，环境运动主义者是否是有效的民主人士等等。书中阐述绿色环境运动关于民主的话语，认为绿色政治思想和政治制度的民主状态，能够保证可持续发展社会的民主。这个争论并非局限于具有绿色观念的民主的兼容性，也涉及如何界定民主本身。作者认为，绿色观念仍具有较大功效去充实民主概念的薄弱元素，特别是代议机构在任何绿色民主中发挥较大作用。但是，对绿色观念的认真对待需要重新思考自由民主的诸多基本元素，如道德共同体的范围、个体市民的优先地位等。（徐越）

《民主与自然》杂志

Democracy & Nature

前身是由希腊政治哲学家塔基斯·福托鲍洛斯1992年创办的《社会与自然》，1995年改名为《民主与自然》。从1999年开始，杂志新开辟5个版块，从而使杂志的版块达到9个。杂志声称，其目标是开辟论坛以供讨论新的民主概念，即包容性民主。在维护其核心目标的基础上，杂志也将其覆盖面扩展到比较激进的另类观点上。杂志围绕核心议题来组织话题，如“生态哲学”“国家主义和世界新秩序”“南方的扩张”“民主和自由主义”“大会传媒、文化和民主”“马克思与蒲鲁东”“后现代主义和民主工程”“反恐战争”等。杂志还声称，长远目标是捡起被左派丢掉的传统，推动新的社会解放工程。这种社会解放工程是民主、解放、社会主义和激进环保主义的综合体。2003年杂志停刊，创办新杂志《包容性民主国际学报》。（徐越）

民族生态政策

National Ecological Policy

民族地区保护和利用生态环境和文化资源的相关政策和法规。国际上的民族生态政策始于20世纪初，早期的国际条约，包括《海豹公约》《国际捕鲸管制公约》等，都承认原住地民族在所在国家的责任和义务。而后一系列的发展与行动计划都承认并尊重民族文化多样性，承认原住地民族的需要、愿望和权利，号召建立让原住地民族参与其中的法律和制度。民族生态政策是对现行民族政策的加强和完善，是实现各民族未来生存发展可持续性不可缺少的政策。（代富宇）

民族主义政党

Nationalist Party

把本民族的独立和解放作为本党的奋斗目标的政党，如缅甸社会主义纲领党、阿拉伯复兴社会党、坦桑尼亚革命党等。由于这些政党所在国家长期蒙受新老殖民主义的奴役和剥削，资本主义形成较迟，为数众多的民族主义政党都有如下的特点：1. 把党的理论和政策同宗教结合起来，利用宗教的影响团结本民族人民，壮大自己的力量，向殖民主义做斗争。2. 从阶级基础来看，成员涉及社会各阶级、各阶层。有些政党很难判断其所代表和维护的阶级利益。它们的阶级理论颇有特色，有些还是独树一帜的。3. 这些党的缔造者绝大多数是具有民族主义思想的代表人物，他们中的许多人为了本民族的繁荣曾到西方学习考察。4. 执政的民族主义政党，往往把实行国有化和进行土地改革作为两大主要经济措施。5. 相当数量的民族主义政党还处于政党的初级形态，政党组织水平不高，因而纲领、政策易变性较大。这些政党的活动往往带有浓厚的民族主义色彩，而亚非拉地区大多数国家都是由民族主义政党执政。（李庆）

命令控制型环境管制政策

Command Control Environmental Regulation Policy

环境管制政策之一，是传统的环境管制政策。主要依靠管理机构通过法律和行政手段，制定并执行各种不同的标准改善环境质量。命令控制型环境管制政策能较快地控制污染排放，但缺乏实施效率，不利于企业技术创新。（代富宇）

模拟法

Simulation Method

亦称模拟实验法。将所研究的对象用其他手段加以模仿，不直接研究现象或过程本身，而是先设计与该现象或过程相似的模型，再通过模型间接研究此现象或过程的方法。模拟法的形成经过直观模拟阶段、模拟实验阶段、功能模拟阶段。模拟是一种类比。以心理学研究为例，模拟法并不直接研究心理现象，而是通过对某种心理现象类似的模型间接研究。在模拟研究中，模型成为心理现象的代替物。例如，人脑和机器都有一定程度的相似性，两者可以类比。使用电子计算机可以对人脑思考过程进行数学模拟，以增进对人脑机能的理解，同时又可以促进自动机器的革新。人的心理现象是错综复杂的，模型则比它的原型简单，致使模拟与心理现象之间存在着各种差异。必须根据所研究心理现象的知识，尽可能建立比较精确完整的模型，才能提高模拟效果。（王薛时）

摩尔多瓦绿党

Ecologist Green Party of Moldavia

摩尔多瓦绿党“绿色联盟”成立于1992年4月9日。在成立大会上通过了政党纲领，选举产生政党的组织结构。格奥尔基·马拉库斯（Gheorghe Malarciuc）成为首任领导人。此后，绿色联盟改名为“生态绿党”。摩尔多瓦绿党参加了1994、1998、2001、2005、2009、2010和2014年的议会大选，选票均未超过1%，没有能够进入议会。与其他政党相比，摩尔多瓦生态绿党是国内小党，政治影响力较弱。摩尔多瓦生态绿党的根本性原则是：生态学、社会正义、民主、和平主义。党的基本政策主张包括：推进绿色经济，审慎地利用技术；通过教育增强公民的生态意识；实现全社会的民主化；倡导裁军，去核化等。摩尔多瓦生态绿党是欧洲绿党的成员党。（王聪聪）

摩尔多瓦绿色运动

Miscarea Verzilor

摩尔多瓦的重要绿色团体，1988年成立。20世纪80年代摩尔多瓦因工业发展，产生严重的环境污染和生态破坏，特别是普鲁特河污染严重。这促使摩尔多瓦知识分子建立有生态倾向的非政府团体，继而成立大众性绿色运动。1989年2月摩尔多瓦绿色运动召开成立大会，国内媒体人士以及作家等知识分子纷纷参加并支持。这一组织遭到官方反对。20世纪80 ~ 90年代，摩尔多瓦绿色运动组织多次关于环境破坏、消费品短缺，以及民族问题的抗议游行活动。（王聪聪）

摩洛哥马拉喀什气候大会

United Nations Climate Change Conference in Marrakech，Morocco

2001年10月《联合国气候变化框架公约》第7次缔约方会议（COP7）在摩洛哥马拉喀什举行。通过了《马拉喀什协定》：通过有关《京都议定书》履约问题的高级别政治决定，为《京都议定书》附件1规定的缔约方批准《京都议定书》并使其生效铺平道路。尽管《协定》内容并无突破性，但在美国退出《京都议定书》情况下，《协定》稳定了国际社会对应对气候变化行动的信心。会议结束《波恩政治协议》的技术性谈判，从而朝着具体落实《京都议定书》迈出关键一步。（席溢）

魔弹论

The Magic Bullet Theory

又称皮下注射理论、枪弹论或机械刺激—反应论。盛行于20世纪20～40年代的传播理论。核心内容：传播媒介拥有不可抵抗的强大力量，它们传递的信息在受传者身上就像子弹击中身体、药剂注入皮肤一样，可以引起直接速效的反应。它们能够左右人们的态度和意见，甚至直接支配他们的行动。这种理论认为，受众就像射击场里固定不动的靶子或医生面前昏迷的病人，完全处于消极被动的地位。大众传媒有着不可抗拒的巨大力量，受众消极被动地等待和接受媒介灌输的各种思想、感情、知识。因此，受众的性格差异并不重要，重要的是讯息，讯息直接改变态度，态度的变化即等于行为的变化。（张惠娜）

末世论

Eschatology

基督教的重要教义，指《圣经》中提到的现实世界终结的论述，与耶稣审判有关，有时也称世界末日。世界末日来临时，所有人都要接受耶稣基督的审判。基督教末世论宣称耶稣基督将再来人世，届时所有人都要复活，接受基督耶稣最后的审判。只有信仰耶稣基督的人其罪可得赦免，将得到永生，从而与神和好，而不信仰上帝的，其罪不得赦免，最后会因罪而下地狱，与上帝永远隔绝。末世论在其他宗教中也有存在。（雷爱民）

莫愁环境保护网

Mochou Environmental Protection Network

莫愁生态环境保护协会设立，创建于2007年。宣传莫愁生态环境保护协会的环保理念，组织相关活动。秉承“崇尚生态文明，创造绿色家园”原则，进行环境教育和环保宣传，为繁荣和发展我国的生态环保事业，推进可持续发展，为实现社会主义和谐社会做出贡献。莫愁网头条板块聚焦于近期环保领域重大事件的报道，其他版块包括投诉维权、公益活动、生态旅游、环保志愿、绿色企业、社会民生、环境健康、政策法规、环保论坛、节能减排、佑芽活动、河流卫士等多项内容。（张惠娜）

莫愁生态环保协会

Mochou Ecological Environmental Protection Association

经民政部门注册，环保部门批准的社会公益组织，创建于2007年7月12日，由机关干部、社区居民、退休环保专家等百多人倡议发起。协会创办来，秉承着“崇尚生态文明，创造绿色家园”的原则，在保护生态环境、推动社区环保、对社区居民、青少年进行环境教育、环保宣传的同时，响应国家政策，积极呼吁社会各界有识之士共同参与环境保护工作，为繁荣和发展我国的生态环保事业，推进可持续发展，为实现社会主义和谐社会做出贡献。莫愁生态环境保护协会的口号是“崇尚生态文明，创造绿色家园”，宗旨是“保护社会生态环境，加强环保教育宣传，倡导绿色生活理念”，核心价值观是“真诚、乐观、自信、奉献、恒心”。“保护生态环境，倡导可持续发展理念；协助社区搞好环保工作，推行绿色社区建设；加强对社区居民和青少年的环境教育；维护公众的环保权益，救助受污染的弱势群体”是协会发展的使命。（张惠娜）

莫德拉根合作社

Mondragón Cooperative

位于西班牙巴斯克地区的工人联合合作社，世界上最大的工人合作社，1956年成立。莫德拉根合作社是生态社会主义社区的重要案例，主张

社会生产是基于社会需要，而不是为追求消费主义的利润。第一个产品是石蜡炉。从资金运转看，

该合作社是第10大西班牙公司，巴斯克地区的龙头企业集团。2014年底雇员7万多人，有257家下属企业。合作社有4个业务范围：金融、工业、零售和知识。知识是莫德拉根合作社的突出特点和关键性要素，即合作社的教育培训和创新。合作社的教育培训主要依托莫德拉大学进行，合作社还有15个技术创新中心。合作社的重要特点是工人享有较好的薪酬待遇，女性享有更平等的权利，普通工人有机会参与合作社的政策决策，因而是对当前资本主义生产方式某种程度的替代。合作社的成功还在于合作社中团结的工作环境以及员工对组织较强的认同感。合作社特别强调人文主义的企业理念，强调参与和团结、共享的企业文化。合作社的企业文化，根植于共同的理念：公开承认、民主组织、劳工主权、资本的工具性和从属性特征、参与式管理、薪酬团结、内部合作、社会转型、大学和教育。（王聪聪）

莫尔特曼

Moltmann

莫尔特曼是当代德国重要的宗教学家、宗教哲学家、生态神学家。莫尔特曼的神学理论被称为“希望神学”，莫尔特曼神学探讨了基督教“基督论、创造论、圣灵论、三位一体论、终末论”等方面的内容，内容涵盖基督教哲学与基本教义。莫尔特曼注重对话方法，他在世界范围内与布洛赫等哲学家、以与及精神分析、马克思主义、批判理论等进行对话，同时还开展了与天主教和犹太教、解放神学、黑人神学、女性主义神学、亚洲神学对话。莫尔特曼的神学认为上帝创造世界是一种过程性的、参与性的创造，其中圣灵的持续参与和不断临在是作为“创生”的重要组成部分，主张重建自然与人的关系，进行去“人类中心化”的价值重估。莫尔特曼系统地论证了以圣灵论为基础的生态神学，他的生态伦理思想突破了传统教会对待生态环境的基本模式，认为人与自然既不是简单的伙伴模式，也不是管理模式，更不是统治模式，而是人与自然充分和谐的生存共同体模式。著有《盼望的神学》（1964）《盼望与计划》（1968）《被钉十字架的上帝》（1972）《圣灵大能中的教会》（1975）《开放的教会》（1978）《三位一体和上帝国》《创造中的上帝》（1985）《今日神学》（1988）《耶稣基督的道路》（1989）《生命之灵》（1991）《耶稣基督—我们的兄弟，世界的救主》（1992）《当代的基督》（（1994）《来临中的上帝》（1995）《俗世中的上帝》（1995）《神学思想的经验》（1999）《科学与智慧》（2002）等著作。（雷爱民）

莫尔特曼的宇宙终末观

Eschatological Theology of Moltmann

莫尔特曼希望神学的重要内容。他提出末世神正论，重视现实世界的苦难与邪恶，认为无辜的、并非发自内心的受苦是不合理的，只有符合神圣目的才是合理的受苦。莫尔特曼认为传统所谓世界末日时耶稣复活所应许的内容不能解释苦难，而应该对上帝最终战胜一切邪恶与苦难抱以希冀，通过盼望上帝未来的公义解决神正论问题。莫尔特曼认为宇宙终末论是神学的起点，而非终点。他认为基督教是关于希望学说的宗教，指出希望观念是基督教最根本的神学内核。他的所谓基督教希望是宇宙终末观视阈下的希望，是面向终极新异，面向使耶稣基督复活的上帝对一切事物的重新创新，使人们可以把当下的有限希望变成对复活的无限希望。在莫尔特曼的生态神学中，宇宙作为上帝的创造，是由天和地构成的双重世界，没有虚空或者平铺的时间，上帝处在从天至地的持续创造之中，未来的天国不断被更新，因而成了新天新地，上帝寓居新天地中，天和地毫无阻碍地交流，当下人类所处世界是迎接上帝更新中的宇宙。（雷爱民）

莫根斯·彼得森的政党生命周期理论

Mogens Pedersen Party Life-Cycle Theory

欧洲政党政治学者摩根斯·彼得森在研究北

欧小党时，最先提出政党生命周期理论。他认为，小政党从建立到消失的生命周期中需要跨越以下四道门槛：1. 宣布门槛。一个团体宣布组成政党并参加选举。2. 准许门槛。一个政党为了参加选举而必须满足相应的法律规范要求。3. 代表权门槛。一个政党为了获得全国性议会议席而必须突破的得票界限，其中选举制度在很大程度上决定小政党是否能够通过。4. 相关性门槛。即小政党（尤其是作为全国执政联盟伙伴）对政府的公共政策制定过程产生影响。（徐越）

莫里斯·斯特朗

Maurice Strong，1929 ~

加拿大人，曾任联合国副秘书长、世界银行总裁高级顾问及管理委员会委员、联合国环境规划署驻肯尼亚内罗毕的首任执行官、联合国环

境和发展大会地球峰会的秘书长。在经济、政府及国际组织领域有着 30 多年的高层管理经验。曾 8 次担任联合国副秘书长，1972 年成功筹办联合国首届人类环境会议。同时是国际自然保护联合会、世界自然基金会、世界资源研究所的董事会成员，这三大非政府组织在全球环境议题的国际合作中都发挥重要作用。将环保概念第一次正式引入到全球议事日程，参与制定《地球宪章》、创立世界环境日，被尊称为地球工作者。（申森）

莫里兹·石里克

Moritz Schlick，1882 ~ 1936

维也纳学派代表人物，20 世纪德国著名哲学家。1882 年出生于德国贵族家庭，大学期间在著名物理学家普朗克的指导下完成物理学博士论文

《论非均匀层中光的折射》，从此之后石里克的理论兴趣开始转向科学哲学和理论物理学领域。1910 年开始担任罗斯拉克大学讲师，后前往基尔大学担任教授。1922 年经汉恩推荐前往维也纳大学担任归纳科学哲学讲座教授。1923 年进入维也纳学派的小圈子参加讨论，作为该小组的唯一一位哲学教授和物理学家，很快成为领军人物。1928 年被推荐为马赫学会主席，1929 年访问美国加州大学和斯坦福大学，是维也纳学派思想在美国传播的第一人。1936 年 6 月 22 日，被一名精神错乱的学生枪杀。石里克的学术生涯主要关注认识论和理论物理学，思想发展被分为前后两个时期。在担任维也纳大学教授之前，石里克的哲学思想主要受马赫、彭加莱等人的影响，持一种批判实在论立场，反对当时的新康德主义和现象学思想。这个时期的代表作有《现代物理学中的空间和时间》以及《普通认识论》。后来，石里克受到维特根斯坦的影响，哲学思想得到进一步发展，有的学者认为他此时转向实证主义立场。随着逻辑实证主义的影响力逐渐消逝，石里克的证实思想逐渐被分析哲学家们放弃，但是他对经验的强调以及对知识基础的关注仍然是后来科学

哲学的重要研究领域。（参考：叶秀山、王树人总主编：《西方哲学史》学术版第八卷江怡主编：《现代英美分析哲学》上第202～227页，南京：江苏人民出版社，北京：人民出版社，2011年。朱配辰）

莫妮卡·弗拉索尼

Monica Frassoni，1963～

意大利绿党的重要活动家和政治家。生于墨西哥，首先作为比利时法语区绿党生态党的欧洲议会议员代表步入政坛。1999～2009年的政治

生涯中，一直供职于欧洲绿党议会党团。其间曾担任欧洲绿党—欧洲自由联盟党团的联合主席（2002～2009）。还曾担任青年欧洲联邦主义者组织的秘书长。2009年后成为意大利绿党成员，与德国绿党的前主席莱茵哈德·布迪科弗一起担任欧洲绿党的主席。2010年与玛丽娜·席尔瓦等人被《外交政策》杂志评为全球伟大的思想者。2010年后还建立欧洲节能联盟的非政府组织，以推动雄心勃勃的欧洲能源效率政策。在2009年创立欧洲选举支持中心，对发展中国家，特别是对非洲地区提供选举援助。（王聪聪）

墨家生态观

Ecological Views of Mohism

墨家是先秦时期主要哲学派别之一。创始人墨翟是孔子之后当时最主要的哲学家，其主要思想由《墨子》一书流传下来。墨家思想分为两个不同阶段，前期侧重于社会政治、伦理及认识论问题；后期墨家在逻辑学方面有重要贡献。《墨子》中也不乏关于天人关系方面的生态伦理思想，这主要集中在“天志”观中。“天志”观的核心思想是“顺天”，墨子不仅认为自然有其固有客观规律，而且将天人格化和道德化，如他说：“天之行广而无私，其施后而不德，其明久而不衰。”为此，墨子主张尊重“天”，要“敬天”“法天”，“天志”观主张人道应顺应天道，这是“天人相合”的要求。他说“莫若法天”，人应依循天道行事，像自然一样广大无私。另一方面，“顺天”也不意味着完全受制于天，墨子重视人自身的能动力量和精神品质，“顺天”的同时还需“尚力”，所谓“赖其力者生，不赖其力者不生”。在生态实践观上，墨子主张“节用”“节葬”“非乐”的节用消费价值观，“凡足以奉给民用，则止。诸加费不加于民利者，圣王弗为”，“故食不可不务也，地不可不力也，用不可不节也”，注重物质生产，更强调节约消费，反对君王的“厚作敛于百姓，暴夺民衣食之财”的奢靡行为。针对贵族君王的厚葬久丧制度，墨子说：“细计厚葬，多为埋赋之财者也。计久丧，为久禁从事者也。”针对王公贵族耽于享乐，沉迷歌舞从而浪费财力，墨子主张“非乐”，他说：“今王公大人虽无造为乐器以为事乎国家……将必厚措敛乎万民，以为大钟鸣鼓琴瑟竽笙之声……撞巨钟，击鸣鼓，弹琴瑟，吹竽笙而扬干戚，民衣食之财将安可得乎？”墨家“节用”“节葬”“非乐”的消费观的出发点和落脚点岁都在于“利民”，但是其主张节约、反对奢侈浪费的消费态度正是生态消费所提倡的。（参考：杨建兵：《墨家生命伦理论略》，《自然辩证法研究》2011年第8期第100～104页。欧阳文川）

墨西哥环境教育

Mexico Environmental Education

墨西哥政府加强环境立法，推出多种举措加

强环境教育。从2002年起，墨西哥政府开始可持续发展的10年教育规划，其中之一是将环境保护引进学校教育。与此同时，环境学者开始在学生中进行环境教育。在墨西哥城南部的马马·铁拉布兰卡工作室，每到周末有一群群孩子穿梭其中。只要支付一定费用，孩子们可以到工作室做游戏，他们使用的是工作室收集的旧玩具。孩子们可以研究这些旧玩具的构成，也可以根据自己的创意随时对这些玩具进行再创造。通过游戏活动，孩子们认识到回收物品再利用的重要性。在墨西哥城北部有家鸵鸟养殖场，主人桑切斯把原本要建的农场改做动物养殖场并对外开放参观，教育孩子们认识、关心动物，爱护人类和其他动物的生存环境。（张惠娜）

墨西哥坎昆气候大会

United Nations Climate Change Conference in Cancun, Mexico

2010年11月底至12月初，《联合国气候变化框架公约》第16次缔约方会议（COP16）暨《京都议定书》第6次缔约方会议在墨西哥海滨城市坎昆举行。这次会议的成果体现在：1. 坚持《联合国气候变化框架公约》《京都议定书》和《巴厘路线图》，坚持“共同但有区别的责任”原则，确保2011年的谈判继续按照《巴厘路线图》确定的双轨方式进行。2. 就适应、技术转让、资金和能力建设等发展中国家所关心问题的谈判取得不同程度的进展。参见坎昆气候大会。（席溢）

默里·布克金

Murray Bookchin，1921 ~ 2006

美国著名社会生态学家、生态无政府主义的代表性学者，佛蒙特社会生态学研究所（ISE）的主要创始人之一。他在克鲁泡特金、马克思等人思想学说的基础上建构独具特色的生态无政府主义理论，为当代绿色政治的滥觞。20世纪60年代中后期逐步创建这一哲学政治理论。《后稀缺时代的无政府主义》《走向一种生态社会》和《自由生态学》等是这方面的代表作。《自由生态学：等级制的出现与消解》阐述整体主义的、社会激进的、理论上内在一致的生态政治理论，以替代

在很大程度上技术主义的、改良主义的和单一议题性的环境主义。比起那些主张改良而非重建社会的主流马克思主义者来说，他提供了对工业文明更具穿透力的批评。社会生态学的基本观点是，当代的生态环境问题植根于更为深层复杂的社会问题，尤其是统治性的等级制政治与社会体制，正是后者导致现代社会对“增长或是死亡”哲学的无条件接受。一方面，除了那些纯粹的自然灾难，当今世界的绝大部分生态环境问题都有其经济、种族、文化和性别冲突的根源。布克金的著名论断是：“人类必须统治自然的观念直接起源于人对人统治的现实。”另一方面，抗拒或替代资本主义政治与社会体制，很难通过个体性行动如伦理性的消费合作达到目的，而必须借助于基于激进民主理念的更加深刻的伦理思考和集体行动。（徐越）

母亲河奖

Mother River Award

创建于2000年，全国保护母亲河行动领导小组设立。表彰奖励为中国生态环境保护事业做出突出贡献的民间人士，提高广大青少年及社会公

众的生态环境保护意识，扩大保护母亲河行动的社会影响，鼓励更多的社会公众参与到保护和改善生态环境的大业中来，为实现中国的可持续发展贡献力量。江苏康博集团出资设立“保护母亲河行动波司登奖励基金”，并以此基金资助“母亲河奖”评选。“母亲河奖”每两年年评选一次，评选名额为 10 名左右，每名获奖者奖励人民币 2 万元。涵盖生态环境的所有领域，面向所有从事生态环境保护和建设的个人。任何在生态环境保护和建设中成绩卓著，宣传生态环境保护知识和绿色文明影响广泛，发明或推广保护母亲河、保护生态环境的新技术、新产品实效明显或是领导生态环境保护组织、团体积极开展活动贡献突出的个人均可参加评选。（张惠娜）

《母亲河》巡展
The Mother River Tour

2015 年英籍华裔艺术家王岩举办以长江为主题的大型摄影巡展。母亲河概念起始于王岩到英国约克郡居住后对祖国的思念。从 2010 年到 2014 年，王岩使用大画幅相机，用 Google 地图将长江等分成 63 个点，每两点间确切相距 100 公里，根据江水的流向连续时间拍摄作品。艺术家跨越广阔距离、宏大规模的主题，以及长江的艰险条件都在王岩的个人视角中被反映出来。在这场摄影展览中，与一些同是来自于此次远征的短片和物件，一同展现给观众。在重庆中国三峡博物馆首展期间，《母亲河》的精选作品还同期登陆长江黄金系列邮轮，以《流动的母亲河》作为平行展览的主题，让旅人在饱览重庆到宜昌段的长江风光时，领略艺术家对母亲河的观察和解读。（张惠娜）

木兰陂
Mulan Weir

位于福建莆田市木兰溪与兴化湾海潮汇流处的一座集引水、蓄水、灌溉、排洪、挡潮综合利用于一身的大型水利工程，全国五大古陂之一。木兰陂始建于北宋治平元年（1064），至今仍保存完整并发挥作用。木兰陂工程分枢纽和配套两大部分。枢纽工程为陂身，由溢流堰、进水闸、

冲沙闸、导流堤组成。溢流堰为堰匣滚水式，长 219 米，高 7.5 米，设陂门 32 个，有陂墩 29 座，旱闭涝启。堰坝用数万块花岗石钩锁叠砌而成，石块互相衔接，极为牢固，经受 900 多年无数次山洪冲击，至今仍保存完好。配套工程有大小沟渠数百条，总长 400 多千米，其中北干渠长约 200 千米，南干渠长约 110 千米，沿线建有陂门、涵洞 300 多处。木兰陂内的溪水分别经过木兰陂渠首的回澜桥闸和万金陡门注入总长约 120 千米的大小沟渠，灌溉莆田平原，最后汇入兴化湾。新中国成立后，1958 年在木兰陂兴建架空倒虹吸管工程，引东圳水库至沿海地区，使木兰陂灌溉、排洪能力大大提高，灌溉面积增加到 25 万亩。木兰陂的建成使莆田平原的万顷良田顿成沃土，莆田经济得以迅速发展。从建成至今日的近千年中，木兰陂虽历遭风雨洪潮的侵袭，仍巍然屹立，继续为当地农田水利发挥着重要作用。（参考：林文忠：《浅谈木兰陂水利工程保护与利用》，《水利科技》2013 年第 4 期第 21 ～ 22 页。朱配辰）

木薯
Cassava

又称树薯、木番薯、南阳薯，是一种灌木有花植物，大戟科，木薯属。多年生亚灌木植物。茎直立，叶互生，为掌状深裂单叶。单性花，雌雄异花。蒴果似球形。原产热带南美洲巴西，是世界三大薯类作物（马铃薯、甘薯、木薯）之一。

最早由16世纪从南美洲传入非洲，18世纪后传入亚洲，中国于19世纪20年代引种，以广东、广西种植较多。木薯品种繁多，分为两大类，甜木薯和苦木薯，为酿酒、淀粉、淀粉糖、纺织、造纸、采矿等工业原料。用木薯干酿酒时，糊化容易，出酒率高。但需要注意的是木薯块根中果胶较多，致使木薯酒甲醇含量高于粮食酒，而且含有少量氢氰酸，从而可能影响成品质量。因此，工艺上应采取相应的措施。除此之外，木薯中含有氰基甙，不能生食，必须用水浸泡后经过沸水久煮解除毒性。我国于2006年和2008年分别颁布《中华人民共和国可再生能源法》和《生物燃料乙醇及车用乙醇汽油“十一五”发展专项规划》等相关支持木薯行业发展的政策，但由于木薯产业比较效益较低，受市场风险影响较大，国家和地区间的扶持政策显得较为落后。与香蕉产业的香蕉风灾保险、临时性运输补贴、良种补贴相比，木薯产业的风险保障相对不足，从而影响木薯产业的良好建立。（朱配辰）

穆斯塔法·卡迈勒·托尔巴

Mostafa Kamal Tolba，1922～

埃及著名科学家，连续17年担任联合国环境规划署执行主任。1943年毕业于开罗大学，5年后获得伦敦帝国学院博士学位。20世纪50年代任教于巴格达大学。曾在埃及政府担任职务，1971年至1972年之间是埃及奥林匹克委员会主席。1972年带领埃及代表团参加具有里程碑意义的斯德哥尔摩人类环境会议。这次会议决定建立联合国环境计划署，托尔巴会后成为环境署的执行副主任，两年后晋升为执行主任。任期内（1975～1992年），在对抗臭氧破坏的斗争中发挥重要作用，推动《维也纳公约》（1985）和《蒙特利尔议定书》（1987）的最终签署。（申森）

N

拿 纳 南 难 内 能 尼 逆 年 宁 农 怒 挪 女

《拿破仑法典》

Napoleon Code

即1804年拿破仑主持编纂的《法国民法典》，1807年改名为《拿破仑法典》。随着资产阶级革命的发展和资产阶级统治的确立，旧的法典已不适应法国资产阶级统治的需要。拿破仑取得政权后，为从法律上巩固资产阶级革命的成果，维护资产阶级统治，以《人权宣言》和宪法为基础，着手制定完整法典。经过许多年努力，先后制定《法国民法典》《民事诉讼法典》《商业法典》《刑事诉讼法典》和《刑法典》5部法典，并由此建立起近代法国最完整的法律体系。在这些法典中，以《法国民法典》最为著名，拿破仑亲自主持编纂和审定。《法国民法典》包括总则和三编，共1281条。《法典》确立资产阶级所有制的基本原则，阐明资产阶级私有财产不可侵犯性。规定"个人得以自由支配属其所有的财产"，进一步固定小农土地所有制，保证不受封建复辟势力侵犯。它规定，"土地所有权并包含该地上空和地下的所有权，所有人得在地上从事其认为适当的种植或建筑"，"任何人不得被强制出让其所有权"。《法典》否定封建特权，确立资产阶级自由、平等原则，明文规定所有法国公民都享有同等的民事权利。《法典》对家庭、婚姻、继承等社会生活方面都做出明确规定。《拿破仑法典》是一部典型的资产阶级法典。它对维护、巩固资产阶级革命成果，打击封建残余势力，保证法国资本主义的发展起了积极作用。拿破仑帝国时期曾强制欧洲一些国家和地区实施此法典，对于打击欧洲封建势力，推动欧洲资本主义的发展起积极作用。《拿破仑法典》作为一部完整的资产阶级民法典，后来成为近代欧美各国资产阶级法典的范本。（李庆）

纳尔逊 · 古德曼

Nelson Goodman，1906 ~ 1998

美国当代著名科学哲学家和语言哲学家，美国实用主义分析哲学的主要代表人物。不仅在认识论、逻辑学和科学哲学领域做出重要的贡献，而且在艺术哲学和形而上学领域具有广泛影响。特别是其构造理论，在哲学问题的语言系统构造、归纳逻辑和实证理论等问题上做出了突出贡献。

与大多数分析哲学家致力于高度技术化的专业问题不同，古德曼主要聚焦于西方哲学传统和分析哲学传统中深刻影响当代生活的大问题上。在当代形而上学的研究中，实在论与反实在论之争是分析哲学家与科学哲学家最近几十年来密切关注的焦点问题。与大多数的分析哲学家不同，古德曼没有局限于自然科学和逻辑学的理论角度，而是通过积极整合康德主义、新实用主义等理论思想，提出试图超越实在论和反实在论的非实在论。在哲学和逻辑语言问题上，古德曼和奎因是实用主义和现代唯名论的倡导者。古德曼注重研究获得知识的过程之理性重构的语言系统，即从语言入手解决认识论问题，他的这方面工作同卡尔纳普在《世界的逻辑构造》中所做的尝试有些相似。作为分析哲学家，古德曼不相信有独立存在的宇宙规律，他只是想为知识的理性构造寻找一个理想的语言系统。与同时期的分析哲学家相比，古德曼对解释的规定特别苛刻，他认为像意义、属性、类这样一些抽象的假定物是不允许进入解释的范围的。古德曼在科学哲学方面提出了射影理论，它认为他的方法可以成功地将正确的归纳和不正确的归纳分开，从而使得归纳推理具有同演绎推理一样的有效性。作为新一代实用主义的代表，古德曼的射影理论使用了现代逻辑的严格分析方法，准确反映了科学理论的检验过程，具有一定的启发性，但是由于他没有真正给出可射影性的精确定义，证实理论的问题事实上没有得到圆满的解决。（参考：李小兵：《古德曼的现代唯名论》，《北京社会科学》1996 年第 4 期第 35 ~ 41 页。**朱配辰**）

纳西族生态文化

Eco-culture of Naxi Nationality

纳西族生态文化是纳西族传统的生产方式、生活方式、风俗习惯、宗教信仰等构成的统一体。纳西族生态文化蕴含的生态伦理思想是追求人与自然协调生存、和谐共处的境界，超越人类的生存需要，是万物皆有平等生存权利的境界。纳西族先民千百年奉行人与自然和谐相处的生态观，认为人与自然两者间的关系是同父异母的兄弟关系，应当互相尊重，和睦共处。纳西族先民深信，人类和自然要和睦相处，只有保持手足情谊，双方才能共存共荣。这其中表现纳西族的原始宗教观念，同时生动反映纳西族的生态观以及他们与自然生态的和谐共生关系。民间禁忌和乡规民约深刻反映纳西人的生态观和自然道德观。纳西族民间善待自然的传统习惯法升华为道德观念。在纳西人观念中，保持水源河流清洁、爱护山林是每个人都必须履行的社会公德。利用民间禁忌和乡规民约结合而成的文化体系保护生态环境是纳西族生态文化的重要价值之一，是传统文化与自然环境相互作用、和谐发展的结果，迄今仍然发挥重要作用。（**牟世晶**）

南非德班气候大会

United Nations Climate Change Conference in Durban, South Africa

2011 年 11 月底至 12 月初，《联合国气候变化框架公约》第 17 次缔约方会议（COP17）暨《京都议定书》第 7 次缔约方会议在南非德班举行。与会方同意延长 5 年《京都议定书》的法律效力（原议定书于 2012 年失效），就实施《京都议定书》

第二承诺期并启动绿色气候基金达成一致。大会同时决定建立德班增强行动平台特设工作组，即德班平台。在2015年前负责制定适用于所有《公约》缔约方的法律工具或法律成果。大会确定绿色气候基金为《联合国气候变化框架公约》下金融机制的操作实体，成立基金董事会，要求董事会尽快使基金可操作化。在德班大会期间，加拿大宣布正式退出《京都议定书》。（席溢）

南非环境教育

Environmental Education in South Africa

南非开展环境教育的基本状况。20世纪60年代以来，南非学校制度中的环境教育起步缓慢，除环境事务部做出努力外，先前的政府和教育部门从未从官方的角度将环境教育纳入到正规教育中。环境教育在教育改革中被忽视的原因，是自然经济支配着各项工作。20世纪80年代后期，特别是90年代，结束种族隔离制度后的新南非进入教育及课程改革新阶段。1995年教育部颁布的白皮书第10条中指出："环境教育是一门跨学科的、整合的课程，需要积极的教习方法。它必须是各级教育和培训体系规划的一个至关重要的因素，以便培养具有环境意识的积极公民，使南非当今和未来的公民通过可持续地利用资源而享受良好的生活。"在教育教学大纲中，环境教育开始纳入学校课程。从政策角度看，环境教育有重要发展：1.环境教育成为基础教育阶段的义务课程；2.在南非政府的支持下，南非非洲人国民大会提出的重建与发展计划将环境教育置于南非实现可持续发展的策略之一；3.在南非较有影响力的人文科学研究中心将环境教育置于人文学科研究的6个优先领域之一；4.环境教育被纳入师范教育体系。这些发展直接促进环境教育成为南非各级各类教育的课程的组成部分。近年南非仍继续致力于明确环境教育在正规课程中的地位问题，许多学者热衷于相关跨学科研究。（参考：祝怀新：《南非学校环境教育政策与策略评析》，《外国教育研究》2002年第9期第46～49页；祝怀新：《环境教育的理论与实践》第253页，北京：中国环境科学出版社，2005年。王薛时 张惠娜）

南极保护

Antarctic Protection

按照国际通行的概念，南极洲是指南纬60°以南的所有地区，是南大洋及其岛屿和南极大陆的总称，包括冰架，总面积约6500万平方千米。南极洲是地球上唯一一块没有常住人口活动的大陆。南极大陆95%以上的面积为厚度极高的冰雪所覆盖，素有"白色大陆"之称。在全球6块大陆中，南极大陆大于澳大利亚大陆，排名第5。南极是地球的最后一块净土，覆盖表面的冰川负责维持整个世界生态系统的稳定，守护着人类的家园。然而，从最初的科学考察到现在的南极旅游，人类涉足南极的活动逐步增多，持续不减的南极旅游热由于这种新到达方式的出现而继续升温。南极面临的主要环境问题是臭氧层空洞、冰川融化以及人类垃圾。为了保护南极的生态环境，阿根廷、澳大利亚、比利时、智利、法国、日本、新西兰、挪威、南非、美国、英国和苏联12国，1959年12月1日签署《南极条约》。在原《南极条约》的基础上建立的南极条约组织，先后通过《保护南极动植物议定措施》《南极海豹保护公约》《南极生物资源保护公约》《南极环境保护议定书》，旨在保障南极环境的安全，促进地球环境的可持续性。（申森）

《南极海洋生物资源养护公约》

Convention on the Conservation of Antarctic Marine Life

南极条约体系中的重要公约，1980年5月20日签署，1982年4月7日生效。宗旨是保护和合理利用南极海洋生物资源，防止过度捕捞对生态系统造成的损害，加强对南极海洋生态系统的科学研究及有关国际合作。《公约》适用于南纬60度以南和该纬度与南极幅合带之间区域的南极海洋生物资源。该《公约》框架下的南极海洋生物资源养护委员会，负责制定南极海洋生物资源的养护措施和有关制度；在公约适用区域从事海洋生物资源调查或捕捞活动的缔约方，可申请成为委员会成员国。《公约》共 33 条 1 个附件，明确了南极海洋生物资源是指在南极幅合带以南的鱼类、软体动物、甲壳类动物和包括鸟类在内的所有其他生物种类。（申森）

《南极条约》

Treaties of Antarctica

对南极进行保护的国际条约及相关协定总称南极条约体系，旨在约束各国确保对南极洲自然生态的尊重。1955 年 7 月阿根廷、澳大利亚、比利时、智利、法国、日本、新西兰、挪威、南非、美国、英国和苏联 12 个国家的代表，在法国巴黎举行南极问题的国际会议。与会各方同意，今后在南极科考领域协调计划，暂时搁置各国对南极的领土要求。12 国代表举行 60 多轮谈判，最终于 1959 年 12 月 1 日达成协议，签署《南极条约》，1961 年 6 月 23 日起生效。目前，《条约》共有 50 个国家签署。主要内容是：南极洲仅用于和平目的，促进在南极洲地区进行科学考察的自由，促进科学考察中的国际合作，禁止在南极地区进行一切具有军事性质的活动及核爆炸和处理放射物，冻结目前领土所有权的主张，促进国际在科学方面的合作。《条约》的目的，是保证为了全人类的利益，南极应永远专为和平目的而使用，不应成为国际纷争的场所和对象。经过 50 多年的健全和发展，成为管理国际南极事务，维护南极区域海洋权益，促进科学考察活动合作，加强生态与环境保护的国际条约典范。后来将条约协商会的各种决定，加上《关于环境保护的南极条约议定书》《保护南极动植物议定措施》《南极海豹保护公约》《南极海洋生物资源保护公约》以及未生效的《南极矿产资源活动管理条约》等，统称南极条约体系。我国是《南极条约》的缔约国，也是南极条约体系各类条约的成员国，在南极环境保护和科研发展方面发挥重要作用。（申森　蔡越）

南极研究科学委员会

The Scientific Committee on Antarctic Research, SCAR

政府间国际组织，前身是 1958 年建立的南极研究特别委员会，1960 年改为现名。在名义上属于国际科学联合理事会，除履行其科学研究的职责外，还提供客观独立的科学建议。主要负责协调南极的科学活动，制定有关南极范围内的科学规划，实际上是《南极条约》协商会议的科学咨询机构。主要组织机构为委员会大会与执行委员会。主要负责人是执行秘书。每隔两年召开代表大会，负责审议委员会开展的各项业务，成员实行任命制，负责制订战略和政策。中国于 1986 年成为正式会员。（申森）

南极洲和南大洋联盟

Antarctica and the Southern Ocean Committee, ASOC

全球性环境非政府组织，1978 年成立，总部设在华盛顿。致力于保护世界上最后一个未被开发的大陆南极大陆及其周围岛屿和南大洋的生态平衡，从而为子孙后代保留共同遗产。在 40 个国家设有 150 多个办事处，工作领域是保护南极地区的食物链平衡，控制商业旅游，加强南大洋鲸鱼保护区，保护南大洋附近海域山丘以及保证南大洋渔业的可持续发展，确保《南极条约》的执行。经费来源依靠世界各地支持者的个人捐款。1991 年，被授予《南极条约》体系观察员地位参加年度会议。（申森）

南水北调工程

South Water to North Porject

为缓解中国华北和西北地区水资源短缺，把中国长江流域丰盈的水资源抽调一部分输送到华北和西北地区的国家战略性工程。南水北调工程分东线、中线、西线三条调水线，通过合理配置跨流域的水资源，有利于促进南北方经济、社会与人口、资源、环境的协调发展。经过多年建设，东线、中线工程均取重大成果，有效改善北方水资源短缺状况。由于工程本身涉及水循环生态平衡，将对生态环境产生一定影响，如西线工程涉及生态环境脆弱的青藏高原，中线将导致汉江水位过高、影响农业灌溉和航运，东线水资源抽调到北方后已污染严重，需额外支付污水处理费用等。（张沥元）

《难以忽视的真相》

An Inconvenient Truth

戴维斯·古根海姆（Philip Davis Guggenheim，1964 ～）根据同名图书编导的电影。美国前副总统阿尔·戈尔（Albert Arnold Gore Jr，1948 ～）出镜讲解，2006 年由哥伦比亚广播公司、派拉蒙家庭视频公司等 7 家公司联合发行，获 2007 年第 79 届奥斯卡金像奖。讲述全球气候变暖及环境恶化所带来的明显的灾难性的片段，揭露气候变迁的资料并对此做出预测，其中穿插戈尔的个人活动。通过巡回全球简报，戈尔指出全球变暖的科学证据，讨论全球变暖经济和政治的层面，阐述他相信人类制造的温室气体若没有减少，在不久后全球气候将发生重大变化。影片许多段落反驳认为全球变暖不明显或尚未被证实的人。例如，戈尔探讨格陵兰或南极洲冰床溶解的风险，可能使全球海平面升高近 6 米，沿海地区将会被淹没，也会让约一亿人因此成为难民。格陵兰冰雪融化后的水盐分含量较低，可能会中断湾流造成北欧地区气温骤降。为了解释全球变暖现象，电影引用对南极洲冰层中心样本在过去 65 万年间的温度和二氧化碳含量数值的检测。飓风卡特里娜被用来推论 9 ～ 14 米高的海浪对沿岸地区造成的破坏。戈尔在纪录片的最后呼吁保护环境，减缓暖化。他指出，若是尽快采取适当的行动，例如减少二氧化碳的排放量并种植更多植物，将能阻止全球变暖带来的影响。（张惠娜）

内丹修炼

Inner Alchemy Cultivation

道教重要的炼养方术，相对于外丹修炼而言。内丹术主张以人体为炉鼎，通过人体炼制长生不死之药，炼内丹需要调动和变化人体精、气、神三者，炼制过程需七返九还而复归本初之道，故称“还丹”“金丹”。内丹修炼是道教方术和神仙信仰结合的产物，从外丹术转型而来。相对利用外物炼制长生不死之药的外丹术，内丹修炼强调性命双修。它以“性”为心中元神，以“命”为肾中元气，主张性命双修，强调“性”和“命”的互存关系，通过修炼性命、炼制丹药期许长生不死的神仙信仰。（雷爱民）

内阁制行政体制

Cabinet Administrative System

又称责任内阁制或议会内阁制，是资本主义国家内阁（政府）总揽国家权力、由议会产生并对议会负责的中央政府组织模式。内阁制行政体制最先实行于 18 世纪的英国，后来为许多资本主义国家所采用。目前，实行内阁制行政体制的国家还有德国、荷兰、丹麦、澳大利亚、加拿大等国家。特点是：1. 内阁由议会中的占多数席位的政党或政党联盟组成。2. 内阁首脑一般称内阁总理或首相，由多数党领袖担任，受国家元首的委托，多数党单独或联合其他党派组织内阁。3. 内阁首脑是国家实际行政权力的中心，是政府的首脑，拥有主持内阁会议、制定施政方针、决定内阁成员、任免高级官员和宣布国家紧急状态等权力。4. 内阁代表国家元首行使行政全权，向议会负责，受其监督。南难内若议会通过对内阁的不信任案，则内阁应辞职，或提请国家元首解散议会，重新选出议会，以决定内阁的去留。需要注意的是，虽然有的国家中央政府也称成内阁，但它是由国家首脑直接掌控，并不对议会负责，因此并不是真正的内阁行政体制。（刘中华）

《内罗毕宣言》

Nairobi Declaration

于1982年5月10日至18日在肯尼亚内罗毕召开的纪念斯德哥尔摩联合国人类环境会议10周年特别会议上通过。全文共10条。中国派代表参加特别会议和《内罗毕宣言》的起草工作（以下科尔《宣言》）。《宣言》肯定《联合国人类环境会议宣言》确定的内容，提出包括综合治理，建立新的国际经济秩序、将市场机制与计划机制结合起来，倡导和平、反对殖民主义、种族隔离，解决越界污染，更合理分配技术和资源，合理制定能源规则、加强技术革新、发展新能源和可再生资源，加强环境教育和立法7项共同原则。《宣言》是对《联合国人类环境会议宣言》的肯定与发展。《宣言》提出，为保护和改善全球环境，需要在全球一级、区域一级与国家一级加紧努力。（王薛时）

内蒙古2014年生态文明建设状况

Eco-Civilization Construction in Inner Mongolia in 2014

2014年内蒙古生态文明指数（ECI）综合得分为75.43，全国排名第21位。去除社会发展指标，绿色生态文明指数（GECI）得分61.26，全国排名第21位。2014年内蒙古各项二级指标情况见表1。内蒙古生态文明建设类型为社会发达型，社会发展居于全国中上游水平，生态活力、协调程度和环境质量居全国中下游水平。从各项三级指标来看（表2），所有正指标中，内蒙古2014年排名前10位的有9个指标，排名后10名有10个指标。从社会发展与生态活力及环境质量指标的对比来看，反映社会发展的人均国内生产总值、城镇化率、人均教育经费投入、每千人口医疗机构床位数等指标排名都相对靠前，而反映生态活力和环境质量的森林覆盖率、建成区绿化覆盖率、地表水体质量、水土流失率等指标排名都相对靠后，说明内蒙古经济社会发展与生态及环境的矛盾依然突出，经济发展方式尚未转变，依然是一种粗放式的经济增长方式，协调程度的主要指标值偏低也说明这一点。尤其是水土流失和水污染比较严重，水土流失率居高不下（第30位），地表水体质量（第26位）不高，拉低了内蒙古的绿色生态文明指数（GECI）。从社会发展本身来看，人均国内生产总值排名全国第6名，城镇化率排名全国第9名，而服务业产值占国内生产总值比例却排在全国第22名，这说明内蒙古的经济发展结构尚不优化。从协调程度来看，环境污染治理投资占国内生产总值比重排名第3位，但工业固体废物综合利用率并不高，化学需氧量排放变化效应、氨氮排放变化效应、二氧化硫排放变化效应、氮氧化物排放变化效应排名靠后，说明目前治理生态环境正效应依然落后于生态环境破坏的负效应。整体来看，随着内蒙古的工业化、城镇化和牧民集中定居，城市或居住区对生态的压力越来越大。规模化、现代化牧业的推进，一方面带来经济社会发展的快速进步，另一方面也带来了生态压力的增大，如草原过度利用，草原生态系统生产力在逐年下降。内蒙古应在生态保护和修复方面坚持稳中求进的原则，统筹生态保护与工业化、城镇化和农牧业现代化的关系，注重资源的节约和高效利用，注意环境保护和治理，坚持走资源节约型、环境友好型和生态安全型经济社会发展之路，以把经济建设与生态环境资源承载力统一起来。

表 1　2014 年内蒙古生态文明建设二级指标情况

二级指标	得分	排名	等级
生态活力（满分为 43.20 分）	24.69	19	3
环境质量（满分为 36.00 分）	20.80	17	3
社会发展（满分为 21.60 分）	14.18	9	2
协调程度（满分为 43.20 分）	15.77	22	3

表 2　2014 年内蒙古生态文明建设评价结果

<table>
<tr><th>一级指标</th><th>二级指标</th><th>三级指标</th><th>指标数据</th><th>排名</th></tr>
<tr><td rowspan="22">生态文明指数（ECI）</td><td rowspan="5">生态活力</td><td>森林覆盖率</td><td>21.03%</td><td>21</td></tr>
<tr><td>森林质量</td><td>54.07 立方米 / 公顷</td><td>7</td></tr>
<tr><td>建成区绿化覆盖率</td><td>36.19%</td><td>24</td></tr>
<tr><td>自然保护区的有效保护</td><td>11.57%</td><td>9</td></tr>
<tr><td>湿地面积占国土面积比重</td><td>5.08%</td><td>17</td></tr>
<tr><td rowspan="5">环境质量</td><td>地表水体质量</td><td>35.60%</td><td>26</td></tr>
<tr><td>环境空气质量</td><td>58.36</td><td>15</td></tr>
<tr><td>水土流失率</td><td>67.20%</td><td>30</td></tr>
<tr><td>化肥施用超标量</td><td>55.71 千克 / 公顷</td><td>9</td></tr>
<tr><td>农药施用强度</td><td>4.34 千克 / 公顷</td><td>7</td></tr>
<tr><td rowspan="6">社会发展</td><td>人均国内生产总值</td><td>67498.00 元</td><td>6</td></tr>
<tr><td>服务业产值占国内生产总值比例</td><td>36.50%</td><td>22</td></tr>
<tr><td>城镇化率</td><td>58.71%</td><td>9</td></tr>
<tr><td>人均教育经费投入</td><td>2030.86 元 / 人</td><td>9</td></tr>
<tr><td>每千人口医疗机构床位数</td><td>4.81 张</td><td>12</td></tr>
<tr><td>农村改水率</td><td>61.24%</td><td>28</td></tr>
<tr><td rowspan="8">协调程度</td><td>环境污染治理投资占国内生产总值比重</td><td>3.01%</td><td>3</td></tr>
<tr><td>工业固体废物综合利用率</td><td>49.72%</td><td>27</td></tr>
<tr><td>城市生活垃圾无害化率</td><td>93.55%</td><td>14</td></tr>
<tr><td>化学需氧量排放变化效应</td><td>7.66 吨 / 千米</td><td>19</td></tr>
<tr><td>氨氮排放变化效应</td><td>0.55 吨 / 千米</td><td>23</td></tr>
<tr><td>二氧化硫排放变化效应</td><td>0.13 千克 / 公顷</td><td>27</td></tr>
<tr><td>氮氧化物排放变化效应</td><td>0.21</td><td>27</td></tr>
<tr><td>烟（粉）尘排放变化效应</td><td>0.06</td><td>8</td></tr>
</table>

（参考：严耕等：《中国省域生态文明建设评价报告（ECI2015）》第 142 ~ 147 页，北京：社会科学文献出版社，2015 年。徐保军）

内蒙古生态学会

Inner Mongolia Ecological Society

开展和参与科学研究、组织学术活动、进行国内外学术交流、开展生态学知识与生态环境保护的宣传教育、科技咨询、科研项目论证、科技成果评审等。办公地址位于内蒙古呼和浩特市大学西路235号内蒙古大学内。（席溢）

内蒙古自治区野生动物保护协会

Inner Mongolia Autonomous Region Wildlife Conservation Association

成立于1987年10月31日。野生动物保护管理工作者、科技工作者和野生动物爱好者的群众性组织。主要任务是：宣传国家和自治区有关保护动物的方针、政策、法令和规定；开展拯救、保护珍稀野生动物的科学研究、学术交流和科普活动；为国家、自治区和有关部门提供有关野生动物保护管理、经营利用方面的业务咨询、技术服务和提出方针、政策方面的合理化建议；加强同各省（区）、直辖市及国外野生动物和自然保护组织的交流。（席溢）

内生共生体型供应链

Endogenous Symbiosis Body Supply Chain

在企业内部按照工业生态学的原理充分利用生产过程产生的各种废弃物建立的闭合供应链。这类供应链上的各个生产过程纵向一体化。（史月田）

内向传播

Intrapersonal Communication

也称人内传播或内在传播，即个人接受外部信息并在人体内部对信息进行处理的过程。内向传播是个人的知觉、思维和思维活动，它的特点是在同一人体内进行，是一种主我和客我的交流活动，也是最基本的人类传播活动。人的这种内向的交流是人类最基本的传播活动，也是人类一切传播活动的前提和基础。其实质是人的社会关系和社会实践的反映。这种反映不是对社会关系和社会实践的简单、消极的复制，而是具有独特规律的、能动的、创造性的活动。内向传播反过来对社会关系和社会实践产生巨大的影响，在与他人的社会联系中形成鲜明的社会性和互动性。（参考：胡正荣等：《传播学总论》第93～94页，北京：清华大学出版社，2008年。张惠娜）

内在价值

Intrinsic Value

指事物本身内在固有的、不因外在于它的其他相关事物而存在或改变的价值。人们通常把这种内在价值分为自在的内在价值和自为的内在价值。一个事物或存在状态，当它能够直接给人或有意识的存在带来愉快的体验时，它就可以被认为拥有自在的内在价值。自在的内在价值是指自身对他人他物的价值，因而需要有意识的评价者。自为的内在价值是指事物或存在的状态因其内在本性而拥有的价值，也即是对于其自身的价值，有时亦用内在价值、固有价值或天赋价值表征。一般认为，事物是否具有内在价值，是该事物能否成为道德关怀对象的充要条件。（牟世晶）

能量交换机制

Energy Exchange Mechanism

指生态系统间能量的相互流动，机体从外界环境获得能量和释放能量的过程。动物获得能量的唯一形式是化学能，即饲料中的营养物质包含的能量。释放能量的途径是细胞利用化学能做功，有部分能量转变成热能维持体温和散失于外界环境中等。能量交换服从热力学第一定律，即摄入的能量＝功的输出＋能量的贮存＋热的散失。根据不同情况，能量存储可释放能量并与其他形式能量进行交换。（牟世晶）

能量流动

Energy Flow

能量是生态系统的动力，是一切生命活动的

基础。一切生命活动都存在能量的变化，没有能量的转化，就没有生命和生态系统。生态系统的重要功能之一是能量流动。能量流动指能量通过食物链逐级传递。太阳能是所有生命活动的能量来源，它通过绿色植物的光合作用进入生态系统，然后从绿色植物转移到各种消费者。能量流动的特点是：1. 单向流动。生态系统的能量流动只能从第一营养级流向第二营养级，再依次流向后面的各个营养级，一般不能逆向流动。2. 逐级递减。生态系统中各部分固定的能量是逐级递减的，前一级的能量只能维持后一级少数生物的需要，愈向食物链的后端，生物体的数目愈少，这样便形成金字塔形的营养级关系。研究能量流动规律有利于帮助人们合理调整生态系统中的能量流动关系，使能量持续高效地流动向对人类最有益的部分。在农业生态系统中，根据能量流动规律建立的人工生态系统，在不破坏生态系统的前提下，使能量更多流向对人类有益的部分。（牟世晶）

能效标识

(CHINA) ENERGY LABEL

又称能源效率标识。附在产品或产品最小包装上的信息标签，用于表示用能产品的能源效率等级性能指标。能效标识为消费者提供商品的能

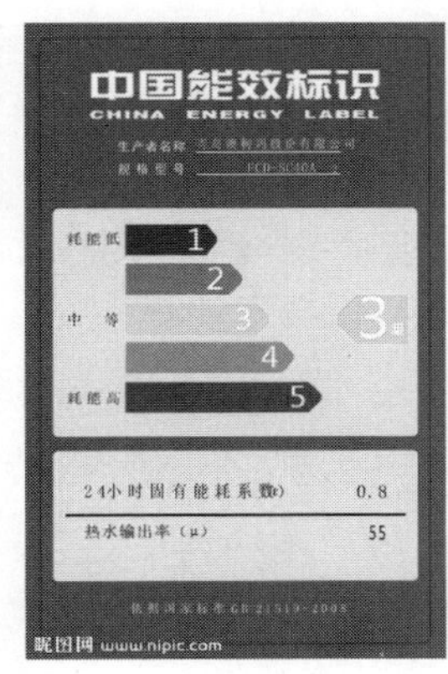

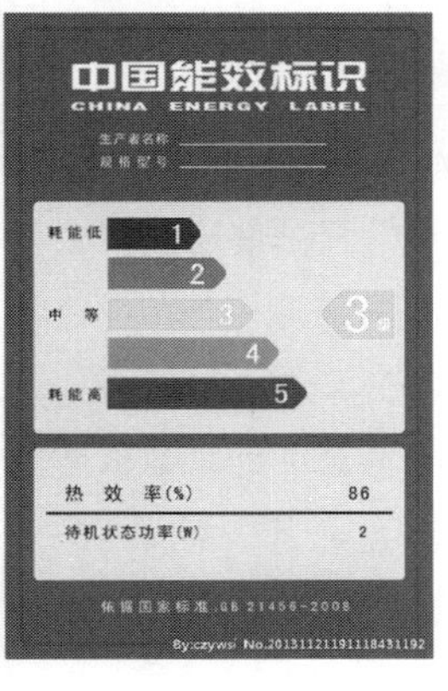

效信息，有助于消费者选择高能效的商品。国际比较通行的有三种：保证标识、单一信息标识和比较标识。我国能效标识采用等级标识，属于比较标识，直观明示用能产品的能源效率等级、能源消耗指标以及其他比较重要的性能指标。产品的能源效率等级越低，表示能源效率越高，节能效果越好，越省电。能效标准研究与发布有利于反映我国目前和将来的能源特征，对引导有序的市场竞争、促进节能技术进步、平衡国际贸易中绿色壁垒有重要作用。（韩铮）

能源安全

Energy Security

指在一定区域内（包括全球、国家、地区）能源产出、供应、消费、处理方面的安全操作方法和规则。广义上说，能源安全是一种系统或体系：由国家政策和国际机制构成，旨在应对供应中断、油价暴涨等紧急情况，以合作和协调的方式迅速做出反应，以维持能源供应的稳定性。包括：物质安全，即能源资产、基础设施、供应链和贸易路线的安全以及紧急情况下必要和迅速的能源资产、基础设施、供应链和贸易路线的替代。能源获取最为关键，不论是物质上的，还是合同上或是商业上的开发和获取能源供应的能力。能源安全与投资安全紧密相关，需要足够的政策支持和安全的商业环境，需要鼓励投资，确保充足和及时的能源供应。此外，能源安全与气候变化或环境安全问题密切联系。当今气候变化和环境政治的困境在于能源的生产和消费方式，节能减排、低碳经济、清洁能源发展，已经成为能源技术革命和全球能源结构变化的主要变化趋势。我国目前能源安全问题包括：1. 能源供求风险。体现在我国能源需求旺盛，能源消费强劲增长，能源供给增长相对缓慢，能源供给已成为制约国民经济发展的软肋。原因是经济发展过快，尤其高耗能产业发展过快；对能源供需的调控过度，能源发展规划不落实，提高能源利用效率、节能工作力度不够等。2. 石油进口依赖度不断提高，能源风险不断加剧。体现在我国石油对外依存度过高形成的对我国石油储备压力，这种压力不仅来自自身的需要，还来自国际上。高储备标准对中国来说压力巨大，这意味着在短期内增加巨额投

资。目前我国的石油进口地大都属于地缘政治的焦点或不稳定地区，容易受到西方国家以各种政治理由进行干预或制裁。3. 能源利用效率低下，浪费现象严重。原因是能源的价格机制存在缺陷，不能充分反映能源真正的影子价格，扭曲了资源配置。此外，我国未经历过石油危机，在节能科技的发展及应用方面缺乏认知，相对滞后。（参考：杨军：《能源安全与经济可持续发展问题分析》，《特区经济》2009 年第 12 期第 272 ~ 273 页；杨宁：《我国能源安全问题及对策》，《郑州航空工业管理学院》2004 年第 4 期第 103 ~ 105 页。朱配辰）

能源法

Energy Law

指有关能源合理开发、加工转换、储运、供应、贸易、利用及管理等能源领域各种法律法规的总称。我国现行能源法律主要有《电力法》《煤炭法》《节约能源法》《可再生能源法》等。能源法涉及内容有：能源法的目的、适用范围、方针、原则和基本政策，能源管理体制、管理机构及其职责，能源法的基本制度，能源开发、加工转换、利用和节约的法律措施和制度，能源储运、供应、贸易和服务的法律措施和制度，能源规划、统计、标准、计量和限额管理的法律制度，提高能源效率的法律措施和制度，高耗能产品设备淘汰制度，优化能源结构、能源产业布局的法律措施，用能单位、重点用能单位管理制度，能源安全的法律措施和法律制度，能源环保和生态化的法律制度措施和法律制度，煤、石油、天然气、水能、电能、核能、再生能源、新能源、农村能源、西部能源的法律措施和法律制度，有关能源方面的奖励和法律责任制度，等等。能源法的发展趋势是强调能源法中的能源效率、能源安全、能源服务、可持续发展并将能源法与环境保护、气候变化、生态化结合起来，形成可持续能源法、生态化的能源法、综合性的能源法和有效的能源安全、能源供应、能源服务等法律制度等。（参考：蔡守秋：《我国可再生能源立法的现状与发展》，《中州学刊》2012 年 5 期第 71 ~ 75 页。朱配辰）

能源节约

Energy Conservation

指加强用能管理，采取技术上可行、经济上合理以及环境和社会可以承受的措施，从能源生产到消费的各个环节，降低消耗、减少损失和污染物排放、制止浪费，有效、合理地利用能源。能源节约不是简单地压缩能源消耗数量，而是力求在满足相同需要或达到相同目的前提下，使能源消耗量减少，或者以相同数量的能源消耗生产出更多的产品或产值。节约能源的主要途径有：1. 直接节能，即在生产相同数量的产品或产值的条件下，降低直接投入的煤、油、电、蒸汽等一次能源或二次能源消耗量，亦称为狭义节能。2. 间接节能，即通过调整工艺结构，降低原材料消耗，充分发挥设备和厂房的作用，提高产品质量等措施，降低能源消耗。直接节能和间接节能相结合，称为广义节能。广义节能着眼于降低产品的全能耗。由于能源普遍短缺，当前世界各国都把节能作为一项长期的战略方针。我国能源严重短缺，但能源有效利用率很低，存在着很大浪费，节能潜力很大。我国按人口平均的能源消费数量少，这是经济不发达的一个标志。另一方面，我国能源消费的绝对数量大，单位国内生产总值的能耗很高，因此节能的潜力很大，必须克服对能源资源使用浪费的现象。（参考：江泽民：《对中国能源问题的思考》，《上海交通大学学报》2008 年第 3 期第 346 ~ 359 页；朗一环、沈镭：《我国能源节约战略研究》，《中国人口、资源与环境》2006 年第 2 期第 105 ~ 109 页。朱配辰）

能源结构

Energy Structure

指一次能源总量中各种能源的构成及其比例关系，通常由生产结构和消费结构组成。各类能源产量在能源总生产量中的比例，称为能源生产结构；各类能源消费量在能源总消费量中的比例，称为能源消费结构。在一次能源资源丰富的国家和地区，影响生产结构的主要因素有：资源品种、储量丰度、空间分布及地域组合特点、可开发程度、能源开发及利用的技术水平等。在能源生产基本稳定，能源供应基本自给的基础上，能源生产结构决定能源消费结构。在一次能源资源贫乏，能源产品依赖进口或输入的国家和地区，能源生产结构和消费结构取决于产品来源、保证程度及相互替代的经济性。某些工业发达国家国内煤炭生产的比重，往往受进口石油数量大幅度增减的影响。能源结构的调整对国家安全和生态环境具有重大意义。随着新能源和可再生能源的开发，世界各国都在积极调整能源结构促进世界能源安全可持续发展。（韩铮）

能源经济

Energy Economy

广义能源经济是指与能源相关的所有经济、社会、科技关系的总和，包括能源生产、能源消费、能源开采、能源污染治理、新能源、能源价格机制、能源税收等。狭义的能源经济指与主要需求能源相关的经济关系，包括与煤、石油、天然气等直接相关的经济关系。在社会化大生产过程中，能源的生产和消费具有举足轻重的地位。能源经济在国民经济部门中涉及面较广，内容有能源投资、进出口和价格政策、能源技术经济的主要比较原则、能源管理与统计以及劳动工资政策等。在国家计划经济指导下，利用必要的经济杠杆，使能源的生产、流通、分配和消费合理，使我国能源工业的发展能够满足国民经济的需要。我国能源经济的总体特征可以概括为：能源生产与消费增长加快，消费弹性系数和能源消耗强度上升；石油资源不足的矛盾突出，供需平衡进一步转向依赖进口；能源消费向高耗能行业和经济发达地区集中；能源价格上涨，但对整个工业利润与居民生活的影响不大；能源固定资产投资加大；可再生能源的发展促进环境改善。（参考：杨玉峰、韩文科等：《当前国际能源经济的新趋势》，《宏观经济研究》2010年第6期第31～38页；史丹：《我国能源经济的总体特征、问题及展望》，《中国能源》2007年第1期第5～12页。朱配辰）

能源利用效率

Energy Use Efficiency

能源利用效率可使用物理意义下的热力学指标、经济意义下的实物型指标和价值型指标这三类指标进行评价，不同类型指标应用目的有所不同。一般来说，热力学指标定义在设备水平上，很少用于能源政策方面的研究。经济意义下的实物型指标用于测度具体行业部门或终端用户等微观主体的能源利用效率；价值型指标适合测度国家或地区等宏观主体的能源利用效率。（朱雨晨）

能源林

Energy Forest

以生产生物质能源为主要培育目的的树木。其中以利用林木所含油脂为主，将其转化为生物柴油或其他化工替代产品的能源林称为油料能源林；以利用林木木质为主，将其转化为固体、液体、气体燃料或直接发电的能源林称为木质能源林。能源林不仅是可再生能源、绿色能源，而且分布广泛，开发转化技术易于普及推广。能源林木质能源的开发利用可稳定经济发展。能源林按照用途分为：燃油能源林、生物发电能源林和薪炭能源林。国家林业局编制《全国能源林建设规划》及《能源林可持续培训指南》等，提出我国能源林面积规划至2020年达到2000万公顷，每年转化的林业生物质能可替代2025万吨标煤的化石能源，占可再生能源的比例达3%。（王晴晴）

能源税

Energy Tax

是向能源消费者征收的特定能源商品使用相关的税收。最早起源于欧洲，由英国经济学家庇古最先提出。由于早期欧盟各国税制不统一，

2003年欧盟各国达成一致，发布《重构对能源产品和电力征税的欧盟框架指令》。在具体征收过程中，主要是对化石燃料中的能源征税。能源税与能源税收是有区别的：能源税收是较为综合的概念，包括所有与能源相关的纳税行为，如一般能源税、二氧化碳税、能源增值税等。一切为节约能源、提高能效、促进能源结构优化的所有税收种类都可以纳入能源税收。能源税的效用机制是通过征收能源税，推动高能耗（主要是化石燃料）产品和对环境有害产品（Dirty Goods）的价格上涨，从而降低此类产品的使用量，最终起到抑制化石能源消费的目的，进而达到节能减排。从全球能源税征收范围看，主要有4种：1. 能源生产税。即旨在调节能源生产情况的税种，包括增值税、资源税等。2. 消费税。即旨在能够调节能源消费状况的税收，例如燃油税、油产品消费税等。3. 能源销售税。即旨在调节能源产品流通过程中的税收，主要包括能源产品销售税、企业所得税。4. 环境税。即针对能源消费过程中排放的污染物征收税收，包括碳税、硫税等。以瑞典为例，其能源税的征税范围主要是燃料和电力，如用于发动机燃料和取暖用的柴油、天然气，液化气、煤以及用于发电机添加剂的煤油、电力等。税收计算方面实行从量定额计征，应税燃料中的柴油、天然气、煤油按每立方米规定差别固定税额，液化气按每公升或每吨规定固定税额。电力每度税额，一般为0.072克朗，在某些特定地区销售或消费的电力，税额稍低一些。对国内生产的煤炭燃料和用于零售的液化气等免征能源税。能源税制度是促进节能降耗的有效手段，旨在调整能源消费结构，提高能源利用效率，实现经济和环境共同发展。我国应当借鉴欧盟经验制定相关政策和法规。（参考：韩凤芹、苏明等：《中国能源税问题的初步研究》，《经济研究参考》2008年第55期第2～12页；姚宗路，崔军等：《瑞典生物质颗粒燃料产业发展现状》，《可再生能源》2010年第6期第145～149页。朱配辰　代富宇）

能源危机

Energy Crisis

指过度消耗不可再生能源引起的能源枯竭现象。随着科技的发展，化石燃料得到开发，人类对此依赖严重。随着不可再生化石燃料的过度消耗，迫使人类能源开发开始转向可再生能源和新能源。有学者认为，能源危机只是常规能源煤炭、石油能源品种的危机，真正意义上的能源危机从理论上讲是不存在的。因为能源品种随着科技进步不断发展变化。努力开发新能源，节约能源，提高能源利用效率，调整能源结构是各国应对能源危机的措施。（韩铮）

能源消耗

Energy Consumption

指一定时间内单位资源租金乘以能源的物理开采量的值，包括生产性消耗和生活性消耗。在正常情况下，能源消耗量（包括电能消耗量）的增长速度和国民经济的发展速度之间成正比关系。在国民经济运行中，各个部门的综合能耗水平是衡量这些部门技术水平、管理水平以及整体经济效益的重要指标。影响能源消耗水平的因素主要有：1. 技术状况及管理水平；2. 部门结构状况。这两种因素共同影响能源消费的增长变化。在能源投入产出表中，有两个极为重要的参数，即直接能耗系数和完全能耗系数。在直接消耗的基础上，经过能量标准量的相应折算，即可得到直接能耗系数和完全能耗系数。能源消耗是能源社会再生产过程的基本环节之一，也是社会物资资料消费的重要组成部分。能源消费弹性系数是经济部门对能源消费增长速度及国民经济增长速度关系考察的重要参考，它是能源消费年平均增长速度除以国内生产总值年平均增长速度的值。能源消费弹性系数的大小，与管理水平、设备条件和技术力量等经济技术状况有直接联系。能源消费弹性系数与国民经济结构、能源利用效率、人民生活用能量有关。能源消费弹性系数是衡量一个国家或地区国民经济发展过程中能源利用经济效益的客观综合指标。一般在工业化初期，由于重工业、基础设施建设、城市化和农业机械化的发展，能源消费弹性系数总是大于 1。工业化达到一定程度后，因经济结构转向节能化，人口增长减慢，能源利用效率提高，能源消费弹性系数往往小于 1。美国在 1880 ~ 1920 年的能源消费弹性系数为 1.65，苏联工业化初期能源消费弹性系数则为 1.9，到 20 世纪 50 年代，西欧、美国和日本等经济发达国家的能源消费弹性系数都已小于 1。20 世纪 60 年代，廉价的石油造成不合理的能源消费，使美、日等国的能源消费弹性系数都超过 1。中国在 1979 年以前，因大规模经济建设和人民生活水平的提高，能源生产和消费迅速增长，25 年的平均能源消费弹性系数达到 2，1979 ~ 1986 年迅速下降为 0.53。这种下降既是中国经济从高能耗经营转向节能降耗经营的结果，同时与能源供应紧张状况有一定关系。对于处在工业起飞阶段的中国来说，今后一段时期，虽然通过调整经济结构和提高能源利用效率，可以减少单位产值能耗，但是大规模的建设将使能源消费总量大幅度提高。根据国情，科学分析能源消费弹性系数的发展变化情况，有利于预测未来的能源需要量，制订正确的能源政策，搞好能源建设，保证国民经济的持续增长。（参考：中国能源发展战略与侦测研究报告课题组：《中国能源发展战略与政策研究报告》（上），《经济研究参考》2004 年第 4 期第 1 至 ~ 50 页；邓江、吴剑波：《能源消费弹性系数与国内替代能源预期》，《生态经济》2009 年第 2 期第 66 ~ 69 页。**朱配辰**）

能源消耗评价指标体系

Evaluation Index System of Energy Consumption

指对能源利用效率的评价体系，包括对单位产值能耗、单位国内生产总值能耗、单位产品能耗、单位服务量能耗等指标的评价。建立能源消耗考核指标体系，是支持实现国家节能目标的客观需要。目前，国际上有代表性的能源消耗评价指标体系有：英国能源行业指标体系；国际原子能机构可持续发展能源指标体系；欧盟能源效率指标体系；世界能源理事会能源效率指标体系等。1. 英国能源行业指标体系框架为自上而下的分层设计，具体分为 3 个层级。第一层为主要指标，包括低碳、可靠性、竞争力、燃料贫困 4 个指标，分别对应于英国能源白皮书中提出的 4 大能源发展目标。第二层为支持指标，分别用于支持和具体说明上述 4 个主要指标所含 28 个项目指标。第三层为背景性指标，分为 12 个条目，每个条目下有若干个指标，用于细化和补充说明上述支持指标。2. 欧盟能源效率指标体系框架则为分类设计，包括 6 类宏观性质的能源效率指标，用于评价和反映一个国家、一个行业的能源效率。这 6 类指标分别是；能源强度，单位能耗，能效指数（用于对某一行业能源效率趋势进行总体评估，按各子行业指标的加权平均计算，其值降低意味着能源效率的提高），调整指标（用于进行国际比较。该类指标试图调和国与国之间在产业结构、气候等方面存在的差异），扩散指标（用于监测节能技术和设备的推广应用情况），目标指标（这类指标旨在提供参考值，表明一个国家可能达到的能效目标或提高能效的潜力，用于和能源效率水平最高的国家进行比较）。此外，出于对全球气候变化问题的关注，该指标体系还包括了一类 CO 指标，作为对能源效率指标的补充。在上述各类指标下，分别设定了数量不等的具体评价指标。3. 世界能源理事会能源效率指标体系框架为单层设计，该指标体系包括 23 个指标。按指标性质可分为两类，一类是经济性指标，用于在整个经济或全行业层面上测度能源效率；另一类为技术经济性指标，即单耗指标，用于测度子行业、终端用能的能源效率。4. 国际原子能机构可持续发展能源指标体系框架亦为单层设计，其构建思路是识别与可持续能源发展有关的主要问题和参数；在与能源有关的重要参数之间，确定内在因果关系（驱动力和状态），并将之同一整套潜在的改进能源部门发展的可持续性的恰当的政策联系起来；在此基础上，构建一整套适当的指标，衡量能源部门有关参数的变化情况。（参考：周伏秋：《国际能源评价指标体系及对我国的启示》，《中国能源》2006年第11期第39～41页。朱配辰）

能源需求预测

Energy Demand Forecast

从研究国家或者地区能源消费的历史和现状开始，分析影响能源消费的各种因素，找出能源消费需求量与这些因素的关系，根据这些关系对未来能源需求发展趋势做出估计和评价。一般来说，影响能源消费需求的因素有人口数、国民经济发展速度及其结构、生产技术水平、能源生产和消费构成等。能源需求预测是国民经济和科技发展规划、能源规划、节能规划等的重要依据；推动技术和产品更新，增加竞争意识的手段；制订经济、能源、环境领域的政策和决策的参考；提高人民生活水平，组织好社会生活，进行科学管理的重要组成部分。能源需求预测包括：1. 近期能源需求预测。周期约为5～10年。由于时间较近，国民经济的可能发展及其变化比较清楚，能源结构也不可能发生很大变化。因此能源需求预测值比较准确，其结果对国民经济能起指导作用。2. 中期能源预测。周期约为10～20年。影响能源需求的因素比较难于准确地把握。因此预测总是带有各种假设条件。然而，这种预测可以表明在预测期内能源需要量是否能适应国民经济发展的需要，以利于确定近期内需要开始建设的能源工程的规模与种类，从而在能源方案的选择上具有一定的灵活性。3. 远期能源预测。周期超过20年，甚至到50年。这种预测比较粗略，准确度也颇差，却能提出极其重要的战略性问题，直接影响到近期能源建设和能源科研的一系列政策和决策。能源工业开发周期长、投资大。10年内开发的大型能源基地与发展重大新技术，一般要在20年后才能充分显示出其威力，影响国民经济的布局与结构。这种预测在进行不同方案的选择时灵活性最大。能源结构应如何改变或过渡，主要需通过远期预测。近期的能源预测对国民经济具有直接的指导作用。重要的能源基地建设、重大的技术措施的研究与发展，需要中、远期的预测作为参考，以免陷入盲目性，影响国民经济的发展以及人民的生活消费水平的提高。（参考：蒙绍祥、黄懿：《广西能源需求预测及对策建议》，《科技创新导报》2012年第34期第129～130页；宋春梅：《中国能源需求预测与能源结构研究》，《学术交流》2009年第5期第56～61页。朱配辰）

能源与环境议题

Energy and Environment Issues

全球性重大生态环境议题之一。能源资源作为能源的同义词，一般来说常指某些物质，如燃料、石油加工产品和电力。这些都是可利用的能源来源，它们可以很容易地转化为其他特定种类的能源。在自然界中，能源有着不同的存在形式：石油、天然气、风能、水能、生物能等。以煤炭、石油、天然气为代表的化石燃料亦称矿石燃料，是一种烃或烃的衍生物的混合物，是不可再生资源。部分化石能源资源的消耗需要资源，并且会对环境产生影响。工业革命之后，通过燃烧煤炭、石油或天然气等化石燃料进行发电，将其作为能源使用。虽然燃烧这些化石燃料可以马上获得电力，但是会产生空气污染物包括二氧化碳、二氧化硫、三氧化硫和氮氧化物。二氧化碳是重要的温室气体，被认为对全球气候变暖产生重要影响。燃烧矿物燃料发电，也会释放微量金属如铍、镉、铬、铜、锰、镍、银到环境中，成为污染物。因此，环保专家提倡使用可再生能源，如太阳能、风能等，认为是能够有效减少化石燃料使用对自然环境污染的最有效办法。因此，尽可能的节约能源，使用可再生能源，能够在一定程度上避免对环境的破坏。（申森）

能源政策

Energy Policy

指国家为保护能源的可持续开发和利用，以及在使用过程中的限制和收费而制定的一系列相关法制法规。随着工业文明的飞速发展，加速了对能源的需求和消耗，能源危机日益严重。欧美日等率先调整能源政策，采用多能源供应策略，鼓励开发新能源产业。我国在改革开放初期开始能源政策的研究，对煤炭、石油等行业涉及较多。随着国内工业水平的提升，能源需求越来越高，消耗越来越快，对能源的合理使用以及对新能源的需求也越来越强烈。必须制定适应现状的能源政策，对现有能源合理利用，努力开发新型清洁能源，以实现可持续发展。（代富宇）

能源作物

Energy Crop

经专门种植、用以提供能源原料的草本和木本植物的总称。我国可转换为能源用途的作物和植物品种有200多种，依据不同的划分方法，可将能源作物划分为不同的种类。根据制取或提供燃料的方式，能源作物可分为四大种类：1. 以制酒精为目的的一年生或多年生作物，如玉米、甘蔗、甜高粱、甘薯、木薯等；2. 以生产燃料油（如生物柴油、烃类物质）为目的的植物，如油菜、绿玉树等；3. 用于直接燃烧的植物；4. 可供厌氧发酵的藻类或其他植物。根据形成能源载体物质的成分，又可将能源作物分为：1. 淀粉和糖料作物类，富含淀粉和糖类，用于生产燃料乙醇，如小麦、大麦、玉米、籽粒高粱等禾谷类作物以及甘薯、木薯、马铃薯等薯类作物；2. 油脂作物类，富含油脂，通过脂化过程形成脂肪酸甲酯类物质，即生物柴油，如油菜、向日葵、蓖麻和大豆；3. 木质纤维素作物类，富含纤维素、半纤维素和木质素，可以通过转化获得热能、电能、乙醇和生物气体等。能源作物可以高效转化太阳能，高效产出能量，具有高抗逆能力和低生产成本等特征。（任傲尘）

尼采酒神精神

Dionysus Spirit Theory of Nietzsche

尼采哲学的重要概念。与日神精神相对而言。尼采认为古希腊人具备两种精神，一种是日神阿波罗代表的实事求是、讲求理性和秩序的精神，一种以酒神狄奥尼索斯为代表的狂热、过度和沉醉的非理性精神。尼采所说的酒神精神是一种迷狂的、非理性的生命沉醉与热爱。尼采认为酒神精神的实质是热爱生命，肯定生命，敢于摆脱个体化束缚，打破陈规和传统，做真实自我，并超越自我。酒神精神肯定人生的痛苦和价值，同时是希腊悲剧的内在实质。尼采借酒神精神阐释对抗生命苦难与命运的不屈不挠的精神。尼采美学以酒神精神为出发点，对生命和人的肉身予以肯定和辩护，主张在酒神颂歌与平素的节日里激发出原始生命力，调动一切表征能力，获得某些前所未有的感受和体验，创造出与族类乃至与自然合一的生命力，超越善恶是非对待，表现自己，表征新世界。在《悲剧的诞生》中，尼采认为在希腊悲剧中起重要作用的原则与阿波罗神及酒神狄奥尼索斯相关。（雷爱民）

尼采日神精神

Apollo Spirit Theory of Nietzsche

尼采哲学的重要概念。与酒神精神相对而言。尼采认为日神阿波罗与酒神狄奥尼索斯分别代表了古代希腊的两种精神气质与哲学原则。尼采认为日神是光明之神，也是一切造型艺术之神和预言之神，它的特点和智慧是主张克制、平静、安详、静穆，它照彻一切，把一切都显现为清晰的、明确的完美外观。日神精神的内蕴不是个体化原则的毁灭和瓦解，而是超然宁静的心态，持存而普遍化的形象。尼采认为日神阿波罗代表梦境艺术，代表静态的造型艺术。尼采在《悲剧的诞生》中把日神说成是光明之神，是一切造型力量之神和预言之神，认为它是美的外观的幻觉。同时，他认为日神精神即使是外观和幻觉，也有存在的价值，即当人面对难以把握的日常生活时，可以依靠美的外观支撑自己，忍受艰难人生。尽管创造美丽外观的日神提供人生活下去的依据，但是作为德行之神的日神要求他的信奉者有自知之明，

做到节制、适度、理性。（雷爱民）

尼尔·波兹曼

Neil Postman，1931 ～ 2003

世界著名的媒体文化研究者和批评家。生前在纽约大学任教，在纽约大学首创媒体生态学专业，担任文化传播系系主任直到 2003 年。1953 年毕业于纽约州立大学弗雷德尼亚分校，分别于 1955 年与 1958 年在哥伦比亚大学教育学院取得硕士及教育博士学位。自 1959 年开始在纽约大学执教。1971 年他在该校斯坦哈特教育学院开创媒体生态学研究生课程，是媒介环境学派。1993 年获教授衔，担任该校文化与传媒系主任。2003 年 10 月因肺癌去世。出版过 18 部书籍，为各大报刊写过 200 多篇文章。主要著作包括：《娱乐至死》《童年的消逝》《技术垄断》《教学：一种颠覆性的活动》《教学：一种保存性的活动》《诚心诚意的反对》《疯狂的谈话，愚蠢的谈话》《如何看电视》《建造通向 18 世纪的桥梁：过去怎样改变未来》。其中《娱乐至死》和《童年的消逝》已译成多种文字在许多国家出版。《娱乐至死》和《童年的消逝》都是对西方媒介体制转型深深的忧虑和反思的产物，这在当时西方文化界产生深远影响。（张惠娜）

尼尔·卡特

Neil Carter

英国约克大学政治学系教授，毕业于英国杜伦大学政治学系，获得巴斯大学博士学位。生年不详。曾在格里菲斯大学、莫纳什大学和牛津大学纳菲尔德学院访学，主要研究领域集中于环境政治学、环境政策和英国政党政治等，对英国乃至欧洲绿党有着长期关注和深入研究。目前担任约克大学政治、经济与哲学学院院长。主要代表著作有：《环境政治》（2001）《绿党：从政治的荒野中崛起？》（2008）和《绿党》（2015）等。（徐越）

尼古拉·乔治斯库—罗根

Nicholas Georgescu-Roegen，1906 ～ 1994

罗马尼亚裔美籍数学家、经济学家，以对经济过程和自然环境关系的探索性研究和阐述能量扩散论而闻名。在《经济的环境》一文中提出，任何经济都不是独立于法律、道德和政治规则之外的与外界无关的封闭领域，最能引起人们兴趣的问题往往出现在经济学与其他学科的临界点。但是，上述规律在经济过程和自然环境的相互作用中表现得最为明显。把对熵的认识拓展到生态学领域，强调人们只注意到人类利用资源时的浪费和资源的熵增加，而不谈论人类在利用自然资源过程中本身的熵的减少，没有看到资源被消耗之前是怎样集聚起来而变成具有高度负熵的资源。阐发能量扩散论指出，经济过程会以多种形式与自然界相互作用，从而造成某些不可逆转的后果。不断开采不可再生的自然资源储备（比如石油和金属矿藏），已超过自然资源再生能力的速度，导致其他资源（比如水和耕地）的质量退化或发生改变。实际上，不可再生资源的过度开采使经济发展的速度摆脱了生态再生速度的束缚，从而加速了包括不可逆转的气候变化在内的生物环境的恶化进程。（徐越）

《尼斯条约》

Treaty of Nice

全称《为修改欧洲联盟条约建立欧洲共同体条约和其他相关法律文件而签订的尼斯条约》。2001 年 2 月 26 日，欧盟 15 个成员国的外长在法国尼斯签订，2003 年 2 月 1 日正式生效。欧盟在《阿姆斯特丹条约》签订后，为适应历史性的扩大，保持和加强欧盟的行动能力，对欧盟组织结构和决策机制进行大规模改革。在机构改革问题上，《尼斯条约》确认欧盟内部强化合作机制的原则；在欧盟委员会组成和委员名额分配上，明确欧盟在达到 27 名或更多的成员国以后，欧盟委员会只能设置少于 27 名委员的名额；在欧盟理事会内部表决票数的分配上，做出基本按成员国人口多少分配表决票数的规定，把使用有效多数制表决提案的范围扩大到 50 多个领域，以提高欧盟的决策效率。此外，还确定欧盟扩大到 27 个成员国后各国在欧洲议会中占有的席位数量，为今后接收新成员国做了制度性安排。（申森）

逆城市化

Counter-Urbanization

又称反城市化、分散型城市化、离心型城市化、郊区化。指城市人口由大城市、特大城市向小城市（镇）或乡村居民点回流的现象。造成逆城市化现象的根本原因有：1. 大城市过度密集造成的负面效应，如住房困难、交通拥挤、环境恶化等，导致人口外迁。2. 交通信息技术条件的改善，包括小汽车的普及、高速公路网的建成、通信技术的发展等，使人们生活在郊区，甚至乡村也十分方便。这一概念由美国著名城市规划师贝利（B.J.L.Berry）于 1976 年提出。美国、英国和日本等发达国家分别于 20 世纪 40 年代、60 年代和 70 年代，开始出现逆城市化的趋势。具体表现在：1. 在城市化水平继续缓慢提高的同时，郊区化以更快的速度进行。这不是城市化的历史逆转，而只是城市人口从中心向郊区转移。20 世纪 50 ~ 60 年代，美国的城市化水平高达 70%，同期郊区人口占总人口的比率增至 43%。2. 市区中心吸引力下降，郊区成为人们主要的聚居区域。1950 年，美国的城市人口有 64% 住在市区，到 1980 年却有 57% 的人住在郊区。3. 中心城市开始分解，小城市成为城市化的主力军。20 世纪 50 ~ 70 年代，美国城市化水平处于上升趋势，但大中型城市的发展均出现下降。最极端的如底特律，20 年间减少近 100 万人。逆城市化不意味着国家城市化水平的下降，只是城市发展的新的区域再分配。逆城市化现象给城市带来新的问题：伴随大量年轻人、高收入阶层的人员外流，留下的则是就业竞争能力低下的老人和技术差的人员，城市人口会迅速老化，一些城市出现投资减少、收入降低、财政困难等问题。近年来，一些发达国家为拯救中心城市，采取新的对策，力图把高、精、尖的技术劳力拉回城市，以充分发挥城市的聚集优势。他们通常采取有集中的分散政策，合理安排城市的专业职能，通过就业、住房、运输、游憩等措施，开发尖端技术产业，调整工业布局和产业结构，改造旧城市，改善城市居民条件，使城市与外围区域的发展逐步协调，增加城市活力和吸引力。目前，我国的城市化进程正在进行，一些大城市里许多城市疾病已经出现。相较于美国、德国、日本等欧美国家，目前我国的逆城市化现象还处于初级阶段，且我国逆城市化的动因部分来自对户籍制度下福利利益的追逐。逆城市化现象有助于促进郊区和农村的经济发展和基础设施建设，缩小城乡差距；减少城市人口，缩小城市规模。但与此同时，它也会引发占地矛盾、城市和乡村之间的真空地区发展不足等问题。因此，应当加强对城市科学的研究，控制大城市，发展中、小城市。（参考：谢文蕙、邓卫：《城市经济学》第 66 ~ 68 页，北京：清华大学出版社，1996 年。朱配辰　张沥元）

年保玉则生态环境保护协会

Nyanpo Yuzee Environmental Protection Association

青海省果洛藏族自治州的非政府环境保护组织。2007 年扎西桑俄发起成立年保玉则生态环境保护协会并任会长。协会由当地喇嘛、牧民、商人、老师、学生、公务员等组成。会员们以文字、图片、摄像等手段监测记录年保玉则的物种及环境变化。

在相关部门没有足够资源投入的情况下，协会带领当地人自发进行保护工作，弥补当地环境保护与教育方面的空缺。同时，协会积累的大量物种、冰川、气候等方面的数据，为学者科研提供宝贵的第一手资料。自成立以来，协会成员根据各自兴趣进行分工，对年保玉则地区的物候，鸟类和其他野生动物，冰川和气候变化进行监测；发动

群众参与藏鹀保护区（由扎西桑俄建立的自然保护小区）的保护和监测；编辑藏文版的藏区动植物辞典；出版《年保玉则》杂志，由协会会员撰写文章介绍年保玉则地区的文化和环境，发放给年保玉则地区的社区；组织会员通过影像记录的方式记录年保玉则地区的社会文化环境变迁，和山水自然保护中心组织策展云之南影像论坛。（席溢）

年龄中位数

Median Age

又称人口中位年龄，是代表整个人口年龄水平的指标。人口的年龄中位数，是把全部人口各个年龄的人数，按照年龄的自然顺序，自小到大依次排列，其中能够把全部人口平分为两部分的那个年龄即是该人口的年龄中位数。计算人口年龄中位数，通常利用下列计算公式：人口年龄中位数＝年龄中位数所在年龄组的下限＋（（人口总数 /2）—年龄中位数所在年龄组前各年龄组人口合计数）/ 年龄中位数所在年龄组的人口数 × 划分年龄组的组距。它反映人口总体的年龄特征和发展趋势，可以清楚表明一个国家或地区的人口年龄类型。按国际通用标准，年龄中位数在 20 岁以下，属于人口年轻型；年龄中位数在 20 ~ 30 岁之间，属于人口成年型；年龄中位数在 30 岁以上，属于人口老年型。（参考：瑶琳：《人口年龄中位数》，《人口研究》1983 年第 5 期第 58 ~ 59 页。朱配辰）

宁杭城市带

City Belt in Ning-Hang Area

宁杭城市带地处长江三角洲内缘，以南京和杭州两大城市为核心，连接宜兴、溧阳、句容、湖州等城市，内有宁杭高速公路经过东屏、白马、南渡等多个经济发达区，是长江三角洲城市群的重要组成部分。与沪宁、沪杭两个城市带相比，宁杭城市带纵跨江浙两大省份，生态资源更为丰富，可持续发展空间更大。随着长三角一体化程度的推进、宁杭高速公路的建成、跨省经济区的形成，区域背景、交通条件、政策因素等的支持，为城市带的发展提供了更有利的环境。因此，宁杭城市带崛起是长江三角洲城市群发展的重要目标和必然趋势。（张沥元）

《宁静无价》

Tranquility is Beyond Price

于 2009 年 1 月由上海人民出版社出版。作者程虹，首都经济贸易大学英语教授，出版《寻归荒野》，译著《醒来的森林》及《遥远的房屋》。本书收录了作者在《重读自然》专栏上发表的文章及《外国文学》和《文艺报》上发表的类似题材的文章，对国外著名自然文学家和环境思想家的主要思想及著作做了详细阐述，为自然文学及生态思想在我国的传播做出了贡献。（代富宇）

宁夏 2014 年生态文明建设状况

Eco-Civilization Construction in Ningxia in 2014

2014 年宁夏生态文明指数（ECI）得分为 71.91，排名全国第 25 位。具体二级指标得分及排名情况见表 1。去除社会发展二级指标后，宁夏绿色生态文明指数（GECI）得分为 59.09，全国排名第 26 位。宁夏生态文明建设属相对均衡型，环境质量、社会发展、协调程度居全国中下游水平，生态活力居全国下游水平。生态活力方面，自然保护区的有效保护在全国排名靠前，建成区绿化覆盖率居全国中游，湿地面积占国土面积比重排名居全国中下游，森林覆盖率、森林质量居全国下游水平。环境质量方面，农药施用强度依然全国最低，环境空气质量居全国上游水平，化肥施用超标量较低，居于全国第13位，水体环境质量差，水土流失最为严重。社会发展方面，人均教育经费投入、服务业产值占国内生产总值比例居全国上游水平，分别位列第8位、第10位。人均国内生产总值、城镇化率、每千人口医疗机构床位数、农村改水率均居全国中游水平。协调程度方面，环境污染治理投资占国内生产总值比重、二氧化硫排放变化效应全国排名靠前，分别居于第4位、第5位；氮氧化物排放变化效应、工业固废综合利用率、城市生活垃圾无害化处理位居中上游，分别居于第9位、第14位、第16位；化学需氧量排放变化效应、氨氮排放变化效应、居全国中下游水平。烟（粉）尘排放变化效应全国排名最低。综合来看，宁经济总量、自我发展能力、产业结构、生态环境脆弱等方面的挑战发展不足仍是宁夏最大的区情，资源环境约束突出依然是宁夏生态文明建设面临的深层次的问题。宁夏水资源短缺，且水环境质量相对较差，水污染较为严重，生物丰度、植被覆盖率低，水土流失严重，中南部土地人口压力大，土地的人口容量超过了合理承载能力的8～10倍。总之，宁夏面临着经济总量、自我发展能力、产业结构、生态环境脆弱诸多方面的挑战，与全面建设“开放－富裕－和谐－美丽宁夏”尚有不少距离。

表1　2014年宁夏生态文明建设二级指标情况

二级指标	得分	排名	等级
生态活力（满分为43.20分）	21.60	29	4
环境质量（满分为36.00分）	20.00	20	3
社会发展（满分为21.60分）	12.83	15	3
协调程度（满分为43.20分）	17.49	15	3

表2　宁夏2014年生态文明建设评价结果

一级指标	二级指标	三级指标	指标数据	排名
生态文明指数(ECI)	生态活力	森林覆盖率	11.89%	26
		森林质量	10.68立方米/公顷	30
		建成区绿化覆盖率	38.49%	15
		自然保护区的有效保护	10.29%	10
		湿地面积占国土面积比重	4.00%	20
	环境质量	水体环境质量	11.90%	28
		环境空气质量	68.22%	8
		水土流失率	71.37%	31
		化肥施用超标量	94.77千克/公顷	13
		农药施用强度	2.13千克/公顷	1

续表

一级指标	二级指标	三级指标	指标数据	排名
生态文明指数(ECI)	社会发展	人均国内生产总值	39420 元	15
		服务业产值占国内生产总值比例	42%	10
		城镇化率	52.01%	17
		人均教育经费投入	2054.67 元 / 人	8
		每千人口医疗机构床位数	4.76 张	14
		农村改水率	84.29%	13
	协调程度	环境污染治理投资占国内生产总值比重	2.82%	4
		工业固体废物综合利用率	73.18%	14
		城市生活垃圾无害化率	92.50%	16
		化学需氧量排放变化效应	5.04 吨 / 千米	23
		氨氮排放变化效应	0.31 吨 / 千米	27
		二氧化硫排放变化效应	2.22 千克 / 公顷	5
		氮氧化物排放变化效应	2.36 千克 / 公顷	9
		烟（粉）尘排放变化效应	-4.24 千克 / 公顷	31

（参考：严耕等：《中国省域生态文明建设评价报告（ECI2015）》第 291 ~ 296 页，北京：社会科学文献出版社，2015 年。徐保军）

宁夏古灌区

Ancient Irrigation area in Ningxia

位于今宁夏回族自治区境内的古代引黄灌区，创始于西汉元狩年间（公元前 122 年 ~ 前 117 年）。当时西汉从匈奴手中夺回这一地区后，实行大规模屯田。唐代，宁夏引黄灌渠有薄骨律渠、汉渠、胡渠、御史渠、百家渠、光禄渠、尚书渠、七级渠、特进渠等。安史之乱后，郭子仪开御史渠，灌田可至 2000 顷。元代至元元年（1264），郭守敬修复宁夏灌区。明代除利用旧渠外，有铁渠、新渠、红花渠、良田渠、满答喇渠（都是唐徕渠支渠）、石空渠、白渠、枣园渠、中渠、夹河渠、羚羊角渠、通济渠、七星渠、贴渠、羚羊店渠、柳青渠、胜水渠等各渠出现，灌区向青铜峡上游发展，技术上大量修筑石坝石堤，加强引水和泄洪能力。清雍正乾隆年间，大清、惠农、昌润三渠均曾多次改口改道，灌溉面积有很大变动。民国年间，宁夏灌区分为河东区、河西区和青铜峡上游的中卫、中宁区，据 1936 年资料，共有支渠近 3000 条，干渠总长 2600 多里，共灌田 1.8 万顷左右。新中国成立后，1959 年建成的青铜峡水利枢纽实为宁夏古灌区的延续，对古老的干支渠裁弯取直和扩建，相应增建渠系建筑物。青铜峡水利枢纽建成后，结束长期无坝引水的历史，使全灌区形成统一的灌溉系统。（参考：景永时：《西夏农田水利开发与管理制度考论》，《宁夏社会科学》2005 年 6 期第 93 ~ 95 页。朱配辰）

农村传媒生态

Rural Media Ecology

在农村这一特定空间结构中，以媒介组织为有机主体，围绕信息活动展开的，与个人、社会、组织群体以及其他系统而产生的冲突、融合的系统。大众传媒在农村政治、经济、文化建设方面起着不可替代的作用，大众传媒推进着农村民主政治的进程，促进农村的经济发展，丰富农民的精神文化生活，是农村传媒生态的重要内容。同时，传媒的信息传播，也为农村引进了新的思想和技术，更新了农民的观念，在一定程度上促进了农村的现代化进程。近些年，农村传媒生态总体说来有所进步，但我国农村传媒生态还是存在着诸多问题。比如，农村传媒生态与城市相比传媒资源有差距。传媒资源匮乏导致农村受众很难感受到传媒带来的益处，农村和城市之间的差距扩大使农民成为受众中的边缘群体。另外，农村受众媒介接触集中于电视，广播逐渐走向衰落。手机媒体对农村受众来说大多只是停留在接打电话、发短信方面。新媒体在农村存在着巨大的发展潜力。报纸、杂志、图书等在农民中接触相对较少。传媒接触结构性失衡。最后，由于农村受众媒介素养偏低，致使农民在对待媒介过程中，存在着功利性心理和偏娱乐消遣心理。（参考：陈莹、张飞飞：《农村传媒生态环境建设策略研究》，《吉林师范大学学报》人文社会科学版 2013 年第 6 期第 88 ~ 90 页。张惠娜）

农村废弃物污染

Rural Waste Pollution

指由农村废弃物带来的污染。农村废弃物包括：作物秸秆、畜禽粪便、农村生产及生活垃圾。作物秸秆堆放占用空间，影响生存环境，带来火灾隐患，露天焚烧会造成大气污染。家禽家畜的粪便未经处理或者经过短期堆沤后直接排出，会造成地表水污染，粪便堆放期间会滋生微生物，有机质被分解之后产生甲烷、硫化氢、氨气等，污染大气。农村生产及生活垃圾包括生产资料包装物、一次性用品废弃物、厨房残余、人的粪便和尿液等污染物。固体垃圾的堆放不仅侵占耕地还会滋生病菌，长期堆放会导致有毒物质泄漏，危害人类健康。（石艳峰）

农村能源开发与利用技术

Rural Energy Development and Utilization Technology

指农村地区涉及工农业生产和生活多个方面的能源供应与消费。农村能源多样，有薪柴、作物秸秆、人畜粪便（制沼气或直接燃烧）、小水电、小窑煤、太阳能、风能和地热能等，其开发因地制宜。随着农村经济发展，农村能源的利用还包括国家供给的化石能源与电力等商品能源。中国农村能源建设的指导方针是：因地制宜，多能互补，综合利用，讲求效益。研究农村不同类型能量资源在输入、分配、最终消费过程中的技术问题及管理问题，有利于提高农村能量利用效率，缓解农村能源供需矛盾，保护农业生态环境。（朱雨晨）

农村社会资本

Rural Social Capital

农村社会资本即为存在于一定共同体中的以信任、互惠及合作为核心要素和本质，以家族、家庭、邻里及亲属等血缘地缘关系构成差序格局为载体的社会结构资源。农村社会资本的特征有：1. 目前农村社会中，关系网络型社会资本仍以传统的亲缘地缘关系为主，同质性及稳定性较高，规模较小；2. 正式制度及正式组织类型的社会资本较少，以非正式制度及非正式关系网络为主；3. 分化程度较低；4. 运作风险相对较低。农村社会资本的类型有：1. 从表现形式角度划分，分为村民社会资本、家庭宗族社会资本、功能组织社会资本及社区社会资本；2. 从客体内容角度划分，分为现代信任型、组织参与型、制度规范型及社会精英型社会资本。（李雪姣）

农村生态经济系统

Agricultural Eco-economic System

指农业生态系统、农业经济系统和农业技术系统经济结构组合而成的复杂系统。基本功能是物质循环、能量流动、信息传递以及价值转移。这 4 项功能的正常发挥依赖于系统的结构，不同结构显示不同功能。农业经济再生产与自然再生产相互交织，有机组成生态经济系统，增加了系统的产出，缓解了生态经济系统存在的基本矛盾，即经济系统对自然资源的无限需求与生态系统资源的有限供给之间的矛盾，同时有利于维护生态的平衡稳定。农业生态经济系统伴随人类改造自然的过程而产生，具备自然生态系统的基本组成部分，即非生物环境、生产者、消费者、分解者。由于人类的参与其中并占很大控制比例，它又具有自身独特的结构和功能。结构上，以驯养过的动植物为主、生物多样性低、群体结构单一。空间结构受人文因素影响较大，对地貌有所改变，景观破碎化，斑块边界整齐。时间结构上季相与作物生长期同步、无自然立枯现象。功能上，依赖太阳能、人工能量进行输入，物质交换的食物网简单，以对人类有用的经济产量为目标，生物性物资投入改变大气和土壤结构，部分地区因机械作用水土流失大于土壤分化。（蔡越）

农村生态系统

Rural Ecological System

指在不同区域范围的农村地域内，不同类型生态系统间的相互能量关系，以及农村人群和周围环境的相互影响与相互作用的总和。农村生态系统是自然–人工复合生态系统，是多种类型生态系统的复合体现。既具有自然生态系统的某些特点，如以土地为中心、自然作用力明显、生物多样性复杂等，也具有人工生态系统的特征。单单依靠自然能，如太阳能、生物能，已无法满足系统的正常运转，因此必须从城市生态系统中输入能量，如从城市生态系统形成的农产品市场。系统的产出也以一定形式的农产品向城市输出。这种输入与输出是农村生态系统维持生存的基本保障。农村生态系统的组成成分有自然生态子系统、农业生态子系统及村镇生态子系统。食物链呈三角形，因而比较稳定。其中，生产者是绿色植物，包括人工种植物与自然物；消费者是牲畜等杂食动物和人类；分解者是大量微生物。（蔡越）

农村污水处理技术

Rural Sewage Treatment Technology

针对农村地区居民在生活和生产过程中产生的污水进行净化处理的技术，包括厌氧沼气池技术、稳定塘处理技术、土壤渗滤净化系统、砂滤处理系统和人工湿地处理系统等。农村生活污水的主要特点是污染面广、难收集、成分复杂、悬浮物浓度较高、一般呈弱碱性水质等。其中氮、磷特别是磷含量较高，处理时不仅要消减有机物还要进行脱氮除磷。从可持续发展、清洁生产的角度考虑，解决农村污水污染问题还必须加大环保宣传力度，提高农民环境意识。从源头上减少污水产生量，将农村污水治理与废水重复利用、污水资源化技术相结合，加强农村生态环境建设，改进农业生产方式，使农村水生态环境得到有效的改善。（参考：曹群，佘佳荣：《农村污水处理技术综述》，《环境科学与管理》2009 年第 3 期第 118 ~ 121 页。刘阳）

农村信息化

Rural Informatization

指通信技术和计算机技术在农村生产、生活和社会管理中实现普遍应用和推广的过程。农村信息化是社会信息化的一部分，它首先是一种社会经济形态，是农村经济发展到某一特定过程的概念描述。它不仅包括农业信息技术，还包括微电子技术、通信技术、光电技术等在农村生产、生活、管理等方面普遍而系统应用的过程。农村信息化包括传统农业发展到现代农业进而向信息农业演进的过程，又包含在原始社会发展到资本社会进而向信息社会发展的过程中。（史月田）

农耕文明

Agricultural Civilization

指由农民在长期农业生产中形成的适应农业生产、生活需要的国家制度、礼俗制度、文化教育等的文化集合。中国古代的农耕文明集合儒家文化及各类宗教文化为一体，形成独特的文化内容和特征，包括国家管理理念、人际交往理念以及语言、戏剧、民歌、风俗及各类祭祀活动等，是世界上存在最为广泛的文化集成。农耕文明是人类史上的第一种完整的文明形态。原始农业和原始畜牧业、古人类的定居生活等的发展，使人类从食物的采集者变为食物的生产者，是第一次生产力的飞跃，人类进入农耕文明。农耕文明地带主要集中在北纬 20 度到 40 度之间，也是人类早期文明的发源地域。目前国际学术界公认的古代农耕文明的发源地有 5 个：古巴比伦（公元前 4000 年到公元前 2250 年之间）、古埃及（公元前 3500 年）、古希腊（公元前 3000 年 ~ 1100 年）、古印度（公元前 2000 年）、古中国（公元前 1600 年商朝建立至清末）。此间，社会生产以农业为主，政治体制一般实行君主制或君主专制，社会结构呈现为金字塔形。中国农耕文明以农耕经济为主体，商业、手工业也有一定发展，但受封建政府的束缚，特点有：1. 自然经济占主体，小农经济力量突出，具有封闭性、狭隘性、保守性、自给自足性等特点，对外界依赖较小。2. 西汉以前商品经济发达，但汉武帝实行主要商品国家垄断之后，商品经济失去个性，难以起到解体自然经济的作用。3. 国家对土地等主要经济成分控制能力很强。4. 伴随着政治治乱，经济显示出突出的周期性破坏与复苏的循环。5. 自然经济始终占据统治地位。（参考：刘志一：《论炎帝文化与中国和世界农耕文明》，《株洲工业学院学报》1999 年第 2 期第 20 ~ 24 页；王保国：《地理环境、农耕文明与中原文化的基本趋向》，《殷都学刊》2006 年第 1 期第 97 ~ 101 页。朱配辰　牟世晶）

农林牧复合生态模式

Animal Husbandry Compound Ecological Pattern

指在农村中借助接口技术或资源利用在时空上的互补性所形成的两个或多个产业或组分的复合生产模式。所谓接口技术指联结不同产业或不同组分之间物质循环与能量转换的连接技术，如种植业为养殖业提供饲料饲草，养殖业为种植业提供有机肥，其中利用秸秆转化饲料技术、利用粪便发酵和有机肥生产技术均属接口技术，是平原农牧业持续发展的关键技术。平原农区是我国粮、棉、油等大宗农产品和畜产品乃至蔬菜、林果产品的主要产区，进一步挖掘农林、农牧、林牧不同产业之间的相互促进、协调发展的能力，对我国的食物安全和农业自身的生态环境保护具有重要意义。（史月田）

农民

Peasant

直接从事农业生产劳动的阶级。在封建社会中，它是同地主阶级相对抗的基本阶级。在封建制度的束缚下，农民阶级遭受地主阶级残酷的经济剥削和政治压迫，由此不断出现反抗地主阶级的农民起义、农民战争，这是封建社会历史发展的真正动力，打击了封建统治势力，推动了生产力的发展。但他们不是新的生产力和生产关系的代表者，不能形成彻底摧毁封建制度的社会力量。从封建社会末期到进入资本主义社会后，在商品经济的影响下，它分化为富农、中农、贫农、雇农，其中富农是农村资产阶级，雇农是农村无产阶级，贫农是农村半无产阶级，中农是农村的小资产阶级，是无产阶级可靠的同盟军。广大农民只有在无产阶级及其政党的领导下取得社会主义革命的胜利，才能得到彻底解放。（李庆）

农民党

Peasant Party

泛指声称以维护和发展农民利益为本党目的的政党。因农村居民成分复杂，各国的农业状况也迥然不同，因而有各种不同的类型和主张。一般说来，它代表农村中、小土地所有者和小农的利益，主张保护和加强农业经济，维护私有制，限制中央政府的权力。例如，挪威的农民党主张减缓工业发展速度，发展私有的和国家的混和经济，强调防止环境污染，更合理地利用自然资源，扩大地方自治权力，反映了挪威农业主和林业主的要求。瑞典的农民党主张建立全国各部分有均等发展机会的分散化社会，主张科学技术不仅为人们的物质福利服务，还要为人类的精神健康服务，要求保护和刺激中小企业发展，反对经济权力集中在国家和个人手中，体现了农村中小土地所有者和城市中小资产阶级的愿望。芬兰的农民党强调维护私有制，保持小企业和农民，尤其是小农的利益，要求城乡发展保持平衡，表达了小农和小企业主的主张。还有的农民党代表大土地所有者的利益，如 1926 ~ 1947 年存在的罗马尼亚全国农民党。许多农民党并不使用农民党的名称。例如挪威、瑞典和芬兰的农民党都称中央党或中间党。（李庆）

农田生态系统

Field Eco-system

农田生态系统是人工建立的生态系统，人在其中的作用非常关键，人们种植的各种农作物是这一生态系统的主要成员。农田中的动植物种类较少，群落的结构单一。人们必须不断从事播种、施肥、灌溉、除草和治虫等活动，才能够使农田生态系统朝着对人有益的方向发展。因此，农田生态系统在一定程度上受人工控制。一旦人的作用消失，农田生态系统就会很快退化；占优势地位的作物就会被杂草和其他植物所取代。农田生态系统的基本原理有：1. 能量多级别利用和物质循环再生的原理。食物链是能量转换链，也是物质传递链，实际上也是经济价值增值链。2. 各种生物之间相互依存，相互制约。生态农业是利用生态学的原理，系统工程的方法，遵循自然规律建立起来的农业生产体系。主要特点是结构协调，合理种养，全面发展，应用先进技术，资源高效利用，内部良性循环，稳定持续发展，如桑基鱼塘生态系统、农作物秸秆利用生态系统等。（李雪姣）

农药污染

Pesticide Pollution

指农药在自然环境中的降解产物，破坏生态系统，造成环境中有害物质大大增加，从而危及生态环境、人体健康以及其他生物的生存发展。农药污染主要分为有机氯农药污染、有机磷农药污染和有机氮农药污染。造成污染的农药包括有

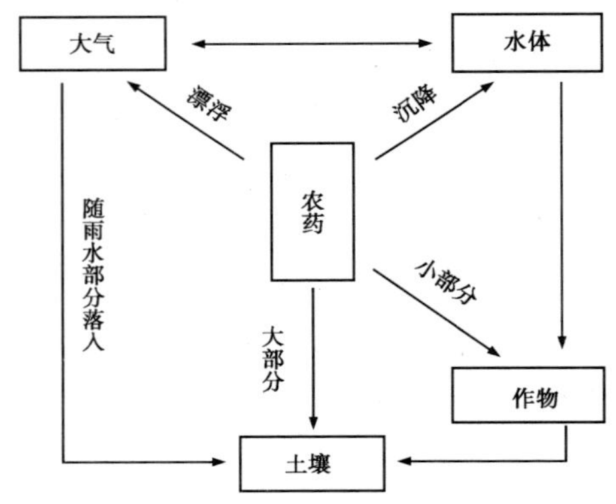

机氯农药，含铅、砷、汞等物质的金属制剂，以及某些特异性除草剂。危害是土壤污染、水体污染、大气污染、破坏生态平衡，生物多样性受到威胁，危害人体健康。环境中农药的残留浓度一般很低，但通过食物链和生物浓缩可使生物体内的农药浓度提高至几千倍，甚至几万倍。必须采取综合治理措施，保护人类赖以生存的生态环境，实现可持续发展。（王晴晴）

农业产业化

Agricultural Industrialization

农业产业化是指以市场为导向，以经济效益为中心，以主导产业、产品为重点，优化组合各种生产要素，实行区域化布局、专业化生产、规模化建设、系列化加工、社会化服务、企业化管理，形成种养加工、产供销、贸工农、农工商、农科教一体化经营体系，使农业走上自我发展、自我积累、自我约束、自我调节的良性发展轨道的现代化经营方式和产业组织形式。它实质上是指对传统农业进行技术改造，推动农业科技进步的过程。这种经营模式从整体上推进传统农业向现代农业的转变，是加速农业现代化的有效途径。农业产业化的基本思路是：确定主导产业，实行区域布局，依靠龙头带动，发展规模经营，实行市场牵龙头，龙头带动基地，基地连农户的产业

组织形式。它的基本类型主要有：市场连接型、龙头企业带动型、农科教结合型、专业协会带动型。山东省潍坊市是农业产业化的发源地。它的基本特征是：市场化、区域化、专业化、规模化、一体化、集约化、社会化、企业化。（李雪姣）

《农业法》

Agricultural Law

见**《中华人民共和国农业法》**。

农业灌溉

Agricultural Irrigation

农业灌溉可分为为传统的地面灌溉、普通喷灌以及微灌。其中传统地面灌溉指传统的灌水方法，水从地表面进入田间并借重力和毛细管作用浸润土壤，也称为重力灌水法。这种办法是最古老的也是目前应用最广泛、最主要的灌水方法。按湿润土壤方式的不同，可分为畦灌、沟灌、淹灌和漫灌。畦灌，即将水引进育苗地进行灌溉，是低床育苗和大苗育苗常用的灌溉方法，田埂将灌溉土地分割成一系列长方形小畦。灌水时，将水引入畦田后，在畦田上形成很薄的水层，沿畦长方向移动，在流动过程中借重力作用逐渐湿润土壤。沟灌是我国地面灌溉中普遍应用于中耕作物较好的灌水方法。实施沟灌技术，首先要在作物行间开挖灌水沟，灌溉水由输水沟或毛渠进入灌水沟后，在流动的过程中，主要借土壤毛细管作用从沟底和沟壁向周围渗透而湿润土壤。同时，在沟底也有重力作用浸润土壤。和畦灌比较，其优点是不会破坏作物根部附近的土壤结构，不导致田面板结，能减少土壤蒸发损失，适用于宽行距的中耕作物。淹灌（又称格田灌溉）是用田埂将灌溉土地划分成许多格田，灌水时格田内保持一定深度的水层，借重力作用湿润土壤，主要适用于水稻灌溉。漫灌是在田间不做任何沟埂，仅围绕着农田筑堤，使其形成一个坑塘，灌水时任其在地面漫流，借重力作用浸润土壤，是比较粗放的灌水方法。此外，还有普通喷灌，即利用机械和动力设备，使水通过喷头（或喷嘴）射至空中，以雨滴状态降落田间的灌溉方法。喷灌设备由进水管、抽水机、输水管、配水管和喷头（或喷嘴）等部分组成，可以是固定的或移动的。（参考：朱丕荣：《世界的水资源与灌溉农业》，《世界农业》1997 年第 1 期第 3 ~ 5 页。朱配辰）

《农业环境科学学报》

Journal of Agro-Environment Science

由农业部主管，农业部环境保护科研监测所和中国农业生态环境保护协会联合主办的全国性学术类科技期刊，曾用名为《农业环境保护》，创刊于 1982 年 3 月，2003 年改为现刊名。主要刊登农业生态环境科学领域具有创新性的研究成果，包括新理论、新技术和新方法。设有专论与综述、研究报告、研究快报、学术争鸣。读者对象为从事农业科学、环境科学、林业科学、生态学、医学和资源保护等领域的科技人员和院校师生。从事农业科学、环境科学、林业科学、生态学、医学和资源保护等领域的科技人员和院校师生。本刊设有污染生态、土壤污染与修复、农业面源污染与水污染治理、农药环境行为与风险评价、农业废弃物资源化、分析方法、专论与综述等栏目。月刊，ISSN：1672-2043。（席溢）

农业科技园

Agricultural Science and Technology Park

以市场为导向、以科技为支撑的农业发展新型模式。农业技术集成的载体，现代农业科技的辐射源，农业人才培养和技术培训的基地，对地区农业产业升级和农村经济发展具有典型示范与技术推动作用。我国科技部制定的农业科技园区的基本要求有：1. 园区具有一定规模，总体规划可行，主导产业明确，功能分区合理，综合效益显著；2. 园区有较强的科技开发能力，较完善的人才培养、技术培训、技术服务与推广体系，较强的科技投入力度；3. 园区经济效益、生态效益和社会效益显著，对周边地区有较强的引导与示范作用；4. 园区有规范的土地、资金、人才等规章与管理制度，有符合市场经济规律、利于引进技术和人才、不断拓宽投融资渠道的运行机制；5. 已纳入地方科技发展计划，并经过了两年以上建设；6. 已经成立园区地方协调领导小组，并已建立健全的园区管理机构。（朱雨晨）

农业劳动力转移

Transfer of Agricultural Labor

工业革命后，随着科学技术的进步和社会经济的发展，农村劳动力出现剩余，农村人口持续地向城镇迁移。英国是最早的工业化国家，是第一个完成农业劳动力大规模转移的国家。农业劳动力在社会总劳动力中所占比重大幅下降，城市人口比重大幅增长。随后各个发达国家逐渐完成农业劳动力转移过程，发展中国家则由于诸多原因进展缓慢。我国的农业劳动力转移情况有别于西方发达国家，不能简单套用刘易斯模式或拉尼斯—费模式，而是要结合本国实际情况制定合理制度，最终决定劳动力转移的趋势。（代富宇）

农业立体污染

Agricultural Stereoscopic Pollution

指在农业生产过程中，由于不合理的农药和化肥施用、畜禽粪便排放、农田废弃物不当处置、耕种措施不合理等因素，在农业系统内部引发生态系统中水—土壤—生物—大气的立体交叉污染。农业立体污染比以往提到的平面单一的农业污染更具综合性。例如，土壤中过量使用氮肥，流失废氮会污染地下水，使湖泊、池塘、河流和浅海水域生态系统富营养化，导致水藻生长过盛、水体缺氧、水生物死亡。同时，氮肥有很多成分挥发，以二氧化碳形式逸失到空气中。各种污染表面上看起来是互不相干，实际上是相互作用、相互影响的整体。目前存在的农业立体污染问题，已成为我国农业可持续发展的重要制约因素，并逐渐成为危及人类健康和社会发展的重要问题。（王晴晴）

农业面源污染

Agricultural Non-point Source Pollution

又称农业非点源污染、农业扩散性污染。指农业生产活动中由于氮素和磷素等营养物质过剩，以及农药、有机或无机污染物质通过地表径流或渗漏导致的环境污染。包括有化肥污染、农药污染、集约化养殖场污染等。主要污染物有重金属、硝酸盐、有机磷、COD、DDT、病毒、病原微生物、寄生虫和塑料增塑剂等。污染特点有：1. 分散性和隐蔽性。由于土地利用状况、地形地貌、水文特征、气候等不同，导致空间异质性和时间上的不均匀性，排放的分散性导致地理边界和空间位置不易识别。2. 随机性和不确定性。受自然条件的影响，如降水量的大小和密度、温度、湿度的变化会直接影响化学制品对水体的污染程度。3. 广泛性和不易检测性。因为给定区域内的面源污染涉及相互交叉的污染者，地理、气象、水文条件会对污染物迁移转化产生影响。（王晴晴）

农业清洁生产

Agricultural Cleaner Production

指将整体预防的环境可持续战略应用于农业生产过程中，要求生产和使用对环境无害的绿色农业用品，如绿色肥料、无害农药、环保地膜等，以此减少农业污染物的数量和毒性，增加农业生产与生态环境相容度，最终将农业生产对人类和环境的不良影响降至最低限度的整个过程。农业清洁生产的环节：1. 清洁投入。指生产原料本身对环境和产品不会产生污染。2. 清洁生产过程。

指采用先进农业技术降低或尽可能避免投入物污染环境及农产品，同时采用正确的废弃物处理方法以实现生态环境和农产品的清洁。3. 清洁产出。指产后农产品加工生产和产后服务环节的清洁化。农业清洁生产包括两个全过程控制，第一个过程控制包括从整地直至收获过程的控制，称为农业生产的全过程控制；第二个全过程控制包括从种子到农产品加工和食用过程，称为农业产品的全过程控制。（朱雨晨　李雪姣）

农业生产工业化

Industrialization of Agricultural Production

指工业化发展到一定程度后，工业技术广泛应用于农业，使农业内部整个系统发生裂变，不断向现代农业前进的过程。实质是用工业化的发展模式发展农业，用先进的装备武装农业，用先进的科学技术改造和提升传统农业，用工业管理的方法管理农业，从根本上优化农业内部结构，创造非常高的农业综合生产力。传统农业以太阳能为直接能源，利用绿色植物通过光合作用生产人类食物和动物饲料。这种农业生产方式受到许多自然因素制约，再扩大发展已困难重重。依靠科技，突破传统农业露天生产模式，开拓农业的工业化生产是实现农业现代化的必由之路。进行农业的工业化生产，要对影响作物生长发育的环境因子、营养元素、种子质量以及作物的安全营养等基本问题进行研究分析，实现生长周期短、产量高、安全、营养价值和效率高的生产，以满足人民群众日益增长的物质生活需求，实现经济、社会、生态效益的和谐统一。农业生产工业化的形式有：农产品加工化、农业生产设施化、农业生产工厂化。研究农业工业化生产的内容包括：开展作物生长过程研究，实现作物生长过程的最优控制；作物生长所需营养研究；农作物品种和繁殖技术研究；作物的安全营养研究。农业工业化生产对控制的挑战：温室环境、营养环境控制技术的研究，传感设备的研究，绿色循环生态农业及自然能源应用的研究。走新型工业化道路，加快工业化进程，有助于采用发达的装备武装农业，用先进的技术改造农业，大幅度提高劳动生产率。农业的工业化是新型工业化的重要组成部分，只有加强农业的工业化生产，才能不断推进农业的工业化进程，实现农业的可持续发展。（参考：洪英士：《农业生产工业化的几种形式》，《农村工作通讯》2002 年第 9 期第 29 页。朱配辰）

农业生态安全

Agricultural Ecological Security

指农业发展中依赖的自然资源和生态环境处于健康、均衡、稳定的状态中，使农业生态系统能够维持平衡运转的状态。农业生态安全一般包括农业环境安全、农业资源安全、农业生物和产品安全。农业环境安全体现在对突发事件和自然灾害的预防，如气候气象灾害（包括洪涝、干旱、持续低温、台风、沙尘暴等）、环境污染灾害（包括大气污染、土壤污染、水污染、放射性污染等）。农业资源安全指维持农业生产的自然要素充足，不安全因素包括光照不足或者过量、热量不足或过高、水土流失、土地退化等。威胁农业生物安全的因素有生物多样性减少、野生种质资源消失、农业物种退化、外来物种入侵等。威胁农业产品安全的因素包括重金属、农药残留，生长调节剂、添加剂超标等。我国对农业生态安全的研究起步较晚，目前主要集中于粮食安全、农业景观结构调整、生态安全型农业、土地资源持续利用、农业生物多样性和转基因生物等研究领域。以加强农业生态安全，预防农业生态非安全因素以加强农业生态管理，加强对农业资源和农业生态系统的利用效率，发展农业生态产业、保障农业生物多样性、加强农业抗灾能力建设等方法为主。（参考：赵飞等：《中国农业生态安全研究进展》，《山西农业科学》2007 年第 7 期第 24 ~ 25 页；张金萍等：《中国农业生态安全及相关研究进展》，《世界科技研究与发展》2005 年第 2 期第 42 ~ 45 页。欧阳文川）

农业生态工程

Agricultural Eco-engineering

指在系统思想指导下，运用生态学、经济学和工程学等科学原理，对农业生态系统进行设计和建设的现代农业工程系统。农业生态工程有助于建立高效综合利用农业资源的生产方式，使农业生产和经济得到稳定持续发展，实现农业可持续发展。农业生态工程以建设高效复合生态系统原则、充分合理利用自然资源与结构合理性原则、整体协调再生循环原则、人工合理调控与技术集成原则等为基本原则，具有农—牧—渔农业生态工程、低洼地基塘农业生产工程、农—林—牧农业生态工程等因地制宜的表现形式。（参考：黄本柱：《我国农业生态工程建设探析》，《安徽农业科学》2008 年第 27 期第 11962 ~ 11964 页。王晴晴）

农业生态环境技术政策

Agricultural Eco-environmental Technology Policy

指以防为主、防治结合、因地制宜为指导思想，对农业生态环境进行保护的技术政策。内容包括：1. 强化农业环境管理，防止工业“三废”污染源的扩散；2. 强化农村法制建设，促进环保法规条例的贯彻落实；3. 防治化学农药污染，贯彻国家颁发的农药安全使用标准，推广使用低毒、低残留和高效农药；4. 坚持有机和无机肥料相结合、用地和养弛相结合的保护农业生态环境的方针，加强地力建设；5. 改革和发展农村能源结构；6. 保护和发展牧草资源，开发畜牧业废弃物的综合治理利用技术；7. 发展生态农业，加强宏观管理和技术指导，建立不同生态类型和规模层次的生态农业示范点并积极推广。（王晴晴）

农业生态环境预测

Agricultural Ecological Environment Prediction

指通过科学方法预测农业生态环境。内容包括不利于生态的因素，如土壤侵蚀、水土流失、栖息地面积或数量减少、动物数量减少；以及有利生态影响，如自然保护区的保持、增加有益物种，增加生物多样性等。预测评价步骤包括：1. 生态环境所受的主要影响，阐明建设项目主要影响的生态系统及其环境功能、影响的性质和程度；2. 生态环境变化对区域或流域生态环境功能和生态环境稳定性的影响，阐明影响的补偿可能性和生态环境功能的可恢复性；3. 对主要敏感目标的影响程度。在预测分析时要持有生态整体性观念，切忌割裂整体性作“点”或“片段”分析；注重地域差异性系统观念，切忌以一般的普遍规律推断特殊地域的特殊性。（王晴晴）

农业生态系统

Agricultural Ecological System

指在一定的农业地域内，由生物和非生物因素相互作用，并在人类生产活动干预下形成的功能整体的人工生态系统。农业生态系统一词最早出现于生态学的研究领域。美国生态学家坦斯（A.G.Tansley）1935 年提出的生态系统概念，被广泛应用于生态学的各个领域。农业生态系统概念应运而生。农业生态系统与自然生态系统一样，由生物和环境两大部分组成。生物以人工驯化栽培的农作物、家畜、家禽等为主，环境也是部分受到人工控制或是全部经过人工改造的环境。农业在自然环境、生物和人类的社会活动等因素的共同作用下存在和发展。这些因素相互联系，互相制约，构成不可分割的有机整体。它通常由 4 个部分组成：1. 生产者绿色植物等，是最初的生物能源生产者，又称初级生产者，通过光合作用将无机元素合成为有机物质，维持各种生命。2. 消费者草食动物、肉食动物和人类，直接或间接地从植物中摄取能量和营养。3. 分解者细菌、真菌及其他微生物等，将动植物残体及排泄物等复杂有机物分解成简单的无机物返回到环境中，再供给植物利用。4. 无机环境土壤、水、空气、营养元素。除太阳辐射能外，常由人类以栽培饲养管理、选育良种、施用化肥和农药以及进行农业机械化作业等形式，投入一定辅助能源，进而增加可转化为生产力的能量。这种生产、消费、分解的过程，构成农业生态系统中的物质循环和能量流动。这种循环和流动通过食物链完成。与自然生态系统相比，农业生态系统的特点是：1. 自然生态系统的物质循环基本上是闭合式的；农业生态系统的物质循环则是开放式的。人类从事作物、林木的种植和畜禽的饲养，目的是获取生产物，必然要求从农业生态系统中输出大量的产品；要获得更多的生产物，又必须通过多种途径投入更多的能量和物质。所以，农业生态系统通常要比自然生态系统有更多人为的输入和输出。2. 在农业生态系统中，生物种类少，层次和结构简单，对外部干扰的缓冲能力和自我调节能力较差。因此抗逆力低，稳定性差，生态平衡脆弱。但是，通过合理的投入和人工调节，可以模仿自然生态系统创造出生产力高而稳定的农业生态系统。如变单一作物为多品种间作套种，变单一层次为高矮株、深浅根、阴阳性农作物搭配的多层结构。既提高光能利用率，充分利用土壤不同层次的水分和养分，又提高抗病虫害的能力。也可以模拟自然生态系统中动物间捕食和被捕食的关系培育天敌，实行生物防治，以控制和消灭农业害虫，并通过各种田间管理创造出适于作物生长的环境条件，从而获得比自然生态系统高得多的生物产量。3. 人既是农业生态系统的组成部分，又是农业生态系统的主宰。农业生产以人类为中心进行。在该系统中，除自然因素在发挥作用以外，社会经济与科学技术因素具有重要作用。如施肥是人为改变土壤中碳氮比值和影响微生物生命活动，促进或破坏土壤肥力和作物生育能力的因素。灌水是对当地气候—土壤—作物系统的水热循环与平衡的人为干预，必将对作物生育、土壤肥力和次生盐渍化等以影响，结果也会推动或破坏农业生产。病虫防治是采用不同方法在一定食物链上控制种群，可能消除病虫，也可能越治越多。上述措施，都是由人决策和实行的，关键在于人们是否了解自己地区农业生态系统的整体状况和运动规律，并按照这种客观规律行事，以确保改造、调节农业生态系统的某些环节或全部环节的活动取得成功，收到良好效果。（参考：卢剑波《农业生态系统的持续性及其评价指标》，《生态学杂志》2000 年第 2 期第 56 ~ 58 页；王小艺等：《农业生态系统健康评估方法研究概况》，《中国农业大学学报》2001 年第 1 期第 84 ~ 90 页。**朱配辰　李雪姣　牟世晶**）

农业生态学

Agroecology

将生态学原理应用于农业的学科，生态学的分支学科。1928 年，苏联农学家班森（Bensin）首次提出农业生态学（Agroecology）一词，同年美国农学家克拉格斯（Klages）在《农业生态学和生态农业地理的农艺课程》（*Grop Ecology and Ecological Grop Geography in the Agronomic Curriculum*）一文中提到农业生态学概念。农业生态学研究农业生物（包括农业植物、动物、微生物）与农业环境之间的相互关系及其作用机理和变化规律，基本任务是协调农业生物与生物、环境之间的相互关系，从而维护农业生态平衡，确保农业的可持续发展。农业生态学经历 4 个阶段，即：起始阶段，20 世纪 30 ~ 60 年代；扩展阶段，70 ~ 80 年代；完善与巩固阶段，90 年代；研究与应用的新视野，2000 年至今。（**石艳峰**）

农业 10 大生态模式

Ten Models of Ecological Agriculture

2002 年，农业部为促进生态农业发展，从全国征集的 370 种生态农业模式和技术体系中遴选出 10 种模式重点推广。这 10 种农业生态模式即：1. 北方四位一体生态模式及配套技术；2. 南方猪—沼—果生态模式及配套技术；3. 平原农林牧复合生态模式及配套技术；4. 草地生态恢复与持续利用生态模式及配套技术；5. 生态种植模式及配套技术；6. 生态畜牧业生产模式及配套技术；7. 生态渔业模式及配套技术；8. 丘陵山区小流域综合治理模式及配套技术；9. 设施生态农业模式及配套技术；10. 观光生态农业模式及配套技术。农业 10 大生态模式为我国的农业实现生态化发展提供范本，在发展农业经济的同时，注重资源的有效利用和环境保护，对促进我国农业的可持续发展具有积极作用，同时鼓励地方因地制宜采用适宜的农业技术和模式。（韩铮）

农业水污染
Agricultural Water Pollution

指在农作物栽培、牲畜饲养、农产品加工过程中产生的污染物通过地表径流或渗透等方式进入水体，浓度超过水体的自净能力，从而造成的水质恶化。主要来源：大量使用化肥和农药，并且利用率低，流失量大；畜禽养殖业大量发展，基础设施简单；废弃农作物及农业用品的随意丢弃。特点：污染物种类繁多，主要是氮、磷、农药等；污染物产生量大，分布面广，没有固定发生源；污染物的性质受多种因素影响，具有区域性；面源的检测、管理及污染控制较复杂，治理难度较大。（王晴晴）

农业土壤生态修复
Agricultural Soil Ecological Restoration

以生物修复技术为基础，结合物理、化学、工程技术等方法，最大限度激活土壤生态系统自净功能的技术。遵循循环再生、和谐共存、整体优化、区域分异等生态学原理，以污染土壤生态系统的自净功能为生态修复的基础，以恢复污染土壤生态系统的原有服务功能为宗旨，以生物代谢过程、理化技术和环境因素的耦合作为生态修复的关键。要求修复过程和结果的生态安全性。农业土壤生态修复有利于实现转移或转化、清除或消减土壤中的有毒有害物质，提高土壤的生态安全性、恢复或部分恢复土壤服务功能。由于土壤污染严重、修复难度高以及对修复技术的迫切需要，污染土壤修复已成为当今环境科学研究的热点与极具挑战性的领域。（王晴晴）

农业土壤污染
Agricultural Soil Pollution

指农业生产活动中产生的污染物超过土壤的自净能力，有害物质或其分解产物在土壤中逐渐积累，引起土壤结构和功能变化导致的土壤污染。农业土壤污染成因：农业外源污染因素，指工业化、城市化对农业生产环境造成的污染；农业自身污染因素，指大量使用和不合理使用化肥，农药残留，污水灌溉，畜禽养殖及其他污染源。我国农业土壤污染主要表现在肥料元素积累、多种重金属污染严重、农药和有机污染物残留量高等方面。农业土壤污染具有隐蔽性、滞后性、累积性、不可逆转性和难治理性。目前我国的农业生产方式短期内很难发生大的转变，农业土壤污染仍较为严重，甚至有恶化的可能。（王晴晴）

农业微生物应用技术
Agricultural Microorganisms Application Technology

也称为有益微生物技术。由光合菌、乳酸菌、酵母菌、发酵丝状菌、放线菌等功能各异的 80 多种微生物组成的混合活菌制剂，由日本琉球大学教授比嘉照夫研究开发。这些微生物组合在统一体中，互相促进，共同构成复杂而稳定的具有多元功能的微生态系统，可抑制有害微生物，尤其是病原菌和腐败细菌的活动，促进植物生长。微生物技术在农业中广泛应用，在不使用任何农药、化学肥料及激素类药物情况下，能使农作物健康生长，改善土壤环境，防治病虫害，提高品质和产量。（朱雨晨）

农业污水
Agricultural Wastewater

指在农作物栽培、牲畜饲养、农产品加工等过程中产生的对环境造成污染、对人类生命健康造成威胁的污水或液态物质。农业污水来源于农田径流、饲养场污水、农产品加工污水。污水中常含有各种病原体、化肥、农药、悬浮物、不溶解固体物和盐分。污水中的磷、氮元素进入湖泊、河流中，可引起富营养化现象。农药、化肥进入居民饮用水中会危害人的生命健康。目前，防治农业污水污染的主要措施是减少农田径流中所含氮、磷、农药等污染物。（石艳峰）

农业信息技术

Agricultural Information Technology

是信息技术与农业的有机结合，现代农业发展的重要方向。以现代信息科学、系统科学、控制论为理论基础，以微电子技术、传感技术、通信技术、计算机与互联网技术为依托，将现代信息技术的成果引入农业研发、生产、经营、管理中，通过利用现代信息技术对传统农业进行改造，加速农业的发展和农业产业的升级。（朱雨晨）

农业循环经济

Agricultural Circular Economy

指遵循生态规律，关联企业或农户的农业清洁生产、农业资源循环利用、生态农业、绿色消费等有利于农业环境发展的循环经济系统。寻求农业与生态环境的和谐发展，本质是生态经济。农业循环经济以减量化、再利用、资源化为原则，特征是资源—产品—再生资源的再生闭路循环利用，以低消耗、低污染、高利用为目标，从而实现农业经济和生态环境双赢的经济形态。农业循环经济以高科技成果和手段为依托，以现代科技为支撑，以现代农业产业组织体系为载体，符合农业可持续发展的要求，是农业可持续发展的必然选择。农业循环经济的典型模式有：立体农业循环模式、废弃物与资源循环模式、能源与资源循环模式、产业链循环模式以及休闲观光循环模式。（蔡越）

农用土地分等定级

Agricultural Land Classification and Gradation

亦称农用土地评价，是根据特定目的，对农用土地的自然和经济属性及其在社会经济活动中的地位、作用进行综合鉴定并划分等级的工作。农用土地分等定级是农用土地管理的重要组成部分，是全面了解、掌握土地质量，科学管理和有偿使用土地，为有关部门制定规划、计划提供依据的重要手段。农用地分等定级目前采用等和级两个层次划分的体系。等的划分依据是构成土地质量中长期稳定的自然条件的差别，以及土地生产潜力的现实社会平均利用水平和土地利用的经济效益差异。等反映农用地质量中重要的、稳定的差异。等的顺序在全国范围内按农用地相对差异划分。级的划分依据是在等影响下的易变自然条件的差别。级直接反映土地质量上的具体差别，级的顺序在县范围内按土地相对差异评定。（参考：王万茂、但承龙：《农用土地分等、定级和估价的理论与方法探讨》，《中国农业资源与区划》2001 年第 2 期第 22 ~ 26 页。朱配辰）

怒江大坝建设抗争事件

Nujiang Dam Construction Protest Events

2003 年下半年，关于怒江中下游水电开发的 13 级阶梯开发方案引起社会各界争论。在 9 月 3 日举行的怒江流域水电开发活动生态环境保护问题专家座谈会上，大多数专家都反对怒江的水电开发。在 10 月 20 ~ 21 日举行的怒江开发座谈会上，云南省各部门官员与各学科专家的意见存在着明显分歧，争论非常激烈。云南省各部门官员从大型水利工程可以带动经济发展，帮助当地人脱贫致富的角度，阐述怒江开发利大于弊；环保、地质专家则从河流生态、环境保护、动植物保护的角度出发，认为怒江工程弊大于利。在怒江大坝抗争事件中，民间环保组织发挥重要作用。10 月 25 日，在中国环境文化促进会的代表大会上，62 位各界人士呼吁保持怒江原貌，禁止开发。反对怒江工程的最主要民间力量，是汪永晨领导的“绿家园”和于晓刚带领的“绿色河流”两个民间组织。汪永晨和于晓刚等人发起“怒江保卫战”，为反对在怒江上建设水电大坝而奔走呼号。最终，在这些环保团体的呼吁与推动之下，怒江大坝建设暂时被搁置。这次环境抗争事件，凸显民间环保组织在影响政府决策中发挥的重要作用。时隔10年之后，重启怒江水电站提上议事日程，怒江水电开发工程列入2013年国务院公布的《能源发展“十二五”规划》。（王聪聪）

怒族生态文化

Nu Ethnic Eco-culture

怒族是怒江流域的古老居民，怒族怒苏支系主要分布于云南省福贡县匹河怒族乡一带，世代居住在云南西北怒江大峡谷地带。峡谷西岸是高黎贡山，东岸是碧罗雪山。刀耕火种的游耕不仅指农业的生产方式，而且也是一种生态观和文化模式。怒族火烧地适应环境的生产用地有4种：火山地、锄挖地、牛犁地和水田。怒族传统刀耕火种农业蕴含朴素而深刻的生态智慧。怒族的宗教信仰内容核心是万物有灵。保护环境主要体现在自然崇拜、灵魂崇拜和病魔崇拜等崇拜形式当中。在怒族原始宗教观念中，天地日月、山川河流，特别是一些陡峭的山崖或参天的大树，以及其他自然现象，均有鬼灵的存在或主宰。在游猎游耕条件下形成的生态价值观是原始的、朴素的和自在的。（牟世晶）

挪威工党

Labour Party in Norway，Ap

1887年成立，自1927年起一直保持挪威第一大党地位。20世纪30年代，提出著名口号“每个人都应该参与”。意识形态是社会民主主义，主要政策议题是捍卫福利国家、财富的公平分配等。20世纪80年代政策纲领中包含更多的社会市场经济原则。曾连续执政16年。在1945～1961年执政期间拥有绝对多数席位，成为挪威政坛的罕见现象。这一时期的执政，创造了挪威历史上少有的繁荣时代。较早回应环境问题。20世纪70年代，环境政策主要集中于水电发展项目和自然资源保护。

1989年工党的竞选纲领，将环境保护作为重要目标之一，提出控制能源消费总量的目标。（王聪聪）

挪威绿党

MiljØpartiet de GrØnne

1988年正式成立。与丹麦绿党的发展路径类似，挪威的绿色政治由左翼党、自由党等政党代表，发展相当缓慢。1989年挪威大选中获得0.4%的选票，未能进入全国议会。1991～2009年地方选举中有6～8个议员代表。在这一时期全国大选中，得票率均未超过1%，没有能够进入全国议会。2011年地方选举中实现选举突破。2013年全国大选中以2.8%的选票和1个议席的成绩，第一次进入全国议会，成员拉斯穆斯·汉森（Rasmus Hansson）成为绿党的第一位议员。主要政策议题是环境保护和生态可持续性，政策倡议包括：引进消费税、重组食品行业、改革农业政策、增加有机食品、强化生态农业、减少石油开采以减少二氧化碳排放等。挪威绿党通常被学术界看作中右政党，是欧洲绿党的成员党，也是全球绿党的成员党。（王聪聪）

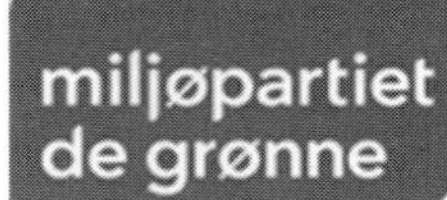

挪威社会主义左翼党

Socialist Left Party of Norway，SV

由挪威共产党、社会主义人民党、民主社会党组建的选举政治联盟“社会主义选举联盟”发展而来，1975年成立。与丹麦社会主义人民党相似，都在20世纪70年代对环境主义、女性主义等新政治议题进行政治回应，将环境议题看作是与社会正义、保障社会福利同等重要的议题。将自己定位于环境主义和女性主义政党，致力于“红绿”政治。强调挪威必须承担起减少温室气体排放的责任，反对在罗弗敦和韦斯特罗伦勘探石油，希望建立更加公正与生态良好的社会。挪威政坛

内较为强大的左翼政党，一直有不错的选举成绩，在全国议会拥有议会席位，进入联合政府执政（2005 ~ 2013）。2013 年挪威大选中获得 4.1% 的选票和议会中的 7 个议席。（王聪聪）

女权主义
Feminism

旨在提高妇女经济社会地位的政治运动和意识形态。女权主义的第一次浪潮出现在 19 世纪 40 ~ 50 年代，主要围绕着妇女的选举权而展开。本次运动的结果是，20 世纪初西欧大部分国家承认和实现了妇女的选举权。第二次浪潮出现在 20 世纪 60 年代，提出妇女运动更加激进的要求。此后出现了非激进化过程，也就是后女权主义。70 年代后出现了黑人女权主义、生态女权主义、心理分析的女权主义等。女权主义认为，社会不平等首先是性别的不平等，社会一直是父权社会，男性处于主导地位，女性处于从属地位，从而消除社会不平等就是消除性别不平等。女权主义的理论和实践已经取得一定的成效，如性别歧视是企业招聘时害怕受到的指责，妇女的社会经济地位有所提高。（李庆）

女同性恋者权利运动
Lesbian Rights Movement

特指女性同性恋团体争取平等权利、消除社会歧视和偏见的社会运动。1955 年 9 月 22 日，美国的菲利斯・里昂（Phyllis Lyon）和戴尔・马丁（Del Martin）组建女同性恋组织"比利提斯的女儿们"（Daughters of Bilitis）。这一时期，女同性恋权利运动没有和男同性恋权利运动真正分开。女同性恋者权利运动的出现和发展，深受第二波女性主义的影响。20 世纪 70 年代，Lesbian 这一术语被广泛运用。女同性恋者权利运动的发展壮大，反映女同性恋群体寻求女性独立政治声音的努力。朱莉娅・佩内洛普在《女同性恋分离主义》一文中指出，退出男同性恋（Gay）组织是建立女同性恋身份的第一步，同时也是迈向建立女同性恋社群的一步。1993 年，美国华盛顿爆发大规模的女同性恋、男同性恋和性别权利的游行，约有数十万人参加游行。在女同性恋者权利运动、男同性恋者权利运动、双性恋者权利运动和跨双性恋者权利运动等的抗争和努力下，如今世界很多国家和地区都开始承认他（她）们的平等权利，甚至还认可同性婚姻，如荷兰，美国的马萨诸塞州、佛蒙特州、缅因州等。（王聪聪）

女性权利运动
The Female Rights Movement

又称女权运动或妇女运动，指一系列旨在实现女性与男性的平等经济、政治、社会权利，反对对女性的家庭暴力、性别侵犯的社会运动。女性权利运动在不同时期、不同国家，目标和重点均不相同。女性权利运动起始于 19 世纪下半叶，经历三次浪潮。第一波女性权利运动发生在 19 世纪末，斗争的焦点围绕女性在家庭劳动和社会劳动中的价值、女性平等的选举权和政治权利等。第二波女性权利运动发生在 20 世纪 60—80 年代，争取女性与男性同等的经济权利，同工同酬，反对在社会及文化领域中女性的不平等地位。第三波女性权利运动浪潮始于 20 世纪 90 年代，继续强调女性在经济、社会和文化中的不平等地位，强调女性应当在政治和媒体话语中发挥更大作用。这一时期，性别研究，即女性主义的学术研究取得长足发展，出现了很多女性主义派别。（王聪聪）

《女性主义还是毁灭》
Le Feminisme ou La Mort

法国生态女性主义学者弗朗索瓦兹・德奥波妮 1974 年出版的生态女性主义最早的理论著作。她在女性主义和生态问题两个维度上双重思考，批判传统的关于女性的观点，以全新的视阈提出生态女性主义关键词，是西方生态女性主义的开山之作。（徐越）

《女性主义和自然的统治》

Feminism and the Mastery of Nature

澳大利亚生态女性主义哲学家、社会活动家瓦尔·普拉姆伍德的代表作，伦敦劳特里奇出版社1993年出版。环保主义和女权主义是20世纪后期兴起的最重要的两大社会政治运动。普拉姆伍德在书中指出，女性主义理论可以为政治生态学与环境哲学之间的辩论做出重要贡献。（徐越）

《女性主义评论》

Feminist Review

通过跨学科的同行评议，以女性主义视角分析提出社会发展新思路的期刊，1979年创刊。创办以来一直定期出版，每年3期，由英国帕尔格雷夫·迈克米尔兰出版社出版。马克思主义的女性主义期刊，刊载对物质性和再现、理论和实践、主体性和社群、当代的和历史的结构进行批判性反思的文章，承诺在多样化的形式和相互联系中探究性别，特别重视刊载那些对妇女解放运动具有重要作用、能促进理论和政治争论的研究文章。20世纪80年代保守势力回潮，撒切尔主义非常广泛地对女性主义采用双重策略，综合个人主义的元素，对集体的社会经济和妇女解放的社会事业发动破坏性的攻击，英国保守党政府逐步消除制度的公共部分，女性主义的语境被撒切尔主义削弱了，女性主义运动的政治气候日渐严酷。同时，在80年代末90年代初，中东欧社会主义国家相继解体，社会主义运动转入低潮，阶级、社会主义、女性主义理论和女性主义运动都逐渐失去支撑点，这影响到《女性主义评论》及其编辑群体对理论依据的信念，产生深深的疑问和迷惑，甚至感到失去在马克思主义中的根。到目前为止，《女权主义评论》仍是政治性而不是中立的，政治干预性虽较之以往有所不同，但它依然是期刊的自觉立场和显著特色。（徐越）

O

欧

欧共体环境行动计划

European Community Environmental Action Plan

1972 年 10 月 19 ~ 20 日，欧共体首脑会议首次提出与强调共同环境政策的重要性，在会议结束之前责成共同体立法机构在 1973 年 7 月 31 日之前制定具有时间表的行动计划。1973 年 11 月 22 日，理事会以《欧共体理事会以及理事会中成员国政府代表会议宣言》的形式，通过《欧共体第一个环境行动计划》。由此，促成共同体统一环境政策的形成与发展。在 1973 年第一个环境行动计划中，欧盟明确提出环境政策的目标，即提高生活质量、改善环境和人类的生存条件。计划还提出欧共体环境政策的基本原则，包括最好的环境政策在于防止污染的产生；在所有技术计划和决策过程的最初阶段都必须考虑环境因素；关注任何将会导致生态失衡的资源消耗。自那时起，（欧共体）欧盟陆续推出 5 个环境行动计划，陆续制定有关环境保护的 400 多项法案或指令。（申森）

欧美社会民主党的环境政策

Environmental Policy of Western Social Democratic Parties

为回应绿色挑战，20 世纪 80 年代初开始，欧美社会民主党纷纷进行政党纲领革新，实现纲领政策的“绿化”。在绿化革新的过程中，欧美社会民主党都将环境议题作为重要的议题领域吸纳到纲领中。由于地缘政治和国情的差异，各国社民党绿色革新的内容和程度也不尽相同。相对而言，北欧社民党绿色革新的进程较早，它们在 20 世纪 60 ~ 70 年代将环境问题作为战略性问题，无论在政党的基本纲领还是在选举纲领中，环境政策都占相当大的比重。大部分西欧社会民主党如德国社民党，到 20 世纪 80 年代才将环境问题作为战略性议题进行讨论。欧美社会民主党对环境问题的重视和认识，源于对经济增长、科学技术和自然生态环境关系的认识的突破，它们提出和论证了绿色经济增长理论的合理性和必要性，初步树立了社会民主党的绿色形象。社会民主党

对绿色议题的回应和认同，为与绿党建立“红绿”政治联盟奠定了坚实的基础。（王聪聪）

欧美左翼政党的环境政策

Environmental Policy of the Western Left Parties

20 世纪 70 年代，西欧共产党提出以人道、民主、多党制等为主要内容的欧洲共产主义理论，进行政党革新。这一时期除北欧左翼政党外，大部分共产党都没有真正重视以环境保护为重要内容的“新政治”。随着欧美绿色运动的发展，特别是绿党的崛起与选举胜利，环境议题成为政治竞争中的重要议题之一。在这种背景下，欧美主要左翼党在 20 世纪 80 年代末 90 年代初，开始对 20 世纪 60 — 70 年代出现的生态、女性、和平等新政治运动进行政治回应与政策议题的吸纳，实现了左翼政党的部分“绿化”。与绿党相比，欧美左翼政党环境政策的显著特征是，在看待环境问题成因方面，强调全球的环境问题和生态灾难，以及人与自然关系的破坏，最终的根源是资本主义制度。因此，只有从根本上改变人们的生产与生活方式，才能真正实现人与自然的协调发展。另外，欧美左翼政党还强调，必须将环境正义和社会正义相结合，不能因环境问题而牺牲贫穷阶层的利益，强调环境政策和能源政策等的民主参与。（王聪聪）

欧盟地区政策

EU Regional Policy

欧盟地区政策的理念，起源于 1957 年签署的《罗马公约》，它的真正起步是在 20 世纪 70 年代中期。1973 年欧洲共同体实现第一次扩大，英国、爱尔兰和丹麦 3 国正式成为共同体新成员。这次扩大凸显地区间差距问题。1975 年 3 月，共同体部长理事会就全面实行共同体的地区发展政策达成一致。地区发展政策的核心是设立欧洲地区发展基金。欧盟地区政策目标分为缩小地区差距、提升地区竞争力和加强欧盟地区协作。基本思路是从硬件和软件两方面入手改善地区投资环境，为商业资本进入创造必要的条件，最终提高地区经济活力和加强地区经济多样性。政策的实施框架形成从规划、实施到评估的一整套完善管理体系，成为实施综合政策的重要工具和载体。（申森）

欧盟对外援助

EU Foreign Aid

欧盟作为一个整体，是目前世界上最大的对外援助方。2003 年欧盟（包括成员国层面和欧盟层面）对外援助和政府发展援助的总额，已达到 300 亿欧元，占全球对外援助总量的一半以上。欧盟对外援助总额中 1 ／ 5 的数额由欧盟委员会负责管理，资金来源主要是欧盟预算和欧洲发展基金。欧委会参与对外援助事务的组织机构，包括对外关系总司、扩盟总司、援助办公室、人道主义援助办公室和欧盟驻有关第三国使团。各机构之间分工合作，共同管理欧盟的对外援助事务。欧委会管理的发展援助资金，主要包括发展合作援助、人道主义援助以及对入盟候选国的援助。具体援助项目优先支持以下 6 个领域：贸易和发展、地区合作与发展、微观经济政策支持和公平获取社会服务（包括卫生和教育）、交通、乡村可持续发展和食品安全、机构能力建设（包括良好管理和法制）。（申森）

欧盟对外援助政策

Eu Foreign Aid Policy

欧盟对外援助最早开始于 1957 年的《罗马条约》，条约确定当时的欧共体与海外国家和领地之间的联系制度，规定欧共体给予联系地区一定援助。当时的对外援助具有殖民色彩，为欧共体贸易投资利益服务。到 20 世纪 70 年代，由于第三世界争取国际政治经济新秩序的斗争，欧共体为缓和南北关系，同 46 个非加太国家签订《洛美协定》。在该协定下的对外援助减少许多殖民色彩，对发展中国家十分优惠，但背后仍存在着欧洲国家为稳定在发展中国家的投资市场和势力范围的利益考量。欧盟对外援助政策的转变，在很大程度上是为应对新兴国家的兴起。国家利益的考量是欧盟对外援助不可忽视的影响因素之一。欧盟对外援助资金世界上最大，对外援助占国民生产总值的比例世界最高。在广度上，资助的国家已经从早期的非加太国家扩展到中东欧、亚洲、美洲、大洋洲等近 200 个国家或地区，并重点关注最贫困地区。在深度上，援助领域已涉及政治、经济、社会和文化等方面，尤其关注发展合作、消除贫困、改善教育和卫生事业。相比较美国的较强硬的对外援助，欧盟更加关注第三世界的发展、人权、法治和良治。（申森）

欧盟共同农业政策

EU Common Agriculture Policy，CAP

指欧盟区域内共同的农业政策。旨在稳定欧洲农产品市场，确保在合理价格下的正常供应，同时保证农民的收入水平。实施机制相当复杂，包括价格支持和贸易限制等措施。包含组织立法体制、价格政策、结构政策和财务体制等 4 个内容。主要原则包括统一市场、区域优惠、共同财务和共同责任。目标包括农业的收入目标、农产品市场目标和农业结构目标。1959 年底，欧共体委员会在关于共同农业政策建设中提出的目标是，一方面通过促进技术进步，保证农业生产的合理发展和对所有生产要素特别是劳动力的最佳利用，提高农业生产率；另一方面在不断提高农业劳动生产率的基础上，增加农业从业者的收入，从而使农业从业者能够保持合理的生活水平；稳定农产品市场；保障供应的可靠性；为消费者提供价格合理的农产品。在提高劳动生产率，保证食物供应，稳定市场，保证合理的供应价格及确保农业区生活水平等方面做出重要贡献。后来，随着欧盟的逐渐扩大和国际经济政治形势演变，欧盟不断试图对共同农业政策做出调整，但困难重重。（申森）

欧盟共同外交与安全政策

EU Common Foreign and Security Policy，CFSP

1992 年纳入《马斯特里赫特条约》，称为欧盟三大支柱的第二支柱，前身是欧洲政治合作。目标是维护联盟共同价值、基本利益、独立和不受侵犯；加强联盟的安全；维护和平，加强符合相应国际条约规定的国际安全；促进国际合作；发展并加强民主与法治，以及尊重人权和基本自由。重要内容是共同安全与防务政策。采取政府间合作的方式，由欧洲峰会作为共同外交与安全政策的最高决策机关，确认共同外交与安全政策的基本原则与一般指导方针，然后交由部长理事会协调其他机构加以落实与实施。部长理事会根据欧洲峰会订立的原则与指导方针，协调确认各会员国的共同立场，或采取一致行动。在欧洲峰会与部长理事会的决策过程中，欧盟执委会与政治委员会可向部长理事会提供建议，部长理事会的轮值主席需要定期向欧洲议会报告共同外交与安全政策的进展，接受欧洲议会的意见建议。（申森）

欧盟环境政策

EU Environmental Policy

20 世纪 70 年代以后逐步发展起来的欧盟共同政策之一，由一系列的法律、法规、行动计划和欧洲议会及欧委会的建议组成。欧共体在环保领域里的第一个措施，是 1972 年启动的纵向的、针对特别领域环境问题的 4 个相互衔接的行动计划。随后，20 世纪 70 ~ 80 年代颁布 200 个法规，主要是通过引入最低标准，率先在垃圾、水和空气保护领域中限制污染。但这个法律框架不足以阻止对环境的污染。在欧洲联盟的条约里，环境问题逐渐被纳入欧盟共同政策范畴。在《阿姆斯特丹条约》中，环境保护问题的重要性得到进一步提高，成为具有绝对优先地位的共同政策领域。欧盟的第 5 个环境行动计划，奠定了 1993 ~ 1999 年度欧洲环保自愿战略的基础。考虑到更高的效益，这项行动计划取名为《争取持续和有利于环境的发展》。这个行动计划是欧盟开始采取横向环保措施的标志。1998 年 12 月 11 ~ 12 日在维也纳举行的欧盟理事会，批准这个扩大环保领域的行动计划。在这个行动计划中，所有污染源（工业、能源、跨境交通、普通交通、农业）都被囊括。随着欧盟委员会 1998 年提交给理事会的关于将环境领域引入欧盟和理事会政策的报告被批准，共同体各机构有义务把环境问题引入其他政策领域，并成为共同体许多规章制度中必须涉及的内容，特别是在就业、能源、农业、发展合作、内部市场、工业、渔业、经济和交通政策领域中。在 2002 年提出的第 6 个行动计划（2000 ~ 2009）中，进一步确定到 2010 年环保在共同体中的优先地位。这个行动计划涉及 4 个领域：气候变化、自然和生物的多样性、环境与健康、自然资源开发与废物。鉴于第 6 个行动计划涉及的领域，行动计划确定的基本方针是：改善对环境条例的运用，与市场和民众进行合作，加强环保与共同体其他政策领域的融合。（申森）

欧盟警察和司法合作

EU Police and Judicial Cooperation，PJCC

根据《马斯特里赫特条约》在欧盟各成员国之间建立的司法与内政事务合作机制，欧盟的三大支柱之一。旨在协调各国的移民政策和避难政策，联合开展反对国际恐怖活动、犯罪和贩毒的斗争。主要关注领域为：避难政策；控制管理从第三国跨越外部边界入境的人员；移民政策及对第三国国民的政策，包括居民、家庭权利、就业以及非法移民；打击吸毒；打击国际诈骗；在民事问题上的司法合作；在刑事问题上的司法合作；海关合作；阻止和打击毒品走私、恐怖主义和其他形式的严重国际犯罪。后来，依据《阿姆斯特丹条约》规定，逐渐演进成为警察与司法合作。（申森）

欧盟理事会

Council of the European Union

欧盟成员国政府部长组成的理事会，又称部长理事会或理事会。欧盟理事会与欧洲议会一起构成欧盟的主要决策机构，是负责欧盟立法与政策制定、协调的机构。每个国家在理事会中有 1 名理事，但代表不同国家的理事，所拥有的投票权重不同。理事会有 1 名主席和 1 名秘书长，主席实行轮换制，由各成员国轮流出任，每 6 个月轮换一次，一般由欧盟理事会轮值主席国的外交部部长出任。理事会按不同政策领域划分为若干个部长理事会。（申森）

欧盟能效指令

EU Energy Efficiency Directive

2009 年 10 月 31 日，欧盟正式发布与能源相关产品的生态要求指令（2009/125/EC），即《欧盟能效指令》，规定与能源有关产品的生态设计要求的框架。在能源相关产品生产、经销、使用的生命周期的各个环节，都会产生重要的环境影响，如其他原材料和自然资源的消耗、废弃物的产生、有害物质向环境中排放导致的环境污染、由于能源消耗引起相关的气候变化等。欧盟出台能效指令的目的在于，通过制定具有连贯性的综合法律框架，规范耗能产品的环保设计要求，以确保耗能产品在欧盟范围之内自由流通，提高这些产品的总体环境绩效，以此保护环境；保证能源供应安全，提高欧盟经济的竞争力，维护行业和消费者的利益。能效指令不是针对产品要求的指令，而是框架指令。欧盟按照这一指令中的相关规定，进一步制定有关某类耗能产品需符合的生态设计要求的指令，称作《实施细则》（简称 IM）。（申森）

欧盟生态标签制度

EU Eco-Label System

由政府职能部门、社会组织或者私人团体依据一定的环境标准，向自愿申请者颁发的说明其生产的产品或者提供的服务达到环境标准的一种标志。欧盟生态标签又称“花朵标志”，是 1992 年出于环保和商业考虑通过 EEC880/92、1980 条例出台的生态标签体系。该体系对除食品、饮料、药品和医疗设备之外的所有产品和旅游住宿服务业进行生态标签体系认证。获得欧盟生态标签的产品因为包装上印制的绿色花朵标识被称为“贴花产品”，即达到欧盟环境标准，对生态环境和人体健康产生极小危害的产品或者服务。2005 年、2006 年和 2007 年连续 3 年在经过广泛意见征询后推出修订和改善后的生态标签体系。欧盟生态标签体系方案拟定严格并且公平透明，由欧盟生态标签委员会负责生态标签产品的标准制定。委员会包括来自各层级、代表不同利益诉求团体的成员，这保证标准制定的公平公开。因此欧盟生态标签体系拥有较高的社会公信力，来自 2007 年《生态标签修订公众咨询报告》中的问卷调查报告显示，知悉欧盟生态标签的人以及了解生态标签含义和功能的人都占到了 90％以上，并且同样有超过 90％的人倾向于购买带有花朵标志的产品。然而欧盟生态标签制度对进口品可能存在贸易壁垒，虽然遵循 WTO 统一规则，但在实际操作中，很难界定生态标签方案的实施是否存在违规和滥用。（参考：李婷：《欧盟生态标签制度评析及启示》，《海南大学学报》（人文社会科学版）2008 年第 5 期第 507 ~ 511 页。欧阳文川）

欧盟委员会

European Commission

又称欧委会或委员会，是欧盟政治体系的执行机构，负责贯彻执行欧盟理事会和欧洲议会的立法与决策。可以通过行使主动权就立法、政策措施和项目提出建议。独立于成员国的超国家机构，委员效力于整个欧盟而不是各自的成员国。办公地点设在比利时首都布鲁塞尔。由每个成员国 1 名代表组成，共 27 人，设主席 1 人，副主席 8 人。主席由欧盟理事会和成员国政府首脑共同决定，需要得到欧洲议会批准。主席被任命后需要和各成员国政府商権，确定委员会的成员。主席的共同决定委员会成员的权力，始于 1999 年。自 2003 年 2 月《尼斯条约》生效后，欧盟各成员国都选派 1 名委员。委员会的成员之间互相平等，共同制定政策。委员会的每个成员，都拥有由 6 ~ 9 名政治官员组成的工作团队。（申森）

欧盟文化政策

EU Cultural Policy

1992 年签署的《马斯特里赫特条约》第 128 条，针对文化问题制定相关的法律框架，规定欧盟文化政策的一般性原则和基础，明确欧盟处理欧洲文化事务的权力。2007 年欧盟执委会提出《欧洲文化议程》后，欧盟在文化政策领域上已经更具积极性与主动性。欧盟推崇的欧洲文化模式是所谓“多样性中的一致性”。欧盟与第三国或国际组织签署的对外协议中，经常涉及文化领域，目的是为成员国创造与国际交往的机会。欧盟对外协议是欧盟法律的组成部分。在文化领域中，尤其是牵涉到内部市场、竞争和国际贸易方面，应遵循欧共同体法。欧盟法院和初审法庭的判例法，对共同体法加以详细说明和补充，对文化领域也有具体规定。在国际上，欧盟的文化参与主要表现在对文化产品和服务的贸易以及对世界遗产的保护。（申森）

欧盟移民政策

EU Immigration Policy

欧盟是新兴的移民区，尚未形成战略性移民策略，在理论和实践中也没有一致意见或共同的解决方法，成员国制定的移民政策表现出明显的差异性和多样性，共同的移民政策体系尚未建立。欧盟层面上的合作已经展开，《申根协定》《马斯特里赫特条约》和《阿姆斯特丹条约》形成欧盟移民政策的基本法律框架。目前移民政策主要由各成员国独立制定，1974 年石油危机后欧盟各国先后颁布移民政策。20 世纪 90 年代后，成员国出于政治需要，移民政策意义越来越重大，但目标和取得的绩效不尽相同。据此，各国移民政策被分为三种模式：德国的差异排斥模式、法国的共和模式、 荷兰和瑞典的鼓励族裔文化的多元文化模式。（申森）

欧盟－中国辽宁综合环境项目

EU-China Liaoning Integrated Environmental Programme

欧盟最大的对华技术援助项目，总投资为4850万欧元。在项目支持下，辽宁省在大气与水环境管理和治理、城市规划、工业清洁生产、能源与工业结构调整、中小企业投资促进等环境与经济领域，取得令人瞩目的成果。项目总体目标是通过欧盟与辽宁省环保局以及其他政府部门的密切合作，帮助辽宁省制定和实施可持续环境管理战略，提高可持续发展意识，解决辽宁在经济现代化建设及社会结构调整方面所面临的问题。项目包括环境意识项目、城市总体规划项目、水资源管理项目、空气质量管理/能力建设项目、能源管理项目、工业清洁生产项目和工业结构调整/投资促进项目7个子项目。每个子项目都有专门的欧盟专家负责。（王薛时）

欧内斯特·卡伦巴赫

Ernest Callenbach，1929～

美国作家，生于宾夕法尼亚州的威廉斯波特，早年就读于芝加哥大学，被卷入当时的新浪潮运动（主张严肃认真地关注作为艺术形式的电影）。当时，他的政见是反共的社会主义者，研究马克思主义者发动的革命，目睹革命如何通常不起作用。他在巴黎的索邦大学住了6个月，每天看四部电影，后来回到芝加哥，获得英语和通信新闻专业硕士学位。随后，他移居加利福尼亚州。从1955年到1991年，就职于加州大学出版社（伯克利）。担任多年的广告文字总撰稿人，于1958年到1991年主编出版社的《电影季刊》。偶尔在加州大学和旧金山州立大学教授电影课程。长期在加州大学出版社主编《自然历史指南》，使他开始认真对待环境问题及它们同人类的价值体系、社会结构和生活方式的联系。深受爱德华·艾比（Edward Abbey）的影响，著有《生态乌托邦》（1975）和《生态乌托邦之诞生》（1981）等。1990年提出《地球十诫》刊登在其个人主页。（徐越）

欧元

Euro

欧洲联盟自1999年1月1日起正式启用的货币单位。欧洲经济和货币联盟1995年12月15日马德里会议上确定，欧洲统一货币的名称为欧元。欧元的引入，使欧洲单一市场得以完善，欧元区国家间的自由贸易更加方便，是欧洲一体化进程中的重要组成部分。所有的欧元硬币正面都相同，标有硬币的面值，称为“共同面”，硬币背面的图案则是由发行国自行设计。君主立宪制国家往往使用君主的头像，其他国家通常用国家象征图案。欧元硬币一共有8种：2欧元、1欧元、50欧分、20欧分、10欧分、5欧分、2欧分和1欧分。每种面额的欧元纸币的款式，在各国都是一样的。欧元纸币一共有7种：500欧元、200欧元、100欧元、50欧元、20欧元、10欧元和5欧元。尽管大面额的纸币在某些国家并不发行，但仍然是法定货币。（申森）

欧元区

Euro Area

指由采用欧元作为单一官方货币的欧盟国家组合而成的区域。1992年欧盟首脑会议在荷兰马斯特里赫特签署《欧洲联盟条约》，决定在1999年1月1日开始实行单一货币欧元，在实行欧元的国家实施统一货币政策。2002年1月1日起欧元纸币和硬币正式流通，但欧盟成员国英国、瑞典和丹麦决定暂不加入欧元区。因此，截至2015年，使用欧元的国家为德国、法国、意大利、荷兰、比利时、卢森堡、爱尔兰、希腊、西班牙、葡萄牙、奥地利、芬兰、斯洛文尼亚、塞浦路斯、马耳他、斯洛伐克（2009年1月1日加入）、爱沙尼亚（2011年1月1日加入）、拉脱维亚（2014年1月1日加入）、立陶宛（2015年1月1日加入），称为欧元区。（申森）

欧洲安全与合作组织

Organization for Security and Cooperation in Europe，OSCE

简称欧安组织，是欧洲国家及北大西洋公约组织的非欧洲成员国讨论欧洲安全与合作问题的国际会议组织，总部设在奥地利维也纳。唯一包括所有欧洲国家在内，并与北美联系到一起的安全机构。主要使命是为成员国就欧洲事务，特别是安全事务进行磋商提供平台。欧安组织只有在所有成员国一致同意的情况下才做出决定，决定对成员国也只具有政治效力而没有法律效力。前身是1975年成立的欧洲安全与合作会议（简称欧安会）。目前共有57个成员国。除欧洲国家，还包括美国、加拿大、蒙古国及中亚诸国。每两年举行一次首脑会议，每年举行一次外长会议。（申森）

欧洲保守与改革联盟党

Alliance of European Conservatives and Reformists

中右翼的具有欧洲怀疑主义的跨国政党，2009年10月成立。核心政治价值观是保守主义与经济自由主义。在欧洲议会中的党团是欧洲保守与改革党团，2009年成立。2009年欧洲议会大选之后，英国保守党的领袖戴维·卡梅伦决定离开欧洲人民党，与其他中右政党的议员组建欧洲保守与改革党团，此后欧洲保守与改革联盟党成立。欧洲保守与改革党团是具有欧洲怀疑主义与反联邦主义的政党党团，致力于推动自由市场经济。党团目前是欧洲议会第三大党团，有70名议员。目前，欧洲保守与改革联盟党拥有18个成员政党，包括英国的保守党、捷克的公民民主党、土耳其的正义与发展党、爱尔兰的独立党、波兰的法律与公正党等。党希望实现个人自由、国家主权、议会民主、法制、私有财产、最低税收、自由贸易、公平竞争以及权力下放，构建由独立民族国家所组成的欧洲的愿景，它们通力合作、相互增益，却又保持着各自的完整性与身份认同。（王聪聪）

欧洲法院

European Court of Justice

欧洲共同体的4大机构之一，1952年在卢森堡设立。目前的法官由各个欧盟成员国推派的法官组成。根据于2009年12月1日生效的《里斯本条约》，欧洲法院的官方名称从“欧洲各大共同体法院”变为“欧洲法院”，原“诉讼法院”更名为“普通法院”（General Court）。因而，所谓的欧盟法院体制，包含欧洲法院和普通法院两个部分。（申森）

欧洲共产主义

Euro-communism

欧洲共产党的跨国合作始于共产国际。20世纪70年代，西欧共产党由于不满苏联入侵捷克斯洛伐克，开始独立探索西欧特色的社会主义道路，以摆脱莫斯科的控制，欧洲共产主义应运而生。欧洲共产主义指20世纪70～80年代，西欧共产党根据西欧社会新形势进行社会转型的理论和实践。欧洲共产主义的主要理论来源，是安东尼奥·葛兰西（Antonio Gramsci）关于马克思主义的理论。西欧共产党希望通过实践欧洲共产主义来开辟第三条道路，拓宽阶级基础，吸引中间阶层支持，对新社会运动进行回应。1977年，意大利共产党的恩里科·贝林格（Enrico Berlinguer）、西班牙共产党的圣地亚哥·卡里略（Santiago Carrillo）和法国共产党的乔治·马歇（Georges Marchais）在马德里举行会议，奠定了“新道路”的基本框架，欧洲共产主义开始成为影响欧洲共产主义运动的一股重要思潮。西欧共产党对欧洲共产主义的程度却迥然不同，意大利共产党、西班牙共产党、芬兰共产党等是欧洲共产主义的坚定支持者，法国共产党的改变相对较小，依然忠诚于莫斯科。欧洲共产主义虽然最终并没

有实现西欧共产党“复兴”的政治愿景，却留下了宝贵的政治遗产，特别是对欧洲左翼党的政治革新而言。（王聪聪）

欧洲合众国

United Sates of Europe

指由传统欧洲国家联合形成新的统一主权国家。这个国家的政治结构与美利坚合众国相似，即成立新的联邦政府，由联合的各国家让渡部分权力给联邦政府，这些必须让渡的权力至少包括下列几种：行政权（国防、外交、海关、国籍、货币发行）、最高司法权、部分立法权（关于协调各联合国家之间的事务）。在欧洲历史上，拿破仑被认为是将欧罗巴合众国付诸实践的第一人，在欧洲的多次征讨战争基本上是为了统一欧洲各国，从而结束欧洲列国的政治家之间为一己私利而将整个民族引入战争的灾难。至于希特勒的欧洲新秩序，因带有种族灭绝及侵略战争的性质，难以被欧罗巴人认同为创建欧罗巴合众国。如今的欧盟，并不是欧罗巴合众国，其从性质上说不是国家。从国际法看，它只是国际组织。目前，欧罗巴合众国只是概念，世界上并不存在这样一个国家。（郇庆治）

欧洲环境进程

European Environment Process

指于 1991 年 6 月在布拉格召开的区域性环境对话。欧洲环境进程是在柏林墙倒塌、苏联解体后，由东欧国家新生民主力量参与的区域环境进程。进程的突出特征在于强调公众对于环境事务的参与。苏联解体后的新生独立国家内部的非国家主体（主要指环境非政府组织）成为进程中十分活跃的力量。第一次布拉格会议积极推进环境进程中民众参与的制度化和法制化。1993 年瑞士卢塞恩第二次环境会议后，会议鼓励公众参与环境事务，并以法律法规和行政机制确保其顺利实现，并且与相关非官方部门合作，对民众了解和参与环境决策提供指导和培训。1995 年，在保加利亚的索菲亚会议中，欧洲环境进程的会议文件也强调高度重视民众对环境事务的参与，表示赞成公众获取环境信息和参与环境决策的制定过程，并要求在国家层面予以支持。索菲亚会议特别建议建立关于由非政府组织适当参与、由国家主导的区域性环境公约。此后，在索菲亚会议文件的提议下，国家与积极参与的非政府组织开启了建立公约的咨询协商程序。可以看出，欧洲环境进程的重要性不仅在于从国家层面支持和肯定公众对环境事务的参与，也在于建立了公众参与政务的区域性典范。（参考：王兆平：《环境公众参与权的法律保障机制研究——以〈奥胡斯公约〉为中心》，武汉大学 2011 年博士学位论文第 30 ~ 46 页。欧阳文川）

欧洲环境局

European Environment Agency，EEA

又称欧洲环境署或欧洲环境机构。负责向欧共体及其成员国提供客观的、可信的和可比较的信息，促使它们采取必要措施保护环境，评估这些措施的效果，使公众正确了解环境状况；为新的项目和欧洲委员会的指令提供坚实的科学基础。主要机构包括管理委员会和科学顾问委员会。主要负责人为执行局长。主要活动领域包括空气质量和气体排放、水的质量、污染物和水资源、土地状况、野生动植物状况、土地利用和自然资源、噪声、对环境有害的化学物质、沿海地区的保护等。（申森）

欧洲经济共同体

European Economic Community，EEC

根据 1957 年签署的《建立欧洲经济共同体条约》而成立的欧洲国家间联合组织，总部设在比利时的布鲁塞尔，又称西欧共同市场或欧洲共同市场。宗旨是通过共同市场的建立和各成员国经济政策的逐步接近，在整个集团内促进经济活动的协调发展。1973 年 1 月 1 日英国、丹麦和爱尔兰加入，1981 年 1 月 1 日希腊加入，1986 年 1 月

1日西班牙和葡萄牙成为其正式成员国。共有12个成员国。共同体在经济方面的主要措施，是各国之间成立关税同盟，逐步建立统一的对外关税率和贸易政策；实现共同市场内部商品、劳动力和资本的自由流通；消除各种限制和歧视竞争的协定和制度；规定各国共同农业政策的基本原则，筹组农业共同市场；制定共同运输政策，统一运费；设立欧洲投资银行。组织机构有理事会、委员会、议会、经济和社会委员会、欧洲投资银行、欧洲社会基金、欧洲开发基金等。（申森）

欧洲经济与货币联盟

European Economic and Monetary Union，EMU

根据1991年12月由欧共体12个成员国在荷兰马斯特里赫特签署的《欧洲联盟条约》(包括《政治联盟条约》和《经济与货币联盟条约》)，欧洲经济与货币联盟最迟应在1999年1月1日之前建立，在欧洲联盟内实现统一的货币、统一的中央银行以及统一的经济政策。《罗马条约》最早提出了建立欧洲经济共同体的设想，后来，著名的《德洛尔报告》提出了欧洲经济与货币联盟的初步安排。欧洲经济与货币联盟的主要目标，是建立名为“欧元”的单一欧洲货币。结果，1999年1月1日，欧元的使用过渡阶段开始，并在2002年正式取代欧盟成员国的国家货币。（申森）

欧洲警察署

Europol

又名欧洲刑警组织或欧洲警察办公室。欧盟下属的执法机构，总部设在荷兰海牙。根据《马斯特里赫特条约》决定成立欧洲刑警组织，为加强各国治安力量之间的信息交流而设立。1993年4月2日宣告成立，同年10月29日欧洲理事会决定将总部设在荷兰海牙。1998年10月1日依据《马斯特里赫特条约》第三条签订的《欧洲警察署公约》生效，规定欧洲警察署的职责，并为其提供法律基础，标志欧洲警察署开始全面运作。在重大的跨国犯罪事项上，协调各国警方合作与支援，尤其是通过自动化的资讯系统。与同属欧盟刑事司法合作且有侦察权的欧洲检察官组织不同，本身没有传统警局的调查权限。主要预防和打击的犯罪活动类型有：毒品犯罪、人口贩卖活动、非法移民、网络犯罪、智慧财产型犯罪、烟草走私、伪造货币、偷逃税款、洗钱活动、移动型有组织犯罪集团、非法摩托车帮派活动和恐怖主义活动。（申森）

《欧洲科学危机和超验现象学》

Krisis der Europaischen Wissenschaften und die Transzendentale Phanomenologie

德国哲学家埃德蒙德·胡塞尔（Edmund Husserl）的晚期著作。内容是对一系列学术报告的梳理和发挥。1934年胡塞尔以“我们时代的哲学使命”为主要内容致信于在布拉格召开的国际哲学会议，信件在会议中宣读。著作第一部分的内容正是在此基础上的进一步阐释。次年胡塞尔又应维也纳文化团体之邀作题为《在欧洲人的危机中的哲学》的学术报告，同年11月在布拉格人类知性研究哲学协会作《欧洲科学的危机和心理学》的学术报告，由此形成了《欧洲科学危机和超验现象学》的主要内容。著作第三部分内容直至胡塞尔去世仍然没有修改完成，因此该书是一部不完整的著作。该书针对实证主义哲学以及存在主义哲学展开批判。胡塞尔将这两种哲学思潮都视为西方人性的危机。这种危机虽然分散在人类知识领域的各个部分，然而它们的联结点是“人的生活”。确切说，是人类在其知性历史中的有目的的创造活动，而这种活动的核心是人的意识生活。人的理性和实践所面对的对象都始终是意识到的对

象。在对实证主义思潮的批判中，胡塞尔认为实证主义科学观是一种不完整、残缺的科学观。实证主义坚持只有在经验事实领域才存在真理和科学，而关于人、人的意识和理性等涉及价值判断的领域都不包含在科学的研究范围，它们从来都不是科学的严格的研究对象。胡塞尔批判这种科学观的不彻底性和片面性，他认为实证主义没有认识到客体的意义是有赖于主体授予和建立的，客体的真理归根到底是人的理性所确定的事实，在谈论客观性时忽略这种感受、认识客观性的主体性是不可想象的。因此胡塞尔将科学重新定义为关于理性的启示，而非仅仅是事实的研究。哲学研究自古希腊开始就将一切存有（人的意识和意识到的对象）当作研究对象，欧洲科学的发生和进步也是伴随这一过程而来。仅仅将科学对象阉割为意识的对象必定使欧洲人丧失进步的动力和源泉，使人们失去关于他们自身的真正存有，而从导致人性的危机。第二方面，该书也是对于以海德格尔为代表的存在主义哲学的批判。虽然该书本身并没有明确提及存在主义，然而事实上，胡塞尔在著作中以非理性主义、怀疑论来间接批判存在主义哲学。胡塞尔将存在主义哲学视为欧洲人性危机进一步恶化的根源，如果说实证主义在承认事实科学关系的基础上片面否定关于人本身的研究价值，存在主义哲学则进一步背弃理性主义本身。虽然存在主义将人的生存和人的意义视为首要研究对象，但是研究方法根本上是非理性主义的，存在主义对实证主义的反对是一种非理性主义对于理性主义的批判。这种非理性主义彻底否定欧洲科学的根本精神，即对于人本身和世界存在的普遍的理性研究，然而存在主义将这种研究视为仅仅是对于存在者的研究，真正的科学和哲学的研究对象并不是存在者，而是揭示比本体更为本源的“存在”。这种揭示并无确切的方法，它是一种想象和顿悟，只有在诗和语言的世界中才能找到揭示存在本身。该书将哲学视为一种普遍的科学，人性的本质是理性，因此，胡塞尔认为人性、科学、哲学、理性作为统一体而存在，海德格尔的存在主义的错误即是将哲学与科学、理性和人性相对立。（参见：［德］胡塞尔著，张庆熊译：《欧洲科学危机和超验现象学》《序言》第 1 ～ 15 页，上海：上海译文出版社，1988 年。欧阳文川）

欧洲理事会

European Council

又称欧盟首脑会议、欧盟峰会或欧洲峰会，指欧洲联盟成员国元首和政府首脑参加的会议，因而是欧盟的最高决策机构。欧洲理事会由成员国国家元首或政府首脑以及欧盟理事会秘书长、欧盟委员会主席和委员代表组成。1974 年 12 月欧共体首脑会议决定，自 1975 年起首脑会议制度化并正式称为欧洲理事会，共同讨论关于共同体的实质性问题和部长理事会无法解决的问题。1987 年生效的《欧洲单一法令》，以条约形式将成员国之间的这种互动形式固定下来。自此，欧洲理事会每年至少召开两次。《马斯特里赫特条约》中的欧洲理事会，定义为欧盟政治活动的发动机和在欧盟理事会中无法解决的争议问题的裁决机构。在共同安全与外交政策的框架内，欧洲理事会也是成员国对国际关系问题和现实政治问题用一个声音说话的代表。欧盟委员会主席是该理事会的当然成员，具有与成员国元首和行政首脑相同的表决权。欧洲理事会设主席一职，主席由各成员国轮流担任，任期 2 年半，可连任一届。（申森）

欧洲联邦

European Federation

将欧洲各国组成统一的联邦或欧洲合众国的政治主张。历史上曾有过形形色色的欧洲联邦方案。第二次世界大战结束后不久，美国一度主张欧洲一定要组成联邦，并指望它所支持的欧洲委员会组织成为实现这个计划的主要步骤，但遭到失败。20 世纪 50 年代后，以欧洲经济共同体和欧洲联盟为核心，欧洲国家逐渐走上经济与政治一体化的道路，并取得了史无前例的成功。但是，目前的欧洲联盟离民族国家联邦意义上的欧洲联邦还有相当长的距离，而它试图通过一个欧盟宪法的多次努力，也未能实现（如 2004 年签署，但未获批准的《欧洲联盟宪法条约》）。（李庆）

欧洲联盟
European Union

简称欧盟，欧洲国家中集政治实体和经济实体于一身的区域一体化组织，由 1967 年成立的欧洲共同体发展而来。1993 年 11 月 1 日，欧共体 12 国于 1992 年 2 月 7 日签订的《欧洲联盟条约》（《马斯特里赫特条约》）生效后成立。1995 年，奥地利、芬兰、瑞典三国加入。欧洲联盟宗旨是"通过建立无内部边界的空间，加强经济、社会的协调发展和建立最终实行统一货币的经济与货币联盟，促进成员国经济和社会的均衡发展"，"通过实行共同外交与安全政策，在国际舞台上弘扬联盟的个性"。欧盟的主体是欧共体，《马斯特里赫特条约》生效后，欧共体未就其称谓的变更问题做出决定，欧共体和欧盟两种称谓均可使用，但法律文件和对外签署协议仍需用"欧共体"。欧盟总部设在布鲁塞尔。主要机构有：欧洲议会、欧洲联盟理事会、欧洲联盟委员会、欧洲联盟法院、欧洲联盟审计院和欧洲公民专员署。盟旗是 12 星天蓝旗，盟歌是贝多芬的《欢乐颂》。1997 年 10 月 2 日签订的《阿姆斯特丹条约》，在加强欧盟内部合作和将人权问题提升为欧盟管辖范畴方面对《马斯特里赫特条约》进行了补充、调整。1999 年 1 月 1 日欧元正式启动，11 个成员国宣布欧元为法定货币。2001 年 2 月 26 日签署的《尼斯条约》，对欧盟的组织结构及运行规则进行全面改革与规范，以迎接即将到来的欧盟东扩。2004 年 5 月 1 日，捷克、爱沙尼亚、塞浦路斯、拉脱维亚、立陶宛、匈牙利、马耳他、波兰、斯洛文尼亚、斯洛伐克 10 国入盟。2004 年 10 月 29 日，各国首脑在罗马签订《欧洲联盟宪法条约》，该条约被否决后，代之以 2007 年 12 月 13 日签署的《里斯本条约》。2007 年 1 月 1 日，保加利亚和罗马尼亚入盟。2013 年 7 月 1 日，随着克罗地亚的加入，欧盟拥有了第 28 个成员。（李庆）

《欧洲联盟条约》
EU Treaty

全称《欧洲经济与货币联盟和政治联盟条约》，1991 年 12 月 9 ~ 10 日在荷兰马斯特里赫特举行的第 46 届欧洲共同体首脑会议上签订，又称《马斯特里赫特条约》。《条约》是对《罗马条约》的修订，对欧共体在从经济实体转向经济政治实体的发展方向上提出全面的构想和目标，是欧洲联盟建立的法律基础。其中《货币联盟条约》规定，在欧盟内部要求实现资本的自由流通，真正实现统一市场，使经济政策充分协调，规定最迟于 1999 年 1 月 18 日在欧共体内发行统一货币。《政治联盟条约》目标为：实行共同的对外与防务政策，进一步扩大欧共体超国家机构的权力，同时扩大欧洲议会的权力，使其由原来的咨询和监督机构变成部分实质性的权力机构。（申森）

《欧洲联盟中的绿党及其政治》
Green Parties and Politics in the European Union

英国著名绿党政治学者伊丽莎白·鲍姆伯格的主要著作之一，由 Centar za demokraciju i pravo Miko Tripalo 出版社出版于 1998 年。欧盟既为绿党及其政治提供了巨大机遇，也带来严重的战略困境。当前的生态困境需要跨国解决方案，因而欧盟对于环境议题应对发挥着关键性作用。与此同

时，欧盟在经济增长领域中的逐渐中心化、官僚化和私人化又有悖于生态原则。书中探讨欧盟层面绿党政治的跨国目标、战略和影响。书中指出，欧洲绿党面临的最大挑战是，表明它们既没有因为在向制度内进军过程中取得的诸多进展（比如执政）而完全去激进化，又能够带来某些切实的政策改变，因而它们在欧盟层面的政治参与是其中独具特色的维度。对绿党执政或参政的欧洲向度（欧洲化、政党改变和对欧盟决策影响）的个例分析（联邦德国和芬兰）表明，欧盟政治参与同时在组织与纲领意义上加速绿党的去激进化，尽管这一进程的动力是十分复杂的，而且往往与绿党试图影响欧盟政策的努力相伴随。（徐越）

欧洲绿党

European Green Party

欧洲范围内绿党的跨国政党，2004年正式成立。重要机构是理事会和执委会，理事会由成员政党的120名代表组成，负责代表大会之间的政治事务；执委会由包括两名主席在内的9名代表组成，负责执行理事会的决策，以及日常政治事务和秘书处的活动。欧洲第一个从联邦主义架构演变为欧洲政党的政党家族，在欧洲绿党联盟（EFGP）的基础上成立，有来自欧洲国家的46个绿党成员。在欧洲议会中的党团为绿党与欧洲自由联盟党团（Greens/EFA），目前是欧洲议会第六大党团。绿色政治是欧洲绿党最核心的政治关切，保护地球是基本的政治信条。政治价值观和政治原则包括：可持续发展、非暴力、社会正义、环境责任、多样性、性别平等、民主、自由等。提出用绿色新政来替代当前的经济和工业发展模式，即通过绿色工业转型、绿色经济、绿色就业来减少人们的生态足迹，减少社会不正义现象，实现可持续的、环境友好的发展。（王聪聪）

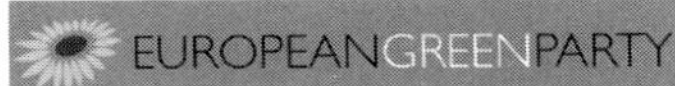

《欧洲绿党纲领》

The Programme of European Greens

2006年10月，在日内瓦召开的欧洲绿党第二次代表大会上，通过纲领性文件《欧洲绿党纲领：欧洲绿党的指导性原则》。着重阐明欧洲绿党的基本价值观，以及欧洲一体化立场。强调欧洲绿党的指导性原则是环境责任、自决基础上的自由、扩展正义、多样性、非暴力、可持续发展。欧洲其他政党家族在某种程度上分享这些价值观，但欧洲绿党的不同之处在于，认为这些价值观是相互依存、密不可分的。为实现这些基本价值观，倡导合生态化的生活方式，强化欧洲各个层面如地方、地区、国家与超国家层级的民主，坚持预防性原则，实现无核化、分权化以及支持可再生能源发展的欧洲，践行社会正义、性别平等、代际平等、全球正义的原则，尊重性别、社会、文化、精神、哲学、宗教、语言、经济、种族、性别以及地区的多样性等。在《纲领》中，欧洲绿党阐述其欧洲观，认为欧洲对当前的生态危机和气候危机负有不可推卸的责任，欧盟应该对进一步扩大持开放态度，重塑自己以成为真正的民主机构，重新定位以确立环境友好型以及社会可持续型的发展模式，担负起其全球责任。（王聪聪）

欧洲绿党联盟

European Federation of Green Parties

由欧洲绿党协调（EGC）演变而来，1993年成立。与欧洲绿党协调相比，欧洲绿党联盟拥有更加完整的组织架构，由代表大会、理事会、执委会组成，与欧洲议会中的绿党党团的联系紧密。根据章程，主要目标是保证成员党之间的密切合作；在欧盟层面提出和组织相应的创议活动；保证政党联盟与绿党党团之间的密切合作。基本形成欧洲绿党联盟—欧洲绿党议会党团—成员党的三角权力结构。在欧洲议会的第三任期后半段、第四任期、第五任期之间，没有发生重大变化，在1996年、1999年召开两次代表大会，制定欧洲选举的共同竞选纲领。2002 年第三次代表大会上，提出改建为欧洲政党的倡议。2004 年 2 月，在罗马召开第四次代表大会，会上欧洲绿党（EGP）正式成立。欧洲绿党的成立，标志着绿党家族欧洲政党的最终建立。（王聪聪）

《欧洲绿党联盟指导性原则》

The Guiding Principles of EFGP

欧洲绿党联盟在 1993 年 6 月 20 日的芬兰马萨拉代表大会上通过的纲领性文件。文件概述欧洲以及整个星球面临转变的主要观点，是创造全欧洲生态与社会改革战略的第一次尝试。包括前言、生态发展、共同安全、新公民权四个部分。指出只有根本性地改变当前盛行的盲目追求物质增长的意识形态，才能防止文明的生态和社会崩溃。着重阐述欧洲绿党的绿色政治主张：建立基于生态可持续性、平等、社会正义和自立基础上的绿色经济，基于承认欧洲特殊责任的全球团结的生态经济；创造新的不用诉诸暴力的全球安全结构，控制、减少和最终消除欧洲所有军事、核和其他战略性技术出口；确立基于个人的不分性别、年龄、人种、宗教、种族和性别取向的平等权利的新公民观，扩大公民权利、民主参与、人权和保护少数民族权利。它还指出，为实现这些目标，有必要通过民主手段，强化决策过程中地方社区的作用，实现权力和资源的平均分配。（王聪聪）

欧洲绿党协调

European Green Party Coordination

1979 年欧洲议会第一次选举时，欧洲范围内的绿党尝试建立泛欧洲的绿党组织。德国、法国、比利时、英国以及荷兰、意大利等 6 国的绿党与激进左翼政党，共同创建欧洲绿色与激进政党协调（CEGRP）网络组织，来协调绿党与激进政党参与 1979 年的欧洲议会选举。由于绿党和激进左翼政党之间难以克服的分歧，欧洲绿党没有达成统一的欧洲选举纲领。1984 年第二次欧洲议会大选前夕，3 月 31 日—4 月 1 日，欧洲绿党在比利时列日市召开第一次绿党代表大会。在代表大会上，欧洲绿党决定将欧洲绿色与激进政党协调更名为欧洲绿党协调，并由荷兰激进政党提供秘书。同时，欧洲绿党第一次代表大会发布《欧洲绿党联合宣言》。欧洲绿党协调在 1984 年大选前通过了第一个共同选举纲领《巴黎宣言》。在欧洲议会第二任期以及第三任期前半段，欧洲绿党协调更多的是服务于其成员党松散的合作网络或跨国联合体，对成员党并没有实质性影响或约束力。1989 年欧洲议会选举后，随着欧洲议会绿党党团（GGEP）的建立，欧洲绿党协调在 1993 年更名为欧洲绿党联盟（EFGP），将邦联化的组织网络提升为政党联盟。（王聪聪）

《欧洲绿党章程》

Constitution of the EGP

欧洲绿党 2011 年 11 月在巴黎召开理事会，通过新的《欧洲绿党章程》，取代 2008 年的章程，2014 年伊斯坦布尔大会修订。《章程》指出，欧洲绿党的使命是为实现生态良好的、社会和经济可持续发展的欧洲，捍卫基本人权的欧洲而奋斗。《章程》对欧洲绿党的名称、基本目标、成员党、与欧洲议会绿党党团和欧洲青年绿党联盟之间的关系、欧洲绿党的组织结构、欧洲绿党理事会和代表大会以及执委会的职责与任务、财务咨询委员会、欧洲绿党的法律责任与代表性等做出明确界定。同时，《章程》还对欧洲绿党的成员分类、成员标准、成员权利、成员资格评审、成员报告、成员资格，以及理事会的流程、投票权、理事会代表的指导性原则，执委会成员的选举规则、补贴，财政规则、冲突管理、政策制定、共同的欧洲议会选举动员、工作小组与网络、欧洲绿党基金等做出规定。（王聪聪）

欧洲煤钢共同体

European Coal and Steel Community，ECSC

欧洲部分国家政府建立的煤钢经营一体化组织，1952 年 8 月成立，又称欧洲煤钢联营或欧洲煤钢共同市场。法国、联邦德国、意大利、荷兰、比利时和卢森堡6国为创始国。此后，英国、丹麦、爱尔兰、希腊、葡萄牙和西班牙6国先后成为正式成员国。总部设在比利时的布鲁塞尔、卢森堡首都卢森堡市。原设有部长理事会、议会和法院等机构，后与欧洲经济共同体、欧洲原子能共同体的相应组织实行合并，成为三者的共有机构，但欧洲煤钢共同体仍保持独立的法人地位。宗旨和任务是：逐步取消成员国之间煤钢产品的进出口关税与限额，建立煤钢共同市场；保障成员国平等获得生产资源和进行贸易、生产的合理布局、劳动生产率的增长、生产规模的扩大和现代化、监督制定最低价格，以及筹措资金和提供援助等，以促进成员国的经济发展，增加就业和提高生活水平。先后建立起煤、铁矿砂、废钢、生铁、钢、合金钢和特种钢的共同市场，控制着西欧50%的铁矿石开采量，90%的炼钢量和近100%的采煤量。对同非成员国的煤、钢贸易实行协调关税和共同贸易政策，对成员国之间在煤钢运费率、价格及有关生产问题上进行协调。由于在一体化方面取得重大进展，欧洲煤钢联营促进了成员国冶金工业的发展，并对后来的欧洲经济共同体、欧洲原子能共同体和欧洲共同体的建立起了重要的推动作用。它的建立，为20世纪50年代后期成立欧洲共同市场奠定了基础。（申森）

《欧洲煤钢联营条约》

ECSC Treaty

根据《舒曼计划》，经过近一年的磋商，法国、联邦德国、意大利、荷兰、比利时和卢森堡6国政府代表，1951年4月18日在巴黎签订为期50年的《欧洲煤钢联营条约》，也被称为《巴黎条约》，1952年7月25日正式生效。《条约》分为4个部分共100个条款。主要内容包括：6个国家建立煤钢共同市场，内部取消关税和进出口限制；对外协调关税和采取共同贸易政策；协调煤钢的运费率、价格和有关生产进程中的问题。《条约》第1部分（第1～6条）阐明共同体的宗旨、目的、权力、原则和性质。具体目的是建立并管理煤钢共同市场，协调成员国的经济，为经济增长、就业扩大和生活水平的提高做出贡献。第2部分（第7～45条）具体规定共同体4个主要机构的组成、权限的划分和各自的职能。这4个机构是高级当局、共同议会、特别部长理事会和法院。此外，设立审计院负责共同体的审计工作。第3部分（第46～75条）是经济社会条款，具体规定在财政、投资、生产、价格、企业合并、竞争规则、工人的工资和自由流动、运输、商业政策方面的措施。第4部分（第76～100条）是一般性条款，是对共同体决策、决策程序、财政年度等的规定。《条约》还包括3个附件2项议定书和1个关于临时条款，以及法德两国关于萨尔地区的换文。（申森）

欧洲民主

European Democracy

为践行主权在民理念，解决欧洲联盟治理中民主赤字问题，欧盟在1979年开始实施欧洲议会直选制度，即民众通过直接选举本国政党议员来表达政治诉求。政党是欧盟民主的重要推动力量，它们在欧洲大选中进行公众动员，通过欧洲议会中的党团参与欧盟政治。欧洲议会拥有咨询、合作、共同决策等权力。1992年《马斯特里赫特条约》、1999年《阿姆斯特丹条约》、2001年《尼斯条约》、2007年《里斯本条约》以及其他政府间条约，进一步扩展了欧洲议会的权限。欧洲议会是欧盟唯一的民选机构，拥有最高的民主合法性。在欧盟管治体系中，欧洲理事会是最主要的立法与决策机构。欧盟机构主要建立在成员国政府之间的间接性代表民主上，而不是欧洲议会的直接性民主之上。此外，与国内大选相比，欧洲议会选举主要表现为次等选举，公众的参与率普遍较低，并且更多的是基于国内议题而不是基于欧盟议题的竞争。主导性的执政党与反对党对立的政治格局缺失、欧洲议会党团与欧盟政策关联性的虚弱，都凸显欧盟政党体系的民主亏空以及精英与民众之间的巨大鸿沟。（王聪聪）

欧洲青年绿党

Federation of Young European Greens

1988年成立于比利时，旨在将全欧洲的青年环境团体凝聚在一起，加强理解与沟通，并通过共同行动来实现更为绿色的欧洲。目前共有来自欧洲的42个成员组织（MOs）。秘书处设在欧洲绿党总部，每年召开一次代表大会，成员组织派代表参加代表大会，选举产生执行委员会，做出政策、战略决策。执行委员会由9名成员组成，负责领导和协调党的行动。成员都在30岁以下，每年至少举行四次大型活动，如会议、讨论课、学习小组、夏令营、政治辩论或培训课程等。同时也组织国际活动，如气候变化应对、反对跨大西洋贸易与投资伙伴协议、欧洲议会大选动员等。联盟的建立是为青年人更好地参与欧洲公民社会，基于环境和社会正义来表现自我提供平台与机会。目前，联盟也积极扩展其在中东欧地区的成员组织。（王聪聪）

《欧洲、全球化和可持续发展》

Europe*, *Globalization and Sustainable Development

英国环境社会与政治学者约翰·巴里的代表作之一，劳特里奇出版社2004年出版。巴里主编的专题文集，研究的主要问题是欧洲各国以及欧盟应当如何在欧洲一体化和全球化的大背景下更好应对可持续发展的挑战。在作者们看来，一方面，经济全球化和欧洲一体化给可持续发展理念与战略的落实带来严峻的挑战，如少数国家引领的生态现代化战略面临着外部结构性的约束；另一方面，欧盟机构和全球性制度的强化也可以用于更积极地推进可持续的经济社会发展举措。（徐越）

欧洲人民党

European People's Party

代表欧洲中右政党的政党家族，1976年成立。欧洲一体化最重要的推动力量，致力于构建强大的基于联邦模式的欧洲。党的目标是建立民主、透明、高效、亲民以及繁荣的欧洲。目前是欧洲最大的跨国政党，由来自40个国家的77个成员党组成，同时也是欧洲议会中的第一大党团。欧洲人民党的发展是欧盟发展的缩影。吸纳中东欧的中右政党的过程，与中东欧国家加入欧盟的进程一致。新成员的加入为欧洲人民党带来新的活力，进一步巩固了其作为欧洲最强大的中右政党的地位。2012年布加勒斯特代表大会上通过的新纲领，取代了1992年的雅典纲领。将人的尊严、自由与责任、平等和正义、真理、团结和互助视为其最核心的价值观。在欧洲理事会以及欧盟部长理事会的会议召开之前，都会召开各成员政党的领导人峰会和部长会议。（王聪聪）

欧洲社会党

Party of European Socialists

代表欧洲社会党、社会民主党、工党的跨国政党，1992年成立。目前隶属于社会党国际，拥有来自28个欧盟国家和挪威的32个成员党，以及11个准成员党和10名观察员党。成员党都隶属于社会党国际，包括意大利民主党、西班牙社会工人党、德国社会民主党、法国社会党、英国工党以及欧洲的其他社会民主党、工人党和社会党等。在欧洲议会的党团代表社会民主进步联盟（S&D），

是欧洲议会的第二大党团，也是欧洲议会中唯一拥有 28 个成员国代表的党团。党的主要目标是：在欧盟内部以及整个欧洲加强社会主义和社会民主运动；提升欧洲公民的欧洲意识，表达欧洲公民的政治意愿；制定共同的欧盟政策并影响欧洲机构的决策；通过制定共同的战略、共同的选举纲领以及提名欧盟委员会的候选人，进行欧洲大选动员。从 1999 年开始的历届欧洲大选，党都提出共同的欧洲选举纲领。在 2013 年更新的基本纲领中强调，党的基本价值观是：自由与民主、平等与正义、团结。党希望通过建立新的政治经济体、团结的欧洲，实施欧洲社会新政，提供替代性的欧洲前途。（王聪聪）

欧洲社会论坛

European Social Forum

世界社会论坛催生很多地区性的社会论坛，如美洲社会论坛、欧洲社会论坛、亚洲社会论坛、非洲社会论坛、意大利社会论坛、印度社会论坛等。欧洲社会论坛主要由反全球化运动 / 全球正义运动的成员组成。2002 年，第一届欧洲社会论坛在意大利佛罗伦萨召开，口号是“反对战争、种族主义和新自由主义”，批评矛头直指美国入侵伊拉克。第二届欧洲社会论坛于 2003 年 11 月在法国巴黎召开，第三届欧洲社会论坛于 2004 年 10 月在英国伦敦召开。随后，欧洲社会论坛每两年召开一次。第四届欧洲社会论坛于 2006 年 5 月在希腊雅典召开，第五届欧洲社会论坛于 2008 年 9 月在瑞典马尔默召开，第六届欧洲社会论坛于 2010 年 7 月在土耳其的伊斯坦布尔召开。欧洲社会论坛是社会运动、工会、非政府组织、环境运动、和平运动、反种族主义运动等协调重大行动、分享经验的重要平台。欧洲社会论坛源于世界社会论坛，并遵守其宪章。（王聪聪）

欧洲审计院

European Court of Auditors

欧洲联盟下设的 5 个主要机构之一，总部在卢森堡，1975 年 7 月 22 日根据 1975 年《布鲁塞尔条约》成立。工作宗旨是促进提高欧盟各个层面财务管理水平，确保欧盟拨付的资金能为欧盟民众谋求最大利益。在审计职能受到挑战时，可以通过欧洲法院得到保护。负责检查欧盟各项开支的合法性和规范性，保证有效的资金管理。1977 年 10 月 18 日起，作为共同体外部审计机构开始运作，直到《马斯特里赫特条约》后，才被吸收为欧洲共同体的内部机构。成员由欧盟委员会从每个成员国选出 1 名组成，任期 6 年，可以连任。除独立审计欧盟资金收入支出管理是否合规外，还审计欧盟各个机构资金用途。负责检查欧盟各机构及欧盟拨给各成员国的资金财务运作，是否正确地记录在案，是否依法、合规则地收支和管理，以保证资金的使用节约、高效、准确、透明。重要工作是为欧洲议会和理事会起草每年的审计报告。（申森）

欧洲委员会组织

Council of Europe

简称欧委会组织，根据 1949 年 5 月 5 日在伦敦签订的《欧洲委员会组织章程》，由爱尔兰、比利时、丹麦、法国、荷兰、卢森堡、挪威、瑞典、意大利和英国等国成立，具有国际法地位并且是联合国观察员身份。欧洲整合东欧进程中最早成立的机构，总部设在法国斯特拉斯堡。宗旨是保护欧洲人权、议会民主和权利的优先性；在欧洲范围内达成协议，协调各国社会和法律行为；促进实现欧洲文化的统一性。通过审议各成员国共同关心的除防务以外的其他重大问题，推动各成员国政府签订公约和协议，以及向成员国政府提出建议等方式，谋求在政治、经济、社会、人权、科技和文化等领域采取统一行动。经常对重大国际问题发表看法。组织机构包括：部长理事会、议会、总秘书处、欧洲人权法院、人权专员署以及代表大会。最高决策和执行机构是部长理事会，由各成员国 1 名代表（通常为外长）组成，每年召开两次会议。部长理事会主席由各成员国代表

轮流担任，任期半年。欧委会组织还设有发展银行、南北中心、欧洲青年中心、欧洲民主和权利委员会等机构。（申森）

欧洲一体化

European Integration

1951年法国、德国、意大利、比利时、荷兰、卢森堡等6国政府签署《建立欧洲煤钢共同体条约》，标志欧洲统一进程进入实质性建设阶段。1957年，《罗马条约》签署，欧洲经济共同体和欧洲原子能共同体成立。《罗马条约》中关于建立关税同盟和制定共同农业政策的决定，是欧洲一体化进程的重要步骤。1973年，丹麦、英国和爱尔兰加入欧共体；20世纪80年代，希腊、葡萄牙、西班牙先后加入。1986年，《单一欧洲协定》签署，决定建立欧洲共同市场，理事会引入有效多数表决机制。1991年《马斯特里赫特条约》签署，标志欧洲一体化进入新阶段。1993年，欧洲联盟成立，欧共体从经济实体向经济政治实体过渡。1995年，奥地利、芬兰和瑞典加入欧盟。1997年签署《阿姆斯特丹条约》和2001年签署《尼斯条约》，确立欧盟的基本政治原则和公民权利，以及欧盟决策机制与程序的改革方案。1999年1月1日，欧洲经济和货币联盟进入最后阶段，正式启动单一货币欧元。2002年，欧元正式在12个成员国流通。2004年，欧盟实现历史上第一次东扩。同年，欧盟25个成员国领导人签署欧盟历史上第一部宪法条约。《欧盟宪法条约》被法国、荷兰民众的否决，欧盟遭遇制宪危机。2009年，在《欧盟宪法条约》基础上修改而成的《里斯本条约》正式生效。目前，欧盟共有28个成员国（包括后来加入的克罗地亚），欧洲一体化进入新阶段。（王聪聪）

欧洲议会

European parliament

欧盟三大机构（另外两个是欧盟理事会和欧盟委员会）之一，欧盟唯一的直选机构。根据《罗马条约》1958年设立，由法国、联邦德国、意大利、荷兰、比利时、卢森堡6国议会任命的76名议员组成，称为共同议会。1962年正式称欧洲议会。1979年议员产生方法改为各成员国公民直接选举产生，每5年一次。各成员国拥有的议席数，按人口多寡分配。欧洲议会的权力包括：在欧洲联盟理事会就欧洲联盟委员会的建议采取决策前，对建议发表意见；对欧洲联盟委员会和欧洲联盟理事会进行质询；可以三分之二多数票迫使欧洲联盟委员会集体辞职；控制欧洲联盟行政费（约占欧洲联盟总经费的5%）。后来，依据《单一欧洲法令》《欧洲联盟条约》和《里斯本条约》等法律，欧洲议会权力逐渐扩大，目前已经成为几乎与欧盟理事会相当的欧盟主要决策机构。欧洲议会每年举行10多次全体会议，地点在法国的斯特拉斯堡。议会设议长1人，副议长12人，任期两年半。下设政治、经济、财政、预算、能源和研究等15个常务委员会。在卢森堡设有秘书处。（申森）

欧洲议会绿党党团

The Greens / European Free Alliance in the European Parliament

欧洲绿党在1979年第一次欧洲议会大选之后，没有获得欧洲议会议席。1984年第二次欧洲议会大选中，欧洲绿党的11名议员当选。他

们组建绿色选择性欧洲联络（GRAEL）。由于派别太小，无法获得欧洲议会的资助。因此，它加入规模更大的彩虹党团（Rainbow Group）。彩虹党团除包含绿党派别之外，还包括激进左翼政党和社会党。1989年欧洲议会大选后，欧洲绿党协调组建独立的议会党团欧洲议会绿党党团（GGEP）。党团成员参与欧洲政治的均质性得到很大提高。1994年欧洲议会大选中，欧洲绿党

获得 20 个席位，与其他左翼政党的议员一道建立欧洲激进联盟（European Radical Alliance）。1999 年欧洲议会大选中，欧洲绿党获得 38 个席位，与代表地区政党与独立运动的政治联盟欧洲自由联盟（EFA）组建新的议会党团，即欧洲绿党—欧洲自由联盟党团。欧洲自由联盟的成员也曾参与欧洲激进联盟。在欧洲绿党—欧洲自由联盟党团中，欧洲绿党无论在人数还是在政治影响力上都居于主导地位。与欧洲其他政党家族的欧洲议会党团相比，欧洲绿党的议会党团无论在内部聚合度，还是议员投票一致性方面都相对较高。自此至今，欧洲绿党议会党团一直保持欧洲绿党—欧洲自由联盟党团的组织形式，体现很强的稳定性并不断扩大其政治影响。2004 年欧洲议会大选后，欧洲绿党—欧洲自由联盟党团得以延续，由 35 名议员组成，依旧为欧洲议会第四大党团。2009 年欧洲大选中，虽然欧洲议会缩减议员名额，但欧洲绿党却获得 30 年来的最好成绩，共赢得 46 个议席。2014 年欧洲大选中，欧洲绿党—欧洲自由联盟党团共获得 50 个议会席位，成为欧洲议会中的第五大党团。欧洲绿党—欧洲自由联盟党团的奋斗目标是：建立尊重人权与环境正义的社会；增加工作领域的自由；通过分权化和直接民主来扩大民主权利；建立基于团结的欧洲联盟；重塑欧盟，改变当前过分强调经济而忽视文化、社会与生态价值的欧洲。（王聪聪）

欧洲议会社会党与民主党党团

Alliance of Socialists and Democrats Parties in the European Parliament，S&D

欧洲社会党与民主党在欧洲议会中的党团，1953 年成立。社会党议会党团是欧洲煤钢共同体建立后组建的三个议会党团之一，也是欧洲历史上第二个历史悠久的欧洲议会党团。2009 年，社会党议会党团更名为“社会党和民主党进步联盟”。1999 年欧洲议会选举前，社会党和民主党进步联盟是欧洲议会内最大的党团。1999 年欧洲议会选举后屈居于欧洲人民党党团之后，成为欧洲议会第二大党团。2014 年欧洲选举后，社会党和民主党进步联盟党团共有来自欧盟 28 个国家的 190 名议员。同时，社会党和民主党进步联盟党团也是欧洲议会党团中唯一拥有欧盟所有成员国议员代表的党团。社会党和民主党进步联盟党团的议员主要来自欧盟各国的社会民主党、社会党或工党。社会党和民主党进步联盟的政治主张，是建立自由、平等、团结、多样性和公正基础上的包容性的欧洲社会。（王聪聪）

《欧洲议会选举共同宣言》

Common Manifestos for European Parliament Elections

为了 1984 年欧洲议会选举，欧洲绿党通过第一个欧洲议会共同选举纲领《巴黎宣言》，阐述对欧洲的基本观点和政策主张，有明显反一体化意味。1989 年欧洲议会大选，欧洲绿党制定第二个竞选纲领，着重阐明可持续经济、国际团结、男女平等、人权、裁军等政策，依然有明显区域主义欧洲观点。1994 年欧洲大选，欧洲绿党推出《欧盟绿党竞选纲领》，意识形态色彩明显减少，多了实用主义色彩。同时，欧洲绿党对欧洲一体化的立场发生变化，公开支持欧盟。1999 年欧洲大选，欧洲绿党制定《实现欧洲的绿化》选举纲领，强调旨在实现经济的绿化，捍卫自然环境，创造新的就业模式，支持欧盟扩大的目标。2004 年欧洲大选，欧洲绿党提出《欧洲可以更好》纲领，阐明旨在建立平等、团结以及可持续发展欧洲的愿景，以及保护环境、绿色社会向度、推进民主与和平政策、支持地方性行动等主要政策目标。2009 年欧洲大选，欧洲绿党推出《欧洲的绿色新政》竞选纲领，指出欧洲需要新的发展方向。2014 年欧洲大选，欧洲绿党发布《改变欧洲，支持绿党》竞选纲领，呼吁建立替代性的欧盟，实施欧洲绿色新政。（王聪聪）

欧洲议会左翼党党团

The Confederal Group of the European United Left-Nordic Green Left

欧洲左翼党在欧洲议会内的党团，1995 年成立，全称“欧洲联合左翼—北欧绿色左翼联邦党团”。1989 年欧洲选举后，法国共产党、希腊共产党、葡萄牙共产党等相对激进的共产党成立左翼联合党团，意大利共产党和西班牙联合左翼等相对温和的左翼党成立欧洲联合左翼党团。1994 年欧洲选举后，这两个党团合并为一个党团，即欧洲联合左翼党团。随着北欧左翼党如芬兰左翼联盟、瑞典左翼党的加入，左翼党团进一步扩展为欧洲联合左翼—北欧绿色左翼联邦党团。在 1994 年成立宣言中，欧洲左翼党党团宣称，欧洲联合左翼坚定地致力于欧洲一体化进程，并希望以不同的方式来实现。欧洲联合左翼党团的政治目标，是争取更多、更好的工作和教育机会，实现社会保障、社会团结，促进文化交流与多样性，以及可持续的经济发展等。2014 年欧洲选举后，欧洲联合左翼—北欧绿色左翼联邦党团是欧洲议会第五大党团，目前由来自 14 个欧盟国家的 52 名议员组成。（王聪聪）

欧洲原子能共同体

Euratom

依据 1957 年签署的《罗马条约》成立的欧洲原子能一体化组织，又称欧洲原子能联营或欧洲原子能共同市场。与欧洲煤钢共同体、欧洲经济共同体一起构成欧洲共同体。宗旨和任务在于协调成员国之间对原子能的和平利用，建立原子能原材料和设备的共同市场，交换原子能研究情报，建立原子能研究中心及原子能工业企业，促进对原子能工业的投资和提供先进的技术装备，提高原子能利用方面的安全标准，设立供应核燃料的专门机构，垄断参加国范围内的裂变物质，推动与其他国家在这一领域的相互交流等。（申森）

欧洲政党

European Political Parties

运作于欧洲层面并拥有欧洲取向政治纲领和组织结构的政党组织。由民族国家的政党以及个人组成，得到欧盟的直接预算资助。1992 年《马斯特里赫特条约》正式承认欧盟层面的政党在欧洲一体化中的作用，即它们有助于欧洲意识的形成以及公民欧洲政治意愿的表达。2003 年欧洲议会正式公布欧洲政党资助规定，即欧洲政党可以直接获得欧盟委员会的资助。民族国家层面的政党，在建立欧洲政党、推动政党的欧洲化的过程中发挥巨大作用。欧洲政党的建立和发展，在某种程度上是欧盟成员国政党的自我扩展、将部分政治权力转移到欧洲层面的过程。根据《欧洲联盟条约》，欧洲政党有权在欧洲大选中进行选举动员，通过欧洲议会的政治党团及其议员表达政治观点。2007 年《里斯本条约》进一步规定，赢得欧洲议会大选的欧洲政党，有权向欧洲理事会提名其候选人作为欧盟委员会的主席。目前，欧洲层面共有 13 个欧洲政党：欧洲人民党、欧洲社会党、欧洲自由与民主联盟党、欧洲保守与改革联盟党、欧洲绿党、欧洲左翼党、欧洲自由与民主运动党、欧盟民主党、欧洲自由联盟党、欧洲联盟自由党、欧洲民族运动联盟党、欧洲基督教政治运动党、欧洲民主党。（王聪聪）

欧洲政党的欧洲化

Europeanization of European Political Parties

指欧盟正式或非正式的规则、程序、政策范式、信念与规范的建构、扩散以及制度化过程。欧洲政党的欧洲化主要包含两个层面：一是欧洲一体化或欧盟的发展对成员国政党的影响，二是成员国政党对欧洲一体化的回应与适应过程。欧洲一体化对成员国政党最为直接的影响，是创造政党竞争的新维度。欧洲议会代表新的议题领域，左右翼政党需要在传统政治分野中确立其反一体化或亲一体化的立场。欧盟的发展不仅重塑国内政党竞争的模式，同时也为成员国政党提供拓展其政治利益，如政治合法性的政治机会结构。另一方面，为适应欧洲政治舞台，强化欧盟的政治参与和国内的政治竞争，成员国政党也对政党的组织结构、政党纲领进行适应性调整。最为明显的制度性体现是欧洲议会党团与欧洲政党联盟的建立与发展。欧盟成员国的政党成为欧洲政党发展的推动者，超国家政治在欧盟层面的发展为民族国家政党的欧洲化发展提供动力。（王聪聪）

欧洲政体

European Polity

作为超国家机构，欧洲联盟具有一般性国际组织的特点，即权力由成员国政府授权，同时，欧盟又超越政府间合作的性质，具有其他国际组织所不具备的超国家性质，直接管辖的政策领域不局限于关税、贸易，还扩展到经济、货币、司法、内政等许多领域。从欧盟的组织机构框架看，欧盟形成以欧洲理事会为主的权力分配结构，拥有与主权国家类似的立法、行政、司法三权分立的制度体系。其中，由成员国政府代表组成的欧洲理事会和欧盟部长理事会，是欧盟最主要的立法和决策机构，调控欧盟的发展方向和重大决策。其他重要机构还包括欧盟委员会、欧洲议会、欧洲法院等。欧盟政体的独特性在于，它明显高于国际组织，但又不是联邦国家；它是介于国际组织和国家政体之间、传统的联邦和邦联之间、兼具政府间因素和超国家因素的过渡性的政体形式。成员国政府的授权与议会民主政治之间的张力，使欧盟的政治合法性问题成为其必须面对的核心议题之一。欧盟通过引入欧洲议会直选与扩大欧洲议会权限、强化联盟公民权等措施，增强其民主合法性和政治认同。基于议会民主制的联邦化的欧洲政府，是欧盟政体改革的前进方向。（王聪聪）

《欧洲执政绿党》

Green Parties in National Governments

德国著名绿党政治学者斐迪南·穆勒—罗密尔和托马斯·波格特克共同编辑的著作，二人分别是德国吕内堡大学教授和杜塞尔多夫大学教授，2002年出版。书中首先阐述选举联盟政治理论和政党生命周期理论，作为整个分析的概念基础。然后，提供对20世纪90年代后期先后进入全国政府的5个西欧绿党（芬兰、意大利、德国、法国和比利时）的个例研究基础上的综合比较分析。从政党联盟理论观点看，四个方面的因素可能会影响到某一大选的主要获胜者选择绿党作为合作伙伴：绿党的选举与议会实力、绿党对于形成最低获胜联盟的必要性、绿党的绿色或泛左翼意识形态、绿党的执政经验与政治声誉。作者认为，政治意识形态与组织结构不断调整中的绿党，已变得日益适应欧洲联盟政治的需要，尽管联合执政实践更多意味着生态政治原则的进一步妥协，而不是现实政治的绿化。全书包括导言、芬兰绿党、意大利绿党、法国绿党、德国绿党、比利时绿党和结论等部分。中译本译者郇庆治，济南：山东大学出版社2005年出版，《环境政治学译丛》子目。（徐越）

欧洲中央银行

European Central Bank，ECB

即欧洲央行或欧银，欧洲联盟的中央银行。根据《马斯特里赫特条约》1998年7月1日建立，总部设在德国法兰克福。前身是1994年成立的欧洲货币局。成立的目的是为引入和管理欧元，从事外汇交易，保证支付系统能够顺利运行。主要职能是确保欧元区的物价稳定和购买力，控制通货膨胀率，确保物价上涨的幅度不超过前一年的2%；确定欧元区的银行利率，以及参与欧盟经济与货币政策的制定。组织机构包括执行董事会、欧洲央行委员会和扩大委员会。执行董事会由行长、副行长和 4 名董事组成，负责欧洲央行的日常管理工作；由执行董事会和欧元国的央行行长共同组成的欧洲央行委员会，负责确定货币政策和保持欧元区内货币稳定；扩大委员会由央行行长、副行长及欧盟所有成员国的央行行长组成，任务是保持欧元国家与非欧元国家的联系。（申森）

欧洲自由民主联盟党

Alliance of Liberals and Democrats for Europe Party

代表欧洲自由党的跨国政党。自由民主党在 1979 年第一次欧洲大选时创立欧洲政党家族，作为跨国政党成立于 1993 年，此前名称是欧洲自由

民主和改革党。2012 年 11 月都柏林代表大会上，欧洲自由民主政党家族的代表将跨国政党的名称改为欧洲自由民主联盟党，以加强与欧洲议会党团的联系。目前有来自 37 个欧洲国家的 57 名成员政党。在欧盟国家中，卢森堡、比利时、斯洛文尼亚、爱沙尼亚、荷兰、芬兰等国的政府首脑，都隶属于自由民主党家族。在欧洲议会的党团代表欧洲自由民主联盟党团，是欧洲议会的第四大党团，拥有 67 名议员。党的宗旨是将自由原则贯彻到欧洲政治、经济以及社会领域的实践之中，基本价值观是民主、法制、人权、容忍与团结。党致力于建立公正、自由、开放的社会，繁荣、透明、民主与负责任的欧洲。（王聪聪）

欧洲左翼党

Party of the European Left

欧洲共产党、激进左翼政党以及其他民主左翼政党的跨国联盟政党，2004 年成立于罗马。鉴于共产国际合作的经历，左翼党在欧洲层面的跨国政党迟迟未能成立。

1999 年欧洲议会选举前，欧洲 13 个左翼党相聚巴黎，推出欧洲选举的共同竞选纲领。在此基础上，德国民社党的前主席比斯基呼吁，欧洲范围内的左翼党能够超越当前的欧洲议会党团形式，建立共同的欧洲政党。经过多次会议磋商，欧洲左翼党于 2004 年 5 月成立，有 11 个创始成员。目前有 27 个全职成员党和 11 个观察员党。组织机构包括主席理事会、执行委员会与代表大会。意识形态来源为社会主义、共产主义、工人运动、女性主义、女性运动与性别平等、环境运动与可持续发展、和平以及国际团结、人权、人道主义与反法西斯主义的传统与价值观。政治目标是建立超越资本主义和父权制逻辑的社会，一个摆脱各种形式的压迫、剥削和异化的社会，最终实现人类的解放。（王聪聪）

P

帕 排 潘 盘 佩 配 批 皮 贫 品 平 屏 鄱 破 葡 普

帕累托改进

Pareto Improvement

指对于在不使其他任何人境况变坏的情况下使一些人境况变好的资源进行重新配置。这一概念由意大利经济学家帕累托提出。他认为当且仅当至少有一个人在A中的状况好于在B中的状况，而无人在A中的状况劣于在B中的状况时，从A到B存在改进过程，便是帕累托改进；当且仅当该体系达到没有可供选择的状态能令至少一个人境况变好而不令别人境况变坏时，该体系便达到了帕累托最优。帕累托改进的特点是单一性和适用性。它在非市场体系向市场体系转变的改进过程中同样适用；既可以是由市场自发推动，也可以由政府主导推动。中国经济体制改革便是帕累托改进的实例，通过有效合理利用资源，丰富物质基础，实现社会和谐。（蔡越）

帕累托最优

Pareto Optimality

也称帕累托效率。指正统经济学中描述的这样一种经济状态，在该状态中没有一个人能够在不损害其他人利益的前提下，使自身利益得到改进，也就是指人们没有共同改进各自利益机会的状态。因此，帕累托最优被用来说明经济社会达到一种没有互利或互惠机会的效率状态。根据环境的外部性概念，将帕累托最优运用于资源分配和环境经济中，在维持环境整体利益不变情况下，在不使任何人福利减小的情况下，采用税收政策进行生态补偿，从而使环境整体效益达到最优的状态，在环境内部实现帕累托最优。在河流流域整体利益最大化问题、碳排放问题、开放性渔场等问题的解决上均可以运用帕累托最优原理。（蔡越）

排污费

Sewage Charge

指向直接向环境排放污染物的单位和个体工商户按规定收缴的费用。包含以下4种：污水排污费、废气排污费、固体废物及危险废物排污费、

噪声超标排污费。排污费的征收及使用应按照2003年1月2日国务院发布的《排污费征收使用管理条例》实施。（代富宇）

《排污费征收使用管理条例》

Regulation on the Administration of the Use of Sewage Charges

2003年由国务院颁布实施。《条例》是规范排污费征收、使用和管理的规章，同时对排污收费制度做相应改变。主要有：1. 征收对象为直接向环境排放污染物的单位和个体工商户；2. 排污费的征收及使用实行收支两条线，收入上缴财政，支出经部门预算，列入环境污染防治专项基金，用于重点污染源防治、区域性污染防治、防止污染新技术开发及应用、其他污染防治项目；3. 排污者缴纳排污费，同时承担法律规定的其他责任；4. 环境保护行政部门应根据排污费征收标准及排放污染物种类、数量确定缴纳金额；5. 加强审计部门对环境保护专项资金的使用和监督管理。《条例》以行政法规的形式确立市场经济条件下的排污收费制度，并进一步完善和规范。（蔡越）

排污权交易制度

Emission-trading System

指在污染物排放总量控制指标确定的条件下，政府利用市场机制，允许排污权像商品一样进入市场参与交易，使排污权从治理成本低的污染者流向治理成本高的污染者，从而达到减少排放量、保护环境的目的。最早由美国经济学家戴尔斯（Dales）1968年提出。在对水污染控制的研究中，戴尔斯结合科斯定理发明污染权的概念。戴尔斯认为只有依靠政府力量和市场机制的联合，才能防止并解决外部性的问题。污染权的主要内容为作为对环境资源拥有所有权的政府，根据环境的承载能力，以环境保护为出发点，在某一区域确定一个可以接受的排污总量，然而再依据一定原则将排污总量分割成相应单元后分派给使用者。拥有相应排污权的使用者按照政府分派的单元排放污染物，也可以根据商品交换的原则将排污权与其他使用者进行交易，从而达到排污权和环境资源的优化配置。因此，排污权交易制度的核心是将环境纳污能力商品化、市场化和外部内部化。排污权制度最先在美国成功实行，在此之前美国的相关法律对排污的限制更侧重于技术层面，“可行”和“实用”是技术要求的核心。随后排污权交易制度开始被付诸实践，并从个别工厂内部扩展至区域内所有工厂，排污总量控制不断增大。我国从20世纪80年代末开始对排污全交易制度的探索，21世纪头五年开始排污全交易制度的试点，2007年以后开始制度深化和扩展。当污染源治理存在成本差异时，治理成本较低的企业可以采取措施减少污染物排放，将剩余的排污权出售给治理成本较高的企业。在此过程中，买方实际支付的是环境污染的代价。这迫使污染者们为追求盈利而降低治理成本、提高治污的积极性，从而减少污染。排污权交易的前提，是政府对污染物排放总量的控制，该总量的设定参考各区域的环境容量。（参考：曹明德：《排污权交易制度探析》，《法律科学（西北政法学院学报）》2004年第4期第100～105页。欧阳文川 张沥元）

排污申报登记制度

The Discharge Declaration and Registration System

指在生产活动中有排污需要的企业或者工厂按照相关要求向环境保护主管部门报备工厂排污设施情况、污染物处理设施和在常规生产条件下所排污染物的种类、数量或浓度的一项环境保护措施和行政管理制度。我国排污申报登记制度是1982年由国务院颁布的《征收排污费暂行办法》所确立的，此后在2003年《排污费征收使用管理条例》和《关于排污费征收核定有关工作的通知》中又对排污申报登记制度有所规定。排污申报登记制度是针对排污主体的排污行为而专门制定的管理措施，对于环境制度的健全和环境保护工作具有重要意义。首先，排污申报登记制度是环保部门获取排污信息的重要途径。排污单位提供的排污信息有助于环保部门根据实际排污数量、范围和变化动态对区域环境质量监控、评价和治理做出判断。其次，排污申报登记制度是政府监督管理排污单位的重要依据。由排污申报登记制度所产生的全面和可靠的排污信息所建立的资料库有助于环保部门对环境质量和污染状况进行实时分析。此外，排污申报制度也是企事业单位制定管理制度的依据。企事业单位为了提高自身竞争力也需要参考排污申报登记信息中的数据来了解自身排污对比情况，从而作为制定企业发展规划中的一部分。（参考：丁长成：《我国排污申报登记制度研究》，苏州大学2013年硕士学位论文，第6～10页。欧阳文川）

排污税

Emission Tax

指政府限制企业或其他机构排污量的治理行为，旨在通过税收提高企业或者其他机构的排污成本，以此来促使它们降低、减少排污量，从而达到保护环境的目的。排污税的征收过程为：政府先根据对环境边际外部成本的估算来确定统一的排污税率，然后再由市场决定排污总量。征收排污税的缺陷显而易见，由于政府不考虑不同企业对于排污的成本差异而强制推行统一的税率，这就可能导致所制定的税率不能真实反映企业的边际净收益或者边际治理成本的情况，即税率是政府和排污企业之间信息不对称的产物。如果税率实际上较低，则可能导致企业增大排污量，若定高了，又会增加企业成本，阻碍社会经济的整体发展。即使政府为了寻找到最优税率而不断改变税率，由于市场条件的变动或者时间、成本等因素，仍然不能准确反映真正的市场需求。因此，排污税最大的缺陷是政府对于市场信息的缺乏，但是企业的边际收益或者边际成本方面的信息并不能顺畅地反映至政府。与排污税相比，排污权交易制度有其优势，最重要的是充分考虑到了企业环境治理的成本差异。通过市场机制，环境治理的边际成本可以很好地显示出来，企业也可以依据它进行自主选择，避免政府一刀切的管控型治理带来的弊端。从这个意义上，排污权交易制度更具效率优势。（参考：袁向华：《排污费与排污税的比较研究》，《中国人口.资源与环境》2012年第5期第40～43页。欧阳文川）

排污许可证交易

Pollution Permit Trading

于20世纪70年代在美国发展起来。我国的排污许可证交易是在满足环境质量目标的前提下，建立合法的污染物排放权利，并允许排污单位之间交易排污许可证指标，利用市场机制，将单纯的对企业的污染治理转变为企业自身的经济活动。排污许可证交易运用市场机制将排污指标商品化，使企业更高效率地运用环境资源，更有利于政府对污染物排放总量进行宏观调控。（代富宇）

排污许可证制度

Permit System of Pollutant Discharge

根据《排污许可证管理条例》，在中华人民共和国行政区域内直接或间接向环境排放污染物的企业事业单位、个体工商户，都必须事先向环境保护部门办理申领排污许可证手续，经环境保护部门批准后获得排污许可证后方可向环境排放污染物。包括排放大气污染物、排放废水及废弃金属、噪声污染及固体危险废弃物。排污许可证的持有者，必须按照许可证核定的污染物种类、控制指标和规定的方式排放污染物。排污许可证制度在环境监督管理中具有不可或缺的重要作用，不仅有利于实现切实改善环境的目的，还具有提高政府实现环境监督管理职能的功效。在推行了排污许可证制度以后，国家开放了排污许可证交易，运用市场经济体制措施去控制污染。（代富宇）

排污者付费制度

Polluters-pay System

指按照“谁污染谁治理”的原则，对向环境排放或超过规定标准排放污染物的排污者，依照国家法律和有关规定按标准征收一定排污费用的制度。征收排污费的目的，一是为了刺激削减污染物的排放，促使排污者加强经营管理，节约和综合利用资源；二是为了筹集资金，治理污染，改善环境。缴纳排污费的排污单位，如果排污成本大于其边际治理费用，出于自身经济利益的考虑，排污者就会改进生产工艺，引进高新技术，提高技术水平，减少污染物的排放量，最后达到刺激排污者削减污染物的排放的目的。征收的排污费纳入预算内，作为环境保护补助资金，按专款资金管理，由环境保护部门会同财政部门统筹安排使用，重点用于补助重点排污单位治理污染源以及环境污染的综合性治理措施，以改善和控制环境质量。（刘中华）

潘岳

Pan Yue，1960 ~

汉族，江苏南京人，历史学博士。2003 年 3 月任国家环境保护总局副局长，党组成员。2008 年 3 月任环境保护部副部长。曾分管环评、政策

法规和对外宣传等工作，兼任国家环保总局的新闻发言人。2004 年 12 月开始分管环境影响评价工作。随后，包括金沙江溪洛渡水电站、三峡地下电站、三峡工程电源电站等 30 家大型违规项目被国家环保总局叫停。在 2006 ~ 2007 年连续两年的环评风暴中，钢铁、电力、冶金行业内总计投资 1123 亿元的 82 个项目，因严重违反环评被国家环保总局叫停。着力推动在北京、天津、重庆、浙江、广东等省市进行绿色 GDP 核算和环境污染损失调查工作试点。2008 年入选“改革 30 年十大环保人物”。2015 年 3 月中央政治局审议通过《关于加快推进生态文明建设的意见》，其中提出要以自然资源资产负债表、自然资源资产离任审计、生态环境损害赔偿和责任追究等重大制度为突破口，深化生态文明体制改革。随后，环保部召开建立绿色 GDP2.0 核算体系专题会，重启绿色 GDP 研究工作。2015 年 7 月任国家环境保护部副部长、党组副书记。2016 年 3 月，任中央社会主义学院党组书记、第一副院长。（张惠娜）

盘锦市黑嘴鸥保护协会

Saunders' Gull Conservation Society of Panjin City

中国第一个民间环保组织，1991 年成立，致力于推动公众参与，保护鸟类及其繁殖、栖息地（湿地）。协会宗旨是“保护以世界珍稀、濒危物种黑嘴鸥为旗舰的各种鸟类及其栖息地（湿地），使黑嘴鸥种群扩大，脱离濒危警戒线，为全球树立一个非政府组织保护濒危物种的成功案例，从而坚定人们保护生物多样性的信心”。主要目标是保护以黑嘴鸥为旗舰的各种鸟类及其繁殖地、栖息地（湿地）。成立 20 多年来，通过走进学校开展环境教育、走进自然保护区开展环境教育、以黑嘴鸥繁殖地作为环境教育基地、与企业合作创建环境教育基地，展开形式多样的黑嘴鸥及其黑嘴鸥栖息地保护活动。此外，通过弘扬黑嘴鸥文化来保护黑嘴鸥。协会的成就得到社会的广泛认可，获得 SEE 生态奖、中国环境保护特别贡献奖、母亲河奖、福特汽车环保奖等荣誉称号。（王聪聪）

盘锦市生态学会

The Ecological Society in Panjin City

1985 年 11 月 25 日在大洼县成立。旨在团结盘锦市广大生态学及有关学科的工作者，开展学术讨论，交流生产经验，普及生态学知识，为发展盘锦市生态科学事业，推动生态科学在盘锦市国民经济建设中的应用，合理开发自然资源，充分发挥盘锦石油、水稻、芦苇、近海滩涂、荒原草地五大资源优势，保护和建立良性生态系统，建设美好生态环境。（*席溢*）

佩卡·哈维斯托

Pekka Haavisto，1958 ~

芬兰政治家，芬兰绿党领袖。1987 ~ 1995 年是芬兰议会中的绿党议员。1993 ~ 1995 年间担任芬兰绿党领导人。1995 年代表绿党进入利波

宁“彩虹政府”担任环境部部长，成为欧洲绿党的第一位内阁部长。在联盟政府谈判期间，曾对与左翼政党和工会的任何合作都持怀疑态度，认为这种合作会使绿党成为社民党的附属党，也会模糊绿党与左翼党的政党形象。最终，绿党与芬兰左翼联盟一起进入政府，哈维斯托本人成为绿党在政府中的唯一代表。1999 年卸任环境部部长后，开始在联合国担任各种职务，如联合国环境规划署研究小组组长等。2007 年重新成为芬兰议会议员。2013 年被任命为芬兰国际发展部部长，同时也是赫尔辛基市议会的成员。曾是芬兰 2012 年总统大选绿党的提名候选人，在第二轮选举中，负于芬兰民族联合党的候选人前财政部长绍利·尼尼斯托（Sauli Niinistö）。哈维斯托是芬兰第一个公开同性恋身份的总统候选人。（*王聪聪*）

佩特拉·凯利

Petra Kelly，1947 ~ 1992

联邦德国著名的绿党领袖和活动家、德国绿党主要创始人。凯利生于德国巴伐利亚州，之后求学于美国，于 1970 年返回德国。1971 ~ 1983

年在欧盟委员会工作期间，是和平运动、环境运动、女性运动的活跃分子。1983 年当选为德国联邦议会议员。1987 年再次以高票当选德国联邦议会议员。1984 年出版专著《为希望而战》。在书中呼吁建立摆脱暴力冲突的南北世界，建立一个男性与女性、人类与环境之间和谐共生的世界。1982 年获得了正确生活方式奖（Right Livelihood Award），以表彰她在裁军、社会正义、人权与生态关怀方面做出的贡献，该奖项也被称为“另类诺贝尔奖”（Alternative Nobel Prize）。1992 年在家中自杀。（*王聪聪*）

配第—克拉克定理

Petty-Clark Theorem

17 世纪英国古典政治经济学创始人威廉·配第提出的理论。随着经济的发展，工业将比农业占有更大比重。结合配第定理及费希尔的三次产业分类法，英国经济学家约翰·克拉克经过对 20 个国家劳动部门的劳动投入和总产出的数据计算，得出配第—克拉克定理。即随着经济的发展，劳动力在三次产业中的分布存在着依次此消彼长

的规律，先从第一产业流向第二产业，进而再流向第三产业。该定理不仅在国家经济发展的时间序列中得到印证，还可以从处于不同发展水平的国家在同一时间点上各产业的比例中得到印证。人均国民收入水平越低的国家，第一产业的劳动力所占份额较高，第二、三产业份额较低。反之，人均收入高的国家，第二、三产业的劳动力所占份额较高，第一产业较低。（代富宇）

批判性研究
Critical Study

在对实证主义范式进行解释学批判的基础上，产生了研究中的后实证主义观点，即批判理论。在承认解释学方法能提供有利于理解和有意义的对话认识方面，批判论研究学者赞同解释主义。但是批判范式的倡导者认为，解释学范式没有考虑到这样的事实，即我们的主观认识不仅仅是内在的心理构成，而且也受到广泛的社会力量的影响。批判理论被看作是意识形态导向的探究。这个方法对社会公平有明确的义务，因此也是价值中心的体现。研究运用推理的实践形式（例如解释学研究）也即批判，最终，通过意识形态的批判，转变教育实践。研究人员通过批判性反思，公开表示他们研究的意识形态，从而提供了质疑现状的方法论。批判范式是寻求主流社会范式转变的唯一的方法论。（参考：［英］帕尔默著，田青、刘丰译：《21 世纪的环境教育：理论、实践、进展与前景》第 142 页，北京：中国轻工业出版社，2002 年。王薛时）

《批判性政治生态学：环境科学政治》
Critical Political Ecology: The Politics of Environmental Science

伦敦政治经济学院教授蒂姆·福希斯（Tim Forsyth）的著作，劳特里奇出版社 2002 年出版发行。书中讨论的主要问题如下：1. 环境科学与政治之间的关系。福希斯指出，在当今社会中，批判的政治生态学为生态科学带来了政治上的争论。随着政治争论引发的环境科学界争论的不断增多，人们越来越需要了解环境科学与政治之间的关系。福希斯通过运用政治分析生态创新的方法，演示了如何更加有效地将政治化的科学工作方法运用于环境决策。2. 什么是批判性的政治生态研究。一方面，社会政治因素成为环境科学的研究框架、实现科学的哲学和社会学新思维转型，关系着能否形成解决环境问题的新见解、新思路；另一方面，让政策决策者承认科学对政治的影响，也有助于实现更有效的公众参与和治理。3. 探讨在地方和全球层面上的环境问题，包括气候变化、森林砍伐、转基因、荒漠化和污染等议题。4. 探讨环境社会运动和国际组织如世界银行的运作。福希斯认为，将环境政治与环境科学相结合，是政治生态学的关键。该书所提供的对社会政治生活的洞察、自然科学方法与政治学的融合，展现了环境科学政治的意涵和特征。（徐越）

皮埃尔—约瑟夫·蒲鲁东
Pierre-Joseph Proudhon，1809 ~ 1865

法国政论家、经济学家、小资产阶级社会主义者。无政府主义的奠基人之一，被称为“无政府主义之父”。最先使用“Anarchy”一词表述社会的无政府状态。

否认一切国家和权威，认为它们维护剥削，扼杀自由。反对政党，反对工人阶级从事政治斗争，认为主要的任务是进行社会改革。将无政府主义与改良主义合为一体，提出所谓“互助主义”的救世方案。主张生产者根据自愿原则，通过订立契约进行互助合作，彼此等价交换各自的产品。这种空想的互助主义方案，建立在小生产者的小私有制基础

之上，目的是形成生产者之间永恒的公平，防止他们遭受破产的厄运，使小私有制永世长存。蒲鲁东的学说和政治活动对巴黎公社前的法国工人运动颇有影响。马克思在《哲学的贫困》等一系列著作中对蒲鲁东及其思想进行深刻批判。（徐越）

皮尔·加尔顿

Per Gahrton，1943 ～

瑞典绿党和欧洲绿党的主要领导人之一。1976 ～ 1979 年是全国议会中的自由党议员。1988 ～ 1991 年和 1994 ～ 1995 年担任全国议会的绿党议员。1999 ～ 2004 年担任欧洲议会议员。在 20 世纪 80 年代初投身于绿色运动，成为瑞典绿党的创始人之一。1984 ～ 1985 年担任瑞典绿党发言人。坚定的欧洲怀疑主义者，曾领导绿党反对瑞典加入欧盟的公投。目前是欧洲绿党的智库专家，同时担任瑞典声援巴勒斯坦协会的主席。2008 年强烈批评欧盟关于“强化与以色列政治对话的指导原则”，认为该指导原则旨在建立与“以色列的安全条约”。2009 年参与反对瑞典和以色列之间的戴维斯杯比赛的抗议运动。著作《欧洲议会中的生死争斗》饱受争议。著有《绿党、绿色未来》（2015）等。（王聪聪）

皮特·伯格

Peter Berg，1937 ～ 2011

著名的生物区域主义学者、环境作家，地球鼓基金会的创始人。出生于纽约，长期居住在佛罗里达，在佛罗里达大学学习心理学，参过军，后返回纽约定居。20 世纪 60 年代是旧金山哑剧剧团和挖掘者的成员。2011 年因肺炎去世。他将生物区域定义为“以自然特征（分水岭、地貌、土壤、地质条件、原生植物和动物、气候和天气）来表征的区域，这些自然特征相互作用，人类只是作为其中一个物种而存在”。因此，他成为作为一种生态自治主义理论流派的“生物区域主义”的重要开创者。（徐越）

皮特·克鲁泡特金

Peter Kropotkin，1842 ～ 1921

俄国地理学家，无政府主义运动的精神领袖和理论家。父亲为世袭亲王，本人在西伯利亚任军官时，业余从事地理考察和动物研究，修正东亚地图，丰富对冰河时期亚洲冰河作用的知识。对政治的关切，改变了这位潜在科学家的人生。因主张废除一切形式的政府和从事反沙皇活动被捕。越狱后长期旅居瑞士、法国、英国。十月革命前回国，认为工农自发组成的苏维埃可以在没有国家权力的干预下使人类获得彻底解放，从此致力于伦理史写作，将美好理想寄托在对青少年的教育上。一生公正无私，胸怀坦率，深受追求崇高社会理想人们的敬佩。罗曼·罗兰曾以著

名的格言对他做出评价："托尔斯泰追求的理想，被他在生活中实践了。"主要著作有《一个革命者的回忆录》《互助论》等。其中，互助思想对后来的生态无政府主义产生重要影响。（徐越）

贫民区

Slum Area

贫民区，又称贫民窟，通常用来指建筑质量、建筑材料或者基础设施服务供应状况与官方相抵触，或者达不到相应数量和质量要求的建筑物或居民区。它是含义很广泛的词，包括出租房、廉价寄宿房、棚户区（非法占用土地），建于小区的住房劣质的居民区（小区非法，不存在非法占用土地的问题）等各种建筑和居民区。贫民区在许多国家的具体表现形式不同，如在泰国较为普遍的修建于租用土地上的住房或棚屋，南非的后院棚屋，印度许多城市路边小屋。贫民区内往往缺乏足够的饮用水、卫生设施、安全的租约、稳固的房屋，以及足够的住房面积。贫民区规模小到 10 或 15 户，大到 10 万户。贫民区常有犯罪、毒品、违章建筑、垃圾、饮水等问题。贫民区存在的原因：1. 人口迁徙。主要是大量农村人口迅速向城市迁移加速了贫民区的形成，而城市规划和管理体系难以应付大量人口涌入。2. 贫困。2013 年，全球约 50% 人口住在城市地区，其中 32% 住在贫民窟，43% 住在发展中国家的贫民窟。原因在于许多贫穷国家经济增长极小；不平等状况持续不断，阻碍穷人参与促进经济增长。3. 居住问题。居住权缺乏保障是贫民窟存在的主要原因之一。居住权没有保障，贫民窟居民没有办法，也没有动力去改善居住环境。4. 全球化。贫民窟的产生与经济周期、国民收入分配发展趋势密切相关。全球化的负面影响，特别是经济繁荣与萧条的交替使不平等加剧，新增财富的分配也越来越不均，都造成贫民窟的显著增长。贫民窟是都市化中的普遍现象，无论是发达国家或发展中国家都面临这种困扰，在发展中国家则特别严重。贫民区数目因第三世界市区人口膨胀而大幅增加，根据联合国人居署 2006 年发表的报告，英联邦国家的贫民区住有 3.27 亿人，即当地接近六分之一人口。在四分之一英联邦国家之中（11 个非洲国家，2 个亚洲国家，1 个太平洋国家），超过三分之二市区人口居住在贫民区，当中很多国家仍在急速城市化，预计至 2030 年全球将约有 20 亿人口沦于贫民区。（参考：陈双专：《我国城市可否建立"贫民区"》，《中国税务》2003 年第 4 期第 22 ~ 23 页；芦恒：《边缘底层与贫民区秩序——国外城市贫民区研究述评及对国内相关研究的启示》，《贵州社会科学》2009 年第 4 期第 23 ~ 27 页。朱配辰）

贫穷世界的环境主义

Environmentalism of the Poor World

这一术语初见于罗宾·尼克森的著作《缓慢暴力和贫穷世界的环境主义》，后专指发展中国家的环境社会运动。在尼克森看来，暴力导致的气候变化、有毒物漂移、砍伐森林、石油泄漏和战争等造成的环境破坏，是可以逐渐被人们看到的，因此他用"慢暴力"形容这些威胁。缓慢的暴力、强硬的资本主义、脆弱的生态环境、贫困的落后地区，当这些充满矛盾的事物集中到一起后，强势的资本主义加剧贫穷国家中生态系统的脆弱和穷人的贫困。穷人力量渺小的现实，强化社会矛盾导致的绝望感，进一步削弱他们维持生命的条件。由于资本主义的强势存在，落后的南方国家（发展中国家）和地区不仅经济上贫困，而且在生态上也不断恶化。因此，环境主义和环境运动与南方国家产生关联性。尼克森从超国家的角度审视全球性生态问题，指出消除缓慢的暴力和贫穷的环境，才是解决全球生态危机的可行举措。（徐越）

品牌生态位

Brand Niche

品牌生态系统具有同自然生态系统相似的自

然属性，因此它指品牌与品牌之间以及品牌与品牌生态系统之间的功能关系，它们各自通过品牌所代表的产品或者服务之间的相互作用以及资金流通和信息交换。生态位是生物与其所在的生态系统之间的一种适宜性关系，确切说来就是生态系统中对于某种生物生存所必需的生态因子的集合或者生态系统中其他生态因子对于该种生物而言的适宜性程度。根据同样的道理，在品牌生态系统的研究中，可以将品牌外部环境等同于生态系统，可以将某种品牌视为生态系统中的某种有机组成部分，生态系统中生物存续对其外部生态因子的依存性可以类比为品牌在市场中为了占据有利地位而与其他市场要素的关联关系，因此品牌在市场环境中所占的一定资源空间就是其生态位。品牌生态位在此意义上可以定义为在品牌生态系统中，品牌在一定上是空间内对保持其竞争力所必需的市场资源的占有情况或者其他市场资源对于该品牌的适宜性程度，该空间是品牌与其他市场要素、资源相互作用、产生关系的空间，是适宜品牌发展的空间。（参考：张波：《基于生态位适宜度理论品牌空间扩张外部环境评价研究》，江苏科技大学 2012 年硕士学位论文第 14 ~ 15 页。欧阳文川）

品牌生态位适宜度

Brand Niche Suitability Degree

生态位适宜度指生物在生态系统中的实际生态位与理想、适宜生态位之间的贴近程度，因此生态位适宜度反映了物种实际生境条件（资源位）与它理想生境条件（理想资源位）之间的贴近程度。品牌生态适宜度可以根据生态位适宜度理论做出界定。品牌的生态位即品牌在实际市场环境中所占有和利用资源的集合，然而影响品牌竞争力的因素不仅包括经济因素，也包括社会、自然等因素，因此理想、适宜的品牌生态位应由经济、社会、自然等因素共同发挥作用。所以，品牌生态位适宜度就是在品牌生态系统内，品牌实际对资源的占有和利用情况与适宜地占有和利用各种资源之间的贴近程度，两者间的贴近程度反过来表征品牌在品牌生态系统内实际对各种资源占有和利用的适宜性程度。（参考：张波：《基于生态位适宜度理论品牌空间扩张外部环境评价研究》，江苏科技大学 2012 年硕士学位论文第 14 ~ 15 页。欧阳文川）

平等观

Equality View

基督教认为天地万物和人类都是上帝创造。上帝是创造者，人类与万物是被造物。《圣经》说“我们要按照我们的形象造人，按照我们的样式造人，使他们管理海里的鱼、空中的鸟、地上的牲畜和全地，并地上所有爬虫”。这些话被当代的基督教生态神学家解释为人类只是上帝其他被造物的管理者，而不是主宰者和拥有者。由于人类和其他被造物都是上帝所创造，因而人类与万物是平等的，人类受上帝之托管理其他物类。这是上帝要人类承担更大责任，而不是随意支配和破坏其他被造物和自然界。《圣经》主张人与万物因道同造、因道同在，人与自然应该和谐相处，人与其他被造物是平等的。（雷爱民）

平衡观

Concept of Balance

在基督教教义与《圣经》记载中，末日洪水之际，挪亚方舟中人与万物一样是需要被上帝救赎的对象，上帝不仅救赎万物，还将慈爱倾注于万物。《圣经》有安息日、安息年，规定和要求人与自然休养生息，赋予人保护自然节律和生息过程的责任，维护人类生存环境的平衡与可持续发展。（雷爱民）

平衡理论

MacArthur-Wilson Equilibrium Theory

生物地理学、生态学以及保护生物学中最具影响力的理论之一，也是岛屿生物地理学的研究范式。这一理论基于迁入和灭绝这两个生物地理过程以及岛屿面积、隔离程度等物理性质，解释岛屿上物种丰富度和特有种的现有格局。这一理论强烈影响生态学和保护生态学领域达 40 年之久，激发大量探索不同生态系中物种丰富度格局的研究。MacArthur 和 Wilson 认为，进化因素在进化时间尺度上是影响岛屿物种多样性的重要因素之一，并且进化也常用来解释异常丰富的局域物种多样性。（参考：陈小勇、焦静、童鑫：《一个通用岛屿生物地理学模型》，《中国科学：生命科学》2011 年第 12 期第 1196 ~ 1202 页。朱雨晨）

平原区生态农业

Plain Area Ecological Agriculture

农业生态系统是以土地为基础，以农作物（包括粮食作物、经济作物、园艺作物等）和动物为组成成分的系统。农业生态系统的形式以土地类型为基础，一定的土地类型适应于一定的农业经营方式，从而构成一定的农业生态系统。我国平原区主要包括东北平原、华北平原、长江中下游平原，全部分布在中国东部，在第三级阶梯上。但三大平原地区的气候和土壤状况所有不同，因此，应按照当地的气候和土壤环境，以生态学原理和经济学原理，运用现代科学技术成果和现代管理手段，以及传统农业的有效经验对不同平原地区进行综合治理，从而提高经济效益、生态效益和社会效益，进而达到现代高效农业的标准。（李雪姣）

屏南绿色之家

Pingnan Green Association

发起于 1994 年，自发成立于 2001 年底，2004 年 12 月向屏南县民政局申请报批，至今仍然能够坚持在福建省屏南县的城南正常开展环保工作。前身是福建屏南榕屏化工有限公司环境污染损害赔偿纠纷维权的 1721 名村民组成的诉讼团体。以保护生态环境、倡导弱势群体、维护正当权益为活动宗旨，以中华人民共和国宪法及法律法规为具体行为依据，以中国特色理论体系为指导思想，2003 年正式以组织名义投入活动。通过合法的途径进行投诉、上访，运用法律武器提起诉讼，增强人们的法律意识和环保意识，提高参与意识、民主意识、权利意识和维权意识。（席溢）

鄱阳湖生态经济区

Eco-economic Area of Poyang Lake

中国重要生态功能保护区，世界自然基金会划定的全球重要生态区。承担调洪蓄水、调节气候、降解污染等多种生态功能。以江西省鄱阳湖为核心，以鄱阳湖城市圈为依托，以保护生态、发展经济为重要战略目标的新兴经济特区。宗旨是建设成为世界性生态文明与经济社会发展协调统一、人与自然和谐相处的生态经济示范区和中国低碳经济发展先行区。2009 年 12 月 12 日国务院正式批复《鄱阳湖生态经济区规划》，标志着建设鄱阳湖生态经济区上升为国家战略。《规划》对鄱阳湖经济区的战略定位是：1. 建设全国大湖流域综合开发示范区。2. 建设长江中下游水生态安全保障区。3. 加快中部地区崛起的重要带动区。4. 国际生态经济合作重要平台。5. 连接长三角和珠三角的重要经济增长极。6. 世界级生态经济协调发展示范区。（张沥元）

破坏环境资源保护罪

Crime of Destruction of Protection of Environmental Resources

指个人或单位故意违反环境保护法律，污染或破坏环境资源，造成或可能造成公私财产重大损失或人身伤亡的严重后果，触犯刑法并应受刑事惩罚的行为。1997 年新《刑法》增设的犯罪。侵犯客体是国家对环境资源保护的管理制度。构成此类犯罪的主体，为一般犯罪主体。规定的具体罪名，包括：1. 重大环境污染事故罪。违反国家规定，向土地、水体、大气排放、倾倒或者处置有放射性的废物、含传染病病原体的废物、有毒物质或者其他危险废物，造成重大环境污染事故，致使公私财产遭受重大损失或者人身伤亡的严重后果的，处三年以下有期徒刑或者拘役，并处或者单处罚金；后果特别严重的，处三年以上七年以下有期徒刑，并处罚金。2. 非法处置进口的固体废物罪。违反国家规定，将境外的固体废物进境倾倒、堆放、处置的，处五年以下有期徒刑或者拘役，并处罚金；造成重大环境污染事故，致使公私财产遭受重大损失或者严重危害人体健康的，处五年以上十年以下有期徒刑，并处罚金；后果特别严重的，处十年以上有期徒刑，并处罚金。3. 擅自进口固体废物罪。未经国务院有关主管部门许可，擅自进口固体废物用作原料，造成重大环境污染事故，致使公私财产遭受重大损失或者严重危害人体健康的，处五年以下有期徒刑或者拘役，并处罚金；后果特别严重的，处五年以上十年以下有期徒刑，并处罚金。以原料利用为名，进口不能用作原料的固体废物、液态废物和气态废物的，依照本法第一百五十二条第二款、第三款的规定定罪处罚。4. 非法捕捞水产品罪。违反保护水产资源法规，在禁渔区、禁渔期或者使用禁用的工具、方法捕捞水产品，情节严重的，处三年以下有期徒刑、拘役、管制或者罚金。5. 非法狩猎罪。非法猎捕、杀害国家重点保护的珍贵、濒危野生动物的，或非法收购、运输、出售国家重点保护的珍贵、濒危野生动物及其制品的，处五年以下有期徒刑或者拘役，并处罚金；情节严重的，处五年以上十年以下有期徒刑，并处罚金；情节特别严重的，处十年以上有期徒刑，并处罚金或没收财产。违反狩猎法规，在禁猎区、禁猎期或使用禁用的工具、方法进行狩猎，破坏野生动物资源，情节严重的，处三年以下有期徒刑、拘役、管制或者罚金。6. 非法占用耕地罪。非法占用耕地、林地等农用地，改变被占用土地用途，数量较大，造成耕地、林地等农用地大量毁坏的，处五年以下有期徒刑或者拘役，并处或者单处罚金。7. 非法采矿罪、破坏性采矿罪。违反《矿产资源法》的规定，未取得采矿许可证擅自采矿的，擅自进入国家规划矿区、对国民经济具有重要价值的矿区和他人矿区范围采矿的，擅自开采国家规定实行保护性开采的特定矿种，经责令停止开采后拒不停止开采，造成矿产资源破坏的，处三年以下有期徒刑、拘役或者管制，并处或者单处罚金；造成矿产资源严重破坏的，处三年以上七年以下有期徒刑，并处罚金。违反矿产资源法的规定，采取破坏性的开采方法开采矿产资源，造成矿产资源严重破坏的，处五年以下有期徒刑或者拘役，并处罚金。8. 非法采伐、毁坏珍贵树木罪。违反国家规定，非法采伐、毁坏珍贵树木或者国家重点保护的其他植物的，或者非法收购、运输、加工、出售珍贵树木，或国家重点保护的其他植物及其制品的，处三年以下有期徒刑、拘役或者管制，并处罚金；情节严重的，处三年以上七年以下有期徒刑，并处罚金。9. 盗伐林木罪、滥伐林木罪。盗伐森林或者其他林木，数量较大的，处三年以下有期徒刑、拘役或管制，并处或者单处罚金；数量巨大的，处三年以上七年以下有期徒刑，并处罚金；数量特别巨大的，处七年以上有期徒刑，并处罚金。违反森林法的规定，滥伐森林或其他林木，数量较大的，处三年以下有期徒刑、拘役或者管制，并处或者单处罚金；数量巨大的，处三年以上七年以下有期徒刑，并处罚金。10. 非法收购盗伐、滥伐的林木罪。非法收购、运输明知是盗伐、滥伐的林木，情节严重的，处三年以下有期徒刑、拘役或管制，并处或单处罚金；情节特别严重的，处三年以上七年以下有期徒刑，并处罚金。盗伐、滥伐国家级自然保护区内的森林或其他林木的，从重处罚。（参考：同利平：《试析破坏环境资源保护罪》，《湖南师范大学社会科学学报》1998 年第 2 期第 20 ~ 24 页。**朱配辰**）

葡萄牙共产党

Portuguese Communist Party，PCP

1921 年成立，20 世纪 70 ~ 80 年代选举支持率在 10%以上。东欧剧变后，承受外部压力，没有抛弃共产党名称，依然坚持无产阶级政党，坚持共产主义的理想信仰，坚持民主集中制。进入90年代后，支持率略有下降，选票维持在7%～8%。在葡萄牙国内大选和欧洲议会选举中，从1987年开始与绿党以政党联盟“民主团结联盟”参选。

2011年葡萄牙议会大选中，民主团结联盟获得16个议会席位。作为传统的共产党，对新政治议题的强调相对较少。主要政策领域是经济政策和再分配政策，环境政策集中于捍卫人们的食物主权和公共供水等基本权利，以及反对自然资源的商品化。（王聪聪）

葡萄牙绿党

Os Verdes

1982年建立的葡萄牙绿色政党组织，全称是“葡萄牙生态运动—绿党”。深受20世纪70年代新社会运动的影响，与葡萄牙共产党保持较为密切的关系。自成立以来，在选举中一直加入由

共产党主导的“民主团结联盟”。许多人也因此批评绿党披着红色的外衣。实际上，绿党和共产党的政治理念有着很大的不同。在1987、1991、1995、1999、2002、2005、2009、2011年的葡萄牙国会大选中，民主团结联盟分别获得12.2%、8.8%、8.6%、9.0%、7.0%、7.6%、7.9%、7.9%的选票。历次大选中都分得2个议席。市镇议会选举中占有地方议会中一些议席。在1987、1989、1994、1999、2004、2009、2014年的欧洲议会选举中，民主团结联盟分别获得了3个、4个、3个、2个、2个、2个、3个议席。是欧洲绿党的成员党，也是欧洲绿党联盟的创始党。（王聪聪）

葡萄牙民主团结联盟

Portugal Democratic Unity Coalition

葡萄牙生态绿党与共产党结成的选举政治联盟。1987年大选中，绿党与共产党组建民主团结联盟参加议会选举。结果获得12.18%的选票和30个议席，其中绿党获得2个议席。在此后的1991、1995、1999、2002、2005、2009、2011年葡萄牙大选中，绿党都在民主团结联盟的框架内参加竞选。民主团结联盟在20世纪90年代以来的历次大选中，分别获得17个、15个、17个、12个、14个、15个、16个议席，绿党均分得2个议席。自20世纪80年代以来的历次欧洲议会选举中，民主团结联盟都获得2～3个欧洲议会席位。葡萄牙共产党是民主团结联盟的主要政治力量，绿党在选举联盟中也具有重要地位。两个政党在议会中各自拥有自己的党团，在欧洲议会中也隶属于不同的欧洲议会党团联盟。从绿党与共产党的公开政治结盟来看，与其他国家的绿党相比，葡萄牙生态绿党具有更多的左翼特质。目前，葡萄牙生态绿党是欧洲绿党的成员党。（王聪聪）

普遍和谐

Universal Harmony

和谐是中国传统文化的核心理念，其中，“太和”具有统领各种和谐观念的作用，涵括自然、社会和人生所有重大关系，具有普遍和谐的意义。《周易·乾彖》解“元亨利贞”云：“乾道变化，各正性命，保合太和，乃利贞。”即大化流行在元（起始）、亨（生长）、利（成熟）、贞（完成）中进行。宇宙原本和谐有序，在分化出天地人后，只有保持这种完美和谐，才可达到普遍和谐境界。儒道两家的自然和谐观即是以这个理论作为根本依据。普遍和谐的观念中蕴含四大环节：自然的和谐、人与自然的和谐、人与人的和谐和自我身心的和谐。这四个环节具有递进关系，内容上交涵互摄。这意味着社会作为有机整体，不能只在某些方面片面地发展，而应成为社会各要素相互依存、相互促进的协调发展。（李雪姣）

普度众生

Deliver All Living Creatures from Torment

普度众生是大乘佛教的核心思想，众生指一切众生，所谓普度是普遍地引渡一切众生，帮助他们脱离生死苦海，超脱出生死轮回，所谓“众生无边誓愿度”，是指在修道成佛的道路上，不光要自我证悟成佛，还要成就大道，帮助众生成佛，使众生彻底认识世界缘起性空的本质，识得诸行无常、诸法无我的真相，从而度化一切众生，得终极涅槃。普度众生要求自觉觉他、自度度他。（雷爱民）

普罗米修斯主义

Prometheanism

对普罗米修斯主义的理解，不同的学者不尽相同。马克思将普罗米修斯主义理解为：1. 反叛精神。引申为反叛资本主义的阶级。2. 创造精神。从思想上创造对神不敬之人。3. 技术传播者。普罗米修斯盗取火种，寓意为全新技术的传播使者。4. 预言者。普罗米修斯具有预言精神。他不仅能够预测自己的命运，还能毅然决然地不畏强权投身到自己认可的事业中。结合相关论述（如劳动创造人本身，劳动从制造工具开始），在马克思那里，普罗米修斯（主义）是以积极、进步的形象（寓意）出现的。在人口学、社会学领域，普罗米修斯主义通常和技术乐观派、丰饶论等流派一道，代表着技术乐观主义的价值观。普罗米修斯主义意味着否认增长的极限，相信技术发展会导致不断进步，从而带来人类需要的满足。（徐越）

普选权

Universal suffrage

又称普遍选举权。凡达到法定年龄的公民，除因某种原因被剥夺选举权或因某种条件限制不能行使选举权者外，享有不受民族、种族、性别、家庭出身、社会地位、宗教信仰、教育程度、财产状况等条件限制的选举权，体现了享受选举权的公民的广泛性。普选权原则，首先是由资产阶级在资产阶级革命时期提出的，现已为大多数国家的宪法和选举法确认。因各国社会历史条件和现实状况不同，选举权的普及程度亦各不同。资本主义国家虽然将普选权原则规定在它们的宪法之中，但实际上难以真正实现，只有社会主义国家才能真正做到。1982 年的《中华人民共和国宪法》和 1977 年制定、1986 年第二次修订的《中华人民共和国全国人民代表大会和地方各级人民代表大会选举法》均规定，凡年满 18 周岁的中华人民共和国公民，不分民族、种族、性别、职业、家庭出身、宗教信仰、教育程度、财产状况、居住期限，都有选举权，但依法被剥夺政治权利的人除外。（李庆）

普选制

General election system

在全国范围内成年公民不受任何限制普遍地参加国家领导人和代议机关代表的选举的制度。资产阶级在革命时期曾提出过“普选”作为反对封建专制和动员人民群众参加革命的一个政治口号。然而，在他们取得政权之后的相当一段时期里，在财产、性别、种族、教育程度等方面对选举权做了种种限制。在 19 世纪后期的几十年里，尤其是 20 世纪以来，资本主义国家才逐步取消了种种限制，承认人民群众的选举权。目前，各发达资本主义国家虽然在实际上仍存在许多限制，但在形式上已实行了普选制。在资本主义制度下，普选制只能是资产阶级统治的工具。在社会主义国家，从一开始就实行了普选制，同时，社会主义的普选制也还处在不断发展和完善的过程中。（李庆）

Q

七 齐 企 启 气 契 千 钱 浅 强 抢 乔 切 亲 青 轻
氢 倾 清 情 晴 穹 琼 蚯 区 躯 曲 去 权 全 群

七区二十三带

Seven Zones and Twenty-three Belts

“七区二十三带”是“十二五”规划内容中有关优势农业发展格局的战略思想，指包括7大农业主产区和小麦、玉米、棉花等总计23个农产品名称。七区二十三带战略思想旨在构建以东北平原、黄淮海平原、长江流域、汾渭平原、河套灌区、华南和甘肃新疆等农产品主产区为主体，以基本农田为基础，以其他农业地区为重要组成的农业战略格局。具体内容是：1. 东北平原主产区，建设以优质粳稻为主的水稻产业带，以籽粒与青贮兼用型玉米为主的专用玉米产业带，以高油大豆为主的大豆产业带，以肉牛、奶牛、生猪为主的畜产品产业带。2. 黄淮海平原主产区，建设以优质强筋、中强筋和中筋小麦为主的优质专用小麦产业带，优质棉花产业带，以籽粒与青贮兼用和专用玉米为主的专用玉米产业带，以高蛋白大豆为主的大豆产业带，以肉牛、肉羊、奶牛、生猪、家禽为主的畜产品产业带。3. 长江流域主产区，建设以双季稻为主的优质水稻产业带，以优质弱筋和中筋小麦为主的优质专用小麦产业带，优质棉花产业带，“双低”优质油菜产业带，以生猪、家禽为主的畜产品产业带，以淡水鱼类、河蟹为主的水产品产业带。4. 汾渭平原主产区，建设以优质强筋、中筋小麦为主的优质专用小麦产业带，以籽粒与青贮兼用型玉米为主的专用玉米产业带。5. 河套灌区主产区，建设以优质强筋、中筋小麦为主的优质专用小麦产业带。6. 华南主产区，建设以优质高档籼稻为主的优质水稻产业带，甘蔗产业带，以对虾、罗非鱼、鳗鲡为主的水产品产业带。7. 甘肃新疆主产区，建设以优质强筋、中筋小麦为主的优质专用小麦产业带，优质棉花产业带。七区二十三带是中国防范粮食危机的基本屏障，新的战略规划为农业科学化、区域经济发展与区域产业格局提供指导。新规划取得成效的关键在于战略协同，跨区域的战略合作有助于合理配置农业资源，促使有限资源发挥最大的效用。各区域政府的配合态度与因地制宜的经济发展方针决定该战略的实施效果。（参考：郑荣华:《“七区二十三带”战略亟须跨区域合作》,《粮油市场报》2011 年 3 月 23 日第 1 版。朱配辰）

《齐物论》

On the Equality of Things

《庄子》中的篇名。文中主张以道观物，从道的角度看待世间万物，则万物齐一。齐物论主张“任万物不齐而自齐”，希望世人超越是非观念，体会“齐物逍遥”的至乐境界。庄子认为世间万物包括人的品性和情感，看起来虽然千差万别，但归根结底是齐一的，这就是“物齐”或说“齐物”。他认为虽然人们的各种看法和观点不同，但由于世间万物是齐一的，言论归根结底齐一，没有是非高下之分别，这就是“齐论”或说“齐言论”。齐物、齐论以及齐人我是齐物论思想的大旨。庄子认为在大道之下，不区分物我，言论也不有定论，人们持有的是非观念与区分立场并非本然之物，它只是个体主观性的对外物偏见。（雷爱民）

企业低碳管理体系

Enterprise Low Carbon Management System

企业是实施节能减排的主体，要建立企业低碳管理体系，企业应建立企业战略伙伴关系，建立低碳文化的供应链、信息管理系统和评价指标体系。通过建立低碳企业创新示范管理体系，建立相对完善的低碳企业评价指标，开展低碳企业的试点。对关键的指标进行测度，对企业进行低碳绩效评价。从企业生产的全过程——研究与开发、采购、生产、营销与销售、使用后处理等方面进行低碳化管理，最终建立三大机制：形成机制、实现机制和动力机制。这些机制之间相互作用、相互促进，实现管理的协同效应，使整个低碳管理系统流畅而有效地运转。通过管理体系，建立起低碳统计、监测与考核三者的相互关联，构建针对企业低碳发展的统计、监测与考核体系的运行模式、政策框架和支持体系，从内容到结构都具有较强的管理创新性。在监测、考核过程和支持体系的设计中，涉及技术内容与工程化的解决方案，强调监测、考核与支持体系的协同运行。（李雪姣）

企业仿生学

Enterprise Bionics

仿生学指以生物的生命活动为研究对象，揭示生物与其所处生态系统之间的物质转化、能量交换、基因演替和信息流动原理和规律，并将其与现有技术结合用以改造和创新各种机械、仪器和设备的新兴学科。仿生学运用于企业研究中，企业被视为生命个体，企业仿生学是将企业作为生命个体，揭示企业运作、组织原理以及企业内部各要素结构与功能关系，并以此促进企业科学管理和发展成长的理论。企业在仿生学研究中，比照仿生学对生物生命活动规律以及生物与其所处外部环境之间关系的研究，不仅探究企业本身在管理、决策、生产、文化等各方面的运作原理和功能关系，还研究企业与其外部环境，包括与其他企业之间的关系，以及与外部文化环境的关系，如经济环境、政治环境、制度环境等等。这些外部环境构成企业所处的企业生态系统。生物通过与其所处的自然生态系统进行物质、能量转换和流通以保持其生存和发展，企业同样通过适应外部环境制定发展策略和路线。生物自身的生命维持依靠其自身生命系统（如神经系统、血液循环系统、消化系统等）协调运转，企业的生存发展与核心竞争力构建在于企业内部的企业文化、管理决策和生产技术等各方面因素的综合作用。生物在自然生态系统的资源竞争关系中，进行着缓慢的器官和功能进化，企业在市场中保持其生命力和竞争力，在于企业文化、管理理念、生产技术等方面的革新和进步。（参考：张伟:《企业仿生学探讨》，《经营管理者》2011 年第 18 期第 120 页。欧阳文川）

企业环境信息披露

Enterprise Environmental Information Disclosure

指企业通过财务报告、财务报表附注、企业招股说明书、社会责任报告、环境报告、可持续发展报告、重大事项公告以及公司网站等各种形式，向企业利益相关者以及公众披露与企业有关的各项环境信息。企业环境信息指企业经营活动对环境所产生的影响以及环境对企业经营活动所产生的影响等各类财务、非财务信息。披露动因可能是由于企业所处当地的政府直接环境规制信息披露制度下的制度性披露，也有可能是企业为树立良好社会形象或者相关人的特殊要求下的非制度性披露。环境信息披露伴随着“预防为主，防治结合”环境治理理念的突破，在 20 世纪 80 年代末和 90 年代初开始被关注并研究。一些重要国际会计组织首先对环境信息披露进行探索，较典型的是国际会计和报告准则政府间专家工作组第 7 次会议首次对环境会计以及环境信息披露在全球范围内的进展进行的讨论。环境具有明显的外部性特征，因此大范围、详细全面的企业环境信息披露需要政府的监督和管理。2008 年起我国开始试行企业环境信息披露制度，同年 5 月 1 日开始施行国务院《政府信息公开条例》和环保部《环境信息公开办法（试行）》，标志着我国环境信息披露进入法制建设和管理轨道。环境信息披露制度作为政府的环境规制手段，对企业带来制度和舆论层面的监督和压力。随着社会生态环境保护意识的逐渐普及，企业的环境表现良好与否已经成为企业合法性的基础之一。为树立良好社会形象、符合相关利益人的要求，企业会自发改进生产技术和生产方式而向生态型企业转轨。（参考：励向南：《中国企业环境信息披露制度初探》，复旦大学 2009 年硕士学位论文第 14 ~ 21 页、第 36 ~ 39 页；毕茜等：《环境信息披露制度、公司治理和环境信息披露》，《会计研究》2012 年第 7 期第 39 ~ 40 页。欧阳文川）

企业清洁生产审核

Enterprise Cleaner Production Audit

企业清洁生产审核的开展主要是通过对企业的三个部分、八个方面对企业进行评估，找出能耗高、物耗高、污染重的部分，并对其原因进行

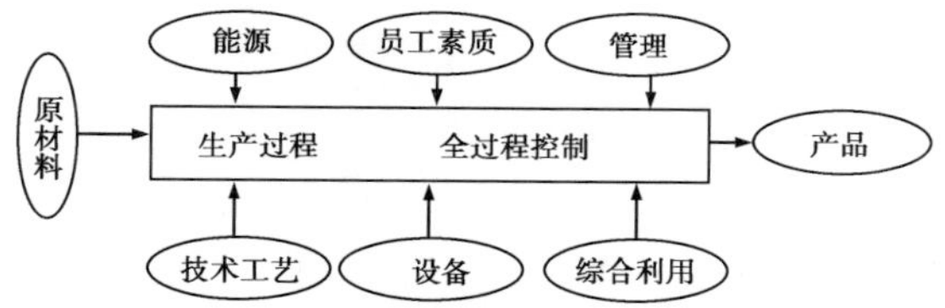

分析，然后制定方案来减少或消除污染物排放，降低企业能耗，提高资源利用效率。八个方面分别指能源、过程控制、原辅材料、工艺技术、综合利用、生产控制、设备、产品和废弃物。（李雪姣）

企业生态管理

Enterprise Ecological Management

将生态学原理运用于企业管理的实践方法。穆尔（Moor）最早将生态学方法运用于企业管理中，1996 年在其著作《竞争的衰亡：商业生态系统时代的领导与战略》中提出商业生态系统的概念，阐述企业之间协同进化的思想。我国的孙成章是较早在企业生态管理领域中进行研究的学者，其专著《企业生态学概论》将生态学与企业管理相结合，然而对生态学方法的运用不成体系且没有涉及生态哲学思想。总体说，企业生态管理研究应分为生态管理对象、生态管理方法和生态管理哲学。目前对于企业的生态管理研究已经较为成熟，研究方向包括企业生命属性分析以及生态方法与企业管理方法的交叉。然而对于企业生态管理中的生态对象、生态哲学虽有涉及，但不充分。就企业生态管理内容（企业生态管理系统）而言，可以分为战略生态管理、生产生态管理、人力资源生态管理以及营销生态管理 4 个方面：1. 战略生态管理指企业决策者将环境保护和生态维护纳入企业中长期发展总体规划中，实施

企业的可持续发展战略。之所以将环境保护和生态维护置于战略发展的高度之上，是因为企业需要适应日益复杂的战略环境以及网络经济发展下的新型管理模式。2. 生产生态管理是企业在其生产技术、生产方式及其管理上的生态化转型，创新绿色科技、发展循环经济、生产绿色生态产品是企业适应生态社会和生态公民的生态型消费的对策。3. 人力资源生态管理是基于“生态人”的假设看待和管理企业员工，以企业整体和社会环境整体的视域科学管理员工。4. 企业营销生态管理指企业在其产品消费和处置环节注重环境保护和生态维护，在分销、促销环节进行生态管理，包括商品运输工具、中间商以及营销策划和执行等环节。（参考：唐兴莉等：《企业生态管理的层次体系分析》，《商业研究》2006 年第 7 期第 73 ~ 74 页；孙亚忠：《企业生态管理研究》，《武汉理工大学学报》（信息与管理工程版）2007 年第 5 期第 93 ~ 95 页。欧阳文川）

企业生态竞争力

Enterprise Eco-competitiveness

指以企业可持续发展为目标，以循环经济为发展导向，在企业技术研发方面注重绿色科技的创新；在产品的设计方面融入生态维护和环境保护理念；在产品的生产和流通方面注重资源节约及其高效利用；在产品的营销层面注重生态环保理念的宣传；在企业决策和管理层面建立以绿色环保为核心的企业文化，从而以良好的企业形象、合格的产品和服务质量、科学的企业管理在产业竞争中占据相对优势。具体说，在企业的生产层面，生态型竞争力要求企业在生产中采用清洁技术，实现清洁，采用无毒、环保的原材料，提高资源利用效率，改变生产流程，实现废物循环利用；在管理层面，生态竞争力要求企业将调整生产结构、向生态型企业转型的发展规划纳入企业中长期的发展战略之中，发展循环经济，生产生态产品，施行生态营销策略；在企业文化建构方面，领导层不仅应加强自身生态素养，在决策规划中体现生态理念，还应注重培养员工的生态意识，在企业管理和生产中的日常工作环节中树立环境保护和生态维护的文化氛围，并加强对生态理念的传播。企业构筑生态竞争力，甚至将其作为核心竞争力的一部分存在多重原因。首先是出于追逐巨大的经济利益的表现。随着经济和文化的高速发展，消费者对于生活品质的提升更加看重，倾向于选择绿色无污染环保型的产品或服务进行消费，因此绿色消费行为带动的巨大绿色市场是企业构筑生态竞争力的核心因素。地方政府在国家环境保护和生态维护大政方针的指引下，对于企业环境行为的监督和管理更加严格。此外，企业所处的社会文化环境也对企业生产方式的转变具有刺激作用，企业绿色生态环保的良好社会形象有助于其树立口碑，对企业来说是一种宝贵的无形资产。（参考：王文良：《煤炭企业生态竞争力评价及实证研究》，中国地质大学 2013 年博士学位论文第 33 ~ 36 页；刘玲等：《构建企业生态竞争力初探》，《经济师》2003 年第 2 期第 56 ~ 57 页。欧阳文川）

企业生态位

Enterprise Ecological Niche

生态位是指生物与其所在的生态系统之间的一种适宜性关系，确切说是生态系统中对于某种生物生存所必需的生态因子的集合或者生态系统中其他生态因子对于该种生物而言的适宜性程度。类似自然生态系统中生物与其他物种的能量物质交换，即生物对资源占有和利用情况。企业及其环境之间同样具有相似的能量、物质和信息交换关系。企业与企业之间以及其他外部环境之间都存在时空和功能上的联系，企业凭借其核心竞争力在企业种群中获取相应的发展所需资源，因此企业的核心竞争力决定其与外部环境的功能关系，也决定其所处生态位。M.T.Hannan 在 1977 年首次将生态位原理运用至企业种群的竞争、合作和共生等关系的研究中。1994 年 Joel 和 Singh 在 M.T. Hannan 的研究基础上提出多个企业生态位的多维资源空间集合体构成企业种群，企业各自还具备其独特的微观意义上的生态位。20世纪90年代对企业管理的研究促使企业生态位与企业管理科学相结合，这是企业生态位实际应用中的案例。此后，在知识经济的背景下，人力资源生态位作为企业生态位的深化研究，在企业管理学中发展起来，逐渐成为企业管理研究中的主流方向。（参考：颜爱民等：《人力资源生态位概念界定及因子测算》，《生态经济（学术版）》2006年第2期第49～51页。欧阳文川）

企业生态系统

Enterprise Ecosystem

生态系统是一定时间和空间中由生物群落及其所处环境之间通过物质转换、能量循环构成的有机复合整体，系统内各要素之间相互制约相互依赖，共同促进系统整体的均衡稳定。企业生态系统也可称为商务生态系统，指由不同性质的企业及其所处环境构成经济联合体，包括生产商、经销商、供应商、投资商、消费者以及企业所有员工和相关政府机构等不同性质的单位。企业生态系统的概念由James F. Moore在1993发表的商业评论《捕食者与被捕食者：一种新的竞争生态学》中首次提出，其后在1996年出版的专著《竞争的衰亡：企业生态系统时代的领导与战略》中，不仅对企业生态系统给出完整定义，而且超出对企业竞争合作关系的传统解释路径，将生态学的协同进化理论运用于企业与企业之间的竞争与合作，认为企业与企业之间存在着类似自然生态系统的协同进化能力。协同进化是生态系统中不同物种之间通过资源竞争、捕食、寄生或互利共生等相互作用促使物种各自发生进化，从而更好地使其适应自然环境的过程。生物协同进化实际是物种之间相互调节和适应，使生态系统不断更新并且保持均衡稳定，因此是一种生态因子补偿机制的体现。此后在2004年由Marco Iansity与Ray Levien共同创作的《关键优势：新型企业生态系统对战略、创新和持续性意味着什么》中，进一步完善了企业生态系统理论，强调企业像自然生态系统中的生物物种一样，都要与系统内其他要素和谐共生，这是企业进一步发展的前提。（参考：张喜文：《基于集体智慧的生态型企业协同进化研究》，武汉理工大学2011年博士学位论文第16～17页。欧阳文川）

企业协同进化

Enterprise Co-evolution

协同进化是生态系统中不同物种之间通过资源竞争、捕食、寄生或者互利共生等相互作用促使物种各自发生进化，从而更好地使其适应自然环境的过程。生物协同进化实际是物种之间相互调节和适应，使生态系统不断更新并且保持均衡稳定，因此是生态因子补偿机制的体现。如生态系统中存在特定生物群落：狼、黄羊和草，在没有狼的威胁时，黄羊食草往往连根拔起，对草原造成较大破坏，在有狼的环境下，黄羊为保持警惕只能快速地吃草的上端，这样草原得到保护；另一方面，黄羊为了躲避狼的追赶和捕食需要更快地奔跑，这促使狼也要有更快的速度去捕食黄羊，长此以往，黄羊与狼之间在相互适应的过程中都得到进化。企业与其外部环境之间同样存在生物种群间的竞争或者互利关系，企业为在市场竞争中处于领先地位，必须经常在技术、管理、产品和服务等方面进行创新和发展，这种自我强化的结果又会促使其他企业保持持续竞争力，同样会进行相似的改变以促进发展。在这种彼此影响和相互推进的过程中，企业与企业之间都处于不断进化的过程当中。与生物协同进化相比，由于自然生态系统长期处于均衡稳定状态，自然选择是长期相对缓慢的过程，生物的进化需要时间的累积，然而市场环境瞬息万变，企业随时都要做出反应和变动以应对风险，因此企业协同进化频率更快，发生的时间也更急促。（参考：张喜文：《基于集体智慧的生态型企业协同进化研究》，武汉理工大学2011年博士学位论文第20～24页。欧阳文川）

启蒙运动

Enlightenment

指 18 世纪欧洲兴起的思想解放运动。启蒙运动极端推崇理性，将理性作为一切事物是否具有真理性的唯一标准。恩格斯这样描述启蒙学者的革命性："他们不承认任何外界的权威，不管这种权威是什么样的。宗教、自然观、社会、国家制度，一切都受到了最无情的批判；一切都必须在理性的法庭面前为自己的存在做辩护或者放弃存在的权利。思维的悟性成了衡量一切的唯一尺度。"（《马克思恩格斯选集》第 3 卷第 56 页，北京：人民出版社，1973 年）因此，批判和否定是启蒙运动和启蒙理性的显著特征。启蒙理性是 17 世纪科学和哲学思想的延伸和发展，洛克的经验论哲学和牛顿的力学被认为是理性发展的杰出样板和例证。英国在政治经济等方面处于欧洲领先地位，因此启蒙学者都将英国视为理性极度发展的国度。另一方面，由于信奉和推崇理性的作用，启蒙学者都持乐观的社会历史观点，即认为社会和历史处于不断进步和发展的过程中。历史中曾经发生的灾难是理性被蒙蔽的结果，因此启蒙运动的任务是解除理性上的迷雾，消除非理性的因素，如封建社会的专制制度和宗教迷信。启蒙运动的代表人物有英国的休谟、德国的歌德和康德，其中法国的启蒙运动影响最大，直接后果是法国大革命。百科全书派是法国启蒙运动最具代表性的学者团体。（参考：赵敦华：《西方哲学简史》第 272 ~ 273 页，北京：北京大学出版社，2001 年。欧阳文川）

《启蒙之后》

After the Enlightenment

本书于 2003 年由湖南大学出版社出版，作者卢风，清华大学哲学系主任，教授。本书讲述启蒙运动以来西方科技高速发展，人类能力不断变强，已经超越满足自我需求的层次，科技已经过度发展。在这种高速发展的背景下，西方社会的价值观念已经发生转变。卢风对当今过度发展的

科学技术进行批判与反思，从价值观角度评判西方社会的得失。他认为过度发展的科技不会带来更高的文明，反而会导致人类社会的灾害。这种反思与批判的哲学思想为我们思考当今科技发展提供了创新思路。（代富宇）

气候变化

Climate Change

指经过相当一段时间气候状态变化，产生冰川消融、极端气候、海平面上升等问题，其中全球气候变暖是人类最迫切需要解决的问题。气候变化关乎全人类的生存问题，为改善气候变化，国际社会缔结《联合国气候变化框架公约》《京都议定书》等公约，确定应对气候变化的国际法律制度框架。据 2006 年中国发布的《气候变化国家评估报告》，气候变化对中国的影响主要集中在农业、水资源、自然生态系统和海岸带等方面，可能导致农业生产不稳定、南方地区洪涝灾害加重、北方地区水资源供需矛盾加剧、森林和草原等生态系统退化、生物灾害频发、生物多样性锐减、台风和风暴潮频发、沿海地带灾害加剧和有关重大工程建设和运营安全受到影响等问题。第十一届全国人大常委会通过的《全国人大常委会关于积极应对气候变化的决议》，提出加强应对气候变化立法纳入国家层面立法工作，以及颁布配套法律法规等措施。（王晴晴）

《气候变化国家评估报告》

National Assessment Report on Climate Change

2006 年由科学技术部、中国气象局、中国科

学院等 12 个部委组织实施的重要工程，共有 17 个部门的 88 位专家参与编写工作。我国首次组织编写的这类报告。《报告》内容包括中国气候变化的科学基础、气候变化的影响与适应对策以及气候变化的社会经济评价等部分，共 25 章。《报告》反映我国气候变化研究领域的重要成果，代表国家最高水平和发展趋势，可以为国家制定国民经济和社会长期发展战略提供科学决策依据，为我国参与气候变化领域的国际行动提供科技支撑。（张沥元）

气候变化指标法

Climate Change Index Method

温室气体大量排放会改变大气的组成，提高地表温度，引起全球变暖。荷兰制定的气候变化指标是将全国每年的二氧化碳、甲烷、一氧化二氮的排放量，以及氟氯烃的使用量都折算成二氧化碳当量后相加，综合表示对温室效应或全球变暖的影响。这一指标适用于政府对全国的温室气体控制，它可以为全国温室气体的控制提供明确的指标，但是对于企业和个体却无法产生清洁生产的指导作用。（李雪姣）

气候变暖

Climate Warming

影响气候形成的基本因素分别为太阳辐射、大气环流以及地表状况。太阳辐射是 3 个基本因素中的最主要因素。太阳辐射是大气以及海陆温度的主要来源，辐射在地表的分布情况决定气候在不同地区、季节和年度的温度状况；包裹在地球表面的大气层在温度的影响下发生空气上升和下降运动，在地球自转的作用下形成风系和气候带影响地球温度分布；地表状况决定受热程度和范围，如陆地和海洋的不同热量分配方式，形成大陆性气候及海洋性气候。然而，人类经济生产活动对气候产生的影响是气候变暖更重要的因素。自 19 世纪工业革命以后世界进入工业化进程，与之伴随的是人口激增、城市化和交通现代化，这些都是以大量自然资源利用为代价，尤其全球森林急剧减少和化石燃料的大量燃烧，导致大气碳含量骤然上升，二氧化碳大量增加导致温室效应。这是全球气候变暖近百年来的最主要因素，至 20 世纪 80 年代全球气温上升幅度达至顶峰。除此之外，导致气候变暖的因素还有周期性的太阳活动。太阳黑子运动在 20 世纪 70 年代末极为活跃，对气候变暖的影响程度非常大，甚至超过了大气中二氧化碳含量增多的影响作用。（参考：李国琛：《全球气候变暖成因分析》，《自然灾害学报》2005 年第 5 期第 38 ~ 42 页。欧阳文川）

气候行动网络

Climate Action Network，CAN

来自 100 多个国家超过 900 个非政府组织组成的全球性网络系统，1989 年 3 月在德国成立。宗旨在于推动政府和个人采取行动，以减少人为引发的气候变化对生态环境的影响。包括共同关心气候变化和希望在气候变化问题上进行合作的国家和全球性团体和组织，通过在世界各国的非政府组织搭建交流网络与平台，在非洲、欧洲、北美、拉丁美洲、亚洲等地区协调处理国际或者区域性的气候问题。行动目标是推进实现“满足当代人的需求，又不损害后代人满足其需要的能力”的可持续发展战略。主要活动包括：协调有关国际的、地区的和国家的气候和气候政策的信息交换，协调气候行动网络下属组织和其他有关机构之间有关气候问题的各种信息交流；就与气候有关的问题，提出政策选择，进一步采取合作行动，以促进非政府组织更积极地参与制止全球变暖的威胁。气候行动网络的组织结构包括各个国家成员组织，通过促进与协调本国非政府组织

之间的信息交流、战略对话、促进国际、区域和国家气候问题的协调发展。（申森）

气候伦理

Climate Ethics

气候问题的解决涉及不同国家在温室气体减排方面的责任和义务分担问题，涉及公平与正义问题。美国环境治理学者玛丽莲·埃夫里尔（Marilyn Averill）就基于伦理涉及公平、公正、责任和义务原则，阐述气候与伦理的关系：谁应该为气候变化负责？他们应该为谁负责？目标是什么？究竟应该做什么？气候伦理是从伦理道德的视角分析气候问题产生的原因及其治理对策，基本途径是人类社会通过对话协商，建立为世界各国都能接受的伦理共识，为气候治理提供有序的伦理环境，从而突破气候谈判的困境。气候伦理作为新的伦理形态，有着自身的理论向度：1. 气候伦理是对生态伦理的超越；2. 气候伦理属于国际关系伦理的范畴；3. 气候伦理属于应用伦理的范畴。气候伦理的产生是基于人类社会、特别是发达国家在利用气候资源过程中所出现的人与气候、人与人、人与自身的紧张关系所引发的伦理关切。它回答引起气候变化是谁的责任、气候责任应该如何分担、怎样才能突破气候谈判困境的问题，由此生成气候伦理的 3 个原则：不伤害原则、风险预防原则和正义原则。（参考：华启和：《气候伦理：理论向度与基本原则》，《吉首大学学报》（社会科学版）2011 年第 4 期第 6 ~ 9 页。牟世晶）

气候敏感性

Climate Sensitivity

指生态系统中的气候因子，如二氧化碳、水蒸气、冰层融化等，由于其数量在一定条件下的变化而导致的某种气候变化。也可理解为气候系统在自然环境本身的变化或者人为力量等因素干扰下，受影响的敏感程度。如，在自然生态系统中，太阳常数或者地球自转速度的变化都会导致气候敏感性；工业社会中化石燃料大量燃烧导致二氧化碳浓度升高，也会造成气候敏感性变动。气候敏感性常被用来研究气候变化宏观或微观层面的原因，哪些气候因子影响气候、如何影响、影响的具体程度等，这都需要借用数据实验方法和气候模型测量。在全球升温的大背景下，确定地球气候敏感性是被关注的焦点，水蒸气和碳元素被认为是影响气候敏感性的最大因素。与工业革命之前的人类社会相比，大气层中的二氧化碳含量大幅上升，水蒸气的增量与二氧化碳相当。目前主流观点将地球气候敏感性的临界温度设为 2 摄氏度，达到或超过此敏感性度数，人类将面临巨大风险。（欧阳文川）

气候异常

Climate Anomaly

指气候的变化与多年气候平均状况存在明显差异，并且对人的正常生活和生产具有较大不良影响的异常气候，如特大降雨、极端高温天气、持续干旱、台风飓风频发等。平衡的生态系统是稳定的能量、物质循环体系，当生态系统中能量和物质交换的一个或几个环节发生异常，则会导致系统整体的异常。因此气候异常是能量交换异常的表现，此外还可能有地球板块运动异常、大洋流动异常等。一种正常气候向另一种正常气候的转变过程是稳定的，并且转变前和转变后的气候也具有稳定的结构，气候异常意味着气候的转变以及特定气候本身偏离生态系统物质循环的常规方式。气候异常在全球范围内广泛存在，研究者一般都将全球气候异常置于全球气候变暖的大背景下。世界范围内较典型的气候异常现象为厄尔尼诺现象和拉尼娜现象。（欧阳文川）

气候正义

Climate Justice

又称气候变化正义，指在应对气候变化的整个过程和所有方面，公平地对待所有实体和个人的价值体系。包含 3 个重要层面的含义：1. 在价值论意义上，气候正义是价值综合体。正义虽然是社会制度的首要价值，但不能将正义局限于价值本身，它是综合的价值体系和评价标准体系。2. 在方法论意义上，气候正义是价值序列。正义的诸价值具有先后的序列性，气候变化正义要求的价值序列首先是安全价值，自由、平等、效率、秩序等退居次位。3. 在实践论意义上，气候正义是价值实践。气候正义不仅要求的理论上的共识，更重要的是行动的正义。（徐越）

气候资本主义

Climate Capitalism

绿色资本主义或生态资本主义主张的具体版本。指在气候政治日益被市场主导、通过并且为了市场而进行的今天，随着低碳经济的兴起和全球碳市场的建立，采用逐渐摆脱和远离化石燃料使用持续经济发展的资本主义形式。对于气候资本主义而言，脱碳被看作是缓和资本主义积累与抑制气候变化要求之间矛盾的机遇。然而，气候资本主义依然是资本主义。它通过市场、私有财产和工人阶级等要素组织起来，经济增长是其至高无上的律令，这将导致它很难真正实现。气候资本主义的表现形式有多种，有可能是不受管制的、极少信用的牧童气候资本主义，或是更多规制的、国家管理的气候凯恩斯主义，抑或是以积极的激励和反馈机制、融合金融与生产资本的金融气候资本主义或奥巴马气候资本主义。无论哪种版本气候资本主义的出现，其实现脱碳的能力将取决于其导向低能源和低碳能源投资的能力，同时还要处理好合法性的挑战。这些挑战不可避免地来自将全球金融作为管理碳排放手段的依赖。（徐越）

气候资源

Climatic Resources

指来源于气候本身的在一定技术条件下可被人利用的可再生资源，包括光能、风能、热量、水资源等自然资源。气候资源由于完全来源于自然环境，因此可变性较大、稳定性较低。如太阳能能量密度较低，而且其能量在不同时间段和不同地域也不尽相同；风能同样存在能量密度低的特性，风力和风向都具不可预测性；水资源受地理条件的限制，其分布极不均衡。这些都是开发和利用气候资源所要考虑的问题。气候资源属于新能源，给人的生产和生活都带来了巨大的生态、社会和经济效益，对于改良我国传统能源结构和经济社会可持续发展都具有重要意义。与此同时气候资源开发利用的相关学术研究也在不断推进。然而从整体上看来，对气候资源的利用仍然存在问题，如对气候资源开发利用的规模与潜在可利用总量相距甚远、气候资源的开发水平和力度与经济社会发展速度不相适应、使用气候资源的生态意识薄弱。这与我国发展气候资源开发技术起步较晚有直接关系，因此加快开发和推广气候资源的应用技术，以及完善气候资源变化监测与评估体系就显得尤为重要。（参考：曹明德：《论气候资源的属性及其法律保护》，《中国政法大学学报》2012 年第 6 期第 27 ～ 32 页。欧阳文川）

气候组织

The Climate Group

全球最享有盛誉的专注于气候变化解决方案的非营利性机构，2004 年在英国成立、资金来源于企业会员、企业的公益或是 CSR（Corporate Social Responsibility）预算、北美及欧洲富有的个人、国外政府、国外基金会，旨在推动世界低碳经济的发展进程。主要项目有：1. 汇丰与气候伙伴同行项目。汇丰银行创立汇丰与气候伙伴同行项目，气候组织通过该项目的支持，在香港、伦敦、孟买、纽约和上海开展工作，致力于鼓励低碳消费，支持重大减排行动。2. 国内外政策研究。与中央和地方各级政府机构、学术和政策研究机构、国内外行业中的领军企业、国际机构、公众与社会团体等广泛进行合作，开展中国低碳经济路径和实践的研究与

报告，参与国家应对气候变化、低碳战略发展等相关课题的研究。3. 企业低碳领导力项目。积极鼓励和促进更多的企业及政府领袖探索有效的低碳解决方案，发展低碳经济。在全球有超过 60 家的企业会员和近 20 个区域及城市政府成员。4. 低碳创新项目。与科技部 21 世纪议程管理中心共同发起低碳创新项目，围绕城市规划、能源管理、低碳交通、可持续性建筑、投融资机制、战略性新兴产业发展等课题开展工作。5. 低碳生活。与香港特区政府属下环境保护运动委员会合作，于 2010 年 7 月至 12 月出版《低碳生活——香港》丛书，推动社会各界为缓减气候变化做出贡献。6. 千村计划。从在中国农村推广太阳能 LED 室外照明应用开始，逐步扩展为多种清洁技术在农村的推广应用，致力于让先进的清洁技术亦能惠及经济欠发达及边远地区。7. 百万森林。通过网络推广低碳生活方式，并结合企业的慈善资助，在西部贫困地区种植具备防沙固碳，并为当地居民带来收入的经济作物沙棘树。（席溢）

气溶胶污染
Aerosol Pollution

指大气与悬浮在其中的固体和液体微粒共同组成的多相体系，按其来源可分为一次气溶胶（以微粒形式直接从发生源进入大气）和二次气溶胶（在大气中由一次污染物转化而生成）两种。尽管气溶胶只是地球大气成分中含量很少的组分，但其对地圈、生物圈的影响不可低估。气溶胶化学成分复杂，其颗粒物可以作为大气中反应表面或催化剂，以及很多气相物质的接收体。大气气溶胶负载的化学物质，特别是工业污染物在风系的作用下，可进行几百至几千千米的长距离传输，对人类生存环境的严重危害已日益加剧。雾霾是典型的气溶胶污染。（王晴晴）

《气象法》
Meteorological Law

见**《中华人民共和国气象法》**。

《气象灾害防御条例》
Meteorological Disasters Prevention Regulations

根据《中华人民共和国气象法》制定，旨在加强气象灾害的防御，避免、减轻气象灾害造成的损失，保障人民生命财产安全。该条例于 2010 年 1 月 20 日经国务院第 98 次常务会议通过，并于 2010 年 4 月 1 日开始正式施行。该《条例》所指的气象灾害，主要包括由台风、暴雨（雪）、寒潮、大风（沙尘暴）、低温、高温、干旱、雷电、冰雹、霜冻和大雾等所造成的灾害。对水旱灾害、地质灾害、海洋灾害、森林草原火灾等因气象因素引发的衍生、次生灾害的防御工作，都应该遵从该《条例》进行，并对气象灾害的监测、预报和预警、应急处置以及法律责任等均做出明确说明。（石艳峰）

气韵生动之说
Chinese Aesthetic Ideas of Vivid Charm

主张作品和作品刻画的形象具有生动气度韵致的美学思想。气韵，原是魏晋品藻人物的用词，如“风气韵度”“风韵遒迈”等，指人物从姿态、表情中显示出的精神气质、情味和韵致。南朝画家谢赫的画论中出现类似概念。首先是用以衡量画中人物形象的，后来渐渐扩大到品评人物画之外的作品，乃至某一绘画形式因素，如说“气韵有发于墨者，有发于笔者”（张庚《浦山论画》）、“气关笔力，韵关墨彩”（黄宾虹《论画书简》）。这已不是谢赫原意，而是后代艺术家、理论家根据自己的体验、认识对气韵的具体运用和新的发展。气韵与传神在说明人物形象的精神特质这一根本点上是一致的，但传神一词在顾恺之乃至后人多指人物的面部尤其是眼睛所传达的内在情性，气韵更多指人物的全体尤其姿势谈吐所传达的内在情性，或者说内在情性的外在化。在谢赫时代，气韵作为品评标准和创作标准，主要是看作品对客体的风度韵致描绘再现得如何，而后渐渐涵容进更多主体表现的因素。气韵指作为主客体融一的形象的总的内在特质。能够表现出物我

为一的生动气韵，至今也是绘画和整个造型艺术的最高目标之一。（王薛时）

契科·孟德斯

Chico Mendes，1944 ~ 1988

巴西橡胶工人、工会领袖和著名环保人士，致力于保护巴西的雨林和巴西农民、土著的人权，深受底层人民的爱戴。1988年12月22日遇刺身亡。为表示敬爱，巴西生物多样性保护协会以他的名字命名。为保护热带雨林，他和全国橡胶工人协会呼吁政府在不造成环境破坏的情况下开发热带雨林资源。他们发明新的采胶方式，利于热带雨林保护。作为核心发起人，20世纪80年代中期组织成立巴西橡胶工人委员会，在全国范围内开展亚马孙热带雨林的保护和发展工作。这个工人委员会的第1次会议1985年在巴西首都巴西利亚举行，中心议题是威胁橡胶工人生计的雨林过度砍伐问题，引起全球范围内的关注。在环境保护方面的突出工作，使他获得联合国环境规划署1987年全球五百佳和巴西国家热生动物联盟1988年国家环境保护成就奖等荣誉奖项。（刘中华）

千年发展目标

Millennium Development Goals

联合国全体191个成员国一致通过的旨在将全球贫困水平在2015年前减少一半（以1990年水平为标准）的行动计划，2000年9月在联合国首脑会议上由189个国家签署的《联合国千年宣言》，正式做出该项承诺。主要包括八项目标：1. 消灭极端贫穷和饥饿；2. 普及小学教育；3. 促进两性平等并赋予妇女权力；4. 降低儿童死亡率；5. 改善产妇保健；6. 与艾滋病毒、艾滋病、疟疾以及其他疾病对抗；7. 确保环境的可持续能力；8. 全球合作促进发展。（申森）

千年生态系统评估

Millennium Ecosystem Assessment

由联合国安理会主席安南呼吁的为期4年（2001 ~ 2005）的全球生态评估活动。在2001年的世界环境日6月5日由安南宣布正式启动。千年生态系统评估由联合国有关机构、世界银行、全球环境基金会以及一些私立研究机构的共同支持正式启动，评估对象是以全球为尺度的生态系统，目的在于研究生态系统与人类福祉之间的关系，包括生态系统及其服务在过去如何发展变化、这种变化由何种原因引起、这种变化是否利于人类福祉、生态系统及其功能在未来将如何发展、生态系统及其功能在未来的变化对人类福祉产生怎样的影响、人类应如何保护生态系统及其功能以此来促进自身福祉等一系列核心问题。千年评估项目从启动至结束之日共邀请来自95个国家的1360位知名学者共同研究探索，研究成果以技术报告、综合报告、理事会声明、评估框架以及数据库的形式发布。千年评估是首个以全球为研究尺度的生态系统评估，对于全球范围内生态系统的保护和改善以及生态系统的科学管理具有历史性的意义。千年评估为全球生态系统功能历史、现状和未来的评估，为国际性生态系统公约的制定以及各国制定自然资源保护和管理规划奠定了科学基础；丰富了生态学内容，将生态系统的变化发展与人类福祉紧密联系，开辟生态学崭新的研究领域。然而千年评估对于生态系统过去50年以及将来50年的评价具有时间限制，因此有极强的时效性。与此同时，千年评估以全球为评价尺度过于宽泛，没有涉及更为引人关注的区域、国家等较微观的生态尺度，结论只是概括性且尚存在争议，因此应综合全面地看待千年评估工程及其成果。（参考：李团胜等：《千年生态系统评估及我国的对策》，《水土保持通报》2003年第1期第7 ~ 11页；吴昌华等：《千年生态系统评估》，《世界环境》2005年第3期第57 ~ 63页。欧阳文川）

千禧年

Millennium

千禧年是基督教的重要教义，据圣经《新约》

记载：千禧年时，基督再度降临，魔鬼撒旦被捆绑，殉道者复活，和活着的圣徒一起被上帝接入天国，兑现与耶稣基督共同作王一千年的许诺。千禧年结束后，撒旦会被暂时释放，被释放后的撒旦将召集所有恶人进攻圣城耶路撒冷，最终失败，撒旦及其党羽被丢入硫磺火湖中烧死。基督教末世论认为，千禧年之前的地球环境已经被破坏到极点，不再适合人类生存，届时耶稣基督将在地上建立新国度，上帝将重新将地球生态恢复到伊甸园时代的样子。（雷爱民）

钱纳里—泰勒分类法

Chenery Taylor Classification

指 1968 年美国经济学家钱纳里（Chenery，H）及泰勒（Taylor，L.）在考察具有较大生产规模和经济发达国家的制造业内部结构的转换和原因时，为研究需要而将不同经济发展时期对经济发展起主要作用的制造业部门划分为初期产业、中期产业和后期产业的一种分类方法。初期产业包括食品、纺织等部门，只具有最终产品性质，生产技术简单；中期产品包括非金属矿产品、木材和橡胶制品、石油化工等部门，既包括中间产品还包括最终产品，产业增长较快。后期产品包括印刷出版、金属制品、机械加工等部门，产业关联效应强，增长速度远超过 GDP 增长速度。（代富宇）

钱易

Qian Yi，1936 ~

江苏苏州人，1956 年毕业于同济大学，1959 年清华大学研究生毕业。全国人大环境与资源保护委员会委员，清华大学环境工程系教授，清华大学环境模拟与污染控制国家重点联合实验室主任，国际科学联盟执行委员会委员，世界工程组织联合会副主席，世界资源研究所理事会成员，1994 年当选为中国工程院院士。主要致力于水污染防治工程的教学与科研，成功研究开发了适合我国国情的高效、低耗废水处理新技术；对难降解有机物生物降解特性、处理机理及工艺技术进行了卓有成效的研究工作。近年倡导和推行清洁生产、循环经济和可持续发展，积极参与国家环境决策和环境立法工作，多次应邀赴美国、英国、香港、荷兰多所大学讲学，被香港大学土木工程

系聘请为荣誉教授。主要论著有：《实用废水处理系统（译）》（1981）《工业性环境污染的防治》（1989）《现代废水处理新技术》（1993）《“生物钙”法污水处理性能研究》（1997）《城市可持续发展与水污染防治对策》（2000）《环境保护与可持续发展》（2000）《沸石床曝气生物滤池处理低浓度生活污水试验研究》（2001）等。（石艳峰）

浅层生态学

Shallow Ecology

肇始于 1962 年蕾切尔·卡森（Rachel Carson）的著作《寂静的春天》。卡森在书中对西方工业文明下环境问题给人类社会带来的潜在危机敲醒警钟，使人们意识到生态危机发生的可能性和现实性以及为之进行弥补的必要性和迫切性。浅层生态学的出现正是人们对可能出现的生态危机的应激性反应。然而浅层生态学并没有脱离人类中心主义立场，它将自然环境问题的解决视为人的问题的解决，人依靠自然生存，因此自然问题应由人来解决。浅层生态学的解决办法只

是浮于表面的制度性或者技术性的问题，并没有深入挖掘生态危机由以出现的人的精神根源和社会历史背景。在控制环境污染问题方面，浅层生态学主张用技术缓解和用法律规范，甚至主张将污染转移到发展中国家；在资源问题上，浅层生态学相信资源属于有开发能力的人，并且永远不会耗竭，因为市场机制可以保护资源，科学技术也可以研发资源替代品；在人口问题上，浅层生态学并不将人口过剩视为社会问题，而认为增加人口有利于国防和经济的发展；在自然伦理方面，浅层生态学站在人类中心主义的立场，将自然存在物依据不同用途和类型进行划分，以成本收益分析等方法计算其价值，不考虑资源开发的社会成本；在生态教育问题上，浅层生态学寄希望于专家，渴望他们能够将经济社会和自然生态的发展结合起来。与浅层生态学立场相反的是深层生态学，二者的根本不同在于深层生态学要求从人的精神领域和社会历史背景寻找线索，重新定位人与自然的关系。（参考：雷毅：《20 世纪生态运动理论：从浅层走向深层》，《国外社会科学》1999 年第 6 期第 26 ~ 28 页。欧阳文川）

浅海养殖

Shallow Marine Culture

指在可养殖的浅海中进行海水经济动植物养殖。它以科学发展观为指导，以海洋经济全面和谐发展为目标，科学规划，加快发展浅海区域水产养殖，推进渔业现代化进程，促进渔业增效、渔民增收。20 世纪 90 年代以来，中国水产养殖业快速发展，产量稳步增长，连续多年居世界首位。浅海养殖是海珍品生产的主要方式，是水产养殖的重要组成部分，中国产业整体水平国际领先。2013 年年底，中国浅海养殖面积 964 688 平方千米，产量为 6 737 688 吨。（李雪姣）

“浅绿”社会政治理论

Light-Green Socio-Political Theory

指 20 世纪 60 ~ 70 年代首先在欧美国家兴起、目前已发展到全球众多国家和地区的浅绿色社会政治理念或思潮的总和。浅绿社会政治理论以技术革新为主要手段，强调在保持资本主义世界现有基本社会制度不变的前提下，通过技术手段革新、绿色环境政策的制定和调整等方式，解决全球环境问题，实现人类社会和经济的可持续发展。浅绿社会政治理论的典型代表是生态现代化理论和可持续发展理论。（徐越）

浅绿色发展观

“Light Green” Development Concept

属于人类中心主义的范畴，指将自然界和生态环境定位为人类的生存前提，将解决环境生态危机寄希望于生产技术改进、法律制度健全以及管理模式变更等外在形式的社会发展理念。浅绿色发展观是对工业文明生产和消费模式引起大规模自然生态灾害现象的批判性反思，是西方第一次环境运动的思想基础。对于自然生态危机的出现，浅绿色发展观认为旧工业社会剥削掠夺式的生产方式和非理性的消费理念是根本原因，因此呼吁通过生产技术和管理手段的改良来消除旧的生产方式和治理环境污染。对于自然的认识，浅绿色发展观认为自然界及其资源是人类社会赖以存在和发展的物质基础，自然物质的价值只是相对于人而言的利用价值，因此浅绿色发展观对于自然的认识完全根据人自身的评判，人不仅是价值源泉也是真理标准。对于经济社会的发展，浅绿色发展观存在两种观点。第一种是经济至上论，即发展经济始终应是人类社会的第一要务，物质财富是人生存和发展的绝对基础，工业社会的发展方式虽然以牺牲自然环境为代价，但却也带来了巨大的物质财富，为人类文明的发展奠定了基础。发展经济必然要以自然资源的消耗、环境破坏为前提，然而可以通过资源的供求规律和政府的科学管理来减轻。第二种是反增长的发展理念。反增长的发展理念认为人类资源将在不久的未来趋于枯竭，只有在一定区域内停止经济生产活动，才能从根本上扭转环境状况。浅绿色发展观念对于解决生态环境危机具有重要启发意义，然而，无论是经济至上论还是反增长论都将环境保护和社会发展彻底对立起来，从而有可能演变成为激进的绿色恐怖主义。（参考：郝栋：《绿色发展的思想脉络——从“浅绿色”到“深绿色”》，《洛阳师范学院学报》2013年第1期第6～8页。欧阳文川）

强人类中心主义

Strong Human Center Doctrine

强人类中心主义是人类中心主义观点的一种。强人类中心主义主张，人由于是一种自在的最高级的存在物，因而他的一切需要都是合理的，可以为了满足自己的任何需要而毁坏或灭绝任何自然存在物，只要这样做不损害他人的利益；将自然界看作是一个供人任意索取的原料仓库，人完全依据其感性的意愿来满足自身的需要，全然不顾自然界的内在目的性。只有人才具有内在价值，其他自然存在物只有在它们能满足人的兴趣或利益的意义上才具有工具价值，自然存在物的价值不是客观的，而是由人主观给予定义：对人有价值还是没有价值。（牟世晶）

强体善用论

The Theory of Protection or Restoration Ecosystem and Make Good Use of Environment And Resource

《生态文明绿皮书：中国省域生态文明建设评价报告2015》首次阐述省域生态文明建设评价体系的理论依据，即一体两用论和强体善用论。前者表征人与自然的关系，后者体现生态文明建设策略。强体，就是按照生态学规律，对自然生态系统加以保护、修复，提高生态系统活力。目前最大的生态系统是生物圈系统，人类要保护整个生物圈生态系统几乎是不可能的，但可以保护或修复更小规模的区域生态系统。尽管生态系统具有一定的自我修复能力，但在具有丰富的生态生产力的湿地、森林等受到破坏的情况下，适当干预乃至人工建设是必要的。当然，不同的生态系统有不同的特点，强体也需充分考虑这些不同的特点，尊重自然规律，宜耕则耕，宜林则林，宜草则草，宜湿则湿，宜荒则荒，不应该千篇一律、不切实际地搞生态建设和国土绿化。善用是对自然生态系统提供的环境和资源这两种功用加以科学改造，合理利用。概括起来，善用的要求有：1.用之有度，指对资源和环境的利用不超过其承载能力，保持利用的可持续；2.用之合宜，即根据资源和环境自身的不同特性加以利用，根据不同的生态服务功能类型（生态调节、农产品提供、人居保障），采取不同的发展战略；3.用之高效，即对环境和资源的利用，不只是利用其相对于人的经济价值，而是按照对自然生态系统和人类共同福祉最有利的方式，实现整体的生态价值、经济价值、精神价值的最优化。（参考：严耕等：《中国省域生态文明建设评价报告（ECI2015）》第1页、第27～30页，社会科学文献出版社，2015年。徐保军）

抢救性发掘

Rescue Excavation

指由于基建工程的原因，不得不对遗址进行清理，即被动发掘。抢救性发掘不是相对一般性发掘而言的，而是相对于主动性发掘而言。在考古发掘工作中，可以分为主动性发掘和被动性发掘。主动性发掘指为解决考古学问题而进行的发掘，如夏商周断代工程中，为解决年代问题的某些发掘就是主动性发掘。被动性发掘一般指遇到紧急情况不得不对遗址遗迹进行紧急性发掘。如发现古墓有被盗迹象，或者发生自然灾害导致遗迹受到严重破坏等。目前，我国每年的考古发掘，大约只有不到1/10为学术性的主动发掘，其他均为被动的抢救性发掘，主要考虑以保护为主。（参考：王晓毅、严志斌：《陶寺中期墓地被盗墓葬抢救性发掘纪要》，《中原文物》2006年第5期第4～6页。朱配辰）

乔尔·科威尔

Joel Kovel，1936 ～

又译作乔尔·克沃尔。美国著名政治家、学者、作家和生态社会主义者。1988 ～ 2003 年在巴德学院任社会学科的阿尔杰·希斯教授席位；

2003 ～ 2008 年在该机构任社会学科特聘教授。2009 年退休。进入 21 世纪以来对生态学马克思主义有重要贡献的代表性人物，《社会主义抗拒》杂志的编辑顾问，继奥康纳之后，美国生态社会主义季刊《资本主义、自然与社会主义》（CNS）的主编（2003 ～ 2011 年）。出版著作 9 部，公开发表文章近 200 篇。认为资本是生态危机的直接原因，提出“资本是自然的敌人”这一著名观点和“生产者的自由联合”这一生态社会主义的历史图景。美国革命型生态社会主义理论的代表，积极投身社会实践的政治家。曾经是美国绿党的领导层成员。1990 年加入美国绿党开始参与政党政治。1998 年作为美国绿党的候选人参与纽约州参议员竞选。2001 年和 2009 年，生态社会主义国际先后发布由他和法国的迈克尔·洛威共同起草的《生态社会主义宣言》和《贝伦生态社会主义宣言》。（徐越）

乔纳森·波里特

Jonathon Porritt，1950 ～

英国著名的环境主义者和作家，英格兰和威尔士绿党的最早创始人之一。1974 年开始投身绿色环保运动，1984 年参与英国绿党的改建。1980—1983 年间是英国绿党的联合主席。曾长期担任“地球之友”的总干事（1984 ～ 1990）。此外，出任过世界自然基金会英国分部的理事（1991 ～ 2005）、西南可持续发展圆桌论坛主席（1999 ～

2001）。1996 年与萨拉·帕肯共同创办未来论坛。近年来在很多环境组织中担任职务，如英国可持续发展委员会主席（2000 ～ 2008）、英国基尔大学校长（2012 ～）等。出版大量生态和环境方面的著作：《绿色观察：生态政治学的解释》（1984）《读者文摘：优质海滩指南》（1994）《自由与可持续性：自由是另一种滋扰》（1995）《稳扎稳打：科学与环境》（2000）《让网络运转：数字化时代的可持续发展》（2004）《资本主义：仿佛世界休戚相关》（2007）。他即将出版的新著作题为《我们所创造的世界》。（王聪聪）

乔治·卢卡奇

Georg Lukács，1885 ～ 1971

匈牙利著名哲学家、美学家和文学批评家，

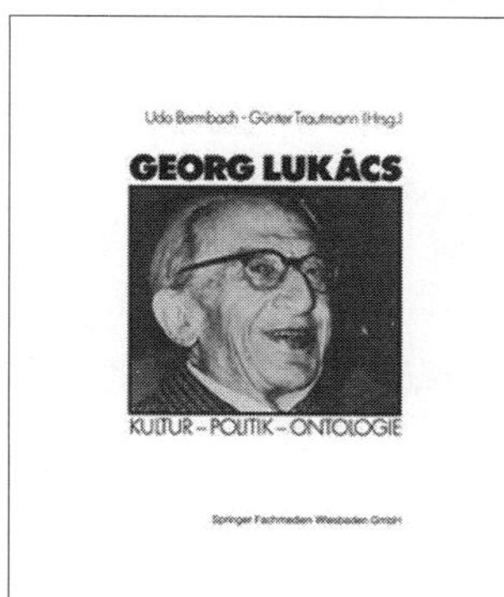

20 世纪最负盛名、最有争议的马克思主义思想家之一。1923 年出版《历史和阶级意识》，被誉为西方马克思主义的创始人和奠基人。西方学界将该书与海德格尔《存在与时间》、维特根斯坦《逻辑哲学论》一起，称作是影响 20 世纪西方哲学的三大经典之作。该书被誉为“西方马克思主义的圣经”。第二次

世界大战结束后，卢卡奇回到匈牙利，任布达佩斯大学哲学和美学教授，当选为匈牙利科学院院士。他热情投身匈牙利的社会改革运动和民主运动，积极推动马克思主义的复兴和社会主义的民主化。《审美特性》《民主化的进程》和《社会存在本体论》是他晚年试图重建马克思主义哲学、政治学思想的重要尝试。1985 年卢卡奇 100 周年诞辰时，匈牙利社会工人党认为他是“20 世纪的一位伟人，马克思主义思想的卓越代表”。（徐越）

乔治·马什

George Marsh，1801 ~ 1882

美国著名外交官。19 世纪以来，美国人口激增，交通和运输业发生革命性的变化。与此带来的是森林的乱砍滥伐、公共健康受到威胁和水质下降等严重问题。鉴于此，乔治·马什认为非常有必要平衡人类剥夺利用自然资源和保护自然资源的需要，1864 年出版具有开创性的著作《人类与自然》。在《人类与自然》中，马什历数人类是怎样傲慢，不顾及自然界规律，践踏和破坏自然环境。马什写道：“人类忘记了，上帝把对地球的用益权——指使用他人财产并受益而不损害该财产的权利——赐予他，并不仅仅是为了满足他的消费需要，更不是为了满足他恣意挥霍的需要。”马什预见到 20 世纪的生态学观点，警告人们说：“动物与植物生命之间的内在联系问题是如此复杂，以致人的智力根本不可能予以解决；我们永远也不可能知道，当我们把一粒最小的石子投入有机生命的海洋中时，我们对和谐大自然的干扰范围究竟有多大。”马什力图纠正人类以往对大自然的残暴行为，提出地球再生计划。这是以控制对技术的使用为起点的医治地球的伟大工程。（参考：徐湘荷：《生态教育思想研究》，山东大学 2012 年博士学位论文第 13 页。王薛时）

切尔诺贝利核事故

Chernobyl Disaster

指 1986 年 4 月 26 日 1 时 23 分发生在苏联乌克兰地区境内的切尔诺贝利核电站反应堆事故。切尔诺贝利核事故被认为是有史以来影响最为恶劣的核电事故，是首个被国际原子能机构评为第七等级的核事故。切尔诺贝利第四发电机组首先发生爆炸，爆炸产生的大火致使所有反应堆全部被炸毁，大量核放射性尘降物在空气中扩散。由此次爆炸泄露的放射性物质是“二战”时期日本广岛原子弹爆炸所产生放射性尘降物的 400 倍。事故发生后，203 人被送往医院，31 人死亡，其中 28 人死于辐射过量。包括核电站附近的普里皮亚特镇居民在内的 135000 人被紧急撤离。据官方统计，截至 2006 年，因为核事故的影响而死亡的人数已经升至 4000 多人，然而绿色和平组织估计官方公布的人数至少比实际死亡人数少 9 万人。核事故对人体健康的影响主要由于放射性物质碘 -131，此外其他的放射性元素还会对当地土壤造成持续污染，因此有科学家担心由切尔诺贝利事件引发的灾难会持续几个世纪之久。事故的原因并没有一致的解释，1986 年事故后公布的原因将责任归于工作人员操作失当，然而 1991 年又公布事故源于控制棒的设计缺陷。乌克兰官方宣称用于覆盖第四机组的掩体将于 2015 年竣工，掩体由国际社会合力建设。对于该项目的后续工作，联合国开发计划署承诺将全面支援乌克兰。（参考：《十大恐怖核事故》，《科学大观园》2010 年第 5 期第 36 ~ 37 页。欧阳文川）

亲近自然

Close to Nature

人类对自然的一种态度。亲近自然是生态文明的方式，是人生情趣的体现，是生活观念的崇尚。按照生态文明建设的要求，亲近自然是要达到人与自然、人与人、人与社会和谐共生，良性发展。只有置身于人类文明的摇篮中，吸取源泉和营养，才能使人的思想得到陶冶，心灵得到抚慰，潜能得到激发；才能使人领悟到自然的至真、至善、至美，让文明之光普照大地，结出丰硕的果实。（王薛时）

青岛市青年环境保护促进会

Qingdao Youth Association of Environment Protection

成立于2003年10月1日，是由青岛市志愿从事环保事业的青少年组成的地方性群众组织，具有独立法人资格的非营利社会组织，通过具体实践行为展开环保宣传活动。在青少年中普及环保知识，培养青少年环保志愿者，推动环境保护事业的发展，提高公众的环保意识，促进环境与经济和谐发展，提高公众环境保护意识和可持续发展意识。基本工作：1. 青少年环保者的教育、引导与管理，开展环保科研与实践活动，提高青少年环保志愿者的服务能力及水平；组织会员学习有关环保知识，交流、研讨国内外环保发展及本市环保事业的发展状况。2. 规划、组织青少年志愿者环保活动，协调和指导全市青少年环保志愿者进行环保学术科研调查及宣传实践活动；评选、表彰、宣传、推荐全市优秀青少年环保志愿者及环保爱好者。3. 为城乡发展、社区建设以及大型社会活动等公益事业提供环境宣传、环境清洁、环境整治、环境管理等社会服务，推动青少年志愿服务体系的建立和完善。4. 开展与国内外环保志愿者组织与团体的交流，组织会员间有关活动，加强与环保系统的联系，配合环保部门的工作。（席溢）

青海2014年生态文明建设状况

Eco-Civilization Construction in Qinghai in 2014

2014年青海生态文明指数（ECI）得分为81.76，名列全国第11位。具体二级指标得分状况及排名情况见表1。去除ECI中社会发展二级指标后，青海省绿色生态文明指数（GECI）得分为70.06，排名全国第11位。青海生态文明建设属于相对均衡型：环境质量位于全国上游水平，生态活力、社会发展和协调程度位于全国下游水平。生态活力方面，自然保护区占辖区面积比重、湿地面积占国土面积比重全国排名靠前，森林覆盖率和建成区绿化覆盖率居全国下游水平。环境质量方面，化肥施用超标量、农药施用强度、地表水平质量排名靠前，环境空气质量处于中上游水平，而水土流失率排在中下游水平。社会发展方面，人均教育经费投入居于全国第4位，农村改水率位于全国第16位，人均国内生产总值、服务业产值占国内生产总值比例、城镇化率三项指标处于全国中下游水平。协调程度方面，环境污染治理投资占国内生产总值的比重排名全国第10位，氨氮排放变化效应、二氧化硫排放变化效应、国内生产总值排放变化效应则处于全国中下游水平。总体来看，作为三江之源的青海省，是我国重要的生态屏障，具有重要的维护国家生态安全的战略屏障生态地位，虽然森林覆盖率不高，但天然草原辽阔，生态工程实施以来，三江源区草地生态系统、水体与湿地生态系统面积增加，工程前30年荒漠面积扩大的趋势发生初步逆转，但青海生态文明建设着面临新的任务与挑战，如人民生活水平提高对生活空间提出新需求；新型工业化进程城镇化、基础设施对建设空间提出新需求；青海交通、能源、水利、信息等基础设施尚处于继续发展完善阶段，随着基础设施建设力度进一步加大，对建设用地的需求将持续增加，甚至不可避免地要占用一些耕地和绿色生态空间。青海省的发展不仅要定位于自身的经济、社会、生态环境，更要立足于西部地区经济、生态区域规划与协调发展。

表1　2014年青海生态文明建设二级指标情况汇总

二级指标	得分	排名	等级
生态活力（满分为43.20分）	25.71	15	3
环境质量（满分为36.00分）	27.20	2	1

续表

二级指标	得分	排名	等级
社会发展（满分为21.60分）	11.70	22	3
协调程度（满分为43.20分）	17.14	17	3

表2 青海2014年生态文明建设评价结果

一级指标	二级指标	三级指标	指标数据	排名
生态文明指数（ECI）	生态活力	森林覆盖率	5.63%	30
		森林质量	10.66米^3/公顷	31
		建成区绿化覆盖率	31.2%	30
		自然保护区的有效保护	30.13%	2
		湿地面积占国土面积比重	11.27%	5
	环境质量	地表水体质量	95.30%	5
		环境空气质量	59.18	13
		水土流失率	28.38%	18
		化肥施用超标量	-48.67千克/公顷	1
		农药施用强度	3.59千克/公顷	4
	社会发展	人均国内生产总值	36510元	20
		服务业产值占国内生产总值比例	32.80%	30
		城镇化率	48.51%	20
		人均教育经费投入	2732.39元/人	4
		每千人口医疗机构床位数	5.11张	4
		农村改水率	78.65%	16
	协调程度	环境污染治理投资占国内生产总值比重	1.75%	10
		工业固体废物综合利用率	54.92%	23
		城市生活垃圾无害化率	77.83%	27
		化学需氧量排放变化效应	1.07吨/千米	28
		氨氮排放变化效应	0.30吨/千米	28
		二氧化硫排放变化效应	-0.02千克/公顷	30
		氮氧化物排放变化效应	-0.05千克/公顷	29
		烟（粉）尘排放变化效应	-0.14千克/公顷	13

（参考：严耕等：《中国省域生态文明建设评价报告（ECI2015）》第286～290页，北京：社会科学文献出版社，2015年。徐保军）

青海省环境科学学会

Qinghai Society for Environmental Sciences

成立于1982年。现有会员约1500名，遍布全省各地，涉及各行各业，汇集与环境科学有关的自然科学和社会科学各专业各层次的科技人才。主管单位是青海省科学技术协会，办事机构挂靠在青海省环境保护厅。学会宗旨：遵守宪法、法律、法规和国家政策；遵守社会道德风尚；坚持辩证唯物主义，实事求是的科学态度，贯彻“经济建设必须依靠科学技术，科学技术必须面向经济建设”和“百家齐放、百家争鸣”的方针，开展学术上的自由讨论和交流；搞好环境科学普及活动，为提高青海省的环境科学技术水平，实施可持续发展战略、保护和改善环境做出贡献。业务范围：1. 积极开展环境科学的学术交流，组织科学考察活动和重点研究课题的讨论，加强同国内外科技社团和科技工作者的学术联系。2. 普及环境科学技术知识，搞好环境科学的宣传教育，提高环境科学水平。3. 促进环境科学成果的推广、转化，促进青海省环境治理。4. 提高环境科技工作者水平，注意发现和培养优秀的环境科技人才，并积极向有关部门推荐。5. 结合学会的各项活动，积极主动向有关单位提出合理化建议，充分发挥参谋作用。6. 举办为环境科学工作者服务的各种事业活动，向党和政府反映环境科学工作者的意见和要求。（席溢）

青海省野生动植物保护协会

Qinghai Wildlife Conservation Association

青海省野生动物保护协会于1989年1月成立，对青海省野生动物的保护起到积极推动作用。2006年更名为青海省野生动植物保护协会。有团体会员约20个，个人会员近3000人。（席溢）

青年党—欧洲绿党

SMS-Zeleni，Youth Party-European Greens

斯洛文尼亚的绿色政党组织（另一个是绿党），成立于2000年。青年党—欧洲绿党由国内持不同政见者组建，希望以此重塑斯洛文尼亚的政党格局。2009年以前，该党名称为“斯洛文尼亚青年党”（SMS）。2000年斯洛文尼亚大选中，斯洛文尼亚青年党获得了4.34%的选票和议会中的4个议席。2004年全国大选中获得2.1%的选票，丢失全国议会代表权。为增强选举实力，斯洛文尼亚青年党在2008年全国大选中加入斯洛文尼亚人民党的选举联盟，以5.21%的选票和5个议席的成绩再次进入全国议会。2009年以后的欧洲议会选举中，青年党—欧洲绿党未能获得欧洲议会代表权。2011年全国大选中获得0.86%的选票，青年的—欧洲绿党未能进入全国议会。目前，青年党—欧洲绿党是欧洲绿党的成员党。（王聪聪）

青年运动

The Youth Movement

20世纪60～70年代西方新社会运动的重要组成部分，指青年为实现某种政治、经济、文化意愿而发起的大众性抗议运动，包括学生的新左翼运动和年轻人的反文化运动等。西方青年运动起源于美国，1962年，学生争取民主社会组织的成立，标志着青年运动的兴起。学生的新左翼运动主要通过静坐、游行示威等方式，抗议种族歧视、越南战争等。肯特州立大学的反战运动是新左翼学生运动的高潮，具有悲剧性。此外，在60年代，很多青年人通过非主流的生活方式来寻求人生的意义，反文化成为那个时代年轻人追求的时尚，如对披头士的热爱等。青年运动的主旨是通过不同形式、不同内容的抗议，来改变西方社会的政治制度、经济制度、教育体系、文化传统等。后来，青年运动更多与其他新社会运动如环境运动、女权运动、反全球化运动等结合在一起。（王聪聪）

青铜器时代

The Bronze Age

指青铜器在人们日常生产、生活中占主要地位的历史阶段。它的发生时期处于世界编年范围的公元前4000年至公元初年，即在铜石并用时代与铁器时代之间。青铜器时代的标志之一是采矿。青铜采冶业是从石器加工和烧制陶器的生产实践中渐渐被认识而产生的。人们在寻找石料和加工的过程中，逐步识别自然铜与铜矿石。青铜器时代的另一个重要标志是冶炼。当时冶炼铜矿石的方法，是将矿石与木炭放在冶炼炉中进行冶炼。由于这些矿石是氧化矿，因此这种冶炼被称作氧化矿还原熔炼。青铜器的产生大大促进农业和手工业的发展，对于推动社会的发展起到积极推动作用。（李雪姣）

轻媒体

Light Media

新型的智能媒体，也称未知媒体或智能媒体。中国首先提出的新型智能媒体形式。它代表人的新型媒体思维方式或创新方法。信息传播生态和模式在移动互联网冲击下迅速重构，一种以“轻”为特征的舆论生态逐步形成。首先是平台轻化。人们越来越习惯通过移动智能终端阅读和交换信息。其次是传媒的轻化。为适应新兴媒体竞争，传统媒体机构加快转型，布局移动互联网产品体系。再次是流程轻化，信息流程的扁平化为提升效率提供技术支撑，另一方面，即时信息逐渐变成现实。移动互联网上娱乐、游戏、养生等轻松话题产生轻媒体话题的轻化。与传统媒体相比，轻媒体具有低成本、高效能、大众化、多样性、交互式特点，在现代传媒环境下扮演重要角色，正在改变信息传播的规则和模式，有必要予以规范和引导。（参考：尚明洲：《“轻媒体”趋势下的重思考》，《光明日报》2014年11月18日第7版。张惠娜）

氢能源

Hydrogen Energy

氢能是二次能源，它通过一定的方法利用其他能源制取。氢的燃烧热为28900千卡/千克，大约是汽油燃烧热的3倍。与其他燃料相比，氢燃烧时除生成水和少量氮化氢外，不会产生诸如一氧化碳、二氧化碳、碳氢化合物、铅化物和粉尘颗粒等对环境有害的污染物，少量的氮化氢经过适当处理也不会污染环境，燃烧生成的水可以继续制氢，反复循环使用，所以人们将氢称作干净能源。2008年国家成立中国氢能标准技术委员会，代码是SAC/TC309，专门制定氢能国家标准与国际氢能标准委员会接轨。我国氢能标准技术委员会的任务是制定各种各样的氢能国家标准，保障我国氢能发展。（王晴晴）

倾听树的心跳

Listen to Tree’s Heartbeat

自然教育方法实例。每一棵树都是活的，要吃、休息、呼吸，也进行“血液循环”，树的心跳是一首美妙的生命之歌，早春是倾听树的心跳的最佳季节，因为此时树木正将它大量的树液源源不断地输送到枝丫。带领孩子们走进树林，选一棵直径至少15厘米并且树皮比较薄的落叶树，把听诊器紧紧贴在树干上，不要动，以免产生杂音。多试几个地方，找到最佳听点。让大家通过倾听树的心跳感受生命的旋律是多么激动人心。通过这个游戏孩子们会感到人与树没有不可逾越的隔阂，树像人一样有跳动的心灵。（参考：马桂新：《环境教育学》第258页，北京：科学出版社，2007年。王薛时）

清洁发展机制

Clean Development Mechanism

《京都议定书》中引入的履约机制之一，核心内容是允许发达国家和发展中国家进行有利于发展中国家可持续发展的项目级别的减排量抵消额的转让与获得，从而减少温室气体排放量，促使发展中国家履行在《京都议定书》中所承诺的限排或减排义务。清洁发展机制是现存的唯一的得到国际公认的碳交易机制，基本适用于世界各地的减排计划。规则流程如下：参与CDM项目活动的必须是中资或中资控股企业；运作管理规则包括缔约方自愿参与，有政府批文，带有真实的、可测量的、长期的温室气体减排效益；属于东道国、地方政府的优先发展领域并带来技术转让。CDM 的项目运作流程如下：寻找国外合作伙伴—准备技术文件—进行交易商务谈判—国内报批—国际报批—项目实施的检测—减排量核定—减排量登记和过户转让—收益提成。（王晴晴）

《清洁空气法》

Clean Air Act

20 世纪 60 年代，美国将有关公民政治权利、社会福利以及其他直接关系民众切身利益的事项作为重点解决和完善方向，以此缓解正处于冷战高峰期国内的社会压力。1970 年《清洁空气法》是环境保护领域中的代表性法案。1970 年《清洁空气法》的前身为 1963 年《清洁空气法》，因为 1963 年法案仍然将空气治理局限于地区层面，没有形成全国统一的标准和体系，1970 年《清洁空气法》首次打破州郡界限，建立整个联邦范围的管理部门和标准，确立国家空气质量标准治理原则。在 1970 年《清洁空气法》制定的国家空气质量总框架下，各州郡根据特殊情况再制定符合国家要求的具体实施方案，即州政府独立实施原则。1970年《清洁空气法》对二氧化硫、空气污染微粒、氮氧化物、一氧化碳、臭氧、铅等 6 种主要空气污染物质制定国家治理标准，即首要国家空气质量标准和次要国家空气质量标准。由于各州郡制定的州政府独立实施原则大多较为宽松，且各自独立和标准混乱，国会在 1970 年《清洁空气法》的基础上出台 1977 年该法的修正版。1977 年《清洁空气法》给予各州郡更富余的时间制定适合各自情况的实施标准。目前该法的最终版本为 1990 年修正后的《清洁空气法》，1990 年修正版最具特色的地方在于将酸雨和排污权交易制度纳入管理体系中，管理办法对世界其他主要国家都产生了重要影响。（参考：梁睿：《美国清洁空气法研究》，中国海洋大学 2010 年博士学位论文第 8 ~ 11 页。欧阳文川）

清洁煤技术

Clean Coal Technology，CCT

由 20 世纪 80 年代初美国和加拿大关于解决两国边境酸雨问题谈判的特使德鲁·刘易斯和威廉姆·戴维斯提出，在煤炭从开发到利用全过程中旨在减少污染排放与提高利用效率的加工、燃烧、转化和污染控制等新技术的总称。清洁煤技术包括：1. 直接烧煤洁净技术。这是在直接烧煤的情况下，需要采用相应的技术措施：1）燃烧前的净化加工技术，主要是洗选、型煤加工和水煤浆技术。2）燃烧中的净化燃烧技术，主要是流化床燃烧技术和先进燃烧器技术。3）燃烧后的净化处理技术，主要是消烟除尘和脱硫脱氮技术。2. 煤转化为洁净燃料技术。主要是煤的气化以及液化技术、煤气化联合循环发电技术和燃煤磁流体发电技术。其中，煤气化泛指各种煤（焦）与载氧的气化剂（O_2、H_2O、CO_2）之间的不完全反应，最终生成 CO、H_2、CO_2、CH_4、N_2、H_2S、COS 等组成的煤气，如壳牌（Shell）的煤气化过程（SCGP）、德士古（Texaco）的煤气化过程（TCGP）等。煤的直接液化指将煤（尤其是烟煤）磨碎成细粉后，和溶剂油制成煤浆，然后在高温、高压和催化剂存在的条件下，通过加氢裂化，使煤中复杂的有机化学结构分子直接转化为清洁的液体燃料和其他化工产品，又称为加氢液化。水煤气变换是水和一氧化碳在催化剂作用下转化为氢气和二氧化碳的反应。水煤气变换反应在工业中的应用价值在于提高产品中氢气的含量。在生产合成氨、甲醇、二甲醚、油等产品时，都需要应用这个反应调节合成气的碳氢比使之符合生产需求。我国煤炭利用可以分为煤炭发电、工业锅炉和窑炉燃煤、煤化工 3 种类型。清洁煤技术是当前国际上解决环境问题的主导技术之一，也是高技术国际竞争的重要领域之一。多年来，我国围绕提高煤炭开发利用效率、减轻对环境污染进行大量研究开发和推广工作，随着国家宏观发展战略转变，已将清洁煤技术作为可持续发展和实现两个根本转变的战略措施之一，得到中央政府大力支持。目前，我国的清洁煤技术在4个领域——煤炭加工、煤炭高效洁净燃烧、煤炭转化、污染排放控制与废弃物处理的10多项技术方面，通过引进技术和自主开发、创新，已建设一大批示范工程，有效促进了我国洁净煤技术的发展和应用，个别方面已领先于国际水平。但由于相关政策的不配套，以及清洁煤技术重在社会效益和长远的综合经济效益的结合，一般都具有投入大、回收期长的特点，各级地方政府推进积极性不高，使这些技术的推广运用情况不理想。（参考：李刚：《清洁煤技术的研究进展及发展前景》，《化工管理》2014年第24期第6页；刘人玮：《利用清洁煤技术发电的基本途径》，《湖南电力》2006年第3期第58～62页。朱配辰）

清洁能源

Clean Energy

能源清洁高效的系统化技术应用体系，包括利用核能、太阳能、生物质能、水能、风能、地热能、潮汐能、氢能、洁净煤技术等。相对于传统化石能源的概念。较之传统能源的应用，清洁能源符合一定的排放标准，对环境的影响程度更低，利于环境的可持续发展。如今全球80%以上的能源来自于化石燃料（石油、天然气、煤），剩余部分来自核能和可再生能源。清洁能源具有清洁的特性，是其区别于传统化石能源的根本之处。例如煤炭，传统意义上是非清洁的，然而随着技术的发展，洁净煤技术已经可以在相当程度上降低了煤炭利用对环境的影响并达到一定的排放标准。清洁能源的清洁高效指的是符合排放标准的同时具有应用的经济性，二者相辅相成不可分割。现阶段很多成熟的清洁能源技术已经可以实现经济的应用，如洁净煤、太阳能热水器等，但是同样也有清洁能源如氢能因为其应用得不够经济而不能得到推广。（任傲尘　李雪姣）

清洁能源产品

Clean Energy Product

清洁能源产品是指能够以风力、太阳能、生物质、地热、水能以及核能中作为能源产生能量的产品，产品生产能量时所产生的温室效应气体要远远小于煤炭产生能量时所产生的温室效应气体，或是比起同类产品而言会消耗较少的能量的节能产品，如节能交通工具或节能照明设备等。（李雪姣）

清洁生产

Cleaner Production

指对生产过程与产品采取整体预防的环境策略，减少或者消除它们对人类及环境的可能危害，同时充分满足人类需要，使社会经济效益最大化的生产模式。1996年联合国环境规划署在总结各国开展污染预防活动时，对清洁生产给予以下定义：清洁生产是一种新的创造性的思想，此思想将整体预防的环境战略持续地应用于生产过程、产品和服务中，以增加生态效率和减少人类和环境的风险。对于生产过程，要求节约原材料和能源，淘汰有毒原材料，减降所有废物的数量和毒性；对于产品，要求减少从原材料提炼到产品最终处置的全生命周期的不利影响；对于服务，要求将环境因素纳入设计和所提供的服务中。1994年3月国务院的《中国21世纪议程》对清洁生产的定义是：清洁生产指既可满足人们的需要，又可合理地使用自然资源和能源，并保护环境的实用生产方法和措施，实质是一种物料和能耗最少的人类生产活动的规划和管理，将废物减量化、资源化和无害化或消灭于生产过程之中。具体措施包括：不断改进设计；使用清洁的能源和原料；采用先进的工艺技术与设备；改善管理；综合利用；从源头削减污染，提高资源利用效率；减少或者避免生产、服务和产品使用过程中污染物的产生和排放。（李雪姣　史月田）

清洁生产标准

Cleaner Production Standard

国家环境标准体系的重要组成部分，2002 年 1 月由环境保护部组织制定并发布。为贯彻实施《中华人民共和国环境保护法》和《中华人民共和国清洁生产促进法》，指导企业实施和推动环境管理部门的清洁生产监督工作，环境保护部组织 3 批共 70 多项清洁生产标准和清洁生产审核指南的编制工作。目前清洁生产标准涵盖各个行业，包括化纤、钢铁、制革、造纸、酒精制造等行业。制定清洁生产标准可以指导和帮助企业对生产过程中的污染进行全过程控制，使各个生产环节的污染预防具体化和定量化。清洁生产标准与清洁生产评价指标体系，为清洁生产的推进奠定了基础，使我国向建设资源节约型、环境友好型社会迈进了一步。（代富宇）

《清洁生产促进法》

Cleaner Production Promotion Law

见**《中华人民共和国清洁生产促进法》**。

清洁生产管理

Cleaner Production Management

在《中华人民共和国清洁生产促进法》中对它的定义为：“指不断采取改进设计、使用清洁的能源和原料，采用先进的工艺技术与设备，改善管理，综合利用等措施，从源头消减污染，提高资源利用效率，减少或者避免生产、服务和产品使用过程中污染物的产生和排放，以减轻或者消除对人类健康和环境的危害。”清洁生产包括：清洁的能源、清洁的生产过程及清洁的产品。制定清洁生产管理制度，为明确清洁生产的目标、政策、措施及方法等具体要求和内容，使清洁生产有计划、有步骤地进行。通过对企业设置生产方面的权利和义务实施清洁生产管理，从源头和生产全过程控制污染物，保护环境，提高资源利用率，实现节能、降耗、减污、增效的目的。（代富宇）

清洁生产模式

Cleaner Production Mode

《中华人民共和国清洁生产促进法》（2002 年）第二条：本法所称清洁生产，是指不断采取改进设计、使用清洁的能源和原料、采用先进的工艺技术与设备、改善管理、综合利用等措施，从源头削减污染，提高资源利用效率，减少或者避免生产、服务和产品使用过程中污染物的产生和排放，以减轻或者消除对人类健康和环境的危害。主要包括以减污为主的清洁生产模式或称环保型清洁生产模式，以节能降耗为主的清洁生产模式和以可持续发展为主的清洁生产模式等类型。它们之间是相互联系、相互补充、相互促进的，促使整个工业实现持续发展的清洁生产模式。（王晴晴）

清洁生产评价指标体系

Cleaner Production Evaluation Index System

2006 年 10 月国家发展改革委资源环境司提出并组织编制，由国家质检总局和国家标准委联合发布《工业清洁生产评价指标体系编制通则》（GB/T 20106 — 2006）。该标准是第一个有关清洁生产方面的国家标准，对清洁生产评价指标体系的术语和定义、编制原则、指标体系结构和考核评分计算方法等方面作了规范。该标准的发布，指导和规范清洁生产评价指标体系制修订工作，规范了行业清洁生产评价指标体系的建立。目前为止，清洁生产评价指标体系已经包含了 30 余种，涵盖各个行业。清洁生产评价指标体系与清洁生产标准，为清洁生产的推进工作奠定了基础，使我国向建设资源节约型、环境友好型社会迈进了一步。（代富宇）

清洁生产审核

Cleaner Production Audit

指按照一定程序，对能耗高、物耗高、污染重的生产和服务过程进行调查和诊断，制定降低能耗、物耗以及废物的清洁生产方案的过程。根据《中华人民共和国清洁生产促进法》和国务院有关部门的职责分工，国家发展和改革委员会、国家环境保护总局制定并审议通过《清洁生产审核暂行办法》。清洁生产审核分为资源性审核和强制性审核。清洁生产审核程序原则上包括审核准备、预审核、审核、实施方案的产生、筛选和确定、编写清洁生产申报报告等环节。主要目的是节约能源，降低损耗、减少污染、增加效能，全面规范和推进清洁生产。清洁生产审核的根本目标在于促进清洁生产，节能、降耗、减排、增效消灭（或减少）产品上的有害物质，减少生产过程中的原料和能源的消耗，降低生产成本，以减少对人类健康、环境的危害。（王晴晴　李雪姣）

清洁生产审计

Cleaner Production Audit

指审计人员按照一定程序，对企业生产过程中耗用的经济资源和产品是否符合清洁生产的目标所进行的系统性检查、分析和评价，找出减少废弃物和防止污染环境的方案，促使企业实现清洁生产。清洁生产审计的目的是为保护环境，实现环境效益和经济效益有效统一的管理机制。包括：生产过程中耗用资源的审计、清洁产品审计、清洁管理审计。清洁生产审计对保护和改善生活环境，优化和治理生态环境有很大作用。（代富宇）

清洁生产效益综合评价指标体系

Comprehensive Evaluation Index System of Cleaner Production Benefit

以产业生态学、循环经济、可持续发展等为理论依据，综合运用统计、经济和数学方法，对某一时期内行业或企业清洁生产的发展水平和趋势以及取得的效益进行全面、系统的测定和计量，对一系列指标进行综合评价的的总称。不同属性的指标按隶属层次关系原则组成有序集合，对清洁生产效益水平进行综合评价与研究的依据和标准。清洁生产效益综合评价指标体系具有其他统计评价指标体系类似的基本属性，同时也具有其自身所特有的属性。它的特点：1. 整体性；2. 指导性；3. 复杂性；4. 动态性；5. 特定性。（李雪姣）

清洁生产指标

Cleaner Production Index

实施清洁生产审计和制定清洁生产管理政策和法规的基础。国际常用的生产指标主要有：生态指标、气候变化指标、环境绩效指标、环境负荷因子、废弃物生产率、减费情况交换所。台湾省将清洁生产作为污染防治的重要策略之一，常用的清洁生产指标有单位原材料污染负荷、单位产量污染负荷、单位产值污染负荷、耗能指标、废弃物产生量指标、能耗指标、危害性指标等。大陆常用的清洁生产指标可以从横向和纵向划分。横向有技术经济指标、环境领域指标、管理领域指标；纵向有源头控制、生产过程控制和产品控制的指标。（李雪姣）

清洁生产制度

Cleaner Production System

清洁生产概念起源于 1976 年欧洲共同体在无废工艺和无废生产国际研讨会上提出的应在污染的产生根源上而非在消除和治理污染后果上避免污染的思想。此后在 1979 年欧洲共同体理事会正式宣布推行清洁生产制度。清洁生产的具体定义根据《关于少废无废工艺和废料利用的宣言》和联合国欧洲经济委员会对“无废工艺”概念的解释界定：一种可以使生产原料和能量在经过生产、消费过程后还能继续利用的生产方法，这是一种对资源循环利用的同时不造成环境污染的新型生产生产方式。因此，清洁生产是全面考虑整个生产周期过程对环境可能造成的影响，以预防环境污染为主，提高资源能源使用率且最大限度降低能耗，从而达到环境保护和经济效益双赢的目标。清洁生产制度是清洁生产方式不同层面的制度化和法制化，它包括清洁生产规划制度、清洁生产信息制度、清洁生产技术创新制度和清洁生产环境标志制度等。我国从 2003 年 1 月 1 日起施行的《中华人民共和国清洁生产促进法》标志着我国清洁生产模式进入制度化和法制化，对企业层面的生产调控体制做了规定。（参考：焦辉：《论清洁生产制度》，《佳木斯教育学院学报》2013 年第 1 期第 352 页。欧阳文川）

《清廉选举法案》

Clean Elections Law

清廉与公正选举和公共资助选举的理念，可追溯到 20 世纪初。到 20 世纪 90 年代中后期，美国社会出现轰轰烈烈的关于公共资助政治选举的运动。1996 年以后美国 11 个州和 4 个市议会先后批准清廉资金、清廉选举等法案。《清廉选举法案》旨在建立联邦州范围内公职选举由公共资金所资助的制度。1996 年缅因州最先通过《清廉选举法案》，1997 年和 1998 年佛蒙特、亚利桑那州也分别通过《清廉选举法案》。1998 年在绿党的推动下，马萨诸塞州成为美国第 4 个通过《清廉选举法案》的联邦州。根据这一法案，竞选州政府公职的政党候选人如果不接受超过 100 美元数额的私人捐助，遵守一定的竞选支出限制和预先征集到一定数量的捐款人签名，就可以申请州政府提供的公共竞选资金。在某种程度上，这一法令可以改善或解决类似于绿党等小规模政党在竞选中面临的资金短缺问题。马萨诸塞州绿党希望通过《清廉选举法案》推动选举制度改革，动员群众更好地参与政治进程，防止这一进程被大公司、游说集团和特权群体所霸占。《清廉选举法案》的政治理念，是只有公共资助的选举才能使候选人成为人民的公仆，只有清廉的候选人才能拥有责任感来履行其服务职能。随后，北卡罗来纳州、新墨西哥州、新泽西州等其他州和地区也通过了该法案。（王聪聪）

清迈倡议

Chiang Mai Initiative

2000 年 5 月 10+3 财长在泰国清迈共同签署建立区域性货币互换网络的协议，即《清迈倡议》。主旨是亚洲国家不再需要向国际货币基金组织求助，避免再次出现 1997 年亚洲金融危机爆发后数国以高额价码求助于国际货币基金组织的被动局面。包括两部分：首先，扩大东盟互换协议的数量与金额；其次，建立中日韩与东盟国家的双边互换协议。之后，东盟 10+3 体系内部的货币互换机制取得实质性进展。在 2010 年 3 月东盟 10+3 财长会议上，为加强东亚地区对抗金融危机的能力，各国决定将《清迈倡议》进一步升级为《清迈倡议多边化协议》，建立资源巨大、多边与统一管理于一体的区域性外汇储备库，通过多边互换协议的统一决策机制，解决区域内国际收支不平衡和短期流动性短缺等问题。（申森）

情顺万物而无情

Full of Love without Deliberation

出自程颢《定性书》：“天地之常，以其心普万物而无心，圣人之常，以其情顺万物而无情，故君子莫若廓然而大公，物来而顺应。”它表达了以公心对待天地万物，不徇私情、不受牵绊的廓然大公的人生境界。天地之所以为天地，圣人之所以为圣人，在于能以大公之心随顺天理，物来顺应。能够做到物我内外两忘，廓然大公，那么在应事之际不会因私利而动心；常存此公心，存此天理，一切自然而然，非有安排，当喜则喜，当怒则怒，则既无须杜绝一切情感和欲望，又不会成为情感与欲望的奴隶，只是任本心发用流行，在日用常行中体现天理流行。（雷爱民）

晴隆模式

Qing Long Model

20 世纪 90 年代贵州省晴隆县曾被国内学者和境外媒体评价为中国最贫穷县份。“87 扶贫攻坚”以来，晴隆县集中精力发展柑橘、茶叶、薏仁等特色产业，由于缺乏技术、资金等，均未成功。新世纪以来，面对农民增收困难和石漠化扩展，晴隆县委决策层通过长期调研，决定依托丰富的天然牧草资源优势，科技示范，带动农民退耕种草发展草地畜牧业，促进农业产业结构调整，进而促进农民增收和生态建设。2006 年 6 月全国科技扶贫南方草地畜牧业现场经验交流暨培训会在晴隆县召开，参会领导和专家对晴隆扶贫经验进行认真总结和讨论，称为“晴隆模式”，建议在南方各省区大力推广。会后国家和省级加大对晴隆草地畜牧业的投入力度，在社会各界的共同支持下，晴隆县草地畜牧业得到迅速发展。（李雪姣）

《穹顶之下》

Under The Dome

哥伦比亚广播公司（CBS）出品，由杰克·本德（Jack Bender）执导，迈克·沃格尔、科林·福特、蕾切尔·李费佛和娜塔丽·马丁内兹等人主演，于 2013 年 6 月 24 日首播。根据斯蒂芬·金（Stephen Edwin King）同名畅销小说改编。讲述

了缅因州的一个小镇突然被一股无形的力量像苍穹一样笼罩，里面的居民也陷入了媒体的炒作中。很快小镇居民之间就开始爆发冲突，而且随着时间的推移，小镇中涌现出越来越多的神秘。这个突然出现的穹顶拥有巨大的力量，房子被摧毁，电线被切断，汽车在它的交界处撞毁，一头正处在其切面上的奶牛被活生生地切为两段。如果尝试用手去触摸无形的力场，会有触电的感觉，虽不会因为触摸它而丧命，却会引爆身边的电子设备。除非有备用发电机，否则不会有电力；镇办电台可以正常广播，他们可以偶尔听到军方内部对话，但外部信号根本传不进来。即便近在咫尺，穹顶两侧的人谁也听不见对方所说的话。很快人们开始担心这种情形会长期持续下去，食物和饮用水成为最宝贵的资源。政府派军队驻守在穹顶之外，他们担心这种情况会蔓延到其他地区。与世隔绝的环境里展现的人性及引发的对于人与自然关系的思考，给观众带来沉重的反思与震撼。（张惠娜）

琼·罗宾逊

Joan Robinson，1903 ~ 1983

英国著名女经济学家，新剑桥学派的代表人物。世界级经济学家当中唯一的一位女性。1933 年出版成名作《不完全竞争经济学》。在书中指出不完全竞争才是现实市场中最为普遍的竞争方式，完全竞争和垄断都是它的两个极端表现。她不仅推翻了以往价值分析从完全竞争出发的这个假定，而且通过边际收入和边际成本决定价格的原则取代传统上供需决定价格的原则，从而对传统价格分析体系进行革新和完善。后又有《就业理论引论》《就业理论文集》《论马克思主义经济学》《经济论文集》等相继问世。20 世纪 30 年代初，她和卡恩等人组成凯恩斯学术圈，对促进凯恩斯经济思想的形成起过相当重要的作用。同时，她对马克思主义经济理论也作过深入研究，提出“向马克思学习”的口号。她对中国的研究颇有兴趣，1969 年和 1972 年推出《中国文化大革命》和《中国经济管理》两本书。她对中国各方面所取得的成就给予充分肯定，赞扬中国人民的优良品质。（李雪姣）

琼尼·西格

Joni Seager

美国马萨诸塞州本特利大学教授，主要研究

方向为环境生态学和生态女性主义。代表著作有：《地球的现状》（1990）《直面全球性的环境危机》（1993）等。（徐越）

蚯蚓生物滤池

Earthworm Biofilter

使用滤料截留并利用蚯蚓或微生物分解利用污水、污泥中的有机物和营养物质的生态型污水污泥同步处理技术。蚯蚓生物滤池设计理念最早由智利大学教授Jose Toha于1992年提出，根据蚯蚓具有提高土壤通气透水性能和促进有机物分解转化等生态功能设计，集物理过滤、吸附、好氧分解和污泥处理等功能于一身，利用滤料截留、蚯蚓和微生物分解利用污水污泥中有机物和营养物，促进含氮物质硝化与反硝化作用。蚯蚓生物滤池内少量增殖的蚯蚓可作为农牧业饲料，产生的蚯蚓粪含有较丰富的有机物和氮、磷、钾等营养成分，可作为微生物的食料或高效农肥和土壤改良剂使用。目前国内对蚯蚓生物滤池的应用涉及小城镇污水处理、农村生活污水处理和污泥处理等多个方向，由于造价低、运费低、管理要求低、占地面积小、二次污染少、资源化程度高等特点，具有鲜明的生态型技术特色，有着广阔的发展前景。（参考：王凤、邹斌、杨健：《蚯蚓生物滤池的研究与应用进展》，《中国给水排水》2010年第8期第20～24页。朱雨晨）

区域共轭原则

Regional Conjugate Principle

又称空间连续原则，是自然区划的原则之一。自然区划是根据自然地理环境及其组成成分在空间分布的差异性和相似性，将一定范围的区域划分为一定等级系统的系统研究方法。区域共轭原则要求自然区划所划分出来的区域必须是有个体性的、区域完整的。被划分出来的各个区域作为个体保持空间连续性，不可分离也不可重复。自然区划的其他原则还包括发生统一性原则、相对一致性原则、综合性原则和主导因素原则。（代富宇）

区域规划法律制度

Regional Planning Legal System

区域发展与规划指以跨行政区的特定区域国民经济和社会发展为对象编制的规划，是编制该区域内各级国民经济和社会发展总体规划以及年度计划、各类专项发展规划的依据。区域规划法从理论层面的基本原理和学科性质的层面对区域规划的实践做出指导，反之，区域规划法的建构需要直面区域规划实践中发现的问题。区域规划法的理论探讨集合了对区域经济学、区域规划理论、经济法、法理学等理论。这些理论除了是区域规划法理论的构成来源，也证明区域规划的必要性以及区域规划权规范使用的可行性。区域规划法律关系是区域规范法律制度的主要内容，区域规范法律关系包括区域规范法律关系的主体、内容和客体。具体说，区域规范法律关系的主体是政府在区域规划过程中针对规划各阶段的具体行为主体，包括区域规划编制主体、区域规划审批主体、区域规划执行主体；区域规范法律关系的内容是区域规划法律行为，即作为和不作为或者享有的权利和承担的义务，包括区域规划主体的权利和权力以及区域规划主体的义务和责任；区域规范法律关系的客体是指法律关系主体所享有权利和所承担义务而指向的对象，包括国土空间、环境与资源、人的活动与行为等。区域规划的主要内容在国外，尤其是发达西方国家主要针对交通、环保以及水资源利用等范围，突出区域协调和环境改善，对于能够由市场机制调节的领域和产业，政府则一般交由市场处理。我国区域规划的主要内容侧重于区域产业发展布局优化，利用区域产业优势带动区域整体发展。（参考：杨丙红：《我国区域规划法律制度研究》，安徽大学2013年博士学位论文第69～88页。欧阳文川）

区域环保督查中心

Regional Supervision Centers for Environmental Protection

环保部的以监督检查为中心任务的派出机

构，隶属环保部的事业单位。为加强区域和流域环境管理，提高国家对跨省界重大环境问题的监管及应急处置能力，2006年，原国家环保总局参照美国等环保署的做法，正式组建华东、华南、西北、西南、东北五个区域环保督查中心，2007年又成立华北环保督查中心，初步建成华北、华东、华南、西北、西南、东北6个区域环保督查中心，监管范围覆盖全国内地的31个省市自治区。区域环保督查中心的建制类似于规模稍大的环保部司局（核定编制为30～65人），包括5个处（室）：行政办公室、督查一处、督查二处、督查三处和区域协调处。职能上是在分工的范围内有权代表环保部监督检查全国环境法律规章的贯彻落实情况，尤其集中于对跨省区域和流域环境议题与重大紧急事件的调研督查。但既不能独自做出实质性的奖惩决定（这些权力仍由环保部下属司局掌握），也不能扮演环保部与省级政府之间的独立调解者的角色，只能致力于监督检查、调解和提供服务，具体管理与联系职责则由环境检察局代行。在自己的分管范围内独立地开展全国环境法律规章的贯彻落实督查，但不得开展未经环保部预先批准的重大行动，对环保部委托督查的重大环境议题没有实质性查处权，被明确规定不得干预地方政府及其相关部门的环境保护职权及其行使。（刘中华）

区域环境合作

Inter-regional Environmental Cooperation

指区域合作在环境议题领域中的实践，具体指区域内国家致力于维护或改善共同的环境状况，分摊经济、社会以及环境方面的成本，维护共同的环境安全。区域环境合作的源起，与区域经济贸易自由化发展相联系。一方面，区域环境问题的出现，在很大程度上由区域经济贸易的迅速发展所导致：经济贸易带来的负环境效应，超过区域环境承受能力或超出区域环境的自净能力周期，又远低于区域经济发展速度，从而导致区域环境问题。另一方面，区域经济发展为区域环境治理提供了经济基础。虽然由区域经济发展带来的环境压力并不是人们所期望的，但区域经济能力的提高，却在实际上能为环境治理带来资金乃至技术上的便利。区域环境合作有助于营造更好的区域国家间关系，为区域贸易的发展提供环境条件。（徐越）

区域环评

Regional Environmental Impact Assessment

指针对某个区域经济发展规划和拟开发建设活动进行的环境影响评价，分析论证其合理性和可行性，使区域开发建设活动与资源合理利用、生态环境的保护和改善相协调。它比国家、地区小，比单个建设项目建设范围大，如针对某城市、某开发区或某工业园区的环评。近年来，以区域为单元进行整体规划和开发，是我国经济开发的重要方式之一，与之相应的区域环评已在我国普遍开展。（刘中华）

区域可持续发展

Regional Sustainable Development

区域可持续发展的概念最早由布兰特夫人提出，即既满足本区域内当代人的需要，又不对本区域后代人和周围区域以及其他区域当代人与后代人满足其自身需求的能力构成危害的发展。区域可持续发展的特点：1. 区域可持续发展的立足点强调首先要满足本区域当代人的需要。它强调本区域当代人需要的特点，主要表现在不仅要求实现本区域经济增长、再生产、资源开发等物质实体的发展，而且要求实现本区域科技、文化、信息以及政策等非物质实体的发展。这意味着区域可持续发展的要求是实现区域内人口、社会、经济、资源与环境等构成要素的全面发展。2. 关注当代人与后代人之间的可持续发展，更加强调处理好本区域内当代人与后代人的可持续发展问题。3. 区域可持续发展是与相邻和相关区域互动互进的联合协作发展过程，既包括区域内部的协调发展，又要考虑区域发展对相邻区域或更大区

域发展的影响与联动效应，不能对周围区域及其他区域当代人与后代人满足自身发展需要构成危害。（李雪姣）

区域清洁空气激励市场

Regional Clean Air Incentive Market

由美国加州南海岸空气管理局1944年开始实施的大气污染物排污交易项目。负责设定辖区内硫氧化物和氮氧化物的总量控制限额，每年向受规制企业核发一定的排污许可额度，企业可选择自主减排或购买其他企业的排污许可额度，用市场化手段对排污量进行总量控制。项目自开始运行以来，不仅实现了氮氧化物与硫氧化物减排目标，而且形成了相对健全的排污交易规则。项目总量控制机制、初始分配和交易规则与排污交易市场运营经验，对我国设计排污交易项目具有非常重要的借鉴意义。（代富宇）

区域生态经济学

Regional Ecological Economics

以区域生态经济系统为中心，以生态经济系统的结构—功能—平衡与效益—调控为线索的研究理论。区域生态经济学根据不同区域的生态因子特点，计划不同的作物布局和开发生态资源及矿藏资源，对生态环境进行综合评价，从生态效益与经济效益、局部效益与整体效益评定经济区的开发项目，使生态资源能够继续利用并保证环境质量，形成良性循环的开放经济系统。从生态经济实质看，任何有人类经济活动的生态系统或者说建立在生态系统基础上的经济系统，都要求社会经济发展和自然生态发展的相互适应和协调发展。生态经济平衡既不是孤立的经济平衡，也不是孤立的生态平衡，而是以生态平衡为基础，与经济平衡相互融合、相互渗透形成的统一有机整体。（李雪姣）

区域温室气体减排行动

Regional Greenhouse Gas Initiative，RGGI

美国纽约州前州长乔治·帕塔基（George Pataki）2003年4月创立的针对美国东北部10个州发电厂温室气体总量控制和交易的计划，属于区域性自愿减排组织。目标是在2019年前将区域内的温室气体排放量在2000年的排放水准上减少10%。目前，这个组织已经成功吸收包括康涅狄格州、缅因州、马萨诸塞州、特拉华州、新泽西州等美国东北部10个州郡。现阶段协议规定：在RGGI体系中，各州至少要将25%的排放许可权配额进行拍卖。然而随着新泽西州和纽约州发生诉讼案件以及新罕布什尔州颁布新的法规，这一计划遭到前所未有的挑战。这些事件表明，即使区域温室气体减排行动已经开展数年之久，但围绕其产生的争论和分化仍在继续。（张惠娜）

区域限批

Regional Restricted Approval

“区域限批”是环保部门出台的行政处罚措施，目的是遏制高污染、高耗能产业扩张速度。环保部门有权通过行政手段干涉企业或地方的环保违规事件，暂停所有新建项目的审批，直至其完成整顿。实施区域限批有助于促进产业结构的调整，实施国家宏观调控政策，平衡经济效益和环境效益，实现法律效果、社会效果和政治效果的高效统一，对我国生态文明建设起到非常重要的作用。2007年我国首次启用区域限批，国家环保总局停止审批4个行政区域以及四大电力集团（除循环经济类项目外）。2008年6月，环保部起草《建设项目环境影响评价区域限批管理办法（试行）》并开始征求意见。（王晴晴）

区域性中心城市

Regional Central City

指在一定区域城市带中具有相当经济实力，能在经济、科技、文化各方面对周围区域产生相当辐射作用的中心城市。从空间经济角度看，它是在一定区域内居于社会经济中心地位的城市，是经济实力雄厚、功能完善、能够渗透和带动周边区域经济发展的统一体。从城市体系角度看，它是城市体系中规模大、职能专业化程度高、综合辐射吸引作用强、影响范围广的城市。发展区域性中心城市，是要使它成为生产要素的集散地，形成以主导产业为支柱的，对周边区域具有带动性、弥补性的经济结构，是要用中心城市带动其他城市和乡村发展。从城市主导功能来看，中心城市分为政治中心、经济中心、文化中心及综合性中心城市。从城市影响范围看，中心城市分为国际性、全国性、区域性和地方性 4 个层次。区域性中心城市与一般城市相比而言人口、资本、消费、基础设施聚集程度高，社会分工发达，科学技术先进，有明显的聚集性、辐射性和开放性。作为区域性中心城市应具备的条件：1. 人口规模在 30 万 ~ 120 万之间的大城市，经济发达或比较发达，GDP 在区域内居于前列。大规模的商品流通促进中心城市逐步健全经济管理机构，完善市场调节系统，从而有利于加快区域市场体系运作的规范化、制度化、法制化进程。如山东半岛经济区城市化体系中的济青烟城市带中的烟台、潍坊、淄博、威海 4 城市。2. 市场主体企业和消费者集中，具有促进区域经济发展需要的内生优势。单一的工业城市不能称为区域性中心城市。山东省的莱芜市是较大型的钢铁工业城市，但产业结构较单一，不能算区域性中心城市。产业体系完善的大城市是具有多种功能的产业结构和空间布局系统，与文化、科技、政治职能相互联系，能够对周围区域产生较强辐射作用。同时，区域性中心城市是商品经济水平高、贸易和物流产业发达的城市，能发挥集聚人流、物流、资金流、信息流中心的功能，吸引与分散各种信息产品、知识产品、工业品和农副产品。3. 多功能综合发展的大城市。由于城市生产和商业发达，必然导致科学技术和文化教育事业发展，从而加快城市交通、金融发展。只有这样的城市才能对周围区域产生技术、人才、资金等生产要素的扩散，从而更有效地带动区域经济发展。4. 在一定城市带的空间联系网络中处于最优区位的大城市。一方面，作为城市带中的区域性中心城市应在省内有效辐射范围内，有便捷的交通条件和通畅的通信条件；另一方面，区域性中心城市应与区域其他城市镇有方便的交通通信联系，处于区域交通网比较适中的位置。区域中心城市建设的理论前提是现代工业化、信息知识化和城市化的理论观点。研究方法有文献分析法、系统分析法、实地调查法等。2010 年 2 月中华人民共和国住房和城乡建设部城镇体系规划课题组编制的《全国城镇体系规划（2010—2020）》草案确定中国的区域中心城市为东北沈阳、华东南京、华中武汉、华南深圳、西南成都、西北西安。（参考：国家发改委国土开发与地区经济研究所课题组：《对区域性中心城市内涵的基本界定》，《经济研究参考》2002 年第 52 期第 2 ~ 13 页。**朱配辰**）

区域循环经济发展规划

Regional Circular Economy Development Plan

指按照生态经济学基本原理，辨识、模拟和设计人工复合生态系统内的各种生态关系，进而依据循环经济理念，通过规划统筹区域内的元素流，充分有效科学地利用各种资源条件，协调区域发展和人地关系时空过程的战略手段。（**史月田**）

区域研究

Area Study

区域是一定的地理空间。区域内的自然资源状况、人口分布状况、交通状况、教育水平、技术水平、工农业发展水平、消费水平、政治制度等，对于该区域的社会经济活动和生产过程的影响极大。因而，区域经济学是专门展开这方面研究的经济学分支学科。区域经济学是与经济地理学密切联系的学科。它一方面对区域的自然资源和自然条件进行经济评价，对区域的经济、社会因素进行分析，更主要的是为制定区域发展纲要提出科学的依据，并为区域经济建立起计量经济模型。在政治学领域，区域研究主要指国别研究，是比

较政治学研究中的重要组成部分。（李庆）

区域政策

Regional Policy

政府区域性经济政策的简称。它是指政府为兼顾效率与公平，防止区域间经济发展差距过大，促进整体经济均衡发展而制定的一系列经济政策。区域经济政策是促进国民经济发展，解决区域经济问题，维护社会安定和民族团结的有力措施，也是实现资源优化配置及生产力合理布局的重要途径。区域政策在西方最初是以政府解决特殊区域尤其是落后地区的发展问题而实行的援助或扶持政策形式出现的。20 世纪 20 年代，英国率先对其东北部地区进行扶持，以防止地区间差距过大。美国著名区域经济学家埃德加·胡佛认为：“区域经济政策的最终目标，是通过增进个人福利、机会、公平和社会和睦体现出来的。因此，一个区域的经济政策，显然应该有助于提高人均实际收入、实现充分就业、扩大个人职业和生活方式的选择范围、保障收入和避免造成收入悬殊。”一般认为，西方发达国家的区域经济政策体系大致包括四大部分：1. 区域经济发展规划。这是区域经济政策的基础，主要任务是对各地区按照其当前经济状况和未来趋势进行分类，分别制定不同的战略目标，并采取相应的政策手段。2. 区域经济发展支持政策。这是根据区域经济发展规划所确定的分区，分别实施不同的刺激和扶持政策，主要有投资补贴、就业补贴、税收优惠等方式。3. 区域经济发展控制政策。这是针对大城市的过度发展而制定和实施的限制或引导投资的政策，最典型的是法国对巴黎的控制。4. 区域经济发展平衡政策。这主要是欧盟为解决成员国之间经济发展不平衡给一体化进程带来困难而制定的援助政策。（李庆）

躯体唯物主义

Body Materialism

澳大利亚社会生态学家、生态女性主义者艾瑞尔·萨勒在《作为政治的生态女性主义：自然、马克思和后现代》（1997）一书中提出的概念。基本含义是，女性的身体和日常活动是理解与阐释生态女性主义理论的基点。换言之，科学的生态女性主义必须立足于唯物主义的认知与分析方法。在她看来，女性的生育活动，不仅体现着男女性不同的感知、认识自然方式，而且由此促成男女性有差别的生命 / 自我意识；女性对生命过程的理解是实践的、具体的和感性的，男性对生命过程的理解往往是抽象的和意识形态化的。生育活动既是充满痛苦与危险的过程，也是把对生命的意义与价值的理解置于身体之中的经历。因而，与男性典型的唯心主义认识论相比，女性的认知取向可以说是一种由人类身体特点决定的或躯体性的唯物主义。（徐越）

曲格平

Qu Geping，1930 ~

世界著名环境科学专家，被誉为“中国环保之父”。1972 年作为中国政府代表团成员出席在斯德哥尔摩召开的第一次人类环境会议，从此献身于环境保护事业。1976 年后，历任中国常驻联合国环境规划署首席代表、国务院环境保护领导小组办公室副主任、城乡建设环境保护部环境保护局局长，国家环境保护局局长。在认真总结国内外环境保护经验的基础上，提出适合中国国情的、具有独创性的环境保护理论。运用系统科学原理提出经济建设与环境保护协调发展的理论；

从中国人口与环境关系的历史改革出发，阐明人口与环境的演变规律和相互作用的机制；运用一般系统论和系统工程的原理和方法建立和完善我国环境管理的理论体系和政策体系；成功地运用环境科学的理论和方法相继主持许多环境战略和环境规划的制定等。参与“预防为主，防治结合”“谁污染谁治理”和“强化环境管理”三大环境政策体系的制定。在改革开放初期，大胆提出引进国外先进的管理经验，结合国情制定 8 项环境管理制度和措施，并在全国普遍实施，从而使中国在 80 年代避免了环境状况的进一步恶化，为建立和完善具有中国特色的环境保护道路做出了突出贡献。1987 年获得联合国环境规划署金质奖章，1992 年 6 月荣获联合国环境大奖。1993 年获中国首届绿色科技特别奖。1995 年获荷兰王储颁发的金方舟大奖。1999 年获日本国际环境奖蓝色星球奖。2007 年获第 3 届中国发展百人奖终身成就奖。利用获得联合国环境大奖的 10 万美元奖金推动成立中华环保基金会。曲格平奖学金是中华环保基金会里的重要项目，所以人们也称这个奖学金为“中华环保基金会曲格平奖学金”。（张惠娜）

曲久辉

Qu Jiuhui，1957 ~

吉林农安人，环境工程专家。1982 年 1 月毕业于吉林大学化学系，获学士学位；1988 年 7 月和 1992 年 4 月毕业于哈尔滨建筑大学，分别获工学硕士和工学博士学位；1994 年 9 月在哈尔滨工业大学博士后出站，1996 年在美国 Auburn 大学做访问学者。现任中国科学院生态环境研究中心研究员，兼任中华环保联合会副主席，中国环境科学学会副理事长，中国可持续发展研究会副理事长，国际水协会（IWA）常务理事。2009 年当选为中国工程院院士。主要从事水污染控制研究，特别是饮用水质安全保障的理论、技术和工程应用研究，在水中有毒有害物质的产生和转化过程机制、水质风险控制和污染治理等方面取得多项原理和技术突破。先后主持国家自然科学基金重点项目、国家科技攻关项目、国家 863 计划项目重大环境污染事件应急技术系统与示范、973 计

划课题京津渤区域复合污染过程、生态毒理效应与控制修复原理、中科院知识创新重要方向项目及国际合作项目等项目的研究。近年组织开展城市水环境质量改善、饮用水安全保障、湖泊污染控制与生态修复等方面的国家重大研究计划。主要论著有：《水源污染与饮用水安全》（2007）《硫自养反硝化去除地下水中硝酸盐氮的研究》（2009）《饮用水砷污染风险控制技术与工程应用》（2011）《中国环境技术评价及预测》（2014）等。（石艳峰）

去附近一条小河探险

To Explore an Adjacent Stream

自然教育方法实例。“去附近一条小河探险”活动目的是让孩子们直接接触都市的河流，体验、了解环境，思考关于城市环境问题。进行方法：1. 要重视在出发点的教育，包括安全教育、明确目的教育、纪律要求等；2. 整组一起向上游走，中途设置观察点、测试点和休息点，自然观察点观察鸟窝、对于选择的河滩进行问答比赛等，城市观察点从河面上眺望城市、捡拾垃圾等；3. 小组要将调查结果整理后记录下来，以自由放松的状态漫步和观察，所看到的事物最好各不相同，主办者不要将欲传达的意思全部提示并强加于对

方，而是想办法引导参加者自己观察，这一点是很重要的。另外，如果雨水大，排水等卫生方面有问题时，需要予以考虑，但只是单单在河滩上漫步，所留下的印象就会不太深，如能安排在河溪中阔步踏水行进，则会使活动显得更为有意思。（参考：马桂新：《环境教育学》第 261 页，北京：科学出版社，2007 年。王薛时）

去工业化

De-industrialization

又称非工业化或逆工业化，指某些国家或地区通过去除或减少重工业和制造业比重而产生的社会经济变化，是工业化的相反过程。去工业化现象最早于 20 世纪 90 年代出现于美国，之后日本、欧盟以及大多数发达国家均发生了此类现象。去工业化的成因是，城市制造业成本较高，工厂由城市迁出，甚至迁到国外；发达国家资源枯竭、生产成本上升，老工业基地衰退；发展中国家提供的优惠政策，使劳动密集型工厂进一步外迁。去工业化表现为制造业下滑甚至停滞，制造业就业人员转向第三产业。单纯的去除制造业，不仅会带来失业等社会问题，而且由于缺乏实业的强力支撑，国家经济结构平衡将难以维持，严重的将导致金融危机。（张沥元）

去核化现代性

Denuclearization Modernity

德国环境政党与政治学者英格福尔・布吕道恩在其后生态主义理论中提出的概念，具体是指剥离了核心的现代性。在去核化现代性中，现代社会在很大程度上保留其结构与制度，在某种意义上继续朝向兼收并蓄体系的方向发展。然而，这个社会并非受制于理性或服务于人类客体的目的，而是一方面强调这个过程是演进过程，另一方面强调人类个体的需求与利益是处于次级需求的，隶属于全球层面。去核化现代性代表后现代社会类型，该社会类型的显著特点，是经济理性和市场体系前所未有地控制着思想的所有形式并渗透到社会所有其他亚体系。去核化现代性代表丧失了目的、价值和中心即它的核的系统化一致性，而这个核心曾是理想主义的自主主题概念。当然，去核化现代性概念只是社会理论模型，它提供有意识地减少复杂性的理想化描述。（徐越）

权力

Power

对他人和资源的支配能力。在政治生活中是对公共资源和组织成员的支配能力。权力不仅是获取和维护利益的手段，本身已经成为价值。通常认为，政治权力是政治的核心，政治实践即权力的实施运用。从某种意义上说，政治研究就是关于权力的分配方式和运行机制的研究，政治学就是关于权力的学问。中国典籍中，“权”既是衡量审度，又是制约别人的能力。英文中，权力是做某事的能力，或者想得到某种东西的能力，也包括控制某人的能力。政治权力，既是政府利用公民认可实现集体目标的能力，也可以表示使他人不得不按照某种方式去做某事的能力。所以，宽泛地说，权力就是达到理想结果的能力，它包括影响个人、组织、政府、国家到国际组织等各个参差错落的层级和它们之间关系的行为能力。这种能力在政治分析中常常表现为一种关系，即凌驾于他人之上从而影响他人的行为的能力。它区别于权威。权威是指影响他人的正当性，表现为理性的说服力，权威对象的行为是自觉自愿的。权力是奖惩能力，被影响的对象是被迫服从。（李庆）

权威主义

Authoritarianism

以统治者的权威为基础的政治统治形式，或主张这种统治形式的政治理论。在它看来，统治者可以不顾法律和人民的意愿，只按自己意志实行统治。专制统治是其典型的形式。在现代社会，权威主义表现为各种形式的专制。它反对自由主义的个人主义，并因压制个性和侵犯人权而受到

广泛的批判。其辩护者声称，它可以提供安全与秩序，比自由主义民主制度的局限性和腐败更为可取。（李庆）

全程清洁生产

The Whole Cleaner Production

20 世纪 90 年代以来对循环经济模式的理念更新与技术换代。清洁生产对污染控制是由末端治理转向全过程控制和源头治理。循环经济模式要求企业采取改进设计，使用清洁能源和原料，采用先进工艺技术、设备，实施全程清洁生产管理和综合利用等措施，提高资源利用效率，减少或者避免在生产、服务和产品消费过程中污染物的产生和排放，创造全程清洁的生产过程。循环经济模式中的清洁生产技术，基本目标是减少乃至消除生产过程、产品与服务的有害影响。就生产过程而言，要求节约原材料和能源，尽可能不用有毒原材料，在排放物和废物离开生产过程以前减少其数量和毒性。就产品和服务而言，要求从获取和投入原材料到最终处置报废产品的整个过程中，都尽可能将环境影响减至最低，减少产品和服务的物质材料、能源密度，扩大可再生资源的利用，提高产品的耐用性和寿命，提高服务的质量。20 世纪 80 年代以来发达国家将发展这类技术作为争取国家战略优势的重要途径，作为提高在世界市场竞争力的重要手段。循环经济模式客观上要求政府为循环生产技术的推广提供政策支持、技术帮助和资金补贴，清除影响循环模式生产技术推广的各种障碍，提高企业实施循环经济模式的责任感，通过绿色标志等制度的建立，扩大公众参与循环经济模式，为企业实施循环经济模式创造条件。（史月田）

全国低碳经济媒体联盟

China Low-carbon Economy Media Federation

由中国能源报、中国建设报、SOHU 网、腾讯网等数十家主流媒体 2010 年 1 月 19 日在北京联合发起成立。宗旨是整合低碳行业媒体及关注低碳事业社会媒体资源，使官、产、学、媒间的交流更畅通，更好地服务于我国低碳经济的发展大计。口号是：倡导低碳经济，促进科学发展，让世界可持续！下设理事会、秘书处、策划委员会、专家委员会、产业委员会等机构。（张惠娜）

全国低碳日

The Low Carbon Day

为普及气候变化知识，宣传低碳发展理念和政策，鼓励公众参与，推动落实控制温室气体排放任务而设立的纪念日。2010 年 1 月在低碳中国论坛年会上有关学者首次提出设立全国低碳日的倡议。2011 年国务院法制办和发展改革委经过认真研究，向国务院提出设立全国低碳日的建议。2012 年 9 月国务院决定，自 2013 年起将每年 6 月全国节能宣传周的第 3 天设为全国低碳日。2013 年 6 月 17 日是中国第一个全国低碳日。全国各地举办一系列活动，普及低碳生活、生产理念和政策。2013 年全国低碳日的主题是“践行节能低碳，建设美丽家园”。2014 年全国低碳日的主题是“携手节能低碳，共建碧水蓝天”。2015 年全国低碳日主题是“低碳城市，宜居可持续”。（王晴晴）

全国环保大会

National Environmental Protection Conference

自 1973 年至 2013 年国务院共组织召开 7 次全国环境保护会议，为解决中国的环境问题做出一系列重大决策。第 1 次会议于 1973 年 8 月召开，通过《关于保护和改善环境的若干规定》，确定我国第一个环境保护战略方针。第 2 次会议于 1983 年 12 月召开，将环境保护确立为基本国策。第 3 次会议于 1989 年 4 月召开，提出关于环境保护的 5 项制度创新。第 4 次会议于 1996 年 7 月召开，提出保护环境就是保护生产力，是可持续发展战略的关键。第 5 次会议于 2002 年 1 月召开，主题是落实和部署“十五”期间的环保工作。第 6 次会议于 2006 年 4 月召开，提出环境保护是造福子孙后代的事业，应将其放在更加重要的战略地位。第7次会议于2011年12月召开，主题是按照“十二五”主线要求，在发展中保护，在保护中发展。（张沥元）

《全国环境宣传教育行动纲要（**1996 ～ 2010**）》

The National Action Programme for Environmental Publicity and Education（1996 ～ 2010）

中国政府为加强环境宣传教育、提高全民环境意识而实施的规范性文件。《纲要》是对全国各地的环境宣传教育工作具有指导作用的文件。《纲要》由两部分组成：一是全国统一组织实施的宣传教育项目活动；二是各省、自治区、直辖市、计划单列市根据本地实际情况组织实施的宣传教育项目活动。国家环保局负责《行动纲要》在全国的组织、协调和实施；地方环保局负责《行动纲要》在本地区的组织、协调和实施工作。各级宣传、教育部门要大力支持，积极协助。要充分依靠各级新闻、出版、科技、文化、艺术等单位的密切配合和公众的广泛参与。《纲要》的总体目标是：到2000年，在全国初步建成环境宣传教育网络的框架，逐步建立公众在环境保护方面的参与监督机制，在全社会开始形成遵守环境法律法规、自觉保护环境的良好风尚；各级决策层的环境与发展综合决策能力有一定提高；培养出一批跨世纪的环保专门人才。到2010年，建成全国的完善环境宣传教育网络。（王薛时）

《全国环境宣传教育行动纲要（**2001 ～ 2005**）》

The National Action Programme for Environmental Publicity and Education（2001 ～ 2005）

中国政府为加强环境宣传教育、提高全民环境意识而实施的规范性文件。自1996年颁布《全国环境宣传教育行动纲要》以来，环境教育的宣传工作取得了明显的进步。但全国的环境宣传教育工作发展还不平衡，地区与地区、城市与城市之间仍有不小差距，全民的环境意识还不高，为此，中国政府制定《全国环境宣传教育行动纲要》（2001 ～ 2005）。《纲要》在“十五”时期的环境宣传教育的目标是：到2005年，广大青少年基本普及环境保护知识，各级决策层对环境与发展的综合决策能力有一定提高，企业职工、农民的环境意识有明显增强，环保系统干部职工岗位培训实现规范化、制度化，环境文化建设取得明显进展，环境保护公众参与机制和环境宣传教育社会化机制初步建立；自觉遵守环境法律法规、自觉保护环境的社会风尚开始形成。《纲要》特别提出创建绿色大学的先进理念。（王薛时）

《全国环境宣传教育行动纲要（**2011 ～ 2015**）》

The National Action Programme for Environmental Publicity and Education（2011 ～ 2015）

中国政府为加强环境宣传教育、提高全民环境意识而实施的规范性文件。《纲要》是“十二五”时期的环境宣传教育工作的指导方针，规定“十二五”环境宣传教育行动的总体目标和基本原则，详述“十二五”环境宣传教育行动的任务，规制“十二五”环境宣传教育行动的保障措施。《纲要》指出，“十二五”时期的环境宣传教育工作，要全面贯彻党的十七大和十七届五中全会精神，深入落实科学发展观，坚持围绕中心，服务大局，着力宣传环境保护对于更加注重民生、转变经济发展方式和优化经济结构的重要作用，着力宣传以环境保护优化经济增长的先进典型，着力宣传推进污染减排、探索环保新道路的新举措和新成效，着力创新宣传形式和工作机制，积极统筹媒体和公众参与的力量，建立全民参与环境保护的社会行动体系，为建设资源节约型和环境友好型社会、提高生态文明水平营造浓厚舆论氛围和良好的社会环境。“十二五”环境宣传教育行动任务包括：1. 创新宣传方式，开展丰富多彩的全民环境宣传活动；2. 加强舆论引导，扩大环境新闻传播影响力；3. 开展全民环境教育行动；4. 引导规范环境保护公众参与；5. 发展环境文化产业，打造环境文化精品；6. 建设环境宣传教育系列工程。（王薛时）

全国节能宣传周

National Energy Conservation Publicity Week

1990 年国务院第 6 次节能办公会议确定活动方案，从 1991 年开始每年举办。由国家发展和改革委员会、教育部、科学技术部、工业和信息化部、环境保护部、住房和城乡建设部、交通运输部、农业部、商务部、国资委、国家广播电影电视总局、国务院机关事务管理局、中华全国总工会、共青团中央 14 个部门联合主办。每届全国节能宣传周都会有特有的宣传主题与宣传口号，结合主题在全国各地开展各项不同的活动，旨在不断地增强全国人民的资源意识、节能意识和环境意识。鉴于全国性的缺电状况，2004 年由原来的 11 月改为 6 月举行，目的是在夏季用电高峰到来之前，形成强大宣传声势，增强社会节能意识。（张惠娜）

全国人大环境与资源保护委员会

Environment and Resources Protection Committee of National People's Congress

全国人民代表大会的专门委员会之一，主要职责是立法和调研环境资源工作。1993 年 3 月召开的第八届全国人民代表大会第一次会议批准设立，当时名称为“环境保护委员会”，1994 年第八届全国人民代表大会第二次会议更名并保留至今。受全国人民代表大会领导；在全国人民代表大会闭会期间，受全国人大常委会领导，由主任委员 1 人、副主任委员若干人和委员若干人组成，在全国人大及常委会的领导下，研究、审议和拟订有关议案。具体职责包括：1. 审议全国人大主席团或者全国人大常委会交付的议案。2. 向全国人大主席团或全国人大常委会提出属于全国人大或者全国人大常委会职权范围内同本委员会有关的议案。3. 审议全国人大常委会交付的被认为同宪法、法律相抵触的国务院的行政法规、决定和命令，国务院各部、各委员会的命令、指示和规章，省、自治区、直辖市的人民政府的决定、命令和规章，提出报告。4. 审议全国人大主席团或者全国人大常委会交付的质询案，听取受质询机关对质询案的答复，必要时向全国人大主席团或者全国人大常委会提出报告。5. 对属于全国人大或者全国人大常委会职权范围内同本委员会有关的问题，进行调查研究，提出建议。协助全国人大常委会行使监督权，对法律和有关法律问题的决议、决定贯彻实施的情况，开展执法检查，进行监督。（刘中华）

《全国生态功能区划》

National Ecological Functional Zoning

2008 年 7 月环境保护部和中国科学院联合发布《全国生态功能区划》。全国生态功能区划是在全国生态调查的基础上，分析区域生态特征、生态系统服务功能与生态敏感性空间分布规律，确定不同地域单元的主导生态功能，并依此制定的全国生态功能保护规划。全国生态功能区划的基本原则是：主导功能原则；区域相关性原则；协调原则；分级区划原则等。全国生态功能一级区共有 3 类 31 个区，包括生态调节功能区、产品提供功能区与人居保障功能区。生态功能二级区共有 9 类 67 个区，包括水源涵养、土壤保持、防风固沙、生物多样性保护、洪水调蓄等生态调节功能，农产品与林产品等产品提供功能，以及大都市群和重点城镇群人居保障功能。生态功能三级区共有 216 个。生态功能区的划分对保障国家生态安全，指导我国生态保护与建设、自然资源有序开发和产业合理布局，推动我国经济社会与生态保护协调、健康发展，都有着重要意义。全国生态功能区划的范围为我国内地 31 个省级行政单位，未包括香港特别行政区、澳门特别行政区和台湾省。（张沥元　王晴晴）

《全国生态环境保护纲要》

National Programme of Ecological and Environmental Protection

2000 年 11 月 26 日由国务院发布。《纲要》是继 1997 年国务院发布《全国生态环境建设规划》

和实施西部大开发战略以来，国家又一次针对生态环境建设工作的指导性文件。虽然自《规划》发布以来，国家对生态环境建设给予多方面支持，各地区生态建设工程都取得重大进展，然而短时间内重开发轻治理、重建设轻管理的思想行为模式难以彻底改变，一些地方普遍存在一边进行生态建设一边进行生态破坏的行为。《纲要》从保护生态环境与管理生态建设工程的角度出发解决这一问题。《纲要》的最大贡献在于针对不同区域生态环境破坏的原因和特点制定相应的防护和治理措施，提出今后一个时期做好“三区”的生态环境治理工作。“三区”是指重要生态功能区、重点资源开发区和生态环境优质区。保护“三区”生态环境要对重要生态功能区施行抢救性保护，对重点资源开发区施行强制性保护，对生态环境优质区实施主动积极性保护。《纲要》以保护生态环境、预防环境污染为主要方针，对重点地区的生态环境保护采取更加积极和严格的管理和监督措施，对功能保护区的建设和管理、资源开发的监督等重要方面提出新的举措。（参考：国家环境保护总局：《<全国生态环境保护纲要>的制定背景及主要内容》，《环境保护》2001 年第 1 期第 10 页。欧阳文川）

《全国生态环境建设规划》

National Ecological Environment Construction Plan

本规划于 1999 年 1 月国务院常务会议讨论通过，从我国生态环境保护和建设的实际出发，仅对全国陆地生态环境建设的一些重要方面进行规划，主要包括天然林等自然资源保护、植树种草、水土保持、防治荒漠化、草原建设、生态农业等。规划共分几大部分：首先说明我国环境建设概况；然后提出生态环境建设的指导思想和奋斗目标；还提出了全国生态环境建设总体布局并且规划了优先实施的重点地区和重点工程；最后总结了生态环境建设的政策措施。为实现可持续发展，保护和建设好生态环境，必须大力开展植树种草，治理水土流失，防治荒漠化，建设生态农业。《全国生态环境建设规划》对我国具有长期指导作用。（代富宇）

全国政协人口资源环境委员会

The Environment and Resources Commission of CPPCC

中国人民政治协商会议全国委员会设置的专门委员会之一，1998 年 3 月成立。该委员会设主任 1 名，副主任、委员若干名，主要由全国政协委员中人口、资源、环境领域的领导干部、专家学者及社会知名人士等组成。委员会下设办公室，负责委员会活动的具体组织、实施、服务、联络等日常工作。主要职责是根据《中国人民政治协商会议章程》的要求以及全国委员会全体会议和常务委员会议提出的相关任务，联系有关部门和社会团体，组织委员主要围绕国家人口、资源、环境和可持续发展领域的战略性、综合性、全局性、前瞻性的重大问题开展调查研究，通过调研报告、提案、政协信息等形式提供决策参考意见和建议。（刘中华）

《全国主体功能区规划》

National Plan for Development Priority Zones

2007 年 7 月 26 日国务院印发《关于编制全国主体功能区规划的意见》，指出要根据不同区域的资源环境承载能力、现有开发密度和发展潜力，统筹谋划，将国土空间划分为优化开发、重点开发、限制开发和禁止开发四类。各类主体功能区，在全国经济社会发展中具有同等重要的地位，只是主体功能不同、开发方式不同、保护内容不同、发展首要任务不同、国家支持重点不同。2011 年 6 月《全国主体功能区规划》正式发布，明确未来国土空间开发的主要目标和战略格局。《规划》推进实现主体功能区主要目标的时间节点为 2020 年，规划范围为全国陆地国土空间以及内水和领海（不包括港澳台地区）。《规划》包括规划背景、指导思想与规划目标、国家层面主体功能区、能源与资源、保障措施、规划实施等

6篇共13章，收录国家重点生态功能区名录、国家禁止开发区域名录和20幅图等3个附件。全文共7万多字，是我国国土空间开发的战略性、基础性和约束性规划。（张沥元）

全媒体平台

All Media Platform

概念来自传媒界的应用层面。随着媒体形式的不断出现和变化，媒体内容、渠道、功能层面开始不断融合，使人们在使用媒体概念时需要意义涵盖更广阔的词语，由此出现全媒体概念。全媒体平台一方面可以理解为完备、全面，指尽可能多的单一形式媒介载体的综合体，是包括众多媒体形式的个体概念；另一方面也可以理解为综合运用各种表现形式，如文、图、声、光、电全方位、立体地展示传播内容，同时通过文字、声像、网络、通信等传播手段传输的新的传播形态。全媒体平台是载体形式、内容形式以及技术平台的集大成者。从传播载体工具上可分为：报纸、期刊、广播、电视、音像、电影、出版、网络、电信、卫星通信等；从传播内容形式上涵盖视、听、形象、触觉等人们接受信息的全部感官；从所倚重的各类技术支持平台看，除传统的纸质、声像外，基于互联网络和电信的WAP、GSM等技术。全媒体平台包容个体特性，不排斥任何一种单一表现形式的媒体，视单一形式的媒体为全媒体中的重要组成部分，在整合运用全媒体的同时仍然很看重各种单一媒体的核心价值特性和优势。全媒体的“全”还体现在对受众的全面覆盖，传播面广泛，互相整合填充人们行为的各个注意力空间。（参考：敬冉等：《全媒体时代的融合与创新》，《新闻前哨》2013年第2期第71～72页。张惠娜）

《全面禁止核试验条约》

Comprehensive Nuclear Test Ban Treaty

1996年9月10日在第50届联合国大会上通过的全面禁止核试验的国际条约。《条约》旨在促进全面防止核武器扩散、促进核裁军进程，从而增进国际和平与安全。规定缔约国需要做出有步骤、渐进的努力，在全球范围内裁减核武器，以求实现消除核武器，在严格和有效的国际监督下全面彻底核裁军的最终目标。包括序言、17项条款2个附件及议定书。规定所有缔约国承诺不进行任何核武器试验爆炸或任何其他核爆炸，并承诺不导致、鼓励或以任何方式参与任何核武器试验爆炸。《条约》通过后，自1996年9月24日起开放供各国签署，将从所有44个裁军谈判会议成员国交存批准书之日起第180天生效。中国1991年12月29日决定加入该条约，1992年3月9日递交加入书，同时对中国生效。到目前，仍有部分国家拒绝签约，因此《条约》无法生效。（申森）

《全面深化改革决定》与生态文明建设

The Decision of CPC Central Committee on Major Issues Concerning Comprehensively Deepening Reforms and the Construction of Eco-civilization

2013年11月12日，为贯彻落实党的十八大关于全面深化改革的战略部署，中国共产党第十八届中央委员会第三次全体会议审议通过了《中共中央关于全面深化改革若干重大问题的决定》，简称《全面深化改革决定》。《决定》全面部署深化改革的总路线，是今后一个时期指导我国改革的总蓝图。《决定》共2万多字，分16个部分60条。第1部分构成第一板块，是总论，主要阐述全面深化改革的重大意义和指导思想，第2～15部分构成第二板块，是分论，主要从经济、政治、文化、社会、生态文明、国防和军队6个方面具体部署全面深化改革的主要任务和重大举措。在《决定》第1部分总论中，论述生态文明建设的总思路，强调从体制方面加强生态文明建设；第14部分全篇详细论述加强生态文明建设的思路和具体措施：建设生态文明，必须建立系统完整的生态文明制度体系，实行最严格的源头保护制度、损害赔偿制度、责任追究制度，完善环境治理和生态修复制度，用制度保护生态环境。重大举措包括：1. 健全自然资源资产产权制度和用途管制制度；2. 划定生态保护红线；3. 实行资源有偿使用制度和生态补偿制度；4. 改革生态环境保护管理体制。（刘中华）

全民公决

Referendum

通过全国公民直接投票来批准法律，决定对内对外政策、政治制度、国家领土的变更或国家独立等国家大事。分为强制性和选择性两种。宪法或法律规定某些立法须由公民投票予以批准或否决的，称为强制性全民公决。全民公决是对代议制度的一种补充。积极作用是：1. 具有控制民选政府的权力，确保它们与公众利益或需求保持一致。2. 能够促进政治参与，有助于培养一个更加知情、更有能力的选民。3. 可以通过让公众就特定问题表达观点来加强立法行动的合法性。4. 可充当解决主要的宪法问题的工具，或用来测量公众对在选举中没有涉及的问题的态度。缺陷是：1. 容易将政治决定交由那些受教育少和缺乏经验，以及大多受传媒和他人影响的人。2. 往往是一时一地公众舆论的反映。3. 可能为政客们操纵政治议程并为开脱他们自己做出困难决定的责任提供借口。4. 倾向于简化和曲解政治问题，将之简化为简单的“是”或“否”的问题。它与公民投票的些微区别是：它是针对某一项特殊议题，交付公民投票并直接表决，而不是经由议员来间接投票。在投票时，一般不要求投票者在几个可供选择的建议中任选一个，只要求肯定或否定某种政府形式或行动方针的合法性。它被认为是政府不经过政党之类的中间政治组织而直接诉诸人民的一种民主决策方式。（李庆）

全球 **500** 佳环境奖

Global 500 Roll of Honor for Environmental Achievement

又称世界环保 500 佳或联合国环境保护奖，联合国环境规划署 1987 年设立，旨在表彰对环境保护做出杰出贡献的组织和个人，在每年世界环境日颁发。从 2004 年起，联合国环境规划署设立新的奖项地球卫士奖，代替环境奖项。全球 500 佳环境奖的评选标准：成功解决具体的环境问题或对环境及可持续发展问题做出极有意义的贡献；成功使公众关注重大环境问题，从而推动地区或国家解决该问题；在有关环境的科学研究、技术、理论等方面做出突出贡献。（申森）

《全球变化生物》

Global Change Biology

着重原始调查研究方面论文。该期刊有助于理解目前环境变化和生物系统面临的问题，包括对流层臭氧增加和二氧化碳浓度的增加、气候变化、生物多样性丧失和营养富集作用，生物对环境变化的反映和反馈，也就是生物群系有机体任何水平方面的变化在研究范围之内。另外，研究涉及观察、实验及理论方面，关注水域或陆地生态系统、人工或自然生态系统等环境研究。月刊，ISSN：1354-1013。2014 年影响因子为 8.044。（席溢）

全球变化与陆地生态系统

Global Change and Terrestrial Ecosystem

国际地圈生物圈计划（IGBP）核心计划之一。旨在分析全球尺度上大气成分、气候、人类活动和其他环境变化对陆地生态系统结构和功能的影响，预测未来全球变化可能带来的农业、林业、土壤和生态系统复杂性的改变。主要研究内容：1. 生态系统生理学：二氧化碳增加的效应；生物地球化学方面的变化；植被变化对水和能量通量的影响；综合研究内容（全球变化条件下生态系统生理学的综合模式；陆地生态系统中的碳储库与碳通量）。2. 生态系统结构的变化：局地尺度动力学；局地至区域尺度的模式；关于元素循环和气候反馈的区域尺度至全球尺度植被变化模式。3. 全球变化对农业和林业的影响：全球变化对主要农作物种类的影响；害虫、疾病和杂草的变化；全球变化对土壤的影响；多种（复杂）农业系统的综合实验和模拟计划。4. 全球变化与生态复杂性：生物多样性和生态复杂性对生态系统功能的影响；全球变化对生物多样性和复杂性的综合影响；全球变化对孤立种群变化性的影响。研究设施：长期生态系统模拟项目（LEMA）的模拟中心网络；沿环境梯度（如温度或降雨）的一系列主要研究断面；集中农作物实验研究站的星际网络；利用 FACE（自由大气二氧化碳富集）技术研究增加的二氧化碳对生态系统功能的影响的一系列实验站。（席溢）

全球变暖

Global Warming

指由于人为因素和自然因素的影响导致全球平均气温持续上升的自然现象。自然因素指全球气候处在温暖期，太阳活动和火山爆发等自然活动频繁导致地气系统吸收与发射不平衡，能量在地气系统积累，导致全球变暖。人为因素主要指石油矿物燃料的燃烧产生了大量的温室气体或森林的砍伐导致二氧化碳吸收减少等。全球变暖不仅导致海平面上升，而且造成全球大气环流调整和暖热气候向极地扩散，从而影响世界各地降水和干湿状况的变化，甚至加剧传染病的流行等。为了应对全球变暖，联合国于 1992 年专门制定《联合国气候变化框架公约》；1996 年联合国会议通过《京都议定书》，根据这份协议，从 2008 年到 2012 年期间，主要工业发达国家的温室气体排放量要在 1990 年的基础上平均减少 5.2%，它是设定强制性减排目标的第一份国际协议。（王晴晴）

《全球变暖的大骗局》

The Great Global Warming Swindle

科学政论文献片。由马丁· 德金（Martin Durkin）导演，于 2007 年 3 月 8 日在英国 BBC 电视台 4 频道播出。影片采访多位科学家，包括

9 位研究气象学、气候学、海洋学、生物地理学和古气候学的教授，用大量证据否定“人为全球气候变化”的说法，直指它为谎言、“当代最大的骗局”。影片指出，全球暖化的背后是一个由狂热的反工业化环保分子创造出来的高达数百亿美元的全球产业。这个有利可图的产业获得那些用恐慌故事争取研究基金科学家们的支持，又被政治家和媒体大肆渲染。影片的结论是：全球暖化其实是由太阳活动加强引起的。影片引起公众大量的质疑和讨论，推进了公众对环境问题意识的深入。（张惠娜）

全球风险社会

Global Risky Society

乌尔里希·贝克在著作中针对全球化的不断推进，提出“全球风险社会”概念，强调制度性风险，从而与吉登斯的理论更加贴近。2001 年 11 月，贝克在俄罗斯国家杜马的演讲中指出，全球风险社会的新含义依赖于这样一个事实，“那就是运用我们的文明的决策，我们可以导致全球性后果，而这种全球性后果可以触发一系列问题和一连串的风险，这些问题和这些风险又与权威机构针对全球范围内的巨大灾难事例而构筑的那一成不变的语言及其做出的各种各样的承诺形成了强烈的反差”。在他看来，有三个层面的危机是

可以确认的，即生态危机、全球经济危机以及跨国恐怖主义网络所带来的危险。这些全球风险有两个特征：一是世界上每一个人在原则上都可能受到它们的影响或冲击；二是要应对和解决它们需要在全球范围内共同努力。更为重要的是，全球性风险是在政治层面爆发的，不一定取决于事故和灾难发生的地点，而是取决于政治决策、官僚机构以及大众传媒等。（徐越）

全球公民社会理论

Theory of Global Civil Society

西方国际关系学的基础性理论之一，在20世纪90年代全球性民主化浪潮中出现。主要代表有英国政治学教授约翰·基恩和美国学者莱斯特·萨拉蒙等。该理论认为，全球公民社会是指来自世界各地的公民或集体在国家和市场的活动范围之外，为了全球公共利益而自愿结合在一起的跨国结社关系。它以跨越国家界限的非政府组织为核心，不断扩大对全球事务的参与，部分地分割了原由各国政府承担的职责，部分地填补了政府留下的真空，承担起新的责任。全球公民社会的兴起对国际关系的影响，将比民族国家兴起对国际关系的影响更大，它与民族国家、国际组织和跨国公司一起主导着国际政治的未来。（李庆）

全球海洋生态系统动力学

Global Ocean Ecosystem Dynamics

国际地圈生物圈计划（IGBP）核心计划之一。海洋研究科学委员会和政府间海洋学委员会1991年发起的，研究全球变化对大洋生态系统主要种类的海洋种群丰度、多样性和生产力等影响的国际海洋科学研究计划。主要目标是认识全球变化对海洋生态系统的主要成分——动物种群的丰度、多样性和生产力的影响，以及从全球变化的含义上认识全球海洋生态及其主要亚系统的结构、功能对物理变化的反应，发展预测海洋生态系统对全球变化响应的能力。根本任务是：更好地认识多尺度的物理环境过程对海洋生态大规模的影响；确认全球海洋生态系统具有代表性意义的结构与多变的海洋系统之间的关系，侧重于营养动力学通道及其变化和营养质量在食物网中的作用的研究；通过使用物理学、生物学和化学耦合模式以及适当的观测系统，确认全球系统对群体动力学的影响，并发展预测未来变化的能力；通过定性和定量反馈机制，确认变化中的海洋生态系统对全球系统的影响。研究重点：1.通过重检、综合历史资料，建立发展全球海洋系统模式的基础。如：查明现有资料来源，发展获取、贮存和分析现有资料和利用资料的途径，使资料有益于国际科学界使用；认识小尺度、中尺度和大尺度物理和生态系统过程的相互作用；小尺度相互作用和参数在中尺度模式中的重要性。2.开展关键性的生物和物理过程研究。重点认识营养动力学通道，尤其是它们的变化和食物网营养质量的作用。过程研究围绕3个方面进行：生态系统和营养动力学研究和模拟；确认中尺度物理和生物相互作用；研究生态系统胁迫反应的特征。3.发展多学科耦合模拟/观测系统的预测和建模能力。包括如下方面：发展多尺度的生物—物理动力学模式；发展实现四维动力学模式，发展适宜的传感装置，改进模拟和观测系统；发展特定的验证区，如东北大西洋、加利福尼亚海流和黑潮等。4.同其他海洋、大气、陆地和社会全球变化研究合作，评估海洋生态系统变化对全球地球系统的反馈作用。（席溢）

全球海洋通量联合研究计划

Joint Global Ocean Flux Study

国际地圈生物圈计划（IGBP）核心计划之一。1990～2004年由海洋研究科学委员会主持的大气、大洋表层和大洋内部区域季度至年际碳通量及其对气候变化影响的国际海洋科学研究计划。宗旨是了解全球范围的海洋生物和海水化学的相互作用过程以及这些过程出现的速率，认识海洋的生物系统和化学系统的变化，为理智地处理人类对全球生态系统的影响而引起的问题提供科学依据。其目标是认识并定量测定大洋中控制生物地球化学循环的物理、化学和生物过程，估价海洋与大气、海底和陆架边界之间的有关交换量，了解支配海洋中生源物质的生产和归宿的过程，预报其对全球尺度扰动的影响和反应，建立检测海洋中与气候变化有关的生物地球化学循环变化的长期战略。（席溢）

全球环境部长级论坛

Global Ministerial Environment Forum

2000 年 5 月在瑞典马尔默举办第 1 届全球部长级环境论坛，为期 3 天。有 130 多个国家的 500 多名代表，包括 100 多位部长及政府间和非政府组织代表参加。1999 年 7 月 28 日联合国大会第 53 届会议上，安南在《关于环境与人类住区的报告》及其附件《联合国环境与住区工作报告》中建议改革和加强联合国环境与人类住区领域活动，确定举办论坛。重要目的是要制定共同程序，重新取得各国在环境领域的政策一致性。本次论坛通过的《马尔默宣言》成为主要成果。（申森）

全球环境管治

Global Environmental Governance

规制全球环境保护的组织、政策工具、财政机制、规则、程序和规范的总和。全球环境管治要求从世界整体性的角度，对环境和自然资源的控制和管理进行决策。从实践角度看，全球环境管治的努力已有着 40 多年的发展历程。1972 年斯德哥尔摩人类环境会议决定创建的联合国环境规划署（UNEP），职能是在环境全球管治中协调联合国相关机构的环境活动，担当新政策创议的发动者。1992 年的里约地球峰会和 2002 年的约翰内斯堡可持续发展首脑会议，都是全球环境管治体系迅速发展的重要标志。随着全球性环境政治与政策的不断演进，全球环境管治的最终目标是改善环境状况并导致更宽泛意义上的可持续发展。（徐越）

全球环境管治理论

Global Environmental Governance Theory

20 世纪中叶以来，伴随全球环境问题日趋严重，影响并渗透到国际政治、经济、文化生活等各个领域，主权国家政府对环境治理能力的不足和国际社会的无政府松散状态日趋凸显，全球环境管治理论应运而生。全球环境管治理论，指要求从世界整体性的角度，对环境和自然资源的控制、对管理进行整体决策的理论。全球环境管治理论，包括全球环境管治的对象、主体，以及全球环境管治的具体形式等多方面内容。具体而言：全球环境管治理论考量的对象，是政治和经济关系、制度体现、国际协定、国家政策和立法以及地方决策结构、跨国机构和环境非政府组织等。全球环境管治的主体一般认为有主权国家、国际政府间组织、国际环境非政府组织和跨国公司。全球环境管治的具体形式，包括全球化和环境管治、分散式环境治理、市场和集中代理手段以及交叉尺度环境治理等四种表现形式。（徐越）

全球环境基金

Global Environmental Facility，GEF

由联合国开发计划署、联合国环境规划署和世界银行共同管理的政府间组织，1991 年 11 月 28 日成立。由 178 个国家、国际机构、非政府组织与私人企业组成的，旨在针对全球环境议题协助国家可持续发展项目，目的是为减轻全球的生态压力，为发展中国家提供拨款或低息贷款以帮助他们。在促进地球环境改善方面，已成为全球最大的项目资助者，提供赞助给生物多样性、气候变迁、国际水资源、土壤退化、臭氧层与持久性有机污染物相关的计划。基金重点关注以下问题：减少与限制引起全球变暖的温室气体的排放；保护地球上生物的多样性与维护动植物生长的自然环境；控制国际水源污染与防止臭氧层进一步破坏。在限制温室气体排放方面，通过减少温室气体排放量的费用—效益实验性项目，帮助国际社会更加了解与减慢全球变暖过程。在保护物种多样性方面，全球环境基金保护海岛的生态系统、集水区、野生生物与森林。在保护水体方面，机构资助为防止与清除在主要国际航道有毒污染的机构。在保护臭氧层方面，在蒙特利尔项目书里指出有2.4亿美元用于控制破坏臭氧层的物质。有所有参加国代表组成的大会，每3年召开1次，1998年4月在新德里召开第1次会议。理事会有32个成员，其中发展中国家成员16个，发达国家成员14个，中、东欧和前苏联的国家成员2个。理事会每年召开2次会议，或根据需要随时召开。资金来自捐款国，包括发展中国家和发达国家。（申森　李雪姣）

《全球环境运动》

The Global Environmental Movement

著名环境社会学家约翰·麦考密克的代表性著作，1995年出版。环境革命是20世纪发生的一次重要的、根本性的人类价值观念的改变，促使人们重新思考经济优先权、国内政策和国际关系，改变人们对于整个世界的理解。如今，环境与政治、经济和科学密切相关。书中试图纠正许多关于环境社会运动的误解，指出环境运动是全球性的社会、经济和政治现象。作者探讨国家和环境条件如何和为什么从私人议题转变为公共议题。这种转变的路径首先是大众性社会运动，继而体现在立法、公共政策和公共环境机构的创立与发展，社会、经济和政治观念的改变。书中分析主要基于英国和美国的经验，主要论点是环境主义并不是一系列分散的国家运动，而是隶属于更为长期的人类态度的改变。（徐越）

《全球环境展望》

Global Environment Outlook

有关全球环境状况、趋势与展望方面的最具权威的系列性评估报告。基本特点在于以区域性的观点审议全球主要环境问题，对涉及区域性优先事务政策响应的初步评价，使用定量分析技术为人类预见可能的未来。目的是定位于指导环境决策的系列出版物，旨在促进科学和政策的有机结合。前5份报告为《全球环境展望1》《全球环境展望2：一个经济、社会与环境的视角》《全球环境展望3：过去、现在和未来》《全球环境展望4：旨在发展的环境》《全球环境展望5：我们未来想要的环境》分别于1997年、1999年、2002年、2007年和2012年发布。2016年将发布《全球环境展望》报告的第6版。（申森）

全球环境正义运动

Global Environmental Justice Movement

环境正义这一概念，起源于20世纪80年代的美国，强调环境效益和负担的公平分配。环境正义运动与民权运动有很多相似点。两者的核心目标都是“社会正义、平等保护、终结体制性歧视”。与民权运动相比，环境正义运动更加强调环境平等是所有公民的权利。世界环境正义运动，最早发生于美国南部地区，那里是20世纪60年代民权运动的起始点。除种族歧视外，美国南部的环境歧视也相当严重。1982年，本杰明·穆罕默德率先在美国北卡罗来纳州的沃伦县，发起反对工业废物填埋的环境正义运动。沃伦抗议首先将种族、贫困以及工业废物处理的生态后果相联系，揭示环境保护过程中的不公正现象。环境正义运动的另一个例子是纽约市的布朗克斯项目。“南布朗克斯绿道项目”（South Bronx Greenway Project）不仅为当地带来经济发展，而且有效地缓解了城市的热岛效应，产生了积极的社会影响。进入21世纪以来，维护环境权益的环境正义运动不仅推动美国环保运动的发展，而且引发全球范围内的环境正义运动的浪潮。（王聪聪）

《全球环境政治》

Global Environmental Politics

美国著名环境社会与政治学者罗尼·利普舒茨的代表作之一，1993年出版，是利普舒茨20世纪90年代于加州大学圣克鲁兹分校讲授全球环境政治课程的授课材料汇编，结集成书作为课程的教材。利普舒茨在书中不仅将复杂的环境政治思想与人们身边的细微生活结合起来，而且将全球性的视野与地方性的思考相互贯通。该书主要基于两个分析框架：批判社会理论和非马克思主义的历史唯物主义。前者试图更好地理解各种来自于知识与权力的环境理论观点，理解这些观点如何成为社会抗议和政府政策的基础，从而反映某一社会中权力与等级制的不同形式。后者强调历史的产生，部分由物质基础所决定，并且受同样根植于历史的信念与实践的影响而改变。本书的重点是对全球环境政治的解构分析，是对政治行动的吁求——环境政治不仅是地方的，也是全球的；它不仅需要我们思考和质疑，更需要我们有果断的主张和行动。中译本书名《全球环境政治：权力、观点和实践》，译者郭志俊、蔺雪春，济南，山东大学出版社2012年出版，《环境政治学译丛》子目。（徐越）

《全球环境政治》杂志

Global Environmental Politics

美国麻省理工学院出版社所属期刊之一，现任主编是凯特·奥尼尔（Kate O' Neill）和斯塔西·范登维尔（Stacy VanDeveer）。主要研究对象是全球政治力量和环境变化之间的关系，特别关注地方与全球环境管理之间的相互作用及影响，以及世界环境变化和全球政治中的环境管治问题。期刊专题分为两种，分别是全文刊发的研究论文和较短的论坛文章。各个专题聚焦于研究政府职能、多边机构和协议、贸易、国际金融、企业、科技和基层运动等。期刊投稿人需具有跨学科背景，包括政治学、国际关系、社会学、历史、人文地理、公共政策、科学和技术研究、环境伦理、法律、经济、环境科学等。《全球环境政治》期刊为2014年SSCI所收录的政治学类期刊目录（共159种）之一。（徐越）

全球江河环境教育网

Global River Environmental Education Network

原美国《环境教育期刊》顾问编辑、北美环境教育协会主席斯代普教授于1982年首先倡导并建立。德国是最先响应斯代普教授的倡议并加入这一网络的国家，并一直积极参与具体活动。目前网络已经涵盖包括美国、德国、澳大利亚在内的120个国家。这个跨国、跨地区的网站旨在为有关江河的地方项目提供服务，将这些项目与其他行动小组的类似项目连接起来，主要目的是通过计算机网络建立不同活动小组的网站。所有的全球江河环境教育网的各小组都能获取地方的乃至国家的或者国际的有关研究成果、观察报告、观点和每个项目的进展情况信息。它是由学生自主参与的行动研究，即学生对当地河流情况进行调查，在该网站公布，同时通过网站获取有关环境教育方面的信息。（参考：祝怀新：《环境教育的理论与实践》第143页，北京：中国环境科学出版社，2005年。王薛时）

全球伦理

Global Ethics

全球伦理在20世纪80年代末被提出，是一种表达全球各地区、各族人都认可并尊重的价值观和道德原则，因此应与全球伦理学相区分。全球伦理的基本要求是“必须以人道精神对待每个人”，这是全球伦理的“黄金规则”，这是一种最低限度的人类基本共识，指每个人，不论其种族、性别、年龄、身体以及智力，无论持何种宗教信仰、说何种语言、处于什么类型的文化之中，都具有不可剥夺、不可侵犯的尊严。与此同时，任何人以及任何组织都有义务保障他人尊严的完整性。全球伦理有 4 项基本要求或者规则，即：不可杀人、不可盗窃、不可撒谎和不可奸淫。4 项基本规则是履行“必须以人道精神对待每个人”的必然要求，因此是对黄金规则的进一步细分和阐释。1989 年德国神学家孔汉思（Han S Kung）在联合国教科文组织会议中首先提出以全球宗教对话与和平共处为基础的新的伦理上的共识。1990 年其著作《全球伦理》一书出版，系统阐释其观点，标志全球伦理理论的正式形成。1991 年美国费城天普大学宗教系主任、普世研究所所长列奥纳德·斯威德勒（Leonard Swidler）发表呼吁全球伦理的宣言书《全球伦理普世宣言》。《宣言》涵盖世界范围内主要宗教，并得到许多宗教团体的肯定。随后孔汉思接受世界宗教议会大会理事会委托，起草《走向全球伦理宣言》，于 1993 年 9 月在美国芝加哥举办的世界宗教议会第二届大会通过，这是全球伦理的正式文本。（参考：汤一介：《“全球伦理”与“文明冲突”》，《北京行政学院学报》2003 年第 1 期第 79 页；吴艳：《全球伦理运动研究——关于我国宗教与全球宗教伦理运动对话的哲学思考》，中央民族大学 2005 年硕士学位论文第 2 ~ 11 页。欧阳文川）

全球绿党

Global Greens

世界绿党与政治运动的国际联合组织，2001 年成立。为纪念世界上第一个绿党成立 30 周年，2001 年 4 月在澳大利亚堪培拉召开第一届全球绿党代表大会，通过《全球绿党章程》，设立继续合作的机构框架：全球绿党协调（Global Greens Coordination）与全球绿党网络（Global Green Network）。第二届与第三届代表大会分别于 2008 年在巴西圣保罗、2012 年在塞内加尔达喀尔举行。由来自非洲绿党联盟、美洲绿党联盟、亚太绿党联盟和欧洲绿党联盟的绿色政党组织组成，在世界上 90 多个国家拥有成员党。全球绿党网络是民族国家绿党代表的网络，主要任务是与洲际性绿党联盟一起强化绿党之间的合作，贯彻实施《全球绿党章程》，进一步推动既有成员与新成员之间的相互理解，并与全球绿党协调开展建设性合作。全球绿党协调是全球绿党两次代表大会会期之间的决策机构，由每个地区的绿党联盟选出的 3 名代表组成。（王聪聪）

《全球绿党宪章》

The Charter of Global Greens

全球绿党在 2001 年第一次代表大会上通过的纲领性文件。汲取世界各国绿党章程的精华，参考借鉴《地球宪章》与 1992 年第一次里约地球峰会的思想，2012 年全球绿党第三次代表大会修订。分为两个部分：价值原则与政治行动。提出团结全球绿党的六大核心价值观：生态智慧、社会正义、参与性民主、非暴力、可持续性、尊重多样性。价值原则指导下的政治行动主要包括：践行多样性民主、促进平等、解决气候危机、支持零碳经济与可再生能源发展、保护生物多样性、以可持续为原则塑造永续而公平的全球经济体系、捍卫人权、保护食物与水资源、维护世界和平与安全、促进全球绿党的地方性以及全球性行动等。有英语、德语、葡萄牙语、法语、中文、世界语、日语、瑞典语等不同文本。（王聪聪）

全球绿色新政

Global Green New Deal

源于联合国秘书长潘基文 2008 年 12 月 11 日在波兰波兹南举行的联合国《气候变化框架公约》第 14 次缔约方大会暨《京都议定书》第 4 次缔约方会议中的提议。他的初衷是，为对抗全球气候变暖，各国必须合作实施全球绿色新政，将投资转向于应对气候变化、促进绿色经济成长与就业，以修护支撑全球经济的自然生态系统，解决气候变迁与经济衰退的双重危机。联合国环境规划署2009年2月公布《全球绿色新政报告》，解释带动全球经济复苏、创造绿色就业机会、达成联合国千年发展目标的三大目标。全球绿色新政的整体目标是，致力于为多边协作和国际合作贡献力量，帮助解决当前的金融危机及其带来的社会、经济和环境影响，同时解决在中长期内对社会构成威胁的全球气候、粮食、燃料和水资源问题。短期目标是，代表人们的共同愿望，让混乱的金融系统恢复正常，解决经济衰退和严重的失业问题，帮助弱势群体解决生计问题。（申森）

全球气候变化议题

Global Climate Change Issue

全球性重大生态环境议题之一。依据《联合国气候变化框架公约》的界定，指除在类似时期内所观测的气候的自然变异外，由于直接或间接的人类活动改变地球大气的组成而造成的气候变化。全球气候变化是整个地球在持续一段时期（从几十年到几百万年）的气候平均状态的统计数据变化。气候变化可能是指平均天气条件变化，或是长期平均状况极端天气的频率变化（即更多或更少的极端天气事件）。气候变化一般由生物过程等因素引起。如地球接收太阳辐射的变化、板块构造运动以及火山爆发等。在当代，人类活动被确定为气候变化的非常重要的原因。在《联合国气候变化框架公约》第一款中，将因人类活动而改变大气组成的气候变化与归因于自然原因的气候变率区分开来。气候变化主要表现为：全球气候变暖、酸雨、臭氧层破坏，其中全球气候变暖是人类目前面临的最迫切问题。（申森）

《全球契约》

Global Compact

联合国发起旨在将全世界的企业与联合国各组织机构、劳工和非政府组织联合起来，在劳动标准、人权及环境保护领域，采用共同的环境和社会准则的计划。联合国秘书长科菲·安南1999年1月在达沃斯世界经济论坛年会上提出，2000年7月在联合国总部正式启动，是全球最大的企业公民责任行动。《契约》是推动可持续发展和良好企业公民责任意识的自愿举措，但不具有法律约束力。《契约》要求各企业在各自的影响范围内遵守、支持以及实施在人权、劳工标准、环境及反贪污方面的10项基本原则。这些基本原则来源于《世界人权宣言》、国际劳工组织的《关于工作中的基本原则和权利宣言》以及关于环境和发展的《里约原则》，主要涉及人权、劳工标准、环境和反贪污。（申森）

《全球生态系统服务与自然资本的价值》

The Value of the World's Ecosystem Services and Natural Capital

由美国多家大学与研究机构的科研人员共同发表的学术论文。在文中，康丝坦姿等13位学者对全球生态系统价值评估做了有益尝试。从社会效益和经济效益两个方面，对生态系统进行经济价值估算，为后来的研究指引方向。（代富宇）

全球生态学

Global Ecology

又称生物圈生态学（Biosphere Ecology），研究生物圈与全球环境之间相互关系的学科，属于生态学的分支。苏联学者C.H. 索洛米纳1983年提出全球生态学这一概念。全球生态学主要研究生物圈与水圈、大气圈和岩石圈之间相互作用：生物圈作为能量转换器，将太阳的光能转化为地球上有效的能量，地球上的生物都通过植物固定的太阳能获得能量；生物圈又与其他圈层之间进行能量和物质的交换；生物圈又对其他圈层有强大的作用力，改变着其他圈层的外貌和特征。（朱雨晨）

《全球生态学和生物地理学》

Global Ecology and Biogeography

期刊欢迎关于历史、空间、生态、和应用生物地理学方面的简洁的科学文稿的快速出版。特别鼓励宏观生态学、全球环境变化的生态和生物地理的反应、比较生态学和生物地理学、群落生态、岛屿生物地理学、保护生态基础、环境经济学的政治生态、遥感和GIS的生态应用方面的稿件。月刊，ISSN：1466-822X（印刷版），ISSN：1466-8238（电子版）。2014年影响因子为6.531。（席溢）

《全球视野下的环境管治》

Environmental Governance in Global Perspective: New Approaches to Ecological and Political Modernisation

德国生态现代化理论学者马丁·耶内克主编的主要著作之一，全名《全球视野下的环境管治：生态与政治现代化的新方法》。书中全面系统地阐述生态现代化理论的核心理念，以及在相关领域实证研究中的经验性发现。作者基于生态现代化的理论框架，运用比较研究的方法和分析视角，从全球视野出发，致力于对不同经济社会走向生态现代化过程中的各种影响因素与进程加以分析和探讨；经济生态现代化潜在的促进因素与潜在的障碍，以及先驱国家的特殊作用；领导型市场的培育及其对经济社会生态化转型的重要意义；环境技术及其支撑性政策的革新与扩散的影响因素及路径；当代民族国家政府环境管治政策与手段的革新；能源政策的绿色整合；环境政策制定的国际影响因素，以及国际环境问题的管治与解决。中译本译者李慧明、李昕蕾，济南：山东大学出版社2012年出版，《环境政治学译丛》子目。（徐越）

全球增温潜势

Global Warming Potential，GWP

某一给定物质在一定时间积分范围内与二氧化碳相比而得到的相对辐射影响值，又称全球变暖潜势。影响全球增温潜势的主要因素是某气体的大气寿命及其所产生的辐射强迫。一般通过计算机模拟来计算气体的GWP值。直接的全球增温潜势是通过使用改进的二氧化碳辐射强迫的计算，SAR中二氧化碳值脉冲的响应函数，以及许多卤化碳化合物辐射强迫及大气寿命的新数值而得到相对于二氧化碳的比值。某些气体来源于间接辐射反馈的间接全球增温潜势也有估计值，其中包括一氧化碳。具有准确大气寿命值的气体的直接全球增温潜势的误差估计大约在±35%，而间接全球增温潜势的则更加不确定。（石艳峰）

全球正义

Global Justice

20世纪是人类社会科学技术突飞猛进的时代，经济生产与生活水平取得了前所未有的发展和进步。然而，世界上触目惊心的贫富差距和大约40%的严重贫困人口，也是这个时代的突出特征之一。越来越多的学者和有识之士逐渐认识到，目前不平等的全球政治经济秩序是导致这种状况的最根本原因，主张努力追求与实现的全球层面上的公平正义。这是20世纪90年代末以来兴起的反全球化运动的重要议题。（徐越）

全球政治

Global Politics

即世界政治。全球层次上而非国家或区域层

次上运行的政治。毫无疑问，近几十年来，全球或世界范围的政治层面已变得越来越重要，越来越多的政治问题呈现出全球性特征，它们实际或潜在地影响着世界各地的人们。这特别适用于环境问题。环境问题被认为是典型的全球性问题。自然界以相互联系的整体运行着。全球政治的出现，并不意味着国际政治过时，相反，全球性和国际性共存。全球政治概念反映两个基本事实：各国国内及其之间的事务很大程度上比以前更影响彼此了，越来越多的政治不再仅仅发生在国家之内并以国家为媒介。正因为如此，全球政治超越了国际政治或国际关系的范围，必须采用跨学科的视角来加以理解。（李庆）

群落生态学

Community Ecology

研究一定空间内生物群落结构的形成与特征，群落之间及其与所在环境之间的互相关系的学科，属于生态学的分支。最早由瑞士学者斯科罗特和克尔茨纳于1902年提出。群落生态学是以植物群落、动物群落、微生物群落及复合的生物群落为研究对象，研究自然群落的结构、群落的稳定性、群落中物种的多样性以及群落演替过程及其规律的一门边缘性学科。主要研究：1. 单个群落内、各种群落之间的相互作用和其在生态系统中的独特作用和结构功能；2. 群落内的物种多样性、群落的稳定性与优势种等形成的环境因素；3. 群落中的物质与能量的动态平衡形成的环境条件。群落生态学是合理地开发和利用山地、平原、海洋、湖泊等一切自然群落的理论基础，具有很高的应用价值，可以指导人们更有效地改造自然群落，创造最合理的人工群落，如农田、经济林、养虾场等。同时，群落生态学也是自然保护和环境保护科学的基础学科之一。目前，我国已经开始根据自然林的群落结构，营造热带经济林，并根据群落生态学的原理，对环境污染和生物资源指数下降等问题采取有效措施。（朱雨晨　牟世晶）

群落演替

Community Succession

生态学的重要研究领域，指特定地段的生物群落随着时间变化由一种类型演变为另一种类型的有序的生态演变过程，包括原生演替和次生演替两种类型以及进展演替和逆行演替两种过程，恢复生态学强调的生态恢复是促进群落进展演替的行为。1806年John Adlum首次提出“演替”一词，此后法国学者Dureau dela Malle将演替理论首先运用于植物生态学研究。演替理论在1916年Clements创立演替的顶级学说后才正式确立，标志是Clements的著作《植物演替——植被发展的分析》（Plant succession, analysis of the development of vegetation）出版。演替理论至此成为生态学群落及其各类生态因子演变研究的关键领域。20世纪70年代以前，群落演替理论研究的对象长期局限于植被，80年以后，Odum发展Clements的群落演替思想，1996年提出生态演替的概念，群落演替研究才从以植被为对象的演替理论扩展至以微生物、动物和人类为研究对象的演替理论，后来甚至整个生物界的物质能量循环都被纳入演替理论的研究范围。演替的类型：按演替发生的起始条件分为原生演替（缓慢）、次生演替（快速）；按基质性质，可以分为水生演替、旱生演替；按群落代谢的特征，可分为自养性演替、异养性演替；演替的特点具有一定的方向性和可预见性；群落一般向着物种多样性增高，结构稳定性增强的方向进行；群落演替中，是群落中优势种群的更替；就群落演替的结果而言，无论演替从什么环境开始，在什么基质上进行，演替的结果都是向着与当地气候条件相适应的群落发展，最终演替成与当地气候条件保持协调、平衡，处于相对稳定状态的群落，即所谓的顶级群落。群落演变的过程可划分为三个阶段：侵入定居阶段、竞争平衡阶段、相对稳定阶段。在原来没有生命的地点（如沙丘、火山熔岩冷凝后的岩面、冰川退却露出的地面、山坡的崩塌和滑塌面等）开始的演替叫原生演替。如果群落在以前存在过生物的地点上发展起来，那么这种演替叫次生演替。通过掌握物种演替规律可以推测早期物种形态以及预测物种未来的演替方式和形态，以此达到生态重建或者生态恢复的目的。演替过程中经过的各个阶段叫作系列群落。演替最后达到一种相对稳定的群落，叫作顶极。群落演替是生态恢复的重要理论基础。生态恢复指修复由于人为或者自然自身原因导致的生态破坏，使生态系统重新恢复健康与完整性的过程。早期群落演替研究方法是以定性为基础的观察和推测，20 世纪 70 年代之后逐渐发展为以数学、计算机数值仿真和实验室模拟为特征的定量的现代演替研究方法。（参考：章家恩等：《恢复生态学研究的一些基本问题》，《应用生态学报》1999 年第 1 期第 109 ~ 113 页。欧阳文川　王晴晴　牟世晶）

群体传播

Group Communication

指群体内部或外部的信息传播活动，是在群体成员之间进行的双向性的直接传播。在形成群体意识和群体结构方面发挥着重要作用。这种意识和结构一旦形成，反过来成为群体活动的框架，对群体中个人的态度和行为产生制约，以维护和保障群体的共同性。群体传播中的“舆论领袖”对人们认知和行为的改变具有引导作用。群体传播在群体意识的形成中有重要作用，是群体生存和发展的生命线。群体意识越强，越有利于群体目标的实现，群体凝聚力越强。（参考：郭庆光：《传播学教程》第 89 ~ 95 页，北京：中国人民大学出版社，2003 年。张惠娜）

群体心理

Group Psychology

群体成员共有的价值观、态度和行为方式的总和。群体心理的形成，一般说受群体在时空上的接近、共同的价值观念与规范、持续不断的互动、相应的持续时间等因素影响，形成于群体活动中，有一定的界限和规模范围。具有认同意识、归属意识、整体意识和排外意识等 4 个特征。在同一群体心理中，每个人都有自己特定的地位和岗位，每个人在另一个心目中被看作是一个特定的个人，每个人也都各自扮演着特定角色，每个人都能参与群体活动，形成亲密的整体关系。群体心理具有相对稳定性，持续时间可以是几年甚至是几代。在群体心理中，成员内部很容易沟通和理解。具有很强的整合性，群体中某一成员的目标甚至可以成为整个心理群体的目标。（张惠娜）

群众观

The Masses Viewpoint

马克思主义政党对待群众的立场和态度。马克思主义认为，人民群众是历史的创造者，人民群众不仅是物质财富和精神财富的创造者，而且是社会变革的决定性力量。马克思主义群众观认为，人民群众是物质财富的创造者，人民群众的生产活动是整个社会全部活动的前提和基础，以不同形式从事和促进生产实践活动的人民群众，必然会对社会的发展起决定性作用；人民群众是精神财富的创造者，任何真正有价值的精神财富，都是对人民群众所从事的实践活动的概括和总结；人民群众是社会变革的决定力量，他们推动着社会制度的变革。坚持马克思主义群众观，是由中国共产党的性质和国家政权的性质决定的。（张惠娜）

群众满意度

The Masses Satisfaction

评价政府公共服务质量的重要指标，具体指人民群众对政府提供的公共服务和公共产品的满意程度。我国政府一向秉持“为人民服务”的执政理念，因此在我国政府公共服务质量评定中占据非常重要的地位，成为衡量我国各级政府执政能力和行政人员工作质量的重要指标。它是包括认知、情感、态度、信念等方面心理状态的主观感受，是群众对政府的政策、执政行为和能力及政府工作效益的直接感觉，直接体现人民群众对政府政策、执政行为及价值观念的认同程度。（刘中华）

R

让 热 人 仁 认 日 融 儒 入 软 瑞 弱

让·莫内

Jean Monnet，1888 ~ 1979

法国著名政治家与外交家。与罗伯特·舒曼一道被认为是欧洲一体化的主要发起者。提出后来对世界格局尤其是欧洲地区产生深远影响的构思：将法德两国的煤和钢生产合并在一起进行，从而使两国实现永久和平。这一想法得到时任法国外交部部长舒曼的大力支持。舒曼在 1950 年 5 月 9 日发表这一计划，被称为《舒曼宣言》，也称《舒曼计划》。1952 年 8 月按照《舒曼计划》成立超国家的权力机构“高级当局”，由莫内出任第一届高级当局主席。此后，欧洲原子能共同体和经济共同体也都先后建立起来，它们与煤钢共同体合称为欧洲共同体。因此，莫内被欧共体各国首脑授予“欧洲荣誉公民”称号，被誉为“欧洲之父”。（申森）

热泵技术

Heat Pump Technology

利用高质能从低位热源中吸取热量，将两部分能量一起输送到需要较高温度的环境或介质的技术。热泵技术提出于 1854 年，经历较长发展过程，目前常见的热泵技术有空气源热泵系统、水源热泵系统、地源热泵系统、太阳能 / 空气双源热泵系统、水环热泵空调系统等。热泵技术广泛运用于生活热水供应及热水采暖、冷暖空调、工农业中的干燥加工等方面。热泵技术的发展与能源紧密相关。矿物能源匮乏的日本和欧洲，热泵技术一直处于领先地位。在能源危机和全球变暖的环境压力下，热泵技术成为各国关注的焦点，发展趋势与世界节能环保主题相连，向高效方向发展，如冷热水一体机、高温热泵、高效热泵工质、与太阳能集热系统有机结合、在温室干燥等领域的拓展应用等，对降低能耗及构建可持续发展建筑具有重要意义。（朱雨晨）

热电联产

Heat and Power Cogeneration

也称组合式供热供电。发电站将电输送到电

网上再利用产生的废热（既可以是蒸汽，也可以是热水）给当地居民供暖。热电厂热电联产的方式有：1. 前置式蒸汽透平 / 蒸汽发生器联合系统，从锅炉中出来的蒸汽具有很高的温度和压力，在蒸汽透平中做功发电。2. 燃气涡轮 / 蒸汽发生器组合系统，空气经过过滤器后在压缩机内升压，然后与燃料一起进入燃烧室，得到高温燃气，通入燃气涡轮做功发电。在总能源消耗量相同的情况下，组合式供暖和供电设备比传统发电站的效率高出 80％。从温室气体排放的角度考虑，组合式供暖和供电比传统的发电站更为先进，通过能源的再次利用，挽回能源转换时的部分损失。由于能量传输距离限制，废热利用的有效区只能限制在 500 米的范围内。在丹麦的欧登塞，95％的家庭住宅受益于城市的组合式供暖和供电发电站。组合式供暖和供电设备有待进一步的开发利用，将在今后的能源运用方面承担非常重要的角色。热电联产主要应用于中高层住宅、商用建筑、宾馆、休闲娱乐设施（如游泳池等）。热电联产、集中供热的节能原理是：一方面是热电联产，发电部分固有的热力学冷源损失用作供热，从而节约燃料，称“联产节能”；另一方面是热电厂的大型锅炉热效率比分散供热小锅炉高，从而节约燃料，称“集中节能”。热电联产机组的发电一般可以分为凝汽汽流发电和抽汽供热汽流发电。前者由于机组容量一般较小，蒸汽参数较低，发电效率不如大型纯凝汽机组高；后者由于不存在凝汽（冷源）损失，发电效率很高，以至于综合发电效率可能超过大型高效的纯凝汽发电机组。这是热电联产的生命力所在。传统电力工业以煤作为燃料的火力发电，必须远离城市建设大型电厂，以发挥大机组的高能效优势、降低煤耗、集中处理污染。利用热电联产技术，将发电过程中的一部分排热回收，通过热网输送给用户，可大大提高一次能源效率。随着天然气等清洁能源的广泛应用，可以将小型热电联产电站建在社区甚至建筑物内，成为区域热电冷联供（DCHP）系统和建筑热电冷联供（BCHP）系统。热电冷联产技术最重要的技术参数之一是系统的热电比 HPR（Heat to Power Ratio），HPR=Q/R（Q 为系统所利用的热能；We 为系统发出的电能）。热电联产用于城市集中供热，比大型集中供热锅炉房的节煤量按每万千瓦年节约标煤 1 万吨计算。燃气—蒸汽联合循环热电联产污染小、效率高。国家鼓励以天然气、煤层气等气体为燃料的燃气—蒸汽联合循环热电联产。世界各国都将热电联产作为节约能源、改善环境的重要措施，积极鼓励支持不同形式、容量的热电联产，并为此制定法律、法规和技术政策。丹麦认为热电联产可节约 28％的燃料，减少 47％的二氧化碳排放，因而对热电联产的优惠政策最多最落实。在美国，燃气热电联产比例高，原因是燃机电力建设有成本低、时间短、污染低、能量转换效率高、启停容易、便于调峰、布局灵活等一系列优点。荷兰、日本、欧盟各国等也是早期应用热电联产的国家。（参考：王振铭、郁刚：《我国热电联产的现状、前景与建议》，《中国电力》2003 年第 9 期第 43 ～ 49 页；王振铭：《我国热电联产的新发展》，《电力技术经济》2007 年第 2 期第 47 ～ 49 页。朱配辰　朱雨晨）

热岛效应

Heat Island Effect

又称城市热岛效应。指城市特殊下垫面和城市中人类活动的影响产生增热，形成气温高于周围的气候效应。特别是在天气晴朗、风力微弱的夜晚或季节，热岛效应强度更大。热岛效应强度与城市规模、人口多寡和建筑密度等密切相关。中等以上城市，特别是特大城市、工厂密集城市最为明显。一般情况下，城市温度比周围要高 0.5 ～ 2℃，湿度低 2％～ 8％，地表辐射少 15％～ 20％℃，风速小 20％～ 30％。城市的热岛效应特点：1. 气温高于周围郊区；2. 易形成乡村风，街道间易形成各种热力环流；3. 湿度大于周围乡村；4. 小风不断，平均风速小于周围郊区及乡村，乱流显著；5. 夜间不易形成辐射逆温，常出现混合层，毒剂云团或其他污染云团在城市内传播、扩散复杂，并易形成滞留。造成城市热岛效应的原因有：1. 城市上空污染物质的保温作用增加大气的逆辐射。2. 城市建筑物和道路的建材发挥地表热交换及大气动力学特性，更易大量吸收辐射热。3. 城市大量高层建筑减低风速，使热量的水平输送相对困难。4. 城市居民生产、生活形成丰富的人工热源。热岛效应的强度与局部地区气象条件（如云量、风速等）、地形、建筑以及城市规模、性质有关。其温度分布一般是工商业和人口密集的城市中心区域温度最高，随着与城市中心距离的增加，温度不断下降。热岛效应强度有明显的日变化和季节变化。（参考：彭少麟等：《城市热岛效应研究进展》，《生态环境》2005 年第 4 期第 574 ～ 579 页。朱配辰）

热力学第二定律

Second Law of Thermodynamics

热力学的基本定律之一。指在自然状态下热只能从热处传向冷处，且不能逆转；从能量消耗角度讲，功可以自发转化成热，而热变成功需要在外界作用下且产生变化和影响。克劳修斯将第一层意思表述为：热量不可能从低温热源传送到高温热源而不产生其他变化；开尔文将第二层意思表述为：不可能从单一热源吸取热量，使之完全变成功而不产生其他影响，因此第二类永动机不存在。（王晴晴）

热力学第一定律

First Law of Thermodynamics

热力学的基本定律之一。涉及热现象领域内的能量守恒和转化，指能量在系统状态变化中传递与转换所做的功和所传递的热量总和的定律，表达式为 $\Delta U=Q+W$。表达形式为热量可以从一个物体传递到另一物体，机械能及其他能量在相互转换过程中，其总值保持不变。其适用范围为宏观世界和微观世界所有体系及一切形式的能量。其应用领域是指在 $p-v$ 系统（对于气体、液体和同性的固体，在不考虑表面张力和没有外力场的情况下，它们的状态可以用 P、V、T 三个量中的任意两个座位状态参量来描述，这样的物体系统为 $P-V$ 系统）中的应用。（王晴晴）

热媒介

Hot Media

加拿大著名传播学家麦克卢汉提出概念，相对于冷媒介而言。这两个词是麦克卢汉就媒介分类提出的两个著名概念。热媒介指传递的信息比较清晰明确，接受者不需要动员更多的感官和联想活动就能够理解，它本身是“热”的，人们在进行信息处理之际不必进行“热身运动”。电视，漫画是冷媒介。书籍、报刊、广播、无声电影、照片等是“热媒介”。因为它们都作用于一种感官而且不需要更多的联想。但是麦克卢汉的这种冷热媒介的分类并没有一贯的标准，在逻辑上存在矛盾。有人说冷热媒介的分类本身没有科学和实用价值。重要的是它给我们的启示：不同媒介作用于人的方式不同，引起的心理和行为反应也各具特点，研究媒介也应该将这些因素考虑在内。由于麦克卢汉对冷热媒介分类标准的不一贯，人们对热媒介的概念难免产生不一样的理解。如有人认为，所谓热媒介就是信息量非常丰富，使得接受者很容易建立交流的媒介；电子出版物也是热媒介。（张惠娜）

热那亚反全球化抗议事件

Genoa Anti-globalization Protests

2001 年 7 月 20 日，8 国首脑会议在意大利的热那亚举行。会议期间爆发大规模反全球化示威游行。示威者破坏商店，扰乱会场，警察进行大规模镇压。这次事件导致数百名警察受伤，造成 1 名年轻人被杀。警方被指控运用暴力手段、酷刑干扰非暴力抗议游行，引起更多来自不同职业、年龄背景的自称是和平抗议者的更大规模游行抗议。数百名和平示威游行者和骚乱者受伤，很多人被捕入狱，以反恐怖主义和反黑手党的名义被控告，引来国内外许多强烈不满。2001 年热那亚抗议事件，是世纪之交影响最大的反全球化公众抗议活动之一。自那以后，主要国际组织的各种大型聚会的安保工作大大加强，大众性抗议活动的规模与影响迅速下降。（王聪聪）

热污染

Thermal Pollution

指自然界和人类生产生活中排出的各种废热所导致的环境污染。自然热污染因素有太阳黑子活动增强、森林火灾、大气环流导致的厄尔尼诺现象、火山爆发等；人为热污染因素包括各种燃料（如煤、石油、天然气）燃烧所排放的二氧化碳等温室气体，工业生产（如电力、冶金、石油、化工、造纸、机械）的动力、化学反应、高温熔化等过程中向环境排放的大量废热水、废热气和废热渣以及逸散的部分热量等。热污染包括水体热污染、大气热污染和全球影响。水体热污染是由于向水体排放废热水，使水体温度升高到有害程度，引起水质发生物理的、化学的和生物的变化，直接影响水生生物的生存环境甚至引起传染病蔓延。大气热污染现象有大气增温效应、二氧化碳的温室效应、城市的热岛效应等。全球影响体现在对人类健康和地球生物圈的稳定性等方面。造成热污染最根本的原因是能源未能被有效、合理地利用。防治措施有针对废热的综合利用、加强隔热保温、寻找新能源等。（参考：王亚军：《热污染及其防治》，《安全与环境学报》2004 年第 3 期第 85 ~ 87 页。刘阳）

人本主义

Humanism

人本主义是一种哲学思想，它强调人的价值和尊严，将人看作外物的尺度，从人性或人类的利益和视角出发看待世界万物。人本主义有着悠久的历史传统，它有别于自然主义、生态中心主义等将自然价值看成与人类一样或高于人类的价值立场。人本主义强调人的尊严、价值、创造力、自我实现，强调人类的自我表现、情感、主体、意志等。人本主义思想流派较多，影响非常广泛，对哲学、教育学、心理学等领域影响深远。（雷爱民）

人本主义环境伦理

Humanistic Environmental Ethics

现代意义上的人类中心主义是在生态危机日益严重，人类反思生态危机发生原因，人与自然关系紧张的背景下提出来的，也被称为人类中心主义的生态伦理观。人类中心主义生态伦理观的观点有：1. 人类中心主义的理论基础。人类中心主义属于价值论层面，是人为了寻找、确立自己在自然界中的优越地位、维护人类自身利益而形成和发展起来的理论假设。2. 人类中心主义者的基本信念。人类中心主义认为人类保护生态环境的出发点与归宿点是为了人类的整体利益与长远利益，同时，人类的整体利益与长远利益正是对自然进行保护的依据，是评价人和自然之间关系的根本尺度。3. 人类中心主义者坚持的基本原则。在人与自然的关系方面，人是主体，自然是客体；人处于主导地位，有开发和利用自然的权利，同时也有对自然进行管理和维护的责任与义务。4. 在人与自然关系上，人的主体地位表明人类拥有运用理性以及运用科学技术手段对自然进行改造和保护从而实现人类自身的目的和理想的能力，同时，人类对自己的能力无比的自信和自豪。早期的生态伦理学家们主要是在人类中心主义的理论基础上讨论生态危机问题。随着生态危机的日益严峻，学者们开始对人类中心主义生态伦理观提出质疑，认为这种生态伦理观不能从道德上为保护生态环境提供保障，开始出现非人类中心主义思想。（牟世晶）

人道主义

Humanitarianism

人道主义是提倡关怀人、爱护人、尊重人，是以人为本、以人为中心的世界观。人道主义一词是从拉丁文 humanistas（人道精神）引申来的，最早在古罗马思想家 M.T. 西塞罗那里，是指能够促使个人的才能得到最大限度发展的、具有人道精神的教育制度。这是人道主义最初的含义。在 15 世纪新兴资产阶级思想家那里，人道主义指文艺复兴的精神，即要求通过学习和发扬古希腊和古罗马文化，使人的才能得到充分发展。这是新兴资产阶级提出的包含深刻内容的追求和理想。在资产阶级革命的过程中，人道主义反对封建教会专制，要求充分发展人的个性。直到 19 世纪，人道主义始终是资产阶级建立和巩固资本主义制度的重要思想武器。随着资产阶级革命性的丧失和无产阶级革命运动的高涨，这种人道主义理论和思潮逐渐失去其进步的历史作用。在现代，西方的思想家们虽然没有放弃人道主义的旗帜，但由于他们对资本主义制度的前途捉摸不定，特别是面对资本主义社会的种种严重问题，如精神危机等，找不到出路，所以他们的人道主义理论或多或少都具有虚无主义或悲观主义的色彩。在不同历史条件下，人道主义的含义存在差异，它体现的人类争取自由解放的价值取向，也相应地具有不同的侧重点和具体内容。在古代，人们主要是争取从自然压迫下求得解放，以谋取物质生活资料为基本的自由标志；中世纪的人们主要是争取从宗教神学的束缚下求得解放，为思想自由谋求一席之地；封建社会中的人们主要是争取从压抑人、奴役人的封建专制制度和吃人的封建礼教、封建文化中求得解放，为争得个人的生存权和应有的社会地位挣扎呐喊。工业文明以来，现实的人一方面受惠于市场经济的发展，物质生活条件得到极大改善，一方面也遭遇到市场经济的误导，市场经济中的资本要实现增值，必然将对于劳动和对于自然资源的双重掠夺法则贯彻到底。于是，人的自由和解放面临环境污染和生态灾难的命运不可避免。这样，反思和矫正人在实践中的异化，重修人与自然的关系以及调整人与人、人与社会、群体与群体、群体与人类的道德关系和利益关系，成为当代人类所面临的紧迫问题。（参考：崔永和：《传统人道主义的生态限度及其出路》，《河南师范大学学报》（哲学社会科学版）2012 年第 4 期第 1 ~ 5 页。牟世晶）

人的全面发展

All-round Development of Human Being

共产主义的目的。人的全面发展指人的体力、智力及一切能力最大限度的发展和改善，其中包含与环境和谐一致的生态人。生态人是人的全面发展的重要内容和客观要求。共产主义意味着个人的全面发展和启发其各方面的创造能力和志趣。在资本主义社会，人是物的奴隶，在人身上培养起来的只是那些作为达到较高生产率的手段的能力，其他一切爱好和能力都受到压抑，人具有职业局限性和片面性。在共产主义社会，每个劳动者都具有高度的文化科学知识和思想觉悟，能够根据社会的需要和自己的爱好，从一个生产部门转到另一个生产部门，摆脱了社会分工所造成的终身束缚于某一职业的状况，在体力和智力等方面得到全面发展，最终成为恩格斯所说的“自由的人”。“自由的人”在客观上要求能够可持续的生态环境，为人的全面发展提供外部的环境基础。（王薛时）

人地关系

Man-land Relationship

人地关系，即人类社会和自然环境的关系，是现代地理学研究的重要课题，也是当今社会发展必须直面和探讨的问题，还是人类认识世界的永恒命题。从公元前亚里士多德提出环境决定论，到工业革命以后风行一时的人类意志决定论，再到 20 世纪初法国地理学家白兰士提出的可能论，人类对于人地关系的探索始终没有停止。经历漫长的上下求索，对于人类社会和自然环境的相互关系，当代人越来越趋向人与自然和谐共处的观念。人口与土地之间的数量表现，可用人口密度和人均占地等项指标加以反映。人口密度为单位面积土地拥有人口数量，是衡量人口分布的重要指标。人均占地为每人平均占有的土地数量，如人均占有土地、人均占有农用地、人均占有耕地等，是衡量人地关系的重要标志。人均占有耕地数量，决定着人均占有粮食等农产品的数量。人文地理学给予人地关系的定义：人是指在一定生产方式下，在一定地域空间上从事各种生产活动或社会活动的人；地是指与人类活动有密切关系的、无机与有机自然界诸要素有规律结合的、存在着地域差异、在人的作用下已经改变了的地理环境。人地关系指人类与自然环境之间互感互动的关系，一方面反映自然条件对人类生活的影响与作用，另一方面表达人类对自然现象的认识与把握，以及人类活动对自然环境的顺应与抗衡，是现代人文地理学的基础理论和中心研究课题。（牟世晶）

人副天数

Man Is the Reflex of Nature

西汉思想家董仲舒（公元前 179 ~ 公元前 104）关于“天人合一”“天人感应”的哲学思想。“人副天数”为其著作《春秋繁露》中的篇名，意指人与天相互感应，人为天地之精华，人的身体构造和品质品性都来源于天数，人是天的模式的缩影和复制品，即“天德施，地德化，人德义。天气上，地气下，人气在其间”“人有三百六十节，偶天之数也。形体骨肉，偶地之厚也”。不仅如此，甚至人的性情和品德也都来源于天的本质规定，如“上有耳目聪明，日月之象也。体有空窍理脉，川谷之象也。心有哀乐喜怒，神气之类也”。因此，依据天数、四季变化、自然万物可以知道人的形体结构，相反，也可以通过人本身反观与预测天数及其规律。人既然是天数的缩影，就应遵循天的道德，实现天的意志，依据天的规律行事，不得违反天数。“人副天数”是古代思想家对于人和自然之间关系朴素思考的典型，它表达的“天人感应”思想要求人敬畏并遵循自然规律，人虽可贵但只是自然的造化，人若肆意妄为，违反自然规律，自然必定会有所“反应”，施以惩戒。对于现代世界的生态危机、环境污染等问题，“人副天数”的启示意义正在于要尊重自然，做到人与自然的和谐共生。（参考：王志跃：《何谓“人副天数”》，《竞争力（三联财经）》2010 年第 8 期第 92 页。欧阳文川）

人工浮岛

Artificial Floating Island

又称漂浮植物堆、漂浮湿地、生态浮床或浮床植物技术。人工浮岛技术是生态污水处理技术，由植被基（人工浮岛平台）、植物和固定系统组成。这种技术模仿植物自然生长规律，在水面上设置浮体，将喜水植物种植于浮体上，利用植物的根部吸附和吸收作用，将水中的氮、磷等污染成分除去。人工浮岛还为高等水生动植物及鸟类提供良好的栖息地，有利于增加水体生物多样性，促进生态恢复。现存最早期的人工浮岛位于玻利维亚和秘鲁交界高原上的喀喀湖。目前世界上最大的首个真正意义上的人工浮岛是 2010 年建成于韩国首尔的 Viva，它集水上活动、展示、表演等功能一体，也是世界上唯一的水上会议中心。（参考：王劼、刘阳、王泽民、胡筱敏：《人工浮岛技术应用前景》，《环境保护科学》2008 年第 5 期第 32 ~ 25 页。王晴晴）

人工固氮

Artificial Nitrogen Fixation

又称化学固氮。指在人工作用下将分子态氮还原成氨和其他含氮化合物的过程。非生物固氮可在自然界中通过闪电、高温放电等方式固氮，这样形成的氮化物很少。早期工业人工固氮方法是用 H_2 和 N_2 在催化剂、高温、高压环境下合成氨，通常转化率为 10% ~ 15%，这种方法被称为“哈伯—博施法”，是 20 世纪初由德国物理化学家弗里茨·哈伯（Fritz Haber）和德国工业化学家卡尔·博施（Carl Bosch）共同提出的合成氨方法。20 世纪 90 年代两位希腊化学家乔治·马尼洛斯（George Marnellos）和米歇尔·斯图科蒂斯

（Michael Stoukides）发明通过电解合成氨的新方法，转化率高达 78%。目前人工固氮总量已超过天然固氮总量，它在给人类带来巨大利益的同时，也造成了全球性生态环境问题。氮肥的滥用导致大量有活性的含氮化合物进入土壤和各种水体，导致土壤质量下降、水体污染、水体富营养化、全球气温升高、人体健康收受威胁等负面效应。（任傲尘）

人工生态系统

Artificial Ecosystem

以人类活动为生态环境中心，按照人类的理想要求建立的生态系统。狭义指人类模仿自然生态系统建造的、自持的、闭路循环的生态系统；广义指有人的地方出现的社会、经济、环境和生态的复合生态系统，如城市生态系统、农业生态系统等。人工生态系统的特点：1. 社会性，即受人类社会的强烈干预和影响。2. 易变性，或称不稳定性。易受各种环境因素的影响，随人类活动而发生变化，自我调节能力差。3. 开放性，系统本身不能自给自足，依赖于外系统，并受外部的调控。4. 目的性，系统运行目的不是为维持自身的平衡，而是为满足人类的需要。人工生态系统是由自然环境（包括生物和非生物因素）、社会环境（包括政治、经济、政策、法律等）和人类（包括生活和生产活动）组成的网络结构。人类在系统中既是消费者，又是主宰者。人类的生产、生活活动必须遵循生态规律和经济规律，才能维持系统的稳定和发展。与自然生态系统不同，人类可以能动地加强经营管理，调节控制自身、自然环境和社会环境，定向地建设和改造各种人工或半人工生态系统，如对城市、工厂、农田、湖泊等的建设和改造。人工生态系统与自然生态系统相对构成地球生态系统。地球上最主要的人工生态系统包括农业生态系统和城市生态系统。农业生态系统是人类改造自然以满足自身生存需求的重要生产模式。早期的农业生产对自然的破坏较小，随着人口压力的增大，一些农业生态系统出现超载情况，导致土壤退化和水土流失等生态问题。城市生态系统是工业文明的产物，是人类通过社会经济活动改造自然建立的生态系统，受人工控制和人工作用影响大，对自然环境影响和破坏大，由于工业生产和人口集中等原因引发众多生态问题。人类在城市生态系统中占有绝对主导地位，但随着城市沙尘暴、雾霾、水污染、资源短缺、垃圾堆放等生态问题日益严重，人类开始重视人工生态系的协调机制，以维持系统的稳定和发展，如采取治理污染、节约资源、保护自然生态系统、建设生态城市和生态农场等措施。（参考：冯耀宗：《人工生态系统稳定性概念及其指标》，《生态学杂志》2002 年第 5 期第 58 ~ 60 页。朱配辰　李雪姣　韩铮）

人工生态型畜牧场

Artificial Ecological Livestock Farms

指以畜牧场为中心的人工生态系统。其以家畜粪尿污水为纽带经过多次净化利用的良性循环，形成中心畜牧场加家畜粪尿处理生态系统加废水生态净化处理系统模式。这一循环过程，为链条上的各种生物创造适宜的生态环境，物质得到再生，创造较高的经济价值，促进其他多门类发展。在保护环境的同时，向社会提供更多产品，兼具经济效益、生态效益和社会效益。这种模式需要对当地的自然条件进行生态、经济评价，科学合理地设置畜牧场的数量、饲养家畜的种类和头数，对畜牧场本身进行水源保护和环境绿化。建立家畜粪尿生态处理系统，是将家畜粪尿通过沼气池或沼气罐进行发酵，产生沼气这种再生能源。发酵后的沼渣可以用作蔬菜肥料，沼液可以用作植物肥料，培养光合菌可作为雏鸡饲料的添加剂。畜牧场的废水，经土地外流灌溉净化处理之后，可以变成清水。（石艳峰）

人工湿地

Constructed Wetland

人工湿地由自然湿地发展而来，是人为地将

石块、沙砾、土壤、煤渣和活性炭等介质按一定比例构成基质，选择性地植入植物的污水处理生态系统。其基本构成为介质、植物和微生物。介质为微生物的生长提供稳定的依附表面，同时为水生植物提供载体和生长所需的营养，并可通过某些物理、化学、生物途径净化污水中的氮、磷等营养物质和其他污染物，避免水体的富营养化与水体污染。它应用生态系统中物种共生、物质循环再生原理，结构与功能协调原则，在促进废水中污染物质良性循环的前提下，充分发挥资源的生产潜力，防止环境的再污染，获得污水处理与资源化的最佳效益。人工湿地的作用机理包括吸附、滞留、过滤、氧化还原、沉淀、微生物分解、转化、植物遮蔽、残留物积累、蒸腾水分和养分吸收及各类动物的作用等。它的主要功能是能够为水体输送氧气，增加水体的活性；控制水质污染，降解水体中污染物。人工湿地处理系统具有缓冲容量大、处理效果好、工艺简单、投资省、运行费用低等特点，处理系统分为：1. 自由水面人工湿地处理系统；2. 人工潜流湿地处理系统；3. 垂直水流型人工湿地处理系统。（李雪姣　任傲尘）

人工湿地处理技术

Constructed Wetland Treatment Technology

为处理污水而人工设计的独特的动植物生态体系。在有一定面积和倾斜度的洼地上用土壤和其他填料（如砂砾石等）混合组成填料床，使污水在床体的填料缝隙中流动或在床体表面流动，在床体表面种植活性好、抗性好、生长周期长，兼顾美观及经济价值的水生植物。人工湿地可去除的污染种类较多，包括氮、磷、硫、有机物质、病原体等。根据湿地中主要植物的种类可将人工湿地分为浮游植物系统、挺水植物系统和沉水植物系统。（朱雨晨）

人工造林

Artificial Afforestation

根据林木生态适应性与生长发育规律，通过人工种植的方法以增加森林面积的造林活动。主要种植方法主要有：1. 播种法，将林木种子直接播种在造林地进行造林；2. 植苗法，用根系完整的苗木造林；3. 分植造林，利用树木的营养器官如干、枝、根等作为造林材料直接进行造林；4. 封山育林法等。人工造林要求适地适树、良种壮苗、细致整地、精心种植、合理密度、抚育保护。按不同的经营目的和特点，人工造林分为用材林、防护林、经济林、薪炭林及特种用途林。（任傲尘）

人工自然

Artificial Nature

又称第二自然，或次生自然或社会自然。指人从自然界取得维持生存的物质条件和资料，应用科学技术和各种物质手段，将它们改造成为人类生活和生产的客观环境，包括改造自然的手段、创造的自然产品、改造的自然环境、自我改造的人类自身。人工自然的出现和发展，取决于人类生产活动的方式和规模，以及科学技术对自然过程影响的程度。人工自然具有以下属性：1. 物理（自然）结构。一般指的是人工自然物的基本结构特点。如各种材料的化学构成，物理性质，自然存在等等。这一点是人工自然物与天然自然物的共有属性。2. 社会功能。作为与天然自然物的重要区别，人工自然物都具备社会功能，其存在都具有一定的社会目的性和功用，并以这样的功能作为其存在价值的体现。这一部分特性在人工改造自然和人工创建自然当中得以体现。3. 技术物化及人工物异化。人工自然物不是凭空产生的，是在一项人工技术产生后，作为技术的物质实体存在而出现的。例如，飞机便是飞行技术的物化产物之一。此外，还有一种情况是在已有人工自然物的基础上形成的异化产物，如垃圾、各类衍生品等等。人工自然保留着深刻的自然属性，又带有鲜明的社会属性。人工自然按其性质分为人工自然物和人工生态系统。人工自然物指人利用自然界的材料所创造和模拟的自然产品和自然过程，如各种新的合成材料、合成物质、新的工具、人工建筑、大型工程、人造天体和人工智能机等。人工生态系统指人的活动所直接影响和改造的自然环境，包括江河治理、田园修整、封山育林、沙漠绿化、港口开辟、矿藏开发、城市规划乃至人机系统等。按人的因素对自然的改造程度，可分为：1. 人工控制的自然，是用人工控制的手段使野生动物、植物或天然地貌受到人工保护而维持着天然状态；2. 人工培育的自然，天然自然物经过人类的劳动后，发生某种形态或数量上的改变，但尚未发生内在本性的变化，如人工培育的动植物；3. 人造自然物，即人类所创造的在天然自然中所没有的事物，如工具、仪器、城市、建筑、矿山、人造运河、人造森林、人造天体等。其中，人造自然物是完整意义上的人工自然，是人工自然的主体。人工自然是在人类实践活动的作用下由天然自然转化而来的，它随着人类认识和改造自然界的能力的提高而不断地扩大。人类从农业社会发展到工业社会乃至信息社会，从适应自然到改造自然，从掌握简单的农牧技术到后来的历次技术革命，都促进了人工自然的形成、扩展和深化。人工自然的本质具有两重性：一方面，它由天然自然转化而来，是人类按照自然界的客观规律创造的，它与天然自然都服从共同的自然规律；另一方面，人工自然的发展过程体现人类对自然界的改造、控制和利用程度，凝结着人的本质力量，因而具有社会性，受社会规律的制约和影响。随着人类社会的发展，人工自然的规模和范围将日益扩大，但同时也带来许多意想不到的后果，如生态环境破坏等。人类必须协调好与自然界的关系，按自然规律办事，使人工自然的发展更好地为人类根本利益服务。（参考：陈昌曙：《试谈对“人工自然”的研究》，《哲学研究》1985 年第 1 期第 40 ~ 46 页；张明国：《人工自然的追问与反思》，《自然辩证法研究》2007 年第 12 期第 11 ~ 15 页；肖玲：《从人工自然观到生态自然观》，《南京社会科学》1997 年第 12 期第 20 ~ 24 页。**朱配辰　牟世晶**）

人化自然

Humanized Nature

马克思论述人与自然关系时首先使用的术语，表示一种过程，即客观的自然界不断进入人的活动的过程，客观世界对象化的过程，或者说，由于人的对象活动使越来越多的天然生态系统变为人工生态系统的过程。“人化自然”是人类活动改变了的自然界，即人工自然。自然的人化，或人化自然，是人类活动形成的自然界，人类创造的自然界，随着人类社会的发展，人类的本质力量越来越表现为自然界的对象化，自然界在越来越广泛的意义上成为人化自然，成为人工生态系统。在游牧社会和农耕社会里，动物和植物都按照自然规律生存，人类社会在很大程度上依赖于自在自然的生产与再生产，自然界和自然规律对于人类的基础性地位没有受到根本性破坏。近代以来，这种状况发生越来越大的变化。借助现代科学技术手段尤其是机器大工业的力量，人类展现征服与改造自然的强烈欲望和强大能力，自然界被前所未有地人化和社会化了，人化自然的领域与范围空前扩大。人类运用科技力量创造了更加适合自身生存发展需要的大环境（如水库）、小环境（如空调）、新物资（如化肥、农药）、新物种（如转基因食品）、新能源（如核能）等，却浪费了自然资源能源，打破了自然界和生物链的平衡，对自在自然和生态环境造成严重破坏。自在自然与人化自然的此消彼长甚至严重对立，最终将使人类失去赖以生存和发展的生态基础。因此，建设生态文明，需要反思现代化的理论与实践，研究如何处理好自在自然与人化自然的关系。（参考：欧阳康：《生态哲学研究的若干辩证关系》，《人民日报》2014 年 7 月 18 日第 7 版。**牟世晶**）

人际传播

Interpersonal Communication

指个人与个人之间的信息交流。传统上的人际传播指以人体自身为媒介，以语言为主要手段，以表情和动作等为辅助手段的个体间传播方式。

人际传播是一种社会活动，任何人的生存都离不开和他人之间的交往。在人们之间的交往活动中，人们相互之间传递和交换着知识、意见、情感、愿望、观念等信息，从而产生人与人之间的互相认知、互相吸引、互相作用的社会关系网络。人际传播形式包括直接传播和间接传播。直接传播是两个人面对面的传播，间接传播是以媒体为中介的传播。直接传播以语言表达信息，或用表情、姿势强化、补充和修正语言的不足。它可以使传者与受者直接沟通，及时反馈信息，增强传播效果。间接传播使用的媒体有电话、交互电视、计算机网络、书信等，它可以使传者与受者克服空间上的距离限制，提高传播效率。在传播技术飞速发展的背景下，人际传播的形式越来越多地被运用于大众传播当中。（张惠娜）

人居环境

Habitat Environment

人居环境是人类与其生存环境进行相互作用的时空存在形式。狭义指人类聚居活动的空间，是在自然环境基础上构建的人工环境，是与人类生存空间密切相关的地理空间。广义指围绕人这个主体而存在的一定空间内构成主体生存和发展条件的各种物质性和非物质性的总和。目前人居环境一般指广义概念，不仅仅指人类居住和活动的有形空间，还包括贯穿于其中的人口、资源、环境、社会政策和经济发展等各个方面。人居环境一般可分为城市人居环境和乡村人居环境。1. 城市人居环境。城市人居环境是自然环境与人类社会经济活动过程相互交织并与各种地域结合而成的地域综合体。评价指标涉及住宅、邻里、社区绿化、社区空间、社区服务、风景名胜保护、生态环境、服务应急能力等方面。运用我国城市人居环境建设水平的因子分析方法得出我国城市人居环境建设现状水平：我国城市人居环境建设整体水平偏低。各城市之间的人居环境建设水平差别较大：人居环境建设水平越高的城市间差距越大，而人居环境建设水平较低的城市间差距则较小。大城市整体人居环境建设水平好于小城市：我国东部地区城市人居环境建设水平最高，其次是中部地区，而西部地区城市人居环境水平最低。江苏省城市人居环境建设总体水平最高。2. 乡村人居环境。乡村人居环境是乡镇、村庄及维护居民活动所需物质和非物质结构的有机结合体。乡村人居环境的特点：1）具有与城市人居环境完全不同的空间形态、地理景观、文化传统和发展模式；2）因其地形复杂、生态敏感、空间广阔、文化差异等多重因素的综合影响，形成独特的地域聚居模式，不同地域特征的乡村区域表现出不同的人居环境建设模式。（参考：张文新、王蓉：《中国城市人居环境建设水平现状分析》，《城市发展研究》2007 年 2 期第 115 ～ 120 页；李伯华、刘沛林：《乡村人居环境：人居环境科学研究的新领域》，《资源开发与市场》2010 年第 6 期第 524 ～ 527 页。朱配辰）

人居环境生态美学观

Eco-aesthetics View on Human Settlements

运用生态学和美学的基本原理研究和探讨生态美的本质以及生态和美学的关系、内容美和形式美的关系等美学问题。现代社会的人们已不再单纯地将居住环境作为一种生活资料，同时也要求其成为一种赏心悦目、怡情养性、延年益寿的享受资料。人居环境最根本的要求是生态结构健全，适宜于人类的可持续发展。生态结构健全的人居环境，会给人生机蓬勃的外在美感，即生态美。居住环境的生态结构健全，生存环境自然就美。美化人居环境可以采用各种不同的美学手段和审美取向，应将生态美作为最高境界，作为首要的和主要的美学取向。人居环境生态美学不是单纯的美学问题，而是关系到人类居住环境建设方向的重要问题。（王薛时）

人居环境学

Science of Habitat Environment

人居环境科学是以包括乡村、城镇、城市等在内的所有人类聚居形式为研究对象的科学。它着重研究人与环境之间的相互关系，强调将人类聚居作为一个整体，从政治、社会、文化、技术（包括地质、气候、天文、生物等）等各个方面，全面地、系统地、综合地加以研究。其目的是要了解、掌握人类聚居发生、发展的客观规律，从而更好地建设符合于人类理想的聚居环境。人居环境5元素：人、社会、自然、建筑和网络。其中人是指单个的人。社会通过人口变化动向、群体行为、社会风俗、职业、收入和政府来处理人以及他们之间的相互影响。自然代表生态系统，人类和社会在这个系统里工作和运转。建筑是指所有的建筑和构筑物。网络是交通、通信和公共设施的网络支持着人居环境，通过建立结构和组织将它们联系起来。网络的改变将深刻地影响城市模式，同时网络的发展常常预示着城市和社会新的发展。人居环境的五大系统：自然系统（气候、土地、植物和水等）、人类系统（个体的聚居者，侧重人的心理与行为等）、居住系统（住宅、社区设施与城市中心等）、社会系统（社会的制度与文化）、支撑系统（住宅的基础设施）。（参考：侯丽娜：《建筑设计中的人居环境理念》，《科技与企业》2013年第17期第154～154页；尹美娟等：《浅谈建筑设计与人居环境方面的关系》，《建筑工程技术与设计》2014年第25期第178页。朱配辰）

人居环境支撑系统

Living Environment Supporting System

人居环境支撑系统包含居住区的基础设施和公共服务，是农村居民生活提供支持的服务于聚落并将聚落联为整体的所有人工和自然的联系系统、技术系统和保障系统的总称。支撑系统的优劣水平直接影响到农村居民的生活质量和其他相关系统的发展，乃至影响到整个农村人居环境系统的平衡。它是多层次、多因素构成的庞大系统。建立这一复杂系统的指标体系应遵循以下原则：1. 易获取性原则。评价指标是计算农村人居环境支撑系统建设水平的基本数据，应当选用与国内外统计部门和业务部门相关规范、标准要求相一致的指标，避免使用不常用、难于统计的数据，使指标标准化、规范化，以保证评价指标体系的实用性和量化的精度。2. 灵活性原则。评价指标体系中，应当有不同层次、不同因素和不同目标的内涵。既能反映局部的、单一层次人居环境支撑系统的特征，又能反映全局的、多层次人居环境支撑系统的特征。3. 整体性原则。组成指标体系的各项指标不是孤立的，而应当是有机组合的、互为补充的、相对稳定的指标，共同组成一个从不同角度和不同层次反映农村人居环境支撑系统特征的专用评价指标体系。4. 层次性原则。指标体系应根据研究系统的结构分出层次，由宏观到微观，由抽象到具体，如构建目标层—准则层—指标层—分指标层的结构，并在此基础上进行指标分析。这样可以使指标体系结构清晰，易于使用。5. 可操作性原则。由于人居环境支撑系统本身所固有的复杂性，在构建农村人居环境支撑系统的评价指标体系时，要考虑指标体系的可操作性，使其较容易地运用到不同层面人居环境支撑管理上，并能真正反映区域实际情况的综合指标。农村人居环境支撑系统评价体系的指标包括农村基础设施、交通、通信、物质环境规划等4个子系统。根据层次分析法，将各子系统分为3个层次。第一层次为系统层，有1个指标，即农村人居环境支撑系统总体建设水平指标；第二层次为子系统层，包括农村基础设施建设水平、农村交通建设水平、农村通信建设水平、物质环境规划建设水平4个指标；第三个层次为基础指标，是对各子系统进行分解得到的指标，该层次的指标共涉及22个指标。（参考：赵海燕：《我国农村人居环境支撑系统评价研究》，《黑龙江八一农垦大学学报》2011年第5期第91～95页；周围：《农村人居环境支撑系统评价指标体系的构建》，《大庆社会科学》2007年第6期第67～69页。朱配辰）

人居环境指数

Habitat Environment Index

是基于人居环境理论、实践及评价方法，采

用若干人居环境相关指标，动态衡量城市人居环境水平的综合指标。构建适合我国国情的人居环境指数的作用有：1. 为动态监测人居环境问题、监测城镇质量提供依据，有利于及时发现城镇化过程中存在问题，提高人居环境质量；2. 监控人居环境相关政策的实施效应，为政府制定进一步改善人居环境的决策提供基础支撑；3. 为公众了解人居环境质量提供基本的信息渠道，有利于提高公众对人居环境的关注和参与意识，推动社会力量共建良好的人居环境。人居环境指数框架包含居住环境、生态环境、经济持续及社会和谐等4个分项指数共计20项具体指标。其中，居住环境指数由城市污水处理率、生活垃圾无害化处理率、人均公园绿地面积、人均建设用地面积及平均通勤时间等5项指标构成；生态环境指数由空气质量优天数、建成区绿化覆盖率、再生水利用率、工业用水重复利用率、工业固体废弃物综合利用率及环境噪声等6项指标构成；经济持续指数由单位国内生产总值能耗、城镇居民可支配收入、城镇登记失业率、研发支出占国内生产总值比重及恩格尔系数等5项指标构成。社会和谐指数由住房价格收入比、城乡收入比、万人拥有卫生院床位数及万人拥有医生数等4项指标构成。目前人居环境指数揭示的问题有：1. 结构和功能布局不合理，大城市职住分离严重。北京和上海的平均通勤时间分别高达45分钟和39分钟，广州、深圳、重庆、南京及武汉均在30分钟以上。通勤时间长的主要原因在于城市功能分区过度，土地功能混合利用缺乏，职住分离现象突出，很多城市尤其是新城，卧城、空城及鬼城现象严重。2. 基础设施发展不平衡，中小城镇落后。77个大中城市工业固体废弃物综合利用率的平均值为84.39%，东部地区的市、县生活垃圾无害化处理率和工业用水重复利用率在90%以上，全国100个中西部小城市的污水处理达标率不足60%，33个中小城市的垃圾无害化处理率不足60%，多个中心城市尚无生活垃圾无害化处理设施，80个中小城市的人均公园绿地面积不足6平方米/人。同时，部分老城区、老街区，地面状况较差，排水系统不畅，内涝频繁，照明条件和环卫基础设施较差，部分小街、小巷甚至成为生活垃圾的堆放点，人居环境亟待改善。3. 生态环境偏差，空气质量急需改善。空气质量已成为人居环境最严重的问题之一。4. 经济发展模式偏粗放，发展阶段差异性显著。从城市发展阶段看，工业化后期的城市人居环境水平高于工业化初、中期城市。工业化初期阶段，城镇化、工业化水平低，能源投入高，经济产出低，人居环境指数低。房价收入不匹配，住房结构性矛盾突出。基本公共服务资源分布不均，城市社会管理难度大。（参考：李爱民：《中国人居环境指数及评估》，《城市》2013年第6期第65～69页。**朱配辰**）

人口安全

Population Security

指人口的结构和功能健康和稳定，具有可持续发展的能力，并且保障国家综合国力的提升和整体安全的稳定。人口安全的概念在2003年6月首次由国家人口和计生委主任张维庆在人口、社会与SARS学术讨论会上提出。人口安全概念的出现引发学术界的广泛关注和集中讨论。研究者从不同角度、以不同方式对人口安全的概念进行界定，总体而言分为3类，即以人口本身的安全为界定对象，以人口安全对国家、社会可能产生的诸种影响为界定对象以及结合人口本身的安全和人口安全对国家社会所产生作用为对象的三种类型。人口安全应与人类安全相区分，人类安全概念是联合国开发计划署1994年在以主题为“人类安全的新领域”的《人类发展报告》中提出的，指人们能够稳定安全地实现整个人类社会的可持续发展，确保人类社会能在安全的状态下永久持续存在。人类安全更加强调个人本身的安全，以个人安全为基础保证整个人类社会的安全。人口安全所强调的并非是个人的福利和尊严，它更侧重于人口本身的状况和变化趋势，并且相对属于传统安全范畴的人类安全，人口安全应属于非传

统安全。(参考:翟振武等:《定义“人口安全”》,《人口研究》2005年第3期第40~43页。欧阳文川)

《人口爆炸》

The Population Explosion

作者保罗·拉尔夫·埃利希,美国著名昆虫学家,1990年获克拉福德奖。该书描述人口爆炸理论,认为地球上的有限资源将不能应对将来

人口增长的危机。人口爆炸论是在第二次世界大战后流行于西方的对世界人口发展的悲观主义观点,与世界末日论有相似之处。人口爆炸伦认为人口增长在未来将使地球资源耗尽,使人类面临灾难性后果:人口的增长不仅需要巨大的粮食资源,还会对生态环境造成严重破坏,从而导致资源危机、粮食危机、生态危机。该书作为畅销书,产生了极大的社会影响,不仅得到大量读者认同,还遭到很多反对意见。反对者认为人口爆炸观点犯了人口决定论的错误,忽略第三世界许多国家经济落后,遭受资本主义压迫的事实。世界人口增长虽然存在发展过快的问题,但是主要解决手段不在于限制人口增长,而在于解决经济问题和社会问题。中文版译者张建中、钱力,北京,新华出版社2000年出版。(代富宇)

人口承载力

Population Carrying Capacity

人口承载力指在可以预见到的时期内,利用本地能源、自然资源、智力、技术等条件,在保证符合其社会文化准则的物质生活水平条件下,该国家或地区能持续供养的人口数量。首次正式提出“人口承载力”这一概念的是艾伦(Allen W.),他定义为一个地区在一定的技术条件和消费习惯下,在不引起环境退化的前提下,永久支持的最大人口数量。人口承载力的影响因素包括:1. 土地及其生产力。包括可用土地数量、土地生态环境、土地利用现状、土地所有制与分配机制、土地开发的战略规划、科技水平、食物供给及其他各类生产力的提高等。2. 区域要素投入与消耗。在优胜劣汰机制作用下,人类通过不断淘汰其他竞争物种,消耗当地资源,人口承载力会持续增大。一定程度上,能源资源(包括可再生资源与不可再生资源)决定着一个区域的人口承载力以及该区域的可持续发展;不同生活水平要求下的人口承载力具有差异性,如发达地区的人口对能源资源的消耗要远远大于欠发达地区。大多时候,通过资本与技术的投入,从区外输入能源和原材料等都会使人口承载力不断提高。3. 自然资源与人口选择二元决定论。即自然资源与人口选择(包括经济、环境、价值观与政治文化)支撑人口的发展。人口承载力不同于传统的生态承载力,人口承载量与经济、技术、社会、政治、文化、法律体制、时间范围有关;人口承载力大小取决于被选择的发展模式;人口问题的本质不是人口数量问题而是人们的生活方式问题。4. 地区综合系统。人口承载力由自然资源及其开发利用支持系统、生态环境及其演变支持系统、经济及其发展支持系统、人口增长及其消费福利支持系统等组成。系统决定论较为全面地总结人口承载力的影响要素。在研究中,系统论中的影响因子变量包括空间与时间维度、资源密度(土地面积)、生态系统类型、经济发展、物质供给、政策决策、社会组织、竞争效应、人口规模等。(参考:陈洋波、陈俊合:《水资源承载能力研究中的若干问题探讨》,《中山大学学报》(自然科学版)2004年z1期第181~185页;李滨勇等:《水资源承载力研究现状与发展趋势》,《水利发展

研究》2007 年 1 期第 36 ~ 39 页；张耀军等：《关于人口承载力的几个问题》，《生态经济》2008 年第 1 期第 388 ~ 390 页。朱配辰）

人口登记

Population Register

人口登记制度在不同的国家有不同的表现形式。首先它是俄国的一种登记人口的方法。指对农奴制俄国应纳人头税的男性公民，主要是农民和小市民进行的特别户口调查。这种登记开始于 1718 年，最后一次是 1857 ~ 1859 年进行的第 10 次登记。许多地区的村社按照登记的人口重分土地。西方没有户籍制度，只有民事登记，登记的主要内容有出生、死亡、婴儿死亡、迁出、迁入、结婚、离婚、认领、收养、失踪等项。这些项目注册登记的具体内容有简有繁，最主要的是当事人的姓名、性别、出生年月日、身份编号、住所地址、家庭成员姓名及与户主关系、文化程度、职业、民族、国籍、宗教信仰等。再一层次，如对出生、认领、收养事项，还要分别登记当事人的父母姓名、年龄、职业、教育程度、家庭收入等项。依法注册的上述内容，既具有保障公民合法权利的效力，又可作为各种民事诉讼案件的法律依据。登记完毕后，相关单位会给予颁发民事登记证书，这主要为适应公证公民身份的社会需要，在西方社会现实生活中起着相当重要的作用。如《出生证书》签发的作用：1. 依法确认出生事实，为家庭增丁添口、财产继承的认定，为公民权利义务的实施，为人寿保险事项的行使等诸多方面的社会需要服务是必不可少的。2. 证明公民出生日期，为普及教育决定入学义务，为确认就业年龄，禁用童工的限制，为选举权取得，服兵役义务，为司法公证决定行为能力与责任能力的年龄界定等，都起着至关重要的作用。3. 证明出生地点，为民事诉讼决定司法管辖地区，为护照签发，为移出、移入以及身份确定等都具法律上的意义。在我国，根据《中华人民共和国人口登记条例》的规定：一般情况下，户口登记以户为单位。同主管人共同居住一处的立为一户，以主管人为户主。单身居住的自立一户以本人为户主。居住在机关、团体、学校、企业、事业等单位内部和公共宿舍的户口共立一户或者分别立户。户主负责申报户口登记。公民应当在经常居住的地方登记为常住人口。一个公民只能在一个地方登记为常住人口。婴儿出生后一个月以内由户主、亲属、抚养人或者邻居向婴儿常住地户口登记机关申报出生登记。弃婴由收养人或者育婴机关向户口登记机关申报出生登记。城市在葬前、农村在一个月以内由户主、亲属、抚养人或者邻居向户口登记机关申报死亡登记注销户口。公民如果在暂住地死亡由暂住地户口登记机关通知常住地户口登记机关注销户口。公民因意外事故致死或者死因不明，户主、发现人应当立即报告当地公安派出所或者乡、镇人民委员会。婴儿出生后在申报出生登记前死亡的应当同时申报出生、死亡两项登记。公民迁出本户口管辖区由本人或者户主在迁出前向户口登记机关申报迁出登记领取迁移证件注销户口。公民由农村迁往城市必须持有城市劳动部门的录用证明、学校的录取证明或者城市户口登记机关的准予迁入的证明，向常住地户口登记机关申请办理迁出手续。公民迁往边防地区必须经过常住地县、市、市辖区公安机关批准。被征集服现役的公民在入伍前由本人或者户主持应征公民入伍通知书向常住地户口登记机关申报迁出登记注销户口不发迁移证件。公民迁移从到达迁入地的时候起城市在 3 日以内农村在 10 日以内由本人或者户主持迁移证件向户口登记机关申报迁入登记缴销迁移证件。（参考：毕世林：《人口普查与人口登记》，《山西财经学院学报》1980 年第 4 期第 65 ~ 70 页；张学军：《论新中国婚生子女姓氏取得制度的变革》，《浙江学刊》2009 年 3 期第 129 ~ 135 页。朱配辰）

人口惯性

Inertia of Population

人口惯性是反映人口增长或减少情况的重要

概念，在一个不断增长的人口总体中，世代更替已等于或低于更替水平，即当净再生产率小于等于1时，由于人口年龄结构轻，人口出生数仍大于死亡数，人口有继续增长的趋势。或者相反，在一个一贯不断下降的人口总体中，世代更替已等于或高于更替水平，即净再生产率大于等于1时，由于人口年龄构成老化，人口有继续减少的力量即人口惯性。首次正式提出这一概念的是Keyfitz（1971）。他假定初始稳定人口分年龄生育率相应比例的下降，使得净人口再生产率等于1；当生育率和死亡率保持在更替水平不变，人口会继续增长，直到达到最终静止人口规模和年龄结构；将最终静止人口规模与初始稳定人口规模之比来表示人口惯性。人口惯性作用根源于人口年龄构成，除表现在人口有继续增长或降低的趋势外，也表现在长时期内人口再生产高低峰的周期重复上。例如，第二次世界大战以后西方出现的婴儿激增现象，二三十年以后各国出生率都稍有回升，就是人口惯性的作用。人口惯性是人口再生产内部所具有的客观必然性，它影响人口再生产的规模和速度而不随生产方式的改变而改变。人口惯性测量方法有：1.总人口惯性测量法，包括人口内在自然增长率、人口惯性因子计算法、人口模拟预测法。2.年龄别人口惯性测量法。测量法比较简单，但结果不是很精确。3.模型稳定人口惯性测量法等。可以借用模型稳定人口，大致判断这些国家和地区的人口惯性强度。（参考：茅倬彦：《人口惯性的测量方法》，《南方人口》2011年第3期第47～58页。朱配辰）

人口环境容量

Population Environmental Capacity

又称人口容量或人口承载量。指一定环境下一定地区所能扶养的最多的人口数。由自然环境、补会环境、生存场所构造以及经济条件和食物供应量等因素决定。人口环境容量的特点：1.按人在营养金字塔中所处的位置，人口的环境容量是非常小的，现实中的人口数已大量超过自然生态系统条件下的环境容量。2.人工生态系统的核心是农田生态系统，它依靠投入大量体外能流维持运转。3.人口环境容量的制约因素增多，生态环境的各项因素是限制人口容量的自然条件，社会经济因素是一定环境人口容量的决定性因素。按照不同的环境因素如太阳、空气、水、土地、生物、矿藏等规定的人口容量也不一样，寻找一个能概括某一环境全部资源的综合指标是研究人口容量的重要课题。4.人口容量随所规定的生活水平的标准而异。如果将生活水平定在一个很低的标准上，人口容量就接近生物学上的最高人口，如果将生活水平定在一个较高的目标上，人口容量在某种意义上说就是经济适度人口。研究人口环境容量对人口规划、资源和环境的开发利用有重要意义。（参考：刘云霞：《基于资源与环境因素的城市人口容量研究——以南京市为例》，《城市建设理论研究》2013年第22期第2095～2104页。朱配辰）

人口经济学

Population Economics

人口经济学是研究各个社会形态的人口与经济的关系及其发展规律的科学，介于人口学和经济学之间的边缘学科。人口经济学作为一门独立学科，经历了较长的发展过程。从国外看，古希腊和中世纪西欧思想家如色诺芬和柏拉图等，已不同程度地考察人口和土地、人口和生活资料等人口经济关系。古典经济学的代表人物威廉·配第、亚当·斯密等，被看作是人口经济研究的先驱。近现代资产阶级人口学家和经济学家对人口经济进行更加广泛、深入的研究。人口经济学作为独立学科出现，以1972年出版的美国学者彭格勒所著《人口经济学》一书为标志。我国古代儒家、墨家、法家都在不同程度上考察人口经济关系。新中国成立后，20世纪50年代曾出现以马寅初为代表的人口经济问题研究热潮。70年代以后，随着计划生育国策的实行，各界开始广泛的人口经济问题研究，并取得显著成果。就目前来看，人口经济学主要研究内容有：1. 人口发展与经济发展之间内在的本质联系，包括社会物质资料生产对人口变动、人口构成、人口数量、人口质量的制约因素，人口的消费水平、消费方式对社会再生产的结构、积累和消费的比例等方面的影响；2. 人口经济规律，包括在一切社会形态中都发生作用的人口经济规律和只在一定社会形态发生作用的特殊规律；3. 人口资源与经济资源的关系，包括人口、经济资源的情况与问题，人口发展与资源开发、环境保护的关系； 4. 人口经济发展分析与规划，包括人口与经济相适应发展应遵循的原则，国家对人口、经济发展的长期计划，人口迁移的社会经济措施等；5. 人口经济政策、人口经济思想。人口经济学主要分为宏观人口经济学和微观人口经济学。宏观人口经济学研究人口与经济关系的总量特征及其变化，主要研究人口与耕地、人口与自然资源、人口与环境及其污染、人口与国民收入及其分配、人口与投资和储蓄、人口与就业和劳动市场、人口与技术进步、人口与经济结构的关系等，涉及国民经济各个领域和社会再生产各个环节的总量关系问题。微观人口经济学通常以家庭为主要研究客体，又被称为家庭经济学，主要探讨子女的成本—效用、家庭规模及其经济效应、家庭生育的经济决策、家庭内代际人口经济关系以及有关人力资本等多方面的问题。人口经济学还探讨人口投资、人口经济效益、适度人口和老龄人口等问题。研究方法有：统计分析的方法；定性分析和定量分析相结合的方法；静态分析和动态分析相结合的方法；宏观分析和微观分析相结合的方法等。（参考：张瑞：《中国人口因素与经济增长关系的实证研究——人口总量与人口转变》，浙江工商大学硕士学位论文 2005 年第 6 ~ 25 页。朱配辰）

《人口论》

An Essay on the Principle of Population

作者为英国教士、经济学家托马斯·罗伯特·马尔萨斯（Thomas Robert Malthus），先后有 6 个版本。第一版全名为《人口原理，人口对社会未来进步的影响，兼评葛德文先生、孔多塞先生和其他著述家的理论》，写于 1798 年。第二版全名为《人口论，或它在过去和现在对人类幸福的影响，对我们未来消除或减缓由人口原理所致的灾害之前景的考察》，写于 1803 年。第三版写于 1806 年。第四版全名为《人口原理对于人类幸福的过去与现在诸影响的考察。附考察将来关于消除或缓和由人口所生的弊害的研究》，写于 1807 年。第五版写于 1817 年，第六版写于 1826 年。马尔萨斯在《人口论》中的基本观点是：1. 依据土地肥力递减定律，人口会以几何级数增加，而生活资料只以算术级数增加，所以人口的增长总是快于生活资料的增长。2. 抑制人口的力量分为三种：积极抑制、预防抑制和道德抑制。积极抑制指的是饥饿、战争、疫病、贫困等增加人口死亡率的抑制；预防抑制是指一切性罪恶和不正当行为等降低人口出生率的抑制；道德抑制是指“那种出于谨慎的考虑克制着不结婚，而在克制期内又保持着严格的道德行为的抑制”。3. 工人贫困、失业并非资本主义制度所造成，而是人口法则作用的结果；财产私有制是保持人口增值与生活资料增长之间平衡的最有效的自然制度。马尔萨斯的人口理论对当时及后世产生极大影响。大卫·李嘉图深受其学说影响，由此发展出工资钢铁定律，马克思通过对马尔萨斯人口理论及大卫·李嘉图的研究和批判，使之成为马克思剩余价值学说的主要成分。人口理论也影响了达尔文，为其进化论提供了重要环节。在工业革命以后，由于生产方式的提升、人均生产能力的提高，《人口论》的理论基础已经发生变化，人口数量与粮食产量已经不再构成矛盾。中译本

译者郭大力，有商务印书馆1959年版，北京大学出版社2008年版。（参考：《人口研究》编辑部：《百年回眸：马尔萨斯人口论的再评价》，《人口研究》1998年第1期第24～34页。朱配辰　代富宇）

人口密度
Density of Population

指一定地理范围内人口数量与土地面积的比率。通常以每平方千米常住人口数表示。计算一国人口密度的土地面积，指领土范围内的全部陆地和内陆水域面积，不包括领海。它反映一个国家或地区人口分布的稠密程度。人口密度与人口数成正比，与土地面积成反比。由于各国（地区）社会、经济和自然条件不同，人口的分布很不平衡，人口密度差别很大。20世纪末，我国的平均人口密度为每平方千米107人，人口在各地区的分布也很不平衡。如果从黑龙江省的黑河、甘肃省的兰州、云南省的腾冲三点画一条线，将我国分为东西两半，那么西部地区人口密度不足30，其中新疆、青海不足10，西藏只有1.5。东部地区人口密度平均超过230，其中江苏达577，上海市区高达4200。考察人口密度，不能只看土地面积和人口数之比，还应该看到人口经济密度状况，如人口与耕地面积、人口与资源蕴藏量、人口与产量（产值）、人口与国民收入之比等。从一定意义上说，人口经济密度的大小更能反映一个地区人口稠密程度。以可利用的农业用地面积为基础，计算单位农用土地上的人口数，称作比较人口密度，它反映一个地区内人口对农业压力的大小。影响中国城市人口密度及其变化的因素如下：历史继承的人口密度、城市经济发展的速度、城市规划及行政区划的调整、城市人口与用地的异速增长关系及城市人口的自然增长率。（朱配辰）

人口膨胀
Population Expansion

指某个国家或地区的人口在短时间之内迅速增长而生产总值没有提高或提高很少。人口膨胀引发的问题：食物短缺；信息技术、教育资源短缺；性别歧视；气候变化；老龄化；能源短缺；水资源短缺等等。近代人口迅速增长的原因是：生活条件和医疗技术全面改善，死亡率下降，人类平均寿命不断提高。目前世界人口有50%在25岁以下，这种年龄结构属于典型的增长型，它决定人口在今后相当长时期内保持增长势头。由于地球的空间和资源都有限，控制人口实为刻不容缓的任务。人口膨胀主要表现是人口过剩。人口过剩指当一个国家或一个地区的人口对自然资源的压力过大，致使资源基础退化或耗损，并污染水、空气、土地，从而损害着人们生存环境。人口数量过多，多到超过当地提供食物、水和其他资源难以支持这些人生存的程度。人口数量过多必将造成土壤、草原、森林、野生生物等可更新资源的退化。如果不能有效地控制人口增长，必然导致资源消费量增加、过度开垦土地、沙漠化日益严重、能源紧张等资源问题。（参考：许志娟：《论人口膨胀与环境压力》，《赤峰学院学报》（自然科学版）2009年第6期第158～159页。朱配辰）

人口贫困
Population Poverty

简单来说是指处于贫困状态的人。贫困首先意味人口的贫困，然后才是贫困人口所在地区或国家的贫困。人口贫困可分为绝对人口贫困和相对人口贫困。绝对人口贫困指特定区域的特定群体的人均纯收入无法满足其基本生存的最低限度消费需要，其生活水平低于社会可以接受的最低标准的现象。相对人口贫困指特定区域的特定群体的人均纯收入虽然可以满足其基本生存的最低限度消费需要，然而其生活水平却低于社会可以接受的最低标准的状况。贫困的内涵并非一成不变，而是依据不同时代的社会经济条件以及衡量标准而有所不同。早期的贫困往往针对以人均收入为参考对象，随着研究的深入，贫困不仅指收入低于特定标准，还指人的能力与权利的缺失状态。人口的能力贫困指人获取基本生存资料的能力缺乏，无法凭借自身能力满足自身需要。人口的权利贫困指作为社会成员本应享有的政治文化等一系列权利由于其收入和能力的贫困而无法得到保障，因而导致权利丧失的后果。收入贫困是人口贫困的最形象具体的表现形式，能力贫困则是导致人口贫困的主要原因，权利贫困则是由收入贫困和能力贫困而导致的，三者相互联系。（参考：成卓：《中国农村贫困人口发展问题研究》，西南财经大学2009年博士学位论文第37～42页。欧阳文川）

人口容量

Population Capacity

环境人口容量的简称。国际人口生态学界的定义：世界对于人类的容纳量是指在不损害生物圈或不耗尽可合理利用的不可更新资源的条件下，世界资源在长期稳定状态基础上能供养的人口大小。这种定义把资源作为人口容量的决定因素。联合国教科文组织的定义：一国或一地区在可以预见的时期内，利用该地的能源和其他自然资源及智力、技术等条件，在保证符合社会文化准则的物质生活水平条件下，所能持续供养的人口数量。该定义在强调自然资源的同时，也考虑到技术条件，比前者定义更全面具体。环境人口容量受到许多因素的制约，其中资源、科技发展水平及人口的文化和生活消费水平，对环境人口容量的影响最大。资源是制约环境人口容量的首要因素，人类的生存在很大程度上取决于资源状况，资源越多，能供养的人口数量越多。（牟世晶）

人口生态

Population Ecology

指构成人口系统的各个要素如性别、年龄、阶层等亚人口多样性、互补性和共生性状态。人口生态平衡包含：1. 人口系统内部的数量、质量、结构、分布等因素间实现结构与功能的均衡，是人口生态的核心内涵。2. 人口系统与人口系统外的资源、环境、经济等各系统间实现结构与功能的平衡、协调发展，是人口生态的扩展内涵。在生态文明的指引下，我国的人口发展方式需要实现战略转变，由数量控制型的人口发展转变为生态优化型的人口发展。生态为本高于以人为本，建构人口优化和家庭优化的政策体系。（牟世晶）

人口生态文化

Population Eco-culture

人们对人口要素和人口过程与其自身并赖以生存的生态环境关系的总体认识和基本观点，包括社会观念、社会制度和物质形态三个层次。在一定的物质生产条件下，经过长期的社会实践，人们通过能动地调整自身与生态环境的相互关系，逐渐形成和积累一定的理性认识、价值判断和相应的社会制度、习俗等，从而形成特定的人口生态文化。人口与生态环境的关系表现为：1. 人口和生态环境是相互依存、相互制约的关系。生态环境为人口生存提供必不可少的物质资源，物质资源的每一个变化，都直接作用于人口本身，影响人口身体内各部器官的代谢，以及人口的寿命、生产、发育、遗传、营养、呼吸乃至记忆力和思维能力的变化。研究表明，人的体型、身高、肤色、器官等都受生态环境的制约，甚至人的社会属性，如道德思想、科学文化素质，也与自然环境有关。2. 人口和生态环境是统一的关系。人口与生态环境的相互作用，构成人类社会，人口与生态环境既相互影响、对立存在，又互为条件共同发展。人口和环境共处于世界的统一体中。人口与生态环境在运动和发展过程中，都应统一恪守生态伦理和环境道德观念。自然界的任何生态系统均处在平衡状态，即处在和谐状态，所有毁坏自然界的行为都将导致平衡的失调。正确的做法应是根据它们的生存情况和平衡状态行使我们改造自然、利用自然的权利。（参考：杨军昌：《西南民族人口文化研究》，兰州大学2009年博士学位论文第1～45页；张敏：《贵州少数民族地区人口生态文化研究》，贵州大学2009年硕士学位论文第5～30页。朱配辰）

人口生态学

Human Population Ecology

研究人口与生态环境之间关系和作用规律的学科，研究对象为特定历史条件下的人口生态关系，产生于20世纪60年代。人口生态学是人口学和生态学二者之间的跨学科研究领域，涉及生态学、工艺生态学、社会生态学、历史生态学、人类生态学、生态经济学等学科的基本理论，具有综合性、边缘性、整体性、系统性和动态性等特征。人口生态学的理论特点突出表现在4个方面：即人类生态系统及其反成熟特征、能物流投入水平和生态平衡、利益分配问题与生态危机、人口数量和质量对人口环境关系的作用。第一方面人类生态系统及其反成熟特征表现在自然生态系统与人类干预下的自然生态系统，即人类生态系统之间的相互动态关系。自然生态系统在自然状态下不断趋于成熟化，这表现在系统内的生物多样性不断丰富，生物链、食物链不断复杂化，生态系统在这种情况下累计生物量总体不断增大，而净生产量不断缩小。人类生态系统与自然生态系统恰好相反，在人工干预下，自然生态系统呈现出与自然状态下生态系统相反的发展趋势。第二方面能物流投入水平和生态平衡是指随着人口持续增长以及人工干预手段不断发展，原本制约人类生产和消费的生态因子不断弱化，人所处其中的生态系统丧失原先的生态平衡。第三方面利益分配问题与生态危机指生态危机的出现在本质上是人类利益分配的问题，如长远利益与短期利益、城镇利益与乡村利益、区域利益与国际利益等。第四方面人口数量和质量对人口环境关系的作用指不仅人口数量对生态系统功能和结构产生影响，实际上人口的质量，即人的文化科学素养，对生态环境同样产生极大影响。人口生态学的研究对象包括：人口发展与生态环境之间的相互关系，确定环境对人口发展过程的影响及其内在规律性，人类生存的社会条件和自然条件，人的健康水平与一系列人口质量特征的制约关系。研究范围包括人口增长、人口模式及其转变、人口结构、人口分布和迁移、人口素质以及人口和各种资源的关系、城乡人口等各主要人口现象和过程。人口生态学目前的主要研究内容有：人口生态环境的负载能力；静止或动态的生态系统中的均衡或最优人口规模；人口增长的原因、机制和控制；人口分布趋势；有关人口参数问题；等等。研究方法有实地调查和实验室考察与理论分析相结合的方法、定性分析与定量分析相结合的方法、动态分析与静态分析相结合的方法、宏观分析与微观分析相结合的方法等。主要任务是制定社会与自然相互关系的普遍方法和理论原则，目的是确定人口与环境发展进程之间相互关系的最复杂系统及其相互作用的形式与程度。（参考：林成策：《试论人口生态学的对象、性质、地位与任务》，《人口研究》1990年第5期第20～23页；廖世添：《关于人口生态学若干问题的探讨》，《广东社会科学》1995年第1期第69～74页；叶峻：《从自然生态学到社会生态学》，《西安交通大学学报》（社会科学版）2006年第3期第49～54页、第62页。欧阳文川　朱配辰）

人口数量

Population Quantity

反映人口总体的量的规定性，泛指人口的规模、增长速度、构成和各种数量特征。通常讲，人口数量指的是人口规模。人口规模是一个不断变化的量。引起人口数量变化的原因主要有自然变动和迁移变动。从前者看，长期保持高出生率，人口绝对量就迅速增加。增加速度取决于人口死亡率的高低和人口平均寿命的长短。死亡率过高，总人口平均寿命就会较短，人口绝对数的增加会受到限制。从后者看，只会引起人口数量地区分布的变化，而不会导致人口总量的增减。制约人口自然变动的因素十分复杂，包括经济、政治、文化、心理、道德、宗教、民族、风俗习惯、医疗卫生等社会因素以及人口的生理遗传和环境等自然因素。其中最主要的是直接影响人口增长条件与生存条件的经济因素，如生产的规模，社会分工的发达程度，消费水平的高低，积累和消费的分配比例，市场分布和规模都与人口数量密切相连。在人类发展的初期，由于生产力的低下，人口数量的增长十分缓慢。随着生产力的发展，人口数量的增长也逐渐加快。在机器大生产取代了手工劳动方式后，人口数量的变化渐趋稳定。（参考：李微：《大庆龙凤区基于经济可持续发展的人口问题研究》，哈尔滨工程大学 2005 年硕士学位论文第 5 ~ 10 页；李勇：《安康市人口可持续发展问题研究》，西北大学 2008 年硕士学位论文第 1 ~ 35 页。朱配辰）

人口素质

Population Quality

又称人口质量。即人口所具有的身体素质、科学文化素质和思想道德素质三种属性的总和，反映一定地区人口的认识和改造世界的能力。人口的身体素质指人体各组成部分和各种功能器官系统的发育成长情况，如一个人的智力、耐力以及敏捷程度等。身体素质与社会生产能提供的生活资料的数量和质量、与医疗卫生事业发展状况有关，也与人本身的体质和智力方面的遗传因素有关。人口的科学文化素质指人口群体的文化科学知识、实践经验和劳动技能。科学文化素质受社会生产力和科学技术的发展状况的制约，与社会、学校、家庭对人口的影响有关。人口的思想道德素质指人的人生观、道德观、价值观、法制观等，它既取决于历史文化传统，又取决于人的现实社会存在。人口素质的三个方面互相联系、互相制约。人口的思想道德素质和科学文化素质的提高，有利于身体素质的增强；而身体素质的增强，又为科学文化素质和思想道德素质的提高提供条件。随着社会的发展，人口数量可增可减，或不增不减，而人口素质却应不断提高。反映人口素质的指标主要包括：人的平均身高与体重；儿童智力水平；人口的文化教育程度；熟练劳动者的比重等。在原始社会、奴隶社会、封建社会，人口素质提高很缓慢。在资本主义社会，由于生产力和科学文化的提高和发展，为人口素质的提高提供物质基础，使人口的科学文化素质和身体素质迅速提高。但资本主义制度又限制人口素质的全面健康的发展。在社会主义社会，由于基本经济规律的作用，社会主义现代化生产的发展，不仅在客观上要求人口素质不断提高，而且提供保证人口素质不断得到全面发展的客观可能性。人口的素质水平可通过教育、营养以及锻炼等得到不断提高。提高人的先天素质的办法是实行优生，克服不利遗传基因的流传，选择优良遗传基因流传后代。搞好后天的训练要大力发展文化教育事业。提高人口质量对社会经济的发展有着巨大的推动作用。（参考：贾艳玲、朱娜、吴伟峰：《人口素质模型的构建及人口素质水平测度》，《西安工程大学学报》2010 年第 3 期第 338 ~ 343 页。朱配辰）

人口因素

Demographic Factors

指从事物质资料生产和自我生产的人的因素总和，包括人口数量、质量、构成、发展、分布、迁移以及自然变动和社会变动等多种因素的综合。它是自然属性和社会属性的统一。自然属性是其存在的自然基础，社会属性是其区别于动物的本质属性。人是社会生产的发动者和社会关系的承担者，人口因素受生产方式和社会制度的制约和支配，须与自然条件和物质资料生产之间保持一定的比例关系。尤其是人口的生产与再生产须同自然条件所允许的限度和物质资料生产的水平相适应，这是关系到各国乃至全人类的生存与发展的人口重大问题。在原始社会，生产力水平低下，人口越多越有利于生产；随着生产力水平的不断提高，对人口质量（职业构成、教育构成、技术熟练程度的构成等）的要求越来越高，而对人口数量则要求适当控制。（朱配辰）

人口再生产率

Population Reproduction Rate

又称人口繁殖率。指平均一个妇女一生生育

的女孩数。它反映女儿一代人数与母亲一代人数之比。计算再生产率有两种方法：一种是比较粗略的方法，称之为粗再生产率；一种是比较精确的计算方法，称之为净再生产率。粗再生产率是每个妇女平均一生生育的女婴数，而不管女婴是否能生存到接替母亲生育职能的年龄参加下一代的生育活动。粗再生产率带有假定性，它假定出生的女孩一代全部成活，实际上这是不可能的。如果从出生的女婴中扣除那些没有活到母亲生育她们时的年龄就死去的部分，求得平均每个妇女一生生育的能接替自己产育职能的女孩数，称为净再生产率。净再生产率说明母亲一代按现有年龄别生育率并按现有分年龄生存率计算，平均每个母亲生育的能接替其生育职能的女孩人数。净再生产率反映两代妇女间的净繁殖水平，或者说反映人口更替的生育水平。若净再生产率等于1，正好女儿一代顶替母亲一代，人口处于更替水平，人口再生产将不增不减，未来人口将静止下来；如果大于1，女儿一代人数超过母亲一代，人口再生产规模将趋于扩大，人口将继续增大；如果小于1，人口再生产规模将趋于缩小，人将一代比一代少。因此，净再生产率对于分析人口长期发展趋势有重大意义。（参考：马瀛通：《从稳定人口与人口再生产认识总和生育率真实涵义》，《中国人口科学》2010年第2期第24～34页。朱配辰）

人口增长

Population Growth

指某一特定时间内由于人口出生、死亡、迁移等因素的相互影响而导致的某地区总人口数目的增加。一个国家或地区的人口增长体现为人口的自然增长和机械增长。人口的自然增长，即新出生的人口和已死亡人口之间的差额。除此之外，还有迁移增长，即迁入人口与迁出人口的差额。人口增长的绝对幅度以人口净增加额衡量，人口净增加额等于人口自然增长额与人口迁移增长额之和。人口增长的相对幅度是人口净增加额与总人口的比率。一般地，人口增长率应小于经济增长率，否则人均国民生产总值降低，人民生活水平就会下降。如果以世界总人口为一整体，人口增长归根到底是人口自然增长引起的，迁移引起的人口变动仅是改变已有人口的分布。人口增长量的大小与原有人口规模有直接依存关系。要说明不同时期、不同地区、不同国家人口增长的不同程度，除计算人口增长量外，还须计算人口增长率，使之具有可比性。人口增长率的变动表明人口再生产过程的实际变动状况。人口增长率是一定年度内人口自然增加和人口迁移增加所引起的人口增加与人口基数的比率。它反映在一定时期内人口的实际增长程度，是研究人口问题的重要指标。根据人口增长的绝对数量，可分为人口净增长、人口零增长和人口负增长三种状况。年人口增长的绝对数量用公式表示如下：年人口增长量＝年人口自然增长量＋年人口机械增长量＝年末人口数－年初人口数＝（本年出生人数－本年死亡人数）＋（本年迁入人数－本年迁出人数）。人口的增长对于人口的分布、社会的发展有着重大的影响。了解人口的增长可以帮助了解人口的分布，对制定适当的人口政策以及调整经济结构等具有重大竟义。（参考：D·盖尔·约翰逊、陈勇：《人口增长与经济财富》，《中国人口科学》2000年第5期第25～31页。朱配辰）

人口质量

Population Quality

又称人口素质，是人口的各种社会属性和个人特征总和，或人口总体的身体素质、科学文化素质和思想素质。其中，人口的思想素质包括思想觉悟、道德品质、传统习惯等，要受社会存在尤其是社会经济基础的制约。人口的科学文化素质主要是与人们所受的教育训练程度有关，受生产力和科学技术发展水平的制约，同时又为人们的社会经济地位所决定。人口的身体素质是指人口群体的身体器官和生理系统的发育、成长和机能的状况，表现为身躯完损、体质强弱、耐力大小、智能高下和反应快慢等等，它与社会生产所能提供的生活资料的数量和质量、医疗卫生发展的状况有关，同时又受一定的生产方式制约的分配方式所决定。人口学所讲的人口质量，依其内容可分为广狭两义。狭义人口质量把人口作为生产力的一个要素，包括人口的身体素质、文化科学水平和劳动技能，即智、体两个方面。广义的人口质量则把人口作为一个广泛的社会范畴，除智、体外，还包括人口的政治思想、道德品质，即包括德、智、体三个方面。由于人口通常是作为社会范畴来看待的，因此，人口质量通常取其广义的理解。影响人口质量演变的决定因素是社会生产方式，即社会生产力发展水平及其与之相适应的生产关系，此外还有自然环境（如地势、资源、气候等）、遗传素质和社会环境（包括政治制度、文化教育、思想意识、生活方式、婚姻制度、医疗卫生条件等）。考核人口质量的指标很多，如在身体素质方面有儿童智力指标、人口平均身高和体重指标，在科学文化素质方面有15岁及其以上成年人口文化教育程度、人均受教育年限、人口生命素质指数（PQLI）等。衡量人口质量的高低主要以是否与社会生产力发展的需要相适应为标准。我国现代化建设的关键是科学技术现代化，提高人口素质，尤其是人口科学文化素质，是现代化建设的重要条件。人口的素质水平可通过教育、营养以及锻炼等得到不断提高。提高人的先天素质的办法是实行优生，克服不利遗传基因的流传，选择优良遗传基因流传后代。搞好后天的训练就要大力发展文化教育事业。提高人口质量对社会经济的发展有着巨大的推动作用。（参考：郑晓瑛：《中国出生人口质量的现状与干预途径》，《中国人口科学》2000年第6期第1～9页。**朱配辰**）

人类安全

Human Security

是一种新的安全理念，1994年由联合国发展计划署（UNDP）出版的《人类发展报告》（HDR）正式提出。《人类发展报告》中将人类安全描述为可能在未来引起社会革命的新安全观，以往对安全概念的界定往往是狭隘的，通常关注的都是关涉国家和民族利益的领土安全、核安全等传统安全类型，然而对于人本身的具体福利和尊严却被忽视。对于普通人而言，安全意味着免于受到贫困、失业、疾病、社会冲突、战乱和环境污染带来的各种危害。《人类发展报告》将人类安全归结为7类，包括经济安全、粮食安全、健康安全、环境安全、人身安全、社群安全以及政治安全，概括人类安全的4个特征，即具有普世性、人类安全的组成部分相互依存、预防胜于补救、以人为中心。人类安全应与人口安全相区分，人口安全于2003年6月首次被国家人口和计生委主任张维庆于“人口、社会与SARS”学术讨论会上提出，指人口的结构和功能健康和稳定，具有可持续发展的能力，并且保障国家综合国力的提升和整体安全的稳定。人类安全更加强调个人本身的安全，以个人安全为基础保证整个人类社会的安全，而人口安全所强调的并非是个人的福利和尊严，它更侧重于人口本身的状况和变化趋势。（参考：刘志军等：《人类安全：概念与内涵》，《国际观察》2006年第1期第38～45页；关信平等：《“人类安全”：概念分析、国际发展及其对我国的意义》，《学习与实践》2007年第5期第99～104页。**欧阳文川**）

《人类发展报告》

Human Development Report

由联合国开发计划署委托出版的年度性人类发展报告，关注全球对主要发展问题的辩论，提供新的评估工具、创新性的分析以及经常有争议的政策建议。从1990年开始由联合国开发计划署委托独立的专家组撰写与发布。系列报告基于由健康、教育和收入维度组成的人类发展综合指数（HDI），衡量人类社会的发展状况。报告每年选择一个主题，围绕人文发展聚焦，在相关主题上提出全球最新的发展问题和推荐解决办法。（**申森**）

人类发展指数

The UN Human Development Index

联合国开发计划署从1990年开始发布的用以衡量世界各国社会经济发展程度的标准，依此将各国划分为：极高、高、中、低4组。只有被列入第一组极高的国家，才为发达国家。构成公式是由3个指标构成，即预期寿命、成人识字率和人均国内生产总值的对数。这3个指标分别反映人的长寿水平、知识水平和生活水平。指数根据出生时预期寿命、受教育年限（包括平均受教育年限和预期受教育年限）、人均国民总收入计算得出，在世界范围内可以进行国与国之间的比较。人类发展指数动态反映人类发展状况，揭示一个国家的优先发展项，为世界各国尤其是发展中国家制定发展政策提供一定依据，从而有助于挖掘一国经济发展的潜力。通过分解人类发展指数，可以发现社会发展中的薄弱环节，为经济与社会发展提供预警。人类发展指数的优点是，可以较为全面和客观反映社会经济发展水平，并且计算所需数据较易获得。（申森）

人类福利生态学

Human welfare ecology

指以人类利益和需要为核心，研究在当前社会和自然环境条件下如何使人类福利得到合理满足，并使生态与社会系统能够长久协调运转下去的理论。在它看来，生态环境质量的改善，不仅不应当影响到人类物质福利条件的改善，而且其本身是人类广义福利待遇的一部分。这方面优先得到发展的是所谓的城市福利生态学，受到19世纪末迅速兴起的工人运动的推动——旨在改善城市工人的生存条件包括环境条件。正是在上述意义上，恩格斯的《英国的工人阶级状况》等著述被认为是城市福利生态学的经典之作。（徐越）

《人类环境宣言》

Declaration on the Human Environment

又称《斯德哥尔摩宣言》。1972年6月5～16日，联合国在瑞典首都斯德哥尔摩召开人类环境会议，6月16日全体会议通过。中国为签字国之一。具体内容包括国际社会对人类面临的环境问题的7个共同观点和26项共同原则。基本思想是：保护和改善环境关系到全世界所有当代人及其子孙后代的幸福、生存与发展，是全人类的迫切希望和各国政府的基本责任；人类应明智地使用自己改造环境的能力，否则，会给人类和人类环境造成无法估量的损害，人口与贫困同环境问题紧密相关，各国尤其是发展中国家应采取适当的人口政策，以利于改善环境；各国有责任保证在其管辖或控制之内的活动，不致损害其他国家或在国家管辖范围以外地区的环境；加强环境保护的国际合作是人类的共同利益要求；人类及其环境必须免受核武器和其他一切大规模毁灭性手段的影响。这些观点与原则对后来国际环境保护、国际环境法的发展起了根本性的、理论上的奠基和指导作用，对其他国际事务如裁军、经济与贸易、公海与南极开发等也产生了一定影响。参见《斯德哥尔摩宣言》。（王薛时）

人类困境论

Concerning Human Predicament

又称全球性问题，是罗马俱乐部提出的概念。它是人类面临的除核战争威胁之外最重大的问题，指人类在当代社会发展中所遇到的一系列问题，如人口剧增、环境污染、生态破坏、资源减少、社会分裂、区域对抗，等等。这些问题被看成是极难克服的，它可能给人类带来灾难性后果，故称“困境”。这是罗马俱乐部的观点。人类困境一词反映该团体对世界状况和未来的基本看法，认为造成人类困境的思想根源是人类中心主义，走出人类中心主义将能使人类走出困境。（牟世晶）

人类群居学

Ekistics

研究人类居住与环境之间相互关系的动力学机制和规划管理方法的学科。人类群居学通常以乡村、集镇、城市等人类聚居地为研究对象，研究内容包括城市选址、社区规划、住宅设计等多方面，涉及地理、生态、美学、心理学和人类学等多个领域。人类群居学把人类聚居作为一个整体，进一步认识人与自然的关系，从政治、经济、社会、文化、技术等各个方面对人类群居的状况及群居规模的扩张进行系统和综合的研究。在应对人口爆炸问题上具有重要的生态意义，为缓解人类生存居住与环境之间的冲突提供理论建议。（韩铮）

人类沙文主义

Human Chauvinism

人类沙文主义是对自然界采取狭隘的、片面的实践态度。表现为：1. 片面强调人的主体性。人类是迄今为止唯一具有利用、征服、改造自然的高等动物，然而片面地强调人是自然的否定性存在，即人与自然相对立的一面；忘记这种否定是辩证的否定，是包含着对自然肯定的否定，而不是否定一切，忘记人与自然还有相统一的一面。2. 片面强调实践目的的主观性。人的实践活动既具有主体性，又具有客观性。实践目的、实践的现实目的是由人的需要、愿望的“内在尺度”和客观事物、对象的属性和规律的“外在尺度”两者结合而成的。如果只强调人的需要的一面，强调自然界是人的生活资料和生产资料的来源，而不顾及自然对象的属性和规律，任意开发，无度利用，把自然作为满足人的一切需要的工具和人类可以任意索取的原料仓库，必将破坏生态平衡。3. 片面强调实践的直接有限目的。片面强调实践的直接有限目的，往往是以破坏自然达到人的暂时发展，最后以生态失衡制约人的发展，导致人与自然的两败俱伤。（参考：黄蔼明：《关于“人类中心主义”和“人类沙文主义”》，《道德与文明》1999 年第 3 期第 39 ~ 42 页。牟世晶）

人类生态系统

Human Ecological System

又称社会生态系统或社会自然系统。人类与其生存环境相互作用的网络结构，亦即人类在适应和改造自然过程中建立起来的人工生态系统。在这个系统中，外界环境包括它的构成成分、物质流和运动流等，以其固有的规律运动并制约着人类的活动；同时，人类的实践活动又不断改造外界环境，改变其能量流动、物质循环和信息传递的方向与过程。这两方面互相作用又相互制约，组成复杂的以人为中心的生态系统即人类生态系统。其中，人类生态系统的能量流动，包括人类维持自身需要所需的体内能流和开发农业所需的、未加入到食物链中的体外能流。人类生态系统中的物质循环包括农业生产中的物质循环和工业生产中的物质循环。人类生态系统的结构主要包括人口和人工环境。人类生态系统是以人为中心的生态系统。人类在人类生态系统中，不断改造自然环境，使之适合人类生存，而新的生存环境又反作用于人类，从生理方面和智力方面不断改造人类自己。人类改造自然，形成人类生态系统特有的人工环境系统。主要指聚落环境，它是人类改造自然环境，创造生存空间的结果。人类生态系统的特征：1. 人类生态系统是以人类为中心的系统。2. 复合性。自然、经济、社会三大类基本要素及其相互作用所构成的地域综合体是人类生态学最基本的研究对象。3. 复杂性。人类生态系统是一类多极多要素系统，其各级各类子系统或分级系统都包括众多的要素及其复杂的相互关系。4. 开放性。人类生态系统存在一定的环境之中，而且与环境之间存在着物质、能量和信息的交换，是开放系统。5. 不可逆性。人类生态系统是动态系统，各级系统状态都在不断变化着，这种变化过程在时间上和空间上都是不可逆的。6. 能量的耗散性。人类生态系统在其演化过程中，不断通过新陈代谢向外界环境排除熵得到负熵，太阳能是人类生态系统得到的最大的负熵源泉。7. 人类生态系统具有符合生态系统的动力学机制。复合生态系统的动力学机制来源于自然和社会两种作用力。自然力的源泉是各种形式的太阳能；社会力的源泉有三种：资金、权利和精神；人类生态系统的动力学机制以人口、资源、环境的相互依存、相互制约的关系为核心。8. 人在人类生态系统中起主导作用。人类生态系统是以人为中心的生态系统，人对人类生态系统的决策与管理往往决定人类生态系统的状况与质量。人类对环境的生态适应主要通过文化实现，而人类生态系统的状况与质量又决定这一地域文明的兴衰。此外，人类生态系统还具有一般系统所具有的整体性、层次性、结构性、功能性、变异性和相对稳定性和生态系统的物质循环、能量流动、信息传递等功能。人类生态系统的分类：1. 按区域分：任何一个有人类生存的区域都可以看作是一个人类生态系统，而区域又可划分成不同的等级，如地球可以看作一个人类生态系统，地球上的五大洲可以看作是五个人类生态系统，每一个国家也是一个人类生态系统，还可分到更小的区域。2. 按聚落类型分类，人类生态系统可分为城市生态系统和农业生态系统两大类。随着人口的增加，人类生态系统与自然生态系统之间的平衡受到威胁，如何保证人类生态系统可持续发展成为当今世界发展的重大问题之一。（参考：南忠仁等：《人类生态系统组成、结构与功能研究》，《西北师范大学学报》（自然科学版）1991 年第 3 期第 72 ~ 77 页。朱配辰　韩铮）

人类生态学

Human Ecology

由帕克和芝加哥学派在 20 世纪 20 ~ 30 年代创立的关于人类组织的理论。他们把社区作为人类生态研究的基本单元探讨人与环境的关系。麦肯齐对人类生态学曾下过经典性的定义，即人类受选择、分布和对环境适应能力影响的空间和时间的关系。自 1985 年国际人类生态学学会后成立为一门自主和独立的学科，主要研究不同文化背景下人类与环境之间的各种关系。人类生态学的基本假设是社会具有两种层次的组织：生物组织和社会组织。学科的根本任务是考察人类的生存方式和环境对人类生存的作用，研究人类群体之间、人类活动与环境之间相互作用、相互依赖和相互制约的机理，解决和预防严重威胁人类生存与环境质量的生态问题，推动人类环境生态系统协调健康发展。人类生态学使用的概念与方法大部分来自传统的经典生态学，又与经典人类学、心理学、经济学、地理学等学科有紧密联系。为深入人类生态学的研究，各地成立学术团体，出版刊物。学术团体如人类生态学学会、苏格兰的人类生态学中心、英联邦人类生态学理事会及德国人类生态学学会等。出版期刊如《人类生态学进展》《人类生态学》《人类生态学评述》及《人类生态学杂志》等。目前人类生态学研究主题涉及领域较广，包括人类对环境的影响、环境对人的影响以及人与其他生物物种之间的关系等，综合运用生物学、地理学、人口学、人类学、经济学和社会学等多门学科方法研究人口爆炸、老龄化、生态危机等问题。20 世纪 70 年代以来，有更多的人类生态学论著问世，逐步形成以现代生态学理论为基础，以人类经济活动为中心，以协调人口、资源、环境和社会发展之间相互关系为目标的现代人类生态学。（朱配辰　韩铮　牟世晶）

人类智慧圈

Human Wisdom Circle

指生物圈中受人类智力活动强烈影响的部分。某些学者认为智慧圈与人类圈的范围相同。智慧圈一词源出希腊语 noös（智慧），由科学理论家 P.T. 德日进、V.I. 维尔纳茨基和 E. 勒鲁瓦提出，意指智力境界，以与地圈（非生命世界）和生物圈（生命世界）相区别。维尔纳茨基认为："智慧圈是地球的新的地质现象，是生物圈发展的新阶段，是我们这个时代地质历史中生物圈进化的最后一个状态。其内涵和作用要素有：1. 人类社会（人类圈）是生物圈的重要组成部分之一。智慧圈是生物圈→社会圈→技术圈自然演化的最终结果。2. 人类智能要素是智慧圈所具有的主要的和首要的特征。3. 人类作为智慧圈的主体要素，既要遵循生物圈和技术圈的自然发展规律及科学技术规律，同时也要遵循社会圈和智慧圈的社会发展规律及智能演化规律，由此促进其客体要素即生物圈、社会圈、技术圈的和谐进化与协同发展，从而确保智慧圈的日臻完善和更加优化。表现形式有物质文明方面和精神文明方面，前者着重体现在科学技术层面上，后者着重体现在文化艺术层面上。（参考：陈之荣：《人类圈、智慧圈、人类世》，《第四纪研究》2006 年第 5 期第 872 ~ 878 页。朱配辰）

人类中心论

Anthropocentrism

人类中心论是与自然中心论相对立的另一股思潮。人类中心论认为，由于工业文明以来经济的发展、科学技术的进步，人类越来越有力地干预自然本身的进化历程，造成日益严重的生态破坏和环境危机，使得生态环境的保护成为人类经常的、不能取消的重大任务。人类具有保护我们自己的共同家园地球的责任和义务。环境问题可以归结为人类对它的保护、利用和改善。为实现生态保护，人类应当规定自己改造自然活动的生态阈限，健全相关的法律制度。人类中心论强调，人们之所以高度重视生态环境问题，归根结底在于关切人类社会的生存和发展，不是为了自然本身。在人类中心论看来，根本就不存在人与自然的伦理关系，而只存在人与人、人与社会的伦理关系，自然界不过是中介人们之间的关系。人是伦理的主体，人的需要和目的是伦理的中心，自然是满足人的需要的对象，实现人的目的的手段和工具。人在与自然的相互作用过程中是积极能动的主导方面，自然则是消极被动的次要方面。人类中心论相信，人改造自然的能力几乎是没有极限的，人能够按照自己的意愿建立生物圈新的动态平衡。（牟世晶）

人类中心主义

Human Centre Doctrine

人类中心主义也称人类中心论，是一种以人为宇宙中心的观点。它的实质是：一切以人为中心，或一切以人为尺度，为人的利益服务，一切从人的利益出发。可以从三个层面理解。第一层可从宇宙论的角度将人理解为宇宙的中心，即人是宇宙万物中最高贵的物种，人是造物的中心；第二层从认识论的角度将人视为衡量一切事物的尺度，人的感觉经验或理性是判断真理的标准；第三层从价值论的角度讲人视为一切价值的源泉，即事物之所以具有价值只是相对于人而言的，对人来说有价值的事物才真的具有价值。因此人类中心主义是将人当作价值源泉，将人的道德当作评判善恶的标准，将人的认识当作衡量真理是否为真的标准的立场和观点。人类中心主义萌芽于人类文明的童年时代，公元前 5 世纪，古希腊哲学家普罗泰戈拉（Protagoras）提出，“人是万物的尺度”，“是存在的事物存在的尺度，也是不存在的事物不存在的尺度”。人类中心主义的核心观点是：1. 在人与自然的价值关系中，只有拥有意识的人类才是主体，自然是客体。价值评价的尺度必须掌握和始终掌握在人类的手中，任何时候说到“价值”都是指“对于人的意义”。2. 在人与自然的伦理关系中，应当贯彻人是目的的思想。3. 人类的一切活动都是为了满足自己的生存和发展的需要，如果不能达到这一目的的活动就是没有任何意义的，因此一切应当以人类的利益为出发点和归宿。人类中心主义在历史中曾以不同形式表现出来，如自然哲学家、科学家的宇宙人类中心主义、神学家的神学人类中心主义以及文艺复兴之后出现的理性人类中心主义。宇宙人类中心主义起源于托勒密的地心说，指在空间方位上，人处于宇宙的中心地位，这是限于自然科学水平的条件而得出的结论。神学人类中心主义是一种基督教神学观点，认为人不仅在空间方位上处于宇宙的中心，而且上帝创造的人比较其他物种具有优先地位，人是宇宙一切事物的目的。理性人类中心主义肇始于文艺复兴之后理性主义的兴起，人相信理想是真理的标准，是一切事物的衡量标准，并且可以解决一切问题，人类历史本质上是人类理性不断发展和成熟的历史。

近代理性人类中心主义是工具理性和技术理性的源头，也是现代环境生态危机的意识根源。人类中心主义的极端化，使它逐渐走向自然的对立面，导致自然对人类的报复。消除这种报复的途径，是通过生态文明的道德教育，唤起人们对自然的道德良知与生态良知，使人们认识到：人与自然的关系是息息相通、相互作用、互利共生、和谐共存的有机统一。人有责任、有义务尊重自然界的其他物种存在的权利。享用自然并非人类的特权，而是一切物种共有的权利。人要在维护生态平衡的基础上合理开发自然，规范人类对自然的行为，把人的生产方式、消费方式限制在生态系统所能承受的范围内，倡导在热爱自然、尊重自然、保护自然、维护生态平衡的基础上，改造和利用自然。（参考：邹兴明：《以人为本：源头上的分歧与融合》，《青岛科技大学学报》（社会科学版）2005 年 1 期第 45 ~ 47 页；谭萍：《对人类中心主义非人类中心主义的反思》，《云南社会科学》2006 年第 2 期第 39 ~ 42 页。**朱配辰 欧阳文川 牟世晶 雷爱民**）

人力资源生态位

Human Resource Niche

生态位指生物与其所在的生态系统之间的一种适宜性关系，确切说来是生态系统中对于某种生物生存所必需的生态因子的集合或者生态系统中其他生态因子对于该种生物而言的适宜性程度。类似自然生态系统中生物与其他物种的能量物质交换，即生物对资源占有和利用情况，人力资源与其所在环境同样具有相互依赖以及相互制约的关系，个体或群体对于环境的依赖和适应程度，即他们的能力决定个体或者群体在特定环境中的具体位置。人力资源生态位包括个体生态位和群体生态位。个体生态位指个体的人在特定环境中的生存和适应能力。群体生态位指一定数量具有相似能力的个体在特定环境中的位置。人力资源生态位同样有生态位适宜度的理论。特定环境中每一个个体或群体都由各种生态位因子联结组成的环境系统所制约，假定每个生态位因子都有具体的阈值，那么由这些具备一定阈值的生态因子组合而成的系统便是个体或者群体的理想生态位。实际环境中，由于竞争的存在，生态因子的实际大小往往会低于其阈值，因此由实际大小的生态因子组合而成的系统构成个体或者群体的实际生态位。在企业管理中，在对员工实际生态位进行准确评估的基础上为其创造接近阈值的生态因子（工作条件），能够最大限度激发员工潜能。（参考：颜爱民等：《人力资源生态位概念界定及因子测算》，《生态经济》（学术版）2006 年第 2 期第 49 ~ 51 页。**欧阳文川**）

人民

People

亦即人民群众。与敌人相对，指对社会的文明与进步起推动、促进作用的各社会成员的总和。人民是一个历史范畴，在不同的历史时期，或同一时期不同国度，其规定性是不一样的。毛泽东指出，人民这个概念在不同的国家和各个国家的不同历史时期，有着不同的内容。在英国资产阶级革命时期，资产阶级、新贵族、小资产阶级、城市贫民、城乡手工业工人和广大农民群众，都属于人民的范畴。我国在抗日战争时期，一切抗日的阶级、阶层和社会集团，均属于人民之列。社会主义建设时期，一切赞成、拥护和参加社会主义现代化建设事业的阶级、阶层和社会集团，以及一切拥护祖国统一大业的，都包括在人民的范围之内。不仅如此，即便是同一阶级的不同阶层和社会集团，也会有人民与敌人之分，如我国民主革命时期的官僚买办资产阶级与民族资产阶级，前者是革命的对象，后者是革命的同盟军，在抗日战争时期，它则属人民之列。历史唯物主义认为，人民在任何历史时期或任何国家的不同发展阶段上，始终是社会实践的主体、是认识的主体。人民既是社会物质财富的创造者，又是社会精神财富的创造者，同时还是变革社会制度的决定力量，是创造世界历史的根本动力。（**李庆**）

人民主权

People's sovereignty

亦称"国家一切权力属于人民"。人民是国家的主体，国家的一切权力都是人民赋予的，国家主权属于人民。这是民主政制的本质。人民主权说，最初由18世纪法国启蒙思想家卢梭创立，以其社会契约论为基础，认为国家由人民和由人民组成的政治共同体相互订立契约组成，缔约者必须遵守契约，服从公意（即人民的共同意志和公共利益的集中表现）。人民的公意在国家中就表现为最高权力，主权就是公意的具体体现。主权行为以整个共同体合法、公平、稳固的社会契约为基础，它不是上级和下级之间的约定，而是共同体和它的成员之间的约定，具有不可转让性和不可分割性。美国独立战争期间，政治思想家托马斯·杰斐逊继承和发展卢梭的人民主权思想。他认为，构成一个社会或国家的人民是整个国家中的一切权力的源泉。他们可以自由地通过他们认为是适当的代表处理他们所共同关心的事情，他们可以随时撤换这些代表，或者正式改变代表的组成。我不知道除了人民之外，还有什么储藏社会的根本权力的宝库。人民主权学说的产生，推动了资产阶级革命的发展，它最初以政治宣言的形式在革命实践中发生作用。1776年北美《独立宣言》宣称，"政府的正当权利得自被统治者的同意"。1789年的法国《人权宣言》则宣布，"整个国家主权的本源寄托于国民，任何团体任何人都不得行使不是明确地来自国民的权力"。此后，人民主权原则开始表现在资本主义国家的宪法之中。1791年法国宪法用序言的形式载入《人权宣言》，规定"一切权力来自国民。国民只得通过代表行使其权力"。社会主义国家出现后，也用宪法来体现人民主权原则，一般方式是在宪法中规定"国家的一切权力属于人民"。《中华人民共和国宪法》在《总纲》中第二条明确规定，"中华人民共和国的一切权力属于人民。人民行使国家权力的机关是全国人民代表大会和地方各级人民代表大会"。这是人民主权原则在我国宪法中的充分体现。（李庆）

人权

Human rights

人身自由和人的其他基本权利的总称。作为一种权利要求，最初仅限于欧洲中世纪封建贵族与国王达成的关于贵族及部分自由民的人身自由、名誉、财产和住宅不受非法侵犯，不受非法逮捕、审判、处刑的协议。英国资产阶级革命通过议会立法，如1679年《人身保护法》、1689年《权利法案》，规定了对自由人的某些权利，主要是人身自由和对财产权利的保护。作为一种社会思潮，在欧洲文艺复兴时期，资产阶级人文主义者就主张以人为中心，提倡个性自由、个人价值和尊严，反对封建教权的压迫和禁锢。17～18世纪的欧洲资产阶级启蒙思想家，进一步阐发了人文主义和古典自然法学派的自然权利说，全面提出了"天赋人权"的思想，人权口号成为资产阶级革命的强大思想武器。天赋人权说同时也是资产阶级民主理论和国家理论的基础之一。1776年美国《独立宣言》，首次以政治纲领的形式充分体现了天赋人权的观点。它宣布，"一切人生来都是平等的，他们均享有不可侵犯的天赋人权——生存、自由、追求幸福"。1776年及其后几年间，原英国殖民地的北美诸州的宪法中均明确规定了人权的内容。1787年，美国宪法第一次以国家根本法的形式全面规定了人权的基本内容。1789年法国大革命时期，国民议会通过的人权和公民权利宣言更具有世界意义、影响更为深远。该宣言宣布，"在权利方面，人们生来是而且始终是自由平等的"，"任何政治结合的目的都在于保存人的自然的和不可动摇的权利"。这些权利是自由、财产、安全和反抗压迫。此后，资本主义国家的宪法都把人权作为一项基本原则和主要内容予以确认和规定。资产阶级人权思想是人类文化发展的重要成果之一，对于反对封建专制、进行资产阶级民主革命起了巨大的历史作用。社会主义国家的诞生开辟了人类争取人权的新纪元，劳动人民开始真正享有各项基本人权。社会主义国家通常使用公民权利的概念而不是人权的概念，并通过宪法和法律全面规定了公民的各项基本权利。第二次世界大战后，人权成为一项公认的国际法准则和国际政治斗争的重要领域。1948年12月10日，联合国第三次大会通过《世界人权宣言》，宣布世界上所有的男女毫无区别地享有各项基本权利和自由，包括政治自由、人身自由和安全、受教育权及社会经济权利。此后，联合国又陆续通过了一些专项人权宣言和公约，一些地区性组织也通过了一些地区性人权公约。（李庆）

《人权宣言》

Declaration of the Rights of Man and of the Citizen

全称《人权与公民权利宣言》，法国近代第一部宪法性文件。在法国大革命过程中，国民议会为号令群众，推进革命，便以北美独立战争时期的做法为楷模，将资产阶级保障人权的要求以及在社会、经济、政治、法律诸方面的基本主张，通过一份纲领性文件体现出来，于是在攻陷巴士底狱的同一天（1789年7月14日）开始起草《人权宣言》，同年8月26日在国民议会中获得通过并公布。全文由序言和17个条款组成。序言强调了天赋人权不可侵犯的原则，认为对这种权利的“无知、忘却或蔑视，是公众不幸和政府腐败的唯一原因”。它所宣布的人所享有的一系列“自然的、不可让与的、神圣的人权”包括：人们生而自由、权利平等；一切政治结合都旨在保护人权，即自由、财产权、安全和反抗压迫；政治或公民自由乃是指有权从事一切无害于他人的行为；法律只禁止有害于社会利益的行为；未经法律规定的程序，任何人均不受控告、逮捕或拘留；法无明文规定不为罪；任何人在未经宣判有罪前，应被推定为无罪；只要不扰乱法律所规定的公共秩序，任何人均不得因发表意见，即便是宗教上的意见而受到干涉；自由地交流思想是最珍贵的人权之一，除了在法律规定的情况下对滥用自由权负责外，任何公民均有权自由地发表言论、写作和出版。关于政权，宣言肯定了“主权在民”“权力分立”的原则。宣言还宣告了一系列资产阶级法制原则，如法律是公共意志的体现，一切公民在法律面前一律平等以及其他一些原则。《人权宣言》是最具进步意义的资产阶级立法文件之一，对法国以及世界其他国家后来的宪法发展都产生了深远的影响。（李庆）

人是万物的尺度

Man is the Measure of All Things

公元前5世纪古希腊智者普罗泰戈拉的著名哲学命题。最早见于柏拉图的对话《泰阿泰德篇》：“人是万物的尺度，是存在的事物存在的尺度，也是不存在的事物不存在的尺度。”意思是说，事物的存在是相对于人而言的。人的感觉怎样，事物就怎样；对同一事物的感觉，因人因时而异，这些不同的感觉并无真假是非之分。这种观点曾受到苏格拉底、柏拉图和亚里士多德的批评。亚里士多德在《形而上学》第4卷第5章中批评他说：照普罗泰戈拉的说法，如果没有动物即感觉的主体，也就没有存在的世界了。后来皮浪把普罗泰戈拉的观点推向极端的怀疑论。19世纪前，大多数思想家将普罗泰戈拉的这个命题看作是诡辩论，直到G.W.F. 黑格尔，才从认识史发展的角度，肯定这个命题体现了思维的能动性。这个命题集中代表普罗泰戈拉的相对主义和怀疑主义的错误观点，有主观唯心主义的因素，但是它触及到主观与客观的关系问题，表明人类认识的进步。人是万物的尺度，是存在者存在的尺度，也是不存在者不存在的尺度。这个观点与另一个希腊哲学家巴门尼德是完全对立的。巴门尼德的看法是“存在者存在，非存在者不存在”。近代爱尔兰的一位哲学家和普罗泰戈拉的观点相似，他是贝克莱。贝克莱的著名命题是“存在就是被感知”。（牟世晶）

人是真主代治者论

Theory about Human as Agent for Allah

人是真主代治者论是伊斯兰教的观念。伊斯兰教认为“天地万物的国权，只是真主的”，真主“必定在大地上设置一个代理人”，真主使人类做大地上的代治者，人类是真主委以重任的、管理自然界的“代治者”。《古兰经》说人是万物的精华，是真主以最优方式创造出来的：“我确已把人造成具有最美的形态”，真主为人类创造和谐完美的生活环境，为人类提供各种食物供人维持生命和享用；人类作为真主在大地上的代治者，一方面有权力享受真主的自然恩赐，另一方面也有责任保护自然环境。穆斯林认为真主创造人类，恩赐给人类智慧和理性，真主是有意把人类创造成代理真主管理大地的万物之灵，人类应当意识到自己的特殊使命，要接近自然，要开发自然，要珍爱环境、善待生命。（雷爱民）

人为自然立法

The Human being's Legislation For Nature

康德（Immanuel.Kant，1724 ~ 1804）提出“人为自然立法”，是指人的理性为作为认识对象的自然颁布规律。人为自然立法包含两个层面：首先，是人为自然立法，而不是上帝为自然立法。人的理性或认识主体在认识过程和知识的形成过程中，并不是消极地接收对象，而是创造出认识对象，赋予其形式和规律。人为自然立法在这一层面上的涵义是通过先天综合判断具体表现出来的。康德之前，笛卡尔、莱布尼兹，甚至更早的亚里士多德、柏拉图，都曾就知识和对象的关系而建立各自的认识论体系。休谟关于因果性的怀疑论的新思考，使康德唯理论和经验论都无法完美地回答认识论的问题。为解决休谟怀疑论的诘难，以及确定知识的普遍必然的确定性和有效性，康德提出先天综合判断的理论。康德通过批判旧的知识论，发动哥白尼式革命论证先天综合判断何以可能。康德之前的哲学家（包括休谟）都认为先天判断和分析判断是重叠的，康德认为有大量之前认为的分析命题是非分析命题，且存在先天的非分析命题。理性的真理在休谟、莱布尼兹那里是空洞的，康德则认为存在不空洞的理性的真理，即先天综合判断。因果律就是先天综合判断，是必然的不空洞的规律。康德的难题就在于如何证明先天为真的综合判断的有效性。康德对这个问题的解答是他的先验唯心主义理论。康德认为过去的哲学在处理知识和对象的关系上，没有对认识能力进行批判，就妄下结论。这种无批判的思维方式假定知识必须符合对象、依照对象，对实在的认识就在于将超越意识的世界特性反映在人类的意识当中，从而产生知识。康德认为基于这样的思维方式，是不可能建立起关于世界的最终实在的绝对知识体系的。相反地，康德主张在处理知识与对象的关系上，不是知识依照对象，而是对象依照知识。我们熟悉的经验上实在的世界，就其本质而言，是人类自己的直观能力和悟性的构成物。时间、空间、范畴（概念）都是人的观念之中固有的东西，因而人能先天地知道对象必然出现在时空之中，必然具有时间性和空间性，有因果联系。康德将他这个客观符合主观、对象依照知识的先验唯心主义理论的重要意义比喻为哥白尼式革命，以此解决哲学的任务。（牟世晶）

人文发展指数

Human Development Index

人文发展指数是联合国开发计划署（UNDP）在《1990 年人文发展报告》中提出用来衡量联合国各成员国经济社会发展水平的指标。指一个国家（地区）在人均实际收入基础上，综合人的健康和寿命、受教育机会、生活福利水平等方面的状况而得出的、关于衡量国家经济、社会进步和文化发展成果的新的综合性指数和计算方法。联合国经过 6 年的研究后于 1990 年 5 月发表第一份《人文发展报告》中首次公布。《报告》建议，衡量人文发展应当以人生的三大要素：寿命、知识和“像样的”生活水平为重点，其指示数字分别用平均寿命、成人识字率和以购买力平价计算的实际人均国民生产总值的对数。将以上 3 个指示数字合成为复合指数，即人文发展指数。该指数分 3 步构成：第一步先确定一个国家居民的平均寿命、成人识字率、实际人均国民生产总值对数的不均等程度。在已知世界各国实际值的情况下，选定 3 个变量各自的最大值和最小值，然后按最大值和最小值的差来确定一个国家的不均等程度是在 0 到 1 之间的什么位置上。第二步确定一个平均不均等指数。第三步用 1 减去平均不均等指数，即得人文发展指数。该报告按 1987 年数字计算了世界上 130 个国家（或地区）的人文发展指数。按《1990 年度人文发展报告》的排列，由低到高，第 1—44 名为低水平国家，第 45—84 名为中水平国家，第 85—130 名为高水平国家。其中，日本最高（0.996），尼日尔最低（0.116）；中国排在第 65 位（0.716），属于中等人文发展水平国家。联合国开发计划署于 1991 年 5 月发表第二份《人文发展报告》，人文发展指数又增加了环境破坏等新数据。（参考：徐家林：《人文发展指数：构成、争论与超越》，《人文杂志》2006 年第 5 期第 69 ~ 74 页。**朱配辰　雷爱民**）

人文关怀

Humanistic Care

指从弘扬人文精神角度，对人的生命、价值、命运和尊严的关怀，对人的生存状况和生活条件的关切。人文关怀，一般认为发端于西方的人文主义传统，核心在于肯定人性和人的价值，要求人的个性解放和自由平等，尊重人的理性思考，关怀人的精神生活等。在思想政治工作视野中，人文关怀是指尊重人的主体地位和个性差异，关心人丰富多样的个体需求，激发人的主动性积极性创造性，促进人的自由全面发展。具体包括：1. 承认人不仅作为一种物质生命的存在，更是一种精神、文化的存在。2. 承认人无论是在推动社会发展还是实现自身发展方面都居于核心地位或支配地位。3. 承认人的价值，追求人的社会价值和个体价值的统一、作为手段和目的的统一。4. 尊重人的主体性。人不仅是物质生活的主体，也是政治生活、精神生活乃至整个社会生活的主体，因而也是改善人的生活、提高人的生活品质的主体。5. 关心人的多方面、多层次的需要。不仅关心人物质层面的需要，更关心人精神文化层面的需要；不仅创造条件满足人的生存需要、享受需要，更着力于人的自我发展、自我完善需要的满足。6. 促进人的自由全面发展。人的全面发展应当是自由、积极、主动的发展，不是由外力强制的发展；是各方面素质都得到较好的发展或达到一定水平的发展；是在承认人的差异性、特殊性基础上的全面发展，是与个性发展相辅相成的全面发展。中国古代的人文关怀思想集中体现在其道德价值上。在社会主义社会，人文关怀是践行社会主义人道主义的基本要求，表现为：对民众怀有博大的爱；尊重和维护人的基本权利和人格尊严；关心和帮助改善民众特别是弱势群体的生存状况、生活条件；敬畏人的生命和关心人的健康；关心人的精神状态，尊重人的情感、意志和价值；公共服务、公共建筑体现人性化要求，等等。（参考：刘建娥：《论人文关怀》，《玉溪师范学院学报》2003 年第 1 期第 27 ~ 31 页。**朱配辰**）

人文贫困

Human Poverty

指人的基本社会文化政治等权利以及生存能力的缺失，具体说包括生存能力贫困、发展能力贫困和权利贫困三方面。人文贫困的提出是对贫困概念含义的进一步深化和拓展。印度经济学家、诺贝尔经济学获得者阿马蒂亚·森（Amartya Sen）在 20 世纪 70 年代提出权利、能力贫困的观点以区别于传统福利经济学对于贫困现象的收入指标衡量标准。阿马蒂亚·森认为人的“可行能力”和“实质自由”的短缺，即遭受贫困、失业、疾病、社会冲突、战乱和环境污染带来的各种危害以及政治、文化权利的缺失，比较其收入意义上的贫困更为重要。因为人对收入的努力获取，目的正是获得这些实质自由，因此可行能力与实质自由比较收入而言更为根本。1996年联合国发展计划署出版《人类发展报告》提出三个衡量能力贫困的指标，即体重不足的5岁以下儿童比重；没有专业卫生人员护理出生的婴儿比重；15岁以上文盲妇女的比例。这三个衡量指标可以反映特定人群发展3个基本方面缺失的比例情况。《人类发展报告》对于贫困的衡量指标侧重于人文贫困的生存能力，阿马蒂亚·森对于贫困的解读侧重于人文贫困的发展能力和权利贫困。（参考：徐贵恒：《人文贫困的提出及其内涵》，《内蒙古民族大学学报》（社会科学版）2008年第4期第94～97页。欧阳文川）

人文生态

Humanistic Ecology

人与自然生态的遭遇、相处与应用同时也是人的生命形态不断延续并发展的过程，这一过程伴随着人类的意识与精神形态的成型，人文生态应运而生。相对于自然生态而言，人文生态概念更侧重于以人类精神为核心的文化以及这种文化与外部环境之间的相互影响而形成的生态联系。从这一认识着眼，可以看到，人文生态表现为息息相关的两个层面：一方面，人类在文明的进程中逐步孕育出内在于自身精神结构的价值理念、观念意识与思维方式；同时，人类的这些精神文化产物在另一层面上又外显为制度、机制及组织等构成人类社会生活环境的框架元素。从人文生态的呈现形式看，它是人类在探索人的生命价值与生存意义的过程中创造出来的，用以满足人的思想和情感需要，促进人的精神自由与发展的文化生态系统。所以，人文生态实际上是对人类在社会生活中为追求自我实现与自我认同而营造的文化行为与环境的概观与统称。（牟世晶）

人文生态环境

Human Ecological Environment

人文生态环境体现在文化和生态两个层面。文化分为物质和非物质两大类。前者包括历史悠久的古城、寺庙、遗址、文物、绘画、典籍等，后者包括戏剧、音乐、工艺技术、民间风俗习惯、民间艺术和各种庆典等。文化环境相应地表现为古文化遗址、古迹群、建筑物、博物馆、美术馆、音乐剧场、历史城镇、老村庄、老村落等。人文生态环境指体现人类社会的各种文化现象的生态环境，主要包括风景名胜区、历史遗迹地、历史文化保护区等人为划定的环境区域。特点体现在：1. 人文生态环境具有历史性、传统性、特色性；2. 人文生态环境具有易受破坏的脆弱性和不可再生性；3. 人文生态环境的创造主体是人类；4. 人文生态环境是人类生存质量的体现。（李雪姣）

人文与环境关怀

Human and Environmental Concern

人文与环境关怀分为两部分。一为人文关怀，意义是对人类文化的关心。人类为存活和发展所产生的方法和思想即为文化，其中方法就是技术、文物，属于有形的文化；想法是思考方向，也就是价值观，属于无形的文化。人文泛指人类社会的科学、艺术、宗教、政治、经济与道德等所有发展的多元面向。二为环境关怀，即环境保护。环境指的是地表上影响人类及其他生物赖以生活、生存的空间、资源及其他有关的事物状态。环境保护是对人类赖以生活的空间进行维护，使环境不至于因人类行为提早衰败的手段与方法。人文与环境关怀探讨的即为人类文化对环境的影响与自然环境对人为影响的反映。（牟世晶）

人文主义社会观

Humanism Social Concept

人文主义社会观是人文主义观念下的社会设想和期许。人文主义有悠久的历史传统，它在人类思想史上对人的发现、对人类价值的肯定、对人类文明的推动做出巨大贡献。人文主义普遍注重和推崇人的价值，主张关注与关爱人类，从自由的、能动的角度肯定人类创造文明的能力。人文主义社会观指在社会价值取向上倾向对人的个性、整体性的关怀，强调维护人的尊严，提倡宽容，反对暴力，主张个体自由、平等、自我价值实现。（雷爱民）

“人学”到“人与自然和谐”之学

From Literature as Humanist to Literature as Harmony between Man and Nature

一种文艺研究范式的转变。从人类中心主义到生态主义的转变是社会进步的表现，这种进步是建立在人的本质力量不断发展，人类对自然、对自身的认识不断深化的基础上。它为解决人类对已有的改造客观世界的力量过分自信和欲望的无限膨胀与自然资源的有限存在的根本矛盾找到出路。因此，生态主义具有属人的本质特性，动态平衡是它的核心价值。人与自然的关系应该调整到这样一种境界：人类社会的发展必须成为大自然美好发展的基本动力，大自然的永远美好应该成为人类自由发展的基础。（参考：於贤德：《人与自然和谐发展的必由之路——论生态主义的人学意蕴》，《中山大学学报》，2006 年第 6 期第 55 ~ 59 页。王薛时）

人与环境互动论

The Theory of Interaction Between Human and Environment

环境决定论和环境可能论是对环境解释的两种不同的观点，它们有一个共同点，即两种观点都将人类与环境之间的关系解释为人类处于一方，而环境处于另外一方，两者决不相容。两种观点的目的都是要确定一方对另一方的影响和作用。为突破这两种观点的局限性，20 世纪 50 年代以来，随着斯图尔德创立的文化生态学的兴起及生态人类学的发展，人与环境相互作用的互动论和生态学观点，成为生态人类学环境解释的主流观点。这种观点认为，人类与环境之间的相互作用始终不断地发生，两者之间明确的分野是不存在的，要理解一方就必须了解另外一方。显而易见，互动论和生态学观点无疑是环境解释的更为正确和科学的观点。这种观点有可能更准确地理解人与环境的关系。由于生态人类学理论自身的完善和发展，也由于 20 世纪全球环境问题的日趋严重，生态人类学的影响日趋扩大，已发展成为人类学中最重要最关键的分支学科。（参考：郭家骥：《生态文化论》，《云南社会科学》2005 年第 6 期第 80 ~ 84 页。牟世晶）

人与生物圈计划

Man and the Biosphere Programme

是联合国教科文组织科学部门于 1971 年发起的一项政府间跨学科的大型综合性研究计划。生物圈保护区（Biosphere Reserves）是其核心部分。宗旨是通过自然科学和社会科学的结合，基础理论和应用技术的结合，科学技术人员、生产管理人员、政治决策者和广大民众的结合，对生物圈不同区域的结构和功能进行系统研究，预测人类活动引起的生物圈及其资源的变化，及这种变化对人类本身的影响。为合理利用和保护生物圈的资源，保存遗传基因的多样性，改善人类同环境的关系，提供科学依据和理论基础，以寻找有效地解决人口、资源、环境等问题的途径。共有 14 个研究项目：1. 日益增长的人类活动对热带、亚热带森林生态系统的影响；2. 不同的土地利用和管理实践对温带和地中海森林景观的生态影响；3. 人类活动和土地利用实践对放牧场、稀树干草原和草地（从温带到干旱地区）的影响；4. 人类活动对干旱和半干旱地带生态系统动态的影响，特别注意灌溉的效果；5. 人类活动对湖泊、沼泽、河流、三角洲、河口、海湾和海岸地带的价值和资源的生态影响；6. 人类活动对山地和冻原生态系统的影响；7. 岛屿生态系统的生态和合理利用；8. 自然区域及其所包含的遗传材料的保护；9. 病虫害管理和肥料使用对陆生和水生生态系统的生态评价；10. 主要工程建设对人及其环境的影响；11. 以能源利用为重点的城市系统的生态问题；12. 环境变化和人口数量的适应性、人口学和遗传结构之间的相互作用；13. 环境质量的认识；14. 环境污染及其对生物圈影响。人与生物圈计划国际秘书处设在位于联合国教科文组织总部巴黎的生态处。主要出版物有：《人与生物圈研究技术资料》《人与生物圈计划报告集》和不定期论文集等。人与生物圈计划的每一个成员国在本国设立永久性联络点，负责计划在本国活动的实施以及其他事宜，并且和其他国家联络点建立和保持联系，中国在 1978 年建立人与生物圈国家委员会。（参考：李文华：《国际人与生物圈计划及其发展趋势》，《北京林业大学学报》1987 年第 2 期第 213 ~ 220 页。欧阳文川　席溢）

人与水森林的关系

The Relationship Between Human and Water Forest

中国自远古以来，水的问题一直与中华民族的繁衍生息息息相关。在人与水、森林的关系问题上，认为水是万物之本源，提倡“敬山泽”，“养山林”。管仲说：“水者何也，万物之本源也，诸生之宗室也，美恶贤不肖愚俊之所产也。”（《管子·水地》）就是说，水是万物的本源，一切生命都来自水，就是善恶美丑、好人、坏人，也离不开它。正因为如此，历来明君贤臣都十分重视水的问题。清朝徐栋、丁日昌说：“政莫善于养民，养民莫大于水利。”（《牧令书辑要·农桑》）对于树木，从西周开始就主张提供奖励植树造林。荀子在《王制》篇中明确提出“修火宪，养山林”。管仲曾向齐桓公建议：“民之能树艺者，置之黄金一斤，直食大石。”就是说，对植树造林好的要给予重金奖励。因此，人们禁止乱伐，对动物也禁止滥捕，主张保持生态平衡。孟子、荀子多有论述。秦汉时期《淮南子·主术训》中说：“不涸泽而渔，不焚林而猎。”意思是，不把湖水吸干捕鱼，不焚烧森林猎取野兽。（参考：许启贤：《生态环境建设与生态伦理学的使命》，《济南大学学报》2002 年第 1 期第 23 ~ 25 页。牟世晶）

人与天地同体

Consubstantiality Among Human，Heaven and Earth

中国明代思想家王阳明说：“圣人与天地民物同体，儒、佛、老、庄皆我之用，是之谓大道。二氏自私其身，是之谓小道”，圣人与天地民物同体，表达王阳明对圣人理想人格的一种认知与期许。宋明理学家在对待佛学与老庄之学时多坚持儒家立场而辟佛老。王阳明在辟佛老与用佛老之间，试图以儒门性命之学统摄佛老，而非简单拒斥二教。他认为圣人之学应追求大道公心，摒弃一己私利，不为个人门户之见所限制，直达天地万物一体之仁的认知。（雷爱民）

人与土地的关系

The Relationship Between Human and Land

在人与土地的关系上提出“土地为本”，“地德为首”。西周时期提出土地是“食之本”“国之宝”。孟子说：“诸侯之宝三，土地、人民、政事。”（《孟子·尽心下》）管仲说：“地者，万物之本原也，诸生之根菀也。”（《管子·水地》）“人之所生，衣与食也”，“衣食所生，水与土也”（《管子·禁藏》）。人民的衣食来源于土地，国家的财政来源于土地。古代思想家把人们对土地的态度看成是首要的道德问题。“君民治国之道，地德为首”（《管子·乘马》），主张因地制宜，“尽地力之效”（《汉书·食货志上》）。主张不违农时，做到春耕、夏耘、秋收、冬藏，人民才能富足。（参考：许启贤：《生态环境建设与生态伦理学的使命》，《济南大学学报》2002 年第 1 期第 23 ~ 25 页。牟世晶）

人与自然关系

The Relationship between Man and Nature

人与自然和谐相处是社会主义和谐社会的基本特征之一。要实现人与自然和谐相处，必须正确认识人与自然的关系。马克思主义辩证法认为，人与自然的关系是：1. 人与自然是相互联系、相互依存、相互渗透的。人类的存在和发展，一刻也离不开自然，必然要通过生产劳动同自然进行物质、能量的交换。2. 人与自然之间是相互对立的。人类为更好地生存和发展，总是不断地否定与自然的关系和改变自然界的自然状态。自然界竭力否定人，力求恢复到原来的状态。人与自然之间这种否定与反否定、改变与反改变的关系，实际是作用与反作用的关系。3. 人与自然的关系是辩证统一的。马克思指出未来社会人们将能够自觉合理地调节人与自然的关系，自觉预见和控制生产对环境的影响。人类在认识和改造自然的同时，应该注意合理地调节人与自然的矛盾，尽量克服主观盲目性，以获取人类改造物质世界的自由。（李雪姣）

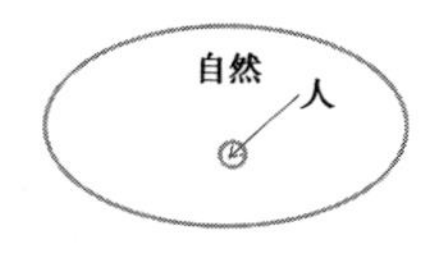

人与自然关系的发展阶段

The Development Stage of the Relationship between Man and Nature

马克思认为，在一定意义上，人类社会发展的历史是人类与自然界在社会实践中相互制约、相互作用与相互演变的自然历史过程，因而人与自然的辩证统一关系在人类历史时代经历以下阶段：1. 远古时代人与自然的和谐阶段。在以自然经济为基础的整个古代社会中，人对环境的改变在大多数情况下尚未超出环境的容量，环境可以不同程度地得到恢复，在强大的自然力的制约下，人类与环境的关系处在自然的统一和相对平衡的时代。2. 工业时代人类对自然的改造与破坏阶段。工业革命阶段，人类认识自然和改造自然的能力获得巨大进步，人类在与自然界的对抗中占居主动。人类把自然界逐步看作是取之不尽、用之不竭的宝藏，肆无忌惮地掠夺式开发利用，同时把自然界看成是无底的垃圾箱。3. 人类反思并谋求与自然和谐发展阶段。人类在改造自然的过程中遭到大自然严厉的惩罚，开始意识到热爱、尊重、保护和合理利用自然的重要性。人类开始通过法律和道德协调人与自然的关系，实现社会生产力与自然生产力的和谐、经济再生产和自然再生产的和谐、经济系统与生态系统的和谐。（李雪姣）

人与自然和谐的境界说

The Realm Theory of Harmony between Man and Nature

人与自然和谐的境界说，是中国禅宗生态哲学的重要特点与基本旨趣。禅宗主张自然界是佛性的体现，主张保持与自然的圆融和谐状态。佛教宏智正觉禅师说：“诸禅德，来来去去山中人，识得青山便是身，青山是身身是我，更于何处著尘根”。禅宗“无我”“无执”的基本思想与中国传统的“天人合一”思想浑然一体，人与自然达到高度和谐的统一。禅宗思想主张与世界进入互相生成、互相贯通的状态，虚空自我，容纳万境，将自我改造成为世界自然呈现的场所。认为人身外的自然世界是空，人身内的佛法世界由“心性起灭”而控制，人与自然没有界限、没有区别，人即是自然，自然即是人。禅宗不强调执着守戒，它旨在浑然天成，只要心性如如不动，就实现人与自然的和谐境界。（雷爱民）

人造地热能技术

Enhanced Geothermal Systems

新型绿色节能技术，主要针对解决全球气候变暖问题。地热属于清洁的可再生能源，地热资源在地下热储的形式分为：蒸汽型、热水型、地压型、干热岩型资源和岩浆型资源等。目前开发利用的是地热蒸汽和地热水，干热岩和地压两大资源处于试验阶段。地热能的利用可分为地热发电（地热发电原理与技术、地热发电循环系统、地热发电的技术关键）和直接利用（地元热泵技术、地热务农技术、地热医疗技术）两大类。地热发电具有建造电站投资少、发电成本较火电和核电低、发电设备利用时间长、洁净无污染等优势。地热资源与太阳能、风能及潮汐能并称“四大可再生资源”，发展人造地热能技术对于解决能源危机具有重大意义。（王晴晴）

人造太阳

International Thermonuclear Experimental Reactor，ITER

即国际热核聚变实验堆计划，简称 ITER 计划，是目前全球规模最大、影响最深远的国际科研合作项目之一。ITER 装置是能产生大规模核聚变反应的超导托克马克，俗称人造太阳。核聚变研究是世界科技界为解决人类未来能源问题而开展的重大国际合作计划。与不可再生能源和常规清洁能源不同，核聚变能具有资源无限、不污染环境、不产生高放射性核废料等优点，是人类未来能源的主导形式之一，也是目前认识到的可以最终解决人类社会能源问题和环境问题、推动人类社会可持续发展的重要途径之一。ITER 计划倡议于 1985 年，1988 年开始实验堆的研究设计工作。经过 13 年努力，耗资 15 亿美元，ITER 工程设计于 2001 年完成。此后经过 5 年谈判，ITER 计划 7 方于 2006 年正式签署联合实施协定，启动实施。ITER 计划将历时 35 年，其中建造阶段 10 年，运行和开发利用阶段 20 年，去活化阶段 5 年。2003 年 1 月国务院批准我国参加 ITER 计划谈判，2006 年 5 月经国务院批准，中国 ITER 谈判联合小组代表我国政府与欧盟、印度、日本、韩国、俄罗斯和美国共同签署 ITER 计划协定。这 7 方包括全世界主要的核国家和主要的亚洲国家，覆盖人口接近全球一半。ITER 计划是实现聚变能商业化必要步骤，目标是验证和平利用聚变能的科学和技术可行性。（韩铮）

仁爱观

Benevolence View

基督教的仁爱观从对信众的要求看，首先要求教徒爱上帝，其次是爱人如己；从上帝的角度来看，在《圣经》里，仁爱就是爱、基督的爱、神的爱，即认为上帝爱一切人，没有任何差别；所谓“你要尽心、尽性、尽意，爱主你的上帝，这是诫命中的第一，且是最大的。其次也相仿，就是要爱人如己”。基督教要求教徒首先要爱上帝，认为天地万物和人类都是上帝创造的，都属于他，他是万主之主，人类是有罪之身，需要爱上帝，需要上帝救赎，所以基督教把爱上帝放在第一位。其次基督教要求教徒博爱爱人，要求基督徒爱人如己，甚至包括爱仇敌等。基督教认为上帝的爱无差别，上帝爱其创造物，基督教主张无差别的博爱，认为圣爱无差等。（雷爱民）

仁慈主义

Humanitarianism

仁慈主义是当代环境伦理学的重要流派。它主张人应该对其他非人类生命存在者持仁慈态度，不要给非人类生命个体带来痛苦，认为应以人的主观体验衡量和确认动物的苦乐感，主张保护其他生命的权益。仁慈主义是西方学者纳什在总结西方环境伦理学史时使用的词汇，它变成西方环境伦理理论中与个体主义、整体主义、人类中心主义、非人类中心主义并行的流派。仁慈主义思想兴起于 17 世纪西方实验医学中反活体解剖的社会运动。英国哲学家约翰 . 洛克指出，因为动物能感受痛苦，所以人类无故伤害动物在道德上是错误的。洛克之后，边沁和辛格继续为动物主张权益。1850 年法国率先通过反对虐待动物的《格拉蒙法律》，英国于 1876 年通过《禁止残酷对待动物法》。自此以后，保护动物福利的观念在全世界范围内得到认同和推广，认为动物也应该拥有在自然环境中过完整生活的天赋权利。但仁慈主义的主张和立场受到其他环境伦理学派的质疑和批评。（雷爱民）

仁者浑然与物同体

Sage Coexist Harmoniously with Other Existence

语出程颢《识仁篇》：“学者须先识仁。仁者，浑然与物同体。义、礼、知、信皆仁也。识得此理，以诚敬存之而已，不须防检，不须穷索”。程颢认为仁统诸德，义、礼、知、信皆仁也，识仁是通达其他德的重要条件。仁者浑然与物同体，对仁应先有认知，仁贯通天地万物，收摄物我内外。

仁者因此与天地万物息息相关，休戚与共，与宇宙万有、一切生命存在一体无隔，识仁可以达到与物同体的浑然一体之境。（**雷爱民**）

仁者乐山，智者乐水

The Good Man Delights in Mountains，the Wise Man Delights in Water

出自《论语》卷三《雍也》篇。意思是说，仁爱之人像山一样平静，一样稳定，不为外在的事物所动摇。在儒家看来，自然万物应该和谐共处。作为自然的产物，人和自然是一体的，对于大自然的敬畏和崇敬激荡于古人的胸中。与大自然对话，与大自然相谐，以大自然作比，实现天时地利人和、天人合一。这种亲近自然的观念是超脱的时尚，是洁身自好的境界，甚至是修身治国平天下的追求。聪明人和水一样随机应变，常常能够明察事物的发展，而不固守一成不变的某种标准或规则，因此能破除愚昧取得成功。即便不能成功，也能随遇而安，寻求另外的发展。水是外表最柔弱、最平静的东西：本质上水却最有力量。水滴石穿，最坚硬的东西，都可以被水磨平，被水击穿。水含有一种智慧，水拥有一种力量。（**王薛时**）

认知文化

Cognitive Culture

SSK 实验室研究的代表性人物诺尔 20 世纪 80 ~ 90 年代先后对几大高能物理实验室和生物实验室进行长期的人类学考察，1999 年发表研究成果《认知文化：科学怎样制造知识》一书。人类学意义上的文化指的是社会结构、实践和传统的表达，也是历史发展着的模式化认知秩序。诺尔从文化人类学视角把科学和专家系统看作这样的文化系统，此系统中科学家科学认知和创造知识的活动类似于宗教、艺术、语言和习俗等文化活动，它有着自身的建构知识的机制和认知文化。认知文化是诺尔对科学认知特征的广义指称。具体到每个次级文化单元科学实验室，则不同实验室投射出不同的认知文化。认知文化揭示真理的文化选择。以文化活动涵盖科学认知活动，以文化描述科学知识的制造，以认知文化展现知识建构机制的建构，更好体现科学作为人类文明的文化本性，比建构论更具有建设意义。（参考：李笑春：《认知文化：知识社会的实验室研究——诺尔·塞提娜的认知文化论》，《自然辩证法通讯》2004 年第 5 期第 64 ~ 69 页。**牟世晶**）

日本《环境基本法》

Japanese Basic Environmental Law

日本环境法经历从《公害对策基本法》（1967）和《自然环境保全法》（1972）到《环境基本法》（1993）的过程。《公害对策基本法》和《自然环境保全法》是日本公害防治和自然保护方面两个平行的基本法，在克服公害危机、保护自然环境、维持经济与环境的双向发展发挥巨大的法律功能。1993 年 11 月日本制定《环境基本法》。随之，《公害对策基本法》即告废止，《自然环境保全法》等有关法律规定通过一些过渡性法律进行调整。《环境基本法》明确 3 个基本理念：1. 环境恩惠的享受和继承，即认为人类生存基础的环境是有限的且是全人类共有的，当代人在享受丰富的环境恩惠时，必须考虑到应当将它完整地保存好使后代人得以继承。2. 建设对环境负荷小可持续发展的社会，把社会经济活动控制在公平负担下的环境负荷比较小的水平，寻求对环境负荷小、健康的经济发展模式，环境保护必须坚持防患于未然原则。环境保护的方式从公害控制时期的对策防御型防治扩展到覆盖整个社会经济活动，反映整体环境保护的思想。这一理念通过明确社会各主体的责任和义务落实到环境行动中。3. 积极促进建立在国际协调基础上的全球环境保护，即发挥日本国实力，与应有的国际地位相称，在国际协调下积极致力于保护全球环境。（参考：杜群：《日本环境基本法的发展及我国对其的借鉴》，《比较法研究》2002 年第 4 期第 55 ~ 64 页。**张惠娜**）

日本福岛核电站事故

Japan's Fukushima Nuclear Power Plant Accident

福岛核电站地处日本福岛工业区，是世界上最大的核电站。2011 年 3 月 12 日，受 9 级特大地震的影响，福岛第一核电站受损严重，有大量放射性物质发生泄漏。2011 年 4 月，日本原子能安全保安院将福岛核事故定为最高级 7 级事件。这是自 1986 年苏联切尔诺贝利灾难之后的最大核灾难，释放了大约相当切尔诺贝利事故的 10 % ~ 30 % 的辐射量。2012 年 7 月，日本福岛事故独立调查委员会向日本国会提交的调查报告指出，此次核事故是人为的。这起事故的直接原因是可以预见的。因为福岛第一核电站根本不能承受地震和海啸的冲击，东京电力公司及其监管机构未能对可能的灾难进行安全评估。福岛核事故导致氢气爆炸、核能外泄和放射性物质扩散，造成严重的生态灾难。2011 年 4 月，福岛第一核电站附近的土壤中第一次检测出微量放射性物质锶 -89 和锶 -90。放射性物质对人体的伤害，主要是增加甲状腺癌的发病风险。2015 年，福岛县的 38 万青少年中已有 103 人被确诊患有甲状腺癌。2013 年 7 月，东京电力公司承认，被福岛第一核电站污染的地下水也正在流入大海。日本福岛核事故引发国际上的反核舆论和运动，很多国家和地区暂时搁置核电站的建造，对其安全性做重新评估。日本的福岛核事故，是德国默克尔政府决定最终退出核能的关键性外部因素。（王聪聪）

日本公务员制度

Civil service system in Japan

指日本公务员的选拔管理制度。始于明治维新后的改革，但当时的官员都从属于天皇，封建色彩浓厚。第二次世界大战后，在美国政府推动下，日本以美国公务员制度为蓝本，改革旧的制度，确立现代的制度。基本内容包括：1. 设立专门机构管理公务员。日本于 1948 年设立人事院专门管理中央人事，在地方则设立人事委员会或公平委员会进行人事管理。这样防止了人事行政受政党或党派等的影响，确保人事行政的连续性和稳定性。2. 公务员类别。日本公务员按照承担的职务分为一般职公务员和特别职公务员。特别职公务员包括内阁总理大臣、国务大臣、各部长官、政务次官、各委员会委员等，受政党和党派势力的影响较大。一般职公务员相当于西方国家的常任文官，专注于本职的工作，政治上需要保持中立。3. 公务员任用制度。日本公务员任用制度分为选举和任用资格考试采用这两种。特别职公务员任用一般都是选举任用制，任期有限，没有终生性任职。一般职公务员适用考试任用制，由中央人事员及其监督下的各个法定人事管理机关主持，对考试者一视同仁，择优录用。4. 公务员工资制度。日本公务员的薪金按照职别的类型不同，有着不同的标准。特别职公务员的工资由职业和责任所决定，一般职公务员由工作职务的复杂性、困难度、劳动强度、工作时间等条件决定，除基本工资外，还根据不同的情况设有相关津贴，确保公务员及其家属有相对优厚的生活条件。（刘中华）

日本环境教育

Japanese Environmental Education

学校教育是日本环境教育的核心。环境立法的颁布、环境政策的制定、环境意识的培养是日本环境教育发展成功的保障。20 世纪 70 年代以后日本各级各类学校开展与环境污染有关的环境教育，培养大量具有环境保护技术的专门人才，为日本此后的环保技术应用到实践提供技术基础和人才储备。20 世纪 80 年代以后日本的环境教育理念基本确立并逐步推广。1980 年在东京召开的世界环境教育会议，极大促进日本国民对环境教育的关注度。日本就势提出善待环境、可持续发展、生态学的生活方式等环境教育口号，掀起环境教育的热潮。日本环境厅专门设置环境教育恳谈会，发表《环境教育恳谈会报告》。各级地方政府和自治体据此《报告》制定适合本地区环境教育发展的可行性政策，特别是加强对企业的环境教育，有力促进环境教育的发展。日本国会于1993年颁布《环境基本法》，从此，日本的环境教育从法律上取得应有地位。随后日本政府发布《环境基本计划》将环境教育正式融入社会长期发展计划当中，使其在整个社会发展中占有一席之地。（张惠娜）

日本环境省

Ministry of the Environment

日本中央省厅之一。1971年成立，2001年改建。从属于总理府，负责全面推广有关环境保护的政策。主要职责是：防止公害，保护、改善自然环境和其他环境。设厅长官1人，政务、事务次官各1人，下设长官官房负责具体业务，设企划调整、自然保护、大气保护和水质保护四个局。（刘中华）

日本京都气候大会

World Mayors Summit on Climate Change in Kyoto，Japan

1997年《联合国气候变化框架公约》第3次缔约方会议（COP3）在日本东京举行，通过《京都议定书》：2008至2012年期间，主要工业发达国家温室气体排放量要在1990年的基础上平均减少5.2%，其中欧盟将6种温室气体的排放削减8%，美国削减7%，日本削减6%。但《京都议定书》通过后还需要各国签署，只有在“不少于55个参与国签署该条约并且这些签约国温室气体排放量达到附件1中规定国家（即需减排的国家）在1990年总排放量的55%后的第90天”才能生效。条约最终于2005年2月16日开始强制生效。（席溢）

日本全国环境教育博览会

National Environmental Education Exhibition

日本一项促进中小学环境教育的项目。日本为促进学校、企业、研究机关等社会各阶层人员之间的相互交流，广泛普及、充实和推进环境教育，1991年文部省组织召开以国内环境教育有关人员为对象的全国环境教育研讨会及研究协议会，讨论学校在普及和推进环境教育上的作用、环境教育的方向和提高教员环境教育素质等问题。到1994年，研讨会及协议会发展为全国环境教育博览会，此后每年举办一次。博览会的内容除包括召开环境教育公开座谈讨论会及环境教育研究协议会以外，还包括发表中小学校有关环境问题的各种研究活动结果，以及展示学校、企业、研究机构（大学等）的研究成果等。博览会的参加者有儿童、学生、教师、一般市民、大学与企业的有关人员、环境行政担当者等各层次人员。（参考：刘继和：《日本推进学校环境教育的若干措施》，《比较教育研究》2000年S1期第8～11页。王薛时）

日本审美文化

Aesthetic Culture in Japan

日本民族在审美取向上形成的风格样式。在审美偏好上，与西方和中国尚大尚力不同，日本人崇尚简洁素小之物，以精小为美，以纤弱为美。这是日本文化极为明显而普遍的特色。日本审美文化深受其所处生态环境的影响。日本是狭长的群岛国家，具有多样的地理条件和气候条件，富于变化的自然风景能够敏锐细腻触动人的情感心理，从而培养出日本民族心理丰富多变的一面。其次，日本的山河脉络狭小，缺乏气势，但是柔和婉转，富于情趣。自然景物、风土人情是日本艺术家反复观照、体味、表现的题材，这对于日本民族心理以及审美心态的形成有着久远的潜移默化影响。再次，日本是适于耕作、物产富饶的国家，又是地震频繁、台风肆虐的国家。自然灾害暴虐无常，经常在瞬间噩梦降临，家园成为废墟，美好生活随风而逝。在对生活的幸福快乐和噩梦的悲苦惨烈的反复品尝和深度体验中，形成日本民族悲剧性的心理特征，以及尽情享受、苦中作乐的幽默心态。（参考：彭修银、郑博超：《试

论日本审美文化的抒情性》，《日本学刊》2000年第5期第103～119页。王薛时）

日本生态学会

The Ecological Society of Japan

创立于1953年，以促进生态学各方面研究。下设现北海道地区会、东北地区会、关东地区会、中部地区会、近畿地区会、中国四国地区会、九州岛地区会。有会员3000余人。设立有外来种问题研究委员会、自然保护专门委员会、生态学教育专门委员会、计划委员会、理事委员会、日文期刊编辑委员会、英文期刊编辑委员会等。该学会旗下有日文期刊《生态学杂志》（Japanese Journal of Ecology）和《保护生态学杂志》（Japanese Journal of Conservation Ecology），及英文期刊《生态研究》（Ecological Research）。（席溢）

融媒体

Convergence Media

充分利用媒介载体，把广播、电视、报纸等既有共同点，又存在互补性的不同媒体，在人力、内容、宣传等方面进行全面整合，实现资源通融、内容兼融、宣传互融、利益共融的新型媒体。融媒体首先是个理念。这个理念以发展为前提，以扬优为手段，把传统媒体与新媒体的优势发挥到极致，使单一媒体的竞争力变为多媒体共同的竞争力，从而为我所用，为我服务。融媒体不是独立实体媒体，而是把广播、电视、互联网的优势整合，互为利用，使其功能、手段、价值得以全面提升的运作模式。（张惠娜）

儒家天人合一生态思想

The Confucian Harmony Ecological Thought

生态思想是人与自然、人与人、人与社会和谐共生、良性循环、全面发展、持续繁荣为基本宗旨的文化伦理形态。生态思想不仅是经济、政治和社会发展的重大问题，同时也是哲学问题，它是人类促进可持续发展和延续生存而开创的新的文明形态。以孔子为代表的儒家天人合一生态思想是中国古代具有代表性的思想观念，也是当代生态文化建设的基础。儒家关于天的解说是生命哲学。天的根本意义是生，是万物和人类生命之源。正是在充分肯定天（自然界）生命价值意义的前提下，讲究天道人伦化和人伦天道化，讲求人与自然的融合统一，和谐共处，以仁爱之心对待自然，彰显深厚的人文精神。儒家认为，在自然界，天、地、人、物不是各自独立、相互对峙的系统，而是不同差异的统一，彼此之间有着不可分割的联系。在这个统一体中，各安其位，各遂其性，各得其所。儒家天人合一的生态思想对于生活在生态环境资源日渐减少与破坏的今天的我们具有启示意义。（牟世晶）

儒家中庸生态思想

The doctrine of the mean Confucian ecological thought

《中庸》相传为子思所作，为《礼记》所收，流传于世。中是不偏，庸是用；中庸即是用之不偏。中庸是不急不缓，是不偏不倚寻求恒常之道，不是折中调和之意。中庸重视万事万物中的多样性和包容性，强调万事万物在矛盾的对立与统一中遵循其自有及万物共有的规律而生息绵延，生命的延伸以及文明的延续正是在恒久的磨合中趋向于和。“中也者，天下之大本也；和也者，天下之达道也。致中和，天地位焉，万物育焉。”（《中庸》）中，是稳定天下之本；和，是天下共行的大道。把中和的道理推而及之，达到圆满的境界，天地万物都能各安其位、生生不息。《中庸》明确人在所处自然关系中的能动性和主导地位，但不将人与自然的关系切断，要求人尊重自然、敬畏自然、顺应自然，以达中，执其两端，用其中于民。“故天之生物，必因其材而笃焉。”（《中庸》）万物自有其本性，生物种群之间是相互依赖、互为生存前提的。所以上天生养万物，必然按照生物的本性而诚笃地对待它们。物与物之间是“并育而不相害，道并行而不相悖”（《中庸》）的关系。自然万物紧密联系，构成丰富多彩的世界。优胜劣汰的残酷并不影响生态系统整体的稳定、平和。中庸的生态思想，是取之有度、用之有度、尊重自然、爱护自然的生态保护思想。（牟世晶）

儒家美学观

Confucianism’s Aesthetic Value

中国古代重要的美学流派。儒家美学观与道家美学、楚骚美学和禅宗美学构成中国美学史上的四大思潮。儒家历来把诗、乐、艺看作“成孝敬、厚人伦、美教化、移风俗”的重要手段，看成实现仁学、安邦定国的必由之道。因此，美学（诗论、乐论、文心、艺境）在儒家学说中占有极为重要的地位。孔子是儒家美学的创始人，他继承和发挥中国古代社会的礼乐传统，以仁学作为分析和解决美和艺术的根本立场，为儒家美学奠定理论基础。孔子以恢复和维护周礼作为自己追求的理想，把基于氏族血缘关系的亲子之爱看成仁的根本。在他看来，只要人人都能按本性欲求唤起亲亲之爱，注重孝悌，泛爱大众，那么，礼即可以恢复，天下可大治，仁学也可实现。孔子的美学是他的仁学的延伸、发展，目的仍是为了礼的实现。他强调人的心理欲求的满足必须符合礼义，同时肯定符合礼义的心理欲求是合理的。孔子美学的基本点在于：一方面充分肯定满足个体心理欲求的必要性和合理性，另一方面又处处强调把这种心理欲求的满足导向伦理规范。（参考：许共城：《论儒家美学思想的特征和演变》，《厦门大学学报》1995 年第 3 期第 33 ~ 38 页。王薛时）

儒家人文生态观

Confucian Humanistic Ecology

在儒家思想中人与自然的关系首先表述为天人关系，即“天人合一”。这一理念的可贵之处，在于它把天、地、人三者放在一个大系统中作整体把握，强调人与自然环境息息相通，把人与自然的发展变化视为相互联系、和谐平衡的运动。从人与自然的和谐出发，要求尊重自然；从对自然的认知出发，要求在把握自然之理基础上，合理地对待自然。这样做的目的在于实现人与自然的相互补充、相互协调。从生态角度看，是通过人与自然的互补与协调而达到和谐的生态观，是以人与自然和谐为中心的生态观。谋求经济、社会与自然环境的协调发展，维持新平衡，制衡环境恶化和环境污染，控制重大自然灾害的发生，走可持续发展道路，已成为全人类的共同课题。儒家人文生态观对破解人类发展困境有积极意义。（牟世晶）

儒家生态伦理

Ecological Ethics of Confucianism

儒家生态伦理建立在儒家思想核心观念仁爱基础上。儒家认为天地宇宙具备“生生之德”，宇宙万物生生不息，儒者以仁民爱物、爱有差等、参赞化育为基本信条，从“亲亲之仁”的自然血亲与家庭伦常出发，由近及远、由亲及疏推扩，主张把仁爱之情的施与从人类延伸到宇宙万物，统一天、地、人三才之道，促使家庭伦理、社会伦常、自然生态的贯通一致，从而实现人与宇宙万物的终极和谐。（雷爱民）

儒家生态自然观

Ecological Natural Views of Confucianism

儒家生态自然观可归纳为“天有行常”。儒家认为自然规律是自为存在的，天地日月和阴阳更替遵循自身固有规律，所谓“天地位焉，万物育焉”，“四时行焉，万物生焉”，自然万物都依据其本性各居其位，四季依循规律正常轮回，大自然生息不止，万物欣欣向荣。自然规律不以人的存在和意志为转移，人必须认识和遵循自然规律，承认其应有地位和固有价值。虽然如此，人并不是完全受制于自然规律而只能一味服从自然法则，如果人能够在遵循自然规律的基础上利用其为自身服务，才是按照“天数”行事，这是儒家对成“圣”、成“智”的要求。孟子说：“所恶于智者，为其凿也。如智者若禹之行水也，则无恶于智矣，禹之行水也，行其所无事也。”荀子强调自然规律的独立性和客观性，不会因为人事而有任何改变，他说：“天不为人寒恶也，辍冬；地不为人恶辽远也，辍广。”“天有常道，地有常数”“天有行常，不为尧存，不为桀亡。应之以治则吉，应之以乱则凶。”同样，荀子强调人不能只是消极服从规律，人不仅应遵循自然规律，还应利用自然规律。他说：“从天而颂之，孰与制天命而用之”。儒家生态自然观总体强调自然及其规律的独立性和客观性，承认其内在地位和价值，人应在遵循规律的同时利用它，从而造福自身。（参考：陈红兵：《传统儒家、道家哲学生态观比较》，《管子学刊》2005 年第 4 期第 59 ~ 63 页。欧阳文川）

《入河排污口监督管理办法》

River Discharge Outlet Supervision and Management Measures

根据《中华人民共和国水法》《中华人民共和国防洪法》和《中华人民共和国河道管理条例》等法律法规制定，旨在加强入河排污口监督管理，保护水资源，保障防洪和工程设施安全，促进水资源的可持续利用。本办法于 2004 年 10 月 10 日水利部部务会议审议通过，自 2005 年 1 月 1 日起施行。本法的使用范围是：在江河、湖泊（含运河、渠道、水库等水域，下同）新建、改建或者扩大排污口，以及对排污口使用的监督管理。其中，排污口包括直接或者通过沟、渠、管道等设施向江河、湖泊排放污水的排污口，以下统称入河排污口。新建指入河排污口的首次建造或者使用，以及对原来不具有排污功能或者已废弃的排污口的使用；改建指已有入河排污口的排放位置、排放方式等事项的重大改变；扩大指已有入河排污口排污能力的提高。入河排污口的新建、改建和扩大，统称入河排污口设置。本办法规定入河排污口设置论证报告应当包括的内容，即入河排污口所在水域水质、接纳污水及取水现状；入河排污口位置、排放方式；入河污水所含主要污染物种类及其排放浓度和总量；水域水质保护要求，入河污水对水域水质和水功能区的影响；入河排污口设置对有利害关系的第三者的影响；水质保护措施及效果分析；论证结论。（石艳峰）

软约束

Soft Restrictions

广义指不具有强制性或法规性的限制。我们很长时间内的认识是，像人口规模过大一样，生态环境容量和自然资源总量只是我国经济社会发展过程中的次要性约束。如今这种认识已经发生深刻改变。事实上我们长期将生态文明建设和生态环境保护目标作为对各级政府决策的劝说性约束，如今越来越认识到需要采取更加有力的举措推动实践。（刘中华）

瑞典环境教育

Environmental Education in Sweden

瑞典中小学开展环境教育最早可追溯到 20 世纪 60 年代。1969 年颁布课程中，首次出现“环境”这个词。20 世纪 80 年代和 90 年代早期，由于受 1977 年第比利斯会议影响，瑞典中小学课程先后两次修改。这两次课程修改的共同点是把环境作为整个中小学课程体系中的必须置于优先战略地位的重要内容。1992 年课程委员会报告指出，只有充分了解周围的环境问题，尽可能采取必要措施加以解决，才能更好地认识全球复杂问题。不言而喻，所有人的生活方式复杂多样，有必要讨论冲突的目标、生活质量和民族性问题。瑞典国家课程确定中小学的任务是加强环境教育，明晰可持续发展的意义，使学生不仅避免对环境造成伤害，还能为全球日益凸现的环境问题解决做出贡献。通过教育使学生懂得如何使社会的功能和我们的工作以及生活方式协调一致，以便为可持续发展创造条件。（参考：祝怀新：《环境教育的理论与实践》第 156 页，北京：中国环境科学出版社，2005 年。王薛时）

瑞典皇家学会

Royal Swedish Academy of Sciences

瑞典皇家科学院于 1739 年奉瑞典国王弗雷德里克之命成立。它仿效当时的伦敦皇家自然科学促进学会和巴黎皇家科学院，致力于推进科学和学术研究。作为独立于政府的科学机构，它是瑞典最高学术机关和最大的科学中心，在世界上与英国皇家学会、法兰西科学院和苏联科学院齐名。著名成员有举世闻名的博物学家卡尔·林奈，重商主义者 Jonas Alströ 等。目前拥有 350 名瑞典科学家，其中 164 名院士都在 65 岁以下，同时还拥有 164 名外国院士。瑞典皇家科学院的工作目标是服务瑞典的科学研究：为研究者提供跨学科的论坛；为研究者提供独一无二的研究环境；资助青年学者；奖励研究中的突出贡献；安排国际科学交流；反映科学研究的心声并影响研究政策的制定。使瑞典皇家科学院获得更大影响力的是自 1901 年起，它就开始负责每年的诺贝尔物理学奖和化学奖的评选，后又增加经济学奖。（李雪姣）

瑞典绿党

Miljöpatiet de Gröna

成立于 1981 年，由反核运动发展而来。在 1988 年瑞典大选中实现历史性突破，获得 5.5% 的选票和 20 个议席，成为瑞典政坛上 70 年来第一个进入议会的新政党。1991 年瑞典大选中获得 3.4% 的选票，未能进入议会。1994 年议会大选中以 5% 的选票和 18 个议席的成绩，重新进入全国议会。此后的 1998 年、2002 年、2006 年、2010 年、2014 年的瑞典大选中，分别获得 4.5%、4.7%、5.2%、7.3%、6.8% 的选票和议会中的 16 个、17 个、19 个、25 个、25 个议席。在 20 世纪 90 年代中期以来的历届欧洲选举中，也有不错的成绩。其中在 2009 年和 2014 年欧洲选举中分别获得 11.0% 和 15.4% 的选票和 2 个、4 个欧洲议席。这表明，绿党已经成为瑞典国内非常稳定的政治力量。2014 年瑞典大选后，绿党与社民党组建联合政府，第一次进入全国政府执政。在其纲领中，瑞典绿党指出，该党建立在与动物、自然和生态系统的团结、代际团结、世界所有人民的团结的基本原则之上。瑞典绿党是欧洲绿党的成员党。（王聪聪）

《瑞典绿党纲领》

The Party Programme of Miljöpatiet de Gröna

瑞典绿党的基本纲领文件，2013 年修订。由绿色意识形态、人权、环境、经济、福利、世界、开拓者 7 部分组成，详细阐述瑞典绿党的政治价值观、政策主张和绿色行动纲领。《纲领》指出，瑞典绿党扎根于环境、团结、女性权利和和平运动之中。瑞典绿党希望建立一个团结社会，基本原则是：与动物、自然和生态系统的团结、代际团结、世界所有人民的团结。《纲领》还指出，瑞典绿党是女性主义政党，致力于实现所有人的平等权利；绿党希望成为社会中的替代性的政治力量，致力于社会改变；绿党希望消除所有的社会歧视和不可持续的权力结构；绿党希望成为绿色事业的开拓者。《纲领》勾勒了瑞典绿党的基本价值取向，非常详细地阐明了绿党关于人权、民主、文化、教育、气候变化与环境保护、农业政策和动物权利、绿色经济、能源交通、福利社会构建、国际合作、欧洲一体化、移民等方面的政策与方针。（王聪聪）

瑞典社会民主党

Swedish Social Democratic Party，SAP

瑞典国内历史最悠久的政党，1889 年成立，党的标志是一支红色玫瑰。核心政治原则是自由、平等和团结。2014 年瑞典大选中以 31%的选票和 113 个议席，获得政府组阁权，与绿党一起组建了第一个“红绿”联盟政府（2014 ～）。在环境政策方面，20 世纪 60 年代开始将环境问题提升到战略性议题高度，在政党的党纲和选举纲领中提到环境保护问题。20 世纪 70 年代环境议题在政策纲领中逐渐被边缘化。20 世纪 80 年代中后期，将环境保护和经济增长、社会福利国家等作为核心性议题，环境保护成为党的四个目标之一。1987 年党代会上通过了专门的环境纲领《环境政策纲领》。1990 年通过新的纲领，即《1990 年党纲》。与之前的纲领相比，《1990 年党纲》的重要变化是规定了分阶段废除核能，并实现无核经济的发展目标，而在 1960 年的党纲中，社民党还支持发展核能。（王聪聪）

瑞典自然保护协会

Swedish Society for Nature Conservation

瑞典最早的绿色运动团体，目前也是瑞典最大的自然保护团体，1909 年成立。拥有 17 万会员和 274 个分会。主要目标是希望通过传播环保知识来提高公众的环保意识，通过组织实地调查等方式提高公众对自然的热爱，进而推动瑞典的环境保护工作。作为非政府组织和社会压力性组织，积极参与瑞典的环境政策与法律法规的制定工作，积极组织有关环境保护、自然保护、食品安全、污染处理等实际调研工作，以维护公民的生态与环境权利。政策领域包括环境污染、能源政策、农业政策、气候政策、森林和海洋政策等，呼吁瑞典政府能够履行二氧化碳减排的目标（到 2020 年实现碳排放量较 1990 年降低 40%），积极参与国际气候谈判。（王聪聪）

瑞典左翼党

Left Party of Sweden

瑞典的绿色左翼政党，1917 年成立。最初名称是“瑞典社会民主主义左翼党”，后改为“左翼党—共产党”，1990 年更名为“左翼党”。20 世纪 60 ～ 70 年代开始吸纳环境主义和女性主义议题。目前定位于基于生态考量的社会主义和女性主义政党。意识形态的 4 个支柱是：社会主义、女性主义、环境主义和国际主义。自成立以来拥有稳定的选举支持，一直是议会党，但没有进入全国政府执政。2010 年和 2014 年瑞典大选中获得 5.6%和 5.7%的选票，以及议会中的 19 个、21 个席位。认为当前环境问题，主要源于资本主义制度下社会和经济的互动关系；经济增长必须是生态可持续的发展，这在资本主义经济制度下不可能实现。强调为促进经济和社会转型，必须从根本上改变与自然的关系。（王聪聪）

瑞尔保护协会

Rare Conservation

1990 年在美国成立，资金来源于个人捐献与基金会拨款。口号是“激发人们对当地环境的自豪感”。采用将环境教育和社会营销技巧相结合的方法，消除公众对环保问题的偏差，激发公众支持环保。在中国的项目有：1. 中国湿地保护项目。与合作伙伴、当地湿地保护区的工作人员和社区领袖们共同组建一个社区共管委员会，规划一项能够让当地社区继续捕鱼并维持各个物种食物来源的策略，目的是保护湿地栖息地，减少过度捕捞。2. 自豪项目。培养栖息地人们的自豪感，提升当地人们的社区大家庭意识和环保意识，让他们真正为自己的家乡而感到自豪，从而更好地保护好自己的家园。3. 领导力培训项目。每年从当地的合作机构中选拔出一位优秀人员加入到协会中，在协会中将会接受两年的培训，培训合格的人会发给资格证书，在这两年当中会参加协会所实行的项目。4. 根与芽项目。与其他环保机构合作，为青少年搭建平台，让他们可以更好地关心环境，培养孩子的环保意识。（席溢）

瑞士绿党

Grüne/Les Verts

瑞士最早建立的绿党组织，可追溯到 1972 年在纽查特尔州成立的地方性绿党。1979年绿党候选人丹尼尔·布莱拉兹（Daniel Brélaz）成功当选，成为瑞士以及欧洲历史上第一个进入全国议会的绿党议员，瑞士绿党成为欧洲最早进入全国议会的绿党。随后各地区绿党组织相继成立。1983年绿党联盟和选择绿党分别在弗里堡和伯尔尼成立。1990年两个绿党合并失败，选择绿党的部分成员加入绿党联盟。1993年，瑞士联邦绿党更名为瑞士绿党（Grüne/Les Verts）。瑞士绿党的政策重点，是环境主义和绿色交通。在选举政治层面，瑞士绿党是政坛中非常稳定的政治力量，目前是国内第五大党。在1991年、1995年、1999年、2003年、2007年、2011年的全国大选中，绿党分别获得6.1%、5.0%、5.0%、7.4%、9.6%、8.4%的选票和14个、8个、8个、13个、20个、15个议会席位。瑞士绿党是欧洲绿党的成员党。（王聪聪）

瑞士日内瓦气候大会

World Mayors Summit on Climate Change in Geneva, Switzerland

1996年7月《联合国气候变化框架公约》第2次缔约方会议（COP2）在瑞士日内瓦举行。会议就《柏林授权》涉及的《议定书》起草问题进行讨论，未获一致意见，决定由全体缔约方参加的特设小组继续讨论，各国加速谈判，争取在1997年12月前缔结一项"有约束力"的法律文件，通过的其他决定涉及发展中国家准备开始信息通报、技术转让、共同执行活动等，减少2000年以后工业化国家温室气体的排放量。（席溢）

弱人类中心主义

Weak Human Centered Doctrine

人类中心主义观点之一种。认为应该对人的需要作某些限制，在承认人的利益的同时又肯定自然存在物有内在价值。人类根据理性调节感性意愿，有选择性满足自身的需要。虽然其理论落脚点和归宿点也是人类的生存和发展的需要，但是它主张对人的利益和需要进行理性把握和权衡，反对将人的利益和需要绝对化。自然存在物的价值并不仅仅在于它们能够满足人的利益，它们还能丰富人的精神世界，自然物也有内在价值。它承认人的优越性，但也承认其他有机体意识生命联合体的成员，有义务从道德上关心它们。（牟世晶）

弱势群体

The Disadvantaged Groups

亦称社会脆弱群体、社会弱者群体，是社会结构分层的概念，指那些没有或很少拥有社会资源、处于社会底层的社会群体。在社会结构分层维度使用"弱势群体"概念，能够揭示社会成员在社会结构中的关系状态。尽管"弱势群体"是一个相对概念，然而，由于"弱势"是基于权利义务关系并在严格社会分层意义上而言的，指的是那些在社会分层中处于底层的社会成员，他们的基本权利由于诸多原因不能得到有效尊重与保护，因而，这种相对的弱势群体本身却是具有确定性的规定。弱势群体由于诸多原因，没有或很少拥有社会资源，缺少表达与维护自身基本权利的能力，缺乏竞争力，缺乏抵抗风险的能力，缺乏依靠自己努力改善其境遇的可能性，他们在政治、文化和心理上都处于社会的边缘。（李庆）

S

萨 塞 三 桑 丧 森 沙 山 珊 陕 善 商 熵 上 芍 少 设 社 深 神 审
渗 生 省 圣 盛 剩 师 诗 湿 十 石 时 实 食 世 市 事 适 收 守 首
受 书 舒 束 树 数 衰 双 水 顺 司 斯 死 四 松 宋 苏 素 酸 损

萨拉·帕肯

Sara Parkin，1946 ～

英国绿党的著名活动家和政治家。生于英国阿伯丁，曾创建“未来论坛”和可持续发展慈善基金。在20世纪70年代加入英国生态党，通过著作和行政职务，使英国绿党的政治理念和实践广为传播。1989年英国绿党在欧洲选举中的突破性成绩，让帕肯一举成名。1989年以后与大卫·艾克（David Icke）成为绿党最出色的发言人。由于绿党内部的权力斗争，帕肯离开英国绿党，与乔纳森·波利特一起创立未来论坛。除致力于绿党事务和绿色事业外，还发表与编辑大量绿党政治著作，从而享有盛誉。出版专著和主编著作：《绿党：国际指南》《欧洲绿色之光》（主编）《绿色未来：21世纪议程》《佩特拉·凯利的一生》《积极的偏离：一个反常世界中的可持续领导者》。（王聪聪）

萨拉·萨卡

Saral Sarkar，1936 ～

当代欧洲生态社会主义理论的代表性学者。出生于印度的西孟加拉，1982年起移居联邦德国的科隆市。积极参与联邦德国的生态环境运动与绿党政治，发表大量关于绿色与选择性政治的著述。著作有《西德的绿色选择政治》（1993年）《生态社会主义还是生态资本主义》（1999年）《生态社会主义还是野蛮堕落？——一种对资本主义的新批判》（2008年）《资本主义的危机》（2012年）等。基于对当今世界生态问题整体状况的实证分析，认为人类社会已经处于极端危险的时刻，因而需要做出如下抉择：“要么生态社会主义，要么蛮荒主义”。只要人类谋求有别于“沦入混乱和野蛮状态”的积极未来的话，生态社会主义就是唯一可能成功的选择。人类此前的选择或现成依循的道路都走不通。把是否真正接受“增长极限的事实”看作是科学社会主义的试金石，同时也把增长的极限作为取代传统社会主义范式的新的理论范式，将自己的生态的社会主义主张称为“激进的生态社会主义”。概括说，萨卡所谓激进的生态社会主义，是一种“把社会主义和激进的生态主义结合起来”的新的社会发展规划。（徐越）

塞拉俱乐部
Sierra Club

美国较激进的新型环保团体，1892 成立于加利福尼亚州的旧金山。著名环保主义者约翰·缪尔创立，是世界上第一批环保组织。致力于推动绿色议题的政策化发展，包括倡导可再生能源、全球气候政策等。政治目标是探索、欣赏和保护地球的荒野；促进地球生态系统和资源的合理使用；提高人们的环保意识以保护自然环境，提升人类的环境品质；使用一切合法手段实现这些目标。除通过政治宣传来传播绿色理念外，还定期组织户外休闲活动，如登山和攀岩活动。同时还为成员提供荒野课程、远足、攀岩和高山探险活项目等。主要活动包括：保护河流，反对建设水坝；与工会合作，维护工人们的环境权益；反对核能；保护国家森林公园等。颁发年度奖项，如塞拉俱乐部约翰·缪尔奖等。（王聪聪）

三北防护林工程
The Three-North Shelterbelt Program

指在中国西北、华北和东北地区建设的大型人工林业生态工程。为改善生态环境，中国政府于 1979 年决定将这项工程列为国家经济建设的重要项目。该工程规划期限为 70 年，分七期工程进行，目前已正式启动第四期工程建设。该项工程采取民办国助、国家扶持为辅的形式和建设方针，走生态效益和经济效益并重的具有中国特色的防护林建设之路。总体规划的要求是；在保护好现有森林草原植被基础上，采取人工造林、飞机播种造林、封山封沙育林育草等方法，营造防风固沙林、水土保持体、农田防护林、牧场防护林以及薪炭林和经济林等，形成乔、灌、草植物相结合，林带、林网、片林相结合，多种林、多种树合理配置，农、林、牧协调发展的防护林体系。工程至今在风沙治理、水土流失治理、农区防护林种植等方面已取得重大成效，被誉为中国的绿色长城、世界生态工程之最，但同时也面临着投入、更新换代、建设布局等难题。（张沥元）

三才相盗
Correlative Dependence among Human，Heaven and Earth

三才相盗的思想出自《阴符经》：“天生天杀，道之理也。天地，万物之盗。万物，人之盗。人，万物之盗。三盗既宜，三才既安。”三才指天、地、人三者，“盗”，即盗窃、危害，利用的意思，三盗指天地、万物、人互相依赖、彼此利用，三者协调、适宜、合度则三才相安无事、天下太平，否则天灾人祸无穷。“天地，万物之盗”是说天地为万物所盗取，即万物资取天地阴阳之气而生，“万物，人之盗”是说万物为人所利用，以之生养自己，“人，万物之盗”是说人亦反被万物所利用，人同时需要照顾和理顺万物；人虽能利用天地万物养活自己，但如沦陷于声色犬马之欲，则将为外物役使而殉身丧命，则人反而为万物所盗，万物盗天地，人盗万物，万物盗人，这是三才相生相克的基本状况，也是自然界运行的规律，三才互盗的思想强调人在改造自然、利用自然的同时，还要注意自然对人的作用与地位，《阴符经》“三才互盗”的观念体现了中国传统的“天人合一”思想。（雷爱民）

三次产业分类法
Three Industrial Classifications Method

三次产业分类法是新西兰经济学家费歇尔于 1935 年在其著作《安全与进步的冲突》中首次提

出的一种对产业的划分方法。他指出，在世界经济发展史上，可以将人类经济活动的发展分为三个阶段。第一阶段即初级阶段，人类的主要活动是包括种植业、林业、畜牧业和渔业在内的农业。第二阶段开始于英国工业革命，以机器大工业的迅速发展为标志，纺织、钢铁及机器等制造业迅速崛起和发展。人类的主要活动是工业和建筑业，其中工业主要包括采矿业，制造业，电力、燃气及水的生产和供给业。第三阶段开始于20世纪初，大量的资本和劳动力流入非物质生产部门。此时的产业部门主要分为流通部门、服务部门。英国经济学家、统计学家克拉克在费歇尔的基础上，采用三次产业分类法对三次产业结构的变化与经济发展的关系进行大量的实证分析，总结出三次产业结构的变化规律及其对经济发展的作用。费歇尔将处于第一阶段的产业称为第一产业，处于第二阶段的产业称为第二产业，处于第三阶段的产业称为第三产业。即把产业门类划分为第一、第二和第三产业。产业划分的依据是物质生产中加工对象的差异性。也就是，第一产业的属性是取自于自然界，第二产业是加工取自于自然的生产物，其余的全部经济活动统归第三产业。这一产业分类方法提出后，得到广泛的认同，并一直沿用至今。（李雪姣　史月田）

“三定”规定

“San-ding” Provisions

“三定”是我国机构改革中“定职能任务、定内设机构、定人员编制”的简称，它是包含调研、协调、沟通、审核、批准等行政过程的“三定”工作以及包含部门职责、内设机构、编制职数配备状况等规范性文件的“三定”规定于一体的部门机构行政改革方案。“三定”方案的行程可以追溯至1986年全国16个城市展开机构改革试点工作，以政府职能转变和政企关系调整为改革重心，此后中央成立的机构改革领导小组在总结机构改革试点工作的实践经验以及借鉴国外在相关方面的有益成果，得出了我国党政机构改革的中心思想：机构改革应先定职能，再定机构和编制。1987年10月机构改革领导小组在征求各方意见的基础之上，最终形成了以定职能、定机构和定编制为主要内容的机构改革方案，1988年3月，“三定”方案最终由七届全国人大一次会议审议通过。“三定”工作是机构改革主持者与党政机关等工作部门对于部门内部职能任务、内设机构、人员编制等相关内容进行协商和博弈的过程，它一般按照以下步骤运行：首先是改革部门向同级机构编制部门提交有关“三定”内容的资料和数据；其次是机构编制部门就改革部门提交的草案与其进行沟通和协商，并将修改后的草案交由同级机构编制委员会审定；三是编制委员会审定后的草案再送交至同级政府申请批准，然而以正式文件印发；四是改革部门按照最后确定的正式“三定”方案进行相关部门调整；五是机构编制部门对改革部门实施“三定”改革的情况进行监督和评估，为下一轮机构改革和体制机制调整做准备。“三定”规定在功能上明确界定了党政机关的权利界限，以及规范了权力运行机制和作为重要资源的党政机关部门编制。（参考：郭卫民等：《“三定”的功能与完善途径》，《中国行政管理》2011年第11期第34～36页。欧阳文川）

“三个发展”

Three developments strategy

中共十八大报告把生态文明建设的三个标志性特征明确概括为绿色发展、循环发展、低碳发展，不仅体现生态文明建设的基本内涵，也明确了在推进我国经济发展过程中加强生态文明建设的基本途径和方式。绿色发展源于绿色经济理念，为应对自然资源危机和减少人类对资源环境的破坏，强调我国未来经济、政治、文化、社会等方面的发展，要符合有利于保护生态自然环境或不损害生态自然环境的基本要求。循环发展来源于循环经济理念，倡导资源的高效利用和循环利用，以减量化、再利用、再循环为原则，实现污染的低排放甚至零排放，从而实现社会的可持续发展。

循环发展实际上是按照自然生态系统物质循环和能量流动规律重构社会经济发展模式，改革工业文明以来形成的资源—产品—废物的生产发展模式，将其转变为资源—产品—再生资源的反馈式生产流程，从而解决资源有限和需求无限的矛盾。低碳发展来源于2003年英国最先提出的低碳经济，主要目的是为应对全球气候变化，力图在发展经济、改善民生的同时，有效控制温室气体排放，节能减排，形成以低碳排放为特征的产业体系和消费模式，妥善应对气候变化，最终建立以低能耗、低排放、能源依赖度小为特征的经济发展模式。（刘中华）

三官大帝

Trois Gouverneurs

中国早期道教尊奉的三位天神，指天官、地官、水官，亦称三官，又称三元。一说与尧舜禹相关，认为天官唐尧、地官虞舜、水官大禹，天官赐福，地官赦罪，水官解厄。（雷爱民）

三江源源头保护制度

Sanjiang Source Protection System

2005年国务院批准《青海三江源自然保护区生态保护和建设总体规划》，投资75亿元，开展生态保护与建设工程。一期工程的生态保护与建设项目的主要内容包括退牧还草、退耕还林、退化草地治理、森林草原防火、草地鼠害治理、水土流失治理等。工程取得的主要生态成效体现在：1.遏制草地退化草畜矛盾减轻；2.水源涵养提高总量增水质良；3.植被逐渐恢复土壤功能提高；4.保护区生态明显好转。二期工程的管理办法突出“严”和“细”，即严格管理、细化管理：1.强化管理体制，明确工作职责；2.规范招投标工作，坚持好中选优；3.贯穿全程监督，规范建设行为；4.严格验收标准，考核建设成果；5.完整准确记录，服务工程管理；6.坚持公开透明，接受社会监督；7.落实安全措施，坚持预防为主。（李雪姣）

三江源自然生态保护区

Sanjiang Natural Ecological protection Zone

位于中国的西部，青藏高原的腹地，青海省南部。随着全球气候变暖，该地区沼泽地消失，土壤干燥并裸露，生态环境变得脆弱。人口的无节制增加和人类无限度的生产经营活动，大大加速生态环境恶化的进度。草地大规模的退化与沙化，使该地区草地生产力和对土地的保护功能下降，草地载畜量减少；野生动物栖息环境质量减退，生物多样性降低；湿地生态系统遭破坏，水源涵养能力急剧减退，导致三江中下游广大地区旱涝灾害频繁、工农业生产受到严重制约，并已直接威胁到了长江、黄河流域，乃至东南亚诸国的生态安全。2001年8月国家林业局规划院和三江源保护区管理局，依据对该地区的实地考察成果制定三江源保护区2001～2010年的10年建设总体规划。2003年1月国务院正式批准三江源自然保护区晋升为国家级自然保护区。该地区的保护对象为动物资源、植物资源、水资源。（张沥元）

三里岛核事故

Three Miles Island Nuclear Power Plant Accident

1979年3月28日，美国宾夕法尼亚州的三里岛核电站发生堆芯失水融化和放射性物质大量溢出的重大事故。这次事故的发生，既有一系列管理和操作上的失误，也与设备的故障有关，最终导致小的事故演变成为堆芯熔化的重大事故。三里岛核事故没有造成重大的人员伤亡，但却导致大量放射性物质泄漏，附近20万居民被迫撤离。这是美国商用核电站历史上最严重的事故，被国际核事件分级表定为5级事故。三里岛核事故所造成的经济损失达10亿美元。事故发生引起全美震惊，特别是核电站附近居民纷纷撤离该地区。三里岛事故后，美国多地发生反对核电站的示威游行，要求停建或关闭核电站，其中最大的示威游行是1979年9月纽约市的反核示威游行，约有20万人参加。同时，三里岛事故引发世界各地的抗议活动，很多西欧国家和政府不得不暂停核电

站的修建计划。（王聪聪）

三绿工程

Three Green Project

由商务部、科技部、财政部、铁道部、交通部、卫生部、工商总局、环保总局、食品药品监管局、国家认监委、国家标准委 11 个部门自 1999 年联合发起并实施，以建立健全流通领域和畜禽屠宰加工行业食品安全保障体系为目的，以严格市场准入制度为核心，以“提倡绿色消费、培育绿色市场、开辟绿色通道”为主要内容的系统工程。指导思想为：以保障食品安全为出发点，以三个代表和科学发展观为指导，树立科学的消费观，统筹实施食品安全、人类健康、社会信用、企业文化、资源节约、环境保护等综合措施，全面推行包装、标签、标识、索证、索票、检测、认定、认证等市场准入制度，按照“反弹琵琶”的思路，从提倡绿色消费抓起，积极培育绿色市场，加强绿色通道建设，引导绿色生产，建设资源节约型社会，发展循环经济，实现人与自然、经济与社会的和谐发展。总体思路为以转变经济发展方式为纲，以发展生态消费和绿色经济为目标，以推广绿色低碳采购、培育绿色低碳市场以及倡导绿色低碳消费为要求和任务，培育生产、流通、消费各级渠道的绿色链条，以建立绿色生产模式、绿色流通方式和绿色消费习惯。绿色消费是在法律法规的引导之下，加强绿色宣传，增强保护生态环境意识，鼓励生态产业、绿色生产，提倡购买绿色食品的绿色消费观和消费模式；培育绿色市场是依据统一的食品质量标准，完善并建立配套设施，使食品从成产、运输到销售的各环节都符合绿色标准；建立绿色通道是协调统一运力，建立多元运输通道相结合的绿色运输系统，消除不合理费用，实现商品流通的高效率、零污染、低成本的运输。三绿工程是治理食品污染的有效措施，将提倡绿色消费作为出发点和发力点，从而带动绿色生产和绿色流通，实行“反弹琵琶”思路，这意味着保障食品安全和环境保护、资源节约的有机统一。（参考：商务部等：《三绿工程五年发展纲要》。欧阳文川）

三农问题

Issues Concerning Agriculture

三农指农民、农业、农村。我国从计划经济向市场经济过渡的过程中，由于城乡市场隔绝，收入差距大，农村市场发育不完全，消费条件不充分，生活基础设施落后，形成城乡二元经济的状态。解决三农问题关键在于提高农民收入，缩小城乡之间、地区之间的收入差距。在党的十六大之后我国提出来一系列方针推进三农问题的解决。由于我国属于农业大国，农民人均占有资源量有限，城乡二元经济结构已经形成，政策推行需要一定时间，三农问题将会逐步改善。（代富宇）

三权分立管理模式

Three Rights Separation Management Mode

三权分立在政治上指司法权、立法权和执法权的相对独立；在三权分立离国有资产管理模式中，三权指所有权、控制权、经营权；在财政部门中还有预算编制、执行、监督三权分立管理模式；在旅游业中还有产权及公共旅游资源产权、公共旅游资源三权分立管理模式。可以看出，三权分立是将权力分散，防止权力过度集中，避免权力的滥用。合理利用三权分立管理模式，不仅可以保障国家法制制度的实行，还能规范各个部门及各个机构的权利应用。（代富宇）

三同时制度

Three-simultaneousness system

指已通过环境影响评价的可以开始建设的项目，其防治污染的设施，应当与主体工程同时设计、同时施工、同时投产使用的环境管理制度。它是在我国出台最早的环境管理制度，也是中国的独创的制度。1972 年 6 月在国务院批准的《国家计委、国家建委关于官厅水库污染情况和解决意见的报告》中，第一次提出“工厂建设和三废利用工程要同时设计、同时施工、同时投产”的要求。1973年经国务院批准的《关于保护和改善环境的若干规定》中指出：“一切新建、扩建和改建的企业，防治污染项目，必须和主体工程同时设计、同时施工、同时投产”，“正在建设的企业没有采取防治措施的，必须补上。各级主管部门要会同环境保护和卫生等部门，认真审查设计，做好竣工验收，严格把关”。1979年《中华人民共和国环境保护法（试行）》对它进行法律上的确认。1981年5月由国家计委、国家建委、国家经委、国务院环境保护领导小组联合下达《基本建设项目环境保护管理办法》，把其具体化，纳入基本建设程序。2015年1月1日开始施行的新《环境保护法》第41条，再次对它做出规定：“建设项目中防治污染的设施，应当与主体工程同时设计、同时施工、同时投产使用。防治污染的设施应当符合经批准的环境影响评价文件的要求，不得擅自拆除或者闲置。”（刘中华）

三位一体的生态创造论
Eco-creation Theory of the Trinity

生态神学家莫尔特曼通过对《圣经》的重新解读发展的生态神学观。他提出生态创造论的思想。在基督教神学史上，圣灵常被当作是未知的上帝，在近代史上圣灵常被忘记是三位一体中的一员。莫尔特曼提出以寄居的圣灵为出发点的创造论，从三位一体的意义上理解造物主以及被创造物和创造目的，他认为通过圣灵，世界将被改造成为上帝的世界，世界将成为上帝自己的居所和家园，在新的创造中，通过圣灵的寄居，上帝存在于世界中，世界也存在于上帝中。认为这种寄居是整体性的，所有的创造物都反映出上帝的智慧，上帝创造的不是个别成员，而是创造整个集体，即整个生态系统，因而要保持上帝的完整性，就要保证生态系统的完整性；对自然的保护就是对圣灵的保护，就是对上帝的保护。借助三位一体的创造论，自然被赋予神性。这种自然的神性回归使原来被诟病的人类中心主义创造论神学转向具有生态意义的创造论神学，为重新构建基督教教义中人与自然的良善关系奠定理论基础。（雷爱民）

三位一体循环农业模式
Trinity Mode of Circular Agriculture

指将畜禽养殖、沼气生产和蔬菜、玉米等种植相结合，实现三者相互依存，优势互补，构成能源生态综合利用体系的循环农业模式。模式以

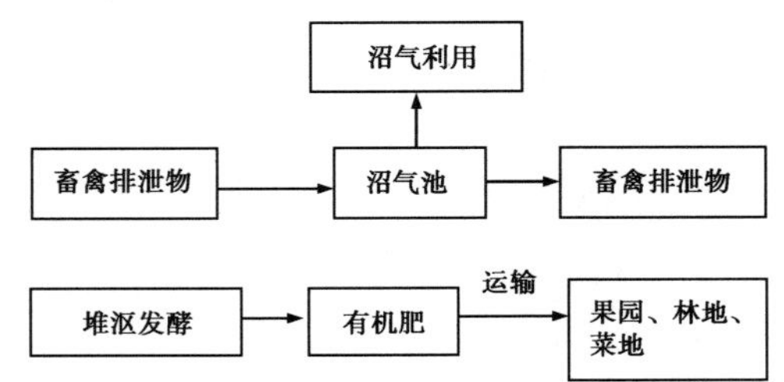

沼气为纽带，将种植、养殖纳入循环体系，根据具体情况形成猪（牛羊）—沼—立果、猪（牛羊）—沼—立菜、猪（牛羊）—沼—立鱼等各具优势特色的循环模式，非常具有推广价值。畜—沼—果模式的主要形式是每户通过建立沼气池，用水果蔬菜残渣喂猪、鸡、牛等动物，禽畜产生的粪便进入沼气池发酵，产生的沼气作为农户的生活能源，沼液、沼渣可以作为农作物的肥料，不仅节省化学肥料的使用，减少农作物的残渣，还能增加植物、果树的抗病能力。也可采用猪—沼—鱼模式，这种模式主要在养鱼户中发展，人畜粪便入池发酵后喂鱼，沼渣作为池塘基肥，沼液作追肥，从而降低饵料成本，减少鱼塘化肥施用量，控制鱼类疾病。（蔡越）

三峡工程
Three Gorges Project

即长江三峡水利枢纽工程，位于中国湖北省宜昌市境内的长江西陵峡段，与下游的葛洲坝水电站构成梯级电站。三峡水电站是中国有史以来建设的最大型的工程项目，也是世界上规模最大的水电站。三峡水电站具备多种功能，包括发电、

航运、防洪等。三峡水电站的建立，在一定程度上减轻燃煤发电对环境的污染，减轻洪涝灾害对生态环境的破坏，以及洞庭湖的淤泥面积，同时也引发移民、环境等诸多问题，如土地资源遗失、区域水文环境发生不可逆转变、生物多样性遭破坏等。（张沥元）

桑德拉尔·巴胡古纳

Sunderlal Bahuguna，1927 ~

印度著名环境主义者，抱树运动领袖人物，甘地非暴力运动的追随者。巴胡古纳的妻子最先提出抱树运动的想法，巴胡古纳成功地将理念付诸实践，成为印度环境运动的先驱。20 世纪 70 年代，巴胡古纳投身抱树运动。在 20 世纪 80 年代，发起反代赫里大坝运动。对印度抱树运动以及环境事业的重要贡献是，提出抱树运动的口号：“生态是永恒的经济”。在 1981 ~ 1983 年间行走 5000 多公里，跨越喜马拉雅山，拜访每个村子，争取当地民众对抱树运动的支持，使这一运动在印度享有盛誉。曾受到印度总理英迪拉·甘地接见，在很大程度上促进了印度总理在 1980 年颁布 15 年森林砍伐禁令。2009 年被授予莲花赐勋章（Padma Vibhushan），是印度政府颁发的二级公民荣誉。（王聪聪）

桑基鱼塘

Mulberry Fish Pond

将挖塘养鱼、种桑养蚕有机结合起来的农业经营方式。最早起于明清时期太湖流域和珠江三角洲地区，至今已有 400 多年的历史。桑基鱼塘运作模式是在挖塘的泥堆成的塘基上或池塘附近种植桑树，以桑叶养蚕，以蚕沙、蚕蛹等作鱼饵料，以塘泥作为桑树肥料，形成塘基种桑、桑叶养蚕、蚕沙喂鱼、塘泥肥桑的生产链。桑基鱼塘既能合理地利用水陆资源，又能合理地利用动植物资源，同时兼具涵养水源、保持水土、防风固沙等方面的功能，不论是在生态上还是在经济上都能取得很高的效益。后又形成利用相似原理的果基鱼塘、蔗基鱼塘等其他不同的生产结构。桑基鱼塘的生产模式对我国珠江三角洲、长江中下游地区低渍、内涝、积水地带的利用和改造具有重要参考价值，至今仍在发挥作用。2006 年国家在“十一五”发展规划中实施“东桑西移”工程，这一有着悠久历史的生态农业模式被引入我国西部地区。（朱雨晨）

桑园围

Sangyuan Dike

珠江三角洲地区、西北江干流的重要堤围。位于广东省南海与顺德境内珠江干流西江的下游。桑园围分东、西两围，用来抵御来自西江和

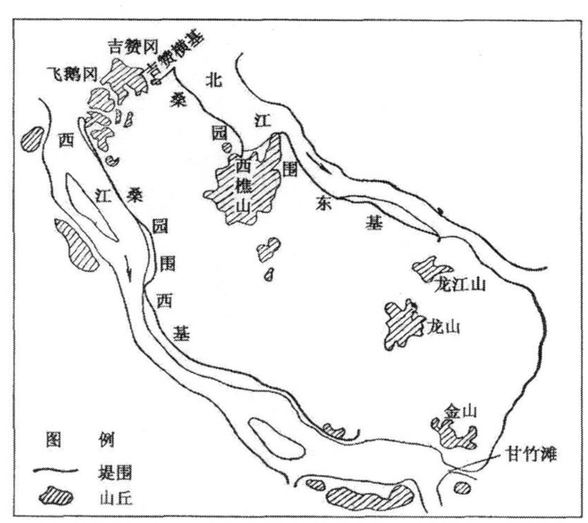

北江的洪水。根据《南海县志》的记载，桑园围始建于宋代徽宗年间（1101 ~ 1125），始建时分为沙头中塘围、龙江河澎围、桑园围、甘竹鸡分围。至明清年间陆续筑保安围等 14 条小围。顺德县龙江段至民国初期加高并联成围，1924 年增建歌、龙江、狮颔口 3 座水闸后，成为较完整的难能可贵园围。桑园围全长 68. 85 千米，围内面积 133.75 平方千米，捍卫良田 1500 公顷，因有不少

桑树园而得名。在建筑工程技术方面，明代桑园围修筑采用泥石并用，这是在长期实践过程中，逐步认识到筑堤材料以泥石并用比单独取用泥土修建坚固。清代雍正年间改用石砌，嘉庆年间桑园围的1900余条围基改为条石砌筑，7000余丈的土堤也在临水面加砌石扩坡。桑园围的内水和外水经由堤上的石窦调节，灌溉用水经由上游的石窦引入围内渠系，降雨过多时，下游的石窦向外江排水。乾隆时桑园围全围有石窦16座。桑园围东南部地形最低，宋元时代留有泄水口，后因河道淤积抬高，外水涌入，遂于明清间陆续堵塞水口，增建小围和闸门，防止江水倒灌。桑园围在运用过程中，陆续总结出一套行之有效的管理制度。清乾隆五十九年（1794）的《桑园围志》，记录桑园围的历史和管理维修的经验，此后各代又陆续增补。（参考：刘浪：《桑园围今昔》，《中国水利》1992年第4期第34～35页。朱配辰）

丧葬文化

Funeral Culture

丧葬文化是与死亡相关的人类创造的社群活动中多种特质文化的复合体，涵盖内容涉及实物、信仰、心理、伦理、道德、艺术，由此而延伸展开形成诸如临终关怀、遗嘱文化、死亡教育、死亡观念、殡仪习俗、丧仪文化、葬文化、祭祀文化、葬仪经济、殡葬科技以及其他有关活动等。丧葬活动及丧葬文化均起源于人类早期的宗教思想和鬼神思想。早期人类信奉朴素的多神宗教，相信鬼神存在，灵魂不灭，他们希望通过这种带有神秘色彩的死亡祭祀活动即丧礼来达到使死者复生、灵魂转世的良好愿望，同时借此表达对亲人去世的悲哀和怀念之情。在后来的历史发展进程中，演变出一套系统的丧葬礼仪及文化，并表现出明显的国家意志和礼仪特点。从夏商周开始葬礼即已进入了系统化程序化发展阶段，春秋时期进入完善期。史料记载，秦汉丧葬礼仪已相当复杂，分为葬前之礼、葬礼、葬后丧服之礼。葬前之礼包括：招魂、沐浴、饭含、小敛、大敛、哭丧、停尸等。葬礼包括：告别、祭奠、送葬、下棺等。葬后丧服之礼包括：丧服、丧制等。丧礼的每一个环节都包含有相应的寓意，必须严格遵守。（牟世晶）

森林保险

Forest Insurance

指森林经营者按照一定的标准缴纳保险费，在森林遭遇灾害时保险企业提供经济补偿的行为。我国森林在生长期遇到的主要灾害有以下五种：1. 火灾。森林火灾是世界性的最大森林灾害。森林火灾按起火原因可以分为两类：一是人为火，二是自然火（雷击）。2. 病虫害。森林病虫害的种类繁多，病虫害对林木及其果叶产品所造成的损失很难估算，因此对病虫害目前暂不承保。3. 风灾。对中成林和各种果树林危害较大，往往形成大面积的折枝拔根等而造成巨大灾害。4. 雪灾。冬季山区连降大雪，造成树顶或主枝折断，影响树木正常生长。雪灾主要危害杉林和竹林。5. 洪水。由于山洪或河道缺口，造成树木的倒伏或埋没。在理论上，森林的各种意外事故和气象灾害都是可以承保的。（史月田）

《森林法》

Forestry Law

见**《中华人民共和国森林法》**。

森林覆盖率

Forest Coverage

指某一区域内森林面积占土地总面积的百分比。可以用来衡量一个地区的森林资源多少与土地利用方式，也是衡量一个地区森林生态效益的重要指标。测量森林覆盖率以一定密度的乔木为依据，世界各国规定的乔木密度标准不一，德国、日本以立木度达到0.2时起算，美国是以立木度0.1起算。我国现有《森林法》规定，根据森林面积包含郁闭度0.2以上的乔木林地、经济林地、竹林地、灌木林地、农田林网和园旁林面积之和占土地总面积的百分数计算森林覆盖率。在一定

区域范围内，森林覆盖率越高，水土流失的防治效果就越好，土壤侵蚀减少，生态环境平衡状态越稳定。（朱雨晨）

森林公园

Forest Park

指以森林为主要景物的公园，一般具有一至多个生态系统和独特的森林自然景观。建立森林公园的目的是保护其范围内的一切自然环境和自然资源，并为人们游憩、疗养、避暑，文化娱乐和科学研究提供良好的环境。森林公园内的森林不得进行主伐，但可以进行卫生抚育采伐，以提高其观赏价值。森林公园常选择风景优美、面积较大的郊区林地改造而成；也可选择远离城市但交通方便、森林资源丰富、景观质量较高的天然林，经过保护、适度改造开发成为森林公园；郊区没有大面积林地的城市，可以人工建造森林公园，以调节市区气候，改善大气卫生状况，方便城市居民开展游憩活动。森林公园与城市之间应交通方便，园内有完善的游憩和服务设施，便捷的道路系统，丰富的植物种类和茂盛的林型和林相，还要有面积不等的疏林草地和林间隙地，满足游人游憩的需要。森林公园中的风景，一般有封闭风景、半开朗风景和开朗风景，在营林措施上要求树种丰富、叶色多样、林相以异龄复层为主，并应保留一定的层外植物。按其森林景观和人文景观的观赏、科学、文化价值和旅游条件以及知名度等，划分为国家级森林公园、省级森林公园和市、县级森林公园三级。森林公园的规划和建设，以不破坏森林自然景观和突出森林环境为原则，在分区规划时常设置野营区、野餐区和森林浴场林区等。1. 野营区应以保证安全、卫生为主要原则，既要有方便的水电及交通条件，又要有一定的隐蔽性。常设在水边、林边、林中空地，配以林中小屋、帐篷、桌凳、饮水台以及卫生设施等。2. 野餐区应在林区选择视线较好、阳光通透的地方，与其他游憩区有交通联系，并提供野炊的方便，如水电、垃圾箱等。3. 森林浴场林区的主要树种能在空气中散放的挥发性物质，有较强杀菌力，为游人提供一定的医疗保健的自然环境。此间还应有其他游憩设备与服务设施。森林公园中以直接或间接利用森林资源或森林环境进行各种活动。例如森林野营、野餐、森林浴、骑马、骑自行车、散步及采集动、植物标本等活动；也可能利用林区环境进行登山、游泳、划船、滑雪、漂流等项体育活动。美国从 1901 年开始建立森林公园，是最早建立森林公园的国家。中国于 20 世纪 30 年代出现风景林，第 1 个森林公园张家界国家森林公园建于 1982 年，著名的森林公园还有威海森林公园、景德镇森林公园、河北围场县的木兰围场、陕西秦岭的太白公园、广西龙胜和临桂交界的花坪自然保护区、湖北神农架自然保护区等。（参考：许大为、叶振启、李继武、金建伟：《森林公园概念的探讨》，《东北林业大学学报》1996 年第 6 期第 90 ~ 93 页。朱配辰）

森林公园文化

Forest Park culture

社会文化的组成部分，从社会文化大范畴考察森林公园文化，可以认为森林公园文化是人类创造的物质财富和精神财富的一部分，有广义和狭义之分。从广义上看，森林公园文化指与森林公园的建设、经营、管理等一系列人为活动有关的一切物质和精神总和。从狭义上看，森林公园文化指与森林公园的建设、经营、管理等一系列人为活动有关的人类意识形态，主要包括制度和观念。用历史的眼光看，森林公园文化是人类文化的积淀、延续、发展和创新。森林公园文化从其文化组成要素看，包含森林文化和管理文化两大要素。考察森林文化和管理文化与森林公园文化的联系能更好地理解森林公园文化的内涵。（牟世晶）

森林管理委员会

Forest Stewardship Council

于 1993 年在加拿大成立，资金来源于个人和社会的捐款。口号是“促进世界森林资源的责任化管理。”致力于推动森林资源的合法性、可持续性，制定木材经营和加工标准，监督木制品从森林到消费的整个过程。项目主要有：1. 透明森林计划。为企业和机构提供详尽的有价值信息，并为认证者提供技术支持；2. 森林承包认证。规范企业的行为，使其遵守委员会的规则。委员会会通过详细的资料对承包商的经营给出合理化的建议；3. 生态服务森林认证。与其他机构合作，用创新的方式评估生态服务的质量，主要评估领域：生物多样性，水源地保护，碳排放量。通过评估，促使企业更好地为合理利用森林资源做出贡献；4. 爱书人爱森林项目。在中国大陆开展，推动出版业使用“森林友好型”纸张，旨在增强出版商和消费者的环保意识，减少传统纸张的使用。（席溢）

森林美学

Forest Aesthetics

森林美的学说的统称。森林美学的概念源于1885年撒利希出版的《森林美学》一书，这本书首次提出了森林美学的概念并标志着森林美学这一学科的建立。从词源上讲，“森林美学”对应的德语词是 Forstasthetik，这个词由 Forst（森林）和 Asthetik（美学）组成。撒利希把“森林美学”定义为“关于施业林美的学说”，其研究对象就是施业林的美。撒利希的《森林美学》分为上下二篇。上篇是基础理论，即森林美论。这一部分论述了森林美学的研究对象、任务、目的和意义，森林美学史料和美学家们关于美、美感的理论，艺术美和自然美的关系，以及森林美各种构成因素。撒利希对森林美学的理解和把握可以看作是狭义的森林美学。施瓦帕赫把森林美学定义为关于森林美的学说，他使用的德语词是 Waldasthetik 这个复合词，Wald 在这里表示的是一切林地和林木结合的森林有机体；既包括作为森林核心的施业林（林业的经营对象），也包括非施业林，还包括和森林相连的草地。布斯的林业辞典采用的是施瓦帕赫的定义。多数林学家支持这个广义的森林美学定义。（参考：王传书、张钧成：《林业哲学与森林美学问题研究》第 25 页，北京：科学出版社，1992 年。王薛时）

森林认证体系

Forest Certification System

据热带木材组织（ITTO）2007 年 1 月 26 日报道，英国木材专业技术中心（CPET）对全世界 5 个不同的森林认证体系进行严格评估后，宣布接受这些认证系统。这 5 个森林认证体系为：加拿大标准协会（CSA）、森林管理委员会（FSC）、森林认证认可体系（PEFC）、可持续林业倡议（SFI）和马来西亚木材认证委员会（MTCC）。决定使政府部门确信，通过这 5 个森林认证体系认证的木材来源都是可靠的。英国负责生物多样性事务的高级官员伽迪尼（Barry Gardiner）说，继续接受这些森林认证体系，可以保证木材是从可持续经营的森林中采伐的，同时，也能保证木材是通过合法途径采伐的。（李雪姣）

森林生态旅游

Forest Ecological Tourism

生态旅游是现代社会人们追求优良生存环境背景下，向往自然优美的休闲环境，寻求人与自然共存、经济社会与生态环境和谐的旅游空间而形成的。核心是秉承可持续发展的思想，走进自然、享受自然、保护自然。森林生态旅游以回归大自然为基础，以保护自然森林生态环境、促进区域社会经济发展为目的，既可满足人们回归自然、追求休闲娱乐的需求，又为旅游业发展和环境改善相协调提供了可能。森林生态旅游遵循的原则：1. 以生态经济和旅游经济理论为指导，以保护为前提，遵循开发与保护相结合的原则；2. 规划应以森林旅游资源为基础，以旅游客源市场为导向，其建设规模必须与游客规模相适应；3. 规划应以森林生态环境为主体，突出自然野趣和保健等多种功能；4. 统一布局，统筹安排建设项目，做好宏观控制。（李雪姣）

森林生态系统

Forest Eco-system

指以乔木为主体的生物群落（包括植物、动物和微生物）及其非生物环境（光、热、水、气、土壤等）综合组成的生态系统。森林生物群落与其所处环境构成具有一定结构、功能，可自调控自然综合体，是陆地生态系统的主体。地球上森林生态系统的主要类型有 4 种，即热带雨林、亚热带常绿阔叶林、温带落叶阔叶林和北方针叶林。森林生态系统是陆地上生物总量最高的生态系统，对陆地生态环境有决定性的影响。森林不仅能够为人类提供大量的木材和森林副业产品，而且在维持生物圈的稳定、改善生态环境等方面起着重要的作用。例如，森林植物通过光合作用，每天都消耗大量的二氧化碳，释放出大量的氧；在降雨时，乔木层、灌木层和草本植物层都能够截留一部分雨水，大大减缓雨水对地面的冲刷，最大限度地减少地表径流；枯枝落叶层能够大量地吸收和贮存雨水。因此，森林在涵养水源、保持水土方面起着重要作用，有绿色水库之称。森林生态系统的特点包括：1. 具有强大的生产力，森林生态系统在陆地上面积最大，为人类和多种生物提供了生存、生活和生产所需的物质资料和栖息环境；2. 是丰富的物种资源库，森林为大量植物、动物及其他生物创造了生存的条件和生活的物质基础；3. 具有明显的区域性和复杂的空间结构，不同类型的森林生态系统含有不同气候特征，森林中乔木、灌木、植被形成多层次结构；4. 具有稳定性，森林生态系统中各类生物群落与环境在长期进化中协调发展，达到合理而复杂的结构，对外界依赖小，可在系统中完成物质循环。（李雪姣　任傲尘）

森林生态系统服务功能

Forest Ecological System Service Function

森林生态系统与生态过程形成及维持人类赖以生存的自然环境条件与效用。包括：1. 涵养水源，可对降水进行截流、吸收与贮存，将地表水转为地表径流或地下水，可为地球增加可利用水资源、净化水质、调节径流；2. 保育土壤，森林中的植物与凋落物层可截流降水，林木根系固持土壤，能降低水滴对土壤的冲击与腐蚀，防止土壤崩塌，维持土壤肥力，改善土壤结构；3. 固碳释氧，通过森林生物固定碳素，释放氧气；4. 积累营养物质，森林植物会吸收 N、P、K 等营养物质，可改善下游水体富营养化；5. 净化大气环境，吸收二氧化硫、氟化物、粉尘、重金属等；6. 森林防护，防护林可降低风沙、干旱、洪水、台风等灾害；7. 物种保育，为生物物种提供生存与繁衍场所；8. 森林游憩，为人类提供休闲场所；9. 净初级生产力，产生绿色植物光合作用固定的有机物总量与植物自养呼吸的有机物差量；10. 提供负离子；11. 产生林木资源与林副产品。（任傲尘）

森林生态学

Forest Ecology

以森林生态系统为研究对象，研究森林生物及其与环境之间关系的生态学分支学科。森林生态学由美国生态学家汤米（J. W. Toumey）于 1947 年在植物生态学基础上创建，随后得到较大发展，如今学科不仅帮助人类认识森林及其与环境之间关系，并且为人类合理利用和处理与森林的各种关系、最大限度发挥森林功能提供指导作用。森林生态学受到气象学、土壤学、植物学、水文学、微生物学等学科影响的交叉学科，向着微观和宏观两个方向发展。研究内容包括森林环境（气候、水文、土壤和生物因子）、森林生物群落（植物、动物和微生物）和森林生态系统的结构和功能等。目前森林生态学已经在保护濒临野生动植物、维持生物多样性、保护森林生态系统、维护自然界的生态平衡等方面发挥重要作用。（韩铮）

森林碳汇

Forest Carbon Sinks

碳汇指从空气中清除二氧化碳的过程、活动、机制。这个词来源于《联合国气候变化框架公约》缔约国2005年2月16日签订的《京都议定书》。森林碳汇指森林吸收并储存二氧化碳的能力。森林碳汇是目前世界上最为经济的碳吸收手段。森林系统是应对气候变化的关键因素，增加森林碳汇能力与降低二氧化碳排放是减缓气候变化的两个同等重要的方面。森林在碳汇中发挥着不可替代的作用。通过采取有力措施，如造林、恢复被毁生态系统、建立农林复合系统、加强森林可持续管理等，可以增强陆地碳吸收量。以耐用木质林产品替代能源密集型材料、生物能源、采伐剩余物的回收利用，可减少能源和工业部门的温室气体排放量。（李雪姣）

森林退化议题

Forest Degradation Issue

全球性重大生态环境议题之一。森林指在相当广阔的土地上成片生长的乔木植物群落，连同这块土地上的灌木、草本或藤本、附生等植物构成的绿色植物群体，是多种植被类型的综合体。森林是地球上结构最复杂、功能最多和最稳定的陆地生态系统，覆盖约4万亿公顷的陆地面积。然而，每年全世界森林中有大约1300万公顷因为毁林而消失。森林覆盖率是衡量一个国家或地区经济发展水平和环境质量好坏的重要指标。这不仅因为森林具有重要的经济价值，又是可更新资源，而且在维持生态平衡和生物圈的正常功能上起着重要作用。森林退化对其内部富含物种的生态系统平衡与生物多样性有着极大的影响。森林退化可以理解为森林面积减少、结构丧失、质量降低、功能下降。其中，森林衰退是森林退化的典型形式，指森林（树木）在生长发育过程中出现的生理机能下降、生长发育滞缓、生产力降低甚至死亡，以及地力衰退等状态。自然环境的变化如酸雨、森林大火、空气污染、森林砍伐、虫害、疾病和野生生物入侵等因素会造成森林面积下降，而森林采伐或者毁林是造成森林面积减少的最主要原因。（申森）

森林文化

Forest Culture

作为以森林为背景协调人与森林、人与自然关系的文化样态，本质上是生态文化，也可以说是森林生态文化。森林文化的基本特征表现为生态性、民族性、地域性和人文性，本质和精髓体现为人与自然和谐相处。森林文化的生态性是森林文化最显著的特征之一。生态性即从生态学出发，协调自然同人之间的关系。森林文化的民族性指不同民族在认识和利用森林过程表现出的不同森林背景和不同文化品位。诸多的少数民族，处于不同的历史背景和山地森林环境，宗教、风俗、习惯、情趣以及生活方式和生产方式在表达上显出个别性和差异性，正是这种个别性和差异性，造成森林文化的多样性和丰富性。森林文化的地域性，包括所在地民族特质，更多的是体现这一地域的地理和气候的特征。如日本典型的森林文化有照叶林文化和枹栎森林文化，俄罗斯的白桦林文化。森林文化的人文性，指以森林为载体所表现的人文精神。此时的森林，已不单指一般物质的概念，而是融入人类精神的文化符号。如以松柏象征挺拔独立，四季常青；以竹比喻虚心劲节，笔直不阿；以梅表征凌霜傲雪、独步早春；以榕叙述憨厚慈祥，从容大度。（牟世晶）

森林植被恢复

Forest Vegetation Restoration

指在科学判断引起森林退化原因的前提下，运用森林演替理论和森林培育学原理，按照森林植被恢复要求，以森林培育学和生态工程学的技术与方法，采取人工补救措施消除引起森林退化的原因、阻断森林退化的过程、降低森林退化产生的影响，恢复森林生态系统正常的生态功能与结构，从而达到优化森林生态系统的目的，使其稳定的发展演替。森林植被理想的恢复状态是模拟当地顶级森林生态系统的结构与功能，恢复至具有完全地带性特征的与当地顶级森林生态系统相似或相同的状态。然而由于地带性植被不易识别以及投入和管理成本巨大，因此往往不切实际。在森林退化比较严重并且地带性植被不易识别时，可以进行局部恢复或者阶段恢复已达到接近顶级森林生态系统的生态功能或者是顶级群落的中间稳定状态。实际上，森林植被恢复至顶级状态不仅不易操作，而且没有必要，因为必须根据目前的生态环境条件进行森林植被恢复工作。具体说，森林植被恢复应根据森林退化的不同原因或不同类型采取恢复措施，然而无论是何种原因，森林恢复的最重要工作是消除这些干扰因素。然而，森林生态系统的形成通常经过长期演替和自然选择过程，与当地的气候、土壤环境等生态因子已经形成稳定的物质能量交换关系，一旦因为某种原因这种平衡关系被打破，原来的森林植被与当地环境的稳定关系就不复存在且极难恢复。此时只能选择与原先不同的植被类型与已经变化的生态环境进行再适应，这样不必追求达到原生状态完全一致的恢复方式。如果森林植被完全被破坏，那么只能以人工方式重建森林植被。（参考：张厚华等：《森林植被恢复重建的理论基础》，《北京林业大学学报》2004 年第 1 期第 97 ~ 99 页。欧阳文川）

森林资源

Forest Resources

森林资源有广义和狭义之分。狭义森林资源指树木资源，尤其是乔木资源；广义森林资源指林木、林地及其所在空间内的一切森林植物、动物、微生物以及这些生命体赖以生存并对其有重要影响的自然环境条件的总称。森林资源具有可再生性和再生的长期性。在一定条件下森林具有自我更新、自我复制的机制和循环再生的特征，保障森林资源的长期存在，能够实现森林效益的永续利用。按照中国森林法规定，将森林划分为：1. 防护林，以防护为主要目的的森林、林木和灌木丛；2. 用材林，以生产木材为主要目的的森林和林木；3. 经济林，以生产果品、食用油料、饮料、调料、工业原料和药材等为主要目的的林木；4. 薪炭林，以生产燃料为主要目的的林木；5. 特种用途林，以国防、环境保护、科学试验为主要目的的森林和林木。（李雪姣）

沙尘暴

Sand Dust Storm

指强风将地面尘沙吹起使空气很混浊，水平能见度小于 1 千米的天气现象。沙尘暴主要发生在春末夏初季节。由于冬春季干旱区降水甚少，

地表异常干燥松散，抗风蚀能力很弱，在大风刮过时，会将大量沙尘卷入空中，形成沙尘暴天气。从全球范围来看，沙尘暴天气多发生在内陆沙漠地区，源地主要有非洲撒哈拉沙漠，北美中西部和澳大利亚也是沙尘暴天气的源地之一。沙尘天气分为浮尘、扬沙、沙尘暴和强沙尘暴四类。浮尘，即尘土、细沙均匀地浮游在空中，水平能见度小于 10 千米的天气现象。扬沙，即风将地面尘沙吹起，使空气相当混浊，水平能见度在 1 千米至 10 千米以内的天气现象。沙尘暴，即强风将地面大量尘沙吹起，使空气很混浊，水平能见度小于 1 千米的天气现象。强沙尘暴，即大风将地面尘沙吹起，使空气模糊不清，浑浊不堪，水平能见度小于 500 米的天气现象。沙尘暴天气是我国西北地区和华北北部地区容易出现的强灾害性天气。沙尘暴天气造成房屋倒塌、交通供电受阻或中断、

火灾、人畜伤亡，污染自然环境，破坏农作物生长，给国民经济建设和人民生命财产安全造成严重损失和极大危害。（申森）

沙尘暴检测与预警计划

Sandstorm Monitoring and Early Warning Plan

中日韩三国环境部长会议机制1999年启动后，我国西部地区的生态保护纳入三国环保合作的重点领域，沙尘暴问题研究及其应对是其中主要内容之一。目前已开展的合作包括：2000年6月国家环保总局启动沙尘暴与黄沙对北京地区大气颗粒物影响研究的项目。研究建立包括内蒙古、河北、陕西、北京、新疆、山西等省、市、自治区有关监测点在内的沙尘暴地面监测网络系统，覆盖我国北方210万平方公里。项目在分析我国境内外沙尘暴的来源、沙尘暴的预报预测等方面取得重要成果，对我国沙尘暴的防治对策提出相关建议。日本政府通过日本协力基金对研究项目提供部分资助。2001年国家环保总局所属中日友好环境保护中心与日本环境省的日本国立环境研究所合作，基本弄清沙尘暴发生源区、加强源区、传输路径和环境影响等，通过典型沙尘暴事件的分析和数字扩散模型，探讨沙尘暴从蒙古国—中国内蒙古—中国中东部—朝鲜半岛—日本的传输基本规律，为中日韩合作提供了技术支撑。（申森）

《沙漠独居者》

Desert Solitaire

美国生态文学家爱德华·艾比的生态文学作品，第一版由出版商McGraw-Hill1968年出版。这部散文作品用细腻的笔触描写作者独居沙漠的见闻和感受，表达他对现代化的弊病、唯发展主义、生态整体主义等问题的深刻思考。在作者看来，唯发展主义推动现代文明从糟糕走向更糟，导致过度发展的危机，最终使人类成为过度发展的牺牲品。他因此断言："为发展而发展是癌细胞的疯狂裂变和扩散"。"一个只求扩张或者只求超越极限的经济体制是绝对错误的"。艾比启发我们认真思考：我们需要什么样的发展？人的解放和人的发展是否等同于经济和物质的发展？

经济发展是否必须以确保生态平衡的可持续存在、自然环境的逐渐改善和确保后代人的基本生存条件为不可逾越的根本前提?《沙漠独居者》在美国和世界环境运动史上画下浓重一笔，引发环境运动的浪潮，促使美国国会通过《联邦环境政策法案》，影响第一个地球日的确立。环境运动终于走向前台，引起美国乃至全世界的关注。现未见中文译本。（王薛时）

沙漠生态旅游

Desert Ecological Tourism

以沙漠生态建设为主题，以沙漠资源为依托的生态旅游模式。作为生态旅游的潜在发生地，沙漠的自然特性不适合人类的居住，但是与有植被的生态旅游景区相比，沙漠旅游有其独特特征。例如，独特的气候条件使游客体会极大的昼夜温差，恶劣的生存环境使游客有独特的生命体验。沙漠旅游的缺点：1. 沙漠生态旅游景点相对集中，导致自然资源的退化；2. 沙漠旅行使用的交通工具对生态产生严重破坏；3. 缺少有效的组织管理，资源稀缺性减少游客的身心体验。（李雪姣）

沙丘生态系统

Sand Dune Ecosystem

由沙丘生长的沙生动植物和微生物共同组成的生态系统，包括沙丘和丘间低地两部分。沙丘是沙粒在风力作用下堆积而成的丘状或垄状地貌，有流动沙丘、半固定沙丘和固定沙丘等类型。沙丘生态系统极易受风力影响，尤其是流动沙丘，会在风力作用下发生移动。流动沙丘生态系统存在独特的自然物理过程：1. 存在风蚀和沙埋过程，它们与沙丘类型、部位有关；2. 风沙活动即风蚀和沙埋存在季节和年际变化；3. 沙丘位置与高度变化导致风沙活动变化。流动沙丘生态系统植物群落多以适应风沙流动性的沙生植物类群和适应水涝条件的草甸—沼泽植物类群为主；半固定和固定沙丘的自然物理过程与流动沙丘差别大，其生境条件和生物过程与流动沙丘相比也有很大差异。通过人工增加植被覆盖度或使用人工固沙等措施能控制流动沙丘的风沙活动，使流动沙丘变为固定或半固定沙丘，有助于维护流动沙丘生态系统的稳定性。沙丘生态系统作为地球的自然地貌，在调节全球气候等方面具有重要的生态作用，与其他食物网复杂的生态系统相比，沙丘生态系统比较脆弱，极易受外力影响和破坏，因此维持其生态平衡是保护地球环境的重要环节。（韩铮　李雪姣）

《沙乡年鉴》

A Sand County Almanac

美国自然文学的代表作，影响力堪与梭罗的《瓦尔登湖》比肩。作者奥尔多·利奥波德常年从事环境保护工作，创立著名的荒野协会，被誉为美国新环境理论的创始者、生态伦理之父。《沙乡年鉴》是他在沙郡进行生态恢复实践，在美国大陆各荒野地带的游历经历，以及对土地伦理的所思所想的总结。全书涉及众多学科知识，语言清新优美，内容严肃深邃，字里行间体现了作者细致入微的观察，洋溢着作者对那些飞禽走兽、奇花异草的挚爱情愫，是值得读者反复品味的传世经典，更是让孩子走向野外、培养环保及生态意识的入门读物。书中关于乡野生活的优美描写，对美国自然文学的写作传统产生巨大影响。《纽约时报》书评称赞：“户外随笔写作的最佳作品……一本犀利的书，充满了美好、活力和感染力。”《芝加哥论坛报》称：“近几年出现的最美好、最温暖人心、最重要的自然主义作品之一。”书中关于食物链、生物群落，乃至某个特殊物种的知识，以及关于人与自然和谐相处的土地伦理的哲学思考，对推广环境保护思想，推动生态保护运动发挥重要作用。在美国，土地伦理的准则 1990 年写入美国林业工作者的伦理规范中。

美国生态批评重要的开拓者和领军人物之一、哈佛大学劳伦斯·布伊尔教授 2005 年新作《环境批评的未来：环境危机与文学想象》中谈到《沙乡年鉴》，将该书作为环境批评在伦理与政治之间存在界限问题的实例，认为“它表达了一种几乎是不朽的关于人和土地的生态及其伦理观”。中译本不少于 6 种，较早中译本译者侯文蕙，长春：吉林人民出版社 1997 年出版，《绿色经典文库》子目。（徐越　王薛时）

山地生态农业

Mountain Eco-agriculture

生态农业是 20 世纪 60 年代兴起的新的农业思想，旨在把整个农业生态经济系统的全部要素，按照生态经济规律的要求，进行合理配置和系统调控的现代农业发展模式。山地生态农业是从山地特有的区位和地貌出发，利用人类、生物及环境之间能量转化和生物之间及生物与环境之间存在的共生关系，合理利用农业自然资源，以期建立综合发展、多级转化、良性循环的高效无废料的农业体系。多种多样的山地地形，不仅使光照、土壤、水分、生物等生态因子具有显著的立体差异，而且使自然生态环境极具复杂性和丰富性，为发展农、林、牧、副、渔、草综合开发，实现产、供、销一体化经营的生态农业创造良好条件。同时，地形脆弱性非常明显，山区陡峭的地势，瘠薄的土壤，极易造成水土流失，使生态系统表现出极大的不稳定性和脆弱性。（李雪姣）

山地生态系统

Mountain Ecosystem

生态系统体系中的特定类型。山地生态系统是从环境的角度或突出环境中的山地属性命名的生态系统，由山地景观内的物理、化学、生物过程组成的系统。从地貌单元特征分，山地生态系统分为：小流域生态系统，分水岭亚生态系统、斜坡亚生态系统和谷地亚生态系统；从景观特征分，山地生态系统分为：山地森林生态系统、草地生态系统、河流水域生态系统、山地农田生态系统等；从社会经济活动类型分，山地生态系统分为：山地种植业生态系统、山地牧业生态系统、山地林业生态系统、山地渔业生态系统、山地农林复合生态系统、山地聚落生态系统等。研究山地生态系统结构的意义和价值在于寻求不同类型山地自然生态系统结构特点和与山地环境相适应的人文结构、经济活动类型，从而为构建具有最优化环境、生物、人类活动整合关系或最优化生产功能的山地人工生态系统提供理论依据。（李雪姣）

《山地学报》

Mountain Research

2013 年 12 月之前译为 Journal of Mountain Science，2014 年 1 月译为 Mountain Research，由中国科学院水利部成都山地灾害与环境研究所和中国地理学会山地分会共同主办的山地学综合性学术刊物。中国唯一专门报道山地科学研究理论与山区开发、环境整治、生态建设实践相结合的综合性科技期刊。内容涵盖自然科学与人文科学两大门类中与山地有关的多学科知识，重点报道山地资源开发与山地生态环境演变、山区工程建设与山地灾害防治（滑坡、泥石流、水土流失、山洪等）、山区社区发展与城镇规划、山区经济发展与产业结构调整等领域的理论文章、应用技术、研究和实验方法、管理经验等内容。适合于从事上述工作的科技人员、决策者、管理干部和大专院校师生阅读、参考。双月刊，ISSN：1008-2786。（席溢）

山地学院

The Mountain Institute

于 1972 年在美国成立，资金来源于政府部门拨款、个人捐款和私人基金会赠款。口号是“提升山地文化，保存山地环境”。致力于山地自然环境的保护，与当地人合作加强社区建设，保留自然资源和文化遗产。主要项目有：1. 高峰企业项目。为达到严格的环境和社会标准的中等商业企业提供贷款、培训和技术援助，在中国西藏帮助创立和支持本土的藏族商业；2. 湖对湖食物计划。为贫穷和受到灾害侵袭的地区提供食物援助，满足他们的基本生活需要，主要提供大米等；3. 边远山区天气状况调研行动。对山区的天气变化情况做详细的调查，储备可靠的资料，根据气候状况来了解当地人们面临的威胁和应急需要；4. 社区水源地计划。保护当地的水资源，提高对水库的管理水平，防治水污染，保证当地人能够享受到干净的饮用水。（席溢）

山东 **2014** 年生态文明建设状况

Eco-Civilization Construction in Shandong in 2014

2014 年山东生态文明指数（ECI）得分为 74.05，在全国名列第 24 名。具体二级指标得分及排名见表 1。除去社会发展这一二级指标以后，山东绿色生态文明指数（GECI）得分为 58.97，全国排名第27位。山东生态文明建设为社会发达型，生态活力排在全国中下游水平，环境质量不佳，居于下游水平，社会发展居于上游水平，协调程度居于中游水平。生态活力方面，建成区绿化覆盖率和湿地面积占国土面积比重两个指标居于全国前列，分别位于第4位和第6位。但是森林覆盖率、森林质量、自然保护区的有效保护三个指标都处于全国下游水平。环境质量方面，水土流失率居全国中上游水平。化肥施用超标量和农药施用强度较高，居于全国中下游。地表水体质量和环境空气质量较差，居于全国下游水平。社会发展方面，每千人口医疗机构床位数和农村改水率居于全国前列，分别位于第5位和第6位，城镇化率、服务业产值占国内生产总值比例及人均国内生产总值达到全国中上游水平，人均教育经费投入居全国中下游。协调程度方面，城市生活垃圾无害化率、工业固体废物综合利用率居全国前列，分别处于第2位和第5位，氨氮排放变化效应处于全国中游水平，其余指标均居于全国中上游水平。总体而言，山东2014年度生态文明指数处于全国下游水平，山东森林资源较少，应注意完善生态环境补偿制度，提高森林资源的数量和质量；在采取多项措施改善环境质量的同时，进一步优化产业结，关注产业结构的优化升级。

表1　2014年山东生态文明建设二级指标情况

二级指标	得分	排名	等级
生态活力（满分为43.20分）	24.69	21	3
环境质量（满分为36.00分）	16.80	29	4
社会发展（满分为21.60分）	15.08	8	2
协调程度（满分为43.20分）	17.49	14	3

表2　山东2014年生态文明建设评价结果

一级指标	二级指标	三级指标	指标数据	排名
生态文明指数（ECI）	生态活力	森林覆盖率	16.73%	23
		森林质量	35.03立方米/公顷	23
		建成区绿化覆盖率	42.63%	4
		自然保护区的有效保护	4.81%	25
		湿地面积占国土面积比重	11.07%	6
	环境质量	地表水体质量	35.70%	25
		环境空气质量	21.64	30
		水土流失率	18.92%	13
		化肥施用超标量	205.61千克/公顷	23
		农药施用强度	14.43千克/公顷	23

续表

一级指标	二级指标	三级指标	指标数据	排名
生态文明指数（ECI）	社会发展	人均国内生产总值	56323 元	10
		服务业产值占国内生产总值比例	41.20%	14
		城镇化率	53.75%	14
		人均教育经费投入	1424.50 元 / 人	19
		每千人口医疗机构床位数	5.03 张	5
		农村改水率	93.58%	6
	协调程度	环境污染治理投资占国内生产总值比重	1.55%	14
		工业固体废物综合利用率	94.29%	5
		城市生活垃圾无害化率	99.47%	2
		化学需氧量排放变化效应	11.91 吨 / 千米	13
		氨氮排放变化效应	1.11 吨 / 千米	16
		二氧化硫排放变化效应	1.43 千克 / 公顷	9
		氮氧化物排放变化效应	1.21 千克 / 公顷	14
		烟（粉）尘排放变化效应	-0.02 千克 / 公顷	12

（参考：严耕等：《中国省域生态文明建设评价报告（ECI2015）》第 204 ~ 209 页，北京：社会科学文献出版社，2015 年。徐保军）

山东环境科学学会

Shandong Society for Environmental Sciences

成立于 1980 年 9 月，现任理事长为山东师范大学校长唐波。学会下设专业（工作）委员会 11 个，拥有会员 2000 余人，包含环保、农业、水利、林业、医学、海洋、气象、冶金、化工、矿业、建筑、机械等十几个行业的 30 多个学科。近年来，遵循学术性科技社团的宗旨，团结协作，开拓创新，充分发挥桥梁和纽带作用；积极开展学术研究与交流、科普宣传教育、技术咨询服务、课题研究与创新、培训举荐人才、评选科技论文和成果、强化自身建设等多种形式的工作和活动，服务创新能力、服务社会和政府能力、服务科技工作者能力以及自我发展能力有了显著提升；为促进山东省环保事业的进步和发展，做出了积极的贡献。学术交流是学会的主业，也是立会之本、活力之源；高质量、高水平的学术交流是拓展业务视野、提高工作能力、实现自身价值的重要渠道。（席溢）

山东省一蓝一黄发展战略

One-Blue-One-Yellow Development Strategy of Shandong Province

分别指黄河三角洲高效生态经济区发展战略和山东半岛蓝色经济区发展战略，二者均为国家级区域发展战略。依据国务院的批复，黄河三角洲高效生态经济区发展战略，将致力于加快发展黄河三角洲高效生态经济，统筹规划环渤海地区整体经济实力的提升和区域协调发展，关注环渤海和黄河下游生态环境的保护。山东半岛蓝色经济区发展战略，将致力于开发山东半岛蓝色经济区海洋资源，调整海洋产业，促进渤海和黄河科学研发，推进海洋生态文明建设，促进海洋经济可持续发展。两大战略的组织实施，对山东省水生态环境治理和保护、产业结构调整和升级、区域间经济协调发展、相关体制机制改革等，具有重大意义。（张沥元）

山东省聊城市生态文明建设

Eco-civilization construction in Liaocheng, Shandong province

聊城别称江北水城、运河古都，地处山东省西部，毗邻河南、河北，位于华东、华中、华北三大区域交界处，黄河与京杭大运河交汇口，京九铁路与胶济铁路、胶济南邯铁路、济郑高铁在山东省内的交汇点，跨冀鲁豫三省的最大交通物流枢纽。聊城既可利用东部沿海的便利港口，又可利用中西部省份的丰富资源，是中国重要的交通枢纽、能源基地、内陆口岸和辐射冀鲁豫交界地区的中心城市，中原经济区东部核心城市。聊城市现辖 8 个县市区，总面积 8715 平方公里，人口 604 万。2007 年聊城率先在全国地级市中开展生态文明市建设。通过努力已经取得初步成效：2012 年聊城的粮食产量突破 55 亿公斤，用不到全国 1‰的土地生产了全国 1%、全省 1/8 的粮食；推进新型工业化的同时实现大幅度节能减排，地区工业总产值由全省的第 12 位上升到第 7 位，节能减排水平分别由全省的第 16 位提升到第 4 位和第 6 位；在经济欠发达的背景下实现民生显著改善，2012 年用于民生的财政支出占到财政总支出的 66%。近年聊城市先后被评为国家历史文化名城、中国优秀旅游城市、国家卫生城市、国家环保模范城市、国家园林城市和全国双拥模范城市。（张沥元）

山东省生态学会

Shandong Ecological Society

由省内外生态环境保护管理、科研、监测、监理机构和自然保护区、生态功能保护区等管理机构、省内高校生态环境学科及有关生态环境建设与保护方面的科研、设计、规划院所和相关企事业单位组成的学术性和非营利性社会团体。宗旨：坚持党的基本路线，遵守国家法律、法规，遵守社会公德，坚持物质文明、精神文明、政治文明和生态文明协调发展的原则；提倡事实求是、开拓创新、与时俱进的科学精神；团结和组织广大会员运用生态学观点，开展生态环境领域的技术咨询、学术研究、学术交流和科学普及活动；联合社会科学工作者和兄弟学会，促进科技进步和生态科学的繁荣与发展，为推进社会、经济和生态环境协调发展，建设生态山东贡献力量。服务项目有专题研究、生态考察、技术咨询与服务、生态规划与评价、生态项目评估。（席溢）

《山海经》

Records of the Mountains and Rivers

中国传统文化经典。《山海经》自战国至汉初成书至今，公认是一部奇书。书中所记神灵 450 多个，个个奇形怪状，神通广大。记载约 40 多个方国，550 座山，300 条水道，100 多个历史人物。是现存的记载古代神话资料最多的著作，堪称中国上古神话的宝库。《山海经》传世版本共计 18 卷，包括《山经》5 卷，《海经》13 卷，各卷著作年代无从定论，其中 14 卷为战国时作品，4 卷为西汉初年作品。《山海经》的内容主要是民间传说中的地理知识，包括山川、道里、民族、物产、药物、祭祀、巫医等。保存包括夸父逐日、女娲补天、精卫填海、大禹治水等不少脍炙人口的远古神话传说和寓言故事。《山海经》具有非凡的文献价值，对中国古代历史、地理、文化、中外交通、民俗、神话等研究，均有参考，其中的矿物记录，更是世界上最早的有关文献。《山海经》版本复杂，现可见最早版本为晋郭璞《山海经传》。但《山海经》的书名《史记》便有提及，最早收录书目的是《汉书・艺文志》。至于其真正作者，前人有认为是禹、伯益，经西汉刘向、刘歆编校，才形成传世书籍，现多认为，具体成书年代及作者已无从确证。《山海经》现存最早的版本是经西汉刘向、刘歆父子校录，表示“山海经者，出于唐虞之际”。赵晔从其说。晋郭璞曾为《山海经》作注，考证注释者还有明王崇庆

《山海经释义》、杨慎《山海经补注》、吴任臣《山海经广注》、清吴承志《山海经地理今释》、毕沅《山海经新校正》和郝懿行《山海经笺疏》，民国以袁珂的《山海经校注》最流行，研究《山海经》者必读袁书。（王薛时）

山河堰

Shanhe Weir

山河堰是中国古代陕西汉中一项重要的水利灌溉工程，也是汉中地区最早有史可查的水利工程，位于今天汉中市汉台区河东店镇。山河堰中

的“山河”即指今天的褒河，相传山河堰创修于刘邦争霸时期，由当时大臣萧何、曹参创作修缮而成。在山河堰上现在仍可寻找到汉代的遗迹。据《汉中府志》记述，山河堰是由三堰组成：第一堰在褒城北三里，名铁桩堰。第二堰为主堰，位于褒城东门外，称官堰。第三堰为渠首在第二堰下 1 千米处。由于山河堰对汉中地区农业生产方面的重要作用，被历代统治阶级所重视。三国时，诸葛亮驻军汉中时就重修古迹，以利于汉中地区的农田水利。据杨绛撰文的《重修山河堰记》记载，宋孝宗乾道元年（1165），吴璘在汉中修复山河堰。南宋光宗绍熙四年（1193），因发大水，堰尽溃，由章森、范中艺等主持修复。南宋初年复修后称为褒城六堰，乾隆时又进行过大修，灌溉面积增加到 23 万多亩，成为汉中地区最大的灌区。明清时期山河堰仅存第二和第三两堰，明万历时可灌田 4.4 万亩。1940 年修建褒惠渠时，在第一堰址上修建一座长达 135.3 米，高 4.3 米的浆砌石堰，引水渠口设闸 5 孔，冲沙闸 2 孔，灌田 14 万亩。（参考：肖巧慧：《石门文化内涵之忧患意识》，《时代文学》2015 年 2 期第 37 ~ 38 页。朱配辰）

山仑

Shan Lun，1933 ~

山东龙口人，旱地农业生理生态学家，水土保持研究所研究员，1954 年毕业于山东农学院农学系，1962 年获前苏联科学院植物生理研究所副

博士学位。现任黄土高原土壤侵蚀与旱地农业国家重点实验室学术委员会主任，国家节水灌溉杨凌工程中心顾问，担任《应用生态学报》《水土保持学报》《中国水土保持》《沙棘》等杂志顾问，《生态学报》《中国农业科学》《中国生态农业学报》《应用与环境生物学报》等杂志编委。1995 年当选为中国工程院院士。长期从事植物抗旱生理及旱地农业与节水农业研究，开拓旱地农业生理生态研究领域。提出的半干旱地区影响作物生长的要害不在于降雨量少而在于降水未能充分利用理论，获中国科学院 1995 年科技进步二等奖。提出生理补偿观点，为发展节水农业提供依据。主要论著有：《我国半干旱地区农业用水现状及发展方向》（2002）《旱地农业技术发展趋

向》(2002)《我国节水农业发展中的科技问题》(2003)《生物节水研究现状及展望》(2006)《植物抗旱生理研究与发展半旱地农业》(2007)等。(石艳峰)

山区产业结构

Mountain Industrial Structure

我国地形复杂多样，地理学家通常分为山地、高原、丘陵、盆地、平原等5大基本地貌类型。凡以山脉或山系组成的空间区域，都叫作山区。从外延看，山区包括山地、丘陵和高原。山区产业发展建立在山区特有的自然系统基础上，对山区生态环境有重要影响。产业结构，按通常意义理解，是各产业在其经济活动中形成的技术经济联系以及由此表现出来的比例关系。山区产业结构是一定时期山区各产业构成及各产业之间联系和比例关系，是山区产业之间关联程度的动态反映，也是衡量山区经济发展水平的重要标志。它的变动对山区经济增长有着决定性的影响。随着山区经济的发展，山区的三次产业结构不断优化，第二、三产业所占比例不断上升。与全国相比，第一、二、三产业比例仍然显著不合理，存在着东、中、西部的地域差异。(李雪姣)

山区产业结构可持续发展政策

Sustainable Development Policy of Industrial Structure in Mountainous Areas

随着计划经济向市场经济的转变，国家对山区开发的扶持转变为引导国内外企业、资金、人才和技术等向山区倾斜的政策。财政支持体现在：1. 提高转移支付的针对性；2. 实行山区产业导向税收优惠政策；3. 加大山区基础设施、教育等建设资金投入力度。金融支持体现在，鼓励银行加大对山区基础产业建设的信贷投入，重点支持铁路、主干线公路、电力、石油、天然气等大中型能源项目建设。产业政策支持体现在，完善和稳定家庭经营的同时，发展多种形式的合作组织，逐步实现家庭经营专业化和规模化；在有条件的山区，对特定产业适当发展国有的较大规模产业组织。(李雪姣)

山区产业调整遵循的原则

The Principles of Industrial Adjustment in Mountain Areas

调整山区产业结构对山区能否有效实施可持续发展有重要意义。山区产业结构调整具有自身的特殊性，分清主次，突出重点的原则有：1. 发展经济与生态环境保护相结合的原则，通过生态建设推动生态发展，进而推动经济发展，才能实现生态环境与经济发展的双赢目标。2. 遵循自然规律和经济规律相结合的原则。发展山区经济、调整山区产业结构必须遵循山区特殊的自然规律，依照自然规律的要求，谋求生态平衡，创造良好的生存和发展环境，同时也要遵循经济规律，依照市场的需求，研究山区的产品是否适销对路，能否把产品转变为商品，提高山区的经济实力。3. 因地制宜，突出山区区域特色的原则。在山区产业结构调整中，必须深入调查研究，突出各个山区特色，正确地研究和把握山区特征，取长补短，趋利避害，合理进行布局，优化山区产业结构，以期取得较好的山区经济效益，引导群众致富。4. 山区产业结构调整的长期性和艰巨性相结合的原则。调整山区产业结构、实现可持续发展是长期、艰巨和战略性的工作。(李雪姣)

山区规模经营的特点

The Characteristics of Scale Management in Mountainous Areas

山区具有独特的经济、社会和技术条件，规模经营的特点有：1. 二、三产业不发达，农村劳力转移门路狭窄，农民对土地的依赖程度大；2. 兼业性广泛，专业化程度低的状况在短期内难以改变；3. 劳动者素质较低，管理水平和技术水平低，决定难以形成大批专业大户和私营企业；4. 贫困山区土地、山林承包期一般较长，经营权转让难度较大。因此，山区发展适度规模经营，既要积极引导，又要做到量力而行，渐次推进。确定目标着眼于发挥地域经济优势，在某一生产项目实行规模经营时，做到以产品为龙头，实行多层次开发，做到基地、专业户、一般农户联合，以互补求得整体效益，以联合形成拳头。（李雪姣）

山区规模经营的政策引导

Policy Guidance of Scale Management in Mountainous Areas

近年党和国家对贫困山区实行重点开发，制订一系列政策引导，推动贫困山区商品生产发展。政策引导体现在：1. 制订有利于发展适度规模经营的产业政策，经过近年产业结构的调整，山区产业结构发生很大变化，突出表现是二、三产业比重迅速增长，对于发展农村商品经济有重要作用。2. 完善土地承包政策，坚持两权分离，实行经营权的有偿转让。基地—厂场型规模经营是贫困山区发展规模经济的重要形式，多种经济基地的建立必然涉及土地承包关系。3. 调整和改革投资政策，发展适度规模经营，需要一定资金投入。4. 建立和完善自我积累机制，一是劳动积累制度，二是资产积累制度。5. 建立和健全社会化的服务体系。6. 处理好适度问题。（李雪姣）

山区经济结构

Mountainous Economic Structure

山区经济是在山区范围内受山区生产方式制约而形成的包括农业、工业、交通运输业、商业、建筑业等产业在内的具有地域性特征的动态经济系统。地域性特征是山区经济最显著的特征，山区经济有一定的地域范围，即由山地、丘陵、高原所构成的山区地域，其经济的形成和发展既受到一定时期的生产力和生产关系的制约，也受到山区自然环境的制约，形成一个相对独立的地域经济，有着自己独特的经济运行规律。山区经济结构是山区经济的构成要素及这些要素的构成方式，是山区经济各个要素在特定的关联方式和比例关系下所结成的有机整体。广义的山区经济结构指生产方式的结构，包括生产力结构和生产关系结构。从生产力和生产关系的总和上分解山区经济结构，大体包括山区所有制结构、山区生产结构、山区流通结构、山区分配结构和山区消费结构等 5 个部分。其中每一部分又可分解为若干部分，如山区生产结构分为山区产业结构、山区技术结构、山区就业结构、山区生产组织结构和生产地区结构等。调整和优化经济结构，是促进经济发展，提高经济增长质量和效益的根本性措施。（李雪姣）

山区粮食生产要遵循的原则

The Principle of Food Production in Mountainous Areas

保护和合理地利用山区资源是保持生态平衡、发展山区经济的必要条件。山区粮食生产只能在以林为主、多种经营的生产方针指引下，贯彻以下原则：1. 不能扩耕滥垦，毁林毁草种粮。2. 防止水土流失，保持生态平衡。山区不应在超过 25 度的坡地种植粮食，即使坡度较缓的耕地，也要采取防止水土流失的各种措施。3. 集约经营，提高单产。在山区不能采取广种薄收办法，应根据山区资源特点，解决粮食问题走集约经营提高单产的道路。4. 一般山区应以旱作为主。山区特别是北方山区水源较缺，只有以旱作为主，才能获得比较稳定的产量。5. 合理配置生产，节约运输费用，降低生产成本。6. 提高土地利用率。山区土地面积固然不小，但能种粮食的耕地却很有限，应着眼于提高土地的利用率。（李雪姣）

山区农村人力资源开发

Human Resources Development in Mountainous Rural Areas

山区农村环境是人力资源开发的重要依据，也是山区农村人力资源开发的基础。山区人力资源的开发受到自然环境、社会人文环境、经济环境和法律政策等条件的限制。1. 在自然环境方面，影响人力资源开发的自然因素很多，如地形、地貌、气候和海拔高度等。在影响人口分布的各种自然环境因素中，地面海拔高度和地形特征具有特殊的重要性，它们不仅对人口分布有着显著影响，且对其他自然和人文因素的形成与作用亦有广泛而深刻的影响。2. 在社会人文环境方面，山区由于开阔地少，适合居住的地方面积不大，加之单位面积承载人口的数量比其他地方低，修建基础设施的成本高，且对自然环境破坏大，山区人力资源开发成本也高。3. 在经济环境方面，山区复杂的自然环境决定山区经济结构的多元化。平原和丘陵地区农业以种植业为主，养殖业为辅，且以圈养为主，种植业以种植农作物为主。4. 在法律政策方面，山区农村人力资源开发，应保证农村相关政策的落实，争取国家资金对山区农村人力资源开发支持。利用法律限制山区农村非法经济行为，防止外部不经济现象发生，利用政策激励农民种粮的积极性。（李雪姣）

山区农村组织类型

Mountain Village Organization Type

山区农村组织按照不同的标准可以分为不同的组织类型。1. 按照功能和目标分类，可以分为经济组织、政治组织、整合组织和模式维持组织。经济组织是提供产品和劳务服务，以营利为目的的各类组织。农村天然经济组织为家庭，各种农业企业和乡镇企业都属于经济组织范畴；政治组织宗旨是保证作为整体的社会实现其目标，农村的政治组织主要有村委会和党委会；整合组织是在社会层次上提供效能，它涉及调解冲突和指导动机，实现制度期望或达到社会各部分彼此良好配合；模式维持组织指那些具有文化、教育和价值承载功能的组织，如山区学校。2. 按成员互动的正式程度，可以分为正式组织和非正式组织。3. 按涉及的领域可分为第一产业组织、第二产业组织和第三产业组织，或者分农业产业组织和非农业产业组织。山区农村最重要的功能是农业生产，所以农业产业组织是山区农村人力资源开发重点。通过横向和纵向组织化，可以形成农户＋农户、农户＋企业、市场＋农户、农业企业和基地＋企业等各种农业产业组织。（李雪姣）

山区人地系统结构

The System Structure of Man and Land in Mountain Areas

按经济活动的主线来划分，山区人地系统的结构类型可划分一元组合系统、二元组合系统和多元复合系统。按农业部门结构性特征分为一元组合系统如单一的种植业、林业、畜牧业、渔业等；二元组合系统如农林组合系统、农牧组合系统、林牧组合系统、农渔组合系统、林渔组合系统等；多元组合系统如农林牧组合系统、农林牧渔组合系统等。按三次产业结构特征分一元组合系统如第一产业组合系统；二元组合系统如一、二产业组合系统；多元组合系统如一、二、三产业组合系统。人地系统结构的变化有两种变化类型：惯性演变，指受人们生存需求引导下的自发性的自然变化；社会经济演变，这是在社会经济影响下人地关系的哲学认识和伦理道德、伦理观念指导下的有意行为。（李雪姣）

山区生态产业特征

Characteristics of Ecological Industry in Mountainous Areas

山区的自然环境格外复杂。垂直地带与水平地带交错在一起，在很短的距离内或很小的空间里，地质、气候、土壤、生物群落千变万化，从而产生人类利用开发自然资源和适应环境急剧变化的多样性。由于山区生态环境的特殊性，相应形成的山区生态产业特征是：1. 山区生态产业对自然资源有特殊依赖性。2. 高度景观带对山区生态产业开发有一定制约性。在不同的高度景观带内，农业的适应性差异明显，因此在农业开发与利用上便出现了农业结构和布局的多样性、立体性。3. 山区生态产业结构变化具有多样性与复杂性的特点。由于山区生态产业对自然资源的特殊依赖性，受高度景观带带幅变化的制约，使山区生态产业结构多样性成为可能，由此所表现出来的复杂性也十分明显。4. 山区生态产业具有建设周期的长期性。山区相对于平原而言，山区生态产业从组织规划、实施到投产间隔时间长。5. 山区生态产业具有经济收益的级差性。6. 山区生态产业具有开发水平的落后性。7. 山区生态产业具有开发的艰巨性。（李雪姣）

山区生态经济特征

Ecological and Economic Characteristics in Mountainous Areas

我国山区面积广大，地质、地貌有不同特征，因此其生态经济存在不同特征：1. 生态条件复杂，景观垂直分异明显。由于地理位置、海拔高度、地形部位、坡度、坡向等因素的不同，引起气候、水文、土壤、植被、动物乃至人文条件的差异，因而出现因地形起伏，随海拔高度不同的山区生态经济因素垂直分异。2. 自然资源丰富，开发潜力大，在山区特殊生境下，各种动植物荟萃于此，往往成为资源的宝库和重要的土特产品基地。3. 生态环境脆弱，人口严重超载。4. 人口相对稀少，人口素质偏低。在闭塞的环境和贫困文化背景下，山区人口素质较低是山区生态经济系统的普遍现象。5. 社会资源严重缺乏，经济贫困，资金、技术、人才奇缺，交通、能源、电力等基础设施严重不足。（李雪姣）

山区生态旅游

Mountain Eco-tourism

山区生态旅游可持续发展属于区域旅游可持续发展的范畴。区域旅游，从范围上看指特定地域的旅游，从组成要素上看指以人类旅游活动为主体，以旅游观光对象为客体，由其他人文与自然要素交织而成的旅游地域系统。山区生态旅游可持续发展的核心思想建立在整个特定区域山区的经济效益、社会效益和环境生态效益基础之上。追求的目标是：既要使人们的旅游需求得到满足，个人得到充分发展，又要对旅游资源和旅游环境进行保护，使后人具有同等的旅游发展机会和权力。山区生态旅游可持续发展特别要关注的是旅游活动的生态合理性，强调对旅游资源和山区生态旅游环境的保护。（李雪姣）

山区水土保持生态经济系统评价指标体系

Evaluation Index System of Ecological Economic System in Mountain Areas of Soil and Water Conservation

由系统结构评价指标、系统功能评价指标和系统效益评价指标 3 部分组成。结构指标用来反映环境资源利用情况和系统内部生态经济因素的

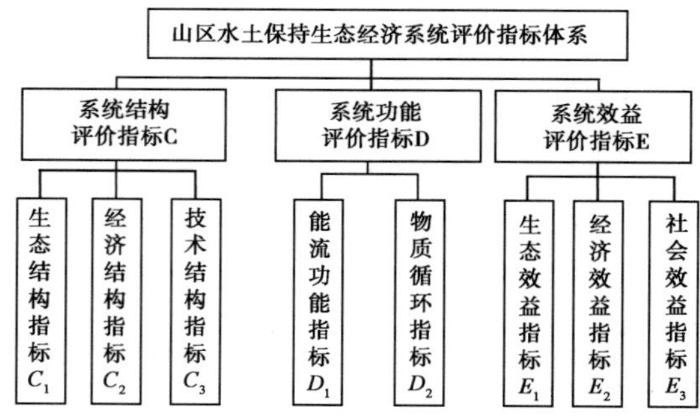

诸关系；反映山区生态经济系统演绎的阶段性和动态发展趋势；反映系统生态关系的协调度和经济技术关系的合理度的指标。系统功能评价指标从生态经济结构内部子系统间、系统与外部因素间各种生态经济因素的投入产出效率进行计算和分析。系统效益评价指标主要用来反映山区生态经济系统土地生产力、人民生活水平和系统商品率。如图所示。（李雪姣）

山区小康生态村建设

The Construction of Being Well-off Ecological Village in Mountain Areas

山区小康生态村建设在我国生态经济学家石山提出中国的希望在山区的科学论断下得到启发。其模式建设的立意是优化配置各类资源，科学调整生态经济系统结构，建设经济发达、环境优美、整体协调的现代化山区农村。山区小康生态村建设，既包括现阶段农村小康标准，还蕴含

丰富的生态学原理。要求按照生态经济学规律建立高效农业生产体系，以总体协调、全面规划、分步实施建设新型农村，实现把污染减少到最低程度的良性循环的目标。特点有：1. 相互协调的整体性，小康生态村要注重将长远利益和眼前利益，全局利益与局部利益有机结合并协调一致。2. 突出特色的地域性，即必须树立因地制宜的观点，充分发挥所在地域的优势，以利取得最大的成效。3. 农业生产的高效性，在经济效益方面强调自然资源利用更加合理，绿色植被、生物产量将不断增加，同时着力降低成本和消耗，提高产品品质。在生态效益方面充分利用绿色植被及生物能技术，有效保持水土、减少自然灾害、净化美化环境、保持生态平衡。在社会效益方面注重为社会提供大量的农副产品，活跃市场。4. 统筹安排的合理性。5. 生态系统的稳定性。（李雪姣）

山水城市

Shan-shui City

将中国传统园林思想与城市规划结合的城市构想。最早由钱学森提出，旨在协调自然生态环境、历史文化、现代科技的全面发展。山水城市以中国传统的山水自然观和天人合一哲学观为基础，为城市景观规划寻找新的思路。城市景观分为自然景观、人工景观与历史文化景观。山水城市是在这三者的有机结合中强调山水文化，尊重自然生态环境，尊重城市历史文化与时代发展的辩证统一，要求城市体现中华民族的个性体现。山水城市模式有利于保留区域自然、历史、文化特性，保护城市生态环境，有益于居民身心健康，促进城市旅游业发展，提示民族自豪感。（任傲尘）

山水林田湖一体

The integration of mountains，water，forest，land and lake

中共中央总书记习近平所做的《关于〈中共中央关于全面深化改革若干重大问题的决定〉的说明》中提出的保护环境、加强社会主义生态文明建设的重要理念之一。《说明》指出：“我们要认识到山水林田湖是一个生命共同体，人的命脉在田，田的命脉在水，水的命脉在山，山的命脉在土，土的命脉在树。”指山水林田湖是一个生命共同体，我们要充分尊重它们的整体性存在及其独特价值，对山水林田湖进行统一保护、统一修复是十分必要的。山水林田湖一体的提出，主要是针对我国环境保护和污染治理中相关单位职责划分不明、互相推诿责任的问题，是对过去环境治理方式的总结反思，也是对未来环境管理制度的规划。我们需要通过更合理的制度设计和相关单位之间的精诚合作，割舍部门利益，形成更全面的协调机制，把各类生态资源纳入到统一治理的框架之中，进行有效保护和治理。（刘中华）

山水诗

Landscape Poems

中国古代描写山水风景的诗作。山水诗起源于先秦两汉，产生于魏晋时期，并在南朝至晚唐随着中国诗歌发展与文学环境变迁而不断演变。在一首山水诗中，并非山和水都得同时出现，有的只写山景，有的却以水景为主。但不论水光或山色，必定都是未曾经过诗人知性介入或情绪干扰的山水，也就是山水必须保持耳目所及之本来面目。诗中的山水并不局限于荒山野外，其他经过人工点缀的著名风景区，以及城市近郊、宫苑或庄园的山水亦可入诗。山水诗鼻祖是东晋的谢灵运。谢灵运所开创的山水诗，把自然界的美景引进诗中，使山水诗成为独立的审美对象。他的创作，不仅把诗歌从“淡乎寡味”的玄理中解放了出来，而且加强了诗歌的艺术技巧和表现力，并影响了一代诗风。山水诗的出现，不仅使山水成为独立的审美对象，为中国诗歌增加了一种题材，而且开启了南朝一代新的诗歌风貌。继陶渊明的田园诗之后，山水诗标志着人与自然进一步的沟通与和谐，标志着一种新的自然审美观念和审美趣味的产生。（王薛时）

山水诗人

Pastoral Poets

以山水风景为描述题材的诗人。山水诗一般以山水景物作为艺术创作的对象。呈现耳目所及的山水状貌声色之美是山水诗人创作的主要目的。山水诗由谢灵运开创，脱胎于玄言诗。古代著名的山水诗人有谢灵运、孟浩然、谢朓、王维、刘长卿、韦应物、刘禹锡、柳宗元、裴迪、常建、储光羲、李白、杜牧、陶渊明、王之涣等。典范的山水诗作有谢灵运的《登池上楼》《登永嘉绿嶂山》、孟浩然的《秋登兰山寄张五》、王维的《鸟鸣涧》《竹里馆》《山中》、韦应物的《滁州西涧》、柳宗元的《江雪》等。（王薛时）

山水之乐

Enjoyment in Mountains and Rivers Viewing

中国文人亲近自然、体知自然的心灵感受和境界。在中国古代，游山玩水是士文化的重要组成部分。山水之乐被认为是读书人应有的爱好，彰显出君子特有的清高品格和文化品位，其意义远远超出单纯的旅行或娱乐。这一旅游文化现象的形成及其价值的提升，是儒家与道家思想互补交融的结果。山水不仅是旅游观赏的对象，更是士的精神家园。它的意蕴虽以道家的自然为主，也融入儒家的比德观。儒家有托物言志的传统，《诗经》善用比兴，借物抒情。孔子周游列国，历览名山大川，以山水比德，用自然景观的特性比喻人格意义和社会属性，借以言志。随着士大夫游览山水之风的兴盛，这一传统得以发扬光大，如松柏、莲花等，相继成为士大夫品格的象征。（王薛时）

山水自然保护中心

Shanshui Conservation Center

是中国民间环保组织之一，于2007年在北京成立，创办人为北京大学生命科学学院吕植教授，简称“山水”。山水自然保护中心在中国西部开始尝试生态特区建设，示范人与自然和谐相处的实例，推动自然保护在国家和地方政策完善以及公众意识中的主流化。山水自然保护中心的名字“山水”，出自《论语》“知者乐水，仁者乐山”一句，在现代语境中，山水是自然的形象和代言，它呵护所有的生命，是人类过去、现在和未来生存、发展、情感、精神、文化的保障和源泉。山水作为协调者和支持者，推动中国生物多样性保护的进程和主流化，促进中国在全球环境保护领域里起积极作用。秉承“做而论道”的理念，做生态特区，论生态公平，积极领悟人与自然、传统与现代、当地与外界之间的生态公平之道。山水的宗旨是：希望重建生态公平，充分认识自然生态的价值，汲取传统文化精髓，调整人与自然关系，运用新的经济、技术、市场机制与善治手段，让生态价值得到应有的尊重，让当地百姓成为生态保护的主人并从中受益，主动应对以气候变化等环境和发展带来的危机。山水相信并期待，一个健康、持续发展的中国和世界。（蔡越）

山西2014年生态文明建设状况

Eco-Civilization Construction in Shanxi in 2014

2014年山西生态文明指数（ECI）得分为66.15，全国排名第29位。去除社会发展二级指标后，山西绿色生态文明指数（GECI）得分为54.23，全国排名第29位。各项二级指标得分及排名情况见表1。山西生态文明建设属于相对均衡型，均衡水平较低，社会发展和协调程度居于全国中下游水平，生态活力和环境质量排名更加靠后，居全国下游水平。生态活力方面，山西森林覆盖率、森林质量居全国中下游水准，建成区绿化覆盖率和自然保护区居全国中游水准。环境质量方面，农药施用强度、化肥施用超标量排名居全国中游，地表水体质量、环境空气质量、水土流失率均排名靠后。社会发展方面，人均国内生产总值、服务业产值占国内生产总值比例、城镇化率、人均教育经费投入、每千人口医疗机构床位数、农村改水率等各项指标均居全国中游或中下游水准。协调程度方面，氮氧化物排放变化效应、烟（粉）尘排放变化效应、环境污染治理投资占国内生产总值比重、二氧化硫排放变化效应等全国排名靠前，工业固体废物综合利用率、城市生活垃圾无害化率、化学需氧量排放变化效应、氨氮排放变化效应等全国排名居中或偏后。总体而言，山西省"一煤独大"的产业面貌没有根本性改变，传统产业产能过剩问题突出；环境容量严重不足的特点仍将继续。山西从自身出发，淘汰落后产能、做好重点企业尤其是国有能源企业的环保改造，认识到产能发展与生态环境之间矛盾的紧迫性，利用生态治理倒逼机制，努力追求有效益、有质量、可持续的经济发展。

表 1　2014 年山西生态文明建设二级指标情况

二级指标	得分	排名	等级
生态活力（满分为 43.20 分）	21.60	30	4
环境质量（满分为 36.00 分）	17.20	28	4
社会发展（满分为 21.60 分）	11.93	20	3
协调程度（满分为 43.20 分）	15.43	23	3

表 2　山西 2014 年生态文明建设评价结果

一级指标	二级指标	三级指标	指标数据	排名
生态文明指数（ECI）	生态活力	森林覆盖率	18.03%	22
		森林质量	34.49 立方米 / 公顷	24
		建成区绿化覆盖率	40.02%	13
		自然保护区的有效保护	7.09%	17
		湿地面积占国土面积比重	0.97%	31
	环境质量	地表水体质量	10.70%	29
		环境空气质量	44.38	24
		水土流失率	59.47%	26
		化肥施用超标量	94.95 千克 / 公顷	14
		农药施用强度	8.07 千克 / 公顷	13
	社会发展	人均国内生产总值	34813 元	22
		服务业产值占国内生产总值比例	40.00%	17
		城镇化率	52.56%	16
		人均教育经费投入	1529.34 元 / 人	18
		每千人口医疗机构床位数	4.76 张	15
		农村改水率	79.93%	15

续表

一级指标	二级指标	三级指标	指标数据	排名
生态文明指数（ECI）	协调程度	环境污染治理投资占国内生产总值比重	2.68%	6
		工业固体废物综合利用率	64.92%	18
		城市生活垃圾无害化率	87.90%	20
		化学需氧量排放变化效应	11.35 吨 / 千米	15
		氨氮排放变化效应	1.15 吨 / 千米	15
		二氧化硫排放变化效应	1.31 千克 / 公顷	10
		氮氧化物排放变化效应	2.44 千克 / 公顷	8
		烟（粉）尘排放变化效应	1.25 千克 / 公顷	5

（参考：严耕等：《中国省域生态文明建设评价报告（ECI2015）》第 137 ~ 141 页，北京：社会科学文献出版社，2015 年。徐保军）

山西省生态学会

Ecological Society of Shanxi Province

学会紧紧围绕为绿色山西建设和经济发展服务这个中心，开展和完成濒危植物柳叶槐及五色槐繁殖技术研究、《山西省珍稀濒危植物调查》《山西省珍稀濒危植物生态图册》等工作。（席溢）

珊瑚礁生态系统

Coral Reef Ecosystem

珊瑚礁及其生物群落形成的整体，生物多样性丰富，是全球初级生产量最高的生态系统之一，被誉为“海洋中的热带雨林”。珊瑚礁由石珊瑚目的珊瑚虫的骨骼组成，珊瑚虫以捕食浮游生物为食，吸收钙和二氧化碳分泌石灰石。这些石灰石黏合石化后形成珊瑚岛与珊瑚礁。珊瑚礁因形状复杂为海洋生物提供生活场所，环境水体清洁，光照充足，为生物生长提供良好的自然条件。珊瑚礁生态系统中有大量初级生产者，如浮游植物、藻类、海草和珊瑚体内的虫黄藻等，为珊瑚、海葵、草食性动物、底栖生物以至鱼类及其他掠食者提供充足的饵料。珊瑚礁生态系统具有诸多功能：1. 具有防浪护岸效应，为红树林生态系统和人类提供安全的生态环境；2. 其中的生物迁移，能维持海洋生态平衡，促进海洋营养循环；3. 具有观赏功能，可制作珊瑚工艺品，开辟珊瑚礁旅游发展；4. 具有可开发的经济效益，珊瑚礁生态系统中的生物资源在医学、工业原料、建筑材料中都可为人类所用。（任傲尘）

珊瑚礁生态系统保护

Protection of Coral Reef Ecosystem

珊瑚礁生态系统保护是针对珊瑚礁所处环境及其中生物群落的保护措施。内容包括：1. 完善珊瑚礁生态系统保护相关法律法规；2. 加强珊瑚礁环境监测，开展生态安全技术研究；3. 规范渔民作业与捕捞方式，杜绝渔民破坏性渔猎行为；4. 制定珊瑚礁生态功能区划，合理利用珊瑚礁资源；5. 加大珊瑚礁生态系统保护宣传力度，使旅游者和渔民自觉维护珊瑚礁生态系统稳定等。珊瑚礁生态系统保护有益于珊瑚礁生态系统的生物多样性、生态环境与水质，是维护整个海洋生态系统的重要措施。（任傲尘）

陕西 2014 年生态文明建设状况

Eco-Civilization Construction in Shaanxi in 2014

2014 年陕西省生态文明指数（ECI）得分为 74.83，全国排在第 23 名。具体二级指标得分及排名情况见表 1。除去社会发展二级指标以后，陕西省绿色生态文明指数（GECI）为 62.46，全国排名第 19 位。陕西生态文明建设属相对均衡型，协调程度居全国上游水平，社会发展居全国中游水平，生态活力和环境质量欠佳，居全国中下游水平。生态活力方面，建成区绿化覆盖率、森林质量及森林覆盖率均居于全国上游水平，但自然保护区的有效保护和湿地面积占国土面积比重都处于全国下游水平。环境质量方面，农药施用强度低，居全国第3位，地表水体质量居于全国中上游水平，但环境空气质量、水土流失率都居于全国下游，化肥施用超标量过巨，全国排名最末位。社会发展方面，人均国内生产总值、每千人口医疗机构床位数及人均教育经费投入都位于全国中上游水平，城镇化率处于全国中游偏下水平，服务业产值占国内生产总值比例和农村改水率居于全国下游。协调程度方面，城市生活垃圾无害化率、氨氮排放变化效应、二氧化硫排放变化效应、氮氧化物排放变化效应均位于全国中上游，环境污染治理投资占国内生产总值比重、化学需氧量排放变化效应、以及工业固体废物综合利用率都居于全国中游偏下水平，烟（粉）尘排放变化效应居于全国下游水平。综合来看，陕西作为全国水土流失最为严重的省份之一，全省水土流失面积占全省总面积的61.44%，水土流失综合治理一直是陕西的一项重要任务；得益于陕西近年来大力施行的生态环境建设措施，森林覆盖率、建成区绿化覆盖率等有了好转，但环境空气质量、化肥施用超标等问题依旧；依托自身历史和文化底蕴，发展特色服务也是值得陕西考虑的一个方向。

表1　2014年陕西生态文明建设二级指标情况

二级指标	得分	排名	等级
生态活力（满分为43.20分）	24.69	20	3
环境质量（满分为36.00分）	19.60	22	3
社会发展（满分为21.60分）	12.38	17	3
协调程度（满分为43.20分）	18.17	11	3

表2　陕西2014年生态文明建设评价结果

一级指标	二级指标	三级指标	指标数据	排名
生态文明指数（ECI）	生态活力	森林覆盖率	41.42%	10
		森林质量	46.40立方米/公顷	12
		建成区绿化覆盖率	40.19%	11
		自然保护区的有效保护	5.67%	21
		湿地面积占国土面积比重	1.50%	28
	环境质量	地表水体质量	71.30%	14
		环境空气质量	43.01	26
		水土流失率	61.44%	27
		化肥施用超标量	341.25千克/公顷	31
		农药施用强度	3.04千克/公顷	3
生态文明指数（ECI）	社会发展	人均国内生产总值	42692元	13
		服务业产值占国内生产总值比例	34.90%	28

续表

一级指标	二级指标	三级指标	指标数据	排名
生态文明指数（ECI）	社会发展	城镇化率	51.31%	18
		人均教育经费投入	1827.16元/人	12
		每千人口医疗机构床位数	4.92张	9
		农村改水率	40.22%	30
	协调程度	环境污染治理投资占国内生产总值比重	1.38%	17
		工业固体废物综合利用率	63.52%	20
		城市生活垃圾无害化率	96.44%	11
		化学需氧量排放变化效应	9.74吨/千米	17
		氨氮排放变化效应	1.35吨/千米	14
		二氧化硫排放变化效应	0.79千克/公顷	14
		氮氧化物排放变化效应	1.03千克/公顷	15
		烟（粉）尘排放变化效应	−1.58千克/公顷	27

（参考：严耕等：《中国省域生态文明建设评价报告（ECI2015）》第275～280页，社会科学文献出版社，2015年。徐保军）

陕西省环境科学学会

Shaanxi Province Society for Environmental Sciences

成立于1982年。学会在传播科学思想，普及科学知识，弘扬科学精神，促进学术繁荣，推动环境科学技术创新以及为陕西省环境保护决策管理提供咨询服务等方面，做了大量卓有成效的工作，为陕西环保事业做出了独特而重要的贡献，同时赢得很高社会声誉。学会现有500多名个人会员，50多家单位会员，涵盖环境科学技术的各个领域，代表陕西省环境科技与产业领域的主要力量。（席溢）

陕西省妈妈环保志愿者协会

Shaanxi Volunteer Mothers Association for Environmental Protection

成立于1997年10月，2005年9月在陕西省民政厅正式注册登记，业务主管单位为陕西省妇女联合会。协会致力于推动妇女参与环境保护，促进家庭与生态和谐发展。现有个人和团体会员1200余人，主要是热心环保事业的妇女及社会各界人士，专职工作人员6人。宗旨：倡导低碳家庭新理念，推动家庭节能减排，动员更多的妇女及其家庭，践行绿色生活，创建低碳家园。主要项目：1. 农村妇女环境能力建设。2006年至2010年，协会通过项目实施，相继对28个县区48个村庄的2594名村妇女干部、骨干和村民进行环境能力建设培训，推动农村低碳家园创建。

2. 推动农村生态能源建设。2005年协会与联合国环境全球五百佳香港吴方笑薇女士合作，启动向日葵行动农村沼气生态家园示范户创建项目。截至2011年8月，已在陕北、关中、陕南创建沼气项目村36个，沼气生态能源示范户1455户，连前累计，创建沼气项目村58个，沼气生态能源示范户2574户，推动农户改圈、改厕、改灶，利用沼肥发展绿色果业，增加农户收入，改善村庄环境卫生。3.2007年至2011年，协会通过项目实施，相继在志丹、安塞、白河、蒲城、合阳县的6个村和靖边一棵树生态小区建设环保节能型集雨窖458口和人畜饮水工程一处，沙漠育苗、旱塬红提葡萄节水滴灌工程800亩，

共解决565户1710人的日常生活和生产用水。4.灾害救助及灾后重建。2008年汶川5.12地震至2011年，协会通过项目实施，先后在陕西省受灾地区宁强、紫阳、南郑、洋县28个村实施紧急救援项目，发放大米、食油、石棉瓦、水泥、输水管道、药品等物资471.27吨，3696户10325人得到及时救助。2009年到2011年，协会通过项目实施，在宁强、太白县的5个村实施灾后村组道路、桥梁修建、沼气生态家园户、无公害大棚蔬菜、卫生厕所建设等综合生计扶贫项目，受益496户2081人。5.公众环保活动。协会与妇联、政府部门、民间组织联合，在全省开展百万家庭义务植树绿染三秦、手拉手捡回一个绿色希望活动的基础上，2006年以来又相继启动节能减排走进社区家庭、描绘身边绿色倡导低碳生活、换树1＋1家庭低碳行动等活动，共向居民及各地市发布袋子1.76万条，宣传册1.5万册，宣传画1500套，建立10个绿色社区示范点；建立妈妈环保示范林1.5万多亩；形成妈妈、儿童、高校学子、政府部门联手合作的公众参与环保活。（席溢）

陕西省野生动植物保护协会

Shaanxi Wildlife Conservation Association

成立于1984年11月23日，是野生动物保护管理、科研教育、驯养繁殖、自然保护、渔猎工作（生产）者和广大野生动物爱好者自愿组成的全省性群众团体。现有个人会员20000多人，团体会员20个左右。下设基金管理、科普宣传、科技咨询和组织管理4个工作委员会。同时还设有养殖、法律咨询、自然保护区、对外交流、植物保护等小组。（席溢）

善恶业报论

The Theory of Good and Evil Karma

善恶报应论是中国佛教伦理的理论基础。在佛教理论中，善恶与业报轮回直接相关，认为净染不同的业力决定轮回的不同果报。净业即善业，染业即恶业，善业、恶业在因果律的作用下形成善业善果、恶业恶果的善恶报应，善恶报应在时间空间上的作用范围不限于此生此地，而是业因与果报的因果关系延伸至前世、今世、来世三世，延绵不绝，形成三世二重因果业报轮回链。认为人们在现世的善恶作业，影响和决定个体来生的善恶果报，今生的境遇取决于前世的善恶修行，六道众生如果要摆脱生死轮回，脱离轮回苦海，就必须尽心向佛，勤修善业，以证善果，避免遭受恶果恶报。（雷爱民）

善根果报论

Good Root Karma Theory

善根果报论是佛教的因果业报论的重要内容，主张福报从善根中来，即行善积德者终将得善果。佛教因果业报论认为六道众生的行为皆会导致一定的后果，众生现世遭受的境遇与其前世行为相关，其现世的修行关系到来世的果报，佛教主张种善因得善果，有福报必有善根。（雷爱民）

善治

Good Governance

公共利益最大化的社会管理及其过程。本质特征在于，政府与公民对公共事务的合作管理，体现了政治国家与公民社会之间的新型关系。基本构成元素是：合法性、透明性、责任性、法治、回应和有效。（李庆）

商业为环境全球峰会

Business for Environmental Global Summit

是全球两大环境峰会之一，于2007年首次举办，主办单位包括联合国环境规划署、联合国全球契约组织、世界自然基金会及举办地政府。目的是为凝聚企业共识，寻求绿色发展，将世界各国领导及各大公司CEO召集起来分享和讨论解决当今世界面临的环境问题的办法。峰会通过网络、不同形式的讨论及创新的合作模式，为这种合作与共享提供桥梁和平台。会议讨论的问题主要包括：能源、自然资源安全、气候变化、水资

源管理及生物保护等方面。从 2007 年至今以在新加坡、巴黎、首尔、墨西哥等多个城市成功举办。（代富宇）

熵理论

Entropy Theory

熵概念最初由德国的物理学家克劳修斯于 1865 年提出来的，其间，科学家玻尔兹曼、薛定谔、普里高京、申农等都对熵理论的发展和应用做出贡献。克劳修斯在研究制冷机的基础上提出了热力学第二定律的一种表述：不可能把热量从低温物体传给高温物体而不引起其他变化。他完全采用宏观分析的方法得出：对于一个封闭系统，可逆过程的熵变 dS 与系统从外界所吸收的热量 dQ 和系统的温度 T 之间存在如下关系：$dS=dQ/T$，这被称为熵的克劳修斯关系式。玻尔兹曼熵关系提出以后，普朗克、吉布斯又对熵做进一步研究，对熵的解释更为明确。他们认为："在由大量粒子（分子、原子）构成的系统中，熵表示粒子之间无规则的排列程度。"熵理论的提出不仅在物理学成为人们的研究热点，在现实中的生命科学、人类社会发展以及生态环境领域都有重大的意义。（李雪姣）

《上帝在创造中的智慧》

The Wisdom of God Manifested in the Works of the Creation

英国博物学家约翰·雷晚年著作，英国 17 ~ 18 世纪重要博物学著作。这部著作既是当时自然神学的代表作，也是当时博物学知识最丰富、最全面的论述。博物学领域的经典著作，影响到近代生物学、环境伦理学等领域。全书汇集丰富的博物学知识，极具代表性地展示出当时学者们所关注与讨论的问题，内容涉及天体、元素、化石、植物、动物（包括虫鱼鸟兽）的构造等，详细论述地球构成及其形状、运动方式，以及人类与其他动物令人惊叹的身体结构以及世代繁衍的方式。约翰·雷认为自然之光足以使人们相信神的存在，从博物学中获得的现象与作用人人可见，可以相信，没有人能否认或置疑，认识万物的精妙可以让人类洞悉神的旨意。（雷爱民）

上帝中心论

Theocentricism

指以上帝创世为基本教义的神学目的论。基本教义有：人是造物主按照自己的形象创造出来的，世界万物可为人享有，为人而创造而存在，万物都要根据人加以解释；认为自然万物的存在都是上帝的巧妙安排，上帝之所以做出这样的安排，是因为上帝对人类特别关照。这种围绕上帝展开的创世论，是上帝中心论，同时也是神学目的论，或者说神学人类中心主义。这种观点认为，人类不仅在空间方位的意义上位于宇宙的中心，而且在目的的意义上也处在宇宙的中心位置。神学人类中心主义认为万物都要根据人来加以解释，实际上是万物都要根据神意或上帝之意来加以解释，神学人类中心主义的目的是要论证上帝的至善全能和对上帝信仰的合理性。（雷爱民）

上海 2014 年生态文明建设状况

Eco-Civilization Construction in Shanghai in 2014

2014 年上海生态文明指数（ECI）得分为 80.02，排名全国第 15 位。具体二级指标得分及排名情况见下表 1。去除社会发展二级指标后，上海绿色生态文明指数（GECI）得分为 59.54，全国排名第 23 位。上海生态文明建设属社会发达型，社会发展处于全国领先位置，生态活力、环境质量和协调程度都处于全国中游偏下位置。生态活力方面，上海湿地面积占国土面积比重全国第一，达到73.27%，自然保护区的有效保护、森林覆盖率和森林质量排名相对靠后，建成区绿化覆盖率排名居中。环境质量方面，水土流失率保持一贯优势，排名第一，但地表水体质量倒数第二，环境空气质量和化肥施用超标量居中游偏上水平，农药施用强度居中下游水平。社会发展是上海唯一排名靠前的二级指标，其中人均国内生产总值、服务业产值占国内生产总值比例、城镇化率、人均教育经费投入、农村改水率等都位列全国前三，仅每千人口医疗机构床位数居全国中游水平。协调程度方面，二氧化硫排放变化效应、氮氧化物排放变化效应、烟（粉）尘排放变化效应皆全国排名第一，工业固体废物综合利用率排名第二，城市生活垃圾无害化率、化学需氧量排放变化效应的排名、氨氮排放变化效应居全国中游水平，环境污染治理投资占国内生产总值比重全国排名倒数。综合而言，上海的生态文明发展较不均衡，社会发展有突出优势，但其他三项二级指标皆处于全国中下游水平，生态文明建设存在诸多问题，比如快速扩张的城市人口规模与有限的生态承载力之间的矛盾、产业能源结构不合理与"四个中心"国际大都市定位之间的矛盾、自身发展不均衡与作为生态文明建设引领者之间的矛盾，上海可以从稳定城市规模、开展立体化生态建设、构建高端产业结构、加强环境污染治理和联防联控等方面作为突破口进行生态文明建设。

表1　2014年上海生态文明建设二级指标情况汇总

二级指标	得分	排名	等级
生态活力（满分为43.20分）	23.66	24	3
环境质量（满分为36.00分）	20.80	15	3
社会发展（满分为21.60分）	20.48	2	1
协调程度（满分为43.20分）	15.09	24	3

表2　上海2014年生态文明建设评价结果

一级指标	二级指标	三级指标	指标数据	排名
生态文明指数（ECI）	生态活力	森林覆盖率	10.74%	28
		森林质量	27.36立方米/公顷	27
		建成区绿化覆盖率	38.36%	17
		自然保护区的有效保护	5.22%	23
		湿地面积占国土面积比重	73.27%	1
	环境质量	地表水体质量	6.40%	30
		环境空气质量	67.40%	9
		水土流失率	0%	1
		化肥施用超标量	60.79千克/公顷	10
		农药施用强度	13.30千克/公顷	20
生态文明指数（ECI）	社会发展	人均国内生产总值	90092元	3
		服务业产值占国内生产总值比例	62.20%	2
		城镇化率	89.60%	1

续表

一级指标	二级指标	三级指标	指标数据	排名
生态文明指数（ECI）	社会发展	人均教育经费投入	3027.21 元 / 人	3
		每千人口医疗机构床位数	4.73 张	16
		农村改水率	99.99 %	1
	协调程度	环境污染治理投资占国内生产总值比重	0.87 %	28
		工业固体废物综合利用率	97.12 %	2
		城市生活垃圾无害化率	90.58 %	18
		化学需氧量排放变化效应	10.32 吨 / 千米	16
		氨氮排放变化效应	2.47 吨 / 千米	11
		二氧化硫排放变化效应	10.12 千克 / 公顷	1
		氮氧化物排放变化效应	17.39 千克 / 公顷	1
		烟（粉）尘排放变化效应	5.09 千克 / 公顷	1

（参考：严耕等：《中国省域生态文明建设评价报告（ECI2015）》第 165 ~ 171 页，北京：社会科学文献出版社，2015 年。徐保军）

上海浦东新区

Pudong New District of Shanghai

上海的直辖区，我国第一个国家级城市新区，范围包括黄浦江以东到长江口之间的三角形区域，南面与奉贤区、闵行区接壤，西面与徐汇、卢湾、黄浦、虹口、杨浦、宝山 6 区隔黄浦江相望，北面与崇明县隔长江相望。1990 年浦东新区正式开发开放，标志着我国经济改革和对外开放进入区域性试验阶段。作为国家级战略，浦东新区建设能够服务全国，对周边地区的体制创新的示范效应和周边商业机会的外溢效应得到显著发挥，同时成为中国制造业从传统结构向现代结构转型的重要契机。作为上海市的直辖区，浦东新区建设有助于解决上海发展过程中的经济、社会和环境问题，不断强化上海的综合实力，有助于上海代表国家利益参与亚太乃至国家范围的世界级城市间的竞争。（张沥元）

上海市环境科学学会

Shanghai Society for Environmental Sciences

成立于 1978 年 8 月。是上海市专门从事环境保护事业的非营利学术性社团组织。由环境科学、环境工程、环境管理、环保产业等部门的科技工作者及相关企事业单位自愿组成。本会主管单位为上海市科学技术协会，受上海市环境保护局行政和专业指导。学会办事机构隶属上海市环境保护局领导。宗旨：团结和组织广大会员，开展环境科学领域的研究与交流，发展环境科学技术，繁荣环境保护事业，促进可持续发展方略的实施。为防治污染、保护生态，不断提高城市环境质量，推进经济、社会与环境的协调发展服务。工作任务：组织开展学术交流、调查研究，促进环境科学技术发展；推广先进的环境保护技术与产品，提供科学技术咨询和技术服务；开展环境科普宣传和教育，提高公众环境意识，提供环境保护技术培训服务。组织开展国内外环保科技交流、友好交往和相互合作等。分支机构：设有学术与国际交流、教育与科普、组织等工作委员会；水环境、大气环境、固体及辐射、环境声学、环境监测、环境医学、环境管理、环保工业 8 个专业委员会以及技术咨询开发部。这些机构利用自身优势，组织本领域的专家开展活动。（席溢）

上海市生态文化协会

Shanghai Eco-Culture Association

成立于 2014 年，是全国第 18 个省级生态文化协会。以弘扬生态文化，倡导绿色生活，共建生态文明为宗旨。协会立足于社会，着眼于引导，致力于文化，做生态文明建设实践的推动者，运用内涵丰富的跨行业平台，会同各相关支持单位，陆续推出生态文化小区创建、绿色办公室创建、生态文化村评选、花开上海、森林之约、我爱自然、绿色账户、文明餐桌、环保小卫士和低碳出行你我行等美丽上海，绿色生活 10 大公益活动，为生态文明建设履行社会责任。（席溢）

上海市生态学学会

Shanghai Ecological Society

成立于 1981 年，集合上海市生态学界德高望重、成绩卓著的生态学家。学会立足上海，面向全国，放眼世界，为科学进步、经济发展、保护人类美好的家园做出自己的贡献。地址：上海市邯郸路 220 号复旦大学生命科学学院转上海市生态学学会。（席溢）

上海市野生动植物保护管理站

Shanghai Wildlife Conservation Management Station

主要职能为：参与拟定、实施野生动植物和湿地资源保护、发展和利用的规划，拟定并组织实施陆生野生动物疫源疫病监测防控与体系建设规划；组织开展自然保护区、湿地保护小区、禁猎区、湿地（森林）公园和野生动植物重要栖息地等区域范围内的资源保护和管理；受行政主管部门委托，依法查处破坏野生动植物、湿地资源和国家、地方重点保护野生动物升息繁衍场所和环境生存条件的违法行为；开展野生动植物、湿地资源及其环境的调查、监测和评估，并建立资源档案；承担野生动植物保护相关行政许可事项的日常监管；拟订野生动植物和湿地保护管理、陆生野生动物疫源疫病监测的标准、规范并监督实施，开展相关技术的研究示范和应用推广；组织实施野生动植物的救助收容和危害防范，指导野生动植物物种鉴定和陆生野生动物疫源疫病初检工作，提供物种鉴定等技术支撑，组织指导鸟类环志工作；组织开展野生动植物和湿地保护、陆生野生动物疫源疫病监测防控的教育宣传和知识普及工作等。（席溢）

上海市野生动植物保护协会

Shanghai Wildlife Conservation Association

由野生动植物保护管理、科研教育、驯养繁殖、引种栽培、自然保护和本市热心于野生动植物保护的人士自愿组成的专业性、非营利性、具有独立法人资格的全市性社会团体，是发展上海市野生动植物保护事业的重要社会力量，是党和政府联系我市广大热衷于野生动植物保护人士的桥梁和纽带。宗旨是：团结广大热心于野生动植物保护的人士，遵守国家宪法、法律、法规和国家政策，遵守社会道德风尚，在国家野生动植物保护方针的指导下，组织和联合社会力量，通过广泛的宣传教育和科学普及活动，提高全市人民的自然保护意识；加强同国内外野生动植物保护组织的交流与合作，促进野生动植物保护科学技术的发展，拯救珍稀濒危物种，保护生物多样性，全面发挥其生态效益、社会效益和经济效益，推进上海地区野生动植物保护事业的协调发展。挂靠上海市绿化管理局（市林业局），接受中国野生动物保护协会、中国野生植物保护协会，业务主管单位上海市建设和交通委员会和社团登记管理机构上海市社团管理局的业务指导和监督管理。业务范围：1. 组织社会力量，积极配合野生动植物行政主管部门开展野生动植物保护及国家有关方针、政策、法令的宣传教育。2. 根据主管部门的委托，开展野生动植物资源调查和监测；进行物种鉴定、科学研究、业务培训、技术咨询等方面的工作。3. 在国内外募集保护野生动植物的资金，为本市野生动植物资源及其栖息环境保护、珍稀动物驯

养繁育、珍稀植物引种栽培和自然保护区发展寻求各方面的支持。4. 积极开展学术交流、科学考察等活动；同国内外野生动植物保护和自然保护组织加强联系，进行国际国内的合作和交流，借鉴先进经验，促进上海地区野生动植物保护事业发展。5. 与国内外相关机构联合，组织开展国际狩猎、生态旅游等野生动植物资源的开发利用活动。6. 为野生动植物保护管理、驯养繁殖、引种栽培、经营利用的相关单位提供技术咨询和服务。7. 组织编辑、出版、发行野生动植物保护的书籍及相关音像制品。8、对从事或支持野生动植物保护工作，或在保护、发展和合理利用野生动植物资源方面做出显著成绩的单位和个人进行奖励或授予荣誉。（席溢）

上海野鸟会

Wild Bird Society of Shanghai

成立于 2004 年，是由上海市热心于野生鸟类保护的人士自愿组成的，在上海野生动物保护协会指导下正式注册的专业性、非营利二级社团法人。主要开展上海及周边野生鸟类资源调查和监测、野鸟救助、观鸟推广与相关鸟类及其栖息地保护的科普宣传工作。宗旨：通过观鸟推广、鸟类救助、鸟类资源调查以及相关的宣传教育工作，以达到保护野生鸟类及它们的栖息地的目的，进而促进整个生态自然环境的保护。（席溢）

上善若水

The Greatest Virtue Is Like Water

语出《道德经》：“上善若水，水善利万物而不争，处众人之所恶，故几于道。居善地，心善渊，与善仁，言善信，政善治，事善能，动善时。夫唯不争，故无尤。”上善若水，水无定形，在方法方，在圆法圆，无所滞碍，与自然万物和谐相处，无争无违，同时又润泽涵养万物，涵容万方，不与万物发生矛盾冲突，常处在众人不注意或不愿处在的地方。老子认为水的德性是最接近于道的，因此，他倡导人们像水一样，无争无求而又能泽被万物。（雷爱民）

上院

House of Lords

两院制资本主义国家的代议机构的重要组成部分，有的国家也称为上议院或参议院。始于英国的贵族院，后为一些资本主义国家所效仿。一般，它比下院有较大的保守性。上院的议员有的是世袭，有的由国家元首指定，有的则是敕任或特任的终身制。也有的上院议员通过选举产生，但往往附带一些特别的限制，如身份限制等，任期也比较长。多数国家的上院更具荣誉性。有的国家（如美国）上院有高级官吏的任免、批准缔结条约、审判被弹劾的官吏等权力。英国的上院，同时又是最高的司法机关。（李庆）

芍陂

Que Irrigation Engineering

又名安丰塘，位于今安徽省寿县南，是淮河流域著名古陂塘灌溉工程。春秋楚庄王时期由孙叔敖创建（一说为战国时楚子思所建），孙叔敖十分热心水利事业，采取各种工程措施，带领人民大兴水利，修堤筑堰，开沟通渠，发展农业生产和航运事业，为楚国的政治稳定和经济繁荣做出贡献。当上楚国令尹之后，孙叔敖根据当地的地形特点，组织人民修建工程，将东面的积石山、东南面龙池山和西面六安龙穴山流下来的溪水汇集于低洼的芍陂之中。修建 5 个水门，以石质闸门控制水量，“水涨则开门以疏之，水消则闭门以蓄之”，大旱时有水灌田，同时避免水多洪涝成灾。后来孙叔敖又在西南开了一道子午渠，上通淠河，扩大芍陂的灌溉水源，使芍陂达到“灌田万顷”的规模。根据《汉书·地理志》，西汉设陂官专管灌溉维修。东汉建初八年（公元

83)，王景修芍陂稻田。芍陂引淠入白芍亭东成湖，东汉至唐可灌田万顷。《水经·肥水注》详述芍陂源流，工程规模，指出陂有5门（水口），吐

纳川流；隋代经整修增辟为36门。延续到宋代，这36水口仍可起到按照水量出入增减、调节灌溉用水先后次序的作用。明嘉靖《寿州志》详记当时36门的具体名称及其经流地点，灌渠总长达783里。1949年后经过整治，现蓄水约7300万立方米，灌溉面积4.2万公顷。2500多年来一直发挥不同程度的灌溉效益。（参考：刘青：《孙叔敖与河南水利》，《河南水利与南水北调》2011年3期第36页。朱配辰）

少数民族生态文化

Eco-culture of Ethnic Minority

指少数民族在一定的自然地理环境中演化形成的那些与自然资源息息相关的生产方式、生活方式，以及与之相适应的一整套与自然资源紧密相连的朴素的保护自然的思想和行之有效的方法。民族地区原住民千百年形成的风俗习惯、生产生活习惯、神话传说等是一种生态，一种凝结人类智慧，肇始于自然又升华于自然的与自然生态并行不悖的民族生态文化。既包含有形的物质文化，但更多体现在无形的精神文化方面，在自然观、价值观、生活方式、风俗习惯、心理特征、神没兴趣、宗教信仰等方面表现得尤为鲜明。生态文化分为物质层面、制度层面和精神层面三种。物质层面指维护生态平衡、保护自然资源的物质生产手段和消费手段，指服饰、生产生活方式、聚落设置等；制度层面指维护生态平衡、保护自然资源的社会结构、社会机制、社会规约和制度，指村规民约等；精神层面指尊重自然资源、保护自然资源、亲近自然资源的思想观念和价值体系，指宗教、图腾等文化现象。这种自然资源敬奉为神灵的文化信仰，是对超自然力的畏惧和崇敬，客观上有效保护自然资源、维持自然界的生态平衡。少数民族聚居地的地址、地貌、气候、水文、土壤、植被等环境条件变化多样，形成不同的河流形态和各具特色的景观。正是在这种复杂的自然生态环境背景下，形成具有不同文化风格的众多民族。对于他们而言，土地、河流、山脉远不止是他们作为渔人、猎人或农夫的生存基础，具有深刻的文化涵义。有效的保护少数民族生态文化的重要途径是保护与恢复文化生境。（牟世晶）

少数种族权利运动

Ethnic Minority Rights Movement

少数种族权利是因种族、民族、宗教、阶级、语言、性别分野而产生的少部分人的权利，或者是部分少数团体的集体权利。少数种族权利运动是捍卫少数种族权利的运动，包括全球妇女运动、全球同性恋权利运动、全球女同性恋权利运动以及非裔美国民权运动、儿童权利运动、难民权利运动等。关于少数种族的权利问题，首先在1814年的维也纳代表大会上被提出，讨论德国犹太人和波兰人的命运。由于全球少数种族权利的运动的发展，许多国家和地区，以及一些国际组织包括联合国、欧盟等，都设立了专门保护少数种族权利的机构，出台保护少数民族权利的条例、法令等。（王聪聪）

少私寡欲

Reduce Selfishness，and Hold Few Desires

语出老子《道德经》：“绝圣弃智，民利百倍；绝仁弃义，民复孝慈；绝巧弃利，盗贼无有。此三者，以为文不足，故令有所属，见素抱朴，少私寡欲，绝学无忧。”少私寡欲，强调人们不要自私用智，自以为是，要清静无为，管控个体欲求，

从而达到对物欲与自我的超越，即无为而利物，无己而胜物。（雷爱民）

《设计结合自然》

Design with Nature

英国著名环境设计师伊恩·伦诺克斯·麦克哈格的代表作，出版商 Wiley1969 年出版。1971 年获全美图书奖，具有里程碑意义的专著。作者以丰富的资料、精辟的论断，阐述人与自然环境之间不可分割的依赖关系、大自然演进的规律和人类认识的深化。作者提出以生态原理进行规划操作和分析的方法，使理论与实践紧密结合。书中通过许多实例，详细介绍这种方法的具体应用，对城市、乡村、海洋、陆地、植被、气候等问题均以生态原理加以研究，并指出正确利用的途径。麦克哈格教授是英国著名环境设计师、规划师和教育家，宾夕法尼亚大学风景园林设计及区域规划系创始人、系主任。他在运用生态学原理处理人类生存环境方面做出特殊贡献，曾多次获得荣誉，有 1972 年美国建筑师学会联合专业奖章、1990 年乔治·布什总统颁发的全美艺术奖章及日本城市设计奖。中译本译者芮经纬，北京：中国建筑工业出版社 1992 年出版。（王薛时）

社会冲突理论

Social Conflict Theory

广泛存在于现当代西方社会学、政治学、哲学等学科中的以社会冲突向度作为理论阐释依据的社会思潮，并非专门的理论学派。早期代表人物马克斯·韦伯是社会冲突理论的奠基人。其后，法兰克福学派的马尔库塞、哈贝马斯也对冲突理论多有论述。作为侧重于社会结构及其矛盾的理论分析方法，与马克思主义的历史唯物主义有着一定的关联性，而且，对现当代资本主义社会内部普遍存在的紧张、冲突、对抗等社会矛盾现象的关注，也有助于得出一些正确的结论。（徐越）

社会脆弱性

Social Vulnerability

指在人类改造自然和人类社会的过程中通过生态、社会灾害显现出来的易破坏性。目前学界对于生态脆弱性尚未形成统一的概念，主要的理论有：1. 冲击论。核心是将社会脆弱性视为灾害对人类及其福祉的冲击或潜在威胁。2. 风险论。核心是将社会脆弱性视为灾害危险发生的概率。3. 社会关系呈现论。核心是将社会脆弱性视为在灾害发生前即存在的状态。4. 暴露论。核心将社会脆弱性界定为系统、次系统或系统成分暴露在灾害、干扰或压力的情形下所受到的伤害程度以及造成损失的潜在因素。社会脆弱性特征包括：1. 自然因素或人为因素扰动，主要包括自然灾害、气候变化、资源衰退、环境污染、土地利用变化等，可能源于社会系统之外或社会系统自身，也可能受多重压力影响。2. 社会系统的内在结构特征是社会脆弱性产生的主要原因，外部扰动是社会系统脆弱性变化的驱动因素，扰动对社会系统施加的影响并不均衡，取决于系统的结构特征和应对能力，扰动与社会系统之间的相互作用加剧或缓解了社会脆弱性状态。3. 社会脆弱性描述暴露于扰动过程中社会群体的敏感性特征及其对扰动的应对能力特征，因此，它是关于暴露度、敏感性和应对能力的函数。4. 社会脆弱性具有明显的尺度特征，包括社会系统中的个体、家庭和群体尺度以及空间上的地方、区域和国家尺度。（参考：周利敏：《社会脆弱性：灾害社会学研究的新范式》，《南京师大学报》（社会科学版）2012 年第 4 期第 20 ~ 28 页；黄晓军等：《社会脆弱性概念、分析框架与评价方法》，《地理科学进展》2014 年第 11 期第 1512 ~ 1525 页。朱配辰）

社会达尔文主义

Social Darwinism

用生物界的自然选择和生存竞争规律解释社会现象的理论。流行于19世纪末，主要代表为英国的斯宾塞和美国的索姆奈、德国的朗格等。它将马尔萨斯的人口理论和达尔文的生物进化理论糅合在一起，认为社会服从于生存竞争和自然选择的规律，社会的不平等和阶级的划分是由于个人天赋的不同。主张剥削者是强者、适应能力最高者，被剥削者是弱者、劣者；弱肉强食，优胜劣汰，适者生存，不适者被淘汰；是不可抗拒的自然规律，甚至是社会发展的动力。现代社会达尔文主义者认为，在科学技术进步的条件下，虽然自然选择的作用减弱了，使那些“不及格的人”也能生存下来，但那些“不及格的人”的“繁殖太多是造成社会灾难的根源”。在对待社会的问题上，社会达尔文主义成为帝国主义和种族主义政策的哲学基础，支持盎格鲁－撒克逊人或雅利安人在文化上和生理上优越的说法。恩格斯曾批判这一理论“是马尔萨斯主义和达尔文主义的混合物”。人类社会有着不同于生物界的特殊的、高级的运动规律，把自然选择和生存竞争直接搬用到人类社会，混淆了高级运动和低级运动形式的质的区别。中国近代思想家严复曾翻译和评述赫胥黎的《天演论》，传播社会达尔文主义思想，试图以“物竞天择”“适者生存”的进化论思想唤起国人救亡图存，对当时思想界影响很大。社会达尔文主义在20世纪衰落，因为生物学知识和文化现象知识的领域不断扩大，足以驳斥而不支持其基本信条。（李庆　牟世晶）

社会党

Socialist Party

亦称社会民主党、社会民主工党、工党。1869年德国社会民主工党成立，又称爱森纳赫派。1871年巴黎公社失败后，欧洲各国的社会主义者分别成立了社会民主党或社会党，并于1889年联合成立了第二国际。当时的社会党，是欧洲各国新生的无产阶级政党的通称。第二国际在恩格斯的指导下，早期曾对工人运动起过积极作用。恩格斯逝世后，由于内部的机会主义迅速增长，除了俄国社会民主工党（布尔什维克）外，绝大多数的社会民主党都蜕化成为主张社会改良的资产阶级政党，成为资产阶级在工人运动中的代理人。它们否定无产阶级革命和无产阶级专政，力图使工人运动服从资产阶级利益，巩固资产阶级统治。在第一次世界大战中，它们公开站在帝国主义立场上，支持本国政府参加帝国主义战争。十月革命胜利后，它们反对十月革命，反对无产阶级专政，分裂和破坏工人阶级队伍。此后，各国真正的马克思列宁主义者根据列宁的提议，抛弃了社会民主党这个在科学上不正确的名称，脱离了社会民主党，建立共产党。自此，社会民主党成为一支不同于苏联东欧共产党和西欧共产党的左翼政治力量。第二次世界大战后，许多社会民主党在十多个西欧国家执政，与各自国家共产党的关系也不尽相同。（李庆）

社会发展指标

Social Development Indicator

中国省域生态文明建设评价指标体系的四大核心考察领域之一，下设的三级指标包括人均国内生产总值、服务业产值占国内生产总值比例、城镇化率、人均预期寿命、教育经费占国内生产总值比例、农村改水率。这些具体指标的设立，主要是强调社会发展方面的政策引导，避免GDP崇拜，综合产业结构、城市化、农村福利共享与公共卫生发展等方面的状况来做评价。（张沥元）

社会化媒体

Social Media

基于Web技术和移动技术的应用，使沟通形式变为互动传播，被描述为消费者自主的媒体。本质上是促进沟通的在线媒体，人们在这一类在线媒体上谈话、参与、分享、交际和标记。这一点正与传统媒体相反，传统媒体提供内容，但是不允许受众参与媒体内容的创建和发展。能激发感兴趣的人主动地参与，模糊了媒体与受众的界限。优势在于能在媒体与用户之间双向传播，形成互动交流。具有强大的连通性，通过链接将多种媒体快速融合到一起。传统媒体是以媒介为中心的点对点的单向广播模式，社会化媒体则是基于个人为中心的星状网络模式。（参考：王明会等：《社会化媒体发展现状及其趋势分析》，《信息通信技术》2011 年第 5 期第 5 ~ 10 页。张惠娜）

社会可持续性

Social Sustainability

可持续性或可持续发展的主要意涵之一，指可持续性在社会层面上的科学的、合乎生态与伦理的表现。社会可持续性与经济可持续性、生态可持续性共同构成可持续性的三个主要维度。社会可持续性在理论层面上关注科学性、生态性和伦理性；在实践层面上强调变革是社会的挑战。社会可持续性涉及领域包括：国际法与国内法、城市规划与交通、地方与个人的生活方式和消费伦理、人权与人的发展之间的关系、公私权力与环境正义、全球贫困与公民行动、消费道德观等。（徐越）

社会两难论

Social Dilemma

也称社会困境，描述的是个人利益和群体利益存在冲突的情景。道斯在 1980 年发表于《心理学年鉴》上的《社会困境》一文中指出，社会两难具有 4 个特征：1. 在短期内，不管其他人如何选择，个人做出自私（非合作）的选择，可以获得最大的利益。2. 相对于合作的选择，自私的选择总是对群体中的其他人有害。3. 如果所有群体成员都选择不合作，那么对个人的危害要超过个人的所得。4. 如果所有群体成员都选择合作，那么集体每个成员获得的福利都会增加。社会两难情景发生在各个方面，如资源两难、公共物品两难、最后通牒博弈、独裁者博弈、信任博弈、礼品交换博弈、第三者制裁博弈等等。社会两难研究关注合作，强调情绪和理性的统一，以使个人利益和群体利益达到最大化。在与环保相关的日常行为中，人们经常面临着集体利益与个体利益相冲突的情况。如开私家车出行，方便又舒适，但是汽车的尾气对空气造成污染、破坏环境，会损害大家的利益。生态消费是社会两难问题。解决生态消费的两难困境首先要识别人们拒绝生态消费的原因，并找到相应的策略以克服这些障碍。（参考：江林、张博、陈刚：《社会两难情境下的生态消费问题剖析》，《商业时代》2013 年第 4 期第 17 ~ 18 页。朱配辰）

社会生态工程

Social Ecological Project

指针对社会系统诸要素所进行的生态设计、实施与改造工程，是社会、经济、政治、文化等诸要素借鉴自然生态系统的物种共生互利与物质能量转化与循环原则建构类似的有机组合系统。社会生态工程是应用社会生态学的分支学科，是社会生态学具体工程应用领域的研究方向。1962 年美国生态学家 H.T.Odum 首先提出生态工程，并将其作为生态学专门的研究领域之一，称其为“生态工程学”。H.T.Odum 将生态工程学描述为人类为了管理和控制生态系统，利用来自于自然的生态能量来反作用于生态系统和自然环境。因此，生态工程学就是科学管理和利用生态系统各要素的学科，区别于传统局限于工农业方向的工程，并且也是自然生态系统中的一个方面。20 世纪 80 年代后，生态工程学在欧美逐渐发展壮大，对学科的不同解释路径也越来越多。1979 年生态学家马世骏首先在我国提出生态工程概念，并将其定义为利用生态系统能量循环与物质共生原理以及结构和功能协调原理，设计的对资源多层次、多维度利用的循环使用生产工艺。以生态工程方法为基础，开展社会—经济—自然复合生态系统的研究，达到社会生态系统得平衡协调发展。（参考：叶峻：《社会生态学的基本概念和基本范畴》，

《烟台大学学报》（哲学社会科学版）2001 年第 3 期第 252 ~ 256 页。欧阳文川）

社会生态控制论

Social Eco-control theory

社会生态控制论是同经验的、传统的生态学不同的新的综合学科，它研究的对象是生态环境在人—社会—自然的综合化、全球化趋势中形成的新关系。马克思主义科学哲学的信息“整合”（整体综合）创新方法运用于社会学和现代生态学的研究，开辟了新的天地，使生态问题同自然界、社会在控制论和信息高技术中达到高度的综合和统一，并成为社会生态控制论的重要哲学方法论的理论基础。由现代社会生态学到社会生态控制论的诞生经历了四个主阶段：传统的生物生态学的研究，主要探讨动植物界在自然环境下相互关系的功能和规律的发展；生态科学的形成，揭示自然生态系统的功能和结构以及对自然生态过程的合理控制等；汲取科学社会学和历史文化观念，探讨社会生态过程，换句话说，这一阶段对社会生态的研究已步入崭新的社会文化学研究阶段，并在自然科学、技术科学的全面综合基础上展开对生态系统的社会研究；社会生态学和控制论理论与技术的融合并进入对现代社会生态控制的系统信息定量研究的新阶段。社会生态控制论对全球的生态环境的保护，防止自然资源的过度开发和浪费，维持全球的生态环境的平衡起着重要的控制和制衡作用。（参考：何毓德：《试论社会生态控制论的科学哲学基础》，《西安建筑科技大学学报》2000 年第 1 期第 6 ~ 9 页。牟世晶）

社会生态位

Social Niche

生态位是生物与其所在的生态系统之间的一种适宜性关系，确切说来就是生态系统中对于某种生物生存所必需的生态因子的集合或者生态系统中其他生态因子对于该种生物而言的适宜性程度。社会生态位是生态学理论与社会学之间的跨界学科—社会生态学的范畴。因为人本身的自然属性和社会属性的双重特性，这决定了人类社会也是一个由多元结构组成的复杂系统，它由来自不同背景的个人、团体和由特定时期的经济、政治、文化及其各种制度等要素组合而成，因此社会生态系统是由生命系统和由人创造的内外环境系统共同构成的。作为个体的人必定在社会各要素中占据一定的资源，在其社会地位以及相应的经济、政治和文化等方面享有一定的可支配性资源，这种在人类社会生态系统中的社会定位就是个人的社会生态位。由于社会生态位兼具社会特性和自然特性，因此其存在方式必定在层次、时空等方面具备差异性。比如人的社会生态位中的自然特性表现为个人对生存和活动所需要的食物、场所等基本资源，其层次性表现在个人、团体、城市、国家或者更大区域所需要的不同资源，其时空性表现在社会生态系统中的个人或者团体等主体因为自身选择所造成的变化和发展进一步导致其所处生态位的改变。（参考：吴彬：《社会选择与社会生态位的关系浅析》，《中南林业科技大学学报》（社会科学版）2009 年第 5 期第 14 ~ 15 页。欧阳文川）

社会生态系统

Social Ecological System

人类社会系统与其生存环境系统在特定时空的有机结合。社会生态系统的基本特征：1. 具有一定区域和范围的空间结构，如同级的平行结构、异级的层级结构、交叉的复合结构等；2. 具有一定时期和阶段的时间系列，如初创期、发展期、强盛期、衰弱期、死亡期等；3. 具有社会机体新陈代谢与不断进化的生命特征。4. 具有社会机体自动调控或自组织的功能特征。按其功能特征和结构要素划分，社会生态系统包括两大基本结构要素：环境要素和社会要素。环境要素，即生存环境，又分为无机环境、有机环境和社会环境。

无机环境是指无机物、光、温度等物理因子；有机环境是指植物、动物、微生物等生物因子；社会环境是指文化传统习俗、科学技术知识、伦理道德观念、社会组织状态等人文因子。社会要素，即人类社会，又分为社会生产群体、社会管理群体和社会败坏群体。按其社会职能和形态特征来划分，社会生态系统可以划分为不同类型：1. 实业生态系统，如工业、矿业、商业、农业、林业、畜牧业、水产业、服务业、加工业、制造业、信息业、教育业、科技业等产业（实业）生态系统。2. 运载生态系统，如以汽车、火车、飞机、飞艇、航天飞机、宇宙飞船、轮船、舰艇、潜水装置等为运载工具的运输生态系统，以及与此相对应的汽车站、火车站、飞机场、发射场、空间站、码头、船坞等配套生态系统。3. 文化生态系统，如各类学校、科研院所、天文台、气象台、观考站、影视场、展览馆、文化馆、博物馆、剧团、邮电局、电信局、电视台、电台、出版社、杂志社、报社、通讯社、祠堂、寺庙、教堂、藏经洞窟等文化活动生态系统。4. 民居生态系统，如居民小区、社区、宿舍区、别墅区、村落、牧区、渔区、旅游帐篷、旅舍、临时工棚、露宿点、野营等人居式生态系统。5. 军兵生态系统，如陆军、海军、空军、炮兵、海航兵、航天兵、战略部队、特种部队、野战部队、别动队、特遣队、后备队、教导队等，以及与此相对应的各种军营、兵站、防地、战地、训练营地、军车、军舰、军机等军事战地式生态系统。6. 管控生态系统，如政府、议会、法院、检察院、警察、公安、监狱、政党、社团以及跨国的各种政治、军事、经济、文化、社会集团等行政机关式生活系统。按其与环境进行物质、能量、信息交换的性质和程度来划分，社会生态系统可以区分为开环社会生态系统和闭环社会生态系统。社会生态系统与自然生态系统的区别主要表现在结构与功能两方面。从结构上看，自然界要早于人类社会而存在，但社会生态系统的结构比自然生态系统的结构更为复杂，这种复杂性不仅仅以人的生物性为基础，更大程度上源自于人的社会文化属性。从功能上看，因为结构复杂，所以社会生态系统的功能远比自然生态系统的功能更复杂，作用范围更加广泛。导致社会生态系统与自然生态系统出现差异的因素主要是人类本身、人的主体性、能动性以及人所创造的文化。（参考：叶峻：《社会生态系统：结构功能分析》，《烟台大学学报》（社会科学版）1998 年第 4 期第 13 ~ 19 页；马道明：《社会生系统与自然生态系统的差异性与相似性探析》，《东岳论丛》2011 年第 11 期第 131 ~ 134 页。**朱配辰　牟世晶**）

社会生态学

Social Ecology

研究人类社会和自然环境相互作用的科学。传统生态学研究的主要方法是将生物放在自然状态下进行研究，社会生态学研究的是作为社会主体的人与周围环境及各种事物之间的关系的学科，包括原生生态学、亚原生生态学和人文生态学。它们之间的划分以人这一社会主体为标准。目前，社会生态学的研究方向有：1. 从社会学的角度，研究社会文化与生态环境的关系，着重研究土地利用、土地利用模式变化和空间组合，这是社会生态学的社会学方向。2. 从社会生物学的角度，研究生物的社会行为，这是其行为科学方向。3. 从人与自然关系的角度，研究社会与自然界相互作用，这是人类生态学研究方向。社会生态学作为一个红绿生态政治理论与运动流派，在很大程度上与默里·布克金个人的名字联系在一起，他于 2006 年夏的辞世也使这一理论的未来走向呈现出一定程度的不确定性。默里·布克金在 20 世纪 60 年代中后期逐步创建这一哲学政治理论。主要代表作有《后稀缺时代的无政府主义》《走向一种生态社会》和《自由生态学》等。基本观点是，当代的生态环境问题植根于更为深层复杂的社会问题，尤其是统治性的等级制政治与社会体制，正是后者导致现代社会对“增长或是死亡”哲学的无条件接受。在布克金看来，除了那些纯粹的自然灾难，当今世界的绝大部分生态环境问题都有其经济、种族、文化和性别冲突的根源。布克金的著名论断就是：“人类必须统治自然的观念直接起源于人对人统治的现实。”抗拒或者替代这样一种资本主义政治与社会体制，很难通过个体性行动如伦理性的消费合作，而必须借助于基于激进民主理念的更加深刻的伦理思考和集体行动。（徐越　牟世晶）

《社会生态学的政治》

The Politics of Social Ecology

美国社会生态学家詹尼特·比尔的代表性著作之一，黑玫瑰图书出版社 1997 年出版。书中系统阐述默里·布克金的社会生态学思想，尤其是他晚年的自由进步的市镇自治主义。20 世纪 90 年代中后期开始，比尔将主要精力用于对布克金著述、手稿和讲演等的编辑整理。《社会生态学的政治》一书是这方面的研究成果。（徐越）

《社会生态学和公社主义》

Social Ecology and Communalism

挪威激进政治团体民主选择的创建者、绿色左翼杂志《生态公社主义》主编、社会生态学北欧学派代表性学者埃里克·艾格拉德的代表性著作，左翼 AK 出版社 2007 年出版。书中整理与概述美国社会生态学家默里·布克金社会生态学思想（特别是自由进步市镇自治主义思想）。（徐越）

社会生态哲学

Social Ecological Philosophy

也称为社会生态学哲学，指研究社会生态学的逻辑体系和系统架构、一般理论及其方法的学科，是社会生态学的哲学理论，属于科学哲学的一部分。由于是社会生态学的形而上层次的理论，因此对其研究具有指导作用。社会生态哲学的主要内容可以分为社会生态学的系统观、认识论、方法论等部分。系统观又包含社会生态系统在其结构、功能和效益三方面的系统观，结构系统观、功能系统观和效益系统观相互联系和影响，从不同层次反映社会生态系统内部生态因子的运作机理。社会生态哲学认识论的基本哲学范畴是生态系人和社会生态系统。生态系人是具有生态意识的人，是承担生态责任、与自然和谐共生的人；社会生态系统是人类社会以及与之发生练习的自然之间共同的生态系统。生态系人和社会生态系统之间遵循辩证唯物主义认识论原则。社会生态学的方法论正在经历从传统到现代的过度，具体来说，正在从静态描述转向动态分析、从定性研究转向定理研究、从微观研究转向宏观研究。（参考：叶峻：《社会生态学的基本概念和基本范畴》，《烟台大学学报》（哲学社会科学版）2001 年第 3 期第 252 ~ 256 页。欧阳文川）

社会生态转型

Social Ecological Transformation

指在全球化的今天，由于经济、社会、生态等领域危机的严重性与多重性，要解决包括生态危机在内的诸多危机，必须致力于综合性的深刻转型。这尤其是欧美绿色左翼学者近年来特别强调的理论观点。在他们看来：1. 社会生态转型首先是一种综合性转型。这种综合性转型需要借助唯物史观，一方面实现政治上掌控转型过程的核心主体（例如国家、变革先驱者与实施者等）的概念化，另一方面对转型客体的阐释要实现多样化。2. 社会转型理论更关注当代复杂社会关系的整体结构。社会转型理论致力于实现将各种社会关系的相互交织和矛盾运动，以及社会应对矛盾的机制的概念化。3. 社会生态转型是批判分析性概念。合理理解资本主义生产方式概念、规制理论与霸权理论、国家与管治理论，是社会生态转型概念阐发的重要基础。（徐越）

社会文化

Social Culture

社会文化是与基层广大群众生产和生活实际紧密相连，由基层群众创造，具有地域，民族或群体特征，并对社会群体施加广泛影响的各种文化现象和文化活动的总称。广义上的文化指人类社会历史实践过程中人类所创造的物质财富和精神财富的总和。狭义上的文化是指社会的意识形态以及与其相适应的文化制度和组织机构。文化属于历史的范畴，每一社会都有和自己社会形态相适应的社会文化，并随着社会物质生产的发展变化而不断演变。作为观念形态的社会文化，如哲学、宗教、艺术、政治思想和法律思想、伦理道德等，都是一定社会经济和政治的反映，并又给社会的经济、政治等各方面以巨大的影响作用。在阶级社会里，观念形态的文化有着阶级性。随着民族的产生和发展，文化又具有民族性，形成传统的民族文化。社会物质生产发展的历史延续性决定着社会文化的历史连续性。社会文化就是随着社会的发展通过社会文化自身的不断扬弃来获得发展的。社会文化的重要作用有：提高人民群众的生活质量，满足广大人民群众的文化需求。保障基层群众的基本文化权益，促进人的全面发展。巩固文化大发展大繁荣的群众基础，促进政治，经济和文化的协调发展。社会的文化结构主要是由社会意识形态构成的，是以社会意识形态为主要内容的观念体系的基本结构。社会意识形态是指反映一定社会经济形态、从而也反映一定阶级或社会集团的利益和要求的观念体系。那些不反映一定社会集团的利益和要求，在阶级社会中不具有阶级性的意识形态，如自然科学、语言学、形式逻辑等，这些非意识形态也是社会文化结构中的重要组成部分。（牟世晶）

社会运动

Social Movement

一般指社会团体为改变现行的社会制度（或社会制度的某些部分）所做的协调与持续性的努力，有时也指从事这种努力的社会团体。社会运动的范围很广，涉及政治、宗教、经济、文化、生活等各个领域。有些社会运动以激烈的方式进行，有些则采取较为温和的方式。社会运动是建立新的社会生活秩序的群众性事业，动力常是对社会现实的某些成分不满或对新的生活方式的向往。社会运动的主要特性有：积极性（全体成员积极参与）、累积性、社会性、组织性（严密的社会团体组织、严格的团体规范）、公认的团体领袖和指挥系统、有长期的分工与严密的合作活动、参加成员众多等。社会运动可划分为：一般社会运动（如妇女运动、和平运动、环境运动、青年运动）、特殊社会运动（如保护女婴运动、反奴隶运动、反核能运动）、抒情及时尚运动（社会风尚）、社会革命运动等。（李庆）

《社会运动的比较观点》

Comparative Perspectives on Social Movements

美国著名社会学家道格·麦克亚当的重要著作，1996 年出版。书中从比较的视角分析社会运动，强调意识形态和信念的作用、动员的机制和政治如何塑造社会运动的发展与结果。书中采用三个主要变量，即政治机会（正式结构和非正式权力关系）、动员结构（集团、组织和网络）、表达过程（集体行动中的认知和文化机制），解释各国的不同社会运动。书中选取案例包括苏联和东欧、美国、意大利、荷兰和西德。作者在较为系统的比较视角下分析草根阶层的社会运动和公共利益游说之间的关系，有助于理解社会运动和政治、国家、文化之间的复杂互动。（徐越）

社会正义原则

Social Justice Principle

绿色或绿党政治的重要原则（仅次于生态学和基层民主）。在绿色或绿党政治看来，生态环境问题不仅是生态环境本身的完整性与多样性遭到破坏的问题，也是相关社会群体权益以及自然环境独特价值的损害问题，因而是社会正义与环境正义的问题。作为基本的政治原则和要求，绿色或绿党政治主张，必须采用综合性的战略同时考虑生态可持续性和社会公平正义要求，不能让生态转型的社会负担由那些弱势群体过度分担。（徐越）

社会政策

Social Policy

指政府为解决广泛的社会问题而制定的计划、策略和措施。它是国家政权机构或政党的总政策的组成部分，反映了国家政权机构或政党的阶级实质和政治目标。社会政策具有鲜明的阶级性。在资本主义制度下，社会政策主要是指由资产阶级国家制定实施的、体现为关心人民群众生活需求的各种措施的总和，包括：1. 对工人的劳动条件进行法律调整，以便解决劳资冲突。2. 为失业者、老人以及其他丧失劳动能力者和多子女穷人家庭提供社会保障。3. 组织国民教育。4. 同社会病态现象即犯罪、吸毒、娼妓等做斗争。5. 环境保护措施，等等。社会主义国家共产党的社会政策可以归纳为如下三个方面：1. 在各个生活领域为人民群众创造越来越有利的生活条件：提高物质福利水平，发展社会主义文化，发扬社会主义民主。2. 形成与培育人们的合理社会需求。社会政策要考虑不同社会群体的特点，调整社会与其各成员之间的关系，形成和巩固社会主义的生活方式。3. 调整各劳动阶级和阶层之间的社会关系，完善社会主义的社会结构，不断巩固和加强工人阶级、农民和知识分子之间的友谊与联盟。在社会主义制度下，共产党的社会政策和国家政权机构的社会政策有机地结合在一起。（李庆）

社会主义

Socialism

社会主义思想可以追溯到17世纪英国的平等派和掘地派，甚至更早的柏拉图的《理想国》。一般认为，作为对工业资本主义的反动，现代社会主义产生于19世纪。社会主义的正统理论——科学社会主义由共产主义思想家马克思创立，目标是消灭以资产阶级剥削为基础的资本主义经济，在公有制基础上建立社会主义社会。19世纪末期以来，社会主义阵营内部不断分化，相继出现了列宁为代表的正统社会主义和温和的社会民主主义等。社会平等、公有制、计划经济、按需分配、无产阶级革命和专政是社会主义的基本原则。依据其历史发展，它的理论形态包括：空想社会主义、科学社会主义、革命社会主义和改良社会主义。（李庆）

社会主义生态女性主义

Socialist Eco-feminism

在生态女性主义思潮中，部分生态女性主义者继承马克思主义女性主义与历史唯物主义的学术传统，借鉴生态社会主义理论，发展为社会主义的生态女性主义学派。与经典马克思主义对生产的关注不同，社会主义生态女性主义更关注再生产，认为社会和生态的再生产维持生产关系，同生产关系一样影响了社会经济。与其他流派的生态女性主义相比，它更关注女性和环境统治背后的资本主义因素。认为资本主义和父权制相互促进，加深了妇女的受支配定位。资本主义和统治相关，必须用社会主义取而代之。社会主义生态女性主义者把研究视角指向形成男性、女性和自然之间关系的物质力量的分析，认为资本主义的基本矛盾不是资本和劳动之间的矛盾，而是生产与再生产之间的矛盾。能为资本主义市场创造价值，却与自然相剥离的男性的生产性活动得到承认，既符合人类天性又亲近自然的女性的再生产劳动却被忽略。这种对女性的边缘化和剥削不但使女性的地位下降，还促生生态危机。因此，社会主义生态女性主义主张，承认并依靠女性和自然的这种亲密关系将人类和自然从资本主义父权统治中解放出来，创建新型的健康社会。（徐越）

社会主义生态文明

Socialist Eco-civilization

指把生态文明建设和中国特色社会主义建设结合起来，将社会主义的价值理念融入社会经济、文化、生产的方方面面。具体表现有：1. 在文化价值观上，对自然的价值有明确认识，树立符合自然生态原则的价值需求、价值规范和价值目标。生态文化、生态意识成为大众文化意识，生态道德成为普遍道德，并具有广泛的社会影响力。2. 在生产方式上，转变高生产、高消费、高污染的工业化生产方式，以生态技术为基础实现社会物质生产的生态化，使生态产业在产业结构中居于主导地位，成为经济增长的主要源泉。3. 在生活方式上，人们追求的不再是对物质财富的过度享受，而是既满足自身需要又不损害自然生态的生活。人类个体的生活既不损害群体生存的自然环境，也不损害其他物种的繁衍生存。4. 在社会结构上，表现为生态化全面渗入到社会结构之中，从而使整个社会结构而不只是其中某些方面发生变化。在本质上，社会主义生态文明意味着不同于资本主义现实的替代性人与自然关系和社会与自然关系，是站在后现代文明时代背景上对人类文明未来可能状态的激情想象，对人类过去三个多世纪以来工业化与城市化制度和生产生活方式的批判性超越，对人类更悠久时间维度内构建的文明与进步理念，在测量尺度的深度检视基础上提出来的新的文明形态。它不能简单化理解为现实中资本主义及其文明的一种对立甚至超越状态。这个概念的提出，更多是基于我们国家对自身一个多世纪以来特别是改革开放以来现代化实践的理论反思与升华，基于我们对西方发达国家正在发生着的生态化经济政治转型的自觉认同，基于我们对自身所处的急剧变化着的一体化世界的重新感知。（刘中华）

社会主义生态学

Socialist Ecology

以社会主义意识形态为核心的生态社会政治思想的总和，一般情况下可以与生态社会主义或绿色社会主义互换使用。在现代生态环境问题日益突出、生态思潮与运动蓬勃发展的条件下，社会主义生态学主张将马克思主义和社会主义意识形态与生态学理念相结合，从而拓宽了社会主义理论与实践的视域。社会主义生态学的基本观点是，资本主义制度的不断扩张是当代人类社会贫困衰退、经济恶化以及全球生态危机等一系列问题的总根源，只有将生态学与社会主义相结合，消除资本主义制度，实现生态—社会重构，才有可能从根本上解决人类社会面临的上述问题。（徐越）

社会主义文艺生态建设主体精神

Subject Spirit in Socialistic Construction of Literature Ecology

当代生态文艺理论家曾永成在《社会主义文艺生态建设论纲》中提出的观点。曾永成认为，把文化看成历史给定的生存和交往方式的总和，从而崇拜文化生成的自发性，是文化热中的流行观念。这种观念抹杀文化作为“人化”成果和“人化”表现所具有的主体实践精神。崇拜文化自发性的人，把文艺和审美现实中存在的一切都看成是自然而然的，因而是合理的，从而拒绝价值区分和价值导向，把一切文化在价值维度上都平面化、碎片化。这种观念因此也必然拒绝理想，回遇崇高。人们还常把生态平衡与“归真返璞”连在一起，似乎愈原始、愈野性、愈粗鄙就愈是真生命，愈趋近生态平衡。社会主义文艺的生态建设，必须重视文化生成的自发性特征，又坚决反对文化自发性崇拜，应在共产主义崇高理想的照

耀下，高扬实践主体精神。（王薛时）

社会主义新农村建设

Construction of a New Socialist Countryside

指在社会主义制度下，按照新时代的要求，对农村进行经济、政治、文化和社会等方面的建设，最终实现把农村建设成为经济繁荣、设施完善、环境优美、文明和谐的社会主义新农村的目标。1. 经济建设：社会主义新农村的经济建设，主要指在全面发展农村生产的基础上，建立农民增收长效机制，千方百计增加农民收入，实现农民的富裕，努力缩小城乡差距。2. 政治建设：社会主义新农村的政治建设，主要指在加强农民民主素质教育的基础上，切实加强农村基层民主制度建设和农村法制建设，引导农民依法实行自己的民主权利。3. 文化建设：社会主义新农村的文化建设，主要指在加强农村公共文化建设的基础上，开展多种形式的、体现农村地方特色的群众文化活动，丰富农民群众的精神文化生活。4. 社会建设：社会主义新农村的社会建设，主要指在加大公共财政对农村公共事业投入的基础上，进一步发展农村的义务教育和职业教育，加强农村医疗卫生体系建设，建立和完善农村社会保障制度，以期实现农村幼有所教、老有所养、病有所医的愿望。生产发展，是新农村建设的中心环节，是实现其他目标的物质基础。5. 法制建设：社会主义新农村的法制建设，主要指在经济、政治、文化、社会建设的同时大力做好法律宣传工作，按照建设社会主义新农村的理念完善我国的法律制度。进一步增强农民的法律意识，提高农民依法维护自己的合法权益，依法行使自己的合法权利的觉悟和能力，努力推进社会主义新农村的整体建设。建设社会主义新农村必须依法进行，因此把保障农民利益和维护农民权利的相关制度用法律的形式确定下来，是依法推进社会主义新农村建设的必然要求。尽管宪法和法律对公民的权利和利益作了许多规定，但是在具体的法律制度方面，尤其是涉及农民切身利益法律制度方面还多有不完善之处而仍需大力加强，所以国家高度重视农村的法制教育与宣传工作，努力提高广大农民的法律认知。（史月田）

社会主义新农村文化建设

Cultural Construction of a New Socialist Countryside

社会主义新农村文化建设的内容包括加强农民思想道德教育、加强农村科学文化教育以及培养良好的农村社会风气。加强农民思想道德教育是社会主义新农村文化建设的重点和核心内容，因为思想道德集中体现着新农村文化建设的性质和方向，对农村经济政治的发展具有巨大的能动作用。加强农民的思想道德教育包括：1. 对农民进行党的基本理论、基本路线和农村基本政策教育；2. 对农民进行爱国主义、集体主义、社会主义教育；3. 对农民进行社会公德、职业道德和家庭美德教育；4. 对农民进行法制教育。教育科学文化既是物质文明建设和政治文明建设的条件，又是提高人民群众思想道德觉悟水平的重要前提。大力发展农村教育科学文化体现在：1. 大力发展农村基础教育；2. 大力发展农村职业技术教育；3. 大力发展农村成人教育；4. 开展科普教育，推广农业科技；5. 发展农村各项文化事业。移风易俗，培育农村良好的社会风气，既是农村文化建设的重要内容，也是建立良好的生活秩序，形成科学文明的生活方式，推进农村三个文明协调发展的重大力量。培育农村良好的社会风气体现在：1. 坚持不懈地对农民进行科学无神论世界观的宣传和教育。2. 加强科技宣传和科普工作，提高农民识别和抵制封建迷信的能力。3. 进行习俗文化教育。（李雪姣）

社会转型范式

Social Transformation Paradigm

社会转型范式是指在不同社会形态的转变过程中出现的范导原则或规范模式。社会转型是西方学者对作为后发国家现代化社会变迁所做的一种理论表述，最早是社会学者D·哈利在《现代化与发展社会学》中提出的。中国台湾社会学家范哲明在其《社会发展理论》一书中，开始把 Social Transformation 直接译为“社会转型”，并把发展与社会转型相联系，认为“发展就是由传统社会走向现代化社会的一种社会转型与成长过程”。社会转型理论真正在中国得到广泛认同是在 20 世纪 90 年代以后，指中国社会从传统社会向现代社会、从农业社会向工业社会、从封闭性社会向开放性社会的社会变迁和发展。社会学者徐家林在其著作《社会转型论——兼论中国近现代社会转型》一书中，将社会转型体系分为社会转型的发生学—动力学—类型学—过程论—目标论。发生学指社会转型发生的原因和条件；动力学包括社会转型的动力系统（即经济力量、政治力量、文化力量和社会力量）、动力群体（群体的利益、立场和行动）和动力特征；类型学指主导因素、目标与价值确定与否、开放程度和路径与策略选择的不同等，社会转型类型不同，相应的其解释功能和定位功能也不同；过程论指对社会转型过程的阶段性划分和影响这种阶段性划分的主要结构因素；目标论指不同社会阶段、不同国家社会转型的目标不同，呈现出来的特点和目标确立的策略也不同。关于社会转型理论的研究在目前尚未形成特定的范式，徐家林认为主要观点有两种：一类是现代化观。此类观点认为，社会转型指社会从传统型向现代型的转变，或者说由传统型社会向现代型社会转变的过程。另一类是社会发展观。此类观点认为，社会转型是特定的社会发展过程，其中除了仍脱不了现代化范式的影子外，重要特点是社会转型是一种整体性、全面性的社会发展过程。从主要内容看，有广义社会转型观、特殊的结构性变动观等；也有的学者从历史发展主体的视角理解社会转型，认为社会转型是代表着历史发展趋势的实践主体自觉推进社会变革的历史创造性活动。现代化理论的传统—现代分析模式、一元直线的发展观、西方中心主义等核心思想越来越受到人们的质疑甚至批判，特别是包括当代中国在内的许多国家新的社会变迁，使现代化理论的解释力大大降低，甚至颠覆现代化理论的预测。无论是现代化理论还是各种社会发展理论，都不能被借用来成功地进行社会转型研究，社会转型理论需要建立自己独立的研究范式指导社会转型的实践。（参考：于芳：《社会转型研究范式下我国新型城镇化建设研究》，《中共太原市委党校学报》2013 年第 6 期第 44 ~ 46 页；徐家林：《社会转型理论的范式构建》，《探索与争鸣》2008 年第 12 期第 34 ~ 36 页。朱配辰）

社会资本

Social Capital

相对于物质资本、私人资本等而言的概念，指个人、群体、社会、国家之间相互联系的组织结构特征，包括社会关系中的制度、规范、信任、威望、行动等方面，可以通过社会合作水平来提高社会的运行效率和社会整合度。社会资本概念由法国社会学家埃尔·布迪厄（P. Bourdieu）提出。他认为社会资本是能通过对体制化关系网络占有而获取潜在的或实际的资源集合体，社会资本通过个人或组织的有意识投资策略而形成，不是别的社会行动的副产品。他开创社会资本研究的社会网络分析先河。科尔曼从社会结构功能的层面，认为社会结构是可利用的资源，这种资源可以实现行动者的利益。社会结构的资源不但能成为增加个人利益的手段，而且社会结构资源对于达成集体行动具有重要作用，即社会资本是存在于一定共同体中的以信任、互惠及合作为核心要素和本质，以组织参与、关系网络、制度及非制度规范为载体的社会结构资源。社会资本的特征：1. 生产性，指国家、城市、社区及个人等的投资行为促进社会资本的形成与积累；2. 增殖性，指社会资本可以为行为主体赢得各种利益和效益；3. 过程性，指任何一种社会资本都经过产生、扩大及消亡的生命过程。（张沥元　李雪姣）

社会自由主义

Social Liberalism

又称左翼自由主义，或福利自由主义，在经济上采取凯恩斯的供给方经济学，强调政府干预，在社会哲学上看重公平多于效率，主张发展福利主义和社会规划。社会自由主义往往与高税收相联系，并且较关注平民百姓的利益。社会自由主义在20纪初（甚至19世纪末）就已出现，属于中间偏左的政治思想。在罗斯福新政之后，其新政思想结合更早以前的带社会主义色彩的福利自由主义，在后来体系化后，即成为社会自由主义。第二次世界大战后，社会自由主义运动常与工人阶级、工会运动联系在一起。社会自由主义者主张，资本主义与福利主义并行，即在自由的市场竞争的前提下，政府进行适当的干预与监督。它认为，自由市场不可完全自我约束，政府的干预是必要的，是为了确保有足够的自由。它主张政府为了保护公民，使之避免经济体系中某些时候的不公平，因而支持工资和工作时间的立法、组织工会的权利、失业与健康保险，为所有人改善受教育的机会等。（郇庆治）

社交媒体

Social Media

指允许人们撰写、分享、评价、讨论、相互沟通的网站和技术，人们彼此之间用来分享意见、见解、经验和观点的工具和平台。包括社交网站、微博、微信、博客、论坛、播客等等。社交媒体的迅猛发展一方面基于群众的广泛参与，一方面依赖于网络技术，尤其是WEB2.0技术的发展。如果网络不赋予网民更多的主动权，社交媒体就失去群众基础和技术支持，失去根基。如果没有技术支撑众多互动模式，众多互动产品，网民的需求无法释放。社交媒体是基于群众基础和技术支持得以发展。（张惠娜）

社区林业

Community Forestry

社区林业是一种以农户为主体的参与式林业，直接受益者是山区具有一定劳动能力的贫困农户。是在具体的地区（社区）内，以人民群众为主体，旨在满足其自身生存和发展所需的林业活动。社区林业活动的开展主要是在发展中国家，最早由印度林学家杰克·威士托比（Jack Westoby）于1968年在第9届英联邦林业大会上提出。从基本立足点看，它是从人类社会及生存环境的角度考虑人们关心的森林问题、贫困问题、发展问题；强调从调查研究入手解决实际问题；总是支持广大贫困人民的切身利益和发展愿望。从研究方面讲，社区林业是用社会科学和自然科学等多学科的研究方法阐述社会行为与林业的关系；从实践方面讲，社区林业的重点是从民间角度研究林业活动的特点与规律，运用这些规律发展林业，使人民从中获益。从根本讲，社区林业之所以具有强大生命力，是由于开展的林业活动能满足当地农民的多种需要，农民能参与林业活动规划、管理、收获和受益的全过程。社区林业的目标概括为：1. 促进人力资源的利用，鼓励经营退化的和边缘的土地，以阻止森林的破坏过程。因为当地人小范围的森林开发，与那些经特许的大范围的商品材开发相比，更有利于实现森林的可持续经营，更能够实现森林利用和自然资源保护之间的平衡；2. 通过提供就业机会、制度建设和提高农林业产出，促进乡村社区社会经济的综合发展；3. 满足乡村居民对林产品及森林服务的多种需求；4. 促进乡村居民对森林和树木资源经营的参与，并以此作为提高其自我依靠、自我管理能力的方式；5. 解决乡村人口中特殊弱势群体的需求，例如妇女群体和贫民；6. 社区经营应保护土著居民的文化整体性，并赋权于土著社区使其管理自己的传统资源。不难看出，这些目标都是符合生态良好的要求的。可以说，通过社区林业的实践可以促进生态良好的实现。实施社区林业子项目的基本思路是一个方法、两个意识，即参与式方法、社会性别意识、环境保护意识。1. 采用参与式方法，鼓励农户在自愿的前提下积极参与项目活动，帮助他们不断提高自身素质，学习致富技能，通过自主选择项目和活动，开发自家山场资源，提高现有山场的生产力，从而增加经济收入；2. 社会性别意识，重视妇女在社区发展中的作用，尊重妇女的社会地位，鼓励她们广泛参与社区林业项目，为她们创造更多的就业机会等，从而形成平等、和谐、民主、向上的社区环境；3. 环境保护意识则强调社区林业子项目必须坚持经济效益与生态效益相结合，社区发展与环境保护相统一的原则，走可持续发展的道路。（参考：胡延杰等：《社区林业：林业发展与生态良好的完美结合》，《世界林业研究》2001 年第 6 期第 63 ~ 69 页。朱配辰　李雪姣）

社群主义

Communitarianism

又称社团主义、共同体主义。作为强调团结互助、共同利益的积极价值的思想，存在于许多社会思想、学说中。严格地说，它不是单一的政治意识形态，而是理论立场基本一致的各种不同学说的统称。其中的左派包括无政府主义和空想社会主义，中派包括社会民主主义和保守党的家长主义，右派包括新保守主义和法西斯主义。现代社群主义产生于 20 世纪 80 ~ 90 年代，由著名学者麦金泰尔、桑德尔和艾特奥尼等发展成为特别的政治哲学。它致力于社群价值观和个人价值观的相互协调，试图制止个人主义过度发展的消极影响。它认为，个人离不开社群，社群是社会的基本组成单位，也是个人的基本归属。如果个人不受义务和责任的限制，那么社会整合和统一必然会受到损害。它批评自由主义个人权利优先原则、自由放任和弱国家原则，坚持“善”优先于个人权利，它的政治观点被称为公益政治学。（李庆）

社团

Corporation

按照特定利益和价值取向集合在一起，有组织地参与、影响政治事务和政府决策的社会组织或团体，包括各种形式的行会、商会、工会、俱乐部、兴趣爱好者协会等。一般来说，社团组织可分为三大类：社区性团体、制度性团体和协会性团体。社区性团体是自然形成的社会组织和团体，它的成员不是靠招募的，而是由出身天然形成的。家庭、部落、种姓组织、种族团体等都属于此类组织，但这类组织在现代政治生活中的影响正在淡化。然而，在发展中国家，此类组织依然发挥着重要作用，例如在非洲，血缘组织仍是利益表达的重要途径。制度性团体是政府内部产生的制度性利益群体，包括官僚、军事集团等。他们由于占据着正式的职位而形成，依赖于和受制于正式的制度和结构。由于他们直接参与决策过程，有着谋取利益的便利。协会性团体是由有着共同目标和利益的人们自发组成的组织与团体，西方社会中的压力集团是典型代表。在现代政治生活中，协会性团体可以分为不同种类，按照成员特征可分为企业主、产业工人、农场主、农民、教师、学生、退伍军人、教徒等的社团组织；按照自主性程度可分为自主性社团、依附性社团和合作性社团；按照法律地位可分为合法性社团和非法性社团；按照维护的利益可分为维护特殊利益的社团和维护公共利益的社团。社团是现代政治发展的标志，提供着政治沟通参与的多种渠道，不仅是实现政治制度化和政治稳定的途径，还是实现民主、达到善治的条件。（李庆）

深层生态学

Deep Ecology

指对生态和环境危机出现根源的深层追问，不仅是从政策制度和技术应用方面去追问，更是从社会历史背景、人类精神和意识以及世界观和价值观方面的追问，试图从形而上的层面去反思和解答生态问题的理论学派。这种探究问题的方式从根本上构成深层生态学的理论前提和理论架构，因此，是一种与浅层生态学恰好相反的理论流派。浅层生态学肇始于 1962 年蕾切尔·卡森（Rachel Carson）的著作《寂静的春天》，卡森在书中对西方工业文明下环境问题对人类社会带来的潜在危机敲醒警钟，使人们意识到生态危机发生的可能性和现实性以及为之进行弥补的必要性和迫切性。浅层生态学的出现是人们对可能出现的生态危机的应激性反应。然而浅层生态学没有脱离人类中心主义立场，将自然环境问题的解决视为人的问题的解决，人依靠自然生存，因此自然问题应由人来解决。浅层生态学的解决办法只是浮于表面的制度性或者技术性的问题，没有深入挖掘生态危机由以出现的人的精神根源和社会历史背景。深层生态学区别于浅层生态学的根本之处在于从人的精神领域寻找线索，重新定位人与自然的关系。深层生态学起源于20世纪60年代的环境运动以及由此引发的对环境危机的反思，由挪威哲学家阿伦·奈斯（Arne Naess）在其著作《浅层生态运动和深层、长远的生态运动：一个概要》中首先提出，此后经过美国学者德韦尔（Bill Devall）、塞申斯（George Sessions）以及澳大利亚学者福克斯（Warwick Fox）等人的发展而日趋成熟，成为与女性生态主义、社会生态学和生物区域主义并列的四支激进生态主义之一。（参考：雷毅：《20世纪生态运动理论：从浅层走向深层》，《国外社会科学》1999年第6期第26～28页；包庆德等：《生态创新之维：深层生态学思想研究述评》，《南京林业大学学报》（人文社会科学版）2008年第3期第68～71页。**欧阳文川**）

深海生态系统

Deep-sea Ecosystem

指由深海生物及其栖息地组成的生态系统。它是随现代深海探测技术的发展而产生的，核心是研究并阐明深海生态系统的结构、功能及各个亚系统之间的生态关系和调控途径，为充分发挥深海资源的生产潜力和建立优化生产体系提供依据。深海是指1000米及以下的水深，具有高压、低温、高盐度、无光照、底层海水流速缓等特点，尤其是高压、低温及无光等特点导致人类对于深海的探索受限。据已研究表明，深海底有海山、冷水珊瑚礁和深海热液喷口等多种生态系统，蕴含着丰富的遗传资源。尤其是深海热液喷口生态系统是典型的高能量极端环境，不依赖于太阳能，依靠化能合成作用提供能量，在高压高温的喷口处生活着化能合成细菌、管状蠕虫、贻贝、蛤、虾等生物，在地球生命起源过程中可能发挥重要作用，由于生活环境特殊，且被有毒物质包围，该地区生物形成特有的生物结构和代谢机制，对于古微生物学具有重大的科研价值。目前人类发现两种完全独立的深海生态系统：海底火山生态系统和海底湖泊生态系统。海底火山生态系统形成脆弱的完全独立于外界的生态系统，群落动物有滤食有机物和细菌的双壳类、铠甲虾，与细菌共生的巨型管栖动物，以及小蟹、管水母、某些腹足类和红色的鱼类等海底火山热泉生物。深海生态系统极其脆弱，人类对于该区域的探索虽然尚不完全却对其造成极大的破坏，如深海捕鱼、海底采矿、生物勘探、海洋污染等活动都对深海生物多样性及其生态环境稳定性造成破坏，因此对深海生态系统进行科学的勘探活动和保护需要国际共同努力。（参考：徐冰冰、周可新、薛达元等：《深海生物多样性所受的威胁及其保护研究》，《安徽农业科学》2009年第32期第15919～15921页。**韩铮　李雪姣**）

深海生态学

Abyssal Ecology

指研究大陆架以外深层水域或海底的生物种群及其与环境之间相互关系的海洋生态学分支学科。19世纪以前的科学家认为深海是生命稀疏区域，直到19世纪60～70年代，随着深海开采的发展，一些单体珊瑚等动物被发现，深海生态系统逐步呈现在人类的研究视线中，深海生态学开始得到全面发展。美国、苏联、日本和法国等国家凭借先进的海洋技术对大西洋和太平洋的某些深海区域进行探索，对深海的生物种群、矿产资源和地质条件等方面进行勘探，为人类了解深海打开新视域。由于深海无光、压力大、气温低等条件限制、深海生态系统的脆弱性以及海洋技术尚不成熟等问题导致深海生态学研究取得的成果有限。深海生态学依然是海洋生态学的重要发展方向，不仅对海底采矿等海底资源利用具有重要意义，而且对于维持深海生态系统平衡、研究压力对生物生理机制影响、探索古微生物起源和发展、了解生命起源等领域具有重要的理论和实践意义。（韩铮）

《深蓝》

Deep Blue

2003 年 BBC 自然历史专题小组拍摄。剧组人员潜到海洋 5000 米深处，用清晰绝美的镜头为观众呈现世界各地大约 200 个不同地方的海洋生命，展现奇幻的海底奇观。影片围绕一只名叫深蓝的抹香鲸展开深海的故事。深蓝原本快乐无忧地生活在海底深渊，3 岁时遭遇一次 7.2 级的强震，它幸免于难，但却永远失去了一起玩耍的伙伴们，之后它随着整个家族开始流亡之旅。一次，它和怀有身孕的母亲遭遇到逆戟鲸的围攻，虽然它在战斗中受伤，但却拥有了一个妹妹，最重要的是，它见到自己的偶像，这让深蓝充满力量去面对未知的海洋。深蓝在与凶残敌人的勇敢搏斗中逐渐成长，但是它却阻止不了人类对海洋的侵略，最爱的母亲被捕鲸船捕杀身亡。深蓝独自寻找未来，它穿越世界各地的深海，战胜无数对手，赢得女孩们的爱慕，成为海洋的勇士。年老的深蓝在迁徙中再次遇到怪物——潜水艇。影片生动地展示海底世界的丰富多彩与壮观，让人们对自然美有直观的感受与赞叹，同时，关注人类对自己的行为有所反思，是影响深远的环保影片。（张惠娜）

“深绿色”发展观念

“Deep Green” Development Concept

是一种应对生态环境危机的生存发展理念，强调对环境污染和生态破坏进行社会历史层面以精神意识层面的深度追问。20 世纪人类在反思工业社会旧的生产方式和消费方式对自然生态带来的一系列灾害的同时形成了不同的生态伦理思想。60 年代第一次环境运动及其主要精神是通过法律制度的完善、生产技术和管理手段的改良等手段来消除旧的生产方式和治理环境污染，这实际上是一种缓和的人类中心主义，处于功利的需要协调人类社会和自然的共同发展，因此对于环境问题的解决只停留在制度和技术层面，并没有从更深的社会历史层面和人的精神意识层面去探究。这种探究环境问题的方式被称为“浅绿色”发展观，与之相反的即是“深绿色”发展观。“深绿色”发展观是对“浅绿色”发展观的进一步反思，此后成为 20 世纪 90 年代第二次环境运动的指导精神。它区别于“浅绿色”发展观最突出的一点在于其不像前者使人类社会的发展和生态自然的发展处于对立的极端，而是兼容了它们的共同发展；它也不像“浅绿色”发展观仅仅是对原有经济发展模式的改良，而是与旧的经济发展模式决裂。“深绿色”发展观强调生态环境问题的解决不可能只希望与技术的进步和制度的完善，更在于生存和发展模式的彻底变革，环境问题的背后隐藏的是社会问题，因此问题的根源在于工业社会的发展模式，这即是“深绿色”发展观的实质。（参考：郝栋：《绿色发展的思想脉络——从“浅绿色”到“深绿色”》，《洛阳师范学院学报》2013 年第 1 期第 6 ~ 8 页。欧阳文川）

深生态学

Deep Ecology

深生态学是由挪威哲学家阿恩・纳斯（Arne Naess）在 1973 年发表论文《浅生态运动与深的、长远的生态运动》中创立的现代环境伦理学新理论。深生态学从生态系统的统一性出发，认为人与自然是融而为一的，这样，人类对自己的关心就必须落实于周围环境，保护生态环境是每个人不可推卸的责任。而自我实现的过程，也就是扩大自我认同范围的过程和人类不断把其他存在物的利益视为自我利益的过程。人与自然都是价值主体，享有平等的道德权利，因此，自然万物以及人与自然都是平等的。深生态学促使人们从根本上转变传统的环境价值观，大量降低人口数量，大规模地自觉减少对生态系统的不利影响，并从根本上变革经济、政治、社会和技术制度，以维护人与自然万物赖以生存的生态系统的稳定与完整。同时，作为一种新的世界观和价值观，深生态学涉及的面要更广和更深入，认为现今的生态危机，应追溯其深入的认识论和哲学根源，要求我们的哲学观发生根本的变化。认识到人、植物、动物和地球是一个统一体。在生命的领域内，不作坚定的本体论区分。深生态的哲理，除取源于传统哲学和生态科学外，还取源于道教、甘地主义、佛教、基督教和美国原始文化等的合理内核。在深生态学看来，生物圈中所有的有机体和存在物，作为不可分割的整体的一部分，在内在价值上是平等的。每一种生命形式在生态系统中都有发挥其正常功能的权利，都有生存和繁荣的平等权利。深生态学是现代西方环境运动的产物。20世纪70～80年代，西方环境运动风起云涌。1970年欧美开展第一个地球日活动。1972年联合国在斯德哥尔摩召开人类环境会议，西方国家各种环境法规的制定，一定程度上改善区域性生态环境。但是，西方社会的资源浪费、环境退化无法从根本上解决，全球性的生态恶化无法得到有效遏制。这促使西方环境主义者、哲学家、生态学家对环境问题进行更深层的思考，并引导西方环境运动趋向更为成熟的阶段。从70年代起，西方环境运动的目标逐步从具体的环境保护，转向关注整个生态系统的稳定，考虑环境问题的政治、经济、社会、伦理因素。深生态学正是在西方现代环境运动这种转折点上产生。（参考：王正平：《深生态学：一种新的环境价值理论》，《上海师范大学学报》（哲学社会科学版）2000年第4期第1～14页。**朱配辰　牟世晶**）

深圳市生态学会

Ecological Society of Shenzhen

深圳市生态科学技术工作者和相关企事业单位、学术组织自愿结成的学术性地方性非营利性的社会组织。宗旨：遵守宪法、法律、法规和国家政策，遵守社会道德风尚；团结广大生态科学技术工作者，贯彻“百花齐放，百家争鸣”的方针，坚持民主办会的原则，充分发扬学术民主，开展学术讨论；提倡辩证唯物主义，坚持实事求是、开拓创新、与时俱进的科学精神、科学态度和优良学风；倡导“献身、创新、求实、协作”的精神，繁荣生态科学事业、推进生态建设、提高全民生态意识，为促进生态、社会和经济的协调和发展，建设社会主义物质文明、精神文明和生态文明做出积极贡献。接受登记管理机关深圳市民政局的业务指导和监督管理。业务范围：1. 积极开展生态科学的研究和生态科普知识的推广，开展国内外生态科学学术交流，介绍国内外生态科学的最新研究成果和动态，引导企业与大众认识人文环境与生态环境关系，共建和谐的生态文明，加强与港、澳、台及国外生态科学界的联系。2. 对社会经济建设中有关生态方面的课题，组织力量，进行专题研究和科学考察，提供科学依据，积极向党和政府提出合理化建议。3. 出版有关生态科学研究的内部刊物及科普读物，繁荣生态科学，普及生态文化。4. 举办网站和科技实体，开展咨询和培训活动，为会员服务，为生态、社会和经济建设服务。5. 向党和政府有关部门反映会员的意见和要求，提出相应的建议。6. 举荐人才，在本学会内表彰、奖励在科技活动中取得优秀成绩的会员和科技工作者。（**席溢**）

神创论

Creationism

关于神灵创造世界的说法。关于世界起源问题的宗教性论述。神创论的种类较多，常见于世界各大宗教论述中。《圣经·创世记》就是典型的神创论，认为地球及自然万物包括人类在内，都是上帝创造出来的，上帝前 5 天创造自然万物，第 6 天根据自己的形象创造人类。创世说认为上帝创造世间万物后，地球上的生命不再发生任何变化，每种被造物都有其目的而存在，整个世界是上帝有目的、有计划地设计和创造，世间万有遵循上帝制定的法则而生存；上帝是世界的主宰者，上帝创造的世界是有秩序的、安排合理的、美妙完善的、永恒不变的。近世进化论的提出对创世论以及一切神创论构成严重挑战。（雷爱民）

审美观照

Aesthetic Contemplation

人类审美活动的必要过程，是审美主客体之间发生实践性联系的特殊方式。审美状态的进入、审美活动的实现，在很大程度上都有赖于审美观照这个阶段的发生。观照是以一种视觉直观的方式，对于具有表象形式的客体进行意向性的投射，从而生成具有审美价值的意象。观照不能没有视觉方式，这意味着观照的对象必须是表象化的客体。作为审美经验的一种，审美观照与直觉、想象、联想、回忆、移情等都是有密切联系的，但确实又不可以等同。在审美活动的实践中，观照与直觉等非常相近，甚至有相同的性质。但从理论上认识，审美观照是不可取代的。如果说有的审美经验要素在审美过程中并不一定都要出现或存在，那么审美观照却是必不可少的。或者可以说，没有审美观照这个过程，就不成其为审美活动。在某种意义上说，审美观照是审美活动中最为关键、最为本质的环节，它的存在是审美活动与一般认识活动相区别的标志。（参考：张晶：《审美观照论》，《哲学研究》2004 年第 4 期第 67 ~ 72 页。王薛时）

《审议性环境政治：民主与生态理性》

Deliberative Environmental Politics: Democracy and Ecological Rationality

美国著名环境政治与政策学者瓦尔特·巴伯的主要著作之一。巴伯和罗伯特·巴特莱在该书中，将政治理论与环境政治实践联系在一起，认为民主理论的审议转向为利益集团自由主义政策僵局打开了局面，为理性、民主和环境主义打下基础。审议民主认为，民主的本质是协商，即决策制定中的公共参与，而不是投票与利益汇聚或权利。这将有助于产生更多与环境有关的政策决定，促使出现更为生态理性的环境治理。巴伯和巴特莱特阐述三种广义的协商民主，即罗尔斯式的、哈贝马斯式的和完全自由主义的。书中认为，存在进行协商的微观场所是必要的，在党派性的微观协商场合提倡决策的去集中化。他们考察公民政治，从志愿性质、成员身份认同和高层次参与度中看到重要价值，认为它们为协商民主的种子提供肥沃土壤。巴伯和巴特莱特近来关注的是跨国协商民主问题及环境议。（徐越）

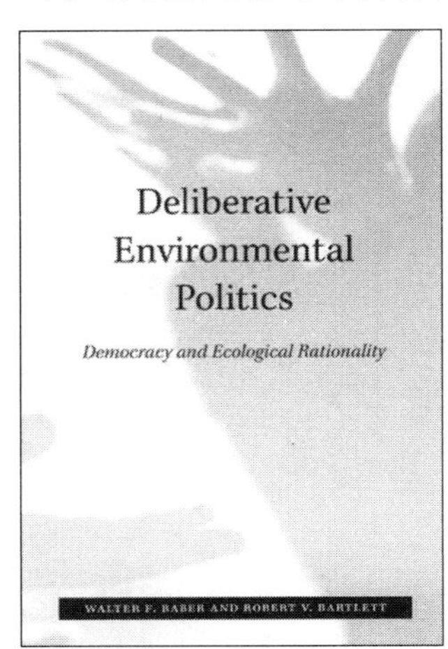

渗透环境教育

Infiltrating Environmental Education

科学学科传授中渗透环境教育内容的策略。现代科学课程已超越科学知识与原理的传授，全面提高每一个学生的科学素养是科学课程的核心理念。因此，在科学学科中渗透环境教育，不仅要让学生牢固地掌握相关的环境科学知识，还应更多地侧重于价值观的培养，更加针对问题的解决而不仅仅是发现问题和用科学原理描述它们，并积极地促使学生进行调查研究并作出行动，即应当促使学生以恰当的价值观思考如何保护和改善环境，发展和澄清环境价值观。概括而言，要有效地在科学学科教学中进行环境教育，除相关知识传授外，必须重视关注：1. 激发热爱大自然的情感。2. 多元地实现环境意识的内化。3. 培养鉴赏环境美的能力。在科学教学中积极渗透环境教育，既不能生拉硬套，牵强附会地提出环境保护要求，或者节外生枝，贴标签式地增加环境保护宣传口号作为教学内容；也必须避免单纯描述问题的科学特征，分析其成因和后果，得出科学结论，而是要在整个教学过程中，分析产生问题的社会原因、人们的行为模式和价值取向。（参考：祝怀新：《环境教育的理论与实践》第 69 页，北京：中国环境科学出版社，2005 年。**王薛时**）

渗透课程组织模式

Infiltrating Curriculum Organization Model，Multi-disciplinary Model

也称多学科模式，是依据课程目的与目标，将适当的环境内容（包括概念、态度、技能等）渗透到各门学科之中，通过各学科的课程实施，化整为零实现环境教育的目的与目标。环境教育渗透课程组织模式受到各国教育学者和中小学的欢迎。这种环境教学模式有其优势，它纳入现行课程的各学科中，化整为零进行环境教育，可以避免增加学生学业负担，也不需要专门环境科学专业的师资力量。尤其重要的是，环境教育中的知识技能领域具有鲜明的跨学科性，知识技能目标不是具体某一学科的知识技能的传授所能实现的，需要放在整个课程体系背景下才能有效实现。渗透模式也有缺憾，对各学科间的协调性有很高的要求，否则环境教育便会被各学科分割得支离破碎，教学内容也会出现重叠或甚至相互矛盾，难以有效地激发学生的环境意识和培养正确牢固的环境态度和价值观，此外，由于涉及学科门类过多，综合评价难度较大。（参考：祝怀新：《环境教育的理论与实践》第 58 页，北京：中国环境科学出版社，2005 年。**王薛时**）

生成论

Generativism

生成论是与预成论相对立的世界观，生成论不承认事物的预定性，认为世间万物都是在生成变化当中的，没有一成不变的东西或先定的东西，强制只存在不断生成的东西。生成论在哲学宇宙论、教育教学论、历史观、生态学等方面都有较大影响。（**雷爱民**）

《生存的蓝图》

A Blueprint for Survival

英国生态经济学家爱德华·戈德史密斯等科学家的生态经济学著作。发表后被译成多国文字，在世界各国广泛传播，得到各界人士的认可与支持。本书与《增长的极限》同年出版，以与其书名同样的观点，揭露未来世界问题的严重性，对当时全世界范围内的严峻情况进行认真思考，指出各国政府对于问题严重性的忽略，包括生态破坏、环境污染及能源危机等问题，以英国为背景提出建设性的思考和设想，虽然不完全适用于各国，但仍然具有很强烈的借鉴意义。中译本译者程福祜，北京：中国环境科学出版社 1987 年出版。（**代富宇**）

生存论存在论哲学观

Existentialism and Ontology Philosophy

生存论存在论哲学观是一种关心人的存在问题，以人的生存为着力点的哲学思想。生存论存在论哲学受到德国哲学家海德格尔存在论思想的深入影响。海德格尔对存在问题的追问成为启发现当代人反思人类生存问题的重要思想资源。在现当代社会，人类的生存矛盾与生存困难急剧地凸现出来，生存论存在论哲学关注人类的存在问题，因而人类的生存质量、生存方式、生存态度、生存意识、生存体验等问题进入生存论存在论哲学的视野。就生存而言，人类不仅要关注是否和能否生存的问题，还要关心如何生存，尤其是如何更好、更有意义地生存，人类对生存意义的理解与对生命价值的诠释会引导和规范人们的现实生活，影响和制约人类对于社会发展目标的设置、发展方式的选择、发展速度的规划，从而辨别发展动力的性质、发展代价的优劣、发展效应的高下等。人类生存态度与生存方式的合理化可以促进人类文明的健康和谐发展。（雷爱民）

生活环境主义

Life Environmentalism

生活环境主义是以日本鸟越皓之为代表的社会学家 1980 年在琵琶湖畔的农村社区开展集中性社会调查中提出的观点。认为在处理人与自然、人类与社会发展的关系时，注重从生活者的角度出发，重视生活者的智慧，主张从当地居民生活历史和生活取向中，寻找解决环境问题的答案。这是既能从生活的角度安抚自然，又能使其成果得到反馈，用来改善并丰富当地人生活的方法。生活环境主义的特点是重视经验和历史的个性，有 3 个分析模式：1. 所有论，即共同占有论；2. 组织论，关注居民意见中存在的分歧；3. 意识论，对生活意识的分析。这 3 种分析模式相对应的调查方法的基本出发点都是从居民的生活视角看问题。生活环境主义在当今受到各界关注。值得注意的是，生活环境主义是在人口密度极高的日本诞生的，它顺应人口密度较高地区也需要环境政策这一社会现实。因此，生活环境主义模式在像美国这样人口密度相对不高的国家可能不是很有效。生活环境主义关注的层面有：1. 主体层面，强调生活者生活本身的重要性，这是与历史主体性有关的问题；2. 环境现状与问题层面，即承认环境问题是现代化过程和发展模式所带来的，主张通过反思认清人们的社会行为是导致环境问题产生的根源，在此基础上认真思考人类生活与环境的本来含义；3. 实践层面，即重视生活者在生活中所形成的对环境问题的看法以及处理环境问题的方式，以此作为解决当前环境问题的基础，通过人们环境行为的改变，在实践层面上探索人与自然和谐相处的可能性和可行性。（参考：鸟越皓之：《日本的环境社会学与生活环境主义》，《学海》2011 年第 3 期第 42 ~ 54 页。朱配辰 李雪姣）

生境片段化

Habitat Fragmentation

当前生态学研究的热点问题，指一个连续性的较大生境由于自然或人为原因被不同于原先生境的基底生境分割为较小的、呈斑状或缀块的生境，导致缀块总面积大于原有生境总面积，原有生境总量变小。随着生境片段化的持续进行，还会导致缀块面积持续变小，以及缀块之间的隔离度增加。生境片段化应与生境丧失相区别。生境丧失是在生境片段化的过程中出现的，就本质而言是生境片段化的阶段和过程，但根本来说二者是不同、相互独立的生态过程，各自对生物多样性产生不同的影响，对不同物种发生不同作用。在此意义下，生境丧失仅仅指生境总面积减少的过程中对物种所产生的影响，相反，生境片段化指在原生境总量保持不变的情况下，被不同于原有生境的基底生境分割为多个较小缀块时对生境内生活物种所产生的影响，一些物种可能对生境丧失情况下生境面积减少较敏感，一些物种又可能对生境片段化造成的空间隔离比较敏感。现代生态学和生物学认为生境片段化是物种灭绝的主要原因之一，生境片段化造成的生境空间隔离可能使物种迁移较从前更加频繁，并且种群个体在斑块状生境中受空间隔离影响难以建群，使得斑块状生境中生物多样性程度下降。在物种灭绝的过程中，较小面积生境斑块中的物种个体更容易死亡，进而在较大斑块生境中，物种也会加速灭亡。人类对自然环境和生态的干扰和破坏是现阶段生境片段化的最主要原因。（参考：李石华：《基于3S技术的高黎贡山羚羊生境评价研究》，云南师范大学2006年硕士学位论文第8页；胡广：《生境丧失和片段化对植物物种多样性的多尺度影响》，浙江大学2011年博士学位论文第1～3页。欧阳文川）

生境评价

Habitat Assessment

生境指动物个体、物种或者种群生存的空间或者外部环境，包括生物和非生物环境。生境由各种生态因子构成，动物个体、种群以及种群生活在其中生存和繁衍，进行代谢更替。生境由美国学者 Grinnel 在 1917 年首先提出，是生态学以及生物学的重要概念。有观点将生境等同于生态环境，反对者则认为二者的主要区别在于生境包含生物本身对外部环境的反作用。生境评价是生境研究的重要内容，是对物种生存状况进行检测、评估和保护的重要手段。美国在生境评价研究领域开始较早，其中使用最为普遍的是 1976 年由鱼类和野生动物局颁布的用于评估大型联合水上项目对生态产生影响生境评价程序（HES）的评价系统。HES 生境评价方法将不同类型生境的生物以及非生物因素定量化，然后将数据运用于反映生境质量的函数曲线当中去，从而得出不同生境类型的评价结果。HES 生境评价系统包括水生以及陆地共 7 种不同类型的生境，分别是河流生境、湖泊生境、森林沼泽生境、高地森林生境、低地硬木林生境、开阔地生境、陆地野生动物的水生生境。1993 年 HES 的现场采样程序被简化，形成宾夕法尼亚修正版的 HES，即 PAM HES。1991 年 Simenstad 建立湿地评价技术（WET），WET 是对项目工程对湿地生境可能造成影响的评价体系。除此之外，还有评价海洋鱼类以及沿海区域野生动物生境功能的海湾生境评价体系，即 EHA。（参考：徐鹤等：《生态影响评价中生境评价方法》，《城市环境与城市生态》1999 年第 6 期第 50～53 页。欧阳文川）

生境丧失

Habitat Loss

生境丧失是生境片段化或生境破碎化的阶段过程表现，就本质而言是生境片段化的阶段和过程，与此同时又与生境片段化存在较明显区别，二者分别为相对独立的生态过程，各自对生物多样性产生不同的影响，对不同物种生存状况发生不同作用。生境片段化指一个连续性的较大生境由于自然或人为原因被不同于原先生境的基底生境分割为较小的、呈斑状或缀块的生境，导致缀块总面积大于原有生境总面积，原有生境总量变小。因此对于生物多样性的影响方式而言，生境片段化是在保持原有生境总面积不变的情况下，被不同于原生境的基底生境分割的缀块或斑块所造成的生境隔离和空间变化对生境内生活的物种所产生的影响，生境丧失则是生境总面积减少的过程和表现，因此是以生境面积逐渐减少的形式对生物多样性产生影响。生境丧失对生物多样性的影响独立于生境片段化对生物多样性产生的影响，前者对生物多样性的负面作用持续时间长且作用强度大。生境丧失以及生境片段化被现代生态学和生物学认为是物种灭绝的重要原因之一，因为生境丧失可影响多个生物多样性间接或者直接指标参数，如物种丰富度、种群分布、种群生长速率等。一般来说，生境越大，其所能承载的物种数量也就越多，然而研究得出二者之间并非绝对呈比例关系，生境丧失效应中存在“灭绝阀值”，当生境总量低于灭绝阀值时，该生境将不能维持物种的继续生存。（参考：胡广：《生境丧失和片段化对植物物种多样性的多尺度影响》，浙江大学博士学位论文第1～3页。欧阳文川）

生理生态学

Physiological Ecology

20 世纪 30 年代形成的以比较生理学与自然历史研究相结合为基础，研究有机体对其周围环境的生理反应的学科，属于生态学的分支。它通过研究包括动植物和微生物在内的有机体的生命现象与生命过程，进而分析非生命环境中温度、湿度、化学元素等因子对有机体的影响。具体说，主要研究环境因子对动植物的发育、生长、繁衍的影响，对植物光合作用和对动物的体温调节影响，以及极端环境下，动植物的生理适应能力等。常用方式是条件控制下的实验。过去的所谓个体生态学，其研究内容大致与生理生态学相当。从个体水平研究生物适应性的机理是生态学的基础。对种群、群落和生态系统功能的研究，都依赖于对生物有机体的研究。近代的生理生态学，一方面向分子生态学、化学生态学、生物化学生态学、生物物理生态学等微观方向发展；另一方面也加强与种群生态学、群落生态学结合点的研究。（朱雨晨　张惠娜）

生命共同体

Community of Life

生态伦理学对传统伦理学超越的地方，在于人类的道德义务对象不仅包括社会共同体中的人类成员，还包括非人类的所有生命成员，包括人类和所有非人类生命成员组成的更大的生命共同体整体。这个共同体可以称为人类—生物共同体，而不是人类还没有产生之前的自然形态的生物共同体。在生命共同体中，人类主体与非人类生命物种都是生命大家庭中的成员，它们共同生存于我们人类居住的星球上，这是客观事实。在生命共同体中，人类生存和发展的利益实现，依赖于所有的生命物种提供的生物资源和它们的活动所形成的健康的生态环境。所有非人类生命物种的生存利益的实现，虽然在人类产生之前是以自己的生命活动适应生态规律的方式完成的，但是在人类改造自然的实践已经遍及整个地球的今天，它已经日益密切地依赖于人类对自己开发自然活动的合理约束，依赖人类对生物圈正常生态过程和生态秩序的调控。由于在生命共同体中人类与所有其他非人类生命物种的生存利益相互依存，生命共同体作为整体，包括所有组成成员的利益，具有整体利益。人类生命与所有非人类生命形式，也存在着共同的利益，如地球生态过程的正常运行，生物圈的完整、稳定，全球生态环境的健康等。生命共同体中人类生命和非人类生命利益的相互依存，是生态伦理学从事实过渡到应该的桥梁。（参考：佘正荣：《生命共同体：生态伦理学的基础范畴》，《南京林业大学学报》（人文社会科学版）2006 年第 1 期第 14 ~ 22 页。牟世晶）

生命观

Life View

基督教认为生命的起源是上帝，上帝创造一切生命，即上帝是基督教生命观的起点。基督教信仰中认为没有上帝就没有一切生命存在，基督教生命观信仰建立在上帝存在、一切生命由上帝创造的观点上。基督教认为上帝对所创造的生命充满爱，上帝与人立有约定，一切生命存在都是有价值、有意义的，一切生命都应该努力显示出上帝创造生命时的初衷，人类在面对生命时应该尊重和呵护一切生命，提升生命质量。基督教的末世生命观是基督教教义的重要内容，末世生命观被认为是上帝以此鼓励人类积极面对现实生命，充实生命内涵，彰显出丰富的生命特质和生命意义，要求人类为自己的行为负责和忏悔，提示人类追求完全的生命，以便最后获得永恒的天国生命。（雷爱民）

生命价值

Life Value

生命价值是在人的社会实践活动中，生命的存在和属性以人的全面发展和社会的全面进步为尺度而建立起来的客观的主客体关系。这种关系是生命的存在及其属性以满足人的全面发展与社会的全面进步为目的而呈现的肯定的意义关系。对于这一概念，分析如下：1. 人是生命价值的主体；2. 生命是生命价值的客体，即作为价值主体的人所需要的对象，生命价值的本质是生命客体的属性对主体需要人的全面发展和社会的全面进步的满足；3. 生命价值存在于人的社会实践之中，实践是生命价值生成的根本路径。总之，生命的存在与属性是生命价值产生的先决条件，要形成生命价值，关键取决于主体性效果，要看生命的存在及其属性是否满足人的全面发展和社会全面进步的需要，客体属性对主体需要的满足是在人的实践活动中实现的，离开实践，客体属性无法找到满足主体需要的现实路径，只有从主体—实践—客体的三维关系态中才能找到理解生命价值奥秘的钥匙。生命及其属性是不断变化的，主体的需要及主体的实践活动不断发展，因此，生命价值必然也是不断发展、提升的过程，是客观性、主体性、实践性、社会历史性的有机统一。（参考：唐英：《价值·生命价值·生命价值观：概念辨析》，《求索》2010 年第 7 期第 87 ～ 89 页。牟世晶）

生命价值观

Life values

在现实生活中，生命价值是一种实践着的社会关系，属于人的社会存在层面，而人们对于这种价值的评价、判断、体验、观点、态度等则属于社会意识的层面，生命价值与生命价值观之间就是这样一种反映与被反映的关系，这就是生命价值观的本体定位。根据这一定位，生命价值观就是人们认识和处理生命价值问题所持有的根本观念。这种观念，既凝结着以往生命价值的实践经验与感受，又反映着人们对当下生命价值问题的根本立场、观点、态度和看法。在人们当下和未来的生命价值活动中，生命价值观就像商品经济中的价值规律一样，是一根无形而有力的指挥棒，支配、调节、控制着人们的生命价值选择和生命价值的实践创造。第一，从性质上看，生命价值观是一种系统化、理论化的生命价值意识。第二，从特征来看，生命价值观既具有价值观的一般特征，又具有其自身的独特品格。第三，从结构来看，生命价值观可以从不同的角度，按照不同的标准进行结构分类。总之，在生命价值观中，生命的自我定位观念，社会价值观念，社会规范观念，价值实践观念，本位价值观念等方面有机地联系在一起，构成了主体所具有的生命价值坐标系统，多元的生命价值观都可以放到这一价值坐标系统中加以具体的比照与甄别。（参考：唐英：《价值·生命价值·生命价值观：概念辨析》，《求索》2010 年第 7 期第 87 ～ 89 页。牟世晶）

生命教育

Life Education

首先出现于 20 世纪 60 年代美国社会，针对吸毒、自杀、他杀、性危机等现象日益严重化，美国将生命教育作为应对策略唤起人们对于生命的热爱。1977 年 Leviton 首次在《死亡杂志》解释死亡教育，即一种向社会传达有关死亡知识并由此改变人们行为和态度的持续性过程。1979 年澳大利亚悉尼成立首个生命教育机构生命教育中心。20 世纪 90 年代我国开始关注生命教育，出现相关学术研究以及实践探索。然而不同国家和地区对于生命教育的具体内涵并不一致，就目前世界主要理论和实践的发展情况，大致存在身心健康取向、生死取向、伦理取向、宗教取向以及社会取向等形式的生命教育。我国大陆的生命教育主要针对青少年道德观、心理取向以及身心健康等方面的内容进行，总体说将生命教育视为价值追求以及认识、保护和欣赏对象的教育形式。我国对于生命教育内涵可以分为两个层次，首先是生存教育，它包括生命意识教育生存能力教育。生存教育将生命视为存在的形式，从外在和自然向度解释生命，提倡珍惜一切具有生命形式的存在物，甚至珍视整个自然界。其次是生命价值的教育，对于生命价值的强调侧重于对生命形式自然向度的提升，寻求个体的存在维度与他人、社会以及自然界相协调，以此寻求生命意义的升华。生命教育的目标在于从知识和技能角度掌握生命的相关知识，从而获得有关生命安全的生命保护的知识；在情感方面能够升华对生命的认识，将生命视为价值以及意义的源泉；在具体行为和变现方面，生命教育的目的在于使人能够乐观生活，积极对待生命以及生命中的事物，干预面对挫折和不幸，尊重包括自然物种在内的一切生命形式的固有价值。（参考：冯建军等：《生命教育：研究与评论》，《中国德育》2008 年第 8 期第 28 ~ 31 页。欧阳文川）

生命金字塔

Pyramid f Life

自然教育方法实例。这种游戏需要教师精心编排。约瑟夫·克奈尔设计的生命金字塔游戏这样进行：先让每个孩子按照个人的喜好在卡片上写一种动物或植物名称。然后教师提出问题："地球从哪里得到能量？"回答是："太阳。""是什么生命第一个利用太阳能量？"回答是"植物"。写植物卡片的孩子们首先排成一排，然后跪下来。动物有两种，其中"食草动物"在"植物孩子"的背上跪成一排，而所有的"食肉动物"在"食草动物"上面跪成一排。如果"动物"多于"植物"，那么上面的孩子多于下面的孩子，整个结构就头重脚轻，最上面的"食肉动物"就完全失去立足点，因此不可能建立起一个稳定的结构。怎样才能建立起稳定的食物链关系？孩子们经过多次搭金字塔实践的失败和反复讨论，才认识到植物数量一定要多，越往上的"动物"数量应该越少，生命金字塔才能越稳定。如果减少一种植物，就会产生不良后果，动摇生命金字塔的稳定性。通过这个游戏，当孩子们终于成功地落成金字塔时，就会充分理解生态系统的特性和保持生态平衡的关键所在。（参考：马桂新：《环境教育学》第 258 页，北京：科学出版社，2007 年。王薛时）

生命起源假说

The Origin of Life Hypothesis

生命起源是非生命物质演变成原始生命的过程。有史以来，人们就这个问题提出一系列臆测与假说；但由于大多数假说缺乏有力证据，因此争论不休。由于对宇宙万物大量未知存在的恐慌和对鬼神的敬畏，神创论在相当长的历史过程中主导着人们对生命起源与进化的认知。然而，随着对宇宙行星探索的不断深入和各种不同化石与分子证据的发现，神创论的立论逐渐苍白无力。在更多有力的证据出现之前，神创论仍将长期存在。在历史上，自然发生论也曾得到许多支持：这个假说认为生命可由非生命或另一种生命形式自然产生。典型的说法如中国古代的"肉腐出虫，鱼枯生蠹"，或是亚里士多德的"鱼出于泥"。但这一假说在 19 世纪时已被法国微生物学家巴斯德的微生物学实验证明是错误的。目前，国际上较为流行的主要假说包括宇宙生命说（泛生论），宇宙来源说（宇生论）和化学进化论。（牟世晶）

生命意识

Life Consciousness

关于人的存在以及死亡的意识，是只有人才具有的对于生命的体验。生命意识既出于人的本能，也蕴含深刻的文化意蕴。生命意识最直接的认识是对于人的生存和死亡，只要意识到个体生命的存在与消亡，生命意识就已经出现，然而这种意识具体产生于何时尚没有定论，是人类学家、哲学家探讨的经典问题。西方人类学家一般认为原始人对于自然死亡毫无察觉和感知，生与死对于他们而言只是一种偶然的自然现象，他们不可能对生和死的必然性产生意识。然而这种观点的侧重点在于生命意识的理性维度，忽略了生命意识的本能和自发性，这种本能和自发性表现在对于生的愉快和对于死亡的愁苦，即使原始人也会因亲人的死亡而感到悲伤，这属于一切动物都有的本能。但应该承认生命意识作为一种反思性的概念或者哲学范畴，其意蕴应更多地被表现在对自然本能的克服，即表现在对生存与死亡所包含的必然性的反思，这是生命意识更深刻的内涵。因此只有当人充分认识到了生存和死亡的必然性，尤其是对于死亡的必然性，才会对死亡采取更加客观的态度。建立于生命意识之上的思想和行为是对死亡之必然性有充分认识的思想和行为，可以表现为顺应自然、天命，不追求名利富贵，而向往心灵平静的出世态度，也可表现为将人的存在视为敞开性的自由和可能，奋力争取、摆脱宿命和必然性的积极取向。（参考：詹福瑞：《生命意识的觉醒与儒、道生命观》，《中国文化研究》2003 年第 3 期第 68 ~ 76 页。欧阳文川）

生命支撑价值

Life Support Value

罗尔斯顿在《哲学走向荒野》一书中总结出价值类型，生命支撑价值是其中之一。生命支撑价值指自然维持生态系统运作以支撑生命的价值。罗尔斯顿强调支撑生命的是整个生态系统，生态系统是整个生命文化的底基。他反问：“难道不是由于地球本身就是有价值的人们才认为它有价值吗？难道这个生命支撑系统的价值真的仅仅是作为后来者的人类的利益而存在吗？”地球是前于人类、孕育人类的母亲，这是不可否认的事实，所以人类价值仅仅只是自然价值派生的次生价值。尽管罗尔斯顿强调的是整个生态层面的价值，但这个价值明显还是从人类生存的角度出发的，毕竟自然界并不在乎有生命或者无生命，自然只是在遵循自然自身的规律运动，自然内在价值的重点是在于自然本身的性质和规律。（牟世晶）

生命中心论

Biocentrism

个体主义的环境主义伦理思想，认为自然界中包括人在内的任何生命体都具有平等的内在价值，生命被赋予道德内涵，人的道德义务在于尊重和维护其他生命个体，否则便是不公正。生命中心论的先驱者和代表人物是阿尔伯特·施魏策尔（Albert Schweitzer）。他认为一切生命个体都有其固有价值，只有那些对生命主动承担责任才是有道德、健全的人。在其著作《文化和伦理》中，将生命的创造者归于自然，指出自然本身蕴含着对于生命创造的矛盾，在产生生命的同时又毁灭着无数的个体生命，仿佛限于毫无意义的自我分裂和循环，然而只有人的生命具备感知其他生命的能力，因此人也就能像敬畏自己的生命一般敬畏其他个体的生命，这是人的责任，是道德和善的根本要求。泰勒（Paul W. Taylor）进一步发展阿尔伯特·施魏策尔的思想，提出“尊重自然”，将尊重自然视为行为正当和善的表现。他区分“自身的善”（good of its own）和“内在价值”（inherent worth）两个概念。自身的善是描述性的客观品质，而内在价值是规范性的价值判断；前者是后者的必要而非充分条件，要成为必要充分条件，必须具备他的生命中心论自然观的自然体系，由这个体系得出自身的善与内在价值的统一性。生命中心论由于重视个体生命价值，对系统或者整体的重要性的强调并无涉及，因此遭到以生态中心主义学者的抨击。此外，排斥非生命体的价值的理论也饱受非难。（参考：王开宇：《生态权研究》，吉林大学 2012 年博士学位论文第 30 ~ 36 页。欧阳文川）

生命周期评价法

Life Cycle Assessment Method

一种产品从原料开采开始，经过原料加工、产品制造、产品包装、运输和销售，然后由消费者使用、回用和维修，最终再循环或作为废弃处理和处置，这一整个过程称为产品的生命周期。生命周期评价是对某种产品或某项生产活动从原料开采、加工到最终处置的评价方法。生命周期评价的定义有多种，政府、企业和一些机构站在各自的立场对它都有描述：1. 美国环保局的定义：对自最初从地球中获得原材料开始，到最终所有的残留物质返归地球结束的任何一种产品或人类活动所带来的污染物排放及其环境影响进行估测的方法；2. 国际环境毒理学和化学学会（SETAC）的定义：是一个评价与产品、工艺或行动相关的环境负荷的客观过程，通过识别和量化能源与材料使用和环境排放，评价这些能源与材料使用和环境排放的影响，并评估和实施影响环境改善的机会。此评价涉及产品、工艺或活动的整个生命周期，包括原材料提取和加工，生产、运输和分配，使用、再使用和维护，再循环以及最终处置；3. 美国 3M 公司的定义：在从制造到加工、处理乃至最终作为残留物有害废物处置的全过程中，检查如何减少或消除废物的方法。（李雪姣）

生命主体论

Life Subject Theory

生命主体论的主要代表是美国哲学家汤姆. 雷根（T.Regan）。雷根论证的基本方法是把动物和人（个体）作类比：人之所以具有权利，是因为人拥有固有（内在）的价值，而人之所以拥有固有的价值，是因为他是生命的主体；动物也是生命的主体，所以动物也应当具有固有价值，具有受到道德关怀的权利。所谓“生命主体”，在雷根看来，必须满足以下的条件，如“具有确信、欲望、知觉、记忆、对将来的感觉、偏好、苦乐、追求欲望和目标的行为能力、持续的自我同一性、拥有不依赖于外界评价的自身的幸福等”。如此，雷根认为，能够称得上生命主体的，一般说来，应当是一岁以上的哺乳动物。这就是说，一岁以上的哺乳动物都是生命的主体，因而都具有内在价值，都是道德关怀的对象。（牟世晶）

生生之谓易

Circle of Life is Called Yi

语出《周易·系辞上》：天地之大德曰生。生生不息是宇宙万物生长繁衍、流行不息的生存状态，“生生”是天地造物的基本方式与存在状态。生生是“易”之精神，生生不息是《周易》对宇宙万物存在状态的基本判断，即变易和变化蕴含着生生不息的精神品格与日新德性。（雷爱民）

《生态、进化和系统分类学年评》

Annual Review of Ecology, Evolution and Systematics

1970 年开始创办。该杂志全面及时地提供权威科学家撰写的综述评论性文章，其评论内容覆盖了当前生态学、进化论、分类学、生物医学、物理和社会科学领域内的 29 个学科。年刊，ISSN：1543-592X。2014 年影响因子为 10.562。（席溢）

《生态》

Oikos

由北欧生态学学会出版的生态学刊物。刊载有关生态学各个方面的原创性和具创新性的研究论文，内容侧重于系统和生态学方面的理论性和实验性的工作。理论和实践相结合的文章被欢迎，要求理论性文章必须更多的对以前的发表文章进行详细的分析；实践性文章应该验证复杂的假设或者理论性的预测。月刊，ISSN：0030-1299。2014 年影响因子为 3.444。（席溢）

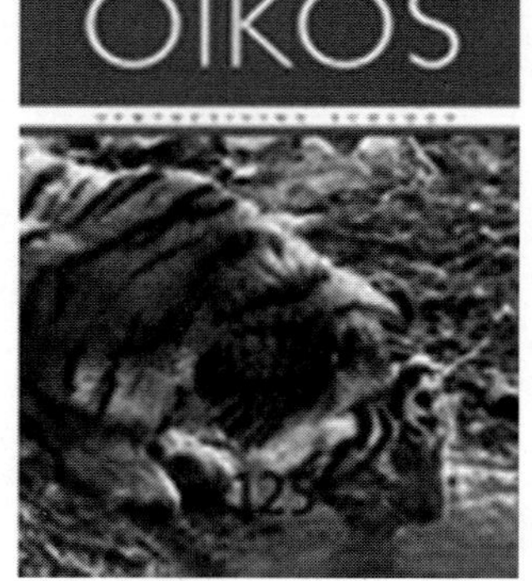

生态安全

Ecological Security

又称绿色安全、环境安全、生态环境安全。指生态系统的健康和完整情况，是人类在生产、生活和健康等方面不受生态破坏与环境污染等影响的保障程度，包括饮用水与食物安全、空气质量与绿色环境等基本要素。生态安全依据其内涵，可作广义和狭义两种界定。广义概念以国际应用系统分析研究所（IIASA）生态安全定义为代表：在人的生活、健康、安乐、基本权利、生活保障来源、必要资源、社会秩序和人类适应环境变化的能力等方面不受威胁的状态，包括自然生态安全、经济生态安全和社会生态安全组成的复合人工生态安全系统。1977 年美国学者莱斯特·R·布朗在其著作《建设持续发展的社会》中提出“重新定义国家安全”，最早将环境与安全问题联系起来。1987 年世界环境与发展委员会在《我们共同的未来》中正式提出生态环境安全。目前作为生态学中新兴的研究课题，生态安全的研究者主要关注问题评述、指标和评价等方面，关注的具体方向是自然领域（如森林、湖泊、湿地等）和农业领域的生态安全问题，也有对于自然—人工复合生态系统的研究，如对城市、景区规划的生态安全研究课题。生态安全包含两种核心要素，一种是生态风险，即一定条件下，突发事故和灾害对于生态系统的干扰；另一种是生态脆弱性，通过对生态脆弱性的分析得知威胁生态安全的因素以及它们的作用方式，从而做出应对。应对生态风险和生态脆弱性，能够更加有效地解决生态安全问题。生态安全不仅是区域的经济发展问题，它与军事安全、政治安全、经济安全一样，是国家安全的重要组成部分；是人类社会与自然生态之间的安全关系，它不但是人的个体和群体所面临的安全问题，更重要的是作为整体的人类社会所面临的新的生存安全问题。狭义生态安全概念，指自然和半自然生态系统的安全，即生态系统完整性和健康的整体水平反映。健康水平稳定和可持续的，在时间上能够维持组织结构和自治，以及保持对胁迫的恢复力。生态安全这一概念的提出，反映人类对由于生态环境问题引起的安全以及安全问题的深切关注，生态安全分别拓展传统法学的生态观和安全观的内涵。从根本上讲，生态安全从生态系统的角度说明人类社会生存与发展所必需的安全基础。生态安全的这种整体性特征，使生态安全成为人类与自然更基础和根本层次上的安全关系。就其重要性来讲，生态安全可谓是人类生存、活动空间永远处于第一位的问题，因而是人类社会的最终安全。（参考：陈星：《生态安全：国内外研究综述》，《地理科学进展》2005 年第 6 期第 8 ～ 17 页。**欧阳文川　徐越　蔡越**）

生态安全观

Ecological security concept

即人们关于生态安全的认知。生态安全概念最早于 1989 年由国际应用系统分析研究所（ASA）在提出建立全球生态安全监测系统时首次使用。根据国际生态安全合作组织（ESCO）的界定，生态安全的类型：1. 自然生态安全，包括火山、地震、飓风、海啸、极端天气等。2. 生态系统安全，包括森林、海洋、湿地、微观生态系统安全 4 个组成部分。3. 国家生态安全，包括非传统安全、环境安全、物种安全、生命安全、城市安全、和安全与辐射、自然遗产安全、资源安全八个重要组成部分。生态安全强调的是人与自然之间的关系，是将人还原回生态系统之内，强调生态安全是自然与人类社会两者的安全，它们是统一、和谐、有机的整体。人与自然之间的多维关系是维护生态安全的根本基础。生态安全指的是人类生存环境或生态条件的必备状态。生态安全从生态系统的角度说明人类社会生存与发展所必需的安全基础。它的这种整体性特征，使生态安全成为人类与自然更基础和根本层次上的安全关系。它是人类生存、活动空间永远处于第一位的问题，因而是人类社会的最终安全。当人们普遍地提升对生态安全的认识，形成全面的生态安全观时，生态环境保护具有理论指导与依据。从一般意义来说，生态安全又称环境安全，可以从它的两层基本含义方面对其进行阐释：一是避免由于生态环境退化和资源短缺对经济发展的环境基础构成威胁，从而维护一个国家的生态环境和自然资源对于本国经济持续发展的环境支撑能力；二是避免由于生态环境严重退化和资源严重短缺造成环境难民并引起暴力冲突，从而防范环境问题对区域稳定和国际安全构成威胁。（参考：袁翠莲：《试论生态安全观及其应对措施》，《赤峰学院学报》（文学哲学社会科学版）2014 年第 5 期第 64 ～ 69 页。**牟世晶**）

生态安全评价

Ecological Security Assessment

国际应用系统分析研究所将生态安全定义

为：在人的生活、健康、安乐、基本权利、生活保障来源、必要资源、社会秩序和人类适应环境变化的能力等方面不受威胁的状态，包括自然生态安全、经济生态安全和社会生态安全，组成一个复合人工生态安全系统。生态安全包含两种核心要素，一种是生态风险，即一定条件下，突发事故和灾害对于生态系统的干扰；另一种是生态脆弱性，通过对生态脆弱性的分析得知威胁生态安全的因素以及它们的作用方式，从而做出应对。生态安全评价对生态系统功能稳定性、结构完整性以及在潜在风险中生态系统维持自身健康均衡能力的判断和评估，生态风险评价与生态健康评价是生态评价的核心内容，生态风险评价又以生态风险判断和生态脆弱性为主要内容，生态健康评价以生态功能完整性、生态系统活力以及生态系统恢复为主要构成内容。生态安全评价指标体系以不同生态安全因素为基准而分为不同类别，但都以人类安全为生态安全评价的方向主导。一般而言，生态安全评价指标体系应结合生态风险评价与生态健康评价做出全面综合的评价体系结构，同时应该考虑不同空间尺度以及相应动态变化。现阶段，暴露—响应综合评价模式是应用最广泛的生态安全评价模式，对不同尺度的生态安全采用生态模型法评价是生态安全评价未来主要的发展趋势。（参考：黄宝强等：《生态安全评价研究述评》，《长江流域资源与环境》2012 年 Z2 期第 150 ~ 153 页。欧阳文川）

生态安全评价指标

Ecological Security Evaluation Index

生态安全评价对生态系统功能稳定性、结构完整性以及在潜在风险中生态系统维持自身健康均衡能力的判断和评估，生态风险评价与生态健康评价是生态安全评价的核心内容，生态风险评价又以生态风险判断和生态脆弱性为主要内容，生态健康评价以生态功能完整性、生态系统活力以及生态系统恢复为主要构成内容。生态安全评价的关键环节在于建立科学全面的生态安全评价指标体系，值得注意的是生态安全评价指标并不能简单等同于环境安全评价指标。生态安全评价指标体系以不同生态安全因素为基准而分为不同类别，但都以人类安全为生态安全评价的方向主导。一般而言，生态安全评价指标体系应结合生态风险评价与生态健康评价做出全面综合的评价体系结构，同时应该考虑不同空间尺度以及相应动态变化。目前为止国内外暂时缺乏统一的评价指标体系，然而针对生态安全的两个重要方面，即生态风险与生态健康，国内外出现了很多对应于不同生态尺度的评价度量标准，如针对不同空间尺度的流域、地区或者国家的生态安全评价指标体系。关于生态健康的评价指标主要有生物学以及环境学两类指标，生物学评价指标按照不同自然要素生态系统细分为不同的指标体系，环境学或者生物物理学指标除了生态系统安全指标以外，还包括环境和生物的生态安全指标体系。（参考：黄宝强等：《生态安全评价研究述评》，《长江流域资源与环境》2012 年 Z2 期第 150 ~ 153 页。欧阳文川）

生态板

Eco-board

又称免漆板或三聚氰胺板，是将带有不同颜色和纹理的纸放入三聚氰胺树脂胶粘剂中浸泡，干燥固化之后铺装在刨花板、防潮板、中密度纤维板、胶合板、细木工板或其他硬质纤维板表面，经热压而成的装饰板。因为三聚氰胺甲醛树脂溶液甲醛按量极低，比较环保，贴上以后不会造成二次污染，还会降低基材的释放，所以这种工艺得到广泛认可。但是三聚氰胺树脂溶液成本较高，有将脲醛胶混入溶液中降低成本的方式，但是并不环保，还需仔细分辨。生态板的表面平整，因为板材双面的膨胀系数相同而不易变形，板材表面耐磨耐腐蚀性较好，并且价格经济，是比较常用的装修板材。（代富宇）

生态保护红线

Ecological Conservation Redline

属于国家层面的生命线。2011 年我国首次提出“划定生态保护红线”的重要战略任务，2013 年 5 月习近平总书记在中共中央政治局第六次集体学习时再次强调，要划定并严守生态保护红线，牢固树立生态保护红线意识。十八届三中全会更是把划定生态保护红线作为改革生态环境保护管理体制、推进生态文明制度建设的最重要任务。生态保护红线在区域性生态规划管理和科学研究过程中逐渐产生发展，继而形成为国家战略，它以红线为基础，在提升生态功能、改善环境质量、促进资源高效利用等方面必须实行严格保护的空间边界控制与数量限值，具体分 3 个方面：生态功能保障基线、环境质量安全底线、自然资源利用上线；具有系统完整性、强制约束性、协同增效性、动态平衡性、操作可达性、地域差异性 6 项特征。生态保护红线一旦划定就要力争实现保护性质不变、主体功能不降低、管理要求不放宽 3 个保护目标，对生态功能保障、环境质量安全和自然资源利用实施最严格的管控制度，从而促进人口资源环境相均衡、经济社会生态效益相统一。（蔡越）

生态补偿

Compensation for Ecological Conservation

生态补偿最初指生物有机体、种群、群落和生态系统受到干扰、破坏时所表现出来的自我补偿能力。后来这一概念被引入社会经济活动和生态保护建设。国际上对等的概念是“生态 / 环境服务付费”（Payment for Ecological/Environmental Services，简称 PES）。PES 指通过生态服务的受益者对生态服务的提供者进行支付必要的费用，以激励生态服务提供者为维护生态系统服务功能的长期安全，改变土地利用方式和其他不利于或有损于生态系统服务功能的活动。现代生态补偿有广义和狭义两种理解。广义指生态补偿机制与政策设计，既包括对生态系统和自然资源保护的奖励或破坏生态系统和自然资源造成损失的赔偿，也包括对造成环境污染者的收费；狭义与生态服务付费（payment for ecosystem services，PES）或生态效益付费（payment for ecological benefit，PEB）相似，内容包括：1. 对生态系统本身保护（恢复）或破坏的成本进行补偿；2. 通过经济手段将因破坏生态环境所获的经济效益内部（成本）化；3. 对个人或区域保护生态系统和环境的投入或放弃发展机会的损失的经济补偿；4. 对具有重大生态价值的区域或对象进行保护性投入。中国在对矿区恢复和森林生态效益补偿等实践中采用生态补偿，并在实践中逐渐形成以经济调节为手段，以法律为保障条件的环境管理制度和生态补偿机制。生态补偿的理论基础是：外部性理论、公共产品理论和马克思的再生产理论等是生态补偿的基础理论。1. 外部性理论。外部性是指某个经济主体对另一个经济主体产生的溢出效应（有积极的，也有消极的），而这一溢出效应因市场缺失是无市场交易的。外部性效应包括外部经济性（正外部效应）和外部不经济性（负外部效应）两种形式。外部经济性是指一个经济主体的经济活动对其他人的经济活动产生有利的影响；反之，不利的影响就是外部不经济性。生态保护建设一般会产生外部经济性，而利用开发资源一般会产生外部不经济性。解决的办法就是通过建立合理的生态补偿制度和实施有效的措施，实现外部性内部化，对产生外部经济性的行为进行补偿，对产生外部不经济性的行为进行征税。这样就纠正了因市场缺失而导致的生态问题外部性不合理问题，有效地促进了生态环境保护和经济社会发展。2. 公共产品理论。生态产品属于公共产品，它具有公共产品的非竞争性和非排他性特征。在生产实践过程中对生态产品的消费必然会出现公地的悲剧和搭便车现象，由此造成严重生态环境问题。通过生态补偿措施的实施，使生态产品的提供者得到合理的经济报酬，生态产品的受益者支出相应的费用，这样才能够维持生态保护的公平性，保证生态保护的资金投入，从而解决日益严重的生态问题，促进经济社会的发展。3. 马克思的再生产理论。马克思认为，社会要连续不断地发展，就必须进行周而复始的再生产。社会总资本再生产得以进行的必要满足条件，是价值补偿和物质补偿。工业化的生产已经污染环境，资源日益匮乏，那么再生产过程需要的物质单纯靠自然界的提供，已经补偿不了消耗的物质能量。也就是说，自然再生产过程中自然物质能量的减少已无法满足社会再生产过程对生产物质能量的大量需求。这需要适时建立生态补偿机制和制定相应的法律法规，对生态系统进行价值补偿和物质补偿，恢复建设生态环境，提高自然的生产能力，使得生态系统再生产的总供给能够与经济系统再生产的总需求平衡，从而能够实现社会再生产的顺利进行。（参考：王俊锋等：《中国流域生态补偿机制实施框架与补偿模式研究——基于补偿资金来源的视角》，《中国人口、资源与环境》2013年第2期第23～29页。朱配辰）

生态补偿横向转移支付

Horizontal Transfer Payment for Compensation for Ecological Conservation

地方政府之间进行财政资金转移支付的制度安排，目的是对某一区域内为保护生态功能而付出代价的个人和机构进行经济补偿。与纵向补偿转移支付相比，横向转移支付更好地体现出财政行为增进效率和优化资源配置、区域之间的经济和生态分工、生态服务的市场交换关系，能够更好地解决财力均等化和外部性的问题，可以在生态关系密切的区域建立起有效的生态功能市场交换体系，使生态服务的外部效应实现内在化，是对我国纵向转移支付的有益补充。我国生态补偿横向转移支付的领域包括省与省间区域生态补偿、重点生态功能区类生态补偿、流域类生态补偿。（张沥元）

生态补偿机制

System for Compensation for Ecological Conservation

研究中经常将生态补偿与生态补偿机制概念相混用，虽然二者都是解决外部性问题、外部性内部化的制度安排，然而作为机制的生态补偿是生态补偿理念与政策的具体运用与实践，因此需要与生态补偿概念相区分。生态补偿指为保护、恢复、改善自然生态系统的生态服务价值而对保护和改善生态服务功能承担经济成本、代价的行为主体做出资金、物质、技术或者政策的补偿，或者对生态环境及其服务价值造成损害的行为主体产生的外部不经济性的补偿。作为机制的生态补偿则是关于生态补偿制度具体的补偿范围、补偿项目、补偿目标、补偿主客体、补偿标准、补偿实施、补偿的监督和效果评价等方面的内容。因此，生态补偿机制是生态补偿的制度化和标准化，是生态补偿具体实施过程中各组成内容以及各主体之间的相互作用和动态关系，这种关系和协调作用通过特定的方式和途径将各构成内容有机统一，实现生态补偿的有效运转。生态补偿机制同生态补偿的补偿依据都是保护者为保护和改善生态环境所付出的额外成本以及由此成本而可能丧失的发展机会成本，生态补偿可以通过公共政策以及市场手段形成特定的生态补偿机制，而生态补偿机制更多的是一种能够有效保护环境的经济手段和发展，有利于促进社会公正以及可持续发展。因此，生态补偿机制是以生态可持续发展为宗旨，依据生态系统服务价值、生态保护成本、发展机会成本，综合运用行政和市场手段，调整生态环境保护和建设相关各方之间利益关系的、带有经济激励作用的环境经济政策。机制主要运用于区域性生态保护和环境污染防治领域，是基于“谁开发谁保护、谁破坏谁恢复、谁受益谁补偿、谁污染谁付费”原则的具有经济激励作用的环境经济政策。生态补偿机制的内涵包括：1. 生态补偿涉及哪些部门、组织和个人，即谁是生态补偿主体，谁是生态补偿对象，还有谁是生态建设的组织和协调者，这是生态补偿这个大系统的构成要素；2. 然后研究它们之间的关系，相互作用的方式，过程和规律，以确定生态补偿的方式和途径；3. 通过科学地评估生态建设的效益和损失，制定合理的生态补偿标准，建立科学的评价体系；4. 按照生态补偿的原则，协调补偿主体和对象之间的关系，构建生态补偿的网络途径，实施生态补偿。由于生态补偿机制极为复杂，各方意见很难统一，致使相关的行政条例和意见还未出台，我国的生态补偿机制还远未确立。（参考：刘丽：《我国国家生态补偿机制研究》，青岛大学 2010 年博士学位论文第 31 ～ 33 页、第 35 ～ 43 页。欧阳文川　张沥元　李雪姣）

生态补偿基金制度

Fund System for Compensation for Ecological Conservation

以国家投入为主体、多渠道筹集生态补偿资金的资金管理制度，包括以生态建设和生态补偿为目的设立的林业基金、退耕还林补偿基金、森林生态效益补偿基金、各项环境整治基金等各项基金制度。通过建立生态补偿基金制度，形成多渠道、多层次、多形式的资金投入机制，充分调动社会各方力量进行生态补偿。1. 拓宽国家投入的资金渠道；2. 设立开放式的公众基金，生态保护是全民事业，需要公众广泛参与，为更好地募集资金，借鉴基金会的形式，设立生态补偿的开放式的公众基金，即公众以基金的形式将手中的资金集中起来，由投资者投资经营环保产业；3. 间接引导社会资金，间接引导社会资金向生态建设、生态补偿领域转移，包括建立生态环保创业投资基金、BOT 投资方式、资产证券化融资、开辟投资联结保险金融新产品、培育和发展资本市场、发行生态建设彩票、培育生态环保信托业、引进国际信贷等方式，从而不断扩大生态补偿基金的来源。（李雪姣）

生态餐厅

Ecological Restaurant

又叫温室餐厅、阳光餐厅。最早起源于花卉温室大棚，从单纯的植物种植发展为植物观赏，进而形成具有餐饮功能的生态餐厅。生态餐厅是随着农业旅游的发展而产生的，以追求生态化为核心，结合可持续发展思想，综合运用建筑学、园林学、设施园艺学等相关学科知识进行规划、设计、建设而成的具有良好用餐环境与生态环境的综合体，是建筑与环境的结合。生态餐厅通常占地面积大，远离城市地区，多运用园林景观结合环境调控来营造绿色生态的用餐环境，以鲜明的主题和绿色特色吸引消费者。目前生态餐厅的主要包括农家乐、单一主体餐厅、生态休闲度假村等形式，整体产业发展趋势良好。但由于缺乏行业规范和政府监管，有待于出台相关法规去进行管理。（代富宇）

生态策略

Ecological Strategy

生物在进化过程中形成的对付环境的策略。这里的环境不仅是物理环境，还包括同种和异种的其他生物。因此，生态策略是生物在广义的生态环境中形成的进化策略。近代研究进化论的学者常假定自然选择是最优化过程，认为现存物种在各种可能的适应方式中的最佳选择，常采用工程学家和经济学家提出的最优化理论研究生物进化。在近代生态学文献中，生态策略的概念被广泛接受并得到迅速普及，出现生殖策略、防卫策略、资源获取与分配策略、取食策略、生活史策略等概念。随着研究的深入，人们注意到某一方面（如防御）的最佳策略不见得是另一方面（如取食）的最佳策略。因此人们开始将上述种种策略综合起来进行整体研究，探讨生物进化的总体最佳策略。（李雪姣　史月田）

生态产品市场供给方式

The Way of Supplying Ecological Products Market

将生态系统及其要素作为产品，因此，生态产品的生产和供给，本质在于生产和供给蔚蓝的天空、清新的空气、清洁的水源、肥沃的土壤等生态功能正常的自然要素。在生态污染、环境破坏日趋严重的情况下，本身具有公共产品属性的生态产品的正常生产和提供成为值得思考的问题，因为具有非排他性和非竞争性的公共产品和资源俨然成为稀缺资源，因此生态产品的生产和供给在污染严重、生态恶化的背景下转变为稀缺资源的优化配置。现阶段的配置方式主要有生态购买、直接市场的经济交易和生态资本产业化经营 3 种形式。生态购买是国家以生态银行、生态产品市场和生态购买组织机构为载体，以市场机制为手段，按照一定标准选择一定地区和时间购买生态建设者的成果生态产品，使生态维护者和建设者确保建设、维护成本和一定利润的获得，从而鼓励其继续从事生态建设和维护的活动。直接市场的经济交易以科斯定理为基础，将生产要素视为一种权利，通过自然要素在市场中的产权交易解决自然要素外部性问题，市场从而成为自然要素外部性内部化的场所，排污权交易和碳排放权交易是这种方式的典型。生态资本产业化经营指政府通过合约的形式，如合同外包和特许经营，将生态产品供给的责任全部或者部分转让给市场。（参考：曾贤刚：《生态产品的概念、分类及其市场化供给机制》，《中国人口．资源与环境》2014 年第 7 期第 12 ~ 15 页。欧阳文川）

生态产品市场供给运行机制

Operational Mechanism of Supplying Ecological Products Market

现阶段生态产品市场供给的形式主要为生态购买、直接市场的经济交易和生态资本产业化经营 3 种。生态购买是国家以生态银行、生态产品市场和生态购买组织机构为载体，以市场机制为手段，按照一定标准选择一定地区和时间购买生态建设者的成果生态产品，使建设者确保建设成本和一定利润的获得，从而鼓励其继续从事生态建设的活动。直接市场的经济交易以科斯定理为基础，将生产要素视为一种权利，通过自然要素在市场中的产权交易解决自然要素外部性问题，市场从而成为自然要素外部性内部化的场所，排污权交易和碳排放权交易是这种方式的典型。生态资本产业化经营指政府通过合约的形式，如合同外包和特许经营，将生态产品供给的责任全部或者部分转让给市场。可以看出以上 3 种生态产品市场供给方式的共同特征在于行政与市场的结合，即政府政策的鼓励和各种形式的支持与市场机制相结合。生态产品的市场化供给得以可能的前提条件为企业的经济动机和消费者对生态产品的需求促使企业以市场为场所将自然要素外部性内部化，由于自然要素本身固有特性，使得生态产业的生态与经济效益相对滞后，因此企业对生态产业的投入除了企业自身的经济动机以外，还需要外部政府政策的诱导和资金、技术等方面的支持。然而，即使生态产品经过市场化运作从公共性物品转化为私人物品，同样因为自然要素本身的自然特性，生态产品也不会完全脱离其公共性质，因此它的市场供给需要政府从公共责任的立场进行监督和管理。（参考：曾贤刚：《生态产品的概念、分类及其市场化供给机制》，《中国人口．资源与环境》2014 年第 7 期第 12 ~ 15 页。欧阳文川）

生态产业

Ecological Industry

又称节能环保产业或者环境产业。生态产业多用于日本，中国多用节能环保产业。1999 年原国家经济贸易委员会在《关于做好环保产业发展工作的通知》中将生态产业定义为：防止环境污染、提高资源能源利用率、保护生态环境、维护生态平衡的各种经营活动。国家经委对生态产业的界定侧重于末端的环境治理，然而产业的内容不仅包含环保产品的经营，还包含环保产品利用相关的经营活动，即节约资源、提高能源利用率、回收废弃物循环利用的资源综合利用的经营活动，此外还包括环境保护相关产技术研发设计与施工服务的经营活动。生态产业在指导思想、经济增长方式、资源使用特征、经济发展模式、污染治理等方面都与传统产业具有鲜明区别。生态产业以生态学规律和可持续发展观为指导思想，以综合高效利用为资源使用方式，以源头和过程治理为污染治理方式，以资源—产品—再生资源为经济发展模式、以经济、社会与生态相互协调发展为根本价值观。因此，生态产业与非生态产业之间的本质区别在于前者是社会效益、经济效益和生态效益的有机统一，是经济社会可持续发展的技术和物质基础。生态产业是按生态经济原理和知识经济规律，以生态学理论为指导，基于生态系统承载能力，在社会生产活动中应用生态工程的方法。突出整体预防、生态效率、环境战略、全生命周期等重要概念，模拟自然生态系统建立的高效的产业体系。很明显生态产业不同于传统产业及现代产业，但又是传统产业及现代产业的继承和发展。（参考：董岚：《生态产业系统构建的理论与实证研究》，武汉理工大学 2006 年博士学位论文第 16 ~ 23 页。**欧阳文川　牟世晶**）

生态产业集群

Eco-industrial Cluster

指在特定区位下以资源高效、循环利用为特征，生态功能强、经济效益好的网络型企业和相关机构的集合体。生态产业集群是各种生态要素、社会要素和经济要素的有机结合，以区别于传统产业集群中生态要素的缺失。传统产业集群在创造经济效益的同时并没有考虑企业生产对外部环境的生态要素可能造成的负面影响，或者生产模式、技术要求以及相关的产品流通和销售没有兼顾生态效益，从而在创造经济价值同时以环境污染、生态破坏为代价。生态产业集群被认为是解决经济效益和生态效益协调发展的有效途径。生态产业集群具有类似于自然生态系统各生态因子共生的特征，是各种社会、经济和生态要素的有机结合体。生态产业集群有极强的生态功能，生产中采取资源综合高效利用的方式，物质与能量的转化与消耗优化配置，生产废气物合理处置或者循环利用，基本形成资源利用的闭环系统。这种闭环系统决定生态产业集群是拥有多元化产业结构的集合体，多元的产业结构有助于集合中能量和物质的优化配置和循环利用。因此，生态产业集群在产生经济效益的同时能够兼顾生态效益，产业集群的生态型生产方式使得资源得到高效利用，产业集群所在区域自然环境和资源得到有效保护或者科学利用，生产成本降低。（参考：吴越：《生态产业集群知识转移对开放式创新影响的实证研究》，江西财经大学 2014 年硕士学位论文第 8 页。**欧阳文川**）

生态产业链

Ecological Industry Chain

指某一区域范围内的企业之间通过模仿自然生态系统中的生产者、消费者和分解者之间关系，以原料、副产品等为纽带形成的具有产业连接关系的企业联盟。生态产业链不同于传统意义上的产业链，是在产业链的基础上延伸出的概念，依据相关的生态学理论构建的，链条上下游间的物质流不是传统产业链上下游的物质，而是农业或由其延伸出来工业在生产过程中产生的废弃物、副产品或者能量，产业链上游和下游的主体一般分属不同行业。（**蔡越**）

生态产业链管理模式

Ecological Industry Chain Management Mode

生态产业链根据自然生态系统的生物链作用机理而建立，自然生态系统中各类生物种群依据其在系统中的生态位通过其功能作用相互之间发生能量与物质交换，生产者、消费者和分解者以生物链为关系纽带形成有机统一的生态系统。结合生态系统生物链的运行机理，不同性质的企业以资源为纽带建立相互衔接、依赖的产业系统，从而在资源高效循环利用的清洁生产方式下达到资源节约和环境保护的作用。针对生态产业链的管理可根据其结构层次分别以生态产业链、企业以及产品作为管理的对象。生态产业链管理措施包括生态产业链环境影响评价、ISO14000 环境管理体系认证、生态信息公开制度等，生态产业链的管理既包括管理者决策的科学生态化，也包括监督产业链中企业进行自身生态管理；对于企业的生态管理应着重于塑造企业的绿色环保企业文化和形象，提升企业核心竞争力，另一方面应通过企业自身环境影响评价制度和监督体系来推进清洁生产，减少不可再生能源使用率，提高能源利用效率或者使用可再生能源；对于产品的生态管理，应在其环保认证、生产设计和生命周期评价等方面着手，产品的生态管理一方面可减少生产成本，另一方面能够提升产品质量并且进一步满足消费者对于绿色生态产品的需求。（参考：王军花：《区域生态产业链规划研究》，河北工业大学2007年硕士学位论文第24～26页。欧阳文川）

生态产业园

Eco-Industrial Park

具备类似自然生态系统一系列特征的产业系统。在这种产业系统中，通过不同性质企业的特定组合，形成资源优化管理和利用的产业链条，最大限度减少自然资源和经济资源的使用，或者使物质和能量转换在资源的循环使用中形成“闭合系统”，以此最大限度提高产业系统的经济效益和社会效益。生态产业园的突出特点在于通过资源的循环利用实现经济增长与环境保护的协调发展，此外，生态产业园通常与所在区域发展相互联系，运行良好的生态产业园不仅能够带动当地区域经济的发展，还能取得较好的社会效益。生态产业园的理论基础为产业生态学，它是研究各种经济系统、产业系统及其产品与自然系统之间相互关系的跨学科研究领域，其最早出现于20世纪50年代的科技文献中，指模拟自然生态系统中有机部分的构成、物质与能量之间相互转换过程，以重构传统产业结构和发展的模式。该学科认为产业系统可以像自然生态系统一样实现均衡稳定的运转。在自然生态系统中，物质和能量的转换通过复杂的食物链在生产者、消费者和分解者之间运行，不会产生传统产业园区的废弃物。因此通过企业的优化组合配置，模仿自然生态系统中不同角色生态因子的作用，同样可以使废弃物质在循环利用中被重新利用。（参考：王震等：《生态产业园理论与规划设计原则探讨》，《生态学杂志》2004年第3期第152～153页。欧阳文川）

生态成熟

Ecological Mature

指某生态系统达到最大生态价位的状态。生态价位是指某自然要素所能提供的生态服务价值，因此生态成熟可以表述为某自然要素在其所属的生态系统中达到最大生态服务价值时的状态。当达到生态成熟时，生态系统结构处于最合理状态，生态系统中诸要素的生态功能处于最旺盛状态，并且此时系统中生物量最大，生态系统因此保持健康、稳定的动态平衡状态。在这种意义下，生态成熟度指生态系统服务价值与生态成熟状态之间的差额。然而在现实中，生态系统的生态价位或者生态服务价值往往低于其潜在价值，因此评价和测量生态系统的健康状态和生态服务价值时，可以依据生物量的多少来作为参考标准。目前，生态成熟的概念主要应用于森林的生态系统效益研究。相关研究可以分为群落演替生态成熟、防护能力生态成熟和生境复原和优化等领域。研究自然生态系统的生态成熟具有重要意义，尤其对于自然要素及其系统的健康、安全状况进行评测，并进而达到对其利用的科学规划和有效制度建设和管理。（参考：彭志成等：《生态成熟理论在生态工益林经营中的运用》，《林业勘察设计》2008年第3期第33～34页。欧阳文川）

生态承载力

Ecology Bearing Capacity

1921年人类生态学领域首次提出，指在一定条件下，生态系统所能容纳的最大有机物数量、人类活动和生物生存的资源和环境的最大供容能力。即在某一特定环境条件下（主要指生存空间、营养物质、阳光等生态因子的组合），某种个体存在数量的最高极限。生态承载力的基本含义：1.生态系统本身的弹性，即自我维持和自我调节能力、资源和环境的承载供容能力，是生态承载力的支持部分。2. 生态系统可维持的社会经济子系统规模和具有一定生活水平的人口数量的发展能力，为生态承载力的压力部分。生态承载力的基本特征：1. 客观性，一方面为生态系统阻挡破坏力，另一方面为生态系统向更高系统发展奠定基础；2. 可变性，生态系统是相对稳定的，生态系统呈螺旋式上升，提高生态系统的承载力；3. 层次性，在区域、地区以及生物圈各层次的生态系统水平表现出来。（王晴晴　史月田）

生态城市 / 社区

Eco-city/community

意涵上接近可持续城市（社区）、绿色城市（社区）和环境友好城市（社区）。具体而言，生态城市概念在 20 世纪 70 年代由联合国教科文组织在《人与生物圈计划》中提出。广义讲，生态城市（社区）指运用建立在人类对人与自然关系更深刻认识基础上的新的城市观，按照生态学原则建立起来的社会、经济、自然协调发展的新型社会关系，能够有效地利用环境资源实现可持续发展的新的生产和生活方式的城市（社区）。狭义讲，生态城市（社区）指按照生态学原理而设计的高效、和谐、健康、可持续发展的人类聚居环境（城市 / 社区）。目前，包括我国在内的世界各地都有许多创新性的生态城市（社区）试验。（徐越）

生态城市

Eco-city

1971 年联合国教科文组织在“人与生物圈”计划中首次提出，强调以生态学为方法来规划和建设城市，以此打造城市环境，达到人与人、人与环境之间的生态和谐。在全球人口激增、资源紧张、环境问题日益突出的背景下，由此导致的生态危机是大多数发达国家和发展中国家亟须解决的问题。生态城市概念的提出，正是对改变旧的城市发展道路，解决传统城市化建设所带来问题的尝试。自提出之日起，生态城市概念广为流传，被世界主流城市接受，成为其发展方向，如美国的伯克利、德国的弗莱堡、日本的千叶城等。目前国内有超过 100 个城市提出建设生态城市的目标。1986 年江西省宜春市首次在我国提出建设生态城市的目标，随后，包括北京、天津、上海等多个城市相继提出同样口号。虽然如此，生态城市的发展依然不成熟。这体现在还没有权威统一的概念界定，相关数据获取困难且缺乏动态性，评价指标不清晰且设计不合理、评价方法和研究方法不统一等方面。一般来所，研究人员将环境质量是否良好、资源利用是否合理、生态技术是否适用、居民生活是否富裕、产业循环是否高效、服务体系是否完善、管理机制是否健全等方面用作评价指标体系。从生态学观点看，生态城市是根据当地的自然条件、社会经济发展水平，按照生态学的原则，运用系统工程方法改变生产和消费方式、决策和管理方法建立起来的社会、经济、自然协调发展，物质、能量、信息高效利用，生态良性循环的人类聚居地。从经济学观点看，生态城市建设要使传统的资源高消耗、产出低效率、污染高排放的城市经济生态化，包括产业活动生态化和消费方式生态化等，最终使城市发展转向遵循生态学原理，城市物流良性循环，城市系统中没有浪费和污染的循环型城市。生态城市建设任务主要集中在：1. 通过大力发展生态产业，推进循环经济，建立高效、低耗、清洁的经济体系，实现经济增长发展方式的转变；2. 通过加强资源永续利用，推进节能降耗，建立集约型、节约型社会，实现科学发展；3. 通过大力改善生态环境，推进污染减排，建立稳定、和谐、高质量的生态环境体系，实现又好又快发展；4. 通过发展生态人居，推进宜居城市建设，建设优美、舒适、协调、和谐的人居体系，实现人与自然和谐；5. 通过科学调整农业产业结构，促进社会主义新农村建设，切实解决影响“三农”的环境问题，实现城乡一体化发展；6. 通过倡导生态文化，培育生态文明，建设现代、文明、各具特色的生态文化体系，努力实现城市全面和谐发展。生态城市规划需要生态学理论、规划学理论、系统控制理论、循环经济理论、可持续发展理论的协作支撑。生态城市规划内容包括：1. 生态系统保护；2. 土地节约利用；3. 绿色交通模式；4. 资源循环利用；5. 能源开发利用；6. 循环经济建设；7. 公众参与；8. 城市社区建设等。组织形式由政府作用主导，生态组织与公众自发推动，力求实现城市与人的有机结合，互惠共生的整体结构。我国生态城市建设主要包括 6 大类示范型生态城市，即环境友好型城市、资源节约型城市、循环经济型城市、景观休闲型城市、绿色消费型城市和综合创新型城市。（参考：李迅等：《中国低碳生态城市发展战略》，《城市发展研究》2010 年第 1 期第 33 ~ 38 页；孟伟庆：《创新型城市与生态城市的比较》，《环境保护与循环经济》2008 年第 10 期第 47 ~ 51 页。欧阳文川　朱配辰　任傲尘　牟世晶）

生态赤字

Ecological deficit

指生态资源耗损大于积蓄的差额数字。生态赤字是社会发展超出自然生态和社会生态所能承载的科学发展限度，造成牺牲生态环境的负面效应。即区域生态足迹超过区域的生态承载力，出现生态赤字，其大小等于生态承载力减去生态足迹的差数。生态赤字表明该地区人类负荷超过其生态容量。为更清晰地表达全球生态赤字的发展态势，科学家提出生态赤字日（ecological debt day）概念。生态赤字日指人类将地球为满足一整年的用度而产出的资源消耗殆尽的时间节点，在生态赤字日之后的该年度其余时间内，人类是向地球及后代子孙索要资源以吃老本的透支方式维持当前的生活方式。1987 年人类首度进入生态赤字的状态，当年的生态赤字日为 12 月 18 日，而 2007 年的生态赤字日已经提前到 10 月 6 日。这无疑表明人类蚕食地球环境资源的脚步正持续加快。我国人均生态资源稀缺，人均森林面积 0.1 公顷，占世界平均数的 17%，人均耕地面积 0.1 公顷，占世界平均数的 43%。近年随着经济发展，生态资源过度使用，我国成为生态负债国，人均生态赤字 1.3 公顷，高于全球平均。防止生态赤字的措施是：提高生态承载力，控制生态足迹。需要在当前经济技术条件下，按照生态系统容量空间范围，科学发展经济，切实保护环境。对于社会经济活动强度已经超出生态系统承载能力的地方，应逐步顺应自然，建立与生态系统容量相适应的经济社会发展模式。控制生态足迹的制胜战略还包括：合理利用资源，包括利用废弃物作为资源；低碳发展，实现能源的有效收集与利用；爱惜材料，尽量采用清洁、不污染的材料；保持生物圈平衡，保持生态系统承载力等。（参考：胡鞍钢、王毅、牛文元：《生态赤字：未来民族生存的最大危机——中国生态环境状况分析（1989）》，《科技导报》1990 年第 2 期第 60 ~ 64 页。朱配辰　牟世晶）

生态畜牧业

Ecological Animal Husbandry

指运用生态系统的生态位原理、食物链原理、物质循环再生原理和物质共生原理，采用系统工程方法，吸收现代科学技术成就，以发展畜牧业为主，农、林、草、牧、副、渔因地制宜，合理搭配，以实现生态、经济、社会效益统一的畜牧业产业体系。是技术畜牧业的高级阶段。生态畜牧业包括生态动物养殖业、生态畜产品加工业和废弃物（粪、尿、加工业产生的污水、污血和毛等）的无污染处理业。生态畜牧业的特征：1. 以畜禽养殖为中心，同时因地制宜地配置其他相关产业；2. 系统内的各个环节和要素相互联系、相互制约、相互促进。3. 系统内部以食物链形式不断地进行物质循环和能量流动、转化。4. 物质循环和能量循环网络完善配套。（李雪姣）

生态传播

Eco-communication

关于生态环境的信息传播活动。目的在于通过信息传播使人们实时获知生态变化情况，了解环境问题，获得治理和保护生态的知识和技能，正确认识人与环境关系，从而促使社会成员共同保护环境。通过大众传媒，对环境状况、环保危机、环保事件、环境文化、环境意识、环保决策、环保法制、环保产业、公众参与等环保相关问题的信息传播。当今大众传媒在生态传播中扮演重要角色。在信息化时代，大众传媒以报道、评论甚至微电影等方式赋予环境议题重要性，吸引受众对生态环境问题关注，让生态文明理念、环境信息被更多人认知、共享、传播，更好发挥大众传媒的告知功能，为生态文明建设服务。大众传媒通过对环境破坏事件的报道和曝光，形成强大社会舆论压力，督促相关部门采取解决问题措施，从而发挥新闻媒体在生态文明建设中的舆论监督作用。新闻媒体以报道或评论的形式将新近的环境名词或环保政策等加以整理和解释告知受众，可以丰富受众环保知识，构建生态文化。同时，新闻媒体将新近的环境事件予以报道，将现实生活中的环境问题迅速公开地呈现在公众面前，可使公众逐渐认识到环境问题的严重性和紧迫性，进一步引导公众的环境行为，培养环境友好型公民。（张惠娜）

生态传播能力

Ecological Transmission Capacity

对生态环境问题相关报道的能力。媒体作为生态传播的主要载体，体现为传播生态信息的能力、进行生态教育的能力、进行环境监督的能力。信息服务功能是媒体应当承担的最基本的能力。近年生态环境问题已经是人们日常关注的焦点。媒体作为公共平台资源，可以为公众发布最新信息。提高媒体的传播生态信息能力，使受众及时了解客观世界变化，及时采取相应措施。媒体在生态建设中也具备教育宣传能力。生态方面的知识尤其是资源、能源等信息相对而言比较专业，受众在日常生活中也不常涉猎。媒体在这个过程中为大众解读国家最新政策，宣传最新能源生产动态，引导公众加入环保事业。媒体还会发挥监测环境的作用，具备环境监督的能力。媒体对于不良现象的揭露会形成舆论场，使得问题容易得到及时解决。（张惠娜）

生态传媒

Ecological Media

指依据生态经济原理，以资源多层次循环利用等为特征，以现代科学技术为依据，运用生态规律、经济规律和系统工程的方法经营和管理的传媒发展模式。它要求综合运用生态规律、经济规律和一切有利于传媒生态经济协调发展的现代科学技术，协调生态、经济和技术关系，促进传媒生态系统的人流、物流、能量流、信息流和价值的合理运转和系统的稳定、有序、协调发展。在微观上做到传媒生态资源的多层次循环和综合利用，提高传媒生态系统的能量转换和物质循环效益，从而实现传媒的经济效益、社会效益和生态效益的同步提高，走可持续发展的道路。生态传媒是传媒生态化发展的结果，发展目标是实现传媒与环境、传媒与人、人与环境的和谐。须遵循生态整体性原则，强调整体效益最高。实现人与环境的和谐，这是生态传媒价值取向所在。（参考：邢彦辉：《传媒生态化与生态传媒》，《东南传播》2007 年第 9 期第 40 ～ 42 页。张惠娜）

生态床技术

Technology of Ecological Bed

将水生植物种植于人工载体之上，悬浮或漂浮于水体中，利用水生植物、填料对水体中污染物进行净化的生物除污技术。生态床技术是人工浮床和人工沉床的有机结合，它改变了水生植物生态位，种植挺水植物的生态床漂浮在水面上，种植沉水植物的生态床则悬浮在水体中，形成新的水中湿地，与传统人工湿地相比，生态床延长水体的处理时间，利用太阳能，运行管理费用较低。随着城市化进程的加快，水体污染加重，尤其是水体的富营养化严重，生态床技术作为生物修复技术，不仅可以降低水体中的氮磷等有机污染物从而净化水体，还增加局部水环境的生态多样性，尤其是垂向移动式生态床在水体透明度低、水位波动大以及沉水植物难以存活的水域进行水体生态修复，床体立体位置和潜没深度可以依照水质状况来调节生态床的位置，使得生态床的应用范围更加广泛。（参考：王涛：《城市河流的生态床修复技术研究》，重庆工商大学2013年硕士学位论文第1～7页；张瑞斌、钱新、郑斯瑞等：《垂向移动式生态床与生态浮床对低污染水净化效果的比较》，《环境化学》2012年第11期第1705～1710页。韩铮）

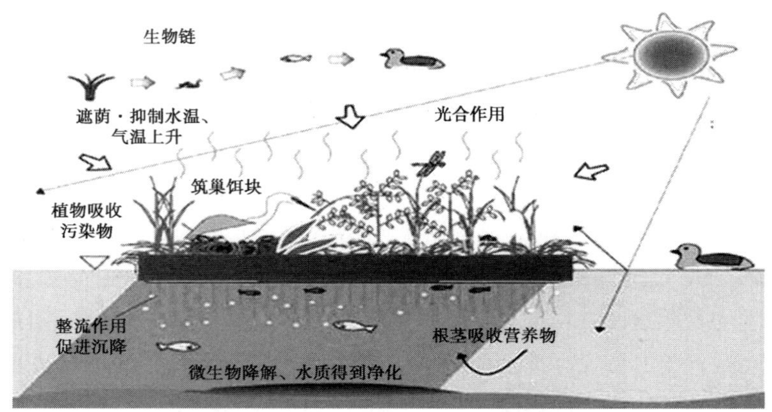

生态脆弱区

Vulnerable Ecological Region

指生态系统极易受外界因素影响而发生变化甚至损坏的区域，并且生态环境改变后难以得到恢复，制约区域发展。生态脆弱区的脆弱性是针对人类活动而言，具体包含不同类型的生态系统类型和区域，具有环境容量低、生态系统稳定性差、环境敏感性强、生态弹性力小、抗外来干扰能力差、自然恢复能力差、边缘效应显著等特点。造成生态环境脆弱的原因有：1. 自然因素，即生态脆弱性的内因，指该区域的地质地貌、生物种群以及气候因子等，由于生态系统具有一定稳态能力，自然脆弱因子不是生态脆弱性的根本因素；2. 人为因素，即生态脆弱性的外因，人类对资源的不合理利用等活动对生态环境的影响和破坏是导致生态系统脆弱甚至失衡的主要原因，加剧生态环境的脆弱性。生态脆弱性具有相对性，因此不是具备脆弱性的生态系统的每个结构都是脆弱的，也不代表稳定的系统就不存在脆弱性。生态脆弱区植被的恢复与建造是该区域生态系统服务功能恢复与重建的基础和主要手段，生态脆弱区的生态恢复和保护措施不仅对维持生态平衡、调节全球气候、维持生物多样等具有重要的生态意义，而且对保障人类社会经济可持续发展和生存发展具有重大意义。（参考：李有斌：《生态脆弱区植被的生态服务功能价值化研究》，兰州大学2006年博士学位论文第5～6页。韩铮）

生态脆弱性

Ecological Vulnerability

指生态环境在特定时空内受自然或人类活动的影响而表现出来的易变性和恢复能力，这种变化往往向着不利于人类生存和利用的方向发展，与生态环境的稳定性相对应，是生态系统的固有属性。造成生态系统脆弱性的原因主要包括自然原因和人为原因两种。生态脆弱性的概念最早源于美国学者Clements提出的生态过渡带（Ecotone）概念，目前国外的生态脆弱性研究已较为成熟，不仅借助遥感、GIS、GPS技术深入到各类型区域，而且出现与景观学相结合或针对特殊条件的生态脆弱性评价体系。我国生态脆弱性研究相对起步较晚，目前主要对特殊地域如北方农牧交错地带及干旱半干旱地带的脆弱性研究。当前生态脆弱性研究涉及社会系统、自然生态系统以及社会—

生态耦合系统3大类，主要研究内容包括系统变化、系统敏感程度与外部扰动的潜在影响以及人地系统的适应性等。主要研究方法有情景分析法、生态模拟法和指标评价法。生态脆弱性不仅是生态系统的重要属性，而且是人类对生态系统开发和利用的重要考量对象，对维持生态平衡具有重要的参考价值。（参考：周嘉慧、黄晓霞：《生态脆弱性评价方法评述》，《云南地理环境研究》2008年第1期第55～59页。韩铮）

生态脆弱性评价

Evaluation of Ecological Vulnerability

指对生态系统的生态脆弱性属性进行评估，综合衡量人口、生产、社会发展和环境整体生产能力和潜力以及环境能否被持续稳定利用。生态脆弱性评价通过对环境各要素的特殊属性及要素组合的整体效应进行分析，进一步认识脆弱生态系统的范围及演变趋向，对脆弱生态系统的成因进行综合分析，以定量、半定量等分析方法对脆弱生态系统进行整体的概括。近年来，生态脆弱性评价区域广泛涉及干旱半干旱地区、山区、江河流域、湖泊、湿地等，这一工作不仅有利于区域间的量化对比，也为脆弱生态系统的综合整治提供依据。由于不同生态系统的存在差异，不同生态系统的生态脆弱性评价也存在很大不同。因此针对具体不同生态系统要结合其地质特征，从多方面选取评价指标，构建评价体系。总体说，生态脆弱性的评价方法的主要步骤：1. 选择建立评价指标体系；2. 确定指标体系中各因子权重；3. 利用数学原理分析计算；4. 对生态脆弱性进行等级量化。（参考：赵红兵：《生态脆弱性评价研究——以沂蒙山区为例》，山东大学2007年硕士论文第4～7页；徐广才、康慕谊、贺丽娜等：《生态脆弱性及其研究进展》，《生态学报》2009年第5期第2578～2588页。韩铮）

生态村

Ecological Village

最早由丹麦学者罗伯特·吉尔曼（Robert Gilman）在报告《生态村及可持续社区》中提出，定义为：生态村是以人类为尺度，把人类的活动

结合到不损坏自然环境为特色的居住地中，支持健康的开发利用资源及能持续发展到未知的未来。1994年全球生态村网络（Global Eco-village Network，GEN）在丹麦成立，将生态村定义为：生态村是城市或乡村社区，内部居民努力将对于社会环境的支持和低消耗的生活相结合。该组织最初由9个生态村成员组成，分别是：苏格兰、美国田纳西、德国、澳大利亚、俄罗斯圣彼得堡、匈牙利、印度、科罗拉多和丹麦可持续社区组织。据不完全统计，至2010年全球生态村约为445个。生态村类型：按地域差异分为农村生态村、市郊生态村和城市生态村；按建造方式分为社区生态整合和新建生态村；按功能不同分为合作居住生态村和永续农业生态村、教育型生态村。生态村是符合我国国情、国力且切实可行的发展模式，是我国社会经济持续发展的必由之路。中国江苏省建湖县董徐村，为实现传统农业向现代化农业的转变，探索具有中国特色的生态农业道路，开展生态村的规划和建设研究，逐步形成种、养、加工一体化的生态模式，由历史上经济落后的小村，建设发展为生机蓬勃，综合效益显著的生态村。（王晴晴　李雪姣）

生态存在论美学观

Ecological Ontological Aesthetics Theory

生态存在论美学是在生态存在观哲学基础上产生的美学思想，它把审美当作人最根本的生存方式，认为自然之美不是实体之美，而是关系之

美，主张生态存在论意义上的诗意栖居与家园之美。德国哲学家海德格尔被称为生态主义的形而上学家。他的存在论哲学对生态存在论美学观影响深远，海德格尔的存在即是人的本性，存在就是真理，真理自行揭示即为美。海德格尔提出了天地神人四方游戏说，主张包含宇宙、大地、人类与存在的无所束缚、交互融合与自由自在的和谐协调关系，揭示符合生态规律的存在之美。生态存在论美学观在自然美的观念上，力主自然与人平等共生的间性关系，不认同传统认识论美学的人化自然关系，人类诗意的栖居是其完美的生态理想，主张人类通过天地神人四方游戏，建造自己美好的物质家园和精神家园，获得审美的生存。它强调审美批判的生态维度，对资本主义现代化进程中的审美纬度进行生态批判。（雷爱民）

生态袋

Eco-bag

生态袋是由聚丙烯及其他高分子合成聚合物材料复合加工而成，通过抗老化高强纱线缝制的袋状物。生态袋具有抗紫外线、耐腐蚀性、无毒、不助燃、稳定性强、裂口不延伸、只漏水不漏土等特性。铺设堆砌时，需要根据工程要求，结合格栏、铁丝网等施工。将生态袋填装土壤码砌后，可作为种植载体，植物根系会固定生态袋的紧密程度，形成永久性生态绿色边坡。生态袋主要用于公路、铁路、市政、矿山、水利及堤坝等工程上生态型挡土和边坡生态防护，以及水体保持、生态绿化工程等。生态袋可以完全替代石头、水泥等材料，大幅度减少工程成本。施工后的边坡具有植被覆盖的表面，使坡面达到绿化效果，形成自然生态边坡。因生态袋具有高度透水性，对土壤流失，局部泥石流，边坡塌方等具有很强的防护和稳定作用。生态袋于2000年加拿大籍韩国人金博士，中国张逸阳博士共同发明研制，2004年引进中国，2005年在中国大规模推广。主要应用领域有以下几种。1. 生态修复。生态袋可用于河流两岸、矿山复绿、海湖滨岸、地表滑坡治理、涵洞口、排水沟、土壤侵蚀、灌溉系统、人工湿地、屋顶绿化；2. 基础建设。生态袋可以用于道路护坡、河湖护坡、军事设施与防洪应急、掩体、防洪堤坝等；3. 园林绿化及住宅。生态袋可以用于垂直绿化、园林艺术、商业住宅小区、屋顶花园式绿化。（任傲尘　李雪姣）

生态道德

Ecological Morality

道德是社会意识形态之一，是调整人和人之间及个人和社会之间关系的行为规范的总和。生态道德扩展道德功能的领域，把传统道德调整人和人之间关系扩展到调整人和人以及人和自然关系，重视道德保护环境、保护自然的功能。本质是自然界生命物种间的和谐，人类必须尊重生态过程持续存在和繁衍生息的权利，维护自然的完整和多样性。核心是顺应人与自然的关系，实现从与自然界的对立向自然界回归的转变，建立人、社会与自然的发展机制。它强调人对自然拥有道德和义务，人应该在尊重自然、维护生态系统平衡的前提下，规范人在自然界中的行为，并利用道德调控人类行为的约束力量，让人们能够自动自觉地关心自然，维护自然良好的生存状态，从而使人和社会与自然生态环境的协调性得到真正的提高。和传统道德观相比，生态道德观具有的鲜明特征：1. 道德评价依据、评价标准朝着生态化的方向发展，要求人们树立崭新的生态意识，规范人对自然的行为，启迪人们的道德悟性，让人们能够用生态智慧和理智素质来预见、控制、驾驭发展，使之能与自然之间趋于和谐有序，从而进行正确的道义选择、道德选择。2. 人们的价值导向朝着生态化的方向发展。要求人们思考问题的思维方式、技术处理的手段方法及发展成果的评价上都把是否增加对自然的关注与热爱，是否具备生态道德，是否促进人与自然协调发展作为首要的价值选择。（牟世晶　王晴晴编撰）

生态道德建设

Construction of Ecological Morality

生态道德建设首先要在道德原则和人类观念上更新，倡导爱护自然、尊重生命，反对毁灭生态的战争，反对掠夺性的资源开发，使经济社会发展生态化；其次，处理好社会发展与生态平衡、科技进步与生态平衡、人类消费与生态平衡之间的矛盾冲突；最后，在生态道德建设的保障机制上，推动建立生态环境污染问责制与生态补充机制，从国家立法与国际公法的角度确保环境正义的实现。（雷爱民）

生态道德教育基本内容

Basic Contents of Ecological Moral Education

是生态道德主要行为规范的核心内容，包括践行一般性生态美德和尊重生命。生态科学知识是生态道德教育内容的基础，包括地球生态和当前环境科学系统的基本规律：森林群落、物种群落基本生态过程和分布；化学产品及元素对大气、植物、动物的影响；化学产品对人体的影响及危害；沿海滩涂湿地对人类的影响；水资源的净化及保护措施等等。在整个生态道德教育体系中具有重要的基础作用，是21世纪公民素质的必备知识，是对中国公民进行素质教育的极好教材。（参考：刘振亚：《生态道德教育的理论和实践探索》，《教育探索》2007年第2期第90～91页。张惠娜）

生态道德教育基本原则

Basic Principles of Ecological Moral Education

包括普及性和深度性结合的原则、普遍性和高度性相结合的原则、生活性和文化性相结合原则。生态道德教育是在横向比较、纵向扬弃的基础上提出的新德育观和新的德育范型。它教导人们，不仅人对人的社会行为，而且人对环境的行为均要受到伦理评价；不仅要正确处理个人与他人、个人与集体、个人与社会的利益关系，还要恰当地对待人与自然的交往行为、利益关系、短期与长期关系，摆正人在自然中的位置。因此生态道德教育以一种更为宽阔的道德视野，教育和引导人们学会热爱自然、热爱生活、享用自然、享用生活。生态道德教育是建设生态文明社会的必然要求，在实施中坚持的原则：1. 普及性和深度性结合的原则。进行和生态保护有关的科普活动，用科学知识提高人们的认识，引导人们的行为，将在一定程度上改变目前在生态环境保护上存在的不良现象。但是，对于已经具备一定的科学基础得人要注重在科学知识的深度方面下功夫。2. 普遍性和高度性相结合的原则。生态问题是全球性问题，在教育对象上，生态道德教育的任务是全民性的。但是对具备较高知识素养的人群，必须在教育目标上确立一定的高度。3. 生活性和文化性相结合原则。生态道德教育不仅要与生活实践相结合，还要把构建生态文化作为生态道德教育的重要手段，因为文化环境对知识层次较高的人的道德影响效果更明显。（参考：孙宁华：《大学生生态道德教育：意义、原则及内容》，《江苏高教》2009年第2期第129～130页。张惠娜）

生态道德教育实施范畴

The Implementation Category of Ecological Moral Education

包括生态道德意识教育、生态道德知识教育、生态道德规范教育和生态道德养成教育4个方面。生态道德教育是复杂的、涉及方方面面的系统工程，概括起来是要在学校、社会、家庭和职业4个领域协调统一地进行，构成生态道德教育的实施范畴。学校教育是进行系统教育的重要阵地，必须纳入生态德育教学规划体系并扎实推进：1. 开设生态道德教育课程；2. 强化教师生态道德意识；3. 加强学生道德实践。社会生态道德教育要结合社会公德教育一起进行：1. 形成生态道德教育的社会教育网络；2. 重视社会环境的熏陶教育；3. 开展创建生态社区活动。生态道德教育也要结合各行各业的职业教育落实：1. 将生态道德教育纳入职工岗前和岗位培训；2. 重视环保职能部门及从业人员培训；3. 加强基层干部的生态道德教育。家庭是生态道德教育不可或缺的一环：

1. 将生态道德教育纳入家庭教育，2. 实现人口良性发展；3. 实现消费方式的生态化。（参考：屠凤娜：《生态道德教育的内容和实施范畴》，《天津经济》2007 年第 7 期第 48 ~ 50 页。张惠娜）

生态道德修养

Ecological Moral Cultivation

道德修养是特定发展阶段的社会道德准则要求，通过道德个体采取的自我磨炼和自我改造行动，从而实现道德自我提高的过程。人对自然环境的态度带有强烈的道德意义。如果人对自然不讲道德，不仅人与自然的关系不和谐，还会反过来影响到人与人之间的关系。提高生态道德修养的关键在于人类要尊重自然的存在，承认自然的价值。在人与自然相互作用的过程中，严格恪守两个最根本的道德准则：既有利于人类自身的生存发展，又有利于保护自然生态。人们对自然与万物是否能够尊重，是今后衡量国家道德是否进步的标准，也是衡量今后整体人类文明程度的标准。道德约束人类行为的力量是靠个人的内心自觉和舆论的力量维系，不像法制那样具有强制性。它是对道德个体通过施以潜移默化的道德影响，增强人们的自律性，从而达到修身养性的目的。这种软约束对比于法制的硬性手段，更依赖于人们自觉意识的培养。因而，提高人们对自然的道德修养，首要的也是最重要的是加强自我约束能力、自我管理能力、自我调控能力、自我监督能力。唯有此，才能真正发挥道德的统摄力量，促进人与自然的和谐统一。（牟世晶）

生态道德意识

Ecological Moral Sense

指人们在生态道德建设过程中树立起的规范人们与生态相关行为的指导原则与观念体系。一方面包括对生态道德原则与规范的认知，另一方面还包括对人类实现生态道德原则及规范能力的判断和自觉。生态道德意识包括生态道德原则与规范体系、生态道德情感、生态道德意志等。生态道德意识体现人们对人与自然之间的生态道德关系的认知，以及对生态道德关系的原则、理念与规范的理解和自觉。生态道德意识包含促进人与人、人与自然之间的可持续发展，实现生态环境保护与人类社会的互利共生、协同进化和发展的意识，从生态道德意识看，任何忽视环境保护的社会发展或放弃社会发展的环境保护都不是生态道德意识的题中之意，培养生态道德意识可以从道德原则上确立起人们的生态是非判断，从道德情感上可以培养起人们的生态良知，从道德意志上可以培养起人们的生态义务感，从而确立起完整的生态道德意识。（雷爱民）

生态地理学

Ecological Geography

是生态学与地理学交叉的新兴边缘科学。研究各类生态系统的空间分布、结构、功能及演替等规律与地理环境之间的协调平衡机制。运用生态学的基本原理和方法，围绕人类与地理环境的相互关系，研究生命系统与地理系统之间的整体性与相关性，系统行为的目的性，以及相互作用、相互联系机理及其调控方法与途径。（张惠娜）

生态地域划分

Eco-regionalization

指在对生态系统及其组成部分充分了解和认识的基础之上，应用生态学原理和评价方法，揭示区域生态系统以及子系统之间结构和功能等方面的相似和差异，从而以某种标准对区域生态系统进行单元划分，并以此为区域经济社会发展和环境生态保护与建设规划提供理论依据。生态地域划分对于经济发展和生态保护都具有重要意义，尤其对于区域资源开发利用以及生物多养性保护策略提供科学依据。生态地域划分应与生态区划做区别，一般说，二者都指根据一定标准按照生态系统的差异性进行单元区分。然而，生态区划不仅仅指以地域为划界的自然生态系统，也包含人类活动对自然生态系统不同程度的影响。

生态地域划分指单纯的以地理差异为标准自然生态系统区分，北美地区的生态区划多指生态地域划分。1976年Bailey提出第一个生态地域划分方案，然而生态地域划分的思想早在20世纪初期就被提出，英国生态学家Herbertson指出在全球范围划分生态地域的必要性。我国早在20世纪50年代进行生态地域划分的工作，组织编纂《中国综合自然区划（初稿）》，即使是现在，该书依旧享有极高的权威性。（参考：杨勤业等：《中国生态地域划分的若干问题》，《生态学报》1999年第5期第596～598页。欧阳文川）

生态帝国主义

Eco-imperialism

首先是历史学概念，泛指早先的欧洲殖民者把动物、植物和疾病带入殖民地的历史，深刻地、很多时候是灾难性地影响到北美、澳洲和非洲的原始居民，有些地区原住民减少90%以上。历史学家阿尔弗雷德·克罗斯比在1986年出版《生态帝国主义：欧洲的生物扩张900～1900》一书中阐述这一历史过程，把殖民地称作“新欧洲”。现在，生态帝国主义还被作为意识形态概念，即欧美发达国家的经济政治秩序霸权和奢靡性生活方式的维持，建立在对广大发展中国家生态环境破坏和掠夺的基础上。（徐越）

生态动力学

Eco-dynamics

研究生物、环境和人类社会的相互作用及可持续发展的动力学机制与途径的学科。生态系统动力学模型主要包括物理过程、生物过程、化学过程3大部分，刻画不同物理条件和外界强迫控制下的生物、化学变化。通过生物系统动力学模型可以研究生态系统内在控制机制，探讨各个生物和非生物过程的关系，根据系统内各个过程的关系和环境因子的变化预测生态系统的演变规律，为环境的治理，现场观测和可持续利用提供指导。（朱雨晨）

生态毒理学

Ecotoxicology

研究有毒有害因子对生态环境中非人类生物的损害作用以及机理的科学。是随环境问题的日益严峻而产生的新兴学科，发展历史仅有20多年。生态毒物学综合运用生理、生态、化学、物理、毒物和数学等多学科理论解释自然界中污染物的暴露风险。试图揭示现有的以及潜在的有毒有害因子对生态系统损害作用的规律，找到保护生态系统的有效策略和措施。生态毒物学不仅是一门科学，而且还是污染防治中应用性很强的工具，是可持续发展战略的技术支撑，用于支持环境政策、法律、标准和污染控制方法的制定。广泛应用于化学品和排放物的安全性评价；生物技术产品的管理；污染治理技术的效果评估；产品生物降解能力测试；制药厂排放废水生态风险评价、河流生物治理技术安全性及效果评估等领域。（石艳峰）

生态发展

Ecological Development

针对传统经济发展以持续增长为唯一目标及其严重生态环境后果而提出，用生态学的理念和原则作为评价人类经济活动及其发展战略和成效标准的发展模式。认为经济发展与生态环境不应当相互对立，而是相互统一并密切结合在一起。经济发展不应当以损害基本生态过程为代价，要在经济发展的同时做到建设环境和保护环境。这是经济与生态全面协调发展的观点，也称为生态发展原则。生态发展原则包括：1. 发展同时包括经济目标和生态目标，即不仅要取得经济增长，而且要包括环境质量的不断改善。2. 发展必须保证人类对环境资源的永续利用。这是未来发展的基础。只有这样，经济发展才能既满足人的基本需要，又不危害生态环境可持续性，保证当代人和子孙后代的长远利益。因此，生态发展的意涵非常接近于绿色发展或可持续发展。（徐越）

生态法西斯主义

Eco-fascism

环境史学家迈克尔·齐默曼将其定义为集权政府要求个人牺牲利益来满足生存家园的福利和光荣，由于目前没有生态法西斯主义政府的存在，它的重要特征可以从法西斯德国时期的做法中发现，如核心口号是“血和土壤”。依据环境主义者戴维·奥屯的看法，这个术语代表着对自然的蔑视，排斥深生态运动和通常意义上的环境运动，它不是用来启示而是用来警示人们的。（徐越）

生态法制教育

Ecological Legal Education

对教育对象进行生态相关法律和制度教育的过程，目的在于让生态教育对象对生态法制理念有更深入的理解并能践行。生态法制教育是生态文明建设思想政治教育的重要任务。生态法制教育的内容涉及范围较广，包括生态人教育、生态权利教育、生态正义教育、生态安全教育和生态责任教育等。进行生态法制教育可以采取的主要途径有：树立生态法律观念；提高教师生态法制素养；进行课程改革，重视生态法制教育；不同领域、不同部门进行广泛合作，从而弥补开展生态教育诸如资金、设备、科学方法等不足。保护自然环境，建设生态文明，不仅需要人类道德的自觉，同时需要社会法制的保障，而要加强法制对生态文明发展的保障，必须进行生态法制教育。生态法制教育是实施可持续发展战略的要求，是素质培养的重要内容。（张惠娜）

生态翻译学

Eco-translatology

指运用生态学的原理以及方法的翻译理论研究，因此是生态学和翻译学之间的跨学科研究。生态翻译学研究的出现同样离不开世界环境运动和生态主义的兴起，从 1962 年美国海洋生物学家；蕾切尔·卡逊（Rachel Carson）发表的《寂静的春天》，1972 年联合国在瑞典首都斯德哥尔摩举行人类环境会议通过的《人类环境宣言》，以及 1987 年世界环境与发展委员会在日本东京召开的第八次世界环境与发展会议上通过的《我们共同的未来》，都说明人类逐渐意识到保护环境和维护生态的迫切性。1995 年美国生态学家戴维·格里芬（David Griffin）提出著名的“生态存在”，表明生态认识论已经向生态存在论转型。生态翻译学正是将翻译理论研究置于自然生态系统的生存大背景之下，研究翻译活动与人类语言、人类社会、人类文化、人类本身到自然生态系统的相互联系与转化。生态翻译学采取生态学的整体观和系统观，以多学科多视角将翻译学及其外部环境，即翻译生态系统结合起来讨论，翻译生态系统即是翻译学的“存在背景”，这必然要求翻译学要结合更多不同性质的学科方法来进行讨论，如将语文学、符号学、社会学、文化学、人类学等学科的理论方法运用于翻译学，尤其是与翻译学密切相关的语言学、文化学、人类学等学科相结合。在以语言学视角审视翻译学和翻译生态系统时，应注重文本源语言和译语的生态学分析；从文化学角度理解翻译学时，应注意到翻译、文字和语言本身都是构成人类特定文化的重要内容，因此应注重翻译的跨文化差异以及翻译生态系统的跨文化研究；从人类学角度审视翻译学时，应注意到翻译、语言以及文化都是人类行为的沉淀，因此应注重翻译学与人类认知演变等关系的研究。目前我国生态翻译学仍存在诸多问题，比如缺乏系统和深度，大量生态翻译学只是以引用生态学术语的方式来展开论述，并没有进一步将生态学术语的真正含义运用于翻译理论。此外对问题的探讨趋于单一，也没有将翻译从翻译生态系统的整体性系统探讨。（参考：胡庚申：《生态翻译学解读》，《中国翻译》2008 年第 6 期第 11 ~ 13 页；胡庚申：《生态翻译学：译学研究的“跨科际整合”》，《上海翻译》2009 年第 2 期第 3 ~ 7 页。欧阳文川）

生态风险

Ecological Risk

由环境的自然变化或人类活动引起的生态系统组成、结构的改变而导致系统功能损失的可能性，是指生态系统及其组分所承受的风险。一个种群、生态系统或整个景观的正常功能在受到具有不确定性的事故或灾害作用后，生态系统结构和功能可能损伤，从而在当下和将来减少该系统内部某些要素或其本身的健康、生产力、遗传结构、经济价值和美学价值的可能性，危及生态系统的安全和健康。生态风险的形成因素多样且复杂，作用影响的范围较大，作用时间及其产生的后果也很难预测。主要形成原因可分为自然和人为两种，其中，自然因素包括全球气候变化引起的水资源危机、土地沙漠化与盐渍化等；人为因素包括市场因素、资源开发利用方面的风险因素等。当前，生态风险问题在自然资源综合开发中尤为突出，如自然资源的保护性利用中资源储量耗损率的确定、资源利用方式与对策的确定、资源价格和投资形式等的确定等。（韩铮）

生态服饰文化

Eco-costume culture

生态服饰指经过生态纺织品检测具有相应标志的服装。又称为绿色服饰、环保服饰，它是以保护人类身体健康、使其免受伤害为目的，并有无毒、安全的优点，在使用和穿着时，给人以舒适、松弛、回归自然、消除疲劳、心情舒畅感觉的纺织品。与当今环保风和现代人返璞归真的内心需求相结合，生态服饰逐渐成为时装领域的新潮流。生态服饰必须具备以下条件：从原料到成品的整个生产加工链中不存在对人类和动植物产生危害的污染；服饰不能含有对人体产生危害的物质或不超过一定的极限；服饰不能含有产生对人体健康有害的中间体物质；服饰使用后处理不得对环境造成污染等；另外，还应该经过检测、认证并加饰有相应的标志。生态服饰与绿色服饰概念基本相同，但也稍有区别：绿色服饰是指绿色纺织品和生态服饰。国际上已开发上市的绿色纺织品一般具有防臭、抗菌、消炎、抗紫外线、抗辐射、止痒、增湿等多种功能。这类产品在我国还属初创阶段，已经推出的以内衣为主。但由于这类纺织品具有特定有益人体健康的功能，因而较受消费者欢迎。生态服饰则以天然动植物材料为原料，如棉、麻、丝毛、皮之类，它们不仅从款式和花色设计上体现环保意识，而且从面料到纽扣、拉链等附件也都采用无污染的天然原料；从原料生产到加工也完全从保护生态环境的角度出发，避免使用化学印染原料和树脂等破坏环境的物质。（牟世晶）

生态服务业

Eco-service Industry

服务业是指除农业和工业以外的，为社会生活、生产等提供服务产品的生产部门的集合，主要经营领域包括居民服务、修理、教育、卫生、娱乐、房地产、餐饮、仓储、运输等行业，与传统农业和工业相比，服务业产品具有非实体性、生产与消费具有同时性等特征。生态服务业是生态循环经济的有机组成部分，包括绿色商业服务业、生态物流业、生态旅游业、生态教育、生态文化、生态交通运输业、生态住宿与餐饮等部门。生态服务业是针对服务业生产销售过程中出现的环境污染和生态破坏等问题而出现的，如餐饮业的食品废弃物，以及行业本身对水资源的过度消耗问题，运输业在运输过程当中出现的有害物质泄露或者造成的空气、噪音污染等问题。生态服务业意味着服务业向注重环境保护和维护生态环境的生态产业运作方式转型，以循环经济思想为指导，走产业可持续发展道路。绿色循环经济是以“3R”原则为指导的经济生产方式。生态服务业的“3R”原则是：Reduce：减少能源使用，Reuse：资源重新利用，Recycle：物品回收利用。生态服务业的生产准则实现服务过程的清洁化和生态化。开展绿色营销和绿色服务，一方面促进服务业生态技术和管理的创新和完善，实现服务产品的生态化，另一方面通过节能创新降低生产成本、提高产品质量，以满足消费者日益增长的生态型消费需求。（参考：黄孔融：《我国服务业生态化问题研究》，南京林业大学2009年硕士学位论文第7页、第10页、第22页。欧阳文川　李雪姣）

生态浮床

Ecological Floating Bed

又称人工生物浮床、无土栽培浮床、生物浮岛、水上浮岛等。它是运用无土栽培技术原理，以高分子材料为载体和基质，采取现代农艺与生

态工程措施综合集成的水面无土种植植物技术。它通过水生植物根系的截留、吸附、吸收和水生动物的设施以及微生物的降解作用，对富营养化水体的生物生态修复有所帮助，达到水质净化的目的，修复水生态系统，达到自然生态系统的平衡，同时营造景观效果，符合生态文明建设要求。一般浮床的边长为1～5米，边长2～3米的比较多；形状以四边形居多，也有三角形、六角形等各种不同形状。根据水和植物是否接触，生态浮床可分为湿式浮床和干式浮床；湿式浮床又分为有框和无框两种。生态浮床作为一种绿色技术在保持生态系统平衡的基础上能逐渐降低水体中氮、磷等营养盐的浓度，控制藻类生长，最终达到修复净化的效果，并且造价低、耗能低、运行成本低、处理效果好、无环境风险和二次污染，在治理景观水体的过程中具有较大的应用前景。（参考：胥丁文、陈玲娜、马前：《生态浮床的应用及研究新进展》，《中国给水排水》2010年第14期第11～15页。王晴晴）

生态福利

Ecological Welfare

所谓生态福利，是指政府无偿提供给每一个位公民平等享受良好生态环境的公共利益。众所周知，生态环境是由数以万计大大小小的生态系统构成。这些生态系统借助自身不断进行的物质循环和能量流动，不仅为人类的生存和发展提供土壤、草木、河流等丰富多彩的有形生态产品，而且还通过环境资源要素之间的完美组合形成一幅幅安宁、优美的自然画卷供人们流连、欣赏，为人们提供着无形却周到的生态服务。这种由生态系统提供的生态服务所体现的公共利益便是生态利益，而当这种生态利益由政府免费提供给每位公民平等享受时，就是福泽万民的生态福利。（参考：刘茜：《我国生态福利制度探析》，《河北大学学报》（哲学社会科学版）2013年第6期第147～151页。牟世晶）

生态福利特点

Characteristics Of ecological Welfare

生态福利作为新型公共福利，普惠性与政府主导性是其与传统公共福利所共有的一般特点，而整体性、非排他性则是其有别于传统福利的新型特点。1. 普惠性，指福利制度以全体社会成员为受益对象，受众普遍。2. 政府主导性，指政府在构建生态福利制度的过程中承担主要义务，并起主导作用。3. 整体性，指生态福利在施惠时的不可分割性，这一特性由生态本身的系统性决定

的。4. 非排他性，从法学角度理解，即某权利人在行使权利的同时无法阻止其他权利人行使相同权利。（参考：邓禾：《生态福利制度探索》，《重庆大学学报》（社会科学版）2014 年第 1 期第 126 ~ 130 页。牟世晶）

生态福利制度

Ecological Welfare System

指通过立法的形式对生态福利的提供主体、受益对象、范围、实现途径等内容进行规制的法律规范的总称，是生态福利的规范化和法制化。生态福利制度是实现生态利益公平分享的重要途径，是满足居民的福利需求，促使人居环境明显改善，推动形成人与自然协调发展新格局的基本径路。因此，构建完善的生态福利制度十分必要。生态福利制度能够将深厚的理论积淀共时性地投射到现实发展中，不仅在理论上体现可持续发展的价值理念，而且在实践中还能优化社会分配机制，实现社会公平，平衡生态利益。构建生态福利制度是一项复杂而艰巨的系统工程，其中涉及法律、经济、生态、社会等各方面问题。（参考：刘茜：《我国生态福利制度探析》，《河北大学学报》（哲学社会科学版）2013 年第 6 期第 147 ~ 151 页。牟世晶）

生态革命

Ecological Revolution

1953 年由美国经济学家和社会学家 K · E · 博尔丁首次提出。在之后的 60 年代和 70 年代随着西方发达国家接连出现生态危机、环境危机，“生态革命”一词受到广泛重视，并由此而萌生生态意识，是西方生态社会主义思潮得以产生和进一步发展的理论渊源之一。美国左翼刊物《每月评论》主编福斯特（John Bellamy Foster）对生态革命的解释和发展做出重要贡献。福斯特从 20 世纪 90 年代以来一直以马克思主义为理论武器，从生态学视角出发，解析并批判西方资本主义世界出现的生态危机。他将生态危机出现的根本原因归结于资本主义制度本身，认为西方国家用以解决生态危机的科学技术和市场机制都不能解决根本问题，反而会加深生态危机。福斯特明确将生态革命作为解决西方世界生态危机的唯一手段。革命主体主要是南方国家从事环境保护运动的群体，尤其是社会主义国家中的环保主义群体；革命对象是资本主义国家；革命目标是建立生态社会主义国家。福斯特认为生态革命应通过切断国家与资本之间的联系，沿着民主化的社会主义方向的道路进行，并且在文化上发起相应的生态道德革命。生态革命从根本上说是生态危机的产物，其理论意义在于指出造成当前环境危机的制度性因素，从而将生态保护与环境保护提升到国家、社会发展战略规划的层面。（参考：刘娟：《福斯特生态革命思想探析》，《理论与现代化》2010 年第 6 期第 27 ~ 29 页。欧阳文川）

生态工程

Ecological Project

1962 年美国生态学家 H.T.Odum 首先提出生态工程，并将其作为生态学专门的研究领域之一，称其为生态工程学。H.T.Odum 将生态工程学描述为：人类为管理和控制生态系统，利用来自于自然的生态能量反作用于生态系统和自然环境。因此，生态工程学是科学管理和利用生态系统各要素的学科，区别于传统局限于工农业方向的工程，并且也是自然生态系统中的一个方面。20 世纪 80 年代后，生态工程学在欧美逐渐发展壮大，对学科的不同解释路径也越来越多。1979 年生态学家马世骏首先在我国提出生态工程概念，将其定义为：利用生态系统能量循环与物质共生原理以及结构和功能协调原理，设计对资源多层次、多维度利用的循环使用生产工艺。以生态工程方法为基础，开展社会—经济—自然复合生态系统的研究，达到社会生态系统的平衡协调发展。生态工程的提出有其特殊历史背景，20 年代 60 年代以来，环境污染、资源紧张、人口激增、食物短缺等全球性问题日益严重，生态危机与环境危机在发达国家表现得尤其突出，发展中国家不仅面临环境与生态问题，资源短缺和人口激增问题更加凸显。在这种大背景下，发展生态工程以生态技术解决各种环境问题和社会问题因此成为人们的普遍关切。生态工程是人类学习自然生态系统智慧的结晶，是生态学、工程学、系统学、经济学等学科交叉而产生的新兴学科。在我国的生态工程建设中，人为调控仍起着较大的作用，主要体现在：1. 强调按预期目标，因地制宜地调整复合生态系统的结构和功能；2. 调控生态系统内形成互利共生网络；3. 多层次分级利用物质、能量、空间、时间；4. 促进系统的良性循环，以达到经济、生态和社会效益的统一。生态工程的设计还必须遵循社会发展和经济运行的基本规律，运用系统工程的理论和方法来指导生态工程的实施和管理。实施生态工程，是实现循环经济的重要手段。（参考：叶峻：《社会生态学的基本概念和基本范畴》，《烟台大学学报》（哲学社会科学版）2001 年第 3 期第 252 ~ 256 页。欧阳文川　李雪姣　韩铮）

生态工程评价

Ecological Engineering Evaluation

指为保证人类生存的安全环境，面对复杂的生态系统，对所进行工程的生态功能和效益的评价。生态工程综合评价对于生态工程的规划与设计有十分重要的意义，综合评价能使规划更加合理化并有利于不同生态工程的横向比较。1. 生态工程的评价指标。针对不同类型的生态工程有许多不同的评价指标，这些指标的性状不一，不同的指标之间很难进行直接的比较。生态工程的评价指标构成评价指标体系，指标体系一般分为 3 层，第 1 层为综合效益，第 2 层为经济效益、生态效益、社会效益，第 3 层为各种具体指标。2. 生态工程评价的方法有多种，如经验评估法、单项指标评价法、综合分级评分法、多指标综合评价法，每一种方法都有各自的缺点和优点，有些方法简单易行，但主观性较大，有些方法较为严密，但计算时较为复杂。（李雪姣）

生态工程造林

Afforestation of Ecological Engineering

指在生态学和系统学等学科的基本原理指导下，实现生态文明的经济效益、社会效益相结合，自然功能和经济功能相互和谐的造林模式。适地适树、良种壮苗、细致整地、合理密度、精细栽植、抚育管理等 6 项基本措施具有普遍的指导意义。适地适树、细致整地、合理稀植、营造混交林是水土保持造林的关键。在以科学的施工技术为先导，以控制性关键项目为主线，以先进高效的项目法组织和配套的施工机械做保障，制定施工技术指导总原则。包括：1. 确保工程工期原则；2. 安全第一的原则；3. 确保工程质量的原则；4. 高效施工原则；5. 布置经济合理的原则；6. 文明施工和环境保护的原则；7. 科学配置的原则；8. 顾全大局的原则。在环境日益恶化的情况下，生态工程造林对促进国家生态发展无疑具有重要意义和积极影响。以人为本，科学发展的林业生态建设，不仅能有效的改善环境质量，也满足人们日益高涨的环境友好型社会需求，而且促进了我国生态社会又好又快的发展。（李雪姣）

生态工联主义

Eco-syndicalism

又称绿色工联主义。生态工联主义是用以描述绿色基尔特活动或可持续贸易运动的政治哲学理念。大致而言，希望达成工会及其工联主义传统如直接行动和工作场所的民主，与生态运动及其实践如公平贸易、历史文化遗产保护的政治合作，但却未必能够接受后者的社会激进变革要求与目标。（徐越）

生态工业

Ecological Industry，EI

指仿照自然生态系统中物质、能量循环和转

化过程而建立的工业体系。简单地说是能够实现社会经济可持续发展的绿色工业。1991 年 10 月联合国工业发展组织提出“生态可持续性工业发展”（Ecological sustainable industrial development）的概念，用以指明一种对环境无害或生态系统可以长期承受的工业发展模式。自然生态系统中生产者、消费者和分解者以资源为纽带形成相互制约和相互支持的生物链，生物链中任何一个环节的缺漏不仅会导致其他环节正常的功能运作，还会导致生态系统整体的失序和不稳定，因此系统中各要素及其整体实际上处于共生状态。模仿自然生态系统的生物共生和能量循环原理，工业体系中的个别企业与其他企业之间既彼此独立又相互联系，以资源为纽带建立相互衔接、依赖的产业系统，企业间通过资源转化建立耦合关系，上游企业生产的废弃物即是下游企业生产的原材料，在资源高效循环利用的清洁生产方式下达到资源节约和环境保护的作用。虽然生态工业概念早已有之，但对它的学术研究一直到 20 世纪 90 年代随着工业生态学和生态工业园区作为研究热门才开始集中探讨。美国国家科学院在 1991 年第 1 次召开关于生态工业的研讨会，1992 年美国 Colorado—based University Corporation 举办对于生态工业的专门研讨会，1998 年美国白宫环境质量委员会举办专门会议探讨生态工业的发展。生态工业园是生态工业的具体实践，是在同一空间下聚集的企业种群按照清洁生产的要求以资源为纽带的区域工业系统，于 20 世纪 70 年代初在欧洲兴起。工业结构生态化，是通过法律、行政、经济等手段，把工业系统的结构规划成资源生产、加工生产、还原生产 3 大工业部分构成的工业生态链。其中，资源生产部门相当于生态系统的初级生产者，主要承担不可更新资源、可更新资源的生产和永续资源的开发利用，并以可更新的永续资源逐渐取代不可更新资源为目标，为工业生产提供初级原料和能源。加工生产部门相当于生态系统的消费者，以生产过程无浪费、无污染为目标，将资源生产部门提供的初级资源加工转换成满足人类生产生活需要的工业品。还原生产部门将各副产品再资源化，或无害化处理，或转化为新的工业品。通过这样的循环，建立起互利共生的工业生态网，实现物质闭路循环和能量多级利用，达到最大限度地资源利用以及最低程度的对外废物排放。它要求综合运用生态规律、经济规律和一切有利于工业生态经济协调发展的现代科学技术。1. 从宏观上使工业经济系统和生态系统耦合，协调工业的生态、经济和技术关系，促进工业生态经济系统的人流、物质流、能量流、信息流和价值流的合理运转和系统的稳定、有序、协调发展，建立宏观的工业生态系统的动态平衡。2. 在微观上做到工业生态资源的多层次物质循环和综合利用，提高工业生态经济子系统的能量转换和物质循环效率，建立微观的工业生态经济平衡。从而实现工业的经济效益、社会效益和生态效益的同步提高，走可持续发展的工业发展道路。（参考：李有润等：《生态工业及生态工业园区的研究与进展》，《化工学报》2001 年第 3 期第 189 页；段宁：《清洁生产、生态工业和循环经济》，《环境科学研究》2001 年第 6 期第 1 ~ 4 页。欧阳文川　朱配辰　石艳峰　李雪姣）

生态工业共生体

Eco-industrial Sysmbiosis

1995 年由 Cote 和 Hall 共同提出。他们认为生态工业共生体是保持自然资源与经济资源减少生产、材料、能源、治理费用和负债，提高操作效率、质量、工人健康和公众形象，提供来自废料利用及其规模收益机会的工业系统。Cote 和 Hall 认为，通过管理环境和资源利用的合作，寻求增强的环境和经济效益；共生体或工业园区通过协作寻求集体利益，这种利益大于所有单个公司利益的总和。这样的加工和服务商务群体就是生态工业共生体。生态工业共生体作为一种企业集群，显示其实现生态工业的优势。它通过生产上相互关联的企业在一定区域聚集，实行联合生产，它并不要求所有企业的生产都做到无废或少废，而是通过这些企业在生产上的相互联结，在更长的产业链和更大的范围内实现物料的循环和再利用，从而在整体范围内达到降低资源耗费，提高利用效率，实现生产的无废和少废。（李雪姣）

生态工业链

Ecological Industry Chain

指一系列具有生产依存关系的工厂和企业以资源为纽带形成类似生态系统的有机链接、组合的网络关系，与传统工业组合或者工业链条不同，生态工业链具有自然生态系统的自然属性。关于生态工业链的研究受生态工业园区和工业共生运作之内核的启发，由 Frosch 和 Gallopoulos 在 1989 年对工业生态系统的研究成为后来工业生态学和生态工业链的主要思想渊源。Frosch 和 Gallopoulos 认为在特定工业组合中，生产中的物质与能量的消耗与转化实际上可以进行优化配置，从而使生产中的废弃原材料重新获得开发价值，成为有机工业组合中另一部分生产的可用原材料，这种物质能量转化的优化配置成为早期生态工业链较具体的概念。生态工业链的思想对环境保护、资源节约和产业结构调整都具有重要意义。生态工业链实际上是不同企业、工厂以生产资源优化配置为纽带的有机组合，这种组合与生态网络系统具有类似一致性，组合中产生的任何物质和能量都会在其中被消化和吸收，成为系统整体所需要的补充来源，因此便没有所谓传统工业生产中的"废弃物"，生态工业链本质上形成了一个闭环系统。（参考：于海杰：《生态工业链企业定价策略研究》，哈尔滨工业大学 2008 年博士学位论文第 6 ~ 7 页。欧阳文川）

生态工业园

Eco-Industrial Parks，EIPs

按照可持续发展理论和生态学相关原理进行规划和发展，从而形成新型的工业组织形态，实现成员之间产品交换，而且能够实现废弃物交换，实现能量的循环利用，水资源的梯级利用，实现基础设施的共同建设和共同使用，从而使园区内的成员能够协调一致，共同发展，实现社会效益和生态效益的统一，共同促进园区内成员的经济效益的提高。构建生态工业园区的相关理论有：1. 物质的循环和再生利用理论。物质的循环与再生是生态学的用语，是实现生态控制的基础，是生态工程建设要遵循的基本原则。当产品被利用后，就会转化成废弃物，废弃物在生物圈内也能够以另一种形式呈现，继续转化成产品，然而，废弃物会引起一系列的环境问题。为能够实现可持续的发展，就必须坚持循环利用的原则，实现发展方式的循环，实现资源的循环利用。2. 可持续发展理论。可持续发展指的是在人、自然资源、科学技术的领域内，在资源的应用、产品的生产和产品的消耗过程中，能够将废弃物转化成原料，将传统的依靠原料消耗实现经济增长的方式转化成依靠生态循环的理念实现经济增长的方式，所以，可持续发展理论实现将传统的经济增长方式转化成循环经济增长的战略性目标。世界上第一个生态工业园是 20 世纪 70 年代的丹麦卡伦堡生态工业园共生体系，已成为区域不同产业之间链接的模板。中国生态工业园区在 2001 年首先在广西、内蒙古、山东等地进行试点建设；2003 年进一步将生态工业理念引入各类经济开发区、高新区，开始生态工业园区规划建设的探索实践。目前，已进入继经济技术开发区、高新技术开发区的第三代工业园区。（参考：程晨、李洪远、孟伟庆：《国内外生态工业园对比分析》，《环境保护与循环经济》2009 年第 1 期第 47 ~ 51 页。朱配辰　朱雨晨）

生态工艺

The Ecological Technology

对生物圈物质运动过程的功能模拟，应用生态学中物种共生和物质循环再生的原理，系统工程的优化方法，以及现代科学技术成就，设计生产过程中物质和能量多层次分级利用的产业技术系统。在这样的生产过程中，输入生产系统的物质，在第一次使用生产第一种产品后，它的剩余物是第二次使用生产第二种产品的原料；如果仍有剩余物，则是生产第三种产品的原料，直到全部用完或循环使用；最后不可避免的剩余物，以对生物和环境无害的形式排放。生态工艺应用于社会物质生产，通过物质和能量多层次分级利用或循环使用，把投入生产过程的物质和能量尽可能多地转化为产品，实现废物最少化。它同传统工艺之高消耗、低效益、高污染的生产相比较，是原料低消耗、产品高效益、环境低污染的生产。这种经济的模式是：原料—产品—剩余物—产品。它的出发点是自然资源是有价值的，是多价值的，物质生产是资源多价值的开发利用。它的技术组织原则是非线性的和循环的。生态工艺是人类摆脱当前生态困境的一个重要途径。（参考：余谋昌：《生态文化：21 世纪人类新文化》，《新视野》2003 年第 4 期第 64 ~ 67 页。**牟世晶**）

生态公开性组织

Ecoglasnost，Independent Society of Ecoglasnost

保加利亚著名的生态环境团体，1989 年成立于索菲亚。1989 年民主力量联盟运动的创始成员之一，此后逐步演变为 1989 年成立的保加利亚绿党、1990 年成立的生态公开性政治俱乐部、1991 年成立的生态公开性全国运动。主要政治目标是提高公众的生态意识、保护保加利亚的生态环境、组织和支持公众的生态抗议运动等。多次组织公众请愿、游说、示威游行，反对具有争议性的项目，如斯特鲁马河和梅斯塔河工程以及贝勒尼核电站建设等。此外也开展关于人权、政治议题等领域的活动，赢得公众的广泛支持，成为当时执政的保加利亚共产党的最大反对派。在推翻托多尔·日夫科夫（Todor Zhivkov）的政治统治中发挥重要作用，奠定保加利亚民主化进程的基础。

（**王聪聪**）

生态公路

Ecological Highway

指建设者在公路规划、设计、建设与运营过程中，将自然、人和公路进行有机结合，融入生态设计方法，不以牺牲自然、生态资源为代价进行开发和建设，不仅考虑到人的活动和公路之间的相互影响，而且特别注重维护人们与生存的环境条件相互融洽和遵循其自然发展规律，形成行车安全舒适、运输高效便利、景观完整和谐、保护环境的可持续的公路发展模式。生态公路的特点有：整体协调性，对生态环境最小破坏和最大修复，良好的景观生态效应，安全高效化。公路建设对环境的影响包括施工期和营运期对生态环境破坏和对自然环境污染。其中，生态破坏包括生态公路建设占用土地资源、改变地形地貌、破坏原有植被、引发水土流失和地质灾害、引发生物迁徙和死亡、破坏生态系统完整性等；环境污染是指生态公路建设在施工期和营运期引起的噪声污染、水污染、大气污染和固体废弃物污染等。（参考：陈红、魏风虎：《公路生态系统评价指标体系构建方法研究》，《中国公路学报》2004 年第 4 期第 89 ~ 92 页。**朱配辰**）

生态公民

Eco-citizenship

英国学者安德鲁·多布森在《公民权与环境》一书中提出的专门性概念。多布森在分析主流公民权理论（自由主义公民权、共和主义公民权和世界主义公民权理论）与环境议题的关系后，区分了环境公民权和生态公民权。多布森认为：1. 生态公民权是一种典型的后世界主义意义上的公民权，主要特征包括强调公民权的非契约性或不对等的环境责任，同时涵盖公民个体的公共空间和私人空间、现实环境责任的来源。生态公民权源于个体与其生存环境之间的实在性关系，正是这种客观性关系产生的生态踪迹或影响，进一步导致了公民个体之间的公民权关系。也就是说，生态公民权概念基于人类物质性的实际活动，而不是一种抽象的或道德性的人类世界共同体意识。2. 生态公民权主要体现为人类社会现实中不同公民个体能够带来的生态踪迹的不对称性，及其由此产生的公民个体的环境责任与义务。3. 生态公民权的根本目标是保证生态空间在不同个体间的公平分配，因而它所需要的公民个体的首要善行应该是环境正义，而不是其他的道德品质，比如关爱、同情和呵护等。生态公民也称绿色公民、环境友好型公民。指将维护生态、保护环境作为基本价值追求，并依法享有法律规定的生态保护方面的权利和义务的公民，或者特指参与生态管理事务和担任相关工作职位的人。其特征在于具有较强的生态伦理意识和生态环保责任感；具有一定的生态环境科学知识；具有实际参与生态环保事务的行为等。生态公民是新兴概念，国内目前相关研究相对缺乏。概念的提出起源于公民环境意识增强，行使与维护自身生态权益的观念深入人心，这是现代政府生态管理体制创新的必然结果。随着社会经济的发展，经济结构的发展逐渐由第二产业向第三产业转变，普通公民的日常行为和活动与经济行为开始无缝联结。因此他们的环境保护意识以及相应的日常活动对于生态环境的影响越来越大。加之生态环境诸要素，如空气、水、树木等都属于公共物品或者准公共物品，单纯依靠以私有产权为基础的生态市场和以行政管理为手段的政府并不能完全、充分地保护生态环境资源。因此公民的生态环保意识就显得尤其重要，世界主要国家也都在强调培养公民的生态行为，拒绝和约束公民的非生态行为，生态公民的引导和养成成为各国政府主导生态工作的责任之一。（参考：黄爱宝：《生态型政府构建与生态公民养成的互动方式》，《行政学研究》2007 年第 5 期第 79 ~ 81 页。徐越　欧阳文川）

生态公平

Ecological Justice

指不同主体对于生态环境保护、生态资源开发利用、生态损失的补偿等有关生态行为领域中所依循的道德规范和道德准则。在这种公平合理的道德规范与准则的约束之下，不同主体平等地享有生态环境资源，并且合理利用和配置生态环境资源，履行相同的生态环境义务，承担相同的生态环境责任。这种道德原则本质上是一种公平理论，不仅针对人与自然、社会与自然的道德关系，也针对人与人之间、人类社会内部的利益分配关系。因此生态公平不仅是人与自然界、自然界各种物种之间的种间公平，也是一代人与另一代人或另几代人之间对于环境、生态资源利用的代际公平。代际公平有两种类型：一种是处在相同时空下，具有现实联系的代与代之间的公平；另一种是处于相同时空、具有现实联系的各代人与他们尚未存在的后代之间的公平。前者可称为在场各代之间的公平，后者可称为在场各代与其后代之间的公平。种间公平属于环境正义的范畴，强调人类应承认并且尊重其他物种的固有价值，是与人类中心主义相对立的信念，它建立在是否应承认其他物种也具有类似人所拥有的权利之上。代际公平从人类社会与自然协调可持续发展的意义之上强调处于同一时空或者不同时空之中各代人之间对于环境、生态资源拥有公平利用和开发的权利。种间公平与代际公平相互补充，前者强调人与自然物种之间的公平，后者强调人与人之间关于自然与生态的公平，前者站在自然之物的立场突出自然物种的内在价值及其重要性，后者站在人与社会发展的立场突出资源节约和环境保护对人以及人类社会的可持续发展的重要意义，因此二者结合要求人与自然之间和谐共生，达到二者之间协调可持续发展。（参考：廖小平：《论代际公平》，《伦理学研究》2004 年第 4 期第 25 ~ 29 页。欧阳文川）

生态公社主义

Eco-communalism

挪威环境政治学者埃里克・艾格拉德提出的

具有强烈生态地方自治主义色彩的环境政治社会理论。致力于超越传统的社会主义和无政府主义形态，从而促进那些着力于实现自由、平等和团结等理想的活跃的政治运动的真正激进的意识形态综合。艾格拉德在其论文《作为一种政治选择的生态公社主义》中指出，生态公社主义的基本内涵与由默里·布克金详尽阐述的自由进步的自治市镇主义相同，旨在使新政治运动可以并且能够抗拒现实中的人类压迫与自然世界损坏。（徐越）

生态公益林

Ecological Public Welfare Forest

生态公益林是指生态区位极为重要，或生态状况极为脆弱，对国土生态安全、生物多样性保护和经济社会可持续发展具有重要作用，以提供森林生态和社会服务产品为主要经营目的的重点的防护林和特种用途林。包括水源涵养林、水土保持林、防风固沙林和护岸林等；自然保护区的森林和国防林等。由于对生态环境保护、区域和国家生态安全、维护生态多样性有极其重要的生态功能，或者由于生存、生态状况脆弱敏感，由国家或者地区政府划定的重点防护林和特殊用途林，对促进经济社会持续发展具有特殊意义。生态公益林提供包括净化空气、调节气候、涵养水源、水土保持、防风固沙等的生态服务，对改善生态环境、维护生态平衡、保护物种资源发挥了重要作用。此外，生态公益林对于科学试验和生态旅游也有特殊贡献。生态公益林分为国家级、省级和市县级公益林。国家级公益林由地方人民政府根据国家统一文件《国家级公益林区划界定办法》自主划定、经国务院审核并批准的；国家级公益林的建设和管理纳入国家和地方社会经济发展总体规划之中，由国家林业局指导、监督、协调，由地方林业部门负责辖区内公益林的建设和管理；国家级生态公益林的生态效益补偿由中央财政统一安排。省级和县级公益林管理建设办法尊重国家级生态公益林管理精神，由地方政府自主决定具体保护措施。（欧阳文川　李雪姣）

生态公益林补偿金制度

Compensation System of Ecological Public Welfare Forest

在2004年财政部和国家林业局印发的《中央森林生态效益补偿基金管理办法》中提出。《办法》明确指出财政部要建立中央森林生态效益补偿基金，为解决生态公益林管护、抚育金缺乏和管护人员经济收益的问题，公共管护支出用于：按江河源头、自然保护区、湿地、水库等区域规划的重点公益林的森林火灾预防与补救、林业病虫害预防与救治、森林资源的定期定点监测。森林补偿是一种转换机制，通过补偿由于提供生态服务而造成损失和成本的个人或企业，使森林生态服务的外部性内部化。中国目前的森林生态补偿主要集中在非商业林。与生态服务相联系的主要措施有：对破坏活动进行指控，如任意砍伐；对个人或地区的行为进行补偿，对森林保护进行投资，是森林生态效益补偿金的重要来源。（李雪姣）

生态功能保障基线

Ecological Function Protection Baseline

指对维护自然生态系统服务持续稳定发挥，保障国家和区域生态安全具有关键作用，在重要生态功能区、生态敏感区、脆弱区、已建各类禁止开发区等区域划定的必须实行严格保护的国土空间。生态功能保障基线界定和执行的目的是保护对人类持续繁衍发展及我国经济社会可持续发展具有重要作用的自然生态系统、减缓与控制生态灾害、进一步优化我国生态安全格局。随之建立的生态服务保障基线应符合主体功能区规划、生态功能区划以及相关生态保护规划或区划要求，遏制生态系统退化趋势，改善生态服务功能，确保基本生态系统服务供给。实现真正意义上的有效保护需做到，一是明确不同类型区域生态保护的目标重点、保护现状及主要生态问题，开展生态系统服务重要性评价；二是在空间上识别生态保护的核心区域，通过空间叠加与制图综合分析形成生态功能保障基线；三是实地调查核实生态红线的实际分布界限，将红线落地，制定严格的配套管护制度。（蔡越）

生态功能分区

Ecological Function Regionalization

在分析区域生态环境现状、找出生态环境问题的基础上，根据研究区域的特点建立起区域生态功能分区的指标体系。然后在指标体系下按照一定的分区方法进行操作，得到研究区域生态功能的分区结果。进行研究区土地利用方式适宜性评价以及研究区土地利用方式对生态环境的影响分析，以期发现生态功能分区和土地利用之间的内在联系，形成符合研究区域实际情况的具有科学合理性和现实可操作性的土地利用生态功能分区方案。生态功能分区方案的形成给研究区域的生态环境规划和管理决策提供科学依据和理论基础，并对相关政府决策部门、土地利用规划部门以及生态环境管理部门的工作提供科学支撑。具体的生态功能分区的过程中需要遵循的原则：1. 可持续发展的原则；2. 和谐共处原则；3. 分区的独立性原则；4. 相似性和差异性原则；5. 系统性原则；6. 行政区划的完整性原则。（李雪姣）

生态功能区划

Ecological Function Zoning

生态功能区划是根据区域生态系统格局、生态环境敏感性与生态系统服务功能空间分异规律，将区域规划分为不同的生态功能地区。分为九项类型的功能区：1. 水源涵养生态功能区；2. 生物多样性保护生态功能区；3. 土壤保持生态功能区；4. 防风固沙生态功能区；5. 洪水调蓄生态功能区；6. 农产品提供功能区；7. 林产品提供功能区；8. 大都市群；9. 重点城镇群。其中确立水源涵养、生物多样性保护、土壤保持、防风固沙和洪水调蓄 5 类主导生态调节功能区。生态功能区化以生态系统空间特征、生态敏感度、生态服务功能等为科学依据进行划分，研究整理出对每个功能区的生态保护方向，为我国生态文明建设奠定基础工作。（任傲尘）

生态供应链

Ecological Supply Chain

在系统观和整体观指导下，运用生态思维把经济行为对环境的影响限定在设计阶段，确保经济活动过程中供应链内的物质流和能量流对环境的危害最小。生态供应链是在生态学原理指导下，通过先进的技术、控制、管理和实施，实现物流生态化，降低对环境的污染并减少资源的消耗，在运作管理领域实现循环经济的重要手段。（代富宇）

生态购买

Ecological Purchase

实现经济发展与生态健康良性互动的制度与政策。国家以维护生态环境、保护生态安全为目标，以生态银行、生态产品市场和生态购买组织机构为载体，以市场机制为手段，按照一定标准选择一定地区和时间购买生态建设者的生态产品，使生态维护者和建设者确保建设、维护成本和一定利润的获得，从而鼓励其继续从事生态建设和维护活动。一般说，生态维护者和建设者都来自于边远或者贫困地区，因此政府的生态购买行为既能为边远地区人民创收，又能保护生态环境，是经济与生态之间的良性互动。在生态购买中，政府为原本是公共产品的生态产品引入市场机制，生态建设者作为直接生产者在营收的激励之下更加积极和主动地投入生产。政府同样是生态产品的生产者，此时只不过转换为间接生产者，因此国家实际上扮演双重角色，即是生态产品的生产者，又是生态产品的购买者。生态购买在生态保护规划和政府职能转变的过程之中有其必要性。首先，这是生态建设中优化政府行政能力的要求；其次，生态购买是弥补现行生态重建和恢复不足的有效手段；最后，生态购买与生态补偿机制能够相互补充和支持。(参考：王立群等：《我国生态购买的研究进展与展望》，《北京林业大学学报》（社会科学版）2009 年第 4 期第 129 ~ 132 页。欧阳文川）

生态关怀

Eco-care

指人类从生态学、伦理学、宗教学、哲学等领域和视角对人类生态危机做出系统性反思后主张保护生态环境，关爱和尊重自然万物，深切关怀生态环境与人类关系的思潮和运动。狭义生态关怀指人类从宗教的角度回应全球生态危机，从宗教教义中引申出保护生态环境，平等对待自然万物，尊重和关爱一切生命，维护生态平衡等环保理念。宗教性的生态关怀多主张从神创万物的角度肯定万物的价值与灵性，主张人与自然来源一致，地位平等，主张改变人类不合理的生活方式，追求宗教信仰中描述的理想国度，从而达到生态关怀目的，协调人与自然关系，促成人类与生态环境和谐共处、实现可持续发展。（雷爱民）

生态观

Ecological View

基督教的生态观是从基督教基本教义中引申出来的。认为上帝最先认识到自然界生态链的存在与内在关联，上帝在创世时安排好菜蔬、果子等物品，把这些物品赐给人类作食物，同时把青草和菜蔬赐给其他野兽飞鸟和其他活物作食物。《圣经》中允许人类宰牲吃肉；《圣经》中有安息日和安息年，并对于休耕有明确规定。上帝把治理土地的权力授予人类，但是人类并非土地的主人，人类只是承租者和世界的管理者，人与自然是平等的伙伴关系。上帝的创造是整体的生态系统，人与其他被造物是相互依存关系，人应该尊重自然万物，与其和睦相处，与自然一起休养生息。基督教生态观认为自然界所展现出来的有机生命是相互关联的，神的荣耀令人敬畏与赞叹，它创造和谐美好的万物与五彩缤纷的世界，自然世界的美好是人类精神和情感不可或缺的物质基础，人类应该赞叹世界与保护自然界的其他造物，维护上帝所创造的秩序与和谐，不断走向救赎之路。（雷爱民）

生态观光农业

Ecological Sightseeing Agriculture

以农业和农村为载体的新型生态旅游业，是传统农业和现代旅游业结合的产物。伴随着农业产业化的发展，现代农业不仅具有生产性功能，还具有为人们提供观光、休闲、度假的生活性功能。在 20 世纪 70 年代已经在日本、美国等国家形成产业规模，随着我国人民生活水平的提高，生态观光农业也应运而生。主要包括观光渔业、观光农园、观光畜牧、观光园艺等，使消费者可以参与到农业生产中。生态观光农业能够发挥生态环境保护功能，实现可持续发展，满足城市市民回归自然的生活需求，有助于实现人与自然的和谐共处。生态观光农业目前还处于起步阶段，存在缺乏科学的规划设计和经营管理的问题，需要切实有效的规章管理制度去保持生态观光农业的稳定发展。（代富宇）

生态规划

Ecological Planning

以可持续发展理论为基础，运用生态学原理、规划学原理、生态经济学及其他相关学科的知识与方法，辨识、模拟和设计生态系统内部生态关系和生态过程，确定资源开发利用和保护的生态适宜性，探讨改善系统结构和功能的生态对策，以达到资源利用、环境保护与经济增长的和谐发展的规划。生态规划产生于 19 世纪末 20 世纪初的土地生态恢复、生态评价、生态勘测、综合规划等方面的理论与实践。在生态学自身发展与生态学思想传播中得到发展，涉及整体优化理论、趋适开拓原理、协调共生原理、区域分异理论、生态平衡理论、高效和谐原理、可持续发展原理等理论；以社会生态原则、经济生态原则、复合生态原则等为主要原则；具有以人为本，以资源环境承载力为前提，系统开放、优势互补，高效、和谐、可持续等特点。（参考：陈波、包志毅：《生态规划：发展、模式、指导思想与目标》，《中国园林》2003年第1期第48～51页。王晴晴）

生态规划与设计

Ecological Planning and Designing

指以生态学理论和城乡建设规划理论为基础，应用系统科学、环境科学等多学科的手段辨识、模拟和设计人工复合生态系统内的各种生态关系，确定资源开发利用与保护的生态适宜度，探讨改善系统结构与功能的生态建设对策，促进人与环境关系持续协调发展的一种规划方法。生态规划与设计遵循整体优化原则、人地系统协调共生原则、生态功能区分原则、高效和谐原则、相互制约原则、最小风险原则、可持续发展原则。生态规划与设计的流程为政府职能部门与城乡规划、环保业务部门共同筹划、设计规划；在筹备阶段，评价和调查诸生态要素，包括气象水文、地形地貌、土地利用、人口分布、资源利用、环境污染、园林绿化；综合上述因素确定相应规划目标，如社会、经济、生态目标，需要重点考虑人口密度、土地利用强度、绿地覆盖率、人均公共绿地、建筑密度、经济密度、能耗强度与密度、污染复合密度和交通量等；制定达到规划目标的对策，如环境保护规划的工程措施、生态功能区划、绿地系统规划、生态与环境管理措施等；进入规划评审阶段；通过后进入最后实施阶段。（参考：何璇：《生态规划及其相关概念演变和关系辨析》，《应用生态学报》2013年第8期第2360～2367页。欧阳文川）

生态护岸

Ecological Bank Revetment

指利用植物或者植物与土木工程相结合，对河道坡面防护的形式。生态护岸是恢复自然河岸或具有自然河岸可渗透性的人工护岸。主要功能有：1. 防洪功能。生态护岸作为新型的护岸，本身具备抵御洪水的能力。生态护岸的植被可以调节地表和地下的水文状况，使水循环途径发生变化。生态护岸采用自然材料，形成可渗透性的界面。当洪水来临时，洪水通过坡面植被向堤中大量渗透储存，可缓解洪峰，起到延滞径流的作用。当枯水季节到来时，储存在大堤中的水渗入河，起到滞洪补枯、调节水位的作用。生态护岸中大量根系发达的固土植物，可以保持水土，使堤岸的抗冲性能大大加强。另外，生态护岸上的大量植被也有涵养水分的作用。2. 生态功能。生态护岸把滨水区的植被与堤内的植被连成一体，构成完整的河流生态系统，是水陆之间的过渡区域。生态护岸坡面的植被可以减缓河水的流速，为水生动物提供觅食、栖息场所，对保持生物多样性起到一定作用。另外，建造生态护岸的主要是天然材料，因而避免建筑材料中的大量化学添加剂对水环境的危害。让河道在自然力的作用下形成浅滩和深潭，河岸线有宽有窄，呈现不规则的自然形态，护岸有陡有缓，在河岸边的绿地、树林之间形成水面、绿地网络，以增强岸边动植物栖息地的连续性，从而营造出丰富的生态环境条件，形成稳定、丰富的生态系统。3. 景观功能。生态护岸不仅可以与周围环境构成相协调的河道景观，而且可以通过保护和建立丰富的生态系统形成河水清澈见底、鱼虾洄游、水草茂盛的自然生态景观。4. 自净功能。生态护岸可以增强水体的自净功能，改善河流水质。当污染物排入河流后，首先被细菌和真菌作为营养物摄取，有机物被分解为无机物，氮、磷等无机物作为营养盐类被浮游植物吸收利用，浮游植物又被水中的浮游动物、鱼、虾等所食，而细菌、真菌又被原生动物吞食，这种水体的自净作用，以食物链的方式降低污染物的浓度。用于生态护岸的技术主要有：1. 固化技术护岸，主要采用无机或有机固化剂、胶结材料和特殊的工艺把那些松散的土壤或其他固体物质凝结成具有整体强度的固体材料。2. 扦插—抛石联合技术护岸，是在抛石施工的基础上，截取植物的枝条扦插入抛石空隙之中的土壤生物工程方法。3. 直立式生态护岸，较适用于老城区的河道。4. 自嵌式植生挡土墙，通常由自嵌式植生挡土块、塑胶棒、滤水填料、加筋材料和土体组成。该技术主要依靠自嵌式挡土块块体的自重来抵抗动静荷载，达到稳定的作用。5. 格宾柔性护岸。格宾网箱具有非常高的强度和耐腐蚀性；同时，格宾网箱护岸结构能与当地的自然环境很好地融合，填料之间的空隙为水气、养分提供了良好的通道，为水生生物提供了生长空间。这种结构抗冲刷能力非常强，具有很高的抗洪强度，适用于水量较大且流速较快的河道，且造价低廉。（参考：王新军等：《城市河道综合整治中生态护岸建设初探》，《复旦学报》（自然科学版）2006 年第 1 期第 120 ~ 126 页。朱配辰）

生态化技术关联型

Ecology Technology Associated Type

指通过生态化技术对副产品进行循环再生利用或无害化处理。二次资源经过生产加工，物理化学性质、功能等与初次资源有很大不同。二次资源的价值并非一定低于初次资源价值，因为二次资源的价值中还包含部分物化的活劳动价值。循环再生型产业链的核心问题是质量标准和数量信息问题，最终成功运行的形式是一体化和政府扶持。根据产业组织理论，垂直一体化具有降低交易成本、确保投入品的稳定供给的优势。通过外部经济内部化纠正由外部化引起的市场失灵，避免政府限制、管制和税收，增强市场力量，消除其他厂商一体化造成的损害。循环再生型产业链中存在高昂的信息成本、度量成本和合约执行成本，选择一体化是主要的组织形式。另外一种形式是政府通过提供相关性租金，创造资源再生的市场机会，或者直接投资兴办资源再生产业。最后，政府要在产品回收、再生资源管理等方面建立标准和标识体系，提供质量评价、信誉保证、品种鉴别等制度化信息，降低交易中的信息成本，防止机会主义、逆向选择和道德风险，使再生资源市场和循环产业良性运转。（史月田）

生态化教育

Ecological Education

在生态哲学、教育学、心理学相关理论指导下，运用生态学理论思维方式和研究方法思考学校教育问题，充分利用现有的优质原生态教育资源，在学校自身发展过程中逐渐克服非生态的、违背教育规律的、反人性的短期行为，不断创建学校自然生态的教育环境，营造学校人文生态的教育氛围，让学生在自然和谐的学校教育环境中潜能得以开发，特长得以拓展，个性得以张扬，能力得到全面和谐的可持续发展。（张惠娜）

生态环保媒体行

Routes of Media on Environmental Protection

由青海省委宣传部总牵头，省三江源办、省环保厅共同组织，青海日报等媒体参加，2014 年 11 月全面启动。活动以推进全国生态文明先行区建设为主题，深入报道青海省生态环境保护推进社会发展的重大举措、取得成绩、突出亮点，为奋力打造“三区”建设营造良好舆论氛围。采访活动分两个组，历时 20 天，同步分头采访。第一组从西宁城区出发，途经大通回族土族自治县，海东市平安县、循化撒拉族自治县，海北藏族自治州海晏县、西海镇、青海湖自然保护区、祁连县和海西蒙古族藏族自治州格尔木市。重点对生态流域改革、生态示范创建、排污权交易等重点工作开展和取得成效，湟水流域水污染综合治理、农村环境综合整治、国省道交通沿线周边环境整治、大气污染整治以及青海湖自然保护区建设、可可西里自然保护区生物保护、格尔木市节水型社会建设情况等方面进行采访报道。第二组起始于海南藏族自治州兴海县，途经果洛藏族自治州玛多县，玉树藏族自治州玉树市、囊谦县，果洛州玛沁县、班玛县、久治县，黄南藏族自治州河南县、泽库县、同仁县。重点采访报道国家级绿色矿山试点单位发展方式转变；扎陵湖、鄂陵湖两块国际重要湿地生态效益补偿、湿地保护补偿项目；隆宝滩自然保护区建设，玉树灾后重建绿化项目以及班玛县格日则牧委会“美丽乡村”绿化建设情况及实效，玛柯河水生生物保护项目等重点工程的进展情况和显著成效。（张惠娜）

生态环保影像周

Environmental Protection Image Week

2014 年首届以生态环保为主题的影像周在云南省玉溪市澄江县举办，活动采用影像载体进行环保公益宣传，共公开征集、展播 30 多部国内外反映生态环保题材的纪录片。此次影像周在抚仙湖畔月亮湾湿地公园举办，影片集中在 4 ~ 5 日在室外开放式免费展播，国内近百位电影电视纪录片编导、制片人、摄影师、环保人士和当地群众参加观看。影像周结合国际知名的国际生态环保电影节要素，征集 30 多部国内、国际的纪录片均以清晰影像镜头、客观的真实记录、诠释、演绎、展现人与自然和谐共处、经济建设与生态文明融合发展美好主题。（张惠娜）

生态环境补偿

Ecological Environment Compensation

指对生态环境产生破坏或不良影响的生产者、开发者、经营者对环境污染、生态破坏进行的补偿，对环境资源由于使用而放弃未来价值进行补偿。它要求生产者、开发者、经营者支付信用基金，缴纳意外收益、生态资源、排污等费税，是新型的环境管理模式。以保护生态环境，促进人与自然和谐发展为目的，根据生态系统服务价值、生态保护成本、发展机会成本，运用政府和市场手段，调节生态保护利益相关者之间的利益关系。生态经济学、环境经济学与资源经济学理论，特别是生态环境价值论、外部性理论和公共物品理论等为生态补偿机制研究提供理论基础。生态环境补偿应包括：1. 对生态系统本身保护（恢复）或破坏的成本进行补偿；2. 通过经济手段将经济效益的外部性内部化；3. 对个人或区域保护生态系统和环境的投入或放弃发展机会的损失的经济补偿；4. 对具有重大生态价值的区域或对象进行保护性投入。生态补偿是促进生态环境保护的经济手段，对于生态环境特征与价值的科学界定，是实施生态补偿的理论依据。（牟世晶）

生态环境服务付费

Payment for Environmental Services

在国际上称为环境服务付费或生态系统服务付费。对生态环境服务付费的概念界定，国际上有影响的有两个，一个是 RUPES 项目的界定，另一个是国际林业研究中心的界定。RUPES 认为只有具备现实性、自愿性、条件性和有利于穷人这 4 个条件的生态环境保护经济手段才是生态环境服务付费。国际林业研究中心的界定是，生态环境服务付费是自愿的交易行为，不同于传统的命令与控制手段；购买对象是生态环境服务，至少有一个生态环境服务的购买者和提供者；只有提供界定的生态环境服务的情况才付费。国际环境与发展研究所将已有的生态环境服务付费中的生态环境服务分成 4 类：流域生态服务、森林碳汇、生物多样性以及景观。生态环境服务付费是奖励机制（遵循受益者付费原则）与惩罚机制（遵循排污者付费原则）相对应，是形式创新的补偿机制，重在提高受益者的补偿意识，使其愿意为修复环境投入，较好地解决环境污染问题。（蔡越）

生态环境监察制度

Environmental Supervision System

指由政府授权的专门环境管理机构按照有关法律法规和政策标准，对于环境现场进行的综合性环境管理工作，包括现场监督、现场检查以及处理等相关执法工作，监察对象是行政执法机关辖区内一切机关和个人履行生态环境保护法规的情况，监察的目的是纠正和处罚破坏生态环境、干扰正常生态功能以及环境秩序的违规行为。生态环境监察制度的产生与城市化进程和生态环境之间矛盾日益激化、破坏环境的案件日渐频繁具有紧密联系，2011 年 10 月国务院颁布《国务院关于加强环境保护重点工作的意见》，明确提出建立生态环境监察制度。2012 年 7 月 4 日环境保护部部务会议审议通过《环境监察办法》，将生态环境监察列入各级环境监察机构的主要任务之一。这些都反映出生态环境监察已成为政府和人民高度重视和广泛关注的要点。生态环境监察应与环境监察相区分，二者有相似之处，也存在明显不同。总体说生态环境监察在执法范围和执法对象上比环境监察更加广泛和全面，同时执法手段比较环境监察也更进一步提高。然而，生态环境监察与环境监察的目标和任务都是相同的，即改善生态环境质量、惩处环境违规和犯罪，防止生态环境的进一步破坏等。二者的监察对象以及考察内容都存在区别。环境监察以企事业单位的环境行为为监察重点，执法仅以环境是否受损害为依据，而生态环境监察的监察对象针对生物以及生物与环境之间的关系，以生态系统、群落和景观为考察对象，因此生态环境监察的考察与执法因素除环境是否受损，还考虑生物与景观生态系统是否受到破坏等。（参考：王智等：《如何强化我国生态环境监察工作》，《环境保护》2014 年第 1 期第 52 ~ 54 页。欧阳文川）

生态环境评价指标

Ecological Environmental Evaluation Index

2006 年我国国家环境保护总局发布《生态环境状况评价技术规范（试行）》，规定以生物丰度指数、植被覆盖指数、水网密度指数、土地退化指数和环境质量指数 5 个指标进行加权，得到生态环境质量指数作为生态环境评价指标。计算公式为：EI ＝ 0.25× 生物丰度指数＋ 0.2× 植被覆盖指数＋ 0.2× 水网密度指数＋ 0.2× 土地退化指数＋ 0.15× 环境质量指数。其中，生物丰度指数指通过单位面积上不同生态系统类型在生物物种数量上的差异，间接地反映被评价区域内生物丰度的丰贫程度；植被覆盖指数指被评价区域内林地、草地、农田、建设用地和未利用地五种类型的面积占被评价区域面积的比重；水网密度指数指被评价区域内河流总长度、水域面积和水资源量占被评价区域面积的比重；土地退化指数指被评价区域内风蚀、水蚀、重力侵蚀、冻融侵蚀和工程侵蚀的面积占被评价区域面积的比重；环境质量指数指被评价区域内受纳污染物负荷，用于反映评价区域所承受的环境污染压力。根据生态环境评价指标的数值，可将生态环境整体质量分为优、良、一般、较差和差五级。（参考：涂军平，黄贤金，刘杨：《土地生态环境评价指标体系研究及区划应用》，《中国农学通报》2006 年第 22 卷 12 期第 247 ~ 252 页。刘阳）

《生态环境学报》

Ecology and Environmental Sciences

原刊名为《土壤与环境》，2002 年更名为《生态环境》，2009 年更名为现名《生态环境学报》。该刊是环境科学类的综合学术期刊，主要刊登国内外环境科学和环境工程、生态学和生态工程具有明显创新性和重要意义的原创性研究论文，以及对重大的科学前沿问题有独到见解和理论建树的综述和观点类文章。适合从事生态学、环境科学、资源保护、土壤学、大气科学、水科学、地理学、地质学、地球科学、农业科学、林学、医学、社会科学、经济科学等领域的科技人员、学者、教师、学生、各级管理者和环境爱好者阅读。月刊，ISSN：1674−5906。（席溢）

生态恢复

Ecological Restoration

指修复由于人为或者自然自身原因导致的生

态破坏，使生态系统重新恢复健康与完整性的过程。生态恢复最早由 Leppold 在 1935 年提出的，随着 20 世纪 80 年代恢复生态学的兴起而逐渐被人关注。生态恢复的理论基础来自于恢复生态学本身。恢复生态学极具综合性和系统性，涉及多学科的内容，如地理学、土壤学、工程学等，这决定生态恢复无论从理论方面还是实践方面都具有相当的复杂程度，不仅涉及相关的一般生态学理论，还与可持续发展理论、景观生态学理论、生态经济学理论等相关。美国是最早进行生态恢复理论研究与实践的国家，20 世纪 30 年代在具体实践中获得成功。欧盟国家尤其是北欧国家在对生态系统退化以及生态恢复实验研究也都有重要的理论成果。总体说，西方关于生态恢复的研究呈多元化发展，同时也较具综合性和连续性，理论研究与具体的实验、实践联系紧密。我国在 20 世纪 50 年代开始针对环境退化的评价检测与综合整治工作，是较早开始生态恢复理论研究与具体实践的国家之一。目前我国生态恢复研究与实践具有注重减少生态恢复周期、注重生态恢复后的检测与评价工作以及生态恢复实践多于理论研究等特点。（参考：杨兆平等：《生态恢复评价的研究进展》，《生态学杂志》2013 年第 9 期第 2494 ~ 2500 页。欧阳文川）

生态活力指标

Ecological Vitality Indicator

中国省域生态文明建设评价指标体系的四大核心考察领域之一，下设的三级指标包括森林覆盖率、建成区绿化覆盖率、自然保护区的有效保护。具体而言，森林作为最大的陆地生态系统，对水源涵养、空气净化、生物多样性维持等都具有关键性作用，能够反映农村的生态活力；城市绿化对于维护城市气候环境具有重要意义，能够反映城市的生态活力；各类野生自然保护区的建设对于保存基因库的相对完整性、多样性发挥重要作用，也是生态活力的典型指标。（张沥元）

生态基础理论教育

Ecological Basic Theory Education

公民环境教育的生态学部分。生态学知识尤其是生态系统理论使我们认识到人类只不过是地球生物圈大家庭的一个成员，只有摆正自己的位置，保护好环境，才能保证自身的生存和发展。任何生物都处于紧密联系、互为因果的网络之中，人类的生存和发展需要用生态学原则调整人类与自然、资源和环境的关系。生态学理论引起全社会广泛的兴趣和关心，成为认识和解决环境问题的重要理论依据。生态学因此成为举世瞩目的学科。尤其是生态系统理论成为人们认识和解决环境问题的指导性理论，它与环境保护、资源的合理利用乃至人类本身在地球上的持续生存有着最紧密的关系。公民环境素质的提高有赖于对生态学基础知识的了解。只有认识到生态系统中生物与生物、生物与环境的相互联系、相互制约的关系，才能使人意识到自己在生态链条中所处的地位和所起的作用，约束和规范自己的行为。（王薛时）

生态激进主义

Ecological Radicalism

西方生态批评的产生与发展，与西方文化中的激进主义传统有着密切联系。西方生态批评与生态运动直接相关，而且具有极为显著的后现代特征，同时秉持与主流意识形态相悖离的政治诉求，这些表明与西方主流价值观念相对立的激进倾向。西方生态批评的激进色彩在生态纳粹主义、生态马克思主义和生态女性主义中表现得最为明显，生态激进主义这个称谓可以看作是对所有这些学说的统称。（徐越）

生态家园

Ecological Homeland

以自然界微生物—植物—动物的生态大循环为基础，把一家一户的种植业、畜牧业和水产业通过食物链形式紧密地连接起来，形成生态养分在家庭内部的循环利用，改善农业生态环境，改良土壤结构，从而有效降低农业生产成本，提高农产品的自然品质，增加收入，实现农业可持续发展。生态家园建设是集微生物利用技术、新能源技术、立体种养技术、农业环保技术于一体的农产品生态生产技术模式。具体做法是，以农户为单位，修建一座沼气池或安装一台太阳能热水器，有条件的农户还可以安装微型水力发电机或建地头水柜，以这些身边的能源带动发展小果园、小鱼塘、小猪场和小菜园。（李雪姣）

生态家园富民工程

The Project of Ecological Homeland Rich Peasant

农业部科技教育司在2000年伊始提出生态家园富民计划，制定《全国生态家园富民工程规划》。生态家园富民工程，是建设以农村户用沼气池为纽带的各类能源生态模式工程，同时根据实际需要，配套建设太阳能利用工程、省柴节煤工程和小电源工程，使土地、太阳能和生物质能资源得到更有效的利用，形成农民家庭基本生产生活单元的能流和物流的良性循环，达到家居温暖清洁化、庭院经济高效化和农业生产无害化的目标。它以可再生能源建设为切入点，以改变农户传统的生产和生活方式为目标，以农户为单位的各项技术和工程措施的配套组合，已经成为实施农业可持续发展战略的重要举措。（李雪姣）

生态价值观

Ecological Values

尊重自然、爱护生态、保护环境、人与自然协调和谐的发展观。生态价值观继承现代文化人本主义价值观，肯定人的物质文化生活需要，强调主体能动性、创造性的发挥；生态价值观强调人、社会是自然生态系统的有机组成部分，人的生存价值既包含物质生活层面的价值，同时还包含与自然生态系统优化相关的生存质量优化层面。生态价值包括生态的经济价值、生态的伦理价值和生态的功能价值。生态价值观是生态文明建设的价值论基础；生态文明制度建设的基本原则；生态文明建设的文化基础。科学的生态价值观的内涵与特征包括：1. 地球生物、生态和环境的多样性神圣不可侵犯；2. 人与自然和谐是人类生存和发展的基本条件；3. 保护生态和环境的实质是实现可持续发展。（牟世晶）

生态价值论

Ecological Value Theory

生态价值是哲学上价值一般的特殊体现，包括人类主体在对生态环境客体满足其需要和发展过程中的经济判断、人类在处理与生态环境主客体关系上的伦理判断，以及自然生态系统作为独立于人类主体而独立存在的系统功能判断。生态价值论是人们关于生态价值问题所形成的一般理论。自1980年以来，我国马克思主义学者坚持以马克思主义劳动价值学说为指导，用马克思的劳动价值论分析生态环境价值，建立起生态价值论，对生态环境价值的认识有：1. 当代人类社会劳动对自然生态系统的渗透已经是极为普遍的生态经济现象。在这种历史条件下，我们不仅有必要，而且有可能，把劳动价值论由过去的经济系统延伸到生态系统中去，建立生态价值论，使劳动价值论反映生态经济复合系统价值运动的真实面貌。2. 当代人类的各种智力的、体力的、直接的、间接的劳动流转和凝结于生态系统中，形成生态价值。所以，当代人类社会劳动不仅创造商品价值，而且创造生态价值，它构成为劳动价值论的根本内容。3. 当今人类社会正在进入生态时代，随之出现人类社会的新型劳动，并且越来越成为人类社会劳动的主要形式，这是人类重建、恢复、补偿、保护与建设生态环境的人类劳动，使之具有人类生存和经济社会发展所需要的使用价值的劳动，是创造生态环境价值的新型的劳动形式，已构成为21世纪人类生态经济社会活动的最重要的内容。生态价值与生态经济价值理论在新的历史条件下丰富和发展马克思主义劳动价值学说，充分显示这个学说在现时代的科学性和生命力。

（参考：朱云峰：《建立生态价值论丰富马克思的劳动价值学说》，《江汉大学学报》2005 年第 1 期第 59 ~ 61 页。牟世晶）

生态价值意识

Ecological Value Consciousness

属于生态意识的一种。所谓生态意识是指人类在处理自身活动与外部环境之间相互联系的主观认知与态度。从类型上来看，生态意识可分为个人生态意识和群体生态意识。个人生态意识是个人在实践活动中对自己与周围环境关系的认知，群体生态意识是不同个体生态意识相互整合后的共同认知。生态意识具有丰富内涵，在不同层面可以被分解为不同类型的生态意识，比如可以分为生态价值意识、生态道德意识、生态法制意识、生态责任意识等内容，生态价值意识就是其中之一。生态价值意识简单说是关于人与自然之间关系的价值观，是对关于生态自然的定位以及人、社会、自然之间关系的态度和观点。将人置于自然生态系统之上，认为人始终处于优越地位，自然事物并不具备内在价值，唯一价值是对于人而言的利用价值，人与自然之间处于控制和被控制的关系的观点，被称为人类中心主义的价值观。认为人与自然界平等，一切物种都具有固有的内在价值，人应承认并尊重这种价值的观点被称为非人类中心主义价值观。对生态自然的价值观并不是一成不变的，随着历史阶段的变迁而改变。在人类工业文明时期，技术工具理性盛行，人类凭借先进的科学技术随意掠取自然资源并对其任意改造，人的自我意识膨胀，人类中心主义达到顶峰。到 20 世纪，旧的生产消费模式逐渐露出其弊端，被严重损害的生态环境造成的一系列后果甚至危及到人本身的生存。人类开始反思并逐渐意识到自然界应有的价值和地位，典型的反应是环境保护运动浪潮的兴起。有学者认为 20 世纪后的西方工业文明已经进入后工业文明时代，后工业文明即是对工业文明各种弊端的反叛，其中在环境保护方面，后工业文明标志着生态社会的逐渐形成。（参考：沈中玉：《大学生生态意识培养研究》，南京师范大学 2012 年硕士学位论文第 7 ~ 12 页。欧阳文川）

生态建设

Eco-construction，ECO

指在自然生态系统遭到破坏或系统自然生态功能遭到损害时，由人的行为参与重建生态系统、恢复生态系统的正常功能运作的活动。生态建设按照恢复与重建的方式可以分为积极意义的建设和消极意义的建设。积极意义的生态建设指当自然力本身无法恢复和修复或者在短时间内无法恢复与修复生态系统及其组成要素时，由积极的人为参与帮助生态系统恢复或重建。消极意义的生态建设指当引起生态系统破坏和生态功能下降的因素得到人为控制或者消除以后，依靠自然力本身重建和恢复自然生态系统。实际上，生态建设活动作为一种改造和恢复生态系统功能的自发人为活动已经在人类历史上存续了千年之久，然而作为一项科学研究，生态建设直到 20 世纪 50 年代末期才成为专门的研究领域。对于中国理论界而言，生态建设更是到 20 世纪 80 年代末才成为一项专门的科学研究领域。生态建设的最终目标在于受到人类协助后的生态系统，其后可以长期进行自我维持和存续，具有复杂性的特点，即生态建设并不只是单纯的技术问题，而且还牵涉到具体的经济、社会、文化等因素；具有针对性，即生态建设的规划和方法并不是一成不变的，应因地制宜；具有动态性，生态系统本身及其组成要素的演替变化以非线性的形式表现出来，这决定了生态建设具有相同的动态性。（参考：吕一河等：《生态建设的理论分析》，《生态学报》2006 年第 11 期第 3891 ~ 3893 页。欧阳文川　王晴晴）

生态建筑

Ecological Building

根据当地的自然生态环境，运用生态学、建筑技术科学的基本原理和现代科学技术手段，合理安排并组织建筑与其他相关因素之间的关系，使建筑和环境之间成为有机结合体，同时具有良好的室内气候条件和较强的生物气候调节能力，以满足人们居住生活的环境舒适，使人、建筑与自然生态环境之间形成良性循环系统。生态建筑特点为：利用太阳能等可再生能源，注重自然通风，自然采光与遮阴，改善小气候采用多种绿化方式，增强空间适应性采用大跨度轻型结构，水的循环利用，垃圾分类处理以及充分利用建筑废弃物等。生态建筑的本质是能将数量巨大的人口整合居住在超级建筑中，通过组织建筑内外空间的各种物态因素，使物质、能源在建筑生态系统内部有秩序地循环转换，获得高效、低耗、无废、无污、生态平衡的建筑环境，例如德国的三升房、奥尔良的诺亚、马来西亚米那亚大厦、大别山庄度假村等。生态建筑设计原则：遵循自然，可持续发展原则；因地制宜，尊重当地环境原则；降低污染，节能减排原则。生态建筑设计方法：降低生态建筑自身能耗、采用新能源、采用新技术新理念。（参考：宋晔皓：《欧美生态建筑理论发展概述》，《世界建筑》1998 年第 1 期第 67 ~ 71 页。朱配辰）

生态建筑材料

Eco-building Materials

从原材料选取、生产、工程应用、材料废弃、回收再循环这一全过程中始终坚持将能源消耗量维持在最低标准，始终坚持最大化控制对人体危害性以及对环境的负荷量。生态建筑材料特点是：1. 先进性，能为人类开拓更广阔的活动范围；2. 环境协调性，能使人类活动范围与外部环境尽可能协调；3. 舒适性，能使人类生活更繁荣、舒适。生态建筑材料的分类：按照原材料不同，生态建筑材料分为：1. 原材料为木质的生态建筑材料。木质材料具有相对简单的加工工序，获取原材料较其他建材更为快捷，而且更重要的是木质材料本身并无太多异味，甚至会散发出独有木香，而使居住者感到身心愉悦。在建筑装饰装修行业中木质材料的广泛应用也加大了木材自然资源的消耗量，应注意合理开发、优质利用，而不可为商业利益而盲目破坏自然资源。2. 原材料为竹质材料的生态建筑材料。3. 原材料为铝复合板的生态建筑材料。生态建筑材料的来源分为：1. 天然建材，主要有天然矿物、木材、竹材、苎麻、剑麻等。2. 循环再生建材。可多次重复循环使用；废弃物可作为再生资源，即材料本身可循环再生。3. 低环境负荷建材。这类建材对环境的负面影响相对最小。4. 环境功能性建材。在使用过程中具有净化、治理、修复环境的功能；在其使用过程中不形成二次污染；本身易于回收或再生。（参考：张建虎等：《浅谈生态建筑及生态建筑材料》，《山西建筑》2002 年第 12 期第 89 ~ 90 页。许杰青等：《浅谈生态建筑材料的发展》，《安徽建筑》2006 年第 3 期第 17 ~ 21 页。朱配辰）

生态建筑美学

Ecological Architecture Aesthetics

生态学、建筑学、美学等多学科交叉的研究体系。生态建筑美学以审美生态思维为理论支点，以生态建筑为审美研究对象，以生态平衡、生态和谐与生态建筑、环境设计和生态美学的关系为研究内容。它是以功利性审美客体为研究对象的美学，也是融合艺术美学、技术美学与环境美学诸种分类美学的多维美学综合体系。它研究生态建筑的形式美，研究它的功能美、技术美。它是从人类生态环境视角研究建筑美学的新兴边缘学科。建筑是为人类建立生活环境的综合艺术和科学，生态建筑美学具有艺术美学、环境美学、技术美学的共性。同时，由于生态建筑是后现代建筑的重要流派，生态建筑美学具有自己独特的个性品格，即它是侧重研究生态环境与建筑本体多维和谐关系的综合性能主义美学。自然美、生态美与环境美成为它的核心美学范畴。（参考：杨光强：《生态建筑美学初探》，《林业科技情报》2008 年第 3 期第 42 ~ 44 页。王薛时）

生态建筑学

Arcology

建立在生态学基础上与建筑学相结合的产物。研究对象是由人、建筑、自然环境和社会环境组成的人工生态系统，即建筑环境，包括村镇环境和城镇环境等。这种环境变化破坏历史上形成的人与自然的关系，破坏生态平衡。研究目的是以新的形式即人、建筑、自然和社会协调发展，利用改造自然环境，顺应和保护自然界的和谐，维护生态平衡，创造适宜于人们生存与行为发展的各种生态建筑环境。人们生存与行为的建筑环境，实际是人类的聚落环境。人群的聚居形成村落、城镇或城市，它们满足人类生存与行为的基本需要，为人类进一步发展创造理想条件。生态建筑学研究对象具体地说是各种聚落环境。（参考：荆其敏：《生态建筑学》，《建筑学报》2000 年第 7 期第 6 ～ 11 页。王薛时）

生态交通

Ecological Traffic

指按自然生态、人文生态和经济生态原理规划、建设和管理的由交通网络、交通工具和交通环境组成的生态型复合交通系统。通过对交通和生态环境有关环节进行系统研究、规划、管理，使交通不仅具有输送人流、物流、信息流，支撑和引导社会经济发展的功能，而且具备改善、美化、促进和优化周围环境生态条件的功能。生态交通具备适应性、超前性和进化性。生态交通和以往的交通相比已有质的变化。以往的交通总会对环境产生负的外部性。如产生噪声、排出废气、侵占土地、分割空间等。在人们理念上认为这是必然的，是必须付出的代价，充其量只是治理而已。按生态交通理念，一方面要完成作为交通的特有功能，另一方面要克服交通负的外部性，成为对周围生态环境具备改善、美化、促进和优化的交通。生态交通不仅是可以拉动经济，还是资源高效的、能源清洁的、环境友好的、生态健康的、行为文明的和景观美化的交通。生态交通的实质是交通的生态化。（牟世晶）

生态教育

Ecological Education

以培养生态意识、普及生态知识和促进生态参与为目的的教育方法。生态教育首先应与环境教育做出区别。环境教育产生于 20 世纪 60 年代第一次环境运动的背景下，20 世纪上半叶针对生态环境问题的日益凸显，出现一系列具有代表性的倡导环境保护的文学、哲学和科学等方面的著作。书中观点究其根本是对资源耗竭和环境污染做出的应激反应，它们大都主张对旧有生产方式、生产技术、管理模式以及制度建设做出改良，以此为方法应对环境危机。这种反思路径被称为浅绿色发展观。以浅绿色发展观为基调的教育思想是环境教育。生态教育产生于 20 世纪 90 年代深绿色发展观。深绿色发展观是对浅绿色发展观的进一步反思，它区别于浅绿色发展观最突出的一点在于对生态环境危机根源的更深刻的思考方式。深绿色发展观更注重从人类社会历史和人的内在精神、意识的角度挖掘生态危机产生的根本原因，它不像浅绿色发展观仅仅是对原有经济发展模式的改良，而是与旧的经济发展模式决裂。深绿色发展观强调生态环境问题的解决不可能只希望于技术的进步和制度的完善，更在于生存和发展模式的彻底变革，环境问题的背后隐藏的是整个社会的问题，生态危机的根源在于工业社会的发展模式。深绿色发展观是生态教育思想的基础。因此，环境教育更加注重环境问题本身，更加强调技术层面的治理，从根本上来说并未逃脱人类中心主义的窠臼。生态教育更加注重人与自然之间内在关系的探讨，从人类社会和自然界整体出发，以生态系统的系统观、整体观和联系观作为思考方式，强调生态系统整体的稳定和均衡。（参考：徐湘荷：《生态教育思想研究》，山东师范大学 2012 年博士学位论文第 17 ～ 22 页。欧阳文川）

生态教育必要性

Necessity of Ecological Education

对生态教育必要性的认识，是缓解和解决环境问题的关键。人类从诞生那天起，为自身生活的提高从未停止过改造和征服自然的活动。工业革命使人类科学技术得到前所未有的进步，增强人类改造和征服自然的能力。与此同时，环境的不断恶化、资源的不合理消耗使人类生存面临空前的挑战。全球温室效应、生物物种濒临灭绝、极端恶劣天气的频发，这些愈演愈烈的区域性灾害使人类开始品尝工业文明带来的苦果。中国的环境形势则更加严峻。具体说，表现在沙漠面积不断扩大、水资源和大气污染严重。加强生态教育是人类可持续发展的必然选择。面对严重的生态危机，为人类的生存与可持续发展，加强生态道德教育迫在眉睫。加强生态教育必要性的认识，是推动培育具有真善美健全人格的素质教育的需要，是生态文明建设的必要环节，是可持续发展战略实施的基础，是社会经济发展和社会进步的现实需要。（张惠娜）

生态教育特性

The Features of Ecological Education

生态教育是以跨学科活动为特征，以唤起受教育者的环境意识，使他们理解人类与环境的相互关系，发展解决环境问题的技能，树立正确的环境价值观与态度的教育科学。环境教育定义演进过程具有的特点：1. 首先是教育活动，阐释环境教育的含义，体现教育的本质；2. 应着眼于人类同其周围环境之间的关系，这是环境教育的核心；3. 定向可持续发展战略已成为环境教育的时代特色，代表环境教育的发展方向。因此，对环境教育内涵的诠释也应在这一背景下进行；4. 实现目的：1）使人类从根本上关心人类长久的生存与幸福，走向环境—人—社会和谐、持续发展；2）发展人们的环境意识，丰富环境保护知识与技能，树立正确的环境价值观与态度，进而能解决当前环境问题、防止新的环境问题产生。（王薛时）

生态教育课程体系

Ecological Education Curriculum System

生态教育课程体系倡导以学生为中心，以教师为先导，要求每个师生参与探索与创造，实现引导和自主的统一。生态教育课程体系在自然科学与人文科学、教学与研究、专业教育与通识教育、校内与校外事物、民族化与国际化之间保持自然平衡。这种体系将因材施教、优生优培、教学相长以及探索性学习作为主要教学方式，从而更好地实现理论与实践相结合、共性教育与个性教育相结合。生态教育课程体系的特性：1.时代性。构建生态教育课程体系凸显时代性。生态教育具有顺应时代潮流发展的生态功能，生态文明蕴含着新时代对变革教育的需求，即文明进步与发展离不开教育，教育功能调整最终服务于生态文明建设。2. 整体性。生态教育是全民教育、全程教育和终身教育，关系国家的生态伦理道德的培养。因此需要进行多角度、多形式、整体性的课程体系教育。3. 实践性。生态教育不仅表现在人们生态意识的形成，更强调人们生活中的一言一行的实践意义。因此，生态教育课程体系要强调实践性，保证生态教育落到实处，起到教育的实际效果。（张惠娜）

生态教育目标

Goal of Ecological Education

生态教育是以人类与环境的关系为核心进行的教育活动。生态教育目标是让公众将保护生态环境转变为自觉的道德责任和义务，增强公众的环境保护意识，促进公众真正加入环境保护行动中以解决环境问题，实现经济和社会的可持续发展。1977 年在苏联格鲁吉亚首府第比利斯（Tbilis）召开的环境教育政府间大会通过《第比利斯宣言》，提出新的生态教育目的、目标、性质以及实施原则。《第比利斯宣言》明确指出，环境教育的目标包括：1. 增强人们对城市和乡村区域中的经济、社会、政治和生态的相互依赖性的认识；2. 给予每个人保护和改善环境所需要的知识、价值观、态度、决心和技能；3. 在个人、团体和整个社会中创造出新的有利于环境的行为规范。生态教育是实现环境保护目标的教育，是证明环境价值和澄清概念的过程，培养人们具有理解和评价人、文化及其同环境之间相互关系所必需的技能和态度的过程。它包括要人们遵循为保护环境所做的决策及行为准则的教育。（参考：杜亮：《国外绿色教育简述：思想与实践》，《教育学报》2011 年第 6 期第 66 ~ 72 页。张惠娜）

生态教育目标模式

Goal Pattern of Ecological Education

在环境保护这一核心理念指导下通过教育活动，使人们具备资源与生态环境科学的基本知识和基本技能，达到树立正确的资源与生态环境意识、态度和环境法治观，积极主动参与资源与生态环境建设，促进人类与社会的可持续发展，实现人的素质的全面提升的过程。目标模式是 20 世纪初开始的课程开发科学化运动的产物，将目标作为课程开发的基础和核心，是课程开发研究领域最具权威性的理论形态，也是教育教学实践领域中运用最为广泛的实践模式。从总体讲，生态教育目标模式是要培养具有生态自觉和生态能力的新型劳动者。他们具有系统性整体思维方式，有良好生态意识、生态道德，有全新科技观念，有一定科学利用自然和保护自然的能力，有符合生态原则的生产生活行为方式。培养体系整体思维方式是生态教育目标模式的核心，也是生态教育的现实意义之所在。为实现生态教育目标，需要加强生态道德教育的培养和全新科技观的培养，让公众认识科技两面性，使他们在创造和利用科技成果时，自觉地注意克服科技的负效应。（张惠娜）

生态教育内容

Ecological Education Content

生态教育是人类为实现可持续发展和创建生态文明社会的需要将生态学思想、理念、原理、原则与方法融入现代全民性教育的过程，内容包括生态理论、生态知识、生态技术、生态文化、生态健康、生态安全、生态价值、生态哲学、生态伦理、生态工艺、生态标识、生态美学、生态文明等。按生态教育内容的不同，生态教育方式可以包括学校教育、社会教育和职业教育。按参与方式的不同，生态教育方式包括课堂教育、实验证明、媒介宣传、野外体验、典型示范、公众参与等。生态教育对象包括全社会的决策者、管理者、企业家、科技工作者、工人、农民、军人、普通公民、大专院校和中小学校学生。（张惠娜）

生态教育任务

Ecological Education Task

生态教育任务在于唤起所有人教育价值观的彻底改变，在于生态素养习惯的养成；培养生态道德认知；普及生态保护知识与技能和培养环境保护各类专门人才和具有综合决策和管理能力的各层次管理人才。将生态学思想、理念、原理、原则与方法融入现代全民性教育的过程。涵盖各个教育层面，包括学校教育、社会教育、职业教育，教育对象包括全社会的决策者、管理者、企业家、科技工作者、工人、农民、军人、普通公民、大专院校和中小学校学生。围绕生态教育任务，生态教育的具体方式包括课堂教育、实验证明、媒介宣传、野外体验、典型示范、公众参与等。（张惠娜）

生态教育体系

Ecological Education System

由政府、专家、民众、媒体等多维度构成的生态教育体系。体系内部相互关联，相互支撑，完成生态教育目标和任务。政府建立健全生态教育法律法规和标准体系，营造良好的环境氛围，加大环境教育投入力度，形成多元化投入机制。专家负有建立完善生态教育机制的使命，立足现实，根据不同年龄和知识层次，设置不同的教学目标和教学内容。公众参与是生态教育基石。非政府组织的参与在生态教育中发挥重要作用。媒体在生态教育过程中有无可替代的教育功能和作用。构建具有中国特色的生态教育体系，是庞大系统工程，需要全民共同努力。（参考：朱国芬：《建构有中国特色的生态教育体系》，《环境教育》2006年第10期第26～29页。张惠娜）

生态教育体系保障措施建设

The Construction of Safeguard Measures for Ecological Education System

为促进生态教育体系建设，加强生态教育体系保障措施建设。生态教育是人类为实现可持续发展和创建生态文明社会的需要，将生态学思想、理念、原理、原则与方法融入现代全民性教育的过程。这一体系的保障措施包括：1. 开展多角度、多形式、多层次的生态教育。从社会、政治、经济、技术、道德和美学等多角度看待环境问题，生态环境教育可融入其他各学科、各种形式的教育中，使生态环境教育呈现出巨大活力。生态环境教育不仅是传授、传播与环境有关的知识，更为重要的是要提升为深层次的社会化人文思考与行动。2. 积极参与生态环境教育的政府与非政府组织国际合作，加强国际生态环境教育交流，学习和引进国外生态教育的先进教育方式、教育理念和教育内容。争取发达国家在资金、技术转让、管理经验等方面的支持与合作。3. 加大生态教育事业投入。加大对专业人才的培养力度，建设一批生态教育的重点课程、重点专业、重点教材和重点培训中心。4. 加快生态教育相关立法工作。在生态教育的过程中需要强有力的法律、法规作为支撑，促进和保障生态教育的顺利实施。（参考：梁仁君等：《高校生态教育的现状及体系构建的思考》，《黑龙江高教研究》2006年第3期第20～23页。张惠娜）

生态教育体系建设基本原则

Basic Principles of the Construction of Ecological Education System

生态教育是人类为实现可持续发展和创建生态文明社会需要，将生态学思想、理念、原理、原则与方法融入现代全民性教育的过程。生态教育体系基本原则包括科学性原则、综合性原则、实践性原则、发展性原则、大众教育原则、因地制宜原则和多种形式原则。1. 科学性原则，指生态道德养成教育过程中，教育方案必须符合教育教学规律，以科学教育理论为基础，向受教育者系统传授经过严格科学验证的生态知识和生态原理，确保过程和结果的科学性。2. 综合性原则，指在进行生态道德养成教育的过程中，坚持全面综合看问题的立场，形成系统的生态道德观，能在实践中形成生态道德行为。3. 实践性原则，指在生态道德养成教育的过程中，必须参与实践，在实践中检验生态道德养成教育的具体成效。4. 发展性原则，指生态道德养成教育要根据实践和环境的变化改革自身，进行创造性、导向性、前瞻性的工作。5. 大众教育原则，保护环境是每个公民应尽的义务和责任，都应该接受良好的生态环境教育。6. 因地制宜原则，针对不同地区的生态环境状况，在大众教育原则的基础上，结合当地情况有针对性地进行一系列的生态环境教育。7. 多种形式原则，由于资源与生态环境的综合性决定资源与生态环境教育的形式、方法多种多样，既可采用专题教育的形式，也可以渗透到各学科内容中去；既可以采用常规的讲授法、观测法和实验法，还可以采用调查、考察、参与互动、探究等现代教育理念指导下的教育方式。（参考：梁仁君等：《高校生态教育的现状及体系构建的思考》，《黑龙江高教研究》2006年第3期第20～23页。张惠娜）

生态教育途径

Ecological Education Approach

生态教育目标实现的具体方式和方法。探索建立从幼儿园到大学的生态教育体系，是教育改革面临的重大课题。如何切实可行地有效开展生态教育，是亟待解决的问题。经过多年研究和实践，生态教育的途径有：1. 将生态教育理念渗透到教学活动中去。结合学科内容，在课堂学习中适当融进生态知识。在中学、大学开设普通生态学课程或讲座，较系统地向学生传授生态知识和有关科技成果。利用网络，拓展生态文明教育平台。2. 注重对学生环境行为习惯的养成。可结合学生行为规范，着力培养学生符合生态原则的生活方式和行为方式。3. 建设生态环境教育基地。生态教育基地为实地具体教学和参观教学真正提供了有利的教学条件。学校应该积极与环保部门沟通，争取相关部门的支持，搞好生态教育基地的建设，真正将课堂教学与实践活动良好地结合起来。（参考：李美霞、武青、贾金同：《高校生态文明教育途径探究》，《新西部》2013 年第 9 期第 128 ~ 129 页。**张惠娜**）

生态教育文化

Ecological Education Culture

在教育观念、教育功能和教育任务等方面改造传统教育文化，探索新的教育思想、方法、结构、内容和规律，实现教育的经济价值、精神价值和生态价值的统一，建设与生态文明时代相适应的教育文化。生态教育文化强调用生态学方法研究教育，在教育观念、教育功能和教育任务等方面遵循生态的价值取向，吸收生态学的思维方式，体现生态发展要求，改造传统教育文化，探索新的教育思想、方法、结构、内容和规律。生态教育文化的内涵体系包括生态意识教育、生态知识教育、生态法制教育。有：1. 生态文明观念教育，核心是对人与自然关系的认识，生态文化教育帮助人们树立正确的人、社会、自然相和谐观念。生态文明观念教育不是某一教育课程可以完成的任务，贯注教育全过程，体现在各种类别、各种课程的教育中。2. 生态道德教育，道德是调节人与人之间、人与社会之间关系的重要工具，也是调解人与自然之间的重要工具。生态道德是内在约束，面对生态环境恶化把生态道德教育列为教育的重要议事日程，增强人们对于生态环境的道德意识。3. 生态法制教育，为保护生态环境，国际组织已经制订世界性的环境保护公约，同时不同国家根据各自的自然环境和发展状况制订各种环境保护纲要或法规。这些法律条款为人类活动规划界限。生态法制教育让人们懂得各种保护自然、保护环境的法规与条例，从而能自觉地遵守自然生态法则，实施合理地控制和改造自然的行为规范。4. 生态审美教育，把生态文化教育引向更新更高境界，包括：热爱生态美和创造生态美的教育，引导大学生珍惜、爱护自然环境和人类共同利益，实现对生态美的不尽追求与创造。5. 合理利用科学技术力量的教育，科学技术是双刃剑，发挥教育对生态建设的作用，至关重要的是通过教育帮助人们认识现代科学技术客观上产生的正负效应。继续通过文化水平的提高促进科学创新能力的增长，按照生态文明发展需要，合理规划科技发展的布局与类别，确立科技发展的正确走向，维护生态平衡的科技再生产弱化或抑制可能危害人类、破坏生态平衡的科技再生产。（**牟世晶**）

生态金字塔

Ecological Pyramid

在生态系统中的生产者和消费者之间，通过食物营养关系相互制约，形成单向联系，即食物链。如：植物，蝴蝶，蜻蜓—蛙，蛇，鹰。食物

链上的每一环节称为营养级，营养级最多不超过 7 个。生态系统中的各种生物，处在不同的营养

级上，组成有顺序的营养级序列，后一营养级总是依赖前一营养级而生活，从中摄取物质和能量。由于营养级之间的能量转化效率约为10%，因此，沿食物链逐级向上，能流越流越细，能量呈阶梯状递减，随之生物体的数目和产量也急剧减少。这样就形成一个底宽上尖的金字塔形，即生态金字塔。生态金字塔有3种结构形式，即生物数量塔、生物量塔和能量塔。（参考：吴开亚：《浅谈生态金字塔及其应用》，《阜阳师范学院学报》（自然科学版）1991年第2期第61～64页。牟世晶）

生态进化

Ecological Evolution

广义上是地理环境生态结构朝着更复杂、功能更强大的方向变化。与生态系统在种群结构和生境相对固定的状态下的生长发育不同，是种群结构以及生物与环境的契合状态朝着更优化方向发展，物质能量流通规模出现阶梯形的跃进。如在山区如果发生山崩，裸露出岩石表面，表面可能逐渐被稀疏的地衣覆盖，随后依次出现苔藓、禾草木、灌木丛、小乔木、大乔木等优势种群，同时伴随有土壤的顺行发展。这是生态进化的典型例证。地球生物圈在30多亿年的过程中从简单到复杂、从低级向高级、从低生物能量向高生物能量变化的过程，是全球规模的生态进化。地球上生态进化的总趋势增加生物物种的多样性、系统的稳定性、弹性和生产力，地球表面的太阳辐射转化负熵流的功能有极大增长。由于人类文明的出现是以生态进化为前提和基础，因而生态进化的总趋势与人类利益具有内在的同一性。人类利益要求维护地理环境的生态进化。人可以利用科学技术和社会生产力促进生态系统进化，但不能任意干预生态系统进化自然行程，否则将引起生态退化恶果。（牟世晶）

生态经济

Ecological Economics

指在生态系统承载能力范围内，运用生态经济学原理和系统工程方法改变生产和消费方式，挖掘一切可以利用的资源潜力，发展生态高效产业，建设体制合理、社会和谐的文化以及生态健康、景观适宜的环境。生态经济是实现经济腾飞与环境保护、物质文明与精神文明、自然生态与人类生态高度统一和可持续发展的经济。社会—经济—自然复合生态系统，既包括物质代谢关系，能量转换关系及信息反馈关系，又包括结构、功能和过程的关系，具有生产、生活、供给、接纳、控制和缓冲功能。生态经济基本理论包括社会经济发展同自然资源和生态环境的关系，人类生存、发展条件与生态需求，生态价值理论，生态经济效益，生态经济协同发展等。生态经济具有时间性、空间性、效率性特征。（牟世晶）

生态经济沟

Ecological Economic Ditch

指在以小流域为单元的综合治理中，因地制宜，建设以林果为主的农、林、牧、副、渔合理配套的生态经济系统，它既包括工程措施的科学配置，也包括生物措施的优化组合。通过科学治理和对生产要素的合理组装，使小流域形成立体经济，土地达到综合利用，建立起农、林、牧协调发展的经济结构，获得良好的生态、经济和社会效益。生态经济沟建设对山区开发与治理的贡献体现在：1. 有利于山区人民脱贫致富；2. 有利于生态环境良性循环；3. 有利于产业结构优化；4. 有利于农村商品经济的发展。生态经济沟建设是动态观念，要根据山区实际，因地制宜开创多种模式，使生态经济沟建设向高技术、高效益和立体经济方向发展。（李雪姣）

生态经济管理

Ecological Economic Management

指设计、建设和维持由人、生物和环境构成的系统条件，基于这一条件，人类、生物和环境都能有效地发展和演化，实现它们自身的目标以及系统整体发展目标的全过程。这里的系统条件不仅包括系统的构成要素，还包括系统的结构和功能关系。生态经济管理的特点有：1. 人、生物、环境三要素在管理过程中的不可分割性；2. 人或生物同环境之间的双向选择、定向与联结。按管理层次划分，生态经济管理分为宏观生态经济管理与微观生态经济管理。（蔡越）

生态经济价值观

Ecological Economic Values

是生态价值与经济价值融合的特殊价值形式，生态价值与经济价值共生和兼顾的产物。通常在计算环境效益时，把劳动价值区分为有益和有害，把产值区分为有效和无效。认为并非所有抽象劳动量或社会必要劳动量对消费者和社会都是有益的，当它的载体即某些具体劳动或使用价值造成环境污染、生态破坏时，这一类价值是有害的。因为它最终还要由社会抽象劳动创造的价值补偿。同样，记入总产值中的某些产品，如果它的生产过程造成环境污染，这一类产品计算的产值是无效的。清除它的生产过程所造成的环境污染，还要耗费产值。生态经济学中提出的生态经济价值观触及经济学基础理论的问题。（李雪姣）

生态经济建设

Eco-economic Construction

把经济发展建立在生态环境可承受的基础上，实现经济发展和生态保护的双赢，建立经济、社会自然良性循环的复合型生态系统。经济增长是有代价的，经济增长方式不应以破坏和牺牲生态环境为代价，否则，即使有高经济增长，代价极其高昂。自觉走生态经济协调发展的道路有以下途径：1. 加强生态文明教育。大力普及生态科学知识，帮助人们增强环保意识，树立绿色理念，弘扬生态文明；2. 大力发展生态科技。生态经济必须紧密依靠科技创新，根据科学技术是第一生产力的指导方针，大力发展现代科学技术，开发和推广节约、替代、循环利用的先进技术；3. 健全生态经济建设的法制体系，制定有关生态功能的建设和管理的质量标准，责任落实到人，以加大法律惩戒的力度。加强生态环境管理能力建设，尤其要大力提高重点地区基层环保执法监管的水平。（李雪姣）

生态经济伦理

Eco-economic Ethics

生态伦理学、经济伦理学和生态经济学三者之间的交叉学科，所要解决的问题是要为生态经济的生产方式提供道德层面的理论辩护，为生态经济的实际发展提供必要的道德秩序和道德环境。生态经济伦理是伦理学概念，产生背景是全球生态危机日益严重、人与自然间矛盾持续激化的特殊时代。在已有的生态经济学、生态伦理学和经济伦理学诸学科中，都缺乏相应的关联性要素。生态经济学要求清洁生产、环保节能，然而缺乏应有的道德支撑。生态伦理学强调生态保护的观念意识的道德内涵，却忽视人类社会中极其重要的经济活动对于生态观念间的矛盾。经济伦理学探究经济活动和行为的道德基础，却没有注意到生态意识已经成为经济生产领域的主流价值追求。生态经济学已经提出清洁生产、循环利用、资源保护等生态要求，生态经济伦理的实质是对行为层面的要求和命令提出形上层面的“为何”和“应当”。生态经济伦理区别于传统经济伦理，传统经济伦理指工业文明时代的经济至上主义，将经济活动视为人与自然之间唯一关系，经济利益是人一切行为的根本动机，将经济发展简单等同于经济增长。然而生态经济伦理要求重新界定经济活动的应有价值和意义，强调自然生态的内在固有价值，尊重自然生态规律以及其他物种的权利，将人与自然统一在生态系统整体中。因此，生态经济伦理对传统经济伦理，乃至整个伦理学而言，最大特征在于反对人类中心主义的价值观。（参考：龚天平：《生态文明与经济伦理》，《北京大学学报》（哲学社会科学版）2011 年第 4 期第 47 ～ 51 页。欧阳文川）

生态经济平衡理论

Ecological Economic Balance Theory

生态经济平衡是生态平衡与经济平衡的渗透和结合形成的矛盾统一状态，指以自然生态平衡为基础的经济平衡。广义上的生态经济平衡包括人工生态平衡和自然生态平衡中符合经济、社会发展目标的部分。生态经济平衡的最优化目标是理想模式，即在实现和改善自然生态平衡的前提下，更好地实现人类的经济、社会发展目标，二者在生态经济系统的运动发展中保持正相关关系。实现生态经济平衡，首先实现生态系统与经济系统之间的结构和功能的相互平衡。结构是功能的基础，结构的平衡是生态与经济系统之间的物质循环、能量流动和信息传递等功能充分有效发挥的前提。根据 Ridddl（1981）的研究理论，经济生态的均衡发展，需要从宏观上树立 11 条原则，即建立经济生态均衡发展的思想委员会、增加社会公平、达到国际平等、减轻饥饿与贫困、减轻疾病与贫困、削减武器、向自我满足的方向趋进、消除城市的道德败坏、寻求人口与资源的平衡、保存资源、保护环境。（李雪姣）

生态经济区划

Ecological Economic Regionalization

指按照生态学观点和原理，在对各地区的自然环境状况和社会经济发展特征全面了解的基础上进行综合评估，以区域生态环境和人类活动之间的动态关系为分类依据，将区域划分为不同单元的自然—经济功能区。生态经济区划应与生态区域划分以及单纯的经济区划相区分。生态区域划分指依据区域自然生态系统及其组成部分的结构和功能的不同特点，依据生态学原理和方法，按照区域内部生态系统结构和功能的差异性和相似性将其划分为不同单元。因此，生态区域划分与生态经济区划的最大区别在于生态经济区划不仅是根据自然生态系统的结构和功能的差异来划分，还根据区域社会经济水平以及经济活动对自然生态环境的作用特点来划分。而经济区划则只是按照区域经济发展特征及其特殊规律进行地域空间划分。生态经济区划根本说来属于功能单元的区划，划分范围可以是一个特殊单一的地理环境生态系统，也可以是由不同类型地理环境生态系统共同构成的大范围的生态经济区域。生态经济区划的划分原则遵循自然生态系统结构的一致性、社会经济功能和结构的一致性以及社会经济与自然生态相互作用关系的相似性。（参考：王传胜等：《生态经济区划研究——以西北 6 省为例》，《生态学报》2005 年第 7 期第 1805 页。欧阳文川）

生态经济生产观

Eco-economic Production View

指考虑生态条件并顾及生态效益把握经济、生产活动的观点。属于生态经济学范畴，是人类认识到传统生产观点造成严重生态后果基础上产生的。认为局部乃至全球经济、生产活动都是以地理环境生态再生产过程为前提，规模、速度必须保持协调关系。经济、生产活动不能损害生态再生产过程的正常机能。生态经济生产观是寻求经济发展与环境保护相统一的重要观点。它的出现在人对生产活动规律的认识史上是一次飞跃。（李雪姣）

生态经济系统

Ecological Economic System

指由生态系统和经济系统通过技术中介以及人类劳动过程构成的物质循环、能量转换、价值增值和信息传递的结构单元，生态—技术—经济的复合体，具备物质循环、能量流动、信息传递、价值增值 4 大功能。生态经济系统是耗散结构，是巨大的开放系统。生态经济系统不断与外界发生物资、资金、劳力、人才、技术交换，形成物质流、资金流、劳动流及信息流循环。循环的中断、交换的停止，意味着系统终结。作为一个概念，生态经济系统是生态经济学探索过程中出现的术语。这一概念的运用可以分为方法意义和实体意义两种情况。任何经济系统都与地理环境的生态结构具有联系，都是以生态系统为基础，因而可以看成是生态经济系统。另一种情况是，由于农、林、牧、副、渔业等生产部门既是经济系统，也是生态系统。生态经济学是20世纪60～70年代产生的新兴学科。人类社会经济同自然生态环境的关系自古以来就普遍存在。社会经济发展要同生态环境相适应，是一切社会和一切发展阶段所共有的经济规律。（牟世晶）

生态经济系统类型

Eco-economic System Type

生态经济系统有以下类型：1. 农村生态经济系统，包括种植业生态经济系统、林业生态经济系统、畜牧业生态经济系统、渔业生态经济系统。其中种植业生态经济系统是农村生态经济系统的基础，特点是利用绿色农作物的光合作用，将太阳能转化为化学潜能和将无机物转化为有机物。2. 城市生态经济系统，是典型的经济—生态有机系统，包括工业经济生产系统、高密度的人口消费系统和维护城市生态平衡的分解还原系统3个亚系统。其中经济生产系统是城市存在的经济基础。城市生态经济系统是人工生态系统，不能独立存在。3. 城郊生态经济系统，特征是以城市为主要服务对象建立起来的农村生态经济系统。4. 流域生态经济系统，范围根据研究而定，可以是小流域，也可以是大流域，包括上述生态经济系统的综合性生态经济系统，如长江三角洲地区。（李雪姣）

生态经济效益理论

Eco-economic Benefit Theory

生态经济效益是物质资料生产的经济效益和生态效益的综合统一，反映生产过程中经济产出及生态产出与劳动耗费的综合比较。可用公式表述为：生态经济效益＝（经济产出＋生态产出）/劳动投入。社会生产和再生产活动，形成经济系统和生态系统两种不同的运动，使整个生态经济系统发生相应变化。劳动投入既会生产出产品和劳务，产生经济效益，又会对生态环境产生影响，引起变化，产生生态效益。经济系统通过消耗劳动，把从生态系统中获得的自然物质和自然能量，加工成经济物质和经济能量，这些物质和能量继续参与经济系统内的再生产运动，产生经济效益。同时，经济系统还要送回生态系统一些经济物质和经济能量如化肥、农药、各种废弃物，对生态环境产生影响，以至影响人类生产、生活环境，即生态效益。（李雪姣）

生态经济效益评价

Eco-economic Benefit Evaluation

对生态经济效益的评价遵循高生产力、低消耗、产品优质、自然资源最优利用、系统风险最小、生态环境质量几个原则。评价指标在内容上包括对生态经济系统能量流动和物质循环功能的评价。对生态经济系统能量流动状况的评价指标有光能利用率增长率、能量投入产出比、能量资源采掘比率、能量资源合理开发率、年度平均单位能源消耗带来的环境损失、产出万元国民收入消耗的能源资源量等。对系统物质循环的评价指标有可再生资源的资源再生系数、吨粮水土流失量、有机物质资源有效利用率、单位投资增加森林覆盖率数量、共生矿综合利用率、生产性“三废”、物质生产系数、国民经济物耗净值率、单位基建投资带来的生态环境损失量等。（李雪姣）

生态经济需求观

Eco-economic Need View

生态经济学中提出的概念。从表面意义上，可以将其理解为人类经济生产活动需要生态系统提供数量充足、质量精良的物质能量。深层意义是，人类对消费水平的追求，人类关于经济增长的要求，要考虑地理环境的生态条件所可能提供的基础及其限度，使满足人类需求的经济活动不至于破坏环境的生态结构与生态功能。简言之，生态经济需求观是生态思想指导下的经济需求

观。（李雪妓）

生态经济学

Ecological Economics

生态学与经济学交叉发展的新兴边缘学科。目的是根据生态学和经济学原理，从生态规律和经济规律的结合上研究人类经济活动与自然生态环境的关系。具体说，它研究使社会物质资料生产得以进行的经济系统和自然界生态系统之间对立统一关系的学科，是既从生态学的角度研究经济活动的影响，又从经济学的角度研究生态系统和经济系统相结合形成的更高层次的复杂系统即生态经济系统的结构、功能及其规律的学科。研究的问题有：探讨人类社会经济与地球生物圈的关系，包括人口过剩、粮食匮乏、能源短缺、自然资源耗竭和环境污染，研究自然生态系统的维持能力与国民经济的关系，为制定符合生态经济规律的社会经济综合发展战略提供科学依据，研究森林、草原、农业、水域和城市等各主要生态经济系统的结构、功能和综合效益问题；研究基本经济实体同生态环境的相互作用的问题。生态经济学的形成和发展体现当代自然科学和社会科学走向综合统一科学体系的大趋势。（李雪妓）

生态景观

Ecological Landscape

经过生态规划或设计具有可持续性、人与自然和谐统一的景观，多为城市或区域规划及资源环境问题研究者所使用。生态景观首先应具有整体性和异质性的特征，即景观由多个生态系统组成、具有一定结构和功能，是自然与文化的复合载体，并且在空间和组成上保持明显分异特征。由基本特征可以繁衍出对生态景观的较为具体的要求：1. 自然优先原则，通过保护自然景观资源和维持自然景观过程及功能连续性，保护和促进景观多样性与异质性；2. 敏感区保护原则，通过保护生态、文化、资源开发、自然灾害发生等环境敏感区，维持生态系统稳定性；3. 可持续性原则，从整体出发使景观结构、格局和比例与区域自然特征和经济发展相适应，谋求生态、社会、经济效益的统一。在城市地区，生态景观需与城市形态实现用地结构和功能组织上的统一。（参考：陈爽：《生态景观与城市形态整合研究》，《地理科学进展》2004 年第 5 期第 67 ~ 77 页。王薛时）

《生态警示录》

Warnings From The Wild

2009 年上映，英国广播公司（BBC）云集全球最顶尖的科学队伍制作的纪录片。影片结合最新的科学研究资料和实地考察数据，观察各物种在全球暖化情况下的生活变化，揭示过去一万年以来气候变化对整个生态系统所造成的影响，聆听来自地球的求救讯号，警示人类拯救行动迫在眉睫。人类近百年的发展超越以往几千年，过度开采自然资源以及造成的能源浪费令地球陷入岌岌可危的境地。工业高速发展造成大气中的二氧化碳排放增加，令气温发生剧烈的变化。北极的温度以每 10 年上升 1.5℃的速度上升，覆冰以每 10 年 3% ~ 5 %的速度消失。随着温度的上升，迫使某些物种离开栖息地，迁移到新的生活区域，很多物种因为人类猎杀环境恶化以及不适应新环境而绝种。影片记录野生动物，乃至整个人类所面临的前所未有的种种威胁，促进观众及早意识到大自然所告诉给人类的警示，呼吁大家关注自然，关注环境保护。（张惠娜）

生态科技

Eco-technology

指将生态学应用到科技发展的目标、方法之

中，促进生态系统良性循环，优化生态系统结构的科学技术系统。基本特征：1. 自然生态化，人与自然的和谐；2. 经济生态化，促进整个经济系统各要素全面协调可持续发展；3. 社会生态化，打造资源节约型、环境友好型社会；人的生态化，人类全面自由发展，个人精神与物质的平衡。基本原则：1. 多目标发展，以经济效益、生态效益、社会效益为目标的综合性发展。2. 协调发展，人与自然、社会总体利益的协调发展。3. 可持续发展，人与自然协调发展是可持续发展的基础。4. 以人为本，只有通过人的生态化，才能真正实现自然、社会、经济的协调发展。（王晴晴）

生态科学意识

Ecological Science Consciousness

生态意识的一种。生态意识指人类在处理自身活动与外部环境之间相互联系的主观认知与态度。从类型上看，生态意识可分为个体生态意识和群体生态意识。个体生态意识是个人在实践活动中对自己与周围环境关系的认知，群体生态意识是不同个体生态意识相互整合后的共同认知。生态意识具有丰富的内涵，在不同层面可以被分解为不同类型的生态意识，如可以分为生态价值意识、生态道德意识、生态法制意识、生态责任意识等内容，生态科学意识就是其中之一。生态科学意识指运用生态学原理和方法或者以尊重生态自然、遵循生态自然规律的科学态度分析和处理生活工作事务，将之运用在制度构建、政策决定和经济生产等方面。生态科学意识的前提承认并肯定生态原理的科学性和生态保护的正确性，落脚点是自觉地将其运用在实际生活实践当中。生态科学意识与生态科学的意识做出区分。生态科学指关于生态学各分支学科的总和，如生态社会学、生态教育学、生态心理学、生态经济学、组织生态学、种群生态学等生态学和其他学科之间的跨界交叉学科。在此意义上，生态科学的意识只是生态科学意识含义中的一个层面，即认可并自觉运用生态学原理的意识。（参考：刘湘溶：《论生态科学意识》，《湖南师范大学社会科学学报》1995 年第 4 期第 22 ～ 25 页。欧阳文川）

生态可持续发展

Ecological Sustainable Development

指生态在人类的作用下健康发展，是可持续发展的环境基础。为实现生态可持续发展，一方面需要遵循预防原则；即使遇有严重的或是不可逆转的环境威胁，也不能以缺乏确凿的科学依据作为推迟预防环境恶化措施的原因。另一方面，要遵循代际公平理论：即这代人应该为下一代的利益着想，保持环境的健康、多样性和生产力。为顺利展开生态可持续发展的进程，并为生物多样性和生态完整性的保护提供更多动力。在进行资产与服务评估时，环境因素应该占更大的比重。环境可持续发展要求社会在满足人类需求同时保护我们赖以生存的地球上生命保障系统。例如，提供可持续用水、合理利用可再生能源以及长久的物资供给。除关注环境中的生态平衡外，可持续发展也与环境和生物多样性及生产力的保持息息相关。由于自然资源从自然环境中得来，空气、水及气候的状况令人担忧。如果自然资源消耗的速度比再生的速度要快，局面就会变的难以持续。可持续发展要求人类在自然资源能够合理再生的范围内利用自然资源并开展活动。内在看，可持续发展与生态容纳量概念相连。理论上讲，长期不断恶化的环境不能适宜人类的生存。这种全球规模的环境恶化暗示着人类死亡率的相应上升，人口会减少到退化后的环境可承受的范围内。如果退化环境承受的数量超过临界值，就会导致最终人类的灭亡。世界保护战略于 1980 年公布，升华可持续发展理论，主要有 3 条保护宗旨：维持基本的生物地球化学循环和生命保障系统、保护基因的多样性、建立物种和生态系统的可持续利用。（参考：曾德慧、姜凤岐、范志平、杜晓军：《生态系统健康与人类可持续发展》，《应用生态学报》1999 年第 6 期第 751 ～ 756 页。朱配辰）

生态可持续经济

Ecological Sustainable Economy

生态可持续经济是绿党构建未来生态社会的关键性要素。在绿党看来，当前的经济发展模式和生产方式是不可持续的，它破坏人与自然之前的有机联系，工业化发展消耗大量自然资源，这一发展模式是现代生态危机的根源。绿党试图建立的生态可持续经济，是追求满足人们合理基本需求的经济，将改变以利润为导向的发展趋向；是以生态平衡为基本准则的经济，即生产过程与自然生态循环相一致；是适度规模的民主管理的经济，经济活动分散化与小规模、地方化；是实现与第三世界相对平衡的彰显国际公正的经济。（徐越）

生态可持续性

Ecological Sustainability

可持续性或可持续发展的主要涵意之一，指通过维持生态系统的完整性与健康，使之长久为人类和其他生物提供产品和服务的可持续状态。生态可持续性与经济可持续性、社会可持续性共同构成可持续性的 3 个主要维度。实现生态可持续性的途径主要有：1. 环境管治。即依据从地球科学、环境科学和生物保护学领域获得的信息，实施生态环境管治，从而实现生态可持续性。2. 人类消费管治。通过管理人类的消费行为，利用经济手段，长期而间接地促进生态的可持续性。对此，著名生态经济学家赫尔曼·戴利提出生态环境可持续性的 3 大标准理论：1. 资源可再生标准，即收获率不应超过再生速度。2. 不可再生资源的替代原则，即为不可再生资源提供可再生替代，从而实现等效发展。3. 废弃物的可持续吸收，即废物的产生不应超过环境自身的吸收能力。（徐越）

生态可持续性原则

Principles of Ecological Sustainability

生态可持续性要求正确处理人与自然的矛盾，实现人与自然关系的协调。生态可持续性作为目标，即达到生物圈可持续性，或环境的整体性，维护地球基本生态过程，保护生物多样性，维护地球支持生命的能力。这是社会经济可持续发展的自然基础。经济发展如果过量消耗自然资源，过量排放废弃物，可能损害可再生资源的持续性和环境的整体性。这里表现的是自然价值分配上的不公正，包括对后代不公正，对后代满足其需要的能力构成危害；对生命和自然界不公正，损害生物多样性、损害自然再生能力、损害环境自净能力，即损害环境的整体性。为实施生态可持续性原则，要求我们确立自然价值观，以正确的价值观为指导，科学开发自然资源，节约和综合使用资源，对自然资源的消耗不超过它的再生能力，废弃物排放不超过自然净化能力。在每一次重大开发后，及时对资源和环境的消耗进行补偿，以使经济发展保持在生态容许的限度内，保护经济进一步发展的潜力和基础，保护生命和自然界的持续性和整体性。（参考：余谋昌：《生态文化：21 世纪人类新文化》，《新视野》2003 年第 4 期第 64 ~ 67 页。牟世晶）

生态空间

Ecological Space

一种新的生态学范式。指对生态系统空间关系进行研究的理论。生态空间理论源自 Gause 和 Huffaker 对生物猎食状况的研究。广义上生态空间指生态系统中某种生物维持基本生存和繁衍所需的空间、环境条件，即物种在宏观角度下处于稳定状态时所需要的空间综合；狭义上生态空间指自然生态系统所需要的空间容量或地域范围。对生态空间的概念界定主要以 3 个方向出发：1. 生态空间效应观点，即生态空间是生物及其生态系统相互作用的载体；2. 生态空间功能观点，强调生态空间的抽象性质，认为生态空间及其要素的联结是生物所需的资源；3. 生态空间行为观点，即在生态空间异质性的角度强调生物体生态空间在整个生态系统空间中的特殊性。生态空间由空间尺度、空间分异和空间格局动态3个部分组成，尤其突出自然异质性、等级结构性、局部随机性和尺度依赖性。生态空间理论反映生态学从微观向宏观视野转变、从定性分析到定量分析方法过渡以及从注重线性研究到非线性研究的大幅度方法调整。生态空间理论的3种典型模型分别为：单物种模型、细胞自动机模型、反应—扩散模型。（参考：肖笃宁等：《生态空间理论与景观异质性》，《生态学报》1997年第5期第453～455页。欧阳文川）

生态空间占用

Ecological Appropriation

又称生态足迹或者生态痕迹。生态空间占用被用以评价和估算人类对自然资源利用程度以及此后持续发展状况的方法。如通过对经常性使用的消费产品和因其产生的废弃物类型和数量，以此估算这些消费品生产所需资源和维持这些消费品所需资源，包括处置由这些消费品带来的废弃物所需要生物性生产，土地或者海洋面积。估算自然资源使用程度和生态空间占用可以根据不同标准，如个人、家庭、城市、国家等，估算结果可以与其实际生物承载能力相比较。当以区域、城市或者国家为估算尺度时，可以依据与生物承载能力的比较结果进一步评价该地区的可持续发展状况。从这个角度看，生态空间占用意味着地区的经济发展能力、经济水平和人口对自然资源的消费需要，可以反映出人类对自然资源和生态系统的依赖程度。生态空间占用的计算取决于确定对维持特定时间经济水平的生物生产面积，其中一些关键变量，如生产空间类型、当量因子和产量因子，对于计算结果具有重要影响。生态空间占用计算方法包括：原材料消费的生态空间占用分量、制成品的生态空间占用分量、商业能源消费的生态空间占用分量、同化废弃物的生态空间占用分量以及生态空间占用总量。（参考：谢高地：《中国的生态空间占用研究》，《资源科学》2001年第6期第20～21页。欧阳文川）

生态廊道

Eco-corridor

指具有保护生物多样性、过滤污染物、防止水土流失、防风固沙、调控洪水等生态服务功能的廊道类型。生态廊道由植被、水体等生态性结构要素构成，它和绿色廊道（green corridor）表示的是同一个概念。美国保护管理协会（Conservation Management Institute， USA）从生物保护的角度出发，将生态廊道定义为：供野生动物使用的狭带状植被，通常能促进两地间生物因素的运动。建立生态廊道是景观生态规划的重要方法，是解决当前人类剧烈活动造成的景观破碎化以及随之而来的众多环境问题的重要措施。按照生态廊道的主要结构与功能，可将其分为：1. 线状生态廊道，指全部由边缘种占优势的狭长带；2. 带状生态廊道，指有较丰富内部种的较宽条带；3. 河流廊道，指河流两侧与环境基质相区别的带状植被，又称滨水植被或缓冲带。不同类型的生态廊道都涉及的问题有：数目、本底、宽度、连接度、构成、关键点（区）等。通常认为，增加廊道数目可以减少生态流被截流和分割的概率；生态廊道的建立需要考察动物利用廊道的方式、周围土地的利用方式及由生态廊道连接的大型生态板块。廊道的宽度影响廊道生态功能的发挥，太窄的廊道会对敏感物种不利，同时降低廊道过滤污染等功能。连接度是指生态廊道上各点的连接程度，它对于物种迁移及河流保护都十分重要。生态廊道构成指生态廊道的各组成要素及其配置，廊道功能的发挥与其构成要素有着重要关系。关键点包括廊道中过去受到人类干扰以及将来的人类活动可能会对自然系统产生重大破坏的地点。生物廊道主要有生物栖息地、生物迁移通道、防风固沙、隔离（如控制城市扩张的绿带）等功能。不同功能对应的廊道宽度不同。河流廊道具有保护水资源和环境完整性，为河流生物提供食物、降低河面温度等功能。（参考：李开然：《绿道网络的生态廊道功能及其规划原则》，《中国园林》2010年第3期第24～27页；李静等：

《城市生态廊道及其分类》，《中国城市林业》2006年第5期第46～47页。朱配辰）

生态理性

Ecological Rationality

人们基于对自然运动的生态阈值（自然界的承载能力、涵容能力和自净能力是有限的）的科学认识而自觉实现生态效益的过程。在哲学上，生态理性是以自然规律为依据和准则、以人与自然的和谐发展为原则和目标的全方位的理性。在实践上，生态理性指人类在适应自身活动的场所和自然环境时，推理和行为从生态学上来看是合理的，目标是实现可持续发展。在这个意义上，建设生态文明是要张扬生态理性。生态理性体现的是科学发展观对人与自然可持续发展的关切，对经济、社会和生态效益的统一的追求，对生命与世界存在和谐的期待。生态理性包括的价值理念：1. 人与自然的可持续发展；2. 经济、社会和生态效益的统一；3. 生命与世界存在的和谐。只有在生态理性精神的指引下，才能从根本上克服科学主义导致的人与自然的疏离，才能从根本上解决人本主义的非理性主义的膨胀，最终实现人、自然和社会的全面协调可持续的发展。（牟世晶）

生态良心

Eco-conscience

指以人的内心世界中的道德规范和道德良知为基础，以判断人的生态行为善恶、是非为道德准绳，以人的自性觉悟为前提条件，形成的自觉的生态道德意识、生态道德习惯和生态行为规范的总和。生态良心能够通过生态道德价值观约束和调节人的生态行为，对无视法律、盲目开发、污染环境、滥杀生灵的行为予以道德意义上的谴责和良心层面上的拷问，使人们在保护环境问题上，在解决人与生态自然物种矛盾的问题，解决生态危机的问题上达成一致的道德自觉行为和生态行为。生态良心作为人类自觉形成的生态道德意识和行为习惯，影响着人类的生态道德观念，指引着人类的生态道德实践。对人类中心主义和道德相对主义的反思是人类对自身生态行为的反省，人类中心主义价值立场是导致生态良心困境的理论根源，道德相对主义成为生态良心的行为羁绊。生态良心在伦理上为生态道德提供标准，在价值观上体现生态文明理念，为人类突破生态道德的瓶颈提供方向。（参考：魏晓微：《生态道德建设中的生态良心问题探索》，哈尔滨工业大学2011年硕士学位论文第16～17页。牟世晶）

生态林业

Ecological Forestry

指遵循生态经济学和生态规律发展林业，充分利用适当地自然资源促进林业发展，并为人类生存和发展创造最佳状态环境的林业生产体系。它是多目标、多功能、多成分、多层次，组合合理、结构有序、开放循环、内外交流、能协调发展、具有动态平衡功能的森林生态经济系统。发展方针要因地制宜，山区采取以林为主的综合发展，立足本地产品和资源，形成多层次、多品种、粗精结合的加工工业体系。林区采取以封为主封造结合，实行轮封、轮造、轮放办法，使眼前与长远利益结合。要建成立体林业，目的体现在：1. 提高森林综合生产能力；2. 提高森林对调节生态环境的整体功能；3. 充分发挥森林效应和互补作用；4. 保护资源永续利用的动态平衡；5. 提高系统各资源单位面积产量，缩短生产周期；6. 形成商品生产能力，提高经济效益；7. 发展加工工业，实现多次增值；8. 协调同有关各业的互利关系，维护生态功能与经济效益的同步性。（李雪姣）

生态伦理

Ecological Ethic

人类处理自身及其周围动物、环境和大自然等生态环境关系的一系列道德规范。通常是人类在进行与自然生态有关的活动中所形成的伦理关系及其调节原则。最大限度的自我实现是生态智慧的终极性规范，即普遍的共生或自我实现，人类应该让共生现象最大化。人类的自然生态活动反映出人与自然的关系，其中蕴藏着人与人的关系，表达出特定的伦理价值理念与价值关系。人类作为自然界系统中的子系统，与自然生态系统进行物质、能量和信息交换，自然生态构成人类自身存在的客观条件。因此，人类对自然生态系统给予道德关怀，从根本上说是对人类自身的道德关怀。人类自然生态活动中一切涉及伦理性的方面构成生态伦理的现实内容，包括合理指导自然生态活动、保护生态平衡与生物多样性、保护与合理使用自然资源、对影响自然生态与生态平衡的重大活动进行科学决策以及人们保护自然生态与物种多样性的道德品质与道德责任等。特点：社会价值优先于个人价值；具有强制性；扩展道德的范围，超越人与人的关系；努力实现人与自然和谐发展。代表人物奈斯的观点是“最大限度的（长远的、普遍的）自我实现”，生态智慧的终极性规范是“普遍的共生”或“自我实现”，人类应该“让共生现象最大化”。从这种意义上说，生态伦理学的内容及原则已成为人类可持续发展的哲理性道德规范。（牟世晶）

生态伦理观
Ecological Ethic View

指对自然、人类社会以及人与自然之间关系的规范性理论，是人与自然生态之间的道德原则、标准和道德规范的学说。作为一门独立的学科，西方环境伦理学产生于19世纪末和20世纪初，是环境运动兴起后的理论产物，因此生态伦理思想主要是西方现代生态伦理思想。现代伦理思想的前期，即从19世纪末至20世纪70年代以前，主要以人类中心主义为主要倾向，70年代以后，西方生态环境危机逐渐显现，严重威胁人类的生存和生活质量，在对人类中心主义进行反思的时代背景下，具有非人类中心主义倾向的生态伦理思想开始出现。人类中心主义是将人当作一切事物的价值源泉，将人的道德当作评判善恶的标准以及将人的认识当作衡量真理是否为真的标准的立场和观点。人类中心主义在历史中曾以不同形式表现出来，如自然哲学家、科学家的宇宙人类中心主义、神学家的神学人类中心主义以及文艺复兴之后出现的理性人类中心主义。现代非人类中心主义伦理观批判的是理性人类中心主义。理性人类中心主义肇始于文艺复兴之后理性主义的兴起，它相信人类理性是真理的标准，是一切事物的衡量标准，并且可以解决一切问题，人类历史本质上是人类理性不断发展和成熟的历史。近代理性人类中心主义是工具理性和技术理性的源头，也是现代环境生态危机的意识根源。非人类中心主义是与人类中心主义价值观相反的环境伦理学观点，是对其进行反思后的观点。非人类中心主义作为伦理学思潮，普遍认为人以外的其他物种具备与人平等的生命以及价值，人应该承认和尊重其他物种的内在价值，做到人与自然和谐共生、和谐发展。（欧阳文川）

生态伦理学
Ecological Ethics

又称环境伦理学，是强调自然界的内在价值，将人对自然存在物的义务纳入伦理学关注的视野，进而将传统伦理学关注的人际义务扩展到代际之间的伦理学分支学科。生态伦理学作为伦理学的一个应用性分支，具备伦理学的所有基本属性。20世纪初到中叶，是西方生态伦理学的创立阶段，期间以法国哲学家阿尔伯特·史怀泽（Albert Schweitzer）的《文明的哲学：文明与伦理学》（1923）和美国生态学家利奥波德（Aldo Leopold）的《沙乡年鉴》（1949）两部著作为代表。第二次世界大战后，随着西方国家工业化进程的加快，人口的快速增长、农药的大量使用以及城市化的迅猛发展等都使全球性的环境危机日趋突出和严重。在这种背景下，以美国海洋生物学家蕾切尔·卡逊（Rechel Casson）出版《寂静的春天》（1962）一书为契机，西方第三次环境保护运动拉开序幕，生态伦理学进入全面发展阶段，人类中心主义和非人类中心主义发展为生态伦理学的主要话题，前者主要代表人物是美国哲学家诺顿（Bryan G.Norton）和植物学家默迪（Willian H.Murdy）；后者代表人物有辛格（Peter Singer）、雷根（Tom Regan）、泰勒（Paul W .Taylor）、罗尔斯顿（Holmes Rolston）等，他们分别提出或发展动物解放论、动物权利论、生物中心论、生态中心论等多种理论主张，把道德义务和伦理关怀的范围从人类依次扩展到动物、所有生命和整个生态系统。20 世纪 70 年代由挪威生态学家阿伦·奈斯（Arne Naess）提出的深生态学认为地球是有机的生命体，突破浅生态学的局限，将生态伦理学推向新的发展高度和方向。生态伦理学的使命不在于提出保护生态这一道德要求，而在于为该要求赋予道德理由和依据。人类中心主义和非人类中心主义正是生态伦理学为完成该使命而形成的两种基本论证方案：前者以等差式的伦理关联为理由，而后者以一致性的伦理关联为依据。另一方面，生态伦理学同样具有伦理学的根本局限，即纵然提供很好的道德理由或依据，也不能担保人们在实践上必然遵循道德要求。生态伦理不仅要求人类将其道德关怀从社会延伸到非人的自然存在物或自然环境，而且呼吁人类把人与自然的关系确立为道德关系。根据生态伦理的要求，人类应放弃算计、盘剥和掠夺自然的传统价值观，转而追求与自然同生共荣、协同进步的可持续发展价值观。生态伦理学对伦理学理论建设的贡献，在于它打破仅仅关注如何协调人际利益关系的人类道德文化传统，使人与自然的关系被赋予真正的道德意义和道德价值。（参考：余谋昌：《生态伦理学的基本原则》，《自然辩证法研究》1992 年第 4 期第 25 ~ 29 页；徐雅芬:《西方生态伦理学研究的回溯与展望》,《国外社会科学》2009 年第 3 期第 4 ~ 11 页。**刘阳 牟世晶**）

生态伦理学权利观

The Right View of Ecological Ethics

生态伦理学将权利界定为：主体享有一定利益与待遇的资格。从历史角度看，权利主体先后有两次拓展，第一次是由一部分人拓展到所有的人，或至少在法律形式上拓展到所有的人。在奴隶制社会和封建社会，权利被认为只属于少数人，即奴隶主、封建主和自由民等。后来到资本主义社会权利才在法律形式上属于所有的人，天赋权利、权利平等成为立法的基本依据。第二次是由人拓展到人之外的自然界，生态伦理学的创始人利奥波德明确提出应将权利拓展到人之外的自然界，拓展到自然界的一切实体与过程，没有这一拓展就没有生态伦理学，没有真正的自然保护。权利主体的拓展反映文明与道德的进步。生态伦理学的生物权利包括生物权利与环境权。（参考：刘湘溶：《生态伦理学的权利观》，《道德与文明》2005 年第 6 期第 11 ~ 14 页。**牟世晶**）

生态伦理学思想方法

Thought and Method of Ecological ethics

生态伦理学是新兴学科，理论建构体现出当代自然科学的系统方法论原则，也带有后现代主义批评性精神特征。它为人类重新估价自己的行为和调整人与自然以及人与人的关系提供科学的思想方法。生态伦理学理论的建立，预示思维方式的重要革命，显示人类思维方式的重大转向。生态伦理学在对传统伦理学丰富和发展的过程中，体现出的思想方法表现在：1. 强调整体论的生态系统思维，实现人类与自然的对立思维模式向整体有机的思维模式的转型；2. 强调最优论的生态化思维，实现人类追求效益最大化向追求效益最优化的理性转变；3. 强调双赢论的“主—主”思维模式，实现由单向功利型价值取向向多元互惠型价值取向的转变。（参考：江作军：《生态伦理学的思想方法初探》，《道德与文明》2002 年第 1 期第 40 ~ 43 页。**牟世晶**）

生态伦理学特征

Characteristics of Ecological Ethics

生态伦理学的特点是把道德对象的范围从人

和社会的领域扩展到生命和自然界，它是伦理范式的转变，是一种新的伦理学。生态伦理学具有的特征：1. 广延性特征，把种际义务，也就是对人之外的动植物的伦理义务纳入新学科的关注视野，同时使伦理学关注的范围从同一时代的人与人之间的义务扩大延伸到历史纵向演变的一个时代与另一个时代之间的人际道德义务，从两个不同方向拓展伦理学的研究视野。2. 多学科性特征，人和自然环境之间的关系问题是不少学科都关注的主题。绿色经济学（生态经济学）、环境科学、绿色政治学（生态政治学）、生态神学、环境美学、浪漫主义文学等学科都各自从不同的层面对人和自然之间关系给出独树一帜的看法。3. 多元性特征，表现为生态伦理学文化层面与理论层面的多元性。从生态伦理学开始产生起，它成为各种思想和观念相互碰撞交锋的领域。4. 全人类性特征，在全球生态保护这一问题上世界各国的人们要通力合作，达成生态环保普世伦理的共同认识，把环境保护的普世伦理和本国国情有机结合起来，寻求适合各国历史与现实的生态环保办法。5. 观念与实践层面的革命性特征，生态伦理学的革命性，既表现在观念层面也表现在实践层面。（参考：林红梅：《生态伦理学的内涵与特征》，《南京林业大学学报》（人文社会科学版）2011 年第 2 期第 35 ~ 38 页。牟世晶）

生态伦理学基本原则

The Basic Principles of Ecological Ethics

生态伦理学把伦理学知识领域从人与人的关系扩大到人与自然的关系，道德对象的范围从人类共同体扩大到人—自然共同体。这不仅存在把人当作目的的伦理学，而且存在把人—自然系统当作目的的伦理学；不仅以人为尺度，即以人的利益作为伦理标准，而且以人—自然系统的和谐发展为尺度，承认生物物种的生存权利，尊重和维护地球上的基本生态过程和生命保障系统。爱护从而尊重生命和自然界，是生态伦理学的命令性原则，是它的最高行为原则。从伦理价值观念看，人类的价值观不仅以人类为中心，而且要考虑人与自然共同体的存在，以及它们之间的密切关系。不应当伤害生命和自然界，这是生态伦理学的禁止性原则，也可表述为禁止伤害生命和自然界的行为。主要是：反对生态灭绝战争和军备升级；反对掠夺性开发资源。保护和促进生命与自然界的发展，这是生态伦理学的选择性原则，即选择符合生态道德的人类发展途径，可以表述为经济和社会活动生态化。生态伦理学是新的全球伦理观，实施生态伦理学原则，达到人与自然的融合，是共产主义的人道主义的最高理想。这是新的全球伦理观。（参考：余谋昌：《生态伦理学的基本原则》，《自然辩证法研究》1992 年第 4 期第 25 ~ 29 页。牟世晶）

生态伦理学学科性质

The Subject Nature of Ecological Ethics

生态伦理学究竟是理论伦理学，还是应用伦理学？这是颇有争议的问题。从学科的主导性质上看，生态伦理学属于理论伦理学。这表现在它研究对象上的拓展性、结构上的系统性和内容上的创新性。1. 拓展性。生态伦理学主要研究人与自然之间的道德关系，不是人类社会内部人与人之间的道德关系，主要研究人与自然关系的伦理评价，而非人与人关系的伦理评价，它在理论上实现伦理学研究对象的拓展。2. 系统性。生态伦理学作为相对独立的学科，虽然在 20 世纪 50 年代后开始定形，但其内部一直流派林立，由于众多流派间的争鸣、论战、商榷与交流推动着生态伦理学的学科进步与繁荣，推动它在理论上成熟。它在理论成熟的重要标志之一，是形成自己特殊的逻辑结构。3. 创新性。对象的拓展性和结构的系统性都说明生态伦理学在理论上对伦理学的创新性，另外，生态伦理学的创新性还见诸在：1）价值问题上，生态伦理学不仅把人类视做价值主体，而且把自然界视做价值主体；2）权利问题上，生态伦理学认为权利是历史范畴。生态伦理学对自然权利的张扬与界定，对人类自然生活权利的说明与阐释丰富伦理学的权利观。因此，不能将生态伦理学当成应用伦理学的分支，把它简单地归为应用伦理学的范畴。生态伦理学首先是理论的，然后才是应用的。（参考：刘湘溶：《浅论生态伦理学的学科性质》，《道德与文明》2003年第5期第52～53页。牟世晶）

生态旅游

Eco-tourism

生态旅游业在传统旅游业的基础上强调生态性，兼有经济性、文化性。生态旅游资源、旅游设施和旅游服务是生态旅游经营管理的3大要素。生态旅游资源的开发利用为满足生态旅游者的需求提供可能，是生态旅游业生存和发展的凭借和依据。旅游服务体系是旅游经营者借助旅游设施和一定手段向生态旅游者提供便利的活劳动，为利用和发挥生态旅游资源的效用创造必要条件，通过旅游经济实体和生态旅游政策的实施，为生态旅游活动提供服务而实现旅游、保护、扶贫及环境教育4大功能。对于传统旅游业，利润最大化是开发商追求目标，追求享乐是旅游者的主要目标，最大受益者是开发商和旅游者，由旅游活动所带来的环境代价主要由社区居民承担。它以牺牲环境资源的持续价值获取短期经济效益，这种旅游不可能持续发展。生态旅游业在实现经济、社会和美学价值的同时，寻求适宜利润和环境资源价值的维持，开发商、旅游者、社区及其居民都是直接受益者，环境得到有效措施的保护，是可持续发展的旅游业。（李雪姣）

生态旅游产品

Eco-tourism Product

指以注重生态环境保护为基础，以环境保护、回归自然为目的的生态旅游活动。我国的生态旅游产品（目的地）不仅包括原生自然生态区域，还包括人造生态环境区域、原生文化区域、人与自然和谐共处的区域等。具体有：自然保护区、森林公园、风景名胜区、动植物园、湿地、国家地质公园、遗产地、古朴民族风情区、原生田园风光区、生态农业观光园（主题公园）、生态博物馆等。生态旅游产品既可以分为原始生态旅游产品、人工生态旅游产品和综合生态旅游产品，也可以分为自然生态旅游产品、人文生态旅游产品和自然人文兼有的生态旅游产品。主要特点是知识性要求较高、参与体验性强、客源市场面广、细分市场多。（李雪姣）

生态旅游环境教育

Eco-tourism Environmental Education

以生态旅游为中介进行环境教育的新模式。生态旅游一词于1983年由国际自然保护联盟（IUCN）特别顾问、墨西哥专家谢贝洛斯·拉斯库瑞恩首次提出，1986年在墨西哥召开的一次国际环境会议上正式确认后，得到世界各国的重视。此后，全球生态旅游发展非常迅速。与此同时，作为生态旅游与环境教育联姻形成的生态旅游环境教育在生态旅游的迅速发展中，因政府机构、实业界和学术界等的高度关注和大力提倡获得长足发展，相关学术研究呈繁荣之势。生态旅游环境教育的内容与目标包括：1. 在最高层面上，向公众提供有关环境价值与伦理的解释性材料，以改变游客的价值观与态度；2. 在中间层面，通过各层媒体向公众反映有关游憩资源管理的问题及具体做法，以保持公众对问题的关注与思考；3. 在最低层面，通过各种技术手段制作并向公众分发低影响游憩以及其他维护游憩资源状况的技术材料，以改善游客的游憩行为。（参考：李文明、钟永德：《国外生态旅游环境教育研究综述》，《旅游学刊》2009年第11期第90～94页。王薛时）

生态旅游景区

Eco-tourism Scenic Spot

生态旅游资源富集的地区是生态旅游开展的主要区域，一般把这些区域统称为生态旅游景区。2007年由国家环保总局（现中华人民共和国环境保护部）和国家旅游局编制的《国家生态旅游示范区标准（征求意见稿）》对于生态旅游区给出的定义是：以独特的生态资源、自然景观和与之共生的人文生态为依托，以促进旅游者对自然、生态的理解与学习为重要内容，提高对生态环境与社区发展的责任感，形成可持续发展的旅游区域。生态旅游景区以生态、社会和经济综合效益最大化为主要目标，旅游和娱乐只是景区的多种功能之一，除此之外生态旅游景区还具有科学研究、物种及其遗传多样性的保存、环境效益保持、自然和文化景观的保护以及教育等多种功能。生态旅游景区具有的特点：1. 具有生态美的自然及文化客体；2. 具有资源及环境保育措施；3. 具有区位的郊野性；4. 具有设施的简朴性。（李雪姣）

生态旅游认证标准

Ecotourism Certification Standards

生态旅游认证项目的灵魂，是对生态旅游产品进行符合性评估的主要依据。目前流行的认证标准有两大类，即基于表现的标准（performance-based standards）和基于过程的标准（process-based standards）。基于表现的标准是那些被执行后能达到限值（门槛）水平（threshold level）的标准，它可以被视为是阶段的工作结果，从而使组织的表现能达到一定的水平。基于过程的标准在从事生态旅游认证项目的组织中要更为常用。基于过程的标准大多是以环境管理体系为基础，它们不做出有关要使自己的表现达到某一特定水平的承诺，而是根据自身的资源和计划，通过对已经被识别的活动进行管理，在每个管理循环中取得进步。（李雪姣）

生态旅游资源

Eco-tourism Resources

指以生态美吸引游客前来生态旅游，为旅游业所利用，在保护的前提下，能够产生可持续的生态旅游综合效益的客体。1999 年中国国家旅游局同有关部门逐步规划开发建设一批生态旅游区，主要类型包括海洋、山地、沙漠、草原、热带动植物等。中国生态旅游形式已从原生的自然景观发展到半人工生态景观，旅游对象包括原野、冰川、自然保护区、农村田园景观等，生态旅游形式包括游览、观赏、科考、探险、狩猎、垂钓、田园采摘及生态农业主体活动等，呈现出多样化的格局。（李雪姣）

生态马克思主义

Eco-Marxism

当代西方最有影响的马克思主义流派之一。生态马克思主义一词，来源于美国得克萨斯州立大学教授本·阿格尔 1979 年发表的《西方马克思主义概论》一书，他在书中第一次运用了 Ecological Marxism 这个概念。生态马克思主义指通过阐述马克思主义理论及其传统对于人类目前面临的生态环境难题相关性，构建出广义生态社会主义研究的主要理论基础的一种当代西方马克思主义思想流派。因而，阐述马克思主义理论及其传统对于人类目前面临的生态环境难题的相关性，是生态马克思主义的核心性问题。生态马克思主义是当代马克思主义理论研究的新形态，体现出对历史唯物主义的继承与重构。从哲学层面上讲，生态马克思主义继承并发展了马克思主义的基本哲学观和自然观，致力于重构历史唯物主义，思考并解决当代的生态环境问题。生态马克思主义经过了一个理论的建构过程，这种理论建构实质上是哲学形式的建构。生态马克思主义丰富并发展了马克思主义政治经济学。它提出的双重矛盾与双重危机等理论，是北美学者将现代生态学与学院派马克思主义思想相结合以解决资本主义生态危机的一种理论尝试。生态马克思主义在欧美发达资本主义国家中经过近半个世纪的发展，涌现出一大批杰出生态马克思主义学者。主要代表人物有：赫伯特·马尔库塞、威廉·莱斯、安德烈·高兹、詹姆斯·奥康纳、约翰·贝拉米·福斯特、戴维·佩珀、萨拉·萨卡、乔尔·科威尔、保罗·伯克特等。（徐越）

《生态马克思主义》

The Greening of Marxism

英国埃塞克斯大学社会学教授、生态学者泰德·本顿的代表著作之一，吉尔福德出版社1996年出版。随着20世纪60年代生态运动的出现与蓬勃发展，越来越多的人逐渐意识到，无止境的消费和增长将会导致生态灾难。这种日趋普适性的绿色理念对马克思主义本身提出挑战，在西方学术界中表现为对“马克思主义传统忽视了生态可持续性问题”的质疑。本顿主编的《生态马克思主义》一书，探讨马克思主义与生态哲学的交叉互动，分析绿色政治实践对马克思主义理论的影响，立志于实现马克思主义与生态哲学的融合，呼吁通过与环境新社会运动的结合来组建“红绿联盟”，实现当代资本主义经济政治的绿色变革。中译本书名《生态马克思主义》，译者曹荣湘、李继龙，北京：社会科学文献出版社2013年出版。（徐越）

生态美生成发展

Generation and Development of Ecological Aesthetics

生态美学的生成与发展同主客体潜能的对生相关。袁鼎生在《生态艺术哲学》一书中认为：主客体整生性潜能的对生是生态美的形成机制，主客体潜能的整生性对生是生态美历史发展的机制。事物在相互生成中共同形成整体叫对生，主客体潜能相互适应，促成对方的潜能的发展与实现，在相互成长的耦合并进中产生生态美。共生性生态美是整生性生态美的直接前提。生态对象的形式与内容同主体的视觉结构、功能等相互促成对生，生态内容美与形式美的统一是主客体潜能序列对生而成。主客体潜能对生与人类及其生存环境潜能的整生是生态美直接的生成机制，也是其他形态美的依据。生态美发展与主客体潜能的整生性对生，对生是整生的机制，主客体潜能的对生，有走向整生的趋势，从而牵引生态美历史地、逻辑地生长，显示出系统性的生发特点。生态美与主客体潜能对生中，从古代、近代的量态整生，到现代的质态统一的共生，再到当代质态统一的整生，呈现出动态平衡、螺旋发展的趋势。（雷爱民）

生态美学

Ecological Aesthetics

伴随生态危机激发起的全球环保与绿色运动而发展起来的新兴学科。以研究地球生态环境美为任务和对象。生态美学是生态学与美学的结合，从生态学方向研究美学问题，将生态学重要观点吸收到美学中，从而形成全新的学科。生态美学是人类生存智慧的体现，促使人们重视生态文明与生态环境，有利于人们应用生态美学的理论指导改善自身的生产方式和生活方式，建立起可持续发展的生活秩序，不仅满足物质生活富足，还能满足精神和心灵的需求，最终达到物质生活与精神生活的高度谐和统一。生态美中有自然美，也有人创造的各种美，如社会美、艺术美、技术美等。生态美学文化的结构要素有：审美主体是人，审美对象是生态系统的人类社会与环境条件。生态审美的主体间性是主体对生态审美达成的共识。20世纪80年代以后，生态学已取得长足发展并渗透到其他学科。1994年前后我国学者提出生态美学论题。2000年底我国学者出版有关生态美学的专著，标志生态美学在我国进入更加系统和深入的探讨。（代富宇　牟世晶）

生态美学基本范畴

Basic Category of Ecological Aesthetics

生态美学的基本范畴是生态美学研究首先关

注的问题。当代生态美学研究建构其特有的范畴。生态美学家曾繁仁认为，生态美学的基本范畴有生态审美本性论、诗意地栖居说、四方游戏说、家园意识、场所意识、参与美学、生态批评等。曾繁仁认为：生态论的存在观是当代生态美学基本的哲学支撑与文化立场；德国哲学家海德格尔天地神人四方游戏说提供生态美学的基本范畴；诗意地栖居与技术地栖居相对，将人引向诗意地存在、审美地生存，诗意地栖居可以作为生态存在论的理想境界；家园意识针对现代人的茫然无依感，存在论的家园意识提供人存在的精神归依与意义源头，同时揭示人与自然相依为命，自然是人类之家的存在境况；场所意识与人的具体生活环境及对其感受息息相关，人类的生活场所与生态环境是一体相连的；参与美学反映生态美学以主体的感受力参与审美建构的特点，是生态美学的主体之特征；生态批评是生态美学观的实践形态。（雷爱民）

生态美学基本内涵

Fundamental Connotation of Ecological Aesthetics

生态美学作为一门以生态哲学观为理论基础的当代美学形态，集自然美学、伦理美学、文化美学的功能与性质于一身，具有多元学科性质。生态美学从学科形态看，既有偏重于理论的生态审美学对象、审美过程、审美基本范畴等内涵，也有实践性较强的环境美学、生态批评、景观科学等。它具有与城市环境建设、生态设计等审美维度密切相关的实践指向内涵。它既有与自然生态学关系密切的自然生态美学，也有与社会生态学关系密切的社会生态美学，与文化生态学关系密切的文化生态美学等。生态美学既有主张从生态存在论、诗意地栖居、四方游戏说、家园意识、场所意识等方面确定生态美学的基本范畴与研究内容，也有主张从审美场等来确定生态美学的基本内容。（雷爱民）

生态美学理论发展

The Development of Ecological Aesthetics Theories in China

生态美学理论在我国发展是渐进过程。1978年美国学者克鲁特首先提出生态批评论题。此后，生态批评日益勃兴，逐渐成为显学。后来在西方逐渐出现环境美学理论。环境美学大体分两个部分，一部分坚持现象学方法，围绕人与自然的基本关系探索美学问题。这种环境美学其实是生态美学，只是涉及某些人居环境问题。还有一种环境美学着重探索人居环境的美学问题，诸如城市建设、楼房建筑与室内装饰的美学问题等，技术层面的内容更多一些，与生态美学的距离稍微远一些。生态美学并不排斥这种环境美学，将其视作学术上的同盟军。生态美学的概念是 1994 年中国学者首次提出，发展是 21 世纪以来的事情。2001 年秋由中华美学学会青年美学委员会在西安召开全国第 1 次生态美学学术研讨会，生态美学研究进入新的高潮。此后，由青年美学委员会主持先后在贵阳、南宁召开第 2 次、第 3 次生态美学学术研讨会。2007 年 11 月 3 日的第 4 次全国生态美学学术研讨会，由青年美学委员会与中南民族大学文学院、山东大学文艺美学研究中心联合在武汉召开。山东大学文艺美学研究中心于 2005 年 8 月在青岛召开人与自然：当代生态文明视野中的美学与文学国际学术研讨会，有 170 余位中外学者参加。这是我国第一次有关生态美学与生态文学的大型国际学术研讨会，取得良好效果。（参考：曾繁仁：《当代社会主义生态文明建设与生态美学理论发展》，《中南民族大学学报》2008 年第 1 期第 140 ~ 143 页。王薛时）

生态美学逻辑生成

The Logical Creation of Ecological Aesthetics

生态美学的逻辑生成与生态审美场紧密相关。袁鼎生在《生态艺术哲学》一书中认为：生态美学理论研究、历史研究、应用研究是生态美学的 3 个主要组成部分。理论生态美学探求生态审美规律，历史生态审美探求科学层次的生态审美运动规律，应用生态美学探求技术层次的审美构成规律。三种研究都与生态审美场研究相关。理论生态美学展示审美场的逻辑生态，历史生态美学展示审美场的历史生成，应用生态美学展示审美场逻辑生态的分化。审美场的逻辑生态与历史生态的有机运行，成为生态美学学科的理论研究、历史研究、应用研究三者之间良性循环的内容。生态审美场的整生化运动推动生态美学学科的整体化建设，理论生态美学对应抽象的生态审美场结构，历史生态美学对应历史具体生成的生态审美场结构，应用生态美学对应现实具体的生态审美场结构。生态美学学科的生成是三大生态审美场形成的良性循环整生化过程。审美场结构的整生化运行是生态美学的生发机制。（雷爱民）

生态美学趋向

Tendency of Ecological Aesthetics

生态美学的趋向是现当代生态美学发展的大致方向与可能性维度。袁鼎生在《生态艺术哲学》一书中认为，现当代生态美学趋势大致形成的格局：1. 生态美学与元生态美学耦合并进，元生态美学与生态美学聚焦生态美学范围内的话语体系构建，元生态美学提供生态美学的思考框架、结构、概念、范畴等，推动生态美学在理论、历史、应用等层面不断发展。2. 中西美学耦合并进，在全球化背景之下，生态美学的生长发展融合中西方视野，在人类审美结构的整生性前提下对话和共同发展。3. 在自身系统的超循环中发展，生态美学分为理论生态美学、历史生态美学、应用生态美学，这 3 部分构成生态美学整体，3 部分之间的良性互动与双向对生促成生态美学的理论与学科建设。4. 在生态文化与生态文明圈中整生，生态美学作为生态审美文化与其他生态位上的文化系统相互生发，构成良性循环的生态圈运动，在自身、他者、整体的互动中不断发展，生态审美文明下的生态美学将与其他生态文化圈中的组成部分共同生长，协同进步。（雷爱民）

生态美学实践意义

Practical Significance of Ecological Aesthetics

生态美学作为当代生态理论与美学的有机组成部分，具有极强的实践品格。生态美学告诉我们以生态审美态度对待自然生态与现实生活，从而形成热爱自然生态、节俭素朴的生活方式，使爱生与护生成为日常生活准则。生态美学主张将生态美学原则与环境美学、城市美学与建筑美学结合，将美学原则贯彻到现实生活之中，使人们获得诗意地栖居与美好地生存。由生态美学衍生出来的文化生态美学、教育生态美学、艺术生态美学等对人类的精神影响巨大，有利于健康人格的塑造，有助于美好人生的获得。（雷爱民）

生态美学由来

Origin of Ecological Aesthetics

袁鼎生在《生态艺术哲学》一书中认为：生态美学虽然在当代提出，但是生态审美的思想与观念由来已久，中西方古代思想都有相应的生态美学思想，均集中表现为和谐优美的生态理想追求。现当代人从生态学与美学角度出发，认为无论是从生态系统看，还是从社会系统看，人与自然，人与人之间都是相互依存的整体，从而追求共生性的生态、社会环境，在整体论的立场下主张“天人合一”的生态格局与整生性的审美思想。人类在漫长的历史时空中形成丰富的审美体验与审美事实。艺术是人类审美活动走向独立与精纯的产物，随着艺术回归生态、艺术审美生态化，人们开始自觉地、系统地追求生态艺术美，主张人类应该艺术地生存、诗意地栖居，生态审美思想、生态审美活动从不同角度拓展艺术审美生态化与生态审美艺术化。它召唤系统生态美学的诞生，审美结构整体化的趋势催生生态美学。（雷爱民）

生态美学建设中国化之路

The Sinicization Road of Ecological Aesthetics Construction

在马克思主义的指导下生态美学思想中国化的过程。生态美学从20世纪90年代中期在我国应运而生并得到了长足的发展，特别是党的十七大提出“生态文明建设”的重要目标之后，生态美学的发展更加明确方向。生态美学作为西方流行的以人的生存状况与经验为研究对象的人文学科，必然有普适性与本土性统一的过程。其普适性在于各个民族与地区人的生存与经验都有其共通性，这是人类交流对话的基础。更为重要的是人的生存与经验都首先具有突出而鲜明的本土性与地方性，这是其他民族与地区的人所不可取代的。审美与文学艺术是人的特殊的生存方式与经验，同样是普适性与本土性的结合。这种自我建设之路首先须对前期吸收的有关西方生态美学资源根据我国国情进行必要的鉴别与厘清。因而就决定我们在生态美学的建设中，特别要强调的恰恰是本土性的强化，坚持走生态美学建设的中国化之路。（参考：曾繁仁：《建设中国特色的生态美学》，《人民日报》2009年7月3日第20版。王薛时）

生态美学评价与分析

Evaluation and Analysis of Ecological Aesthetics

指生态美学本身的学科功能整合、研究的实用倾向、研究的复杂性、价值评价标准的讨论与分析。生态美学具有跨学科、多角度的学科特点，生态审美化与审美向生态回归的特点突出强调人与自然的和谐共存关系。生态美学研究的实用倾向直接为人类生态文明建设提供理念与实践指导。生态美学研究的复杂性决定生态美学多角度、多学科、整体性的视野，生态美学中内蕴的价值标准与评判体系为非人类中心义的普世价值观提供形成的契机与参照体系。生态价值观、生态整体论、审美整全论、审美非人类中心主义等观念成为现当代人类普遍接受的价值观念与理想追求。生态美学从人类与生态环境一体相连的角度反对人类中心主义，主张生态环境具有与人类同等重要的独立价值，强调尊重自然、爱护生命，将人类的伦理关怀扩展到自然生态上。认为生态环境不仅具有相对独立的价值，而且自然生态对于人类审美的满足自始至终存在。生态批评是生态美学中评价与分析功能的承担者。（雷爱民）

生态美学特征

Ecological Aesthetics Characteristics

生态美学是美学在现当代的新发展，它与生态学、环境科学的兴起有关联，也与后现代主义哲学与审美观念有联系。生态美学的特征表现为跨学科性、综合性、应用性等外在特点，其讨论内容与学科取向表现为生态中心主义、生态整体论立场、生态环境审美化、生态物类平等主义等特征。（雷爱民）

生态美学学科定位

Discipline Positioning of Ecological Aesthetics

生态美学从学科性质上看是现当代生态学与美学结合下的产物。有学者把生态美学看成是美学分支与美学在当代的新发展。袁鼎生在《生态艺术哲学》一书中认为生态美学是研究生态审美场的科学。生态美学研究审美结构整生化过程中生态系统的审美生成、审美生存、审美场。也有的学者把生态美学放在生态学范围内考察，认为生态美学具有多重含义，从跨学科研究目的看则侧重于生态学和美学的结合，关注生态审美问题的将生态学的整体观、系统观、平衡观等引入美学研究中。（雷爱民）

生态美学学科意义

The Discipline Sense of Ecological Aesthetics

生态美学作为学科存在多认为它是现当代生态学与美学发展相结合的产物，它的形成丰富了当代生态存在论美学观，形成著名的绿色原则。生态美学派生出文学的生态批评方法，反对人类中心主义和环境污染、倡导系统整体观和环境保护成为文学批评的重要内容。它促成生态文学的发展，生态文学颂扬和提倡人与自然和谐一体、共生共存的理念。生态美学研究有助于整个人类确立更加健康的生存价值观，超越狭隘的人类中心主义。生态美学对生态保护、可持续发展、人与自然和谐相处具有积极意义，把人类审美从超感性的、人类艺术关注的单一向度拉向感性的、自然的生态审美对象；主张把人类审美、人的生存处境与生态环境统一起来。生态美学从生态学中吸收生态价值论、整体论等思想立场，把它们当成人类生态纪到来时的基本要求与行为操守。生态美学对人类生命活动与意义诉求有切近关照。（雷爱民）

生态美学学科整合功能

Discipline Integration Function of Ecological Aesthetics

生态美学是现当代生态学与美学结合的产物，作为交叉的和边缘性的跨学科研究领域，生态学内蕴的生态链、生态平衡等知识为生态美学提供基本的思想资源，生态哲学主张的有机论和整体论宇宙图示、过程论世界观为生态美学提供世界观层面的观念支撑，生态伦理学主张的关爱一切生命、尊重自然环境，扩大伦理关怀对象为生态美学提供基本的生态价值论取向，美学在现当代的新发展为生态美学的出现提供审美对象与审美方式更新的契机。生态美学受到生态学、哲学、伦理学、美学的多方面影响，把现当代生态学、哲学、伦理学、美学的相关观念整合起来，主张从人与自然的关系讨论人类审美范式、审美对象的变化，从人类审美的角度更好地保护环境，维持生态永续。生态美学整合各学科功能，提出相应的融生态要求与美学旨趣于一体的思想观念、价值立场，对人类的生存发展具有理论与实践指导意义。（雷爱民）

生态美学研究复杂性

Complexity of Ecological Aesthetics Research

生态恶化与人类的生存抉择、价值偏爱、认知模式、伦理观念、社会理念等紧密相关。生态危机有着深刻的社会人文因素。生态美学从学科倾向与研究内容上规定它要面对生态危机的种种现实问题。由于社会系统是复杂系统，运行方式与生态环境的运行方式有着巨大差异，要保持生态环境与人类社会生态发展和谐一致并非易事。生态系统本身是进化着的、具有内在目的自组织系统，进化规律与表现出的美学特质、生命特征十分复杂。生态美学要研究人类与自然环境的关系如何在审美上协调一致比较困难。生态美学研究的复杂性与其跨学科的功能整合相关。生态美学涉及生态学、伦理学、美学等不同学科内容，具有极强的现实关怀与实践指向。生态美学研究的复杂性具体表现在不同学者对何为生态美学以及对生态美学研究对象、基本范畴、研究方法等问题上存在不同看法。生态美学研究中问题论域不一致，对生态美学的不同看法直接造成生态美学研究的复杂性与困难。（雷爱民）

生态美学研究内容

Research Content of Ecological Aesthetics

生态美学是生态学和美学交叉形成的学科。研究内容是人与自然、人与环境的美学意义与美学价值方面的关系。研究范围包括人类生态环境问题、人与自然关系的美学意义、生态现象的审美价值与生态美学、生态环境的审美感受和审美心理、人类生态环境建设中的美学问题、艺术与人类生态环境、生态审美观与生态审美教育等。生态美学研究要求根据生态学、生态哲学改造审美主体的思维方式和审美方式，在研究对象和范围上，大多数研究者认为生态美学研究不局限在狭隘的自然生态环境的领域，生态美学的研究对象是地球上人类与生态环境的审美关系，这里的环境包括自然生态环境，同时还包括社会生态环境，甚至人的精神文化生态环境等。对于生态美学研究内容，不同的学者界定有所不同。（雷爱民）

生态美学研究实用倾向

Practical Tendency of Ecological Aesthetics Research

生态美学关注人类与自然环境的关系，从审美与生态维护的角度研究相关问题。生态美学研究人类审美与生态环境之间的关系，保护环境、维持人类生态平衡是生态美学研究的内在要求。生态审美对象的完整性与人类生存环境的人文性是生态美学的题中之意，环境美学对城市景观、建筑设计等都加以关注，自然景观与人类生活的自然环境受到生态美学观念的影响与塑造。生态美学研究除理论性的价值论、观念论建设外，研究具有强烈的实用倾向与实用空间。生态美学观念对人类生态环境保护以及人类自然的、人文景观的、生存性的建设具有指导意义。生态美学在宏观整体上关注全人类生态审美理念的方向与趋势，在审美内容上把协调人与自然的关系放在首要位置，直面人类生态环境受到影响的现实问题。只有在人类生态建设与人文环境建设过程中运用生态美学基本理念，在景观建设与自然美的保护上体现人与自然和谐统一，才能达到良好的人文环境与美好自然生态交相辉映的效果。（雷爱民）

《生态美学与华兹华斯的〈序曲〉》

Ecological Aesthetics and Wordsworth's Prelude

印度生态美学研究学者萨哈斯撰写的《生态美学与华兹华斯的〈序曲〉》引起国际生态美学界重视。《序曲》是华兹华斯的一部自传体长诗，将近 8000 行。华兹华斯在《序曲》中系统阐释关于自然的理念，认为自然在诗人眼中具有神性，自然最接近上帝，是上帝的仆人，可以净化人类思想，纯洁人类感情。自然是人类的家园，回归自然是人类的神圣追求。印度生态美学研究学者萨哈斯把华兹华斯的《序曲》与生态美学联系起来，认为华兹华斯《序曲》中包含丰富的生态美学思想，是生态美学思想与生态文学结合的典范。（雷爱民）

生态美学与生存美学

Ecological Aesthetics and Existence Aesthetics

生态美学主张立足生态整体观，重新审视传统美学中人与自然、人与社会以及人与自身的生态关系，探索审美系统的生态规律与生态系统的审美规律等。生存美学是生存哲学的一个方面，生存美学主张将生活当作艺术品创造和点化，让生活艺术化和审美化，把人的生命活动当作审美活动。生存美学强调自我生成构造、成为主体，主张在创造中生成自我、构造主体本身，不断超越自我和创造自我。生态美学与生存美学有所不同，生态美学从人与自然的关系角度考察和定位生态审美与生态保护问题，生存美学从个体人生的意义与价值审视和对待生命以及生活本身。生态美学与生存美学都是对人类工业化和现代过程带来的生存境况恶化与人类价值失落的反思，都主张把传统哲学对人的看法、对生态环境的看法加以改变，生态维度与生命关怀是二者共同的关注点。（雷爱民）

生态美学与生命美学

Ecological Aesthetics and Life Aesthetics

生命美学兴起于 20 世纪 90 年代，是生命哲学下的美学展开，主张将实践美学高度抽象化的类属性与社会属性拉回到审美活动的个性化、多样化的感性生命形式中，深入到生命内在的精神实质与情感本体。生态美学主张立足生态整体观，重新审视传统美学中人与自然、人与社会以及人与自身的生态关系，探索审美系统的生态规律与生态系统的审美规律等，实现生态美与个体人生的和谐一致。生态美学与生命美学有所不同，二者都关注生命形态，生命美学侧重向内地具体地考察生命感知与外在的生命形态等，生态美学强调生态整体主义立场，主张不断修复生态系统的混乱与衰变状况，维持生态平衡，重构生态审美的对象世界，创造艺术化的生态形式。协调和整和审美世界与个体人生的审美关系，是生态文明时代生命美学与生态美学共同关注的问题，二者

呈合流趋势。（雷爱民）

生态美学与实践美学

Ecological Aesthetics and Practical Aesthetics

生态美学是美学的新型理论形态，建立在生态整体论基础上，是从审美角度探讨人类与自然关系的美学形态。实践美学是马克思主义的美学形态，从马克思主义的劳动观和实践观产生、推演出来的美学形态。生态美学与实践美学不同。实践美学强调人化自然，将自然的人化当成实践活动的展开形式。这种立场有人类中心主义倾向。生态美学强调生态整体论，否定人类中心义立场，认为自然界本身内具价值，自然与人类相对存在，平等独立，人类与自然生态是一体共生的关系，生态整体论不忽视人的价值，而是强调人与自然、人与社会、人与自身的和谐。（雷爱民）

生态美育与人的全面发展

Ecological Aesthetic Education and Individual Comprehensive Development

一种情感教育，旨在升华感性、引导趣味和形成对象的完美人格。在潜移默化中将人引入一种新的人生境界。美育对于人的情感培育与影响主要包括两个方面：即情感的激活、解放与情感的净化、升华。所谓情感的激活与解放， 是指通过审美教育引导或激活主体能够自由地表现自己的情感，抑或与对象进行自由而和谐的感应交流，从而达到精神世界的丰富与满足。所谓情感的净化与升华，则是指通过美育使主体的情感具有美好的人性的内容，摆脱动物情绪的低层次的本 能性，以及片面性、贫乏性、肤浅性，而获得人的情感的全面性、敏感性、纯洁性与深刻性，并有益于完整人格的建构。生态美育是造就完善人格、促进全面和谐发展的必由之路。（参考：彭修银、臧红秀：《生态美育：审美救赎之路》，曾繁仁编：《当代生态文明视野中的美学与文学国际学术研讨会论文集》第 97 ~ 103 页，郑州：河南人民出版社，2005 年。王薛时）

生态免疫学

Ecological Immunology

建立在进化生物学权衡理论和免疫学代价理论基础上，通过使用免疫学方法测定野生动物免疫能力及其变化，以解释其生活史进化、性选择、种群动态变化和寄主—寄生生物之间相互作用等问题的新兴交叉学科。生态免疫学最早由牛津大学鸟类学家谢尔登（Sheldon）和格罗宁大学行为生态生理学家维尔哈斯（Verhulst）提出，研究内容包括免疫功能的自然变化及其影响因素、免疫反应的代价、免疫防御与适合度组分间的权衡、免疫与性选择等。影响生物免疫系统和功能的生态因子复杂多样，在进化理论和生态学背景下研究免疫功能变化的原因和结果即探讨免疫功能为什么会发生变化的问题，从而为解决许多生态问题提供新的视角和思路，尤其是在物种多样性破坏、物种进化和繁殖等方面。（韩铮）

生态民主

Ecological Democracy

作为崭新的民主视域，其新颖之处和生态意蕴在于风险性决策中的参与或被适当代表机会，应该扩大至所有可能受到影响的群体，包括阶级、地理区域、民族和物种。生态民主是一般民主概念的生态扩展，旨在成为包容性的和普遍性的，以兼容环境正义支持者、风险社会社会学家和生态中心主义的绿色理论家的吁求。生态民主应理解为一种为了受影响者的民主，而不是由受影响者构成的民主。就此而言，生态民主提出重大的道德与认识论的、政治与制度层面上的挑战。道德层面的挑战在于，通过力图将民主考量扩展到在某种程度上具有无限性的共同体。认识论的挑战在于，要求那些能够参与民主审议的人类成员探求有意义的、可操作的和低成本的方法，来代表那些程度不同地不被充分知晓的或无力代表自身的他者（即未来数代和非人类）的利益。（徐越）

生态敏感区

Ecological Sensitive Area

又名生态敏感地带。指区域内生态环境变化最容易出现生态问题的地区。基于生态敏感区的特性，有学者将其定义为对区域总体生态环境起决定性作用的大型生态要素或实体。一般而言，生态敏感区一旦受到破坏将很难有效恢复。所以生态敏感区是城市建设和规划的重点地带，是区域生态系统可持续发展和生态环境治理的关键地区。根据自然特性、土地性质、功能属性，生态敏感区的类型可分为：1. 自然保护性生态敏感区，即本身自然度高，一旦受到干扰将很难得到恢复的重点保护区域，主要包括森林山体、河流水系、沼泽、海岸湿地、野生或特殊动植物栖息地、生态风景区、自然旅游区等。2. 环境改善性生态敏感区，即对周边乃至整个区域的生态环境有调节改善作用的公园、城市绿地、城市森林等。3. 用地控制性生态敏感区，即用以控制城区向外无限衍生，防止城市无序发展的区域，包括重要交通干线两侧的控制用地，城市功能性片区等非建设用地。4. 污染影响型生态敏感区，即一旦管理不善将可能对整个生态环境造成危害的区域，包括污染性工业区、污灌区、垃圾填埋场等。5. 资源储备型生态敏感区，即用于土地资源储备和后续利用的区域，主要包括农田、水资源地、大型水库，矿产资源地。（参考：达良俊：《城市生态敏感区定义、类型与应用实例》，《华东师范大学学报》（自然科学版）2004 年第 2 期第 97 ~ 103 页。朱配辰）

生态敏感性

Ecological Sensitivity

指生态系统对人类活动干扰和自然环境变应程度，反映区域生态系统在遇到干扰时，发生生态环境问题的难易程度和可能性的大小，以及外界干扰可能造成的后果。学术界对生态敏感性的研究始于 1980 年，国外的多名学者分别研究雨林对选择性伐木的生态敏感性、大陆架生态敏感性、生态敏感区的蝗虫控制等问题。国内对生态敏感性问题研究取得一系列进展。根据国家环保总局发布的《生态功能区划技术暂行规程》，依据评价范式对生态敏感性做出评价：1. 确定生态敏感因子；2. 建立评价指标体系；3. 单一生态敏感性评价；4. 综合敏感性评价。评价的内容有：土壤侵蚀敏感性、沙漠化敏感性、盐渍化敏感性、石漠化敏感性、酸雨敏感性。（代富宇）

生态牧场

Ecological Pasture

采取生态化饲养方式的畜禽牧场，是现代化农业的生产模式，是开辟能源，保护生态环境的新途径。从畜牧种类看，生态牧场有：乌鸡生态牧场、羔羊生态牧场、奶牛生态牧场、野猪生态牧场、藏香猪生态牧场等等。生态牧场实行种养结合循环农业生产方式，以生态文明为指导思想进行畜禽饲养生产活动。生态牧场是畜牧业落实生态文明建设工作的实施单位，是贯彻资源节约环境友好型生产方式的具体场所。发展生态牧场是我国畜牧业实现可持续发展的重要途径。（李雪姣）

生态难民

Ecological Refugee

指由于居住地生活环境恶化，以至于无法满足基本生活需求而导致逃离居住地的人或人群。目前为止生态难民作为一个范畴尚未被国际难民法所承认。最初的 1951 年《关于难民地位的公约》中，将难民界定为具有正当理由因为种族、宗教、政治或者国籍等问题留在本国之外，并且由此产生的畏惧无法获得来自本国保护的人。由于生态环境造成居住条件恶化涉及大量人口，而难民法最初的保护对象只限定于单个人，这是生态难民尚未被认可的原因之一。然而大量学者认为将生态难民合法化有其合理性和必要性，主要原因在于全球气候变暖引发的一系列自然灾害频繁发生直接威胁生活在极地地区和岛屿居民的生命财产安全；此外，以《关于难民地位的公约》为主的一系列国际难民法通常忽略由于习俗、传统原因无法离开居住地的人群，和受环境种族主义不公平对待的人群。这些人群理应有法律和制度的保障获取难民资格。生态难民的出现除去自然原因外，既有社会因素也有法律因素。社会因素指不合理的自然开发以及生产、生活方式导致的生态环境污染，如粗放的经济生产方式、化学品的不适当使用和管理以及环境评价检测机制的落后或者缺失。法律因素指在国际法律制定中缺乏对生态难民的关注，没有对生态难民进行救助的专门机构。（参考：王萱：《生态难民的救济与保护》，苏州大学 2011 年硕士学位论文第 16 ~ 26 页。欧阳文川）

生态农场

Ecological Farm

根据生态学理论，充分利用自然条件，在某一特定区域内建立起来的农业生产体系。在这个系统内，因地制宜合理安排农业生产布局和产品结构，投入最少的资源和能源，取得尽可能多的产品，保持生态的相对平衡，实现生产全面协调的发展。生态农场运用的是食物链的能量流动和物质循环原理，把贯穿于整个系统中的各种生物群体，包括植物、动物、微生物，构建成价值增值链。遵循这一原理，可以合理设计食物链，使生态系统中的物质和能量被分层次多级利用，使生产一种产品时产生的有机废弃物成为生产另一种产品的投入，也就是使废物资源化，以便提高能量转化效率，减少环境污染。生态农场既是生产的单位，又是环境净化和保护的单位。20 世纪 60 年代以来，英国、美国、日本、菲律宾和印度等国，相继建立典型的生态农场，取得很好的综合效益。中国从 20 世纪 70 年代开始研究并建立几个不同类型的、试验性的生态农场。中国广东珠江三角洲的桑基鱼塘、蔗基鱼塘、果基鱼塘等均为在长期的农业生产实践中所创造的生态农场的雏形。（李雪姣　朱雨晨）

生态农村工程

Ecological Rural Engineering

指在农村环境保护过程中应用生态工程，如农村社区污水的综合处理与资源化、农业生产非点源污染区域综合治理及富营养化水体水域生态系统的恢复与优建、农村固体废弃物的处置与资源化利用等一系列工程技术手段，解决农村地区存在的水体污染严重、农业生产非点源污染、固体废弃物、乡镇企业污染及生物多样性减少等生态环境问题。生态农村工程具体包括农业生态工程、农业产业化工程、农村劳动力就业工程、农民组织化工程、农村集体经济工程以及农村基础设施建设工程等 6 项内容。这 6 项内容共同构成完整的系统工程，缺少任何一项都会影响到“三农”问题的彻底解决。根据各地区地理环境的差异而有所侧重，在水土流失严重的黄土高原区，农业生态工程是生态农村工程的重点；在沿海发达地区，农业产业化及农民组织化则成为生态农村工程的重点。（蔡越）

生态农业

Ecological Agriculture

指在保护、改善农业生态环境的前提下，遵循生态学、生态经济学规律，运用系统工程方法，以合理利用农业自然资源和保护良好的生态环境为前提，因地制宜地规划、组织和进行生产的农业。生态农业是农业生态经济复合系统，它以协调人与自然关系，促进农业和农村经济社会可持续发展为目标，以“整体、协调、循环、再生”为基本原则，将农业生态系统同农业经济系统综合统一起来，取得最大的生态经济整体效益。它是农、林、牧、副、渔各业综合的大农业，又是农业生产、加工、销售综合适应市场经济发展的现代农业。是 20 世纪 60 年代末期作为石油农业的对立面出现的概念，被认为是继石油农业之后世界农业发展的重要阶段。通过提高太阳能的固定率和利用率、生物能的转化率、废弃物的再循环利用率等，促进物质在农业生态系统内部的循环利用和多次重复利用，以尽可能少的投入，求得尽可能多的产出，获得生产发展、能源再利用、生态环境保护、经济效益等相统一的综合性效果，使农业生产处于良性循环中。建设生态农业，走可持续发展的道路已成为世界各国农业发展的共同选择。（李雪姣　蔡越）

生态农业产业链
Ecological Agriculture Industry Chain

在农业生产过程中，在种植业、林业、渔业、牧业及其延伸的农产品生产加工业、农产品贸易与服务业、农产品消费领域之间形成的相互关联的产业体系。根据各经济主体的特点和其在农业生态产业链上所处的位置，模仿生态系统进行生态产业链的设计，将它们分为生产者、消费者和分解者，共同组成生态产业链和产业共生网络系统。构建生态农业产业链时遵循的原则：1. 因地制宜原则，发展农业循环经济，必须以各个地区的自然和社会经济条件为基础，根据当地的资源禀赋、生产力水平、产业布局和市场分布来选择适合当地生态农业发展的模式。2. 经济与生态效益结合原则，既要考虑到生态农业带来的生态效应，又要考虑到生态产业链上各经济主体的利益。3. 市场导向原则，以市场机制作为配置生态农业产业链中产品、副产品的基础。4. 产业化经营原则，把农业与工业串联耦合起来发展生态农业经济，延长农业产业链条，发展以农产品加工为主导的工农业产业循环，实现农业循环经济的产业化发展。（参考：丁雄：《生态农业产业链系统协调与管理策略研究——以养种循环生态农业为例》，南昌大学 2014 年博士学位论文第 21 ～ 23 页。刘阳）

生态农业旅游
Ecological Agriculture Tourism

指以生态学为基础对农业生产方式、结构、布局进行合理规划、设计，将传统农业运作方式转变为以维护生态平衡为核心的生态型农业，结合乡村文化资源，打造以生态保护为主线，以生态农业为依托，以旅游和农业生产为主要功能的商业运作方式。生态农业旅游以生态农业生产方式为基础，综合利用的运作模式。结合生态农业生产和生态旅游开发以创造新型的商业旅游模式，特点在于赋予传统乡村自然人文景观以环境保护和维护生态的理念，以此为农业和旅游之间的契合点。生态农业旅游的具体方式分为两种：第一种是旅游观光型；第二种是参与型，即不仅在乡村中旅游观光、休闲娱乐，还进一步实际参与当地农民的生产活动，亲身体验其真实生活状态。生态农业旅游是当今旅游业重要的发展方向之一，在国内外都具有广阔的发展空间和前景。生态农业旅游的收入份额在欧洲国家的旅游产业总额中占据相当份额。19 世纪 30 年代欧洲开始农业旅游，其中意大利在 1965 年成立农业与旅游全国协会。我国生态农业旅游则起步较晚，可以追溯到 20 世纪 80 年代末，旅游点多处于我国东部发达地区，多靠近旅游景区。生态农业旅游的标准有：1. 具有生产某种特色生态农产品的历史传统和自然条件；2. 有相应的产业带动，市场需求旺盛；3. 需要有带动者通过产业集群形成一定规模。（欧阳文川　李雪姣）

生态农业模式
Ecological Agriculture Model

在农业生产实践中形成的兼顾农业经济效益、社会效益和生态效益，结构和功能优化的农业生态系统。我国目前已形成的经典生态农业模式有：1. 北方四位一体生态模式。四位一体生态模式是在自然调控与人工调控相结合条件下，利用可再生能源（沼气、太阳能）、保护地栽培（大棚蔬菜）、日光温室养猪及厕所等 4 个因子，通过合理配置形成以太阳能、沼气为能源，以沼渣、沼液为肥源，实现种植业（蔬菜）、养殖业（猪、鸡）相结合的能流、物流良性循环系统，这是资源高效利用，综合效益明显的生态农业模式。运用本模式冬季北方地区室内外温差可达 30℃以上，温室内的喜温果蔬正常生长、畜禽饲养、沼气发酵安全可靠。2. 南方猪—沼—果生态模式。该模式是利用山地、农田、水面、庭院等资源，采用沼气池、猪舍、厕所三结合工程，围绕主导产业，因地制宜开展三沼（沼气、沼渣、沼液）综合利用，从而实现对农业资源的高效利用和生态环境建设、提高农产品质量、增加农民收入等效果。工程的果园（或蔬菜、鱼池等）面积、生猪养殖规模、沼气池容积必须合理组合。主要涉及技术有：猪舍建造技术、沼气池工程建设技术、贮肥池建设技术、水利配套工程等。3. 平原农林牧复合生态模式。农林牧复合生态模式指借助接口技术或资源利用在时空上的互补性形成的两个或两个以上产业或组分的复合生产模式。接口技术指联结不同产业或不同组分之间物质循环与能量转换的连接技术，如种植业为养殖业提供饲料饲草，养殖业为种植业提供有机肥，其中利用秸秆转化饲料技术、利用粪便发酵和有机肥生产技术均属接口技术，是平原农牧业持续发展的关键技术。4. 草地生态恢复与持续利用生态模式。草地生态恢复与持续利用模式遵循植被分布的自然规律，按照草地生态系统物质循环和能量流动的基本原理，运用现代草地管理、保护和利用技术，在牧区实施减牧还草，在农牧交错带实施退耕还草，在南方草山草坡区实施种草养畜，在潜在沙漠化地区实施以草为主的综合治理，以恢复草地植被，提高草地生产力，遏制沙漠东进，改善生存、生活、生态和生产环境，增加农牧民收入，使草地畜牧业得到可持续发展。5. 生态种植模式。生态种植模式指依据生态学和生态经济学原理，利用当地现有资源，综合运用现代农业科学技术，在保护和改善生态环境的前提下，进行高效的粮食、蔬菜等农产品的生产。在生态环境保护和资源高效利用的前提下，开发无公害农产品、有机食品和其他生态类食品成为今后种植业的发展重点。6. 生态畜牧业生产模式。生态畜牧业生产模式是利用生态学、生态经济学、系统工程和清洁生产思想、理论和方法进行畜牧业生产的过程，目的在于达到保护环境、资源永续利用的同时生产优质的畜产品。生态畜牧业生产模式的特点是在畜牧业全程生产过程中既要体现生态学和生态经济学的理论，同时也要充分利用清洁生产工艺，从而达到生产优质、无污染和健康的农畜产品；其模式的成功关键在于实现饲料基地、饲料及饲料生产、养殖及生物环境控制、废弃物综合利用及畜牧业粪便循环利用等环节能够实现清洁生产，实现无废弃物或少废弃物生产过程。7. 生态渔业模式。该模式是遵循生态学原理，采用现代生物技术和工程技术，按生态规律进行生产，保持和改善生产区域的生态平衡，保证水体不受污染，保持各种水生生物种群的动态平衡和食物链网结构合理的一种模式。8. 丘陵山区小流域综合治理模式。小流域是以分水岭和出水口断面为界形成的自然集水单元。结合不同的地形地貌特征形成的利用、管理和整治模式有：1）围山转生态农业模式，即依据山体高度不同因地制宜布置等高环形种植带；生态经济沟模式，即在小流域综合治理中通过荒地拍卖、承包形式建立起来的治理与利用结合的综合型生态农业模式；2）西北地区牧—沼—粮—草—果配套模式，该模式主要适应西北高原丘陵农牧结合地带，以丰富的太阳能为基本能源，以沼气工程为纽带，以农带牧、以牧促沼、以沼促粮、草、果种植业，形成生态系统和产业链合理循环的体系；3）生态果园模式，适应于平原果区，在丘陵山地区应用最广泛。9. 设施生态农业模式。在设施工程的基础上通过以有机肥料全部或部分替代化学肥料（无机营养液）、以生物防治和物理防治措施为主要手段进行病虫害防治，以动、植物的共生互补良性循环等技术构成的新型高效生态农业模式。10. 观光生态农业模式。该模式指以生态农业为基础，强化农业的观光、休闲、教育和自然等多功能特征，形成具有第三产业特征的农业生产经营形式。包括高科技生态农业园、精品型生态农业公园、生态观光村和生态农庄等 4 种模式。（参考：王劲、陈云进：《昆明生态农业模式研究及节能减排实效分析》，《环境科学导刊》2015 年第 2 期第 56 ～ 60 页；林维柏、徐登科：《湖南省发展农业循环经济模式及对策研究》，《中国流通经济》2009 年第 4 期第 37 ～ 40 页；骆世明：《论生态农业模式的基本类型》，《中国生态农业学报》2009 年第 3 期第 405 ～ 409 页。朱配辰）

生态农庄

Ecological Farm

遵循经济发展规律，以市场为导向、高新科技为支撑、持续发展为目标、经济效益为中心，实行生产集约化、布局区域化、管理企业化的现代农业企业。生态农庄有种植型、养殖型、种养结合型、观光型等 4 种类型，均运用种—养结合、林—牧结合、种—养—沼气结合、种—养—加工结合等循环利用的生态模式实现农业的可持续发展，具有经济体制的创新、思维观念的提升、运作模式的突破、以绿色生态为理念、以产业化经营为目标、以因地制宜为原则、以有效管理为手段、以科学技术为支撑、以优质服务为后盾等特点。（参考：吕家发、刘敏：《对生态农庄发展现代农业的思考》，《农业科技管理》2008 年第 2 期第 77 ～ 79 页。王晴晴）

生态女性意识

Ecological Female Consciousness

生态女性主义流派的观点和思想。这种思想是西方社会环境运动和女权主义运动结合的产物，在 20 世纪 70 年代出现，90 年代得到重要发展。1974 年法国学者弗朗西斯·德奥波尼在其出版的《女权主义或死亡》一书中将生态思想和女性思想结合，首次提出生态女性主义这一术语。她认为对妇女的压迫与对自然的压迫有着直接的联系，其中一方的解放不能脱离另一方的解放，这是生态女性意识的萌芽。此后生态女性意识在西方逐渐传播蔓延，形成文化生态女性主义、精神生态女性主义、社会生态女性主义、社会主义的生态女性主义、哲学生态女性主义等不同形态。尽管各自的侧重点不同，但都充分认识到导致当前生态危机和各种性别、种族歧视的根源在于人类中心主义和父权制的文化思想，并对此进行挖掘、批判和反思。生态女性意识试图寻求不与自然分离的文化，认为生态学家必定会成为女性主义者。生态女性意识相信对女人的压迫与自然的退化之间存在某种关系，反对人类中心论和男性中心论，主张改变人统治自然的思想。生态女性意识认为，要维持人类社会的可持续发展，就要反对各种社会统治形式，尊重人与自然、人与人之间的差异和多样性，建构和弘扬合作、宽容、关爱的伦理价值概念，实现社会、政治、经济、种族、性别等各个方面的平等和稳定。目标是建立遵循生态主义与女性主义的原则的乌托邦。（张惠娜）

生态女性主义

Eco-feminism

产生于 20 世纪 70 年代初，试图将女性主义与环境主义相结合的社会政治理论与运动。基本理念是，女性在现代家庭、社会中的从属性和受压迫地位与自然界生态环境的不断恶化之间，存在着内在性的关联，归根结底是由于资本主义制度导致或促动的严重不平等的经济社会结构与文化价值观念而造成的。当代生态女性主义者更倾向于把当今世界描绘成由资本主义父权制主导的，由南方（发展中国家）、女性和自然组成了三位一体的另一方。核心信条之一是，男性对土地的占有导致统治性的文化或父权制，突出表现在食物出口、过度放牧、公地悲剧、人际剥削和土地滥用等方面，其中土地和动植物仅被视为经济资源。因此，自然生态的日趋恶化与女性对土地掌控能力的不断弱化之间，存在着历史性关联，这在资本主义时代变得尤为尖锐突出。生态女性主义依据其女性主义的理论渊源和对环境问题的关注视角分成不同的分支流派，如本质主义的生

态女性主义、女性主义的环境主义、社会的生态女性主义、女性主义的后结构主义、自由主义的女性主义等。（徐越）

《生态女性主义》

Ecofeminism

生态女性主义者玛利亚·麦斯和范达娜·诗娃合著，1993年出版。麦斯和诗娃是生活在不同国家、教育背景迥异的两位学者，合著的《生态女性主义》建立在两个共同点上：第一，将全球化的进程及其消极后果展现在世人面前；第二，反对父权制的全球资本主义制度。她们都把全球资本主义制度称作父权制，认为资本主义世界体系的出现，是建立在对女性和自然的统治基础上的。作为积极寻求将女性从男权制解放出来的生态女性主义者，两位作者同时意识到现代化、发展、进步对自然界的退化负有责任，而科学技术在性别上并非是中性的。人类对自然界的掠夺与父权社会中男性对女性的压迫之间，存在密切联系。科学的整体范式具有父权制、反自然和殖民主义的特性。（徐越）

生态女性主义经济学

Eco-feminist Economics

关于生态可持续性、社会—经济正义和文化论题的，把反对压迫、女性解放和解决生态危机当作奋斗目标的政治经济理论。研究过程强调普遍存在于社会中的贬低女性与贬低自然之间的特殊关系，展示人类之间的各种压迫，以女性视角在关注女性解放和生态危机的同时反对各种形式的统治和压迫。理论早期强调生态适量，从低级基础角度展现生态女性主义经济学在生产劳作中的作用。随后发展过程中，跨越本身较低层次单纯从女性解放和阶级观念的考量角度，多元考量人类角度的21世纪可持续发展和社会正义模式，以全局性角度克服传统国际经济制度本身的矛盾。以全新的经济学思维模式出现，是解决当代生态危机的重要理论支撑。（徐越）

生态女性主义神学

Eco-feminist Theology

将女性与生态置于同一问题结构理解，强调女性、身体、大自然之间存在着不可分割关联的理论。指出男性世界对女性与生态的迫害，实际上与父权意识的压制和剥夺如出一辙。严厉批判人与自然、男人与女人存在严格界限的言论和思想，认为这是造成教会与社会根深蒂固的男尊女卑思想的原因之一。传统基督教习惯用父权制的、二元的、阶级性的、机械式的观点建构宇宙观，上帝被视为是统治自然的国王、主人或征服者，进而过于强调上帝的超越性、绝对性、完全性与全能性。男人被看作是女人的主人、拥有者，女人只是附属于男人的工具。这种心态会倾向于将人对自然环境和男性对女性的种种压制与剥削合理化，把自然和女性看作只具有工具的价值，而没有内在的价值，从而导致将主体与客体对立、男性与女性分离、上帝与自然分裂。生态女性主义神学提出用母亲、爱人与朋友的意象来谈论上帝。强调人类需要学会与自然和谐相处，强调人类要遵循自然客观规律，赋予自然真正的价值，保护大自然，保护生态环境，促进人与人、人与其他生命乃至与整个世界的相互依存相互团结，进而建构新的上帝、人、自然之间的关系。生态女性主义神学借鉴解放神学的方法论，强调应对《圣经》进行再次解读。在确立上帝与自然关系的同时，还对人与自然关系进行说明，构建起新的上帝、人、自然之间的关系。同其他生态主义一样，生态女性主义神学认为生态灵性内在于自然世界之中。（徐越）

生态排水沟

Ecological Drainage Ditch

指经人工设计在沟渠内栽种水生或湿生植物，以排水和灌溉为主要目的，兼具污染物截留和生物栖息、生态廊道等生态效益的沟渠系统。生态沟渠在传统的农业排水沟基础上，在沟渠两侧铺设透水蜂窝状混凝土预制板，使边坡稳定、排水通畅，同时在预制板的蜂窝孔内栽种具有吸收各类污染物能力且不影响排水的植物，从而使生态排水沟既满足农田排水、防渍的要求，又减少化肥、农药等污染物对下游水体的排放，从源头上控制农业面源污染。由于生态排水沟渠在截留农田径流营养性污染物的实际可行性，及根据不同需求调整栽种植物的灵活性，已受到国内外学者广泛的关注。（朱雨晨）

生态批评

Eco-criticism

在生态主义整体观、系统观、联系观等思想指导下探讨文学与自然、生态之间关系的艺术形式。生态批评并非是生态学与文学之间的简单综合，而是以生态学的基本原理和思想作为批评的原则和方法，其中生态学的整体观是生态批评的关键。生态批评的根本目的在于探索生态与环境危机的思想与文化根源，同时也探讨生态审美的文学艺术表现。虽然目前的生态批评并不认为是生态学与文学的简单相加，但其早期确实是得益于生态学以及生物学的启发，因此早期学者往往将生态批评称为文学生态学，并将其理解为有关生物学主题在文学作品中的探索以及人作为一种生物物种在自然生态中所扮演的角色。其中较典型的是1974年美国学者密克尔在其专著《幸存的喜剧：文学生态学研究》中首次以生态学为视角研究和评论文学作品。同年，另一位美国学者克洛伯在其一篇发表于《现代语言学会会刊》的论文中同样将生态学概念引入文学评批。后期随着生态批评研究的拓展和深入，对其理解发生变化，学者们不再认为生态批评是生态学、生物学或者其他学科与文学之间的简单相加，认为确切的理解应该是运用生态学原理或者生态哲学的思想指导文学批评。在众多对生态批评这一术语的界定当中，最能为大多数学者所接受的，是美国生态批评的主要倡导者和发起人彻丽尔·格罗特费尔蒂的定义：生态批评是探讨文学与自然环境之关系的批评。生态批评最突出的贡献在于丰富文学批评、文学以及美学等研究领域，为它们的进一步发展提供新的视角，然而其只是文学批评的一个分支，并不能从根本上解决文学领域的一切问题。（参考：王诺：《生态批评：发展与渊源》，《文艺研究》2002年第3期第48～55页；王诺：《欧美生态批评研究》，山东大学2007年博士学位论文第19～20页、第55～56页。欧阳文川 王薛时）

生态贫困

Ecological Poverty

生态贫困是贫困概念中的分支概念，指某一地区生态环境不断恶化，超过其承载能力，造成不能满足生活在这一区域的人们的衣食住等基本生存需要和难以维持再生产的贫困现象。生态贫困的特征：1. 生态贫困人口多，占农村贫困人口的比例高；2. 生态贫困人口的地理分布高度集中，贫困发生率向中西部倾斜，贫困人口集中分布在西南大石山区、西北黄土高原区以及青藏高寒区等几类地区；3. 贫困程度深重，返贫率高，脱贫难度大；4. 生态贫困人口的结构特征，西南大石山区、西北黄土高原区、秦巴贫困山区以及青藏高寒区等几类地区，集中我国绝大部分生态贫困人口，同时上述地区也是我国少数民族聚居地区，因此少数民族人口在生态贫困人口中所占比例较高；5. 生态贫困地区对周边地区的危害较大，生态贫困地区致贫的主导因素是其生态环境的恶化，生态环境恶化不仅导致当地的贫困，而且因为生态环境系统是开放系统，恶化的生态环境得不到及时治理，在各种自然力作用下，必将导致周边地区的生态环境遭受破坏，进而把周边地区

也带进生态贫困的深渊。（李雪姣）

生态平衡

Ecological Equilibrium

指在一定时间内生态系统中的生物和环境之间、生物与生物之间，通过能量流动、物质循环和信息传递相互作用、相互联系、相互制约而建立起来的动态性平衡。自然界中不论是生物（动物、植物、微生物等）还是非生物（光、水、土壤、空气等），每一种成分都保持一定比例，能量、物质的输出与输入趋于相等，结构功能相对稳定，形成相互联系、相互制约、相互作用的生态系统统一体。在受到外界干扰时，通过自我调节恢复能力达到初始的动态平衡，即生态平衡。生态平衡是生物维持正常生长发育、生殖繁衍的根本条件，也是人类生存的基本条件。在生态系统内部，生产者、消费者、分解者和非生物环境之间，在一定时间内保持能量与物质输入、输出动态的相对稳定状态。生态平衡遭到破坏会产生连锁效应，危及生物生存。生态平衡包括生态系统的结构平衡和功能平衡。结构平衡指生态系统中的生产者、分解者、消费者在种类和结构能量上保持稳定动态平衡。功能平衡指生态系统的物质和能量的输入和输出基本相等。（朱雨晨　牟世晶）

生态平衡破坏

Destruction of Ecological Balance

生态平衡与平衡被破坏建立新的平衡，是生态系统运动的两个方面。生态平衡是生命的根本条件，整个运动又不断破坏这一平衡，导致物种的变异性。研究这种平衡与不平衡发展的辩证规律性，有时平衡发展符合人类的利益，有时平衡的破坏建立新的平衡符合人类的利益。要按照客观自然规律自觉创造各种条件，使它们的综合发展符合人类利益。（牟世晶）

生态评价

Ecological Assessment

指运用生态学方法，根据指标体系和评价标准，评价区域生态环境状况、生态系统环境质量的优劣及其影响作用关系。生态评价以区域生态系统和生态环境为基本对象，评价生态系统在外界干扰作用下的动态变化规律及其变化程度。生态评价按时间可分为：回顾性评价、现状评价、影响评价、预测评价；按生态环境要素可分为：单要素评价、多要素综合评价；按评价的生态系统类型可分为：农业生态系统评价、森林生态系统评价等；按评价的主体和侧重点不同可分为：生态适宜性评价、生态敏感性评价、生态风险性评价、生态安全评价等。这些评价均是制定生态规划的基础依据。生态评价原则：坚持重点与全面相结合的原则；坚持预防与恢复相结合的原则；坚持定量与定性相结合的原则。生态评价的目的是认识区域的生态环境特点和功能，明确人类活动对生态环境影响的性质、程度和生态系统对影响的敏感程度，确定相应措施以维持区域生态环境功能和自然资源的可持续性。（参考：毛齐正、罗上华、马克明等：《城市绿地生态评价研究进展》，《生态学报》2012 年第 17 期第 5589 ~ 5600 页。王晴晴）

生态启蒙

Ecological Enlightenment

通过人类理性的复苏，使生态学逐渐成为新的政治意识形态，克服理性启蒙致命的自负。生态启蒙出现的原因是理性启蒙导致的现代社会的生态危机及社会问题。在生态启蒙运动中，存在着从绝对人类中心主义到相对人类中心主义，从机械论世界图景到有机论世界图景，从经济理性到生态理性的转向。（张惠娜）

生态区划

Ecological Regionalization

指在对区域生态系统，包括社会、经济、自然等方面综合了解的基础上，运用生态学原理和评价方法，揭示区域生态系统以及子系统之间结构和功能等方面的相似和差异，评估人类活动对区域生态系统的影响，从而以某种标准对区域生态系统进行单元划分，并以此作为对区域经济社会发展和环境生态保护与建设规划提供理论依据。生态区划应与生态地域划分做区别。一般来说，二者都根据一定标准按照生态系统的差异性进行单元区分。然而，生态区划不仅仅指以地域为划界的自然生态系统，也包含人类活动对自然生态系统不同程度的影响，生态地域划分则指单纯的以地理差异为标准自然生态系统区分，北美地区的生态区划多指生态地域划分。由于生态区划要求对不同性质和类型的生态系统结构和功能差异有客观认知，因此生态区划应遵循分异原则、等级性原则和差异性原则。分异性原则指根据自然条件的差异将区域生态系统分为不同单位。等级性原则包括生态过程和结构等级两方面，等级性理论是考察生态系统空间格局的前提。差异性原则指在区域生态环境趋于一致，然而其他生态因子的差别可导致区域生态系统在结构和功能方面的差别。（参考：傅伯杰等：《中国生态区划方案》，《生态学报》2001 年第 1 期第 1 ～ 2 页。欧阳文川）

生态人

Ecological Man

指具备生态意识，在经济与社会活动中能够做到尊重自然生态规律，约束个人与集体行为，实现经济与社会持续发展、人与自然和谐相处的个人或群体。生态人是与经济人相对应的概念。与经济人相比，它更加符合人类本质的理论设定。生态人有广义和狭义之分。广义的生态人不仅追求人与自然的共生，还追求个人与他人、人类自身的完善，这实际是一种理想中的人，是理性和谐人的代名词。生态人与经济人和理性人相对应。它是循环经济学、可持续发展经济学、生态文化学对其研究对象的称谓。狭义的生态人特指单纯的环境保护人士。在当前的社会发展阶段，生态人主要是对人与自然平衡的向往，对生态文明充满憧憬的人们。（牟世晶）

生态人格

Ecological Personality

是个体人格的生态道德规定性。指人在与社会及自然的实践关系中培养和塑造的道德及其情感的内化。培养生态人格的目的在于启发人与自然情感、实践关系中的相互依存感，促使人与自然和谐共生。因此生态人格不是人类中心主义的人格，它承认自然界以及其他物种的内在价值，承认世界的整体性和系统性，相信人与自然万物是世界生态系统中相互联系且不可分割的有机组成部分。在生态危机日益严重的现代社会，生态人格是对传统伦理学主体与客体、自我与它者二元结构的破除，它重新回归自然，在自然万物和宇宙整体中重新发现人格的意义和存在的价值，重新思考人在自然界中的地位，从自然界中汲取精神资源，实现人格的提升。生态人格的培养需要长期的精神反思以及社会实践，其中环境文化的熏陶、环境教育的内化、生态实践的锤炼是生态人格塑造的主要途径。环境文化是将环境因素纳入社会生活习惯的文化，它是通过人们思维和行为方式的改变而形成的。环境文化强调自然的固有价值，要求人尊重并且遵守自然规律，在环境承载力范围内进行资源利用和开采。环境教育通过传授环境系统运作及其规律的知识来培养环境保护和生态维护方面的技术型人才，并通过对人与环境关系的重新梳理以及对环境的重新解读来塑造人的环境和生态意识。生态实践是将生态意识具体应用和外化的行为，通过走进自然、亲近自然、了解自然、欣赏自然和享受自然来升华生态意识，并在环境保护和生态维护的实际行动中深化对自然和生态原先的认识。（参考：彭立威：《生态人格论》，湖南师范大学 2009 年博士学位论文第 129 ～ 143 页、第 152 ～ 192 页；彭立威：《生态人格塑造的实现路径》，《吉首大学学报》（社会科学版）2011 年第 3 期第 166 ～ 169 页。欧阳文川）

生态人类学

Ecological Anthropology

以人为主体出发研究人与地球关系的学科。生态人类学致力于人与环境之间复杂关系的研究。人类的生存一直同邻近的土地、气候、植物以及动物种群发生密切关系，并对其产生影响，环境因素亦反过来作用于人类。生态人类学探讨人类群体如何适应塑造其生存环境并伴随此过程形成相应的风俗习惯以及社会、经济、政治生活。简言之，生态人类学对人类社会文化作为适应环境的产物做出唯物主义的说明。生态人类学研究与整个人类生存环境息息相关。人类学知识对指导人类关于如何构建生命的可持续发展之路有潜在的意义。人类学知识推进生态学研究，生态人类学理论对建立人类可持续发展变化模式提供帮助，为人类学与生态学注入不同元素的活力，促进学科的发展，丰富生态学理论。（牟世晶）

生态人文主义

Ecological Humanism

建立在生态哲学基础上的价值论和认知体系。生态人文主义与自然主义、传统人文主义不同，生态人文主义是对人类中心主义与生态中心主义的综合与调和。生态人文主义认为人具有生态审美的本性，主张把人类的平等扩展到人与自然的相对平等，将人的生存权扩大到环境的存在权，将人的价值扩大到自然的价值，将对于人类的关爱拓展到对其他物种的关爱，主张把对人类的当下关怀扩大到对于人类前途命运的终极关怀。生态人文主义强调人与自然的关系是整体与部分的关系，是生命家园与居住者的关系，认为人存在于自然之内，人既是自然之子，又是自然界中其他生物的朋友，人类必须以生物圈的共同生存原则约束自己对待自然的行为，节约资源、保护环境、控制人口增长。生态人文主义认为人类对自然具有极其重要的作用，要求人类承担保护共同生态家园的伦理责任，要求人类超越自身物种局限性，代表所有生命物种的利益，承担起地球生命家园守护者的责任。（雷爱民）

生态认识论

Ecological Epistemology

对生态概念、生态价值与生态系统内涵的认知与阐述，是关于生态主义的分析哲学。离开对生态主义认识论的凭鉴，对生态系统不同事物的认识不可能得到证明。生态认识论的核心观点是我们创造了我们感知到的世界，即在思考世界的过程中，人思考的是万事万物倒映在头脑中的影像。心智的产生既需要物质世界的客观存在，也需要心灵世界将客观存在转换为头脑中的影像。生态认识论的重要概念是差异、关系和解释。心智系统在种种有差异的信息之间建立关系，通过解释关系的内涵，生发出新的意义，既而进入新一轮循环。在方法论上，生态认识论强调身心合一，提倡在整合的大生态系统下开展研究。生态主义认识论是不断完善的认知理念与价值立场。生态主义认识论历经实用主义认识论、人本主义认识论到自然主义认识论。生态主义认识论既是方法的认识论，也是价值的认识论。（牟世晶）

生态入侵

Ecological Invasion

人类有意或者无意地将外来物种带入至新的生态系统，其凭借适宜的自然环境或者本身强大的生命力存活下来并且大量繁殖，致使当地生物多样性和生态系统受到损害和破坏。“入侵”的根本原因在于作为媒介的人类活动使外来的动植物“移居”至新的生态环境。这种将物种转移至其自然分布范围及扩散潜力以外的行为被称为“引种”，早期的农业生产中曾被大量应用，如玉米和小麦。比较这种有意识地引种行为，现在更多是无意识的通过常见的交通工具，以国际贸易或者出行等方式将外来物种引入，比如船只、飞机、火车、汽车等。此外，还有可能通过建设开发、邮件通信以及通过气流、水流、飞禽自然传播等方式引入。外来物种在适宜的自然条件下迅速繁殖扩散，由于原来的生态环境处于相对稳定和闭合的状态，因此不能及时抑制新生物种的扩张，并且原有物种的自然资源被其抢夺和占据，以致受到削弱和破坏。因此，外来物种对当地的生物多样性和生态平衡产生极大危害。除此之外，外来物种如果具有毒性，不仅危害当地物种，造成水分、土壤、气候等方面的连锁反应，甚至会引发疾病，影响居民和牲畜的健康，造成经济损失。解决生态入侵行之有效的办法是引入外来物种原产地的天敌，前提是不会对生态造成新的危害。使外来有害物种与其天敌相互调节和制约，重建新的局部的生态平衡，从而使更大范围内的生态系统重新恢复平衡。（参考：李培青：《生态入侵研究进展》，《中学生物学》2008 年第 9 期第 3 ~ 4 页。欧阳文川）

生态设计

Ecological Design

又称绿色设计或生命周期设计或环境设计。指将生态学原理运用于各个设计领域，从而使该领域的设计尽量达到对环境污染的最小化，以达到节能环保的目的。生态设计并非要完全改变某个设计领域的设计方法、设计规则、设计经验和设计技巧，而是要将保护环境、降低污染、维护生态等目的与各领域固有设计原理相融合，从而使原先的设计原理生态化和环保化。长期以来有主张设计一套能够适合于所有领域的生态设计框架和规则，但由于各领域和各专业的性质差别很大，因此只能根据各领域和专业的特点来制定相对应的生态设计方案，不可能存在对所有领域适合的生态设计框架。常见的生态设计包括产品生态设计、建筑生态设计、景观生态设计。各领域的生态设计的共同特征是将对环境的影响纳入设计的总体规划之中加以考虑。这种考虑体现在生态设计的许多方面中，如在能源的使用上，常规设计使用大量自然资源，而生态设计主要依靠可再生资源；在资源利用方式上，常规设计产生废弃物，对环境造成不同程度影响，生态设计则对物质资料循环利用，使废物资源化；在设计理念上，常规设计依据市场要求，采用传统设计方法，生态设计则在遵循经济原理的同时，考虑对生态系统可能造成的影响。因此，生态设计的实际应用和操作也离不开生态型的管理和技术。生态设计包含：1. 从保护环境角度考虑，减少资源消耗、实现可持续发展战略；2. 从商业角度考虑，降低成本、减少潜在的责任风险，以提高竞争能力。生态设计一般包括生态识别、生态诊断、生态定义、生态评价 4 个环节。（参考：汪毅：《生态设计理论与实践》，同济大学 2006 年博士学位论文第 14 页、第 53 ~ 55 页。欧阳文川　石艳峰　牟世晶）

生态社会观

Ecological Society View

马克思恩格斯生态思想的重要组成部分。在人口问题上，马克思恩格斯批判马尔萨斯人口论，认为人口、自然和社会发展是相互适应的；在发展问题上，马克思恩格斯剖析资本主义社会物质变换断裂的现象，阐发可持续发展的思想；在关于未来社会的构想上，马克思恩格斯揭示共产主义社会人与自然和解的生态维度。马克思恩格斯的生态社会观，对于构建马克思主义生态文明理论、指导社会主义生态文明建设具有重要意义。（牟世晶）

生态社会经济人假设

Ecological Social Economic Man Hypothesis

指新型主体是经济人、社会人和生态人三者的有机统一，有着新的发展观、幸福观和消费观。经济人假设及理性人假设均产生于工业文明时期，随着人口、资源、环境的不平衡决定了工业文明衰退的趋势，最终会被崭新的生态文明所取代。在生态文明社会，经济人与理性人的假设得到拓展和修正。把现代企业视为生态社会经济人，通过这一假设，形成现代企业在可持续发展经济中的主体地位。倡导人、社会、生态的协调性、可持续性发展路径，树立环境与发展相统一的价值取向，追求生态效益、经济效益、社会效益三重发展的目标，形成绿色经济的现代企业理论，行为模式是经济的生态发展模式。作为生态社会经济人，要做到：1. 清洁生产、科学管理、合理开发利用资源；2. 社会责任广泛，关心其他相关利益群体及子孙后代的生存发展；3. 从追求利益最大化转为追求福利最大化，更多包含精神需求；4. 更加注重长远利益最大化，努力让决策与生态环境协调发展。（蔡越）

生态社会主义

Eco-socialism

指 20 世纪下半叶伴随绿色生态运动蓬勃发展而产生的一种社会主义新思潮和新学派，主要发源地是 20 世纪 70 年代的德国。生态社会主义试图把生态学同马克思主义结合在一起，以马克思主义理论解释当代环境危机，从而为克服人类生存困境寻找一条既能消除生态危机、又能实现社会主义的新道路。在国内学术界，一般情况下，生态社会主义与生态马克思主义可以作为互相替代的概念来理解（参见生态马克思主义）。从环境政治学视角出发，生态社会主义的内涵有广义与狭义之分。广义的生态社会主义研究可以概括为三个密切关联的组成部分：生态马克思主义、生态社会主义（狭义）和“红绿”政治运动理论。狭义的生态社会主义指对现代生态环境难题的社会主义政治理论分析和一种未来绿色社会的制度设计及其实现。核心性问题是论证现代生态环境问题的资本主义制度根源和未来社会主义社会与生态可持续性原则的内在相融性。生态社会主义学派的代表人物，主要包括欧美各国的生态社会主义研究者，以及国内生态社会主义和生态文明研究领域的学者（参阅生态马克思主义、生态文明）。（徐越）

《生态社会主义：从深生态学到社会正义》

Eco-socialism: From Deep Ecology to Social Justice

英国著名生态社会主义者戴维·佩珀的代表性著作，1993 年出版。书中从分析马克思主义与其他意识形态特别是无政府主义的关系入手，阐述马克思主义对于思考与应对当代绿色运动提出的生态环境议题的政治相关性。主要观点是，马克思主义的基本理论立场和无政府主义观点等的有机结合，可以成为发展独立的生态社会主义理论的起点，并且对生态运动的现实进展产生积极影响。通过对生态社会主义议程的分析，为绿色议题探讨与应对提供激进的社会公正的和关爱环境的，但从根本上说却是人类中心主义的观点。这种观点是绿色运动目前真正需要的，而不是更为盛行的生物中心主义的和政治上散漫的方法。认为生态环境问题或危机，本质上是人类自身的问题，是历史性问题。因而，我们对非人自然的关切不能代替或超过对人类本身的关切，与环境问题相关的社会正义及其在全球范围内的缺乏才是更值得关注的。中译本译者刘颖，济南：山东大学出版社 2005 年出版。（徐越）

《生态社会主义还是生态资本主义》

Eco-socialism or Eco-capitalism

欧洲著名生态社会主义者萨拉·萨卡的代表性著作，1999 年出版。开篇讨论苏联官僚社会主义模式未能解决生态环境难题的原因，随后阐明建立在现行工业生产方式和大众消费主义模式上的自由市场资本主义经济，将会遭遇同样的命运，局部改良后的生态资本主义也难以提供对环境破坏和社会非正义两大难题的解决方案。因而，全书最后寄

希望于基于对进步观念有着完全不同理解的人类未来：一种真正可持续的"好社会"（绿色社会）的观念，将与社会主义的伟大传统——正义与大众参与——密切相关，尽管它在现实中的实现将会采取多样化的社会形式。书中既细致剖析苏联模式社会主义失败的生态原因，也实证分析现代西方的资本主义、作为"第三方道路"的市场社会主义（或称"人道的社会主义""民主社会主义"等）以及生态化的资本主义亦即生态资本主义或生态现代化等在克服生态危机方面的无效。这些方案之所以难以成功，归根到底在于它们都没有真正摆脱发展或增长的范式，因而必然在增长的极限面前碰壁。中译本译者刘颖，济南：山东大学出版社 2008 年出版。（徐越）

《生态社会主义还是野蛮堕落》

Eco-socialism or Barbarism

欧洲著名生态社会主义学者萨拉·萨卡和布鲁诺·科恩 2008 年合作完成，对资本主义不可持续的理论批判和对生态社会主义替代性政治选择的学理阐释。开篇提出，生态社会主义是时代的呼唤，认为生态危机已成为当今世界无法回避的首要问题，尽管很多生态学家、学者对资本主义解决生态问题依然心存幻想，对新能源、资源回收利用极限、环保技术创新和经济可持续性等方面主流观点的分析表明，在现行资本主义制度与世界秩序条件下不可能真正解决环境问题。因此，生态资本主义是一个误称，一个自相矛盾的术语。相应地，只有一种新型的生态化社会主义才能帮助人类走出困境。认为对生态社会主义理想的追求，不仅是由于日益严重的资源短缺和保持生命自然基础的迫切需要，也是把平等、正义、合作、团结和自由作为根本价值观来考虑时的自觉选择。个体之间和世界各民族之间的团结与和平共处，都要求在全世界建立生态社会主义社会。同时，为确保生态社会主义不至于成为专制社会，必须创建各种层面上的有活力的大众政治参与形式。由于经济区域将会很小或在一个可管理的范围内实行自给自足，政治单位也将限制在一个相对较小的、可掌控的范围。（徐越）

生态神学

Ecological Theology

在 20 世纪 60 年代兴起的神学运动，发端于当时日益严重的生态问题关注。当时美国历史学家林怀特等人认为基督教神学教义的创世说以及人类中心主义观念应当对全球生态危机担负历史责任。面对这种质疑，一些神学家从生态关怀的角度进行回应，主张重新诠释基督教教义，提出重新界定人与自然的关系，从基督教神学的角度论证尊重和保护生态环境的重要性与必要性，提出生态神学的基本理论。生态神学运动是对生态学抗议的正面回应。生态神学主张重寻基督教传统中的生态智慧，以之对应当前生态环境的灾难和不公，尝试批判和更新传统基督教生态神学，积极应对当前生态危机，主张重新确认上帝—人—自然三者之间关系，认同自然的神圣性，实现人与自然的友好共处。（雷爱民）

生态审美场

Ecological Aesthetic Field

所谓生态审美场，袁鼎生认为它是生态美学的元范畴，认为生态审美场是以艺术审美场为逻辑原点，以生态艺术审美场为逻辑发展，以天生艺术审美场为逻辑终结，达成与生态美学逻辑疆域和历史时空的同一。生态审美场在历史发展中形成，是人类美学的结晶。生态审美场超越以往美学审美时空的局限、审美距离的局限、审美疲劳的局限，超越时下文化美学审美泛化的局限、生态缺失的局限，是自由的生态审美，表征人类美学的当代创新与发展。（雷爱民）

生态审美场的多维共生

Multidimensional Symbiosis of Ecological Aesthetic Field

袁鼎生在《生态艺术哲学》一书中认为：生态审美场是生态活动与审美活动结合形成的审美

场，是生态自由与审美自由统一生发的审美场，是审美人生与审美生境耦合并进而共生的审美场。生态审美场的多维共生在历史中完成。动物祖先的审美场构成生态审美场的最初原型，远古人类的实践生存审美场和文化性生存审美场是人类生态审美场的基本原型。多维共生的生态审美场是整生性的审美场。由于生态系统由生命体与它们的环境构成，人不能脱离周边环境而生存，人与环境相互生长，环境与人在生态系统中的同一性奠定生态审美场形成的基本条件。生态系统中诸要素的相互依存与相互作用是人类生态审美多维共生取向的主要原因。（雷爱民）

生态审美观

Ecological Aesthetic Conception

当代生态存在论的审美观。有广义与狭义两种理解：狭义理解指建立人与自然达到亲和和谐的生态审美关系；广义理解指建立人与自然、社会、他人、自身的生态审美关系，是符合生态规律的当代存在论生态审美观。生态审美观在重要理论问题上有新发展，表现在：1. 从美学学科的哲学基础看，标志着我国美学学科的哲学基础由认识论过渡到当代存在论，从人类中心主义过渡到生态整体。传统认识论是主体与客体二分对立的在世结构，当代存在论是此在与世界的在世结构。人与包括自然在内的世界的关系是人的当下的生存状态，人与自然的统一成为必有之义，从而得以建构当代的生态人文主义。2. 从美学理论本身看，标志着美学理论将由无视生态维度、过分强调人化的自然过渡到重视并包含生态维度。3. 从人与自然的审美关系看，将从自然的完全祛魅过渡到自然的部分复魅。4. 从审美研究的思维方式看，将从传统的主客二分思维模式过渡到消解主客的生态现象学方法。这是对过度膨胀的工具理性与极端私欲的悬搁的反思，达到人与自然的平等共生。（王薛时）

生态审美教育

Ecological Aesthetic Education

生态审美思想在民众中传播的主要方式。用生态美学的观念教育广大人民、特别是青年一代，使他们确立必要的生态审美素养，学会以审美的态度对待自然、关爱生命、保护地球。它是生态美学的重要组成部分，是生态美学这一理论形态得以发挥作用的重要渠道与途径。生态审美素养应该成为当代公民、特别是青年人重要的文化素养，是从儿童时期就须养成的重要文化素质与行为习惯。20 世纪后期以来，特别是联合国 1972 年环境会议后，生态环境理论日渐发展，其中包括生态环境教育理论与实践的发展。生态审美教育是 1970 年以来在国际上日渐勃兴的环境教育的重要组成部分，是环境教育的重要理论立场之一。审美地对待自然成为人类爱护环境的重要缘由。1970 年国际保护自然与自然资源联合会议指出：所谓环境教育，目的是发展一定的技能和态度。对理解和鉴别人类、文化和生物物理环境之间的内在关系来说，这些技能和态度是必要的手段。环境教育促使人们对环境问题的行为准则做出决策。（参考：曾繁仁：《试论生态审美教育》，《中国地质大学学报》2011 年第 4 期第 11 ～ 18 页。王薛时）

生态审美两种形态

Two forms of Ecological Aesthetics

曾繁仁在《生态美学导论》一书中提到生态审美的两种形态，即阴柔的安康之美与阳刚的自强之美，认为对这两种审美形态有深入论述的有中国古代典籍《周易》，具体体现为周易六十四卦对天人关系的模拟与象征之中，其中阴柔之美体现为大地之美，在坤卦的至柔至静、坤厚载物的特征与本性中体现出来，阳刚之美体现在面对各种自然灾害时不退缩、不畏惧，积极与自然抗争，敬畏自然、自强不息的精神。（雷爱民）

生态审美思想

Ecological Aesthetic Thoughts

生态美学中的理论范畴。生态美学随着生态批评的兴起而产生，是处于后现代审美语境中，在生态学原理和美学原理的思想启发下，对人与社会、人与自然以及社会与自然之间相互关系的美的思考。然而作为独立学科，生态美学尚缺乏系统的理论要素作为学科框架支撑，学科本身还处于蜕变和发展阶段，这决定生态美学严格说来还只是审美观点或者态度。作为学科要素的生态审美思想因此没有清晰统一的理论概括。生态审美是站在人与自然有机统一体的立场、以人与自然和谐共生作为理想追求，对人与社会、人与自然之间美的关系的思考。因而生态审美思想是关于探索人与自然之间美的关系的系统性、理论性的学说，是关于人与自然关系的集中论述，是人类对于生态之美的自发、自觉地反思。具体说，生态审美思想包括古往今来生态哲学家、科学家、文学家、艺术家的理论著作。生态审美思想与生态审美意识，二者都是生态美学的基本理论范畴，然而生态审美意识是对人与自然之间美的关系的不自觉和下意识的追求，是一种对自然之美的朴素欣赏。我国古代传统思想中的天人合一观念就是一种具体形式。生态审美思想比生态审美意识更具系统性，因而也更加深刻。（参考：隋丽：《现代生态审美意识的生成与文本建构》，辽宁大学2008年博士学位论文第11～13页。欧阳文川）

生态审美意识

Ecological Aesthetic Consciousness

生态美学中的理论范畴。生态美学随着生态批评的兴起而产生，是处于后现代审美语境中，在生态学原理和美学原理的思想启发下，对人与社会、人与自然以及社会与自然之间相互关系的美的思考。然而作为独立学科，生态美学尚缺乏系统的理论要素作为学科框架支撑，学科本身还处于蜕变和发展阶段，这决定生态美学严格说来还只是审美观点或者态度。作为学科要素的生态审美意识因此也没有清晰统一的理论概括。生态审美意识是生态意识的一种意识类型。生态意识指人类在处理自身活动与外部环境之间相互联系的主观认知与态度。生态意识具有丰富的内涵，在不同层面可以被分解为不同类型的生态意识，如可以分为生态科学意识、生态价值意识、生态道德意识、生态法制意识、生态责任意识等内容，生态审美意识是其中一种。生态审美意识可以理解为是站在人与自然为有机统一体的立场，以人与自然和谐共生作为理想追求，对人与社会、人与自然之间的关系进行的审美思考。另一方面，根据美学理论，审美意识是对美的不自觉和下意识的追求和探索。因此，生态审美意识可理解为是对人与自然之间美的关系的不自觉和下意识的追求。这种生态审美意识是对自然之美的朴素欣赏，我国古代传统思想中的天人合一观念就是一种具体形式。（参考：隋丽：《现代生态审美意识的生成与文本建构》，辽宁大学2008年博士学位论文第11～13页。欧阳文川）

生态审美智慧

The Wisdom of Ecological Aesthetics

中国传统经典《周易》中蕴含的生态美学思想。“生生为易”是《周易》的核心内涵，包括阴阳太极为万物生命之源、生命产生于天地阴阳相交、宇宙万物都有生命并表现为生命环链等思想。同时它描绘古代人“鼓之舞之以尽神”的基本生存状态，“保合大和”阴柔之美的中国古典审美形态，以卦象为表征的古代诗性思维以及古人对“利贞”“休归”等诗意栖居的追求。这种审美智慧不仅直接被《文心雕龙》继承，而且影响中国历代以诗言志与气韵生动为特点的审美观。（参考：曾繁仁：《试论《周易》“生生为易”之生态审美智慧》，《文学评论》2008年第6期第33～37页。王薛时）

生态生产

Ecological Production

生态生产有广义和狭义之分。狭义指人类以恢复、改善和完善人类生存与发展须臾不能离开的生态环境，有意识有目的的环境保护，特别是自觉而积极的生态建设。广义指自然界本身的诸如生态的自我恢复能力，环境的自我净化能力以及可再生资源的自我再生能力等。生态生产的特征：1. 具有自然性和社会性的双重属性。自然性指构成生态生产的各要素之间在相互依存、相互制约、相互作用的过程中所进行的物质循环和能量流动。社会性指对人类而言，将生态生产融入至整个社会再生产过程，丰富生产对象领域，将生态观渗透于社会再生产各个环节。2. 生态生产与环境生产、物质资料生产和人口生产相对应并融入于环境生产、物质资料生产和人口生产之中。生态生产的类型有：1. 生态系统生态生产。狭义把生态系统的生态生产与再生产称为生态生产，其正常运行与构成要素与生态系统可以等约。由相互依存、相互渗透、相互转化、相互制约的生产者、消费者、分解者和非生命物质等基本要素构成的生态系统正常运行取决于两个条件：1）构成要素或基本单元要能够承担最基本的任务，内部受损或严重残缺都会影响到生态系统的正常运行；2）构成要素应有足够的数量保证，数量较低或枯竭的情况下，生态生产不能正常运行。2. 社会系统生态生产，分为物质资料生态生产和人口生态生产。物质资料生态生产是要实现物质资料生产的观念、行为、方式和过程以及结果的生态化，强调物质资料生产各个环节的生态化渗透，既要实现良好经济效益又要实现优化生态效益，是经济效益与生态效益的有机统一过程。人口生态生产是人口在生产过程中在生物学与社会学层面上始终贯彻人口数量、人口质量、人口结构、人口分布生态化的原则。（参考：包庆德等：《生态哲学维度：人口生态生产与可持续发展》，《中国人口、资源与环境》2003 年第 4 期第 12 ~ 15 页；邱根田：《生态生产初论》，《求索》1995 年第 2 期第 84 ~ 87 页。朱配辰）

生态生存论

Ecological Survival Theory

指把思考和解决人类生存与发展问题作为生态学主题和价值取向。在这个意义上，从人类的生存状况出发，把事物、现实、感性当作人的感性活动，当作实践并且从主观方面去理解。生态文明建设的根本理念是生态生存理念。生态生存是人的根本存在状态，生态生存理念是人类生存的根本理念，它是与当代社会非生态生存方式完全相对立的生存理念。生态生存理念的基本构成：生态存在理念、生态生活理念、生态生产理念和生态消费理念。生态生存理念的实践逻辑是建设社会主义生态文明。（牟世晶）

生态失调

Ecological Disturbance

相对于生态平衡而言，指外来干扰破坏生态系统结构功能的相对稳定状态，生态系统的自我恢复能力难以使其恢复到原初状态，对生态环境带来不良影响的生态现象。生态失调表现在结构（一级结构受损、二级结构变化）和功能（能量流动受阻、物质循环中断）两方面。原因包括自然因素和人为因素，尤其以人为因素为主，如对自然资源不合理利用或掠夺性利用，废水、废气、废物的不断排放等，造成环境质量恶化、资源枯竭，引起生态系统的负面效应。因此应对生态失调的对策主要针对人为因素，调整人类行为向着有益生态平衡的方向进行，如增加组成成分的多样性、人类活动不得超过生态阈值、巧设食物链、增强生态环境意识等。（王晴晴　牟世晶）

生态诗学

Ecopoetics

关于文学与生态之间关系的各种立场、观点、思想和理论。生态诗学认为，勇于清理文学给自然环境留下的累累创伤，检讨文学话语中的人类中心主义因素，是生态批评的应尽之义。生态诗学坚持生态整体原则，认为地球上的所有存在体，从飞禽走兽到树木花草、山川河海、土壤石头、人类和空气，构成一个整体的生态系统。生态整体不是其内部各项的相加，而是大于各项总和的有机网络。所有存在体相互依存，才能形成生态之“生”的持续运行，而整体中任何部分遭到损坏，都将造成生态系统整体的失灵，反过来伤害整体内的各个部分。这种牵一发而动全身的生态肌理要求对每一种存在体予以保护，而不是仅仅照顾某些种属或人类的利益。如此才能为生态文明建设做出贡献，实现文学的特定存在价值，同时也为文学的未来开辟出一条光明大道。（参考：马海良：《生态诗学的基本主张》，《中国社会科学报》2013年5月24日B01版。王薛时）

生态食品

Ecological Food

也称有机食品。生态食品的国际通称为Organic Food。生态食品始于欧美，德国的“蓝天使”标志食品、意大利的“生态农业产品”等均属于生态食品。指生产环境符合管理标准，并且生产流程依据严格的质量标准管理体系，采用生态农业相关生产技术，不使用化肥、农药、生长调节剂、家畜饲料添加剂，生产过程、产品成分的用量标准都符合国家相关规定，不采用基因工程技术，运用生态学原理，遵循自然规律，使种植业和养殖业平衡协调发展，经过合法机构依据国家生态食品相关标准的权威认证，供人们食用的相关食品，如蔬菜、奶制品、豆制品、水产品等。生态食品较非生态食品更富营养，其中所包含的有益微量元素和维生素含量较高，因此更加有益健康。生态食品因不使用非生态的生产原料和生产技术，所以具有相当高的安全性，比较其他包含化学添加剂和防腐剂的非生态食品更加值得信赖。然而生态食品并不意味着完全不包含有害成分，只是相对而言含量较少，重金属或者其他可能致癌元素含量较低，可控制在不会对身体造成任何危害、因此忽略不计的程度。由于特殊的生产技术和其安全性的特征，生态食品的市场价格比非生态食品要高，但是在市场受欢迎程度颇高，这从另一面反映出消费者生态意识的增强，购买生态食品成为绿色生活方式的重要标志。判断标准有：1. 来自于生态农业生产体系或野生天然产品；2. 生态食品在生产和加工过程中必须严格遵循生态食品生产、采集、加工、包装、贮藏、运输标准，禁止使用化学合成的农药、化肥、激素、抗生素、食品添加剂等，禁止使用基因工程技术及此技术的产物及其衍生物；3. 生态食品生产和加工过程中必须建立严格的质量管理体系、生产过程控制体系和追踪体系，因此一般需要有转换期；4. 生态食品必须通过合法食品认证机构的认证。（参考：尹世久等：《生态食品：消费者的偏好选择及影响因素》，《中国人口·资源与环境》2014年第4期第71～75页。欧阳文川　李雪姣）

生态示范区

Ecological Demonstration Area

指以可持续发展理论和生态学原理为指导，以经济建设为中心，以保护和改善生态环境为基本出发点，通过统筹规划，分步实施，优化经济结构，改善环境状况，提高人民生活水平，最终实现社会经济全面、健康、持续发展的行政区域。以市、县为规划的称生态示范区（有的称生态市），以省域为规模的称生态省，有的称生态经济示范区。生态示范区的建设不是单纯的环境保护与生态建设，内容涵盖人口、资源、环境保护、社会经济发展的各个方面，是促进环境保护与社会经济协调发展的载体。从1995年开始，国家环保局在全国开展生态示范区建设试点工作。生态示范区建设的内容有：1. 农业型生态示范区，即以发展大农业为出发点，按照整体协调的原则，实行农、林、牧、副、渔统筹规划，协调发展，并使各业互相支持，相得益彰，从而实现农业持续、快速、健康发展。如江苏姜堰市河横村、辽宁盘山县等。2. 农工商一体化型生态示范区。如上海崇明县，利用国有农场众多的优势，以养殖业和种植业为起点，逐步推行鸡粪喂猪、猪粪化沼气、沼气渣下鱼塘及其他形式的综合开发利用，形成规模后逐步开展深加工和精加工，进而大量出口，形成多家骨干企业，实现农工商一体化经营。又如江苏大丰市则在推广生态工业模式的基础上总结出农工农、回收利用厂内消化、清洁工艺3种方式的成功经验。3. 旅游型生态示范区。1990年被联合国教科文组织列为世界文化和自然遗产的安徽黄山。他们完善风景区的总体规划，实行分区旅游，景区轮休生态保护，改善景区交通、娱乐、服务设施，开通微波通讯，以燃油代替燃煤，防止大气污染，为让黄山这一大自然的杰作焕发出世界级的风采做出了贡献。4. 乡镇工业型生态示范区，即以县域内乡镇企业为整体对象，开展乡镇工业小区规划，加强污染管理，使区域经济与环境协调发展。5. 城市化生态示范区，我国第一个2000年小康型生态城市住宅示范区银湾花园小区，绿地面积占34%，它的启动推动我国的生态住宅与生态城市建设。6. 生态破坏型生态示范区。有计划地恢复和治理已破坏的生态环境是生态示范区建设的另一重要内容。如河北唐山古冶矿区通过整治采煤塌陷区的生态环境，成为全国采煤塌陷生态环境综合整治示范区。为使生态示范区建设规划与我国国民经济和社会发展规划、全国生态环境建设规划纲要相协调，生态示范区建设分为三个阶段进行。第一阶段：1996~2000年，试点建设阶段，在全国建立生态示范区50个；第二阶段：2001~2010年，重点推广阶段，在全国选取300个区域进行重点推广，建成各种类型，各具特色的生态示范区350个；第三阶段：2011~2050年，普遍推广阶段，在全国广大地区推广生态示范区建设，使示范区的总面积达到国土面积的50%左右。（参考：王如松：《论复合生态系统与生态示范区》，《科技导报》2000年第6期第6～9页；杨朝飞：《建设高质量生态示范区》，《环境保护》2000年第1期第16～19页。**朱配辰　李雪姣**）

生态示范区类型

Type of Ecological Demonstration Area

指根据各地主要生态环境问题的不同而划分的不同的示范区建设模式，可分为区域生态示范区建设和生态破坏恢复治理示范区建设两大类。第一类区域生态示范区建设包括以单项建设为主和以区域综合建设为主两种类型。其中，以单项建设为主的生态示范区又包括以下5种类型：生态农业型、乡镇工业合理规划布局型、农工贸一体化、生态旅游型以及生态城市示范区。以区域综合建设为主的生态示范区开展的内容是城乡生态环境综合整治，把生态经济建设、城镇规划建设等有机结合起来，逐步实现整个区域经济、社会和生态环境的可持续发展。第二类生态破坏恢复治理型示范区也分为两种类型，一种是在由于自然资源开发造成的破坏地区进行生态恢复，如土地沙漠化、盐碱化地区等；另一种是环境污染区的生态恢复，如农村环境综合整治等。（**蔡越**）

生态世界观

Ecological World Outlook

生态世界观认为，事物整体与部分的区分只有相对意义，它们的相互作用更基本，而且是整体决定部分，而不是部分决定整体，即部分的性质是由整体的动力学性质决定的，它依赖于整体。部分只是在整体中才获得它的意义，离开整体就会失去其存在。因而，首先是整体，它的动力学决定部分，部分作为整体的内容，它表现整体。它们两者是互补的，是不可分割的。因而，我们强调事物的相互联系、相互作用和相互依赖的整体性。生态学的基本观点，是生态系统整体性观点。生态哲学是整体论世界观。生态哲学关于世界整体论的预设，比机械论的纯机械的预设有更大的客观性和优越性。（参考：余谋昌：《生态哲学：可持续发展的哲学诠释》，《中国人口·资源与环境》2001年第3期第1～5页。**牟世晶**）

生态市场经济

Ecological Market Economy

指经济活动具有生态环保性质，既要安全、节能、低耗、无公害、不损害生态环境、不损害人身健康，又要有更多的经济效益，促进经济发展。生态市场经济是既利于生态环保，又提高经济效益的经济，环境合理性与经济效率性相统一的 21 世纪的主流经济形态。生态市场经济概念形象表达保护环境、优化生态与提高效益的统一性，表达越是生态环保越有效益的经济趋势，是科学的被广泛认同的概念。这一概念反映人们在经济发展模式、发展理论上的提升。在传统市场经济条件下，企业与社会经济行为都追求利润最大化，企业的具体经济行为很少关心甚至不关心外在成本或社会成本，只是追求某一系统经济利益的最大化。在生态市场经济条件下，必须转变传统的消费观念和生活方式。生态市场经济内含着新的消费价值观、人与自然统一的协调发展观，内含着对人的消费方式、生活方式、发展价值的规约与提升。总之，生态市场经济要求重新思索传统经济学理论，从更高层次上探索人类应该生产什么、怎样生产、怎样消费、怎样生活。（牟世晶）

生态式艺术教育

Ecological Art Education

继灌输式艺术教育、园丁式艺术教育之后的新型艺术教育。生态式艺术教育意在通过不同艺术门类之间的交叉融合，通过美学、艺术史、艺术批评、艺术创造等多种学科之间的生态组合，通过经典作品与学生之间、作品体现的生活与学生的日常生活之间、教师与学生之间、学生与学生之间、学校与社会之间等多方面和多层次的互生和互补关系，提高学生的艺术感觉和创造能力。这种新型的艺术教育形式意在培养具有可持续发展能力的人，培养具有真正智慧的、适应现代社会要求的全面发展的人。按照生态式教育观，美育是通过生态式艺术教学实现的。这种教学分两大类，一是生态式艺术教育，二是使美的法则渗透于其他学科的大美育教学。美育不是美学知识的教育，不是纯粹的艺术技法教育，而是在培养学生审美感受力的基础上完善其人格、提高其素质的教育。因此，以往流行的灌输式艺术教育和园丁式艺术教育都无法肩负这一任务。只有生态式艺术教育才是切实可行的理想美育形式。它主张不同艺术学科的融合，但融合又必须是生态式融合。（参考：滕守尧：《论生态式艺术教育》，《陕西师范大学学报》2003 年第 3 期第 5 ~ 16 页。王薛时）

生态适量

Eco-sufficiency

生态女性主义和以深生态学为代表的生态主义理论的一个基本观点，主张人们的生存和生活要以符合某一区域生态环境的容纳与吸纳能力为标准。相应地，对于当今世界而言，生态适量指人类社会除自觉减少对自然资源的消耗和废弃物的排放外，还要求少数发达国家或地区生产 / 消费标准的大幅度降低，以及实质性减少这些地区单位生产 / 消费所对应的污染和废弃物的排放量。所以，生态适量可以理解为维持生计性生产与生活。（徐越）

生态适应

Ecological Adaptation

生物随着环境生态因子变化而改变自身形态、结构和生理生化特性，以便与环境相适应的过程。不同种类的生物长期生活在相同环境条件下时，会形成相同生活类型，它们的外形特征和生理特性具有相似性，这种适应性变化称为趋同适应，生物与其生存环境的协调过程。生物通过行为、生理或结构的改变增加存活和繁殖机会。适应一词也可指协调过程的后果，如鳍足是企鹅对海洋生活的适应。生物在适应环境的同时也改造环境，如土壤是低等生物作用于岩石底质的产物。生物越进化，改造环境的本领越大。适应一词在生物学中有多种含意。广义的生态适应包括进化的、生理的和行为的 3 个层次，但不包括感觉适应。其中伴有基因型改变的进化适应是重点内容。生理适应的幅度、学习能力以及感觉适应的机制等，也都有遗传基础，都是进化的产物。（李雪姣）

生态水草技术

Ecological Water Plants Technology

又称生态基。用来净化水体的新型高效生态载体净化技术，是目前国内外从根本上解决水体净化问题最先进、最有效的生态修复方法。生态水草技术以生态水草（高效微生物载体）为核心，运用材料学、微生物学及水体生态等原理，采用食品级原材料，通过专利编制技术，将其制成高比表面积、高负荷的微生物载体，建立水体生态系统治理净化水质，持续保持水体的景观效果，具有纯生态无污染的特点，符合我国可持续发展的战略理念。生态水草技术目前被应用于人工湖等人工景观水体的生态建立及水质长期维护，湖泊和水库的治理、生态修复及水质长期维护，城市污染河流的治理及生态修复等方面。（王晴晴）

生态水产养殖

Ecological Aquaculture

指人为控制下繁殖、培育和收获水生动植物的生产活动，一般包括在人工饲养管理下从苗种养成水产品的全过程。广义上可包括水产资源增殖。水产养殖有粗养、精养和高密度精养等方式。粗养是在中、小型天然水域中投放苗种，完全靠天然饵料养成水产品，如湖泊水库养鱼和浅海养贝等。精养是在较小水体中用投饵、施肥方法养成水产品，如池塘养鱼、网箱养鱼和围栏养殖等。高密度精养采用流水、控温、增氧和投喂优质饵料等方法，在小水体中进行高密度养殖，从而获得高产，如流水高密度养鱼、虾等。（史月田）

生态水利

Ecological Hydraulic Engineering

以工程力学和生态学为理论基础，在满足水资源开发利用需求的同时，兼顾水体本身存在于健全生态系统中的需求。源于人们对自然的认识，人们在遭受大自然的报复后，对传统水利存在的问题进行深刻反思，提出由工程水利向资源水利最终向生态水利的转变。洁净的河流是健全生态系统的动脉，河流湖泊治理的目标既要开发河湖的功能性，也要维护流域生态系统的完整性。这需要权衡满足人的需求的经济效益与环境效益之间的关系。生态水利涵盖水利事业和水利产业目标，突出了环境目标，与可持续发展的三维目标即经济、社会、环境是一致的。生态水利把江河湖泊中的水体看作是生态系统中的重要组成部分，不但要掌握水在气候系统、水文循环中的运移转换规律，还要掌握在特定的生态系统中，特定的生物群落与水体的相互依存关系。生态水利运用技术手段协调人们在供水、防洪、发电、航运效益与生态系统建设的关系，利用已建水利工程的调度、管理手段，为江河湖库的水生态系统恢复提供支撑。（韩铮）

生态税

Ecological Tax

又称环境税。国家对开发、保护和利用生态环境、资源的单位和个人，按其对生态环境与资源的开发利用、污染、破坏和保护程度进行征收和减免的税收。生态税在 OECD 国家已经比较成熟，丹麦、瑞典、德国、荷兰等国家都已经成功地将收入税向危害环境税转移，税种设置包括垃圾填埋、碳排放、能源销售、硫排放等。开征生态税的范围包括：1. 开征生态保护专项税，为环境保护筹集专项资金；2. 开征环境污染税，目前我国环境污染税缺位，治污资金主要通过征收排污费筹集；3. 对奢侈品、环境危害大消费品列入征税范围。（李雪姣）

生态寺院主义

Eco-monasticism

生态政治理论家试图从寺院传统生活中寻找解决现代环境问题社会模式的尝试，是具有古典色彩的当代世界生态问题的人道主义解决方案。可以提供工作与娱乐、个人与政治、现世与神圣相统一的生活风格，可以通过提供全面文化更新创造的空间实现生态政治理论全面解放的志向，形成具体的稳定国家秩序下既承认其他生命形式需要、又能使人类全面发展需要实现的社会形式。威廉姆·莫里斯（William Morris）受到中世纪自治主义者纽西亚的圣·本尼迪克特（Saint Benedict）的启发，主张展开反对时代冷漠无情的东征与圣战；西奥多·罗斯扎克在《个人与星球：工业社会的重建》中认为，寺院主义提供了经过检验的、历史的社会分散模式，在那里重要的、新的人类本性与命运感可以依之为基础。生态社会主义者安德烈·高兹（André Gorz）批评说，日常生活的神圣化与寺院生活内各种活动的统一，只是表面上的，它在现代社会真正实现的可能性也大可怀疑。（徐越）

生态损害

Ecological Damage

生态损害的含义因学科的不同而有所差异，但一般说意味对生态系统正常运行造成干扰，以至于系统需要较长时间恢复其功能或者丧失其正常生态功能。生态损害从广义上理解可分为初级生态损害和次级生态损害。初级生态损害指由于人类活动而对环境造成的污染和损害；次级生态损害指由于人类活动造成的环境损害对于人身或者财产、财务造成的损害。由于次级生态损害的赔偿责任属于民法调节的范畴，对生态损害赔偿因属于公法调节的范畴，因此生态损害赔偿的含义应以初级生态损害的意思为主。按照法律责任的区分，生态损害分为3种类型：1. 过错行为，指由于过失、故意或者违法等行为造成的环境破坏和生态损害，如原油泄漏事故、人为原因导致的森林大火、违法捕猎等行为；2. 非过错行为，指因合法利用开发自然资源的情况下对自然环境造成的损害；3. 历史累积型污染，指由于过去的人为过错行为或者过去的人为非过错行为而导致的潜在的自然损害。从生态损害造成后果的法律责任看，可以分为生态损害赔偿、生态损害补偿。此外，对由于历史累积型环境污染应如何判定还没有一致结论。（参考：饶欢欢等：《生态损害补偿与赔偿的科学及法律基础探析》，《生态环境学报》2014 年第 7 期第 1245 ~ 1249 页。欧阳文川）

生态损害补偿

Ecological Damage Compensation

补偿首先应与赔偿做出区分。赔偿是由于自己的过失、疏忽或者违法行为对他人造成的伤害给予补偿的行为，而补偿是由于责任方的无过错行为而导致的对他人的损害。因此生态损害补偿可理解为由于无过错的行为对生态环境造成损害而给予补偿的行为，如经过行政审批、合法利用和开发自然资源的情况下对自然环境造成损害，经营者或者所有者对相关方面给予的补偿。生态损害补偿一般通过行政程序以货币的形式补偿，补偿的责任主体是获得审批、合法开发利用资源的经营者和所有者。（参考：饶欢欢等：《生态损害补偿与赔偿的科学及法律基础探析》，《生态环境学报》2014 年第 7 期第 1245 ~ 1249 页。欧阳文川）

生态损害赔偿

Ecological Damage Compensation

生态损害赔偿的以初级生态损害为主。赔偿是由于过失、疏忽或者违法行为对他人造成伤害而给予补偿的行为，因此生态损害赔偿可理解为由于过失、疏忽或者违法行为对自然生态造成损害（如原油泄漏事故、人为原因导致的森林大火、违法捕猎等行为），从而承担的一种将生态环境恢复至受损害以前的法律责任。生态损害赔偿的责任主体一般为经营者和所有者，责任主体依据预警原则和污染者付费原则确定。此外，如果经营者或者所有者购买第三者责任保险，那么保险公司、赔偿基金也可被视为赔偿责任主体。（参考：饶欢欢等：《生态损害补偿与赔偿的科学及法律基础探析》，《生态环境学报》2014 年第 7 期第 1245 ~ 1249 页。欧阳文川）

生态退化

Ecological Degradation

指生态系统朝着物种、生物量、物质能量流动规模减小、结构简单化以及环境状态朝着不易生物生存的方向的变化。如植被面积减少、土壤肥力降低、水土流失、耕地沙漠化等等。造成生态退化的因素有两类。一类是自然因素，如地震、山崩、火灾、气候变化等。另一类是人为因素，如草场过度放牧，森林过度砍伐，水产资源的过度捕捞，环境污染等。在生态退化情况下，生态系统不仅不能提供净生产力，而且还可能导致生命维持系统的破坏，其极点是物种灭绝，即生命完全消失。生态退化对人类极为不利，它将动摇社会经济发展乃至人类生存的生态基础。1. 森林生态系统退化，即由于人类活动的干扰（如乱砍滥伐、开垦及不合理经营等）或自然因素（如火灾、虫害及大面积的塌方等），使原生森林生态系统遭到破坏，从而使其发生逆于其演替方向发展的过程。特征是：1）系统结构改变，即先前稳定的物种间的相互关系受到破坏，系统中的一些原有物种消失，而一些外来的物种得以入侵；2）系统功能改变，主要是生物生产力和生物量的减少，生态服务功能衰退及自我调节能力下降等；3）环境的改变，如土壤有机质减少、土壤流失等；4）生物间共生关系的改变，土壤种子库的改变等。2. 土地沙漠化，即在干旱多风的沙质地表条件下，由于人为强度活动，造成地表出现以风沙活动为主要标志的土地退化。3. 水土流失。森林和草地的破坏以及人类不合理的垦荒是导致土壤流失的直接结果。（参考：刘国华、傅伯杰、陈利顶、郭旭东：《中国生态退化的主要类型、特征及分布》，《生态学报》2000 年第 1 期第 13 ~ 19 页。朱配辰）

生态外部效应论

Theory of Ecological Externality

外部经济性与外部不经济性合成外部效应性理论。在生态物权领域，指那些生产或消费生态物对其他权利主体强征不可补偿的成本或给予无须补偿收益的情形。如森林资源不仅自身具有商品功能，同时还具有保持水土、涵养水源、净化空气与水质、美化环境、提供游憩场所等社会生态功能。砍伐森林对伐木者来说是获益，但对社会来说是亏损。这属于市场体系外的负外部效应。一种物权的行使，对社会生态效益产生不利影响，产生负外部性，如果因此放弃这种物权的受益权，虽不能获得市场机制补偿，但应获得政府干预机制的补偿，使之负外部性转化为正内部性效应。反之，如果执意行使此物权，则应承担消除负外部效应的成本支出，即外部效应的内部化。外部性效应分为两类：一类是造成成本的负外部性，另一类是造成利益的正外部性。外部性问题出现时，市场机制无法发挥作用，一方面环境污染得不到控制；另一方面存在正外部性的产品或服务的产量不足。这时必须依靠外部力量，即政府干预加以解决。政府可以通过税收与补贴等经济干预手段使外部性效应内部化；另一方面，给正外部性的生产者以适当补贴。（李雪姣）

生态危机

Eco-crisis

指由人类不合理的社会、政治、经济活动导致的对局部地区生态系统或全球生态系统结构和功能的严重破坏现象。表现为局部地区和全球范围内出现的森林覆盖面积缩小、草原退化、水土流失、沙漠扩大、水源枯竭、环境污染、气候异常、生态失衡等。从本质看，生态危机是工业文明与生态系统之间的尖锐冲突，社会根源是世界人口激增、生产技术不完善和一用即弃的消费方式，私有制度的长期存在和发展是导致生态危机的深刻的社会根源。社会意识根源是传统的人类中心主义价值观以及单纯追求经济增长的发展观，有关生态危机根源的思想观念主要有：人类中心主义论、唯科技论、唯增长论、主客二元对立论。马克思主义的生态理论是对西方近代以来主客二元对立思想的科学纠偏，为克服全球生态危机提供理论指导。生态危机的特点：1. 历史性。

生态危机的形成与加剧是与特定的历史时代相联系的。近代世界人口迅速增长，科学技术出现巨大进步，生活需求成倍增长，人类干预自然界的规模和强度不断扩大和深化，直接引起生态危机。2. 全球性。生态系统内各因素之间、生物圈中各生态系统之间相互联系、相互制约，生态系统中某种要素或某一生态系统的变化必然引起其他要素或系统的变化，局部生态状况恶化，影响人的生存与发展必然波及全球生态状况。3. 人为性。由自然原因，如火山、地震、台风、洪水等造成的生态灾难只能造成局部地区的生态危机现象，随着灾害的消除，生态危机也将减轻并恢复。人类对自然作用引起生态危机则比自然造成的危机在规模与程度上要大得多。生态危机可以引起经济恶性循环，并触发一系列政治危机。生态危机是危机中的危机。生态危机作为人类危机，其实是人类主体地位的危机。协调人与自然界之间的关系，走可持续发展之路是解决生态危机的唯一途径。面对生态危机，人类对环境的开发利用必须持谨慎态度，必须尊重生态规律。人类必须从根本上改变传统的工业化生产方式，关注全球价值，注重生态规划，开展生态质量评价，研究生态工程及生态工艺设计，在生态学、生态经济学原理指导下组织生产、消费。（参考：丁立群：《人类中心论与生态危机的实质》，《哲学研究》1997 年第 11 期第 58 ~ 62 页；巨乃岐、巨亚杰：《关于人与自然关系的哲学思考》，《宝鸡文理学院学报》（社会科学版）2008 年第 1 期第 31 ~ 36 页。**朱配辰　牟世晶**）

生态卫生

Ecological Sanitation

“生态关系合理的卫生系统”的简称。狭义指对产生于人类生活、生产过程中废弃物的回收处理和重新利用的再生系统。广义指由主体，包括人、技术、组织机构、文化观念等，与其施加影响和作用的生活和产生环境（包括能够提供资源、能源等的物质和能够吸收、同化、转化各种废弃物、污染物的装置，以及为提供能源和转化废物提供工作空间的场所）之间组合而成的复合系统。本质是对废弃物循环利用和无害化处理，从而维护生态平衡和完整性。生态卫生对于社会、经济和自然都具有重要的生态调节功能。如在社会方面，生态卫生系统具有清洁、高效、方便、私密等特点；在经济方面具有成本低廉、节能的特点；自然及生态方面具有净化空气、保护土壤和水质等方面的特征。中国在面临严重的环境污染危机和部分城乡基础设施陈旧落后的局面下，生态卫生系统是解决公共卫生、居民健康以及城乡环境的有效手段。发展生态卫生有利于缓解当前中国城乡、区域之间公共卫生系统的不平衡，有利于缓解由人口压力引发的水资源、粮食等的短缺。因此，生态卫生对于现阶段中国将产生良好的社会、经济、环境效益。（参考：王如松等：《中国生态卫生建设的潜力、挑战与对策》，《生态学杂志》2008 年第 7 期第 1201 ~ 1206 页。**欧阳文川**）

生态位

Niche

又称小生境。物种在群落中所占有的位置，由该物种的非生物因素需求、食物喜好、小环境特征和捕食回避等因素决定。生态位又指物种在群落中的机能和地位，强调微观尺度物种间的营养关系维持物种生存所必需的所有非生物条件的总和。物种的生态位由其生境需求确定，对于理解和预测该物种的地理学分布有重要意义。生态位按不同分析指标可分为空间生态位、功能生态位和多维超体积生态位（温度、食物、种群密度等多因子参数）等。生态位的稳定性受生态位宽度和生态位重叠程度的影响，呈现出昼夜性和季节性的生物节律变化。最早于 1910 年由美国学者 R.H. 约翰逊在生态学论述中第一次使用，但没有给出明确定义。而后格林内尔提出了空间生态位的概念，即恰好被一个种或一个亚种占据的最后分布单位。查理斯・艾盾提出功能生态位的概念，即一个动物的生态位表明它在生物环境中的地位及其与食物和天敌的关系。哈钦森提出多维超体积生态位的概念，认为生态位是每种生物对环境变量的选择范围。随后的多位学者都分别对生态位提出不同的解释与定义，总结出生态位宽度和生态位重叠的概念及公式，用以计算生态位。在动物世界里没有两种物种的生态位是完全相同的，有些物种亲缘关系接近或相似而使生态位部分重叠，这时就会出现严酷的竞争。（参考：唐俊峰:《生态位分化对物种多样性维持的重要性》，兰州大学 2013 年博士学位论文第 10 ~ 15 页。刘阳　代富宇　张惠娜）

生态位测度

Niche Metrics

生态位是生物与其所在的生态系统之间的一种适宜性关系，确切说来是生态系统中对于某种生物生存所必需的生态因子的集合或者生态系统中其他生态因子对于该种生物而言的适宜性程度。这里的生态因子指种群为存续和发展所需要的自然资源，处于不同生态位的种群根据需要选择不同的资源，处于相同生态位的种群具有相似的行为和环境依附模式，因此在资源的需求与选择中存在竞争关系。在此意义下，一类物种对不同资源的利用总和是该物种的生态位宽度。生态位宽度是物种反映对资源选择和利用的多样性及其范围，是单个生态位或者不同生态位之间的重要数量指标。生态位测度是对生态位宽度的测量。生态位测度的作用在于表征某一物种对环境的适应性范围和程度，反映不同物种在生态位中的竞争优劣关系，使生态位概念鲜明化和具体化。生态位测度的常用方法是使用数学模型，早期模型设计的理念都基于单维生态位，近年来学者更倾向于多维生态位宽度的测量，Hutchinson 的生态位测量模型是多维生态位宽度测量的典型。（参考：李契等:《生态位理论及其测度研究进展》,《北京林业大学学报》2003 年第 1 期第 100 ~ 106 页。欧阳文川）

生态位法则

Niche Law

又称格乌司原理、价值链法则。指在大自然中各种生物都有自己的生态位，亲缘关系接近的具有同样生活习性的物种，不会在同一地方竞争同一生存空间。应用在企业经营上是，同质产品或相似的服务，在同一市场区间竞争难以同时生存。由 J.Grinnel（1917，1924，1928）提出，最初是用于研究生物物种间竞争关系。原理指在生物群落或生态系统中，每一个物种都拥有自己的角色和地位，占据一定的空间，发挥一定的功能。自然生态系统中的物种或种群只有生活在适宜的微环境中才能得以延续，随着有机体的发育，它们能改变生态位。生态位现象对所有生命现象都具有普适性，不仅适用于生物界包括动物、植物、微生物，也适用于人包括由人组成的集团、社会、国家。（牟世晶）

生态位泛化

Niche Generalization

生态位是生物与其所在的生态系统之间的适宜性关系，确切说是生态系统中对于某种生物生存所必须的生态因子的集合或者生态系统中其他生态因子对于该种生物而言的适宜性程度。这里的生态因子指种群为存续和发展所需要的自然资源，处于不同生态位的种群根据需要选择不同的资源，处于相同生态位的种群具有相似的行为和环境依附模式，因此在资源的需求与选择中存在竞争关系。在此意义下，一类物种对不同资源的利用总和是该物种的生态位宽度。生态位宽度是物种对资源选择和利用的多样性及其范围，是单个生态位或者不同生态位之间的重要数量指标。当物种所处的生态位适宜度较低，可利用的资源较少时，生物会扩大其资源谱，改变现有所需要的资源结构，丰富资源多样性以提升生态位适宜度，这时表现为物种的生态位泛化，即物种为生存的需要适应外部环境，生态位宽度因此被拓展和泛化。（参考：包庆德等：《生态位：概念内

涵的完善与外延辐射的拓展》,《自然辩证法研究》2010 年第 11 期第 43 ~ 46 页。欧阳文川)

生态位分化

Niche Differentiation

生态位分化可分为种间生态位分化和种内生态位分化。前者是在一个生态位中物种之间由于食性差异、资源利用方式差异、栖息地差异和病菌敏感度差异等，在竞争过程中为保持物种间共存而发生的分化。种内生态位分化在于同一物种由于繁殖能力、对天敌的敏感性、外形等个体功能性状上的差异，造成对资源利用和对种内与种间竞争的适应性进化。美国博物学家范·瓦伦（Van Valen）1965 年通过对岛屿和大陆鸟类种群的观测，首次提出种内生态位分化假说。他认为同一种群内个体在利用资源方面存在差异，并且在种间竞争缺失的情况下这种种内生态位分化会更加显著。由于种间生态位分化的核心在于种间差异大于种内差异，如果生态位分化在群落中发生作用，那么必然能够发现种内竞争强于种间竞争的现象。当某一物种种群数量不断增加时，竞争优势种会由于较强的种内竞争而导致其种间竞争优势下降，从而形成负的密度制约效应。目前关于种内分化的研究都是基于群落内单个物种，缺乏对群落内共存物种种内分化强度的了解。(参考：陈磊、米湘成、马克平：《生态位分化与森林群落物种多样性维持研究展望》，《生命科学》2014 年第 2 期第 112 ~ 117 页。刘阳)

生态位分离

Niche Separation

生态位是生物与其所在的生态系统之间的适宜性关系，确切说是生态系统中对于某种生物生存所必需的生态因子的集合或者生态系统中其他生态因子对于该种生物而言的适宜性程度。某一物种在其所属生态系统中，如果其在时间空间上所占据的位置以及与其他物种之间的功能关系与其他物种存在重叠现象，那么就会导致它们对于有限生存资源的竞争关系。这种两个或两个以上生态位相似的物种生活于同一空间时分享或竞争共同资源的现象称为生态位重叠。生态位分离是与生态位重叠相反的过程，或者是生态位重叠导致的结果。在物种对资源的竞争关系中，存在两种结果，第一种是在竞争中处于劣势的物种完全被压制，以至于最后灭绝；第二种结果是原本处于相同生态位的不同物种，其中处于资源竞争劣势的物种选择在空间上与占优势的物种分割，或者寻找与其他物种不存在竞争关系的资源，或者在改变其生态习性（时间上分离）。第二种结果的所有方面统称为物种之间的生态位分离。由此看来，生态位分离实际是物种应对竞争的策略，此外它也是物种进化的动力。生态位分离导致被分离出去物种生态位宽度的改变，处于竞争优势的物种，其生态位宽度会趋于特化，处于劣势的物种，其生态位宽度会趋于泛化，在食物结构发生实质性经常改变时，便会产生物种的进化。（参考：包庆德等：《生态位：概念内涵的完善与外延辐射的拓展》，《自然辩证法研究》2010 年第 11 期第 43 ~ 46 页。欧阳文川）

生态位宽度

Niche Breadth

$B=\frac{1}{\sum_{i=1}^{s}(P_i)^2}$ $P_i=\frac{N_i}{N_1+\cdots+N_i+\cdots+N_s}$ 又称生态位广度或生态位大小。指物种或种群适应环境和利用资源的实际幅度或潜在能力。在进化生态学意义上，影响种群生态位宽度的因素有生态环境的稳定性、资源丰富度以及竞争者的强弱有无等。生态位宽度的大小体现物种在群落中的竞争地位，物种生态位宽度越大，则它对环境的适应能力越强。在一个生态位中，在没有任何竞争或其他敌害情况下，可被利用的整组资源称为原始生态位；因种间竞争一种物种不可能利用其全部原始生态位，其所占据的只是现实生态位。一个物种能够在多大程度上压缩或扩大另一个种的现实生态位，取决于它是均匀地还是以斑块的方式利用资源，前者可能导致生态位扩大，后者可能引起生态位缩小。用多维空间描述生态位有助于概念的精确化。但实际工作中只能对少数几个，通常只是一两个生态因子做定量分析。生态位宽度是就一个生态因子轴而言的。这方面实验较多的是动物的竞争取食，以食物种类或体积大小为变量。设某物种在 *s* 种食物资源中取食，取每种食物的个体数分别为 $N1 \cdots Ni \cdots Ns$，则：表示取食第 *i* 种食物的个体数在总数中的比例。R. 莱文斯提出的计算生态位宽度 B 的公式是：简单举例：设置装有不同食物的食槽 s 个，使一种动物取食，统计每槽取食的个体数。一种极端情况是，每槽个体数相等，表明此物种在所测范围内占有最宽的生态位，此时 B 值最大；另一种极端情况是，所有个体都在同一食槽取食，表明此物种在所测范围内占有最窄的生态位，此时 B 值最小。自然，这里测的是种群的综合效果。各个个体取食范围可能都很广（称泛化取食者），也可能都很窄（称特化取食者），但可因各特化取食者分别采取不同食物，所以它们的综合效果仍很广。但绝大多数情况介乎两者之间。一般说来，当主要食物缺乏时，动物会扩大取食种类，食性趋向泛化，生态位加宽；当食物丰富时，取食种类又可能缩小，食性趋向特化，生态位变窄。（参考：李德志、石强、臧润国等：《物种或种群生态位宽度与生态位重叠的计测模型》，《林业科学》2006 年第 7 期第 95 ~ 103 页。刘阳　李雪姣）

生态位适宜度

Niche Suitability

生态位适宜度理论是在生态位理论基础之上发展而来的。生态位是指生物与其所在的生态系统之间的一种适宜性关系，确切说来就是生态系统中对于某种生物生存所必需的生态因子的集合或者生态系统中其他生态因子对于该种生物而言的适宜性程度。生态位可以被理解为某种物种在生态系统中所处的实际位置，生态位适宜度简单来说可以理解为某种物种的理想生态位与其所处的现实生态位之间的贴近程度，因此生态位适宜度反映的是生态系统中其他生态因子对于物种的适宜性程度。生态位适宜度理论的出发点在于研究如何优化物种对外部资源适应性程度的问题。生态位适宜度理论借助数学模型量化实际生态位与理想生态位之间的贴近程度，如早期利用 Hutchinson 的多维超体积研究农作物生态位适合性侧度，即测试农作物生长过程当中对生态系统中各种因子的需求与实际对作物生长的满足之间的贴近程度。如果生态系统中的各种生态因子对于作物生长的满足程度处于理想状态，则生态位适宜度等于 1，如果生态因子完全不能满足作物的生长要求，则生态位适宜度等于 0。（参考：于婧等：《生态位适宜度方法在基于 GIS 的耕地多宜性评价中的应用》，《土壤学报》2006 年第 2 期第 191 ~ 194 页。欧阳文川）

生态位特化

Niche Specialization

生态位是生物与其所在的生态系统之间的适宜性关系，确切说是生态系统中对于某种生物生存所必需的生态因子的集合或者生态系统中其他生态因子对于该种生物而言的适宜性程度。这里的生态因子指种群为了存续和发展所需要的自然资源，处于不同生态位的种群根据需要选择不同的资源，处于相同生态位的种群具有相似的行为和环境依附模式，因此在资源的需求与选择中存在竞争关系。在此意义下，一类物种对不同资源的利用总和就是该物种的生态位宽度。生态位宽度是物种对资源选择和利用的多样性及其范围，是单个生态位或者不同生态位之间的重要数量指标。当物种所处的生态位适宜度较高，需要面对的资源竞争较小，可利用的资源较丰富时，生物会缩小其资源谱，进行选择性更强的采食行为，从而导致物种生态位宽度特化（窄化）。因此，物种生态位特化是物种生态位宽度减少的结果。（参考：包庆德等：《生态位：概念内涵的完善与外延辐射的拓展》，《自然辩证法研究》2010

年第 11 期第 43 ~ 46 页。欧阳文川）

生态位移动

Niche Drift

生态位是生物与其所在的生态系统之间的适宜性关系，确切说是生态系统中对于某种生物生存所必需的生态因子的集合或者生态系统中其他生态因子对于该种生物而言的适宜性程度。某一物种在其所属生态系统中，如果其在时间空间上所占据的位置以及与其他物种之间的功能关系与其他物种存在重叠现象，那么就会导致它们对于有限生存资源的竞争关系。这种两个或两个以上生态位相似的物种生活于同一空间时分享或竞争共同资源的现象称为生态位重叠。生态位移动可以理解为生态位重叠的结果。生态位移动是在生态位重叠时，即应对资源竞争的压力或环境的改变时，物种所占据和利用的资源谱的变动或者行为模式上的变化，这种变化可以是短期内的调整适应，也可以是长期内的进化过程。物种面临竞争和环境的压迫时，往往形成的是趋异性进化，这种过程实质上是一种生态位拓展的行为，比如改变其赖以生存的资源需要或是改变资源利用方式，避免在地理空间、时间上与存在竞争关系物种的重叠。因此由生态位重叠引起的生态位分离或者移动是使多个原本存在竞争关系的生物群落能够更好、有效地利用自然环境及其资源。（参考：包庆德等：《生态位：概念内涵的完善与外延辐射的拓展》，《自然辩证法研究》2010 年第 11 期第 43 ~ 46 页。欧阳文川）

生态位重叠

Niche Overlap

指两个或两个以上生态位相似的物种生活于同一空间时分享或竞争共同资源的现象。某一物种在其所属生态系统中，如果其在时间空间上所占据的位置以及与其他物种之间的功能关系与其他物种存在重叠现象，那么就会导致它们的竞争关系。生物群落中多个物种取食相同食物的现象就是生态位重叠的表现，由此造成物种间的竞争，食物缺乏时竞争加剧。通常来说，生态系统中一定时空下的资源是有限的，当不同物种由于生态位的重叠而导致对资源的共同占有，那么竞争关系会促使生态位重叠程度自然下降，即某些物种会在竞争处于弱势的情况下自然与那些具有生态位冲突的物种在时空中分开和隔离，保证其生存和延续。生态位重叠与营养级的重合有相似之处，因此在引进外来物种，并且引进的目的在于遏制当地生态系统中能量交换已经存在的不平衡，在这种情况下，需要考虑被引进物种和原有物种的生态位和营养级，应充分考虑其与生态系统中其他物种的功能关系和能量交换存在重叠的可能性。此外，生态位重叠也是保护珍稀濒危野生动物需要考虑的因素。（参考：李契等：《生态位理论及其测度研究进展》，《北京林业大学学报》2003 年第 1 期第 100 ~ 106 页。欧阳文川 李雪姣）

生态文化

Eco-culture

指对应于生态文明社会的时代文化，是尊重自然内在价值、维护自然应有权利、爱护自然生态环境，与此同时达到人类社会与自然的和谐共生、协调发展。生态文化区别于传统文化形态的突出特征在于重新赋予自然应有的价值，视这种价值为自然万物所固有，并不是相对于人而言的工具价值。人类社会相继经过渔猎文明社会、农耕文明社会和工业文明社会，前两种文明是建立在自然经济基础之上的自然人文文化，虽然从形式看，人类及其社会同样与自然和谐相处，然而并非是出于自发的，本质上说这是文化相对落后的人类社会早期发展阶段，处于蒙昧状态下的人与自然之间的朴素的和谐。工业文明社会则恰恰相反，在科学技术进步、物质财富极大提升的高度发达的社会文明背景下，人类中心主义膨胀，在控制和利用自然的同时，无限度地开发使得自然环境污染严重、自然生态系统被极大损害，人类在肆意践踏大自然的同时也埋下生态危机的隐患。生态文化则区别于之前两种类型的文化，它强调对自然权利的承认和尊重，要求在尊重自然规律的基础上使用自然资源，这不是由于技术落后与文明程度低下，也并非出于功利目的和实际需要，而是由于人类自我意识的明晰。生态文化反映人类新的生存方式，即人与自然和谐的生存方式，包括物质层次、精神层次和制度（政治）层次。生态文化有其内在结构，组成部分包括：1. 生态知识，是人们对生态奥秘、本质规律认识的成果，包括生态学、环境科学、生态哲学、生态伦理学、生态教育学、生态艺术学、环境美学等。2. 生态精神，是人们在认识和适应生态过程中培育起来的热爱大自然、爱护生态、以生态为价值取向等精神性成果，包括生态意识、生态理念、生态道德、生态情感、生态美感等。3. 生态产品，是人们运用生态知识对环境进行加工改造而创造的具有生态性质、适宜于人的生存和发展的技术和产品。如污染预防控制处理技术、绿色食品、绿化林、绿化草地等。4. 生态产业，是人们为创造生态产品而形成的产业和工程，包括生态农业、生态林业、生态工业和生态旅游业等。5. 生态制度，是人们在适应生态过程中调整人与人以及人与生态之间关系而形成的规范体系和各种制度，如绿色产权制度、绿色经营制度、绿色管理制度、环境保护制度等。上述各个方面相互作用、相互影响，构成生态文化的有机整体，偏废任何一个方面，都不利于生态文化整体的发展。（参考：高建民：《论生态文化与文化生态》，《系统辩证论学报》2005 年第 3 期第 82 ~ 85 页；刘华景：《文化生态视野下的德育生态化路向》，《保定学院学报》2009 年第 2 期第 74 ~ 77 页；廖国强、关磊：《文化·生态文化·民族生态文化》，《云南民族大学学报》（哲学社会科学版）2011 年第 4 期第 43 ~ 49 页；李晓菊：《论生态文化的制度建设》，《闽江学院学报》2013 年第 3 期第 33 ~ 36 页。欧阳文川　朱配辰　牟世晶）

生态文化创意产业

Eco-culture Creative Industry

指依靠创意人或创意组织的智慧、技能和天赋，借助于高科技、新媒体对生态文化资源创造与提升，通过知识产权的开发和运用，产生出高附加值生态型产品或生态文化服务，实现生态文化传播，财富创造以及就业机会的新型文化创意产业。生态文化创意产业作为文化创意产业的重要分支和新型发展模式，具有文化创业产业的基本特征，同时又具有新生态化的个性化特征。新生态化是生态文化创意产业最重要的特征。新生态化指生态文化创意从创意理念到创意产品再到创意服务的运行系统输入生态的基因。生态文化创意产业具有高知识性特征。文化创意产业处于技术创新和研发等产业价值链的高端环节，是高附加值的产业。生态文化创意产业具有强融合性特征。生态文化创意产业作为新兴的产业，是经济、文化、技术等相互融合的产物，是文化创意与生态文化传播相结合的产物，具有高度的融合性、较强的渗透性和辐射力。文化创意产业在带动相关产业的发展、推动区域经济发展的同时，还可以辐射到社会的各个方面，全面提升人民群众的文化素质以及生态文明程度。生态文化创意产业具有公益性特征。（张惠娜）

生态文化发展过程

The Development Process of Eco-culture

生态文化的发展过程经历了由自然文化—民族文化—科学文化发展的不同阶段和层次。在自然文化阶段，人类的古代先民们创造图腾文化，以绿色图腾对植物的崇拜和以植物共生的动物崇拜作为文化特征，是人类创造的最早的原始生态文化。原始的生态文化在全世界出现惊人的一致性，是由于早期人类产生的环境相似。当时，由于人类对环境的适应能力、对自然的改造能力还处于较低级阶段，居住的环境多属于气候、地形、水源状况较好的地区。随着人口逐步增加及人类对自然的认识能力、改造能力的增强，原来的采集—狩猎文化已不能满足人们生存的需要。人们开始拓展生存环境范围，人口发生迁徙，人类的生产方式也由采集—狩猎转向农业、畜牧业。这时人类社会由部族向民族形态演替，出现风格各异、五彩缤纷的民族文化，但生态文化仍处于人类对生态科学认识的朦胧状态。生态文化成为人类的自觉行为时，是民族文化向科学文化的转化阶段。原有的文化造成对环境的破坏，被破坏的环境已不能支撑原有的文明。生态危机促使人类必须创造新的生态文化拯救自己的生存家园，这是文化的整合性。文化整合是由向前发展的科学整合，科学的发展是无止境的。所以，自然文化—民族文化—科学文化的3个阶段又可以看作文化的3个层次，它们之间没有绝对的界限，我中有你，你中有我，不断地向前、螺旋形地上升。生态文化是在这种上升过程中形成的先进文化。（参考：周鸿：《生态文化建设的理论思考》，《思想战线》2005年第5期第78～82页。牟世晶）

生态文化主要结构

Main Structure of Eco-culture

生态文化作为新的文化选择，表现在文化的3个层次上。1. 生态文化的制度层次。生态文化通过社会关系和社会体制变革，改革和完善社会制度和规范，按照公正和平等的原则，建立新的人类社会共同体，以及人与自然界的伙伴共同体。这种选择，要求改变传统社会不具有公平调节社会利益、不自觉的环境保护机制，而具有自发的两极分化机制、自发地破坏环境机制的社会性质；从而使公正和平等的原则制度化，环境保护和生态保护制度化，使社会具有自觉的保护所有公民利益的机制，具有自觉的保护环境和生态的机制，实现社会的全面进步。2. 生态文化的精神层次。生态文化确立生命和自然界有价值的观点，摈弃传统文化的反自然的性质，抛弃人统治自然的思想，走出人类中心主义；建设尊重自然的文化，按照人与自然和谐的价值观，实践精神领域的一系列转变。3. 生态文化的物质层次。生态文化摈弃掠夺自然的生产方式和生活方式，学习自然界的智慧，创造新的技术形式和能源形式，采用生态技术和生态工艺，进行无废料生产，既实现文化价值，为社会提供足够多的产品，又保护自然价值，实现人与自然的双赢。（参考：余谋昌：《生态文化：21世纪人类新文化》，《新视野》2003年第4期第64～67页。牟世晶）

生态文化基本目标

The Basic Goal of Eco-culture

生态文化倡导人与自然的和谐发展，是人类面对不可持续发展的生存危机，对传统的人统治自然文化进行反思后做出新的文化选择。人类的可持续发展体现在生态、经济、社会3个方面，要实现这3方面的持续性，要处理好人与自然之间的生态关系和人与人之间的社会关系，而正确处理这两类关系的关键是承认自然价值，公平地分配自然价值。这是生态文化的基本目标，生态可持续性要求人类活动要以正确的价值观为指导，科学地开发自然资源，使经济发展保持在生态容许的限度内，不损害生物多样性、自然再生能力、环境自净能力，实现对后代、对自然界和生命自然价值的公平分配。经济可持续性要求人们正确处理当前与长远、人与自然的关系、在保护自然价值的前提下创造文化价值，既实现当代人的利益，又为后代的发展打下基础，为生态安全打下基础。社会可持续性要求在自然价值的分配上实现当代人之间、代际之间、地区之间、国家之间以及人与生命和自然界之间的公平。只有公平，才能有社会稳定、经济稳定、生态稳定。（牟世晶）

生态文化建设的功能

Function of Eco-culture Construction

生态文化建设随着环境保护的产生而产生，随着环境保护的发展而发展，是新时期国民共有的价值体系。开展生态文化建设，需要不断根据当今中国经济高度发展的成就进行生态文化创新，这关系到人类的生存发展和社会文明的进步。生态文化建设能够促进可持续发展的战略。生态文化建设是人类实现可持发展的需要，是时代的呼唤和要求。生态文化建设是发展循环经济，建设资源节约型、环境友好型社会的基础。生态文化建设有利于加强社会主义精神文明建设。生态文化建设不仅局限于当代人的眼前利益价值，主张人们在自己理性能力的指导下，能够正确认识到自己对自然界的依赖关系，合理利用自然资源保护生态环境。随着我国工业化建设范围的扩大，生态文化建设的提出必然能使我们在发展经济建设的同时平衡人与自然的关系，从而缓解现有的社会矛盾，改善我们的生存环境。（牟世晶）

生态文化结构

Eco-culture Structure

指构成生态文化的诸方面要素或学科，主要表现在环境教育、生态哲学、生态伦理学、生态科学、生态文学艺术等方面。1. 环境教育是以人类与环境的关系为核心，以解决环境问题和实现可持续发展为目的，以提高人们的环境意识和有效参与能力、普及环境保护知识与技能、培养环境保护人才为任务，以教育为手段而展开的一种社会实践活动过程。2. 生态哲学是用生态系统的观点和方法研究人类社会与自然环境之间的相互关系及其普遍规律的科学。对人类社会和自然界的相互作用进行的社会哲学研究的综合。3. 生态伦理学是以生态伦理或生态道德为研究对象的应用伦理学。它从伦理学的视角审视和研究人与自然的关系。生态伦理不仅要求人类将其道德关怀从社会延伸到非人的自然存在物或自然环境，而且呼吁人类把人与自然的关系确立为道德关系。4. 生态神学是一场神学运动，而非持守某些特定信念的学派。生态神学旨在一方面重寻基督宗教传统中的生态智慧，用以应对当前环境的生态灾难和不公义的景况；同时，又尝试因生态危机所提出的挑战，更新甚至批判基督宗教传统。生态神学是基督教的环境伦理学，不只是关注伦理法则，而且涉及基督教信仰如何看待生命各类别和层次的综合性表达。5. 生态文学艺术是思考人与自然的关系、反省生态危机的社会根源的文艺文化，它通过对盲目的文明、进步和欲望的批判，调整和改变人们的行为乃至政府的决策；生态文学艺术在很大程度上被看作表达人类理想、规划人类未来的文艺，主要通过精神生态的构建，达到人类在这个世界上寻求诗意地安居的心理目的。（牟世晶）

生态文化驱动机制

Driving Mechanism of Eco-culture

生态文化的驱动机制来自物质生产的需求，既可以有效促进生态知识的社会接纳和认同，也通过实践使之生成和完善，从而成为生态文化发展的有效的驱动机制。生态文化只有与现阶段的经济、社会状况有机结合起来，才能创造出较高的经济、社会和生态效益，具有较高的社会影响力，为社会大众所接受。生态文化建设，必须着力构建具有生态合理性和生活适宜性的物质生产与供给机制，只有这样，生态文化才有可能成为日常大众的行为，而不仅仅是纯粹的理念和姿态。（牟世晶）

生态文明

Eco-civilization

指人在社会发展进程中与自然之间所达到的文明程度，是人类在适应自然、认识自然和改造自然的过程中所达到的人、人类社会、生态自然三者之间的一系列文明形态，包括生态意识文明、生态经济文明、生态政治文明以及生态社会文明等。生态文明的核心价值观是达到人与自然之间的和谐共生。生态文明在内涵上可分为历时性和共时性两种层次。历时性生态文明将生态文明作为史前文明、农业文明、工业文明之后的更高的人类文明形态；共时性生态文明将生态文明作为文明社会中的一个层面。20 世纪 60 年代以来，人们在探索环境保护和可持续发展战略的过程中逐渐明确了建设生态文明的重要性。1972 年罗马俱乐部发表《增长的极限》，提出均衡发展的概念。同年联合国在瑞典斯德哥尔摩举行得人类环境会议通过著名的《人类环境宣言》，《宣言》中明确将环境保护作为人类应承担的重大职责。1987 年联合国环境与发展委员会发布的《我们共同的未来》，是人类构建生态文明的纲领性文件。1992 年联合国环境与发展大会在巴西里约热内卢通过《21 世纪议程》，将环境保护作为社会经济可持续发展的重要组成部分，成为众多国家制定经济社会方针的向导；2002 年各国代表在南非约翰内斯堡召开可持续发展世界首脑会议，通过著名的《约翰内斯堡可持续发展宣言》。3 次联合国大会及其会议精神是促进生态文明得以形成的重要推动力量。生态文明是在可持续发展理论与实践基础上发展起来的文明形态，是实现人与自然的和谐发展，以生态平衡为核心，以代际公正为原则，反对极端的人类中心主义，协调经济发展与人口、资源、环境的关系。特征是：1. 强调以人为本原则，同时反对极端人类中心主义与极端生态中心义；人是价值的中心，但不是自然的主宰，人的全面发展必须促进人与自然和谐。2. 追求经济社会与生态环境的协调发展而不是单纯的经济增长。转变高生产、高消费、高污染的工业化生产方式，以生态技术为基础实现社会物质生产的生态化，使生态产业在产业结构中居于主导地位，成为经济增长的主要源泉。运用生态技术和生态工艺，改造传统产业，形成生态化的产业体系，使人类劳动具有净化环境、节约和综合利用能源资源的新机制，沿着与生物圈相互协调的方向发展。3. 倡导生活的质量而不是需求的简单满足，反对过度消费，建立合理的社会消费结构，克服异化消费，使绿色消费成为人类生活的新目标、新时尚，从而使人过上真正的符合人类本性及社会道德的生活。4. 要求实现高度民主，强调社会正义并保障多样性。生态环保是政府公共服务中的重要组成部分，因为生态环境关系着全社会方方面面的利益，作为公共政策第一线的制订者与实施者，对保障公众的生态环境知情权、监督权、参与权，对社会民主与法制建设，应表现得更加积极主动，以期维护人类活动对自然的最小损害并能够进行一定的生态建设。在中国，为开创社会主义生态文明的新时代，生态文明已成为建设社会主义现代文明的重要内容，生态文明建设也已列入中国特色社会主义建设事业的“五位一体”总体布局。中共十八大明确指出：“建设生态文明，是关系人民福祉、关乎民族未来的长远大计。面对资源约束趋紧、环境污染严重、生态系统退化的严峻形势，必须树立尊重自然、顺应自然、保护自然的生态文明理念，把生态文明建设放在突出地位，融入经济建设、政治建设、文化建设、社会建设各方面和全过程，努力建设美丽中国，实现中华民族永续发展。”为此，在优化国土空间开发格局、全面促进资源节约、加大自然生态系统和环境保护力度、加强生态文明制度建设等方面做出了具体部署。（参考：亦冬：《生态文明：21 世纪中国发展战略的必然选择》，《攀登》2008 年第 1 期第 73 ~ 76 页；谷树忠等：《生态文明建设的科学内涵和基本路径》，《资源科学》2013 年第 1 期第 3 ~ 12 页。欧阳文川　朱配辰　牟世晶　蔡越）

生态文明道德观

Eco-civilization Ethos

指相对于传统道德观而言，旨在解决人与自然矛盾，缓解生态危机，使人、社会、自然三者协调可持续发展的道德观。传统道德观，无论是何种时代都只是人与人、人与社会之间规范的总和，不会有关于人与自然环境之间发生冲突时人应采取何种立场的内容，由此也都不涉及人与自然、社会与自然之间矛盾的解决。只有到工业文明时代，人类无限度利用剥削自然，企图完全控制一切自然要素为己所用，生态系统遭到破坏以至于威胁人类本身的生存时，人才会反思自己和自然的关系，重新定位自己在自然界中的位置。生态文明道德观即是对于人、社会、自然三者关系重新界定的价值观，关键之处在于人类中心主义被怀疑并取代。人是生态系统有机整体中的一分子，与周围自然要素之间并不只是控制与被控制、利用和被利用的关系，而是相互作用的双向关系。其他自然物种有其固有内在价值，人应承认并尊重这种价值。只有秉持这种价值观，才能在维持生态系统良性运作的前提下促进人类社会经济的可持续发展。生态文明道德观将人与社会的发展是否符合可持续性、是否生态化作为道德评价标准，是传统道德观在自然生态领域中的进一步深化。（参考：郭艳华：《生态文明时期道德观的新视角》，《生态科学》2011 第 1、2 期合刊第 140 ~ 142 页。欧阳文川）

生态文明法制建设

Eco-civilization Legal System Construction

我国的生态文明法制建设是一项长期性任务。没有法制的保障、不走法治化的道路，生态文明建设就绝不可能顺利进行。生态保护相关法律正在我国生态文明建设中发挥着越来越重要的作用，但面对不断发展变化的现实要求，这些法律仍需丰富完善。生态环境有关法律的立法目的，是为保护和改善生活环境与生态环境，防治污染和其他公害，保障人民身体健康，促进经济社会全面协调可持续发展，建设生态文明。然而，目前我国的公民环境权仍没有得到法律确认，公民的环境权益难以构成对地方政府权力的有效制约，应在宪法上对公民的环境权做原则性规定。我国现有生态环境立法层级较低，缺少生态文明建设的母法，以确立生态文明建设的指导方针、原则，然后根据母法再进行其他方面的立法。权责失衡的现象在立法和执法中都较为严重。有必要制定《全面推进生态文明建设实施纲要》，对生态文明建设的阶段任务做出系统规划。（张沥元）

生态文明概念起源

The Origin of Eco-civilization Concept

1957 年日本民族学和文化人类学学者梅棹忠夫利用实地考察获得的资料，从生态学方法探讨世界文明史的发展规律，发表《文明的生态史观序说》一文，被认为是世界上最早用生态史观研究人类文明史的学者。1967 年梅棹忠夫的《文明的生态史观：梅棹忠夫文集》出版，主张重视自然环境，强调生态条件对人类文明进程的重要作用。苏联环境学家首先提出“生态文明”概念，《莫斯科大学学报·科学共产主义》1984 年第 2 期刊载《在成熟社会主义条件下培养个人生态文明的途径》一文。1987 年中国学者叶谦吉明确生态文明的概念，认为生态文明是“人类一方面从自然获利，一方面还利于自然，既改造自然，又保护自然的过程，人与自然之间需要保持和谐共处的关系”。（雷爱民）

生态文明公民教育

Eco-civilization Citizen Education

生态文明公民教育，旨在提高公民在环保层面上的公民意识、责任意识、权利意识和监督意识，引导公民个人参与到生态文明建设体系当中。环境危机与全社会公民的行为不可分割。公民的个人或集体性不良行为将为环境带来不可估量的严重后果。为约束公民行为，除强化法律体系建设外，还应加强公民的道德修养和环保意识。其中，培养公民责任意识，是指引导公民从环境理论和可持续发展的高度自觉控制个人行为；培养公民权利意识，是指在引导公民了解生态环境破坏的严重性的基础上，积极开展维护自身环境权益的维护；培养公民监督意识，是指通过培育公民社会，畅通信息渠道，使公众监督成为环境法规制定和执行的有效根基和土壤。（张沥元）

生态文明观

Eco-civilization Concept

伴随人类社会经济发展过程中不断出现的生态恶化、环境危机和社会危机而逐渐发展起来的对整个人类与生态环境关系的重新的系统认识。

广义说，生态文明观是一种将人类社会系统纳入到自然生态系统从而形成广义的生态系统的努力。广义的生态文明观要求人与人、人与自然之间的双重和谐。从这一意义上讲，广义的生态文明观是可持续发展的观念，它努力实现物质文明、精神文明和生态文明之间的协调发展。狭义的生态文明观定位于人类经济发展过程中保护和恢复自然生态平衡，减少自然资源破坏，减缓自然生态危机，努力实现人类社会和自然生态系统的平衡。生态文明观包括生态价值观、生态经济观、生态政治观、生态科技观。1. 生态价值观主张不仅人是价值主体、自然中的其他生命形态也是价值主体。自然物的内在价值不依赖于人的体验和评价，它是伴随自然而必然产生的，从而是客观的。因此，生态价值观提出自然的权利观念。即自然界中的其他物种与人类一样有持续生存和发展的权利。2. 生态经济观最早由美国作家莱斯特·R·布朗在其《生态经济》一文中提出。他将生态经济观概括为生态经济资源观、生产观和消费观。生态经济资源观基于地球自然资源的有限性，提出人类应当加强新型能源的研发、促进新型能源经济的发展，与此同时调整能源消费结构，加强能源的循环利用。生态经济生产观立足于经济发展方式，提出国家和地区的产业结构应当与自然资源的合理开发和高效利用结合起来，将保护环境作为发展经济的重要内容和目标。生态经济消费观则主要提倡绿色消费、反对铺张浪费。3. 生态政治观由20世纪70年代的欧美绿党提出，内容包括：1）要求政府以人与自然和谐关系为指导来制定政策、法规以及规章制度；2）政府在促进生态问题解决的同时，更要将人与人之间的和谐关系作为其工作的努力方向；3）每一个公民都应当积极参生态环境的保护和建设，促进生态系统的健康、持续发展。4. 生态科技观是面对生态危机问题基于自身发展而逐渐提出的理论转向，主要观点是：1）科学技术不是人类征服自然、掠夺自然的武器。科学技术研究应当以整个生态系统的良好运行和优化发展为支撑，努力使自己成为人与自然和谐发展的重要工具。2）科学技术除了征服自然、改造自然这一基本属性外，更重要的是要认识到自身的不完备性、积极预防其可能的负面效应。（参考：黄爱宝：《政府作为理性生态人：内涵、结构与功能分析》，《社会科学家》2006 年第 5 期第 40 ~ 44 页。朱配辰）

生态文明建设进步指数

Progress Index of Eco-civilization Construction

在《生态文明绿皮书：中国省域生态文明建设评价报告》（ECI）中，生态文明建设进步指数基于三级指标原始数据及指标权重，加权计算得出，能客观准确地反映各省生态文明建设的成效及变化，对推进生态文明建设目标实现具有切实的指导意义。三级指标进步率的计算，仍然以原始数据为基础，正指标用后一年的数据除以前一年的数据（逆指标用前一年的数据除以后一年的数据），减去 1，再乘以 100%，计算出每项三级指标的年度进步率。二级指标进步指数，由相应的三级指标进步率及指标权重，加权求和得出。然后，根据二级指标进步指数和权重，加权求和计算出总体生态文明建设进步指数。生态文明建设进步指数计算结果数据为正值，表示生态文明建设整体情况有进步，负值则表示生态文明建设情况退步。进步指数分析作为对 ECI 相对评价算法的补充，不仅可以检验我国生态文明建设的最新成效，而且能够发现具体领域存在的问题，找出差距，明确方向，更好地促进发展。（参考：严耕等：《中国省域生态文明建设评价报告（ECI2012）》第 120 页，北京：社会科学文献出版社，2015 年。徐保军）

生态文明建设类型

Eco-civilization Construction Type

《生态文明绿皮书：中国省域生态文明建设评价报告 2015》根据各省份二级指标得分，兼顾各省的自然环境、经济社会发展、主体功能区定位等方面，将内地 31 个省划分为 6 个不同的生态文明建设类型，即均衡发展型、社会发达型、生态优势型、相对均衡型、环境优势型和低度均衡型。其中，均衡发展型省份的生态文明建设的整体状况在所有类型中表现最好，各方面生态文明建设相对较好，且发展较为均衡，如北京、福建；社会发达型的共同特征是社会发展水平全国领先，整体社会经济水平在全国均属前列，如上海、浙江；生态优势型，即生态活力全国领先，均处于第一等级，而环境质量、社会发展、协调程度处于平均水平，甚至有的方面低于平均水平，如吉林、黑龙江、辽宁；相对均衡型省份没有特别突出的短板，但也无明显优势，或者各二级指标分数处于平均水平，或者整体状况处于平均水平，如湖南、湖北；环境优势性省份环境质量良好，空气、水体和土地环境的排名均非常靠前，其他方面的表现大都较为一般，有的甚至还比较落后，如西藏、青海等西部省份；低度均衡型各项二级指标基本处于全国的第三或第四等级，整体水平较低，如甘肃、河南。被划分为 6 大类型的 31 个省份存在明显的地理分布特点：东部沿海社会发达，并可能进一步达到均衡发展；东北生态承载力强，西南环境质量占优；中北部地区水平欠佳，特色不明。生态文明建设类型分析，有利于各类型和不同特点的省份的生态文明建设采取更具针对性的办法和措施。（参考：严耕等：《中国省域生态文明建设评价报告（ECI2015）》第 56 ~ 74 页，北京：社会科学文献出版社，2015 年。徐保军　张沥元）

生态文明建设评估

Eco-civilization Construction Evaluation

我国的生态文明建设评估总体而言分属于两大类型：规划评估和绩效评估。规划评估指以国家生态文明建设试点示范区指标（试行）为代表，侧重于从政策上推进生态文明建设的实践。绩效评估指以北京林业大学于 2010 年创制的中国省域生态文明建设评价指标体系为代表，侧重于对生态环境质量和经济社会发展方式的绿色转变的考评。（张沥元）

生态文明建设评估方法

Evaluation Methods of Eco-civilization Construction

生态文明建设的评估依据目的、对象和手段的不同，可以划分为许多种类型。如：1. 将经济、社会的生态化或生态经济、生态社会作为考察的重点。生态文明建设不只是狭义上的植树造林或污染防治，而是将中国经济与社会发展置于绿色的基础之上，旨在构建合生态的或环境友好的经济技术和社会组织。2. 将省域作为中国生态文明建设量化评估的主要层级或对象。我国大部分的省、市、自治区都有着相对独立的自然生态系统，且作为重要的行政层级，省、市、自治区有着更大的行政自主性和运作空间。3. 根据生态可持续性、环境质量和经济社会生态化的积极性表征，来评价生态文明建设的实际状况，同时引入对生态社会或生态人居的辅助性考量。（张沥元）

生态文明建设评价基本原则

Basci Principles of Eco-civilization Index

《生态文明绿皮书：中国省域生态文明建设评价报告 2015》首次阐述省域生态文明建设评价体系的理论依据，即一体两用论和强体善用论，基于对人与自然关系的一体两用之理解，以及强体善用之生态文明策略，为生态文明建设评价确定了以下四条原则。第一，生态文明建设评价要全面评价自然状况，包括作为生态之体和资源、环境之用的状况，并且要突显生态之体的重要性。第二，生态文明建设评价，绝不只是环境评价，理应包括社会发展评价。第三，生态文明建设评价，关键在于评价自然状况和人类发展之间的协调状况。第四，生态文明建设评价，其政策导向应明确为三个方面：强健生态之体，善用环境资源，促进协调发展。（参考：严耕等：《中国省域生态文明建设评价报告（ECI2015）》第 29 ~ 30 页，北京：社会科学文献出版社，2015 年。徐保军）

生态文明建设评价指标体系

Eco-civilization Construction Evaluation Index System, ECCI

旨在对生态文明建设提供准确评价、科学规划、定量考核和具体实施依据的指标体系。20世纪90年代，联合国环境规划署同环境问题科学委员会提出可持续发展的评价指标体系，将人口、资源、环境、经济、社会等方面的共25个指标作为整体来分析评价。自我国环保部开展生态文明示范区、生态省、生态县等创建工作以来，国家和各地区先后发布各种形式的生态文明评价指标体系，大致包括生态经济、生态社会、生态环境、生态文化和生态制度等5个方面的具体数量不等的三级评价指标。一般来说，分别由国家环保部和北京林业大学创制的《国家生态文明建设试点示范区指标（试行）》与《中国省域生态文明建设评价指标体系》（ECCI），最具权威性。ECCI基于各省生态文明建设水平指标，对生态文明建设状况进行量化评价。ECCI由北京林业大学生态文明研究中心生态文明建设评价课题组于2008年开始撰写，2010年第一本评价报告成书，之后根据相关新数据的发布和研究的继续深入，每年向社会发布最新的评价结果。ECCI坚持目标导向的设计思路，明确生态文明建设的4个目标，即：生态充满活力、环境质量优良、社会事业发达、各方高度协调。以上述4个目标为准设立具体指标。ECCI采用层次分析法（AHP）将指标体系分解为4个核心考察领域，即生态活力、环境质量、社会发展、协调程度，然后选取和设立能体现各个考察领域不同侧面建设水平的、具有显示度和数据支撑的若干具体指标，构建包括总指标—考察领域—具体指标的评价指标体系框架。各省在每个核心考察领域的得分不同，意味着它们处在不同的发展阶段，属于不同的生态文明建设类型，从而帮助各省定位，明确自身的优势和不足，促进其生态文明的建设。ECCI的突出特点在于：1. 强调对权威性的客观指标进行定量测评，在此基础上对各省进行排名并做深度分析；2. 对生态和环境进行区分，突出生态系统活力在生态文明建设中的基础性地位，把指标体系按照生态活力、环境质量、社会发展和协调程度4个方面进行划分；3. 把协调程度作为评价的重要方面，包括生态、资源和环境之间的协调，以及生态、环境、资源与经济之间的协调。生态文明建设评价指标体系的构建对于我国建设生态文明发挥着促进的作用。（张沥元　韩铮）

生态文明建设试点示范区

Pilot Demonstration Areas of Eco-civilization Construction

2013年环境保护部颁布《国家生态文明建设试点示范区指标（试行）》，旨在深入贯彻落实党的十八大精神，以生态文明建设试点示范推进生态文明建设，包括县（市、区）和地（市、州）两级。生态文明建设试点县（区）应具备的基本条件为：建立生态文明建设党委、政府领导工作机制，研究制定生态文明建设规划，通过人大审议并颁布实施4年以上；国家和上级政府颁布的有关建设生态文明、加强生态环境保护、建设资源节约型与环境友好型社会等相关法律法规、政策制度，得到有效贯彻落实；达到国家生态县建设标准并通过考核验收；完成上级政府下达的节能减排任务，总量控制考核指标达到国家和地方总量控制要求；环境质量（水、大气、噪声、土壤、海域）达到功能区标准并持续改善；实施主体功能区规划，划定生态红线并严格遵守。生态文明试点县建设共包含生态经济、生态环境、生态人居、生态制度、生态文化等5个方面的30个指标。（张沥元）

生态文明建设先行示范区

First Demonstration Areas of Eco-civilization Construction

2013年国家发改委等6部委颁布《国家生态文明先行示范区建设方案（试行）》，提出示范区的主要任务是科学谋划空间开发格局、调整优化产业结构、着力推动绿色循环低碳经济、集约利用资源、加大生态系统和环境保护力度、建立生态文化系统、创新体制机制、加强基础能力建设。先行示范区的申报条件为：对生态文明建设高度重视，将其放在突出的战略位置；在体制机制建设、管理制度创新等方面进行了探索实践，具备一定的先行示范的基础；“十一五”期间完成了节能减排、耕地保有量、森林覆盖率等资源环境类约束性目标；认真落实全国主体功能区规划，在主体功能区建设方面取得一定成效并具有示范作用等。2014年国家发改委等6部委下发《关于开展生态文明先行示范区建设（第一批）的通知》，将延庆县、承德市、张家口市等55个市、县列入生态文明建设先行示范区的名单（此外还包括先前已获得批准的福建省和浙江省湖州市）。（张沥元）

生态文明建设制度创新

Institutional Innovation of Eco-civilization Construction

生态文明建设制度创新主要包括：1. 创新生态产业发展制度，促进新兴产业发展，淘汰传统产能机制，推行节能、低碳产品认证制度。2. 创新生态保护市场化制度，改革自然资源产品价格，开放碳排放交易，进行排污权、水权等交易改革。3. 创新生态补偿制度。4. 创新生态文化培育制度，开展生态教育，等等。（张沥元）

生态文明建设制度化

Institutionalization of Eco-civilization Construction

生态文明建设是理念、制度、实践综合作用的过程，制度在其中起到规范和引导的核心作用，制度建设是生态文明建设的保障。“十八大”报告着重论述和部署加强生态文明制度建设，提出到2020年形成系统完备、科学规范、运行有效的生态文明制度体系。《关于加快推进生态文明建设的意见》将健全生态文明制度体系作为重点，强调建立生态文明建设的长效机制。生态文明制度化的过程，是经济、政治、文化、社会制度化同生态文明制度化相互导入的过程，其中，科技推动、经济推动、法律政治推动是实现生态文明制度化的有效手段。科技推动指运用现代科技手段进行生态环境监测、评估，为环境治理、生态保护提供科技支持，为生态工程的规划提供科学、合理的资料和参考。经济推动包括根据市场供求、资源稀缺程度、资源有偿使用制度和生态补偿制度，加快资源税费改革；设立环保专项资金，深化专项治理；将环保投入纳入政府财政预算，保证两者同幅增长；以市场化为机制开展碳排放权、排污权等试点；健全环境损害赔偿制度等。法律政治推动指全面清理和修改各项生态治理和环境保护法律、法规，保证生态法律体系全面衔接；加快制定和修订各项环保标准，强化环境市场的准入标准，鼓励出台地方标准；强化政府职能，贯彻环保机制，综合协调发展；健全政绩考核制度，将生态效益指标纳入地方政绩综合评价体系等。（张沥元）

生态文明教育

Eco-civilization Education

生态文明教育关系我国生态文明建设总体，与生态文明建设的各项措施、各个具体层面息息相关，是复杂、系统的教育工程。生态文明教育可以分为生态文明意识教育、生态文明公民教育和生态文明学校教育。其中，意识教育是指提高全体公民对生态文明的普遍认同度、知晓度和践行度；公民教育是指提高公民个人的权利观念、责任观念，积极参与到生态文明建设的具体实践中；学校教育是指学校对生态文明相关知识和理念的传授和推广，对生态文明理论学科的建设和完善。生态文明教育主要包括：1. 普及生态环境现状及知识的教育；2. 推进生态文明观念教育；3. 强化生态环境法制教育；4. 注重生态文明技能教育。除由政府部门积极承担生态文明教育的主体任务外，企业、学校、非政府组织和社会公众也都是重要的教育主体，应承担生态文明教育更多的任务。生态文明教育的专业化培养依靠高校，大众化教育则需要政府、高校、传播媒体、社会团体、企业的共同参与。生态文明教育的对象除以社会各阶层为对象的社会教育，以大中小学和幼儿为对象的学校教育，还应加强对各级政府部门负责人、企业高层管理者的教育。（张沥元 张惠娜）

《生态文明绿皮书：中国省域生态文明建设评价报告》

Green Book of Eco-Civilization：Annual report on China's provincial Eco-civilization Construction Evaluation index

《报告》由北京林业大学严耕教授带领的生态文明建设团队完成，旨在构建可量化、操作性强的生态文明建设指标评价体系。首批《报告》问世于2008年，此后至今，《报告》每年一出，且随着数据丰度的提升和理论研究的深入，评价指标和评价方法也在逐步调整，自2010年开始，《中国省域生态文明建设评价报告》开始以各省域为评价对象，建构生态文明建设评价指标体系ECCI，包括生态活力、环境质量、社会发展和协调程度4个考察领域。此后每年的报告，ECCI不断完善，一直维持4个考察领域的整体框架。以《生态文明绿皮书：中国省域生态文明建设评价报告2015》为例，《报告》继续从生态活力、环境质量、社会发展和协调程度四个考察领域入手，基于政府部门发布的权威数据，以独立公正的学界第三方视角对各省生态文明建设展开全方位的评价分析。但较之以往，该报告在全面评价自然状况的基础上，强调了经济社会发展、资源利用相对于生态系统承载力而言的绝对协调状况，政策导向明确包括三个方面：强健生态之体，善用环境资源，促进协调发展。（参考：严耕等：《中国省域生态文明建设评价报告（ECI2015）》，北京：社会科学文献出版社，2015年。徐保军）

生态文明社会

Eco-civilization Society

生态文明是在工业文明之后的相对于物质文明、政治文明、精神文明的文明形态，是人类改造生态环境、实现生态良性发展成果的总和。以尊重和维护生态环境为主旨，以可持续发展为根据，以未来人类持续发展为着眼点，强调自然界是人类生存与发展的基础，人与自然环境和谐与共生。生态文明是在可持续发展理论与实践基础上发展起来的文明形态。生态文明社会的重要特征，即：全民具有较高的环保意识、可持续的经济发展模式、更加公正合理的社会制度。在我国构建生态文明社会的途径：1. 加强生态知识教育，树立生态文明理念，为构建生态文明社会提供精神支撑。1）摈弃工业文明的自然观，树立生态文明的自然观；2）树立可持续发展观；3）树立绿色消费观；4）树立生态软实力观。2. 发挥政府的主导作用，保证生态制度供给，为构建生态文明社会提供制度保障。1）明确政府的生态责任，政府的生态责任包括对自然的生态责任、对市场的生态责任、对公众的生态责任；2）加强对环境的税收征管；3）大力推进生态保护的法制建设。3. 大力发展循环经济，走新型工业化道路，为构建生态文明社会提供坚实的经济基础。1）充分发挥科学技术作为第一生产力的作用；2）加快产业结构的优化升级，实现发展速度和结构、质量、效益的统一；3）坚持经济发展和人口、资源、环境相协调。（参考：赖章盛：《关于生态文明社会形态的哲学思考》，《云南民族大学学报》（哲学社会科学版）2009年第5期第37～40页。朱配辰）

《生态文明世界》

Eco-civilization World

2013年9月创刊，由国家林业局主管、中国生态文化协会主办的刊物。依托国家有关部委、权威研究机构、知名专家、作家和民间本源性的生态文化资源以及高素质的策划采编队伍，旨在通过纪实、探秘、趣味、科普的精品好文，与自然人文精彩瞬间的美图，回眸人类生态文明的发展进步，挖掘人文历史，览胜生态文化和民族民俗风情，启智生态文化审美律动，唤起民众生态文明意识觉醒。在展现思想深度、文化厚度的同时，注重刊物的外在美感，具有自己独特的精神品格和审美品位。2015年入围中国最美期刊的遴选。（王聪聪）

生态文明特征

Characteristics of Eco-civilization

生态文明具有6个特征：1. 生态文明的自然性与自律性，一方面强调自然生态的重要性，一方面又强调人的自律性，即人要尊重和保护自然。2. 生态文明的和谐性与公正性，生态文明是社会和谐与自然和谐相统一的文明，是人与自然、人与人、人与社会和谐统一的文化伦理形态，生态文明又是公平与效率相统一的文明，强调代内公平与代际公平的统一，社会公平与生态公平的统一。3. 生态文明的基础性与可持续性，生态文明关系到人类的繁衍生息，是人类赖以生存发展的基础。4. 生态文明的整体性与多样性，生态文明把自然看成是一个有机联系的整体，把人类看作是自然界的有机组成部分，生态文明又强调尊重和保护地球上的生物多样性，强调人、自然、社会的多样性存在，强调人与自然公平，物种间的公平，承认地球上每个物种都有其存在的价值。5. 生态文明的开放性与循环性，生态文明将自然界看作既是一个开放的系统，又是一个充满活力的循环系统。6. 生态文明的伦理性与文化性，生态文明是生态危机催生的人类文明发展史上更进步、更高级的文化伦理形态，生态文明的文化性是指一切文化活动包括指导我们进行生态环境创造的一切思想、方法、组织、规划等意识和行为都必须符合生态文明建设的要求。（牟世晶）

生态文明体制与制度建设

Eco-civilization System and Institution Construction

生态文明制度建设包括生态文明建设的制度化和生态文明制度的建设两个方面。生态文明建设的制度化，更多关注或致力于使生态文明成为国家（政府）依法和有组织推动的政策议题或领域，意味着更大规模的公共财政与人力资源投入，和社会各界尤其是大众媒体的更广泛关注。生态文明的制度建设，更关注使国家（区域）的基本经济、社会和生态管理体制具有生态文明的表征。具体来说，生态文明体制与制度建设的目标是综合性思维的复合性制度体系，包括生态（环境）管理制度、生态经济制度、生态社会制度、生态文化制度。生态文明体制改革和制度建设过程中面临的两个方面的重点工作是：生态文明新制度理念的制度化；改革传统经济、社会、文化以及生态管理制度中不符合生态文明目标与要求的方方面面。（张沥元）

生态文明消费观

Consumption View of Eco-civilization

生态文明消费观要求消费者同消费资料结合的方法和形式能够统筹兼顾消费需求（包括精神和物质的需求）和资源环境、眼前利益与长远利益、当代人的需求与后代人的需求之间的关系，生态文明消费观的最终目标是人类合理利用自然资源，保护生态环境，实现生态系统内部物质、能量交换的良性循环和持续发展，达到经济发展与生态环境的动态平衡，从而实现经济效益与环境效益的统一，实现自然—人—社会复合生态系统的全面协调与可持续发展。构建生态文明消费观，必须转变最大限度地向自然界索取生活资料满足人的消费需求的片面消费传统观念，代之以适度、绿色、可持续的，人与自然和谐共生并实现人的全面发展的消费原则。在承认和肯定人类满足于求其基本需求和合理消费的前提下，充分考虑生态发展的客观要求，使人类的生产消费活动沿着与自然相互协调的方向进化，使自身的消费活动不危及自然界的正常运转，采取措施主动地促进生态系统的良性循环，使生态系统能保持良好的运行状态，从而达到人与自然和谐共生的目的。（牟世晶）

生态文明新时代

New Era of Eco-Civilization

中国共产党的第十八次全国代表大会报告中关于推进生态文明建设的崭新提法之一。“十八大”报告把“大力推进生态文明建设”作为十二大部分中的一个部分，独立成篇，对生态文明理念，生态文明建设的内涵、实质、重要地位和作用，以及如何加强生态文明建设等，都做了全面论述与部署，在结尾部分发出“努力走向社会主义生态文明新时代”的明确号召。其中的“新”意味着大力推进生态文明建设将会带来的社会主义现代化建设其他方面的重大变化，对社会主义性质的强调，反映党在新时期将生态文明建设作为增强治国理政能力和执政合法性的重要战略的政治自觉。（刘中华）

生态文明行政

Eco-civilization Administration

又称绿色行政，指国家各级行政机关在注重保护生态环境、遵循自然规律的基础上，对内部事务和外部事务、国内事务和国际事务的行政管理活动。其中的行政是手段，生态是目的，直接体现为政府的目标、法律、政策、职能、体制、机构、能力、文化等诸方面的生态化。要求行政机关坚持生态环境效益优先的行政理念，注重政府的生态管理职能，通过有利于保护生态环境的政策、法律体系和切实可行的管理措施与办法，确保生态环境不被破坏，最终达到人与自然的和谐共处的目的。（刘中华）

生态文明宣传教育

Eco-civilization Dissemination and Education

“十七大”报告提出、“十八大”报告加以充分论述的大力推进生态文明建设的重要策略。党的“十八大”报告强调：“加强生态文明宣传教育，增强全民节约意识、环保意识、生态意识，形成合理消费的社会风尚，营造爱护生态环境的良好风气”，将加强生态文明宣传教育作为新时期生态文明建设的重大举措之一加以强调。要建设美丽中国，实现社会主义生态文明，最终需要依靠的还是人。人是生态文明建设行为的主体，每个人都是重要的参与者。生态文明建设的成效，取决于每个人的意识及意识支配下的行为。因此，它对提升全民环境保护意识，形成全民参与的社会行动体系，对社会主义生态文明建设有重要意义。（刘中华）

生态文明学校教育

Eco-civilization School Education

指学校通过探索生态文明教育内容、课程资源，形成合理、有效的生态文明教育机制，不断创新和完善生态文明教育体系。生态文明学校教育的主要内容包括：传授学生参与环境活动所需要的知识和技能、生态文明基本价值观念，培养绿色思维方式和道德感，强化学生的生态文明建设实践能力，同时引导学生关注全球、国家、区域、社区领域的生态问题。因此，生态文明学校教育更加侧重于围绕生态文明热点问题开展活跃的讨论和综合性社会实践活动；开展生态文明主题教育活动；创建“绿色学校”，将生态文明理念贯穿于教学内容和学校基础设施建设当中；研究和修订学校生态文明教育课程计划等。（张沥元）

生态文明意识教育

Eco-civilization Awareness Education

“十八大”报告明确提出，“加强生态文明宣传教育，增强全民节约意识、环保意识、生态意识，形成合理消费的社会风尚，营造爱护生态环境的良好风气”。生态文明意识教育是生态文明宣传教育的重要组成部分。公民生态文明意识包括生态文明知识、生态文明理念、生态文明忧患意识、生态文明价值意识、理性消费意识、环境法制意识等。根据 2014 年《全国生态文明意识调查研究报告》分析，我国目前的生态文明总体认同度、知晓度、践行度，呈现出“高认同、低认知、践行度不够”的特点。受访者普遍对国家建设生态文明与“美丽中国”的战略目标呈现高度认同，城市居民、高学历居民、高收入者的生态意识水平更高，公民对生态信息的获取主要通过电视、网络等现代、多样化的媒体方式，公民个人的绿色生活方式更多是出于降低生活开支和健康生活的考虑。依此，我国生态文明意识教育应当进一步加大对提高公众生态文明意识的支持力度，增强生态文明宣传教育能力；转变宣传教育模式，推动公众参与；调整宣传的内容、形式等，拓宽宣教平台，加强宣教的精准性、有效性；改变传统以城市为中心的宣传重点，加强对重点地区、人群的宣传教育；加强公众生态文明意识的研究，为公众生态文明意识宣教工作提供实践指导；重视生态环境文化发展，奖励环境艺术的公益创作。（张沥元）

生态文明政府

Eco-civilization Government

指将生态文明、生态责任自觉纳入到政府执政理念与行为规范中，追求人与自然全面和谐共处的政府类型。这种政府主动贯彻生态优先理念和政策，当经济效益、社会效益和生态效益发生冲突时，将生态效益置于优先地位，将生态效益看作经济效益和社会效益的基础，生态效益内含经济效益与社会效益。它是保障生态公共利益的服务型政府，以服务理念为指导，以促进人与自然的全面和谐为价值目标，努力为公众提供优质的生态公共产品和生态公共服务。它是支持社会参与合作的政府，注重环境信息的公开透明，是现代政治文明发展的体现。（刘中华）

生态文明指数

Eco-civilization Index，ECI

由生态文明建设评价指标体系得出的分数简称为 ECI，即生态文明指数，根据 ECI 的得分高低，对各省的生态文明建设状况做出排名，以衡量我国生态文明建设的现状。生态文明建设评价指标体系（ECCI）采用权威的原始数据经相应算法计算和分析得出的数据衡量各省的生态文明建设现状，这个体系由三级指标构成。一级指标即生态文明指数（ECI），它由生态活力、环境质量、社会发展、协调程度等 4 项二级指标组成。这 4 项二级指标在表示不同省份的生态文明建设程度时所占的权重不同，以体现出来该省的生态文明建设类型。每一项二级指标又由不同的三级指标组成，如生态活力指标由森林覆盖率、建成区绿化覆盖率、自然保护区的有效保护等三级指标组成；环境质量指标由地表水体质量、环境空气质量、水土流失率、农药施用强度等三级指标组成；社会发展指标由人均国内生产总值、服务业产值占国内生产总值比例、城镇化率等、人均预期寿命、人均教育经费投入、农村改水率等三级指标组成；协调程度指标由淡水抽取量占内部资源的比重、获得经过改善的卫生设施的人口比重、能源消耗变化效应、二氧化碳排放变化效应等三级指标组成。三级指标会随着每年的新数据发布和研究深入不断进行调整，以更好地反映各省的生态文明建设情况。（韩铮）

生态文明指数世界排名

World Rankings of Eco-civilization Index

与省域生态文明建设评价体系相对应，《生态文明绿皮书：中国省域生态文明建设评价报告

2015》（ECI2015）在国际比较部分对世界各国生态文明建设状况进行综合评价，在理论基础、目标指向、整体框架和计算方法上同国内版一致，由于国家层面和省域层面可获得的指标数据情况不同，所以国际版在一些具体的测评指标选取上，与国内版略有区别，具体见下表。上述报告对111个国家的生态文明建设综合水平进行了评价，被纳入考察样本的这111个国家，国土面积之和占整个世界的85.55%；人口总量占世界的88.17%；经济总量占世界94.53%，具有相当的代表性。ECI国际排行榜中，得分排在前三甲的是加拿大、瑞士和苏里南；得分最高的10个国家中，仅有两个中高等收入国家，即苏里南和伯利兹，其余均为高收入国家，且均为经合组织国家；在第11至20名中，也仍然是高收入国家占据大部分席位，中低等收入国家占据两席，分别是不丹和刚果（布）；巴基斯坦、孟加拉国和中国包揽了排行榜的最后3个席位；ECI国际排行榜的后10位国家中，中等收入国家占大多数。对ECI得分与各国经济发展水平之间的相关性进行考察可以看到，两者为显著正相关，这意味着，大部分国家的ECI得分与其经济发展水平是相当的。通过国际比较，中国可以明确自身在生态文明建设上与其他国家的差距，进一步认清建设中存在的问题，找到难点和突破点。与以发达国家为主体的经济合作组织（OECD）的比较可以发现，中国生态文明建设中环境质量差和协调程度低的软肋，也是生态文明建设的普遍难点。与其他金砖国家比较可以发现，中国生态文明建设水平大幅落后于其经济发展水平，是金砖国家中最为突出的。

ECCI 2015 国际版指标权重表

一级指标	二级指标	三级指标	权重分	权重（%）	指标解释	指标性质
生态文明建设评价指标体系（ECCI 2015）	生态活力（30%）	森林覆盖率	4	10.00	森林覆盖率	正指标
		森林质量	2	5.00	森林蓄积量/森林面积	正指标
		自然保护区的有效保护	4	10.00	自然保护区占辖区面积比重	正指标
		生物多样性效益指数	2	5.00	相对生物多样性潜力	正指标
	环境质量（25%）	环境空气质量	5	13.89	颗粒物（PM10）浓度/世界卫生组织标准+颗粒物（PM2.5）浓度/世界卫生组织标准	逆指标
		化肥施用超标量	2	5.56	化肥使用量/耕地面积－国际公认安全使用上限值	逆指标
		农药施用强度	2	5.56	农药使用量/农作物总播种面积	逆指标
	社会发展（15%）	人均国内生产总值	5	4.69	人均地区生产总值	正指标
		服务业附加值占国内生产总值比例	4	3.75	服务业附加值占国内生产总值比例	正指标
		城镇化率	2	1.88	城镇人口比重	正指标
		教育公共开支占国内生产总值的比例	2	1.88	政府在教育方面的支出总额占国内生产总值比例	正指标

续表

一级指标	二级指标	三级指标	权重分	权重（%）	指标解释	指标性质
生态文明建设评价指标体系（ECCI 2015）	社会发展（15%）	每千人口医疗卫生机构床位	2	1.88	每千人口医疗卫生机构床位数	正指标
		农村人口获得改善水源比例	1	0.94	农村获得改善水源人口占总人口比重	正指标
	协调程度（30%）	淡水抽取量占内部资源的比重	2	4.00	水源总抽取量/可再生水资源总量	逆指标
		获得经过改善的卫生设施的人口比重	4	8.00	获得经过改善的卫生设施的人口比重	正指标
		能源消耗变化效应	5	10.00	（上年度能源消耗总量－本年度能源消耗总量）/（PM2.5 浓度 * 国土面积）	正指标
		二氧化碳排放变化效应	4	8.00	（上年度二氧化碳排放总量－本年度二氧化碳排放总量）* 人均国内生产总值年增长率/国土面积	正指标

（参考：严耕等：《中国省域生态文明建设评价报告（ECI2015）》第 36 ~ 55 页，北京：社会科学文献出版社，2015 年。徐保军）

生态文明制度建设

Eco-civilization Institutional Construction

“十八大”报告提出的关于大力推进生态文明建设的重要概念之一，既可以指与我们党和国家致力于推动的生态文明建设这一政策议题或领域相关的各种制度形态和形式的总和，也可以指与我们党和国家所信奉强调的尤其是党的“十八大”报告阐述的社会主义生态文明总目标与战略决策相吻合的社会基本制度革新或重构。它可以看成是由根本制度、基本制度和具体制度组成的立体性多维构架。具体制度是指根本制度和基本制度之下或与之相关的或者机构实体化程度相对较低的体现与规范着人、社会与自然之间和谐共生目标以及相应的社会与个体行为要求的生态文明制度。根本制度、基本制度和具体制度之间的界限，并非是固定不变的，而是彼此联系的。这些综合性多维性制度构成我国的生态文明制度体系。生态文明制度建设这一核心主题的确定，使党中央提出的面向未来 5 年甚至更长时间创建社会主义生态文明的政治行动纲领，有了明确的理论创新与制度创新维度，对我们深入理解与贯彻落实战略部署和任务总要求具有重要的现实指导意义。（刘中华）

生态文明制度与体制改革

Eco-civilization Institution and System Reform

十八届三中全会审议通过的《中共中央关于全面深化改革若干重大问题的决定》所做的重要部署，既是我国新时期全面深化改革的重要侧面，也是党的“十八大”提出的大力推进生态文明建设战略部署的细化与延展。生态文明建设是涉及生产方式和生活方式根本性变革的战略任务。实现这样的根本性变革，必须依靠完善的体制和制度改革和创新。主要内容有：1. 在“五位一体”的社会主义现代化建设整体布局下，建立体现生态文明要求（考量资源消耗、环境损害和生态效益）的经济社会发展目标体系、考核办法和奖惩机制。2. 建立国土空间开发保护制度，完善最严格的耕地保护制度、水资源管理制度、环境保护制度；加强环境监管，健全生态环境保护责任追究制度和环境损害赔偿制度。3. 深化资源性产品和税费改革，建立反映市场供求和资源稀缺程度、体现生态价值和代际补偿的资源有偿使用制度和生态补偿制度；积极开展节能量、碳排放权、排污权、水权交易试点。4. 加强生态文明宣传教育，增强全民节约意识、环保意识、生态意识，形成合理消费的社会风尚，营造爱护生态环境的良好风气。上述阐述在随后通过的《关于加快生态文明建设的建议》和《生态文明体制改革总体方案》中，得到进一步的细化和可操作化。它不仅仅是生态文明的经济制度与体制、生态文明的行政监管制度与体制的建设和改革问题，还是内容更为深刻、影响更为深远的政治与社会的生态民主化重建进程，需要付出长时期的艰巨努力。（刘中华）

生态文学

Ecological Literature

古老而又新兴的由文学和生态学交叉产生的艺术形式。生态文学古已有之。现代社会由于人类居住环境的恶化及人类生态意识的提高，生态文学得到发展和壮大。生态学最初是生物学的分支，研究生物之间及生物与非生物环境之间的相互关系。按照现代生态学家的多层同心圈的观点，地球上的生态环境可分为物理圈（即山川、土地、矿产、空气、水源等）、生物圈（即森林、细菌、动物以及人类等）、科学圈（即科学、知识、工具、仪器、技术等）以及在人类社会生活之上的精神圈（即观念、信念、理想、想象、反思、追求、憧憬等）。文学即人学，文学的研究和创造都不能不关心人的生存环境（自然环境和社会环境）。因此，二者的结合产生生态文学。生态文学有狭义和广义之分。狭义的生态文学是阐述人与自然和谐或不和谐关系的文学作品。这里的自然指的是大自然中的动物、植物、山川、水域、空气等生态环境，即物理圈和生物圈。广义的生态文学包括有关所有生态圈的文学作品。它是在狭义生态文学的基础上衍生出来的。除人与自然即物理圈、生物圈的关系外，还关注包括科学圈和精神圈等层面的内容。（参考：方军、陈昕：《论生态文学》，《中南民族学院学报》2003 年第 2 期第 141 ～ 144 页。王薛时）

生态文学的担当

Mission Fall on the Shoulders of Ecological Literature

生态文学的规范性功能。生态文学的担当的基本含义是：人与自然和谐共生的文明下生态文学担当起提升审美境界、扩展伦理观念、反思生存文化以及构建和谐共生的历史重任。生态文学在文本中记录并凸显人与自然的生存困境，对这种危及生命整体未来的境地加以追问和解答。生态文学是对环境的想象，标志着文学主题的重大扩展和转换，表明生态问题已进入到文艺界的深层考量。生态文学是感性与理性、客观与主观的统一，蕴含着丰富的自然审美观照，渗透着作者对人类行为的评价与批判，寄寓着作者的生命理想和道德诉求。有学者认为，有生态文学参与的生态文化建设将勃勃生机。有生态文学的担当，将更加接近生态危机的根源，继而更加有效地帮助修正人类生存方式，优化经济发展模式，构建和谐共生、诗意栖居的生态型社会。（王薛时）

生态文学批评

Ecological Literary Criticism

20 世纪 70 年代末产生的生态批评概念。生态批评不是纯文学批评，也不是模式化的方法论，而是将生态哲学、生态美学、生态伦理学的有关生命背景及其相互和谐的观念导入文学研究的现代批评理路。生态批评也被称之为生态文学批评。20 世纪 70 年代初，美国人类生态学家约瑟夫·密克尔在其《生存的悲剧：文学生态学研究》一书中提出文学生态学概念。1978 年美国生态批评家威廉·鲁克尔特发表题为《文学与生态学：一项生态批评的实验》论文，明确阐释生态批评这一新兴批评观念和理路的性质与范畴。在众多关于生态批评的描述中，最为大多数学者接受的，是美国生态批评的主要发起人之一、文学与环境教授彻丽尔·格罗特费尔蒂给出的定义：生态批评是探讨文学与自然环境之关系的批评。经过20世纪70年代的启动和80年代的思索，生态批评在90年代渐趋繁盛，先后出版几部佳作。较有代表性的有：克洛伯尔的《生态批评：浪漫的想象与生态意识》、布依尔的《环境的想象：梭罗、自然文学和美国文化的构成》、格罗特费尔蒂和弗罗姆主编的《生态批评读本》等。世纪之交，《新文学史》1999年夏季专刊发表包括达纳的《生态批评、文学理论和生态学真谛》、贝特的《文学与环境》、布伊尔的《生态的起义》等重要学者论文在内的系列成果，产生较为广泛的学术影响。（参考：龚举善：《全球化语境下生态批评的文学观照》，《江汉大学学报》2006年第6期第46～50页。王薛时）

生态文学史 10 大经典名著

Ten Classics in the History of Ecological Literature

在生态危机日趋严重的世界，有10部堪称绿色经典的生态文学作品引起人们的极大关注。这10部对人类产生深远影响的杰出作品蕴含丰富的生态意识，对我们构建生态文明具有重要的启示意义。这10部作品是：《弗兰肯斯坦》《瓦尔登湖》《沙乡年鉴》《鹿之民》《天根》《寂静的春天》《沙漠独居者》《有意破坏帮》《死刑台》《“羚羊”与“秧鸡”》。对人类产生重要影响的生态文学作品远远不止这10部，全球性的生态文学浪潮从20世纪60年代开始日益波澜壮阔，优秀的作家作品层出不穷。这些生态文学作品对人类挖掘并批判生态危机的思想文化根源，确立生态意识，构建和谐社会与生态文明有重要借鉴意义。（参考：高歌：《生态文学史上的十大经典名著》，《中国绿色时报》2007年11月2日第4版。王薛时）

生态文艺

Ecological Literature and Art

生态文艺是当代表现和探讨人与自然关系的文学艺术形式。生态文艺关注现代化造成的生态威胁，试图从文学艺术的视角审视人类行为，主张保护生态，实现可持续发展，塑造人的审美意识与行为方式。生态文艺旨在使人类建立强烈的生态观念与忧患意识，提醒人们自然环境是人类赖以生存和发展的物质来源以及人类生产活动的空间，自然同时也是人类审美关照的对象、文化根源和人类精神的家园。生态文艺在生态危机与生态意识的基础上进行文艺创作，主张在新的理性认知基础上进行创作，展开人与自然的对话，创作出表现与生态相关的精神形象、艺术作品等，主张人与自然建立有机的良性关系，从而保持生态平衡，向自然复归，向人性复归，向生态转向。（雷爱民）

生态文艺两个方向

Two Directions of Ecological Literature

生态文艺批评家鲁枢元的美学观点。在生态学与文艺学两个学科系统之间，存在着现象的类似、逻辑的相通和表述的互证，参照怀特海的有机过程论与贝塔朗菲的一般系统论，生态学的原理完全有可能转换为文艺学的原理。生态文艺批评家鲁枢元认为，生态文艺学有两个不容忽视的方向：一是自20世纪中期环境文学、绿色写作及生态警示电影在世界范围内的繁荣，至今仍在蓬勃发展，为生态批评提供具体的对象。二是同时开启的生态学的人文转向已经催生诸如生态经济学、生态伦理学、生态法学、生态哲学等人文学科领域的新学科。（王薛时）

生态文艺文化

Ecological Literature and Art Culture

生态文艺文化在当代的人文风尚中发挥不可替代的重要作用。生态文艺文化的特征：生态文艺文化是人与自然亲近的文艺文化，通过赞美大自然而影响人的审美观，进而将生态整体主义而不是人类中心主义的价值观传达给人们。生态文艺文化是思考人与自然的关系、反省生态危机的社会根源的文艺文化，通过对盲目的文明、进步和欲望的批判，调整和改变人们的行为乃至政府的决策。生态文艺在很大程度上被看作表达人类理想、规划人类未来的文艺，它主要通过精神生态的构建，达到人类在这个世界上寻求诗意地安居的心理目的。生态文艺文化的复兴体现了现代文艺对自身价值追求的重新定位，它的发展对于重新塑造现代社会的人类价值体系具有重要的意义。（牟世晶）

生态文艺学

Ecological Literature and Art Theory

选取现代生态学的视野对文学艺术现象进行观察、分析、批评、研究的一门学科。文学艺术中的生态思想源远流长，生态文艺学作为一门学科，始于20世纪90年代的美国。它同时也是继女性批评、后殖民批评后的新的理论思潮与批评方法，是日益严峻的生态困境、日益高涨的生态运动在文学艺术领域的反映。在中国历代文论史中蕴藏着丰富的生态文艺思想，遗憾的是被近百年来的现代化思潮长期遮蔽了。20世纪以来在杜亚泉、刘师培、熊十力、冯友兰、金岳霖、方东美、牟宗三以及杜维明等人的论著中，仍然可以看出中华民族的生态文化传统一脉相袭。在宗白华、丰子恺、徐复观的美学、文艺学著述中，在徐迟翻译并作序的自然文学名著《瓦尔登湖》中，可以看出他们抱持的生态情怀。我国生态文艺学建设在20世纪的最后20年启动，取得初步成效。这一文艺思潮在中国国内的兴起并非完全依靠西方输入，在很大程度上是在中国本土传统文化底蕴基础上自发萌生，与西方生态批评的兴起大抵同步。（参考：鲁枢元：《20世纪中国生态文艺学研究概况》，《文艺理论研究》2008年第6期第132～134页。王薛时）

生态文艺学性质与功能

The Natures and Functions of Ecologica Literature and Art Theory

生态文艺学是文艺学的分支，是作为人文学科的文艺学与生态学及心理学等学科相融合形成的交叉学科。生态文艺学是当代研究文学与自然环境之间关系的理论，通过探索当代人与自然关系的自然文学，从生态角度重新阅读古往今来的文学作品，旨在使人类建立强烈的生态观念和忧患意识。生态文艺学是在现代化造成的生态变化已经威胁到人类生活质量、生存环境和发展前景的情况下，人类文化所作出的反应。它从生态的角度研究文学，再从文学的角度力图影响行为，从而制定有利于可持续发展、整体平衡的战略与政策，力图影响人们的审美意识与行为方式的理论；也必然有利于塑造生态伦理观念。生态文艺学提醒人们，自然不仅是人类赖以生存、发展的物质财富的来源和人类生产活动的空间，不仅是人类征服的对象，也是人类审美关照的对象、文化的根源和心灵的家园。从文学传承说，生态文艺学承袭西方古典田园文学、19世纪浪漫主义文学、20世纪超验主义文学的传统。中国传统哲学有天人合一的理念，道家学说中有非人类中心主义的思想端倪，这都与当代西方的生态文艺学理论有契合之处。（王薛时）

《生态乌托邦》

Ecotopia

全称《生态乌托邦：威廉·韦斯顿的笔记本与报告》，是美国著名生态作家欧内斯特·卡伦巴赫（Ernest Callenbach）有重大影响的小说，1975年出版。书中描述最初的生态乌托邦，对反主流文化与20世纪70年代及其后的绿色运动影响深远。《生态乌托邦》的雄心，是提供吸引人的画面，即我们现在经常说到的“可持续”到底是什么样子，向大家展示比较容易理解的新的生活方式，确保人类可以比较舒服地在地球上生存更长时间。书中描绘的许多日常生活细节，使许多读者都为之着迷，字里行间流露出的希望与乐观，对年轻读者格外有吸引力。它揭开蒙在环境退化、社会异化、社区衰败、个人压力等看似不可避免的表象上的面纱，教导我们：敢于做梦是件好事，乐于尝试新观念新想法是件好事，想象自己快乐幸福是件好事，与我们的同伴拥有相互支持关系同样是件好事。《生态乌托邦》被认为是生物区域主义的代表作之一。中译本译者杜澍，北京：北京大学出版社 2010 年出版。（徐越）

生态无政府主义

Eco-anarchism

当今西方生态政治中影响很大的思潮，主张把无政府主义和生态学思想结合起来，以解决当前人类社会面临的环境危机。从生态学出发，试图用生态学规律构建出人和自然和谐相处的社会模式。生态无政府主义者对自然怀有深深的崇敬和热爱，他们认为，自然世界没有类似人类社会的国家制度和法律保障，却能够和谐的存在发展。这种和谐的自组织状态给人类社会树立很好的摹本。如果人类社会能参照这种自组织状态，建立类似的社会体制，人类社会就能和自然达到和谐相处，人类社会目前所面临的环境危机也就迎刃而解了。这种驱除国家和法律制度、没有绝对的权威来行使公共权力的社会，实质上是一种无政府主义社会。生态无政府主义者从生态学出发，走向了政治上的极端无政府主义。生态无政府主义理论主要包括生态学和无政府主义理论两个要素。生态学是描述自然系统中各种生物以及非生物之间运行状况的科学。人类社会系统和自然系统是两个不同的系统，社会系统有着自身的目的和运行特征。生态无政府主义者在把描述自然系统的学科引用到社会系统之中时，是未加任何限制的直接运用，其合理性自然值得商榷。（徐越）

生态系统

Eco-system

1935 年英国生态学家亚瑟·乔治·坦斯利爵士提出的概念，指在自然界的一定的空间内，生物与环境构成的统一整体。在这统一整体中，生物与环境之间相互影响、相互制约，在一定时期内处于相对稳定的动态平衡状态。生态系统的范围可大可小，相互交错，最大的生态系统是生物圈，最为复杂的生态系统是热带雨林生态系统。人类生活在以城市和农田为主的人工生态系统中。生态系统是开放系统，为维系自身稳定，生态系统需要不断输入能量，否则有崩溃的危险。许多基础物质在生态系统中不断循环，其中碳循环与全球温室效应密切相关。生态系统是生态学领域的主要结构和功能单位，属于生态学研究的最高层次。在生态系统中，有机体（如动植物、微生物等）与其周围非生命环境（如空气、水、土壤、光等）之间进行着物质循环与能量流动；有机体由生产者（植物）、消费者（动、植物）和分解者（微生物）组成，三者形成一个相互依存的食物链。生态系统的组成成分有：非生物的物质和能量、生产者、消费者、分解者。不同的生态系统有：森林生态系统、草原生态系统、海洋生态系统、淡水生态系统（分为湖泊生态系统、池塘生态系统、河流生态系统等）、农田生态系统、冻原生态系统、湿地生态系统、城市生态系统。生态系统各个成分的紧密联系，使生态系统成为具有一定功能的有机整体。（李雪姣　朱雨晨）

生态系统沉积物循环

Ecosystem Sediment Cycle

属于生态系统物质大循环中的循环方式，其他两类分别为生态系统水体循环和生态系统大气型循环。沉积物分子、化合物循环主要以水圈、岩石圈和土壤圈为蓄库，较典型的沉积物循环中的分子或者化合物为碳元素、硫元素、磷元素、钙元素、钾元素。沉积物循环周期较其他生态系统物质循环周期缓慢和长期，因此也就不如其他物质循环范围广泛。如海底沉积物向岩石圈成分转化需要上千年时间，岩石圈中的化学元素又需要通过风化、溶解、火山爆发、人工采矿等途径释放元素至大气。再如海洋动植物残体由于埋入水底而脱离生态物质循环过程，要使残体内蕴含的物质元素重新回到生态物质循环中，需要历经若干地质年代才可能以石灰岩或者珊瑚礁的形式出现于地表，然后开始物质循环过程，这同样需要上千年的时间。生态系统沉积物循环周期较长且稳定，由此可能造成生态系统局部性的匮乏。另外，比较水体生态循环和大气生态循环而言，沉积物循环受人类经济生产活动的影响较小。（欧阳文川）

生态系统大气循环

Ecosystem Atmospheric Circulation

也称生态系统气体型循环。指元素或者化合物以气体的形式参与生态系统的能量交换过程。生态系统大气循环中的元素和化合物主要以大气和海洋作为蓄库（pool），当一个蓄库中的元素和化合物超过生命构成所需的用量时，不同蓄库之间便会产生元素和化合物的缓慢流通（flow）。以气体形式参与大气生态循环的常见元素为氧、二氧化碳、氮、氯、溴和氟等。碳元素循环是大气生态循环中最为广泛，也极为重要的物质循环方式，在生态系统中碳元素是仅次于水元素的成分。绿色植物通过光合作用吸收大气中的二氧化碳，合成后通过糖、脂肪、蛋白质的形式存储在植物有机体中，与此同时，植物有机体释放出氧气。当食植动物将植物当成食物消化合成后（可能通过营养级再次消化合成），部分碳元素通过呼吸作用返回到大气中；另一部分的碳元素由于已成为动物有机体的组成成分，会通过其排泄物和动物残体重新由二氧化碳的形式返回至大气之中。除大气层的碳循环以外，海洋生态系统也是碳循环的重要场所。与大气碳循环类似，水生动植物通过吸收吸附在水上层的碳元素，将其转化为糖分、脂肪等，各类水生动植物通过营养级的再消化合成，通过呼吸将碳元素又返还至大气之中。大气圈中各元素的循环周期及其浓度通常是稳定的，然而近百年人类工业社会的经济活动，如森林砍伐和化石燃料的燃烧，导致正常的元素循环调节机制受到干扰，使生态系统大气循环偏离常轨。（欧阳文川）

生态系统发育进化

Ecological System Development Evolution

生态系统在生物与环境的相互作用下产生能流和信息流，促成物种的分化和生物与环境的协调。其在时间向度上的复杂性和有序性的增长过程称为生态系统的发育进化。在时间的向度上考察生态系统，不难发现构成生态系统的生物与环境都随时间而改变，但这种改变又不是孤立发生的。在自然界中，生物种是生态系统中的功能单位，任何物种都处于一定的生态系统的构架之中。物种与生态系统的关系不是大框框套小框框的关系，一个物种的不同种群可以属于不同的生态系统。自然界中不存在脱离生态系统的孤立物种，也不存在孤立的物种进化。生态系统内生物之间、生物与其环境之间的复杂关系构成物种进化的背景，某一物种的进化受生态系统内其他物种和环境因素的制约。因此，物种在生态系统内的进化，表现为该物种与其他相关物种及环境的协进化。J. 哈钦森写的《生态的舞台，进化的表演》恰当地表达此种协进化的概念。某些生态学家曾指出，物种在生态系统内的进化处于近乎平衡的状态，协进化的结果是导致某一具体环境的生态系统内的生物的最佳组合和生物与环境的相对稳定的关系。（牟世晶）

生态系统服务

Ecosystem Service

指人类从生态系统功能中获得的收益，包括能被人类直接或间接利用的生态系统结构、过程或功能，分为支持服务（如维持地球生命生存环境）、调节服务（如控制洪水和疾病）、提供服务（如食物和水）和文化服务（如美学价值、娱乐文化收益）4类。生态系统服务的功能价值表现为整体有用性、空间固定性、用途多样性、持续有用性、资源共享性等。生态系统服务与生态系统功能紧密相关，生态系统服务是基于人类需要、利用和偏好，反映人类对生态系统功能的利用。生态系统功能是维持生态系统服务的基础，多样性对于持续提供产品的生产和服务至关重要。生态系统服务功能的基本原则体现在：1. 生态系统服务功能是客观的存在，不依赖于评价的主体；2. 系统服务性能与生态过程密不可分地结合在一起，都是自然生态系统的属性；3. 自然作为进化的整体，是生产服务性功益的源泉。自然生态系统是在不断进化和发展中产生更加完善的物种，演化出更加完善的生态系统，这个系统能产生许多功益性能；4. 自然生态系统是多种性能的转换器，在自然进化过程中，产生越来越丰富的内在功能。（参考：冯剑丰、李宇、朱琳：《生态系统功能与生态系统服务的概念辨析》，《生态环境学报》2009年第4期第1599～1603页。刘阳　李雪姣）

生态系统服务制图

Ecosystem Service Drawings

指利用生态学原理，从空间分布、数量、组成、运行机理和相互联系等角度综合评估特定时空尺度上的生态系统的服务功能及其价值，从而为生态环境保护和建设提供数据支持，并为相关政策和管理提供理论依据。生态系统服务制图以静态展示和动态模拟两种形式，以数据定量的直观性和鲜明性为决策制定者的权衡利弊提供依据，为区域社会经济—自然生态系统的协调发展提供科学支撑。生态系统服务制图的直接服务对象是生态环境保护职能部门的决策者以及其他利益相关者，服务内容不仅包括对当下生态系统功能和服务价值的评估，还包括对未来生态系统动态发展结果的实时性跟踪情况进行描述。具体说来，生态系统服务制图的内容包括生态系统服务提供制图、生态系统服务需求制图、生态系统服务权衡协同情景分析三方面。生态系统服务提供制图为特定区域和时空尺度内的生态系统所能提供服务及其价值进行量化分析，这种分析是指目前来说生态系统可以提供的服务，而非潜在最大服务价值；生态系统服务需求制图为特定区域和时空尺度内人们对生态产品或者服务的消费总量进行描述和分析；生态系统服务权衡协同情景分析是对人类消费倾向或偏见对于生态系统服务功能的作用和影响进行评估。（参考：张立伟等：《生态系统服务制图研究进展》，《生态学报》2014年第2期第316～318页。欧阳文川）

生态系统功能

Ecosystem Function

指生态系统的不同生境、生物学及其系统性质或过程，具有物质循环、能量流动和信息传递3大基本功能。生态系统的物质循环功能指地球上各个库中的生命元素：碳（C）、氧（O）、氮（N）、磷（P）和硫（S）等的全球或区域的地球生物化学循环过程。生态系统的能量流动功能指各种能量在生态系统内部的输入、传递和散失的过程。生态系统的信息传递功能指构成生态系统的各组分之间（包括生物与非生物）进行物理信息、化学信息、行为信息和营养信息的双向传递过程。其中，能量流动和物质循环是生态系统的基本功能，信息传递在能量流动和物质循环中起调节作用，能量和信息依附于一定的物质形态，推动或调节物质运动。生态系统的不同功能通过物种外循环、物种内循环和物种间循环3种途径实现。（参考：张全国、张大勇：《生物多样性与生态系统功能：进展与争论》，《生物多样性》2004年第1期第49～60页。刘阳）

生态系统管理

Ecosystem Management

属于交叉学科研究的领域，指对生态管理对象的结构、组织和功能等加以清晰认知的基础上，制定可调整性、适应性的管理策略，通过对关键生态过程和生态数据的长期监测后，进行维护生态系统整体及其可持续性的管理。生态系统管理的要素包括：明确的管理对象、清晰的系统单位、对生态系统的必要认知、确定的标准和尺度、可适应性管理、合适的管理工具和技术、强调个人与团队的合作、影响生态系统的政策法规、将人的价值倾向植入系统管理、将生态系统的完整和可持续性作为管理要求。生态系统管理的基本原则为：1. 整体性原则，即将管理目标置于生态系统中观察；2. 动态性原则，即生态系统处于不断变动中，监测数据要及时更新；3. 再生性原则，即生态系统具有再生产性；4. 循环利用性原则；5. 平衡性原则，即通过管理维护生态系统的健康稳定；6. 多样性原则，即生态系统的组成部分是非单一的。生态系统管理的途径分别是：生态风险评估、适度干扰与恢复重建、清洁生产、生态工业园区、开展生态工程和生态建设、废物资源化管理、环境管理信息系统。（欧阳文川）

生态系统结构

The Structure of the Ecosystem

生态系统是由生物与非生物相互作用结合而成的结构有序的系统。生态系统的结构指构成生态诸要素及其量比关系，各组分在时间、空间上的分布，以及各组分间能量、物质、信息流的途径与传递关系。生态系统结构包括组分结构、时空结构和营养结构 3 个方面。组分结构指生态系统中由不同生物类型或物种以及它们之间不同的数量组合关系构成的系统结构。组分结构中主要关注生物群落的种类组成及各组分之间的量比关系。生物种群是构成生态系统的基本单元，不同物种（或类群）以及它们之间不同的量比关系，构成生态系统的基本特征。如，平原地区的粮、猪、沼系统和山区的林、草、畜系统，由于物种结构不同，形成功能及特征各不相同的生态系统。即使物种类型相同，但各物种类型所占比重不同，也会产生不同的功能。此外，环境构成要素及状况也属于组分结构。时空结构也称形态结构，指各种生物成分或群落在空间上和时间上的不同配置和形态变化特征，包括水平分布上的镶嵌型、垂直分布上的成层型和时间上的发展演替特征，即水平结构、垂直结构和时空分布格局。营养结构指生态系统中生物与生物之间，生产者、消费者和分解者之间以食物营养为纽带所形成的食物链和食物网，是构成物质循环和能量转化的主要途径。（牟世晶）

生态系统模拟模型

Ecological System Simulation Model

模型是对系统的抽象和简化的表达，是科学分析的扩展。生态系统模拟模型是郝灵（Holling）在 1978 年提出的环境影响分析方法。通过建立受扰动的生态系统模型，把环境影响分析纳入工程和规划的进行中，对工程引起的环境变化进行评价。这一模型反映生态系统的变化趋势，最早被用于加拿大魁北克杰洲斯湾的大型水力发电计划的初步影响评价。生态系统模拟模型不苛求大量数据，可使环境影响分析在较短期限内完成。它通常只考虑单一的环境效果，对较复杂的生态系统需作简化处理，故综合性不如其他方法。生态系统模拟模型特别适用于资源管理战略的研究和评价，在工程建设项目和多目标土地利用规划的环境影响评价中也大有作用。（牟世晶）

生态系统生态学

Ecosystem Ecology

以生态系统为研究对象的生态学分支。生态系统指在一定的空间范围内，动植物、微生物群落及非生命环境，通过能量流动和物质循环而形成的相互作用、相互依存的动态复合体。生态系统生态学是研究生态系统的组成要素、结构与功能、发展与演替、系统内与系统间的能量物质交换与循环以及人类与生态系统间相互作用的学科。生态系统生态学的研究内容包括：自然生态系统的保护和利用，生态系统调控机制的研究，生态系统退化的机制、恢复及其修复研究，全球性生态问题的研究及生态系统可持续发展的研究等。生态系统生态学的研究对加强生态系统管理、保持生态系统健康和维持生态系统服务功能具有重要意义。（韩铮）

生态系统水循环

Ecosystem Water Cycle

指水元素在生态系统水圈各组成部分之中物质转化的整个过程。生态系统水循环分为海陆间循环（大循环）和局限于陆地或者海洋内部的循环（小循环）。分布在地球中的水圈时刻处于动态变化中，在太阳辐射和地球引力的推动之下，水元素构成全球范围内海陆间的循环运动，即水的“大循环”。海陆间循环的过程为：海洋表层的水在阳光照射下被蒸发成为水汽，大气环流运动使一部分水汽被输送至大陆上空，由于凝结核以及温度变化的原因，大气中的水汽被凝结，在一定条件下形成雨雪等降水，返回至陆地并形成地下径流和地表径流，最终又流向海洋。陆地水循环的过程为：地表植被通过蒸腾以及内陆湖泊通过蒸发形成水汽，由于和海陆间相同的过程，水汽最后以降水的形式返回至陆地。海洋水循环的过程与海陆间循环的差异仅仅在于大气中的水汽没有由于大气环流的原因被输送至陆地上空，而是仍然停留在海洋上空，最后以降水形式返回至海洋。生态系统水循环的作用在于维护全球水量平衡，并更新陆地淡水资源；以能量迁移和物质交换的形式保持生态系统的稳定和平衡。（欧阳文川）

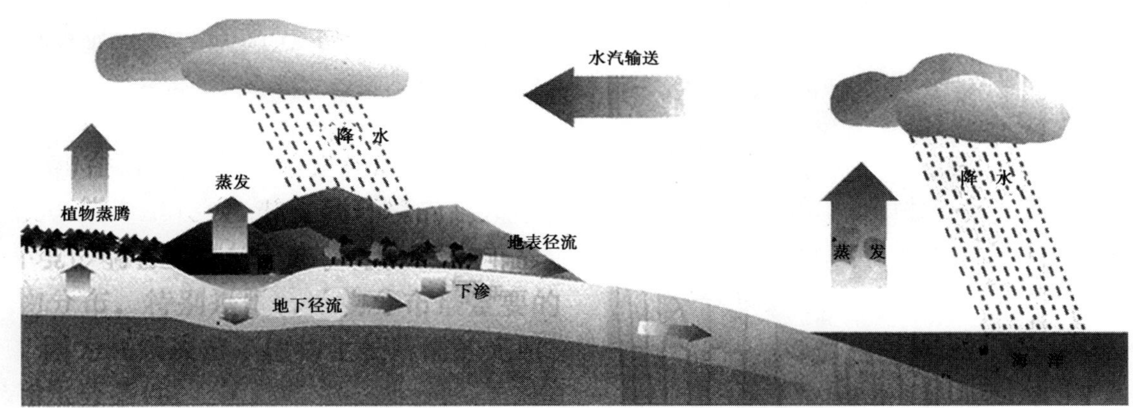

水循环示意

生态系统物质循环

Ecosystem Material Cycle

无机化合物与单质在生态系统中的流通。生态系统中生物和非生物通过能量交换形成各种化合物，一定数量的化合物构成蓄库，一种元素、化合物可能同时存在于多个蓄库中。如果蓄库中的某种元素远远超过生态系统中生命构成的所需用量，该种元素会以流通的方式从原来的蓄库中缓慢流出、迁移。因此，生态系统物质循环的实质是元素在蓄库与蓄库之间的流动。生态系统的物质循环分为 3 类，即水循环、气体型循环、沉积型循环。水循环是生态系统物质循环的基础和前提，气体型循环和沉积型循环都依靠水循环的推动而进行。气体型循环是生态系统物质循环中最为广泛和大量的循环，主要通过大气和海洋作为蓄库，具有全球性循环特征。沉积型循环的循环周期最为缓慢，主要蓄库为岩石和土壤，参与循环的元素或者化合物通过风化和溶解等手段转化为可被生物有机体利用的营养物质。生态系统物质循环的周期和浓度一般说处于稳定平衡状态，但在人为干预或者长期人类活动影响下，其循环周期和元素浓度都会发生改变。（参考：刘力：《可持续发展与生态系统物质循环理论研究》，东北师范大学2002年博士学位论文第58～60页。欧阳文川）

生态现代化
Ecological Modernization

世界现代化进程中的重要内容和生态革命的要求。生态现代化是人类对世界经济社会现代化过程造成的生态危机反省引发的。生态现代化主张把生态学原理应用到人类现代化进程中，主张关注现代社会的生态革命、生态转型、生态重建和环境改革等。生态现代化关注生态变迁、生态经济、生态社会等和现代化的耦合关系，强调企业、政府以及非政府组织和个人在面对环境问题时应该做出调整，发挥生态优势，推进现代化进程，实现经济发展和环境保护的双赢。建设生态现代化必须把经济增长与环境保护结合起来，把生态建设看成是发展的一部分，走可持续发展之路，推动先污染后治理型发展模式向生态亲和型发展模式转变。生态现代化是现代化的重要方面，任何国家的现代化都受到生态环境和国际社会环境的影响，任何国家的现代化都与生态保护关系密切，都受生态现代化程度影响。（雷爱民）

生态现代化理论
Eco-Modernization Theory

生态现代化的含义在社会学和政治学两个学科中有不同方向的理解。就其与环境政策的关系而言，指日益被欧洲政策精英接受的环境意识形态或价值信念，用以辩护特定类型的环境政策。核心观点是：环境保护不应被视为经济活动的负担，而应视为未来可持续增长的前提。基本目标是：试图转变人们对环境政策难题的看法，从而使清洁环境和经济活力的关系不再像20世纪70年代那样被视为是矛盾或冲突的。生态现代化理论包括：1. 环境保护与经济目标的协调性。2. 技术中心主义或技术预防。3. 市场的优先性。总之，生态现代化理论的核心观点，是对人类当代社会面临的生态挑战做了另外一种解释，认为市场经济压力刺激和有能力国家推动下的更新可以在促进经济繁荣的同时减少环境破坏，而不必对现行的经济社会活动方式和组织结构做大规模或深层次的重建。它宣称的这种双赢或共赢特征，受到很多人特别是工商界及其政治代表如欧盟、经济合作与发展组织等的欢迎，同时也为比较温和的国际环境保护组织（如联合国环境与发展委员会）或国际环境非政府组织（如自然保护国际联盟和世界自然基金等）所接受。生态现代化理论将环境争论从一种对抗转向一种共识和合作，在使更激进的对现状的批评边缘化的同时，吸纳温和性的批评，寻求对环境难题的技术性和实用性解决，把环境议题带入主流政治。生态现代化理论无疑是主张与推动绿色变革的理论，尽管只能称得上是浅绿色的渐进主义理论。（徐越）

生态现象学
Ecological Phenomenology

20世纪80年代以来，西方具有现象学背景的学者，开始把现象学和生态学相结合探讨人与自然的关系问题，追问造成生态危机的伦理学前提和认识论根源，试图重新定位人同自然之间的联系，由此产生生态现象学。生态现象学是新的生态哲学形态。它以人类自身作为本体，以生命经验作为媒介，以现象学作为方法，去引导人们真实体验生态系统的善和美，进而尝试为转变人们的实践观念找到新的途径。生态现象学提出的生活世界化的自然、遭遇环境等思想对于人们重新看待、理解自然的方式和在此基础上形成的理性观和价值观，以及对于生态哲学的发展都具有重要理论意义。从现象学的基本观点出发，生态现象学批判主客二分的哲学观造成的多方面后果，积极地为当代人类面临的生态危机寻找出路。

作为新的交叉性研究领域，生态现象学为研究人与自然之间关系开辟崭新的视域和研究方法。（牟世晶）

生态陷阱

Ecological Trap

指特定生态系统与相应的人类活动干扰耦合导致人地作用自驱动机制形成，人地关系不断衰减恶化的现象和过程，本质是人地作用过程中产生路径依赖（path-dependence），进入锁定（lock-in）状态。有4个含义：1. 生态陷阱是相对于人类活动干预来说的，它反映人类活动与自然生态之间特殊的作用关系。离开人这个主观坐标，自然生态过程有其演化的条件和规律。2. 人地作用过程中生态陷阱的发生往往是人类活动开启的。3. 生态陷阱表现为作用过程往往是链式反应，这种链式反应的动力是生产方式的惯性作用力、人口短时期不可逆变化与生态系统恢复的长期性产生共振效应。4. 小尺度的干扰往往是大尺度正常现象的结构。在人类开发利用自然资源过程中，由于生态系统的特有属性往往与特定的作用方式产生耦合关系，最终导致生态系统不断退化。在进行资源利用与管理的时候，必须对生态系统属性进行分析，找出人地作用关系可能出现路径依赖的关键点，避免进入锁定状态。一旦出现生态陷阱，不能在系统内部修补，应该跳出系统内部解决问题的思路局限，借助外面作用力或者能量，帮助系统打破低水平的路径锁定。（参考：张力小：《人地作用关系中生态陷阱现象解析》，《生态学报》2006年第7期第2167～2173页。朱配辰）

生态消费

Eco-consumption

在满足人的生产生活需要前提下，遵循生态经济规律和生态原理，最大限度地利用产品或者服务，使之在使用周期内产生最小的废弃污染物质和能量，既满足和提高人的生产生活质量，又实现绿色环保节能的精神需求，是生态保护理念与健康消费的统一。生态消费是针对传统工业社会非生态消费模式而言的。西方工业文明倡导征服改造自然，无止境地去实现一切欲望和需求，然而当需求超过当时的自然资源、生产条件、社会经济所能承受的极限时，必然会导致人与自然、人与人之间的矛盾激化，从而产生巨大的负面效应。生态消费本身蕴含的实质内容具有难以辩驳的合理性。1. 生态消费超越消费者主权思想对消费的狭隘理解，为全面深刻地把握消费的实质提供科学视阈；2. 生态消费符合人与自然关系的本来法则；3. 生态消费符合人对自身本质的最高追求，即人的全面自由发展。因此，生态消费强调的是人与自然、社会间的和谐。它要求理性、适度消费，与物质生产水平和环境承载力相适应，从而达到消费具有全面性、可持续性，既使消费与其他多种消费模式统筹一致，又能实现跨时空需求的可期性。因此，生态消费比较于物质层面的消费，更侧重于信念和精神上的满足。建立生态消费模式，要树立生态消费观，改变错误的高消费方式，在生活和生产各方面都建立生态保护意识，以优化经济增长方式。此外，发挥政府职能部门作用，完善法规政策，建立保障机制，加强生态消费宣传力度。（参考：蓝娟：《生态消费及其实现》，成都理工2007年大学硕士论文第15～21页。欧阳文川　蔡越）

生态消费观

Eco-consumption View

在现代社会中人们的消费观念对消费行为起着重大导向作用。在生态危机现实面前，人们意识到，只注重人类眼前利益而忽视长远利益，只注重当下发展而忽视未来发展的消费方式、消费理念，是不利于人类全面发展的、不可持续的消费观。由此，为摆脱传统消费观所导致的生态危机以及人类生存困境，人类必须选择全新的注重生态平衡和人与自然和谐共生的消费观，即生态消费观。具体说：1. 生态消费观首先是以绿色消费和可持续消费研究为理论基础，以当下生态环境问题和生态社会问题日益严重为现实基础。2. 它把人与自然的关系上升到整体生态系统的高度，全面认识和了解生态系统及其内部的生态规律，使人的消费行为和各个生态系统的内在规律协调统一。3. 它着眼于人的生态需要、物质需求和精神文化需求相协调，是以生态系统的承载力为界限的消费理念。4. 它是在对当下生态环境问题以及由此产生的一系列社会问题的全面考量下，兼顾生活质量、经济效益和生态利益，以超越中心思维的方式，体察人与自然、人与他人、人与自我的和谐理念，从而建立起上下协调、内外一致的行为引导意识。生态消费观的提出具有高度的前瞻性和反思性。（牟世晶）

生态消费教育

Eco-consumption Education

培养消费者树立科学生态消费观的行为。随着社会生产的不断进步，人们的消费需求由低档次向高档次递进，由简单稳定向复杂多变发展。这种消费需求上的变化在一个侧面反映经济社会的进步状态。但当前社会背景下，消费群体存在着非生态消费现象，这既影响到正确价值观、人生观的形成和发展，影响着家庭的经济负担，也关系到社会的可持续消费。生态消费是绿色的或生态化的消费模式，它指既符合物质生产的发展水平，又符合生态生产的发展水平，既能满足人的消费需求，又不对生态环境造成危害的消费行为，具有适度性、全面性、环保性、持续性等特点。生态消费教育目标是引导公众放弃非生态消费现象，主动采取生态消费的行为方式。开展生态消费教育需要家庭、学校、社会彼此相互配合，全方位、多角度进行。（参考：刘恩泽：《高校大学生生态消费教育的路径探索》，《现代企业教育》2014 年第 24 期第 145 页。张惠娜）

生态消费伦理

Eco-consumption Ethics

指生态道德建设过程中人们在处理消费与生态环境之间关系时提出的伦理道德观念、消费原则与消费行为的规范约束体系。生态消费是建立在人们消费过程中既满足自身的消费需求，又不危害人、社会、自然三者之间和谐关系的消费模式。生态消费本质上是合理的、适度的、合宜的绿色消费和文明消费，适度、合宜、文明、可持续性是生态消费的特点。生态消费的积极意义以及生态消费伦理可以从生态学、环境伦理、经济伦理、消费伦理等方面获得理论旁证与有力证据。（雷爱民）

生态消费文化

Eco-consumption Culture

复合型概念，是消费文化和生态型消费理论的结合，即关于生态消费模式的文化。生态消费文化属于生态文明的一部分，是消费文化在生态文明领域的具体应用。生态消费区别于传统消费的关键之处在于追求理性、适度消费，生产与消费都以生态保护为前提，将经济增长、生态平衡和人的发展三者视为有机统一体。生态消费文化因此体现生态消费行为的核心理念，即人与自然的和谐共存。具体说，生态消费文化以生态文化和生态道德为理论前提和论证依据，生态文化和道德要求破除工业文明的“人类中心主义”价值观，树立人与自然和谐共生的道德准则，因此生态消费文化要求消费方式应尊重生态价值和自然规律，追求理性、适度的消费行为；生态消费文化以生态消费为载体，生态消费文化是生态消费理念的哲学层面的表达。除此之外，生态消费文化也是一种有关正义与公平的生态文化，即要求正视当代人与以后各代人之间应有的共同权利。以后各代人不应承担由当代人造成的生态和环境危机，生态消费倡导可持续性消费，不仅要求承认大自然的固有权利，还应承认各代人之间应有的生态公平。（参考：尹世杰：《提高生态消费力，弘扬生态文明》，《湖南社会科学》2012 年第 2 期第 119 ~ 123 页。欧阳文川）

生态小区

Ecodistrict

通过调整人居环境生态系统内生态因子和生态关系，使小区成为具有自然生态和人类生态、自然环境和人工环境、物质文明和精神文明高度统一、可持续发展的理想城市住区。生态小区空间结构合理、基础设施完善，生态建筑、智能建筑和生命建筑广泛应用，人工环境与自然环境融合。生态小区的特点：和谐性的生态小区内自然与人共生，人类回归自然，亲近自然，自然融于小区，小区融于自然；同时，能营造满足人类自身发展需求的环境，富有人情味，充满浓厚的文化气息，拥有强有力的互帮互助的群体，呈现出繁荣、生机和活力。生态小区规划指标有：1. 绿化指标，是衡量生态小区建设水平最重要的指标之一。绿地率（包括景区和水面）须达 50%以上，人均公共绿地应在 28 平方米以上。2. 地面保水指标：强调建筑基地渗水保水能力，尽量减少混凝土覆盖面积，采用自然排水系统，以利于雨水的渗透，理想指标是小区 80%的裸露地具有透水性能。3. 节水指标：以开辟另类水资源（开源）与省水器具的使用（节流），作为节水的主要方法。前者指在小区建筑设计中导入雨水利用或净水系统的设计，后者系指把雨水、生活废水汇集处理后，达到规定的用水水质标准、重复使用于非饮用水及非与身体接触的杂用水。4. 节能指标：重视节能建筑的设计，通过空调系统、照明、白昼光利用、太阳能利用等途径节约能源。5. 二氧化碳与废物减量指标：鼓励应用轻量化的建筑结构，如使用钢构造建筑减少砂石、砖等建材的使用；提倡居家简朴的装潢设计、建材的回收利用，以达到节约能源、省资源、减少废物与降低二氧化碳排放量的目的。6. 污水垃圾处理指标：前者要求建设雨水、生活污水分流管道系统，一方面有利于雨水的回收利用，另一方面可减少污水的处理量。后者指垃圾的分类收集和资源的回收利用。7. 绿色交通指标：采用低污染、适合都市环境、对健康有益的运输工具完成社会经济交往活动。生态小区的建设逐渐改变目前我国城市建设中环境污染、缺乏有效环境保护的不合理现状，实现节能、节地、节水、低污染以及物业等的有效管理，为城市和小区自身环境改善带来强大动力，将成为可持续城市理想休憩乐园和未来住宅小区发展的必然趋势，它的建设是宏伟的综合工程，需要我们长期不懈努力。（参考：谢天、许纪存、史凯、施为光：《生态小区特征和指标体系探讨》，《四川环境》2003 年第 4 期第 1 ~ 19 页。**朱配辰**）

生态效率

Eco-efficiency

指在生态系统中，食物链的各个营养级之间实际利用的能量占可利用能量的百分率。从生产与利用角度来说，生态效率是所生产的生物量与生产这些生物量所消耗的物质量的比率；从能量流动角度来说，第 n 营养级的生产力与第 n+1 营养级的生产力的比率就是生态效率。具体如：绿色植物通过光合作用，把太阳辐射能转化为化学能，以有机物的形式贮存于植物体内；草食动物以绿色植物为食物，摄取其中一部分能量；肉食动物以草食动物为食物，也摄取其中一部分能量。这样能量在食物链的各个营养级之间不断地传递和转化，在每一步传递过程中，能量都有大量损耗，每一级的生物只能部分利用所食用的前级生物提供的能量。一般生态效率为 4% ~ 25%。生态效率有两种类型：一种是营养级间的生态效率，常用林德曼（Lindeman，R.L.）生态效率（能量摄取效率、同化效率、生产效率、利用效率等）表示，即一般情况下，营养级间能量转化效率约为 10%，也就是能量经过一个营养级，约有 90%要散失掉，即通常所称的林德曼百分之十定律，这使营养级一般不超过 4 级。另一种是营养级内的生态效率，常用组织生长效率、同化效率等表示。生态效率有多种表示方法，如用消费者同化效率表示吸收同化量与摄食量的比率；生态生长效率表示净产量与摄入量的比率等等。生态效率还用来表示经济发展的综合生态文明程度的合适指标，表示地区产生单位生态足迹（指经济发展对生态环境的总体冲击，生态足迹等于生产所消费的所有资源和吸纳其废弃物所需要的有用土地的面积）所对应的地区生产总值。由 Schaltegger 和 Sturm 于 1990 年首次提出，其测度公式为 EEI=GDP/ 地区生态足迹，EEI 是表示经济发展的综合生态文明程度的合适指标，是地区产生的单位生态足迹所对应的地区生产总值，它与 GDP 成正比，在生态足迹一定条件下，GDP 越高，其水平亦越大。生态效率的决定因素包括 GDP、人口规模、人均国内生产总值、劳动生产率、经济服务化、城市化水平、经济活动能耗、人均生态足迹等。（参考：岳媛媛等：《生态效率：国外实践与我国的对策》，《科学学研究》2004 年第 2 期第 170 ~ 173 页；成金华、孙琼、郭明晶等：《中国生态效率的区域差异及动态演化研究》，《中国人口、资源与环境》2014 年第 1 期第 47 ~ 54 页。朱配辰　王晴晴）

生态效能

Eco-effectiveness

指自然要素（包括耕地、湿地、森林、草原、河流等）所具有的生态功能，如涵养水源、净化空气、防风固沙、调节气候等。生态效能是自然要素所具有的客观自然属性，在一定条件下还可以转化为经济效能和社会效能。生态效能应区别于生态效益，生态效益是自然要素发挥其固有生态功能时所产生的社会性效益，本质上属于社会资产，类似于公共物品。生态效能作用的大小或广泛度取决于自然要素本身的自然属性，受限于自然物在生态系统中的角色分类。而生态效益的大小不仅取决于自然物本身的自然属性，还取决于人的利用程度，即与人的科技、经济发展程度息息相关。与此同时，生态效能与生态效益具有内在联系，且一般来说自然物的生态效能都通过其生态效益来计量，因此在多数情况下二者可以通用，一致表现自然物的生态功能为人带来的生态服务效益和价值。（参考：王楠：《生态效益补偿制度研究》，东北林业大学 2002 年硕士学位论文第 1 页。欧阳文川）

生态效益

Ecological Benefit

指具有生态功能的自然要素（如耕地、湿地、森林、草原等）在特定条件下被人所发现并且利用，从而使人享受到这些自然生态要素本身所具有的生态功能所带来的生态服务。一般来说，包括耕地、湿地、河流、森林、草原等在内的自然物品都具有保护土壤、净化空气、涵养水源、调节气候等生态功能。人作为生态系统中的有机组成部分，必然会影响这些自然物品的生态功能或者被这些生态功能所影响，当这些功能适宜于人类生存，能提高人的生活质量时，这些本身只具有自然属性的生态功能就具有了相对于人而言的、具有社会性的生态效益。这决定了生态效益具有一系列特征。首先，生态效益是无形的，难以用一般产品价值计量法去计量；其次，具有外部经济性，即通过生态效益的自然外溢取得经济收益；再次，属于公共物品或者准公共物品，生态效益无需市场机制便能发挥作用；最后，生态效益的社会性决定其属于社会资本。（参考：王楠：《生态效益补偿制度研究》，东北林业大学 2002 年硕士学位论文第 1 页。欧阳文川）

生态效益补偿

Ecology Benefit Compensation

指为保护生态系统、防止环境破坏，对维护具有生态功能的自然要素（包括耕地、湿地、森林、草原、河流等）和因此导致利益受损的人进行补偿。补偿主体可以是政府、社会、其他组织团体；补偿手段包括资金、物资、技术、税收等。一般来说，耕地、湿地、森林、草原、河流等都具有保护土壤、净化空气、涵养水源、调节气候等生态功能，保护其正常生态功能能够持续运转不仅有利于区域生态环境的健康发展、维护生态安全，还有利于社会稳定和经济发展。但是，维护自然要素的生态功能，即生态效益，在很多情况下会和个人、群体的实际利益发生冲突，这实质上是人的生存发展权利和生态、环境权之间的冲突。因此，生态效益补偿非常重要的作用在于协调人的生存发展权利和生态自然的生存发展权，使得既能保障人的基本权利不受侵犯，又能使自然生态环境可持续发展。生态效益补偿制度的必然性既有经济社会可持续发展层面的要求，也有生态意识逐渐增强的关系。生态意识体现在承认自然权利、承认人以外其他物种的固有价值、呼唤生态正义、为代际公平和物种间的公平辩护等方面。（参考：曹明德：《森林资源生态效益补偿制度简论》，《政法论坛》（中国政法大学学报）2005 年第 1 期 133 ~ 136 页。欧阳文川）

生态效益型经济

Ecological Benefit Economy

指与重视环境保护联系在一起，优于单纯经济效益的经济型发展道路。生态效益型经济不仅直接与经济效益有关，而且还包含一部分社会效益，强调在经济发展中既要重视经济效益，也要重视生态效益，使经济发展的目的与环境保护的目标同时实现。生态效益的产出主要以生态环境质量的变动表示；在经济发展过程中，如果投入既定，那么生态环境质量越是朝着好的方向变动，说明经济的生态效益越好。生态效益型经济发展的核心在于它不同于发达地区发展的现成模式，是依据地区实际情况，以较小成本带动人口、资源、环境与经济社会协调发展的思路。生态效益型经济发展的根本特征是可持续发展；同时，可持续发展的新经济模式是生态效益型经济发展的模式。加快农业综合开发，建设生态效益型绿色产业；优化工业结构，发展有利于生态建设和环境保护的生态化产业产品；加快以生态为内容的旅游业开发，并以此作为生态效益型经济的重要增长点，尽快将资源优势转化为经济优势，是未来生态效益型经济发展所应涵盖的内容。（蔡越）

生态效应

Ecological Effect

指生态系统中的生物因子或非生物因子，在其存在或活动过程中，对其所在生态系统产生影响，并导致生态结构和功能的变化。生态效应包括人为活动造成的环境污染、非污染性破坏等。环境污染方面，包括大气污染、水污染、重金属污染、石油污染、核放射污染等，如一氧化碳、二氧化氮、二氧化硫和氟化物等对大气环境的污染，氮、磷等营养物和汞、镉、铅等重金属对水体污染等。非污染性破坏，如滥伐森林，围湖造田，鸟、鱼、兽的滥捕、滥杀等，导致地区生态失调和环境质量恶化。（朱雨晨）

生态心理学

Ecological Psychology

全球环境日益恶化的背景下人类对环境和生态危机在行为和心理层面进行反思的结果，是在生态哲学和后现代思潮的指引下从人的内在精神及其外在表现方面进行研究的心理学分支学科，同时也是心理学、生态学和生态哲学之间的交叉学科。生态心理学分为广义和狭义两种层面的解释。广义生态心理学不仅将生态自然视为人的心理活动和行为表现的背景和对应物，既将生态自然及其内在联系视为研究对象，还将人的心理活动和行为表现与生态自然之间的内在联系和影响视为研究对象。狭义生态心理学只将人的心理活动和行为表现与生态自然之间的内在联系和影响视为研究对象。一般说，生态心理学都指狭义上的生态心理学，广义生态心理学有向其他人文社会学科发展的趋势，从应用学科的角度解决环境和生态问题。生态心理学的出现可以追溯至 20 世纪初心理学家帕森斯（F. Parsons），他认为无论是作为个体的人还是自然环境，必须对其二者都要确切认识才能了解他们的关系，不可能撇掉其二者的任何一个。其后的库特·勒温（Kurt Lewin）首先提出心理生态学概念，勒温的学生罗杰·巴克（R.G. Barker）以及詹姆士·吉布森

（J.J. Gibson）共同确立生态心理学的逻辑基础和理论架构，成为生态心理学的创始人。生态心理学在方法论上倡导将交互作用原则作为主要研究原则。具体说，主张实际生活环境的研究原则、多元方法选择原则、多元交互解释原则。这些原则带来心理学研究模式的转向：从探讨思辨中或实验室中的心理向探讨真实环境中的心理转变；从人的心理内部机制的探求转向对人和环境互动关系的探求；从对理论模型的追问到对理论背景与实验设计之间匹配的关注；从分析性思维模式为主转向综合性思维模式。（参考：易芳：《生态心理学的理论审视》，南京师范大学2011年博士学位论文第21～25页；吴建平：《生态心理学探讨》，《北京林业大学学报》（社会科学版）2009年第3期第38～39页。欧阳文川　牟世晶）

《生态新论》

Shengtai Xinlun

语录体生态学著作。著者姜春云。全书分为22个篇目，收录作者的591条历来著作、讲话、书信中的相关语录，共计18万字。卷首曲格平作序。曲序称：“《生态新论》一书，是作者姜春云几十年来对生态和生态文明研究思考成果的综合与概括。自20世纪80年代，作者结合所亲历的实践活动，紧紧围绕破解生态危机，实现人与自然和谐、发展可持续这个总题目，做了大量调查、研究和探索，先后主编出版了《中国农业实践概论》（2002）《中国生态演变与治理方略》（2004）《偿还生态欠债——人与自然和谐探索》（2007）《姜春云调研文集》之《生态文明与人类发展卷》（2010）《拯救地球生物圈——论人类文明转型》（2012）等多部著作，撰写了200余篇相关的文章、讲话和信件等，提出了许多富有启示意义的生态和生态文明新理念和新认识。”作者认为，自有人类文明以来，一切文明的基础都是生态和生态文明。全书以这一基本观点为主线，针对环境危机现状，从几百万字的著作和文稿中，筛选、摘录出作者的新理念、新观点和新对策，深刻而辩证论述生态演变的历史问题，生态文明的现实问题，语言新颖，文字简洁，论述透彻，结论中肯。全书篇目依次：《生态与文明》《中外古今生态思想》《人类社会生存法则》《宇宙及地球演化的基本规律》《神奇的地球生物圈》《支撑生物圈的十大生态系统》《人类生态足迹》《摆正人类与大自然的关系》《休养生息方略》《转换发展方式刻不容缓》《堵塞奢侈过度消费这个无底洞》《寄希望于绿色新型生产力》《生态环境价值几何》《科学技术的特殊使命》《环境政策与法制》《生态道德缺失是大自然的悲哀》《战争与生态环境》《人口资源与环境》《再造秀美山川》《立起科学考评标准办法的杠杆》《政府尽责与群众参与》《同舟共济，通力合作》。《后记》称：陈宗兴、祝光耀、于友民、程湘清等10余人参与审定和编辑工作。北京：新华出版社2013年出版。（白建新）

生态形式美生发规律与机制

The Growing Laws and Mechanisms of Ecological Formal Beauty

关于生态形式美的生发规律与机制，袁鼎生在《生态艺术哲学》一书中认为：生态形式美与生态美形式是两个相关联的范畴，从逻辑角度看，生态形式美是生态美形式的重要属性，从逻辑化的历史角度看，生态形式美是在生态美形式中发展，经历近代曲折后，生态形式美重新回到生态美的形式中，在当代获得更高层次的发展，成为生态美形式的基本属性和根本属性，它是艺术形式的本质属性。生态形式美的发展经过否定之否定的过程，生态形式美的生成与生态结构、生态规律、形式美规律等同构统一。生态美形式的发展，从生态线性有序的“和”，经由生态失序的“不和”，走向生态非线性的有序的“中和”，其中显示出生态审美艺术化螺旋发展的轨迹。（雷爱民）

生态型企业

Ecological Enterprise

指环境友好型企业，是利用生态经济规律和高效、优化原理实现企业向绿色环保型方向转型，从企业经营管理、决策制定、生产技术、企业营销、产品规划与设计、产品生产与销售以及企业文化构建等多方面入手，贯彻绿色生态意识、施行清洁生产制度和技术，以实现集约、高效、低碳、无害、少污的企业经营、生产和销售，从而达到经济增长和环境保护的双重目的。生态效率是衡量生态型企业的核心指标，指为了满足人的各种需要而使用生态资源的效率。生态效率是产品或者服务的价值与得到这种价值对环境产生的影响程度二者之比，对环境产生的影响是原材料、能源等自然资源使用情况。世界可持续发展工商理事会（BCSD）在1992年全球峰会上向联合国环境发展大会提交《改变航向：一个关于发展与环境的全球商业观念》的报告中对生态效率做了系统阐述，即：通过创造有价值竞争优势的产品和服务来满足人类的需要以及生活质量的提高，同时将环境影响和资源利用的强度适配于地球的承载力水平。因此当生态效率运用于企业生产与发展层面时，是企业的产出和投入之比，产出是企业个体或者一个企业种群生产的产品和提供的服务价值，投入是产品生产和价值提供对自然资源的使用度，对环境所造成的压力。当生态效率越高时，即表明企业的生态化程度越高，反之，当生态效率越低时，企业的生态化程度也就越低。（参考：欧玥：《绿色生态型企业建设的基本统计指标设计》，《中国人口、资源与环境》2013年第5期第120页。欧阳文川）

生态型政府

Ecology Government

在自然生态环境问题日益凸显的时代背景下，社会与经济的发展不可避免地受到由此带来的一系列影响。政府作为起主导作用的行政机构，为适应时代需要，必然要考虑将生态环保纳入社会经济发展的总体议程之中，行政管理的价值理念和方式方法必然要从传统工业社会下的管制型管理转变为以服务为主。这都要求政府管理应以人与自然和谐、社会可持续发展为目标，生态型政府由此应运而生。生态型政府属于跨学科论题，研究范围包括社会科学以及自然科学中的多门学科，学界对于生态、生态学的理解尚无统一的解释，因此生态型政府的确切内涵也尚在讨论之中。一般将生态型政府理解为追求人与自然和谐共处的服务型政府，行政管理模式遵循自然生态规律，将环境保护的理念作为基本价值追求渗透进其制定的政策法规之中，塑造生态型的行政文化和行政制度。生态型政府最大的特征在于将环境效益最为重要的考量因素与社会效益和经济效益综合同时加以促进。当这三种效益发生冲突时，生态型政府将生态、环境效益置于优先地位考虑。这是区分生态型政府和非生态型政府最明显的标志。（参考：黄爱宝：《“生态型政府”初探》，《行政学研究》2006年第1期第55～59页。欧阳文川）

生态幸福

Ecological Well-being

宇宙间万事万物的存在，本质上是基于系统性要素整体的生态性存在。同样道理，在某种意义上可以说，幸福作为总体性概念，本质上是关涉生态的。生态性存在同样是人类幸福的根本，真正的、真实的幸福是生态性状态的确立与达成。生态幸福的观念是要申明，符合生态的生活，才是可欲的幸福的生活。生态幸福观念致力于寻求业已失衡的物质财富与精神财富之间的实践性平衡。生态幸福是基于合理发展观基础上的真实的、可触、可摸的幸福；是人类群体共享的幸福新价值。生态幸福基于生态理性信念，是人类整体生存利益上的幸福，体现代际公正的人类长远的、可持续的幸福。（参考：袁祖社：《生态文化视野中生态理性与生态信仰的统一——现代人的“生态幸福观”何以可能》，《思想战线》2012年第2期第45～49页。牟世晶）

生态修复

Ecological Remediation

在生态原理指导下，以生物修复为基础，结合各种物理修复、化学修复以及工程技术措施，通过优化组合，使之达到最佳效果和最低消耗的综合的污染环境修复方法。污染环境的生态修复是根据生态学原理对多种修复方式进行优化综合。特点是：1. 严格遵循整体优化、区域分异等生态学原理；2. 通过微生物和植物等的生命活动完成，影响生物生活的各种因素也将成为影响生态修复的重要因素。因此，生态修复具有影响因素多而复杂的特点。3. 生态修复的顺利实行，需要物理学、化学、植物学、微生物学、栽培学和环境工程等多学科的参与，多学科交叉是生态修复的特点。生态修复用于污染土壤的生态修复、污染水体的生态修复、污染大气的生态修复。其中，污染土壤生态修复是合理利用植物、微生物及动物的自然修复能力，注重生物之间的和谐共生关系。微生物在污染水体修复与净化中起着至关重要的作用，人工湿地是生态修复污水的重要技术之一；污染大气的生态修复是以太阳能为动力净化污染大气的绿色技术。（参考：焦居仁：《生态修复的要点与思考》，《中国水土保持》2003年第2期第1～2页。朱配辰）

生态修复区域联动机制

Regional Linkage Mechanism for Ecological Remediation

生态系统的整体性，决定区域间联合进行生态修复和污染防治的必要性。生态修复区域联动机制，指不同行政区域间密切合作，统筹安排区域间的生态修复任务，加大区域间联合执法力度，对突出违法行为进行联合查处，以提高森林、湿地、海洋等生态系统的修复功能，促进流域、沿海陆域和海洋生态环境保护的良性互动。（张沥元）

生态需要

Ecological Need

尚没有统一权威的解释。一般都将其理解为，为维持人的生存与发展，对生态平衡与安全的基本需要，以及对于满足更高层次的精神物质享受的生态产品的需要。生态需要的问题在20世纪50年代后出现的全球性生态危机和由此导致的人的安全等方面背景下提出。国外学界没有对这一概念的科学论证，国内在20世纪70年代已经有所论及，最早提出并且进一步对其探讨的文章见于叶谦吉的《生态需要与生态文明建设》。目前的研究主要通过经济学的视角，即生态经济学。然而，生态需要作为人的生活生产的基本需要之一，不应该只以经济学理论解析，其理论宽度还需以其他立足点拓展。理论界常将生态需要和精神需要、物质需要加以对比研究。精神需要和物质需要已经有相对清晰的内涵，然而生态需要普遍被认为兼有基本的物质需要和较高的精神需求两方面，因此如何厘清三者间的区别和共性十分重要。一般来说，都将三种需要的意义视为相互重叠，生态需要在基本生存层面以及较高的精神发展层面都有其适用性，因此不能在实际应用中将其截然分开。（参考：王全权：《生态需要问题研究进展概述》，《南京林业大学学报》（人文社会科学版）2006年第4期第26～29页。欧阳文川）

生态宣传

Ecological Propaganda

生态宣传是生态文明建设工作的重要内容，也是生态文明建设的前提和基础，其旨在树立生态思想、提升生态意识、普及生态知识、促进生态教育、繁荣生态文化、弘扬生态道德以及提倡生态行为。树立生态思想指通过了解和学习国家有关重要政策文件明确生态文明建设的必要性和紧迫性，从宏观层面掌握生态文明、生态道德、生态文化和生态行为的概念和特征，从而获取对它们的感性认识；提升生态意识是要进一步通过专门学习来认识生态文明，通过阅读书籍、研究政策文件以及其他相关文献来认清生态文明的本质以及建设生态文明的科学意义，以此来武装头脑，提升自己的观念水平；普及生态知识是政府职能部门以及各类媒体通过多种宣传形式来宣传基本的关于生态维护和环境保护的科学知识以及常识，使更广泛的群众接收到适合于绝大多数人的生态科学知识；促进生态教育是指通过学校的课程规划与设置以及校园生态文化建设等多种途径进行环境和生态教育，培育学生生态环保理念，培养生态环境保护技术人才；繁荣生态文化是指通过生态思想的树立、生态意识的提升、生态知识的普及以及生态教育的促进，在经济生产和日常生活中的各领域形成一种以环境保护和生态维护为主要内容的社会文化氛围；弘扬生态道德指破除“人类中心主义”，承认并且尊重人以外其他物种的内在价值，保护其他物种应有的权利，倡导包括人在内的物种间的公平；提倡生态行为指提倡环境保护和生态维护的实际行动，鼓励群众对生态自然保护的参与和实践，通过亲身感受和经历提升和固化原有的生态思想和生态意识。（参考：徐梓淇：《论生态公民及其培育》，复旦大学2013年博士学位论文第109～114页。欧阳文川）

生态学

Ecology

指研究生命系统及其环境之间相互关系的学科，1866年由德国动物学家恩斯特·海克尔（Ernst Haeckel）正式定义。生态学一词由希腊词Oikos（房屋、住所）引申而来，与logos（学科）组成Ecology（生态学）一词。生态学关注的多是生态系统或整体。生态学在20世纪初期逐步成为综合性强的跨学科独立学科。生态学包含众多学科的内容，与很多基础学科有交叉，运用其他学科的方法和技术进行研究，由此逐步出现不同领域的生态学，如生理生态学、行为生态学、进化生态学、景观生态学、全球生态学等。随着交叉学科的发展，生态学的涉及范围在不断扩大，逐步转向以人类为主体、以生态系统为重心，探讨当代人类面临的生态问题和人类未来发展的问题，如人口、资源、环境等问题，为其寻求解决的方法与理论。（韩铮）

《生态学》

Ecology

1920年创刊。该刊发表生态学各个方面的研究与综合性论文，尤其关注提出生态学新概念、检验生态学理论的论文，也刊登一些理论性、分析性、实验性、经验性、历史性以及描述性的文章，但尤其偏好于能够适应其他领域，如人口、社团等范围，能够普遍应用的研究性和综合性的文章。内容涉及个别生物体对其生物及非生物环境的生理反应、生态遗传学和进化、数量分布结构和动力、相同及不同物种的个体交互作用、生物体个体与群体行为等，也可以看到有关生物社会组织形式、风景生态学和生态系统进展领域的相关论述。月刊，ISSN：0012-9658。2014年影响因子为4.656。（席溢）

《生态学》

Oecologia

主要刊登国际上感兴趣的生态学方面的研究，侧重于评论。涵盖的学科包括生理生态学、种群生态学、动植物间相互作用、生态系统生态学、群落生态学、全球气候变化和生态保护、

行为生态学。月刊，ISSN：0029-8549。2014 年影响因子为 3.093。（席溢）

《生态学报》

Acta Ecologica Sinica

创刊于 1981 年。主要刊载动物、植物、微生物、农业、森林、草地、土壤、海洋、淡水、景观、区域、化学、污染、经济，系统、城市、人类生态等生态学及各分支学科理论与实践研究的学术论文。由于其学术覆盖面宽、学术影响力大，在生态学各个领域的研究人员中具有较高的知名度和可信度，读者范围遍及生态学研究的各个领域，主要是大学、科研机构的一线人员以及对生态学感兴趣的各方人士。月刊，ISSN：1000-0933。（席溢）

生态学规律

Law of Ecology

指生态研究领域中的事物和现象的本质联系。它的作用范围不单是生物本身或者环境本身，还有生物与环境相互作用的整体，包括各类型的生态系统，乃至社会—经济—自然复合生态系统。生态系统的不同组织层次表现不同层次的规律。这里表述的是所有生态系统共同遵循的主要生态规律：1. 生物适应环境的规律。适应的实质是调节和制约，环境变化的选择压力作为制约因素，迫使生物体自身做出调节以适应环境变化。2. 生态系统各种因素相互作用协调发展的规律。它不仅表现在各种物种之间，而且表现在生物与环境的各种因素之间的作用与反作用。3. 生态系统物质循环、转化和再生规律。它使生命系统的保持和进化成为可能。4. 生态系统发育进化规律。上述生态系规律的作用使生态系统成为适应的系统、反馈的系统和循环再生的系统。因而生态系统不仅具有稳态机制，形成它的动态平衡发展，而且导致生态系统的发育和进化，使它成为演变着的系统。（牟世晶）

《生态学和进化学方法》

Methods in Ecology and Evolution

2010 年创刊，英国生态学会旗下期刊。关注于推进生态学和进化学的新方法。发表的文章内容覆盖生态学和进化学的各方面的方法，包括统计和理论方法、系统学方法和田野调查方法。此外。鼓励出版的文章有补充材料，如计算机代码、方法学教程和解释性的视频。月刊，ISSN：2041-210X。2014 年影响因子为 6.554。（席溢）

生态学抗议

Ecology Protest

指 20 世纪 60 年代由美国历史学家林怀特等人发起的关于基督教应为现代生态危机负责的归责抗议。1967 年林怀特在《科学》杂志发表《生态危机的历史根源》论文，将生态危机的历史根源归之于基督教的创世教义，认为创世教义以及它激发的宗教狂热是西方科学技术对自然大肆掠夺以及生态危机的根源和背后的推动力量。林怀特的观点与抗议引发关于生态与神学关系的持久讨论与激烈争议。生态学抗议使生态问题进入神学及生态神学领域，促使生态神学对现代社会神学的处境、身份和责任等进行重新认识、界定和澄清。生态神学在神学框架下对生态危机最基本的问题人与自然关系进行系统反思，提出构建新型的人与自然关系的生态理念、生态原则等。林怀特的生态学抗议对基督教神学产生的影响很大。这种抗议促使基督教神学开始积极面对现代性危机和全球生态问题的挑战，考虑重新反思基督教传统以及相关教义问题。（雷爱民）

《生态学快报》

Ecology Letters

1998 创刊。对有关以下几个方面的研究特别感兴趣：行为生态学、保护与管理、生态遗传学、生理生态学、生态系统生态学、海洋生态学、微生物生态学、植物生态学。快速出版生态学方面的原创性研究。有关于生态学的所有领域，任何生物群系和地理区域的稿件都可予以考虑，且优先考虑明确地探讨和检验假设的。目标是出版有创新性和对生态学发展有贡献的简明的稿件。不鼓励纯粹的描述性稿件和仅仅是对以前的工作结果的扩展的稿件。月刊，ISSN：1461-023X（印刷版），ISSN：1461-0248（电子版）。2014 年影响因子为 10.689。（席溢）

生态学马克思主义

Ecological Marxism

生态学马克思主义是当代西方马克思主义中最有影响的思潮之一。自德国科学家海克尔于 1866 年首次提出生态学这一概念以来，迄今为止已有一个多世纪。但实际上，生态科学作为当代自然科学的新的整体学科，是在 20 世纪 60 年代才凸显出来。随着资本主义全球化进程的加快以及新自由主义思想的日益彰显，生态作为“问题”被提到议事日程。生态学马克思主义在这种背景下产生。社会生态学家、美国激进政治经济学的代表人物之一詹姆斯·奥康纳是美国当代生态学马克思主义的领军人物，他的《自然的理由——生态学马克思主义研究》一书，是当代西方生态学马克思主义的学术力作。在该书中，奥康纳以其独特的理论视角，阐述马克思主义存在着的所谓的理论空场，对当今世界出现的生态问题，探究理论根源。他通过重新解读自然的观念，力图赋予自然以历史和文化的内涵，以这样理解的自然和文化概念改造传统的生产力和生产关系理论，重新理解自然、文化、社会劳动之间的关系，以此重构历史唯物主义。他对生态学马克思主义的制度和理想生态学社会主义的可能性进行探讨，提出自己的创见。生态学马克思主义代表 20 世纪马克思主义发展的新阶段。（牟世晶）

生态学社会主义

Ecological Socialism

生态学社会主义产生于 20 世纪 70 年代，是发达国家生态运动和社会主义思潮相结合的产物，是当今世界 10 大马克思主义流派之一。生态学社会主义的思想基础是生态学马克思主义。生态学马克思主义属于政治生态学，认为生态问题实际上是社会问题和政治问题，只有废除资本主义制度，才能从根本上解决生态危机。它致力于生态原则和社会主义的结合，力图超越资本主义和传统社会主义模式，构建一种新型的人与自然和谐的社会主义模式。认为自然是客观自然与历史自然的统一，人是自然存在属性与社会存在属性的统一，人与自然关系的和谐是人与人、人与社会关系协调的重要基础，是社会主义制度的结果。生态学社会主义认为资本主义制度是造成全球生态危机的根本原因，环境问题的本质是社会公平问题。生态学社会主义运用马克思关于资本主义基本矛盾的学说，把资本主义基本矛盾提升到资本主义生产与整个生态系统之间的基本矛盾，认为生态恶化是资本主义固有的逻辑，因而解决问题的唯一出路就在于粉碎这种逻辑本身。（牟世晶）

生态学思维

Ecological Thinking

生态学思维是新的思维方式，有人称之为有机论思维或群体思维。它是普通系统论创立人贝塔朗菲提出的。他强调，生命不能简单只作为单个有机体来认识，而要把有机体与环境地作为一个整体或系统来考察。因为生命是有机体与环境进行物质和能量交换及信息传输的过程，生物体不能与环境分开，生命是有机体与环境统一的有机整体，生命只是在它与环境相互联系和相互作用的过程才能存在、发展和表现。用这样的观点来思考生命的问题，是生物学家思维模式的变化。运用这种新的思维方式思考与生命现象有关的问题，研究各种生物学过程和关系，是在更深的层次揭示生命过程和关系，有利于认识生命现象的本质。这种思维方式不仅在生物学领域，而且对各类生态系统的认识，包括对人与自然关系的认识，具有普遍方法论的意义，因而成为环境科学最重要的思维模式之一。（牟世晶）

生态学校

Ecological School

始于 1994 年欧洲环境教育基金会在欧盟支持下举办并倡导的“生态学校奖”，是对 1992 年在巴西里约热内卢召开的联合国环境与发展大会的具体响应。现在活动的开展已经超出了欧洲范围。“生态学校”项目通过课堂教育以及课外实践活动来启发学生的环境和生态意识，提升学生对社会与自然可持续发展的认识，并鼓励学生积极开展行动，以自己的实际行动来改变学校不利于环境保护和生态维护的方面，参与学校的环境与生态建设的讨论与决策过程之中，从而使学校成为建设生态文明社会的重要工具和有益场所。成为生态学校需要经过四个阶段，第一阶段为申请注册、第二阶段为生态学校实施方案的制定与实施、第三阶段为申请“生态学校奖”、第四阶段为更新奖励。其中第二阶段为核心阶段，具体又包括 7 个步骤，即成立生态学校委员会；环境评审；制定行动计划；监测与评估；与课程联结、宣传与参与；生态章程。针对 7 项要求分别有评估标准。学校按照第二阶段 7 项内容实施完成生态学校建设后，向项目管理机构提出“生态学校”的申请。接到申请后，项目管理机构委派两名评审员到学校进行实地考察，考察内容包括审核学校提交的建设材料以及通过与师生座谈的形式了解第二阶段 7 项步骤的实施情况。最后评审委员根据考察结果决定给予学校“生态学校”称号。“生态学校奖”的有效期限为两年，两年过后学校可以再次按照同样程序进行申请。（参考：陈南等：《对欧洲“生态学校”建设的几点认识》，《环境教育》2010 年第 7 期第 35 ~ 37 页。欧阳文川）

生态学原则

Ecology Principle

生态学是研究生物与环境之间相互关系及其作用机理的科学。在当代社会中，生态学理论或原则被人们从广义上理解为调整人与自然、资源以及环境之间的关系，协调社会经济发展和生态环境之间的关系，从而达到促进可持续发展经济社会目标的理论体系。对于绿色或绿党政治，生态学被列为第一政治原则。生态可持续性或可持续发展是一切绿色政治的最高目标或信条，一切违背这一目标与信条的政治和政策主张，都是不可接受的或错误的。（徐越）

《生态学杂志》

Chinese Journal of Ecology

是中国科学技术协会主管、中国生态学学会主办、中国科学院沈阳应用生态研究所承办的综合性学术期刊，创刊于 1982 年，由科学出版社出版。主要刊登生态学领域有创造性，立论科学、正确、充分，有较高学术价值的论文，反映我国生态学的学术水平和发展方向，报道生态学的科研成果与科研进展，跟踪学科发展前沿，促进国内外学术交流与合作。开辟有研究报告、专论与综述、研究简报、新方法与新技术、书刊评介、学术动态等栏目，内容主要包括：生态系统生态学、分子生态学、种群生态学、群落生态学、景观生态学等，尤其鼓励生物地球化学循环、生态系统生态学、动植物微生物之间相互作用、微生物生态学、分子生态学、气候变化等领域的来稿。读者对象主要是从事生态学、生物学、地学、林农牧渔业、海洋学、气象学、环境保护、经济管理、卫生和城建部门的科技工作者，有关决策部门的科技管理人员及高等院校师生。月刊，ISSN：1000-4890。（席溢）

生态压力区

Ecological Pressure Zone

指那些人口密度较大、生态承载量已超过区域容量的区域，一般自然环境条件较为优越，开发历史悠久，人类活动影响范围广强度大的地区。对这类区域应采取生态秩序重建的战略，通过景观规划和设计，调控人类活动，优化景观空间格局，引导生态过程向景观生态系统的动态平衡方向演化。这类区域多分布于我国的东部和东南部地区，如长江三角洲、珠江三角洲、华北平原等，珠江三角洲的基塘体系是当地人民利用此地雨量丰富、地形低洼、河流经常泛滥的自然条件而创造出来的一种特殊土地利用形式。（李雪姣）

生态演替

Ecological Succession

指生物、环境和时间等生态因子相互联系、适应及制约的交互作用，使生态系统朝着前进或倒退、上升或下降、高效或低效、繁荣或衰退的方向不断变化的演替过程，包括外因演替和内因演替两种类型。引起生态系统外因演替的有自然因素和人为因素，自然因素包括海陆变迁、火山喷发、气候演变等，人为因素如砍伐森林、开垦草地、过度使用农药化肥等，这些因素或是单一作用或是多个综合作用于生态系统。内因演替是生态系统内部各组成成分之间相互作用的动态结果，它是生态系统演替的主要动因。生态系统演替的特征有：1. 当环境条件相似时，生态系统演替具有相同的一般规律；2. 生态系统是随时间的推延而趋向稳定的自序系统；3. 生态系统演替过程中，整个生态系统的各个过程，从分解作用、元素循环、土壤变化到系统生产力、植物光合作用、矿化作用的发生速率等，都随着演替而变化；4. 人类活动作为生态系统的一部分，几乎所有的生态系统都有可能受人类活动的直接或间接影响，随着人类对资源依赖和干预的日益增长，生态系统演替方向、速率将更多受人类活动的制约。（参考：闫芊：《崇明东滩湿地植被的生态演替》，华东师范大学2006硕士学位论文第15～19页。刘阳）

生态养殖

Eco-breeding

指根据生态学原理，利用养殖生物间的共生互补的循环系统，通过相应的技术和管理措施，在一定的养殖空间内，合理利用多种资源，实现生态平衡，提高养殖效益的养殖方式。生态养殖是按照特定的养殖模式进行增殖、养殖，投放无公害饲料，不施肥，不使用药，目标是生产出无公害绿色食品和有机食品。生态养殖途径：立体养殖模式充分利用自然资源；充分利用活菌制剂；生态养殖方法选择合适的自然生态环境；进行现代生态养殖要使用配合饲料；生态养殖应注意收集畜禽粪便，防治造成环境污染；做好防疫工作；做好生态养殖宣传工作。（参考：陈岩锋、谢喜平：《我国畜禽生态养殖现状与发展对策》，《家畜生态学报》2008年第5期第110～112页。王晴晴）

生态移民

Ecological Migration

指为保护某个地区特殊的生态或让某个地区的生态得到修复而进行的移民，也指因自然环境恶劣，不具备就地扶贫的条件而将当地人民整体迁出的移民。从导致人口移动的因素看，生态移民不是由于生产方式、产业结构变动、交通运输业发展、新地区开发等经济因素引起，也不是战争、宗教活动等非经济因素等所致；而是迁出区的人口规模远远超过区域生态环境容量和承载能力，因生态环境因素所致。将生活在恶劣环境条件下居民搬迁到生存条件更好地区的移民目的有：1. 减轻人类对原本脆弱的生态环境的继续破坏，使生态系统得以恢复和重建；2. 通过异地开发，逐步改善贫困人口的生存状态；3. 减小自然保护区的人口压力，使自然景观、自然生态和生物多样性得到有效保护。中国从 2000 年开始实施生态移民，西部地区约有 700 万农民实现移民。生态移民坚持自愿原则，充分尊重民意、民俗。移民新村的建设不但生活条件齐全，而且教育、卫生等均统筹考虑，移民迁得出、稳得下、富得起来。具体原则有：市场引导原则、群众自愿原则、政府帮助原则、资金多方筹措原则、因地制宜讲求实效原则、统筹安排、政策保障原则、生态移民与生态建设相结合原则、属地管理原则。（牟世晶）

生态遗传学

Ecogenetics

群体遗传学与生态学相结合的遗传学分支，研究生物群体对生存环境的适应以及对环境改变所作反应的遗传机理。生态遗传学研究适用各种生物学问题，对进化遗传学、群体遗传学、数量遗传学和动植物、微生物育种等学科发展有很大意义。环境改变如果只引起生物表型变化，是生态学研究的内容；只有当环境改变造成生物遗传变化并在群体中保留下来，才是生态遗传学研究的范畴。生态遗传学研究自然条件下生物发生遗传变化的长期效应（进化），也研究在人工条件下发生遗传变化的短期效应（育种）。生态遗传学研究适用理论性的和实用性问题。例如适应的起源，种内趋异的原因，自然种群中高度遗传变异的性质、作用和维持，生殖隔离机制的形成过程以及昆虫对农药、微生物对抗生素抗性的进化等。生态遗传学对动植物的引种驯化、育种选种有重要意义，也有益于林业、渔业和野生动植物管理。今天的种群正面临着新的前所未有的环境急剧变化，生境摧毁和农药、抗生素、除草剂、其他化学药剂的广泛使用，外来种入侵扰等。这些改变不仅威胁个体生存，而且对种群具有遗传影响，这都是需要研究的生态遗传学问题。（张惠娜）

生态艺术

Ecological Art

生态系统艺术化与纯雅艺术生态化的有机统合。生态艺术旨在达成生态规律、艺术规律、自然规律的三位一体，真、善、美、宜、益的价值五位统合，形成区别于其他艺术的本质规定性。它由生存性艺术、生活性艺术走向共生形态的整体艺术和整生形态的天成艺术，序态地拓展人类的美生场域，递次地提升人类的美生品格。生态艺术在人类历史过程中生发，是生态性与审美性耦合并进的艺术系统，是宣扬生态主义与表达性别平等的艺术形式。生态艺术终极核心目的是实现生态艺术化与艺术生态化的圆满灵活的流转交汇，超脱依天的生存之境和人化的生活之境，在天生之境中超越依生之美与竞生之美，实现螺旋提升的整生发展。（参考：龚丽娟：《生态艺术的生发》，《中南民族大学学报》2010 年第 4 期第 155 ~ 158 页。王薛时）

生态艺术公园

Eco-art Park

以生态学和生态文化为指导思想，结合传统城市公园和主题公园特色建立的新型城市公园。

致力于综合生态量的最大化，即：在生态与环境方面强调对整个城市生态环境的参与意识，主张有目的、有组织地开展城市生物多样性保护和维持自然生态过程，为市民提供身心再造的场所。在社会生态方面强调服务—需求关系重要性，致力于满足社会时尚性的和持久性的需求，从而为人们提高素质提供帮助。在经济生态方面承认有条件地获取公园经济收益的合理性，努力使这种收益在合理的范围内达到最大。（王薛时）

生态艺术农庄
Ecological Art Village

遵循循环经济规律，以市场为导向，艺术为支撑，持续发展为目标，经济效益为中心，实行生产集约化、布局区域化、经营规模化、管理企业化的现代农业企业。生态农庄一般具有种植、养殖、加工、流通体系，实行种养加和产供销、旅游一体化经营，都有各具特色的主导产业，有 4 种类型：种植型、养殖型、种养结合型、观光型。这几种类型均是运用种－养结合、林－牧结合、种－养－沼气结合、种－养－加结合等循环利用的生态模式实现农业可持续发展。生态艺术农庄以观光型为主要特色，主要发展路径以农业带休闲、以观光促生产。在大力发展现代花卉生产和生态果园等新型高科技农业的基础上，有效地组织水系、道路、植物等景观元素，将休闲区规划设计与建设紧紧围绕生产区展开，注重农业生产的展示，营造赏心悦目的植物景观和开敞宜人的视觉空间，创立园林式生态农庄。（王薛时）

生态艺术墙
Ecological Art Wall

现代城市和家庭艺术美化的景观设计。利用不同的立地条件，选择攀缘植物及其他植物栽植依附或者铺贴于构筑物及其他空间结构的绿化方式，包括立交桥、建筑墙面、坡面、河道堤岸、屋顶、门庭、花架、棚架、阳台、廊、柱、栅栏、枯树及各种假山与建筑设施上的绿化。生态艺术墙具有降低噪音，美化环境，净化空气，提高城市环境质量，增加绿化覆盖率，改善城市生态环境的作用。浓密的枝叶像一层厚厚的绒毯，可降低太阳的辐射强度，同时也降低温度。特别是城市墙面、路面的反射热甚为强烈，进行墙面的垂直绿化，可大大减少影响。凡是有植物覆盖的墙面温度可降低 2 ~ 7 摄氏度，尤其是朝西的墙面，绿化覆盖后降温效果更为显著。同时，墙面、棚顶绿化覆盖后空气相对湿度可以提高 10% ~ 20%，在炎热夏季有利于人们消除疲劳。（王薛时）

生态意识
Ecological Awareness

学术界没有对生态意识的含义形成统一的认识，一般来说，是指人类在处理自身活动与外部环境之间相互联系的主观认知与态度。从类型上来看，生态意识可分为个人生态意识和群体生态意识。个人生态意识是个人在实践活动中对自己与周围环境关系的认知，群体生态意识是不同个体生态意识相互整合后的共同认知。生态意识具有丰富的内涵，在不同层面可以被分解为不同类型的生态意识，如生态科学意识、生态价值意识、生态道德意识、生态法制意识、生态责任意识等内容。生态意识一词是现代环境运动的产物，美国作者奥尔多·利奥波德（Aldo Leopold）首次在其著作《土地伦理》中使用生态意识，他认为生态意识是人尊重和保护大自然的内在道德根据。此外，全球或者区域范围的环境保护大会、国际上重大的环境运动和著名的强调生态保护的著作也促使生态意识成为人们道德意识的重要部分。就我国而言，1983 年召开的全国环境保护工作会议上，国务院将提高全民生态意识视为战略性要求，从此，生态意识在我国流行并被广泛使用和接受，成为反映人与自然环境和谐发展的新的价值观，体现在社会生活中的生态保护意识、能源节约意识、消费简约意识、亲近自然意识、环境优化意识等。（参考：沈中玉：《大学生生态意识培养研究》，南京师范大学2012年硕士学位论文第6～8页。欧阳文川　牟世晶　张惠娜）

生态意识教育

Eco-consciousness Education

在生态环境日益恶化条件下发展起来的教育领域。要建立人与自然的和谐发展，必须通过生态教育建立生态意识。生态意识作为现代文明意识，建立在人类对实践活动真理性追求的基础上，是人类活动与周围自然环境间相互关系时的正确立场、科学的认识和观点。它是文化价值和自然价值相结合的新的价值观念，是对以往人类活动中违反生态规律而导致生态环境破坏所产生不良后果的深刻反省。生态意识教育目标是提供公众的生态环境意识和环境素养。生态意识教育内容包括自然价值观、可持续发展理念、绿色消费观、人口观和生态常识等。（张惠娜）

生态意识形成

Formation of Eco-consciousness

即反映人与自然环境和谐发展的价值观念的出现，它反映的是人和自然关系的整体性与综合性，是现代社会人类文明的重要标志。日益恶化的生态环境呼唤人们生态意识提高。它注重维护社会发展的生态基础，强调从生态价值角度审视人与自然关系和人生目的。树立生态意识，已经成为时代的历史使命。要促进全社会生态自觉意识的形成，做到：1. 加强宣传教育。生态自觉意识不会自然形成，其形成是艰巨的过程。通常在发生环境灾难或者面临环境危机时，人们才会产生痛定思痛的反思。因此，应当未雨绸缪，社会尽早树立可持续发展观、生态价值观，善待自然、保护自然、尊重自然。2. 培育环境文化。环境是一种资源，更是一种文化，是人与人、人与自然之间的和谐关系。如果文化出现缺位，那多样的文明就难以再延续下去。3. 突出教育的主体作用。随着全球化趋势发展，经济和社会正在发生急剧变迁，当代生态文化也在改变中。蕴含于中国传统文化中的生态思想受到来自各方面的巨大冲击，并有可能颠覆已经构建的文明秩序和体系。因此，在树立生态自觉意识中，要突出教育的主体作用，着重对学生的教育和培养。4. 各类社会主体自觉发布环境信息。各级政府要发布区域环境质量、污染减排等信息，让公众充分享有环境知情权。企业要公开环境行为信息，推行企业环境报告制度，发布社会责任报告，让公众享有监督权。5. 人类要懂得反思。生态自觉是艰巨的过程，人类只有在认识自己的基础上，才有可能在人与自然的关系上确立自己的位置，之后经过自主的适应，建立大家共同认可的基本秩序和多种文化都能和平共处的共处原则。（参考：朱德明：《生态自觉意识有待形成》《中国环境报》2011年10月11日第2版。张惠娜）

生态因子

Ecological Factor

指对生物生长、发育、生殖、行为和分布有直接或间接影响的环境要素，如温度、湿度、食物、氧气、二氧化碳和其他相关生物等。生态因子和环境因子是两个既有联系又有区别的概念。具体的生物个体和群体生活地段上的生态环境称为生境，其中包括生物本身对环境的影响。生态因子中生物生存所不可缺少的环境条件，有时又称为生物的生存条件。所有生态因子构成生物的生态环境。（史月田）

生态银行

Ecological Bank

可做两种类型的理解。第一种指加强对信贷融资业务的资格审查，对符合国家环境产业政策或经营业务有利于生态保护建设的各类企业和机构施行贷款融资扶持，对与国家环境产业政策相左或经营业务有害于生态环境的融资行为施行严格控制的信贷政策的金融机构；第二种是指从加强金融机构自身社会责任感和促进生态环境保护的目的出发，在对日常各种业务的具体操作过程、经营活动中以及政策制度的制定和施行等方面融合生态意识、贯彻国家对生态环境保护的要求，并建立相应企业文化的各类金融机构，包括专门的政策性银行以及其他商业银行。第一种类型的生态银行的信贷制度被视为“绿色信贷”制度。绿色信贷实质上是资金在生态建设和保护层面的优化配置，即利用金融信贷工具帮助与生态环境保护相关的企业和机构更容易、更优惠的获得资金，从而引导经济社会的生态化发展方向。生态银行可以追溯至1988年由绿党成员在德国法兰克福成立的旨在促进与环境和生物保护事业相关的单位提供贷款的金融机构，由此可以看出第一家生态银行也应属于第一类型的生态银行范畴。（参考：蒋胜等：《我国生态银行和绿色信贷发展的成因及机制分析》，《景德镇高专学报》2011年第3期第49页。欧阳文川）

生态饮食文化

Ecological Food Culture

作为人类文化的重要组成部分，饮食文化具有不可替代的独特地位，与生态环境的关系更为密切。饮食文化的嬗变深受生态环境的影响，形成了独特的饮食文化生态。因为各地的自然条件不同，各地种植的作物、饲养的牲畜、家禽，以及捕获的鱼类、野生动物，采集的植物都各不相同。加上历史的传统各地有别，因此各地的食物组成、制作方法、使用的佐料、传统的风味等也各不相同，这充分反映饮食与环境之间的关系。如，中国南方人以米为主食，北方人以面为主食，汉民肉食以猪肉为主，蒙古族牧民肉食以羊肉为主等。自然环境的差异主要通过物产影响饮食的用料和人们的习惯口味、嗜好。生态饮食文化的特点：1. 系统性。人类及其创造的饮食文化同生态环境之间是有机整体，构成饮食文化生态系统。人类所创造的饮食文化受生态环境的严格制约，另一方面也影响着生态环境。2. 阶段性。饮食文化生态在不停地发展变化着，表现出一定的阶段性。不同阶段人类对自然界所施加作用力的大小和依赖程度是不同的。3. 传承性。饮食文化是世代相传的文化现象，在发展过程中具有相对稳定性。4. 地域性。生态环境具有强烈的地域性，与之密切联系的饮食文化生态同样具有地域性。我国各民族历史发展有别，所处的自然环境不同，自然条件各异，气候变化差别大，农牧业产品种类不一，形成各不相同的饮食文化类型。（牟世晶）

生态盈余

Ecological Surplus

指该区域的生态承载力超出生态足迹的部分，即区域的资源消耗小于其从当地可获得资源的差值部分。生态盈余表明该地区的生态容量足以支持其人类负荷，该地区的人类消耗没有超出生态容量，不需要从地区之外进口补充欠缺资源平衡生态足迹，供给量大于需求量，生态足迹小，且环境资源状态富有与人类居住和谐，处于可持续发展。（史月田　牟世晶）

生态优先

Ecological Priority

生态优先属于西方生态主义的政治社会伦理范畴，与西方生态主义者对人类中心主义和生态中心主义的反思有密切联系。要实现生态优先原则，政治目标在于改变经济发展方向，改变国内生产总值的计算方式把环境成本计入其中，改变对无限增长的追求以满足生存的需要为度，防止垃圾和高污染工业向落后国家或地区转移，按照是否有利于生态的原则调整产业结构，抵制和减少高耗能和高污染工业，发展清洁生产，在经济活动中遵循生态原则，通过使经济方式基于人们需要和符合生态原则，以保持自然生态的可持续性。这与自由市场经济和国家控制经济所追求的无条件的增长与扩大相对立的。生态优先原则要求实行计划生育，控制人口总量，改变人们以往无止境追求物质财富占有的

生活方式。全世界各国均以全人类的共同利益为重，按生态可承受能力重新调整各自发展目标。（牟世晶）

生态优先原则

Ecology Priority Principle

大力推进生态文明建设中的重要原则，指当经济社会发展与生态环境保护产生不可调和的矛盾，二者不能兼顾时，应当把生态环境保护放在优先地位，使经济发展让位于生态环境保护。生态优先原则，即人类经济活动的生态合理性优先于经济与技术的合理性，具体包含生态规律优先、生态资本优先和生态效益优先三大原则。核心是建立生态优先型的经济，即以生态资本的保值增值为基础的绿色经济，追求包括生态、经济、社会三大效益在内的绿色效益最大化，也是绿色经济效益的最大化。生态优先原则是在处理经济增长与生态环境保护之间关系上进行的决策权衡，涉及利益估价问题。它随着人们对环境问题和环境保护认识的不断深化、环境保护理念的提升以及环境法制建设的逐步完善在立法中确立的指导调整社会关系的法律准则，其重要性和独特价值将会日益显现。（张沥元　史月田）

生态渔业

Ecological Fishery

通过渔业生态系统内的生产者、消费者和分解者之间的分层多级能量转化和物质循环作用，使特定的水生生物和特定的渔业水域环境相适应，以实现持续、稳定、高效的渔业生产模式。根据鱼类与其他生物间的共生互补原理，利用水陆物质循环系统，通过采取相应的技术和管理措施，实现保持生态平衡，提高养殖效益。构建生态渔业的科学方法有：1. 全面推广 8:2 模式化养殖，根据生态学的原理，突出主养品种，适当搭配青虾、河蟹、乌鳢、甲鱼、黄颡鱼等名特优水产品种，达到优势互补、质量改善、效益增加的目的。2. 按照食物链和生物与环境协同进化原理，突出水域生态环境的调控。采取生物、物理措施调控水质，使渔业水域生态环境质量不断提高。如河蟹生态养殖通过水草种植、螺蛳养殖、适当混套养花白链、青虾等技术措施，结合机械增氧、注水的办法，不但营造良好的水域生态环境，而且有效提高渔业资源利用率。3. 在积极建设自然保护区和湿地生态保护区的基础上，着力开发建设观光休闲渔业带，使渔业资源开发与保护生态环境得到有机地统一，建设集渔业生产、观光旅游、餐饮娱乐为一体的观光休闲生态渔业基地，发展成为旅游新亮点。（李雪姣　史月田）

生态渔业发展模式

Development Model of Ecological Fishery

建设资源节约型、环境友好型渔业的有效途径，发展农村循环经济的重要组成部分，现代渔业的发展方向。生态渔业的发展模式有：1. 鱼—畜（禽）生态渔业模式。1）鱼—猪模式，放养鱼种以滤食性鱼类为主，滤食性鱼类放养量约占总放养量的 55% ~ 60%。一般 1 公顷池塘水面配养生猪 60 ~ 100 头，饲料喂猪；2）鱼—鸭模式，放养鱼种一般滤食性鱼类占 50% ~ 55%，1 公顷水面一般配套养鸭 800 ~ 1000 只。2. 鱼—农生态渔业模式。1）鱼—草模式，放养鱼种一般以草食性鱼类为主，草食性鱼类约占总放养量的 65% ~ 70%。1 公顷鱼池需配置草地 0.5 公顷；2）鱼—林模式，实行垛上栽树，树下套种，沟中养鱼的复合经营生产模式；3）鱼—稻模式，采用工程措施在田中开挖鱼凼、鱼沟，在田边设置生态带等工程设施，人工建造适合鱼生长的环境。3. 鱼—畜（禽）—农生态渔业模式。1）草—牛—鱼模式；2）鱼—鸡—猪—果模式；3）草（菜）—畜—沼气—鱼模式。4. 鱼—特种水产品生态渔业模式。5. 鱼—副—工生态渔业模式。（李雪姣）

《生态与农村环境学报》

Journal of Ecology and Rural Environment

创刊于 1985 年，原名《农村生态环境》。系环境保护部主管、环境保护部南京环境科学研究所主办的全国性学术期刊。宗旨是及时报道生态与农村环境保护领域研究的动态、理论、方法与成果。主要内容：1.区域环境与发展，包括生态环境变化与全球环境影响、区域生态环境风险评价、环境规划与管理、区域生态经济与生态安全等；2.自然保护与生态，包括自然资源保护与利用，生物多样性与外来物种入侵，转基因生物环境安全与监控，生态保护、生态工程与生态修复、有机农业与农业生态等；3.污染控制与修复，包括污染控制原理与技术、土壤污染与修复、水环境污染与修复、农业废物综合利用与资源化、农用化学品（包括化学品）风险评价与监控等。读者对象：从事生态环境保护、生态安全研究以及农林、自然资源开发等相关专业的科研、教学、管理人员。双月刊，ISSN：1673-4831。（席溢）

生态预报

Ecological Forecasting

指预测生态系统状态、服务和自然资本的过程。生态预报有助于科学管理者制定研究监测、模拟和评价的优先领域，是进行资源与环境管理和决策的重要依据。美国环境与自然资源委员会生态系统分会共同主席克拉特（Clutter）和斯卡维亚（Scavia）领导的小组认为，生态预报可以预测生物的、化学的、物理的以及人类活动引起的变化对生态系统及其组成的影响，强调这样的预测并不保证什么将发生，相反，它是从科学上估计什么可能发生。生态预报研究基本框架包括极端自然事件、气候变化、土地和资源利用、污染、入侵生物等领域；其典型案例如蝗虫爆发、由农业驱动的全球环境变化、HPS（Hantavirus Pulmonary syndrome 病毒性肺部综合征）、有害海藻爆发、富营养化与缺氧等。（参考：曾德慧、姜凤岐、范志平等：《生态预报：生态学的一个前沿领域》，《应用生态学报》2002 年第 12 期第 1699 ~ 1702 页。王晴晴）

生态阈限

Ecological Threshold

生态系统有一定的自我调节能力，但是只能在一定条件下一定范围内起作用，如果干扰过大超出生态系统本身的调节能力，就会导致生态平衡的破坏，这个临界限度叫生态阈限。生态阈限决定于环境的质量和生物的数量。在阈限内，生态系统能承受一定程度的外界压力和冲击，具有一定程度的自我调节能力。超过阈限，自我调节不再起作用，系统难于回到原初的生态平衡状态。生态阈限的大小决定于生态系统的成熟程度。生态系统越成熟，它的种类组成越多，营养结构越复杂，稳定性越大，对外界的压力或冲击的抵抗能力也越大，即阈值高；相反，简单的人工生态系统，则阈值低。人是生态系统中最活跃、最积极的因素，人类活动愈来愈强烈地影响着生态系统的相对平衡。人类用强大的技术力量，改变着生态系统的面貌。作为最强的影响因素，人类需要严格地注意生态阈限，必须以阈值为标准，使具有再生能力的生物资源得到最好的恢复和发展。（牟世晶）

生态阈值

Ecological Threshold Value

指生态系统从一种状态快速转变为另一种状态的某个点或一段区间，推动这种转变的动力来自某个或多个关键生态因子微弱的附加改变。生态阈值是研究生态学、土壤学、气候学等多个学科的交叉点。它有两种类型：生态阈值点和生态阈值带。在生态阈值点前后，生态系统的特性、功能或过程发生迅速改变；生态阈值带则暗含生态系统从一种稳定状态到另一稳定状态逐渐转换的过程，而不像点型阈值那样发生突然的转变。生态阈值的确定很大程度上取决于选择的干扰因子和研究对象，不同的干扰和研究对象，生态阈值迥然不同。由于生态系统典型的非线性特征决定了生态阈值现象的存在，同时生态系统又具有抗性、扰性和一定程度的适应能力，对外界干扰的响应有一定的静滞和延迟，这为生态阈值的确定增加了难度。（参考：唐海萍、陈姣、薛海丽：《生态阈值：概念、方法与研究展望》，《植物生态学报》2015 年第 9 期第 932 ~ 940 页。刘阳）

生态园林城市

Ecological Garden City

生态园林是将生态学的一系列原理（生态位、生态平衡、互利共生、植物他感、边缘效应等等）与园林景观艺术相结合，构成乔、灌、草及藤本植物因地制宜的配置在一起的空间环境，使之种群协调、层次明显、季相色彩相适宜，将生态效益、社会效益和经济效益融为一体，从而创造出生态协调稳定，景观优美且能极大地调节、改善和丰富人们精神生活的栖息之地。利用生态园林建造的城市即生态园林城市，它具有集生态、社会、美化为一体的综合功能，具有生态城市的科学因素和园林城市的美学感受。与传统城市相比，生态园林城市具有园林的观赏、美化环境等特点，还具有诸多生态学特点，如：丰富的生物多样性、公共性与共享性、协调性与变化性，将自然美、艺术美和社会美融合在整个生态系统中。在功能作用上，生态园林城市不仅能调节小气候、维持碳氧平衡、衰减噪声，美化市容，提供游憩的空间，还能增加经济收入和就业机会。生态园林城市是生态的城市，体现着生态城市的特点，具备生态城市的功能；同时，它又是人工制造的生态系统，是一个地区政治、经济和文化的中心。因此，现代的生态园林城市不仅体现生态文明和物质文明，也是城市精神文明的体现。国内生态城市建设存在的主要问题：城市绿地面积不足，结构布局不合理；植物种类单调，缺乏丰富的生物多样性；建设缺乏科学的指导；管理不善，资金投入不到位；周边地带顾及不够。实践证明，生态城市建设是从源头防治环境污染和生态破坏的有效途径，是落实科学发展观，促进区域经济、社会与环境协调发展的有效载体，也是扎实推进社会主义和谐社会建设的重要抓手，对于实现区域经济社会科学发展、和谐发展和率先发展具有重要意义。（参考：王克勤、赵璟、樊国盛：《园林生态城市——城市可持续发展的理想模式》，《浙江林学院学报》2002 年第 1 期第 58 ~ 62 页。朱配辰　史月田）

生态园区

Ecological Park

继承和发展传统园林的经验，遵循生态学的原理，建设多层次、多结构、多功能的植物群落，建立人类、动物、植物相联系的新秩序，达到生态美、科学美、文化美和艺术美的生态园。应用系统工程发展园林，使生态、社会和经济效益同步发展，实现良性循环，为人类创造清洁、优美、文明的生态园。在我国生态园概念产生和表述中，生态园的内涵有：1. 生态园具有观赏性和艺术美，能够美化环境，创造宜人自然景观，为城市人们提供游览、休憩的娱乐场所；2. 生态园具有改善环境的生态作用，通过植物的光合、蒸腾、吸收和吸附，调节小气候，防风降尘，减轻噪音，吸收并转化环境中的有害物质，净化空气和水体，维护生态环境；3. 依靠科学的配置，建立具备合理的时间结构、空间结构和营养结构的人工植物群落，为人们提供赖以生存的生态良性循环的生活环境。（参考：齐振宏：《循环经济与生态园区建设》，《中国人口 . 资源与环境》2003 年第 5 期第 111 ~ 114 页。朱配辰）

生态运动

Ecology Movement

生态运动是以保护生态环境为宗旨的环境保

护运动，它是20世纪60年代末期兴起的社会运动之一。生态运动认为，人类在工业化过程中污染环境、破坏生态环境的问题日趋严重，为保护环境和维持生态平衡，人类必须改变生产、消费、生活方式等来调整和保护生态系统，在生态系统平衡的前提下谋求和推动经济社会发展。生态运动与20世纪60～70年代世界范围内的反战、反核运动结合起来，在许多国家产生绿色和平组织、绿党、学术团体等。它们一道促使生态运动在全世界蓬勃发展。生态运动催生的绿色组织分化较大，一些绿色和平组织偏向激进，主张对于环境破坏采取直接行动。（雷爱民）

生态运输业

Ecological Transportation

指生态环境与交通运输系统两者的有机结合。生态运输业旨在把交通运输系统纳入生态环境保护的范畴，使交通运输系统的设计和建造能够遵循生态保护原则，实现人与自然的和谐。（史月田）

生态灾难

Eco-catastrophe

自然灾害中的一种。指由于生态系统平衡遭到破坏引起的，在生物圈中对人类社会和自然生态环境造成持续性的或者大规模损害事件的总和。生态灾难可分为物种灭绝、环境污染、生态环境的不利变异、动植物的病虫害等几大类型。物种灭绝指某个生物物种的生命过程完全终止，生物物种内的生物个体完全消失，从而导致生物物种在地球上不复存在。生物史中已经发生5次大规模物种灭绝，目前全球正在经历第6次更大规模的物种灭绝，与生物史中前5次物种灭绝相比较，第6次物种灭绝纯粹的自然原因退居其次，主要原因在于工业社会的生产和消费模式片面追求经济增长和物质积累。环境污染是生态灾难中最为典型也是最为主要的一种，常见的环境污染为大气污染、酸雨、水污染、固体废物污染以及臭氧层破坏等。生态环境的不利变异表现为水土流失、全球气候变暖、赤潮、植被覆盖率降低等形式，其中全球气候变暖是目前各国政府以及理论界最为关注的环境问题。动植物的病虫害指由于病菌感染导致的动植物大面积损伤和死亡以及大规模病虫灾难，较典型的有鼠疫和蝗灾。生态灾难的发生既有自然过程本身的因素，也有人为原因，人为原因是导致生态灾难的主要原因。人为原因包括对自然资源的过度利用和开发，工业污染以及城市化过程中对自然生态的破坏等因素。（参考：黎德化：《论生态灾难的人文控制》，《北京林业大学学报》（社会科学版）2006年S1期第44～48页。欧阳文川）

生态灾害

Ecological Disaster

指自然条件变化对生态过程（包括自然生态系统和人工生态系统）造成严重损害的后果。按生态灾害发生的背景来看，可划分为自然性生态灾害和社会性生态灾害。前者是由地质和气象活动引起的或以生物为害的生态灾害，如水土流失、土地沙化与流沙扩展、森林和草原退化、农林病虫鼠害等；后者是指人类活动导致的自然条件恶化，它的严重程度已对人类生态过程造成影响，可以划分为由环境污染和战争（特别是核战争）引起的生态灾害。生态灾害的基本特征有：1. 重灾迟滞性，在生态系统破坏与重灾发生两者间存在着较大的可度量的时间差；2. 重复递增性，生态灾害的出现在作用程度、规模、范围和频率上愈演愈烈，其过程中存在着综合激发的多种灾害类型重叠作用机制；3. 生态灾害链，生态灾害的不同灾种之间往往不是孤立的，而是在时间和空间上相继会发生的一系列具有内在成因和诱导联系的灾害现象。世界上著名的生态灾害事件有乌克兰切尔诺贝利核电站爆炸（1986年）、印度博帕尔毒气泄漏事件（1984年）、阿拉斯加"瓦尔迪兹"号油轮石油泄漏事件（1989年）等。（参考：王伟：《生态环境的重大灾变特征跟踪》，重庆

交通大学2009硕士学位论文第19～22页。刘阳）

生态哲学

Ecological Philosophy

指以整个人类社会与自然环境运行规律及其二者相互之间动态关系作为研究对象的哲学。生态哲学的研究范围包括人类社会生态系统和自然生态系统在内的整个物质—精神世界的生态系统。生态哲学的基本研究内容是作为子系统的社会生态系统和自然生态系统的结构、功能以及效益。生态哲学是生态学与哲学之间的跨学科研究领域，与二者有紧密联系，然而，生态哲学应与生态学哲学区分清楚。生态学哲学与生态哲学的共同研究对象是包括各种领域的广义层面的生态系统，但是生态学哲学不同于生态哲学以整个生态领域的逻辑结构和普遍规律为研究对象，而是以生态学本身作为研究对象，将生态学的基础理论和特殊规律作为研究内容，它实质上是科学哲学。此外，生态学也与生态哲学也有区别，生态学只是以各类生态系统的组成部分及其特殊规律为研究对象。生态哲学类似于哲学，也可分为认识论、方法论、本体论、价值论等逻辑体系，四方面相互联系，有机结合，共同构成生态哲学的理论框架。（参考：包庆德：《社会主义现代化与生态哲学》，《内蒙古大学学报》（哲学社会科学版）1996年第5期第43～44页；叶峻：《社会生态学的基本概念和基本范畴》，《烟台大学学报》（哲学社会科学版）2001年第3期第252～256页。欧阳文川）

生态哲学实在观

The Reality View of Ecological Philosophy

生态哲学是一种新的实在观。美国著名学者弗里特乔夫·卡普拉（Fritjof Capra，1938）说，这种新的实在观，在某种意义上是一种生态观，它远远超出对环境保护的直接关心。为强调这种更深层的生态意义，哲学家们和科学家们已开始认识浅层环境主义和深层生态学之间的区别。浅层环境主义是为了人的利益，关心更有效地控制和管理自然环境；深层生态运动却已看到，生态平衡要求对人在地球生态系统中的角色的认识有深刻的变化。简言之，它将要求新的哲学和宗教基础。这种实在观用生态学术语表述，世界是人—社会—自然复合生态系统。它是活的系统，有生命，有思维，有精神。地球作为活的系统，有一定的生态结构，分为自然存在、社会存在、精神存在，或者为自然运动、社会活动、精神活动等。但是，它们都是复合生态系统过程的表现形式，它们是动态的和不可分割的；如果把这种结构分割开来，例如，任何生物同环境分割开来，或者把生物分割成各种器官，那它便不再是生物，而成死物，是尸体。同样，把自然存在、社会存在和精神存在完全分割开来，孤立起来，那也是不可理解的。它们是相互联系、相互作用、不可分割的整体。（参考：余谋昌：《生态哲学：可持续发展的哲学诠释》，《中国人口.资源与环境》2001年第3期第1～5页。牟世晶）

生态哲学文化

Ecological Philosophy Culture

生态哲学文化产生于人们对当代生态危机的哲学反思。作为一种世界观，生态哲学超越机械论世界观，将传统哲学范式引向整体性、系统性、动态性的世界观。包含生态哲学本体论、生态认识论、生态方法论以及生态价值论的生态哲学文化，为人类观察、认识世界提供一种新的理论框架。生态哲学文化是生态文明与生态文化建设的哲学基础。只有科学把握生态哲学文化的要义，才能为实现生态时代人类社会的可持续发展提供坚实的文化底蕴支撑。在生态哲学文化的发展过程中，诸多学者从不同角度提出自己的思想观点，形成不同的流派。其中较有影响的有：1. 生态马克思主义。认为资本主义过度生产和过度消费加剧人的异化，造成生态危机；生态危机已取代经济危机成为资本主义社会的主要危机。因此，需要用小规模技术取代高度集中的大规模技术，使生产过程分散化、民主化；建立稳态社会主义经济模式，寻找一条既能消除生态危机又能走向社会主义的道路。生态学马克思主义联系资本主义生产方式批判资本主义生态危机，使这种批判与全球化问题结合在一起，从而具有更广阔的视野。2. 生态中心主义。认为应该把生态系统的整体利益作为最高的价值，而不是把人类的利益作为最高的价值；并非只有人类才具有内在价值，把道德对象的范围扩展到非人类的生命体生物、物种在道德地位上是平等的；社会进步与否的根本标准是看其是否有利于维持、保护生态系统的完整、和谐、持续存在。3. 生态女性主义。将生态学与女性主义结合在一起。认为女性更接近于自然；反对对生命做等级划分；一个健康的平衡的生态体系应保持多样化状态；按照女性主义原则和生态学原则重建人类社会。4. 生态神学。生态神学从广义上说，是主张人与自然和解，重新实现两者的和谐相处、平衡共存的神学理论。生态神学流派试图通过了解人与自然的关系对于基督教信仰的意义，对基督教的创造论、人类论和末世论等与生态问题相关的理论加以重新认识和诠释，寻求用基督教思想体系克服生态危机、协调生态环境的有关办法和途径。其中，托管理论和伦理平等主义是生态神学中影响较大的理论派别。（牟世晶）

生态哲学自然存在论

Natural Existence Theory of Ecological Philosophy

生态哲学的自然存在论不同于 17 世纪的英国唯物论和 18 世纪的法国唯物论的自然存在论。由于这种唯物主义的自然存在论用孤立、静止、片面的观点解释世界，看不到自然物之间的相互依存关系，因而这种自然存在论是原子论的，而非整体论的。生态哲学的自然存在论是整体论的；自然界作为相互联系的整体，系统的稳定平衡是这一整体指向的最高价值目标。在这个意义上说，生态哲学的自然存在论同西方近代哲学的自然存在论属于两种不同的哲学形态。生态哲学要重新找回被西方近代主体形而上学遗忘了的人与自然之间的存在论关系，把人的改造和征服自然的实践关系放到自然存在论的统摄、决定之下，把人从神化的梦想中拉回现实的世界，重塑自然的权威。（参考：刘福森：《新生态哲学论纲》，《江海学刊》2009 年第 6 期第 12 ~ 18 页。牟世晶）

生态镇

Ecological Town

具有较大生产功能的生态户集合体。担负着由生态村向生态城市输送各种物质能量的中间枢纽作用，是整个生态环境的中心。生态镇的功能和作用有：1. 安置大量的农村人口，生态镇是农民脱离农村，脱离耕地逐步走向城市的第一步；2. 最为主要的生产单元，保证农民收入稳定增长的关键环节；3. 城市生态环境的重要屏障，为确保生态城市的顺利建设减少城市污染，把农副产品加工环节放在生态镇上进行；4. 农业技术的推广站和农副产品的主要集散地，农用物资的交易中心。（李雪姣）

生态整合

Ecological Integration

指由人及涵盖人的所有属性和关系所组成的人类社会，在遵从自然和社会客观规律的前提下，与自然界在生存与发展的基本走向和趋势上凝聚成结构完整、功能完善的社会—经济—自然复合生态系统的过程及结果。最终目标是：通过生态整合，旨在促进和不断完善复合生态系统中的能量、物质及信息流代谢过程的良性循环；竞争、共生、自生及自我反馈调节能力等生态机制的健全；时、空、量、序的完美匹配；体制、技术与人类行为方式和手段的相辅相成；社会、经济、自然的相生相克、相得益彰、协调发展；人与自然的和谐共生、共同进步。（史月田）

生态整体论

Ecological Holism

生态整体论肯定人与生态环境的整体统一关

系，主张生态有机体彼此之间以及整体与其环境之间存在紧密的内在联系。它关注共同体、生态系统和整体。生态整体论认为作为整体的大自然是互相影响、互相依赖的共同体，它由生命系统和环境系统构成有机整体，生物圈是地球最大的生态系统，人类的生命维持与发展，依赖于整个生态系统的动态平衡。生态整体论以互相关联的整体主义思想审视人与自然、人与其他物种、人与人、发达国家与发展中国家等利益关系，强调在生物圈中各种事物是互相依存的，维护整个生态系统和生物圈的稳定与健康发展是人类生死攸关的利益需求。生态整体论是整体性思维、有机性思维、关系性思维和过程性思维，它受到过程哲学与有机哲学观的影响，强调生态自组织演化过程，主张人与自然协调发展，依据现代生态学理论，主张整个生态系统的非人类中心主义价值观，与还原论思想不同。（雷爱民）

生态整体主义

Ecological Holism

将人、人类社会和自然以及他们的各要素视为同一个生态系统中的有机组成部分的观点。生态整体主义扩大伦理学边界，倡导中间公平，承认人以外的其他一切物种的应有权利和内在价值。因此，生态整体主义强调的不仅是包括人与自然的整体生态系统的重要性，也是对整体生态系统内人与生态系统中其他物种之间关系的重新评价和定位，是人与自然关系的重新调整。自20世纪70年代以来，由于生态危机的进一步加剧，特别是8大公害事件严重威胁着人类的生存和发展，进而爆发新的社会运动生态运动。在全球生态危机日益严重的情况下，生态运动极大冲击西方社会的环境价值观的主流文化，带动后现代文化（或反主流文化）的发展，人们逐渐意识到任何物种都有生存权利，它们的价值不仅是对人类而言的利用、使用价值，人只是生物圈、自然界的一分子，不可能离开由所有物种组成的生态圈而独自存活。因此，超越环境价值观的主流文化并引起人类哲学史上环境伦理的范式转变的生态整体主义应运而生。生态整体主义在全球生态危机背景下伴随西方环境运动的兴起而产生奈斯（Arne Naess）的深层生态学，在此过程中出现一系列重要的生态伦理学著作，代表性的是美国著名生态学家奥尔多·利奥波德（Aldo Leopold）的《沙乡年鉴》。在书中利奥波德提出著名的生态主义金律，即只有当一件事物能够同时使生命共同体的各个组成部分都趋于完整和稳定时才是正当的，否则就是不正的。其后克里考特（J.Baird Callicott）依据其情感论发展了利奥波德生态整体主义，他认为人天生就具备利他情怀，对于其他物种，情感中都会自发的产生仁慈和同情，这是人之所以能组成社会的内在原因。罗尔斯顿（Holmes Rolston III）依据其自然价值论，认为生态系统中的一切组成部分都有其客观价值，组成部分对于系统整体稳定而言具有其固有价值，对于其他组成部分又同时具有工具价值，然而系统整体作为生命的创造者和承载者，又具有超越部分本身固有价值和工具价值的系统价值。人类从生命体角度而言具有更大价值，其根本来说还是生态系统整体的产物。因此，生态整体主义本质上是人类伦理观扩大化的结果。生态整体主义超越以人类利益为根本尺度的人类中心主义，超越以人类个体的尊严、权利、自由和发展为核心思想的人本主义和自由主义，颠覆长期以来被人类普遍认同的基本的价值观；要求人们不再仅从人的角度认识世界，不再仅关注和谋求人类自身的利益，要求人们为生态整体的利益而不只是人类自身的利益自觉主动地限制超越生态系统承载能力的物质欲求、经济增长和生活消费。正因为如此，生态整体主义引起许多人的质疑和批评，成为生态思想领域的最具争议的问题。（参考：王诺：《“生态整体主义”辩》，《读书》2004年第2期第25～33页；杨芷郁：《生态整体主义环境思想评析》，《长春市范学院学报》（自然科学版）2006年第1期第103页。欧阳文川

朱配辰　牟世晶　李雪姣）

生态整体主义价值论

The Value Theory of Ecological Holism

生态整体主义呈现出的自然价值是辩证的、主体间性的价值。这种价值体现出的不是人—物之间的关系，而是相互依存、彼此成就的关系。即自然作为本体为人类提供价值源泉，人类通过展现自然价值实现自身价值的永恒性；进而，自然也由于人类的展现由价值的遮蔽走向价值的在场。在生态整体主义视野中，人类只是把自然中本有的元素和属性，依据特定的自然规律实现自然对人类的价值，即人类不能无中生有地将价值创造出来，只能是巧妙地利用自然中的元素和规律用于自身发展。这要求人类对自然保持基本的尊重，看到自然价值是一切价值的源泉。在物质方面，人类不能使自身的价值欲望无限膨胀，超越自然的可持续性供给。同时，生态整体主义主张将人的价值置于自然整体的价值网络之中，人类只要守护并不断展现这一价值整体，那么人类离那种永恒性的终极价值就会更近，因为自然作为存在整体的无限性恰恰给予人类这一追求可靠的保障。生态整体主义对于自然的价值定位具有多层次的维度。它一方面不否认自然，特别是具体的自然物具有的工具性价值，另一方面强调必须以辩证整体性的思路看待自然价值。从某种意义上说，生态整体主义更为强调的是自然价值的本体性和现实性，即自然是所有价值的创造者。（参考：薛勇民：《自然价值论与生态整体主义》，《科学技术研究》2014 年第 4 期第 23-27 页。牟世晶）

生态政策

Ecological Policy

生态政策即广义的环境政策，是国家为保护环境所采取的控制、管理、调节措施的总和。生态政策分为强制性生态政策和补偿性生态政策。强制性生态政策体现在有统一标准，并且在法律层面上，标准具有强制执行的效力。企业需要服从标准，按照标准进行生产活动。补偿性生态政策对生态产生破坏的群体，通过资金的补偿使原本的破坏行为减轻甚至消除，从而达到对生态保护的目的。从范围上讲，生态政策包括污染控制政策和生态保护政策，适当侧重于前者；从内容上讲，生态政策除指比较正式的、长期实行的各项环境管理制度外，还包括阶段性的重要环境保护措施和方案。（参考：周英男、李洁、曲毅：《中国现有生态政策存在问题及对策研究》，《中国人口．资源与环境》2013 年第 S1 期第 95 ~ 98 页。王晴晴）

《生态政治：建设一个绿色社会》

Ecopolitics: Building a Green Society

美国绿党运动北卡罗来纳分部的创立者、环境政治学者丹尼尔·科尔曼（Daniel Coleman）的代表作，罗格斯大学出版社 1994 年出版。科尔曼在《生态政治》中提出一个尖锐问题：环境问题的根源究竟是什么？为什么世界环境总是在边治理、边污染中徘徊，为什么会呈现出局部好转、整体恶化的现状？在科尔曼之前，环境哲学的主要研究范式是一种浅绿色的环境观，即把环境问题归结于一些直接和表面的原因，例如第三世界人口膨胀、技术的进步和运用的失控、消费主义消费观主导等，而不是对资本主义意识形态加以批判。在科尔曼看来，上述做法是西方学者逃避责任的体现。他认为，只有从现行社会制度和生产生活方式入手，探寻环境问题的深层次原因，环境哲学才能不仅成为工业文明的补充，而且带来可持续发展观的变革与创新。科尔曼的基本观点是：1. 资本主义大公司和政府权力的集中，是生态恶化和民

众环境权利被漠视的政治源头。2. 重建参与型民主，是绿色社会的基石。3. 走向深绿生态观，实现环境政治学范式的转变。科尔曼的生态学思想，主要体现在他对深绿生态观的肯定和对参与型民主的倡议。然而，在资本主义社会制度下，人们利用参与型民主程序，既可以做出对环境友好的决策，也可能做出损害环境或他人利益的决策。因此，科尔曼的环境政治学思想和深绿生态观，具有一定的生态乌托邦意味。中文译本译者梅俊杰，上海译文出版社 2006 年出版。（徐越）

生态政治理论

Ecological Political Theory

也称环境政治理论或生态政治思想，泛指关于人类如何组织它与维持其生存的自然环境的适当关系的思考和研究，包括人类如何处理与地球及其生命存在形式的关系和以生态环境为中介的人们之间的关系。现代意义上的生态政治理论，首先产生于 20 世纪 60 年代的西方发达国家，基于理论家不同的观察视角而分成迥然不同的理论流派。现代生态政治理论自诞生以来，在研究主题和理论取向上已经历 3 个主要阶段：1.20 世纪 60 年代末到 80 年代初的生存主义理论阶段。以蕾切尔·卡逊《寂静的春天》和罗马俱乐部的《增长的极限》为代表。主要观点为：除非发生根本性变革，现代类型的发展与增长将不可避免地导致生态崩溃。2.80 年代中后期兴起的可持续发展理论阶段。以 1987 年发表的联合国环境与发展委员会报告《我们共同的未来》和 1992 年举行的里约环境与发展大会为标志，旨在通过建立世界不同经济社会发展水平国家和人类不同代际之间的需求平衡来解决生态环境问题的政治理念占据主流。3.90 年代后中后期以来渐趋盛行的生态现代化理论或生态现实主义阶段。以 2002 年召开的约翰内斯堡可持续发展首脑会议为标志，生态环境问题的认知与解决思路，日益与绿色经济和科技结合在一起。（徐越）

生态殖民主义

Ecological Colonialism

生态殖民主义是在新的国际形势下出现的没有殖民地的殖民主义。它虽没有旧殖民主义血与火式的武力征服或制造分裂的殖民活动，但它所造成的后果几乎与旧殖民主义毫无二致。它主要是通过“强奸”发展中国家的环境意识，在政治上采取环境外交，以保护环境为借口，干涉他国内政；在经济上利用发展中国家在经济增长与环境保护上的“两难境地”，凭借其资金和技术上的优势，利用发展中国家的统治阶级达到其剥削的目的。生态殖民主义的表现形式：西方国际垄断资本在全球化过程中不时再生产出发展的不平衡，以及在全球寻求最大利润过程中，以各种方式把各种不同的社会经济形式联合起来。这可视为作为整个全球资本主义体系再生产基础的帝国主义与殖民地、中心地区与周边地区之间的剥削与被剥削关系，这种关系是西方资本主义存在和发展的基础。这样，西方国际垄断资本在全球货币流通过程中把自然资源的退化输出到国外，在全球生产流通过程中把污染和对职业健康与安全的危害输出到国外，在全球商品流通过程中把生产和消费的危险手段输出到国外。（牟世晶）

生态指标

Eco-index

生态指标是根据污染物排放后对环境、生态系统或人类健康造成的危害的大小所建立的指标。但是，这些危害的大小是属于区域性的，因为它们和当地环境的要求标准、气候状况、天文状况、水文状况相关的。由于生态指标的区域性很强，所以这些指标对其他区域并不一定适用。欧盟用环境影响的观念来评估污染物质对生态环境的影响和对人类健康的危害，并建立各项指标体系，其逻辑和程序示意图如下。（李雪姣）

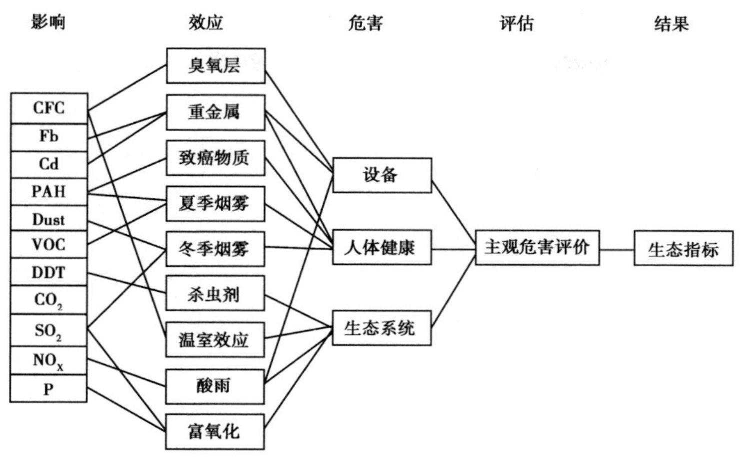

注：CFC：氮氯烃化合物；PAH：多环芳烃；Dust：粉尘。

生态制度

Ecological System

指对生态环境保护制度的总称。生态制度及其建设是生态文明社会的重要组成部分，也是经济社会可持续发展和生态文明建设的有力保障。生态制度的基本价值取向是协调人、人类社会与自然三者之间的和谐、共同发展；生态制度的评价标准和原则为对自然的利用是否会破坏生态系统的平衡和稳定。当前我国建设生态制度的必要性在于具体的生态保护政策及其实施落后于生态文明建设目标，而生态政策的真正落实正需要制度的保障。具体说来，这是由于传统经济增长模式中的生态保护指向缺乏、经济发展过程中具体生态制度的缺失、生态环保的法律机制不健全、民众生态意识薄弱等原因造成。因此，在宏观层面，即在经济社会发展总纲要中将生态制度建设纳入其中是关解决问题的关键环节，此外，建立以市场机制为激励手段的生态保护政策和健全生态保障法律机制、转变政府的行政模式、提高政府生态行政能力、加强生态意识宣传和推进全民生态制度建设参与是完善我国生态制度的重要手段。（参考：徐民华等：《马克思主义生态思想与中国生态制度建设》，《江苏行政学院学报》2011 年第 5 期第 92 ~ 97 页；孙芬：《生态文明视阈下中国生态制度建设的路径选择》，《阅江学刊》2012 年第 5 期第 57 ~ 58 页。欧阳文川）

生态智慧

Ecological Wisdom

生态智慧有两层含义，一种是以儒释道为中心的中华文明形成的系统的生态伦理思想。在这里，生态智慧指理解复杂多变的生态关系并在其中健康生存和发展下去的主体素质，使之具有生存实践的价值。中国儒家生态智慧的核心是德性，尽心知性而知天，主张“天人合一”，其本质是肯定人与自然界的统一。儒家通过肯定天地万物的内在价值，主张以仁爱之心对待自然，讲究天道人伦化和人伦天道化，通过家庭、社会进一步将伦理原则扩展自然，体现了以人为本的价值取向和人文精神。儒家的生态伦理，反映了它一种对宽容和谐的理想社会的追求。中国道家的生态智慧是一种自然主义的空灵智慧，通过敬畏万物来完善自我生命。道家强调人要以尊重自然规律为最高准则，以崇尚自然效法天地作为人生行为的基本皈依。强调人必须顺应自然，达到“天地与我并生，而万物与我为一”的境界。庄子把一种物中有我，我中有物，物我合一的境界称为“物化”，也是主客体的相融。这种追求超越物欲，肯定物我之间同体相合的生态哲学，在中国传统文化中具有不可替代的作用，也与现代环境友好意识相通，与现代生态伦理学相合。中国佛教的生态智慧的核心是在爱护万物中追求解脱，它启发人们通过参悟万物的本真来完成认知，提升生命。佛家认为万物是佛性的统一，众生平等，万物皆有生存的权利。佛教是从善待万物的立场出发，把“勿杀生”奉为“五戒”之首，生态伦理成为佛家慈悲向善的修炼内容，生态实践成为觉悟成佛的具体手段，这种在人与自然的关系上表现出的慈悲为怀的生态伦理精神，客观上为人们提供了通过利他主义来实现自身价值的通道。另一种是深层生态学理论的创始人阿恩·奈斯提出的“生态智慧 T”，意味着实现从科学向智慧的转换。奈斯认为可能存在着多种生态智慧（生态智慧 A、生态智慧 B、生态智慧 C……），具有不同文化传统和宗教背景的人可以发展出各自的生态智慧。虽然彼此的观点有所不同，但最重要的是人们可以利用这些智慧为人类拯救地球而服务，生态智慧 T 只是众多生态智慧中的一种。（参考：方克立：《“天人合一”与中国古代的生态智慧》，《社会科学战线》2003 年第 4 期第 207 ~ 217 页；杜超：《生态文明与中国传统文化中的生态智慧》，《江西社会科学》2008 年第 5 期第 183 ~ 188 页；林坚：《中国传统文化中的生态智慧》，《辽宁工业大学学报》（社会科学版）2009 年第 5 期第 49 ~ 54 页。朱配辰　王晴晴）

生态中心论

Eco Centrism

生态中心论是一种环境伦理思想，它主张人类把道德关怀和伦理范畴从生命个体扩展到整个自然生态系统，强调伦理学必须给予整个生态系统以道德关注，关怀对象不仅是对动物或其他生命个体，还应该包括河流、山川等非生命的自然客体。生态中心论认为生态系统是内部成员相互作用、相互规定的统一整体，生物共同体的平衡、稳定、完整、美丽是最高的标准，生态系统的价值是最高的价值。生态中心论反对人类中心主义思想。生态中心论是生态中心主义共同持有的观点，生态中心主义是当代环境伦理学中的重要流派。生态中心论具有强烈的整体主义倾向，强调生态系统的整体性，认为自然是不断进化发展的生态系统，具有客观性与先在性，人类是自然生态系统中的普通成员，生态系统的价值具有内在性和优先性，人类的道德关怀对象应该从人类扩展到整个生态系统之上。生态中心论者的代表人物有奥尔多·利奥波德、蕾切尔·卡逊、霍尔姆斯·罗尔斯顿、阿伦·奈斯等，大体可分为三个流派：大地伦理学、生态整体主义和深层次生态学。（雷爱民　牟世晶）

生态中心平等主义

Eco centric Egalitarianism

指地球生物圈中一切存在物都有生存、繁衍和充分表现个体自身以及在生态圈中自我实现的权利，认为生物圈中所有生物及实体，作为与生态整体相关的部分，它们的内在价值是平等的。生态中心平等主义认为生态系统中的一切存在物都有助于生态系统的丰富性和多样性，生态系统的丰富性和多样性可以促成生态系统的稳定和良性发展，一切存在物对生态系统说都有价值。人类是生物圈中众多物种的一种，在自然的整体生态关系中，人类既不比其他物种高贵，也不比其他物种低贱，所有物种都是平等的。生态系统各成员自我实现的过程是不断扩大与自然互相调适和认可的过程，主张一切生命平等，尊重和热爱一切生命。深层生态学认为人类应该最小、而不是最大地影响其他物种和地球，呼吁人类生活手段俭朴，目的丰富。（雷爱民）

生态中心主义

Eco-centralism

生态中心主义把人类道德关怀和权利主体的范围从所有存在物扩展至整个生态系统。生态中心主义理论认为，生态伦理学必须把道德客体的范围扩展至生态系统、自然过程以及其他自然存在物。与以往的生态伦理观不同，生态中心论更加关注生态共同体而非有机个体，是整体主义的而非个体主义的伦理学。持此种观点的主要代表人物有利奥波德、奈斯等人。生态中心论的伦理发展轨迹表明，道德共同体和权利主体的范围不断扩展。生态中心论主张的道德应包括人和大自然之间的关系，把人与大自然的关系视为由伦理原则调节和制约的关系，认为大自然拥有权利。从思想史角度看，这的确是一次革命，是从人际伦理学到生态伦理学的革命。伴随着这场变革，人们经历逐渐摆脱民族主义、种族主义、性别歧视主义、物种歧视主义枷锁的过程。生态中心主义从整体论的立场出发，通过对环境的影响判断人类行为的道德价值，建立新的伦理模式与价值观。生态中心主义中土地伦理学和深层生态学是这种倾向的重要代表，利奥波德的大地伦理、罗尔斯顿的自然价值论、奈斯的深层生态学是代表性观点。生态中心主义者面临的主要质疑问题是如何把保护环境与人类的生存发展权益相协调、相统一。（参考：曹明德：《从人类中心主义到生态中心主义伦理观的转变——兼论道德共同体范围的扩展》，《中国人民大学学报》2002 年第 3 期。牟世晶　雷爱民）

生态种植

Eco-cultivation

指在保护和改善农业生态环境前提下，遵循生态学、生态经济学规律，运用系统工程方法和现代科学技术，促使物质在农业生态系统内部的循环利用，集约化经营的与传统种植相区分的农业发展模式。生态种植是生态经济复合系统，将种植生态系统与种植经济系统统一起来，获得生产发展、能源再利用、生态环境保护、经济效益相统一的综合性效果，使农业生产处于良性循环中。生态种植的认证方式是：GAP 认证、无公害认证等。主要的生态种植：有机农业。生态种植的目的是最大限度的利用自然资源，减少浪费、降低成本，生产出无公害的有机食品。（参考：姚荣江、何丙辉：《几种生态种植模式的环境生态经济效应研究》，《中国农学通报》2005 年第 4 期第 295 ~ 299 页。王晴晴）

生态主义

Ecologism

在一般意义上也可称为环境主义，尤指较为激进的环境主义思潮或实践。认为要创建可持续的生存方式，必须以我们与非人自然世界的关系和我们的社会与政治生活模式的深刻改变为前提。核心特征是将工业主义超级意识形态视为必须摧毁的对象。生态主义的彻底的自然主义，基于人类是自然创造物的信念，一方面包含着对自然限制的承认，另一方面意味着自然世界应该成为人类世界的范本。很多生态主义者关于政治与社会安排的处方，来自于对自然认知的特殊观点。生态主义反对人类中心主义，认为环境拥有不作为人类目的的手段的内在价值，强调世界是相互依赖的，自然世界中的任何一部分都不是独立的，其中每一个客体对象被认为是对于其他每一个客体对象的生存是必须的，因而任何一部分都无权声称其至上地位。英国学者安德鲁·多布森认为，生态主义基础观念的描述与寻找，可以追溯到 19 世纪后期 20 世纪初的工业或工业化社会中。生态主义成为与环境主义相区别，与自由主义、保守主义相并列的试图改变心灵、精神和行为的改造性意识形态，则是基于两个现代的因素：1. 早期环境问题都有一个基本上的地方性特征，而现代生态主义在很大程度上基于环境破坏已经具有全球向度的信念。2. 应对环境难题的单一议题方法，不能在足够根本的水平上克服其严重性。生态主义可以视为独立的政治意识形态的理由之一，是能够确立接纳增长极限主题并实践激进变化的可持续社会。两个基本观点为：发达工业国家中个体的物质商品消费应当减少，人类需要并不能通过持续的经济增长得到更好的满足；且替代消费社会的可持续社会将会提供比物质对象消费提供的更广泛、更深刻的价值实现形式。生态主义也是较为激进的绿色政治与哲学理论。在政治学上可分为生物区域主义、生态寺院主义、生态无政府主义等派别。它承认非人自然的独立价值，认为人类与非人自然之间并没有固定不变的界限，否定相对于非人自然的人类价值尺度的至上性与唯一性，张扬生态平等和生态中心主义。它强调自然界的自然进化结果及其生态秩序必须得到充分理解与尊重，高新技术应用的环境与社会影响必须得到充分和长时间的检验，高新技术的应用与发展既是技术问题，又是环境问题和社会问题。生态主义从根本上质疑当前的政治、经济和社会制度，希望创建一个不追求高增长、高科技、高消费，以包含着更少劳动、更多闲暇、更少物品和服务需要的美好生活为目标的后现代社会。（徐越）

生态住宅

Ecological Residence

又称绿色住宅、健康住宅、可持续发展住宅。20 世纪 80 年代后期在人口增加、城市扩张、居住空间缩小、不可再生资源消耗和生态环境恶化的社会背景下产生的新型住宅，建造时最大限度考虑保护环境和居民健康，节约资源和能源，把各种污染物的总量降到最低限度，多建在农村。它把人、生物与居栖环境空间构成良性循环系统，具有良好的社会、经济、生态效益。生态住宅特点有：1. 尽量使用天然材料，如石料、木料、毛竹、泥土、石灰、树皮等；2. 尽量使用天然能源或再生能源，如太阳能、风能、沼气等；3. 采用节能技术和防污染技术；4. 住宅选址注重远离污染地区和电磁场地带。荷兰建筑师设计的生态住宅全部选用天然材料，颜料和涂料也不用化学物质。住宅用太阳能电池板获取能源，房间的向阳面装有大窗，以充分利用阳光，节省能源。这种生态住宅的屋顶覆盖一层土，可种植花草和蔬菜，并用雨水灌溉，这样既增加绿地，改善环境，又不浪费能源。为减轻振动和噪声污染，这种住宅的每个房间与地基间都用弹性物连接，房间之间也用隔音板隔音。日本建筑师设计的生态住宅不用空调器，采用自然通风系统调节室内的二氧化碳等气体，采用废水循环利用系统和垃圾再生利用装置，以节约水资源、能源和其他资源，减少环境污染。这种住宅采用隔热材料，以提高热能利用效率；利用太阳能和氢能发电，以减少污染；厨房的下脚料和下水道污泥用来制成肥料使用。在美国、英国和德国，已建成多座生态办公楼，这些大楼均采用不影响人体健康的建筑材料，不使用空调器，采用节能光源等节能措施。德国在法兰克福设立专门培养生态住宅设计人才的建筑学院。（参考：颜京松、王如松：《生态住宅和生态住区建设的背景、概念和要求》，《生态与农村环境学报》2003 年第 4 期第 1 ~ 4 页；秦佑国：《国外生态住宅评估体系》，《中国环保产业》2004 年第 4 期第 39 ~ 41 页。朱配辰　王晴晴）

生态住宅标准

Ecological Housing Standard

国家环保总局发布生态住宅环保行业标准《环境标志产品技术要求——生态住宅（住区）》，简称“生态住宅标准”。它对房地产开发的各个环节做出明确规定，包括场地规划设计、节能与能源利用、室内环境质量、住区水环境、材料与资源等 5 个方面，规定具体硬性标准，如当室外日平均温度不低于当地采暖室外计算温度的条件下，生态住宅的卧室、起居室、书房、卫生间的室内空气温度不低于 18℃，厨房、采暖楼梯间和采暖走廊不低于 16℃；生态住宅绿地除绿地率符合国家和地方标准外，绿地本身的绿化率必须大于 70%；还规定生态住宅景观用水不得采用自来水等。（参考：王春堂：《国家环保总局发布“生态住宅标准”》，《四川建筑》2008 年第 3 期第 239 ~ 240 页。王晴晴）

生态资本

Ecosystem Capital

生态资本的定义最早由 Sarageldin 提出。

Sarageldin 从与物质资本、人力资本的比较中提出人类社会至少存在 4 种资本：人造资本、自然资本或生态资本、人力资本、社会资本。生态资本指在一个时间点上存在的物资或信息的存量，每一种生态资本存量形式自主地或与其他生态资本存量一起产生一种服务流，这种服务流可以增进人类的福利。生态资本包括两个方面含义：1. 具有使用价值的自然资源和生态环境有可能成为生态资本，需要指出，并非所有的自然资源和生态环境都能转化为生态资本，只有真正参与经济发展，能够创造持续性利润的自然资源和生态环境才是生态资本。2. 具有价值增值能力的自然资源和生态环境都能成为生态资本。生态资本融合经济学、生态学、统计学等理论，既打破生态资源无价的旧观念，又将其扩展为与物质资本、人力资本一样的财富范畴。生态资本包括 4 个方面：能直接进入当前社会生产与再生产过程的自然资源即自然资源总量、环境的自净能力、生态潜力、生态环境质量。（李雪姣）

生态资本主义理论

Eco-capitalism Theory

生态资本主义的基本理念是，对人类有着可以量度的生态产出或实在好处的自我更新性生态系统，应当被视为一种自然资本，由人为制造的其他形式资本（比如基础设施资本和金融资本）只是通过创造、培训和照看来扩展与优化这种自然资本才能产生财富。依据这种观点，生态系统服务是服务型经济的基础，干扰自然的生态服务不是在创造而是在破坏价值，因而不应获得国家的鼓励或补贴。与此同时，它坚持认为人类竞争不仅是不可避免，而且是组织经济的最有效形式，并以此来承认地球或自然的价值。与其他类型的绿色政治学或经济学不同，它倡导和追求所有生态友好的经营模式和经济政策，如可持续的农 / 渔业政策，寻求基于生态资本主义的生活 / 地球价值分析的解决环境难题或保护环境公共物品的创造性政策工具。因此，生态资本主义通常被视为建设性的、非意识形态化的现实政治战略：既存的经济政治权力结构及其支持系统和正在形成的关于生态系统价值共识之间的妥协，与主张激进的经济、社会与文化结构变革的“红绿”和“深绿”政治相对立。因此，生态资本主义可概括为：在现代民主政治体制与市场经济机制共同组成的资本主义制度架构下，以经济技术革新为主要手段应对生态环境问题的渐进性解决思路与实践。（徐越）

生态资源补偿费

Compensation for Ecological Resources

指向给生态资源直接造成影响的组织和个人收费。是运用经济手段调节经济发展与环境保护关系的手段，体现环境资源的价值。对生态资源的破坏包括两方面：人们的经济活动对环境资源产生无意识的破坏，有意识的开发某种环境资源造成的资源减少。世界上很多国家在 20 世纪 50 年代已经开始征收生态资源补偿费，发布相应的法律制度。我国目前初步建立生态资源补偿费制度，但是还不完善，为发展生态文明建设，建立相应的规章制度势在必行。（代富宇）

生态资源占用

Occupancy of Ecological Resources

生态资源占用（生态足迹）是从消费角度度量人类对生态资源的占用。把这种占用归结到人类生存最根本资源生态生产性土地，以支持人类消费所需要的生态生产性土地的面积测度人类活动在生态资源占用账户的核算方法。生态生产性土地面积考虑 6 种类型：化石能源用地、可耕地、林地、草地、建筑用地和水域。生态资源占用核算是目前比较成熟的可持续发展的指标和度量方法之一。将一个地区的生态资源占用需求同该地区能提供的生态生产性土地面积（生态承载面积）进行比较，能判断一个地区的生态消费是否处于生态承载面积的范围内。如果一个经济体的生态资源占用需求保持在其拥有的生态承载面积之内，说明其生态系统的生态生产能力足以满足其物质消费的需要，出现生态盈余，其发展具有可持续性，生态盈余越大，可持续发展的潜力越大；否则，说明对资源的索取超出生态系统的承受能力，出现生态赤字，如果没有系统外的生态输入，生态系统的功能会逐步退化，发展就不具有可持续性。（参考：冯民等：《沈阳市可持续发展的生态资源占用核算与分析》,《东北大学学报》(自然科学版)2009年第2期第291 ~ 294页。朱配辰）

生态自然观

Ecological View of Nature

生态自然观是当代人针对现代生态危机进行反思的结果，是辩证唯物主义自然观的发展。生态自然观主张把人的角色从大地共同体的征服者改变成共同体的普通成员与公民，强调生态系统是由相互依赖的各部分组成的共同体，人是这个共同体的平等一员和公民，人类和大自然其他构成者在生态上是平等的。人类不仅要尊重生命共同体中的其他伙伴，而且要尊重共同体本身。任何一种行为，只有当它有助于保护生命共同体和谐、稳定和美丽时，才是正确的。人与自然之间要协调发展、共同进化。生态自然观是对马克思、恩格斯生态思想的继承与发展，在人类反思全球性生态危机的过程中总结现代生态科学的最新思想成果的基础上形成。以生态科学为基础的生态自然观是当代人类对生态危机进行反思和对生态科学进行概括与总结的结晶。系统科学、环境科学、生态学的发展为生态自然观提供现代科学基础。基本思想是：1. 生态系统是生命系统。生态系统是生物系统和环境系统共同组成的自然整体，是以生命的维持、生长、发育和演替为主要内容的活生生的系统。2. 生态系统具有显著的整体性。生态系统是各个相互关联的部分有机构成的生命之网，无论哪一个环节出现问题，都会对整个系统产生重大影响。生态系统的整体性表现在：1）生物与非生物之间构成有机的整体，离开非生物各种因素构成的环境，生物就不能生存，就无所谓生态系统。2）每一种生物物种都占据特定的生态位，各种生物之间以食物关系构成相互依赖的食物链或食物网，其中任何环节出现问题，会影响整个生命系统的生存。3. 生态系统是组织的开放系统。生物系统和环境系统的相互关联、相互作用，由外来能量（主要是太阳辐射能）的输入维持。外来能量的输入及其在系统内的流动、消耗、转化，形成生态系统复杂的反馈联系，使系统具有自我调控、保持平衡的能力。4. 生态系统是动态平衡系统。生态系统的动态过程由系统内的物质运动决定。系统内的物质和输入系统的能量从植物的光合作用开始循环和转化，植物通过光合作用由无机元素合成的有机物质，经草食动物、肉食动物一级一级地转移，组成食物链，物质和能量从一种生物传递到另一种生物，最后被微生物分解为简单的化合物和元素，再回到环境中。这种循环和转化构成生态系统不断发展和演化的动态过程。5. 生态平衡是稳定性与变化性相统一的平衡。维护生态平衡不只是保持其原来的稳定状态，不是单纯的消极适应和回归自然；而是遵循生态规律，自觉地积极保护自然。生态系统在人为的有益影响下，可以建立新的平衡，达到更合理的结构、更高的效能和更好的生态效益。总之，生态自然观是系统自然观在人类生态领域的具体体现，是辩证唯物主义自然观的现代形式。马克思、恩格斯的生态思想是生态自然观的理论来源，当代全球性生态危机是生态自然观确立的现实根源和科学基础。（参考：肖玲：《从人工自然观到生态自然观》，《南京社会科学》1997年第12期第20 ~ 24页。朱配辰　牟世晶）

生态自由

Ecological Freedom

人总是与自然之间存在着相互影响、相互制约的关系，人类只有与自然界保持和谐、稳定与平衡的状态，才能赢得自己的存在和自由。破坏了这一和谐平衡的状态，人类必然遭到自然界的报复，使已有的自由受到威胁，甚至丧失自由。由此可以确定人在自然面前的真正自由，应该是人与自然在物质变换的基础上相互联系、相互作用与相互制约而达成和谐、平衡与稳定的状态，实现人与自然生态整体相统一而生成的自由，这种自由就是生态自由。生态自由具有以下特征，生态自由是和谐的，生态自由是整体的，生态自由是平衡的。自由与生态的结合是自由的一场革命，因为这需要原子式的机械思维转向整体的生态思维，不只为了人的丰富性与自由地存在，同时也使自然存在物多样性与自在存在。生态自由是在征服自然的自由之后，人在自然面前的自由的新形态；生态自由是对征服自然的自由的限制与修正。（参考：黄翠新：《论生态自由》，南京师范大学2013年博士学位论文第135页。牟世晶）

生态自治主义

Eco-communalism

西方生态政治学20世纪80年代后在与各种生态政治流派的交流与对话中形成的理论派别。建立在对自然价值的重新理解即生态中心主义观点基础之上，基本理论支点是对环境问题的独特理解和绿色内涵的特殊认知，特别是生态中心主义哲学观的逐步确立，力图将哲学上的生态中心主义拓展成社会政治观上的地方自治主义，认为由此导致对传统的主流政治学的超越。生态自治主义认为，造成生态问题原因，不是由某一种社会生产关系的性质或缺陷造成的，而是源于人类历史发展过程中逐渐形成的一种统治型的社会结构与文化意识，主张依靠示范性的生态社区和个人生活风格的改变，逐步超越而不是急剧消除现存国家为代表的社会政治制度，从而建立以生态原则和地方自治为基础的、超越现代民族国家的人与自然和谐一致的后现代社会，即合乎自然的、分散型的、直接民主的、合作和谐的绿色社会。生态自治主义扩充了对非人自然价值及权利的认识，认为所有具有自我更新性质的生命存在以及它与周围环境结成的不同层次维度上的生态系统，都有其内在的价值，都应受到与人类平等的价值考虑。理论来源于资源保护、人类福利生态学、保存主义、动物解放理论等。生态中心主义价值观是由自我更新存在内在价值理论、超越个体生态学、生态女性主义等共同确立的。政治观点主要由生态寺院主义和生物区域主义等确立，二者也是当代生态自治主义政治学流派中的两个主要代表。（徐越）

生态宗教

Eco-religion

生态学与宗教学结合的交叉性研究领域和概念。它把生态学研究应用于宗教领域，把宗教与自然环境的关系纳入生态学研究，通过对宗教的自然观、宗教起源、圣地、寺庙、宗教节日等方面的内容进行研究，从而透显出宗教的生态内涵与宗教对生态环境的崇尚以及和谐相处的天然本性。宗教通常都极力维护人和所处自然环境之间的稳定平衡关系，主张保持人与自然的和谐关系。同时，宗教多认为自然环境与人类生存有内在关联，自然在人类的生存发展史上起着重大的、甚至决定性作用，具体表现在自然同神与人的关系认知和判定上，不同宗教的不同自然观都不约而同地体现出生态保护的倾向。（雷爱民）

生态走廊计划

Eco-corridor Planning

2010年北京启动建设永定河绿色生态走廊计划，整个工程预计总投资170亿元，让断流30余年的永定河全线恢复水域生态，建造纵贯南北的绿色生态走廊。生态廊道具有保护生物多样性、过滤污染物、防止水土流失、防风固沙、调控洪水等多种功能。建立生态廊道是景观生态规划的重要方法，是解决当前人类剧烈活动造成的景观破碎化以及随之而来的众多环境问题的重要措施。按照《永定河绿色生态走廊建设规划》，永定河将被建成长170千米、面积1500平方千米的生态走廊，新增水面1000公顷，绿化面积9000公顷，彻底消除扬沙扬尘，每年回补地下水1亿立方米。永定河生态走廊将建6个湖泊，其间用溪流串联，自上而下形成溪流—湖泊—湿地连通的河流生态系统。为让水流循环，修建循环工程，每天把流下去的水调到上面再流下来。（张惠娜）

生态足迹

Ecological Footprint

又称生态脚印、生态基区、生态空间占用。指在现有技术条件下，按空间面积计算的一个特定地区的经济和人口的物质、能源消费和废弃物处理所要求的土地和自然资本的数量。由加拿大大不列颠哥伦比亚大学规划资源生态学教授里斯（Willian E.Rees）和他的同事瓦克纳格尔（Mathis Wackernagel）在1996年提出和完善。人类的衣食住行等生活和生产活动都需要消耗地球上的资源，产生大量废物。生态足迹是用土地和水域的面积估算人类为维持自身生存而利用自然资源的量，从而评估人类对地球生态系统和环境的影响。它显示在现有技术条件下，指定的人口单位内（一个人、一个城市、一个国家或全人类）需要多少具备生物生产力的土地和水域生产所需资源和吸纳衍生废物。从生态需求说，指一个人或一群人所需要的物质消费和服务消费及吸纳这些消费所产生废弃物所需要的生物生产性土地的面积。生态足迹的计算，靠支持任何经济或经济亚型所需要的原材料和能源的总量计算出来，然后将需求总量换算成必须从陆地和水域生产的标准量度。如：粮食消费量可以转换为生产这些粮食所需的耕地面积，排放的二氧化碳总量可以转换成吸收这些二氧化碳所需的森林、草地或农田的面积。转换值越高，表明生态足迹越大。生态足迹提供衡量区域可持续发展状况的方法，与给定人口区域的生态承载力比较，衡量区域的可持续发展状况。如果生态足迹超过生态承受力，发展是不可持续的。生态足迹的计算方式可以明确标志某个国家或地区使用多少自然资源。它的应用意义是：通过生态足迹需求与自然生态系统的承载力（亦称生态足迹供给）进行比较即可以定量判断某一国家或地区目前可持续发展的状态，以便对未来人类生存和社会经济发展做出科学规划和建议。生态足迹的意义不在于强调人类对自然的破坏有多严重，而是探讨人类持续依赖自然以及要怎么做才能保障地球的承受力，不仅可以用来评估目前人类活动的永续性，在建立共识及协助决策上也有积极作用。生态足迹将每个人消耗的资源折合成为全球统一的、具有生产力的地域面积，通过计算区域生态足迹总供给与总需求之间的差值生态赤字或生态盈余，准确反映不同区域对于全球生态环境现状的贡献。生态足迹既能够反映出个人或地区的资源消耗强度，又能够反映出区域的资源供给能力和资源消耗总量，揭示人类生存持续的生态阈值。它通过相同的单位比较人类的需求和自然界的供给，使可持续发展的衡量真正具有区域可比性。使用生态足迹的计算方式得出人均生态足迹数量值，并对比全球生态承载能力，结果显示人类的生态足迹已远超全球生态承载能力，人类的消费能力已经超过了自然系统的再生能力，全球的自然资源正在被耗尽。为让各个国家在占用多少自然资源上有账可查，2004年世界自然基金会（WWF）的《2004地球生态报告》使用生态足迹这一指标。报告中明确指出：如果生态足迹超过生态承载能力就是不可持续的。为实现全球的可持续发展，每个人都有义务和责任减少自然资源的消费，减小自身的生态足迹。（参考：张志强、徐中民、程国栋：《生态足迹的概念及计算模型》，《生态经济》2000年第1期第8～10页。朱配辰　徐越　牟世晶　代富宇）

生物安全

Bio-Safety

泛指生物技术从研究、设计、开发、生产以及实际应用的整个过程可能产生的安全性问题。广义的生物安全包括人类自身的健康安全、对人类健康安全产生极大影响的农业生物安全以及生物多样性安全，即环境生物安全3方面内容；狭义的生物安全指通过人类的科学实验以及其他人为操作改变生物体内在功能和结构，从而可能对人类自身产生潜在或者现实危害的安全风险，主要指转基因技术和外来物种入侵引发的安全问题。现代生物技术产业发展迅猛，相应的生物安全问题在内容和形式上呈现不同以往的一系列新特征。为防止生物技术研发与应用可能造成的潜在危害，生物安全相关法律较其他类型法律更加严苛，限制措施更加严密，因此在一定程度上妨碍生物技术的发展。此外，不同国家之间的生物技术发展并不均衡，发达国家在技术上占据领先优势，它们往往将具有更高风险的生物技术及其产品转移至生物技术相对落后的国家，从而产生一系列复杂的社会问题。生物技术研发和生物技术研发带来的风险目前为止还不能被完全分离，在享受由生物技术带来的经济、社会等效益的同时，如何将其潜在的危害降至最低是每个发展生物技术的国家需要面对和解决的问题，因此从根本上说生物安全属于全球性问题。（参考：聂呈荣等：《GMO生物安全评价研究进展》，《生态学杂志》2003年第2期第43页；胡隐昌等：《生物安全及其评价》，《华中农业大学学报》（社会科学版）2005年第1期第29～35页。欧阳文川）

生物安全评价

Biosafety Assessment

是生态系统安全评价的重要组成部分。生态系统安全评价的主要构成内容为生态风险评价与生态健康评价，生物安全即生态健康评价的核心要素之一。生物安全泛指生物技术从研究、设计、开发、生产以及实际应用的整个过程可能产生的安全性问题。广义的生物安全包括人类自身的健康安全、对人类健康安全产生极大影响的农业生物安全以及生物多样性安全，即环境生物安全三方面内容；狭义的生物安全主要指转基因技术和外来物种入侵引发的安全问题。目前生物安全评价主要集中于对狭义层面生物安全的评价。转基因生物安全评价的主要目的在于从技术上分析生物技术以及产品的潜在风险和现实危害，确定相应安全级别，从而制定防范措施最大可能消除对人体健康和生态环境可能产生的负面影响。因此，转基因生物安全评价有助于职能部门科学决策和管理，即达到抵消生物技术带来的风险，同时也促进生物技术能够在监督和管理下有序发展。生物入侵安全性评价的目的在于防止外来物种的引入对本地生态系统、人类健康以及社会经济等方面产生负面影响，因此评价指标体系也根据生态系统、人体健康、社会经济等方面建立，但目前为止评价方法尚未完全成熟，一般采用综合指数法、景观生态学方法、层次分析法。（参考：聂呈荣等：《GMO生物安全评价研究进展》，《生态学杂志》2003年第2期第43页；胡隐昌等：《生物安全及其评价》，《华中农业大学学报（社会科学版）》2005年第1期第29～35页。欧阳文川）

《生物安全议定书》

Katana Hector Biosafety Protocol

又称《卡塔赫纳生物安全议定书》，依据《生物多样性公约》相关条款制定的联合国法律文件。《生物多样性公约》的起草与谈判开始于1988年，1992年6月里约联合国环境与发展大会通过，自1993年12月29日生效。这是控制和管理生物技术改性活生物体越境转移的国际法律文件。制定目的是依循《里约宣言》原则15订立的预先防范办法，协助确保在安全转移、处理和使用凭借现代生物技术获得的、可能对生物多样性的保护和可持续使用产生不利影响的改性活生物体领域内采取充分的保护措施，同时顾及对人类健康构成的风险，特别侧重越境转移问题。该议定书共有40个条款与3个附件，为各国管理转基因生物制定最低的标准，缔约国必须履行其中的基本内容。该议定书的制定与通过，是国际社会对转基因生物带来的健康及环境风险关注的体现。见**《卡塔**

赫纳生物安全议定书》。（申森）

生物避难所

Biological Refuge

指在气候变化时期供生物群得以生存的栖息地。最早用来特指第四纪冰期时众多生物由于冰期避难所的保护得以存续，在冰期结束后逐步扩展其生存范围；后来被用来研究非冰期时期生物的最小适宜生存范围。全球具有代表性的生物避难所有：北美洲冰期生物避难所包括白令地区、北极高纬地区、阿巴拉契亚山脉南部和落基山脉南部等冰原周围地区；欧洲冰期生物避难所包括欧洲南部的3个半岛即伊比利亚半岛、意大利半岛和巴尔干半岛以及俄罗斯的高加索地区，是欧洲陆生动植物在更新世冰期十分重要的避难地点。有学者认为南极洲有可能成为地球动植物最后的避难所。生物避难所不仅增强生物群数百万年来在气候变化情况下的生存能力，而且当前全球气候变化加剧，生物避难所的识别及研究对于人类及其他物种的生存都具有重大意义。（**韩铮**）

生物操纵

Biomanipulation

生物操纵即通过对水生生物群及其栖息地的一系列调节，以增强其中的某些相互作用，促使浮游植物生物量下降。这一概念是Shapiro等人于1975年提出的。由于人们普遍注重位于较高营养级的鱼类对水生生态系统结构与功能的影响，生物操纵的对象主要集中于鱼类，特别是浮游生物食性的鱼类，即通过去除食浮游生物者或添加食鱼动物降低浮游生物食性鱼的数量，使浮游动物的生物量增加和体型增大，从而提高浮游动物对浮游植物的摄食效率，降低浮游植物的数量。经典的生物操作法，是通过改变捕食者（鱼类）的种类组成或多度操纵植食性的浮游动物群落的结构，促进滤食效率高的植食性大型浮游动物，特别是枝角类种群的发展，进而降低藻类生物量，可提高水的透明度，改善水质。具体方法：1. 投放鱼食性鱼类间接控藻，通常是通过放养食鱼性鱼类控制浮游动物食性鱼类，通过改变浮游动物食性鱼类的种类组成，操纵藻食性的浮游动物群落的结构，借此发展壮大滤食效率高的藻食性大型浮游动物（特别是枝角类）种群，通过浮游动物种群的壮大遏制浮游植物的发展，从而降低藻类生物量，提高水的透明度，最后达到改善水质的目的。另外，底层鱼类的活动有促进底泥中氮、磷向水体释放的作用，因此对其也应限制。2. 人工去除浮游动物食性鱼类以间接控藻。这种类型的生物操纵技术是先用网具捕捞、化学方法（如鱼藤酮毒杀）去除、电捕、放干水体清除等方法将水体中的鱼类全部去除掉，然后再重新投放以鱼食性为主的鱼类。以此来促进大型浮游动物和底栖无脊椎动物（可摄食底栖、附生和浮游藻类）的发展，从而降低水体藻类的生物量。这种生物操纵的结果是重构水体生态系统和生物组成，使之朝着人们期望的生态系统自净功能强化的方向发展。经典的生物操纵方法主要运用于小型的、封闭的且浮游植物群落不是由水华蓝藻而是由绿球藻、小型硅藻和包括隐藻在内的鞭毛藻等组成的浅水水体。非经典性的生物操纵是利用食浮游植物的鱼类和软体动物直接控制藻类。治理湖泊富营养化具体方法为：1. 利用浮游植物食性鱼类（如鲢、鳙）控制富营养化和藻类水华现象。首先应控制水体中的捕食鲢、鳙鱼种的凶猛性鱼类，以确保鲢、鳙的放养成活率。其次，鲢、鳙所摄食消化利用的浮游植物生物量需高于浮游植物的增殖速率。每个水体都需寻找一个合适的能有效控制藻类水华的鲢、鳙生物量的临界阈值，鲢、鳙对藻类的摄食利用率与藻类的种类组成和生理状况、其他可利用食物（如浮游动物）的相对丰度、水温等有密切关系，而藻类的增殖速率与光照、水温及水体的营养水平等有密切关系。2. 利用大型软体动物滤食作用控制藻类和其他悬浮物。螺、蚌、贝类能起很好的生物净化作用，有试验表明河流中的螺类对藻类有明显抑制作用，一个壳长10厘米的河蚌，在20℃时，每天可过滤60升水，过滤并吞食的浮游植物和悬浮物经过吸收代谢作用，分解为无害物，并使水澄清。牡蛎能够抑制藻类的生长，促进海草的生长，并使海水中氮通过反硝化作用减少而使海水变清。（参考：刘晶：《生物操纵理论与技术在富氧化湖泊治理中的应用》，《生态科学》2005 年第 2 期第 188 ~ 192 页；刘春光等：《富营养化湖泊治理中的生物操纵理论》，《农业环境科学学报》2004 年第 1 期第 198 ~ 201 页。朱配辰）

生物柴油

Biodiesel

生物柴油是指各种动、植物油脂加定量醇（甲醇或乙醇），在催化剂作用下生成的一种接近柴油的酯化燃料。油脂是多种甘油油酯的混合物，因油种而异，生成的生物柴油成分也随之变化。一般植物油的主要成分为甘油三酸酯，加醇，在催化剂（NaOH、KOH 或 K2CO3）作用下，生成甲（乙）酯（即生物柴油）、甘油和其他副产品。与柴油的性能相比较，生物柴油的雾化性能好，着火温度低，重馏分少，因而燃烧迅速充分，不易凝固，不易氧化，有较好的存放性，且热值高，较适合作为柴油的代用燃料。生物柴油可直接用于柴油机上，也可和柴油掺和使用。直接使用时，除功率略降低外，还存在润滑油黏度降低和在润滑油滤芯及某些零件上覆有一层黑色黏糊聚合物等问题。植物油品种虽多，但多属食用油，难以作代用燃料。为获取更多的生物柴油，须研究开发利用农业废弃物以及能迅速生长适应于当地土壤的野生油种。已发现几种大戟属植物，其种子和茎叶挤出的乳状汁液，经提炼可得液体燃料，性能接近于柴油。可用于生产生物柴油的原料油种类繁多，包括：植物油（草本植物油、木本植物油、水生植物油）、动物油（猪油、牛油、羊油、鱼油等）和工业、餐饮废油（动植物油或脂肪酸）等。其中，废油脂是最经济的生物柴油原料。从餐饮业回收来的废油脂，主要是动植物油脂的混合物，根据我国食用油消耗量估算，每年有 100 万吨左右。回收的废油脂作为生物柴油原料有环保、卫生及食品安全等诸多方面的意义。目前应用的是第二代生物柴油，即以动植物油脂为原料，通过对原料的加氢脱氧和临氢异构得到与石化柴油非常类似的烷烃组分。第二代生物柴油的制备可直接利用石化柴油的生产工艺，与石化柴油相比，原料来源更丰富，原料中的硫含量更低，燃烧后对环境污染小并且油品具有较低的密度和运动粘度，较高的十六烷值，因此第二代生物柴油的研发受到广泛重视，目前已逐渐开始工业化推广，如芬兰 Neste 公司、美国 UOP 和意大利 ENI 公司、丹麦 Topsoe 公司、巴西 Petrobras 公司等已研发出成熟的动植物油催化加氢工艺。衡量生物柴油质量高低的指标包括：黏度、低温流动性、氧化安定性、材料兼容性等。生物柴油作为石化柴油的替代品，有较好的环保特性和可再生性，缺点是生物柴油的原料油回收和加工成本较高。（参考：朱建良、张冠杰：《国内外生物柴油研究生产现状及发展趋势》，《化工时刊》2004 年第 1 期第 23 ~ 27 页。朱配辰　石艳峰）

生物除臭剂

Biological Deodorant

即选用具有一定除臭功能的微生物进行组合，利用微生物的生理代谢作用降解恶臭物质，将恶臭成分氧化成无臭、无害的产物的生物制剂。又称为复合微生物吸附除臭剂。生物除臭剂主要针对的是饲养场禽畜排泄物腐败分解产生的恶臭气体，这类气体会给禽畜自身和饲养场内的工作人员以致周边的居民带来健康危害，如过高浓度的 H2S 和 NH3 会引起动物的鼻、眼和呼吸道的炎症。生物除臭剂的除臭过程是气体扩散和生化反应的综合过程，分为 3 个阶段：1. 恶臭气体成分与水接触，溶于水或黏附于水体表面；2. 溶于水的恶臭成分经微生物的吸附作用，被吸收进入细胞内；不溶于水的臭气分子先附着于微生物体表，通过微生物分泌细胞外酶分解为可溶性物质，再被吸收进入细胞内；3. 微生物利用恶臭成分进行代谢作用，进而消除臭味。生物除臭剂以其高效、环保、易操作的功能特性在禽畜饲养等行业具有广阔的发展空间和应用前景。（参考：邓奇风、高凤仙：《生物除臭剂在动物生产中的应用》，《饲料与畜牧》2015 年第 9 期第 38 ～ 41 页。朱雨晨）

生物地理群落

Biogeocoenosis

生物地理群落是地球表面由生物群落与环境所组成的一个功能单位，其中的大气、岩石、土壤、水分、植物、动物和微生物处于相互作用中，构成综合的统一整体，具有一定的功能、结构和自我调节能力，处于经常变化、发展和演替之中。由 B.H. 苏卡切夫于 1942 年提出，同英国学者坦斯利（A.G.Tansley）1935 年提出的生态系统（E-cosystem）概念基本一致。1965 年在丹麦哥本哈根召开的国际会议上，把生物地理群落和生态系统定为同义语。生物地理群落用简明公式概括为：生物地理群落＝生物群落＋生境。生物群落包括植物群落、动物群落和微生物群落。生境包括气候和土壤。生物圈是由多种多样生物地理群落型组成的。（参考：特罗勒、龚威平：《景观生态学与生物地理群落学——术语研究》，《地理译报》1988 年第 2 期第 20 ～ 24 页。朱配辰）

《生物地理学杂志》

Journal of Biogeography

创刊于 1974 年。主要发表关于空间、生态学的和历史性的生物地理学等方面的文章。针对自然的概念论述哲学与方法、生态系统分裂的含义、人类对自然的影响以及生物多样性的生态和经济意义，从理论到实践，从植物到动物，所有的自然界系统都是该期刊关注的话题。期刊的使命是通过生物地理学规律研究对学科发展起到传播作用、对社会做出贡献。月刊，ISSN：0305-0270。2014 年影响因子为 4.590。（席溢）

生物动力农业

Biodynamic Agriculture

又称生物动态农业。在生态农业的中利用各种作物的轮作与混作，伴随混合饲养牲畜与发展林下经济，以农产品低级加工至销售结合形成的自给自足、充分循环的农业生产体系。具体内容有：种植业与养殖业相结合，根据不同生境进行多样化种植和混合放牧；种植业采用免耕法，禾本科豆科作物实行间混作和轮作，少用化肥和农药；饲养业采用多种牲畜的混合放牧，充分发挥不同生态型和种间的互利作用；循环利用作物和畜禽的有机废物，制成各种生物制剂用以提高肥效。（朱雨晨）

生物多样性

Bio-diversity

生物多样性是生物和它们组成的系统总体的多样性和变异性。一般认为，生物多样性是所有生物种类、种内遗传变异和它们与环境形成的生态复合体以及与此有关的各种生态过程的总称。它包括物种多样性、遗传多样性和生态系统多样性 3 个层次。物种多样性指地球上生物有机体的多样化，是生物多样性的核心，指在一定区域内物种的丰富程度和物种分布的均匀程度。遗传多样性是地球上生物个体中所包含的遗传信息的变化，生物在长期演化过程中遗传物质的改变或突变是产生遗传多样性地根本原因。生态系统多样性是所有物种与周围环境所构成的自然综合体的丰富程度，包括生物群落多样化、生境多样化与生态过程的多样化。生物多样性既反映生物资源的丰富程度，也体现生物之间及生物与其环境之间相互关系的复杂性，是对自然界生态平衡基本规律简明的科学概括，是衡量生态发展符合客观规律与否的一个指标。生物多样性是生物资源的标志，也是现代生态学研究的热点之一。当前生物多样性正日益减少和退化，主要原因是地球上人口增加，人类生活水平不断提高，对自然资源的需求相应增加，过度开发超过自然界本身的承受能力，使生态平衡遭到破坏，许多生物的生存受到威胁。这一现象已引起许多科学家和政府的重视。生物多样性有很高的开发利用价值，合理开发能够给予人类长期利益，还有利于水体质量、土壤肥力，可以调节气候，维持濒危物种数量，保障生态系统的稳定性，是人类社会生存与发展的基础。1992 年 5 月 22 日在内罗毕通过《生物多样性公约》，希望以此来保护地球上的生物多样性。（参考：马克平：《试论生物多样性的概念》，《生物多样性》1993 年第 1 期第 20 ~ 22 页。朱配辰　任傲尘）

《生物多样性》

Biodiversity Science

1993 年创刊。本着“立足国内、面向国际”的原则，凭着其前瞻性的研究论文和读者至上的服务宗旨，成为反映中国生物多样性研究和发展水平的、国内生物学领域公认的高水平学术刊物，并具有一定的国际影响力。1999 年开始在中国科学院生物多样性委员会网站（www.brim.ac.cn）实现全文上网，是国内最早实取的期刊之一；2002 年建立自己独立的中、英文网站（www.biodiversity-science.net），可通过关键词、题目、作者、卷、期等多种条件检索，下载全文，并实现在线预出版。2005 年采用科技类杂志社稿件采编系统，稿件处理通过网络来实现，作者可以在网上实时查询审稿进程，既快捷高效，又增大稿件处理的透明度。主要报道领域：生物多样性起源、分布、演化及其机制，生物多样性与生态系统功能，保护遗传学，分子生态学，入侵生物学，保护行为学，转基因生物安全，重大建设项目生物多样性影响评估，野生动植物贸易及其对生物多样性的影响，生物多样性与全球气候变化。2016 年起改为月刊，ISSN：1005-0094。（席溢）

生物多样性保护

Biodiversity Conservation

生物多样性是指一定时间、一定区域内所有生物物种（包括动物、植物、微生物）及其遗传变异和生态系统复杂性的总称。它包括 4 个层次：物种多样性、基本多样性、生态系统多样性、景观生物多样性。生物多样性的保护方法有 4 种：1. 就地保护，主要是建立自然保护区，如：盐城丹顶鹤自然保护区、鸡公山自然保护区等；2. 迁地保护，将动植物迁移到动物园或者植物园；3. 开展生物多样性保护的科学研究，制定相关法律和政策；4. 开展生物多样性保护方面的宣传和教育，如：中国环保部宣传教育中心于 2015 年 4 月启动 2015 年大学生生物多样性保护海报宣传画网络征集大赛活动。2010 年 9 月国务院常务会议第 126 次会议审议通过《中国生物多样性保护战略与行动计划》。对中国生物多样性现状、生物多样性保护保护战略、生物多样性保护优先区域、生物多样性保护优先领域与行动、生物多样性保障措施、生物多样性保护优先项目等做出具体规定。（石艳峰）

生物多样性保护法律机制

Biodiversity Protection Legal Mechanism

目前国际上主要以 CBD 和 Trips 作为保护生物多样性的法律机制。CBD 侧重于保护作为生物信息载体的有形生物资源以及相关的传统知识（上游资源），因为生物进行长期演化和相关传统知识的历时积累性质，它们都需要进行保存和保护；Trips 则侧重于对无形的生物基因型资源，即包括为生物、动物、植物基因构成的信息资源的保存和保护。因此，生物性资源也具有双重性特征，即显性的有形生物和传统知识资源和无形的生物基因信息资源。这两种类型的生物资源不仅都具有公共物品的特性，而且在特定条件之下也具有专属私人物品的性质，因此都需要一定的法律机制，如 CBD 和 Trips 的产权保护。生物性资源的产权产生的具体过程形成了复杂的交易链条，从生物资源的采集到生物基因信息的收集，到通过科技研发获得的技术成果，再到将技术运用于产品研发直至最终将研发产品投入市场都已产权机制为维系纽带，相关方都可以在交易链条的各环节申请专利保护。CBD 和 Trips 两类法律保护机制在生物多样性交易链条中形成了相互补充的作用，因为仅仅保存生物多样性并不能抵制生物盗版，防止生物盗版对生物多样性的破坏，对生物基因信息进行法律保护，即 Trips 可以更好实现 CBD 的目标。（参考：张建邦：《生物多样性的法律保护机制研究——以 CBD 和 Trips 协议为中心》，中国政法大学 2004 年硕士学位论文第 8 ~ 20 页。欧阳文川）

生物多样性保护生态补偿机制

Mechanism for Compensation Biodiversity Protection

生物多样性是具有生态、经济和社会效益的生物资源，生态补偿机制指为保护、恢复、改善自然生态系统的生态服务价值而对保护和改善生态服务功能承担经济成本、代价的行为主体做出的资金、物质或者技术的补偿，或者对生态环境及其服务价值造成损害的行为主体产生的外部不经济性的补偿。因此，生物多样性生态补偿机制是以保存和维持生物多样性资源的社会服务价值为目的，以内化外部成本为原则，调整相关利益者保护生物多样性或者损害生物多样性产生的生态效益及其经济利益的分配关系。生物多样性是人类社会赖以存在和发展的基础，具有巨大的生态、经济和社会效益和生态服务价值。它不仅提供人类日常吃、穿、住、行等生活所需，而且对于保持土壤土质、调节气候等方面具有重要作用。但是伴随人类经济活动对生物性资源的不断侵蚀，生物资源的保存和保护以及生物多样性安全的问题成为生态保护中日益重要的环节。生物多养性保护生态补偿机制是其中重要的管理和保护方法之一。对生物多样保护的生态补偿机制是国家可持续发展战略的要求，是确保生态经济与安全的需要，实现高水平资源管理的有效途径。（参考：王福兴等：《生物多样性保护的生态补偿机制》，《经济地理》2008 年第 4 期第 667 ~ 669 页。欧阳文川）

《生物多样性公约》

Convention on Biological Diversity

保护地球生物资源的国际性公约，旨在保护濒临灭绝的动植物，最大限度对地球生物资源进行保护。于 1992 年 6 月 1 日在联合国环境规划署发起的政府间谈判委员会第 7 次会议通过，1993 年 12 月 29 日正式生效。公约规定，发展中国家在生物资源保护方面发生的费用由发达国家补充和补偿，主要以赠送或者技术转让的方式进行；签约国要为本国境内的植物和野生动物编目造册，制定保护濒危动植物的计划；通过建立金融机构，协助发展中国家实施清点和保护动植物计划；使用别国自然资源的国家，要将研究成果、盈利和技术分享给相应国家。此外，还规定政府在保护生物多样性方面的义务，必须发展国家生物多样性战略和行动计划，将此广泛融入国家环境和发展计划中。1992 年 6 月 11 日中国正式签署该公约，于 1993 年 1 月 5 日递交加入书，成为正式签约国之一。（石艳峰）

生物多样性减少议题

The Reduction of Biological Diversity Issue

全球性重大生态环境议题之一。生物多样性是生物学家经常使用代替物种多样性和物种丰富度以表达更明确含义的界定，指所有生态系中所有活生物体的变异性，包括从基因、个体、族群、物种、群集、生态系等从低级到高级层次的生命系统。联合国《生物多样性公约》指出，生物多样性“指所有来源的形形色色的生物体，这些来源包括陆地、海洋和其他水生生态系统及其所构成的生态综合体；它包括物种内部、物种之间和生态系统的多样性”。由于人类对生物多样性的重要性认识不够，过多重视人类社会的经济发展，对生物资源过度开发，侵占其他物种的生存空间。工业革命后，人类经济发展的加快导致对生物空间的侵占速度加快。加上严重的环境污染，生物多样性正以前所未有的速度在全球范围内减少。生物多样性的减少已经成为目前众多环境问题尤其是生态平衡问题中的严峻问题。1992 年 6 月 1 日，由联合国环境规划署发起的政府间谈判委员会第七次会议在内罗毕通过的《生物多样性公约》，是一项保护地球生物资源的国际性公约，以保护生物多样性、生物多样性组成成分的可持续利用以及以公平合理的方式共享遗传资源的商业利益和其他形式的利用。（申森）

生物多样性评价

Biodiversity Assessment

生物多样性是表达自然界多样性程度的概念，包含的内容广泛，不同学者有不同的解释，比较具有代表性的是将其理解为生命形式的多样性。在《生物多样性公约》中将生物多样性解释为：所有来源的活的生物体中的变异性，这些来源包括陆地、海洋和其他水生生态系统及其所构成的生态综合体；这包括物种内、物种间和生态系统的多样性。通常说，生物多样性的构成内容为遗传多样性、物种多样性以及生态系统多样性，近年有观点将景观多样性当作生物多样性的第 4 个层次。生物多样性评价是保护和管理生物多样性的基础工作和重要内容，2002 年《生物多样性公约》缔约方会议的重点内容之一是要求各国建立生物多样性评价指标体系，以防止生物多样性进一步减少。事实上，从 20 世纪 90 年代开始，对于生物多样性评价研究已经在国际上得到一定程度重视，1993 年 Reid 设计一套包括 20 多个评价标准的指标体系，为不同空间尺度建立合适的生物多样性评价框架。2004 年《生物多样性公约》缔约方第 7 次会议以及欧盟分别建立包含 8 个与 15 个评价指标的体系。2006 年英格兰第一次提出包含 8 个指标的评价体系，用以评价 2003 年以及 2006 年的生物多样性状况。2005 年欧洲环境局启动整合欧洲 2010 年生物多样性指标（SEBI2010）项目对不同空间尺度建立统一的生物多样性指标。我国生物多样评价开始 20 世纪 90 年代，尚未形成全国统一的评价体系。（参考：万本太：《生物多样性综合评价方法研究》，《生物多样性》2007 年第 1 期第 97 ~ 98 页；高东等：《生物多样性与生态系统稳定性研究进展》，《生态学杂志》2010 年第 12 期第 2508 ~ 2509 页。欧阳文川）

生物多样性调查教育法

Educational Methods for Biodiversity Survey

小组合作互动式环境教育方法。校园生物多样性调查小组的活动旨在帮助学生了解校园生物多样性的现状，通过活动过程加深对生物多样性的认识，培养同学们热爱自然的情感，锻炼学生合作能力、动手能力和探索精神。活动步骤大致分为：1. 将参加活动的全体同学分为两部分，分别进行校园动物多样性和植物多样性调查。每部分学生再分为若干小组。小组的人数以 5 ~ 8 人最为适宜，但是如果人员太多，也可 8 ~ 10 人一组。2. 进行小组讨论会，讨论内容围绕开展活动的过程中如何合作的问题以及活动结束后，如何展示本组的调查结果的问题开展。3. 调查活动在下次课开展，按预先安排由小组带领大家到主要目的地进行调查。过程需要完成的内容：活动时间、地点、参加人物、天气等；记录调查过程中所发现的物种，描述基本形态；采集标本以备查阅其所属种类和纲目。调查结束后，由老师根据同学们活动过程和调查结果做最后总结。（参考：马桂新：《环境教育学》第 266 页，北京：科学出版社，2007 年。王薛时）

生物多样性维护型生态功能区

Ecological Diversity Maintenance Type Ecological Function Area

依据《全国生态功能区划》，全国共有生物多样性保护生态功能三级区 34 个，面积 201.05 万平方千米，占全国国土面积的 20.94%。其中，对国家生态安全具有重要作用的生物多样性保护生态功能区，包括长白山山地、秦巴山地、浙闽赣交界山区、武陵山山地、南岭地区、海南岛中南部山地、桂西南石灰岩地区、西双版纳和藏东南山地热带雨林季雨林区、岷山—邛崃山、横断山区、北羌塘高寒荒漠草原区、伊犁—天山山地西段、三江平原湿地、松嫩平原湿地、辽河三角洲湿地、黄河三角洲湿地、苏北滩涂湿地、长江中下游湖泊湿地、东南沿海红树林等。类型区的主要生态问题包括：人口增加以及农业和城市扩张，交通、水电水利建设，过度放牧、生物资源过度开发，外来物种入侵等，导致森林、草原、湿地等自然栖息地遭到破坏，栖息地破碎化、岛屿化严重；生物多样性受到严重威胁，许多野生动植物物种濒临灭绝。类型区生态保护的主要方向为：加强自然保护区建设和管理，尤其自然保护区群的建设；不得改变自然保护区的土地用途，禁止在自然保护区内开发建设，实施重大工程对生物多样性影响的生态影响评价；禁止对野生动植物进行滥捕、乱采、乱猎；加强对外来物种入侵的控制，禁止在自然保护区引进外来物种；保护自然生态系统与重要物种栖息地，防止生态建设导致栖息环境的改变。（张沥元）

《生物多样性与分布》

Diversity and Distributions

是 *Journal of Biogeography* 和 *Global Ecology and Biogeography* 的姊妹刊。发表与生物多样性有关的各方面的综述和基础研究。接受解决各种问题的文章，范围从细菌到植物和动物，各种生态系统，包括实验系统。不接受纯粹的描述性文章。内容覆盖各个水平的生态学理解，从分子水平，到个体水平的研究，到生态系统、生物区系和全球水平。理论研究是最受欢迎的。使入侵生态学成为日益重要的领域。强调基础问题的贡献，如不同空间和时间尺度的多样性的决定因素、共存的生态；范围限制的动态、生物多样性和生态系统功能的元素之间的联系、物种和灭绝率的决定因素和“梯形”类群的概念。月刊，ISSN: 1366-9516（印刷版），ISSN: 1472-4642（电子版）。2014 年影响因子为 3.667。（席溢）

生物肥料

Bio-fertilizer

又称微生物肥料、菌肥、接种剂。利用微生物活体或其生命活动及其产物所制造具有肥料效应的制品，生物肥料是借微生物生命活动以提高土壤养分的有效性促进植物生长，其重要性在于能从难以利用的非再生资源中增补和活化土壤养分并融合到植物营养体系的组成中。按制品中微生物的种类，生物肥料可分为细菌肥料（根瘤菌肥料、固氮菌肥料等）、放线菌肥料（如抗生菌类）、真菌类肥料（如菌根真菌）和藻类肥料（固氮蓝藻等）。在细菌肥料中又可按单一菌种分为固氮菌类、磷细菌和钾细菌肥料，或者由几种微生物混合在一起形成复合型生物肥料。目前，微生物肥料在培肥地力，提高化肥利用率，抑制农作物对硝态氮、重金属、农药的吸收，净化和修复土壤，降低农作物病害发生，促进农作物秸秆和城市垃圾的腐熟利用，保护环境以及提高农作物产品品质和食品安全等方面已表现出不可替代的作用。（参考：高宝岩、隋华：《生物肥料的作用特性及应用前景浅析》，《天津农林科技》2000 年第 1 期第 27 ~ 28 页。朱雨晨）

生物浮岛技术

Technology of Biological Floating Island（BFI）

生物浮岛技术是按照自然界自身规律，运用无土栽培技术原理，采用现代农艺与生态工程措施综合集成的水面无土种植植物技术。以人工方式把高等水生植物或改良的陆生植物无土种植到富营养化水域水面上，通过植物根系的截留、吸收、吸附作用和物种竞争相克机理、水生动物的摄食以及栖息期间的微生物的降解等作用，削减水体中的氮、磷及有害物质，达到水质净化的目的，同时营造景观效果并产生一定的经济效益，因此生物浮岛技术是一种典型的营造良性营养循环链的水体生态修复技术。早期的生物浮岛技术大都采用单一的水生植物或多种水生植物组合来营造良好景观及为鸟类提供栖息场所，也称为人工浮岛。生物浮岛技术主要的关键技术包括植物遴选技术、浮床制作技术、作物的栽培技术、栽培残体的处理技术等。（参考：黄薇、张劲、桑连海：《生物浮岛技术的研发历程及在水体生态修复中的应用》，《长江科学院院报》2011 年第 10 期第 37 ~ 42 页。刘阳）

生物工程技术

Bioengineering Technology

生物工程技术是以生物学（特别是微生物学、遗传学、生物化学和细胞学）的理论和技术为基础，依靠微生物、动物、植物体作为反应器或对其进行基因修饰加以改造，再对其改造物进行加工以提供产品来为社会服务的技术。生物工程被誉为 21 世纪的朝阳产业，1978 年我国把生物工程作为国家科技发展 8 大重点之一，在“863”高科技发展计划中列为 7 个重点发展领域的首位。目前这类技术应用在基因工程、细胞工程、酶工程、发酵工程和生物反应器等 5 个方面，在这 5 个方面的技术成就已广泛地应用在农业、畜牧业、食品、医药、环境保护等诸多领域。（参考：刘昕、袁建平：《中国生物工程技术新进展》，《食品工业科技》2002 年第 5 期第 4 ~ 7 页。刘阳）

生物固氮

Biological Nitrogen Fixation

指固氮微生物将分子氮还原成氨的过程。这一过程可以补充植物的氮源。它是固氮微生物特有的生理功能，需在固氮酶的催化作用下进行。固氮微生物是个体微小的原核生物，根据其固氮特点以及它与植物之间的关系可分为自生固氮微生物、共生固氮微生物及联合固氮微生物。生物固氮的方程式：$\xrightarrow{\text{固氮酶}}$ $N_2 + e + H^+ + ATP\ NH_3 + ADP + Pi$。固氮酶是能将分子氮还原成氨的酶，由两种蛋白质，铁蛋白和钼铁蛋白组成，它们同时存在时固氮酶才具有固氮的作用。在自然生态系统中，生物固氮是植物利用氮的主要来源，在自然界氮循环中具有重要意义。生物固氮在农业生产中有诸多应用成果：1. 可以节约能源，降低生产成本，提高农作物产量，有利于环境保护和可持续发展；2. 对豆科作物进行根瘤菌拌种，特别是应用到新开垦的土地中对作物有积极影响；3. 用豆科植物做绿肥，增加土壤中的含氮量；4. 将圆褐固氮菌制成菌剂，施入土壤中，可提高农作物产量；5. 通过转基因技术，将固氮基因转移到非豆科植物中，促成固氮微生物在植物中的固氮作用。（任傲尘）

生物关系

Biological Relationship

生物群落中的各种生物之间的关系主要有 3 类：1. 营养关系。当一个种以另一个种，不论是活的还是它的死亡残体，或它们生命活动的产物为食时，就产生这种关系。又分直接营养关系和间接营养关系。采集花蜜的蜜蜂，吃动物粪便的粪虫，这些动物与作为它们食物的生物种的关系是直接的营养关系；当两个种为同样的食物而发生竞争时，它们之间就产生了间接的营养关系。因为这时一个种的活动会影响另一个种的取食。2. 成境关系。一个种的生命活动使另一个种的居住条件发生改变。植物在这方面起的作用特别大。林冠下的灌木、草类和地被以及所有动物栖居者都处于较均一的温度、较高的空气湿度和较微弱的光照等条件下。植物还以各种不同性质的分泌物（气体的和液体的）影响周围的其他生物。一个种还可以为另一个种提供住所，例如，动物的体内寄生或巢穴共栖现象，树木干枝上的附生植物等。3. 助布关系。助布关系指一个种参与另一个种的分布，在这方面动物起主要作用。它们可以携带植物的种子、孢子、花粉，帮助植物散布。营养关系和成境关系在生物群落中具有最大的意义，是生物群落存在的基础。正是这两种相互关系把不同种的生物聚集在一起，把它们结合成不同规模的相对稳定的群落。（牟世晶）

生物计划

International Biological Program

由国际科学联合会组织，有 70 多个国家参加的生态系统研究计划。20 世纪 60 年代初期到 20 世纪 70 年代中期开始执行。这一时期许多国家都组织以生态系统为研究对象的大型综合研究计划，如比利时的 Virelles 计划（Belgian Virelles Project）、英国的 Meathop 森林计划（The English Meathop Wood Project）、西德的 Solling 计划（The West-Germany Solling Project）、美国的生物群落研究（Biome Studies）计划及瑞典的针叶林计划（Swedish Coniferous Project）等。这些计划针对世界上生态系统的物质循环和生物生产力开展许多观测和实验工作，开始大量地建立模型，用系统分析手段进行生态系统功能过程的研究。这些计划虽由于设计思想和技术等方面的原因未能获得圆满成功，但仍对生态系统的研究起到非常重要的推动作用。正是以生物计划为代表的这些计划，将生态学的发展推向以生态系统研究为核心领域的新阶段。这一计划的不足之处是没有考虑人类的作用。（席溢）

生物监测

Biological Monitoring

指利用生物个体、种群或群落对环境污染或变化所产生的反应来阐明环境污染状况，从生物学角度为环境质量的监测和评价提供依据。环境系统十分复杂，生物监测只有与物理、化学监测结合起来，才能收到更好的效果。通过利用对于环境污染高敏感度的生物来帮助对于污染敏感度低的人类来对环境状况作出判断，生物监测在人类对于环境污染的监控方面具有积极意义。（朱雨晨）

生物降解

Biodegradability

指土壤、水体和废水处理系统中的需氧微生物对天然的和合成的有机物的破坏或矿化作用。生物降解有机化合物的难易程度取决于生物本身的特性，同时也与有机物结构特征相关。一般情况下，结构简单的有机物先降解，结构复杂的有机物后降解。有机物中，脂肪族和环状化合物较芳香化合物容易被生物降解，而不饱和脂肪族化合物（如丙烯基和羰基化合物）一般是可降解的，但有的不饱和脂肪族化合物（如苯代亚乙基化合物）有相对不溶性，生物降解程度会受到影响；有机化合物中分子量的大小对生物降解能力有重要的影响；具有被取代基团的有机化合物，其异构体的多样性可能影响生物的降解能力。（石艳峰）

生物接触氧化法

Biological Contact Oxidation Process

高效废水生物处理法，利用生物接触氧化池，在其内装填一定数量的填料，并供给充足的氧气，依靠吸附填料上的生物膜和氧气，通过生物氧化作用，将废水中的有机物氧化分解，以达到净化目的。生物接触氧化法是介于活性污泥法与生物滤池之间的生物膜法工艺，工艺特点表现在：1. 利用分段法提高净化能力。生化过程分为两个阶段，第一阶段是有机物被吸附在污泥上或在存在细胞内进行生物合成，速度较快，第二阶段主要以氧化为主，速度较慢；2. 通过增加接触膜层来提高沉淀池效率；3. 接触氧化工艺只需要0.5 到 1 小时，就可以达到活性污泥工艺进行 8 小时的效果。与其他生物膜法相比，其净化效率更高，处理时间更短，运行管理更为方便，不会有污泥膨胀问题，也不必进行污泥回流。本方法既可以用于处理工业废水，也可以用户处理养殖废水、生活污水等。（*石艳峰*）

生物利益

Biological Interest

指生物的生存或繁衍必须满足的那些物质和生态需要。生物利益属于关系范畴。它基于生物固有的价值和内在需要并保持在生态活动中。生态活动指在生物圈社会中一切生物维持生存和繁衍的活动。人类改造自然的社会活动也是生态活动。从事生态活动的个体或种类总是倾向于使自我利益达到最大值，但又总是受到群体或生物社会（结成整体与部分的关系）的限制甚至是强制。因此，生物利益是在生物共同体（或生物社会）中的利益，脱离生物共同体的利益是不存在的。这类似我们在人类社会生活中讲的个人利益与社会利益的关系，生物个体利益往往客观地服从群体利益。生物利益实质上是多层次利益整合的结果，表现为个体生物的生存物质需要的满足，如食物、隐蔽地、活动场所以及空气和水等方面的需要的满足；也表现为一定的生态特点的满足，如时空特点、资源特点和生命节律特点等的满足。生物利益是生物圈生物进化的漫长历史过程的产物，是以生物有机体内的遗传编码固定下来的生态活动程序。不同的种有不同的生物利益，各种利益的实现也有其各自特殊的方式。（参考：叶平：《生态哲学的内在逻辑：自然（界）权利的本质》，《哲学研究》2006 年第 1 期第 92 ~ 98 页。*牟世晶*）

生物滤池

Biological Filter

人工生物处理技术。以土壤净化原理为依据，以污水灌溉为实践基础，在原始的间歇砂滤池和接触滤池的基础上发展而来。滤池由碎石或塑料制品填料构成生物处理构筑物，通过污水与附着在填料表面上的微生物膜接触，达到净化污水的

目的。生物滤池具有诸多优势：1. 处理效果好，任何季节都适用，并能满足各地最严格的环保要求；2. 不会产生二次污染；3. 微生物可以依靠填料中的有机质生长，不需要另加营养剂，大大节约成本；4. 运行采用全自动控制，无须进行人工操作；5. 生物滤池池体是组装式，便于运输和安装；6. 生物滤池缓冲容量大，能够自动调节浓度高峰，确保微生物的正常工作，耐冲击负荷能力较强等。（*石艳峰*）

生物膜法处理技术

Biofilm Process Treatment Technology

生物膜法处理技术是与活性污泥法并列的一类废水好氧生物处理技术，是一种固定膜法，是生物净化过程的人工化和强化，主要去除废水中溶解性的和胶体状的有机污染物。生物膜由固定在附着生长载体上的并经常镶嵌在有机多聚物结构中的细胞组成，由高度密集的好氧菌、厌氧菌、兼性菌、真菌、原生动物以及藻类等组成的生态系统，其附着的固体介质称为滤料或载体，具有孔状结构，有很强的吸附性。生物膜技术实质上是微生物的固定化技术，主要利用附着生长于某些固体物表面的微生物（即生物膜）进行有机污水处理。利用天然材料（如卵石）、合成材料（如纤维）作为载体，在其表面形成特殊生物膜，将微生物固定在膜上，细胞与载体之间不发生任何化学反应，在其上生长繁殖，最后形成膜状的生

物污泥，有利于加强对污染物的降解作用。利用生物膜自净原理在河道内铺设卵石，进而改变水环境生态链结构的单一性。生物膜技术具有较高的处理效率，对于受有机物及氨氮轻度污染的水体有明显的效果。生物膜技术在日本、韩国等国家都有广泛的应有。（韩铮）

生物膜技术

Biofilm Technology

生物膜技术实质是微生物固定化技术，它是将微生物细胞固定在载体上，细胞与载体间不发生任何化学反应，并在其上生长繁殖，最后形成膜状生物污泥，污水同生物污泥接触后，溶解的有机污染物被微生物吸附转化为无害物质，使污水得到净化。生物膜是复杂的微生物系统，具有孔状结构，并有很强的吸附性能，构成生物膜的微生物主要有：细菌、真菌、藻类等。生物膜受生长时间和环境条件的影响，结构和组成处在不断地变化之中，表现出来的生物和物理特征也随之改变。实际应用中，生物膜法适合于高浓度的生活污水和有机工业废水的处理。（参考：张美兰、何圣兵、项颖颖等：《生物膜技术原位处理有机污染河道研究》，《净水技术》2009 年第 3 期第 32 ~ 35 页。刘阳）

生物能源

Bio-energy

从生物质中获取的可再生能源，包括热能、电能和燃料以及各种副产品，是唯一可再生的碳源。生物质包括木材、农作物、杂草、藻类、动物粪便、动物实体、废水中的有机物与垃圾中的有机成分等。生物质中的能量由绿色植物光合作用把太阳能转化为化学能后固定和储藏在生物体内而来，可转化成常规的固态、液态和气态燃料。生物能源可储藏、运输、资源丰富并鲜有二次污染。但因其种类繁多，有不同的生物学特性，成分差异较大，转化技术也有其复杂性。利用生物质生产生物燃料、化学品和合成材料可以同时达到替代石油资源和减少二氧化碳排放两个目的。从技术发展水平上看，目前最成熟的技术是从植物体中直接提取生物油类或将糖质和淀粉质原料转化为生物乙醇。生物柴油和生物乙醇是目前应用最泛的两种生物能源，也是目前国际公认的能在运输领域大规模替代汽油和柴油的可再生能源。迄今为止，以粮食为原料的第一代生物能源已在许多国家产业化生产。然而基于粮食安全，开发木质纤维素是当前国内外最需发展的第二代生物能源。（任傲尘）

生物平等主义

Biological Equilibrium Theory

生物平等主义是西方激进环境主义的基础理论。深层生态学是西方激进环境主义的重要流派之一，其典型特征是坚持生物平等主义，并将其作为两条最高准则之一。其创立者奈斯将自己的生物平等主义称为原则上的生物圈平等主义：整个星球、生态圈是一个统一体，每个生命存在物都有内在价值。每一种生命形式都拥有生存和发展的权利。在奈斯那里，每一物种、每一个体作为部分内在地与生态系统结成整体，它们都有内在价值。奈斯倡导的平等并不包含内在价值平均地分配给生态社会的每一个成员，更不是绝对的平等；而是在生态系统中，人类和非人类生物都有生存、繁衍和自我实现的平等权利。在奈斯的追随者德韦尔和塞欣斯那里，生态中心平等主义被解释为内在地要求把内在价值平均分配给每一个体或物种：生物圈中的万物都有平等的生存和繁衍权……生态圈中的所有生物和种群在内在价值上是相等的。可将其称为内在价值上的平等主义。利奥波德从生态共同体的角度倡导生物平等主义：土地包括土壤、植物、动物和人等，是一个共同体。人是这个共同体中平等的一员和普通的公民，应当承担起公民的责任。可将之称为共同体的生物平等主义。尽管上述生物平等主义各自的内涵不尽相同，但它们都面临共同的困境：理论上存在缺陷；实践上缺乏可操作性。（参考：柯进华：《过程深层生态学对生物平等主义的超越》，《自然辩证法研究》2015 年第 4 期第 53 ~ 57 页。牟世晶）

生物区域观

Bioregionalism

北美绿色运动思潮之一。指人对于其生活场所的地理空间和生活方式的观念意识。生物区域首次由皮特·伯格（Peter Berg）和雷蒙·达斯曼（Raymond Dasmann）在 1978 年圣佛朗西斯科地球圆桌会议上提出。他们主张通过一场（reinhabitation）重新定居运动寻找生活社区和生态自然的统一和协调。生物区域观强调人对自然生态价值的承认和尊重，具有明显的生态中心主义倾向。生物区域观扩展了人类对家或者社区的意识。一般来说，家或者社区指人类生活和发展的场所，主要构成只是非自然性的物质或者其他非物质要素，如住房、公园、娱乐、消费等。然而生物区域观中的家或者社区不仅包含人类生存的基本物质和非物质要素，还包括居主体的环境和自然要素，如动物、植物、水、土壤等，它形成人工—自然的大型生态系统。生物区域主义应与区域主义相区分。区域主义更加强调生活文化要素，如口音、饮食以及其他生活习惯等等。生物区域主义是单纯区域主义的拓展，它对居住环境的自然要素及其所起作用具有更加敏感的反应。区域主义更侧重于地理空间意义上的方位来源，生物区域主义更强调与生活场所的内在关系，如对其的责任和义务等。因此，对于生物区域主义而言，家不再只是纯粹的生活场所，而更是栖息居留之地，它代表着人与家之间的道德、责任关系。（参考：岳晓鹏：《基于生物区域观的国外生态村发展模式研究》，天津大学 2011 年博士学位论文第 6 页。欧阳文川）

生物区域主义

Bio-regionalism

生物区这一概念的大众化，始于 1978 年圣·弗兰西斯科地球圆桌会议上皮特·伯格（Peter Berg）和雷蒙·达斯曼（Raymond Dasmann）的发言。作为地理与文化心理的共同体，既是地理学概念，又是意识领域，即一个地区以及其中人们已形成的如何生活的观念。生物区域主义首先是在北美绿色运动中出现的观念，后来影响到欧洲的生态政治理论和绿色运动。它强调人类对自然界主动适应的重要性，强调非集中化、合乎人性规模的社区、文化的多样性、相互合作、社区责任感等生态政治的基础性理论观点，对于自然资源和环境的管理具有重要的指导作用。作为未来社会的政治模式，在实践与理论上都存在诸多困难。在实践中，生物区内生态系统与人类文化社区范围的不一致性、同一生物区内不同社区和不同生物区间的关系等都不易解决。在理论上，对人类本性合作性的假定，对非集中化、基层民主和合乎人性规模的肯定，都有必要做深入论证。（徐越）

生物圈保护区

Biosphere Reserve

是联合国教科文组织在人与生物圈计划（Man and the Biosphere Program）中提出的概念。指受到保护的陆地、海岸带或海洋生态系统的代表性区域。生物圈保护区被创立以用来展示和推广人与自然界和谐相处的地区。具体说，一个生物圈保护区必须具有一块被立法保护的核心地区，周边必须有缓冲区域，缓冲地区之外还须有过渡区域。通过良好的管理，生物圈保护区的生态系统和生物多样性必须得到良好的保护。除具有保护功能外，生物圈保护区更重要的是要具有促进资源可持续利用的发展功能和开展科学研究、监测、教育、培训、信息交流等后勤支持功能。另外，保护区还必须通过特殊的区域设计来发挥这些功能。若想成为生物圈保护区，某个地区必须在各国政府主管部门推荐下，由本国人与生物圈计划国家委员会提出申请，经人与生物圈国际协调理事会及联合国教科文组织总干事审议后，得到批准确认。全球各个生物圈保护区自动成为世界生

物圈保护区网络的成员，以达到国际合作与交流、信息和知识共享的目的。（席溢）

生物圈 2 号

Biosphere 2

生物圈 2 号是美国建于亚利桑那州图森市以北沙漠中的一座微型人工生态循环系统，因把地球本身称作生物圈 1 号而得此名。由美国前橄榄球运动员约翰·艾伦发起，与几家财团联手出资，委托空间生物圈风险投资公司承建，历时 8 年，耗资 1.5 亿美元。生物圈 2 号计划设计在密闭状态下进行生态与环境研究，帮助人类了解地球是如何运作，研究在仿真地球生态环境的条件下，人类是否适合生存的问题。为尽量贴近自然环境，圈中的土壤、草皮、海水、淡水均取自外界的不同地理区间，通过一定的人工处理再利用。实验用的海水是将运进来的海水和淡水按照适当比例配制而成的。（牟世晶）

生物权利

Biological Rights

生态伦理学中的生物权利主要是就生物物种而言，总的来说，生态伦理学倡导的是对生物即生命的敬畏、热爱、谨慎态度。生物权利的本质特征是它的自然性，其含义有：1. 指生物权利是自然意志的体现，它源于自然运行的法则，由自然力量支撑，任何违抗自然运行法则对生物权利的侵犯，最终会受到自然力量的打击报复。2. 指生物按生态规律的存在都是权利与义务的统一，这种统一是自然的统一。生物既具有由生态规律决定的权利，也具有由生态规律决定的义务。对于生物来说，没有权利就无所谓义务，没有义务就无所谓权利，剥夺权利也就没有义务，不尽义务便会失去权利。生物权利的提出，说明自然中的一切生物都可能成为权利的主体和客体，但由于生态伦理学对生物权利的张扬，目的在于对人类行为的引导与约束，故生态伦理学讲的生物权利客体主要指人，指人的行为。人的一切行为，无论是经济行为、政治行为、军事行为，还是日常消费行为都具有生态意义，我们应当强化其正生态意义，避免其负生态意义。（参考：刘湘溶：《生态伦理学的权利观》，《道德与文明》2005 年第 6 期第 11 ~ 14 页。牟世晶）

生物群落法

Biological Community Method

通过利用生物群落中生物之间的相互联系保护或恢复其生态环境的方法。生物群落指生存在一起并与一定的生存条件相适应的动植物的总体。群落生境是群落生物生活的空间，一个生态系统是群落和群落生境的系统性相互作用。群落的生物物种占据不同的小生境，相互之间有着不同的关系。（韩铮）

生物燃料

Biofuel

由生物质原料转化而来，包括生物气态燃料（如生物氢）、生物液态燃料（如生物柴油）、生物固体燃料（如薪柴）和生物质发电（如沼气发电）等。它涵盖以农林产品或其副产品、工业废弃物、生活垃圾等生物有机体及其新陈代谢排泄物为原料制取的燃料。与常用化石燃料相比，在能量密度方面稍逊色，在碳减排方面比化石燃料的贡献更大。根据原料与生产技术的不同，生物燃料可以分为第一代生物燃料和第二代生物燃料。第一代生物燃料的代表产品是生物乙醇和生物柴油。目前发展第一代生物燃料的工艺和技术基本成熟，但是原料成本高、对粮食的依赖是这项技术面临的两个重要问题。第二代生物燃料的代表产品是纤维素乙醇，它是由富含纤维素或半纤维素的生物质原料经过预处理、酶降解和糖化发酵、蒸馏、脱水等步骤制成。目前纤维素乙醇的生产成本较高。与第一代生物燃料相比，纤维素乙醇的原料来源更为广泛，但是加工工艺更为复杂，生产成本也更加高昂。（石艳峰）

生物燃料战略

Strategy for Biofuel

生物燃料（biofuel）泛指由生物质组成或萃取的固体、液体或气体燃料，具有良好的可贮藏性和可运输性，可提供可替代石油的液体燃料，是可再生能源开发利用的重要方向。狭义的生物燃料仅指液体生物燃料，主要包括燃料乙醇、生物柴油和航空生物燃料等。20 世纪 70 年代以来，受传统能源价格、环保和全球气候变化的影响，世界各国日益重视生物燃料的发展。尤其是巴西、美国、欧盟等积极发展生物燃料技术，目前，美国和巴西分别是世界第一、第二生物燃料生产国。许多国家和地区正改变成百万公顷土地的用途，专门种植棕榈、甘蔗和其他能够制造生物燃料的粮食作物，同时生物燃料也成为媒体的热门话题，但大规模制造生物燃料所带来的广泛的社会和环境问题却被抛在脑后。其中最大的担忧在于与粮争地，大规模改种生物燃料植物已经造成美国和墨西哥玉米价格上涨，并可能导致发展中国家粮食短缺，这使得生物燃料战略的发展始终存在争议。（韩铮）

生物入侵

Biological Invasion

指当外来物种进入不曾栖息的地区，能够存活、繁殖、形成野化群落，并进一步扩散，已经或将造成明显的环境和经济后果的过程。由于生物入侵是复杂的环境问题之一，涉及经济、环境、社会乃至政治层面的问题，所以一般采用多视角的分析方法对其概念进行定义。关于生物入侵的定义要满足以下要求：1. 不属于所考虑国家或生物地理区域原产的物种；2. 已在新的入侵区域归化且正在逐渐增加其丰度或分布越来越广；3. 在某种程度上已成为有害物种，或至少给人类的某些经济活动带来一定的负面影响或麻烦；4. 人类往往是这些物种最初的有意或无意引种的责任者。生物入侵的途径包括自然入侵和人为入侵，其中人为有意引进的途径包括植物种引入、动物种引入、休闲产业引入、生物控制引入、生态恢复引入和科学研究活动等。一般而言，一国主动引进加以培养、种植养殖，以便丰富国人餐桌或用于保护生态、美化环境等，不归类为生物入侵。不是本国主动引进，对本土农业、生态环境和人畜健康产生不利影响，才能称为生物入侵。外来入侵物种具有生态适应能力强，繁殖能力强，传播能力强等特点；被入侵生态系统具有足够的可利用资源，缺乏自然控制机制，人类进入的频率高等特点。中国已知的给农林业带来严重危害的外来入侵物种包括水葫芦、水花生、紫茎泽兰、大米草、薇甘菊等 8 种入侵植物和美国白蛾、松材线虫、马铃薯甲虫、牛蛙等 14 种害虫。（参考：鞠瑞亭、李慧、石正人等：《近十年中国生物入侵研究进展》，《生物多样性》2012 年第 5 期第 581 ~ 611 页。刘阳　史月田）

生物污染

Biological Pollution

指可导致人体疾病的各种生物污染物特别是寄生虫、细菌和病毒等引起的环境（大气、水、土壤）和食品的污染。生物污染按照物种可分为动物污染（主要为有害昆虫、寄生虫、水生动物等）、植物污染（杂草是最常见的污染物种，还有某些树种和海藻等）、微生物污染（包括细菌、病毒、真菌）。生物污染具有预测难、潜伏期长、破坏性大等特点。它有可能危害生物多样性、危害人类健康、危害社会生产和经济发展。（王晴晴）

生物修复

Bioremediation

又称生物治污或生物整治。利用微生物对污染环境进行治理的技术，即利用微生物的生物化学转化能力对土壤、水体中的环境污染物进行降解，使之成为无害的二氧化碳、水和无机物的过程。生物修复的优点：1. 成本低；2. 不破坏动、植物和人类赖以生存的土壤等自然环境；3. 处理成本低、效果好；4. 无两次污染；5. 可就地处理。1989 年美国首次应用生物修复技术成功处理阿拉斯加海滩埃克森瓦尔斯号巨型油轮溢油污染，标志着生物修复的研究开始成为环境科学的热点和前沿。主要的生物修复技术有：1.微生物修复技术。早期的微生物修复主要是利用微生物降解和转化环境中的有机污染物质。可以用于生物修复的微生物有细菌、真菌及原生动物3大类。由于这些微生物的遗传特性、生理功能及生长条件要求有很大的差别，生物修复的效率也大不相同。围绕微生物修复的研究主要包括高效降解菌的筛选、污染物微生物降解机制研究及提高修复效率等方面。高效降解菌的筛选：对污染物有较高的耐性；对环境的适应性较强；对污染物的降解效率高、专一性强；不影响环境中原有的生物多样性。微生物对污染物高效降解的机理是：共代谢、降解动力学。提高微生物修复效率的探讨主要有：表面活性剂的使用、外加营养盐。2.植物修复技术具有利用太阳能、安全、成本低、生态协调及环境美化功能等特点，常常也被称之为绿色修复。一般说来，利用植物修复污染环境必须具备：高效降解有机污染物、耐受或超富集重金属污染物的植物材料；获得最佳修复效果的理论知识及实际操作关键技术。广泛用于污染环境修复的植物有：苜蓿、香根草、白杨及湿地植物水葫芦等。生物修复技术主要应用：矿业废弃地的生态修复、垃圾填埋场的生物修复、污水及受污染湖泊的生物修复等。（参考：李飞宇：《土壤重金属污染的生物修复技术》，《环境科学与技术》2011年第S2期第148～151页；李继洲等：《污染水体的生物修复技术进展》，《环境污染治理技术与设备》2005年第1期第25～30页。朱配辰）

生物乙醇

Bioethanol

指通过微生物的发酵将各种生物质转化为燃料酒精，是液态生物燃料。它可以单独或与汽油混配制成乙醇汽油作为汽车燃料。制造生物乙醇的原料有：1.淀粉原料，制造生物乙醇的主要原料，约占各种生物原料的80%；2.糖类原料，如蜜糖、蔗糖、甜菜、甜高粱等；3.纤维质原料，如树枝、木屑、工厂纤维质下脚料等。据统计，2007年全球生物乙醇产量已达4500万吨，预计2020年前后将发展到2亿吨，相当于现在世界石油产量的5%。根据我国《可再生能源中长期发展规划》，我国非粮燃料生物乙醇产量在2010年将达200万吨，在2020年将达到1000万吨。目前，日本已经成功研发出新技术，可低成本、高产量地利用稻草生产生物乙醇。在美国、巴西等国生物乙醇已成为重要的清洁燃料，但目前生物乙醇基本上用玉米等粮食作物生产，常常会与粮食安全产生矛盾，不具有可持续性。（石艳峰）

生态制氢

Ecological hydrogen Production

生态制氢是对生理代谢过程中产生分子氢过程的统称，生物质通过气化和微生物催化脱氢方法制氢。生物制氢是持续从自然界中获得氢气的重要途径之一。生物制氢的相关种类：光解水、暗发酵、光发酵、暗发酵、发酵法；生物制氢已研类群：光合生物（绿藻、蓝细菌和厌氧光合细菌）、非光合生物（严格厌氧细菌、兼性厌氧细菌和好氧细菌）等。通过对国际权威的德文特世界专利创新索引数据库（DII）1996～2006年度收录的专利文献，共检索到生物制氢专利文献673篇；利用TDA软件分析，在生物制氢技术领域，前10名专利权人均为日本的研究机构或企业。专利量最多的专利权人日本独立行政法人产业技术所，其专利主要为有机物质厌氧发酵制氢或合成气、生物质热分解制氢、生物质超临界转化制氢等技术领域。（王晴晴）

生物制药

Biological Pharmaceuticals

指运用微生物学、生物学、医学、生物化学等的研究成果，从生物体、生物组织、细胞、体液等，综合利用微生物学、化学、生物化学、生物技术、药学等科学的原理和方法制造用于预防、治疗和诊断的制品。生物制药原料以天然的生物材料为主，包括微生物、动物、植物、海洋生物等。随着生物技术的发展，人工制得的生物原料成为当前生物制药原料的主要来源。如用免疫法制得的动物原料、改变基因结构制得的微生物或其他细胞原料等。生物药物的特点是药理活性高、毒副作用小，营养价值高。生物药物主要有蛋白质、核酸、糖类、脂类等。这些物质的组成单元为氨基酸、核苷酸、单糖、脂肪酸等，对人体不仅无害而且还是重要的营养物质。（王晴晴）

生物质

Biomass

是利用大气、水、土地等通过光合作用而产生的各种有机体，即一切有生命的可以生长的有机物质通称为生物质。它包括植物、动物和微生物。广义概念：生物质包括所有的植物、微生物以及以植物、微生物为食物的动物及其生产的废弃物。有代表性的生物质如农作物、农作物废弃物、木材、木材废弃物和动物粪便。狭义概念：生物质主要是指农林业生产过程中除粮食、果实以外的秸秆、树木等木质纤维素、农产品加工业下脚料、农林废弃物及畜牧业生产过程中的禽畜粪便和废弃物等物质。特点有可再生性、低污染性、广泛分布性；生物质技术研究种类繁多，分别具有不同特点和属性，利用技术复杂、多样，纵观国内外生物质利用技术，均是将其转换为固态、液态和气态燃料加以高效利用。生物质能是可再生能源的重要组成部分，生物质能的高效开发利用，对解决能源、生态环境问题将起到十分积极的作用。（王晴晴）

生物质发电

Biomass Power Generation

指利用生物质具有的生物质能进行发电，包括农林废弃物直接燃烧发电、农林废弃物气化发电、垃圾焚烧发电、垃圾填埋气发电、沼气发电，属于可再生能源，具有清洁、安全、节约等优点。生物质主要是指木材、农作物（秸秆、稻草、麦秆、豆秆、谷壳等）、杂草、藻类等，非植物类包括动物粪便、动物尸体、废水中的有机成分、垃圾中的有机成分等。生物质发电源于 20 世纪 70 年代丹麦积极研发清洁可再生能源，秸秆等生物质发电得到推行；1990 年之后欧美国家开始大力发展。目前我国生物质能发电技术包括生物质燃烧发电技术、气化发电技术、沼气发电技术和混合燃烧发电等；但目前该技术存在缺乏成熟核心技术和设备、秸秆燃料购储运组织困难、发电运营成本偏高等缺点。（参考：吴金卓、马琳、林文树：《生物质发电技术和经济性研究综述》，《森林工程》2012 年第 5 期第 102 ~ 106 页。王晴晴）

生物质能

Biomass Energy

以生物质为载体的能量形式。它直接或者间接来源于植物的光合作用，将太阳能以化学能的形式储存在生物质中。生物质是有生命的、可以生长的有机物质的统称。根据来源的不同，可以将适合于当作能源利用的生物质分为林业资源、农业资源、生活污水和工业有机废水、城市固体废物和畜禽粪便等。生物质能可以转化为气态、液态或固态的燃料，是低污染、可再生资源。人类对生物质能的利用途径主要有：1. 直接用作燃料，如：农作物的秸秆、薪柴等；2. 间接作为燃料：农林废弃物、动物粪便、垃圾及藻类在微生物作用下生成沼气，或采用热解法将其制造成液体、气体燃料，也可制造生物炭。（石艳峰）

生物质气化技术

Biomass Gasification Technology

指在高温条件下通过热化学反应将生物质转化为可燃性气体的过程。汽化剂涉及氧气（空气、富氧性气体或纯氧等）、水蒸气、氢气。气化过程会产生生物质炭、生物质提取液（活性有机物、焦油）等副产品。生物质气化技术可以将固体生物质转化为可燃气体，广泛应用于工农业生产中，例如集中供热、供气、发电等。根据气化炉的不同，生物质气化技术分为固定床气化和流化床气化技术。生物质气化过程涉及 4 大系统，包括进料系统、气化反应系统、气体净化系统和气体利用系统。（石艳峰）

生物质热解气化技术

Biomass Pyrolysis and Gasification Technology

是在一定的温度条件下，将高分子有机物分解转化为小分子、高质量能源燃料，实现能源利用的综合性技术。原理是在一定的热力学条件下，借助于部分空气（或氧气）、水蒸气的作用，使生物质的高聚物发生热解、氧化、还原、重整反应，热解伴生的焦油进一步热裂化或催化裂化为小分子碳氢化合物，获得含 CO、H_2 和 CH_4 的气体。生物质热解气化技术主要有固定床、流化床和直接干馏热解 3 种工艺形式，应用于生物质气化发电、生物质燃气区域供热、水泥厂供气与发电联产、生物质气化合成甲醇或二甲醚及生物质气化合成氨等领域。生物质资源本身是可再生资源，这一技术的主要产品生物质燃气具有清洁方便的特点。我国拥有丰富的农林生物资源，利用生物质热解气化技术开发、利用生物质能源对于能源结构的调整具有促进作用。（朱雨晨）

生物质炭

Biomass Charcoal

指在厌氧条件下对生物质进行热分解产生的含碳丰富的固体物质。生物质炭是一种含碳的聚合物，主要由单环和多环的芳香族化合物组成。这种结构特点决定生物质炭具有较高的化学和生物学稳定性，较强的抵抗微生物分解的能力，增强土壤的固碳作用，减少碳向大气的再释放。生物质炭含有大量植物所需的营养元素，可以促进土壤养分循环和植物生长。生物质炭呈碱性，施用生物质炭可以降低土壤酸度。生物质炭对农药等有机污染物和重金属等有较强的吸附能力，可用于污染土壤的修复。生物质高度的孔隙结构，可以增加土壤空隙度和保水能力，有利植物根系生长。（朱雨晨）

生物质液化技术

Biomass Liquefaction Technology

将低品位固体生物质完全转化成高品位液体燃料或者化学品的技术。高效利用生物质能的主要方式之一。根据机理的不同，液化技术可以分为热化学法、生化法、酯化法和化学合成法（即间接液化）。热化学法液化又分为快速热解技术和高压液化（直接液化）技术，它是生物质液化发展和研究的重点，是最具产业化前景的生物质技术。生化法液化技术也是生物质技术领域的热点。化学合成法液化技术并不适用于生物质液化，因为成本高、资源利用率低、全周期碳排放增加。影响生物质液化过程中能耗、效率、污染指数和经济性指标等的关键因素是生物质含水量的高低。选择何种液化方式要根据生物质的含水量进行。快速热解液化技术适用于低含水农林废弃物，高压液化和生化法液化技术适用于高含水生物质，酯化法液化技术适用于不可食用油脂。生物质液化技术适用于处理城市生活垃圾，一般需采用生物质气化技术。（石艳峰）

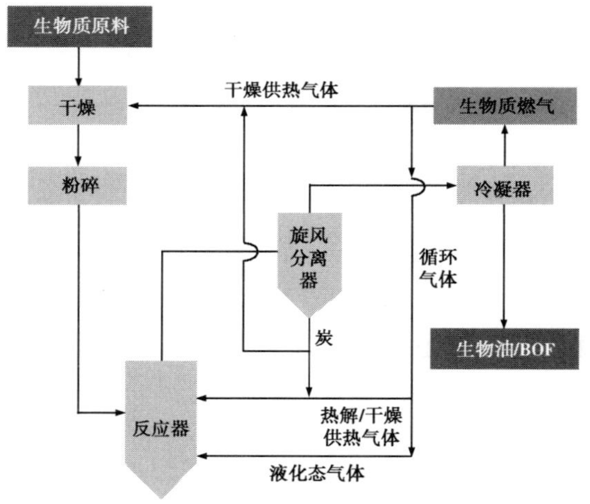

生物滞留池

Biological Detention Basin

利用植物、微生物和土壤的化学、生物及物理特性进行污染物移除，同时暂时储存雨水使其慢慢渗入周围土壤以削减地表洪峰流量的去污技术。生物滞流池不仅能控制洪峰流量，还可以通过对径流量及时间的调控模拟区域发展前的径流形态。生态滞留池一般由草地缓冲带、蓄水层、有机覆盖层、植物生长介质层、植被、排泄层、沙砾卵石层等7部分组成，其结构决定它在污染物移除方面具备的功效。根据美国生态环境保护署的研究，生物滞留池对重金属、悬浮物、有机物及细菌的移除可以达到90%以上，是非常有效的污染处理措施。（参考：殷瑞雪、孟莹莹、张书函等：《生物滞留池的产流规律模拟研究》，《水文》2015年第2期第28～32页。王晴晴）

生物中心的动物保护伦理学

Animal Protection Ethics of Biological Center

在关于保护动物的非人类中心主义思潮中，生物中心主义以其崇尚生命，建立人与其他生物平等和谐关系的主张而成为环境伦理学的重要学说。1923年法国思想家施韦兹（A.Schweizer 1875～1965）出版《文明的哲学：文化与伦理学》，提出敬畏和尊重所有生命，包括人的生命和一切生物生命的倡议。这成为生物中心主义伦理学产生的标志。之后，澳大利亚哲学家辛格（P.Singer）沿着英国伦理学家边沁（J.Bentham 1748～1832）及其学生密尔（J.S.Mill）关于动物幸福的观点，于20世纪70年代掀起一场动物解放的思想运动。美国哲学家雷根（T.Regan）继承康德的道义论传统，从动物权利方面为动物解放运动提供伦理学依据，这使生物中心主义动物保护的观念进入更深入的理论领域。保尔·泰勒（P.Taylor）1986年出版《尊重大自然》一书，以尊重大自然的态度、生物中心主义世界观和环境伦理的规范为轴心，对生物中心主义进行理论建构，提出较为全面的动物保护思想，使生物中心主义伦理学成为完整的理论体系。（参考：周宏：《动物生命意义的张扬——生物中心主义的动物保护伦理学》，《科学技术与辩证法》2002年第2期第10～14页。牟世晶）

生物中心主义

Biocentrism

属于非人类中心主义思潮的一个类别。20世纪70年代以前的环境伦理学著作具有浓重的人类中心主义倾向，人类中心主义是将人当作价值源泉，将人的道德当作评判善恶的标准，将人的认识当作衡量真理是否为真的标准的立场和观点。70年代后，生态环境问题日益严重，逐渐演变成威胁人类本身生存和生活质量的生态危机，一些学者在此背景下对人类中心主义的环境伦理学产生怀疑，发展出非人类中心主义的环境伦理学，生物中心主义是其中的一种主张。生物中心主义的理论基础是生态学的互利共生和物种间平等的原则，认为人以外的其他物种具有和人一样自然赋予的生命，生命不分贵贱高低，一律平等，因此动物、植物以及其他生物都有其内在价值，人应该承认并且尊重这种价值，敬畏一切生命。阿尔伯特·施魏策尔（Albert Schweitzer）是生物中心主义的代表人，其著作《文化和伦理》被认为是现代生物中心主义的开端。生物中心主义虽然打破传统人类中心主义的局限，但是它又走向另外一个极端，即以对生命，尤其是对个体生命的尊重和维护为根本道德准则，这与自然生态系统整体平衡思想是不符合的，究其原因，还是因为没有走出中心论的窠臼。（参考：高超：《生态学与生物中心主义》，河南大学2011年硕士学位论文第27～28页。欧阳文川）

生物资源

Biological Resources

指作为自然资源的有机组成部分之一。生物资源是生物圈中对人类具有一定经济价值的动物、植物、微生物有机体以及由它们所组成的生物群落。生物资源包括基因、物种以及生态系统3个层次，对人类具有现实和潜在价值，它们是地球上生物多样性的物质体现。生物资源包括动物资源、植物资源和微生物资源3大类，其中动物资源包括陆栖野生动物资源、内陆渔业资源、海洋动物资源。植物资源包括森林资源、草地资源、野生植物资源和海洋植物资源。微生物资源包括细菌资源、真菌资源等。从研究和利用角度，生物资源通常分为森林资源、草场资源、栽培作物资源、水产资源、驯化动物资源、野生动植物资源、遗传基因资源等。（史月田）

生育政策

Birth Policy

指由国家制定或在国家指导下制定的规范育龄夫妇生育行为（包括生育数量和质量）的准则。中国现行生育政策主要是，全面实施一对夫妇可生育两个孩子政策，积极开展应对人口老龄化行动。具体办法由省、自治区、直辖市人民代表大会或者其常务委员会根据当地的经济、文化发展水平和人口状况规定。党的十八大报告要求“坚持计划生育的基本国策，提高出生人口素质，逐步完善政策，促进人口长期均衡发展”。当前，生育率长期走低、人口老龄化日趋严重、城市化率不断上升、人口流动更加频繁，已经成为我国人口格局的新常态。人口是国力的根基，是经济和科技发展最宝贵的资源。因此，应对现实状况适时调整生育政策成为当前社会各界的共识。生育政策改革不仅是积极应对经济和人口新常态，保障经济健康增长、家庭安全稳定的基础，也是实现国家治理体系与治理能力现代化的重要举措。（牟世晶）

生育自由与生育控制

Reproductive Freedom and Birth Control

生育自由指人们自由地行使生育权。随着社会的发展，国际社会对生育权问题提出的新的观点，就是自由且负责任的行使生育权，强调夫妻和个人对子女、家庭和社会的责任，强调夫妻在行使生育权时，要考虑到将来子女的需要和对社会的责任。从这个意义上讲，公民享有生育的自由，但同时应当承担对家庭、子女和社会的责任。生育控制，即对生育率的控制。我国为缓减人口压力，使人口发展与经济发展相适应，以期增加育龄妇女受教育和就业机会、增进妇女健康、提高妇女地位、促进国民物质文化生活水平的提高，将按一定计划比例生育的政策作为基本国策，以国家法令的形式要求育龄妇女实行节育措施。2001 年 12 月 29 日颁布，2015 年 12 月 27 日修改的《中华人民共和国人口与计划生育法》，各省、市、自治区相继颁布地方配套法规。（牟世晶）

生之谓性

The Inborn Nature

中国古代战国时期思想家告子的人性论思想。告子的“生之谓性”以及孟子对告子的批评见《孟子》一书：“告子曰：‘生之谓性。’孟子曰：‘生之谓性也，犹白之谓白与？’曰：‘然。’‘白羽之白也，犹白雪之白；白雪之白，犹白玉之白与？’曰：‘然。’‘然则犬之性，犹牛之性，牛之性犹人之性与？’”告子与孟子关于人性的争论，以及孟子对告子的批评成为儒家人性论史上的重要事件。孟子坚持性善论原则，强调人禽之别，告子持生之谓性立场，认为“性”为万物与生俱来的，天生一样，“生之谓性”因而与“食色，性也”联系起来。孟子始终坚持人性本善立场，批评告子“生之谓性”的观点，后世历代儒者多继承孟子的性善论原则，批评告子“生之谓性”观点。（雷爱民）

省域绿色生态文明指数

Provincial Green Eco-civilization Index

省域生态文明指数指从生态活力、环境质量、社会发展和协调程度 4 个方面指标进行的综合考察。如果只考察统计省域生态文明评价指标体系内的生态活力、环境质量和协调程度指标，剔除社会发展指标，那么得出的结果就是省域绿色生态文明指数。（张沥元）

省域生态文明指数

Provincial Eco-civilization Index

指从生态活力、环境质量、社会发展和协调程度四个方面指标进行综合考察，选取23个具体指标定量分析和评价各省域的生态文明建设状况，通过数据计算得出的全国31个省、自治区、直辖市（不含港澳台）的年度性生态文明量化评价结果。省域生态文明指数，既采用多指标综合评价的方法，综合各方面的评价得分，从而反映各省的整体状况，便于指导生态文明建设各方面工作的开展；又采用相对评价法，对各省相关状况进行定量评价，根据各项具体指标原始数据的平均值和标准差划分出6个等级，按各省指标所属等级赋予其1至6分的等级分，加权求和计算出ECI得分。由于ECI是4个二级指标的得分之和，意味着ECI得分高不一定代表该省在4个方面表现都好。因此，各省生态文明建设评价不能只关注ECI的总得分。（张沥元）

《圣经》生态教义

Ecological Doctrine of the Bible

《圣经》中的生态教义呈现出双重形象，一方面因其人类中心主义倾向而被视为当代生态危机的思想根源，另一方面由于它包含丰富的生态资源而被认为对化解当前全球生态危机具有积极作用；《圣经》与生态保护及生态伦理学直接相关的是关于上帝创世的教义，基督教认为上帝创造一切万有，人与自然都是上帝创造的，在关于上帝与其被造物之间的关系，以及人与自然的关系上，生态神学多强调《圣经》中积极的生态伦理教义，认为上帝创造了万物，万物来源于上帝，因而万有都自带灵性，相互平等，和谐一体，在人与自然的关系上主张人是上帝指派的世界托管者，或者认为人是与万物共存的合作者，或者认为人是生态共同体中的一员，强调人类的寄居性，主张上帝造物的不断生成以及上帝救赎的一体同时性。（雷爱民）

盛德大业

Great Virtues and Magnificent Achievements

语出《周易·系辞上》："一阴一阳之谓道，继之者善也，成之者性也。仁者见之谓之仁，知者见之谓之知，百姓日用而不知，故君子之道鲜矣。显诸仁，藏诸用，鼓万物而不与圣人同忧，盛德大业至矣哉！富有之谓大业，日新之谓盛德，生生之谓易。"一阴一阳，变化流行，生生不息，盛德大业指阴阳变化，万物资生，新陈代谢，自然而然。一阴一阳之谓道，阴阳变化，万物资生，生而不有，为而不恃，日进无疆，是谓盛德大业。在天地阴阳之道的启示下，人类应该学习天地阴阳的造化之精神，日积月累，自强不息，公而无私，不断修德行善，从而涵盖天地人我，造就经久不衰之盛德大业。（雷爱民）

师法自然的建筑生态理念

Architecture Ecological Ideology by Learning from Nature

人类构筑建筑的一种思想与技术参照，这种建筑理念表达人类与自然和谐共生的建筑生态意识。从过往的乡土建筑、有机风格建筑，到当代的绿色生态建筑，人们都能目睹建筑模仿生态自然、融合自然的建筑景象。在刻意塑造生态文化意识的建筑环境中，借鉴象征生态绿色自然的树木与植物的形态意象，转化为充满创意的建筑构成元素的设计语言，成为一种最为贴切的生态艺术形式的表达。伴随着社会关注生态意识的提高，建筑综合技术的快速进步，以及建筑生态自然设计的思维扩展，当代建筑不仅在生态技术实现上远超过往，而且在生态自然表现上形式纷繁多样。生态象征寓意的建筑元素构成，不时被当代建筑师用来表达绿色生态自然关注的文化观念。（参考：陈华辉：《师法自然的建筑生态理念表达》，《华中建筑》2009年第10期第12～14页。王薛时）

《诗经》

The Book of Songs

中国最早的一部诗歌总集。收集和保存古代诗歌305首，其中6首有目无文，反映西周初期到春秋中叶的社会面貌。作者佚名，成书约在春秋时期。传为尹吉甫采集、孔子编订。按《风》《雅》《颂》三类编辑。《风》是周代各地的歌谣；《雅》是周人的正声雅乐，又分《小雅》和《大雅》；《颂》是周王庭和贵族宗庙祭祀的乐歌，又分为《周颂》《鲁颂》和《商颂》。内容丰富，反映劳动与爱情、战争与徭役、压迫与反抗、风俗与婚姻、祭祖与宴会、天象、地貌、动物、植物等，是周代社会生活的真实记录。先秦称为《诗》，或取其整数称《诗三百》《三百篇》。西汉时被尊为儒家经典，称为《诗经》并沿用至今。汉代传承有齐（申培）、鲁（毛亨）、韩（婴）、毛（苌）四家。东汉以后，齐、鲁、韩三家先后亡佚，仅存《毛诗外传》。毛诗盛行于东汉以后并流传至今。20世纪以来，考古发掘许多载有《诗经》文字的竹简、木牍、帛书。1977年，在安徽阜阳双古堆发掘出的汉代竹简本《诗经》是现存年代最早的古本。（王薛时）

《诗经》生态美学思想

Ecological Aesthetics Thoughts of the Book of Songs

《诗经》中含有非常丰富的生态美学思想，包括：尊重自然自身的和谐，协调人与自然的关系，协调人与自身的关系、人与人的关系、人与社会的关系、社会内部的关系、国与国的关系等。主要有：1. 自然本身的和谐。自然本身的和谐包括生物自身的和谐、生物之间的和谐、生物与环境的和谐。2. 人与自然万物的和谐。《诗经》认为人本身就是大自然孕育出来的，是自然之子。“天生蒸民”（大雅·蒸民），此处的天不是上帝主宰意义上的天，而是生生不息的大自然意义上的天。3. 人与社会的和谐。人与社会的和谐包括人自身的和谐、个人与他人的和谐、个人与社会的和谐、社会内部的和谐、国与国的和谐等。人与社会的和谐是生态和谐的极致，既建立在自然本身的和谐及人与自然万物和谐的基础之上，同时又为它们提供保障。（参考：罗美云：《论诗经的生态美学思想》，《北京林业大学学报》2010年第3期第42～47页。王薛时）

诗意的栖居

Poetic Dwelling

出自德国诗人荷尔德林“人充满劳绩，但还诗意地栖居在这片大地上”诗句。它被德国哲学家马丁·海德格尔诠释为，指以一种审美的人生态度居住在大地上的生活方式。人生活在地球上，应该依靠人的创造性实现自我的存在价值。在科技进步、物质丰足的时代，人们生活质量、存在境遇每况愈下，人们生活状态趋于异化。海德格尔将现代人这种生存境遇描述为“沉沦于世”“无家可归”，他认为生存乃是栖居，栖居是在存在的真理中栖居。海德格尔认为诗性之思有助于现代人生存空间的拓展和生存境界的提升，诗性语言使人们重新领悟到语言对于彰显出生存的自由超越性和存在真理的重要意义。“诗意地栖居”是海德格尔为现代人提供的自我救赎方式。他提醒人们，无论时空如何、悲苦境况如何，人们都应该以诗意的心境去构筑生活，安顿自我，从而使自己回归自然，实现天人合一，获得真正的幸福。海德格尔“诗意栖居”的思想对现代人生存具有启示意义。（雷爱民）

湿地保护

Wetland Protection

指采取人为措施对湿地的数量和质量进行保护和维持。湿地与森林、海洋并称地球上三大生态系统，它不但具有丰富的资源，还具有巨大的环境调节功能和生态效益，在抵御洪水、调节气候、涵养水源、降解污染物、应对气候变化、维护全球碳循环和保护生物多样性等方面，发挥着不可替代的重要性，被誉为地球之肾、物种宝库和储碳库，为人类提供生产、生活资源方面发挥重要作用，是保障国家生态安全和经济社会可持续发展的重要战略资源和稀缺资源。湿地保护的效益有以下三类：生态效益有维持生物多样性、调蓄洪水、降解污染物；经济效益有提供丰富的

动植物产品、提供水资源、提供矿物资源、能源和水运；社会效益有观光与旅游、教育与科研价值。（王晴晴）

湿地保护议题

Wetland Protection Issue

全球性重大生态环境议题之一。湿地指位于陆生生态系统和水生生态系统之间的过渡性地带，常年或季节性的土地面积中水较为饱和，在土壤浸泡在水中的特定环境下，生长湿地特征的水生植物，从而形成的特点鲜明的生态系统。国际湿地公约采用广义的湿地定义，指天然或人工、长久或暂时性的沼泽地、湿原、泥炭地或水域地带，带有或静止或流动，或为淡水、半咸水或咸水水体，包括低潮时水深不超过6米的水域。湿地对于维持生物多样性、调蓄洪水，防止自然灾害以及降解污染物具有重要的作用，还具有重要的经济效益，如提供水资源、矿物资源以及能源和水运。因而，湿地是地球生态环境的重要组成部分，与森林、海洋一起并称为全球三大生态系统。如今，湿地的生态作用得到越来越多的重视。（申森）

湿地公园

Wetland Park

指以湿地良好生态环境和多样化湿地景观资源为基础，以湿地的科普宣教、湿地功能利用、弘扬湿地文化等为主题，建有一定规模的旅游休闲设施，可供人们旅游观光、休闲娱乐的生态型主题公园。湿地公园是具有湿地保护与利用、科普教育、科学研究、生态观光、休闲娱乐等多种功能的社会公益性生态公园。（史月田）

《湿地公约》

Convention on Wetlands

1971年2月2日，来自18个国家的代表在伊朗南部海滨小城拉姆萨尔签署旨在保护和合理利用全球湿地的公约《关于特别是作为水禽栖息地的国际重要湿地公约》，简称《湿地公约》。《湿地公约》的宗旨是通过各成员国之间的合作加强对世界湿地资源的保护及合理利用，以实现生态系统的持续发展。目前，《湿地公约》已成为国际重要的自然保护公约之一。根据《湿地公约》的定义，湿地包括沼泽、泥炭地、湿草甸、湖泊、河流、滞蓄洪区、河口三角洲、滩涂、水库、池塘、水稻田以及低潮时水深浅于6米的海域地带等。湿地具有涵养水源、净化水质、调蓄洪水、控制土壤侵蚀、补充地下水、美化环境、调节气候、维持碳循环和保护海岸等极为重要的生态功能，是生物多样性的重要发源地之一，因此也被誉为地球之肾、天然水库和天然物种库。在《湿地公约》的有力推动下，湿地保护与合理利用已经成为我国政府在可持续发展总目标下的优先行动。（牟世晶）

湿地国际联盟

Wetlands International Union

指湿地国际保护联盟。致力于湿地保育和可持续公益投融资发展与管理的全球性非营利组织。湿地国际联盟在亚洲、非洲、美洲、欧洲和大洋洲设立5个区域性合作总部，WIU总部拟设在中国，亚太地区湿地联盟—中国湿地保育联盟（WAP）设在北京，开展区域性及地方湿地保护申请的受理。WIUN初步建立完善的湿地公益投融资伙伴关系网络，与多个国际组织及公益基地建立全球伙伴关系，与所有申报湿地保护需求地建立湿地保育联盟关系，与区域性公益组织、当地管理部门及相关利益群体建立价值联盟。湿地国际联盟以科学为基础，以开展湿地保护公益投融资服务为过程，以共建湿地生态系统与人类福祉为目标，将在多个国家湿地领域开展湿地公益投融资、环境保育、湿地生态系统规划等核心公益项目。（史月田）

湿地恢复

Wetland Restoration

通过生态技术或生态工程对退化或消失的湿

地进行修复或重建，再现干扰前的结构和功能。广义的湿地恢复泛指任何有利于湿地生态功能改善，使湿地生态系统服务功能得以提高的措施。湿地恢复的手段包括：1. 提高地下水位养护沼泽，改善水禽栖息地；2. 增加湖泊的深度和广度以扩大湖容，增加鱼的产量，增强调蓄功能；3. 迁移湖泊、河流中的富营养沉积物以及有毒物质以净化水质；4. 恢复泛滥平原的结构和功能以利于蓄纳洪水，提供野生生物栖息地以及户外娱乐区。湿地恢复的同时有助于水质恢复。湿地恢复是艰巨的生态工程，需要全面了解受扰前湿地的环境状况、特征生物以及生态系统功能和发育特征，对湿地恢复的可行性进行考察，以便更好完成湿地的恢复和重建过程。目前，湿地恢复实践从关注湿地生态系统本身扩展到集水区以至整个流域系统的尺度上，寻求构建湿地恢复与区域社会经济发展的良性循环机制。（朱雨晨）

湿地教育

Wetland Education

环境教育在湿地保护领域的实施和应用。湿地是陆地和水域的交汇处，即地表有暂时或永久的浅层积水，以水生植物为优势种，包括沼泽、海涂、湖滩、湿草地及浅水湖泊。现在国际上常把沼泽和水深 6 米以下的水面称为湿地。湿地教育是环境教育的具体方式，可以增强湿地保护意识，使更多人参与到湿地的保护和建设中，公众有意识并积极反映湿地实际情况，积极探索湿地研究、规划和管理方法，便于抓住湿地管理的重点环节和优先领域，采取预防对策，集中力量化解重大环境矛盾，成为促进环保工作水平的重要管理措施，还将为政府各部门开展湿地保护，污染治理的优先决策提供更多有参考价值的数据和资料。中国湿地教育口号提出于 2002 年，起步相对较晚。目前专门从事湿地知识普及工作的专业人才也很少，国内高校的本科教育中还没有湿地专业。湿地保护需要公众参与，只有人们了解湿地的重要性，才能自觉地加以保护，这是保护湿地的最根本的途径。（参考：姜文谦：《浅析湿地教育与公众参与》，《环境科学与管理》2008 年第 3 期第 12 ~ 15 页。王薛时）

湿地经济效益

Wetland Economic Benefits

指湿地为人类生产、生活提供多种资源，具有巨大的环境功能和效益，在抵御洪水、调节径流、蓄洪防旱、控制污染、调节气候、控制土壤侵蚀、促淤造陆、美化环境等方面有其他系统不可替代的作用。它既是陆地上的天然蓄水库，又是众多野生动植物资源，特别是珍稀水禽的繁殖和越冬地。湿地与人类息息相关，是人类拥有的宝贵资源，与人类生存、繁衍、发展息息相关，是自然界最富生物多样性的生态景观和人类最重要的生存环境之一。湿地被称为生命的摇篮、地球之肾和鸟类的乐园。在世界自然保护大纲中，湿地与森林、海洋一起并称为全球三大生态系统。（史月田）

湿地利用

Utilization of Wetland

人类对湿地资源及湿地生态系统进行合理开发，以满足自身的生存与发展。湿地利用是从湿地的经济效益、社会效益和生态效应入手进行开发利用。开发湿地的经济效益包括：1. 进行能源生产，开发湿地资源中所含有的水电、潮汐电、薪柴和泥炭能源；2. 发展交通运输，利用湿地航运；3. 利用湿地资源直接提供的物质资料与产品，如水产品、木材、药材、花卉等动植物产品，作为食品、医疗、工业生产原料；4. 开发矿物资源；5. 获取水资源；6. 利用湿地资源的生物基因改良物种，发展农业生产；7. 发展湿地旅游。开发湿地的社会效益包括在湿地区域设置科研和教育场所。利用湿地的生态效益包括：1. 保护生物多样性，为湿地生物提供生存和繁衍场所，维持野生物种种群续存；2. 涵养水源，调蓄径流洪水，控制洪水，补充地下水；3. 降解水体污染，净化水

质；4. 防浪固岸，抵御台风、风暴等灾害发生。（任傲尘）

湿地联盟组织

The Wetlands Alliance Programme

指湿地国际联盟（WIU）以中国联盟为中心，由联合国教科文组织（UNESCO）、人与生物圈计划（MAB）、联合国计划开发署（UNDP）、世界自然保护联盟（IUCN）及全球环境基金会（GEF）等国际公益组织共同构建，重点关注中国湿地生物多样性生态系统及人居环境改善。（史月田）

湿地旅游业

Wetland Tourism

指以湿地资源为基础的旅游活动。具有自然保护、环境教育和社区经济效益等一系列的功能，是生态旅游中的一种模式，诸如海滨游、湖泊游、水乡游、休闲垂钓等等。湿地生态旅游开发的宗旨是让游客认识湿地、享受湿地的同时提高湿地生态环保意识。湿地生态旅游是以生态旅游为目标使生态旅游延伸为绿色旅游。湿地生态旅游的基本原则是人类与湿地是伙伴关系，应该共存共荣协调发展。（史月田）

湿地美学

Wetland Aesthetics

湿地景观设计符合生态美学要求的艺术设计思想。湿地美学包括湿地选择、形态设计、植物配置、水岸空间设计等。湿地在选择上可选择原存湿地或就近具有湿地的区域进行湿地开发营造，这些地域可能存在着湿地基质，水文环境和生物种源。在形态设计上，应按原自然系统的形状和生物系统的分布格局进行设计。自然湿地有凹岸、曲流、河心岛、浅滩、沙洲与深潭的交替，这种地形地貌和植被为各种生物繁衍创造适宜的生境，可减低水流速度、蓄水涵水、削弱洪水的破坏力。在植物配置上，应考虑植物物种的多样性和因地制宜，尽量采用本地植物，适应性强，成活率高。在物种搭配上满足生态要求，做到对水体污染物处理的功能能够互相补充，注意主次分明，高低错落，形态、叶色、花色等搭配协调，以取得优美的景观构图。对湿地系统进行景观设计时，要尊重原湿地的地形地貌、生态系统和人文环境，始终把生态优先作为设计前提。设计师的责任在于做到美学与生态兼顾，使人类生活与自然环境之间有良好结合，最终让人与自然达到高度和谐。（王薛时）

湿地社会效益

Wetland Social Benefits

指湿地具有自然观光、旅游、娱乐等美学方面的功能。滨海的沙滩、海水是重要的旅游资源，还有不少湖泊因自然景色壮观秀丽被辟为旅游和疗养胜地。这些湿地不仅可以直接创造经济价值，而且还具有重要文化价值。尤其是城市中的水体，在美化环境、调节气候、为居民提供休憩空间方面具有重要的社会效益和科学研究价值。湿地的生态系统、多样的动植物群落、濒危的物种残存等，在科学研究中都有极重要的地位和作用，它们为科学研究提供了对象、材料和试验基地。一些湿地中保留着过去和现在的生物、地理等方面演化进程的信息，在研究环境演变、古地理方面有着不可替代的作用。（史月田）

湿地生态系统

Wetland Ecosystem

指常年积水、地表过湿的区域的生物群落与其生境所构成的生态系统，主要包括浅海水域及海岸湿地、河流湿地、湖泊湿地、沼泽和沼泽化草甸湿地、人工湿地等。湿地生态系统是开放水域与陆地之间过渡性的生态系统类型，兼有水域和陆地生态系统的特点，具有独特的结构和功能。与森林生态系统、海洋生态系统一起并称为全球三大生态系统。湿地生态系统拥有丰富的动植物群落，可以抵御洪水，保护堤岸、控制污染、涵养水源、为人类提供丰富物产和旅游休闲、教育

科研场所。复杂的湿地生态系统被称为地球之肾，为地球的可持续发展，人类的健康生活作出巨大的贡献。（任傲尘）

湿地生态系统安全

Wetland Ecosystem Security

生态安全又称生态环境安全。一般说，指生态系统的健康和完整情况。国际应用系统分析研究所将生态安全定义为：在人的生活、健康、安乐、基本权利、生活保障来源、必要资源、社会秩序和人类适应环境变化的能力等方面不受威胁的状态，包括自然生态安全、经济生态安全和社会生态安全，组成的复合人工生态安全系统。生态安全包含两种核心要素，一种是生态风险，即一定条件下，突发事故和灾害对于生态系统的干扰；另一种是生态脆弱性，通过对生态脆弱性的分析得知威胁生态安全的因素以及它们的作用方式，从而做出应对。湿地生态安全是生态安全研究领域的重点研究内容。湿地生态安全指湿地生态系统及其周边环境能够保持长期稳定的双向反馈机制，使湿地生态过程能够持续且平衡，生态系统能够维持正常功能运作，并且结构完整，使湿地生态系统本身、湿地生态系统与人类社会保持正常的功能与结构。湿地生态安全是经济社会可持续发展的重要内容，是生态文明建设的有机组成部分。湿地生态安全评价是湿地生态安全研究的新领域，对湿地生态系统功能稳定性、结构完整性以及在潜在风险中生态系统维持自身健康均衡能力的判断和评估。与湿地生态安全评价相对应的是生态安全评价指标体系，国内外学者提出形式各异的评价指标体系，然而由于湿地生态本身类型和功能的多样性和复杂性，目前还没有统一的湿地生态安全评价标准。总体说来，湿地生态安全评价标准从早期的单一性生态安全因素扩展多多元性的生态因素安全因素。（参考：刘艳艳等：《湿地生态安全评价研究进展》，《地理与地理信息科学》2011 年第 1 期第 69 ~ 71 页。欧阳文川）

湿地生态学

Wetland Ecology

研究湿地生态系统结构和功能的科学。湿地具有湖沼学、河口生态学目前生态范例和领域所无法充分涵盖的特征特性。湿地研究内容是研究各种湿地生态系统的群落结构、功能、生态过程和演化规律，包括生物组分之间的相互作用机制。致力于不同类型湿地共同特征的探索和验证。湿地调查方法涉及多领域多学科，不能按常规方法结合到现有学科分类中去。制定湿地调控和管理的政策需要湿地生态科学的强有力支持。（张惠娜　任傲尘）

湿地文化

Wetland Culture

湿地文化有特定的文化内涵，是一种生态价值观，是一种新的旅游方式，同时也是人与自然、社会的和谐统一，是文化的一种特殊的表现形式。湿地文化的特点：1. 具有鲜明的地域特色。在不同的地域由于不同的自然、历史、社会环境，形成各自不同的生产生活方式和习俗，如饮食习俗、生活习惯、建筑特色和婚嫁习俗等。2. 具有鲜明的时代特点。湿地文化是人类与自然协调发展的必然结果，随着当代公众生态低碳意识的觉醒，湿地文化赋予人类生态文明的时代烙印。3. 具有可创新性。文化不会是一成不变的，会随着社会的发展而发展。湿地文化也会随着湿地旅游的进一步开发、游客的大量涌入而随之变化。吸收优良的文化，使其融入当地的湿地文化当中，为湿地文化注入新的生命力。4. 具有脆弱性。湿地文化是脆弱的，现代文明带来流行、多元、快捷、开放的文化，对湿地旅游活动和湿地旅游产品的冲击巨大。因此在湿地文化开展过程中要强调其生态容量，保护湿地文化，避免受到外来文化的侵袭。（牟世晶）

湿生植物

Hygrophyte

适应过度潮湿环境条件，不能忍受水分不足，抗旱能力最小的植物。湿生植物包括阳性湿生植物和阴性湿生植物。阳性湿生植物指生长在水分饱和，阳光充足环境中的湿生植物，代表性植物有水稻、苔藓等。它们叶片上有防止蒸腾的角质层，根与茎之间通气组织发达，适应阳光直接照射的环境。阴性湿生植物指需要足够湿润，阳光微弱环境的湿生植物，大多生在阴暗的森林中。在此环境中，光照微弱，蒸腾作用弱，容易保持水分，利于湿生植物存活。湿生植物的共同特点是叶子通常大而薄，分枝很少，根系不发达，位于土壤表层。湿生植物具有特殊的生态价值，有食用、药用、观赏价值。（任傲尘）

湿式电除尘器

Wet Electrostatic Precipitator，WESP

处理粉尘和微粒的新型除尘设备。可以有效清除含湿气体中的尘、气溶胶、水滴、PM2.5 等，收集烟气中的酸雾、汞等，是防治大气粉尘污染的重要设备。运行分为 3 个步骤：荷电、收集、清灰，工作原理为在直流电电压的作用下，金属放电线将其周围的气体电离，粉尘在电场中荷电并向集尘极移动，到达集尘极后随液体膜流下。形式有两种：管式和板式。管式只有垂直方向的烟气流；板式既可以有垂直方向的也可以有水平方向的烟气流。湿式电除尘器的收尘性能与粉尘特性无关，既可以有效收集亚微米大小的颗粒（如 SO_3、烟雾、气溶胶、微细粉尘等），也能收集黏性大、高比电阻的粉尘，还适用于处理高温、高湿的烟气。除此之外，湿式电除尘器没有二次扬尘，出口粉尘浓度可以达到很低的水平，因此不会对空气造成二次污染。但是湿式电除尘器的使用具有一定条件的限制，需要注意：1. 在结构上必须采用良好的抗结露措施；2. 不宜在高粉尘浓度或者高 SO_x 浓度的烟气条件下使用；3. 需要设置废水处理设备；4. 需采用良好的防腐措施。目前我国湿式电除尘器主要用于中小型转炉或者燃气—蒸汽联合循环发电机组的煤气净化、板坯火焰清理机的烟气治理、水泥立窑的精除尘等。（石艳峰）

“十八大”报告与生态文明建设

The Report of the 18th National Congress of CPC and the construction of eco-civilization

在 2012 年召开的中国共产党第十八次全国代表大会上，中共中央总书记胡锦涛代表第十七届中共中央委员会做了题为《坚定不移沿着中国特色社会主义道路前进　为全面建成小康社会而奋斗》的报告，简称“十八大”报告。其中，首次在第八部分全篇论述生态文明，提出要“大力推进生态文明建设”，将建设生态文明提高到社会主义现代化总格局重要组成部分的战略高度。第一自然段和最后自然段全文如下：“建设生态文明，是关系人民福祉、关乎民族未来的长远大计。面对资源约束趋紧、环境污染严重、生态系统退化的严峻形势，必须树立尊重自然、顺应自然、保护自然的生态文明理念，把生态文明建设放在突出地位，融入经济建设、政治建设、文化建设、社会建设各方面和全过程，努力建设美丽中国，实现中华民族永续发展。坚持节约资源和保护环境的基本国策，坚持节约优先、保护优先、自然恢复为主的方针，着力推进绿色发展、循环发展、低碳发展，形成节约资源和保护环境的空间格局、产业结构、生产方式、生活方式，从源头上扭转生态环境恶化趋势，为人民创造良好生产生活环境，为全球生态安全做出贡献。”“我们一定要更加自觉地珍爱自然，更加积极地保护生态，努力走向社会主义生态文明新时代。”（刘中华）

《“十二五”建筑节能专项规划》

“Twelfth Five-Year” Special Plan for Building Energy Conservation

2012 年 5 月颁布，由住房和城乡建设部建筑节能与科技司根据《民用建筑节能条例》《“十二五”节能减排综合性工作方案》制定。

《专项规划》本着落实节约资源、保护环境的基本国策，对我国“十二五”期间建筑节能发展做出规定和计划，到“十二五”期末，建筑节能达到 1.16 亿吨标准煤节能能力的目标。主要内容包括发展现状和面临的形势，发展的主要目标、指导思想、发展路径等 9 个方面的重要发展任务，提出 10 个方面的保障措施以及如何做好完善和实施等 5 个大的部分。（韩铮）

《“十二五”节能环保产业发展规划》

“Twelfth Five-Year”Development Plan for energy saving and environmental protection industry

由国务院于 2012 年 6 月 16 日印发。本规定包含了 6 个方面：节能环保产业发展现状及面临的形势，指导思想、基本原则和总体目标，重点领域，重点工程，政策措施，组织实施。国务院制定此规定，是为了推动节能环保产业快速健康发展。加快发展节能环保产业，可以调整经济结构及转变经济发展方式，并且推动节能减排，发展绿色经济和循环经济，建设资源节约型环境友好型社会，积极应对气候变化，抢占未来竞争制高点。（代富宇）

《“十二五”绿色建筑科技发展专项规划》

“Twelfth Five-Year”Special Plan for the Development of Green Building Science and Technology

由科技部依据《国家中长期科学和技术发展规划纲要（2006 ~ 2020 年）》和《国家“十二五”科学和技术发展规划》编写，于 2012 年 5 月颁布。《专项规划》的制定进一步指导“十二五”期间我国绿色建筑产业与科技的发展，重点在实现节能减排。主要内容包括绿色建筑发展形势和需求，总体思路、原则与目标等方面的重要发展任务，从 6 个方面提出保障措施。（韩铮）

十分之一定律

1/10 Law，Law of ten percent

美国生态学家林德曼在 1941 年根据能量流动的效率，提出了著名的十分之一定律，又称林德曼定律。定律含义为：在一个平衡的生态系统中，食物链相邻营养级中的能量比例大致为十比一左右。也就是说，维持一个营养级生物的生存，前一个营养级的生物必须具有十倍的能量规模，二者才能长期共存。该理论为生态科学打下理论基础。后期的详细数据研究表明，各个生态系统的能量转化效率差别很大，并不固定在十分之一，而是在一定范围内上下波动，十分之一定律只能作为水域生态系统的经验值。（代富宇）

十诫

Ten Commandments

也称摩西十诫，基督教的基本戒律。据《圣经》记载，十诫是上帝耶和华借由以色列的先知和首领摩西向以色列民族颁布的律法中最重要的十条规定，具体内容包括：不可信仰耶和华以外的神；不可为自己雕刻偶像，也不可作什么形象，仿佛上天、下地和地底下、水中百物；不可妄称耶和华之名；不可在第六天之外的第七天工作，这一天应用来祭祀上帝；不可对父母不孝；不可杀人；不可奸淫他人之妻，女人不可与他妇之夫通奸；不可偷盗；不可做假见证陷害人；不可贪夺邻人的房屋、奴仆、牛等一切财物。十诫是基督教各教派中最古老、最基本、最重要的宗教诫条，它作为神学伦理，中间蕴含许多世俗内容，十诫前四条涉及神学伦理，后六条可概括为孝敬观、仁慈观、贞洁观、诚信观、生活观，这 6 条是在神学体系下的世俗伦理要求。（雷爱民）

“十七大”报告与生态文明建设

The Report of the 17th National Congress of CPC and the construction of eco-civilization

在 2007 年召开的中国共产党第十七次全国代表大会上，中共中央总书记胡锦涛代表第十六届中央委员会向大会做了题为《高举中国特色社会主义伟大旗帜　为夺取全面建设小康社会新胜利而奋斗》的报告，简称“十七大”报告。其中，第一次在党的政治报告中正式提出“建设生态文明”，将其作为全面建设小康社会的新要求之一。在“十七大”报告第四篇《实现全面建设小康社会奋斗目标的新要求》中，明确提出建设生态文明的要求。原文如下：“建设生态文明，基本形成节约能源资源和保护生态环境的产业结构、增长方式、消费模式。循环经济形成较大规模，可再生能源比重显著上升。主要污染物排放得到有效控制，生态环境质量明显改善。生态文明观念在全社会牢固树立。”在后续第五篇《促进国民经济又好又快发展》中，虽然没有明确提出建设生态文明的字眼，但详细论述强化能源资源节约和生态环境保护的思想，可以看作“建设生态文明”的思路和具体措施。这些阐述反映出我党发展理念的根本性转变，不再单纯以经济建设为唯一目标，开始注重生态环境的保护和资源的合理开发，努力走出一条新的中国特色的绿色发展道路。（刘中华）

石漠化

Stony Desertification

石质荒漠化的简称。指在热带、亚热带湿润、半湿润气候条件和岩溶极其发育的自然背景下，由于人类活动干扰，使地表植被遭到破坏，

基岩大面积裸露或砾石堆积的土地退化现象，也是岩溶地区土地退化的极端形式。石漠化危害包括：1. 植被稀少，水土流失、渗漏严重，改变土壤生产力，使耕地面积减少，加剧贫困程度；2. 生态灾害如山洪、滑坡、泥石流等现象易形成生态灾害链；3. 水灾、旱灾频发，造成下游河道淤泥；4. 生态退化，水环境要素缺损，生物多样性丧失。在中国西南地区喀斯特石漠化严重，正在吞噬人类最基本的生存条件，危及长江、珠江中下游生态安全，是我国土地退化的重要问题。（任傲尘）

石墨烯

Graphene

石墨烯是石墨的单原子层，是目前发现的最薄、最坚硬的二维碳材料。最初由英国曼彻斯特大学物理学家安德烈·海姆（Andre Geim）和康斯坦丁·诺沃肖洛夫（Konstantin Novoselov）在实验中分离出来。理论厚度仅为 0.35 纳米，几乎完全透明，只吸收 2.3%的光。石墨烯是构成其他石墨材料的基本单元，其独特的结构使其蕴含丰富而奇特的物理现象，表现出许多优异的物理化学性质。石墨烯的强度是已测试材料中最高的，也是如今电阻率最小的材料。因其电阻率极低，电子迁移的速度极快，因此被期待用来发展更薄、导电速度更快的新一代电子元件或晶体管。由于石墨烯实质上是一种透明、良好的导体，也适合用来制造透明触控屏幕、光板，甚至是太阳能电池。（任傲尘）

石油农业

Petroleum Agriculture

又称石油密集农业、化学农业、无机农业或工业式农业。世界经济发达国家以廉价石油为基础的高度工业化的农业的总称。是在昂贵生产因素（人力、畜力）可由廉价生产因素（石油、机械、农药、化肥技术）替代理论指导下，把农业发展建立在以石油、煤和天然气等能源和原料的基础上，以高投资、高能耗方式经营的大型农业。以美国为代表的高投入、高产出的农业现代化模式。这一模式之所以被称为石油农业，是因为大量使用以石油产品为动力的农业机械，大量使用以石油制品为原料的化肥、农药等农用化学品。机械

化和化学化是这一农业现代化模式的共同特点。石油农业是继传统农业之后，世界农业发展的重要阶段。20世纪50年代以来，石油农业得到更快发展，多实行企业化和集中式经营，耗用大量以石油为主的能源和原料，具有高产、高效、省力、省时、不施粪肥、经济效益大等特点。无论对提高农业生产效率和农产品产量，解决因人口激增而引起的世界粮食需求矛盾尖锐等问题，或在经济发达国家的农业发展史上均起过重要作用。然而，曾一度因出现全球性的石油危机和生态环境的不断恶化而暴露出石油农业在经济、技术、生态上均存在一定弊端或潜在威胁。（李雪姣　史月田）

石油输出国组织

Organization of Petroleum Exporting Countries, OPEC

简称欧佩克。第三世界石油生产国为反对国际石油垄断资本的掠夺和剥削、维护民族权益而组成的国际性组织。1960年9月，伊朗、伊拉克、科威特、沙特阿拉伯和委内瑞拉在巴格达举行石油生产国会议时决定成立。后来，卡塔尔、印度尼西亚、利比亚、阿拉伯联合酋长国、阿尔及利亚、尼日利亚、加蓬和厄瓜多尔等国陆续加入。宗旨是协调和统一各成员国的石油政策，确定以最适宜的手段来维护它们各自的和共同的利益。自成立以来，不断同国际石油垄断资本进行斗争。自70年代起，为保护石油收益不受美元贬值的影响，曾多次迫使西方石油公司同意提高石油标价和石油税率。1973年10月中东战争爆发后，成员国以石油为武器，采取石油禁运、减产、提高标价等措施，打击了以色列犹太复国主义及其支持者。该组织的最高权力机构是石油输出国组织大会，由成员国代表组成。机构设有由成员国各派1名理事组成的理事会，作为实际执行机构。大会下设秘书处。总部设在维也纳。（李庆）

石油污染

Oil Pollution

指在开采、炼制、贮运、使用过程中，原油和各种石油制品进入环境而造成的污染。主要发生在海洋，石油漂浮在海面上，形成油膜，阻碍

水体的抚养作用，影响海洋浮游生物生长，破坏海洋生态平衡，此外还破坏海滨风景，影响海滨美学价值。油类可黏附在鱼鳃上，使鱼窒息，抑制水鸟产卵和卵化，破坏其羽毛的不透水性，降低水产品质量。污染可分为：1. 油气污染大气环境，表现为油气挥发物与其他有害气体被太阳紫外线照射后，发生理化反应污染，或燃烧生成化学烟雾，产生致癌物和温室效应，破坏臭氧层等。2. 污染土壤，石油污染土壤的地方，寸草不生。3. 污染地下水，生活水资源被污染，会出现地方性癌症村。（史月田　王晴晴）

时中

Time-and-moderation

“时”是指时机、时势、时位，“中”常指中庸之道，即中正和平，无过、无不及。“时中”连用是指审时度势，持中守常，无过与不及的原则与法度。“时中”一词最早出现于《周易》“蒙”卦的《彖传》：“蒙，亨。以亨行，时中也。”即依时中而行则亨通。“时中”原则的含义：一是合乎时宜，二是随时变通。在儒家思想中，“时中”作为“合乎时宜”的含义，一方面被看作是个人道德修养和行为实践应该遵循的基本原则，另一方面被推广为治国理政的重要理念。儒家从自然农业生产对天时变化的密切依赖关系中认识到“适时”的重要性，“使民以时”“不违农时”

等被当作治国理政的基本原则。时至今日，“时中”仍有广泛的现实意义与运用空间，播种适时，砍伐有节，捕杀有时等对于保护自然资源，维护生态平衡等有着重要的理论与现实意义。（雷爱民）

实地探究

Field Study

英国实施环境教育的典型课程模式之一。英国一贯重视“在环境中的教育”，在20世纪70年代掀起环境教育的户外教学运动，提倡在各年级、各学科的教学中尽可能采用户外实地探究的方法，让学生在亲历自然的过程中培养热爱环境的情感，让学生在观察、探究当地环境的过程中发展分析问题、解决问题的技能，从而形成正确的环境价值观与态度。20世纪80年代末90年代初，实地探究法已作为学校环境教育教学实践的重要策略，也是在环境中的教育原则的具体体现，被英国专家、学者称作环境教育中最有吸引力和最成功的方面。英国教育与技能部在20世纪90年代积极倡导学校因地制宜，利用校园环境学习资源进行环境教育，从而使中小学努力为学生提供1/4的在校室外活动时间。英国国家实地学习协会（NAFSO）认为，鉴于环境教育基于亲身经验，实地探究法对环境教育的实施起着至关重要的作用，因为实地学习是跨课程方法，它关注真实的人、真实的情境和问题，能促使学生观察、记录、分析、展示和说明自己的调查结果，为学生提供机会密切观察当地环境，运用学术的、实际的和社会的技能合作工作，有助于他们学习第二手材料及形成环境责任感。（参考：祝怀新：《环境教育的理论与实践》第135页，北京：中国环境科学出版社，2005年。王薛时）

实施公正原则

Implementation of Fair Principle

实施公正原则，减少或消除贫富差距，建立公正平等的政治、经济秩序，维护社会稳定。包括：1. 当代人之间的公平、代际之间的公平，即当代人与后代之间的公平。后代不能参与现在的决策，要求决策者要顾及后代的利益。2. 地区之间、国家之间的公平。现在，发达地区与欠发达地区、发达国家与发展中国家之间的差距越来越大，矛盾越来越尖锐，这不仅严重威胁社会和经济的稳定，而且严重威胁生态稳定。实施公正原则，需要发达国家和发达地区向发展中国家和欠发达地区做出利益倾斜。3. 人、生命和自然界之间的公平。人类的发展不能以损害生命和自然界为代价。现在，经济发展以牺牲自然和环境为代价是普遍和经常的。这既不公平，又不能持久，是必须做出调整的。实施公正的原则，在自然价值的分配上，要求既兼顾当代人之间的利益、当代人和后代的利益，又兼顾人与自然的利益，既保障社会安全，又保障生态安全。（参考：余谋昌：《生态文化：21世纪人类新文化》，《新视野》2003年第4期第64～67页。牟世晶）

实体经济

Real Economy

指人通过智慧使用工具创造财富，包括物质、精神产品和服务、生产、流通等经济活动。包括农业、工业、交通通信业、商业服务业、建筑业、文化产业等物质生产和服务部门，也包括教育、文化、知识、信息、艺术、体育等精神产品的生产和服务部门。实体经济始终是人类社会赖以生存和发展的基础。实体经济功能归纳为：提供基本生活资料，提高人的生活水平，增强人的综合素质的功能。实体经济与虚拟经济相对应。实体经济与虚拟经济的本质区别在于资本在循环运动中是否创造新的使用价值或价值。只有以发展实体经济为基础，才能实现经济的全面、稳定、可持续发展。（张惠娜）

实验教育学

Experimental Pedagogy

20世纪初出现于德国并广泛传播和影响欧美国家的教育流派。主要代表人物有W·赖伊、E

·莫伊曼和E·桑代克。19世纪后，一些教育学者开始将实验心理学的研究成果和研究方法运用于研究儿童身心的发展及教育问题，形成这一学派。实验教育学这一概念是德国莫伊曼1901年首次提出。他主张对儿童的学习和疲劳等问题采用实验的方法研究。1903年赖伊的《实验教育学》出版，标志德国实验教育学体系建立。以实验、统计、比较和归纳使教育学的研究方法更加严密和客观。此后，实验教育学遍及欧美许多国家。1905年，法国的比纳、西蒙编制智力测验量表。美国研究人员吸收德国和法国实验教育学的成果，与美国教育实际结合，形成美国的实验教育学流派，美国心理学家推孟提出以实际年龄求取智商以鉴定儿童智力高低。美国心理学家桑代克提出成绩测验法判定儿童天资高低，使实验教育一度成为世界性运动。作为一种流派它已成为历史，但作为实验教育观提出的客观性、科学精确性的研究方法，对现实教育理论和实践仍有积极影响。（王薛时）

实用维护派

Practical Maintenance School

实用维护派是20世纪初环境保护运动中产生的理论派别。与自然保护派相似，它也是在19世纪后半叶以来人类在对大自然征服、改造造成史无前例破坏的背景下诞生的。与自然保护派不同的是，他们不仅反思对自然资源的利用与破坏这对矛盾，更重要的是，他们立足于人类自身思考环境保护的界限和框架。实用维护派对大自然采用使用取向的观点。他们不主张保持自然原貌，如他们认为应当科学地使用土地，使土地持续不断地生产有用的产品；在森林问题上不应当是保持森林的原貌，而是要科学合理地使用木材，通过科学的管理使森林资源自然地再生，以满足人类世世代代生存和发展的需要。实用维护派的观点被大多数思想家、科学家、政治家、生态学家及一般公众所接受。（朱配辰）

食品安全

Food Safety

指有害、有毒食物对人体健康造成潜在风险和现实危害的公共卫生问题。《中华人民共和国食品安全法》将食品安全解释为：无毒、无害，符合应当有的营养要求，对人体健康不造成任何急性、亚急性或者慢性危害。我国食品安全相关法律法规称之为食品质量安全，当涉及农产品时则通常被称为农产品质量安全。食品在种植、养殖、加工、制作、运输、储藏、销售等各阶段都应符合国家强制安全卫生标准，以防止有毒有害物质对人体健康和自然环境造成危害。目前，食品安全问题中最为突出的是由食品微生物引起的食物中毒、食物应验问题（如营养过剩或者缺乏）、食品环境污染、天然有毒物质以及食品添加剂超标等因素。若按照污染物的性质分类，影响食品安全的因素可分为生物性危害、物理性危害以及化学性危害。食物的生物性危害是目前为止食品行业中最为严重和危险的食源性危害。在生物性危害中，食物微生物污染问题尤为严重，食物微生物污染主要是细菌、霉菌、霉菌毒素和病毒引起的。此外，寄生虫污染、昆虫污染也是导致食物生物性危害的重要原因。食品的化学性危害主要由有毒金属、农药、兽药等饲料添加剂残留、食品添加剂以及动植物体内的天然有毒物质。食品的物理性危害主要由食品加工过程中混入有害物质以及放射性元素吸附等因素构成。食品安全的标准：1. 食品相关产品的致病性微生物、农药残留、兽药残留、重金属、污染物质以及其他危害人体健康物质的限量规定；2. 食品添加剂的品种、使用范围、用量；3. 专供婴幼儿的主辅食品的营养成分要求；4. 对于营养有关的标签、标识、说明书的要求；5. 与食品安全有关的质量要求；6. 食品检验方法与规程；7. 其他需要制定为食品安全标准的内容；8. 食品中所有的添加剂必须详细列出；9. 食品中禁止使用的非法添加的化学物质。（参考：邓聪文等：《食品安全评价及其方法简述》，《畜禽业》2009年第6期第8页；鄂旭等：《食品安全评价指标设定方法研究》，《食品研究与开发》2013年第17期第128～129页；郑火国：《食品安全可追溯系统研究》，中国农业科学院2012年博士学位论文第24～25页、第43～56页。欧阳文川　李雪姣）

食品安全评价

Food Safety Assessment

食品在种植、养殖、加工、制作、运输、储藏、销售等各阶段都应符合国家强制安全卫生标准，以防止有毒有害物质对人体健康和自然环境造成危害。食物的生物性危害是目前为止食品行业中最为严重和危险的食源性危害，因此国内外食物安全的主要指标体系都以食物中微生物含量和有害物质含量为主要内容建立。食品安全评价是按照一定食品安全指标体系展开的旨在评估和检测食品安全性的监督管理措施。目前主要的评价方式为依据HACCP对食品在生产、运输和销售等环节的易被污染关键点进行分析，对外部环境中可能造成食品污染的因素进行评估以及转基因食品安全评价3部分内容构成。食品安全评价的主要方法为相对评价与绝对评价相结合、排序评价与分类评价相结合、动态评价与静态评价相结合3种。（参考：邓聪文等：《食品安全评价及其方法简述》，《畜禽业》2009年第6期第8页；鄂旭等：《食品安全评价指标设定方法研究》，《食品研究与开发》2013年第17期第128～129页；郑火国：《食品安全可追溯系统研究》，中国农业科学院2012年博士学位论文第24～25页、第43～56页。欧阳文川）

食品安全体系认证

Food Safety System Certification

食品安全体系认证是我国最新实施的食品安全标志。它是国家质检总局按照国务院批准的三定方案确定的职能，是依据《中华人民共和国产品质量法》《中华人民共和国标准化法》《工业产品生产许可证试行条例》等法律、法规以及《国务院关于进一步加强产品质量工作若干问题的决定》的有关规定制定的对食品及其生产加工企业的监管制度。食品安全体系认证包括内容：1. 对食品生产企业实施食品生产许可证制度。对于具备基本生产条件、能够保证食品质量安全的企业，发放《食品生产许可证》，准予生产获证范围内的产品；凡不具备保证产品质量必备条件的企业不得从事食品生产加工。2. 对企业生产的出厂产品实施强制检验。未经检验或检验不合格的食品不准出厂销售；对于不具备自检条件的生产企业强令实行委托检验。3. 对实施食品生产许可证制度，检验合格的食品加贴市场准入标志。（李雪姣）

食品微生物安全

The Safety of Food Microorganism

指通过食品卫生微生物安全质量检验工作使制成食品的原料以及食品中不含致病菌，如果食物中毒菌的存在不可避免，也必须以不影响人的身体健康为限。食品微生物是食品安全检查中非常重要的项目之一，尤其在生活水平普遍提高和食品微生物污染事故对人体健康造成巨大威胁的背景之下更是如此。目前，各国政府都将食品安全监管中的微生物检验质量控制工作视为重点。食品微生物安全检测是防止食品微生物污染和食源性疾病的最为有效的方式和控制手段。目前我国的食品微生物检验方法既有国家标准的检验方法，也有大量行业和企业方法存在，自2003年颁布《食品卫生检验方法微生物学部分GB4789—2003》以来，我国的食品微生物安全检测标准得到更新和发展，传统检测方法已经不能满足市场需要，一批改进后的检测方法出现。目前，食品微生物检验包括食品污染程度指示菌的检验、食品中致病菌的检测，检测方法包括代谢学技术（包括电阻抗法、微量生化法和放射测量技术等）、抗体技术（包括乳胶凝集反应和酶联免疫吸附法）、分子生物学技术（包括核酸碳针技术、聚合酶链式反应技术）和仪器法（包括流式细胞术、免疫磁性微球、电阻电导检测器等）。（参考：周红雨：《我国食品微生物检验质量控制工作现状分析》，《中国卫生检验杂志》2006 年第 9 期第 1150 页；曾庆梅等：《食品微生物安全检测技术》，《食品科学》2007 年第 10 期第 633 ~ 636 页；王云国等：《食品微生物检验内容及检测技术》，《粮油食品科技》2010 年第 3 期 40 ~ 43 页。欧阳文川）

食品污染

Food Pollution

食品是构成人类生命和健康的三大要素之一。食品污染指食品及其原材料在生产加工过程中因农药、废水、污水各种食品添加剂及病虫害和家畜疫病所引起的污染，以及霉菌、毒素引起的食品霉变，运输、包装材料中有毒物质和多氯联苯、苯并芘造成的污染的总称。食品污染分为生物性、化学性及物理性污染三类。食品受污染有细菌性污染、真菌霉素污染、病毒性污染、寄生虫、农药污染、重金属污染、其他化学物污染。使用被污染的食品导致机体损害表现为：1. 急性中毒、慢性中毒以及致畸、致癌、致突变的三致病变；2. 造成急性食品中毒；3. 引起机体的慢性危害。食品污染的防制措施有：1. 开展卫生宣传教育；2. 食品生产经营单位要全面贯彻执行食品卫生法律和国家卫生标准；3. 食品卫生监督机构要加强食品卫生监督，把住食品生产、出厂、出售、出口、进口等卫生质量关；4. 加强农药管理；5. 灾区要特别加强食品运输、贮存过程中的管理，防止各种食品意外污染事故发生。（王晴晴 史月田）

食物链

Food Chain

指生态系统中生物通过捕食关系进行能量传递的链条序列。一条完整的食物链包括生产者、消费者和分解者，其中消费者的数量随着营养级的增加而递减。食物链最早由英国动物生态学家埃尔顿（C. S. Eiton）于 1927 年首次提出。按照生物之间的关系，食物链可以分为捕食食物链、腐食食物链或称碎食食物链、寄生食物链 3 种. 其中腐食食物链通常以动植物的遗体碎屑为起点，是生物圈最主要的食物链类型。由于动物的杂食性，现实情况很难存在单条的食物链，而是由众多食物链组成复杂食物网。这对于生态系统的平衡起着重要作用。通常情况下，一个生态系统内食物网越复杂，其抵抗外力破坏能力越强，越有利于生态系统的稳定。食物链和食物网不仅是生态系统能量传递的主要方式，同时也是污染富集的重要形式，尤其是工农业生产中产生的持久性污染物可以随着食物链逐步在消费者中富集，营养等级越高，其富集程度越高。（韩铮）

食物链长度

Food Chain Length

指食物网中从初级生产者到顶级消费者的营养级数，也是反映生态系统中食物网物质转化和能量传递的综合指数。食物链长度是生态系统的基本属性之一，影响生态系统功能的发挥，是食物金字塔、营养级联等生态理论的基础。食物链长度是研究群落中所有顶级捕食者集合中最高物种营养级位置，它不仅反映食物网的垂直结构，而且通过改变营养关系的组织结构影响种群结构、生物多样性和生态系统稳定性，影响生态系统功能，如改变资源要素循环、初级生产力、与大气的碳交换、污染物生物富集等，很大程度上决定顶级捕食者的污染物浓度。食物链长度测量方法有 3 种：1. 链接度食物链长度，测度食物网基底可利用资源与顶级消费者间平均链接点数量；2. 功能食物链长度，测度顶级捕食者影响低营养级的路径与强度；3. 能量食物链长度，采用稳定同位素分析技术追踪顶级捕食者同化的通过所有路径传递的能量或物质流。碳、氮稳定同位素分析技术已成为食物链长度研究的关键技术。（参考：王玉玉、徐军、雷光春:《食物链长度远因与近因研究进展综述》,《生态学报》2013 年第 19 期第 5990 ~ 5996 页。韩铮）

世界 10 大环境污染事件

The world ten environmental pollution incidents

分别是：1.1930 年比利时马斯河谷烟雾事件，导致一周内 60 多人丧生，是 20 世纪最早记录的公害事件。2.1943 年美国洛杉矶光化学烟雾事件，是汽车的汽油燃烧后产生的碳氢化合物在光照下引起的化学反应。3.1948 年美国多诺拉烟雾事件，由于大型炼铁厂、炼锌厂和硫酸厂排出的有毒气体，造成全城 17 人死亡以及 6000 多人眼睛、喉咙疼痛等。4.1952 年英国伦敦烟雾事件，罪魁祸首是燃煤排放的粉尘和二氧化硫，最严重的是 5 天内 4000 多人死亡。5.1953 和 1956 年日本水俣病事件，日本水俣镇一家氮肥公司将含有汞的废水排入海湾，最终流入食物链导致动物和人中毒，有 1004 人因此而死亡。6.1955 年和 1972 年的日本骨痛病事件，日本富山县的铅锌矿排放的废水中含有大量的重金属镉，造成附近居民骨痛病高发。7.1968 年日本米糠油事件，北九州一带有 13000 人因吃了含有多氯联苯的米糠油而受害。8.1984 年印度博帕尔事件，美国联合碳化公司在印度博帕尔市的农药厂内的剧毒甲基异氰酸脂爆炸外泄，导致近 2 万人死亡，20 多万人受到伤害。9.1986 年切尔诺贝利核泄漏事件，事故造成 30 多人死亡，大量的放射性物质的泄露带来严重灾难，是世界上最严重的一次核污染。10.1986 年瑞士剧毒物污染莱茵河事件，瑞士巴塞尔市的桑多兹化工厂仓库失火，近 30 吨剧毒的硫化物、磷化物与含有水银的化工产品流入莱茵河，造成严重的生态后果。（王聪聪）

《世界保护战略》

World Conservation Strategy

国际自然和自然资源保护联合会根据联合国环境计划委员会的委托，起草并经有关国际组织审议制定，于 1980 年 3 月 5 日在世界大多数国家的首都（包括我国北京）同时公布的保护世界生物资源的纲领性文件。基本内容：1. 保护生物资源的目标；2. 要求各国采取的行动；3. 要求采取国际行动。规定自然资源保护的目标是：1. 保持人类及生物生存所需要的生态条件；2. 保证遗传（物种生存和繁殖）的多样性；3. 确保生物物种和生态系统的延续性利用。文件既是知识性纲领，也是环境保护的行动指南。许多国家按照大纲确定的原则与方法，制定本国的保护资源的规定和措施，制止资源的不合理利用。（王薛时）

世界产业工人联合会

Industrial Workers of the World，IWW

激进的国际工会组织，1905 年成立于芝加哥。世界产业工人联合会是产业工会主义的先驱，在革命的产业工会主义口号下，有效地联合各地的工会组织，团结社会主义和无政府主义的工人运动。成立之初，世界产业工人联合会还为美国工人阶级制定了一份宪章，基本理念是建立产业工人的大联盟，推翻资本主义制度，实现工业民主和各种形式的基层民主。由于斗争方式的分歧，联合会内部很快出现分裂。以丹尼尔·德莱昂（Daniel DeLeon）为首的一派认为，世界产业工人联合会的政治斗争目标，应该通过社会劳动党来实现；党内以文森特·圣约翰（Vincent Saint John）和威廉·特劳特曼（William Trautmann）为代表的一派则认为，应该通过各种形式的罢工、宣传、抵制来实现工人运动目标。由于后者的主张占据主流，德莱昂离开了工人联合会。20 世纪初，世界产业工人联合会取得了一些成效，特别是在美国西部地区，成员在 1917 年也达到高峰，拥有 15 万成员。由于世界产业工人联合会与美国工会联盟的冲突、美国政府对激进团体的镇压以及内部的分裂，世界产业工人联合会的成员数量急剧下降。截至 2014 年，联合会的成员数量有 3000 多人。（王聪聪）

世界传媒业所有制类型

World Media Industry Ownership Type

分为私有制、国有制、公共所有制。传媒业产生之初是私有制，运作特点是：传媒资产归个人所有，追求利润最大化，以迎合受众为第一宗旨，广告为主要收入来源，内容产品以大众化、通俗化为特色，部分呈低俗化。国有制即由国家所有的传媒业。运作特点是：传媒资产归国家所有，运作方针由国家制定，负责人由国家任命；运作经费全部或大部分来自于国家；内容产品注重社会效益，风格严肃、庄重；经济效益相对较差。公共所有制以公共服务广播电视为主体，这种体制现在在欧洲和日本最为发达。该体制起源于不同的传媒理念，即传媒应为公共服务，“公共”既非政府当局亦非某些个人，而是整个公众组成的空间。这个传媒理念是西方政治哲学里“公共”理念的延续，认为独立于政府当局与个体之外还有一个由所有公众组成的公共空间。公共服务广播电视起源于英国。这种观念认为，广播频率是公共资源，不能被私人拥有谋利，同时也不能被征服控制，应为整个社会公众服务。英国 BBC 创始人约翰·里斯爵士将这个理念命名为公共服务广播。1927 年，私有商营性质的 BBC 正式转型成为公有性质的 BBC，标志着公共所有制的诞生。公共所有制运作特点是：传媒资产归全社会即公共所有，以独立法人身份运作，由社会各阶层、集团的代表组建管理机构，不受政府控制。运作方针是对社会公众负责，财务目标是收支平衡，有利润也必须用于失业发展，不能像私有制一样分配给个人。以视听费为主要收入来源。内容产品注重社会效益，风格严肃、庄重。但经济效益较差，原则上不播广告。（参考：张辉峰：《传媒经济学》第 97 ~ 99 页，广州：南方日报出版社，2006 年。张惠娜）

世界地球日

World Earth Day

世界性的环境保护活动。1970 年，由美国盖洛德·尼尔森和丹尼斯·海斯发起。2009 年，第 63 届联合国大会决议将每年的 4 月 22 日定为世界地球日。活动旨在唤起人类爱护地球、保护家园的意识，促进资源开发与环境保护的协调发展，进而改善地球整体环境。（史月田）

世界防治荒漠化和干旱日

World Day to Combat Desertification

世界防治荒漠化和干旱日的确立是在 1994 年 12 月第 49 届联合国大会上通过的决议，这项决议从 1995 年起把每年 6 月 17 日定为“世界防治荒漠化和干旱日”，呼吁各国政府重视土地荒漠化这一日益严重的全球性生态问题。中国于 1996 年成为《联合国防治荒漠化公约》的缔约国，在 2002 年 1 月 1 日起正式实施世界上第一部关于防沙治沙的法律《防沙治沙法》。世界防治荒漠化和干旱日在 2005 ~ 2015 年这 10 年的主题分别是：1. 妇女与荒漠化；2. 沙漠之美：荒漠化的挑战；3. 荒漠化与气候变化：一个全球性挑战；4. 防治土地退化以促进可持续农业；5. 节约土地和水资源，保护我们共同的未来；6. 改善土壤，改善生活；7. 森林为民；8. 健康土壤维系生命：让我们遏制土地退化；9. 不要让我们的未来枯竭，土地是人类的未来；10. 免受气候危害为先，通过可持续粮食系统实现所有人的粮食安全。国务院 2007 年召开第 5 次全国防沙治沙大会，提出“三步走”的战略目标：到 2010 年重点治理地区生态状况明显改善；到 2020 年全国一半以上可治理的沙化土地得到治理，沙区生态状况明显改善；到 21 世纪中叶，全国可治理的沙化土地基本得到治理。（参考：卢燕华：《“世界防治荒漠化和干旱日”中国纪要》，《广西林业》2011 年第 6 期第 49 页。刘阳）

《世界风险社会》

World Risk Society

德国著名社会学家乌尔里希·贝克继《风险社会》的又一力作。贝克将风险社会纳入到全球化背景下，认为跨国界的行动才能阻止风险发生。该书是贝克在反思现实主义基础上提出的侧重制度维度的社会学批判理论，即世界风险社会。贝克指出，由于世界风险社会具有政治爆炸的特性，在风险社会中，不明的和无法预料的后果，成为社会和历史的主宰性力量。世界风险社会存在三类危险，分别为生态危机、全球金融危机和跨国恐怖主义网络的恐怖危险。世界风险社会既存在全球资本主义和地方环境退化的冲突，又存在全球生态危机和世界主义民主的紧张。自发性现代化过程或向风险社会转型的过程，是全球化的过程。贝克提出，应该学会在跨国环境中思考，通过形成共担风险的全球道德，形成有力的世界主义运动，继而用世界主义视角应对世界风险社会。中译本译者吴英姿、孙淑敏，南京：南京大学出版社2004年出版。（徐越）

世界观察研究所

Worldwatch Institute

1974年创立，总部设在美国华盛顿特区。创办者为美国农业部前国际农业政策顾问、国际农业发展处主任、著名生态经济学家莱斯特·布朗。独立的研究组织，以事实为基础对重大全球性问题进行分析，分析结果得到国际社会公认。三个主要研究领域是气候与能源、食品与农业、绿色经济。成立以来促进了国际社会在环境方面的有效决策。着眼于21世纪人类的需要，跨学科研究专注于气候变化、资源退化和人口增长，并采用现有的最佳科学方法从事研究。对难以解决的问题，致力于寻求创新解决方案，强调政府领导力、私营企业和公民行动之间的结合，以便使可持续发展的未来成为现实。（徐越）

世界环境法庭

World Environment Court，WEC

国际社会建议或构想的专职听取并解决跨国和全球环境事务的国际司法机构。设立世界环境法庭的目的在于：建立国际互信；澄清法律义务；协调并补充现有法律体制；为更多国际环境事务的参与者主持正义；给当代环境问题提出创造性的可行方案。支持者认为，设立世界环境法庭，不仅能确保当前四分五裂的国际环境治理体系更具连贯性和完整性，强化国际环境法机制，还能使国际社会致力于可持续发展，以更公平的方式应对气候变化的挑战。（申森）

世界环境日

World Environment Day

每年6月5日国际性宣传保护环境、治理环境、优化环境的纪念日。1972年6月5日瑞典首都斯德哥尔摩召开联合国第一次人类环境会议，并通过会议文件《人类环境宣言》和全球环境保护《行动计划》。为纪念世界第一次环境会议的顺利召开及其在环境运动史上的特殊意义，与会代表一致建议将大会正式召开日，即6月5日定为“世界环境日”。根据斯德哥尔摩会议文件精神，同年10月联合国第27届会议成立联合国环境规划署，与此同时正式确立“世界环境日”。联合国环境规划署每年为这一活动日确定主题，以此唤起人们保护人类生存环境的意识。世界环境日的意义在于提醒人们环境保护的重要性和迫切性以及环境污染的严重性，在于宣传环境保护的意识。联合国系统以及各国政府在每年的6月5日都会开展各种形式的纪念和宣传活动，联合国环境规划署也会选择一个成员国举办世界环境日纪念活动，确定活动主题，发表《环境现状的年度报告书》。北京和深圳分别在1993年和2002年被指定为世界环境日主办城市。2005年中国世界环境日主题为“人人参与，创建绿色家园”，2006年为“生态安全与环境友好型社会”，2007 年为“污染减排与环境友好型社会”，2008 年为“绿色奥运与环境友好型社会”，2009 年为“减少污染——行动起来”，2010 年为“低碳减排，绿色生活”，2011 年为“共建生态文明，共享绿色未来”，2012 年为“绿色消费，你行动了吗”，2013 年为“同呼吸，共奋斗”，2014 年为“向污染宣战”，2015 年为“践行绿色生活”。（欧阳文川　申森）

世界环境退化

World environmental degradation

生态环境是人类生存和发展的基本条件，生态环境退化和资源短缺等问题已成为社会经济持续发展的严重障碍。生态环境的退化指由于人类对自然资源不合理的利用而造成的生态系统结构破坏、功能衰退、生物多样性减少、生物生产力下降、土地生产潜力衰退以及土地资源丧失等一系列生态环境恶化的现象。生态环境一旦遭到破坏，恢复和重建时间长，资金投入大，而且有些破坏是不可逆的。18 世纪工业革命以来，人类的经济发展不可避免地以自然环境为代价。特别是 20 世纪，高速的经济发展，高度的工业化，极大地破坏自然环境。环境退化不仅给人类带来各种自然灾害，也降低经济系统的活力与可持续性。由于大部分世界经济产出取决于自然系统的活力，环境退化对经济产生长期影响。由于环境具有特殊的外部性，全球范围的环境互相影响，环境退化成为人类面临的共同问题。（牟世晶）

世界环境与发展委员会

World Commission on Environment and Development

曾用名联合国环境特别委员会、布伦特兰委员会。在 1982 年于内罗毕召开的联合国环境管理理事会特别会议上，前日本环境厅长官原文兵卫代表日本政府建议设立这一机构，受到代表们的支持。1983 年，第 38 届联合国大会正式通过成立这个独立机构的决议。1984 年 5 月，该机构正式成立。委员会由主任、委员等 22 名世界著名学者、政治活动家组成。委员会的主要任务是：审查世界环境和发展的关键问题，创造性地提出解决这些问题的现实行动建议，提高个人、团体、企业界、研究机构和各国政府对环境与发展的认识水平。在 1987 年东京召开的环境特别会议上，委员会提出《我们共同的未来》报告，颇有影响。（王薛时）

世界环境组织

World Environment Organization，WEO

2009 年前后，德国总理默克尔和法国总统萨科齐就气候变化议题联名致函联合国秘书长潘基文，强调国际社会必须推进环境治理体系改革，希望借举行哥本哈根联合国气候变化大会之机，推动建立类似世界贸易组织的世界环境组织，以取代当前的联合国环境规划署。迄今为止，世界环境组织仍只是政策建议或构想。（申森）

世界可持续发展工商理事会

World Business Council for Sustainable Development，WBCSD

1995 年，致力于可持续发展和环境保护事业的两家国际组织可持续发展工商理事会和世界工业环境理事会合并成立，总部位于日内瓦。与联合国联系紧密的国际组织，宗旨是带动可持续发展并起到促进作用，在可持续发展日益盛行的当今世界，为企业的运作、创新和增长提供商业许可。主席由会员企业的董事长或总裁轮流担任，任期 2 年。日常工作由会长及总部秘书处管理，会长由理事会任命。理事会由全球约 200 家公司共同组建，与大约 60 个国家和地区的商业理事会以及伙伴组织，进行全球网络化合作。世界可持续发展工商理事会及其成员，致力于实现经济、环境和社会的协调发展，主要关注的议题领域是能源与气候、发展、工商业的角色、生态系统。（申森）

世界贸易组织

World Trade Organization，WTO

根据关贸总协定乌拉圭回合关于建立世界贸易组织的协议而产生的，规范世界范围贸易、投资和经济合作的全球性组织。1995 年 1 月 1 日成立。前身是 1947 年成立的关税与贸易总协定（GATT）。作为正式的国际贸易组织，在法律上与联合国等国际组织处于平等地位。目的是推进世界贸易平稳、自由、公正和可预期地进行，管理范围涵盖货物贸易、服务贸易、知识产权、争端解决和贸易政策等方面。世界绝大多数国家和地区都是它的成员，另有一些国家和地区是其观察员。成员在世贸组织的框架内进行多边贸易谈判，实施多边贸易协定并解决贸易争端。最高决策机构是部长会议，下设总理事会和秘书处。总部设在日内瓦。中国是关贸总协定的创始国之一，2001 年中国加入世贸组织，成为该组织的第 143 个成员。世界贸易组织、世界银行和国际货币基金组织，是欧美国家主导的世界经济管治框架的重要构成部分。（李庆）

世界能源理事会

World Energy Council，WEC

于 1924 年 7 月 11 日在伦敦成立，原名“世界动力大会”，是综合性的国际能源民间学术组织，当时有 24 个国家参加。第二次世界大战期间活动中断，1950 年恢复，1968 年更名为世界能源会议，1990 年改名为世界能源理事会。主要活动是举行世界能源大会，每 3 年举行一次，是能源领域规模最大、最具影响力的会议，有“能源奥运会”称号。1983 年，中国被接纳为会员。世界能源理事会的宗旨和任务是在世界能源可持续利用的前提下，积极研究和帮助各国解决能源问题。研究潜在能源和各种能源的生产、运输及其利用方法问题，探讨能源消费同经济增长之间的关系；收集和交流能源或资源利用的数据资料；举行大会，切磋能源工业和经济发展之间所存在的矛盾和问题。（王晴晴）

世界气候研究计划

World Climate Research Programme

由世界气象组织（WMO）与国际科学联合会（ICSU）联合主持。主要研究地球系统中有关气候的物理过程，涉及整个气候系统。其主要部分是大气、海洋、低温层（冰雪圈）和陆地以及这些组成部分之间的相互作用和反馈。主要关心的是时间尺度为数周到数十年的气候变化。目标：一是气候的可预报程度，二是人类活动对气候的影响。研究有三个方向：为期数周的长期天气预报、全球大气年际变率以及为期数年的热带海洋的年际变率、长期变化。包括两大试验：热带海洋和全球大气试验和世界海洋环流试验，以作为第二和第三研究方向的中心。1993 年其科学委员会又在热带海洋、全球大气计划（TOGA）的成果的基础上提出了气候变率和可预报性研究（CLIVAR）计划，旨在对百年尺度的气候变率进行描述、分析、模拟和预测。（席溢）

世界气象组织

World Meteorological Organization，WMO

联合国的专门机构之一。前身为国际气象组织，1873 年在维也纳成立。1947 年 9 月，国际气象组织各国气象局长在华盛顿召开大会，通过《世界气象组织公约》，决定成立世界气象组织。1950 年 3 月 23 日公约开始正式生效，国际气象组织正式更名为世界气象组织。1951 年成为联合国的专门机构并开始运作。1960 年 6 月，世界气象组织决定将公约生效日和世界气象组织更名日（3 月 23 日）确定为世界气象日。截至 2013 年 1 月 1 日，有 191 个国家和地区参加这一组织。世界气象组织的致力于在天气、气候、水文和水资源及相关环境问题的专业领域和国际合作方面发挥世界领导作用，为全世界人民的安康和福祉、各国的经济发展作出贡献。职责是：推动站网建设方面的国际合作，进行气象以及与气象有关的水文和地球物理观测，促进各类提供气象及其相关服务的中心的组建和维护；促进气象及相关情报快速交换系统的建设和维护；促进气象及相关观测的标准化，确保以统一的规格出版观测和统计资料；推进气象学应用于航空、海运、水问题、农业和其他人类活动；促进业务水文活动，增进气象与水文部门间的密切合作；鼓励气象及相关领域内的研究和培训活动，帮助协调在研究和培训方面的国际性问题。（申森）

世界人口日

World Population Day

1987年7月11日，世界人口达到50亿，为引起世界各国政府和人民对人口问题的进一步关注，根据1990年联合国开发计划署理事会第36届会议的建议，联合国人口基金会1990年6月将每年的7月11日定为“世界人口日”，要求各国政府、民间团体在此期间开展相关活动。1990年7月11日成为第1个世界人口日。从1996年起，联合国人口基金会为每年的世界人口日确定一个明确的宣传主题。历年主题为：1996年：生殖健康与艾滋病；1997年：为了新一代及其生殖健康和权利；1998年：走向60亿人口日；1999年：60亿人口日倒计时；2000年：拯救妇女的生命；2001年：人口、发展与环境；2002年：贫困、人口与发展；2003年：青少年的性健康、生殖健康和权利；2004年：纪念国际人口与发展大会10周年——遵守承诺；2005年：平等＝授权。2006年：年轻人——为了年轻人，与年轻人一起行动起来。2007年：男性参与孕产妇保健；2008年：这是一种权利，让我们将它变成现实；2009年：应对经济危机：投资于妇女是一个明智的选择；2010年：每个人都很重要；2011年：关注70亿人的世界。2012年：普及生殖健康服务；2013年：青少年怀孕；2014年：投资于年轻人；2015年：紧急状况中的弱势群体。（参考：环境教育编辑部：《世界人口日：反思人类自身的时刻》，《环境教育》2015年第7期第35～41页。朱配辰）

《世界人权宣言》

Universal Declaration of Human Rights

1948年12月10日，联合国大会通过第217A（III）号决议并颁布《世界人权宣言》。这一具有历史意义的《宣言》颁布后，大会要求所有会员国广为宣传，并且“不分国家或领土的政治地位，主要在各级学校和其他教育机构加以传播、展示、阅读和阐述”。《宣言》已是联合国的基本法之一，全文共有30条，为国际人权领域的实践奠定了基础，也对世界人民争取、维护、改善和发展人权问题产生深远影响。《宣言》不仅对人类平等问题做出贡献，同时还传播了平等正义等理念，使人们更加关注于自身及周边环境的问题，成了生态文明建设的理论支柱之一。（代富宇）

世界森林日

World Forest Day

3月21日为世界森林日。世界森林日于1971年由联合国粮农组织正式确认，首次是在1972年3月21日，也有国家把这一天当作植树节。设立旨在为后代加强森林的可持续管理与养护，唤醒人们对森林可持续发展的意识。世界森林日的意义是引起各国人民对森林资源的重视，使人们广泛关注森林与民生的更深层本质。在这一天各个会员国根据本国国情推出和推动与森林有关的活动事项。所举办的活动由联合国森林论坛、粮农组织、各国政府、各国际和区域组织、相关利益攸关方、民间社会共同参与。（任傲尘）

世界社会论坛

World Social Forum，WSF

与著名的世界经济论坛相对应，2001年成立于巴西，是世界公民社会组织的年度性会议，旨在借助反全球化运动提供未来发展的替代性选择。2001年6月，在世界经济论坛召开期间，来自世界各地的非政府组织、社会团体、学者、知识分子等决定同时召开世界社会论坛。世界社会论坛扎根于拉丁美洲的激进主义，许多创始成员都是拉丁美洲1996年反全球化和新自由主义霸权运动的成员。根据2001年通过的纲领，世界社会论坛是反思、民主辩论、制定方案、交流经验、强化联系的开放场所，由反对新自由主义、反对帝国主义、反对资本主义的公民社会团体和社会运动组成。作为世界性的反全球化运动组织，世界社会论坛主要由第三世界的反全球化力量组成，它们在会议期间分享运动组织经验，协调全球的反抗运动。世界社会论坛通常在1月召开，即世界经济论坛（达沃斯）召开期间，希望提出解决当前世界发展难题，如反对霸权主义、第三世界发展、保护弱势群体、消除贫困、环保保护的替代性方案。迄今为止，世界社会论坛已经举办了15届。（王聪聪）

世界10大生态建筑

The World's Top Ten Ecological Architectures

通过调查问卷由全球民众选出的10个具有生态示范意义的建筑。2014年美国一家旅游杂志采用问卷的方式，从世界各地搜索出10大令人惊叹的绿色生态建筑。绿色生态建筑从本质上说就是节能型建筑，或称高效益的建筑。用美国建筑师富勒的话说是“少费多用”；德国建筑师英恩霍文更具体地明确为：“用较少的投入取得较大的成果，用较少的资源消耗，获得较大的使用价值。”这10大生态建筑是：1. 生态之塔。英国建筑师福斯特设计的法兰克福商业银行总部大厦被冠以“生态之塔”“带有空中花园能量搅拌器”的美称。49层高的塔楼采用弧线围成的三角形平面，其间围合出的三角形中庭，如同一个大烟囱，可以让办公空间进行自然通风，达到节能的效果。据测算，该楼的自然通风量可达60%。三角形平面又能最大限度地接纳阳光，创造良好的视野，同时又可减少对相邻建筑的遮挡。2. 蜂兰生态。英国科茨沃尔德自然保护内出现一幢外观奇特的生态房，设计灵感来源于蜂兰。这座房屋占地550英亩，沿湖而建，是一座生态环保的住房。建造房屋所用的材料来自废弃的沙砾。同时，它广泛应用地下热能、雨水、太阳能以及风力解决整座房屋的日常需求。它的设计者沙拉·费瑟斯通还曾参与伦敦奥运村的设计。3. 蒲公英之家。对建筑物进行立体绿化是一种重要的节能方法，即将植物攀缘在建筑外墙上或种植在屋顶平台和空中庭园中，使其成为外围护结构的有机组成部分。据测算，建筑外墙绿化后，可使冬季热损失减少30%，夏季建筑的外表面温度比邻近街道的环境温度低5摄氏度。日本建筑师藤森照信设计的东京蒲公英之家，就是立体绿化的典型实例。4. 和平王旅馆。和平王旅馆位于加拿大英属哥伦比亚省，在这家旅店宽大的房间能看到水面和热带雨林，经过一天的徒步旅行或钓鱼之后，旅客还可以进行温泉浴。它建造在海港停泊的游艇上，并充分利用水能和太阳能，尽量少向大气排放二氧化碳，可以为遏制全球气候变暖做贡献。5. 绿洲酒店。该酒店位于埃及的锡瓦绿洲上的白山脚下，拥有世界上罕有的朴素原始的自然风光和舒适的温泉。因为有自然的屏障，使它冬暖夏凉。这个酒店没有从外面运送建筑材料，充分采用了当地产的沙石，酒店的一部分甚至就在山洞中。这个酒店从不供电，由此也可以大量减少二氧化碳的排放，所以游客可以在晚上尽情享受灯笼和烛光带来的乐趣。6. 太阳能度假村。夏威夷马纳拉尼度假村是全球最环保的度假地之一。度假村拥有占地12000平方米的光电太阳能系统，是世界上利用太阳能发电最多的一家豪华度假酒店。度假村在发展绿色能源方面做出的成绩，获得环境保护组织和政府能源部门颁发的诸多奖项。7. 生态宾馆。帕来索－西西姆生态宾馆位于墨西哥尤卡坦半岛的海边，可提供15个宽敞舒适的俯视青绿色墨西哥湾的小屋，坐在屋子里不时可以看到当地十分有名的成群结队的火烈鸟。这个宾馆是根据最严格的环保要求设计的，它采用的建筑材料是泥土、木材和草，既节能又环保。这里有采用环保的生物过滤方法的再循环水，还有利用太阳能加热的游泳池。8. 丛林旅馆。萨哈丛林旅馆位于厄瓜多尔的一处密林中，游客可以坐在旅馆的房间里看到树林里美丽的小鸟，聆听到小鸟婉转的叫声。据当地人讲，这片树林里至少有60种鸟。这片丛林旅馆全部采用当地的一些可持续使用的材料建成，设计十分合理，不会对树林的生态带来破坏。丛林旅游业的可观收入使得当地政府放弃了工业，这样就使得森林可以免遭工业发展的破坏。9. 回收雨水的吊脚楼。斯里兰卡丹布拉的坎达那玛酒店附近有两处世界自然遗产。坐在酒店客房的阳台上，可以欣赏到壮美的山区风光。这处酒店被设计成吊脚楼，通过国际节能与环保设计优先计划的认证。这是一种环保的设计，它可以让雨水顺利流入酒店下的雨水回收池中，不会让宝贵的雨水被浪费掉。这些回收的雨水可以为游客和工作人员提供游泳、洗浴、饮食等日常生活用水。10. 制造肥料的客栈。酒店里的人流量相对较大，每天会产生大量的生活垃圾，这其中有不少有机垃圾，如果任其自然腐败，会发出难闻的臭味，污染环境。哥斯达黎加的布兰卡乡村客栈利用生活有机垃圾制造肥料，提供给客栈周围的有机咖啡农场使用，这个客栈还尽量回收利用其他废弃物。（王薛时）

世界水理事会

World Water Council，WWC

国际性的多方平台，成立于1996年，由知名的世界水资源专家和国际组织针对全球日益关注世界水资源问题而发起。世界水理事会的主要目标是在环境可持续发展的基础上，通过提高政治家及各层决策人对关键水问题的关注及承诺，从各个方面促进有效节约、保护、开发、管理和使用水资源。通过提供一个交流经验的平台，协会旨在就水资源和水服务管理的各方之间达成一个共同的战略视角。为此，协会积极行动、集思广益，推动了世界水论坛的形成。（史月田）

世界水日

World Water Day

1992年第47届联合国大会通过的第193号决议，决定从1993年开始确立每年的3月22日为“世界水日”。该项决议指出，虽然一切社会和经济活动都极大地依赖于淡水的供应量和质量，但是人们并未普遍认识到水资源开发对提高经济生产力、改善社会福利所起的作用；随着人口增长和经济发展，许多国家将很快陷入缺水的困境，经济发展将受到限制；要推动水资源的保护和持续性管理，地方一级、全国一级、地区间、国家间的公众必须达成共识。联合国大会根据联合国环境与发展大会在《21世纪行动议程》第18章中所提出的建议而决定设立“世界水日”。世界水日的确立，标志着水的问题正日益为世界各国所重视。人类的一切社会和经济活动都极大地依赖于水资源的开发、利用和保护。据专家预测，水资源的问题将成为21世纪人类社会面临的最重要的自然资源问题。1993年3月22日，世界各国都以各种不同的方式来纪念首届世界水日，以期望大家都来关心水、爱惜水、保护水。中国以改造和巩固现有水资源工程设施、有效保护和节约使用水资源、新建供水能力强的新建水源工程、加强水资源统一管理措施，缓解水的供需矛盾来纪念世界水日。以世界水日的制定推动对水资源进行综合性统筹规划和管理，加强水资源保护，解决日益严重的水问题，开展宣传教育以提高公众对水资源的认识。每年的世界水日都确定宣传主题。1995 ~ 2000年世界水日的主题分别是：1. 妇女和水；2. 为干渴的城市供水；3. 水的短缺；4. 地下水——看不见的资源；5. 我们（人类）永远生活在缺水状态之中；6. 卫生用水。（参考：张小青、高立洪、黄勇：《世界水日报告：全球水资源管理面临的挑战》，《环境保护》2006年第6期第77 ~ 78页。朱配辰）

世界卫生组织

World Health Organization，WHO

简称世卫组织或世卫，是联合国属下的专门机构，国际最大的公共卫生组织，总部设于瑞士日内瓦。宗旨是使全世界人民获得尽可能高水平的健康。给健康下的定义为：身体、精神及社会生活中的完美状态。主要职能包括：促进流行病和地方病的防治；提供和改进公共卫生，疾病医疗和有关事项的教学与训练；推动确定生物制品的国际标准。截至 2014 年 3 月，世界卫生组织组织共有 194 个成员国。现任总干事为来自香港的陈冯富珍。世界卫生大会是世卫组织的最高权力机构，每年召开 1 次。主要任务是审议世界卫生组织总干事的工作报告、规划预算、接纳新会员国和讨论其他重要议题。执行委员会是世界卫生大会的执行机构，负责执行大会的决议、政策和委托的任务，由 32 位有资格的卫生领域的技术专家组成，每位成员均由其所在的成员国选派，由世界卫生大会批准，任期 3 年，每年改选 1 / 3。根据世界卫生组织的协定，联合国安理会 5 个常任理事国是天然的执委成员国，但席位第 3 年后轮空 1 年。常设机构是秘书处，下设非洲、美洲、欧洲、东地中海、东南亚、西太平洋 6 个地区办事处。（申森）

世界无车日

World Car Free Day

又名国际无车日，旨在鼓励车主在当日放弃使用私家车，乘坐公共交通、骑单车，甚至是步行。活动的目的是希望唤起民众对环境保护的重视，是对现行生活模式的一种反思。无车日最早由法国一群青年人于 1998 年发起，他们推出“城里没有我的汽车”活动，得到政府的支持，迅速在整个欧洲得到响应。市民在这一天自愿弃用私家车，使这一天成为欧洲无车日。1999 年 9 月 22 日，法国、意大利、瑞士等国的 150 多座城市参加无车日活动。2000 年 2 月，欧盟委员会及欧盟的 9 个成员国确定 9 月 22 日为，“欧洲无车日”。这是欧盟首次介入这一旨在改善城市空气质量、减少城市交通压力和改变城市交通观念的环保活动。宗旨是增强人们的环保意识，了解汽车对城市环境造成的危害，鼓励人们在市区使用公共交通工具、骑车或步行。随着全球环境保护意识觉醒，国际上已有超过 1000 个城市开展无车日的活动。2001 年，成都成为中国第一个、亚洲第二个举办无车日活动的城市。2007 年 9 月 22 日，中国迎来第一个无车日。（申森　任傲尘）

世界无政府状态

An anarchy world

被普遍认为是国际政治秩序的主要特征，由于没有凌驾于民族国家之上的超国家权威（政府），国家只能依靠自己的力量来维持独立和生存。尤其是现实主义学派认为，国际关系中最重要的因素是权力的互动，因而国际关系行为体所构成的秩序是无政府状态。摩根索所创立的现实主义理论的前提，是国际关系的无政府特性。他认为，国际社会是由主权国家构成的，主权国家在各自领土范围内都是至高无上的法律机构；在国际社会中，并不存在一个制定法律和强制实施法律的中央权力机构。根据《韦氏新大学词典》（第九版）的解释，anarchy 一词主要有以下几种含义：一是指没有政府或缺乏控制；二是指由于不存在政府而导致的没有法律和政治秩序的混乱和无序状态；三是指由于不存在政府而人人享有完全自由的乌托邦社会；四是指单纯的缺乏秩序（与政治和政府无关）。《牛津英语词典》则将无政府状态定义为政治上的无序。因此，根据常识，人们常常认为无政府状态就意味着混乱和无序。（李庆）

世界银行

World Bank

又称国际复兴开发银行。根据 1944 年 7 月布雷顿森林会议签订的《国际复兴开发银行协定》于 1945 年 12 月成立。1947 年 11 月 15 日起成为联合国的特殊机构。总行设在美国华盛顿，在世界各大城市设有办事处。只有国际货币基金组织的成员国，才能申请加入世界银行。世界银行的宗旨是：向其成员国提供用于生产事业投资的贷款，以促进经济的复兴和发展；以担保私人贷款方式促进会员国获得投资；以及促进会员国国际贸易的平衡发展和国际收支的平衡。世界银行的最高权力机构是理事会，由每一会员国选出的一位代表组成，负责决定重大业务事项，并选举世界银行行长。世界银行、国际货币基金组织和世界贸易组织，是欧美国家主导的世界经济管治框架的重要构成部分。（李庆）

世界银行可持续发展指标体系

Sustainable Development Index System of World Bank

世界银行可持续发展指标体系的特点在于摒弃传统以收入为中心的做法，而是以财富作为出发点。从考察各国和地区的实际财富以及可持续能力随时间的动态变化为宗旨出发，将可持续发展划分为自然资本、生产资本、人力资本以及社会资本四个要素。基于此方法，世界银行确定了全球 192 个国家和地区的财富和价值，并为其中 90 个国家和地区建立了 25 年的时间序列。此方法具有动态性、合理性等优点，但是以单一货币方式衡量仍然存在很大难度，尤其是自然资本、社会资本难以量化是其面临的主要问题。（李雪姣）

世界政府

World government

通过建立在国家之上的最高权力机构来管理国际社会事务的全球性组织构想。这种观点，设想建立一个享有中央权力的联邦，中央权力由各国授予，各国政府作为其组成部分享有剩余权力。中央政府可以制定直接适用于个人的世界法。这种观点超越现实，在民族国家依然享有不可置疑的主权的现实条件下很难付诸实施。（李庆）

世界主义

Cosmopolitanism

一种社会政治理想与理论，认为全人类都属于同一个全球性共同体，是与爱国主义和民族主义相对立的思想。世界主义不见得推崇某种形式的世界政府，仅仅是指主张国家之间和民族之间更具包容性的道德、经济和政治关系。世界主义思想与广博的国际经验相匹配。世界主义者即“世界公民”，系指一个旅游者或关注全球事务的个人，除了自己原本文化外，对其他文化关注和品味。世界主义者确信，所有的人都有责任去培育和改善、并且尽全力去丰富总体人性。这个理想与普天之下皆兄弟的思想息息相关，主张人类是一个整体，必须团结一致、彼此扶持。世界主义在某些方面与普世主义观点相同：被普遍接受的人类尊严观念应该写入国际法，并且受到保护。不过，这个理论也尽力避免分辨各地文化之间的差异。此外，世界主义呼吁保护环境，并且反对技术发展带来的负面影响。德国社会学者乌尔里希·贝克推出了新型的世界主义批评理论，与传统的民族国家政治截然相反。民族国家理论仅仅从政府间的角度考量权力关系，无视经济全球化，或削足适履地将全球经济关系放进固有的理论框架中。世界主义理论视全球资本为民族国家的可能威胁，并且将其放入全球资本、政府和公民社会共同参与的多元权力的博弈之中。（李庆）

世界资源研究所

World Resources Institute，WRI

1982 年成立，独立的非营利性全球研究机构，总部位于美国华盛顿特区。使命是推动人类社会的进步，保护地球生态环境及其承载力，以满足当代和后代人的需求和愿望。旨在为政策和制度的改变提供客观的信息和实际可行的方案，以促进保护环境和社会公正的发展模式。从事 4 个方面的具体工作：1. 人类和生态系统，扭转生态系统快速恶化的局面，使其可为人类提供所需的食物和其他功能。2. 参与性，保证有关自然资源和环境的信息和决策为大众所知晓。3. 保护气候。保护气候系统不被由温室气体排放带来的问题进一步损害，帮助人类和自然世界适应不可避免的气候变化。4. 使市场和企业为拓展经济机会和保

护环境做出努力。（申森）

世界自然保护同盟

International Union for Conservation of Nature，IUCN

1948年在瑞士格兰德（Gland）成立，当时的名称为国际自然保护联盟 International Union for the Preservation of Nature （IUPN），1956年更名为国际自然与自然资源保护联盟 International Union for the Conservation of Nature and Natural Resources，1990年正式更名为世界自然保护联盟。第一个全球性环保组织，迄今为止最大的全球性专业环保网络，最重要的世界性自然保护联盟，是政府及非政府机构都能够参与合作的少数几个国际组织之一。由全球181个国家、120个政府组织、超过800个非政府组织、10000名专家及科学家组成。致力于为目前世界最紧迫的环境和发展问题寻找积极有效的解决方案，是联合国大会常任观察员。联盟保护的环境包括陆地环境与海洋环境，并为森林、湿地、海岸及海洋资源的保护与管理制定各种策略及方案。联盟在促进生物多样性概念的完善方面及《生物多样性公约》在各国乃至全球的实施中起着重要作用，主要贡献如制定了世界自然保护联盟濒危物种红色名录等。工作内容为：重视和保护自然环境；确保有效且平等的自然资源管理及利用；在气候、食品安全及发展等全球议题上推行以自然为本的解决方案。支持科学研究，在全球各地实施自然保护项目，同时也引导政府、非政府组织、联合国及企业共同完善政策及法律，直至找到最优方案。通过每4年举办的世界环境保护大会，选举出理事会管理组织事务。资助经费来自政府、双边机构、多边机构、基金会、会员组织及企事业单位等众多部门。（申森　王晴晴）

世界自然基金会

World Wide Fund for Nature，WWF

世界最大、享有盛誉的独立性的非政府环境保护组织之一，1961年成立。前身是世界野生动物基金会（World Wildlife Fund），美国和加拿大至今依然沿用世界野生动物基金会的名称。成立以来致力于环境保护、环境研究和环境恢复事业，目前在全球拥有超过520万支持者，在北美洲、欧洲、亚太地区及非洲的100多个国家开展工作，完成12000多个环保项目。政治目标是遏制地球自然环境的恶化、创造人类与自然和谐共生的美好未来。活动集中在保护海洋、森林、淡水生态系统，保护世界生物多样性，推动降低污染，减缓气候变化等。因黑白两色的大熊猫标识而被人熟知，从1980年开始在中国致力于大熊猫及其栖息地的保护工作，是中国政府邀请的第一个来华开展环保工作的国际非政府组织。1996年，世界自然基金会北京办事处正式成立。（王聪聪　申森）

世界自然基金会中国低碳城市发展项目

World Wide Fund for Nature Low-Carbon City programme in China

2008年1月28日，世界自然基金会（WWF）在北京正式启动中国低碳城市发展项目，上海、保定入选首批试点城市。项目计划为期5年，先用2～3年时间在上海和保定做出一定成效，再用1～2年在全国推广。项目由WWF英国、荷兰、瑞士、挪威和丹麦出资60%，另外40%来自汇丰银行。低碳城市指城市在经济高速发展的前提下，保持能源消耗和二氧化碳排放处于较低的水平。在低碳城市发展项目的计划里，WWF与上海市建设与交通委员会、上海市建筑科学研究院合作，对建筑的能源消耗情况进行调查、统计，从办公楼、宾馆、商场等大型商业建筑中选择试点，公开能源消耗情况，进行能源审计，提高大型建筑能效。同时，培训公共建筑的物业管理人员，提高节能运行的能力。此外，WWF还将与合作伙伴一起推进生态建筑发展的政策研究，选择具体的项目进行示范。这是国际环境非政府组

织与地方政府合作参与全球气候变化应对的积极性案例。（张沥元）

世界自然文化遗产

World natural and cultural heritage

指分布在世界各国的自然遗产、文化遗产和自然文化双重遗产。自然遗产包括拥有独一无二的自然之美的极致自然现象或区域；良好地保持了地球历史，包括生命迹象、地质发展历程、地貌特征、地形特征的区域；代表环境和生物进化历程、地貌发展、海岸生态系统发展、动植物族群发展的区域；对生物多样性的维护，包括濒危物种的维护作出了杰出贡献的区域。文化遗产包括物质文化遗产和非物质文化遗产。截至2013年6月21日，我国已有45处世界遗产。其中，世界自然遗产10处，世界文化遗产28处，世界文化景观遗产3处，世界自然与文化双遗产4处。如，自然遗产包括武陵源自然风景名胜区、九寨沟自然风景名胜区、黄龙自然风景名胜区、三江并流；文化和自然双重遗产部分包括泰山、黄山、峨眉山—乐山大佛风景名胜区、武夷山。（张沥元）

《世界自然宪章》

The World Charter for Nature

国际社会为加强国际合作、统一规范人类对待自然和自然资源的行为，在1982年10月28日召开的联合国大会第37届会议上通过的政治法律文件。《宪章》公布5条养护原则，以指导和判断人类一切影响自然的行为。《宪章》全面系统地规定了世界各国和人类在利用和保护自然方面应遵循的原则和应采取的措施，指出人类必须充分认识维持自然的稳定性、保护自然质量的重要性和养护自然资源的迫切性；人类必须学会提高利用自然资源的能力，同时保证能够保存各种物种和生态系统，以造福后代；在国家与国家、个人和集体之间采取适当措施，以保护自然和促进这方面的国际合作。《宪章》重申《斯德哥尔摩宣言》的原则，提出具体要求：不得损害地球上的遗传活力，要保障必要的生态环境让各种生命维持其中生存繁衍的数量；要求各国把养护自然作为规划和进行社会经济发展活动的组成部分；要求各国把宪章的原则载入法律中予以执行并提供必要资金、计划和行政机构以实现保护大自然的目的。（申森）

世贸组织贸易与环境委员会

The WTO Committee on Trade and Environment

世界贸易组织1995年成立后，在总理事会下设立贸易与环境委员会的常设性论坛，致力于分析政府间的贸易政策对环境的影响，以及环境对贸易政策的影响，以识别贸易措施与环境措施之间的关系，从而促进可持续发展。（申森）

世俗主义

Secularism

一种在社会生活和政治活动中摆脱宗教控制的主张，俗称“政教分离”。这一词语由英国作家乔治·雅各布·霍利约克首次提出。世俗主义认为，人们的活动和做出的决定，尤其是在政治方面，应根据证据和事实进行，而不应受宗教偏见的影响。世俗主义的政府本身，只是将宗教与政治、政府分离，并不一定支持非有神论（包括无神论与不可知论等），而是确保政府决定与法律条例不受特定的宗教观念影响而导致公民的权利（特别是宗教自由）受到侵犯。尽管很多国家的政府本质上是世俗政府，但仍在很多方面受到宗教的影响。以美国政府为例，美国宪法第一修正案禁止美国国会制定任何法律以确立国教或妨碍宗教信仰自由，但不影响美国政府高层（包括总统副总统）以基督教新教礼仪举行就职仪式。（李庆）

市场关联型

Market-related Type

遵循传统产业链运行规律发展起来的以市场为基础，存在巨大潜在合作利润的循环型产业链。

如煤—电—冶产业链，其成功的关键，在于协调三个方面的关系，即企业与用户相互影响、企业与供应商联盟、产业链内部的结构和关系优化。由于相互依赖性强，资产专用度高，合作收益巨大而失信风险也大，这种产业链最终可能会演变成战略联盟。产业链的优势组合是长期战略联盟的体现。特定企业间长期战略联盟的稳定，是建立在共同利益基础上的，即相关企业间价值分配和与利益协调的结果。当更具优势的合作者出现或有更大预期收益存在时，产业链上的参与者会发生变动。（史月田）

市场经济

The Market Economy

指人们在一定的场所进行物品自由交换的经济方式。当某个地方存在两个以上的人时，就会存在互相交换各自拥有物品的需要，以通有无。这种交换需要是增进人们生活提高的基本要求。市场的本质是自由竞争、自由交换。与这种本质相对立的是市场垄断，即走向市场意义的反面。开始的人类交换绝对自由，交换场所随机，没有像今天的市场受到各种各样非自由市场因素的干涉。随着公共行政权力产生，市场不可避免受到控制与干涉，使人们的自由交换受到种种阻碍，产生效率损耗。它大多产生于公共行政权力介入形成的市场垄断局面。垄断使价格上升，从而使资源从劳动者、消费者流向不劳而获的社会寄生者身上。行政权力为管理市场需要，人为制订市场准入制度，使市场为少数寡头所垄断。在市场经济条件下，需要的是内生的公共行政权力，而不是外在于市场的行政权力。这个内生权力能够适应各个市场权利者的诉求维护他们的合法权益。打击市场垄断，对市场管制进行反管制，是行政权力的工作重点。向市场提供可靠的信用体系是行政权力服务于市场的重要方面，其中包括稳定的货币体系。如果发生货币原因的通货膨胀或通货紧缩，行政权力都有责任修复受到损害的信用体系。除货币信用体系以外，行政权力还应通过法律手段，打击不讲信用的行为，努力建立起人们互相交易时的信用制度。（史月田）

市场均衡

Market Equilibrium

指市场各个经济单位产生经济关系进行交易的制度框架。在市场交易行为中，当买者愿意购买的数量正好等于卖者所愿意出售的数量时，称为市场均衡，也称为市场交易均衡量。在经济体系中，经济事务处在各种经济力量的相互作用中，如果有关经济事务各方面的各种力量能够相互制约或者相互抵消，那么经济事务就处于相对静止状态，保持状态不变，此时称经济事务处于均衡状态。市场均衡分为一般均衡和局部均衡。一般均衡指经济社会所有市场供给和需求相等的状态。一般均衡理论代表人物是瓦尔拉斯。局部均衡指单个市场或部分市场的供给和需求相等的状态，局部均衡理论的代表人物是马歇尔。（史月田）

市场全球主义

Market Globalism

20世纪后期以来，随着世界不同地区、国家和民族之间的经济、政治、文化等的相互联系和依赖日益增强，以及在这些交往过程中出现的各种全球性现象，市场全球主义应运而生。市场球主义认为，由于苏东社会主义国家的解体以及现存的社会主义国家经济体制改革，自由贸易的资本主义已成为这个时代不证自明的自然秩序。随着市场力量的不断扩大，国家经济将不可避免地走向全球经济，一个商品、服务和资本可以自由流通的全球市场正在形成。自由市场是经济成功的先决条件，自由市场和自由贸易将使经济效益显著增加，科技日新月异，个人更自由，政治更民主，而且所有国家和人们在全球市场面前都是平等的，最终都能从中获益。美国伊利诺依州立大学政治学教授斯特格把市场全球主义又称为市场原教旨主义。（徐越）

市场社会主义

Market Socialism

指主张宏观计划和市场调节相结合的社会主义经济理论。20世纪50年代末期在东欧国家盛行。这种理论主张把国民经济有计划的宏观管理和商品关系中市场的积极作用有机地结合起来，取消指令性集中计划，把调节经济的职能更多转交给市场。市场经济有利于发挥企业的主动性，能促进经济单位之间的竞争。它要求权力下放，取消国家直接向企业下达生产指标，由企业和国家计划部门协调制定计划，用银行贷款代替国家预算拨款，实行利改税，企业有权生产、销售和采购设备、原料；在企业之间直接通过市场建立联系，用价值规律调节生产，对企业的生产和交换以贸易制度代替国家统一调配制度，采取比较灵活的价格政策；实行一长制和民主管理相结合，通过各种会议制度使全体职工参加企业管理；实行利润分红制，职工收入与盈利多少挂钩。（李庆）

市场失灵

Market Failure

指市场无法有效率地分配商品和劳务，成本或利润价格的传达不适切，进而影响个体经济市场决策机制。条件性市场失灵基于：1.不完全竞争；2.外部效应；3.信息不充分；4.交易成本；5.偏好不合理。原生性市场失灵基于：1.收入分配不公；2.经济波动失衡。分类包含：1.收入分配缺陷；2.通货膨胀风险；3.信息不完备性；4.商业保险的市场失灵。从财政方面来看，市场失灵分为：1.条件性市场失灵，指现实的市场条件不符合纯粹的市场经济所必须的条件假定；2.源生性市场失灵，指即使具备纯粹市场经济需要的完整运行环境，市场经济的调节效果也有不尽如人意的地方。（史月田）

市场完全竞争

The Perfect Competition Market

指竞争充分而不受任何阻碍和干扰的市场结构。在这种市场类型中，买卖人数众多，买者和卖者是价格的接受者，资源可自由流动，信息具有完全性。市场完全竞争的条件：1.大量买者和卖者，市场上有众多的生产者和消费者，任何生产者或消费者都不能影响市场价格。2.产品同质性，只要生产同质产品，各种商品互相之间具有完全的替代性，这很容易接近完全竞争市场。3.资源流动性，任何生产者，既可以自由进入市场，也可以自由退出市场，即进入市场或退出市场完全由生产者自己自由决定，不受任何社会法令和其他社会力量的限制。4.信息完全性，即市场上的每个买者和卖者都掌握与自己的经济决策有关的一切信息。这样每个消费者和每个厂商都可以根据自己掌握的完全的信息，作出自己的最优经济决策，从而获得最大经济效益。（史月田）

市民社会

Civil Society

这一术语约在14世纪开始为欧洲人使用，其含义不仅指单个的国家，也指业已发展到城市文明的政治共同体的生活状况。17世纪以来，市民社会概念得到了很大的丰富与发展。它的理论基础是社会契约论。随着洛克等人对社会契约思想的丰富与发展，市民社会的内涵也被大大扩展和充实。洛克强调社会的前国家或非国家身份，认为国家是从社会中产生的，从而把国家与社会区分开来。重农学派及古典经济学家继承和发展了这一思想，认为社会拥有区别于政治的经济内容，主张经济自律而不受国家干预。黑格尔与马克思赋予市民社会以新的内容。黑格尔认为，市民社会是个人、家庭的聚集，是人们出于私利的联合，是人们为谋取物质生活需要而相互依赖的社会制度。他还认为，市民社会独立于国家而存在，拥有自身的运作规律，但具有盲目性和机械性。这种不足需要政治秩序来解决。因为“国家高于社会、决定社会”，市民社会只能依属于国家。马克思认为，市民社会是人类私人利益关系的总和，它是政治国家的基础，并且决定政治国家；市民社会也是现代民主即代议制的基础。20世纪初到中叶，市民社会思想曾一度被淡忘。此后，又出现了全球性复兴的局面。这既是西方国家重新调适国家与市民社会关系的产物，也是对东欧及苏联等国家摆脱集权式统治进行社会转变的回应。在现代意义上，市民社会一般指独立于政治权威之外，受法律保护的经济关系、家庭和血缘关系、宗教机构以及诸如此类的公共领域或是国家控制之外的社会和经济安排、规则和制度。（李庆）

事实与价值

Fact and Value

事实与价值的关系问题一直是中外价值哲学中讨论热点，也始终是人类实践和认识活动中具有普遍意义的重大问题。事实指客观存在的一切事物、过程、关系和属性的总和，即物的尺度。价值反映的是人的需要以及人的需要的满足，即人的尺度。人类在实践活动中涉及尊重事实和创造价值两大主题。尊重事实是人类必须正确认识事物的属性和规律，并以此作为人的需要及其满足的前提和基础，尊重事实是求真。创造价值是人类必须按照自己的尺度和需要去认识和改造世界，使世界服从于人的生存和发展，即求善。事实与价值之间的矛盾和对立不可否认，二者之间既对立又统一的辩证关系是社会进步的内在根源。事实与价值的统一在于：1. 事实与价值相互补充，共同构成完整的人类活动的内容。一方面人类需要的满足必须建立在事实的基础之上；另一方面没有价值的事实也是毫无意义的。2. 事实与价值都是人类活动所要追求的目标。3. 事实与价值在实践中相互引导。事实与价值的统一是以实践为基础的具体的历史的统一。（牟世晶）

事物过程论

Theory of Things Process

事物过程论认为世界不是一成不变的事物的集合体，而是过程的集合体，其中看似稳定的事物都处在生成、变化、消亡过程中。无论是自然物质还是人类社会，无论是社会生活还是意识观念，说到底它们都是作为一种过程而存在，从诞生、发展、成熟，再到衰亡、消失，任何事物都经历这样一个发展演变的过程。佛教的缘起论是事物过程论的一种表述。印度《梨俱吠陀》关于宇宙生成的太一孕化论、水生论、卵生论和原人转化论等，都描述宇宙生成的自生性和过程性，揭示宇宙生成和演化过程的自组织性和复杂性；印度的《奥义书》关于水生大梵、人体构成及胎儿发育过程的描述，以及宇宙无限，宇宙自生、自创等观点都体现宇宙生成论、事物构成论和过程论思想。（雷爱民）

适度人口

Moderate Population

又称最优人口、适中人口。指在一定生产方式下，对周围环境开发利用能获得最好环境效益与经济效益的人口数量。亦即人均消耗资源、产生污染物量最小，而人均收入和产值最大的人口数量。社会生产方式的发展、科学技术及周围环境的变化对适度人口数量都有影响。不同国家和地区，同一国家和地区的不同时期，适度人口的数量是不同的。适度人口数量的研究与确定是一个国家和地区的人口、经济与环境协调发展的首要和基本问题，是国家和地区发展的出发点和归宿点。适度人口的思想古今中外早已有之。古希腊柏拉图、亚里士多德的著作中曾探讨过一个城市的最优人口数量的问题。作为一种独立的人口理论，在19世纪末期经英国经济学家坎南的提倡而风行起来。其后经过维克塞尔、道尔顿、兰德里、汤姆逊、索维、赫茨勒等人宣扬，适度人口理论有所发展，不仅包括人口数量、人口规模，还包括最适宜人口密度、人口素质、经济适度人口、实力适度人口和社会适度人口等新概念。衡量实力适度人口的特定标准有多种，或指能够保证一国达到最佳福利水平的那样数量的人口，或指能够使社会平均生产成本达到最低点的那种数量的人口。索维曾列举过个人福利、财富增加、国力、文化知识、社会福利、寿命等多种标准。还有的把文化知识、自然资源保护、家庭幸福、美学等无法计算的指标当作特定标准。其中，坎南提出的按人口平均最高产量的标准影响较大。适度人口数量是根据某一特定国家或地区现有的技术和经济情况，能够允许按人口计算的产量达到最高限度的人口数量。包括满足人们需要，提高就业水平，迅速提高个人福利和增加社会财富。适度人口实质是最优化的人口目标数。这一理论揭示一个地区的人口和本地区的现有资源、技术以及社会经济制度状况互相适应，对人口分析和制定人口最优化目的具有一定的参考价值。适度人口论认为人口增长，劳动力的负担系数增长，尤其在高生育率国家，工作年龄人口占全部人口的比例低，经济负担重，最终影响人均国民收入。它回避社会生产方式对人口规律的制约作用，偏重人口数量对社会发展的影响。（参考：陈卫、孟向京：《中国人口容量与适度人口问题研究》，《市场与人口分析》2000 年第 1 期第 21 ~ 31 页。朱配辰）

适性为美

Aesthetics of the Proper Mood

庄子美学思想中的重要概念。庄子认为，美并不仅仅是人的专利，天下万物都有自己的美。这种美是万物对自己生命本性的顺应，或者说是物种本性的伸张，即“适性为美”。物性不一，因而物种的美也多种多样，千万不可一概而论，以此羡彼，“适他之适”“役人之役”；更不能以此求彼，按自己的审美标准去对待、强求其他物种的美，取代其他物种的审美尺度。在此基础上，庄子主张站在不同物种生命本性的立场，追求和维护天下万物顺应各自本性之美的共生共在，达到天人和谐，万物共荣。庄子的适性为美思想，开生命美学、生态美学先河。在他之后，西晋郭象作《庄子注》，东晋支遁作《逍遥游论》，进一步发展其适性为美思想，北齐刘昼对此也有所丰富。庄子的适性之美对当下的生态美学讨论颇有启示和参考意义。（参考：祁志祥：《庄子“适性为美”思想的生态美学意义》，曾繁仁编：《建设性后现代思想与生态美学国际学术研讨会论文集》（上卷）第 164 ~ 180 页，济南：山东山大图书有限公司，2013 年。王薛时）

适宜技术的生态建筑设计

Appropriate Technology of Ecological Architecture Design

诺贝尔经济学奖获得阿特金森和斯蒂格利茨在 1969 年提出的建筑设计思想。适宜技术的生态建筑设计的原意是 Localized learning by doing，也就是地方性的边干边学。从建筑设计的角度，它提出发展中国家和地区不能一味照搬和模仿发达国家已经用过的技术，从而满足自身发展的需要。适宜技术的生态建筑，指根据当地实际情况侧重建筑技术的适宜性、高效性，通过普遍的建筑设计手法，精心设计建筑细部，提高对能源和资源的利用效率，减少不可再生资源的耗费，保护生态环境；同时有选择地借鉴当地建筑文化传统和技术，使建筑具有一定的地方特色，实现技术的人文提升。具有一定适宜性、普遍性的技术，又能根据环境的不同而有一定地域特色的生态建筑应该成为研究的重点。从满足基本的人居环境的要求出发，通过渐进的方式，通过适宜技术这个设计手段，运用当地的资源，结合适宜的经济的技术，进行生态建筑设计达到可持续发展的目的。（王薛时）

适应性循环

Adaptive Cycle

又名生态系统适应性循环。是描述生态系统恢复能力的概念模型。生态学家霍林主张通过适应性循环解释和分析社会生态领域的恢复力。适应性循环理论认为生态系统按照 4 个阶段演绎交替：崩溃和释放阶段（Ω）、更新重组阶段（α）、快速生长及开发阶段（r）、保护阶段（k）。崩溃释放阶段是系统受到巨大的不可预料的干扰影响后，某些重要的生态系统属性如组成、功能在一定阶段发生转变或丧失，资源变得较为容易获得。资源的突然出现帮助系统进入重组阶段，为大量新事物的出现创造条件。新物种和种群进入干扰后的环境并最终定居下来成为重组系统的组成部分。经历释放和重组阶段后，系统进入生长阶段，经过长时间的资源积累和转变进入保护阶段。循环的每一个周期特征可由三种属性，即潜力、连通度和恢复力表达。潜力决定系统未来可供选择的范畴，可被认为是系统的财富，包括诸如生态、经济、社会和文化的积累资本及无法表示的创新和变化等。在生态系统中，财富积累相当于营养、生物量的积累；在经济或社会系统中相当于技术的提高、人类关系网的构建以及在此过程中逐步增进的信任与融合。连通度指系统各组分之间相互作用的数量和频率，表示的是系统控制其自身状态的程度，如系统对扰动的敏感程度等。恢复力，即系统的适应力，是系统对非预期或不可预测扰动脆弱性的量度。适应性循环各阶段的时间分配是不平均的。系统的轨迹在资源缓慢积累和转变的长周期与创新和重组的短周期间运行，系统的连通度和潜力亦随之变化。系统的恢复力对系统的运行不断变化。（参考：闫海明等：《生态系统恢复力研究进展综述》，《地理科学进展》2012 年第 3 期第 303 ~ 314 页。朱配辰）

适应性治理

Adaptive Management

又名适应性管理。指为适应生态环境变化多样性、复杂性和不可预期性而采取的新型管理方式，在森林生态学、河流治理等领域得到广泛运用。1978 年，霍林在其《环境自适应评估与管理》一书中提出应对复杂环境管理问题的适应性管理方法。霍林认为，适应性管理在综合考虑生态、社会、经济各方面知识的基础上展开项目设计管理。它强调全面考虑社会、经济和生态全方面的价值，注重兼顾管理中的环境的不确定性和不同利益群体的关系。之后，生态学家 Lee 在其《环境适应性管理：科学与政治的综合管理》一书中进一步论述适应性管理的内涵和基本框架。他认为，适应性管理是重要的生态系统管理办法，它强调生态系统中的不确定性，把生态系统的利用和管理视作试验过程，主张从试验中不断学习。具体管理过程为：首先管理者明确管理目标，设计试验并实施试验；在实验过程中不断搜集、分析各种数据信息，然后将结果与设计目标进行对比；最后在比较学习中发现错误、丰富试验数据，调整改变计划。适应性管理模式有 3 种：1. 增量适应性管理，又名试验—错误型模式或反映型管理。2. 被动适应性管理，它基于新知识、信息的获取，调整相应的决策，改变预测模型，通过根据历史数据寻找解决问题的最佳方案。3. 主动适应性管理。它通过对假设检验的不断学习和调整来改变和确定最佳管理战略，因此具有很强的目的性。通过将试验结果和新学习到的知识结合进管理方法中，主动适应性管理为可选择的管理模式提供信息，并对实施效果进行反馈，寻找不同的有效管理方法。（参考：沈桂花：《社会—生态系统适应性治理初探》，《江西科技师范大学学报》2014 年第 2 期第 41 ~ 47 页。朱配辰）

收益曲线

Yield Curve

表示债券的期限与收益率在某一时间段内的关系，用于描述承诺利率与给定风险的固定收益证券的期限之间关系。债券收益率的走势是不均匀的，收益曲线也随之形成了向上倾斜、向下倾斜和水平三种收益曲线。收益曲线是分析利率走势及进行市场定价的基本工具，也是企业进行投资的重要依据。（代富宇）

《守护地球》

Planet Watch

2010 年科学普及出版社出版的图书，作者是马汀·布拉姆韦尔、大卫·伯尼、林恩·迪克斯、罗杰·夫，文星译。从综合视角出发，展现地球上曾经多姿多彩的生命正在遭受威胁，以及该如何保护环境，保证世世代代的生命在地球上繁衍下去。现在，气候变化是如何影响我们身边的世界，而在未来，我们所吃的食物、呼吸的空气、居住的土地又会发生什么变化呢？多么奇特而壮美的世界，不要让这份美丽消失！（席溢）

守望地球

Operation Earth

致力于全球野生动植物生态保护的公益组织。由许多不同背景的酷爱自然、热心生态保护、致力于野外科研志愿者科考项目的人士组成的野外科研志愿者科考组织。以保护全球环境为己任，动员公众以直接参与的形式，支持可持续未来所必需的野外科学研究项目，同时，野外科研志愿者又从中获得不同凡响的户外体验。口号是“我们都是科学家的助手，我们都是地球守望者”。资金来源于社会捐助。其优先领域是：1. 生物多样性。守望地球的可持续资源管理项目主要集中在以下几个关键领域和地区：物种、栖息地、不同自然条件下的淡水资源；从原始生态地区到自然保护区，到多用途地区、耕地、城市、森林等。2. 全球气候变化。守望地球的气候变化野外科研项目，关注以下方面：受气候变化威胁的物种及其栖息地，探寻缓解气候变化对物种的威胁以及哪些管理和政策措施能帮助生态系统和人类社会适应气候变化，从而作出应有贡献。亚马孙河流域、肯尼亚黑犀牛保护项目是该组织的重点考察项目。（席溢）

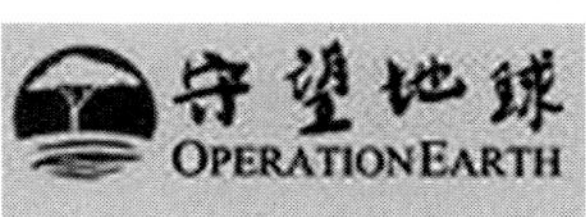

首届国际环境美学大会

The First Session of International Conference on Environmental Aesthetics

1994 年 6 月，首届国际环境美学大会在芬兰科里召开，中心议题是“面对景观”，这是世界各国生态美学研究者的首次大型会议，标志着生态美学研究国际化进程的开端。（雷爱民）

首脑会晤 / 峰会

Summit

指涉及多国或多边国际性议题，由各国最高领导人参加，预计在政治、经济、社会、环境等议题上达成某些共识或形成签署某些共同纲领性文件的国际性会议。峰会是由各国政府的首脑或元首层级的人物或者部长级别高官参加的会议，由于与会的官员层级较高，所以会议讨论问题达成共识的可能性较大，而且在未来执行也会更有保障。峰会按照参与层次与议题领域的不同，可以分为 4 种类型：1. 联合国大会。这是唯一的举世公认的决定全球发展走向的例会。2. 致力于解决全球性问题，由部分国家领导人出席的大会，包括 G20 峰会、G8 峰会和金砖四国峰会。3. 地区性峰会，包括亚太经合组织峰会、北约理事会峰会、上海合作组织峰会、非洲国家同盟峰会、南美加勒比地区峰会、欧洲联盟峰会、东盟峰会等。4. 专业性峰会，主要是世界气候大会峰会、世界核安全峰会等。（申森）

受益者支付原则

Beneficiary Pays Principle

根据环境正义与公正原则，虽然生态环境保护的责任主体是政府，但付费主体则包括政府、区域、企业和个体。受益者支付原则的核心，是生态服务功能的受益者，向生态功能提供者进行必要支付，这就涉及利益相关者之间责任的分担问题。当生态功能的提供者和受益者的范围界定清楚后，生态链和产业链上的不同区域之间就要进行补偿，即受益者向提供者进行补偿。这种补偿的主要方式有两种，一种是横向（财政）转移

支付，另一种是利益双方运用市场化交易方式进行博弈和协商。（张沥元）

受众心理

Audience Psychology

媒介信息接收者包括读者、听者和观众的心理。离开媒介信息接收者，传播活动失去方向和目的。传播效果的实现离不开对受众心理的把握。媒体只有在掌握受众心理规律的基础上，才能制定和选择出媒体传播策略。宣教式的报道和难以符合受众社会认知方式的内容因为不符合受众心理需求而不被受众接受。包括期待引导心理、求新心理、求真心理、求近心理、求快心理等多个方面。受众心理学是专门研究受众心理的学问，属于心理学分支，包括电视受众心理、电影或报刊受众心理和广告受众心理等多种群体心理活动。（张惠娜）

受众知情权

General Public's Right to Know

在1946年联合国大会通过的第59号决议中宣布为基本人权之一。指社会公众知悉、获取社会与其自身发展相关的资讯和公共信息的权利和自由。受众知情权首先是政治上的民主权利，指公民有依法了解国家事务和社会事务以及依法可以了解的其他事项的权利；同时是社会权利，即公民有权了解社会活动。受众知情权要求政府及时、准确报道重大新闻事件，不要漏报或错报包括政府政策、关于社会大众利益的消息。在报道隐私的时候要保证公众的利益不被侵犯。对于受众提出的正当的信息要求和关于自身环境的信息尽量满足。受众知情权要求媒体对报道的新闻事件要客观全面。如何在受众知情权和个体的隐私权之间划清界限，是新闻媒体不得不面临的一个现实难题。受众的知情权和公民隐私权冲突必须通过正确的途径来解决。（张惠娜）

《书》经人文生态观

The Humanistic Ecological View of the Book of Shu

《书》经是中国最早的政治经济文献，记载尧、舜、禹、汤、文、武、周公的人文哲学思想，治山治水，开发生态环境，发展农业经济，治理当时的社会。《书》经特别强调五行有序的生态秩序思想，认为“水润下，火炎上，木就直，金从革，土稼穑；润下作碱，炎上作苦，就直作酸；从革作辛，稼穑作甘”，如果五行有序，则生态大治，谷物易于生长而丰收。在生态秩序中，《书》特别强调人在生态系统中的中心地位，认为人明确自身在生态系统中的位置，能够发挥生态环境功能。（牟世晶）

舒马赫《小的是美好的》

E. F. Schumacher “*small is beautiful*”

舒马赫（1911 ~ 1977）是英籍德国人，世界知名的经济学者和企业家，被人尊称为“可持续发展的先知”。20世纪30年代，舒马赫先后在英国牛津大学和美国哥伦比亚大学学习经济学，22岁留在哥伦比亚大学讲授经济学，成为该校历史上最年轻的学者之一。第二次世界大战前，舒马赫移民英格兰。1943年，他的多边清算论文在凯恩斯主编的《经济学家》杂志发表。后来在布雷顿森林会议上凯恩斯起草的多边清算方案凯恩斯计划中，全面采用舒马赫的观点。1943年，舒马赫同著名经济学家米切尔·卡列茨基合作撰写有关国际清算和长期贷款的论文，提议成立国际投资局作为向国际经济注入清偿手段的工具。这一方案20年后得到实施。自此，舒马赫成为知名经济学家，参与英国战时经济政策的咨询和制定工作。战后初期，舒马赫担任英国对德管制委员会的经济顾问，后来担任英国煤炭委员会的首席经济学家，期间提出节能和反对核能的主张。1955年舒马赫访问缅甸，对发展中国家经济问题产生浓厚兴趣，此后担任缅甸政府经济顾问。在缅甸期间，舒马赫由凯恩斯主义经济学家转变为佛教经济学家。1973年，舒马赫出版《小的是美好的》一书。他在该书中质疑西方经济目标是否值得向往，反对核能与化学农药，批评以经济成长作为衡量国家进步的标准。该书一经推出，便以其切中时弊和颇具争议的观点激起读者的热烈反响，1973 年到 1979 年的 6 年间再版 12 次，产生广泛的学术与社会影响。（徐越）

《舒曼宣言》

Schuman Declaration

1950 年 5 月 9 日法国外交部部长罗伯特·舒曼在同美国国务卿艾奇逊商谈后发表西欧煤钢联营计划，这就是《舒曼宣言》。计划主张以法国和联邦德国煤钢工业为基础，把西欧各国的煤钢工业部门联合起来，由超国家的高级机构共同管理联营。事实上计划由顾问让·莫内构思，初衷是为控制德国钢铁产量，从而防止发生战争的可能性。《舒曼宣言》被视为达成欧洲整合的第一步。（申森）

束水攻沙

Clearing sands with converging flow

束水攻沙是中国明代治理黄河的主要代表人物潘季驯治理黄河思想的总结。束水攻沙理论在我国和世界治河历史上有崇高地位。我国历史上

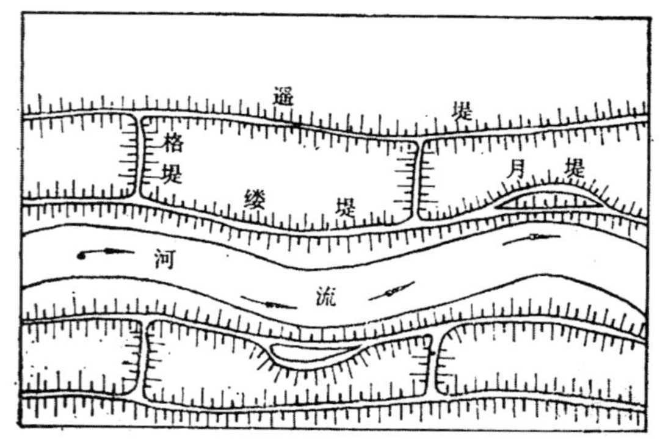

从宋代以后的数百年里，是以分流为治理黄河的主导方针。尤其是在元代，为维护北方统治中心的安定，确保京杭大运河的畅通，便以南北分流作为治理黄河的重要手段。分流使黄河下游的主流在颍河和泗水之间摆动，治理的代价是南岸大片土地的泛滥。明嘉靖年间开始转变治理黄河的策略，陆续在黄河两岸建立数百里的大堤，使得黄河下游主流并为一支，从而开始束水攻沙的治黄阶段。潘季驯认为要长久治理黄河，需要建造远堤和窄堤，通过窄堤以束河水，远堤防止溃决的方法形成完整的堤防体系。在建造过程中，因为窄堤逼近河滨，束水太急，常被冲垮，两堤之间的滩地会有积水，导致窄堤会受到两面夹击。后来，潘季驯果断放弃窄堤，依靠远堤，但此时远堤的作用不是束水攻沙，而是束水归槽，即对河床的冲刷，这是潘季驯对远堤功能理解的转变，除了防止洪水泛滥外，还可以约束河水归槽以冲刷河床。这是用束水归槽实现束水攻沙。近代以来，黄河治理的思想受到国内外专家的广泛讨论，其中最重要的是德国水利专家方修斯和恩格斯之间的讨论，方格斯认为黄河之患在于洪水河床过宽，治理黄河必须以此为重点，恩格斯则认为在现行大堤之内加筑新河堤，从而使得河床变窄的做法不但难以冲深河床，反而会抬高水位。为此，恩格斯从 1931 年至 1934 年先后三次主持模型试验。其结论总结为 4 点：1. 培高原有提防，以防止异常洪水；2. 采用适当工程，创造中水河床，使之固定；3. 根据河槽形式修筑翼堤，保护滩地，以使滩地淤高；4. 采用适当工程保护滩地以防止冲刷。这 4 条方式与潘季驯提出的筑宽堤以防其溃，堵塞串沟，建筑格堤，筑埽坝等护滩工程的思想非常吻合，两者的实质完全相同。（参考：周魁：《潘季驯束水攻沙治河思想历史地位辨析》，《水利学报》1996 年第 8 期第 1 ～ 7 页。朱配辰）

树立可持续发展生态意识

To Establish the Eco-consciousness of Sustainable Development

为了人类的生存，人类必须理性解决人与自然环境的关系，坚持可持续发展这一人类生存的最佳模式。在全民中树立生态意识，以生态价值观念取代传统的人类价值观念，对于维护人类的生存和发展非常必要。可持续发展要求人类有责任尊重自然，充分重视自然界的生态平衡和自然界的整体性。可持续发展要求人类的思维观念、

道德观念都发生根本改变。能否实现可持续发展决定于人类生态意识的建立，决定于人类对可持续发展的认识和实践。只有人类与环境之间建立起和谐共存的新型关系，才更有利于人类自身的发展与社会的进步。（张惠娜）

数学生态学

Mathematical Ecology

利用数学的方法研究和剖析生态系统的学科，属于生态学的分支。20世纪20～40年代之间数学生态学研究兴起，在物种散布和生态位填充、岛屿地理学和地生态学以及在营养动态和食物链研究等方面作出贡献。20世纪60年代后，由于电子计算机技术与工业化的高速发展，数学生态学得到进一步发展。由于环境问题出现和定量研究生态过程深入，使系统分析和模拟技术在生态学领域迅速发展。数学生态学通过对生态系统构建数学模型的方式进行研究，美国许多地方建立起生态系统模拟或资源计划研究中心，加拿大、澳大利亚、日本和欧洲一些国家的数学生态学也有类似发展和应用。当前的重要内容有：个体行为的动态模型，种群的时刻动态分布，种群对环境因子变化的响应，种群结构与资源分布的关系，异质种群的动态分析以及非线性生态动力学等。（朱雨晨　张惠娜）

衰退产业

Declining Industry

指一个地区或一个国家的产业结构中不适应市场需求变化、不具备区位优势、缺乏竞争力的产业群。在产业结构中陷入停滞甚至萎缩的产业，都存在孕育期—成长期—成熟期—衰退期的生命周期。在区域的产业结构系统中，衰退产业一般具有的特征：1. 全行业生产能力明显过剩，或生产成本过高，产品销售困难，开工严重不足。2. 全行业效益很低甚至全行业亏损。由于生产能力严重过剩，企业之间竞争激烈。企业为了生存下去，不惜采取低价竞争手段，致使在相当一部分企业停产半停产的同时，产品有销路、能够维持正常生产的企业也因产品价格低而处在收益率很低的境地，使全行业长期处在微利甚至亏损状况。3. 生产的产品是传统产品，产品需求增长率下降较快，其产业所提供的产值在GDP中的比重呈下降或者加速下降的趋势，因而新进入企业不断减少，原有厂商不断退出。4. 资金投入减少，优秀人才流失，产品技术含量低。低收益率使这些行业难以吸收新的投资，但是要进行结构调整，却需要大量的投资。5. 受到新兴产业替代的威胁。6. 退出行为困难，长期处在过度竞争状况。过度竞争使许多企业处于低利润率甚至负利润率的状态，由于存在各种困难，这些企业并不从这个行业中退出，使全行业低利润率或负利润率的状态持续下去。（史月田）

双边合作机制

Bilateral Cooperation Mechanism

指两个国家或者地区之间在政治、经济、社会、环境等议题领域一起合作，共同处理问题、解决纷争的机制，是国际合作的最典型形式。由于双边合作的主体是民族国家及其政府，因而，达成的政治共识或协议能够具有较高的权威性并得到较好的贯彻落实。（申森）

“双创”

Double Creativities

“双创”活动泛指我国各地的城市与企事业单位等的两项创建工作。国务院总理李克强2014年9月在夏季达沃斯论坛上公开发出“大众创业、万众创新”的号召，“双创”一词由此开始走红。在2015年6月4日的国务院常务会议后，“双创”再度吸引人们注意，会议决定鼓励地方设立创业基金，对众创空间等办公用房、网络等给予优惠；对小微企业、孵化机构等给予税收支持；创新投贷联动、股权众筹等融资方式；取消妨碍人才自由流动、自由组合的户籍、学历等限制，为创业创新创造条件；大力发展营销、财务等第三方服

务，加强知识产权保护，打造信息、技术等共享平台。（史月田）

双重危机

Double Crises

1997年，詹姆斯·奥康纳（James O' Connor）在其著作《自然地理由》中首次提出。双重危机论指出资本主义体制内经济危机和生态危机之所以产生的缘由，认为唯一可以解决资本主义双重危机的办法是进行生态革命，进入生态社会主义社会。奥康纳继承马克思主义关于资本主义基本矛盾的理论，同样认为生产力和生产关系的矛盾是资本主义的首要矛盾，这是由于资本主义社会消费不足引发经济危机而导致的。除此之外，奥康纳进一步指出还有第二重矛盾，即生产力、生产关系与生产条件之间的矛盾，第二重矛盾是由于资本主义社会生产不足引发经济危机和生态危机导致的。这二重矛盾相互作用于资本主义制度之内，矛盾不解决，必然会导致资本主义社会的双重危机。奥康纳认为虽然马克思已经成功认识到资本主义体制的弊端会产生由于生产力与生产关系不协调而引发的经济危机，但是19世纪欧洲的科技和工业化程度远没有发展到20世纪的水平，限于时代所限，马克思不会预测到20世纪资本主义社会的生态危机会比经济危机更加凸显。奥康纳发展出的第二重危机比第一重危机更加根本和深刻，并且二者可以相互转化，形成恶性循环。（参考：于开红等：《现代社会的双重困惑：经济危机与生态危机——詹姆斯·奥康纳“双重危机理论”评析》，《财经科学》2013年第6期第83页。欧阳文川）

水产养殖

Aquaculture

人为控制下繁殖、培育和收获水生动植物的生产活动。一般包括在人工饲养管理下从苗种养成水产品的全过程。广义上也可包括水产资源增殖。水产养殖有粗养、精养和高密度精养等方式。粗养是在中、小型天然水域中投放苗种，完全靠天然饵料养成水产品，如湖泊水库养鱼和浅海养贝等。精养是在较小水体中用投饵、施肥方法养成水产品，如池塘养鱼、网箱养鱼和围栏养殖等。高密度精养采用流水、控温、增氧和投喂优质饵料等方法，在小水体中进行高密度养殖，从而获得高产，如流水高密度养鱼、虾等。我国的淡水养殖的类型有：1. 池塘精养鲤科鱼类，以投饵、施肥取得高产，将各种不同食性的鱼类进行混养，以充分发挥水体生产力；2. 在湖泊、水库、河沟、水稻田等大、中型水域中放养苗种，依靠天然饵料获得水产品。（李雪姣）

水的社会循环

Social Cycle of Water

指人类为满足生活和生产需求，不断取用天然水体中的水，经过使用，一部分天然水被消耗，但绝大部分变成生活污水和生产废水排放，重新进入天然水体的过程。与水的自然循环不同，在水的社会循环中水的性质在不断地发生变化。在人类的生活用水中，只有很少一部分是作为饮用或食物加工以满足生命对水的需求的，其余大部分水是用于卫生目的，如洗涤、冲厕等。在工业生产用水中，除用一部分水作为工业原料外，大部分是用于冷却、洗涤等，使用后水质也发生显著变化，污染程度随工业性质、用水性质及方式等因素而变。在农业生产中化肥、农药使用量的日益增加使得降雨后的农田径流会挟带大量化学物质流入地面或地下水体，从而形成面源污染。在水的社会循环中，生活污水和工农业生产废水的排放，是形成自然界水污染的主要根源，也是水污染防治的主要对象。（参考：李圭白、李星：《水的良性社会循环与城市水资源》，《中国工程科学》2001年第6期第37～40页。刘阳）

水环境容量

Water Environmental Capacity

又称水体负荷量或纳污能力。指在满足水环

境质量的要求下，水体所能容纳污染物的最大负荷量。它主要由稀释环境容量和自净环境容量两部分组成。水环境容量的大小与水体特征、水质目标、污染物特性及水环境利用方式等有关。目前，水环境容量被用于制订地区水污染物排放标准和环境规划，水环境容量的研究是进行水环境规划的基础工作，一个地区的水环境容量大小是该地区水资源是否丰富的重要标志之一。（石艳峰）

水幕太阳能墙

Solar Water Curtain Wall

水幕循环结合呼吸式太阳能幕墙体系。水幕太阳能墙能够实现建筑自身的气候调节，尤其适

用于冬冷夏热地区，法国阿尔萨斯地区与上海世博园都有水幕太阳能墙的实例建筑。墙体包括三层，外层为太阳能电板和第一层玻璃，中间层为密闭舱，第三层为水幕玻璃。水幕太阳能墙夏天运行时，密闭舱会打开。密闭舱中的空气和沿着立面往下流的水幕相连，加上太阳能墙产生的阴影，起到给建筑降温的效果。利用水幕太阳能墙的原理，可以在夏季有效降低室内温度，在冬季补充室内温度，极大降低对空调的依赖。（朱雨晨）

水能

Hydro Energy

水在流动过程中所蕴含的能量。指水的动能、势能和压力能等能量资源，属于水资源的范畴，包括河流水能、潮汐水能、波浪能、海流能等。其中河流水能是人们目前最易开发和利用的比较成熟的水能资源。为突出水能资源发电的功能，常将用来发电的水资源混称为水电资源、水力资源、水能资源。2005年颁布的《中华人民共和国可再生能源法》将用词统一为水能资源，确立水能资源作为独立资源的法律地位，将其与风能、太阳能、生物质能、地热能、海洋能等非化石能源列为6大可再生能源。我国水能资源丰富，但分布不均。中国水能资源西多东少，大部集中于西部和中部。我国水能资源理论蕴藏量有6.78亿千瓦，年发电量5.92万亿千瓦时，居世界第一位，有美好的开发前景。作为可再生清洁能源，水能的开发在国家可持续发展战略中具有重要意义。（任傲尘）

水平潜流人工湿地

Subsurface Flow Constructed Wetland

人工湿地污水处理系统的一种，因污水从一端水平流过填料床而得名。水平潜流人工湿地由一个或多个填料床组成，主要包括床体填充基质、

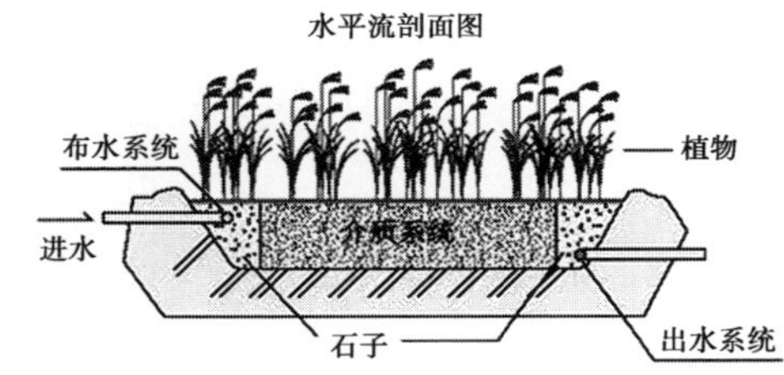

防渗层和微生物等结构。与自由表面流人工湿地相比，水平潜流人工湿地可处理的水力负荷和污染负荷大，并且对BOD、COD、SS、重金属等污染指标的去污效果好；与垂直潜流人工湿地相比，恶臭和滋生蚊蝇现象较少，但是除磷脱硫效果较之不如。目前，水平潜流人工湿地已被美国、日本、澳大利亚、德国、瑞典、英国、荷兰和挪威等国家广泛使用，尤其是欧洲国家等国家已有200个系统在运行，该系统多数种植根部具有稳定导水性的芦苇。但几乎所有土壤系统都遇到表面短流问题。为保证潜流，英国和北美绝大多数采用砾石床。近些年来，人工湿地不再限于污水处理，其应用范围更加广泛，如在欧洲被应用于污泥处理等。（参考：莫凤鸾：《高效垂直流人

工湿地污水处理系统实践研究》，中南林学院2004年硕士学位论文第2～7页。韩铮）

水权

Water Right

目前学界尚未完成对水权的完整统一的概念界定。有观点认为水权是以对水资源的所有权为基础的权利束或权利簇；也有观点认为水资源的所有权作为一种法律制度，是一项独立的法律权利，因而水权指除所有权以外的水资源的使用权和获益权；还有观点认为水权是指包括所有权在内的水资源的使用权和水资源的获益权以及水资源的管理权。因此，各种观点的分歧点在于是否将水资源的所有权纳入水资源的诸种权利之中。基于以上各种观点，也可以从广义和狭义层面对水权的含义进行界定。从广义上来说，水资源作为一种财产，水权就是以其所有权为基础的一系列权利，包括水资源的使用权、管理权和获益权。按照现行对水资源的利用方式，水权是以国家为水资源所有权的所有者，以国务院和各级行政单位为水资源管理权的所有者，以单位和个人为水资源占用权、使用权和获益权的所有者的法律权利。从狭义层面来说，水权不包含水资源的所有权和管理权，仅指水资源的使用和收益权。我国《水法》中规定水资源归国家所有，由此看来水权在我国可以界定为由国家掌握水资源所有权的物权和在法律法规等条件限制下的用益权。（参考：裴丽萍：《水权制度初论》，《中国法学》2001年第2期第90～100页。欧阳文川）

水权管理制度

Water Right Management System

指专责水资源管理的机构对水权的发生和行使以及变更和取消等一系列行为的控制、协调和监督的法律制度，即以政府职能部门为主导，利用市场机制对水资源的合理使用进行管理的法律制度的总称。由于水资源具有整体性和流动性等一系列特征，政府水机构职能的行使限于行政区划的地域分割，这导致水资源使用的复杂与局部失衡等缺陷，从而有可能导致关于水权的跨区域纠纷。因此，政府职能部门的干预和调节是必要的。在现代水权管理制度中，各国大都经历分散—集中管理模式的转型，现在普遍采用集中型管理方式，即国家建立专门的水资源管理职能部门或者指定专业的水资源管理机构代为行使职能。与此同时，为防止权力垄断，也有国家采用分散和集中相结合的水资源管理模式，即在确保国家水资源管理的专门职能部门在水权事务中的主导地位的同时，积极调动其他职能部门对水资源管理工作的参与和协作，发挥其职能中的优势作用和功能。水权管理制度根据不同标准可以分为多种制度类型，如根据管理性质、管理方法、管理内容等不同类型，水权管理制度相应也可分为宏观、微观、一般、特殊等不同类型。（参考：宋娇艳：《水权交易制度研究》，西北农林科技大学2010年硕士学位论文第6～17页。欧阳文川）

水权交易

Water Right Trading

也称水权流转。从广义上说，水资源作为一种财产，水权是以其所有权为基础的一系列权利，包括水资源的使用权、管理权和获益权。按照现行对水资源的利用方式，水权是以国家为水资源所有权的所有者，以国务院和各级行政单位为水资源管理权的所有者，以单位和个人为水资源占用权、使用权和获益权的所有者的法律权利。从狭义层面说，水权不包含水资源的所有权和管理权，仅指水资源的使用和收益权。水权交易的含义也可从广义和狭义层面进行区分。从广义上说，水权交易指不同主体间水权的流转。可以是作为水权所有权主体的国家对水资源所有权和他物权的划拨，也可以是平等主体之间对于水资源相关权利的买卖、赠送和交换。从狭义上说，水权交易指平等的市场主体以经济利益为目的，对国家出让划拨的所有权等权利进行有偿买卖的行为。通常使用的是水权交易狭义层面的含义。水权交易的法律主体为包括国内和国外的公民、法人或者其他组织，一般说为避免腐败，政府机关不作为水权交易的法律主体；水权交易的法律客体为以水资源为承载对象的自然物质；水权交易法律关系的内容是水权交易中法律主体所享有的法律权利和所承担的法律义务。（参考：裴丽萍：《可交易水权论》，《法学评论》2007 年第 4 期第 44 ～ 52 页。欧阳文川）

水权交易制度

Water Right Trading System

水权交易也可称为水权流转。从广义上说，水权交易指不同主体间水权的流转，可以是作为水权所有权主体的国家对水资源所有权和他物权的划拨，也可以是平等主体之间对于水资源相关权利的买卖、赠送和交换。从狭义上来说，水权交易指平等的市场主体以经济利益为目的，对国家出让划拨的所有权等权利进行有偿买卖的行为。通常所使用的是水权交易狭义层面的含义。水权交易制度是科斯定理在水资源管理中的特殊应用，旨在利用市场机制促成水资源的优化使用和管理。水权交易制度的运行依靠水权界定、水价和水权交易管理三个方面。水权的界定是制度运行的关键所在，政府在其界定工作中扮演重要角色，水权包括水资源的所有权、管理权、使用权和收益权等一系列衍生权利。水权交易制度最早出现在美国，可以追溯至沿岸权制度，该制度起源于英国普通法和《拿破仑法典》，是与土地所有权的排他性联系在一起的水权制度。沿岸权制度之后的优先占用权制度和公共水权制度，也是现代水权交易制度得以产生的重要渊源。（参考：裴丽萍：《可交易水权论》，《法学评论》2007 年第 4 期第 44 ～ 52 页。欧阳文川）

水权配置制度

Water Right Allocation System

指利用行政手段或者市场手段对水资源的使用权或职水权在不同法律主体或不同区域之间进行合理配置的制度，是水资源优化、高效利用的重要手段。目前存在 4 种水权配置制度，即自由占用制度、优先专用配置制度、行政性配置制度、市场配置制度。水权自由占用制度指将水资源视为无排他性的公共资源，任何主体都可以根据需要随意使用。优先专用配置制度指必须与其他水权配置制度相结合的制度，遵循惯例和先来优先的使用原则配置水资源使用的制度。行政性配置制度是国家职能部门管理水权分配的重要形式，即国家职能部门对水资源的使用权和职水权在不同行政区域、不同法律主体或者不同水域之间进行合理分配的管理制度。市场配置制度即以市场机制为手段调节水权配置及其价格的制度。目前我国采用的是对水权计划配置的公共水权制度，特征在于水权的配置内容不包含水资源的所有权，只有使用权以及其他衍生权利，因为我国《水法》明确规定水资源属于国家所有。其次，我国的水权分配制度分为两个层面，即初始分配和再分配，初始分配侧重于行政手段，再分配侧重于利用市场机制，两种分配产生不同效益和成本。（参考：宋娇艳：《水权交易制度研究》，西北农林科技大学 2010 年硕士学位论文第 6 ～ 17 页。欧阳文川）

水权制度

Water Right System

属于水权交易相关制度中的一种。从广义上说，水权交易指不同主体间水权的流转，可以是作为法律主体的国家和市场主体间的水权转让，也可以是平等的主体间的水权流转。从狭义上来说，水权交易指平等的市场主体以经济利益为目的，对国家出让划拨的所有权等权利进行有偿买卖的行为。通常所使用的是水权交易狭义层面的含义。水权制度是产权以及产权制度在水资源利用领域的实践产物。在不同水资源、不同水资源使用情况、不同的水权含义和不同的制度文化背景下，水权制度也是不尽相同的，因此，水权制度在不同国家中可能形态各异。一般情况下，水权制度的特殊情况与水资源稀缺程度紧密相连。水权制度包括沿岸所有权制度、优先占用权制度、可交易水权制度和公共水权制度。沿岸所有权制度是起源于英国，后在美国发展起来的与土地所有权制度相联系的水权制度。优先占用权制度和可交易水权制度都是在美国水资源匮乏的西部建立，用以高效利用和配置水资源排他性水权制度。公共水权制度是大陆法系国家通过法律建立的水权制度，特征在于水资源所有权与使用权相分离，所有权归国家所有。（参考：裴丽萍：《水权制度初论》，《中国法学》2001 年第 2 期第 90 ~ 100 页。欧阳文川）

水上森林

Forest above water

对湿地进行改造栽种树木，林下间种农作物，河沟养殖的水上森林林农复合经营模式。水上森林林中有水，水中有林，水里有鱼，林中有鸟，

自然风光优美。国内具有代表性的水上森林位于江苏省里下河地区兴化市，林地面积 1050 亩，始建于 1982 年，当地干部群众对本地的沼泽芦苇滩地进行改造，栽种耐水树种池杉，林下栽种油菜、芋头，既保护了湿地资源，又开发了林下经济，同时利用美好的水上森林景观发展森林旅游。水上森林对湿地生态系统及生物多样性、发挥湿地生态功能、促进周边环境改善和经济可持续发展都具有十分重要的意义。（朱雨晨）

水生态安全

Water Ecological Security

生态安全是生态学中新兴的研究方向，目前研究重点集中于自然和农业生态安全，研究内容是生态安全评述以及评价指标等方向。水生态安全指人通过基础设施以及其他相关资源条件获得清洁卫生的水资源时，既能满足生活所需，又能满足经济生产需求，同时又符合健康环保和维护生态的环境标准。水生态安全包含的属性：1. 自然属性，水生态安全的保障一部分源自于水生态系统本身的功能状况和条件；2. 社会属性，水生态安全的客体是人类及其生存发展所需社会资源集合体；3. 水生态安全的人文属性，指水资源使用者的人对安全因子作用于其载体的心理感受，这种感受与人对于水生态系统及其安全的认识以及自身所处环境水资源情况的了解有关。这些属性决定水生态安全的状况会直接或间接影响到社会经济安全或者生态环境安全状况，然而并非所有社会经济安全与生态环境安全都会受到水生态安全的影响，只有与其相关的社会经济安全和生态环境安全问题才会受到影响。水生态安全评价遵循科学性、完整性、实用性和可评价性原则。（参考：严立冬等：《城市化进程中的水生态安全问题探讨》，《中国地质大学学报》（社会科学版）2007 年第 1 期第 57 ~ 61 页。欧阳文川）

水生态文明城市建设试点

Pilot of water eco-civilization cities construction

2013 年，水利部下发《关于加快开展全国水生态文明城市建设试点工作的通知》，要求有关单位高度重视，将生态文明理念融入水资源开发、利用、治理、配置、节约、保护的各方面和水利规划、建设、管理的各个环节。旨在通过试点建设，促进最严格水资源管理制度落实和江河湖库水系连通；促进水资源优化配置、合理开发、高效利用和节约保护，建设节水防污型社会；促进水资源管理体制改革创新，加快城乡水务一体化进程；促进传统水利向现代化水利、可持续发展水利转变和民生水利发展。依据该通知，首批水生态文

明城市建设试点包括北京市密云区、天津市武清区等全国45个市、县。（张沥元）

水体富营养化

Eutrophication

指在人类活动影响下，生物所需的氮、磷等营养物质大量进入湖泊、河口、海湾等缓流水体，引起藻类及其他浮游生物迅速繁殖，水体溶解氧量下降，水质恶化，鱼类及其他生物大量死亡的现象。导致富营养化的营养物按其来源可分为点源和非点源（或面源），前者是排放集中、位置固定的污染源，也较容易测定；非点源污染是通过地表径流、降水、地下水等进入水体，较难以测定和控制。水体富营养化的监测和评价指标包括地理、理化、生物等指标，如Ae/V指标（Ae：总集水区、V：湖泊容积）、形态土壤指标、透明度（SD）、溶解氧（DO）、营养物质和生物学指标。其中营养物质是最重要的指标，主要是

氮、磷（包括各种存在形式）的浓度（mg/L），用“年单位面积负荷”表示；生物学指标包括指示种类（蓝藻中几个种类）、种类组成、生物现存量（数量、生物量、叶绿素含量等）、初级生产量、细菌等。目前，我国水体富营养化的治理措施主要围绕在控制水体中的营养盐、除藻、生物调控和生物修复、生态工程和生态修复、综合处理等五个方面。（参考：王淑芳：《水体富营养化及其防治》，《环境科学与管理》2005年第6期第63～65页。刘阳）

水体热污染

Thermal pollution of Water

因人工排放的热量进入水体导致的水体温度异常升高现象。主要热源是核电站、热电厂、炼钢厂等冷却水的排放。核电站为取水便利，多建在沿海海岸或河口地带，其中冷却水经冷凝器后常升温约6～8摄氏度，直接排入取水海域造成大量余热进入水体，导致海域稳定升高。水体热污染的危害包括：1.对水生生物造成伤害，影响鱼类等生物的正常生长发育，乃至威胁其生命；2.改变水生物群落构成，水温的大幅增长会使硅藻大量死亡，进而绿藻、蓝藻等藻类大量生长，产生的毒素会危害鱼类，使物种数量改变，威胁生物多项性；3.造成水域缺氧，溶解氧是水质的重要参数，水温增高会加速底泥中有机物的生物降解，消耗大量氧气，影响鱼类的正常生长；4.改变有毒物质的毒性和生物的抗毒性，如水温升高10℃，氰化物毒性就增强一倍，生物对毒物的抗性则随水温的上升而下降。水体热污染的防治包括：1.根据水体热容量和技术经济条件，制定热排放标准；2.加强各工矿企业之间的余热利用；3.对高温冷却水采取降温措施，使受纳水体水温达到排放标准。（任傲尘）

水体生化自净

Biochemical Self-purification of Water

指有机污染物进入水体后在微生物作用下氧化分解为无机物的过程，可以使有机污染物的浓度大大减少。工业有机废水和生活污水排入水域后，即产生分解转化并消耗水中溶解氧。水中一部分有机物消耗于腐生微生物的繁殖，转化为细菌机体；另一部分转化为无机物。细菌又成为原生动物的食料。有机物逐渐转化为无机物和高等生物，水便净化。如果有机物过多，氧气消耗量大于补充量，水中溶解氧不断减少，终于因缺氧有机物由好氧分解转为厌氧分解，于是水体变黑发臭，需要有机污染物随河水流动而进行生物化学自净。（石艳峰）

水体生态修复技术

Technology of Waterbody Ecological Restoration

在工程措施的辅助下，利用植物或微生物对水体中的污染物进行处理，从而使水体得到净化，通过强化自然界自身的净化能力和物质循环规律治理被污染水体，因地制宜，节能环保，可实现流域综合治理，是实现人与自然和谐相处的治污途径。生态修复一般分为人工修复、自然修复两类。生态缺损较大的区域，以人工修复为主，人工修复和自然修复相结合，人工修复促进自然修复。现状生态较好的区域，以保护和自然修复为主，人工修复主要是为自然修复创造更良好环境，加快生态修复进程，促进稳定化过程。水体生态修复技术具有低投资、高效率、便于运行、发展潜力较大、生态风险低、生物多样性强、生态系统稳定性高、抗冲击能力强等特点。当前，国内外的自然水体生态修复技术包括水生植物净化技术、曝气复氧技术、生物膜技术、微生物制剂技术、生态床技术、生物栅修复技术、人工湿地处理技术和生态水利工程技术等。目前，水体生态修复技术在我国得到广泛应用，产生较好的经济、社会和环境效益，为新时期水利科技发展奠定基础。主要模式有：生活污水处理、养殖水体生态修复、地下水修复与治理、河道污染修复、富营养化湖泊水库的治理以及海洋生态修复等。（韩铮）

水体污染的生物修复

Bioremediation of Water Pollution

指利用生物的生命代谢活动减少人类活动给水体环境带来的有毒有害物，使其无害化，从而使被污染的环境能够部分或者完全恢复到原初状态的过程。生物修复根据其所利用的生物种类，可以分为微生物修复、植物修复、动物修复。废水中的有毒物质主要是利用微生物的新陈代谢过程，周而复始的分解有机物质。湖泊中的污染，主要是通过营养盐的加入和曝气机的搅拌，使得底泥中的有机污染物作为碳源被微生物利用，同时水生生物产于其中，通过进食限制浮游植物的生物量。海洋油污染的生物修复主要依靠低温微生物对石油烃的降解作用实现。（朱雨晨）

水体污染及防治

Water Pollution and Prevention

水体污染指排入水体（包括内河、湖泊、地下水、海洋）的污染物在数量上超过该物质在水体中的本底含量和自净能力，从而导致水体的物理特征、化学特征和生物特征发生不良变化，破坏水体生态系统的稳定性和水体的功能，影响其在人类生活和生产中的作用。水体污染主要是由工业废水、农药、生活污水以及固体废弃物等的排放所造成。按水体污染物的性质划分，水体污染可分为物理性污染、化学性污染和生物性污染。我国在工业污水处理上采取的措施：1. 宏观性控制对策，把水污染防治和保护水环境作为重要的战略目标，优化产业结构与工业结构，合理进行工业布局；2. 技术性控制对策，推行清洁生产、节水减污、试行污染物排放总量控制，加强工业废水处理等；3. 管理性控制对策，完善废水排放标准和相关的水污染控制法规和条例，加大执法力度，严格限制废水的超标排放，健全环境监测网络，增强事故排放的预测与预防能力等。（参考：蒲思川、冯启明：《我国水体污染的现状及防治对策》，《中国资源综合利用》2008 年第 5 期第 31 ～ 34 页。刘阳）

水体污染物

Water Pollutants

指造成水体水质下降、危害水中生物群落以及水体底泥质量恶化的各种有害物质。根据污染物对水体环境污染危害情况不同，将其分为：1. 固体污染物，在水中有溶解态、胶体态、悬浮态 3 种存在形式，其中悬浮物在水体中沉积后，会淤塞河道，危害水体底栖生物的繁殖，影响渔业生产；2. 生物污染物，包括病毒、病菌、寄生虫卵等各种致病体，主要来自城市生活废水和垃圾、医院废水等方面；3. 需氧有机污染物，通过微生物的化学作用分解为无机物，此过程中水中溶解氧被消耗，在缺氧条件下污染物发生腐败分解，恶化水质；4. 富营养性污染物，主要指氮、磷、钾、硫等可引起水体富营养化的物质，造成水华（湖泊）或赤潮（海洋）。（参考：赵天、关晓梅、杨春生：《水体污染物的种类、来源及对人体的危害》，《黑龙江水利科技》2004 年第 2 期第 99 页。刘阳）

水体修复

Water Body Repair

除依靠水生生态系统本身的自适应、自组织、自调节能力外，采取人工的物理、化学和生物的方法，使水体恢复到原有的生态功能的过程。根据不同的分类标准，水体修复有不同的类型。按水体种类，水体修复可分为：河流水环境修复、地下水水环境修复、湖泊水库水环境修复、海洋水环境修复和湿地水环境修复等。按水体受到的污染可分为：水体重金属污染修复、水体富营养化修复、石油污染修复、POPs 污染修复、城市景观水体修复等。水体修复技术有：1. 物理修复技术，包括引水稀释、底泥疏浚等。其中，引水稀释是通过工程调水对污染水体进行稀释，使水体在短时间内达到相应的水质标准，但对引水水域和引入水域有一定的负面影响，会导致两水域生态体系发生变化。底泥疏浚指对整条或局部沉积严重的河段、湖泊进行疏浚、清淤，恢复河流和湖泊的正常功能。但底泥疏浚成本高，不能从根本上解决问题。2. 化学修复技术，通过化学手段处理被污染水体达到去除水体中污染物的一种方法。化学修复具有费用高、易造成二次污染等缺点。3. 生物修复技术，利用特定生物（主要是微生物）对水体中污染物的吸收、转化或降解，达到减缓或最终消除水体污染、恢复水体生态功能的生物措施。（参考：董哲仁、刘蒨、曾向辉：《生态—生物方法水体修复技术》，《中国水利》2002 年第 3 期第 8 ~ 10 页。朱配辰）

水体自净

Self-Purification of Water

指洁净的水被污染后，水体自身能够通过物理、化学、生物作用使污染程度降低，经过一段时间后，可以恢复到污染之前的状态。物理作用包括：可沉性固体逐渐下沉，悬浮物、胶体和溶解性污染物稀释混合，使浓度逐渐降低，其中稀释作用是重要的物理净化过程。化学作用包括：氧化、还原、酸碱反应、分解、化合、吸附和凝聚，使污染物质的存在形态发生变化或使其浓度降低。生物作用指通过水中各种生物（藻类、微生物等）的活动特别是微生物对水中有机物的氧化分解作用使污染物降解。（石艳峰）

水土保持

Soil and Water Conservation

指对自然因素或人为活动造成的水土流失所采取的预防和治理措施。防止水土流失，保护、改良和合理利用水土资源，维护和提高土地生产力，以利于充分发挥水土资源的经济效益、社会效益和生态效益，实现生态环境的良性循环。我国传统的水土保持措施主要包括耕作措施（如区田法）、工程措施（如梯田、引洪漫地、陂塘等）和林草措施（如封山育林、植树造林、堤岸营造防护林等）。1991 年 6 月 29 日，我国颁布了第一部《中华人民共和国水土保持法》，将水土保持工作用法律形式固定下来，标志着水土保持工作进入稳定发展的法制化阶段。我国水土保持的科学研究总体上可分为基础性、综合性的研究和关键性科学技术应用研究两个方面。前者包括水土保持规划与土壤侵蚀基础性研究、区域性和全国性土壤侵蚀与水土保持综合考察研究、水土流失规律和水土保持措施效益定位观测基础性研究和以小流域为单元的综合治理试验研究等；后者主要集中在水土保持工程技术研究和水土保持农业技术研究两个方面。水土保持需坚持防治并举、治管结合、因地制宜、全面规划、综合治理、除害兴利的工作方针，生物措施和工程措施相结合、坡面治理与沟道治理相结合、田间工程与蓄水保土耕作措施相结合、治理与发展生产相结合、当前利益与长远利益相结合的原则。具体措施有：1. 生物措施。植树种草，封山育林，绿化大地，按不同地形营造各种水土保持林和绿化草带，用以涵蓄雨水，增强土壤凝聚力，减缓地表径流。2. 工程措施。修筑水平梯田、培地埂、建塘坝、筑谷坊、开挖拦洪沟等，把雨水拦蓄起来，减轻地表径流对土壤的冲击。3. 耕作措施。实行等高种植、带状垄作、粮草轮作、间作套种，使农田具有合理的生态结构。特别是要在 25° 以上的坡耕地上实行退耕还林，在沙化土地上退耕还草，以增强地表覆盖，防治水土流失。良好而完善的水土保持措施，对开发建设山区、丘陵区和风沙荒漠区，对减少水、旱、风、沙灾害，对防止土壤侵蚀，对避免土地生产力衰退，对山区经济的繁荣，对下游河流的治理和整个国民经济的发展都具有重要作用。（参考：韦红波、李锐、杨勤科：《我国植被水土保持功能研究进展》，《植物生态学报》2002 年第 4 期第 489 ~ 496 页；袁希平、雷廷武：《水土保持措施及其减水减沙效益分析》，《农业工程学报》2004 年第 2 期第 296 ~ 300 页。刘阳　朱配辰）

水土保持监测
Soil and Water Conservation Monitoring

指以水土流失过程、水土保持活动及其环境因子变化为对象的监测。广义的水土保持监测是对水土流失及其治理信息进行全面采集和处理过程，包括信息采集、信息传输、信息存储、信息处理、信息服务及其相关的应用系统。狭义的水土保持监测仅指水土保持信息采集。水土保持监测内容包括水土流失因子、水土流失状况和水土保持效益 3 个方面。监测方法基于不同技术手段可分为 4 大类：1. 地面观测，是最主要的监测方法，包括各种侵蚀类型的地面观测、农户监测和地面调查等；2. 遥感监测，是利用遥感技术手段获取的影像数据，通过专业解译提取水土保持专题信息的过程；3. 地面调查，是一种补充性质的方法，针对临时性、突发性事件，或者补充性工作的一种调查；4. 基于空间分析和数字制图的方法，是对典型点上监测得到的数据，经过必要的运算，得到小流域尺度数据的过程。（参考：郭索彦、李智广：《我国水土保持监测的发展历程与成就》，《中国水土保持科学》2009 年第 5 期第 19 ~ 24 页。刘阳）

水土保持型生态农业模式
Soil and Water Conservation Ecological Agriculture Pattern

指以恢复生态经济系统的良性循环为中心，以水土保持为手段，形成高效农业生态系统，以实现生态效益、经济效益和社会效益有机统一为目标的新型农业发展模式，是维持生态环境平衡的必由之路。为防治水土流失和开发利用山坡地，兴建小庄园典型牧—沼—果生态农业模式。这个模式可概括为建立以种果为中心，以养猪、养鸡、沼气为纽带，综合发展果树种植业、畜牧业的生态种养模式。通过这种模式，可减缓农村燃料的短缺，提高果树产量和产品品质，节约生产成本，改善生态环境和提高土壤的肥力，增加生物多样性，减少病虫害的危害，减少环境污染。（史月田）

《水土保持学报》
Journal of Soil and Water Conservation

创刊于 1987 年，是由中国科学院主管，中国土壤学会和中国科学院水利部水土保持研究所共同主办。是我国水土保持与土壤侵蚀领域具有影响的最高级别刊物。办刊宗旨：以期刊的政治质量为前提，以学术质量为核心，不断提高期刊的社会效益和经济效益，积极服务于我国的水土保持事业。在办刊过程中，严格按照国家有关编辑出版政策、法规、条例办事，贯彻国家“科技兴国”和“农业可持续发展”战略，充分发挥科技期刊的政治导向和科技导向，不断提高刊物的学术质量和知名度，及时有效地传播国内外水土保持最新科研成果，加强国内外学术交流，促进科技成果向生产力转化，加快生态环境建设步伐，为繁荣和发展我国的水土保持事业而努力。刊登内容：主要是有关水土保持、土壤侵蚀方面的基础研究和应用研究——水土流失和荒漠化防治，土壤侵蚀（水蚀、风蚀等）过程及模型，水土流失预防监督与管理，土壤重金属污染与修复，流域植被修复与生态环境建设，区域水土保持与农业可持续发展，土壤水分与养分变化特征，土地利用、退化（荒漠化、沙化、石化）与评价，水土保持生物、工程措施及其综合治理效益与评价，自然灾害的防治与监测，以及与之相关的交叉、边缘学科和高新技术在水土保持方面的最新研究成果。月刊，ISSN0022-4561。（*席溢*）

水土保持与荒漠化防治

Soil and Water Conservation and Desertification Control

水土保持与荒漠化防治专业是林学的一个二级学科。水土保持与荒漠化防治学科是多学科结合的交叉性学科，与生态环境安全和国土资源保护密切相关，对保护、改良与合理利用水土资源，促进社会经济可持续发展有着极其重要的作用，直接为我国生态环境建设和复合农林业的发展服务。水土保持与荒漠化防治专业作为多学科综合和交叉性学科，在 2001 年被教育部确定为国家级重点建设学科，主要任务是解决我国对水土资源保护、改良和合理利用所提出的关键理论与技术问题，在生态环境建设、生态安全和水土资源开发与保护等方面有着宽广的研究和应用领域。（*史月田*）

水土流失率

The Rate of Soil and Water Loss

指某一区域内轻度及轻度以上水土流失面积之和占区域总面积的百分比，通常受这一地区水文环境、地质结构和气候特征的影响。水土流失率是衡量土壤侵蚀状况的重要指标之一，根据这一数据的计算结果，可将研究区水土流失状况划分为微度、轻度、中度、强度、极强度和剧烈 6 个级别。一般利用美国通用方程（USLE），采用 3S 技术手段获取该模型计算的相关因子，从而得到所研究区域的水土流失量，在此基础上进行相关的处理获得各单元的水土流失率。USLE 方程的公式表示为：$A=R\times K\times LS\times C\times P$，式中 A 表示某地区多年平均水土流失量，R 表示降雨侵蚀力因子，K 表示土壤可蚀性因子（无量纲），LS 表示地形因子（无量纲），C 表示植被措施管理因子，P 表示防治措施因子。（参考：张平仓、刘纪根、黄思平：《基于水土流失率的健康长江评价初步研究》，《人民长江》2009 年第 17 期第 25 ~ 28 页。*刘阳*）

水文循环的生物圈方面

Biospheric Aspects of the Hydrological Cycle

国际地圈生物圈计划（IGBP）核心计划之一。主要研究植被在地表和大气水文过程中的作用。它的主要目的是：1. 通过野外测量，确定生物圈对水文循环的控制，发展从小块植被到大气环流模式（GCM）网格单元尺度上的土壤—植被—大气系统中能量和水通量模式；2. 建立能用于描述和验证生物圈和地球物理系统间相互作用模拟结果的适当数据库。（*席溢*）

《水污染防治行动计划》

Water Polution Prevention and Control Action Plan

2015 年国务院颁布。《计划》致力于全国水环境质量的阶段性和总体性改善，尤其是京津冀、长三角、珠三角等区域的水生态环境状况的改善。主要目标是：到 2020 年长江、黄河、珠江、松花江、淮河、海河、辽河等7大重点流域的水质优良（达到或优于Ⅲ类）比例总体达到70%以上，地级及以上城市建成区黑臭水体均控制在10%以内，地级及以上城市集中式饮用水水源水质达到或优于Ⅲ类比例总体高于93%，全国地下水质量极差的比例控制在15%左右，近岸海域水质优良（Ⅰ类、Ⅱ类）比例达到70%左右。京津冀区域丧失使用功能（劣于Ⅴ类）的水体断面比例下降15个百分点左右，长三角、珠三角区域力争消除丧失使用功能的水体。到2030年全国7大重点流域水质优良比例总体达到75%以上，城市建成区黑臭水体总体得到消除，城市集中式饮用水水源水质达到或优于Ⅲ类比例总体为95%左右。《计划》提出关于水污染防治的10条举措，即水十条：1. 全面控制污染物排放。2. 推动经济结构转型升级。3. 着力节约保护水资源。4. 强化科技支撑。5. 充分发挥市场机制作用。6. 严格环境执法监管。7. 切实加强水环境管理。8. 全力保障水生态环境安全。9. 明确和落实各方责任。10. 强化公众参与和社会监督。（张沥元）

水污染监测系统

Water Pollution Monitoring System

水污染监测系统是将无线传感网络技术、自动控制、无线通信、地理信息系统、数据库及网络工程等计算机技术应用于公共水域或水污染源污染状况进行水质自动监测和预警的装置系统，该系统的传感器终端一般包括取样器、测试器和信号处理器三部分。水污染监测系统监测参数通常有水温、流速、流量、pH、电导率、溶解氧、铵根正离子（$NH4^+$）、氰化物（CN^-）、硝酸根（$NO3^-$）、化学需氧量（COD）、总有机碳（TOC）等。监测系统中的水质预警流程通过水质预警判定，水体评价，水质事件的生成、记录、上报，为水源地水质监控提供日常作业的水质监测与应急服务，有效提升水污染事故应急处理能力。（参考：胡承芳、肖潇：《突发性水污染监测预警系统设计研究》，《人民长江》2012年第8期第71～75页。刘阳）

水污染事故

Water Pollution Accident

水污染事故是由于人类活动导致污染物排放严重超过国家规定的排放标准，使水体环境受到污染或破坏，影响人们的正常生产和生活，严重威胁国家财产和人民生命财产安全的事故。根据水污染事故中相关人员的伤亡、经济损失、取水影响、影响范围行政界限等情况和水环境污染事故警情综合指数将事故警情划分为轻警（Ⅳ级）、中警（Ⅲ级）、重警（Ⅱ级）和巨警（Ⅰ级）4级。我国近10年来发生的影响恶劣的水污染事故有松花江重大水污染事件（2005）、湖南岳阳水体砷污染事件（2006）、太湖水污染事件（2007）、江苏盐城特大水污染事件（2009）、渤海蓬莱康菲石油油田溢油事件（2011）、渤海湾三友化工污染门事件（2012）、广西贺江水污染事件（2013）、兰州自来水苯超标事件（2014）等。（参考：赵艳民、秦延文、郑丙辉等：《突发性水污染事故应急健康风险评价》，《中国环境科学》2014年第5期第1328～1335页。刘阳）

水银行

Water Bank

用来促进地表水、地下水和储存权利的合法转移和市场交换的金融衍生机制。水银行主要分为3类：机构类水银行、地表水银行、地下水银行。机构类水银行提供关于水权以及其他水资源合法权益，如水资源债券、水资源期权等形式的交易机制。这类银行交易的是代表一定数量的水资源的合法票据如水权证明、水资源债券等，因此它们也被称为"票据交易"（paper exchange）银行。这类银行常在水资源难以存储或者地域范围广的地区得到发展，它通常是针对自然水流的水权。地表水银行通常是建立在水库或蓄水设施周围，交易的是水实体。相对机构类水银行，地表水银行供给更稳定。地下水银行是专门针对地下含水层中水权交换的机制，是一个相对较新的水银行形式。水银行的运行机制：水银行的运行需要有充足的水源和水的需求，从水的需求分析，用户需要获得或增加水权，主要是由于城市的扩张和生产规模（包括农业）的扩大以及环境需要导致对水的需求不断增长，或由于水文条件、自然灾害等而产生的对水权的需求。从水的供给分析，水银行的水有 3 种来源：由于耕地休耕而减少的用水、抽出的地下水和其他水库的余水等。在有充足的水或水权供给和需求后，水银行作为中介商，定期公布水资源转让的报价，用户通过水银行在规定的时间里订立合同，进行交易。水银行的水权售价和供水成本之间的差价用来保证转让中水资源的运输损失和项目管理。（参考：单以红、唐德善、陆海曙：《水银行：水资源市场化的有效途径》，《生产力研究》2007 年第 3 期第 66 ~ 67 页。朱配辰）

水域生态平衡

Aquatic Ecological Equilibrium

水域生物体系的物质和能量的输入与输出，生态系统的结构和功能，在外来干扰下能通过自我调节恢复到原初稳定状态的平衡，是动态平衡。水域生态平衡失调原因有两类：1. 自然因素。秘鲁近海发生厄尔尼诺现象，引起鱼类大量死亡，渔获量大幅度下降，导致以鱼为食的海鸟因缺乏食料而大量死亡。2. 人为因素。其中主要有 3 个原因破坏海洋生态平衡。1）人类对某些对象的过度捕捞；2）人类活动产生的废弃物大量进入海洋，直接毒死海洋生物或破坏生物体的正常生理功能；3）沿海大型工程建设，在大海、河流上建造大型堤坝水库等，减少入海的径流量和各种营养物质，从而可能降低海区的初级生产力，并通过食物网影响整个群落结构。（参考：吴万福：《认真维护水域的生态平衡》，《中国水产》1981 年第 2 期第 17 页；王亲前、刘元宝、李庆怀、王信梁：《治理渔业水域环境，维护渔业资源生态平衡》，《齐鲁渔业》2004 年第 6 期第 56 页。朱配辰）

水域生态系统

Waterspace Ecosystem

指以水为基质的生态系统。可分为淡水和海洋两大生态系统及其下属不同等级（或水平）的水域。其中，淡水生态系统通常包括湖泊、水库和江河生态系统，海洋生态系统通常包括沿海及内湾生态系统、藻场生态系统、珊瑚和红树林生态系统、外海生态系统、上升流生态系统、深海生态系统等。海洋生态系统中的前三者可统称为沿海生态系统，后三者则为大洋生态系统。每一级水域生态系都各占有一定的空间，包含有相互作用的生物和非生物组分，通过物质循环和能量流、信息流的作用，构成具有一定结构与功能的统一体。（史月田）

水域生态效率

Aquatic Ecological Efficiency

指水域生态系统能流中，营养级间能量的输入、输出分量的比值。美国生态学家林德曼（R.L.Lindeman）提出十分之一递减律，即从贮存在植物体中的有机物质和能量，随食物链向后逐级传递时，能量流越来越细。生态系统中的消费者最多只能把食物能量的一小部分转变为自身物质，营养级之间的能量转换效率平均只有 10% 左右。水域生态系统中以植物性为食物的动物的生态效率是 20% 左右，较上营养层次的生态效率在 10% ~ 15% 之间。在大洋中，食物链长，生态效率则低；沿岸区的食物链短，生态效率高。上升流区的食物链最长，生态效率最低。弄清楚各种水域的食物链、食物网结构及生态效率，能更有效地利用自然生产力，通过人为干预，提高水域经济动物产量。（参考：胡文佳、杨圣云、朱小明：《海水养殖对海域生态系统的影响及其生物修复》，《厦门大学学报》（自然科学版）2007 年增 1 期第 197 ~ 202 页。朱配辰）

水域生态学

Aquatic Ecology

研究水域中生物和生物群落与环境系统相互作用的过程与机制的学科，属于生态学的分支。根据研究对象不同，水域生态学可以划分为海洋生态学、河口生态学和内陆水域生态学。研究内容主要包括：水生生物的个体特征，水生生物群落特征和结构，水生生物的生存状况受环境因子变化的影响及水域生态系统的修复等。水域生态学在实际生产过程中，对于渔业的帮助尤为突出，可以帮助人类进行合理可持续的水产养殖与捕捞活动。（朱雨晨）

水域生态演替

Aquatic ecological succession

水域生物群落从一种类型转变成另一种类型的顺序过程，或是在一定区域内群落的彼此替代。这种演替须经历漫长的历史过程。随着环境污染的威胁加剧和淡水湖泊营养化进程的加快，生态演替过程也在加快。生态演替特征有：1. 群落发展随时间推移有规律地向一定方向发展，因而是可以预见的；2. 演替由群落引起物理环境改变而产生，因而演替是受群落本身所控制；3. 演替以顶极群落为发展顶点，这时群落与环境相适应，两者处于动态平衡的稳定状态。演替由生物群落内部生物学过程所引起，称为自源过程。由外部变化或其他因素所引起，称为异源过程。若异源过程超过自源过程，则其发展趋势就与上述演替方向相反。生物群落在向顶极群落发展的过程中，物种多样性增加，生物的生态位趋向狭窄。层状结构或局部不均一性趋向明显。群落的生产量和生物量增大，但群落净产量减少。矿物质营养循环从开放性趋向封闭性。因此，随着群落的演替，结构与机能趋向完善。即使有来自外部的影响，也可依靠自身调节能力的增强来维持系统的稳定性。在浅海生态系统，群落的演替过程往往因比较强烈的能量和物质输入而复杂化，致使群落发展的正常趋势加强、停止或后退，也可能出现波动状稳态。河口湾和潮间带多处在演替的早期阶段。只有少数种类能适应这种剧烈变化的环境条件，种的多样性较低。周期性的潮汐使营养物质循环加速或外加补充能量，使生物生产力提高。但它不是能自我维持的顶级群落，而是维持在早期的、相当多产的阶段。湖泊生态系统的演替有其独特的过程。在湖泊形成初期，营养物质贫乏，生产力不高，水中含有大量氧气。随着外部不断向湖泊输入营养物质，生物生产力也随之提高。经过一段漫长的时间以后，湖泊底部氧气逐渐减少，需氧生物种类和数量大大下降，有机残体在嫌气状态下难以分解，湖底有机物质沉淀堆积，湖水变浅，湖岸植物带向湖心推移，湖泊逐渐变成沼泽，进而被草甸代替，最后成为陆地演替的底质。湖泊的这种演替过程是异源过程超过自源过程的结果。（参考：马铭、窦菲、刘忠宽、秦文利、智健飞、刘振宇：《生态演替的理论分析》，《河北农业科学》2009 年第 8 期第 68 ~ 70 页。朱配辰）

水源涵养林

Water conservation forest

又称水源林。防护林的一种。设置在江、河、水库上游的丘陵山地，以涵养水源，改善水文状况，防止江、河、水库淤塞，以及保护居民点的饮水水源为主要目的的森林。依据中国森林资源调查主要技术规定，凡具有下列条件之一者，可划为水源涵养林：1. 流程在 500 千米以上的江河发源地汇水区及主流、一级二级支流两岸山地，自然地形中的第一层山脊以内的森林。2. 流程在 500 千米以下的河流，但所处地域雨水集中，对下游工农业生产有重要影响，其河流发源地汇水区及主流、一级支流两岸山地，自然地形中的第一层山脊以内的森林。3. 大、中型水库、湖泊周围山地自然地形的第一层山脊以内的森林，或其周围平地 250 米以内的森林及林木。水资源涵养林的功能主要有：1. 水土保持功能。通过林冠和枯落物层的拦截和消能作用，可以减少地表径流量及径流速度，减弱雨水对土表的直接冲击和侵蚀，使林地表层土壤不会迅速流失。同时森林土壤良好的水分渗透性能及林木根系强大的固土作用，可有效地控制土壤侵蚀的发生和发展。2. 滞洪和蓄洪作用。降水时，由于林冠层、枯枝落叶层和森林土壤的生物物理作用，对雨水截流、吸收渗入、蒸发，减小了地表径流量和径流速度，增加了土壤拦截蓄量，将地表径流转化为地下径流，从而起到了滞洪和减少洪峰流量的作用。3. 枯水期的水源调节功能。水源涵养林的土壤吸收林内降水并加以贮存，对河川水量补给起积极的调节作用。4. 改善和净化水质的功能。水源涵养林能有效地防止水资源的物理、化学和生物的污染，减少进入水体的泥沙。5. 调节气候的功能。森林通过光合作用可吸收二氧化碳，释放氧气，同时吸收有害气体及滞尘，起到清洁空气的作用。6. 保护野生动物的功能。水源涵养林给生物种群创造生活和繁衍的条件，使种类繁多的野生动物得以生存。对水源林不宜主伐，也避免大面积的皆伐，只能采取保护性经营措施，进行抚育采伐、卫生采伐和更新，保障发挥水利工程的作用，以防止水质恶化。（参考：高成德、余新晓：《水源涵养林研究综述》，《北京林业大学学报》2000 年第 5 期第 78 ~ 82 页。朱配辰）

水源涵养型生态功能区

Water conservation type ecological function area

依据《全国生态功能区划》，我国共有水源涵养生态功能三级区 50 个，面积 237.90 万平方千米，占全国国土面积的 24.78%。其中，对国家生态安全具有重要作用的水源涵养生态功能区，包括大兴安岭、秦巴山地、大别山、淮河源、南岭山地、东江源、珠江源、海南省中部山区、岷山、若尔盖、三江源、甘南、祁连山、天山以及丹江口水库库区等。类型区的主要生态问题包括：人类活动干扰强度大；生态系统结构单一，生态功能衰退；森林资源过度开发、天然草原过度放牧等导致植被破坏、土地沙化、土壤侵蚀严重；湿地萎缩、面积减少；冰川后退，雪线上升。类型区生态保护的主要方向是：限制或禁止各种不利于保护生态系统水源涵养功能的经济社会活动和生产方式，如过度放牧、无序采矿、毁林开荒、开垦草地等；继续加强生态恢复与生态建设，治理土壤侵蚀，恢复与重建水源涵养区森林、草原、湿地等生态系统，提高生态系统的水源涵养功能；控制水污染，减轻水污染负荷，禁止导致水体污染的产业发展，开展生态清洁小流域的建设；严格控制载畜量，改良畜种，鼓励围栏和舍饲，开展生态产业示范，培育替代产业，减轻区内畜牧业对水源和生态系统的压力。（张沥元）

水质监测

Water Quality Monitoring

监视和测定水体中污染物的种类、各类污染物的浓度及变化趋势，评价水质状况的过程。监测范围十分广泛，包括未被污染和已受污染的天然水（江、河、湖、海和地下水）及各种各样的工业排水等。主要监测项目可分为：1. 反映水质状况的综合指标，如温度、色度、浊度、pH 值、电导率、悬浮物、溶解氧、化学需氧量和生化需氧量等；2. 一些有毒物质，如酚、氰、砷、铅、铬、镉、汞和有机农药等。为客观地评价江河和海洋水质的状况，除上述监测项目外，有时需进行流速和流量的测定。通过监测地表水及地下水、生产和生活过程、事故等，为环境管理和环境科学研究提供数据和资料。常用的监测方法主要有：化学法、电化学法、原子吸收分光光度法、离子选择电极法、离子色谱法、气相色谱法、等离子体发射光谱（ICP—AES）法等。其中，离子选择电极法（定性、定量）、化学法（重量法、容量滴定法和分光光度法）在国内外水质常规监测中还普遍被采用。（石艳峰）

水资源

Water Resource

天然水资源包括河川径流、地下水、积雪和

冰川、湖泊水、沼泽水、海水。按水质划分为淡水和咸水。水是自然资源的重要组成部分，是所有生物的结构组成和生命活动的主要物质基础。从全球范围讲，水是连接所有生态系统的纽带，自然生态系统既能控制水的流动又能不断促使水的净化和循环。因此水在自然环境中，对于生物和人类的生存来说具有决定性的意义。由于气候条件变化，各种水资源的时空分布不均，天然水资源量不等于可利用水量，往往采用修筑水库和地下水库来调蓄水源，或采用回收和处理的办法利用工业和生活污水，扩大水资源的利用。与其他自然资源不同，水资源是可再生的资源，可以重复多次使用；并出现年内和年际量的变化，具有一定的周期和规律；储存形式和运动过程受自然地理因素和人类活动所影响。（史月田）

水资源承载力

The Carrying Capacity of Water resources

指一个流域、一个地区或一个国家在不同阶段的社会经济和技术条件下，在水资源合理开发利用的前提下，当地天然水资源能够维系和支撑的人口、经济和环境规模总量。水资源承载力的特性：1. 有限性。水资源有限性表现在水资源量上的有限及经济技术能力的约束上。具体包括：一定区域范围内所能获得的水资源量是有限的，包括本水资源量和从外流域调入的水量；一定经济技术条件下，水资源利用效率是有限的；水环境容量是有限的。2. 动态性。水资源承载力的动态性体现在水资源系统和社会经济系统都是动态的。水资源系统由于本身量和质的不断变化，导致其支持能力也相应发生改变，而社会系统的运动也使得社会对水资源的需求也是不断变化的。3. 可增强性。随着人口增加和社会经济水平的发展，人类社会对水资源需求增加，直接导致区域水资源承载力增加。影响水资源承载力的主要因素有：水资源的数量、质量及开发利用程度，生产力水平，消费水平与结构，科学技术，人口与劳动力，其他资源力如矿藏、森林、土地等的支持，及政策、法规、市场、宗教、传统、心理等。水资源承载力的研究内容体系主要有：水资源系统构成、生态系统、社会经济系统、水资源系统—生态系统、社会经济系统耦合机制、水资源承载力评价指标体系的建立及计算方法、水资源系统—生态系统—社会经济系统耦合下的水资源承载力评价模型及其应用。目前，水资源承载力的评价指标有水环境容量、水资源供给能力。其中，水环境容量是指在一定的水质或环境目标下，某水域能够允许承纳的污染物的最大数量。（参考：惠泱河、蒋晓辉、黄强、薛小杰：《水资源承载力评价指标体系研究》，《水土保持通报》2001年第1期第30～34页；龙腾锐、姜文超、何强：《水资源承载力内涵的新认识》，《水利学报》2004年第1期第38～45页。朱配辰）

水资源价格制度

Water Resource Price System

指利用水资源价格促进水资源合理开发和优化配置，调动、增强对水资源的节约和保护意识。一般来说存在3种形式的水资源价格，即资源水价、生产水价和环境水价。资源水价就是水资源的费用，是水资源价值的表现形式，包括对水资源耗费的补偿、水资源利用过程中对水生态破坏的补偿和对节约、保护水资源的投入等。资源水价的收取方式一般通过税收方式，收缴的水资源费以国家或者地区专项财政收入的形式上缴，税收再以财政补贴的形式通过转移支付，支援水资源匮乏、短缺的地区，在政府职能机构的监督和管理下专门用以水资源的保护。生产水价也称为工程水价，指天然水资源通过生产和加工成为商品水、产品水，并使之流通至市场的价格总和。生产水价的高低与生产技术、设备、人工成本等因素紧密联系，因此水价一般由成本、费用、利润和税金4部分构成。环境水价是指治理水污染所产生的费用，即在污水废水使得公共或者私人水域受到污染后，为治理水污染、保护生态环境所付出的费用。环境水价随着治理成本的变化而变化。此外，影响水资源定价的其他因素还包括水资源取得方式、水资源取得来源或者水资源品质等。（参考：宋娇艳：《水权交易制度研究》，西北农林科技大学2010年硕士学位论文第6～17页。欧阳文川）

顺物自然

Follow the Nature

语出《庄子·应帝王》："汝游心于淡，合气于漠，顺物自然而无容私焉，而天下治矣。"指统治者如果能顺应自然万物本性而为，适应事物的自然发展，自然而然，无为而治，则可以达到清静无为的目标与天下大治的效果，顺物自然是"道法自然"，"自然"是顺"道"而行，"顺物自然"小者可以养生，大则可以治天下。（雷爱民）

司法权

Judiciary Power

国家运用法律审判案件和实行法律监督的权力，由国家的专门机关即司法机关行使。资产阶级国家一般实行三权分立原则，立法权、司法权、行政权三权分立，司法权主要指审判权，由法院独立行使。在中华人民共和国，司法权主要由人民法院和人民检察院行使，人民法院依法独立行使审判权，人民检察院依法独立行使检察权。中国的基本政治制度是人民代表大会制，国家的一切权力属于人民，人民行使国家权力的机关是人民代表大会，人民法院和人民检察院由人民代表大会产生，它们行使职权须向人民代表大会负责。（李庆）

司法问责

Judicial Accountability

指针对司法审判中发生的冤假错案，由有关主体对负有责任的司法机关及其司法人员予以责任追究，以挽回因个案误判遭受贬损的司法公信力的制度。通过恢复自由、赔偿损失等问责措施，可以疗治司法不公给当事人带来的身体和精神上的伤痛，以还原人权保障的司法价值，维护司法权威，维护社会司法公信力，对造成冤假错案的徇私舞弊、急功近利、消极怠慢或滥用职权等不负责任的司法人员进行惩戒，以维护司法的公正性。（刘中华）

斯德哥尔摩国际和平研究所

Stockholm International Peace Research Institute

致力于研究全球和平与安全问题的重要学术机构，1966年成立。在瑞典政府直接资助下建立，经费的一半由瑞典议会提供。主要目标是对国家和平与安全产生重大影响的国际冲突和协调活动展开独立研究。主要研究领域包括裁军和军控谈判与建议、非军事化活动、军火交易和生产、技术军备竞赛、军费和武器贸易、化学武器等。世界著名的智库组织，定期为国家战略规划和安全政策提供咨询和建议。所有研究成果都开放，是学界和媒体重要的权威性来源，最著名的是每年出版的《SIPRI军备、裁军与国际安全年鉴》。因对全球安全问题的独立性研究和评估而享誉世界，1984年研究所获得联合国教科文组织和平教育奖。（王聪聪）

斯德哥尔摩环境研究所

Stockholm Environment Institute，SEI

瑞典政府1989年成立，国际性的独立机构。主要致力于地方、国家、地区以及全球的环境与发展政策问题研究。目前的关注领域包括世界各国可持续发展战略的比较研究、能源与气候变化等全球性议题。（徐越）

斯德哥尔摩人类环境大会

Stockholm Conference on Human Environment

1972年6月5～16日，在瑞典斯德哥尔摩举行了联合国人类环境会议。这是世界各国政府共同讨论当代环境问题，探讨保护全球环境战略的第一次国际会议。会议通过《联合国人类环境会议宣言》，简称《人类环境宣言》，呼吁各国政府和人民为维护和改善人类环境，造福全体人民，造福后代而共同努力。会议还通过将每年的6月5日作为“世界环境日”的倡议。会议把生物圈的保护列入国际法之中，成为国际谈判的基础。第三世界国家成为保护世界环境的重要力量，使环境保护成为全球性的一致行动，并得到各国政府的承认和支持。会议的目的是促使人们和各国政府注意，人类的活动正在破坏自然环境，给人们的生存和发展造成了严重的威胁；鼓励和指导各国政府和国际机构采取保护和改善环境的行动，要求各国政府、联合国机构和国际组织在采取具体措施解决各种环境问题方面进行合作。（申森）

《斯德哥尔摩宣言》

Stockholm Declaration

全称是《联合国人类环境会议宣言》，又称《斯德哥尔摩宣言》。1972年6月16日在瑞典斯德哥尔摩举行联合国人类环境会议，100多个国家的元首共同签署通过的划时代历史性文献。《宣言》宣布与环境保护有关的7项原则的共识，公布26项指导人类环境保护的原则。《宣言》第一次概括国际环境法的原则和规则，对于后来的国际环境条约与环境法的制定产生重要影响。尽管这些原则和规则没有法律约束力，但它们为国际环境保护提供政治和道义上所应遵守的规范，为各国制定和发展本国国内的环境法提供借鉴和遵循。（申森）

斯蒂芬尼·卡萨

Stephanie Kaza

美国生态女性主义者、精神生态学家，现为佛蒙特大学环境研究教授。生年不详。讲授宗教与神学，积极主张宗教间对话。代表著作是《达摩雨》（2000）《佛教论贪婪、欲望和消费欲求》（2005）《精神绿色：地球整体思考的个体与精神指南》（2008）。（徐越）

斯蒂芬尼·利兰

Stephanie Leland

西方早期生态女性主义者之一。生年不详。1983年与利奥尼·卡尔德科特共同主编第一部生态女性主义文集《拯救地球》。（徐越）

斯里兰卡环境教育

Environmental Education in Sri Lanka

斯里兰卡有2500年的悠久丰富的文化发展史。斯里兰卡政府对环境状况的紧迫有着清醒意识，教师和学生都被鼓励增强环境意识。环境方面的专题在斯里兰卡作为学校课程的部分纳入课表之中，内容包括在农学、科学、社会学和英语等科目中。专门研究当地大气和环境污染问题，保护野生植物和动物的需要得到强调，重点放在各物种的关系上：人，动物和其他形式的生命之间的关系。在英语课文中有关于树、森林、动物和植物生命的主题。在师范学校高等教育中，环境主题被大量包括在教育原则、人口教育和家庭环境发展课程中。在这些学院中有许多与环境相关的专门社团，学生们在组织远足和就环境主题向同学发表演讲方面受到训练。环境日中也组织许多相关活动。这种培训教会教师们如何鼓励孩子们去体验环境。（参考：［英］帕尔默著，田青、刘丰译：《21世纪的环境教育：理论、实践、进展与前景》第265页，北京：中国轻工业出版社，2002年。王薛时）

斯洛伐克绿党

Strana Zelených

成立于1989年，在20世纪90年代前半期具有相对较大的政治影响力。1990年议会大选中，获得3.49%的选票和6个议席。在1992年议会大选中党内分裂为联邦派和民族主义派，结果未能进入议会。捷克和斯洛伐克分裂为两个国家之后，斯洛伐克绿党也彻底从捷克斯洛伐克绿党中分立出来。斯洛伐克绿党在1994年大选中与民主左派、社会民主党和农业工人党组成“共同选择”联盟，获得10.4%的选票，其中绿党获得2个议席，重返全国议会。1998年大选中继续参加“民主联盟”获得26.33%选票和42个议席，与社会民主党组建联合政府，绿党4名代表进入内阁。进入21世纪以来，斯洛伐克绿党的政治影响力持续衰弱。无论在欧洲选举还是国内议会大选中，都未能获得议会代表权。斯洛伐克绿党是欧洲绿党的成员党。（王聪聪）

斯洛文尼亚环境教育

Environmental Education in Slovenia

斯洛文尼亚是一个年轻的国家，前身是前依高斯拉维亚（Yugoslavia）最北的共和国，于1991年6月宣布独立。1983年，环境教育进入小学和中学计划中。管理课程的基本文件是《小学生命与工作计划》。这个文件建立起小学课程提纲的普通目标与内容，同时建立实现这些内容的组织形式和方法。斯洛文尼亚的小学包括1～4年级，初级中学包括5～8年级。环境教育在小学不是独立的课程，它的基本元素在一些内容广泛的科目中得以阐述，诸如自然科学和社会研究。1980年高级中学教育的改革和1981年职业中学教育的改革，为生态课题在不同领域课程内的介绍创造合法性。生物学是其中的核心课程，与基础科目如细胞学、生命进化和普通生态学一起在职业中学课程中得到教授。一般讲，除了这些核心课程外，高级中学的学生还可以选修例如动物与植物系统、遗传学或生态学课程，还有相应的户外活动。（参考：［英］帕尔默著，田青、刘丰译：《21世纪的环境教育：理论、实践、进展与前景》第249页，北京：中国轻工业出版社，2002年。王薛时）

斯洛文尼亚绿党

Zeleni Slovenije

成立于1990年，在当年举行的大选中获得8.8%的选票。其所在的斯洛文尼亚民主反对派选举联盟，在此次选举中获胜进入政府执政。1992年全国大选中，以3.7%的选票和5个议席的成绩，再次进入全国议会和政府执政。绿党成员出任政府的健康部长一职。在1996年大选中获得1.76%的选票，未能进入全国议会。此后陷入相对低迷的发展时期。在2000年、2008年、2011年的斯洛文尼亚全国大选中，选票均未突破1%，失去进入全国议会的资格。当前，斯洛文尼亚绿党不是欧洲绿党的成员党。（王聪聪）

斯威齐模型

Sweezy Model

指由美国经济学家斯威齐提出的，用以解释寡头垄断市场上所存在的价格刚性现象的一种经济模型。价格刚性现象是当成本在一定范围内变化时而产品的价格不变的现象。斯威齐模型的假定条件：由于寡头厂商会意识到相互依赖的关系，因此，当一个寡头厂商提价时其竞争对手并不提价，以保持市场份额；但是当一个寡头厂商降价时，其竞争对手也降价，以避免市场份额减少，由此形成有特点的需求曲线——折弯的需求曲线。斯威齐模型的解释：在模型中，因为厂商的需求曲线是弯折的，所以其边际收益曲线是间断的，故只要边际成本曲线的位置变动不超过边际收益曲线的垂直间断范围，就仍然可以在同样的产量水平与边际收益相等，即均衡数量和均衡价格不变，所以可以保持价格不变。西方经济学家认为，斯威齐模型虽然对价格刚性现象提供解释，但是该模型并没有说明价格刚性本身是如何形成的，所以不能真正解释寡头垄断的定价问题，对价格刚性的解释这是来自于囚徒困境和厂商避免相互毁灭性的价格竞争的愿望。（史月田）

《死刑台》

The Scaffold

俄罗斯生态文学家艾特玛托夫1986年发表的

以狼为题材的长篇小说。《死刑台》的连载问世如巨石投水，在苏联激起轩然大波。小说以很大篇幅叙述母狼阿克巴拉在人类对野生动物灭绝性的掠杀过程中的悲惨命运。艾特玛托夫采用自然物和自然整体的视角，通过对人与狼的关系的细致描写，揭示出人类中心主义的荒谬，批判人类毫无生态伦理的暴行，提醒人们应摆正自己在自然万物中的位置，打消虚妄的高傲，唯有这样，人与万物才能重建和谐关系。这部作品的冲击波很快超越苏联的国界。在苏联国内还未出版《死刑台》单行本之前，美国就出现英文单行本，母狼阿克巴拉的悲惨故事很快便流传到许多国家，震撼整个世界。《死刑台》比较流行的译本由冯加翻译，北京：外国文学出版社 1987 年出版。（王薛时）

四川 2014 年生态文明建设状况

Eco-Civilization Construction in Sichuan in 2014

2014 年四川生态文明指数（ECI）为 85.53 分，排名全国第 7 位。去除社会发展二级指标后，四川绿色生态文明指数（GECI）为 74.06，全国排名第 7 位。具体二级指标得分及排名见表 1。四川生态文明建设属生态优势型，生态活力居全国领先水平，环境质量、社会发展居全国中下游水平，协调程度居全国中上游水平。生态活力方面，四川森林质量、自然保护区的有效保护排名靠前，均居全国第 3 位；森林覆盖率、建成区绿化覆盖率全国排名中游，分列第 17 位、第 16 位，湿地面积占国土面积比重列全国第 23 位，排名靠后。环境质量方面，地表水体质量、化肥施用超标量、农药施用强度在全国处于中上游水平；环境空气质量较差，水土流失率全国排名中等偏下。社会发展方面，每千人口医疗结构床位数处于领先水平，全国排名第 3 位；但其余各项三级指标，如人均国内生产总值、服务业产值占国内生产总值比例、城镇化率、人均教育经费投入、农村改水率等排名均不理想，均居中等偏下水平。协调程度方面，化学需氧量排放变化效应、氨氮排放变化效应在全国处于领先水平，均居全国第 5；城市生活垃圾无害化率、烟尘排放变化效应在全国处于中上游水平，分列第 13 位、第 11 位；但环境污染治理投资占国内生产总值比重（第 27）、工业固体废物综合利用率（第 30）、二氧化硫排放变化效应（第 23）、氮氧化物排放变化效应（第 24）等指标数据全国排名靠后，均处于中下游水平。整体而言，四川自然生态条件较为优越，自然保护区面积大，森林质量高。四川地处长江、黄河上游，地理位置特殊，守好这个地区的生态优势，关系四川及兄弟省市的福祉。四川的湿地退化、森林结构不合理、西北地区土地沙化等现象仍然存在，环境质量不容乐观，环境威胁严重。在经济发展方面，四川人多底子薄，区域发展不均衡仍是不能忽视的事实，调整产业结构，发展优势产业是四川必须面对的问题。

表 1　2014 年四川生态文明建设二级指标情况汇总

二级指标	得分	排名	等级
生态活力（满分为 43.20 分）	33.94	1	1
环境质量（满分为 36.00 分）	19.20	25	3
社会发展（满分为 21.60 分）	11.48	23	3

续表

二级指标	得分	排名	等级
协调程度（满分为 43.20 分）	20.91	9	2

表 2　四川 2014 年生态文明建设评价结果

一级指标	二级指标	三级指标	指标数据	排名
生态文明指数（ECI）	生态活力	森林覆盖率	35.22％	17
		森林质量	98.61 立方米/公顷	3
		建成区绿化覆盖率	38.41％	16
		自然保护区的有效保护	18.54％	3
		湿地面积占国土面积比重	3.61％	23
	环境质量	地表水体质量	83.00％	9
		环境空气质量	38.08％	28
		水土流失率	30.56％	19
		化肥施用超标量	34.39 千克/公顷	7
		农药施用强度	6.19 千克/公顷	9
	社会发展	人均国内生产总值	32454 元	24
		服务业产值占国内生产总值比例	35.20％	26
		城镇化率	44.90％	24
		人均教育经费投入	1272.56 元/人	26
		每千人口医疗机构床位数	5.26 张	3
		农村改水率	62.97％	26
	协调程度	环境污染治理投资占国内生产总值比重	0.89％	27
		工业固体废物综合利用率	41.27％	30
		城市生活垃圾无害化率	94.98％	13
		化学需氧量排放变化效应	42.72 吨/千米	5
		氨氮排放变化效应	4..29 吨/千米	5
		二氧化硫排放变化效应	0.38 千克/公顷	23
		氮氧化物排放变化效应	0.27 千克/公顷	24
		烟（粉）尘排放变化效应	0.00 千克/公顷	11

（参考：严耕等：《中国省域生态文明建设评价报告（ECI2015）》第 248 ~ 253 页，北京：社会科学文献出版社，2015 年。徐保军）

四川茂县九顶山野生动植物之友协会

Mao County Association of Friends of Wild Animal and Plants Protection，Sichuan

成立于 2004 年 10 月 14 日，由茂县民政局注册批准成立。协会发起者由茂县石鼓乡茶山村余加华、茂县乡村发展协会秘书长刘志高联合国志愿人员张义平老师发起和筹办。协会的成立得到了保护国际组织的技术支持和资助，现在又得到世界自然基金和支持资助。协会由县林业局指导工作，由扶贫办外援项目办协助工作。协会成立后直接影响了本地区三个乡镇无人进入九顶山盗猎。这个协会是保护生物多样化和直接面对猎人反盗猎活动的农民草根组织。工作内容：通过对保护野生动植物知识的培训及教育，增强乡村社区群众保护爱护野生动物意识；促进人类与自然环境的和谐发展；通过培训教育，呼吁各级社会组织及个人，一切有利于爱护保护野生动植物和社会生态环境可持续发展的政策、法律法规及措施和活动，以及包括利用传统文化方式活动都参与其中，对盗猎活动进行监督、批评、揭露和呼吁有关方面予以制止。通过对巡山设施设备的配备，加强日常管理和专项打击，能进一步加大对野生动植物的保护力度；加大对野生动植物违法活动的打击；更能调动群众保护野生动植物地积极性；让保护野生动植物真正付之于行动。（席溢）

四川省环境科学学会

Environmental Scientific Society of Sichuan Province

是由四川省行政区域内的环境科技工作者、环境工程技术人员、环境教育工作者、环境管理者、关心支持环保科技工作的科技实业家及社会知名人士和相关团体自愿结成，并经过四川省民政厅核准、依法注册登记的、非营利性的环境科技社会团体（民间组织），是党和政府联系广大环境科技工作者的纽带和桥梁，是发展环境科技事业的重要社会力量，是环境保护系统的重要组成部分，也是四川省科学技术协会的组成部分，是中国环境科学学会的团体会员。主管单位为四川省环境保护厅，接受四川省科协领导，登记管理机关是四川省民政厅。四川省各市级环境科学学会为四川省环境科学学会团体会员，在业务上接受指导。宗旨是遵守国家宪法、法律、法规和政策，遵守社会公德。坚持以马克思列宁主义、毛泽东思想、邓小平理论和“三个代表”重要思想为指导，全面落实科学发展观，贯彻实施科教兴国和可持续发展战略；坚持“百花齐放，百家争鸣”的方针，发扬学术民主，坚持实事求是、与时俱进的科学态度和优良学风；遵守民主办会原则，为广大会员服务，团结环境科技工作者和环保科技实业家，发挥学科交叉、人才荟萃和联系广泛的优势，独立自主、积极主动、认真负责地开展工作；促进环境科技创新和与社会经济的结合，普及环境科学技术知识、推荐环境科技人才，为经济社会发展服务，为环境保护事业的发展和构建社会主义和谐社会贡献力量。业务范围：1. 开展国内、国际学术交流，活跃学术思想，推动自主创新，促进学科发展。2. 组织开展重大环境问题调查研究、科学论证，为制定环境保护发展战略、方针政策、规划计划提供咨询服务和技术信息支持。3. 开展民间国际环境科技交流，加强与国际环境领域非政府组织间的友好往来与合作。4. 组织本会设立的环境科学技术奖及其他奖项的评审；开展环境科学技术评价工作，接受委托，承担项目评估论证和科技成果鉴定。5. 开展环境保护科技咨询和技术服务，促进环境科技成果推广，为企业的污染防治和环保产业发展提供中介服务。6. 开展科普宣传，普及环境科学知识，提高全民环境意识和可持续发展观念。7. 开展继续教育，提供环境保护技术培训服务。8. 编辑出版环境保护学术、科普书刊和论文集。9. 反映广大环境科技工作者的意见和要求，维护其合法权益；开展表彰、奖励活动，举荐环境科技人才。10. 为会员和环境科技工作者提供相关信息服务。11. 承担政府委托办理的事项。（席溢）

四川省生态学会

The Ecological Society of Sichuan

成立于 1986 年，由生态科学技术工作者和热爱生态学事业的社会各界人士自愿结合、依法成立的全省性、公益性、非营利性、学术性的社会团体。学会下设 6 个专业委员会，3 个工作委员会，现有会员 500 余人。学会现挂靠在四川省绵阳师范学院。（席溢）

四川省野生动物保护协会

Sichuan Wildlife Conservation Association

1984 年成立，业务范围为：在国家保护野生动植物的方针指导下，团结组织社会各方面的力量，宣传国家有关政策法令、普及和推广保护野生动植物资源的有关知识，提高广大城乡人民和社会公众的野生动植物保护意识，推动野生动植物资源的有效保护、合理利用，实现可持续发展。全省有团体会员 500 多个，个人会员近 30000 人。（席溢）

四川通济堰

Sichuan Tongji weir

四川通济堰是自古以来岷江上德著名水利灌溉工程，渠首位于四川新津县附件的岷江几条支流的汇合处。通济堰最早见于《新唐书·地理志》，

最早的历史可以上溯到东汉建安年间。唐代开元二十八年（740），益州长史章仇兼琼从邛江引渠南下至眉山县，建成后名“通济堰”。宋代时期通济堰有较大改变，渠首和灌区都建立了比较严密的管理制度。据宋史记载，当时的通济渠拦河坝长约 860 米，可以灌溉新津、彭山、通义、眉州四县农田 3 万亩。明末清初通济堰因年久失修，废弃近百年，到雍正年间才开始恢复建设。直至嘉庆年间，在通济渠首上游引都江堰外江沙沟河、黑石河水入西河归入通济堰，从此通济堰灌区与都江堰外江灌区相连，提高了水源保证率。这是历史上通济堰渠首工程最重要的一次改建。1955 年通济渠拦河坝由竹笼工活动坝改为浆砌混凝土坝，此后又多次扩建和改造，现已成为四川重要的水利工程之一，灌溉面积约 50 万亩。（参考：李树全：《千年古堰——通济堰》，《四川水利》1997 年第 5 期第 59 ~ 61 页。朱配辰）

“四荒”

The Four Wasteland of Mountains，Ditches，Hills，Beaches

荒山、荒沟、荒丘、荒滩（包括荒地、荒沙、荒草和荒水等）的简称。1999 年，我国国务院办公厅颁发的《国务院办公厅关于进一步做好治理开发农村“四荒”资源工作的通知》中提出，治理开发农村集体所有的“荒山、荒沟、荒丘、荒滩”是提高植被覆盖率，防治水土流失和土地荒漠化，改善生态环境和农业生产条件，促进农民脱贫致富和农业可持续发展的一项重大战略措施。并就进一步做好治理开发农村“四荒”资源的有关工作通知如下：1. 在“四荒”使用权承包、租赁或拍卖前，必须做好“四荒”界定、确权等基础性工作；2. 对“四荒”使用权承包、租赁或拍卖必须严格按程序规范进行，并切实保护治理开发者的合法权益；3. 建立稳定的投入机制，加强对“四荒”使用权承包、租赁或拍卖资金的管理；4. 因地制宜制定“四荒”治理开发规划，加强监督检查；五、加强部门协作，落实管理责任。（李雪姣）

四位一体生态模式

Ecological model of quaternity

我国北方地区常见的生态农业运作模式。以生态学、经济学、系统工程学为基本原理，以土地资源为基础，太阳能为动力，沼气为纽带，将

种植业和养殖业结合起来，通过物质能量转换技术，在全封闭的状态下，将沼气池、猪禽舍、厕所和日光温室等组合在一起，形成的封闭状态下的能源生态系统。四位一体生态模式将猪舍、厕所、日光温室并列建造，沼气池在猪舍下，进料间与人、猪粪入口相同，出料口在温室内，粪便进入沼气池后，沼气用于发电，沼液、沼渣用于植物生产。运用本模式冬季北方地区室内外温差可达30℃以上，温室内的喜温果蔬正常生长、畜禽饲养、沼气发酵安全可靠。发酵物在整个系统中的循环和综合利用是该生态模式的关键。四位一体生态模式发酵代谢产物包括两类：沼气和沼液、沼渣。沼气可以增加日光温室中的温度和二氧化碳浓度，进而促进植物、蔬菜的光合作用；同时可以点燃沼气灯。沼液、沼渣一方面富含氮磷钾、氨基酸及丰富的蛋白质，对调控植物生长发育、防治病虫害具有重要作用；另一方面可以用于猪饲料添加剂，加快猪的发育生长，缩短育肥期，提高肉料比的作用。（参考：李金才等：《北方"四位一体"生态农业模式功能与效益分析研究》，《中国农业资源与区划》2009年第3期第46～50页。朱配辰　李雪姣）

松花坝

Songhua Dam

又名松花闸。元代在盘龙江上修建的水利工程，主要作用是灌溉当地农田。盘龙江是滇池的上源，汉代王莽时期开始在此建造水利工程。南

昭和大理政权期间，专门设立机构管理水利。元代云南首任平章政事赛典赤赡思丁和劝农使张立道共同主持兴修水利。1276年，张立道首先主持滇池出口工程，增大滇池的排洪能力。工程结束后滇池水位下降，沿岸干涸一万顷左右的耕地。后赛典赤又亲自主持盘龙江上的松花坝施工。松花坝始建时为拦河坝，木框填土结构。明万历年间当地政府重新修建渠首，在盘龙江中修建分水闸，闸墩迎水端牛舌状，下接侧向溢流堰，闸口大条石砌筑，闸门为叠梁门。工程完工后，改名"松花闸"。松花闸以闸门控制干渠配水、泄洪，闸堰结合，形成设施完备的工程枢纽，是古代无坝引水工程的又一种类型。清朝雍正年间，大臣鄂尔泰对滇池水系进行全面治理，包括对流入滇池的6条河流和其他小河进行疏浚和建闸控制，对滇池出口新开泄水河道建闸调蓄。松花坝工程经历元、明、清三代的经营，在盘龙江和金汁河沿岸陆续修建多级引水涵洞和灌排渠系，与滇池水系的其他河道一起成为滇池地区的水利工程体系，统称昆明六河水利。（朱配辰）

松花江水污染事件

The water pollution of Songhua River

2005年11月13日，吉林石化公司双苯厂一车间发生爆炸，致使约100吨苯类物质（苯、硝基苯等）流入松花江，造成了江水严重污染。江水污染造成的危害包括：江内鱼虾等大量水生

生物死亡，松花江水生态系统遭到严重破坏；污水中含有大量的化学物质，将对人体产生极大危害，水域内饮用水提供中断；以松花江为饮用水源的地区开始出现抢水热，社会治安受到威胁；

松花江下游流入国际河流黑龙江，水源污染考验着中俄两国关系。政府紧急采取投放活性炭等吸附污染物、水库放水稀释污染物、筑坝拦截污染物等措施，并积极向俄罗斯提供多项援助。污染事件对松花江流域的环境造成的破坏范围大、时间长，至2010年松花江水质总体上由中度污染转为轻度污染。结果，时任国家环保总局局长解振华引咎辞职，成为被行政问责的最高环境官员。（张沥元）

宋儒“天人合一”观念

The concept of “harmony between man and nature” in Song Dynasty

“天人合一”是儒家生态观中最基本的概念，它强调人与自然的统一性，“以天地万物为一体”（《河南程氏遗书》卷二），认为“天人一物，内外一理；流通贯彻，初无间隔”（《朱子语类》）。人的自然生命与宇宙万物的生命是一种亲和关系，人本身是自然的一部分，天地间万物同为一体，则万物就不再是与人无关痛痒的外在之物，“若夫至仁，则天地为一身，而天地之间，品物万形为四肢百体。夫人岂有视四肢百体而不爱者哉？……医书有以手足风顽谓之四体不仁，为其疾痛不以累其心故也。夫手足在我，而疾痛不与知焉，非不仁而何？”（《河南程氏遗书》卷二）人必须如爱护自己的手足般地爱护万物，尊重自然秩序和生命，把是否有利于维护生态系统的完整、稳定、平衡，作为评判人类生活方式、科技进步、经济增长和社会发展的终极标准。张载提出“民，吾同胞；物，吾与也”（《正蒙·乾称》）的命题，视万物为人类的朋友和同伴，充分体现儒家仁民爱物的博大精神。（牟世晶）

苏格兰绿党

Scottish Green Party

曾是英国绿党的组成部分，1990年成立。苏格兰绿党的成员数量在苏格兰独立公投后迅速增长。党员数量是苏格兰地区第四大党。2004年欧洲选举中获得6.8%的选票，未能获得任何议席。最高得票记录是格兰斯哥北部地方选举中7.7%的得票率。2005年英国大选中未能进入英国议会。2007年苏格兰议会选举中丢掉5个议席，只剩2个议会席位。目前只在苏格兰议会拥有2名议员，在苏格兰地方议会中拥有12名议员。政治目标是建立可持续发展的社会，最重要的政治价值观为：生态学、平等、激进民主、和平与非暴力。苏格兰绿党是欧洲绿党的成员党。（王聪聪）

苏联国家自然保护委员会

Soviet Union National Natural Resources Defense Council，Goskompriroda

苏联政府1988年成立的管理苏联境内自然保护和自然资源利用的中央政府机构，负责制定相关长远规划的首要组织机构之一。苏联唯一的环境管理专门机关，享有绝大部分环境监督管理权，对保护自然、组织合理利用并恢复自然资源负全部责任，同时还拥有协调其他国家机关环境管理活动的权力。具体主要职责：1. 统筹管理全国的自然保护活动，协调各部和各主管部门的活动。2. 对利用和保护土地、地表和地下水、大气层空气、动物（包括鱼类资源）、植物（包括森林）、海洋环境、苏联水域的自然资源、苏联大陆架和经济区域以及普遍存在的益虫实行国家监督。3. 草拟有关保护自然和合理利用自然资源问题的提案，监督纳入国家计划的有关任务的执行情况。4. 制定改善利用自然的经济机制的提案，确定生态指数、规则和标准，以协调自然资源的利用，保护自然资源不受污染和其他危害。5. 对国民经济各部门生产力的发展和配置进行生态鉴定，对新的技术、工艺、材料和物质的研制以及建设、改造设计的生态标准进行监测。6. 发放埋藏（储存）工业、生活和其他废料以及各种危害周围环境的物质的许可证、特殊用水许可证、利用动物界和将大气层空气用于工业需要的许可证，批准对地下资源进行地质勘探工作，监督将土地拨作各种经营的情况。7. 领导自然保护区的工作，对全国狩猎业以及《苏联动物志》《苏联珍稀动植物手册》的编写工作进行监督。8. 在广大社会阶层中组织普及自然知识，对公民、特别是青少年进行热爱大自然的教育。9. 在自然保护领域计划和实施同外国及国际组织的协作。（刘中华）

苏联解体

The Collapse of the Soviet Union

20 世纪 90 年代最为重大的国际政治事件之一。1991 年 12 月 25 日，苏联总统戈尔巴乔夫宣布辞职，将权力转交给俄罗斯总统叶利钦。12 月 26 日，苏联最高苏维埃通过决议，宣布苏联停止存在，承认苏联加盟共和国的独立地位。自此，拥有 69 年历史的苏维埃社会主义共和国最终画上句号。苏联解体被西方世界解读为自由的胜利，民主制度相对于集权制度的胜利，资本主义相对于社会主义的胜利，“意识形态的终结论”也甚嚣尘上。苏联解体标志着第二次世界大战后东西方长期冷战的结束，改变了那时确立的整个国际政治经济秩序。苏联解体的原因是复杂的、多维度的。1985 年戈尔巴乔夫执政后，苏联已经陷入持续的经济与政治危机之中。巴尔戈乔夫的经济改革没有取得迅速的预期效果，1988 年多元化和多党制的政治改革，以及舆论多元化的思想解放，导致人们压抑的政治情感总爆发，反对派趁势崛起。1987 年爱沙尼亚要求自治权的抗议运动，打开波罗的海民族主义抗议运动的“潘多拉盒子”，拉脱维亚、亚美尼亚、格鲁吉亚、乌克兰、摩尔多瓦、白俄罗斯等国的抗议运动，对巴尔戈乔夫政权带来严峻挑战。苏联的官僚特权阶层和高度集中和僵化的斯大林模式的社会主义政治、经济和文化体制，都是造成苏共解散、苏联解体的深层次原因。（王聪聪）

苏联切尔诺贝利核电站事故

Chernobyl Nuclear Power Plant Accident

1986 年 4 月 22 日凌晨，苏联统治下的乌克兰境内的切尔诺贝利核电站的 4 号反应堆发生爆炸，当场造成 2 名工人死亡。连续的爆炸以及火灾，致使 30 人死亡，大火足足燃烧了 10 天。事故发生 40 小时后，当地居民被撤离到斯拉夫蒂奇市，而大部分居民都受到了不同程度的核辐射污染。这次核事故散发出的大量高能辐射物质，污染了乌克兰北部、白俄罗斯南部和俄罗斯布良斯克地区方圆 14.2 万平方公里的土地。切尔诺贝利核事故所产生的辐射剂量，比日本广岛原子弹爆炸造成的辐射强 400 倍。切尔诺贝利核事故，被认定为历史上最为严重的核电事故，也是国际核事件分级表第一次被列为 7 级的特大事故。切尔诺贝利城被废弃，变成“鬼城”。这次核灾难造成数十万人逃离家园，还导致儿童甲状腺癌发病率的上升。此外，切尔诺贝利核事故所造成的经济损失，达数千亿美元。2003 年，联合国开发计划署发起“切尔诺贝利重建和发展纲领”的项目（CRDP），旨在修复受污染地区。切尔诺贝利核事故，也是环境运动、反核运动、国际环境治理的重要转折点，很多国家都爆发了反对核能的抗议示威游行。在 1986 年切尔诺贝利事故之后的很长一段时间内，核能在大多数国家都不再被列入政治议事议程。（王聪聪）

苏珊 · 格里芬

Susan Griffin，1943 ~

西方现代生态女性主义学者。欧美世界在 20 世纪 70 年代中后期涌现大规模的群众性抗议浪潮，生态女性主义的思想与活动是其中之一。苏珊是 70 年代生态女性主义思潮的代表人物之一，代表著作是 1978 年出版的《妇女与自然：发自内心深处的呼喊》。（徐越）

苏轼山水诗词生态美学思想

Su shi’s ecological aesthetic thoughts in his Landscape

Poems

北宋时期著名文学家和文学理论批评家苏轼的生态美学思想。苏轼一生中创作大量的山水诗词作品，这些山水诗词作品的创作深受作者当时所处的生态环境的影响。苏轼山水诗词的创作与诗人自身长期在外仕游的经历密切相关，仕途变迁的经历为他亲近不同地域的自然环境提供了良好的契机。在其作品中，苏轼用一种悲天悯物的情怀与自然为友，对话自然、体验自然、徜徉于大自然的青山秀水之中，欣赏天地之大美，用物我俱化、宠辱偕忘的心境寄意林泉，在山水自然中构筑起精神生态的家园，实现了“诗意地栖居”。（王薛时）

苏州生态协会

The Ecology Society of Suzhou

成立于 2008 年 6 月 27 日。由苏州市绿原生态研究院等单位倡议，各界专家学者、企业家、社会活动家、社会名流、环保人士等自愿结成的生态保护组织，是已获得政府部门核准的民间社团组织。旨在协助政府整合民间力量，成为政府参谋和助手；完善民众对于生态工作的认知，让苏州的生态工作开展得更有序；计划支持举办与生态相关之研讨会及教育性讲座等活动；致力宣传，力创一个人与自然和谐并存的美好明天。宗旨是弘扬生态苏州，共建和谐社会。口号：参与、倡导、创新、支持。信念：简单生活，从小处着手及改革源于自我。（席溢）

苏州园林

Suzhou traditional garden

又称苏州古典园林。中国明代嘉靖至清代乾隆年间苏州私家花园的总称。苏州园林追求诗情画意的境界，注重表达清风高雅的审美情趣和生活情趣。融建筑、山池、园艺、雕刻、书法、绘画等艺术于一体。集中体现古代江南园林的艺术风格和成就。主要内容是小空间、近距离游览和居住。主要特点是在有限的空间内运用古典造园手法，创造更多的景观。基本布局方式是：以厅堂作为全园的活动中心，面对厅堂设置山池、花木等对景，厅堂周围和山池之间缀以亭榭楼阁，或环以庭院和其他小景区，用蹊径和回廊联系起来，组成可居、可观、可游的整体。苏州造园活动历史悠久，春秋吴国的姑苏台、馆娃宫等是中国较早的皇家园林，东晋的辟疆园是著名的江南私家园林。五代吴越钱元璙在苏州“好治园林”。至宋元造园趋于成熟，明清时期益盛。园林多为官僚士大夫所构，以作退隐遁世，寄情山水，颐养天年。文人雅士在园中抒怀题咏，吟诗作画，镌于匾联、楹对、石刻上，将山水画构图意境融于造园中。园林布局以精巧著称，在有限空间内，运用衬托对比等手法，创造“咫尺山林”的自然意境。园内山石、房屋、花木等景物皆精心设置，装修陈设精致，色彩淡雅含蓄，有浓厚的文人书卷气，体现婉约清丽的风格。2500 多年来，在史志书籍中提及的苏州历代园林有近千处，其间代有兴废，保存至今的大小园林仍有六七十处，主要是私家园林。苏州园林自然、含蓄、淡雅、清秀，追求诗情画意的艺术境界，与传统山水画有异曲同工之妙，充分体现我国造园艺术的民族风格，集中表现江南园林建筑艺术的精华。苏州园林数量之多，艺术造诣之精，在当今世界上为其他地区所少见。以拙政园、留园、网师园、环秀山庄为例证的苏州古典园林已被联合国教科文组织列入世界文化遗产名录。（参考：管玉明：《苏州古典园林的艺术特点》，《安徽农业大学学报》（社会科学版）2003 年第 2 期第 90 ~ 92 页。朱配辰）

素食

Vegetarian Diet

素食是一种不食肉、家禽、海鲜等动物产品的饮食方式。素食是中国佛教的信仰与习惯之一，所谓“菩萨大慈大悲，不忍心食众生肉”。中国佛教倡导素食是为践行慈悲精神。素食在中国佛教徒中影响和流传很广。素食信仰并非全世界的佛教徒都遵从，佛教有所谓“吃三净肉”——“不见杀、不闻杀、不为我杀”，这三种肉是可吃的。素食在当今世界成为健康生活与环保运动的新潮流。（雷爱民）

酸碱污染

Acid and Alkali Pollution

酸性或碱性物质进入环境，使环境酸碱值过高或过低，从而影响生物的生存与发展或腐蚀建筑物的现象。常见的酸碱污染有酸碱盐、酸雨、酸雪、酸性烟雾、酸性矿水、酸性土壤、碱性土壤、碱性地下水等。环境的酸碱度直接影响生物体细胞酶的活性，如当水体酸碱值小于5或大于9时，就不适合大部分水生生物生存。环境酸碱值改变还可增加某些物质的毒性，如在酸性条件下氰化物、硫化物的毒性加大；在碱性条件下氨的毒性增加。对于酸碱污染的治理，主要可通过源头控制的预防方式，例如对于酸雨和硫酸烟雾的主要成因二氧化碳在排放前用碱液进行脱硫处理，又例如利用中和法处理酸性废水时添加氢氧化钠和碳酸钠，处理碱性废水则选择烟道气、工业废酸水等。由于在酸碱污染的治理过程中经常出现过量转性的情况，因此要对酸碱污染进行适当的处理，对酸碱值的精确测定尤为重要。（朱雨晨）

酸雨

Acid Rain

酸雨通常指酸碱值小于 5.6 的酸性降水，包括雨、雪、雹和雾。在一般情况下，由于正常空气中含有二氧化碳，遇水生成碳酸，洁净的天然降水也偏酸性，酸碱值约在 6 ~ 7 左右。大气受到二氧化硫、氮氧化物严重污染时，这些酸性污染物与雨滴作用，生成亚硫酸或硝酸，使降雨呈明显酸性。其中酸雾的酸碱值更低。据研究，酸雾的酸性可达酸雨的 100 倍。当酸雨的酸碱值小于或接近于 5.6 时，可对自然生态及人的健康产生不良影响。酸雨的危害包括：1. 使土壤中的养分发生化学变化，导致植物无法利用；2. 使河流和湖泊酸化，影响水生生物的生长发育甚至造成死亡；3. 引起水源酸化，影响人类与动植物的健康；4. 加速大气腐蚀速度，危害生态环境与人工建筑。我国的酸雨主要由大量燃烧含硫量高的煤而形成，多为硫酸雨，少为硝酸雨。此外，各种机动车排放的尾气也是形成酸雨的重要原因。（朱配辰　任傲尘）

酸雨污染

Acid rain pollution

英国化学家史密斯于 1972 年编著的科学著作《空气和降雨：化学气候学的开端》首先采用酸雨这一术语。酸雨的类型有：1. 硫酸型或燃煤型：硫酸根 / 硝酸根 >3；2. 混合型：0.5< 硫酸根 / 硝酸根≤ 3。3. 硝酸型或燃油型：硫酸根 / 硝酸根≤ 0.5。酸雨的来源：1. 自然物质：火山喷出大量的硫化物及悬浮固体物，自然水域表面释放的硫化氢，动植物分解产生有机酸，土壤微生物及海藻释放的硫化氢、二甲基硫及氮化物。2. 人为物质：工业化后，燃料的大量使用，燃烧过程中产生的二氧化碳、氯化氢、二氧化硫、氮氧化物及悬浮固体物，排放至大气环境中，经光化学反应生成硫酸、硝酸等酸性物质。酸雨的危害：1. 城市大气污染严重程度的改变季节变化和昼夜变化的规律，大体可分为煤炭型和石油型两类。煤炭型是燃煤引起，因此污染强度以对流最强的夏季和白天为最轻，而以逆温最强、对流最弱的冬季和夜间为最重。伦敦烟雾事件就属于这种类型。石油型是石油和石油化学产品和汽车尾气所产生，由于氮氧化物和碳氢化物等生成光化学烟雾时需要较高气温和强烈阳光，因此污染强度变化规律和煤炭型刚刚相反，即以夏季午后发生频率最高，冬季和夜间少或不发生。洛杉矶光化学烟雾就属于这个类型。在中国的大气污染中，酸雨和浮尘是最主要的污染。2. 城市云量增多，使城区日照

时数和太阳辐射量均有减少。城市中烟尘粒子增多，使大气透明度变差。烟尘大量削弱太阳光中的紫外线部分，在太阳高度较低时甚至可减少30%～50%，对城市居民身体健康造成威胁。3.酸雨可导致土壤酸化。土壤中含有大量铝的氢氧化物，土壤酸化后，可加速土壤中含铝的原生和次生矿物风化而释放大量铝离子，形成植物可吸收的形态铝化合物。植物长期和过量的吸收铝，会中毒，甚至死亡。酸雨能加速土壤矿物质营养元素的流失；改变土壤结构，导致土壤贫瘠化，影响植物正常发育；酸雨还能诱发植物病虫害，使农作物大幅度减产，特别是小麦，在酸雨影响下，可减产13%～34%。大豆、蔬菜也容易受酸雨危害，导致蛋白质含量和产量下降。酸雨对森林的影响在很大程度上是通过对土壤的物理化学性质的恶化作用造成的。在酸雨的作用下，土壤中的营养元素钾、钠、钙、镁会释放出来，随着雨水被淋溶掉。所以长期的酸雨会使土壤中大量的营养元素流失，造成土壤中营养元素的严重不足，从而使土壤变得贫瘠。此外，酸雨能使土壤中的铝从稳定态中释放出来，使活性铝的增加而有机络合态铝减少。土壤中活性铝的增加能严重地抑制林木的生长。酸雨可抑制某些土壤微生物的繁殖，降低酶活性，土壤中的固氮菌、细菌和放线菌均会明显受到酸雨的抑制。酸雨可对森林植物产生很大危害。酸雨还可使森林的病虫害明显增加。酸雨对中国森林的危害主要是在长江以南的省份。4.酸雨能使非金属建筑材料（混凝土、砂浆和灰砂砖）表面硬化水泥溶解，出现空洞和裂缝，导致强度降低，从而建筑物损坏。建筑材料变脏变黑，影响城市市容质量和城市景观，被人们称之为“黑壳”效应。我国酸雨正呈蔓延之势，是继欧洲、北美之后世界第三大重酸雨区。5.对人体健康造成威胁。酸雨可使儿童免疫功能下降，慢性咽炎、支气管哮喘发病率增加，同时可使老人眼部、呼吸道患病率增加。防止酸雨的措施包括使用低硫或无硫燃料、采取气态降硫工艺、节能或采用替代能源等。（参考：吴丹、王式功、尚可政：《中国酸雨研究综述》，《干旱气象》2006年第2期第70～77页；张新民、柴发合、王淑兰、孙新章、韩梅：《中国酸雨研究现状》，《环境科学研究》2010年第5期第527～532页。朱配辰）

酸雨污染议题

Acid rain pollution issue

在化学上定义水酸碱值等于7为中性，小于7则是酸性。顾名思义，酸雨是酸碱值为酸性的降水。在联合国环境署的研究报告中，统一将雨水酸碱值达5.6以下时称为酸雨。酸雨的学名是酸性沉降，分为湿沉降与干沉降两大类。前者指所有气状污染物或粒状污染物，随着雨、雪、雾或雹等降水形态落到地面；后者指在不下雨的日子里，从空中降下来的落尘所带的酸性物质而言。酸雨又分为硝酸型酸雨和硫酸型酸雨。据统计，全球每年排放进大气的二氧化硫约1亿吨、二氧化氮约5000万吨。所以，酸雨主要是人类生产和生活活动造成的。酸雨对土壤、水体、森林、建筑、名胜古迹等人文景观都带来严重危害，不仅会造成重大经济损失，也会危及人类生存和发展。人类暴露在酸雨环境中，对人体正常功能造成损害。同时，酸雨还使土壤酸化，使河流、湖泊酸化，影响鱼类的繁殖和生长，水质的酸化还能引起水生态系统结构的变化，从而对生态环境产生更为消极的连锁影响。目前，控制酸雨的措施包括限制高硫煤的开采与使用，重点治理火电厂二氧化硫污染，防治化工冶金和有色金属冶炼和建材等行业生产过程中的二氧化硫污染等。（申森）

损害预防原则

Damage Prevention Principle

指在国家的环境管理中通过计划、规划等各种管理手段，采取预防性措施防止环境损害的发生。损害预防原则在我国的《环境保护法》《海洋环境保护法》《大气污染治理法》等以及众多国际环境条约中均有体现。对待环境问题，预防原则必须受到重视，因为环境污染一旦发生就很难治理和恢复，而且很多破坏具有不可逆性，同时治理污染的成本太高，远高于预防所需的费用。在实际实践中，损害预防原则包括对计划的活动进行环境影响评价、对环境进行持续的检测两个方面。用科学的方式制定和实施损害预防原则，对于预防环境污染和及时处理环境污染问题都具有重要作用。（代富宇）